Microsoft

深入解析 Windows操作系统

（第7版）（卷1）

[美] 帕维尔·约西沃维奇（Pavel Yosifovich）
[美] 亚历克斯·伊奥尼斯库（Alex Ionescu）
[美] 马克·E.鲁辛诺维奇（Mark E.Russinovich）
[美] 大卫·A.所罗门（David A. Solomon）
著

刘晖 译

人民邮电出版社
北京

图书在版编目（CIP）数据

深入解析Windows操作系统 ：第7版. 卷1 / （美）帕维尔·约西沃维奇（Pavel Yosifovich）等著 ；刘晖译. -- 北京 ：人民邮电出版社，2021.4
ISBN 978-7-115-55694-3

Ⅰ. ①深… Ⅱ. ①帕… ②刘… Ⅲ. ①Windows操作系统 Ⅳ. ①TP316.7

中国版本图书馆CIP数据核字(2020)第257870号

版权声明

◆ 著　[美] 帕维尔·约西沃维奇（Pavel Yosifovich）
[美] 亚历克斯·伊奥尼斯库（Alex Ionescu）
[美] 马克·E.鲁辛诺维奇（Mark E.Russinovich）
[美] 大卫·A.所罗门（David A. Solomon）
译　刘 晖
责任编辑　吴晋瑜
责任印制　王 郁　焦志炜

◆ 人民邮电出版社出版发行　北京市丰台区成寿寺路 11 号
邮编　100164　电子邮件　315@ptpress.com.cn
网址　https://www.ptpress.com.cn
北京盛通印刷股份有限公司印刷

◆ 开本：787×1092　1/16
印张：41　2021 年 4 月第 1 版
字数：973 千字　2025 年 2 月北京第 12 次印刷
著作权合同登记号　图字：01-2018-8398 号

定价：179.90 元

读者服务热线：(010)81055410　印装质量热线：(010)81055316
反盗版热线：(010)81055315

内容提要

本书基于 Windows 10 和 Windows Server 2016 编写，深入解析 Windows 操作系统的系统架构、进程、线程、内存管理等知识，旨在帮助读者了解 Windows 10 和 Windows Server 2016 操作系统内部工作原理，使之在针对 Windows 平台开发应用程序时，可以更好地理解不同设计机制间的关系。

本书先介绍 Windows 的基本概念和工具以及 Windows 的架构和主要组件，然后详细介绍进程和作业、内存管理、I/O 系统等内容，最后介绍 Windows 内置的安全机制以及用于阻止滥用的各种缓解措施。

本书辅以大量实验，并给出了具体步骤，可供读者自行尝试，让他们通过内核调试器、Sysinternals 工具和专为本书内容开发的其他工具一窥 Windows 的工作原理，进而能够将这些知识应用于改进应用程序设计、调试以及系统性能和支持。

本书适合希望了解 Windows 10 和 Windows Server 2016 操作系统内部工作原理的开发者、系统管理员及安全研究人员阅读。

献给我的妻子 Idit 和子女 Danielle、Amit 与 Yoav，感谢你们在我写作过程中给予的耐心和鼓励。

——Pavel Yosifovich

献给我的父母，他们鼓舞并教导我追寻自己的梦想；同时也要献给我的家人，他们陪伴我度过了无数夜晚。

——-Alex Ionescu

献给我的父母，他们鼓舞并教导我追寻自己的梦想。

——Mark E. Russinovich 和 David A. Solomon

前言

本书主要面向希望了解 Windows 10 和 Windows Server 2016 操作系统内部工作原理的高级计算机专家（开发者、系统管理员以及安全研究人员）。通过了解这些知识，开发者在针对 Windows 平台开发应用程序时，可以更好地理解不同设计机制间的关系。这些知识也是有助于开发者调试复杂问题的。系统管理员也能从这些信息中获益，因为了解操作系统内部的工作原理有 助于更好地理解系统的性能和行为，在遇到问题时更轻松地进行排错。安全研究人员可以借此明确软件应用程序和操作系统出错被滥用，或产生不受欢迎的行为时具体会有怎样的表现，同时也可更好地理解现代化 Windows 操作系统面对这些情况提供的缓解措施和功能。通过阅读本书，读者将能更好地理解 Windows 的工作原理及其背后的原因。

本书版本迭代

本书是第 7 版，原名为 *Inside Windows NT*（Microsoft Press, 1992），由 Helen Custer（在 Windows NT 3.1 首发前）撰写。*Inside Windows NT* 是市面上有关 Windows NT 的第一本书，针对系统架构和设计提供了很多重要见解。*Inside Windows NT*（第 2 版）（Microsoft Press, 1998）由 David Solomon 执笔，通过更新上一版图书涵盖了有关 Windows NT 4.0 的内容，同时技术深度也进一步增加。

Inside Windows 2000（第 3 版）（Microsoft Press, 2000）由 David Solomon 和 Mark Russinovich 联手撰写。其中增加了很多新话题，例如启动和关机、服务内部原理、注册表内部原理、文件系统驱动程序以及网络，还介绍了 Windows 2000 在内核方面的变化，如 Windows 驱动程序模型（Windows Driver Model，WDM）、即插即用、电源管理、Windows Management Instrumentation（WMI）、加密、作业对象以及终端服务。*Windows Internals*（第 4 版）（Microsoft Press, 2004）包含了有关 Windows XP 和 Windows Server 2003 的更新内容，并增加了更多有助于 IT 专业人员运用已掌握的 Windows 内部原理的知识解决问题的内容，如 Windows SysInternals 重要工具的使用，以及崩溃转储分析。

Windows Internals（第 5 版）（Microsoft Press, 2009）更新了与 Windows Vista 和 Windows Server 2008 有关的内容。当时 Mark Russinovich 已成为微软全职员工（现在他是 Azure 的 CTO），他在编写该版的过程中邀请了一位新合作者 Alex Ionescu。新增内容包括映像加载器、用户模式调试设施、高级本地过程调用（Advanced Local Procedure Call，ALPC）及 Hyper-V。随后出版的 *Windows Internals*（第 6 版）（Microsoft Press, 2012）经历了彻底更新，包含与 Windows 7 和 Windows Server 2008 R2 内核变化有关的大量内容，同时通过

新增的动手实验介绍了相关工具的变化。

第 7 版的变化

自从第 6 版发布后，Windows 又发布了多个版本，直到目前的 Windows 10 和 Windows Server 2016（截至撰写本书时）。以后的新版 Windows 均以 Windows 10 为名，自最初投产发布（RTM）以来，已经进行了数次更新。每次更新都使用代表发布年份和月份的 4 位数字作为版本号，例如 Windows 10 版本 1703 代表它发布于 2017 年 3 月。这意味着（在编写本书时）Windows 自 Windows 7 发布后已经有至少 6 次版本更新。

从 Windows 8 开始，微软开始了操作系统的“统一”，无论从开发还是 Windows 工程团队的角度来看，这样做都是有益的。Windows 8 和 Windows Phone 8 使用了同一个内核，并且从 Windows 8.1 和 Windows Phone 8.1 开始还可以使用统一的现代化应用。这一愿望在 Windows 10 上终于实现了——Windows 10 已经可以运行在台式机、笔记本电脑、服务器、Xbox One 游戏机、手机（Windows Mobile 10）、HoloLens 以及各种物联网（IoT）设备上。

操作系统的“统一”得以顺利实现，是时候更新本书内容了。此次更新涵盖了 5 年多以来的各种变化，而 Windows 也通过这些变化获得了一个更稳定的内核架构，并在继续完善发展着。本书的最新版涵盖了包括从 Windows 8 到 Windows 10 版本 1703 在内的诸多改进。另外，本书还迎来了一位新的合著者 Pavel Yosifovich。

实验

就算无法访问 Windows 源代码，我们依然可以通过内核模式调试器、Sysinternals 工具和专为本书内容开发的其他工具一窥 Windows 的内部工作原理。如果可以通过某个工具查看或呈现 Windows 的某些内部行为，那么会在正文的“实验”环节中列出可供读者通过这些工具自行尝试的步骤。本书包含了大量此类实验，希望读者在阅读的同时能够自行尝试。切实了解 Windows 的内部工作原理有助于读者加深理解。

本书未涵盖的主题

Windows 是一个庞大复杂的操作系统。本书并不能涵盖与 Windows 内部原理有关的所有内容，而主要侧重于最基本的系统组件。例如，本书并未介绍 COM+这一 Windows 分布式面向对象的编程基础架构，也并未介绍 Microsoft .NET Framework 这种托管代码应用程序的基础。这是一本介绍“内部原理”的书，而非面向普通用户、程序员或者系统管理员的书，因此本书并不会介绍如何使用、编程或配置 Windows。

注意事项

本书介绍了 Windows 操作系统很多未公开的内部架构和操作行为（如内核结构和函

数），因此在不同版本之间这些内容可能有所变化。

此处的“可能有所变化”并不是指本书中描述的细节肯定会在不同版本中出现变化，而是指读者应做好可能有变化的心理准备。任何使用这些未公开接口或有关操作系统内部知识的软件，都可能无法在后续版本的 Windows 中正常运行。更糟的是，在内核模式下运行的软件（如设备驱动程序）以及使用了这些未公开接口的软件在以后的新版 Windows 中运行可能会导致系统崩溃，甚至可能导致这些软件的用户数据丢失。

简而言之，在为最终用户开发任何类型的软件时，或出于研究和学习之外的其他目的时，绝不该使用本书提到的任何 Windows 内部功能、注册表键、行为、API 或其他未公开的细节。对于任何具体话题，建议始终优先以微软软件开发网络（MSDN）提供的正式文档为准。

阅读本书的前提

本书假设读者对 Windows 具备高级使用经验，并对 CPU 寄存器、内存、进程以及线程等概念有所了解。如果读者对函数、指针以及类似的 C 语言构造有所了解，那么可以更好地理解本书的某些内容。

本书内容

本书各章内容概述如下。

- 第 1 章　概念和工具，介绍常规的 Windows 的基本概念，并概括介绍本书会用到的各种工具。建议首先阅读本章，了解阅读后续内容所要具备的背景知识。
- 第 2 章　系统架构，介绍 Windows 的架构和主要组件，有一定深度。其中很多概念还会在后续章节中进一步深入讨论。
- 第 3 章　进程和作业，详细介绍 Windows 中进程的实现方式以及各种操作方法。作为一种控制一组进程的方式，本书还介绍作业的概念，以及对 Windows 容器的支持。
- 第 4 章　线程，详细介绍 Windows 中线程的管理、调度和其他操作方法。
- 第 5 章　内存管理，介绍内存管理器对物理和虚拟内存的使用方式、内存的不同操作方法，以及进程和驱动程序等对内存的使用。
- 第 6 章　I/O 系统，介绍 Windows 中的 I/O 系统如何工作、如何与设备驱动程序集成，借此让 I/O 外设能够正常运转。
- 第 7 章　安全性，详细介绍 Windows 内置的安全机制，包括系统为了阻止滥用而提供的各类缓解措施。

本书体例

本书使用了下列约定。

- 黑体字代表新出现的术语。
- 代码会用代码体形式呈现。
- 对话框名称或对话框中内容的首个字母大写，例如 Save As（另存为）对话框。
- 键盘快捷键使用按键和加号（+）的形式表示，例如快捷键 Ctrl+Alt+Delete 代表需要同时按下 Ctrl、Alt 和 Delete 键。

致谢

首先要感谢 Pavel Yosifovich 加入本项目。他的参与是本书得以顺利出版的关键，他通宵达旦地研究 Windows 细节并撰写 6 个版本中的重要变化，这是本书存在的关键。

如果没有来自微软 Windows 开发团队主要成员和其他微软专家的审阅、反馈和支持，本书完全无法实现目前这样的技术深度和准确性。我们想感谢下列人员针对本书提供的审阅和反馈，以及给予我们的其他帮助和支持：Akila Srinivasan、Alessandro Pilotti、Andrea Allievi、Andy Luhrs、Arun Kishan、Ben Hillis、Bill Messmer、Chris Kleynhans、Deepu Thomas、Eugene Bak、Jason Shirk、Jeremiah Cox、Joe Bialek、John Lambert、John Lento、Jon Berry、Kai Hsu、Ken Johnson、Landy Wang、Logan Gabriel、Luke Kim、Matt Miller、Matthew Woolman、Mehmet Iyigun、Michelle Bergeron、Minsang Kim、Mohamed Mansour、Nate Warfield、Neeraj Singh、Nick Judge、Pavel Lebedynskiy、Rich Turner、Saruhan Karademir、Simon Pope、Stephen Finnigan 和 Stephen Hufnagel。

我们还想感谢 Hex-Rays 的 Ilfak Guilfanov 十多年前为 Alex Ionescu 提供 IDA Pro Advanced 和 Hex-Rays 软件许可，借此 Alex 才能加快对 Windows 内核的逆向工程。他们对反编译器功能的持续支持和完善让我们能够在没有源代码的情况下顺利完成本书的编写。

最后，我们还想感谢 Microsoft Press 的员工，本书的顺利出版离不开他们的帮助。策划编辑 Devon Musgrave 尽职尽责，项目编辑 Kate Shoup 负责了本书的出版全流程。Shawn Morningstar、Kelly Talbot 和 Corina Lebegioara 也对本书的高质量出版做出了自己的贡献。

资源与支持

本书由异步社区出品，社区（https://www.epubit.com/）为您提供相关资源和后续服务。

提交勘误

作者和编辑尽最大努力来确保书中内容的准确性，但难免会存在疏漏。欢迎您将发现的问题反馈给我们，帮助我们提升图书的质量。

如果您发现错误，请登录异步社区，按书名搜索，进入本书页面，单击“提交勘误”，输入勘误信息，单击“提交”按钮即可。本书的作者和编辑会对您提交的勘误进行审核，确认并接受后，将赠予您异步社区的 100 积分（积分可用于在异步社区兑换优惠券、样书或奖品）。

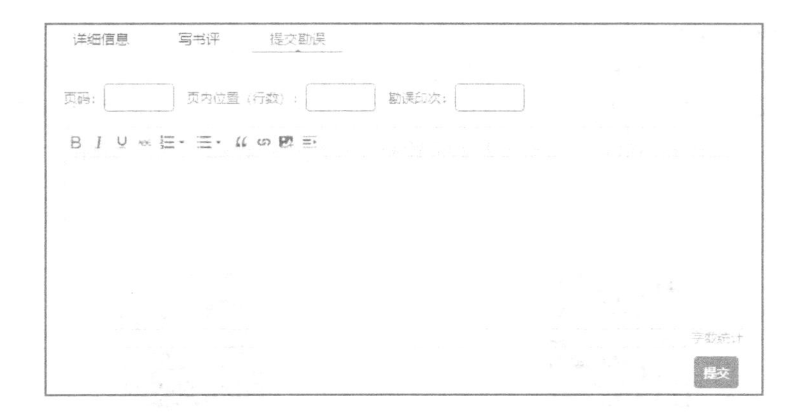

扫码关注本书

扫描下方二维码，您将会在异步社区微信服务号中看到本书信息及相关的服务提示。

与我们联系

我们的联系邮箱是 contact@epubit.com.cn。

如果您对本书有任何疑问或建议，请您发邮件给我们，并请在邮件标题中注明本书书名，以便我们更高效地做出反馈。

如果您有兴趣出版图书、录制教学视频，或者参与图书翻译、技术审校等工作，可以发邮件给我们；有意出版图书的作者也可以到异步社区在线投稿（直接访问 www.epubit.com/selfpublish/submission 即可）。

如果您来自学校、培训机构或企业，想批量购买本书或异步社区出版的其他图书，也可以发邮件给我们。

如果您在网上发现有针对异步社区出品图书的各种形式的盗版行为，包括对图书全部或部分内容的非授权传播，请您将怀疑有侵权行为的链接发邮件给我们。您的这一举动是对作者权益的保护，也是我们持续为您提供有价值的内容的动力之源。

关于异步社区和异步图书

“异步社区”是人民邮电出版社旗下 IT 专业图书社区，致力于出版精品 IT 图书和相关学习产品，为作译者提供优质出版服务。异步社区创办于 2015 年 8 月，提供大量精品 IT 图书和电子书，以及高品质技术文章和视频课程。更多详情请访问异步社区官网 https://www.epubit.com。

“异步图书”是由异步社区编辑团队策划出版的精品 IT 专业图书的品牌，依托于人民邮电出版社近 40 年的计算机图书出版积累和专业编辑团队，相关图书在封面上印有异步图书的 LOGO。异步图书的出版领域包括软件开发、大数据、AI、测试、前端、网络技术等。

异步社区

微信服务号

目录

第1章　概念和工具

本章介绍书中用到的有关 Windows 操作系统（Operating System，OS）的重要概念和术语，如 Windows API、进程、线程、虚拟内存、内核模式和用户模式、对象、句柄、安全性以及注册表等。本章还将介绍可供读者了解 Windows 内部原理的工具，如内核模式调试器、性能监视器以及 Windows Sysinternals 提供的各类工具。此外本章还将介绍如何通过 Windows 驱动程序开发包（Windows Driver Kit，WDK）和 Windows 软件开发包（Software Development Kit，SDK）进一步查找有关 Windows 内部原理的更多信息。

请务必首先理解本章提到的所有内容，后续章节将以此为基础。

1.1　Windows 操作系统的版本

本书主要面向 Windows 10（x86 和 ARM 架构的 32 位版本，以及 x64 架构的 64 位版本）和 Windows Server 2016（仅包含 x64 版本）。除非特别说明，本书所有内容将适用于全部版本。作为背景信息，表 1-1 列出了 Windows 操作系统不同版本的产品名称、内部版本号和首发日期。

表 1-1　Windows 操作系统的不同版本

产品名称	内部版本号	首发日期
Windows NT 3.1	3.1	1993 年 7 月
Windows NT 3.5	3.5	1994 年 9 月
Windows NT 3.51	3.51	1995 年 5 月
Windows NT 4.0	4.0	1996 年 7 月
Windows 2000	5.0	1999 年 12 月
Windows XP	5.1	2001 年 8 月
Windows Server 2003	5.2	2003 年 3 月
Windows Server 2003 R2	5.2	2005 年 12 月
Windows Vista	6.0	2007 年 1 月
Windows Server 2008	6.0（Service Pack 1）	2008 年 3 月
Windows 7	6.1	2009 年 10 月
Windows Server 2008 R2	6.1	2009 年 10 月
Windows 8	6.2	2012 年 10 月
Windows Server 2012	6.2	2012 年 10 月
Windows 8.1	6.3	2013 年 10 月
Windows Server 2012 R2	6.3	2013 年 10 月
Windows 10	10.0（编译版本 10240）	2015 年 7 月

续表

产品名称	内部版本号	首发日期
Windows 10 版本 1511	10.0（编译版本 10586）	2015 年 11 月
Windows 10 版本 1607（年度更新）	10.0（编译版本 14393）	2016 年 7 月
Windows Server 2016	10.0（编译版本 14393）	2016 年 10 月

从 Windows 7 开始，版本号看似与以往有了较大差异。Windows 7 的版本号为 6.1，而非 7.0。Windows XP 极为流行，以至于当 Windows Vista 使用 6.0 版本号后，一些应用程序无法正确检测出操作系统的版本，因为开发者会检查大版本号是否大于等于 5、小版本号是否大于等于 1，但这种方法并不适用于 Windows Vista。为了尽可能避免此类兼容性问题，接受教训后微软决定继续使用 6 作为大版本号，并使用 2（大于 1）作为小版本号，然而 Windows 10 的版本号已更新至 10.0。

注意 从 Windows 8 开始，无论实际操作系统的版本是什么，Windows API 函数 GetVersionEx 默认返回的操作系统版本号均为 6.2（Windows 8）。（该函数声明已过时。）这是为了尽可能避免兼容性问题，然而这也意味着大部分情况下，检查操作系统版本并不是首选做法。这是因为一些组件是可以单独安装的，并不一定与正式的 Windows 版本一致。如果要了解真实操作系统版本，可间接通过 VerifyVersionInfo 函数获得，或使用新版帮助程序（helper）API 获得，如 IsWindows8OrGreate、IsWindows8Point1OrGreater、IsWindows10OrGreater、IsWindowsServer 等。此外，还可通过可执行文件的清单声明操作系统的兼容性，这种方式可改变该函数返回的结果（详情见 3.8 节）。

若要查看 Windows 版本信息，可使用命令行工具 ver 或图形界面工具 winver。在 Windows 10 Enterprise 版本 1511 上运行 winver 会显示图 1-1 所示的结果。

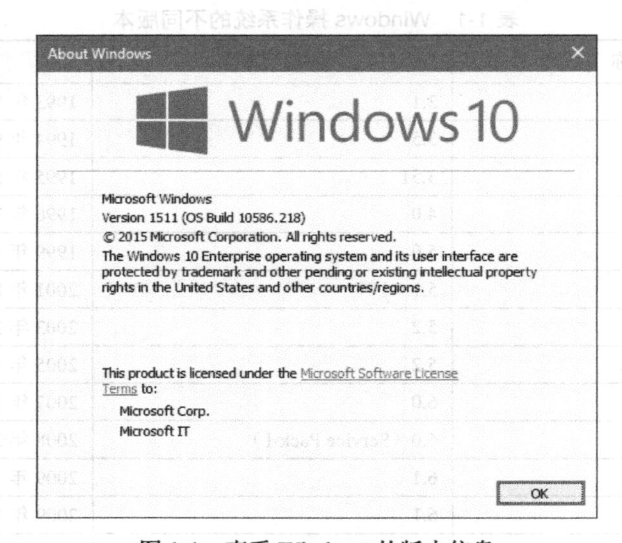

图 1-1 查看 Windows 的版本信息

图 1-1 还显示了 Windows 的编译版本（本例为 10586.218），Windows Insider 成员（注册获得早期预览版 Windows 的用户）会比较关注这些信息。这些信息还有助于管理安全更新，因为可以显示当前安装的补丁级别。

1.1.1 Windows 10 和未来的 Windows 版本

微软曾公开宣称：从 Windows 10 开始，将使用比以往更快的节奏更新 Windows。以后不会有官方的“Windows 11”，而是会通过 Windows Update（或其他企业服务模式）将现有 Windows 10 更新为最新版。截至撰写本文时，Windows 已进行过两次这样的更新：2015 年 11 月（也叫版本 1511，代表发布年份和月份），以及 2016 年 7 月（版本 1607，对外宣传为“年度更新”）。

注意 微软内部依然在通过不同的批次编译 Windows 版本。例如 Windows 10 首发版的开发代号为 Threshold 1，2015 年 11 月更新的代号为 Threshold 2，接下来的 3 次更新分别叫作 Redstone 1（版本 1607）、Redstone 2 和 Redstone 3。

1.1.2 Windows 10 和 OneCore

过去多年来，Windows 曾衍生出多种“变体”。除了最普遍、运行于计算机上的 Windows，还有在 Xbox 360 游戏机上运行的 Windows 2000 分支，以及在 Windows Phone 7 上所运行的 Windows CE（微软的实时操作系统）变体。维护并扩展所有这些基本代码（base code）无疑是很困难的，因此微软决定收敛所有内核，将为不同平台提供支持的二进制文件合并为一套基本代码。首先从 Windows 8 和 Windows Phone 8 开始，这两个系统共用同一个内核（Windows 8.1 和 Windows Phone 8.1 实现了 Windows 运行时 API 的收敛）。在 Windows 10 中收敛工作彻底完成，这个共用的平台叫作 OneCore，可以运行在计算机、手机、Xbox One 游戏机、HoloLens，以及诸如树莓派（Raspberry Pi）2 的物联网（Internet of Things，IoT）设备上。

显然，所有这些设备的种类形态各异，某些设备完全无法支持一些功能。例如，HoloLens 设备就没必要支持鼠标或物理键盘，因此面向此类设备的 Windows 10 版本自然也就无法支持相应的功能。但是内核、驱动程序和基本平台的二进制文件是完全相同的（不过出于性能或其他因素考虑，可能会提供基于注册表或策略的设置）。例如在第 3 章介绍的“API 集”策略就是这样的一个例子。

本书将深入介绍各种设备上运行的 OneCore 内核的内部原理。然而从方便的角度考虑，本书的实验内容主要面向可支持鼠标和键盘的台式计算机，毕竟要在手机或 Xbox One 游戏机等设备上执行这样的实验可并不容易（甚至完全不可行）。

1.2 基本概念和术语

下面主要介绍 Windows 的基本概念，这些概念是理解后续章节内容的前提条件。后续章节还将深入探讨进程、线程、虚拟内存等概念。

1.2.1 Windows API

Windows 应用程序编程接口（Application Programming Interface，API）是 Windows

操作系统家族的用户模式系统编程接口。64 位 Windows 发布前，32 位 Windows 的编程接口也被称为 Win32 API。这主要是为了将其与最初的16位 Windows API 区分开来，后者表示的是 16 位 Windows 的编程接口。本书中 Windows API 这个称呼同时指代 32 位和 64 位 Windows 的编程接口。

注意　有时本书会使用 Win32 API 代表 Windows API，但无论如何称呼，均代表 32 位和 64 位变体。

注意　Windows SDK 文档中描述了 Windows API（见 1.3.3 节）。该文档包含在所有级别的微软开发者网络（Microsoft Developer Network，MSDN）订阅中。MSDN 是微软为开发者提供的一种支持项目。如果希望了解如何通过 Windows 基础 API 编程，建议阅读 Jeffrey Richter 与 Christophe Nasarre 合著的 *Windows via C/C++, Fifth Edition* 一书（Microsoft Press, 2007）。

1. Windows API 的风格

Windows API 最初只包含 C 语言风格的函数。目前，已有数千种此类函数可供开发者使用。在 Windows 诞生之日，C 语言是最自然的选择，因为它可以被视为一个最小公分母（也就是说，也可以通过其他语言访问），并且足够底层，足以用来暴露操作系统服务。但 C 语言的不足之处是函数的绝对数量少以及缺少命名一致性和逻辑分组（如 C++ 命名空间）。这些难题造成的后果之一便是一些较新的 API 使用了不同的 API 机制：组件对象模型（Component Object Model，COM）。

COM 最初是为了让 Microsoft Office 应用程序能够在文档之间通信并交换数据（例如将 Excel 图表嵌入 Word 文档或 PowerPoint 演示文稿）。这种能力也叫作对象链接和嵌入（Object Linking and Embedding，OLE）。OLE 最初使用一种古老的 Windows 消息传递机制——动态数据交换（Dynamic Data Exchange，DDE）实现。DDE 有一些固有局限，因此人们开发了新的通信方式：COM。实际上 COM 最初被称为 OLE 2，大概在 1993 年正式发布。

COM 基于两个基本原则。第一个原则是，客户端可通过接口与对象（有时也叫作 COM 服务器对象）通信。接口是一种明确定义的“合约”，由一系列在逻辑上互相关联的方法组成，并按照虚拟表调度机制分组。这也是一种 C++编译器实现虚拟表调度的通用方法。借此可实现二进制兼容性，避免编译器名称重整（mangling）问题，并可通过很多语言（和编译器）调用这些方法，例如 C、C++、Visual Basic、.NET、Delphi 等。第二个原则是，组件的实现可动态加载，无须静态链接到客户端。

COM 服务器这个称呼通常代表用于实现 COM 类的动态链接库（Dynamic Link Library，DLL）或可执行文件（Executable，EXE）。COM 还提供了与安全性、跨进程排列（marshalling）、线程模型等有关的重要功能。对 COM 的详细介绍已超出了本书范畴，相关信息推荐阅读 Don Box 撰写的 *Essential COM*（Addison-Wesley, 1998）一书。

注意　通过 COM 访问的 API 范例包括 DirectShow、Windows Media Foundation、DirectX、DirectComposition、Windows 图像处理组件（Windows Imaging Component，WIC）以及后台智能传输服务（Background Intelligent Transfer Service，BITS）。

2．Windows 运行时

Windows 8 新增了一种名叫 Windows 运行时的全新 API 和支持运行时（有时也简称为 WinRT，但和基于 ARM 架构的 Windows 操作系统版本——Windows RT 是两回事）。Windows 运行时由平台服务组成，主要面向 Windows 应用（曾被称为 Metro 应用、Modern 应用、Immersive 应用以及 Windows 商店 App）的应用开发者。Windows 应用可运行在不同类型和规格的设备上，从小型的物联网设备到手机、平板电脑、笔记本电脑、台式机，甚至 Xbox One 和 HoloLens 等设备均可支持。

从 API 的角度来看，WinRT 是在 COM 的基础上构建出来的，并对基本的 COM 基础架构增加了各种扩展。例如，WinRT 可使用完整的类型元数据（存储在 WINMD 文件中，基于.NET 元数据格式）在 COM 中扩展出一种名为类型库的类似概念。从 API 设计的角度来看，它比经典 Windows API 函数更内敛，可提供命名空间、层次结构、一致的命名以及编程模式。

Windows 应用沿袭了一系列新规则，这一点与普通的 Windows 应用程序（现在可称为 Windows 桌面应用程序或经典 Windows 应用程序）截然不同。卷 2 第 9 章将详细介绍这些规则。

各种 API 与应用程序间的关系并不那么直白。桌面应用可以使用 WinRT API 的子集，而 Windows 应用也可以使用 Win32 和 COM API 的子集。有关不同应用程序平台可用 API 的详细信息请参阅 MSDN 文档。然而也要注意，从最基础的二进制层面来看，WinRT API 依然基于遗留的 Windows 二进制文件和 API，不过某些 API 的可用性也许并未公开或获得支持。对系统来说，WinRT API 并不是新增的“原生”API，而有点类似使用传统 Windows API 的.NET。

使用 C++、C#（或其他.NET 语言）以及 JavaScript 编写的应用程序可以非常轻松地使用 WinRT API，这要归功于面向这些平台开发的语言项目。对于 C++，微软开发了一个名为 C++/CX 的非标准扩展，可以让 WinRT 类型的使用变得更容易。.NET 的常规 COM 互操作层（配合一些可支持的运行时扩展）可供所有.NET 语言像纯粹的.NET 那样以自然简单的方式使用 WinRT API。JavaScript 开发者可使用一个名为 WinJS 的扩展访问 WinRT，不过他们依然需要使用 HTML 构建应用的用户界面。

注意 虽然 Windows 应用中可以使用 HTML，但这依然是一种本地客户端应用，而非从 Web 服务器获取数据的 Web 应用程序。

3．.NET Framework

.NET Framework 是 Windows 的一部分。表 1-2 列出了不同版本 Windows 默认安装的.NET Framework 版本。新版.NET Framework 也可以安装在旧版本操作系统中。

表 1-2 不同版本 Windows 默认安装的.NET Framework 版本

Windows 版本	.NET Framework 版本
Windows 8	4.5
Windows 8.1	4.5.1
Windows 10	4.6
Windows 10 版本 1511	4.6.1
Windows 10 版本 1607	4.6.2

.NET Framework 包含两个主要组件。

（1）**公共语言运行时**（Common Language Runtime，CLR）。这是.NET 的运行时引擎，其中包含的即时（Just Im Time，JIT）编译器可将公共中间语言（Common Interme-diate Language，CIL）指令转换为底层硬件 CPU 机器语言、垃圾回收器、类型验证、代码访问安全性等内容。它是作为一种 COM 进程内服务器（DLL）实现的，可使用 Windows API 提供的各类设施。

（2）**.NET Framework 类库**（Framework Class Library，FCL）。这是一个庞大的类型集合，用于实现客户端和服务器应用程序通常可能需要的功能，例如用户界面服务、网络、数据库访问等。

通过提供以上功能以及新的高级编程语言（C#、Visual Basic、F#）和支持工具，.NET Framework 可以帮助开发者提升目标应用程序的开发效率并提高安全性和可靠性。.NET Framework 和 Windows 操作系统之间的关系如图 1-2 所示。

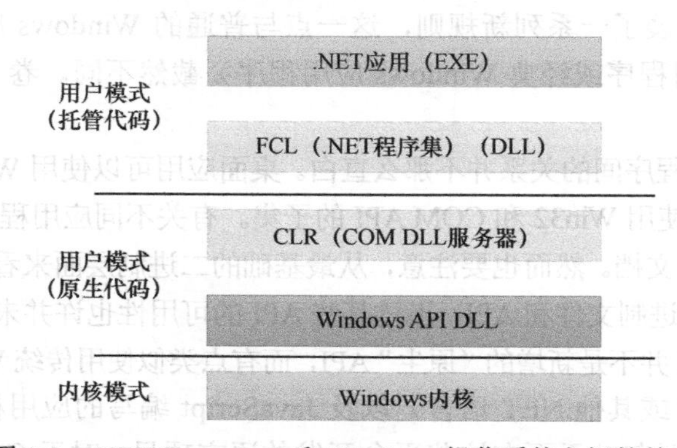

图 1-2　.NET Framework 和 Windows 操作系统之间的关系

1.2.2　服务、函数和例程

在 Windows 用户文档和编程文档中，很多术语在不同语境下有着不同的含义。例如，“服务”这个词可以代表操作系统中可调用的例程、设备驱动程序，也可以代表某个服务器进程。下文列出了不同术语在本书中的含义。

（1）**Windows API 函数**。Windows API 中已公开且可调用的子例程，如 CreateProcess、CreateFile 和 GetMessage。

（2）**原生系统服务**（或系统调用）。操作系统中未公开，但可从用户模式调用的底层服务。例如，Windows 的 CreateProcess 函数调用 NtCreateUserProcess 这个内部系统服务可新建一个进程。

（3）**内核支持函数**（或例程）。在 Windows 操作系统内部，只能从内核模式（详见本章下文介绍）调用的子例程。例如，设备驱动程序可以调用 ExAllocatePoolWithTag 例程从 Windows 系统堆（也叫作池）中分配内存。

（4）**Windows 服务**。由 Windows 服务控制管理器启动的进程。例如，运行在用户模式进程中的 Task Scheduler 服务也可支持 schtasks 命令（类似于 UNIX 中的 at 和 cron 命令）。（注意：虽然注册表将 Windows 设备驱动程序定义为“服务”，但本书并不会这样称呼它。）

（5）**动态链接库**（DLL）。可调用的子例程相互链接成的二进制文件，使用该子例程的应用程序可动态地加载这样的文件，例如 Msvcrt.dll（C 运行时库）和 Kernel32.dll（Windows API 子系统库之一）。Windows 用户模式组件和应用程序大量使用了 DLL。相比静态库，DLL 的优势在于应用程序可以共享 DLL，Windows 可确保多个应用程序使用的同一个 DLL 只在内存中存在一个副本。注意，.NET 程序集库也会编译为 DLL，但不具备任何非托管的导出的子例程。CLR 会解析编译后的元数据以访问相应的类型和成员。

1.2.3 进程

虽然表面上程序和进程看起来较为类似，但其实存在本质差异。程序是一种静态指令序列，而进程是一种容器，其中包含了执行程序实例时会用到的一系列资源。从最高层的抽象来看，一个 Windows 进程可包含下列元素：

（1）**一块私有的虚拟地址空间**。可供该进程使用的一系列虚拟内存地址。

（2）**一个可执行的程序**。定义了初始代码和数据，会映射至进程的虚拟地址空间。

（3）**一个已打开句柄的列表**。句柄会映射至各种系统资源，例如信号量（semaphore）、同步对象以及可被进程中所有线程访问的文件。

（4）**一个安全上下文**。用于确定与进程相关用户、安全组、特权、属性、声明、能力、用户账户控制（User Accoumt Control，UAC）虚拟化状态、会话、受限用户账户状态身份的访问令牌，此外还可包含 AppContainer 标识符和相关沙箱信息。

（5）**一个进程 ID**。唯一标识符，从内部来说属于客户端 ID 标识符的一部分。

（6）**至少一个执行线程**。虽然可以创建“空的”进程，但（大部分情况下）全无用处。

很多工具可以帮助我们查看（甚至修改）进程和进程信息。下文实验会演示使用这些工具获得各种进程信息。其中很多工具是 Windows 自带的，一些可通过 Windows 调试工具和 Windows SDK 获取，还有一些可从 Sysinternals 单独下载。很多此类工具可以显示核心进程和线程信息间相互重叠的子集，有时可通过不同的名称来区分。

任务管理器可能是使用最广泛的进程活动查看工具。（其实 Windows 内核中并不存在“任务”这个概念，这个工具起名叫“任务管理器”感觉有些奇怪。）下列实验将介绍任务管理器的一些基本功能。

实验：使用任务管理器查看进程信息

Windows 自带的任务管理器可快速显示系统中运行的进程列表。我们可以通过下列任何一种方式启动该工具。

- 按快捷键 Ctrl+Shift+Esc。
- 右击任务栏并选择 Start Task Manager。
- 按快捷键 Ctrl+Alt+Delete 并单击 Start Task Manager 按钮。
- 运行可执行文件 Taskmgr.exe。

任务管理器首次启动会打开“精简模式”，其中只显示顶级可见窗口对应的进程，如图 1-3 所示。

此时可执行的操作很少，因此可单击 More details 按钮展开任务管理器的完整视图。随后会默认打开图 1-4 所示的 Processes 选项卡。

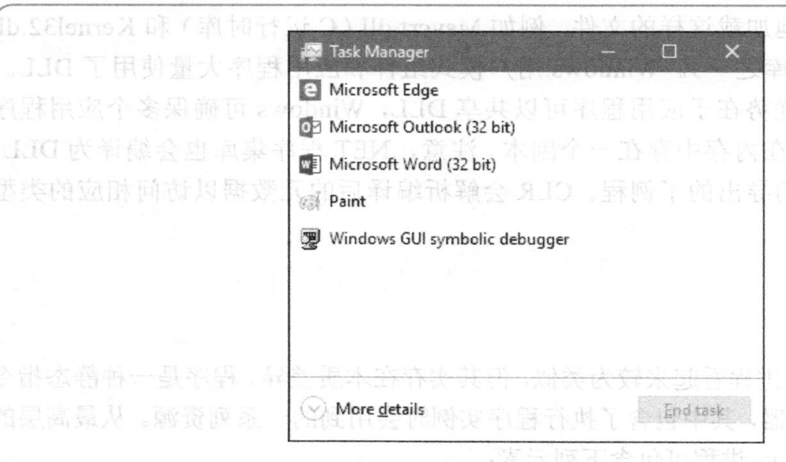

图 1-3 显示进程

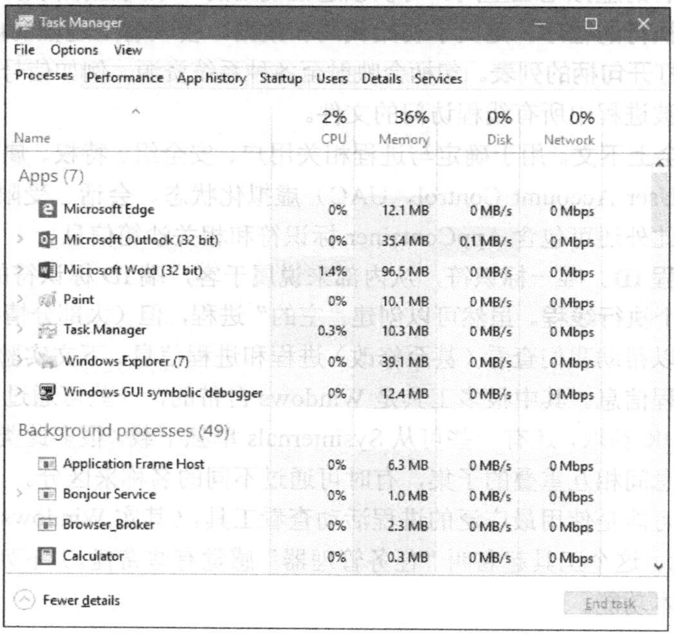

Task Manager

File Options View

Processes Performance App history Startup Users Details Services

Name	2% CPU	36% Memory	0% Disk	0% Network
Apps (7)				
Microsoft Edge	0%	12.1 MB	0 MB/s	0 Mbps
Microsoft Outlook (32 bit)	0%	35.4 MB	0.1 MB/s	0 Mbps
Microsoft Word (32 bit)	1.4%	96.5 MB	0 MB/s	0 Mbps
Paint	0%	10.1 MB	0 MB/s	0 Mbps
Task Manager	0.3%	10.3 MB	0 MB/s	0 Mbps
Windows Explorer (7)	0%	39.1 MB	0 MB/s	0 Mbps
Windows GUI symbolic debugger	0%	12.4 MB	0 MB/s	0 Mbps
Background processes (49)				
Application Frame Host	0%	6.3 MB	0 MB/s	0 Mbps
Bonjour Service	0%	1.0 MB	0 MB/s	0 Mbps
Browser_Broker	0%	2.3 MB	0 MB/s	0 Mbps
Calculator	0%	0.3 MB	0 MB/s	0 Mbps

Fewer details　End task

图 1-4 Processes 选项卡

Processes 选项卡显示了 4 列信息：CPU、Memory、Disk 和 Network。右击表头后可以选择显示更多列。可显示的列包括进程（映像）名称、进程 ID、类型、状态、发布者以及命令行。一些进程可以展开，展开后会显示该进程创建的顶级可见窗口。

如果想查看更多进程详情，可打开 Details 选项卡，或右击一个进程并选择 Go to Details，随后即可切换至 Details 选项卡，并选中指定的进程，如图 1-5 所示。

注意 Windows 7 任务管理器的 Processes 选项卡约等于 Windows 8 以上操作系统任务管理器的 Details 选项卡。严格来说，Windows 7 任务管理器的 Application 选项卡显示的是顶级可见窗口而非进程。这些信息现已包含在 Windows 8 以上操作系统任务管理器的 Processes 选项卡中。

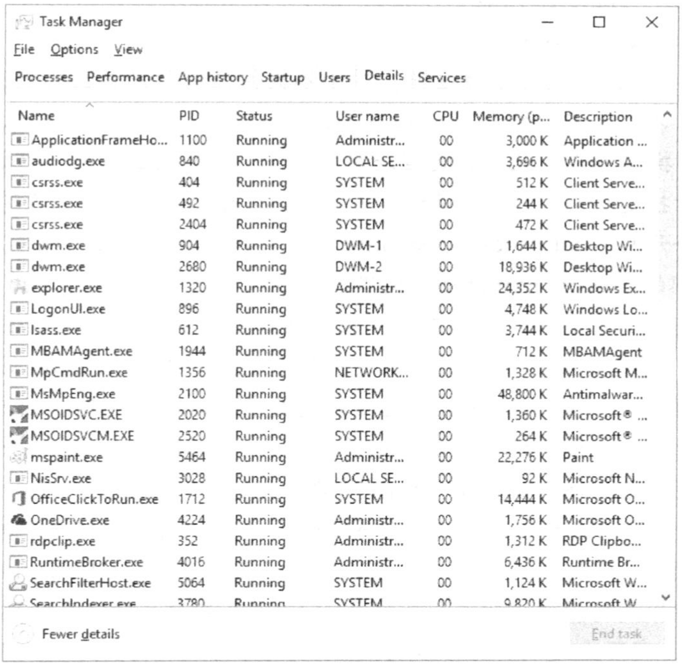

图 1-5 Details 选项卡

Details 选项卡也可以显示进程信息，但会以更紧凑的方式显示。这里不会显示进程创建的窗口，但提供了更多不同类型的信息列。

注意，进程是通过实例所对应映像文件的名称区分的。与 Windows 中的某些对象不同，进程无法获得全局名称。若要显示更多信息，可右击表头并选择 Select Columns，随后可看到图 1-6 所示的列表。

图 1-6 列表

一些重要的列包括以下几项。

（1）**Threads**。Threads 列显示了每个进程中的线程数量。通常数值至少应该为 1，因为无法直接创建不包含任何线程的进程（并且这样的进程本来也毫无用处）。如果某个进程显示为包含零个线程，通常意味着因为一些情况该进程无法删除，这很可能是因为驱动程序的代码有瑕疵。

（2）**Handles**。Handles 列显示了该进程内部的线程所打开的内核对象句柄数量。（详见本章下文以及卷2第8章。）

（3）**Status**。Status 列有些难理解。对于不提供任何用户界面的进程，通常会显示为“Running”，不过其中的线程可能正在等待其他操作，例如内核对象正在等待信号，或等待其他I/O操作完成。此外，这里还可能显示为“Suspended”，这意味着进程中的所有线程都处于挂起状态。进程本身通常不太可能处于这种状态，但可通过编程的方式，对进程调用未公开的 NtSuspendProcessnative API 实现，此时通常可以使用某些工具（例如下文将要介绍的 Process Explorer 就提供了相应选项）。对于创建了用户界面的进程，“Running”状态意味着界面是可响应的。换句话说，线程创建的窗口正在等待 UI（从技术角度来说，其实是线程所关联的消息队列）输入。“Suspended”状态意味着与非UI时的情况相同。但是对 Windows 应用（承载了 Windows 运行时）而言，“Suspended”通常意味着由于被用户最小化，应用丢失了自己的“前端”状态。此类进程会在最小化5s之后挂起，随后便不再消耗CPU和网络资源，进而可以让其他前端应用获得计算机的所有资源。对于平板电脑和手机等由电池驱动的设备这一点非常重要。卷2第9章将详细介绍这个机制以及其他相关机制。状态还有可能显示为“Not Responding”，这可能是因为创建了用户界面的进程中的线程已经至少5s没有在自己的消息队列中检查与UI有关的活动。进程（实际上是拥有该窗口的线程）可能正在忙于执行某些CPU密集型工作，或完全停下等待其他操作（例如等待I/O操作完成）。无论什么原因，此时界面会冻结，Windows 会将对应的窗口褪色显示，并在标题栏添加“（Not Responding）”的字样。

每个进程还会指向自己的父进程（父进程可以是创建者进程，但也并非总是如此）。如果父进程已经不存在，这些信息将不再更新。因此进程有可能指向不存在的父进程。但这并不会造成问题，因为任何进程的运行都不依赖父进程信息的有效与否。Process Explorer 会考虑父进程的启动时间，以避免将子进程附加到重用的进程ID上。下列实验将演示这一行为。

注意　父进程为何会不同于创建者进程？某些情况下，一些进程看似是由某个用户应用程序创建的，创建过程中可能用到了代理（broker）或帮助程序（helper），此时由进程负责调用进程创建 API。这种情况下，将代理进程显示为创建者进程可能会造成混淆（甚至有时是错误的，例如需要集成句柄或地址空间时），此时会“重新认父”，详情可参阅第7章中的例子。

实验：查看进程树

大部分工具不会显示进程的父进程或创建者进程的ID这个属性。我们可以使用性能监视器（或以编程的方式）查询 Creating Process ID 来获得这些信息。例如可以使用 Windows 调试工具中的 Tlist.exe 工具并配合/t 开关显示进程树。例如，运行 tlist /t 后可以看到下列结果。

```
System Process (0)
System (4)
  smss.exe (360)
csrss.exe (460)
wininit.exe (524)
  services.exe (648)
    svchost.exe (736)
      unsecapp.exe (2516)
```

```
        WmiPrvSE.exe (2860)
        WmiPrvSE.exe (2512)
        RuntimeBroker.exe (3104)
        SkypeHost.exe (2776)
        ShellExperienceHost.exe (3760) Windows Shell Experience Host
        ApplicationFrameHost.exe (2848) OleMainThreadWndName
        SearchUI.exe (3504) Cortana
        WmiPrvSE.exe (1576)
        TiWorker.exe (6032)
        wuapihost.exe (5088)
      svchost.exe (788)
      svchost.exe (932)
      svchost.exe (960)
      svchost.exe (976)
      svchost.exe (68)
      svchost.exe (380)
      VSSVC.exe (1124)
      svchost.exe (1176)
        sihost.exe (3664)
        taskhostw.exe (3032) Task Host Window
      svchost.exe (1212)
      svchost.exe (1636)
      spoolsv.exe (1644)
      svchost.exe (1936)
      OfficeClickToRun.exe (1324)
      MSOIDSVC.EXE (1256)
        MSOIDSVCM.EXE (2264)
      MBAMAgent.exe (2072)
      MsMpEng.exe (2116)
      SearchIndexer.exe (1000)
        SearchProtocolHost.exe (824)
      svchost.exe (3328)
      svchost.exe (3428)
      svchost.exe (4400)
      svchost.exe (4360)
      svchost.exe (3720)
      TrustedInstaller.exe (6052)
    lsass.exe (664)
  csrss.exe (536)
  winlogon.exe (600)
    dwm.exe (1100) DWM Notification Window
  explorer.exe (3148) Program Manager
    OneDrive.exe (4448)
    cmd.exe (5992) C:\windows\system32\cmd.exe - tlist /t
      conhost.exe (3120) CicMarshalWnd
      tlist.exe (5888)
  SystemSettingsAdminFlows.exe (4608)
```

列表会通过缩进的方式体现进程的父子关系。父进程不存在的进程会左对齐（例如上述例子中的 explorer.exe），这是因为就算祖父进程此时还存在，也无法找到它们之间的关系。Windows 只维持创建者进程的 ID，无法链接到创建者进程的创建者进程并以此类推逐层链接回去。

进程末尾添加的数字是进程 ID，某些进程 ID 后面的文字是进程所创建窗口的标题。

若要证明 Windows 只记录父进程 ID，不再向上记录祖父进程，可进行下列实验。

（1）按快捷键 Win 键+R，输入 cmd 并按 Enter 键，打开命令提示符窗口。

（2）输入 title Parent 将窗口的标题改为 Parent。

（3）输入 start cmd 打开第二个命令提示符窗口。

（4）在第二个命令提示符窗口中输入 title Child。

（5）在第二个命令提示符窗口中输入 mspaint，启动画图工具。

（6）返回第二个命令提示符窗口，输入 exit。注意，画图工具并不会退出。

（7）按快捷键 Ctrl+Shift+Esc 打开任务管理器。

（8）如果任务管理器处于精简模式，单击 More details 按钮。

（9）打开 Processes 选项卡。

（10）找到 Windows 命令处理程序并展开该节点，随后可以看到 Parent 这个标题，如图 1-7 所示。

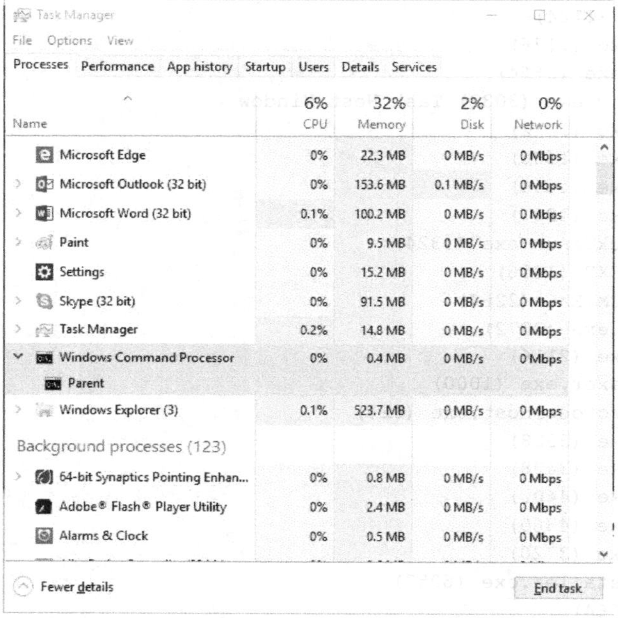

图 1-7 显示 Parent 标题

（11）右击 Windows Command Processor，选择 Go to Details。

（12）右击 cmd.exe 进程并选择 End Process Tree。

（13）在任务管理器的 Confirmation 对话框中单击 End Process Tree。

第一个命令提示符窗口会自动消失，但依然可以看到画图工具的窗口，因为画图工具是被我们终止的命令提示符进程的孙进程。由于中间进程（画图工具的父进程）已被终止，因此父进程和孙进程之间没有链接。

Sysinternals 的 Process Explorer 可以显示比其他类似工具更详细的进程和线程信息，因此本书的大部分实验都使用了这个工具。Process Explorer 可以显示或实现的一些独特功能如下。

（1）进程安全令牌，例如组和特权列表以及虚拟化状态。

（2）通过高亮强调显示进程、线程、DLL 和句柄列表中的变化。

（3）服务承载进程内的服务列表，包括服务的显示名和描述。

（4）其他进程属性列表，例如缓解策略和进程保护级别。

（5）包含在作业中的进程以及作业细节。

（6）承载.NET 应用程序的进程以及与.NET 相关的细节，如 AppDomain 列表、加载的程序集，以及 CLR 性能计数器。

（7）承载 Windows 运行时的进程（沉浸式进程）。

（8）进程和线程的启动时间。

（9）内存映射文件的完整列表（不仅仅是 DLL）。

（10）挂起进程或线程的能力。

（11）终止特定线程的能力。

（12）轻松辨别一段时间内 CPU 资源消耗量最大的进程。

注意 性能监视器可以显示一组指定进程的 CPU 利用率，但无法自动显示性能监视器会话启动后创建的进程信息。只有通过手动方式创建的二进制输出格式，才可以包含这样的信息。

Process Explorer 还可以帮助用户在一个位置轻松访问下列各类信息：

（1）进程树，并能将树的部分内容折叠。

（2）进程中打开的句柄，包括未命名句柄。

（3）进程中的 DLL（以及内存映射文件）列表。

（4）进程中的线程活动。

（5）用户模式和内核模式的线程栈，包括使用 Windows 调试工具提供的 Dbghelp.dll 将地址映射到的名称。

- 利用线程的周期计数（cycle count）更精确地计量 CPU 百分比，这是一种更精确的 CPU 活动表达方式，详情可参阅第 4 章。
- 完整性级别。

（6）内存管理器详细信息，例如内存提交量峰值、内核内存换页限制，以及非换页内存池限制（其他工具只能显示当前大小）。

随后可以通过下列实验了解 Process Explorer 的用法。

实验：使用 Process Explorer 查看进程详情

从 Sysinternals 网站下载最新版 Process Explorer 并启动。我们可以使用标准用户特权来运行，或者可以右击可执行文件并选择 Run as Administrator。使用管理员特权运行 Process Explorer 的过程中会安装一个可提供更多功能的驱动程序。无论用哪种方式启动 Process Explorer，均可完成下列操作。

首次运行 Process Explorer 时需要配置符号。如果不配置，在双击进程并打开 Threads 选项卡时，会看到一则信息说符号配置有误。如果配置正确，Process Explorer 可以访问符号信息，并显示线程启动函数和线程调用栈中的函数的符号名。这些信息可以帮助我们了解进程中的每个线程正在做什么。若要访问符号信息，必须首先安装 Windows 调试工具（本章下文将要介绍）。随后打开 Options 并选择 Configure Symbols，输入 Debugging Tools 文件夹下 Dbghelp.dll 文件的路径以及有效的符号文件路径。例如，在 64 位系统中，如果将 Windows 调试工具作为 WDK 的一部分安装到默认位置，正确的配置如图 1-8 所示。

Configure Symbols

Process Explorer uses symbols to resolve function names when displaying thread start addresses and thread stack locations on the Threads tab of a process' properties dialog.

If you do not require that information you do not need to configure symbols.

Dbghelp.dll path:

C:\Program Files (x86)\Windows Kits\10\Debuggers\x64\dbghelp.dll

Symbols path:

srv*c:\symbols*

OK　Cancel

图 1-8　正确的配置

在上述示例中，使用按需符号服务器访问符号信息，符号文件的副本会存储在本地计算机的 C:\symbols 目录下。（该文件夹的位置可更改，例如，如果硬盘空间不足，可改为其他分区。）

窍门　我们还可以通过设置环境变量的方式配置微软的符号服务器，为此可将 _NT_SYMBOL_PATH 环境变量设置为图 1-8 所示的值。包括 Process Explorer、Windows 调试工具中包含的调试器，以及 Visual Studio 在内的很多工具会自动查找这个变量，这样就不用分别配置每个工具了。

Process Explorer 启动后默认显示进程树视图，如图 1-9 所示。展开底部窗格可显示打开的句柄或映射的 DLL，以及内存映射文件。（这些内容可详见第 5 章和卷 2 的第 8 章。）将鼠标指针悬停在进程名称上方后，可通过工具提示看到进程的命令行和路径。对于某些类型的进程，工具提示还会显示下列信息。

Process Explorer -

File　Options　View　Process　Find　Users　Help

Process	PID	CPU	Start Time	Private Bytes	Working Set	Description
services.exe	920	< 0.01	13:31:17 08-Feb-16	7,248 K	12,916 K	Services and Controller app
SettingSyncHost.exe	7720		13:51:54 08-Feb-16	2,448 K	5,408 K	Host Process for Setting Synchronization
ShellExperienceHost.exe	2496	Suspended	13:51:04 08-Feb-16	35,100 K	83,280 K	Windows Shell Experience Host
sihost.exe	5380		13:49:41 08-Feb-16	8,296 K	25,912 K	Shell Infrastructure Host
SkypeHost.exe	9836	Suspended	14:14:25 08-Feb-16	5,988 K	1,312 K	Microsoft Skype
slack.exe	10960	< 0.01	13:53:06 08-Feb-16	49,148 K	79,972 K	Slack
slack.exe	6956		13:53:19 08-Feb-16	24,900 K	36,336 K	Slack
slack.exe	11184		13:53:19 08-Feb-16	3,848 K	11,764 K	Slack
slack.exe	6028		13:53:28 08-Feb-16	60,180 K	76,900 K	Slack
slack.exe	10800	< 0.01	13:53:41 08-Feb-16	91,828 K	116,100 K	Slack
smss.exe	524		13:30:47 08-Feb-16	368 K	1,220 K	Windows Session Manager
SnippingTool.exe	21836		14:52:49 09-Feb-16	3,756 K	34,024 K	Snipping Tool
splwow64.exe	24100		12:11:14 09-Feb-16	4,952 K	16,552 K	Print driver host for applications
spoolsv.exe	1348		13:31:42 08-Feb-16	13,024 K	25,424 K	Spooler SubSystem App
sqlwriter.exe	2440		13:31:48 08-Feb-16	1,764 K	8,232 K	SQL Server VSS Writer - 64 Bit
StandardCollector.Service.exe	15176		15:56:40 08-Feb-16	6,456 K	13,976 K	Microsoft (R) Visual Studio Standard Collector
sublime_text.exe	11284		16:02:34 08-Feb-16	20,908 K	35,840 K	Sublime Text
svchost.exe	104	< 0.01	13:31:22 08-Feb-16	9,848 K	23,996 K	Host Process for Windows Services
svchost.exe	616	0.01	13:31:22 08-Feb-16	9,460 K	15,740 K	Host Process for Windows Services
svchost.exe	1032	0.15	13:31:25 08-Feb-16	226,756 K	264,820 K	Host Process for Windows Services
svchost.exe	1080	0.07	13:31:26 08-Feb-16	97,484 K	109,668 K	Host Process for Windows Services
svchost.exe	1320	< 0.01	13:31:31 08-Feb-16	226,108 K	244,060 K	Host Process for Windows Services
svchost.exe	1352		13:31:31 08-Feb-16	14,764 K	37,568 K	Host Process for Windows Services
svchost.exe	1528	< 0.01	13:31:35 08-Feb-16	3,288 K	10,972 K	Host Process for Windows Services
svchost.exe			-Feb-16	25,848 K	38,772 K	Host Process for Windows Services
svchost.exe			-Feb-16	20,452 K	36,296 K	Host Process for Windows Services
svchost.exe			-Feb-16	3,992 K	10,744 K	Host Process for Windows Services
svchost.exe			-Feb-16	4,508 K	11,548 K	Host Process for Windows Services
svchost.exe			-Feb-16	126,988 K	9,840 K	Host Process for Windows Services
svchost.exe			-Feb-16	7,876 K	21,528 K	Host Process for Windows Services
svchost.exe			-Feb-16	11,320 K	38,284 K	Host Process for Windows Services
svchost.exe						

Command Line:
C:\WINDOWS\system32\svchost.exe -k LocalService (LocalService)
Services:
COM+ Event System [EventSystem]
Diagnostic Service Host [WdiServiceHost]
Network Store Interface Service [nsi]
Network List Service [netprofm]
Secure Socket Tunneling Protocol Service [SstpSvc]
Windows Font Cache Service [FontCache]
WebClient [WebClient]
WinHTTP Web Proxy Auto-Discovery Service [WinHttpAutoProxySvc]
Windows License Manager Service [LicenseManager]

CPU Usage: 9.92%

图 1-9　默认显示进程树视图

（1）服务承载进程（例如 Svchost.exe）中运行的服务。

（2）任务承载进程（例如 TaskHostw.exe）中运行的任务。

（3）控制面板项和其他功能所用 Rundll32.exe 进程的目标。

（4）承载于 Dllhost.exe 进程内的 COM 类信息（也叫作默认 COM+代理）。

（5）Windows Management Instrumentation（WMI）承载进程，例如 WMIPrvSE.exe 提供的程序信息（WMI 的相关内容参见卷 2 的第 8 章）。

（6）Windows 应用进程（承载 Windows 运行时的进程，见 1.2.1 节中的“Windows 运行时”部分）的软件包信息。

我们可以通过下列操作简要尝试 Process Explorer 的功能。

（1）注意，承载服务的进程默认会以粉色高亮显示，用户启动的进程会以蓝色高亮显示。若要更改颜色设置，可打开 Options 菜单并选择 Configure Colors。

（2）将鼠标指针悬停在进程的映像名称上方，随后可通过工具提示看到完整路径。此外，一些类型的进程会在工具提示中显示额外信息。

（3）打开 View 下拉菜单并选择 Select Columns，随后添加 Image Path 列。

（4）单击 Process 列头对进程排序。注意，随后树形图会消失。（树形图和列排序这两个视图无法共存。）再次单击 Process 列头可从 Z 到 A 逆序排序，第三次单击可切换回树形图。

（5）打开 View 菜单并反选 Show Processes from All Users，即可只显示当前用户的进程。

（6）打开 Options 菜单并选择 Difference Highlight Duration，将数值改为 3s。随后启动一个（任意的）新进程，注意，新进程会以绿色高亮显示，并持续 3s。退出这个新进程，注意，该进程会以红色高亮显示，并持续 3s 后消失。这样可以方便地查看系统中进程的创建和退出。

（7）双击进程并通过不同选项卡查看进程的属性信息。（下文不同实验将详细介绍此处显示的各类信息。）

1.2.4 线程

线程是位于进程中、供 Windows 调度执行的一种实体。如果没有线程，进程的程序将无法运行。线程包含下列基本要素。

（1）代表进程状态的一系列 CPU 寄存器内容。

（2）两个栈：一个供线程在内核模式下执行使用，另一个供线程在用户模式下执行使用。

（3）一个供子系统、运行时库以及 DLL 使用，名为线程本地存储（Thread-local Storage，TLS）的私有存储区域。

（4）一个名为线程 ID 的唯一标识符（该 ID 也是客户端 ID 的一部分，进行 ID 和线程 ID 是从同一个命名空间中生成的，因此绝对不会重叠）。

此外，线程有时也有自己的安全上下文，这也叫作令牌，主要被多线程服务器应用程序用于模仿所服务的客户端的安全上下文。

易失和非易失的寄存器以及私有存储区域组合在一起形成了线程的上下文。由于这些信息在不同架构的计算机上运行的 Windows 中都是不同的，因此从本质上来说，这种结构是和特定架构相关的。Windows 的 GetThreadContext 函数可供我们访问这种与架构有关的信息（也叫作 CONTEXT 块）。此外，每个线程还有自己的栈（由线程上下文中的栈寄存器部分指向）。

将执行过程从一个线程切换至另一个线程需要内核调度器的参与，这可能是一个高开销的操作，尤其是在两个线程需要频繁相互切换时。为了减少开销，Windows 实现了两种机制：纤程（fiber）和用户模式调度（User-mode Scheduling，UMS）线程。

注意　64 位版 Windows 中所运行 32 位应用程序的线程同时包含 32 位和 64 位上下文，并在需要时使用 Wow64（Windows on Windows 64-bit）将应用程序从 32 位模式切换为 64 位模式。这些线程会有两个用户栈和两个 CONTEXT 块，常规的 Windows API 函数会返回 64 位上下文，而 Wow64GetThreadContext 函数会返回 32 位上下文。Wow64 的相关内容参见卷 2 的第 8 章。

1. 纤程

纤程可以让应用程序不借助 Windows 内置的基于优先级的调度机制直接安排自己的线程的执行。纤程通常也可以叫作轻量线程（lightweight thread）。在调度方面，纤程对内核是不可见的，因为纤程是通过 Kernel32.dll 在用户模式下实现的。若要使用纤程，首先需要调用 Windows 的 ConvertThreadToFiber 函数，该函数会将线程转换为运行中的纤程。随后新转换的纤程可通过 CreateFiber 函数创建更多纤程。（每个纤程可以有自己的一组纤程。）但是与线程不同，纤程只有在调用 SwitchToFiber 函数并手动选择之后才能开始执行。新建的纤程将持续运行，直到退出或再次调用 SwitchToFiber 函数并选择运行其他纤程。有关纤程函数的详情可参阅 Windows SDK 文档。

注意　通常不建议使用纤程，因为它们对内核是不可见的。此外还有其他问题，例如由于同一个进程可以运行多个纤程，因此会共享线程本地存储（TLS）。虽然纤程也可以有纤程本地存储（Fiber-local Storage，FLS），但无法避免所有共享问题，并且 I/O 受限的纤程执行性能会非常差。此外纤程无法在多个进程上并发运行，因此仅限对多任务进行协调。大部分情况下，最好让 Windows 内核使用适合任务的不同线程处理调度问题。

2. 用户模式调度线程

用户模式调度（UMS）线程仅适用于 64 位 Windows，提供了与纤程类似的基本用途，但避免了纤程的大部分不足之处。UMS 线程有自己的内核线程状态，因此对内核可见，借此多个 UMS 线程即可发出阻塞的系统调用，并可共享或竞争资源。或者，当两个或更多 UMS 线程需要在用户模式下执行操作时，还可定期切换执行上下文（由一个线程将执行权让给另一个线程），这个过程可在用户模式下进行，无须调度器参与。从内核的角度来看，此时依然运行了相同的内核线程，没有任何变化。当 UMS 线程执行的操作需要进入内核（例如系统调用）时，可切换至它自己的专属内核模式线程（这一过程叫作定向上下文切换，即 directed context switch）。虽然并发的 UMS 线程依然无法通过多个进程运行，但它们符合一种预抢占（pre-emptible）模式，所以并不是完全合作的关系。

虽然线程有自己的执行上下文，甚至一个进程中的每个线程都共享了该进程的虚拟地址空间（以及同属于该进程的其他资源），但一个进程中的所有线程都可完全读写访问该进程的虚拟地址空间。不过线程无法无意中引用到其他进程的地址空间，除非其他进程将自己的部分私有地址空间变成共享内存区（在 Windows API 中这叫作文件映射对象），或者除非一个进程有权打开另一个进程以使用跨进程内存函数，例如 ReadProcessMemory 和 WriteProcessMemory 函数（此时进程必须运行在同一个用户账户下，没有位于 AppContainer 或其他类型的沙箱中，并且除非目标进程有某种保护机制，否则默认即可访问）。

除了私有地址空间和一个或多个线程，每个进程还有自己的安全上下文，以及到文件、共享内存区，或互斥体（mutexes）、事件、信号量等同步对象等内核对象的打开的句柄列表，如图 1-10 所示。

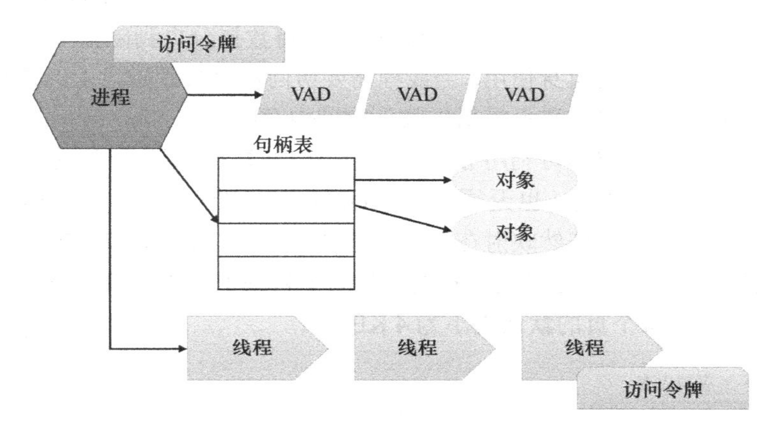

图 1-10 进程及其资源

每个进程的安全上下文存储在一个名为访问令牌的对象中。进程访问令牌包含了进程的安全标识和凭据。默认情况下，线程没有自己的访问令牌，但可获取令牌以便让自己模仿另一个进程（包括远程 Windows 系统中的进程）的安全上下文，这一过程不会影响进程中的其他线程（进程和线程安全性的相关内容参见第 7 章）。

虚拟地址描述符（VAD）是一种数据结构，内存管理器用它追踪进程使用的虚拟地址，详见本书第 5 章。

1.2.5 作业

Windows 为进程模型提供了一种名为“作业”的扩展。作业对象的主要功能是将一组资源作为整体进行管理和操作。作业对象可用于控制某些属性，并对作业所关联的一个或多个进程加以限制。此外还可以为作业关联的所有进程，以及作业所关联但关联之后已经终止的所有进程记录基本的账户信息。在一定程度上，作业对象弥补了 Windows 在结构化进程树上的不足，同时很多时候它比 UNIX 那样的进程树更强大。

注意 Process Explorer 默认可使用棕色显示通过作业管理的进程，但该功能默认未启用（若要启用该功能，可打开 Options 菜单，选择 Configure Colors）。此类进程的属性页还提供了一个 Job 选项卡，可以显示有关作业对象自身的信息。

本书第 3 章将深入介绍进程和作业的内部结构，第 4 章将深入介绍线程和线程的调度算法。

1.2.6　虚拟内存

Windows 实现了一种基于平面（线性）地址空间的虚拟内存系统，让每个进程可以“觉得”自己能够获得一个极大的私有地址空间。虚拟内存为内存提供的逻辑视图可能与物理布局并不一致。在运行时，内存管理器可以（在硬件的协助下）对虚拟地址进行转换，即映射至实际存储了数据的物理地址。通过对保护和映射过程加以控制，操作系统即可确保进程之间不会相互影响，也不会覆写操作系统的数据。

由于大部分系统的物理内存数远少于进程运行过程中所需的虚拟内存总数，内存管理器需要对一些内存内容进行转换，即分页到磁盘上。将数据分页到磁盘上可以将物理内存释放给其他进程或操作系统自身使用。当线程需要访问被分页到磁盘上的虚拟地址时，虚拟内存管理器会将相关信息从磁盘重新加载到物理内存中。

应用程序无须专门调整即可利用分页功能所提供的好处，因为硬件的支持使得内存管理器可以在进程或线程不知道，也无须它们协助的情况下分页。在两个进程所使用的虚拟内存（见图 1-11）中，部分依然映射在物理内存（Physical Memory RAM）中，另一部分则已被分页到磁盘上。注意，连续的虚拟内存块可能被映射到不连续的物理内存块。这些块也叫作页（page），每个页的默认大小为 4 KB。

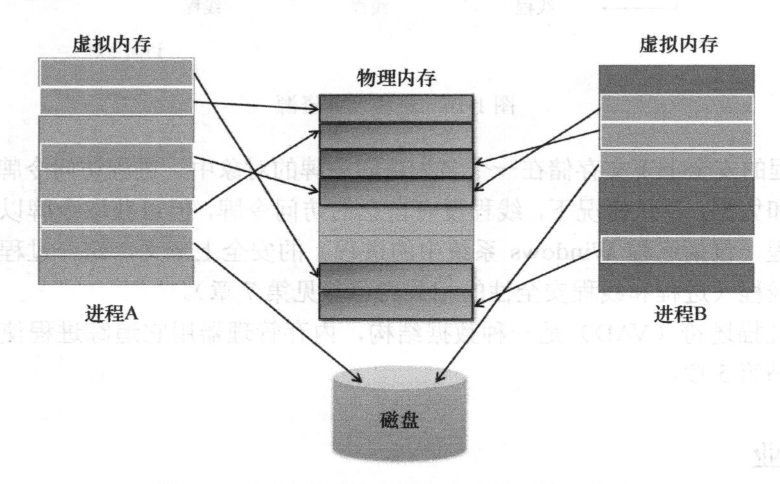

图 1-11　通过分页将虚拟内存映射至物理内存

每种硬件平台的虚拟地址空间大小各异。在 32 位 x86 系统中，虚拟地址空间总数的理论最大值为 4 GB。默认情况下，Windows 会将这一地址空间中较低的一半（从 0x00000000 到 0x7FFFFFFF）分配给进程，作为进程独有的私有存储，并将较高的一半（从 0x80000000 到 0xFFFFFFFF）分配给自己作为受保护的操作系统内存使用。较低一半的映射会通过变化体现当前执行进程的虚拟地址空间，但较高一半的（大部分）映射总是由操作系统的虚拟内存组成的。Windows 支持的启动选项，例如引导配置数据库（详见第 6 章）中的 increaseuserva 修饰符可以让运行带有特殊标记程序的进程最多使用 3 GB 的私有地址空间，仅为操作系统保留 1 GB。（这里的“特殊标记”是指必须在可执行文件映像的头部设置大地址空间感知标记。）该方式可以让数据库服务器等应用程序将大部分数据库内容保留在进程的地址空间中，减少将数据库视图的子集映射至磁盘的需求，进而改善整体运行性能

（不过在某些情况下，系统缺少 1 GB 空间可能导致更严重、影响整个系统的性能问题）。32 位 Windows 支持的两种典型的虚拟地址空间布局如图 1-12 所示。（increaseuserva 选项可以让带有大地址空间感知标记的可执行映像使用介于 2 GB～3 GB 内的任意数量的虚拟内存。）

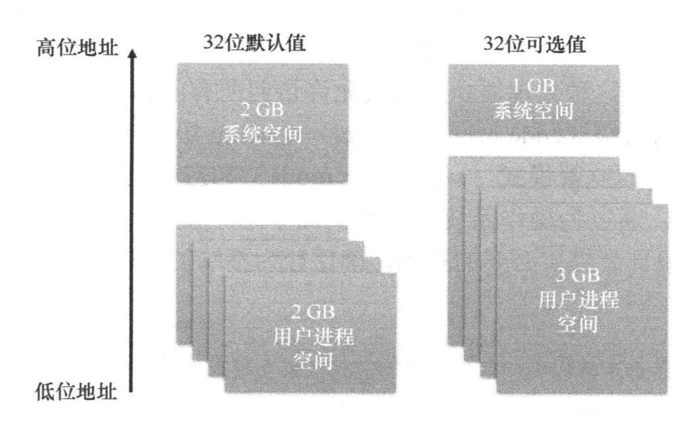

图 1-12 32 位 Windows 支持的两种典型的虚拟地址空间布局

虽然 3 GB 的虚拟地址空间好过 2 GB，但依然不足以映射非常大（数吉比特的规模）的数据库。为了在 32 位系统上解决这一问题，Windows 提供了一种名为地址窗口化扩展（Address Windowing Extension，AWE）的机制，可以让 32 位应用程序最多分配 64 GB 的物理内存，随后将视图或窗口映射至自己的 2 GB 虚拟地址空间中。虽然 AWE 将虚拟内存到物理内存的映射关系的管理负担转移到了开发者身上，但确实满足了直接访问更多物理内存的需求，具体数量甚至超过了 32 位进程地址空间一次可以容纳的上限。

64 位 Windows 为进程提供了更大的地址空间：在 Windows 8.1、Windows Server 2012 R2 以及后续系统中最大可达 128 TB。图 1-13 展示了简化后的 64 位系统地址空间布局结构图（见第 5 章）。注意，这个大小并不代表平台架构自身的局限。64 位系统地址空间是 2 的 64 次方，即 16 EB（1 EB=1024 PB，即 1048576 TB），但目前的 64 位硬件本身存在局限，限制了地址空间的大小。图 1-13 中的未映射区域远远大于已映射区域（在 Windows 8 上大了约 100 万倍），因此该图（远远）不是按比例呈现的。

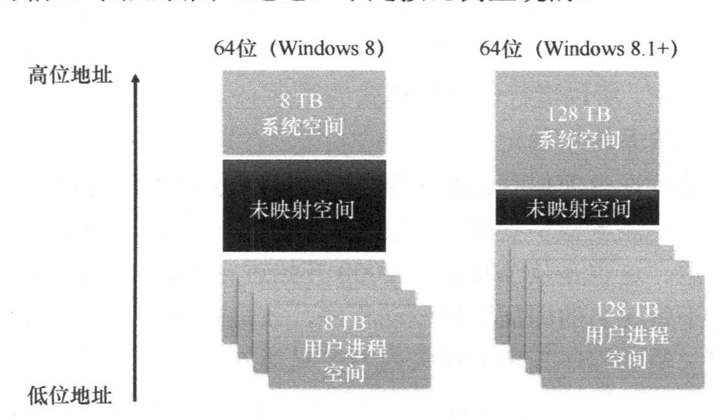

图 1-13 简化后的 64 位系统地址空间布局结构图

有关内存管理器实现的具体细节，包括地址转换的工作原理和 Windows 管理物理内存的方法，请参阅第 5 章。

1.2.7　内核模式和用户模式

为防止用户应用程序访问或修改操作系统的重要数据，Windows 使用了两种处理器访问模式（其实运行 Windows 的处理器可能支持更多模式）：**用户模式和内核模式**。用户应用程序代码运行在用户模式下，而操作系统代码（如系统服务和设备驱动程序）运行在内核模式下。内核模式这种处理器执行模式允许访问所有的系统内存和 CPU 指令。一些处理器会使用**代码特权级**（code privilege level）或 **Ring 级**这样的术语区分不同的模式，但也有处理器使用诸如**监管模式**（supervisor mode）和**应用程序模式**这样的术语加以区分。无论如何称呼，通过为操作系统内核提供高于用户模式应用程序的特权级，处理器可以为操作系统的设计者提供必要的基础，确保行为不端的应用程序不会影响到整个系统的可靠性。

注意　为保护系统代码和数据不被低特权代码无意或恶意覆写，x86 和 x64 处理器架构定义了 4 个特权级（Ring）。Windows 为内核模式使用了特权级 0（Ring 0），为用户模式使用了特权级 3（Ring 3）。Windows 只使用两个特权级，原因在于一些硬件架构，例如目前的 ARM 以及以前的 MIPS/Alpha 仅实现了两个特权级。选择这样的“最低标杆”有助于获得更高效、可移植性更高的架构，尤其是考虑到 x86/x64 架构的其他 Ring 级无法提供与 Ring 0/Ring 3 相同程度的保障和区分。

虽然每个 Windows 进程都有自己的私有内存空间，但是内核模式的操作系统和设备驱动程序代码共享了同一个虚拟地址空间。虚拟内存中的每个页都会通过标签指明处理器必须用哪种访问模式读取或写入该页。系统空间中的内存页只能从内核模式访问，而用户地址空间中的所有页可以从用户模式和内核模式访问。只读页（如包含静态数据的页）在任何模式下都不可写入。此外，对于支持不可执行内存保护功能的处理器，Windows 会将页包含的数据标记为不可执行，这样可以防止疏忽或恶意代码在数据区域中执行[前提是数据执行保护（Data Execution Prevention，DEP）功能已启用]。

对于在内核模式下运行的组件，Windows 对它们使用的私有读/写系统内存不提供任何保护。换句话说，一旦处于内核模式，操作系统和设备驱动程序代码就可以完整访问系统空间内存，并可绕过 Windows 安全机制访问各种对象。因为 Windows 操作系统有大量代码运行在内核模式下，所以运行于内核模式的组件必须仔细设计和测试，以确保不会违反系统安全机制或导致系统不稳定。

这种缺乏保护的特性也使得我们在加载第三方设备驱动程序时需要更加慎重，尤其是第三方设备驱动程序不包含数字签名，因为一旦进入内核模式，驱动程序就可以完整访问操作系统的所有数据。这也是从 Windows 2000 开始进行驱动程序签名机制的原因之一。如果用户试图安装不带签名的即插即用驱动程序，该机制会警告（如果修改了默认设置，还可以阻止）用户（驱动程序签名的相关内容参见第 6 章），但该机制不会影响其他类型的驱动程序。此外还有一种名为驱动程序验证程序的机制可以帮助设备驱动程序开发者查找 bug，例如可能导致安全或稳定性问题的缓冲区溢出和内存泄露（第 6 章也介绍了驱动程序验证程序）。

在 64 位和 ARM 版本的 Windows 8.1 中，内核模式代码签名（Kernel Mode Code Signing,

KMCS）策略会要求所有设备驱动程序（不光是即插即用驱动程序）必须包含数字签名，且签名所用的加密密钥必须来自大型证书颁发机构。用户无法明确强制安装不包含签名的驱动程序，哪怕以管理员身份也无法安装。然而这其中存在一个例外：该限制可手动禁用。这是为了让开发者自行签名并测试驱动程序，但这种模式下的桌面墙纸会带有“测试模式”字样的水印，同时某些数字化版权管理（Digital Rights Management，DRM）功能会被禁用。

在 Windows 10 中，微软还实现了更重大的改动，这一改动会在 Windows 10 首发一年后通过 7 月年度更新（版本 1607）强制应用。从这次更新开始，所有新的 Windows 10 驱动程序必须使用两家指定证书颁发机构之一提供的证书进行数字签名，同时必须使用 SHA-2 扩展验证（Extended Validation，EV）硬件证书，不能继续使用基于文件的普通 SHA-1 证书及其 20 个授权。一旦进行 EV 签名，硬件驱动程序必须通过 System Device（SysDev）门户提交给微软并进行认证签名（attestation signing），借此驱动程序将获得微软的数字签名。因此内核将只接受带有微软签名的 Windows 10 驱动程序，除了前文提到的测试模式外全无例外。在 Windows 10（2015 年 7 月）发布之前签名的驱动程序可以继续使用普通签名加载，至少目前还允许。

对于 Windows Server 2016，这个操作系统采取了更严格的要求。在前文提到的 EV 要求的基础上，仅仅提供认证签名还不够。如果服务器系统要加载 Windows 10 驱动程序，驱动程序必须通过严格的 Windows 硬件质量实验室（Windows Hardware Quality Labs，WHQL）认证。这一认证已包含在硬件兼容性工具包（Hardware Compatibility Kit，HCK）中，目前已可接受正式评估。只有包含 WHQL 签名的驱动程序（对系统管理员来说，这样的驱动程序在兼容性、安全性、性能和可靠性方面更有保障）可以在此类系统中加载。总而言之，减少允许载入内核模式内存的第三方驱动程序数量有助于大幅提升系统的稳定性和安全性。

某些供应商、平台甚至企业配置的 Windows 可以配置任意数量的此类定制化签名策略，例如可以使用 Device Guard 技术，我们会在 7.3.2 节简要介绍该技术。因此哪怕对于 Windows 10 客户端系统，企业也可能需要 WHQL 签名的驱动程序，否则可能需要忽略 Windows Server 2016 对这一属性的需求。

第 2 章会提到，用户应用程序在调用系统服务时，必须从用户模式切换至内核模式。例如，Windows 的 ReadFile 函数最终需要调用 Windows 中实际负责从一个文件中读取数据的内部例程。由于该例程需要访问内部的系统数据结构，因此必须运行在内核模式下。此时可以使用一个专门的处理器指令触发器从用户模式切换至内核模式，借此让处理器进入内核中的系统服务分发代码。随后需要调用 Ntoskrnl.exe 或 Win32k.sys 中相应的内部函数。在将控制权返回给用户线程前，处理器模式会重新切换到用户模式。这样操作系统就可以保护自己及其数据不被用户进程读取和修改。

注意 从用户模式到内核模式（以及反向的）的切换严格来说不会影响线程的调度。模式转换并非上下文切换。系统服务分发的相关内容参见第 2 章。

因此，在用户线程的完整执行过程中，部分时间处于用户模式、部分时间处于内核模式是正常现象。实际上，由于图形和窗口系统的大部分时间也运行在内核模式下，因此图形密集型应用程序处于内核模式的时间远远超过处于用户模式的时间。这个特性很好测试：运行微软画图等图形密集型应用程序，并使用表 1-3 列出的某个性能计数器观察该程序在用户模式和内核模式下的时间分配。更高级的应用程序也许会使用其他新技术，如 Direct2D 和 DirectComposition，这些技术可以在用户模式下执行大部分计算，只将原始的画面数据发送到内核，借此减少在用户和内核模式之间切换所需的时间。

表 1-3　与不同模式有关的性能计数器

对象：计数器	功能
Processor: % Privileged Time	在指定间隔内，单个 CPU（或所有 CPU）在内核模式下运行的时间所占百分比
Processor: % User Time	在指定间隔内，单个 CPU（或所有 CPU）在用户模式下运行的时间所占百分比
Process: % Privileged Time	在指定间隔内，进程中的线程在内核模式下运行的时间所占百分比
Process: % User Time	在指定间隔内，进程中的线程在用户模式下运行的时间所占百分比
Thread: % Privileged Time	在指定间隔内，线程在内核模式下运行的时间所占百分比
Thread: % User Time	在指定间隔内，线程在用户模式下运行的时间所占百分比

实验：内核模式和用户模式

我们可以使用性能监视器查看系统分别在内核模式和用户模式下执行花了多少时间。其具体步骤如下。

（1）在 Start 菜单中输入 Run Performance Monitor（输入完成前应该就可以显示出建议）启动性能监视器。

（2）在左侧树形图中的 Performance/Monitoring Tools 下选择 Performance Monitor 节点。

（3）若要删除显示 CPU 运行总时间的默认计数器，可单击工具栏上的 Delete 按钮，或按 Delete 键。

（4）单击工具栏上的 Add 按钮。

（5）展开 Processor Monitor 选项，单击% Privileged Time 计数器，随后在按住 Ctrl 键的同时单击% User Time 计数器。

（6）单击 Add 按钮，然后单击 OK 按钮。

（7）打开命令提示符窗口，输入 dir \\%computername%\c$ /s，对 C 盘进行目录扫描，如图 1-14 所示。

（8）操作完成后关闭该工具。

我们也可以通过任务管理器快速查看相关信息。选择 Performance 选项卡，右击 CPU 图表，并在弹出的菜单中选择 Show Kernel Times，随后 CPU 用量图会通过浅蓝色阴影显示内核模式使用的 CPU 时间。

若要查看性能监视器自己对内核时间和用户时间的使用量，可再次运行该工具，但这次为系统中的每个进程添加进程计数器% User Time 和% Privileged Time。

（1）如果尚未运行，请再次启动性能监视器。（如果已经运行，可右击图表区域并选择 Remove All Counters，将其恢复为空白界面。）

（2）单击工具栏上的 Add 按钮。

（3）在可用计数器选区中展开 Process 选项。

（4）选择% Privileged Time 和% User Time 计数器。

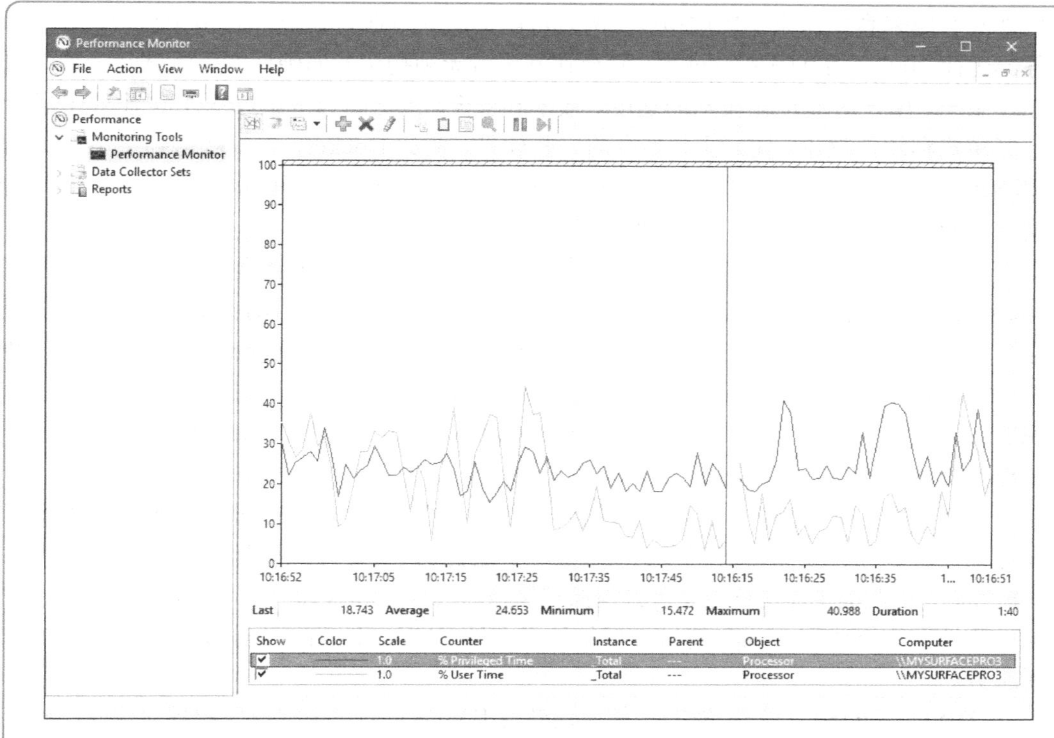

图 1-14 对 C 盘进行目录扫描

（5）在实例对话框中选中几个进程（如 mmc、csrss 和 Idle）。

（6）单击 Add 按钮，随后单击 OK 按钮。

（7）快速来回移动鼠标指针。

（8）按快捷键 Ctrl+H 打开高亮模式，随后选中的计数器将以黑色线条显示。

（9）滚动到计数器列表尾部，找出在移动鼠标指针时线程正运行的进程，并留意它们是运行在用户模式还是内核模式。

移动鼠标指针时，应该可以在性能监视器中看到，mmc 进程的实例列对应的内核模式和用户模式时间都有所增加。这是因为该进程的应用程序代码是在用户模式下执行的，但需要调用运行在内核模式的 Windows 函数。此外还可以看到，移动鼠标指针的同时，csrss 进程会产生内核模式的线程活动，这是因为负责处理键盘和鼠标输入的 Windows 子系统的内核模式原始输入线程实际上是附加到该进程的。（有关系统线程和子系统的详细信息可参阅第 2 章。）最后，还可以看到 Idle 进程将近 100%的时间都用在了内核模式，但这并不是一个真正的进程，而是一个用于统计 CPU 空闲周期的假进程。从 Idle 进程的线程运行模式可以看到，当 Windows 不执行任何操作时，它将运行在内核模式下。

1.2.8 虚拟机监控程序

近些年，应用程序和软件开发模式方面有了很大变化，例如云服务的出现和无处不在的物联网设备。这些新趋势推动着操作系统和硬件供应商必须设法以更高效的方式通过宿主机硬件实现来宾操作系统的虚拟化，例如可能需要通过服务器场托管多个租户，用一台服务器运行 100 个相互隔离的网站，甚至让开发者无须购买专属硬件即可测试几十种不同的操作系统。用户对虚拟化技术的速度、效率和安全性提出了更高的要求，进而催生了新的计算模式和软件理论。实际上，当今的一些软件，例如 Docker，本身就得到了 Windows 10 和 Server 2016 的支持，可以运行在容器中，进而获得全面隔离的虚拟机环境，借此运行同一个应用程序栈或框架来实现来宾/宿主机模式的革新。

为了提供此类虚拟化服务，几乎所有现代化的解决方案都会用到虚拟机监控程序（hypervisor），这是一种特殊的高特权组件，可对计算机的所有资源，从虚拟内存和物理内存到设备中断，甚至到 PCI 和 USB 设备实现虚拟化和隔离。Hyper-V 就是这样的一种虚拟机监控程序，Windows 8.1 以及后续版本中的 Hyper-V 客户端功能就是通过这项技术实现的。该技术的其他竞争产品，例如 Xen、KVM、VMware 和 VirtualBox 也都实现了自己的虚拟机监控程序，并且各有优劣。

由于高特权的本质特征和能够比系统内核获得更广泛的访问权，虚拟机监控程序除了可以运行其他操作系统组成的多个来宾实例外，还提供了另一个重要价值：保护并监视单一主机实例，借此提供比内核更完善的担保和保障。在 Windows 10 中，微软就使用 Hyper-V 虚拟机监控程序提供了一系列基于虚拟化的安全性（Virtualization Based Security，VBS）的新服务。

- **Device Guard（设备防护）**。相比仅使用 KMCS，通过虚拟机监控程序代码完整性（HVCI）可提供更强大的代码签名保证，并可对 Windows 操作系统的用户模式和内核模式代码提供定制的签名策略。
- **Hyper Guard（超防护）**。可保护与内核及虚拟机监控程序有关的重要数据结构和代码。
- **Credential Guard（凭据防护）**。可防止未经授权访问域账户的凭据和密文，并可与生物验证机制配合使用。
- **Application Guard（应用程序防护）**。可为 Microsoft Edge 浏览器提供更强大的沙箱机制。
- **Host Guardian（主机保护者）和 Shielded Fabric（受防护的构造）**。可借助虚拟 TPM（v-TPM）保护虚拟机，防范来自基础设施的威胁。

另外，Hyper-V 虚拟机监控程序还可针对漏洞以及其他类型的攻击提供重要的内核级缓解措施。所有这些技术最重要的优势在于，与以往基于内核的安全措施不同，这些技术更不易于受到恶意或质量不佳的驱动程序（无论驱动程序是否带有数字签名）的威胁。因此面对日新月异的攻击方式，这些功能的适应性更强。这一切要归功于虚拟机监控程序所实现的虚拟信任级别（Virtual Trust Level，VTL）。由于常规操作系统及其组件都运行在 VTL 0（较低特权）模式下，但这些 VBS 技术运行在 VTL 1（更高特权）模式下，因此就算在内核模式下运行的代码也不会威胁到这些技术。因此，相关代码会在 VTL 0 特权空间中获得妥善保护。对于这种方式，可以将 VTL 看作与处理器的特权级别形成了正交关系：内核模式和用户模式都位于自己的 VTL 中，虚拟机监控程序负责管理不同 VTL 的特权。本书第 2 章将进一步介绍得到虚拟机监控程序辅助的系统架构，第 7 章将详细介绍这些 VBS 安全机制。

1.2.9 固件

Windows 组件对操作系统和系统内核的安全程度的依赖性与日俱增，而系统内核的安全性取决于虚拟机监控程序所提供的保护。那么这就会产生一个问题：如何确保虚拟机监控程序组件可以安全地加载并验证其内容。通常这是启动加载程序（boot loader）的职责，但启动加载程序本身也需要获得同等程度的验证检查，导致不同组件间的信任关系日趋复杂。

那么又该如何通过根信任链保证启动过程是可靠且不受影响的？在现代化的 Windows 8 和后续系统中，这是通过系统固件实现的，但前提是必须使用基于 UEFI 且获得了认证的系统。作为 Windows 的一项规定，同时也是 UEFI 标准的一部分，必须通过安全启动对与启动有关的软件的签名质量提供强保证和要求。通过这样的验证过程，即可确保从启动过程的一开始，Windows 组件就能以安全的方式加载。此外诸如受信任平台模块（Trusted Platform Module，TPM）等技术也可以度量整个启动过程，并提供相应的证明（本地或远程证明）。通过业内合作，微软负责解决 UEFI 安全启动组件中有关启动软件出错或被攻陷的黑、白名单的问题，同时 Windows Update 现在也可以提供固件更新。虽然有关固件的介绍要留在卷 2 第 11 章介绍，但在此至少有必要通过这些技术所能提供的保障，理解它们对现代化 Windows 架构起到的重要作用。

1.2.10 终端服务和多会话

终端服务是指 Windows 通过一个系统为多个交互式用户会话提供支持的能力。远程用户可以借助 Windows 终端服务在其他计算机上建立会话，登录服务器并运行应用程序。随后服务器会将图形用户界面（Graphical User Interface，GUI）传输给客户端（以及其他可配置的资源，如音频和剪贴板），客户端会将用户输入回传给服务器。（类似于 X Window 系统，Windows 允许在服务器系统上运行特定应用程序，并将显示画面传输给远程客户端，但不需要将整个桌面传输到远端。）

第一个会话通常是服务会话，即会话 0，其中包含系统服务承载进程（详见卷 2 第 9 章）。在计算机上通过控制台物理登录建立的第一个会话是会话 1，随后可通过远程桌面连接程序（Mstsc.exe）或快速用户切换功能建立更多会话。

Windows 客户端版本只允许一个远程用户连接到计算机，如果连接时已经有人登录控制台，则工作站会被锁定。也就是说，谁都可以通过本地或远程的方式使用计算机，但不能同时使用。包含 Windows Media Center 的 Windows 版本可允许一个交互式会话以及最多 4 个 Windows Media Center 扩展器会话。

Windows 服务器系统支持两个并发远程连接。这是为了便于进行远程管理，例如所用的管理工具可能要求用户登录到被管理的计算机。如果具备必要的许可并且配置为终端服务器，则可支持更多远程会话。

所有 Windows 客户端版本可支持多个会话，这些会话可在本地通过名为快速用户切换的功能创建，但一次只能使用一个会话。当用户选择断开自己的会话而不是注销时（例如打开 Start 菜单，单击当前用户，然后在子菜单中单击 Switch Account，或在按住 Windows 键的同时按 L 键，然后从屏幕底部中间选择另一个账户），当前会话（即会话中运行的所有进程，以及用于描绘该会话的所有进程级数据结构）依然会在系统中保持活跃，此时系统会返回登录界面（如果尚不位于该界面的话）。如果是新用户登录，随后将创建一个新的会话。

对于希望感知自己是否在终端服务会话中运行的应用程序，可以通过一系列 Windows API 以编程的方式检测，并能对终端服务的不同方面进行控制。（详情可参阅 Windows SDK 文档和远程桌面服务 API。）

本书第 2 章将简要介绍会话的创建方式，并通过几个实验告诉大家如何使用包括内核模式调试器在内的各种工具查看会话信息。卷 2 第 8 章将介绍系统对象名称空间是如何以会话为基础建立实例的，以及应用程序如何才能知道自己在同一个系统中是否运行有其他实例。最后，本书第 5 章将介绍内存管理器如何建立并管理会话数据。

1.2.11 对象和句柄

在 Windows 操作系统中，**内核对象**是指某个静态定义的对象类型的单个运行时实例。**对象类型**由一个系统定义的数据类型、针对该数据类型执行操作的函数，以及一组对象属性构成。如果需要开发 Windows 应用程序，可能会遇到很多概念，例如进程、线程、文件、事件对象等。这些对象都是基于 Windows 创建和管理的底层对象。在 Windows 中，**进程**实际上是进程对象类型的实例，文件是文件对象类型的实例，以此类推。

对象属性是对象中的数据字段，这些字段定义了对象的部分状态。例如，进程类型的对象就会通过属性包含进程 ID、基本调度优先级，以及访问令牌对象的指针。**对象方法**是指操作对象的手段，通常可用于读取或更改对象属性。例如，某个进程的 Open 方法可接受进程标识符作为输入，并将返回到对象的指针作为输出。

注意 使用内核对象管理器创建对象时，调用方需要提供一个名为 ObjectAttribute 的参数，该参数与本书中一般意义上的“对象属性”其实是两回事。

对象和普通数据结构之间最本质的差异在于对象的内部结构是不透明的。我们必须调用对象服务才能获得对象中存储的数据，或将外部数据放入对象，而不能直接读取或更改对象内部的数据。这个差异将对象的底层实现与单纯只是使用这些对象的代码有效地区分开了，借此就可以随时很轻松地更改对象的具体实现。

借助对象管理器这个内核组件，对象拥有可以方便地完成下列四大重要操作系统任务的能力。

- 为系统资源提供易于理解的名称。
- 跨越进程共享资源和数据。
- 保护资源免遭未经授权的访问。
- 引用跟踪，借此系统可以识别某个对象什么时候不再使用，以便自动释放。

Windows 操作系统中并非所有数据结构都是对象。只有需要共享、保护、命名或（通过系统服务）对用户模式程序可见的数据才有必要放在对象中。只由操作系统的一个组件来实现内部函数的数据结构不能叫作对象。对象和句柄（指向对象的引用）将在卷 2 第 8 章详细介绍。

1.2.12 安全性

Windows 从设计之初就充分考虑了安全性，可满足政府与业界各类正式的安全评级需求，如 Common Criteria for Information Technology Security Evaluation（CCITSE）规范。达到政府认可的安全评级，可以让操作系统在相关领域内更有竞争力。当然，其中的很多功能能为任何多用户系统带来好处。

Windows 的核心安全功能包括以下几个方面。

- 为文件、目录、进程、线程等所有可共享的系统对象提供酌情决定（按需获知）并且强制应用的保护。
- 针对主体或用户，以及他们发起的操作执行安全审核与问责。
- 登录时的用户身份验证。
- 防止用户未经授权访问其他用户已经撤销分配的资源，例如空闲内存或磁盘。

Windows 针对对象提供了 3 种形式的访问控制。

- **酌情决定的访问控制**。大多数人在想到操作系统的安全性时，首先会想到这种保护机制。通过这种方法，对象（例如文件或打印机）的所有者可以允许或拒绝他人访问。用户登录时可以获得一系列的安全凭据，也叫作安全上下文。当用户试图访问某个对象时，系统会将他们的安全上下文与所要访问对象的访问控制列表进行对比，进而判断该用户是否有权执行所请求的操作。在 Windows Server 2012 和 Windows 8 中，这种酌情决定的控制机制还通过基于属性的访问控制（也叫作动态访问控制）进一步加强。不过资源的访问控制列表并不一定要识别个别用户和组，还可以识别允许访问资源所需具备的属性或声明，例如“许可级别：顶级机密”或“资历：10 年”。通过借助 Active Directory 解析 SQL 数据库和架构自动获得这样的属性，这种更优雅、灵活的安全模型可以帮助组织摆脱手动管理组以及组层次结构的烦琐工作。
- **特权访问控制**。在酌情决定的访问控制无法完全满足需求时，这也是种必要机制。这种方法可以确保在所有者不可用时，他人依然可以访问受保护的对象。例如，如果某位员工离职，管理员需要通过某种方式访问以前只能被该员工访问的文件，此时管理员可以在 Windows 中获取文件的所有权，随后即可按需管理文件的访问权。
- **强制完整性控制**。如果需要为同一个用户账户访问的受保护对象提供额外的安全控制，此时就需要使用这种机制。很多技术都用到了这一机制，例如为 Windows 应用提供的沙箱机制（参阅下文讨论），通过用户配置为受保护模式的 Internet Explorer（以及其他浏览器）提供隔离，以及保护提权后的管理员账户创建的对象不被未经提权的管理员账户访问等（有关用户账户控制的详情可参阅第 7 章）。

从 Windows 8 开始，系统会使用一种名为 AppContainer 的沙箱承载 Windows 应用，这种技术可以在不同 AppContainer 之间，以及 AppContainer 与非 Windows 应用进程之间实现隔离。AppContainer 中的代码可以通过 Broker（使用用户凭据运行的未隔离进程）通信，有时候还可以与其他 AppContainer 或进程通过 Windows 运行时所提供的完善定义的协定通信。例如 Microsoft Edge 浏览器就是一个完全符合这些措施的例子，它运行在 AppContainer 中，因此可防止自己边界范围内运行的恶意代码，从而提供更好的保护。此外第三方开发者也可以通过类似方法，利用 AppContainer 隔离自己开发的非 Windows 应用类型的应用程序。相比传统编程范式，AppContainer 模型有了巨大变化，从传统的多线程单进程的应用程序实现转变为多进程的实现。

Windows API 接口全面融入了各种安全机制。Windows 子系统通过与操作系统类似的做法实现了基于对象的安全模型：为共享的 Windows 对象设置 Windows 安全描述符，防止未经授权访问。当应用程序首次试图访问一个共享对象时，Windows 子系统会验证应用程序的权限。如果安全检查通过，Windows 子系统将允许应用程序继续访问。

有关 Windows 安全性的详细介绍请参阅第 7 章。

1.2.13 注册表

只要用过 Windows 操作系统，那么肯定听说过甚至使用过注册表。谈到 Windows 内部原理免不了会提到注册表，因为注册表这个系统数据库中包含了启动和配置系统必需的信息、控制 Windows 运行的系统级软件设置、安全数据库，以及要使用的屏幕保护程序等每个用户配置信息。注册表还为内存中的易失数据提供了访问接口，例如系统当前的硬件状态（加载了哪些设备驱动程序、驱动程序使用了哪些资源等）。此外还有 Windows 性能计数器。性能计数器实际上并不真正位于注册表中，但可通过注册表函数访问（其实还有一个更新、更好用的 API 可用来访问性能计数器）。有关如何通过注册表访问性能计数器的详细信息可参阅卷 2 第 9 章。

虽然很多 Windows 用户和管理员永远不需要直接面对注册表（因为大部分配置选项都可通过标准的管理工具查看或更改），但注册表依然是一个很实用的 Windows 内部信息来源，其中包含了很多可以影响系统性能和行为的设置。本书在介绍不同系统组件时，也会涉及相关注册表键的介绍。本书涉及的大部分注册表键都位于系统级的配置根键 HKEY_LOCAL_MACHINE 下，该根键通常可简称为 HKLM。

警告 直接更改注册表设置时必须非常小心，任何改动都可能对系统性能产生不利影响，甚至可能导致系统无法正常启动。

有关注册表及其内部结构的详细信息请参阅卷 2 第 9 章。

1.2.14 Unicode

Windows 与大部分其他操作系统有一个巨大的不同：Windows 中大部分内部文本字符串是以 16 位宽的 Unicode 字符串（从技术上来看其实使用了 UTF-16LE，本书中提到的“Unicode”若无另行说明均指 UTF-16LE）存储和处理的。Unicode 是一种国际化的字符集标准，为全世界大部分已知字符集定义了唯一值，可为每种字符提供 8 位、16 位，甚至 32 位的编码。

由于很多应用程序处理的是 8 位（单字节）的 ANSI 字符串，因此很多 Windows 函数可通过两个入口点接受字符串参数：一个 Unicode（16 位宽字符）版本，以及一个 ANSI（8 位窄字符）版本。如果调用窄字符版本的 Windows 函数，则可能会对性能有微弱影响，因为输入的字符串参数需要先转换为 Unicode，然后才能被系统处理，并将输出参数从 Unicode 转换为 ANSI，最后才返回给应用程序。因此，如果需要在 Windows 上运行老版本的服务或代码，但相关代码是使用 ANSI 字符串编写的，Windows 会将 ANSI 字符转换为 Unicode 以供自己使用。然而 Windows 绝对不会转换文件内部的数据，需要由应用程序决定数据需要存储为 Unicode 还是 ANSI 的形式。

无论什么语言，任何版本的 Windows 都包含相同的函数。但 Windows 并未提供不同语言的版本，而是使用了一套全球统一的二进制代码，因此一次安装即可支持多种语言（需要额外安装语言包）。应用程序也可以利用同一套 Windows 函数，让同一份全球统一的应用程序二进制代码支持多种语言。

注意 旧的 Windows 9x 操作系统无法原生支持 Unicode。而这也是为函数创建 ANSI 和 Unicode 两个版本的另一个原因。例如，Windows API 函数 CreateFile 根本不是函数，而是一种可扩展为 CreateFileA（ANSI）或 CreateFileW [Unicode，其中“W”代表“Wide”（宽）] 两个函数的宏。具体扩展为哪一个取决于一个名为 UNICODE 的编译常数。该常数默认是在 Visual Studio C++项目中定义的，因为 C++在使用 Unicode 函数时可以获得更多好处。然而也可以使用显式函数名称代替相应的宏。下列实验将展示函数之间的这种配对关系。

实验：查看导出的函数

在这个实验中，我们将使用 Dependency Walker 工具查看 Windows 子系统 DLL 导出的函数。

（1）下载 Dependency Walker。如果使用 32 位系统，请下载 32 位版本的 Dependency；如果使用 64 位系统，请下载 64 位版本的 Dependency。随后将下载的 ZIP 文件解压缩到方便的位置。

（2）运行该工具（depends.exe），随后打开 File 菜单并选择 Open，浏览到 C:\Windows\System32 目录（假设 Windows 安装在 C 盘），选中 kernel32.dll 文件并单击 Open 按钮。

（3）Dependency Walker 可能会显示一条警告信息，忽略即可。

（4）出现一系列横向和纵向分隔的视图，然后在左上角的视图中选中 kernel32.dll。

（5）留意顶部右侧的第二个视图，该视图列出了 kernel32.dll 导出的所有可用函数。单击 Function 列表头按照名称对函数排序。随后找到 CreateFileA 函数，还可以在下方较近的位置找到 CreateFileW 函数，如图 1-15 所示。

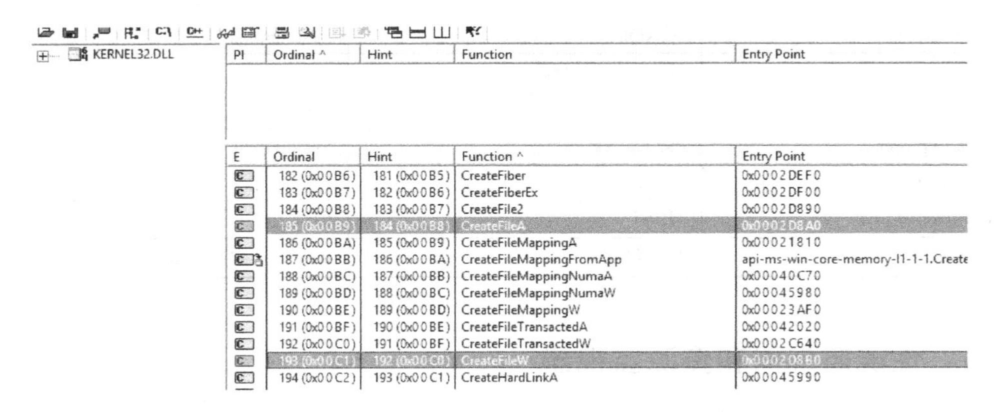

图 1-15 找到 CreateFileW 函数

（6）从图 1-15 可知，大部分函数至少包含一组针对两种字符串类型成对出现的函数，如 CreateFileMappingA/W、CreateFileTransactedA/W、CreateFileMappingNumaA/W 函数。

（7）可以滚动列表查看其他函数，也可以打开其他系统文件查看，例如 user32.dll 和 advapi32.dll。

注意　Windows 中基于 COM 的 API 通常使用 Unicode 字符串，有时可表示为 BSTR。这实际上是一种空值终止（null-terminated）的 Unicode 字符数组，字符串长度以字节为单位存储在内存中字符数组开始位置的前 4 字节处。Windows 运行时 API 只使用 Unicode 字符串，可表示为 HSTRING，这是一种不可变的 Unicode 字符数组。

有关 Unicode 的详情可参阅 Unicode 官方网站，以及 MSDN Library 中的编程文档。

1.3　深入了解 Windows 内部原理

虽然本书的很多内容源自阅读 Windows 源代码，以及与开发者的交流，但这些内容也不能尽信。有关 Windows 内部原理的很多细节可以使用各种工具了解并证实，例如 Windows 自带的工具以及 Windows 调试工具。下文将简要介绍这些工具。

为了鼓励大家探索 Windows 内部原理，我们会在书中安排不同的"实验"，向大家介绍探索 Windows 内部行为的操作步骤。（前文已经包含了几个这样的实验了。）建议大家亲自执行这些操作，亲自体验本书涉及的各种内部细节。

表 1-4 列出了本书主要使用的各类工具以及它们的来源。

表 1-4　探索 Windows 内部原理需要用到的工具及其来源

工具	映像名	来源
Startup Programs Viewer	AUTORUNS	Sysinternals
Access Check	ACCESSCHK	Sysinternals
Dependency Walker	DEPENDS	—
Global Flags	GFLAGS	调试工具
Handle Viewer	HANDLE	Sysinternals
Kernel debuggers	WINDBG、KD	WDK、Windows SDK
Object Viewer	WINOBJ	Sysinternals
性能监视器	PERFMON.MSC	Windows 自带工具
Pool Monitor	POOLMON	WDK
Process Explorer	PROCEXP	Sysinternals
Process Monitor	PROCMON	Sysinternals
Task (Process) List	TLIST	调试工具
任务管理器	TASKMGR	Windows 自带工具

1.3.1　性能监视器和资源监视器

本书中经常用到的性能监视器可以从控制面板中的"管理工具"文件夹启动，或直接在运行对话框中输入 perfmon 启动。我们主要会用到性能监视器和资源监视器。

注意　性能监视器有 3 个主要功能：监视系统、查看性能计数器日志、设置警报（使用数据收集器集，其中也包含了性能计数器日志以及数据追踪和配置功能）。简化起见，在提到性能监视器时，实际是指该工具中的系统监视功能。

相比其他工具，性能监视器可提供更多有关系统运行情况的信息。该工具针对各种对象提供了数百种基本计数器和扩展计数器。对于本书涉及的每个主要计数器类别，都提供了相关 Windows 性能计数器表格。性能监视器还为每个计数器提供了简单描述。如果要查看描述信息，可在添加计数器窗口中选中一个计数器，然后选中 Show Description 选项。

本书涉及的所有底层系统监视都可通过性能监视器完成，而 Windows 提供的资源监视器工具（可通过 Start 菜单或任务管理器的 Performance 选项卡启动）可以显示 CPU、Disk、Network 和 Memory 这 4 种主要资源的使用情况。在基本状态下，针对这些资源显示的信息与通过任务管理器看到的类似，不过资源监视器还可扩展显示更丰富的信息。例如，图 1-16 所示的是资源监视器提供的一个典型视图。

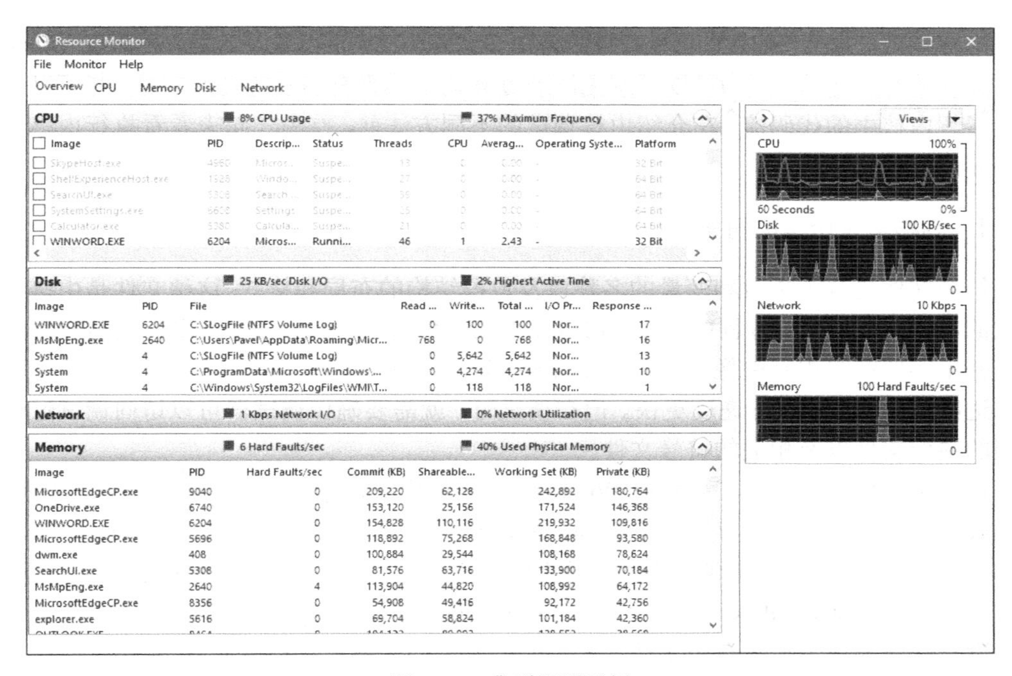

图 1-16 典型视图示例

展开之后的 CPU 选项卡可以像任务管理器那样显示每个进程的 CPU 用量信息。不过这里还提供了一个代表平均 CPU 用量的列，借此可以更好地了解哪些进程最为活跃。CPU 选项卡还会分别显示每个服务以及相关的 CPU 用量和平均值。每个服务承载进程可通过所承载的服务组加以区分。与 Process Explorer 类似，选中一个进程（选中相应的选项）即可显示该进程打开的命名句柄列表，以及进程地址空间中所加载的模块（如 DLL）列表。此外还可以使用搜索句柄框搜索哪个进程打开了到特定资源的句柄。

Memory 选项卡显示了与任务管理器大致相同的信息，不过所有信息针对整个系统进行了整理。物理内存柱状图按照为硬件保留的内存、使用中的内存、已修改的内存、备用内存以及可用内存分别显示了物理内存的当前使用情况。有关这些术语的具体含义可参阅第 5 章。

Disk 选项卡显示了每个文件的 I/O 信息，借此可以轻松识别出系统中访问最频繁、执行写入操作最多，或读取操作最多的文件。这些结果还可以进一步按照每个进程查看。

Network 选项卡显示了活跃网络连接、拥有这些网络连接的进程、通过连接传输的数据总量。这些信息可以帮助我们了解难以通过其他方式得知的后台网络活动。此外这里还可以显示系统中的活跃 TCP 连接，并可按照进程加以整理，其中包括远程与本地的端口和地址、包延迟等信息。最后，这里还可以显示每个进程正在监听的端口，管理员可以通过这些信息看到哪些服务或应用程序正在等待来自特定端口的连接。针对每个端口和进程配置的协议和防火墙策略也会显示在这里。

注意　所有 Windows 性能监视器可以通过编程的方式访问。详情请在 MSDN 文档中搜索“性能计数器”。

1.3.2　内核调试

内核调试是指检查内部的内核数据结构和/或跟踪内核中的函数。这是一种探查 Windows 内部原理的有效方法，因为可以了解无法通过其他工具查看的系统内部信息，并可以更清晰地了解内核中的代码流。在介绍内核调试的不同方法前，首先一起来看看执行内核调试时需要用到的文件。

1. 内核调试所需的符号

符号文件包含了函数和变量的名称以及数据结构的布局和格式。这种文件是由链接器生成的，在进行调试的过程中，调试器可以使用它们引用和显示这些名称。通常来说这些信息并不存储在二进制映像中，因为代码的执行并不需要这些信息。不包含这些信息可以让二进制文件更小，运行速度更快。但在调试时，就需要确保调试器可以访问调试过程中引用的映像文件以及相关的符号文件。

在使用任何内核调试工具检查 Windows 内核的内部数据结构（如进程列表、线程块、已加载驱动程序列表、内存用量信息等）前，至少必须为内核映像 Ntoskrnl.exe（有关该文件的详情参见 2.3 节）提供恰当的符号文件。符号文件必须与所用映像的版本完全匹配。举例来说，如果为 Windows 安装的某个 Service Pack 或热修复程序更新了内核，那么就必须提供相匹配的更新后的符号文件。

虽然可以为不同版本的 Windows 下载并安装符号文件，但并非总能针对每个热修复程序获得新版符号文件。为调试工作提供正确版本的符号文件，最简单的做法是使用微软提供的按需获取符号服务器，为此只需在调试器中使用一个特殊的语法来指定符号路径即可。例如，下列符号路径可以让调试器工具通过互联网上的符号服务器获取所需符号，并将其存储在本地 C:\symbols 文件夹中。

```
srv*c:\symbols*
```

2. Windows 调试工具

Windows 调试工具包中包含了很多高级调试工具，本书在挖掘 Windows 内部原理的过程中大量使用了这些工具。该工具的最新版包含在 Windows SDK 文档中。这些工具可用于调试用户模式和内核模式的进程。

工具中提供了 4 个调试器：cdb、ntsd、kd 和 WinDbg。所有这些调试器均基于 DbgEng.dll 中实现的同一个调试引擎，工具的帮助文件对这些情况已经进行了细致的说明。这些调试器的概括介绍如下。

（1）cdb 和 ntsd 是基于控制台用户界面的用户模式调试器。两者的差异在于，如果从现有控制台窗口激活，ntsd 会打开一个新的控制台窗口，而 cdb 不会打开新的控制合窗口。

（2）kd 是基于控制台用户界面的内核模式调试器。

（3）WinDbg 可用作用户模式或内核模式调试器，但不能同时支持两种模式。该工具还为用户提供了图形界面。

（4）用户模式调试器（cdb、ntsd 以及运行在该模式下的 WinDbg）的作用基本相同，可根据喜好自行选择一个使用。

（5）内核模式调试器（kd 和运行在该模式下的 WinDbg）的作用也是相同的。

用户模式调试。调试工具可附加到用户模式进程上，然后检查或更改进程的内存。附加到进程的时候有两种选项，如下。

（1）**侵入式**。除非明确指定，否则在附加到运行中的进程时，将使用 DebugActiveProcess 这个 Windows 函数在调试器和被调试目标之间建立连接。随后即可查看或更改进程的内存、设置断点，以及执行其他调试功能。Windows 允许我们在不终止目标进程的前提下停止调试，只要将调试器断开即可，无须终止进程。

（2）**非侵入式**。通过这种方式，调试器可以直接使用 OpenProcess 函数打开进程，但并不作为调试器附加至进程。通过这种方式，我们可以查看或更改目标进程的内存，但无法设置断点。这也意味着如果其他调试器已经通过侵入式的方法附加到进程，此时还可以通过非侵入式的方法再次附加。

我们还可以用调试工具打开用户模式进程转储文件。用户模式进程转储文件的详情参见卷 2 第 8 章。

内核模式调试。如前所述，内核模式调试可以使用两个调试器：命令行版本的调试器（kd）和图形界面版本的调试器（Windbg）。我们可以通过这些工具执行下列类型的内核模式调试。

（1）打开 Windows 系统崩溃后创建的崩溃转储文件（有关内核崩溃转储的详细信息可参阅卷 2 第 15 章）。

（2）连接到正在运行的系统并查看系统状态（如果要调试设备驱动程序的代码，还可设置断点）。这个操作需要两台计算机：一台目标计算机（被调试的系统），以及一台控制主机（运行调试器的系统）。目标系统可通过非调制解调器线缆（null modem cable）、IEEE 1394 线缆、USB 2.0/3.0 调试线缆或本地网络连接至控制主机。目标系统必须引导至调试模式，为此可使用 Bcdedit.exe 或 Msconfig.exe。（注意，可能需要先在 UEFI BIOS 设置中禁用安全启动。）另外也可以通过命名管道建立连接，在通过诸如 Hyper-V、Virtual Box 或 VMWare Workstation 等虚拟机产品调试 Windows 7 或更早版本的系统时，这种方式较为有用，此时可将来宾操作系统的串口暴露为命名管道设备。对于 Windows 8 以及后续版本的来宾系统，可以使用本地网络调试，使用来宾操作系统中的虚拟网卡暴露出一个仅供宿主机访问的网络。这种方式可以让性能提升上千倍。

（3）Windows 系统还可以让我们连接到本地系统并查看系统的状态，这种做法叫作本地内核调试。若要通过 WinDbg 发起本地内核调试，首先要将系统引导至调试模式。（例如运行 msconfig.exe，切换到 Boot 选项卡，单击 Advanced Options 按钮，随后选中 Debug 选项，然后重新启动 Windows。）接着使用管理员身份启动 WinDbg，打开 File 菜单，选择 Kernel Debug，单击 Local 选项卡，随后单击 OK 按钮（或者使用 bcdedit.exe）。图 1-17 展示了在 64 位 Windows

10的按钮计算机上运行后的界面。本地内核调试模式下无法使用某些内核模式调试器命令，例如设置断点或使用.dump命令创建内存转储，不过后者可通过下文介绍的LiveKd工具实现。

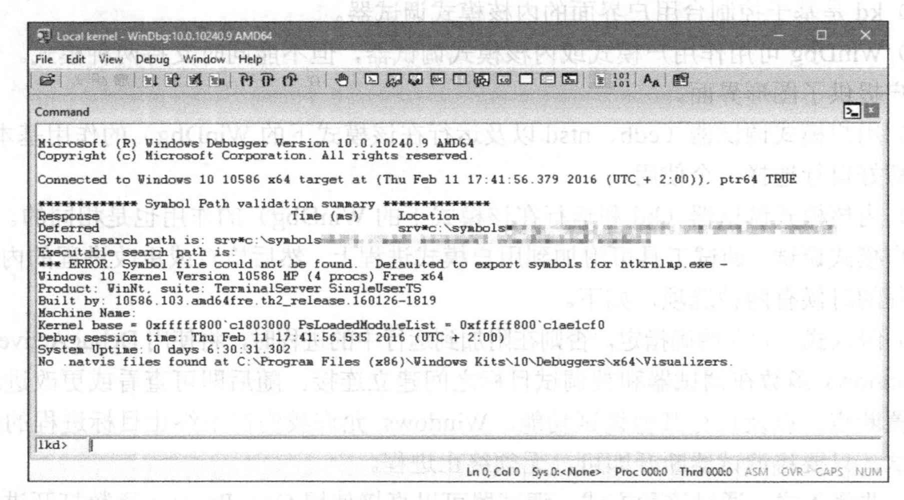

图1-17　本地内核调试

一旦连接到内核调试模式，即可使用众多调试器扩展命令，如bang命令，这些命令的名称以感叹号（!）开头，可显示诸如线程、进程、I/O请求包、内存管理信息等内部数据结构的内容。在本书中，介绍相关话题时会提供相应的内核模式调试器命令和输出结果。WinDbg安装文件夹内的Debugger.chm帮助文件提供了详细的参考信息，并包含了与所有内核模式调试器功能和扩展有关的文档。此外还可以使用dt（display type，显示类型）命令对上千个内核结构进行格式化，Windows内核符号文件包含了这些类型信息，调试器可以通过这些信息对数据结构进行格式化。

实验：显示内核结构的类型信息

为了显示内核符号文件中所包含类型信息的内核结构列表，可在内核模式调试器中输入dt nt!_*命令。输出结果的部分内容如下所示。（ntkrnlmp是64位内核的内部文件名，详情可参阅第2章。

```
lkd> dt nt!_*
          ntkrnlmp!_KSYSTEM_TIME
          ntkrnlmp!_NT_PRODUCT_TYPE
          ntkrnlmp!_ALTERNATIVE_ARCHITECTURE_TYPE
          ntkrnlmp!_KUSER_SHARED_DATA
          ntkrnlmp!_ULARGE_INTEGER
          ntkrnlmp!_TP_POOL
          ntkrnlmp!_TP_CLEANUP_GROUP
          ntkrnlmp!_ACTIVATION_CONTEXT
          ntkrnlmp!_TP_CALLBACK_INSTANCE
          ntkrnlmp!_TP_CALLBACK_PRIORITY
          ntkrnlmp!_TP_CALLBACK_ENVIRON_V3
          ntkrnlmp!_TEB
```

此外也可以使用dt命令以及通配符查询功能搜索特定结构。例如，如果要查找某个中断对象的结构名称，可输入dt nt!_*interrupt*，如下所示。

```
lkd> dt nt!_*interrupt*
          ntkrnlmp!_KINTERRUPT_MODE
          ntkrnlmp!_KINTERRUPT_POLARITY
          ntkrnlmp!_PEP_ACPI_INTERRUPT_RESOURCE
          ntkrnlmp!_KINTERRUPT
          ntkrnlmp!_UNEXPECTED_INTERRUPT
          ntkrnlmp!_INTERRUPT_CONNECTION_DATA
          ntkrnlmp!_INTERRUPT_VECTOR_DATA
          ntkrnlmp!_INTERRUPT_HT_INTR_INFO
          ntkrnlmp!_INTERRUPT_REMAPPING_INFO
```

随后即可使用 dt 命令对特定结构进行格式化，如下所示（调试器对数据结构是不区分大小写的）。

```
lkd> dt nt!_KINTERRUPT
   +0x000 Type             : Int2B
   +0x002 Size             : Int2B
   +0x008 InterruptListEntry : _LIST_ENTRY
   +0x018 ServiceRoutine   : Ptr64    unsigned char
   +0x020 MessageServiceRoutine : Ptr64     unsigned char
   +0x028 MessageIndex     : Uint4B
   +0x030 ServiceContext   : Ptr64 Void
   +0x038 SpinLock         : Uint8B
   +0x040 TickCount        : Uint4B
   +0x048 ActualLock       : Ptr64 Uint8B
   +0x050 DispatchAddress  : Ptr64    void
   +0x058 Vector           : Uint4B
   +0x05c Irql             : UChar
   +0x05d SynchronizeIrql  : UChar
   +0x05e FloatingSave     : UChar
   +0x05f Connected        : UChar
   +0x060 Number           : Uint4B
   +0x064 ShareVector      : UChar
   +0x065 EmulateActiveBoth : UChar
   +0x066 ActiveCount      : Uint2B
   +0x068 InternalState    : Int4B
   +0x06c Mode             : _KINTERRUPT_MODE
   +0x070 Polarity         : _KINTERRUPT_POLARITY
   +0x074 ServiceCount     : Uint4B
   +0x078 DispatchCount    : Uint4B
   +0x080 PassiveEvent     : Ptr64 _KEVENT
   +0x088 TrapFrame        : Ptr64 _KTRAP_FRAME
   +0x090 DisconnectData   : Ptr64 Void
   +0x098 ServiceThread    : Ptr64 _KTHREAD
   +0x0a0 ConnectionData   : Ptr64 _INTERRUPT_CONNECTION_DATA
   +0x0a8 IntTrackEntry    : Ptr64 Void
   +0x0b0 IsrDpcStats      : _ISRDPCSTATS
   +0x0f0 RedirectObject   : Ptr64 Void
   +0x0f8 Padding          : [8] UChar
```

注意，使用 dt 命令默认并不显示子结构（数据结构内部的数据结构）。若要显示子结构，可使用-r 或-b 开关。例如，可以使用这些开关显示内核中断对象，借此可得到存储在 InterruptListEntry 字段中的_LIST_ENTRY 结构格式（有关-r 和-b 开关的区别请参阅相关文档）。

```
lkd> dt nt!_KINTERRUPT -r
   +0x000 Type             : Int2B
   +0x002 Size             : Int2B
   +0x008 InterruptListEntry : _LIST_ENTRY
      +0x000 Flink           : Ptr64 _LIST_ENTRY
         +0x000 Flink          : Ptr64 _LIST_ENTRY
         +0x008 Blink          : Ptr64 _LIST_ENTRY
      +0x008 Blink           : Ptr64 _LIST_ENTRY
         +0x000 Flink          : Ptr64 _LIST_ENTRY
         +0x008 Blink          : Ptr64 _LIST_ENTRY
   +0x018 ServiceRoutine   : Ptr64     unsigned char
```

dt 命令甚至可以让我们为-r 开关提供数字，借此指定结构的递归级别。例如，下面的命令可进行一级递归。

```
lkd> dt nt!_KINTERRUPT -r1
```

Windows 调试工具的帮助文件介绍了配置和使用内核模式调试器的方法。有关设备驱动程序开发者使用内核模式调试器的详细信息请参阅 WDK 文档。

3. LiveKd 工具

LiveKd 是 Sysinternals 提供的免费工具，可帮助我们在无须将系统引导至调试模式的前提下，使用标准的微软内核模式调试器查看运行中的系统。如果要对没有引导至调试模式的计算机进行内核级别的调试，这种方法较为有用。某些问题很难可靠地重现，因此使用调试选项重启操作系统可能无法重现错误。

LiveKd 的运行方式与 WinDbg 和 kd 相同。LiveKd 可将指定的所有命令行选项传递给所选的调试器。默认情况下，LiveKd 会运行命令行版本的内核模式调试器（kd）。如果要运行 WinDbg，可使用-w 开关；如果要查看与 LiveKd 的开关有关的帮助文件，可使用-?开关。

LiveKd 会为调试器提供模拟的崩溃转储文件，因此我们可以像操作崩溃转储那样通过 LiveKd 执行任何操作。由于 LiveKd 依赖物理内存支持模拟的崩溃转储，因此内核模式调试器可能面临这样的情况：数据结构正处于被系统修改的过程中，因此导致不一致。每次启动调试器时，都将获得系统状态的最新视图。如果要刷新快照，可运行 q 命令退出调试器，随后 LiveKd 会询问是否想要重新开始。如果调试器进入输出的循环中，可按快捷键 Ctrl+C 中断输出并退出。如果调试器挂起，可按快捷键 Ctrl+Break 终止调试器的进程。随后 LiveKd 会询问是否要重新运行调试器。

1.3.3　Windows 软件开发包

Windows 软件开发包（SDK）可通过 MSDN 订阅获取，也可从下面的地址免费下载：https://developer.microsoft.com/en-US/windows/downloads/windows-10-sdk。在安装 Visual Studio 的过程中，也可通过相应选项安装 SDK。Windows SDK 包含的文件版本始终与 Windows 操作系统的最新版本保持一致，但 Visual Studio 包含的版本可能较老（仅为 Visual Studio 发布时的最新版）。除了 Windows 调试工具，其中还包含了 C 头文件以及编译和链接 Windows 应用程序所需的库。从 Windows 内部原理的角度来看，需要关注的 Windows SDK 内容包括 Windows API 头文件［例如 C:\Program Files (x86)\Windows Kits\10\Include］

以及 SDK 工具（可搜索 Bin 文件夹）。此外可能还需要用到相关文档。文档可在线查看或下载后脱机阅读，其中部分工具的源代码也包含在 Windows SDK 和 MSDN Library 中。

Windows 驱动程序开发包

Windows 驱动程序开发包（WDK）可通过 MSDN 订阅获取。与 Windows SDK 类似，也可免费下载。WDK 文档也包含在 MSDN Library 中。

虽然 WDK 主要面向设备驱动程序开发者，但也可以帮助我们了解 Windows 内部原理。例如，虽然本书的第 6 章将介绍 I/O 系统架构、驱动程序模型以及基本的设备驱动程序数据结构，但并未涉及具体的内核支持函数的细节。WDK 文档通过教程和参考文档的方式全面介绍了设备驱动程序使用的所有 Windows 内核支持函数和机制。

除了附带文档，WDK 还包含头文件（尤其是 ntddk.h、ntifs.h 和 wdm.h），这些文件定义了重要的内部数据结构和常量，以及很多系统内部例程的接口。如果要通过内核模式调试器探索 Windows 内部数据结构，这些文件可以提供很大的帮助。尽管本书介绍了这些数据结构的一般性布局和内容，但并不包含详细的字段级别的描述（例如大小和数据类型）。WDK 为很多此类数据结构（如对象分发器头、等待块、事件、突变体、信号量等）提供了详细的描述。

如果想在本书的基础上进一步深入了解 I/O 系统和驱动程序模型，建议阅读 WDK 文档，尤其是内核模型驱动程序架构设计指南和内核模型驱动程序参考手册。此外还推荐阅读 Walter Oney 撰写的 *Programming the Microsoft Windows Driver Model, Second Edition*（Microsoft Press, 2002）和 Penny Orwick 与 Guy Smith 合著的 *Developing Drivers with the Windows Driver Foundation*（Microsoft Press, 2007）。

1.3.4 Sysinternals 工具

本书中的很多实验使用了 Sysinternals 提供的免费工具，大部分工具由本书作者 Mark Russinovich 开发，其中最受欢迎的工具包括 Process Explorer 和 Process Monitor。注意，这些工具中很多需要安装并运行处于内核模式下的设备驱动程序，因此需要管理员或类似级别的特权。不过一些工具在不具备这些权限或使用标准账户时也可以运行，但功能可能会受限。

Sysinternals 工具的更新很频繁，请确保自己使用了最新版。若想在版本更新后获得通知，可关注 Sysinternals 官网博客（提供了 RSS 源）。如果要了解所有工具的详细介绍、使用方法说明以及解决的问题实例，可阅读 Mark Russinovich 与 Aaron Margosis 合著的 *Windows Sysinternals Administrator's Reference*（Microsoft Press, 2011）[①]。关于这些工具的其他问题和讨论，欢迎访问 Sysinternals 论坛。

1.4 小结

本章介绍了本书将要用到的各种重要 Windows 技术概念和术语，同时还介绍了各种用于了解 Windows 内部原理的实用工具。接下来，我们将一起探索系统的内部设计，首先从系统整体架构和重要的组件着手。

---

① 译注：本书中文版《Windows Sysinternals 实战指南》已由人民邮电出版社出版发行，网址是 https://www.epubit.com/book/detail/3411。

第 2 章　系统架构

掌握了基本概念、术语和工具后，现在我们可以开始探索微软 Windows 操作系统的内部设计目标和结构了。本章介绍系统的整体架构：重要组件、组件之间的交互方式，以及组件运行在怎样的上下文中。为了建立用于理解 Windows 内部原理的框架，首先我们一起来看看确立整个系统最初设计和规范的需求与设计目标。

2.1　需求和设计目标

回首 1989 年，下列需求促成了 Windows NT 的设计规范。

- 提供一个真正的 32 位抢占式、可重入（reentrant）虚拟内存的操作系统。
- 支持在多种硬件架构和平台上运行。
- 可在对称多处理器系统上良好运行并伸缩。
- 可同时作为网络客户端和服务器，充当优秀的分布式计算平台。
- 可运行大部分现有的 16 位 MS-DOS 和 Microsoft Windows 3.1 应用程序。
- 满足政府有关 POSIX 1003.1 的合规需求。
- 满足政府和业界有关操作系统安全性的需求。
- 可通过支持 Unicode 轻松适应全球市场。

为打造满足这些需求的系统，必须做出数千个决定，Windows NT 设计团队在产品设计伊始选择了下列设计目标。

- **可扩展性**。所开发的代码必须能随着市场需求的快速变化轻松扩展并更改。
- **可移植性**。系统必须能在多种硬件架构上运行，并且必须能根据市场需要轻松移植到新的硬件架构上。
- **可靠性和健壮性**。系统能够保护自己免遭内部故障和外部篡改；应用程序不应伤害到操作系统或其他程序。
- **兼容性**。虽然 Windows NT 是对现有技术的扩展，但其用户界面和 API 应能兼容老版本的 Windows 和 MS-DOS，并且应该能与 UNIX、OS/2 和 NetWare 等其他系统实现互操作。
- **性能**。在满足其他设计目标的前提下，系统在每种硬件平台上都应该尽可能快速并及时做出响应。

随着深入了解 Windows 的内部结构和运作原理，我们可以看到这些最初的设计目标和需求是如何成功融入系统构造中的。但在开始深入了解前，首先来看看 Windows 的整体设计目标，并将其与别的现代化操作系统进行一个对比。

2.2 操作系统模型

在大部分多用户操作系统中，应用程序和操作系统本身是相互隔离的。操作系统的内核代码运行在可访问系统数据和硬件的特权处理器模式（本书将其称为内核模式）下；应用程序代码运行在非特权处理器模式（用户模式）下，该模式只提供了有限的接口，只能有限地访问系统数据，无法直接访问硬件。当用户模式的程序调用系统服务时，处理器会执行一条特殊指令，将发出调用的线程切换至内核模式。当系统服务完毕后，操作系统会将该线程的上下文重新切换回用户模式，让调用方继续运行。

Windows 与大部分 UNIX 系统类似，是一种整体式（monolithic）的操作系统，大量操作系统代码和内核驱动程序代码共享了同一个内核模式的受保护内存空间。这意味着任何操作系统组件或设备驱动程序都有可能破坏其他系统组件所使用的数据。然而正如我们在第 1 章中看到的那样，Windows 会通过 WHQL 和 KMCS 等措施强化第三方设备驱动程序的质量并验证其来源，借此解决这样的问题。此外为了解决这些问题，Windows 还采用了额外的内核保护技术，例如基于虚拟化的安全性，以及 Device Guard 和 Hyper Guard 功能。本章会概括介绍这些内容，更详细的介绍请参阅第 7 章以及卷 2 第 8 章。

面对有问题的应用程序，操作系统的这些组件无疑会受到充分保护，因为应用程序无法直接访问操作系统特权部分的代码和数据（不过依然可以快速调用其他内核服务）。这些保护措施也是 Windows 作为应用程序服务器和工作站平台，在健壮性和可靠性方面广受赞誉，并且从虚拟内存管理、文件 I/O、网络以及打印共享等核心操作系统服务等角度来看足够快速敏捷的原因之一。

Windows 内核模式组件还体现了基本的面向对象的设计原则。例如，一般来说，一个组件在访问另一个组件中存储的信息时，并不需要访问该组件的数据结构，而是可以通过正式的接口传递参数，访问或修改数据结构。

尽管广泛使用对象来代表共享的系统资源，但严格来说 Windows 并不是一种面向对象的系统。出于可移植性方面的考虑，Windows 的大部分内核代码使用 C 语言编写。C 语言不能直接支持面向对象的构造，例如多态函数或者类的继承，因此 Windows 中基于 C 语言的对象实现只是借助（而非依赖）面向对象语言的一些特性。

2.3 架构概述

本节将简要介绍 Windows 的设计目标和打包方式，首先一起来看看整个架构包含的关键系统组件。图 2-1 所示的是简化的 Windows 系统架构图，请注意这只是一个非常基本的示意图，所含内容并不完整，例如网络组件和各种类型的设备驱动程序层并未体现在图中。

在图 2-1 中首先会注意到，有条线将 Windows 系统划分为用户模式和内核模式两部分。线条上方的方框代表用户模式进程，下方的方框代表内核模式操作系统服务。第 1 章曾经提过，用户模式线程会在私有进程地址空间内执行（不过当它们在内核模式下执行时，将可以访问系统空间）。因此系统进程、服务进程、用户进程以及环境子系统都有自己的私有进程地址空间。此外还可以看到一条线划分了 Windows 内核模式的组件以及虚拟机监控程序（hypervisor）。严格来说，虚拟机监控程序依然运行在与内核相同的 CPU 特权级（0）下，但因为使用了特殊的 CPU 指令（Intel 处理器的 VT-x，或 AMD 处理器的 SVM），所以可在将自己与内核隔离的同时继续监视内核（和应用程序）。因此我们经常会听到 Ring-1 这个称呼（其实这样的称呼并不准确）。

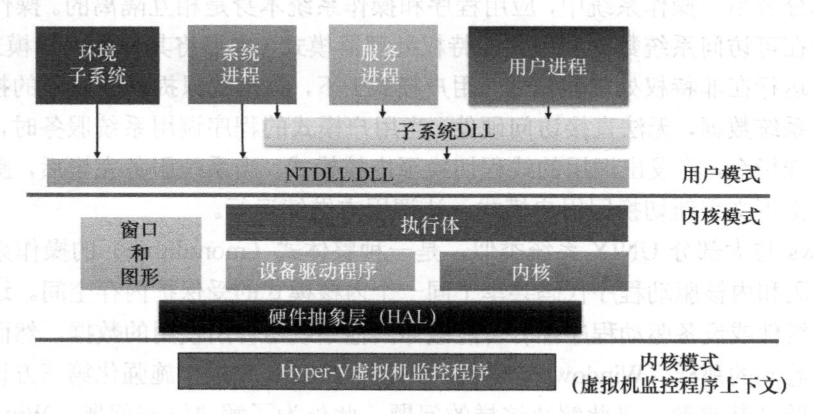

图 2-1　简化的 Windows 系统架构

4 种基本类型的用户模式进程的介绍分别如下。

- **用户进程**。此类进程可能是下列某种类型之一：Windows 的 32 位或 64 位（Windows 8 和后续版本中，在 Windows 运行时的基础上运行的 Windows 应用也属于此类）进程、Windows 3.1 的 16 位进程、MS-DOS 的 16 位进程，以及 POSIX 的 32 位或 64 位进程。注意，16 位应用程序只能运行在 32 位 Windows 上，Windows 8 开始不再支持 POSIX 应用程序。
- **服务进程**。服务进程承载了 Windows 服务，如 Task Scheduler 和 Print Spooler 服务。通常来说，服务需要能在用户不登录的情况下运行，很多 Windows 服务器应用，如 Microsoft SQL Server 和 Microsoft Exchange Server 也包含了以服务方式运行的组件。卷 2 第 9 章将详细介绍这些服务。
- **系统进程**。系统进程是指静态的或硬编码的进程，例如非 Windows 服务的登录进程和会话管理器。也就是说，这些进程并非由服务控制管理器启动。
- **环境子系统服务器进程**。这些进程实现了操作系统环境的支持部分。所谓“环境”，是指呈现给用户和程序员的、操作系统中可进行个性化的部分。Windows NT 首发时提供了 3 个环境子系统：Windows、POSIX 和 OS/2。然而对 OS/2 子系统的支持到 Windows 2000 之后便已停止，对 POSIX 的支持在 Windows XP 之后停止。Windows 7 旗舰版和企业版客户端以及服务器版本的 Windows 2008 R2 提供了一种名为 Subsystem for UNIX-based Applications（SUA）的增强型 POSIX 子系统，SUA 现已停止支持，不再作为可选功能包含在（客户端或服务器版）Windows 中。

注意　Windows 10 版本 1607 包含一个仅面向开发者的测试版 Windows Subsystem for Linux（WSL）。然而这并不是真正意义上的子系统。本章将详细介绍 WSL 和相关的 Pico 提供程序。有关 Pico 进程的详情可参阅第 3 章。

请留意图 2-1 中服务进程和用户进程框下方的“子系统 DLL”。在 Windows 中，用户应用程序无法直接调用原生的 Windows 操作系统服务，而是需要通过一个或多个子系统动态链接库（DLL）调用。子系统 DLL 的作用在于将文档化的函数转换为相应的内部（通常未文档化的）原生系统服务调用，这些调用通常是在 Ntdll.dll 中实现的。这种转换可能涉及，也可能不涉及将消息发送给为用户进程提供服务的环境子系统进程。

Windows 的内核模式组件如下。

- **执行体**。Windows 执行体包含操作系统的基础服务，例如内存管理、进程和线程管理、安全性、I/O、网络以及进程间通信。
- **Windows 内核**。Windows 内核包含底层操作系统函数，例如线程调度、中断和异常分发、多处理器同步。内核还提供了一系列的例程和基本对象，执行体的其他部分会使用它们实现更高层次的功能。
- **设备驱动程序**。设备驱动程序包括将用户 I/O 函数调用转换为特定硬件设备 I/O 请求的硬件设备驱动程序，以及诸如文件系统和网络驱动程序等非硬件设备驱动程序。
- **硬件抽象层**（Hardware Abstraction Layer，HAL）。这层代码负责将内核、设备驱动程序以及 Windows 执行体的其他部分与和具体平台有关的差异（例如不同主板的差异）进行隔离。
- **窗口和图形系统**。窗口和图形系统用于实现图形用户界面（GUI）功能（通常也被称为 Windows USER 和 GDI 功能），例如处理窗口、用户界面控件以及进行绘制。
- **虚拟机监控程序层**。这一部分只包含虚拟机监控程序本身。这一部分不包含其他驱动程序或模块。但虚拟机监控程序本身就是由多种内部层和驱动程序组成的，如自己的内存管理器、虚拟处理器调度器、中断和计时器管理、同步例程、分区（虚拟机实例）管理、分区间通信（Inter-partition Communication，IPC）等。

表 2-1 列出了 Windows 核心组件的文件名。（请记住这些名称，因为下文会通过名称来代表某些系统文件。）本章和本书后续章节将分别详细介绍下列各个组件。

表 2-1 Windows 核心组件的文件名

文件名	组件
Ntoskrnl.exe	执行体和内核
Hal.dll	HAL
Win32k.sys	Windows 子系统的内核模式部分（GUI）
Hvix64.exe（Intel）、Hvax64.exe（AMD）	虚拟机监控程序
\SystemRoot\System32\Drivers 下的.sys 文件	核心驱动程序文件，如 Direct X、卷管理器、TCP/IP、TPM 和 ACPI 支持
Ntdll.dll	内部支持函数，以及执行体函数的系统服务分发存根（stub）
Kernel32.dll、Advapi32.dll、User32.dll、Gdi32.dll	核心 Windows 子系统 DLL

不过在详细介绍这些系统组件前，我们先来看看有关 Windows 内核设计的一些基础知识，首先从 Windows 面向多种硬件架构实现可移植性的方法开始。

2.3.1 可移植性

按照设计，Windows 可以在多种架构的硬件上运行。最初发布的 Windows NT 支持 x86 和 MIPS 架构，随后很快增加了对 Digital Equipment Corporation（该公司随后被 Compaq 收购，Compaq 后与 Hewlett-Packard 合并）的 Alpha AXP 架构的支持。（Alpha AXP 架构

上是 64 位处理器，而 Windows NT 实际运行在 32 位模式下。在开发 Windows 2000 的过程中，曾发布过运行于 Alpha AXP 架构上的原生 64 位版本，但该版本最终并未上市。）接下来的 Windows NT 3.51 曾支持第四种处理器架构：Motorola PowerPC。然而由于市场需求的变化，对 MIPS 和 PowerPC 架构的支持在开始开发 Windows 2000 前就已停止。随后 Compaq 停止了对 Alpha AXP 架构的支持，导致 Windows 2000 仅支持 x86 架构。Windows XP 和 Windows Server 2003 增加了对两种 64 位处理器产品的支持：Intel Itanium IA-64 家族产品，以及 AMD64 和 Intel 对应的 64 位执行技术（EM64T）架构。后两种实现也叫作 64 位扩展系统，本书将其称为 x64。（卷 2 的第 8 章将详细介绍 64 位 Windows 运行 32 位应用程序的具体方法。）另外，从 Server 2008 R2 开始，Windows 不再支持 IA-64 系统。

后续的新版 Windows 开始支持 ARM 处理器架构。例如，Windows RT 是一种专门在 ARM 架构上运行的 Windows 8 版本，不过该版本已停止开发。Windows Phone 8.x 后续的新版 Windows 10 Mobile 可以在 ARM 架构的处理器（例如 Qualcomm Snapdragon）上运行。Windows 10 IoT 版本可运行在 x86 和 ARM 设备上，例如树莓派 2（使用 ARM Cortex-A7 处理器）和树莓派 3（使用 ARM Cortex-A53 处理器）。ARM 硬件在 64 位的方向上持续发展，诞生了一种名为 AArch64 或 ARM64 的新处理器家族产品，随着使用这种处理器的设备逐渐增加，Windows 也许会在未来某天提供支持。

Windows 跨越不同硬件架构和平台实现可移植性，主要使用了两种方法。

- **分层式设计**。Windows 采用了一种分层式设计，其底层是与处理器体系架构相关的（也可以说是与平台相关的）底层会被隔离到独立的模块中，因此系统的上层部分无须考虑不同体系架构和硬件平台之间的差异。Windows 的可移植性主要由两个关键组件决定：内核（包含于 Ntoskrnl.exe 中）以及 HAL（包含于 Hal.dll 中）。这两个组件将在本章下文详细介绍。与体系架构相关的功能，如线程上下文切换和陷阱分发（trap dispatching）则是在内核中实现的。同一体系架构下，不同系统功能之间的差异（如不同主板）是通过 HAL 实现的。除此之外，内存管理器是唯一一个包含了大量与具体体系架构有关的代码的组件，但相对于整个系统来说，这些代码依然只是很小的一部分。虚拟机监控程序使用了类似的设计方式，它的大部分代码在 AMD（SVM）和 Intel（VT-x）实现之间是共享的，但针对每种处理器各自使用了一些专用代码，这也产生了我们在表 2-1 中看到的两个文件。
- **使用 C 语言**。Windows 的大部分代码使用 C 语言编写，此外有少部分代码使用 C++编写。只有操作系统中需要直接与系统硬件通信的部分［如中断陷阱处理器（interrupt trap handler）］，或对性能极为敏感的部分（如上下文切换）才是用汇编语言编写的。汇编语言编写的代码不仅存在于内核和 HAL 中，还存在于操作系统内核的其他几个地方（如用于实现互锁指令的例程，以及本地过程调用设施中的模块）。另外，汇编语言编写的代码还出现在 Windows 子系统内核模式的一部分，甚至某些用户模式库中，例如 Ntdll.dll 中的进程启动代码（本章下文将介绍这个系统库）。

2.3.2 对称多处理器

多任务是指让多个执行线程共享同一颗处理器的操作系统技术。然而当计算机有多颗处理器时，还可以同时执行多个线程。因此虽然多任务操作系统看似可以同时执行多个线程，但实际上只有多处理器操作系统才可以真正做到这一点，用自己的每颗处理器执行一个线程。

正如本章开头处所述，Windows 的关键设计目标之一是必须能在多处理器计算机系统上良好运行。Windows 是一种对称多处理器（Symmetrical Multi-Processing，SMP）系统，并不存在主处理器，操作系统和用户线程可以通过调度在任何处理器上运行。此外，所有处理器将共享同一个内存空间。这种模式与非对称多处理器（Asymmetrical Multi-Processing，ASMP）不同，ASMP 模式的操作系统通常会选择一颗处理器来执行操作系统内核代码，其他处理器只执行用户代码。两种多处理器模式的区别如图 2-2 所示。

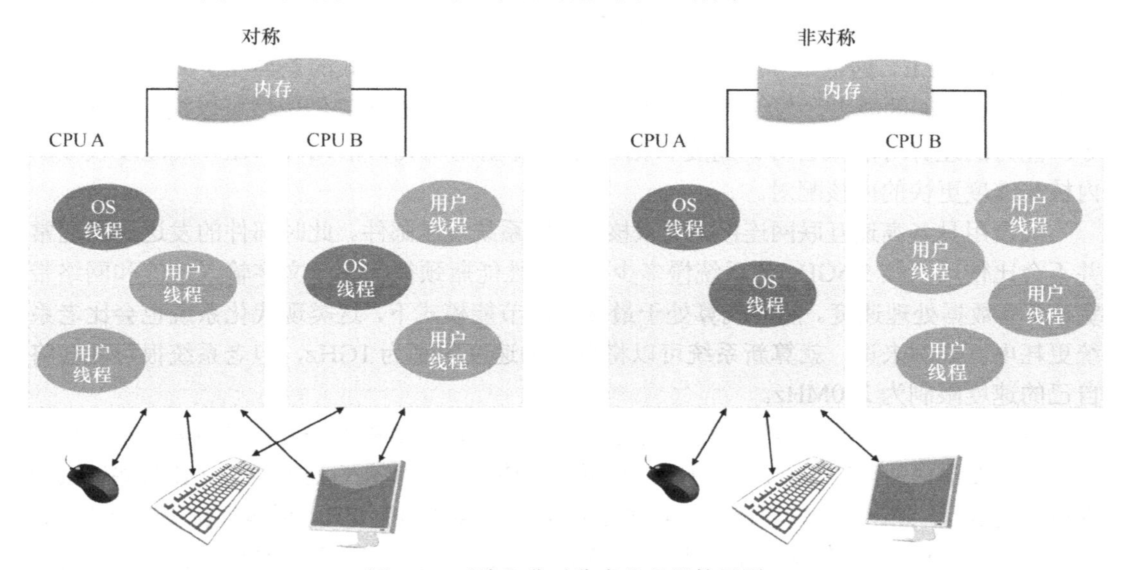

图 2-2 对称和非对称多处理器的区别

Windows 还支持 4 种现代多处理器系统：多核、同步多线程（SMT）、异质（heterogeneous）以及非一致内存访问（Non-Uniform Memory Access，NUMA）。下文将简要介绍这些系统。（有关 Windows 对这些系统调度支持的更详细完整的介绍可参见 4.4 节。）

Windows 系统最初对 SMT 的支持是通过支持 Intel 的超线程技术实现的，该技术可以为处理器的每个物理内核提供两颗逻辑处理器。AMD 基于 Zen 微体系结构实现的较新款处理器也使用了类似的 SMT 技术，可以让逻辑处理器的数量翻倍。

每颗逻辑处理器都有自己的 CPU 状态，但执行引擎和板载缓存是共享的。这样便可以让一个逻辑 CPU 能够在其他逻辑 CPU 停转（例如缓存未命中或分支预测错误后）的情况下继续执行。但令人疑惑的是，这两家公司的宣传材料中都将这些额外的内核称为“线程”，因此我们经常会听到诸如“四核八线程”之类的说法。这意味着最多可以调度 8 个线程，因此等于存在 8 颗逻辑处理器。调度算法通过优化改进可以更好地使用 SMT 机制，例如原本会通过调度让线程在空闲的物理处理器上执行，但现在的做法是选择物理处理器上的一颗空闲逻辑处理器，而此时其他逻辑处理器可能正在忙。有关线程调度的详细信息请参阅本书第 4 章。

在 NUMA 系统中，处理器会被分为一组组较小的单元，这种单元也叫作节点。每个节点都有自己的处理器和内存，通过缓存一致（cache-coherent）的互联总线连接在一起组成一个更大的系统。NUMA 系统上的 Windows 会作为一种 SMP 系统来运行，所有处理器可以访问所有内存，只不过相比连接到其他节点的内存，节点本地内存的访问速度更快。为了改善性能，系统会根据线程用到的内存所在节点，将线程调度到同一节点中的处理器上。系统会尽可能在节点内部满足内存分配请求，但也可以在必要时分配来自其他节点的内存。

当然，Windows 也可原生支持多核系统。这类系统有多个真正的物理内核（只不过封装到同一块芯片上），因此 Windows 中最初的 SMP 代码会将其视作单独的处理器，但是一些需要明确区分同一处理器上不同的内核，以及不同处理器插槽上不同的内核的内核记录和标识任务（例如下文要介绍的软件许可方式）除外。在通过缓存拓扑优化数据共享机制时，这一点也非常重要。

最后，ARM 版的 Windows 还支持一种异质多处理器技术，针对这种处理器的实现也叫作 big.LITTLE。这也是一种基于 SMP 的设计，它与传统方式的差异在于并非所有处理器内核都有相同的能力，与纯粹异质多处理器系统的差别在于它们依然可以执行相同的指令。能力的差异可能来自时钟速度和相应的满载/空闲功耗，借此可以让一批速度较慢的内核与速度更快的内核配对。

假设用具备高速互联网连接的老双核 1GHz 系统发送邮件。此时邮件的发送速度通常并不会比使用八核 3.6GHz 的系统慢多少，因为性能瓶颈往往在于文字输入速度和网络带宽，而非数据处理速度。然而就算处于最深度的节能模式下，这类现代化系统也会比老系统更耗电。举例来说，就算新系统可以将自己的速度限制为 1GHz，但老系统很可能会将自己的速度限制为 200MHz。

将此类老式移动处理器与最先进的处理器配对，如果 ARM 平台具备可兼容的操作系统内核调度器，便可在需要时（通过打开所有内核）获得最高的处理能力（让某些较大的内核在线运行，并让较小的内核处理其他任务），从而实现均衡处理，或运行在最节能的模式（只让一个较小的内核在线运行，以便处理短信收发和邮件推送）下。通过支持这种名为异构调度的策略，Windows 10 可以让线程选择能最好地满足自己需求的策略，并通过调度器和电源管理器的交互为所选策略提供最佳支持。关于这些策略的详细介绍可参阅第 4 章。

Windows 设计之初并没有考虑过处理器数量的限制，只是通过不同许可策略对 Windows 的版本进行区分。然而为了方便和高效，Windows 会用一种位掩码（有时也叫作关联性掩码）记录和追踪处理器（如总数、忙闲，以及类似的其他细节），这个位数与计算机的原生数据类型（32 位或 64 位）相同。这样便可以让处理器直接在寄存器中操作这些位。因此，Windows 系统最初将 CPU 的数量限制在一个原生字（native word）的范围内，因为关联性掩码无法随意增加。为了维持兼容性并支持更大规模的处理器系统，Windows 实现了一种名为处理器组的高级构造。处理器组是指可以由一个关联性掩码定义的一组处理器，内核与应用程序可以在更改关联性设置的过程中选择自己希望使用哪个处理器组。兼容的应用程序可以查询支持的处理器组数量（目前被限制为最多 20 个处理器组，而逻辑处理器数量的最大值被限制为 640 个），随后枚举每个组的位掩码。与此同时，老的遗留应用程序可以继续通过自己能够看到的当前处理器组来运行。有关 Windows 将处理器分配到不同组（也与 NUMA 有关）以及遗留应用程序分组的具体方式，请参阅第 4 章。

如前所述，许可策略能够支持的处理器的实际数量取决于所用的 Windows 版本（见表 2-2）。该数值以 kernel-RegisteredProcessors 变量的形式存储在系统许可策略文件（实际是一组名称/值对）%SystemRoot%\ServiceProfiles\LocalService\AppData\Local\Microsoft\WSLicense\tokens.dat 中。

2.3.3 可伸缩性

多处理器系统的一个关键问题在于可伸缩性。为了能在 SMP 系统上正确运行，操作系统代码必须遵守一系列严格的指示和规则。相比单处理器系统，多处理器系统中的资源争用和其他性能问题往往显得更复杂，因此必须在设计系统的过程中妥善处理。Windows 通过下列几个能力发展成为一款成功的多处理器操作系统。

- 在任何可用处理器，以及多颗处理器上运行操作系统代码的能力。
- 在单个进程内执行多个线程，每个线程可以用不同处理器并发执行的能力。
- 在内核中进行细粒度同步（如将在卷 2 第 8 章介绍的自旋锁、队列中的自旋锁、推锁），以及在设备驱动程序和服务器进程内部进行细粒度同步，借此让更多组件可以在多颗处理器上并发运行的能力。
- 诸如 I/O 完成端口（详见第 6 章）等编程机制，借此实现高效的多线程服务器进程，并在多处理器系统上获得更好的伸缩性。

Windows 内核的伸缩性还在不断进步。例如，Windows Server 2003 引入了每颗 CPU 调度队列和细粒度锁，借此可以针对多颗处理器并行线程调度决策；Windows 7 和 Windows Server 2008 R2 取消了等待调度过程中的全局调度器锁。这些有关锁粒度的逐步改进还开始出现在其他领域，例如内存管理器、缓存管理器、对象管理器中。

2.3.4 客户端和服务器版本之间的差异

零售版 Windows 同时提供了客户端和服务器版本的产品。Windows 10 的桌面客户端版本共有 6 个：Windows 10 Home、Windows 10 Pro、Windows 10 Education、Windows 10 Pro Education、Windows 10 Enterprise 以及 Windows 10 Enterprise 长期服务分支（LTSB）。其他非桌面客户端版本还包括 Windows 10 Mobile、Windows 10 Mobile Enterprise、Windows 10 IoT Core、Windows 10 IoT Core Enterprise 和 Windows 10 IoT Mobile Enterprise。针对全球不同地区的特定需求，这些版本还有许多变体，如 N 系列。

Windows Server 2016 也分为 6 个版本：Windows Server 2016 Datacenter、Windows Server 2016 Standard、Windows Server 2016 Essentials、Windows Server 2016 MultiPoint Premium Server、Windows Storage Server 2016 和 Microsoft Hyper-V Server 2016。

这些版本的差异主要如下。

- Windows Server 2016 Datacenter 和 Windows Server 2016 Standard 的定价差异取决于内核（而非处理器插槽）数量。
- 可支持的逻辑处理器总数。
- 服务器系统可运行的 Hyper-V 容器数量（客户端系统仅支持基于命名空间的 Windows 容器）。
- 可支持的物理内存数量（实际是指最高可用的 RAM 物理地址，有关物理内存限制的详细信息请参阅第 5 章）。
- 可支持的并发网络连接数量（例如客户端版本最多允许 10 个并发的文件和打印服务连接）。
- 是否支持多点触控和桌面合成（desktop composition）。

- 是否支持 BitLocker、VHD 启动、AppLocker、Hyper-V 等功能，以及上百种可配置的许可策略值。
- 是否包含 Windows Server 版本自带，但客户端版本不包含的分层服务（如目录服务、主机保护者、存储空间直通、受防护虚拟机、集群等）。

表 2-2 列出了某些 Windows 10、Windows Server 2012 R2 和 Windows Server 2016 版本在内存和处理器支持方面的差异。有关 Windows Server 2012 R2 不同版本的详细对比，请参阅 https://www.microsoft.com/en-us/download/details.aspx?id=41703；有关 Windows 10 和 Windows Server 2016 不同版本以及更老版本操作系统的内存限制，请参阅 https://msdn.microsoft.com/en-us/library/windows/desktop/aa366778.aspx。

表 2-2 某些 Windows 版本在处理器和内存支持方面的差异

Windows 版本	支持的处理器插槽数量（32 位版）	支持的物理内存（32 位版）	支持的逻辑处理器/插槽数量（64 位版）	支持的物理内存（64 位版）
Windows 10 Home	1	4GB	1 个插槽	128GB
Windows 10 Pro	2	4GB	2 个插槽	2TB
Windows 10 Enterprise	2	4GB	2 个插槽	2TB
Windows Server 2012 R2 Essentials	不适用	不适用	2 个插槽	64GB
Windows Server 2016 Standard	不适用	不适用	512 颗逻辑处理器	24TB
Windows Server 2016 Datacenter	不适用	不适用	512 颗逻辑处理器	24TB

虽然 Windows 操作系统的客户端和服务器版本有不同的零售包装，但它们其实共享了同一套核心系统文件，包括内核镜像、Ntoskrnl.exe（以及 PAE 版本、Ntkrnlpa.exe）、HAL 库、设备驱动程序，以及基础的系统工具和 DLL。

Windows 版本众多，每个版本又使用了相同的内核镜像，那么系统该如何知道需要引导哪个版本？此时可查询注册表 HKLM\SYSTEM\CurrentControlSet\Control\ProductOptions 键下的 ProductType 和 ProductSuite 的值。ProductType 可用于区分（任何类型的）客户端或服务器系统，系统会根据前文提到的许可策略文件将这些值载入注册表。ProductType 注册表值见表 2-3。在用户模式下，可使用 VerifyVersionInfo 函数查询该值；在设备驱动程序中则可使用内核模式支持函数 RtlGetVersion 和 RtlVerifyVersionInfo 查询该值，这两个函数均已记录在 WDK 中。

表 2-3 ProductType 注册表值

Windows 版本	ProductType 值
Windows 客户端	WinNT
Windows 服务器（域控制器）	LanmanNT
Windows 服务器（仅服务器）	ServerNT

另一个注册表值 ProductPolicy 则包含了 tokens.dat 文件中数据的缓存副本，该值随着 Windows 版本和可用功能的不同而不同。

既然客户端和服务器版本的核心文件本质上是相同的，那么系统在运行过程中又该如何体现差异？简而言之，服务器系统默认会优化系统以获得更高的吞吐量，使其成为高性能的应用程序服务器；而客户端版本（虽然具备服务器版本的能力）会优化为具有更快的响应速度，以供交互式桌面使用。举例来说，根据产品类型的不同，系统引导过程中会针对多种资源分配机制做出不同的决策，例如操作系统堆（或内存池）的大小和数量、内部系统工作线程（worker thread）的数量，以及系统数据缓存的大小。此外还需要进行运行时策略决策，如内存管理器对系统和进程内存需求进行权衡的方式在服务器和客户端版本的系统中也有差异。在这两种家族产品中，某些线程调度细节也有不同的默认行为［例如时间片或线程时限（thread quantum）的默认长度，详见第 4 章］。对于两种产品运行过程中的重大差异，本书下文会在相关位置重点强调。否则除非另行说明，本书所有内容都同时适用于客户端和服务器版本的 Windows。

实验：使用许可策略确定可用的功能

如前所述，Windows 支持上百种可通过软件许可策略启用的功能。这些策略设置不仅决定了客户端和服务器系统间的差异，还决定了操作系统不同功能版本间的差异，例如是否支持 BitLocker（仅适用于 Windows 服务器以及专业版和企业版的客户端 Windows）。我们可以通过本书配套资源中提供的 SlPolicy 工具查看这些策略值。

这些策略设置是按照设施（facility）组织的，所谓的设施是指策略作用到的所有者模块。配合-f 开关运行 Slpolicy.exe 即可查看系统中所有该工具已知设施的列表。

```
C:\>SlPolicy.exe -f
Software License Policy Viewer Version 1.0 (C)2016 by Pavel Yosifovich
Desktop Windows Manager
Explorer
Fax
Kernel
IIS
…
```

随后还可以在开关之后添加任何设施的名称，进而查看该设施的策略值。例如，若要查看有关 CPU 和可用内存的限制，可以使用 Kernel 设施。在 Windows 10 Pro 上运行后可以看到如下结果。

```
C:\>SlPolicy.exe -f Kernel
Software License Policy Viewer Version 1.0 (C)2016 by Pavel Yosifovich
Kernel
------
Maximum allowed processor sockets: 2
Maximum memory allowed in MB (x86): 4096
Maximum memory allowed in MB (x64): 2097152
Maximum memory allowed in MB (ARM64): 2097152
Maximum physical page in bytes: 4096
Device Family ID: 3
Native VHD boot: Yes
Dynamic Partitioning supported: No
Virtual Dynamic Partitioning supported: No
Memory Mirroring supported: No
Persist defective memory list: No
```

作为另一个例子，Windows Server 2012 R2 Datacenter 版本的 Kernel 设施可以看到下列结果。

```
Kernel
------
Maximum allowed processor sockets: 64
Maximum memory allowed in MB (x86): 4096
Maximum memory allowed in MB (x64): 4194304
Add physical memory allowed: Yes
Add VM physical memory allowed: Yes
Maximum physical page in bytes: 0
Native VHD boot: Yes
Dynamic Partitioning supported: Yes
Virtual Dynamic Partitioning supported: Yes
Memory Mirroring supported: Yes
Persist defective memory list: Yes
```

2.3.5 已检验版本

Windows 有一种特殊的内部调试版本，名为**已检验版本**（checked build），只有订阅MSDN 操作系统的外部用户才可以获得 Windows 8.1 和更老版本系统的这种版本。这是为Windows 源代码添加了一个名为 DBG 的编译时标志之后重新编译的版本，因此其中也包含了编译时间、条件式调试和追踪代码。为了让机器代码更易于理解，这种版本并不执行为了提高执行速度而针对 Windows 二进制代码进行的后处理优化代码布局（详情可参阅Windows 调试工具帮助文件中“Debugging performance-optimized code”一节）。

提供这样的已检验版本，主要是为了帮助设备驱动程序开发者，因为该版本可以针对设备驱动程序或其他系统代码所调用的内核模式函数进行更严格的错误检查。举例来说，如果某个驱动程序（或其他内核模式代码）对需要检查所传递参数的系统函数执行了无效调用（例如在错误的中断请求级别上获取自旋锁），系统会在检测到问题后停止执行，而不会允许破坏某些数据结构，以及导致系统稍后崩溃。由于完整的已检验版本通常不稳定并且无法在大部分环境中运行，微软只为 Windows 10 和后续版本提供了已检验内核和HAL。借此开发者可以通过与自己交互的内核和 HAL 代码实现相同的效果，并且不会再面临完整的已检验版本可能出现的问题。这种已检验版本的内核和 HAL 可通过 WDK 免费获取，其位于 WDK 安装根目录的\Debug 目录内。有关它的具体用法，可参阅 WDK 文档中“Installing Just the Checked Operating System and HAL”一节。

实验：确定自己是否运行了已检验版本的系统

系统并未提供能告诉我们自己是否运行了已检验版本或零售版本[也叫作**自由版本**（free build）] Windows 的内置工具，不过这些信息可通过 Windows Management Instrumentation（WMI）中 Win32_OperatingSystem 类的 Debug 属性查看。

下列 PowerShell 脚本即可显示该属性(可打开 PowerShell 脚本主机后运行该命令)。

```
PS C:\Users\pavely> Get-WmiObject win32_operatingsystem | select debug
debug
-----
False
```

从上述结果可知，该系统并未运行已检验版本，因为 Debug 属性的值为 False。

已检验版本的二进制代码中，大部分附加代码都是使用 ASSERT 或 NT_ASSERT 宏之后的结果，这两个宏已定义在 WDK 头文件 Wdm.h 中，并记录在 WDK 文档内。这些宏可以测试一种条件，例如某种数据结构或参数的有效性。如果表达式的计算结果是 False，那么宏会调用内核模式函数 RtlAssert，进而调用 DbgPrintEx 函数将调试信息文本发送至调试消息缓冲区；或者会产生一个断言中断，对于 x64 和 x86 系统，该中断为 0x2B。如果系统已附加内核模式调试器并加载了必要的符号，则会自动显示该消息，并询问用户如何处理断言失败（如断点、忽略、终止进程、终止线程）。如果系统未与内核模式调试器一起引导（使用引导配置数据库中的 Debug 选项），并且当前未附加任何内核模式调试器，则断言失败测试将导致系统进行错误检查（崩溃）。如果想了解某些内核支持例程可进行的部分断言检查列表，可参阅 WDK 文档中"Checked Build ASSERTs"一节（注意，该列表缺乏维护且已经过时）。

已检验版本对系统管理员也很有用，借此可以针对特定组件进一步追踪到更多细节信息（详细做法可参阅微软知识库中编号为 314743 的文章 *HOWTO: Enable Verbose Debug Tracing in Various Drivers and Subsystems*）。这些信息会通过前文提到的 DbgPrintEx 函数发送到内部调试消息缓冲区。若要查看调试消息，可以为目标系统附加内核模式调试器（需要将目标系统引导至调试模式），随后使用!dbgprint 命令执行本地内核调试；或可使用 Sysinternals 提供的 Dbgview.exe 工具。不过大部分新版 Windows 已经取消了此类调试输出，转为配合使用 Windows 预处理器（Windows Preprocessor，WPP）追踪或 TraceLogging 技术，这些方式都是以 Windows 事件追踪（Event Tracing for Windows，ETW）为基础的。这些新式追踪机制的优势在于，它们不仅适用于组件的已检验版本（由于完整的已检验版本已经不再提供，这一点显得更加有用），而且可被诸如 Windows 性能分析器（WPA，原名 XPerf 或 Windows Perfomance Toolkit）、TraceView（来自 WDK）等其他工具，甚至内核模式调试器的!wmiprint 扩展命令看到。

最后，已检验版本对用户模式代码的测试工作也非常有用，因为系统时序会发生变化（这是因为附加的检查是在内核中进行的，而内核组件通常未经编译优化）。通常来说，多线程同步错误往往与特定时序条件有关，在运行已检验版本的系统（或至少运行了已检验版本的内核和 HAL）中进行测试时，由于整个系统的时序不同，因此可能导致暴露出普通零售版系统中不会发生的潜在时序错误。

2.4 基于虚拟化的安全架构概述

正如第 1 章和本章提到的，用户模式和内核模式之间的隔离可以保护操作系统、防范用户模式中可能存在的恶意代码。如果不需要的内核模式代码进入了系统（可能是因为某些尚未打补丁的内核或驱动程序存在漏洞，或因为用户无意安装了恶意或脆弱的驱动程序），那么系统也会被波及，因为内核模式代码都能完整访问整个系统。第 1 章介绍的几项技术可以利用虚拟机监控程序针对此类攻击提供额外保护，实现基于虚拟化的安全（VBS）能力，并通过使用虚拟信任级别（VTL）对处理器基于自然特权的隔离进行扩展。除了通过引入新的正交方式隔离对内存、硬件和处理器资源的访问，VTL 还需要通过新代码和组件管理更高层的信任。普通内核与驱动程序运行在 VTL 0 层面上，不允许控制和定义 VTL 1 资源，这就违背了该技术的本意。

图2-3展示了Windows 10 Enterprise和Windows Server 2016在启用VBS后的架构（该技术有时也被称为Virtual Secure Mode或VSM）。对于Windows 10版本1607和Windows Server 2016，硬件支持的情况下该功能将默认启用。对于更老版本的Windows 10，可以使用策略或在Windows功能对话框中（选中Isolated User Mode选项）激活该功能。

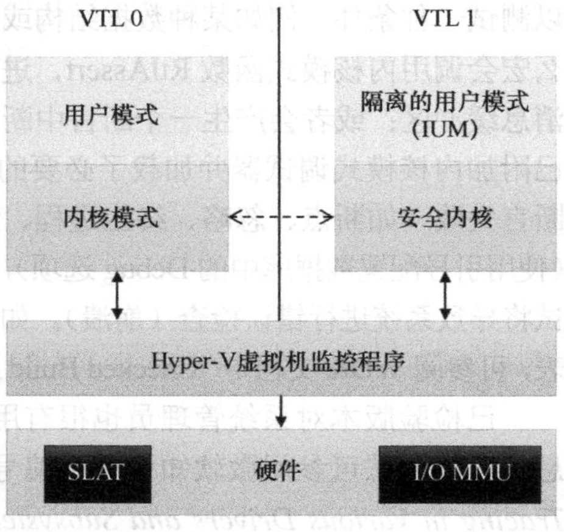

前文提到的用户/内核代码同样运行在Hyper-V虚拟机监控程序之上，与图2-1类似，如图2-3所示。差别在于启用VBS后会新出现一个VTL 1，其中包含了运行于特权处理器模式（即x86/x64的Ring 0）的专用安全内核。类似地，还出现了一个名为隔离的用户模式（Isolated User Mode，IUM）的运行时用户环境模式，它运行在非特权模式（即Ring 3）下。

图2-3　Windows 10和Windows Server 2016启用VBS后的架构

在这样的架构中，安全内核有自己专用的独立二进制文件，这些文件位于磁盘上的securekernel.exe中。对于IUM，这不仅是一个可约束普通用户模式DLL能够发起的系统调用（进而限制可加载的DLL）的环境；而且也是一种可提供仅能在VTL 1下执行的特殊安全系统调用的框架。这些额外的系统调用的实现方式与常规的系统调用类似，均是通过一个名为Iumdll.dll（VTL 1版本的Ntdll.dll）的内部系统库文件，以及一个名为Iumbase.dll（VTL 1版本的Kernelbase.dll）、面向Windows子系统的库文件实现的。IUM的这种实现在大部分情况下会共享相同的标准Win32 API库，进而降低VTL 1用户模式应用程序的内存开销。因为从本质来看，VTL 1可以和VTL 0使用相同的用户模式代码。然而要注意的是，本书第5章将要介绍的写入时复制（copy-on-write）机制会阻止VTL 0应用程序更改由VTL 1使用的二进制文件。

对于VBS，同样适用常规的用户模式和内核模式规则，但这些规则已经被VTL进一步扩充。换句话说，在VTL 0下运行的内核模式代码无法触及在VTL 1下运行的用户模式代码，因为VTL 1的特权更高。反过来，在VTL 1下运行的用户模式代码也无法触及在VTL 0下运行的内核模式代码，因为用户（Ring 1）无法触及内核（Ring 0）。类似地，VTL 1的用户模式应用程序依然需要进行常规的Windows系统调用并分别进行访问检查，以确定是否允许访问资源。

出于简化起见，可以这样考虑上述过程：特权级别（用户或内核）会强制实施不同的权限，而VTL会强制进行隔离。虽然VTL 1的用户模式应用程序在权限方面不会高于VTL 0应用程序或驱动程序，但依然会与之隔离。实际上，VTL 1应用程序在权限方面不仅没有更高，很多情况下甚至会更加受限。因为安全内核并未实现完整的系统能力，而是选择性地实现了可以转发至VTL 0内核的系统调用。（安全内核又名代理内核，英文全称为proxy kernel。）任何类型的I/O，包括文件、网络以及注册表I/O都是被完全禁止的。图形I/O则更是毫无可能，任何驱动程序本身都无法直接与其通信。

安全内核虽然同时运行在VTL 1和内核模式下，但却可以完整访问VTL 0的内存和资源。它可以借助CPU的硬件支持，即二级地址转换（Second Level Address Translation,

SLAT)，使用虚拟机监控程序将 VTL 0 操作系统访问限制在某些内存地址中。SLAT 是用于安全地存储凭据信息所提供的 Credential Guard 技术基础。类似地，安全内核可以使用 SLAT 技术封锁并控制内存地址的执行，而这种能力也是 Device Guard 的实现基础。

为了阻止常规设备驱动程序利用硬件设备直接访问内存，系统还用到了另一种硬件功能，即名为 I/O 的内存管理单元（Memory Management Unit，MMU），借此有效地对设备内存访问进行虚拟化。这样即可阻止设备驱动程序使用直接内存访问（Direct Memory Access，DMA）方式直接访问虚拟机监控程序或安全内核的物理内存区域。该机制可以绕过 SLAT，因为全过程无须虚拟内存的参与。

由于虚拟机监控程序是启动加载程序（boot loader）加载的第一个系统组件，它可以安排适合的 SLAT 和 I/O MMU，定义 VTL 0 和 VTL 1 执行环境。随后当处于 VTL 1 时，启动加载程序会再次运行，加载安全内核进而按需进一步配置系统。只有在这之后 VTL 才会“下沉”，开始通过隔离的 VTL 0 执行常规内核，常规内核无法脱离该 VTL 0 环境。

由于 VTL 1 下运行的用户模式进程是被隔离的，潜在恶意代码虽然无法对系统产生较大影响，但依然可能在暗地里运行并攻击安全系统调用（进而封装/签名自己的机密），从而可能导致它与其他 VTL 1 进程或智能内核产生恶意交互，因此只有一种特殊类型并包含特殊签名的二进制文件（叫作 Trustlet）可以在 VTL 1 下执行。每个 Trustlet 包含唯一的标识符和签名，安全内核可以通过硬编码的方式了解哪些 Trustlet 是专为自己创建的。因此在无法接触到安全内核（仅微软可以接触到该内核）的情况下就无法新建 Trustlet，并且现有 Trustlet 无法通过任何方式打补丁（这会破坏前文提到的特殊微软签名）。有关 Trustlet 的详细信息请参阅本书第 3 章。

安全内核与 VBS 的使用是现代化操作系统架构中一项令人激动的进步。随着诸如 PCI、USB 等总线在硬件层面上持续发展，很快将对安全设备这一设备类型提供更完善的支持，届时通过将其与极简化的安全 HAL、安全即插即用管理器以及安全用户模式设备框架等技术配合使用，即可让一些 VTL 1 应用程序以隔离的方式直接访问特殊设计的设备，例如生物验证或智能卡输入设备。新版 Windows 10 很有可能会充分利用到此类特性。

2.5 重要的系统组件

从较高层面介绍过 Windows 的架构后，让我们一起更深入地看看其内部结构以及每个重要操作系统组件所扮演的角色。图 2-4 展示了 Windows 的核心系统架构和组件，相比图 2-1，此处展示的内容更详细也更复杂。不过要注意，图 2-4 依然未能体现全部组件（尤其是网络组件，网络组件的详细介绍可参阅卷 2 第 10 章）。

下面详细介绍图 2-4 中的每个重要元素。卷 2 第 8 章将介绍系统使用的主要控制机制（如对象管理器、中断等）；卷 2 第 11 章将介绍 Windows 的启动和关闭过程；卷 2 第 9 章将详细介绍注册表、服务进程、WMI 等管理机制。其他章节也将进一步深入地介绍 Windows 一些重要区域的内部结构和操作，如进程和线程、内存管理、安全性、I/O 管理器、存储管理、缓存管理器、Windows 文件系统（NTFS）以及网络。

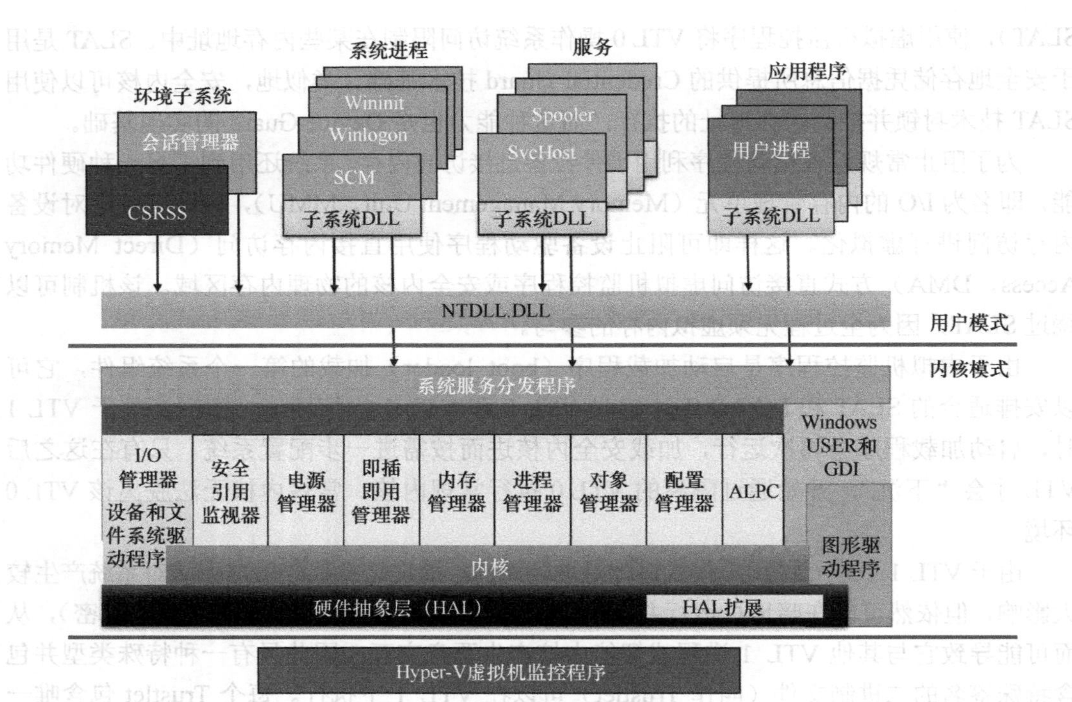

图 2-4　Windows 的核心系统架构和组件

2.5.1　环境子系统和子系统 DLL

环境子系统的角色在于将基本 Windows 执行体系统服务的某些子集暴露给应用程序。此类子系统可供访问 Windows 原生服务的不同子集。这意味着在一个子系统的基础上建立的应用程序所能执行的某个操作，可能无法被建立在另一个子系统的基础上的应用程序做到。例如，Windows 应用程序无法使用 SUA 的 fork 函数。

每个可执行映像（.exe）都会绑定到唯一的子系统。映像运行时，负责创建进程的代码会在映像头部检查子系统的类型代码，进而将新建进程告知给正确的子系统。该类型代码可以使用 Microsoft Visual Studio 的 linker 命令中的/SUBSYSTEM linker 选项来指定（或使用工程属性中 Linker/System 属性页的 SubSystem 选项来指定）。

如前所述，用户应用程序不会直接调用 Windows 系统服务，而是要通过一个或多个子系统 DLL 来进行。这些库导出的接口都有相应的文档说明，链接到对应子系统的程序均可调用。例如，Windows 子系统 DLL（如 Kernel32.dll、Advapi32.dll、User32.dll 和 Gdi32.dll）实现了 Windows API 函数，SUA 子系统 DLL（Psxdll.dll）可（在支持 POSIX 的 Windows 版本中）实现 SUA API 函数。

实验：查看映像的子系统类型

我们可以用 Dependency Walker 工具（Depends.exe）查看映像文件的子系统类型。例如，请留意 Windows 自带的两个映像 Notepad.exe（简单的文本编辑器）和 Cmd.exe（Windows 命令提示符）在子系统类型方面的差异，如图 2-5 所示。

由此可知，Notepad 是 GUI 程序，而 Cmd 是控制台程序（或基于字符的程序）。虽然这暗指了 GUI 和基于字符的程序使用了两个不同的子系统，但实际上即便只有一个 Windows 子系统，GUI 程序也可以有控制台（只需调用 AllocConsolefunction），正如控制台程序也可以显示 GUI 一样。

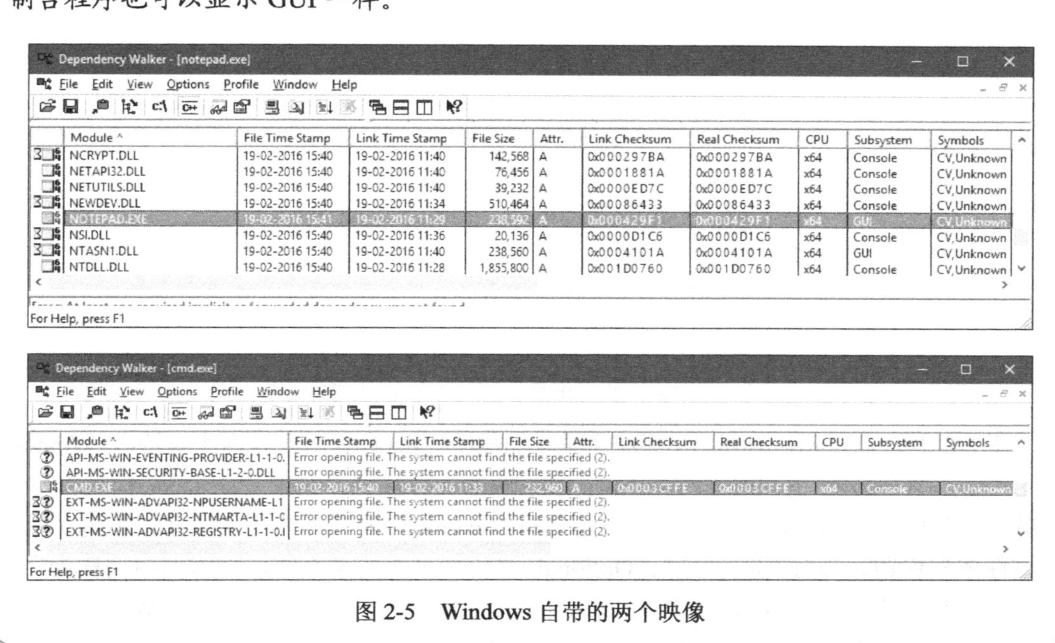

图 2-5 Windows 自带的两个映像

当应用程序调用子系统 DLL 中的函数时，会发生下列 3 种情况之一。

- 函数完全在子系统 DLL 内部以用户模式实现。换句话说，不会向环境子系统进程发送任何消息，也不会调用任何 Windows 执行体系统服务。函数将在用户模式下执行，并将执行结果返回给调用方，如 GetCurrentProcess（该函数总会返回“−1”，在所有与进程有关的函数中，定义这样的一个值是为了代表当前进程）和 GetCurrentProcessId 函数。（运行中的进程的 ID 不会改变，因此该 ID 可以从某个缓存的位置获取，以避免对内核进行调用。）
- 函数需要对 Windows 执行体进行一个或多个调用。例如，Windows 的 ReadFile 和 WriteFile 函数就分别需要调用底层内部（且针对用户模式的使用未提供文档）的 Windows I/O 系统服务 NtReadFile 和 NtWriteFile。
- 函数要在环境子系统进程中执行一些工作。（运行于用户模式的环境子系统进程负责维持在其控制下运行的客户端应用程序的状态。）这种情况下，需要通过 ALPC（见卷 2 第 8 章）以消息的形式向环境子系统发出客户端/服务器请求，借此让子系统执行所需操作。随后子系统 DLL 将等待响应，并将响应返回给调用方。

某些函数可能会结合上述第二种和第三种情况进行使用，如 Windows 的 CreateProcess 以及 ExitWindowsEx 函数。

1. 子系统的启动

子系统是由会话管理器（Smss.exe）进程启动的。子系统的启动信息存储在注册表 HKLM\SYSTEM\CurrentControlSet\Control\Session Manager\SubSystems 键下。图 2-6 展示了该注册表键的值（以 Windows 10 专业版为例）。

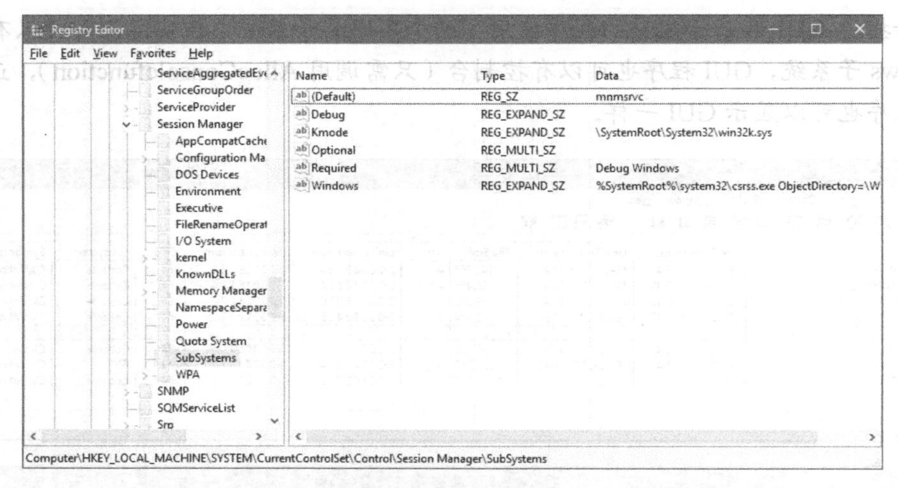

图 2-6 注册表编辑器中显示的 Windows 子系统信息

图 2-6 中的 Required 值列出了系统引导时加载的子系统。该值包含两个字符串：Windows 和 Debug。Windows 值包含了 Windows 子系统的文件规范，其中 Csrss.exe 代表客户端/服务器运行时子系统。Debug 值为空（该值自 Windows XP 开始就不需要了，但为了维持兼容性依然保留），因此不会生效。Optional 值代表可选的子系统，在本例中同样为空，因为 Windows 10 已经无法再使用 SUA。原本可用的时候，将通过 Posix 的数值指向另一个值，进而指向 Psxss.exe（POSIX 子系统进程）。Optional 的值均是“按需加载”的，这意味着会在首次遇到 POSIX 映像的时候再开始加载。Kmode 注册表值包含 Windows 子系统内核模式部分的文件名：Win32k.sys（本章下文将详细介绍）。

再来一起深入看看 Windows 环境子系统。

2. Windows 子系统

虽然 Windows 在设计时即可支持多种独立的环境子系统，但实际上让每个子系统实现所有的代码以处理窗口和显示 I/O 会产生大量重复的系统函数，最终会对系统的体积和性能产生不利影响。由于 Windows 是最主要的子系统，Windows 的设计者决定将基本函数放在 Windows 子系统中，并让其他子系统调用 Windows 子系统以实现显示 I/O，因此 SUA 子系统会调用 Windows 子系统中的服务来实现显示 I/O。

在这种设计决策的影响下，Windows 子系统成了任何 Windows 系统的必需组件，甚至在不提供交互式用户登录的服务器系统上也是如此。因此这个进程也成为关键进程（如果该进程因为任何情况退出，那么系统将会崩溃）。

Windows 子系统包含下列重要组件。

（1）对于每个会话，环境子系统进程（Csrss.exe）的一个实例将加载 4 个 DLL（Basesrv.dll、Winsrv.dll、Sxssrv.dll 和 Csrsrv.dll），借此提供下列支持。

- 与进程和线程的创建及删除有关的多种管理任务。
- Windows 应用程序的关闭（通过 ExitWindowsEx API 实现）。
- 包含有关注册表位置映射的.ini 文件，借此维持向后兼容性。
- 以 Windows 消息的形式将某些内核通知消息（如来自即插即用管理器的消息）发送给 Windows 应用程序（WM_DEVICECHANGE）。

■ 为16位DOS虚拟机（VDM）进程提供部分支持（仅限32位Windows）。
■ 支持Side-by-Side（SxS）/Fusion和清单缓存。
■ 为多种自然语言支持函数提供缓存。

注意 这方面最重要的一点在于：处理原始输入线程和桌面线程（负责鼠标指针、键盘输入，以及桌面窗口的处理）的内核模式代码承载于Winsrv.dll中运行的线程内部。此外，与交互式用户会话相关联的Csrss.exe实例还包含了名为Canonical Display Driver（Cdd.dll）的第五个DLL。CDD负责与内核中为DirectX提供支持的部分（参见下文讨论）进行通信，借此通过每次垂直刷新（VSync）绘制出可见的桌面状态，而无须借助传统的硬件加速GDI支持。

（2）一个内核模式的设备驱动程序（Win32k.sys），用于提供下列支持。

■ 窗口管理器。控制窗口的显示，管理屏幕输出，收集来自键盘、鼠标和其他设备的输入，并将用户消息传递给应用程序。
■ 图形设备接口（Graphics Device Interface，GDI）。这是专门为图形输出设备设计的函数库，包含了有关线条、文本和图形的绘制函数，以及图形控制函数。
■ DirectX功能的封装函数。这是通过另一个内核模式驱动程序（Dxgkrnl.sys）实现的函数。

（3）控制台宿主进程（Conhost.exe），用于为控制台（字符界面）应用程序提供支持。

（4）桌面窗口管理器（Dwm.exe），借此可在一个表层通过CDD和DirectX合成可见的窗口渲染结果。

（5）子系统DLL（如Kernel32.dll、Advapi32.dll、User32.dll和Gdi32.dll），将文档化的Windows API函数转译为Ntoskrnl.exe和Win32k.sys中相应的，并且未经文档化（对于用户模式）的内核模式系统服务调用。

（6）图形设备驱动程序，用于提供与硬件相关的图形显示驱动程序、打印机驱动程序以及视频微端口驱动程序。

注意 目前Windows架构正在进行一项名为MinWin的重构工程，重构后的子系统DLL通常由特定库组成。这些库实现了API集，通过将其链接在一起形成子系统DLL，并使用一种特殊的重定向架构进行解析。有关该重构工程的详细信息可参见3.8节。

3. Windows 10和Win32k.sys

Windows 10设备最基本的窗口管理要求高度依赖于具体的设备类型。运行Windows的完整桌面计算机需要具备所有的窗口管理器能力，例如调整窗口大小、窗口所有者、子窗口等。而手机或小型平板电脑上运行的Windows Mobile 10并不需要如此多的功能，因为只有一个前台窗口，无法最小化或调整大小。物联网设备也是如此，这类设备甚至可能根本无须显示画面。

因此Win32K.sys的功能被拆分到多个内核模块中，而某些系统可能并不需要所有这些模块。由于代码的复杂度降低，这样的做法大幅减少了窗口管理器的攻击面，并移除了很多遗留代码，如下。

（1）在手机（Windows Mobile 10）上，Win32k.sys会加载Win32kMin.sys和Win32kBase.sys。

（2）在完整桌面计算机系统中，Win32k.sys会加载Win32kBase.sys和Win32kFull.sys。

（3）在某些物联网系统中，Win32k.sys可能只需要加载Win32kBase.sys。

应用程序需要调用标准的 USER 函数来创建用户界面上的控件，如窗口和按钮，并显示在屏幕上。窗口管理器会将这些请求传递给 GDI，GDI 会将其传递给图形设备驱动程序，并由图形设备驱动程序结合显示设备进行必要的调整。显示器驱动程序会与视频微端口驱动程序成对使用，借此为完整的视频显示提供支持。

GDI 提供了一组标准的二维函数，可供应用程序在不了解与图形设备有关的任何信息的前提下与其通信。GDI 函数位于应用程序和诸如显示器驱动程序与打印机驱动程序等图形设备之间，负责解释应用程序的图形输出请求，并将请求发送给图形显示器驱动程序。GDI 还为使用不同图形输出设备的应用程序提供了标准化的接口。借助这些接口，应用程序代码可与硬件设备及其驱动程序保持独立。GDI 还会针对设备的能力对消息进行裁剪，通常会将请求拆分为多个可管理的部件。例如，一些设备可以理解绘制椭圆的命令，一些设备则可能需要 GDI 将命令解释为“放置在某一坐标位置的一系列像素点”。有关图形和视频驱动程序架构的详细信息，请参阅 WDK 文档中“Display (Adapters and Monitors)”一章的“Design Guide”一节。

由于子系统的大部分内容（尤其是显示 I/O 功能）运行在内核模式下，因此只有少数 Windows 函数需要向 Windows 子系统进程发送进程和线程的创建与终止、DOS 设备盘符映射（例如通过 subst.exe 进行的映射）等消息。

一般来说，运行中的 Windows 应用程序不会产生太多（如果有的话）向 Windows 子系统进程进行的上下文切换，除非需要绘制新的鼠标指针位置、处理键盘输入，以及通过 CDD 渲染屏幕画面。

实验：控制台窗口宿主进程

在 Windows 子系统的最初设计中，子系统进程（Csrss.exe）负责管理控制台窗口和每个控制台应用程序（例如命令提示符 Cmd.exe）与 Csrss.exe 的通信。从 Windows 7 开始，系统中每个控制台窗口使用了一个单独的进程：控制台窗口宿主进程（Conhost.exe）。（多个控制台应用程序可共享同一个控制台窗口，例如从命令提示符启动另一个命令提示符时，默认情况下，第二个命令提示符将与第一个命令提示符共享同一个控制台窗口。）有关 Windows 7 控制台宿主进程的详细信息可参阅本书第 6 版的第 2 章。

在 Windows 8 和后续版本中，控制台的架构再次发生了变化。Conhost.exe 进程依然存在，但改为由控制台驱动程序（\Windows\System32\Drivers\ConDrv.sys）所产生的基于控制台的进程发起（而非像 Windows 7 那样由 Csrss.exe 发起）。这个进程可以通过控制台驱动程序（ConDrv.sys）与 Conhost.exe 通信，借此即可发送读取、写入、I/O 控制以及其他类型的 I/O 请求。在这一过程中，Conhost.exe 可视作服务器端，而使用控制台的进程可视作客户端。这一变化使得系统不再需要 Csrss.exe 即可接收键盘输入（作为原始输入线程的一部分），通过 Win32k.sys 将输入的内容发送给 Conhost.exe，随后使用 ALPC 将其发送给 Cmd.exe。而此时，命令行应用程序也可以通过读写 I/O 直接接收来自控制台驱动程序的输入，这样可以避免不必要的上下文切换。

下列 Process Explorer 屏幕截图（见图 2-7）显示了句柄 Conhost.exe 打开的、由名为\Device\ConDrv 的 ConDrv.sys 暴露的设备对象。（有关设备名称和 I/O 的详细信息可参见第 6 章。）

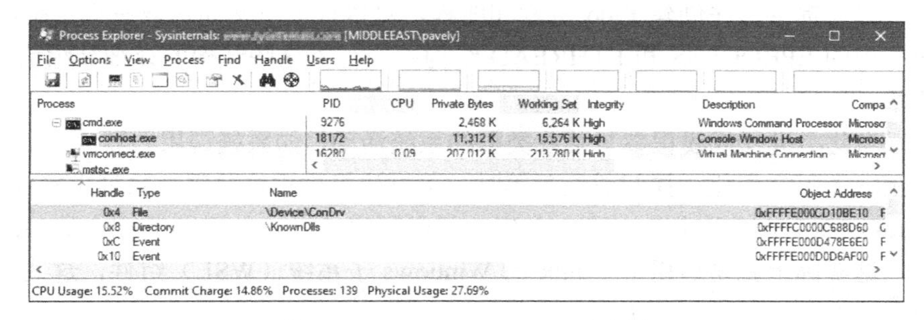

图 2-7 Process Explorer 屏幕截图

Conhost.exe 是控制台进程（本例中为 Cmd.exe）的子进程。Conhost 的创建可以由 Console 子系统映像的映像加载程序发起，或可在 GUI 子系统映像调用 AllocConsole Windows API 后按需发起。（当然，GUI 和 Console 在本质上是相同的，均为 Windows 子系统类型的不同变体。）Conhost.exe 实际起作用的部分是它所加载的一个 DLL（\Windows\System32\ConhostV2.dll），其中包含了与控制台驱动程序通信所需的大部分代码。

2.5.2 其他子系统

如前所述，Windows 最初可支持 POSIX 和 OS/2 子系统。由于新的 Windows 已不包含这些子系统，本书不做详细介绍。然而有关子系统的常规概念依然存在，如果未来有必要，也可以通过新的子系统对系统进行扩展。

1. Pico 提供程序和适用于 Linux 的 Windows 子系统

过去十多年来，传统子系统模型以足够的扩展性和能力为 POSIX 和 OS/2 提供了支持，然而该模型的两个技术局限使其难以适用于更广泛的非 Windows 二进制文件，只能用于一些非常具体的场景中。

（1）如前所述，有关子系统的信息是从可移植可执行（Portable Executable，PE）文件头提取的，这就需要将原始二进制文件的源代码重建为 Windows PE 可执行文件（.exe）。这还需要将任何 POSIX 风格的依赖性和系统调用更改为 Windows 风格并导入 Psxdll.dll 库。

（2）受限于 Win32 子系统［该子系统有时候需要负责携带（Piggyback）］或 NT 内核所提供的功能，子系统需要包装（而非仿真）POSIX 应用程序所需的行为。这种做法有时会导致一些棘手的兼容性问题。

最后还要注意，顾名思义，POSIX 子系统（SUA）是针对十几年前在服务器市场占统治地位的 POSIX/UNIX 应用程序设计的，并非针对今天常见的真正 Linux 应用程序而设计。

为了解决这些问题，我们需要用另一种方式来构建子系统，这种方式应该无须对其他环境的系统调用以及传统 PE 映像的执行进行传统的用户模式包装。好在微软研究院发起的 Drawbridge 项目为新的子系统提供了必要基础，使得我们可以通过 Pico 模型顺利实现新的子系统。

该模型定义了 Pico 提供程序这一概念。这是一种自定义的内核模式驱动程序，可通过 PsRegisterPicoProvider API 接收对专用内核接口的访问。这种专用接口的好处可从如下两方面来看。

（1）可以让提供程序创建 Pico 进程和线程，对执行上下文和片段进行定制，并将数据存储在相应的 EPROCESS 和 ETHREAD 结构中（有关这些结构的详细介绍请参阅第 3 章和第 4 章）。

（2）每当此类进程或线程参与某些类型的系统活动，如系统调用、异常、APC、页面错误、终止、上下文变化、挂起或恢复等时，可以让提供程序获得一系列丰富的通知。

Windows 10（1607 版）中包含了一个 Pico 提供程序：Lxss.sys 及与其配合的 Lxcore.sys。顾名思义，这实际上就是适用于 Linux 的 Windows 子系统（WSL）组件，这些驱动程序形成了所需的 Pico 提供程序接口。

由于 Pico 提供程序需要接收用户和内核模式之间几乎全部可能的转换（例如系统调用或异常），当一个或多个 Pico 进程在底层运行时，将获得一个可识别的地址空间，以及在地址空间内原生运行的代码。只要能以完全透明的方式处理所有这些转换，此时更底层的"真正"内核就已经不再重要。因此在 WSL Pico 提供程序下运行的 Pico 进程与常规 Windows 进程有很大差异（见第 3 章），例如不具备常规进程都需要加载的 Ntdll.dll，并且它们的内存中会包含类似 vDSO 的结构，这是一种仅用于 Linux/BSD 系统的特殊映像。

此外，如果要以透明的方式运行 Linux 进程，这些进程必须能在无须重新编译为 Windows PE 可执行文件的情况下执行。由于 Windows 内核不知道如何映射其他类型的映像，此类映像将无法由 Windows 进程使用 CreateProcess API 启动，并且这些进程本身也绝对不会调用此类 API（因为它们根本不知道自己是在 Windows 下运行的）。这种互操作性的支持是由 Pico 提供程序和运行在用户模式下的 LXSS 管理器服务提供的。前者用于实现与 LXSS 管理器通信所需的专用接口，后者用于实现专用启动器进程（目前为 Bash.exe）以及管理进程 Lxrun.exe 通信所用的 COM 接口。图 2-8 概括展示了组成 WSL 的组件。

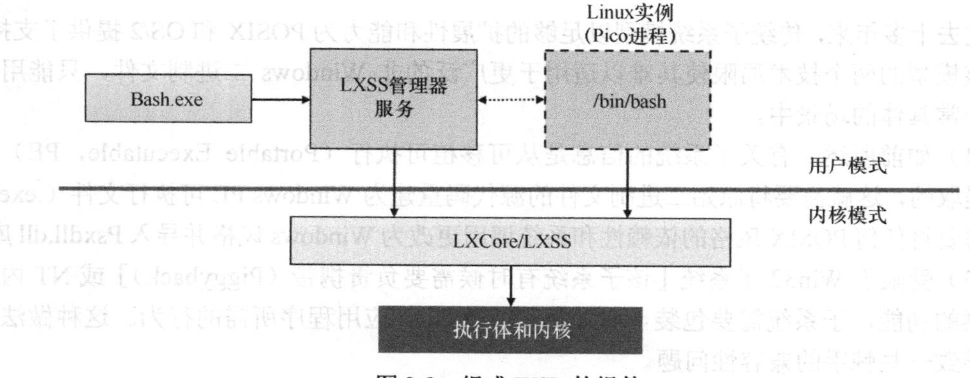

图 2-8　组成 WSL 的组件

为了对多种多样的 Linux 应用程序提供支持，我们需要考虑很多问题。与 Windows 内核本身类似，Linux 也有数百种系统调用。虽然 Pico 提供程序可以利用 Windows 的现有功能（其中很多功能是为了支持最初的 POSIX 子系统而开发的，例如对 fork()的支持），但某些情况下必须独自重新实现很多功能。例如，虽然同样使用 NTFS 存储实际的文件系统（而非使用 EXTFS），但 Pico 提供程序同样完整实现了 Linux 虚拟文件系统（Virtual File System，VFS），包括对 inodes、inotify()以及/sys、/dev 等其他类似 Linux 风格文件系统命名空间及其相应行为的支持。类似地，虽然 Pico 提供程序可以在网络方面使用 Windows Sockets for Kernel（WSK），但在实际的套接字行为方面依然进行了复杂的包装，借此支持 UNIX 域套接字、Linux NetLink 套接字以及标准的 Internet 套接字。

其他方面，现有 Windows 机制无法实现足够的兼容性，有时情况甚至比较微妙。例如 Windows 可以通过一个命名管道驱动程序（Npfs.sys）为传统管道 IPC 机制提供支持，然而这与为应用程序设置断点的 Linux 管道依然有些微妙差异。因此，这就需要为 Linux 应用程序重新实现管道，不能直接使用内核的 Npfs.sys 驱动程序。

在撰写本书时，该功能依然是测试版，后续可能还会出现其他改动，因此本书不详细介绍该子系统的内部细节。不过我们会在第 3 章从另一个角度介绍 Pico 进程。当该子系统更加完善并结束测试后，大家应该能在 MSDN 网站上看到官方文档，并通过稳定的 API 在 Windows 中与 Linux 进程交互。

2. Ntdll.dll

Ntdll.dll 是一个特殊的系统支持库，主要被子系统 DLL 和原生应用程序使用。（此处的“原生”是指未绑定至任何特定子系统的映像。）Ntdll.dll 包含以下两类函数。

（1）可调用 Windows 执行体系统服务的系统服务调度存根（dispatch stub）。

（2）被子系统、子系统 DLL 以及其他原生映像使用的内部支持函数。

第一类函数提供了到 Windows 执行体系统服务的接口，可从用户模式下调用。此类函数超过 450 个，如 NtCreateFile、NtSetEvent 等。如前所述，这些函数的大部分功能可通过 Windows API 访问。（但少数功能也不尽然，只能被特定的操作系统内部组件使用。）

对于每个这样的函数，Ntdll.dll 提供了一个同名的入口点。函数内部的代码包含与特定处理器架构有关的指令，借此可转换至内核模式并调用系统服务调度程序（dispatcher）。（详情可参阅卷 2 第 8 章。）在验证过某些参数后，系统服务调度程序会调用真正的内核模式系统服务，其中也包含了 Ntoskrnl.exe 内部的实际代码。下列实验可以帮助大家看到这些函数的内容。

实验：查看系统服务调度程序的代码

按照系统架构启动对应版本的 WinDbg（例如 64 位 Windows 需要使用 x64 版本）。随后打开 File 菜单并选择 Open Executable，浏览至%SystemRoot%\System32，选择 Notepad.exe。

随后将启动记事本，调试器将在初始断点处中断。此时尚处于进程生命周期非常早期的阶段，我们可以执行 k（调用堆栈）命令看到这一点。随后可以看到几个以 Ldr 开头的函数，这代表映像加载程序。记事本的主函数尚未执行，意味着目前还看不到记事本的窗口。

在 Ntdll.dll 中的 NtCreateFile 内设置一个断点（调试器不区分大小写）。

```
bp ntdll!ntcreatefile
```

输入 g（转至）命令或按 F5 让记事本继续执行。调试器几乎会立即中断，并显示类似下面这样的结果（x64）。

```
Breakpoint 0 hit
ntdll!NtCreateFile:
00007ffa'9f4e5b10 4c8bd1          mov     r10,rcx
```

在这里可以看到名为 ZwCreateFile 的函数。ZwCreateFile 和 NtCreateFile 引用了用户模式下的同一个符号。随后输入 u（反汇编）命令查看前序指令。

```
00007ffa'9f4e5b10 4c8bd1          mov     r10,rcx
00007ffa'9f4e5b13 b855000000      mov     eax,55h
00007ffa'9f4e5b18 f604250803fe7f01 test    byte ptr [SharedUserData+0x308
(00000000'7ffe0308)],1
00007ffa'9f4e5b20 7503            jne     ntdll!NtCreateFile+0x15
(00007ffa'9f4e5b25)
00007ffa'9f4e5b22 0f05            syscall
00007ffa'9f4e5b24 c3              ret
00007ffa'9f4e5b25 cd2e            int    2Eh
00007ffa'9f4e5b27 c3              ret
```

EAX 寄存器设置了系统服务编号（本例中为 55 hex）。这是该操作系统（Windows 10 Pro x64）的系统服务编号。随后请注意 syscall 指令。正是该指令导致进程转换至内核模式，跳转至系统服务调度程序，并在那里使用该 EAX 选择了 NtCreateFile 执行体服务。另外还需要注意，Shared User Data（关于该结构的详情见第 4 章）的偏移量 0x308 处设置了一个检测标记（1）。如果设置该标记，执行过程将使用另一种路径并用 int 2Eh 指令代替。如果启用这种特殊的 Credential Guard VBS 功能（见第 7 章），计算机上就会设置该标记，因为虚拟机监控程序将能用比 Syscall 指令更高效的方式响应 int 指令，这种行为对 Credential Guard 更加有益。

这种机制（以及 syscall 和 int 行为）的详细介绍请参阅卷 2 第 8 章。目前大家也可以试着定位其他原生服务，例如 NtReadFile、NtWriteFile 和 NtClose。

2.4 节提到，IUM 应用程序还可以使用与 Ntdll.dll 类似的另一个二进制文件，其文件名为 IumDll.dll。这个二进制文件也包含系统调用，但其索引略有不同。如果系统启用 Credential Guard，只需在 WinDbg 中打开 File 菜单并选择 Open Crash Dump，随后选择 IumDll.dll 作为文件即可重现上述实验。不过在类似下列输出结果中需要注意，系统调用索引设置了高位字节，并未进行 SharedUserData 检查，此类系统调用将始终使用 syscall 指令，因此也叫作安全系统调用。

```
0:000> u iumdll!IumCrypto
iumdll!IumCrypto:
00000001'80001130 4c8bd1          mov     r10,rcx
00000001'80001133 b802000008      mov     eax,8000002h
00000001'80001138 0f05            syscall
00000001'8000113a c3              ret
```

Ntdll.dll 还包含很多支持函数，如映像加载程序（以 Ldr 开头的函数）、堆管理器以及 Windows 子系统进程通信函数（以 Csr 开头的函数）。Ntdll.dll 也包含常规的运行库例程（以 Rtl 开头的函数）、对用户模式调试的支持（以 DbgUi 开头的函数）、Windows 事件追踪（以 Etw 开头的函数），以及用户模式异步过程调用（Asynchronous Procedure Call，APC）调度程序和异常调度程序。（APC 将在第 6 章简要介绍，计划在卷 2 第 8 章详细介绍。）

最后，我们还可以在 Ntdll.dll 中找到 C 运行库（C Run-Time，CRT）例程的一个很小的子集，该子集仅包含字符串和标准库的一些例程（如 memcpy、strcpy、sprintf 等）。这些例程主要用于原生应用程序，下文将详细介绍。

3. 原生映像

一些映像（可执行文件）不属于任何子系统。换句话说，它们并不链接至一组子系统DLL，例如 Windows 子系统的 Kernel32.dll。相反它们只链接至 Ntdll.dll，这是横跨所有子系统的“最小公分母”。由于 Ntdll.dll 暴露的原生 API 大部分并未提供文档，此类映像通常只能由微软构建，例如会话管理器进程（Smss.exe，本章下文将详细介绍）。Smss.exe是（由内核直接创建的）第一个用户模式进程，因此不能依赖 Windows 子系统，因为 Smss启动时 Csrss.exe（Windows 子系统进程）尚未启动。实际上，Smss.exe 就是负责启动Csrss.exe 的。另一个例子是偶尔会在系统启动时运行并检查磁盘的 Autochk 工具。由于该工具需要在引导过程相对早期的阶段运行（实际上是由 Smss.exe 启动的），因此也不能依赖任何子系统。

图 2-9 所示的是在 Dependency Walker 中查看 Smss.exe 的结果，可见它只依赖 Ntdll.dll。请注意子系统显示为 Native。

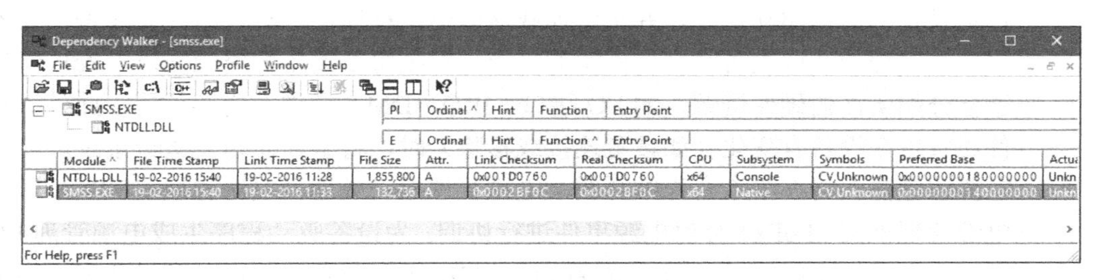

图 2-9 在 Dependency Walker 中查看 Smss.exe 的结果

2.5.3 执行体

Windows 执行体是 Ntoskrnl.exe 的上层。（其下层为内核。）执行体包含下列类型的函数。

- **可在用户模式下导出和调用的函数**。这些函数叫作系统服务，可通过 Ntdll.dll 导出（例如上一个实验中的 NtCreateFile）。大部分此类服务均可通过 Windows API或其他环境子系统的 API 访问。然而也有少数服务无法通过任何文档化的子系统函数访问，例如 ALPC 和多种查询函数（如 NtQueryInformationProcess），以及一些专用函数（如 NtCreatePagingFile 等）。
- **通过 DeviceIoControl 调用的设备驱动程序函数**。这为从用户模式到内核模式调用设备驱动程序中的函数提供了通用接口，借此可调用与读/写操作无关的函数。例如，Sysinternals 开发的 Process Explorer 和 Process Monitor 工具所用的驱动程序正属此类，具体属于前文提到的控制台驱动程序（ConDrv.sys）。
- **只能从内核模式调用，并在 WDK 中导出且文档化的函数**。这些函数包括多种支持例程，如 I/O 管理器（以 Io 开头）、常规执行体函数（Ex）等，主要适用于设备驱动程序的开发者。
- **可在内核模式下导出并调用，但未在 WDK 中文档化的函数**。这些函数包括引导视频驱动程序调用的函数，以 Inbv 开头。
- **定义为全局符号但不可导出的函数**。这些函数包括在 Ntoskrnl.exe 中内部调用的支持函数，例如以 Iop（内部 I/O 管理器支持函数）或 Mi（内部内存管理支持函数）开头的函数。

- **位于模块内部但未定义为全局符号的函数**。这些函数为执行体和内核专用。

执行体包含下列主要组件，每个组件都会在本书后续章节中详细介绍：

- **配置管理器**。将在卷 2 第 9 章详细介绍，负责实现和管理系统注册表。
- **进程管理器**。将在第 3 章和第 4 章详细介绍，用于创建和终止进程与线程。对进程和线程的底层支持是在 Windows 内核中实现的，执行体在底层对象的基础上额外增加了语义和功能。
- **安全引用监视器**（Security Reference Monitor，SRM）。将在第 7 章详细介绍，用于强制在本地计算机上实施安全策略，进而保护操作系统资源，执行运行时对象保护和审核机制。
- **I/O 管理器**。将在第 6 章详细介绍，用于实现与设备无关的 I/O，并负责将其分配给适当的设备驱动程序以便进一步处理。
- **即插即用**（Plug and Play，PnP）**管理器**。将在第 6 章详细介绍，它决定了为支持特定设备所需的驱动程序，并负责加载这些驱动程序。同时该组件会在每个设备的枚举过程中获取设备对硬件资源的需求。根据每个设备的资源需求，PnP 管理器会分配所需的硬件资源，如 I/O 端口、IRQ、DMA 通道及内存位置。此外该组件还负责在设备有变化（如设备连接或移除）时，将事件通知发送给系统。
- **电源管理器**。将在第 6 章详细介绍。电源管理器、处理器电源管理（PPM）以及电源管理框架（PoFx）会对电源事件进行协调，为设备驱动程序生成电源管理 I/O 通知。当系统空闲时，PPM 可配置为将 CPU 置于睡眠状态进而降低能耗。每个设备电源消耗的变化可由设备驱动程序处理，但需要借助电源管理器和 PoFx 的协调。在一些类型的设备上，还需要由终端超时管理器来根据设备的使用情况和距离等因素管理物理显示设备的超时值。
- **Windows 驱动程序模型**（WDM）。将在卷 2 第 9 章详细介绍，该组件属于 Windows Management Instrumentation（WMI）例程，这些例程使得设备驱动程序能够发送性能和配置信息，并接收来自用户模式 WMI 服务的命令。WMI 信息可在本地计算机上直接使用，或通过网络远程访问并使用。
- **内存管理器**。将在第 5 章详细介绍，负责实现虚拟内存。这是一种内存管理方式，能够为每个进程提供超过可用物理内存总数的专用地址空间。内存管理器为缓存管理器提供了底层支持，并得到了将在第 5 章详细介绍的预读取器（prefetcher）和存储管理器提供的协助。
- **缓存管理器**。将在卷 2 第 14 章中详细介绍，通过将最近引用过的磁盘数据驻留在主内存中可以实现快速访问，该组件有助于改善文件 I/O 操作的性能。为了进一步改善性能，该组件还会延迟磁盘写操作，将数据更新保留在内存中一段时间，随后统一发送至磁盘。下文将会介绍，这也是借助内存管理器对映射文件的支持实现的。

此外，执行体还包含 4 组主要的支持函数，上述执行体组件均会用到这些函数。这些支持函数中，有 1/3 在 WDK 中提供了相关文档，因为设备驱动程序也需要用到这些支持函数。这 4 类支持函数分别如下。

- **对象管理器**。其负责创建、管理和删除 Windows 执行体对象和抽象数据类型，可用于代表进程、线程以及多种同步对象的操作系统资源。对象管理器的详细介绍请参阅卷 2 第 8 章。

- **异步 LPC（ALPC）设施**。将在卷 2 第 8 章详细介绍，此类支持函数可在同一台计算机上的客户端进程和服务器进程之间传递消息。此外 ALPC 还可用作远程过程调用（RPC）的本地传输，而 RPC 是指客户端和服务器进程跨越网络进行的符合业界标准的通信方式的一种 Windows 实现。
- **运行库函数**。其包括字符串处理、算数操作、数据类型转换、安全结构处理等。
- **执行体支持例程**。其包括系统内存分配（分页和非分页内存池）、互锁内存访问，以及其他特殊类型的同步机制，如执行体资源、快速互斥体（mutexes）和推锁。

执行体还包含多种其他基础架构例程，本书只简单介绍其中的一部分：

- **内核模式调试器库**。借此可通过支持 KD 的调试器对内核进行调试。KD 是一种可通过诸如 USB、以太网、IEEE 1394 等不同传输机制实现的可移植协议，WinDbg 和 Kd.exe 调试器均实现了该协议。
- **用户模式调试框架**。其负责将事件发送给用户模式的调试 API，借此让断点和单步跟踪可以正常生效，并负责更改线程执行上下文环境。
- **虚拟机监控程序库和 VBS 库**。其为安全虚拟机环境提供内核支持，并在系统知道自己在客户端分区（虚拟环境）中运行的情况下，负责优化某些类型的代码。
- **勘误表管理器**。其为非标准或不兼容的硬件设备提供变通的解决方案。
- **驱动程序验证程序**。其为内核模式驱动程序和代码提供可选的完整性检查（见第 6 章）。
- **Windows 事件跟踪**（ETW）。其为内核模式和用户模式系统组件在系统范围内的事件跟踪提供辅助例程。
- **Windows 诊断基础架构**（Windows Diagnostic Infrastructure，WDI）。其为基于诊断场景的系统活动实现智能跟踪。
- **Windows 硬件错误架构**（Windows Hardware Error Architecture，WHEA）**支持例程**。这些例程为硬件错误报告提供了通用框架。
- **文件系统运行库**（File-System Runtime Library，FSRTL）。其为文件系统驱动程序提供了通用的支持例程。
- **内核填充码引擎**（Kernel Shim Engine，KSE）。其提供了驱动程序兼容性填充码（shim）和额外的设备勘误支持。它将用到将在卷 2 第 8 章介绍的填充码基础架构和数据库中。

2.5.4 内核

内核由 Ntoskrnl.exe 中一系列用于提供基础机制的函数组成，例如被执行体使用的线程调度和同步服务，以及与底层硬件架构独立的支持（例如每种处理器架构均各异的中断和执行调度）。内核代码主要用 C 语言编写，不过对于需要使用特殊处理器指令和寄存器的任务，由于难以用 C 语言代码访问，因此继续使用了汇编代码。

与前文提到的各种执行体支持函数类似，很多内核函数均在 WDK 中提供了文档（搜索以“Ke”开头的函数即可找到），因为设备驱动程序的实现也需要它们。

1. 内核对象

内核提供了一种明确定义、可预知的操作系统底层原语和机制，可供执行体中的高层组件执行自己所需的操作。通过实现操作系统机制并避免策略决策，内核本身与执行体的其他部分实现了相互分离。几乎所有策略决策留给执行体负责，但线程调度和分发属于例外，依然由内核实现。

在内核之外，执行体会将线程和其他共享的资源看作对象。这些对象需要一些策略开销，例如通过对象句柄进行操作、通过安全检查进行保护，会在创建对象时扣除相应的资源配额。但内核通过实现一系列名为内核对象的更简单的对象而避免了这种开销，借此内核将能更好地控制集中处理和执行体对象创建过程中所需的支持。大部分执行体层面的对象都会封装一个或多个内核对象，并将它们由内核定义的属性结合在一起。

有一组名为控制对象的内核对象建立了控制各种操作系统函数所需的语义。这其中包括异步过程调用（APC）对象、延迟过程调用（Deferred Procedure Call，DPC）对象，以及I/O管理器使用的多种对象，如中断对象。

另一组名为分发器对象的内核对象所包含的同步能力可以改变或影响线程的调度。分发器对象包括内核线程、互斥体［在内核语境下可称为突变体（mutant）］、事件、内核事件对、信号量、定时器以及可等待的定时器。执行体会使用内核函数创建并维护内核对象实例，构建更复杂的对象并提供给用户模式。卷2第8章将详细介绍对象，本书第3和第4章将详细介绍进程和线程。

2. 内核处理器控制区和控制块

内核使用一种名为内核处理器控制区（Kernel Processor Control Region，KPCR）的数据结构存储与处理器有关的数据。KPCR包含一些基本信息，如处理器的中断分发表（Interrupt Dispatch Table，IDT）、任务状态段（Task State Segment，TSS）以及全局描述符表（Global Descriptor Table，GDT）。KPCR还包含中断控制器状态，这是与其他模块（例如ACPI驱动程序和HAL）共享的。为了便于访问KPCR，在32位Windows中，内核在fs寄存器中保留了指向KPCR的指针；在64位Windows中，该指针保存在gs寄存器中。

KPCR还包含一种名为内核处理器控制块（Kernel Processor Control Block，KPRCB）的嵌入式数据结构。为了供第三方驱动程序和其他内部Windows内核组件使用，KPCR是文档化的数据结构；而KPRCB是一种专供Ntoskrnl.exe中内核代码使用的私有结构，它包含下列内容。

- 调度信息，如处理器上正在调度的当前线程、下一个执行线程，以及空闲线程。
- 处理器的分发器数据库，其中包含每个优先级的就绪队列。
- DPC队列。
- CPU供应商和标识符信息，如型号、步进、速度、特征位。
- CPU和NUMA拓扑，如节点信息、每个芯片的内核数、每个内核的逻辑处理器数等。
- 缓存大小。
- 时间计数信息，如DPC和中断时间。

KPRCB还包含与处理器有关的所有统计信息，如I/O统计、缓存管理器统计（见卷2

第 14 章)、DPC 统计以及内存管理器统计(见第 5 章)。

最后，KPRCB 有时也用于存储每颗处理器与缓存对齐的结构数据，这是为了进一步优化内存访问，尤其是 NUMA 系统中的内存访问。例如，非换页和换页的内存池快查表就存储在 KPRCB 中。

实验：观察 KPCR 和 KPRCB

我们可以使用调试器命令!pcr 和!prcbkernel 查看 KPCR 与 KPRCB 的内容。如果使用后者并且不指定标志，调试器默认将显示 CPU 0 的相关信息。此外我们可以在命令后面添加编号来指定要查看的 CPU，例如!prcb 2。前一个命令将始终显示当前处理器的相关信息，但在远程调试过程中也可以更改。如果进行本地调试，可以使用!pcr 扩展获取 KPCR 的地址，后跟 CPU 编号，并使用该地址替换@$pcr。请勿使用!pcr 命令输出结果中的任何其他内容。该扩展显示的数据可能不准确，因此已经被弃用。下列示例展示了在 64 位 Windows 10 中运行 dt nt!_KPCR @$pcr 和!prcb 命令之后的输出结果。

```
lkd> dt nt!_KPCR @$pcr
   +0x000 NtTib            : _NT_TIB
   +0x000 GdtBase          : 0xfffff802'a5f4bfb0 _KGDTENTRY64
   +0x008 TssBase          : 0xfffff802'a5f4a000 _KTSS64
   +0x010 UserRsp          : 0x0000009b'1a47b2b8
   +0x018 Self             : 0xfffff802'a280a000 _KPCR
   +0x020 CurrentPrcb      : 0xfffff802'a280a180 _KPRCB
   +0x028 LockArray        : 0xfffff802'a280a7f0 _KSPIN_LOCK_QUEUE
   +0x030 Used_Self        : 0x0000009b'1a200000 Void
   +0x038 IdtBase          : 0xfffff802'a5f49000 _KIDTENTRY64
   +0x040 Unused           : [2] 0
   +0x050 Irql             : 0 ''
   +0x051 SecondLevelCacheAssociativity : 0x10 ''
   +0x052 ObsoleteNumber   : 0 ''
   +0x053 Fill0            : 0 ''
   +0x054 Unused0          : [3] 0
   +0x060 MajorVersion     : 1
   +0x062 MinorVersion     : 1
   +0x064 StallScaleFactor : 0x8a0
   +0x068 Unused1          : [3] (null)
   +0x080 KernelReserved   : [15] 0
   +0x0bc SecondLevelCacheSize : 0x400000
   +0x0c0 HalReserved      : [16] 0x839b6800
   +0x100 Unused2          : 0
   +0x108 KdVersionBlock   : (null)
   +0x110 Unused3          : (null)
   +0x118 PcrAlign1        : [24] 0
   +0x180 Prcb             : _KPRCB
lkd> !prcb
PRCB for Processor 0 at fffff803c3b23180:
Current IRQL -- 0
Threads-- Current ffffe0020535a800 Next 0000000000000000 Idle fffff803c3b99740
Processor Index 0 Number (0, 0) GroupSetMember 1
Interrupt Count -- 0010d637
Times -- Dpc    000000f4 Interrupt 00000119
         Kernel 0000d952 User      0000425d
```

我们也可以使用 dt 命令直接转储_KPRCB 数据结构，因为该调试器命令可以直接提供该结构的地址（上述输出结果中用粗体强调的内容）。举例来说，如果想知道系统启动过程中处理器的运行速度，可以通过下列命令查看输出结果中的 MHz 字段。

```
lkd> dt nt!_KPRCB fffff803c3b23180 MHz
   +0x5f4 MHz : 0x893
lkd> ? 0x893
Evaluate expression: 2195 = 00000000'00000893
```

对于本例中的这台计算机，系统启动过程中处理器的运行速度约为 2.2 GHz。

3. 硬件支持

内核的另一个重要工作是将执行体和设备驱动程序从 Windows 支持的不同硬件体系架构的差异中抽象或隔离出来。这项工作也包括处理各种功能（例如中断处理、异常分发和多处理器同步）之间的差异。

即便是这些与硬件有关的功能，在设计内核的过程中也应试图将尽可能多的代码实现共用。内核支持的一系列可移植接口，其语义在不同硬件体系架构上是完全相同的。实现这些可移植接口的大部分代码在不同硬件体系架构上也是等同的。

这些接口中有一部分在不同硬件体系架构上使用了不同的实现，或使用与特定体系架构有关的代码进行了部分实现。这种不依赖特定体系架构的接口可以在任何计算机上调用，并且无论在任何体系架构的硬件上运行，这些接口都具备相同语义。一些内核接口，例如卷 2 第 8 章将要介绍的自旋锁例程，实际上就是在下文将要介绍的 HAL 中实现的，因为即使在统一体系架构家族的系统中，它们的实现也会有所差异。

为了（在 32 位系统上）支持之前的 16 位 DOS 应用程序，内核还包含少量与 x86 接口有关的代码。这些 x86 接口不可移植，也无法在任何其他体系架构的计算机上调用，甚至不会出现在这些计算机上。例如，在一些老显卡上模拟某些实模式代码时，就需要使用支持调用 Virtual 8086 模式的 x86 代码。

内核中与体系架构有关的代码还有其他例子，例如提供转义缓冲区和 CPI 缓存支持的接口。由于缓存的实现方式各异，为了提供这样的支持，需要为不同体系架构使用不同代码。

上下文切换则是另一个例子。虽然从高层来看，可以使用相同算法进行线程选择和上下文切换（保存上一个线程的上下文，加载新线程的上下文并开始执行新线程），但不同处理器上的具体实现存在体系架构方面的差异。由于上下文是由处理器状态（寄存器等）描述的，因此保存什么以及加载什么主要取决于体系架构的差异。

2.5.5　硬件抽象层

正如本章开头处所述，Windows 设计过程中的一个关键要素在于，要能顺利移植到不同硬件平台上。随着 OneCore 策略的提出和不同形态设备的逐渐涌现，这一点比以往任何时候都重要。硬件抽象层（Hardware Abstraction Layer，HAL）是实现可移植性的关键。HAL 是一种可加载的内核模式模块（Hal.dll），为运行 Windows 的硬件平台提供了底层接口。它可以将诸如 I/O 接口、中断控制器、多处理器通信机制等与特定硬件有关的细节以及与特定体系架构和计算机有关的功能隐藏起来。

因此 Windows 内部组件和用户编写的设备驱动程序无须直接访问硬件，而是可以在需要与平台有关的信息时直接调用 HAL 例程，借此实现可移植性。因此，WDK 中介绍了很多 HAL 例程。如果需要进一步了解 HAL 以及设备驱动程序中的具体用法，可参阅 WDK 文档。

标准桌面安装的 Windows 环境包含多个 x86 HAL 列表（见表 2-4），而 Windows 可以在引导时检测并确定自己该使用哪个 HAL，从而避免像老版本 Windows 那样在不同类型系统中引导时遇到问题。

表 2-4 x86 HAL 列表

HAL 文件名	支持的系统
Halacpi.dll	高级配置和电源接口（Advanced Configuration and Power Interface，ACPI）计算机，暗指只有一颗处理器且不支持 APIC 的计算机（只要上述两个条件任一个不满足，将使用下面列出的 HAL）
Halmacpi.dll	支持 ACPI 的高级可编程中断控制器（Advanced Programmable Interrupt Controller，APIC）计算机，使用 APIC 也意味着可支持 SMP

在 x64 和 ARM 计算机上只有一个名为 Hal.dll 的 HAL 映像，这是因为处理器需要同时具备对 ACPI 及 APIC 的支持，所以所有 x64 计算机都具备相同的主板配置。因此无须对不支持 ACPI 或使用标准 PIC 的计算机提供支持。类似地，ARM 系统都具备 ACPI 并使用中断控制器，这就类似于标准的 APIC。所以说一个 HAL 即可提供所需支持。

从另一个角度来看，虽然这样的中断控制器都是类似的，但并非完全相同。此外，某些 ARM 系统实际使用的计时器和内存/DMA 控制器也有所差异。

最后别忘了，物联网世界可能并不具备某些标准 PC 硬件（如 Intel DMA 控制器），因而需要支持不同类型的控制器，甚至对基于 PC 的系统也是如此。老版本 Windows 的应对措施是要求每个供应商为每种可能的平台组合提供一种定制的 HAL。然而这种做法已经不现实了，并会导致大量重复代码。现在的 Windows 可支持一种名为 HAL 扩展的模块，这是一种存储在磁盘上的补充 DLL，引导加载程序会在特定硬件需要时加载这些模块（通常会通过 ACPI 和基于注册表的配置来加载）。例如，桌面版 Windows 10 很可能就包含 HalExtPL080.dll 和 HalExtIntcLpioDMA.dll，后者主要用在某些低功耗的 Intel 平台上。

HAL 扩展的创建要与微软合作进行，所创建的文件必须由硬件供应商专有的一种特殊 HAL 扩展证书添加自定义签名。此外，由于有限的导入/导出表，以及未使用传统的 PE 映像机制，这类扩展可以使用和交互的 API 也极为有限。例如，在下列实验中，如果试图在 HAL 扩展上使用，将无法显示任何函数。

实验：查看 Ntoskrnl.exe 和 HAL 映像的依赖性

我们可以使用 Dependency Walker 工具（Depends.exe），通过检查导出和导入表的方式查看内核和 HAL 映像之间的关系。若要在 Dependency Walker 中检查映像，可打开 File 菜单，选择 Open，并选择目标映像文件。

例如，使用该工具查看 Ntoskrnl.exe 的依赖项时，可以看到类似图 2-10 所示的输出结果（目前可以暂时忽略由于 Dependency Walker 无法解析 API 集而产生的错误信息）。

由此可知，Ntoskrnl.exe 链接到了 HAL，而 HAL 又再次链接到 Ntoskrnl.exe（它们都要使用对方的函数）。Ntoskrnl.exe 还会链接到下列二进制文件。

（1）**Pshed.dll**。特定于平台的硬件错误驱动程序（Platform-Specific Hardware Error

Driver，PSHED）为底层平台的硬件错误报告能力提供了抽象。这是通过对操作系统隐藏平台的错误处理机制，并为 Windows 操作系统暴露一致的接口实现的。

（2）**Bootvid.dll**。x86 系统上的引导视频驱动程序（Bootvid），为系统启动过程中显示引导文字和引导徽标所需的 VGA 命令提供支持。

（3）**Kdcom.dll**。内核模式调试器协议（KD）通信库。

（4）**Ci.dll**。完整性库（有关代码完整性的详细介绍请参阅卷 2 第 8 章）。

（5）**Msrpc.sys**。适用于内核模式的微软远程过程调用（RPC）客户端驱动程序，可供内核（及其他驱动程序）通过 RPC 与用户模式服务通信，或用于管理 MES 编码的资源。例如，内核会借此管理与用户模式即插即用服务往来的数据。

NTOSKRNL.EXE
EXT-MS-WIN-NTOS-WERKERNEL-L1-1-0.DLL
EXT-MS-WIN-NTOS-TM-L1-1-0.DLL
HAL.DLL
NTOSKRNL.EXE
KDCOM.DLL
PSHED.DLL
PSHED.DLL
BOOTVID.DLL
KDCOM.DLL
EXT-MS-WIN-NTOS-KCMINITCFG-L1-1-0.DLL
EXT-MS-WIN-NTOS-KSR-L1-1-0.DLL
EXT-MS-WIN-NTOS-KSECURITY-L1-1-1.DLL
EXT-MS-WIN-NTOS-KSIGNINGPOLICY-L1-1-0.DLL
EXT-MS-WIN-NTOS-UCODE-L1-1-0.DLL
EXT-MS-WIN-FS-CLFS-L1-1-0.DLL
EXT-MS-WIN-NTOS-IUM-L1-1-0.DLL
CI.DLL
MSRPC.SYS
EXT-MS-WIN-NTOS-CLIPSP-L1-1-0.DLL

图 2-10　输出结果

有关该工具所显示信息的详细介绍，请参阅 Dependency Walker 的帮助文件（Depends.hlp）。

之前提到，建议大家暂时忽略 Dependency Walker 因无法解析 API 集而产生的错误信息，这是因为该工具的作者尚未对工具进行必要的更新以便提供所需处理机制。虽然我们会在 3.8 节介绍 API 集的具体实现，但取决于具体 SKU，我们始终可以使用 Dependency Walker 的输出结果来查看内核可能需要的其他依赖项，因为这些 API 集可能确实会指向真实模块。但是在处理 API 集时需要注意，它们是通过合约（contract），而非 DLL 或库的方式描述的。另外，你的计算机中可能不具备任意数量（甚至全部）的这些合约，是否具备主要取决于 SKU、平台以及供应商等因素的组合。

（1）**Werkernel** 合约。为内核中的 Windows 错误报告（Windows Error Reporting，WER）提供支持，如实时内核转储的创建。

（2）**Tm** 合约。代表内核事务管理器（Kernel Transaction Manager，KTM），将在卷 2 第 8 章详细介绍。

（3）**Kcminitcfg** 合约。负责特定平台可能需要的自定义初始注册表配置。

（4）**Ksr** 合约。负责处理内核软重启（Kernel Soft Reboot，KSR）以及为了支持该功能所需的某些内存范围的持久存储，常见于某些移动和物联网平台。

（5）**Ksecurity** 合约。包含了某些设备和 SKU 上、在用户模式下运行的 AppContainer 进程（即 Windows 应用）所需的额外策略。

（6）**Ksigningpolicy** 合约。包含用户模式代码完整性（User-Mode Code Integrity，UMCI）所需的额外策略，这可能是为了支持某些 SKU 中运行的非 AppContainer 进程，或用于在某些平台/SKU 上进一步配置 Device Guard 或 App Locker 安全功能。

（7）**Ucode** 合约。这是平台的微码更新库，可为（Intel 和 AMD）处理器的微码更新提供支持。

（8）**Clfs** 合约。公用日志文件系统驱动程序，（和其他一些东西一起）主要被事务注册表（Transactional Registry，TxR）所使用。有关 TxR 的详细信息请参阅卷 2 第 8 章。

（9）**Ium 合约**。这是系统中运行的 IUM Trustlet 所需的附加策略，可能是某些 SKU 所必需的，例如在 Datacenter Server 版的 Windows 中提供受防护的 VM。第 3 章将进一步详细介绍 Trustlet。

2.5.6 设备驱动程序

本书第 6 章将详细介绍设备驱动程序，本节会概括介绍驱动程序的类型，并介绍如何列出系统中已经安装并加载的驱动程序。

Windows 支持在内核模式和用户模式下运行的驱动程序，但本节只讨论内核驱动程序。“设备驱动程序”这个术语暗指了硬件设备，但还有其他类型的设备驱动程序是与硬件没有直接联系的（下文马上会提到）。本节将重点围绕能控制硬件设备的设备驱动程序进行介绍。

设备驱动程序是一种可加载的内核模式模块（其文件通常使用.sys 扩展），它在 I/O 管理器和相关硬件之间建立了接口。设备驱动程序在内核模式下，使用下列 3 种上下文之一来运行。

（1）在发起 I/O 功能的用户线程上下文中（例如读取操作）。

（2）在内核模式系统线程的上下文中（例如即插即用管理器发起的请求）。

（3）作为中断的结果，不处于任何特定线程上下文中，而是处于当中断产生时的“当前”线程上下文中。

正如 2.5.5 节所述，Windows 的设备驱动程序并不直接操作硬件，而是会调用 HAL 中的函数与硬件进行交互。驱动程序通常使用 C 或 C++编写，因此正确使用 HAL 例程可以在 Windows 支持的不同 CPU 体系架构之间进行源代码级的移植，在同一体系架构族内则可实现二进制可移植。

设备驱动程序主要包含以下几种类型。

（1）**硬件设备驱动程序**。使用 HAL 操作硬件将输出写入物理设备或网络，或从中获取输入。硬件设备驱动程序包含很多类型，如总线驱动程序、人机接口驱动程序、大容量存储设备驱动程序等。

（2）**文件系统驱动程序**。是指接收面向文件 I/O 请求，并将其转换为面向特定设备 I/O 请求的 Windows 驱动程序。

（3）**文件系统筛选器驱动程序**。包括执行磁盘镜像和加密、扫描查找病毒、拦截 I/O 请求，以及在将 I/O 传递至下一层之前执行附加处理操作（或在某些情况下拒绝操作）的驱动程序。

（4）**网络重定向和服务器**。这种文件系统驱动程序分别负责将文件系统 I/O 请求传递至网络上的其他计算机，或接收其他计算机通过网络传递来的请求。

（5）**协议驱动程序**。负责实现网络协议，例如 TCP/IP、NetBEUI 和 IPX/SPX。

（6）**内核流式筛选器驱动程序**。此类驱动程序会连接在一起对数据流进行信号处理，例如录制或播放音视频。

（7）**软件驱动程序**。这种内核模块将代表某些用户模式进程执行只能在内核模式下执行的操作。很多 Sysinternals 工具（例如 Process Explorer 和 Process Monitor）会使用驱动程序获取无法通过用户模式 API 获得的信息，或执行用户模式下无法执行的操作。

1. Windows 驱动程序模型

最初的驱动程序模型是在第一版 NT 系统（3.1 版）中创建的，由于即插即用（PnP）的概念在当时尚不可用，因此该模型并不支持即插即用。这一情况一直持续到 Windows 2000 的发布（面向消费者的 Windows 则是从 Windows 95/98 开始支持即插即用）。

Windows 2000 增加了对 PnP 和电源选项的支持，并通过名为 Windows 驱动程序模型（Windows Driver Model，WDM）的技术对 Windows NT 驱动程序模型进行了扩展。Windows 2000 及后续版本可以运行老版本的 Windows NT 4 驱动，但因为这些驱动不支持 PnP 和电源选项，所以运行这些驱动程序的系统的能力在这两方面会受到限制。

最初的 WDM 提供了一种通用驱动程序模型，该模型曾（差不多全面）实现了 Windows 2000/XP 和 Windows 98/ME 之间的源代码兼容。这是为了简化硬件设备的驱动程序开发工作，借此只需一套代码即可，而不需要分别准备两套代码。Windows 98/ME 中的 WDM 是通过模拟方式实现的，当这些操作系统逐渐停用后，WDM 被保留了下来，并成了为 Windows 2000 和后续版本系统编写硬件驱动程序的基本模型。

从 WDM 的角度来看，驱动程序可分为 3 种类型。

（1）**总线驱动程序**。总线驱动程序服务于总线控制器、适配器、桥接器或任何具备子设备的设备。总线驱动程序是必需的，通常由微软提供。系统中的每类总线（如 PCI、PCMCIA 和 USB）都有一个总线驱动程序。第三方厂商可以编写总线驱动程序，为 VMEbus、Multibus 以及 Futurebus 等新的总线类型提供支持。

（2）**功能驱动程序**。功能驱动程序是最主要的设备驱动程序，为相应设备提供了可操作的接口。除非设备以原始方式（RAW）运行（这是指一种特殊实现：I/O 由总线驱动程序和总线筛选器驱动程序一起完成，例如 SCSI 直通），否则这也是必需的驱动程序。按照定义，功能驱动程序是最了解具体设备的驱动程序，通常也是唯一能访问与设备有关的寄存器的驱动程序。

（3）**筛选器驱动程序**。筛选器驱动程序可用于为设备或现有驱动程序增加额外功能，或修改来自其他驱动程序的 I/O 请求或响应。它通常可用于修复无法正确提供硬件资源需求信息的硬件设备。筛选器驱动程序是可选的，并且能够以任意数量存在于功能驱动程序之上或之下，或存在于总线驱动程序之上。筛选器驱动程序通常由系统原始设备制造商（Original Equipment Manufacturer，OEM）或独立硬件供应商（Independent Hardware Vendor，IHV）提供。

在 WDM 驱动程序环境中，无法由单一驱动程序控制某个设备的方方面面。总线驱动程序负责向 PnP 管理器报告总线上连接的设备，功能驱动程序则负责操作设备。

大部分情况下，较低层的筛选器驱动程序可修改设备硬件的行为。举例来说，如果设备向总线驱动程序报告自己需要 4 个 I/O 端口，但实际上它需要 16 个 I/O 端口，此时就可以用与该设备相关的较低层功能筛选器驱动程序拦截总线驱动程序向 PnP 管理器报告的硬件资源列表，并更新所需 I/O 端口的数量。

较高层的筛选器驱动程序通常可以为设备提供增值功能，例如针对磁盘的较高层设备筛选器驱动程序可以强制进行额外的安全检查。

对中断的处理将在卷 2 第 8 章详细介绍。有关设备驱动程序的狭义上下文将在第 6 章介绍。有关 I/O 管理器、WDM、即插即用以及电源管理的进一步介绍也请参阅第 6 章。

2. Windows 驱动程序基础

Windows 驱动程序基础（Windows Driver Foundation，WDF）提供了内核模式驱动程序框架（Kernel-Mode Driver Framework，KMDF）和用户模式驱动程序框架（User-Mode Driver Framework，UMDF）。这两种框架简化了 Windows 驱动程序的开发工作。开发者可以使用 KMDF 为 Windows 2000 SP4 和后续版本编写驱动程序，而 UMDF 可支持 Windows XP 以及后续版本。

KMDF 提供了一种更简化的 WDM 接口，并在不改动底层总线/功能/筛选器模型的前提下隐藏了驱动开发过程中的复杂性。KMDF 驱动程序能够响应自己可以注册的事件，并调用 KMDF 库来执行非自己所管理设备特定的各种工作，例如常规的电源管理和同步。（以前每个驱动程序必须自行完成这些工作。）某些情况下，单一的 KMDF 函数调用即可取代原本需要用超过 200 行 WDM 代码实现的操作。

UMDF 使得某些类型的设备（大部分为 USB 设备或其他高延迟协议总线，例如视频摄像头、MP3 播放器、手机、打印机等）能够实现用户模式的驱动。从本质上来看，UMDF 会将每个用户模式的驱动程序作为用户模式的服务来运行，并使用 ALPC 与内核模式下运行的包装（wrapper）驱动程序通信，借此实现对硬件的实际访问。如果 UMDF 驱动程序崩溃，进程会“死掉”并且通常会重新启动。这样就不会导致系统变得不稳定，唯一的代价仅仅是在服务宿主重新启动驱动程序的过程中，这个设备暂时不可用而已。

UMDF 有两个主要版本：1.x 版适用于支持 UMDF 的所有操作系统版本，而最新的 1.11 版仅适用于 Windows 10。该版本使用 C++和 COM 编写驱动程序，这为用户模式驱动程序的开发者提供了巨大的便利，但也导致 UMDF 与 KMDF 有所差异。Windows 8.1 引入的 UMDF 2.0 版沿用了与 KMDF 相同的对象模型，因此从编程模型的角度来看，这两个框架非常类似。后来，微软已将 WDF 开源。

3. 通用 Windows 驱动程序

从 Windows 10 开始，可以借助通用 Windows 驱动程序（Universal Windows Driver，UWD），使用 Windows 10 通用内核提供的共享 API 和设备驱动程序接口（Device Driver Interface，DDI）实现驱动程序的“一次编写，处处执行”。这类驱动程序可以面向特定 CPU 体系架构（如 x86、x64、ARM）实现二进制兼容，可用于包括物联网设备、手机、HoloLens、Xbox One、笔记本电脑和台式机等在内的不同形态的设备。通用 Windows 驱动程序可以使用 KMDF、UMDF 2.x 或 WDM 作为自己的驱动程序模型。

实验：查看已安装的设备驱动程序

我们可以使用系统信息工具（Msinfo32.exe）查看已安装的设备驱动程序。若要启动该工具，请打开 Start 菜单，输入 Msinfo32 并运行。随后在 System Summary 下展开 Software Environment，并打开 System Drivers。图 2-11 展示了一个已安装驱动程序列表的范例。

System Information

File　Edit　View　Help

System Summary
- Hardware Resources
- Components
- Software Environment
  - System Drivers
  - Environment Variable
  - Print Jobs
  - Network Connections
  - Running Tasks
  - Loaded Modules
  - Services
  - Program Groups
  - Startup Programs
  - OLE Registration
  - Windows Error Repo

Name	Description	File	Type	Started	Start Mode	State
1394ohci	1394 OHCI Compliant Host Co...	c:\windows\s...	Kernel Driver	No	Manual	Stopped
3ware	3ware	c:\windows\s...	Kernel Driver	No	Manual	Stopped
acpi	Microsoft ACPI Driver	c:\windows\s...	Kernel Driver	Yes	Boot	Running
acpiex	Microsoft ACPIEx Driver	c:\windows\s...	Kernel Driver	Yes	Boot	Running
acpipagr	ACPI Processor Aggregator Dr...	c:\windows\s...	Kernel Driver	No	Manual	Stopped
acpipmi	ACPI Power Meter Driver	c:\windows\s...	Kernel Driver	No	Manual	Stopped
acpitime	ACPI Wake Alarm Driver	c:\windows\s...	Kernel Driver	No	Manual	Stopped
adp80xx	ADP80XX	c:\windows\s...	Kernel Driver	No	Manual	Stopped
afd	Ancillary Function Driver for Wi...	c:\windows\s...	Kernel Driver	Yes	System	Running
agp440	Intel AGP Bus Filter	c:\windows\s...	Kernel Driver	No	Manual	Stopped
ahcache	Application Compatibility Cache	c:\windows\s...	Kernel Driver	Yes	System	Running
amdk8	AMD K8 Processor Driver	c:\windows\s...	Kernel Driver	No	Manual	Stopped
amdkmdag	amdkmdag	c:\windows\s...	Kernel Driver	Yes	Manual	Running
amdkmdap	amdkmdap	c:\windows\s...	Kernel Driver	Yes	Manual	Running
amdkmpfd	AMD PCI Root Bus Lower Filter	c:\windows\s...	Kernel Driver	Yes	Boot	Running
amdppm	AMD Processor Driver	c:\windows\s...	Kernel Driver	No	Manual	Stopped
amdsata	amdsata	c:\windows\s...	Kernel Driver	No	Manual	Stopped
amdsbs	amdsbs	c:\windows\s...	Kernel Driver	No	Manual	Stopped
amdxata	amdxata	c:\windows\s...	Kernel Driver	No	Manual	Stopped
apfiltrservice	Alps Touch Pad Filter Driver fo...	c:\windows\s...	Kernel Driver	Yes	Manual	Running
appid	AppID Driver	c:\windows\s...	Kernel Driver	Yes	Manual	Running
arcsas	Adaptec SAS/SATA-II RAID Stor...	c:\windows\s...	Kernel Driver	No	Manual	Stopped

Find what:　Find　Close Find

☐ Search selected category only　☐ Search category names only

图 2-11　一个已安装驱动程序列表的范例

该窗口列出了注册表中定义的设备驱动程序，以及其类型和状态（正在运行或已停止）。设备驱动程序和 Windows 服务进程也是在注册表的同一个位置 HKLM\SYSTEM\CurrentControlSet\Services 下定义的，不过其类型代码有所差异，例如 Type 1 代表内核模式的设备驱动程序。有关注册表中存储的设备驱动程序信息完整列表，请参阅卷 2 第 9 章。

也可以在 Process Explorer 中选择 System 进程并打开 DLL 视图，这样也可以列出当前加载的设备驱动程序。图 2-12 所示的就是这样的一个输出范例。（如果希望看到更多列信息，可以右击列头，选择 Select Columns，随后即可看到模块的 DLL 选项卡下可以显示的所有列。）

Process Explorer - Sysinternals: [MIDDLEEAST\pavely]

File　Options　View　Process　Find　DLL　Users　Help

Process	PID	CPU	Private Bytes	Working Set	Integrity	Description	Company Name	Window Title
System Idle Process	0	87.93	0 K	4 K				
System	4	0.37	184 K	25,044 K	System			
Interrupts								

Name	Description	Base	Image Base	Size	Company Name	Path
ACPI.sys	ACPI Driver for NT	0xFFFFF80109B10000	0x0	0x90000	Microsoft Corporation	C:\WINDOWS\System32\drivers\ACPI.sys
acpiex.sys	ACPIEx Driver	0xFFFFF80109A30000	0x0	0x23000	Microsoft Corporation	C:\WINDOWS\System32\Drivers\acpiex.sys
afd.sys	Ancillary Function Driver for WinSock	0xFFFFF8010C400000	0x0	0x92000	Microsoft Corporation	C:\WINDOWS\system32\drivers\afd.sys
ahcache.sys	Application Compatibility Cache	0xFFFFF8010C710000	0x0	0x3C000	Microsoft Corporation	C:\WINDOWS\system32\DRIVERS\ahcach
amdkmpfd.sys	AMD PCI Root Bus Lower Filter	0xFFFFF8010A9E0000	0x0	0x13000	Advanced Micro Devices,...	C:\WINDOWS\System32\drivers\amdkmpfd.
Apfiltr.sys	Alps Touch Pad Driver	0xFFFFF801102B0000	0x0	0x9C000	Alps Electric Co., Ltd.	C:\WINDOWS\system32\DRIVERS\Apfiltr.sy
appid.sys	AppID Driver	0xFFFFF801104D0000	0x0	0x27000	Microsoft Corporation	C:\WINDOWS\system32\drivers\appid.sys
AtihdWT6.sys	AMD High Definition Audio Function Driver	0xFFFFF8010DC60000	0x0	0x1E000	Advanced Micro Devices	C:\WINDOWS\system32\drivers\AtihdWT6.s
atikmdag.sys	ATI Radeon Kernel Mode Driver	0xFFFFF8010E850000	0x0	0x1507000	Advanced Micro Devices,...	C:\WINDOWS\system32\DRIVERS\atikmda
atikmpag.sys	AMD multi-vendor Miniport Driver	0xFFFFF8010CA20000	0x0	0xA8000	Advanced Micro Devices,...	C:\WINDOWS\system32\DRIVERS\atikmpa
BasicDisplay.sys	Microsoft Basic Display Driver	0xFFFFF8010C3D0000	0x0	0x14000	Microsoft Corporation	C:\WINDOWS\System32\drivers\BasicDispla
BasicRender.sys	Microsoft Basic Render Driver	0xFFFFF8010CEC0000	0x0	0x12000	Microsoft Corporation	C:\WINDOWS\System32\drivers\BasicRend
BATTC.SYS	Battery Class Driver	0xFFFFF80110410000	0x0	0xE000	Microsoft Corporation	C:\WINDOWS\System32\drivers\BATTC.SY
Beep.SYS	BEEP Driver	0xFFFFF8010C3C0000	0x0	0xA000	Microsoft Corporation	C:\WINDOWS\System32\Drivers\Beep.SYS
BOOTVID.dll	VGA Boot Driver	0xFFFFF801096C0000	0x0	0xB000	Microsoft Corporation	C:\WINDOWS\system32\BOOTVID.dll
bowser.sys	NT Lan Manager Datagram Receiver Driver	0xFFFFF80110B10000	0x0	0x23000	Microsoft Corporation	C:\WINDOWS\system32\DRIVERS\bowser.
bridge.sys	MAC Bridge Driver	0xFFFFF8010DC10000	0x0	0x24000	Microsoft Corporation	C:\WINDOWS\System32\drivers\bridge.sys
cdd.dll	Canonical Display Driver	0xFFFFF96192920000	0x0	0x3C000	Microsoft Corporation	C:\WINDOWS\System32\cdd.dll
cdrom.sys	SCSI CD-ROM Driver	0xFFFFF8010BDC0000	0x0	0x31000	Microsoft Corporation	C:\WINDOWS\System32\drivers\cdrom.sys
CEA.sys	Event Aggregation Kernel Mode Library	0xFFFFF80109D00000	0x0	0x19000	Microsoft Corporation	C:\WINDOWS\system32\drivers\CEA.sys
CI.dll	Code Integrity Module	0xFFFFF801096F0000	0x0	0x99000	Microsoft Corporation	C:\WINDOWS\system32\CI.dll
CLASSPNP.SYS	SCSI Class System Dll	0xFFFFF8010A060000	0x0	0x60000	Microsoft Corporation	C:\WINDOWS\System32\drivers\CLASSPNF

CPU Usage: 12.07%　Commit Charge: 20.01%　Processes: 154　Physical Usage: 36.76%

图 2-12　一个输出范例

实验：了解尚未文档化的接口

查看关键系统映像（例如 Ntoskrnl.exe、Hal.dll 或 Ntdll.dll）的导出符号或全局符号名称往往可以带给我们一些启发，借此可以大致了解 Windows 能做的事情，以及目前已经被文档化并能获得支持的东西。当然，仅仅知道这些函数的名称并不意味着我们可以或应当调用它们，毕竟这些接口尚未文档化，后续可能会有变化。建议大家查看这些函数只是为了更清楚地了解 Windows 是如何执行这些内部功能的，而不是为了让大家绕过那些已经正式支持的接口。

例如，查看 Ntdll.dll 的函数列表可以帮助我们了解 Windows 为用户模式子系统 DLL 提供的所有系统服务，以及每个子系统暴露的子集。虽然其中很多函数会清晰地映射至已经文档化并获得支持的 Windows 函数，但也有些函数并未通过 Windows API 暴露出来。

相反，查看 Windows 子系统 DLL（例如 Kernel32.dll 或 Advapi32.dll）的导入表，以及它们调用了 Ntdll.dll 中的哪些函数，也可以获得一些有趣的结果。

另一个比较有趣并且值得在转储后查看的映像是 Ntoskrnl.exe。虽然内核模式设备驱动程序的很多导出例程均已在 WDK 中有记录，但也有很多例程尚未文档化。Ntoskrnl.exe 和 HAL 的导入表也比较有意思，值得一看。该导入表显示了 HAL 使用了 Ntoskrnl.exe 中的哪些函数，以及 Ntoskrnl.exe 使用了 HAL 中的哪些函数。

表 2-5 列出了执行体组件常用的大部分函数的名称前缀。这些主要的执行体组件也会使用前缀的变体来标记内部函数，例如前缀的第一个字母后跟 i（代表内部，Internal），或者完整前缀后跟一个字母 p（代表私有，Private）。例如，Ki 代表内核的内部函数，Psp 代表内部进程支持函数。

表 2-5 常用名称前缀

前缀	组件
Alpc	高级本地过程调用（Advanced local procedure call）
Cc	公用缓存（Common cache）
Cm	配置管理器（Configuration manager）
Dbg	内核调试支持（kernel debug support）
Dbgk	用户模式调试框架（debugging framework for user mode）
Em	勘误管理器（errata manager）
Etw	Windows 事件跟踪（Event tracing for windows）
Ex	执行体支持例程（Executive support routine）
FsRtl	文件系统运行库（File system Runtime library）
Hv	配置单元库（Hive library）
Hvl	虚拟机监控程序库（Hypervisor library）
Io	I/O 管理器（I/O manager）
Kd	内核模式调试器（Kernel debugger）
Ke	内核（kernel）
Kse	内核填充码引擎（Kernel shim engine）
Lsa	本地安全机构（Local security authority）
Mm	内存管理器（Memory manager）

续表

前缀	组件
Nt	NT 系统服务（NT system service，可在用户模式下通过系统调用访问）
Ob	对象管理器（Object manager）
Pf	预读取器（Prefetcher）
Po	电源管理器（Power manager）
PoFx	电源框架（Power Framework）
Pp	PnP 管理器（PnP manager）
Ppm	处理器电源管理器（Processor power manager）
Ps	进程支持（Process support）
Rtl	运行时库（Run-time library）
Se	安全引用监视器（Security reference monitor）
Sm	存储管理器（Store manager）
Tm	事务管理器（Transaction manager）
Ttm	终端超时管理器（Terminal timeout manager）
Vf	驱动程序验证器（Driver Verifier）
Vsl	虚拟安全模式库（Virtual secure mode library）
Wdi	Windows 诊断基础架构（Windows diagnostic infrastructure）
Wfp	Windows 指纹（Windows finger print）
Whea	Windows 硬件错误架构（Windows hardware error architecture）
Wmi	Windows management instrumentation
Zw	（以 Nt 开头的）系统服务入口点镜像，可将之前的访问模式设置为内核模式，借此省略参数验证，因为 Nt 系统服务仅在访问模式为用户模式时需要验证参数

如果了解 Windows 系统例程的命名规范，就可以很轻松地解析这些导出函数的名称。一般来说，命名采用了如下格式。

```
<Prefix><Operation><Object>
```

按照这种格式来看，“前缀”是导出例程的内部组件，“操作”可以告知要对对象或资源做些什么，“对象”表明了操作的目标。

例如，ExAllocatePoolWithTag 是一种执行体支持例程，可从换页或非换页内存池中分配内存，KeInitializeThread 则是分配并设置内核线程对象的例程。

2.5.7 系统进程

每个 Windows 10 系统都会包含下列系统进程。其中一个进程（Idle）严格来说并不是进程，另 3 个进程（System、Secure System 和 Memory Compression）也不算是完整的进程，因为它们并未运行用户模式的可执行文件。此类进程也叫作最小进程（minimal process），将在第 3 章详细介绍。

- **Idle 进程**为每颗 CPU 包含一个线程，用于占用闲置的 CPU 时间。
- **System 进程**包含大部分内核模式系统线程和句柄。
- **Secure System 进程**包含 VTL 1 下安全内核（如果运行的话）的地址空间。

- **Memory Compression 进程**包含用户模式进程压缩后的工作集，详见第 5 章。
- **会话管理器**（Smss.exe）。
- **Windows 子系统**（Csrss.exe）。
- **会话 0 初始化**（Wininit.exe）。
- **Logon 进程**（Winlogon.exe）。
- **服务控制管理器**（Services.exe）及其创建的子服务进程，例如系统提供的常规服务宿主进程（Svchost.exe）。
- **本地安全认证服务**（Lsass.exe），以及启用 Credential Guard 后隔离的本地安全认证服务器（Lsaiso.exe）。

要理解这些进程的关系，你可以查看进程树，即进程之间的父子关系。查看哪个进程创建了其他进程，有助于了解每个进程的来源。图 2-13 展示了 Process Monitor 引导追踪获得的进程树。若要进行引导追踪，可打开 Process Monitor 的 Options 菜单，选择 Enable Boot Logging；随后重新启动系统，再次运行 Process Monitor 并打开 Tools 菜单，然后选择 Process Tree 或按快捷键 Ctrl+T。使用 Process Monitor 可以查看已经退出的进程，这类进程的图标会暗淡显示。

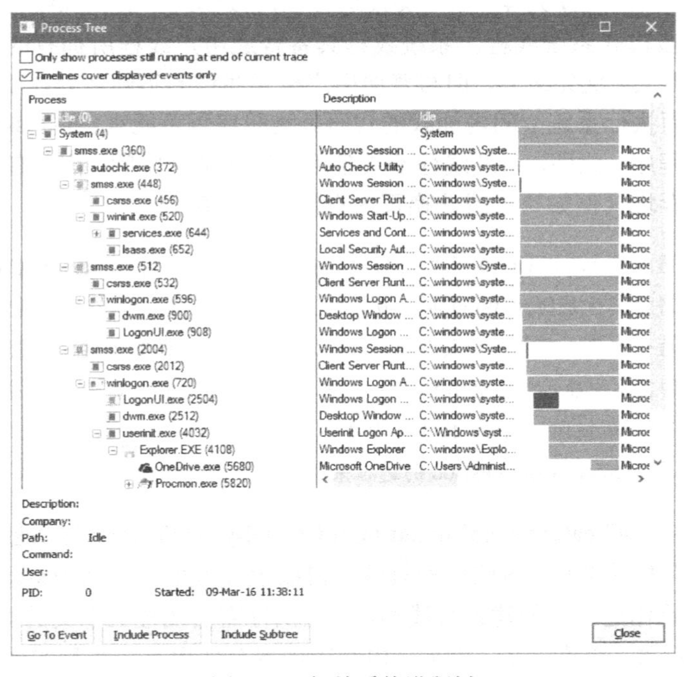

图 2-13 初始系统进程树

下文将介绍图 2-13 中显示的关键系统进程。不过下文只会简要介绍进程的启动顺序，卷 2 第 11 章将详细介绍 Windows 引导和启动的完整过程与步骤。

1. System Idle 进程

图 2-13 中列出的第一个进程是 Idle 进程。稍后第 3 章会介绍，进程可以通过映像文件名加以标识。然而 Idle 进程（以及 System、Secure System 和 Memory Compression 进程）并没有运行真正的用户模式映像，也就是说，\Windows 目录下并不存在“System Idle

Process.exe”文件。此外因为实现上的细节，不同工具中对这个进程的名称的显示也可能各异。Idle 进程负责占用 CPU 的闲置时间，因此该“进程”中的“线程”数量等同于系统中逻辑处理器的数量。表 2-6 列出了 Idle 进程（进程 ID 为 0）的几个名称。第 3 章还将详细介绍 Idle 进程。

表 2-6 ID 为 0 的进程在不同工具中显示的名称

工具	ID 为 0 的进程的名称
任务管理器	System Idle process
Process Status（Pstat.exe）	Idle process
Process Explorer（Procexp.exe）	System Idle process
Task List（Tasklist.exe）	System Idle process
Tlist（Tlist.exe）	System process

再来看看系统线程，以及运行了真正映像文件的每个系统进程的实际用途。

2. System 进程和 System 线程

System 进程（进程 ID 为 4）是一类仅运行在内核模式下的特殊线程的主体，这种特殊线程也叫作内核模式系统线程。系统线程具备普通用户线程所拥有的所有属性和上下文，例如硬件上下文、优先级等，但与普通用户模式线程的不同之处在于，它只能在内核模式下运行，进而执行系统空间内加载的代码。这些代码可能来自 Ntoskrnl.exe 或其他已加载的设备驱动程序。此外，系统线程不具备用户进程地址空间，因此任何动态存储都必须从操作系统内存堆（例如换页或非换页内存池）中分配。

注意 唯有在 Windows 10 版本 1511 中，任务管理器会调用 System 和 Compressed Memory 这两个系统进程。这是因为 Windows 10 中的一项新功能可以对内存进行压缩，以便在内存中存储更多进程信息而无须将其分页至磁盘上。本书第 5 章将详细介绍这种机制。此处只需要注意，无论各种工具中显示为什么名称，“系统进程”这个术语都代表 System 这个进程。Windows 10 版本 1607 和 Windows Server 2016 恢复了用 System 进程称呼“系统进程”，这是因为它们开始用一个名为 Memory Compression 的进程来压缩内存。详细信息可参阅本书第 5 章。

系统线程是由 PsCreateSystemThread 或 IoCreateSystemThread 函数创建的，这两个函数都在 WDK 中有相关文档。这些线程只能从内核模式调用。Windows 以及各种设备驱动程序会在系统初始化过程中创建系统线程，借此执行需要线程上下文的操作，例如发起和等待 I/O 或其他对象、查询设备。例如，内存管理器会使用系统线程实现诸如将脏页面写入页面文件或映射文件中，将进程换进/换出内存等操作；内核会创建一个名为平衡集管理器（balance set manager）的系统线程，该线程每秒被唤醒一次，从而有可能发起各种与调度和内存管理有关的事件；缓存管理器也会使用系统线程实现预读取（read-ahead）和滞后写入（write-behind）的 I/O；文件服务器设备驱动程序（Srv2.sys）会使用系统线程响应网络 I/O 请求，并将共享磁盘分区中的文件数据传输至网络；甚至软盘驱动器也会使用系统线程查询软驱设备。（这样可以提高查询效率，因为由中断驱动的软盘驱动器会消耗大量系统资源。）有关特定系统线程的详细信息请参阅相应组件的介绍章节。

默认情况下，系统线程是属于 System 进程的，但设备驱动程序可以在任何进程中创建系统线程。例如，Windows 子系统设备驱动程序（Win32k.sys）可以在 Windows 子系统进程（Csrss.exe）的规范显式驱动程序（Cdd.dll）中创建一个系统线程，这样就可以轻松访问该进程在用户模式地址空间中的数据。

在进行排错或系统分析时，将每个系统线程的执行过程映射回驱动程序甚至包含相关代码的例程会非常有用。例如，在高负荷的文件服务器上，System 进程很可能会消耗大量 CPU 时间。但如果仅知道当 System 进程正在运行时，“某些系统线程”正在运行，这还不足以确定到底有哪些设备驱动程序或操作系统组件正在运行。

因此如果 System 进程中的线程正在运行，首先要判断哪些线程正在运行（例如可以使用性能监视器或 Process Explorer 工具）。找到正在运行的一个或多个线程后，可以查看系统线程是在哪个驱动程序中开始执行的。这样至少可以确定这些线程可能是哪个驱动程序创建的。例如，在 Process Explorer 中，右击 System 进程并选择 Properties，随后在 Threads 选项卡中单击 CPU 列头即可在最上方看到最活跃的线程。选中这个线程并单击 Module 按钮便可以看到栈最上层的代码是通过哪个文件运行的。由于新版 Windows 对 System 进程进行了保护，Process Explorer 无法显示调用栈。

3. Secure System 进程

从技术上来看，Secure System 进程（进程 ID 不固定）是 VTL 1 安全内核地址空间、句柄以及系统线程的主体。然而由于调度、对象管理以及内存管理是属于 VTL 0 内核的，因此该进程实际上并没有关联项。该进程唯一的实际用途在于为用户提供视觉指示符（例如在任务管理器和 Process Explorer 的 Tools 选项中），告诉用户 VBS 已启用（并提供至少一个用到该特性的功能）。

4. Memory Compression 进程

Memory Compression 进程使用自己用户模式的地址空间存储了压缩后的内存页（相当于从某些进程的工作集中逐出的备用内存，详细介绍可参阅第 5 章）。与 Secure System 进程的不同之处在于，Memory Compression 进程真正承载了一系列系统线程，通常包括 SmKmStoreHelperWorker 和 SmStReadThread。这些线程都属于负责管理内存压缩的存储管理器。

另外，与列表中的其他系统进程不同，该进程实际上会将自己的内存存储在用户模式地址空间中。这意味着它的工作集会被修剪（trimming），并且可能会在系统监视工具中显示为显著占用了大量内存。实际上，现在的任务管理器的 Performance 选项卡中已经可以同时显示使用中和已压缩的内存，在这里可以看到 Memory Compression 进程的工作集大小将等同于已压缩的内存总量。

5. 会话管理器

会话管理器（%SystemRoot%\System32\Smss.exe）是系统创建的第一个用户模式进程。内核模式系统线程执行了执行体初始化过程的最后一步后，内核便会创建该进程。这是一种受保护进程轻型（Protected Process Light，PPL），详见本书第 3 章的介绍。

Smss.exe 启动时会检查自己是第一个实例（主 Smss.exe），还是主 Smss.exe 为了创建会话而启动的另一个实例。如果存在命令行参数，则属于后一种情况。通过在引导过程中，以及在创建终端服务会话的过程中创建多个实例，Smss.exe 可以同时执行多个会话（最多 4 个并发会话，外加一个以上 CPU 时每个额外 CPU 一个会话）。这种能力有助于增强接收多个用户同时连接的终端服务器系统的登录性能。当会话完成初始化操作后，Smss.exe 的副本将会终止。因此只有最初的 Smss.exe 进程会保持活跃。（有关终端服务的介绍请参阅 1.2.10 节。）

主 Smss.exe 会执行下列一次性初始化步骤。

（1）将进程和初始线程标记为“关键的”。如果因为任何情况导致“关键”进程或线程退出，Windows 将崩溃，详见第 3 章。

（2）使得该进程将某些错误视为“关键错误”，例如无效句柄的使用或堆错误，同时会启用“禁用动态代码执行”这一进程缓解选项。

（3）将进程的基本优先级提升为 11。

（4）如果系统支持处理器热添加，则会启用自动化的处理器关联性更新。如果添加了新的处理器，新会话将能使用新的处理器。有关动态处理器添加的详细信息请参阅第 4 章。

（5）初始化一个线程池以处理 ALPC 命令和其他工作项。

（6）创建一个名为\SmApiPort 的 ALPC 端口以接收命令。

（7）初始化一个有关系统 NUMA 拓扑的本地副本。

（8）创建名为 PendingRenameMutex 的互斥体以同步文件更名操作。

（9）创建初始进程环境块并在需要时更新 Safe Mode 变量。

（10）根据注册表 HKLM\SYSTEM\CurrentControlSet\Control\Session Manager 键下 ProtectionMode 的值，创建将会被多种系统资源使用的安全描述符。

（11）根据注册表 HKLM\SYSTEM\CurrentControlSet\Control\Session Manager 键下 ObjectDirectories 的值，创建出所描述的对象管理器目录，例如\RPC Control 和\Windows。此外还将保存 BootExecute、BootExecuteNoPnpSync 和 SetupExecute 值中列出的程序。

（12）将 S0InitialCommand 值中列出的程序路径保存至 HKLM\SYSTEM\CurrentControlSet\Control\Session Manager 键下。

（13）从注册表 HKLM\SYSTEM\CurrentControlSet\Control\Session Manager 键下读取 NumberOfInitialSessions 的值，但如果系统处于生产模式（manufacturing mode），此时将忽略该值。

（14）读取注册表 HKLM\SYSTEM\CurrentControlSet\Control\Session Manager 键下 PendingFileRenameOperations 和 PendingFileRenameOperations2 值中列出的文件更名操作。

（15）读取注册表 HKLM\SYSTEM\CurrentControlSet\Control\Session Manager 键下 AllowProtectedRenames、ClearTempFiles、TempFileDirectory 和 DisableWpbtExecution 的值。

（16）读取注册表 HKLM\SYSTEM\CurrentControlSet\Control\Session Manager 键下 ExcludeFromKnownDllList 值中找到的 DLL 列表。

（17）读取注册表 HKLM\SYSTEM\CurrentControlSet\Control\Session Manager\Memory Management 键下存储的页面文件信息，例如 PagingFiles 和 ExistingPageFiles 列表值以及 PagefileOnOsVolume 和 WaitForPagingFiles 配置值。

（18）读取并保存注册表 HKLM\SYSTEM\CurrentControlSet\Control\Session Manager\DOS Devices 键下存储的值。

（19）读取并保存注册表 HKLM\SYSTEM\CurrentControlSet\Control\Session Manager

键下的 KnownDlls 列表值。

（20）创建注册表 HKLM\SYSTEM\CurrentControlSet\Control\Session Manager\Environment 键下定义的系统级环境变量。

（21）创建\KnownDlls 目录，并在 64 位系统中使用 WoW64 创建\KnownDlls32。

（22）在对象命名空间\Global??下，为注册表 HKLM\SYSTEM\CurrentControlSet\Control\Session Manager\DOS Devices 键下定义的设备创建连接符号。

（23）在对象管理器命名空间中创建一个\Sessions 根目录。

（24）创建受保护的邮件槽（mailslot）和命名管道前缀，借此保护服务应用程序免遭由于恶意的用户模式应用程序先于服务开始执行而可能产生的欺骗攻击。

（25）运行早前解析过的 BootExecute 和 BootExecuteNoPnpSync 列表中指定的程序。（默认为执行负责进行磁盘检查的 Autochk.exe。）

（26）初始化注册表的其余部分（HKLM software、SAM 和 Security 配置单元）。

（27）除非通过注册表禁用，否则还将执行相应 ACPI 表中注册的 Windows 平台二进制表（Windows Platform Binary Table，WPBT）中注册的二进制文件。通常防盗解决方案供应商会使用这种方式在系统启动非常早期的阶段强制执行原生 Windows 二进制文件，通过这种方式对外联系或设置其他要执行的服务，此时甚至重新安装系统也无法取消这样的防盗设置。这些进程只能链接至 Ntdll.dll（也就是说属于原生子系统）。

（28）除非引导至 Windows 恢复环境，否则将执行早前提到的注册表键中指定的已挂起文件更名操作。

（29）初始化一个或多个页面文件，并根据注册表 HKLM\System\CurrentControlSet\Control\Session Manager\Memory Management 和 HKLM\System\CurrentControlSet\Control\CrashControl 键的设置提供转储文件信息。

（30）在 NUMA 系统中，将检查系统与内存冷却技术的兼容性。

（31）根据上一次崩溃的信息保存老的页面文件，创建专用的崩溃转储文件，并按需创建新的页面文件。

（32）根据注册表设置以及从内核查询到的系统信息创建其他动态环境变量，如 PROCESSOR_ARCHITECTURE、PROCESSOR_LEVEL、PROCESSOR_IDENTIFIER 以及 PROCESSOR_REVISION。

（33）运行注册表 HKLM\SYSTEM\CurrentControlSet\Control\Session Manager\SetupExecute 键下指定的程序。此处处理可执行文件的规则与第（11）步中 BootExecute 的处理规则相同。

（34）创建一个未命名的区域（section）对象，该对象将与子进程（如 Csrss.exe）共享，借此与 Smss.exe 交换信息。该区域的句柄将通过句柄的继承传递给子进程。有关句柄继承的详细信息请参阅卷 2 第 8 章。

（35）打开已知 DLL 并将其映射为永久区域（映射的文件），除非 DLL 在早前的注册表检查中被排除（默认不存在被排除的内容）。

（36）创建一个线程以响应会话创建请求。

（37）创建 Smss.exe 实例以发起会话 0（非交互式会话）。

（38）创建 Smss.exe 实例以发起会话 1（交互式会话），并且如果在注册表中进行过配置，还将创建额外的 Smss.exe 实例以便提前准备好额外的交互式会话，等待以后用户登录时使用。当 Smss.exe 创建这些实例时，每次创建过程中还将使用 NtCreateUserProcess

中的PROCESS_CREATE_NEW_SESSION标记请求显式创建新会话ID。因此这就需要调用内部内存管理器函数MiSessionCreate，由该函数创建所需的内核模式会话数据结构（如Session对象），并设置将被Windows子系统（Win32k.sys）的内核模式部分，以及其他会话空间设备驱动程序所使用的Session Space虚拟地址范围，详情请参阅第5章。

完成上述步骤后，Smss.exe会在会话0的Csrss.exe实例句柄上永久等待。由于Csrss.exe被标记为关键进程（同时也是受保护进程，详见第3章），如果Csrss.exe退出，则等待将永远不会完成，因为此时系统会崩溃。

由会话启动的Smss.exe实例将执行下列操作。

（1）为会话创建一个或多个子系统进程（默认情况下将创建Windows子系统Csrss.exe）。

（2）创建Winlogon实例（交互式会话），或创建会话0的初始命令，该初始命令默认为Wininit（对于会话0），除非这一行为被前序步骤中处理过的注册表值修改。这两个步骤的详细过程可参阅下文介绍。

最后，这一中间状态的Smss.exe进程退出，留下了子系统进程和Winlogon或Wininit进程，并使其成为无父进程。

6. Windows初始化进程

Wininit.exe进程会执行下列系统初始化功能。

（1）将自己以及主线程标记为"关键的"，这样如果过早地退出，并且系统使用调试模式引导，就可以在调试器中中断执行（否则系统将崩溃）。

（2）导致进程将某些错误视作"关键的"，例如无效的句柄使用以及堆出错。

（3）如果SKU支持，将开始对状态分隔的支持进行初始化。

（4）创建名为Global\FirstLogonCheck的事件（可通过Process Explorer或WinObj在\BaseNamedObjects目录下看到），供Winlogon进程检测要首先启动哪个Winlogon。

（5）在对象管理器的BasedNamedObjects目录下创建WinlogonLogoff事件并供Winlogon实例使用。该事件将成为注销操作开始的信号。

（6）将自己的基本优先级提升为高（13），并将自己的主线程优先级提升至15。

（7）除非通过注册表HKLM\Software\Microsoft\Windows NT\CurrentVersion\Winlogon键下的NoDebugThread值另行配置，否则将创建一个周期性的定时器队列，该队列可进入内核模式调试器所指定的任何用户模式进程。借此远程内核模式调试器就可以让Winlogon附加到用户模式的其他应用程序并产生中断。

（8）在环境变量COMPUTERNAME中设置计算机名称，随后更新并配置与TCP/IP有关的信息，如域名和主机名。

（9）设置默认的配置文件环境变量USERPROFILE、ALLUSERSPROFILE、PUBLIC和ProgramData。

（10）通过扩展%SystemRoot%\Temp（如C:\Windows\Temp）创建临时目录。

（11）根据SKU，如果会话0为交互式会话，将设置字体的加载和DWM。

（12）创建初始终端，其中包含一个窗口站（名始终为Winsta0）和两个桌面（Winlogon和Default），以便让会话0中的进程可以顺利运行。

（13）初始化LSA机器加密密钥，这一步取决于密钥是否存储在本地，或需要通过交互式操作来输入。有关本地身份验证密钥存储方式的详细信息请参阅第7章。

（14）创建会话控制管理器（SCM，即 Services.exe）。关于 SCM 的概述请参阅下文，详细介绍请参阅卷 2 第 9 章。

（15）启动本地安全身份验证子系统服务（Lsass.exe），如果启用 Credential Guard，则启动隔离的 LSA Trustlet（Lsaiso.exe）。这一过程还需要查询 UEFI 提供的 VBS 配置密钥。有关 Lsass.exe 和 Lsaiso.exe 的详情请参阅第 7 章。

（16）如果有安装程序已经挂起（如果这是新安装的系统，或将系统更新为新的操作系统大版本或内部预览版本后首次引导），则会启动安装程序。

（17）随后会一直等待系统关机请求，或等待上述提及的任何一个系统进程终止（除非前文第（7）步提到的 Winlogon 注册表键设置了 DontWatchSysProcs 值）。在这些情况发生后，该进程将关闭系统。

7. 服务控制管理器

前文曾提到，Windows 中的“服务”可代表服务进程或设备驱动程序。本节将介绍用户模式进程对应的服务。服务类似 Linux 的守护进程（daemon），可配置为不依赖交互式登录，在系统引导时自动启动。此外服务也可手动启动，例如运行服务管理工具，使用 sc.exe 工具，或调用 Windows 的 StartService 函数。通常来说，服务并不与已登录的用户交互，不过在一些特殊情况下这种交互也是可行的。此外，大部分服务会使用一些特殊的服务账户运行（如 SYSTEM 或 LOCAL SERVICE），但有些服务也可以用已登录用户账户的安全上下文运行（见卷 2 第 9 章）。

服务控制管理器（Service Control Manager，SCM）是一种由%SystemRoot%\System32\Services.exe 映像运行的特殊系统进程，负责服务进程的启动、停止和交互。这也是一个受保护进程，因此很难被修改。服务程序实际上也是一种 Windows 映像，但可以调用特殊的 Windows 函数以便与 SCM 交互，进而执行各种操作，如注册服务的成功启动、响应状态请求、暂停或关闭服务等。服务是在注册表 HKLM\SYSTEM\CurrentControlSet\Services 键下定义的。

需要注意，服务有 3 种名称：在系统中看到的正在运行的进程名称、注册表中显示的内部名称，以及服务管理工具中展示的显示名称。（并非所有服务都有显示名称，对于此类服务，将显示为内部名称。）服务还可以通过描述字段详细介绍该服务的作用。

若要将服务进程映射至进程所包含的服务，可使用 tlist/s（来自 Windows 调试工具）或 tasklist/svc（Windows 内置工具）。注意，服务进程和运行的服务之间并不始终是一对一的映射关系，这是因为一些服务会与其他服务共用同一个进程。在注册表中，服务对应的键下的 Type 值决定了该服务是否有自己的进程，或者是与映像中的其他服务共用同一个进程。

Windows 的很多组件都是以服务的方式实现的，例如 Print Spooler、Event Log、Task Scheduler 以及各种网络组件。有关服务的详细信息请参阅卷 2 第 9 章。

实验：列出已安装的服务

若要列出已安装的服务，请打开控制面板，选择 Administrative Tools，然后选择 Services；或者打开 Start 菜单并运行 services.msc。随后即可看到类似图 2-14 所示的界面。

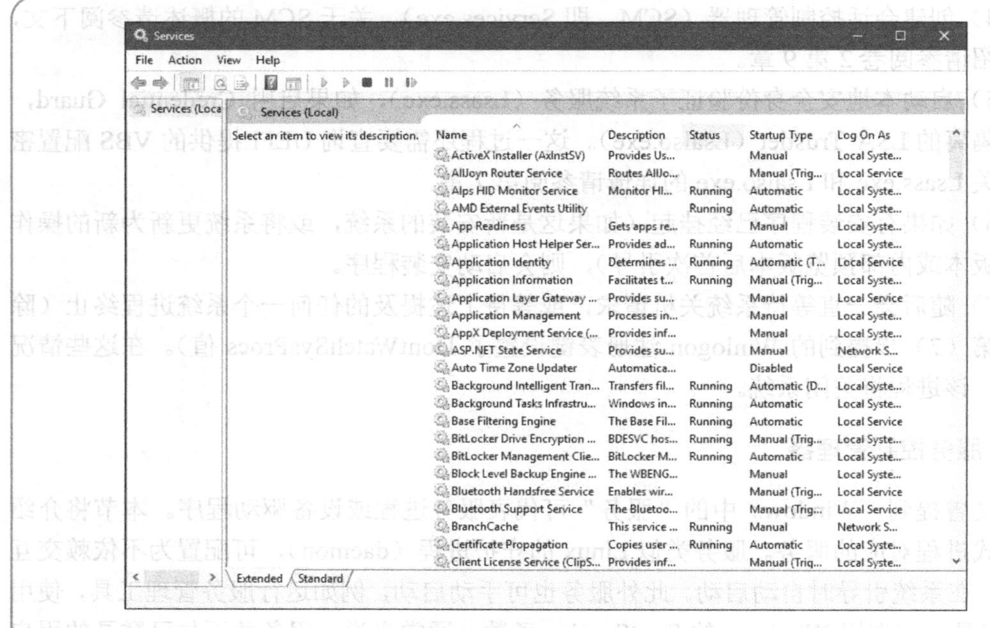

图 2-14　已安装的服务

若要查看某个服务的详细属性，可右击该服务并选择属性。例如，图 2-15 显示了 Windows Update 服务的属性。

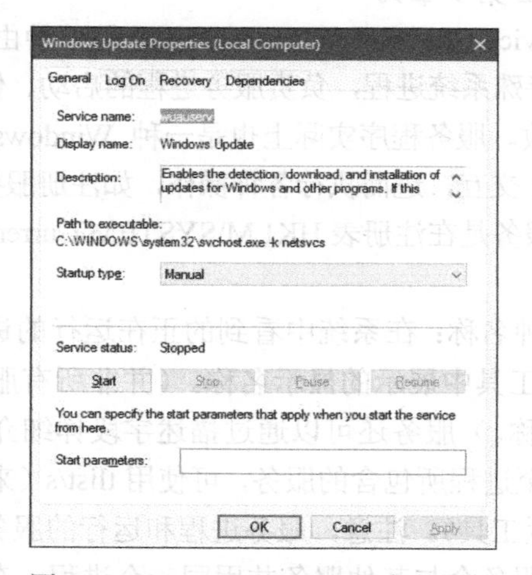

图 2-15　Windows Update 服务的属性

注意，Path to executable 字段列出了包含该服务的程序及其命令行；一些服务会与其他服务共用同一个进程，它们之间并非总是一一对应的映射关系。

实验：查看服务进程内部的服务详情

Process Explorer 会高亮显示承载了一个或多个服务的进程。（默认情况下此类进程会显示为暗粉红色，但也可以打开 Options 菜单并选择 Configure Colors 以更改所用的颜色。）双击服务承载进程，即可在 Services 选项卡下查看该进程内部的服务、定义该服务的注册表键名称、管理员可看到的服务显示名称，以及服务的描述文字（如果有的话）。对于 Svchost.exe 服务，还可以看到实现该服务的 DLL 路径。例如，查看使用 System 账户运行的一个 Svchost.exe 进程所包含的服务，可以看到类似图 2-16 所示的界面。

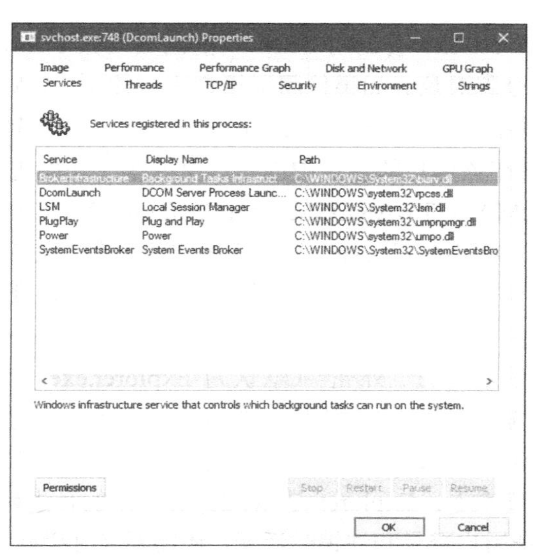

图 2-16 查看使用 System 账户运行的一个 Svchost.exe 进程所包含的服务

8．Winlogon、LogonUI 和 Userinit

Windows 登录进程（%SystemRoot%\System32\Winlogon.exe）负责处理交互式用户登录和注销。当用户按安全注意序列（Secure Attention Sequence，SAS）的快捷键后，Winlogon.exe 会接获用户登录请求。Windows 的默认 SAS 的快捷键为 Ctrl+Alt+Delete。使用这个 SAS 是为了保护用户不被密码记录软件模拟的登录过程欺骗，因为用户模式的应用程序无法拦截该按键序列。

登录过程中的身份识别和验证是通过一种名为凭据提供程序的 DLL 实现的。标准的 Windows 凭据提供程序实现了默认的 Windows 身份验证接口：密码和智能卡。Windows 10 提供了一种基于生物特征的凭据提供程序：面部识别（即 Windows Hello）。开发者还可以提供自己的凭据提供程序，实现其他身份和验证机制，并取代 Windows 使用的标准用户名/密码方式，例如使用声纹或指纹传感器这样的生物特征验证设备。由于 Winlogon.exe 是系统依赖的关键系统进程，凭据提供程序和展示登录对话框的界面将运行在一个名为 LogonUI.exe 的进程中，该进程是 Winlogon.exe 的子进程。当 Winlogon.exe 检测到 SAS 后，会启动 LogonUI.exe 进程，并由该进程对凭据提供程序进行初始化。当用户（按照提供程序的要求）输入凭据或关闭登录界面后，LogonUI.exe 进程将终止。Winlogon.exe 还可以加载负责执行辅助身份验证的其他网络提供程序 DLL。该能力使得多个网络提供程序可以在常规登录过程中一次性收集到所需的全部身份和验证信息。

获取到用户名和密码（或者凭据提供程序所需的其他验证信息）后，这些信息会发送至本地安全身份验证服务进程（Lsass.exe，见第 7 章）进行验证。Lsass.exe 将调用相应的身份验证包（这些包以 DLL 的方式实现）并进行实际的验证工作，例如验证密码是否与

Active Directory或SAM（注册表的一部分，包含了有关本地用户和组的定义）中保存的信息相匹配。如果启用了Credential Guard，并且进行的是域登录，Lsass.exe将与隔离的LSA Trustlet（Lsaiso.exe，详见第7章的介绍）通信，进而获取验证身份验证请求合法性所需的机器密钥。

身份验证成功后，Lsass.exe会调用SRM中的函数（如NtCreateToken）生成包含用户安全配置文件的访问令牌对象。如果使用了用户账户控制（UAC），且所登录用户隶属于Administrators组或具备管理员权限，Lsass.exe还将创建另一个受限版本的令牌。随后Winlogon会使用该令牌在该用户的会话中创建一个或多个初始进程。这个（些）初始进程会存储在注册表HKLM\SOFTWARE\Microsoft\Windows NT\CurrentVersion\Winlogon键下的Userinit值中，默认为Userinit.exe，但列表中也可能包含多个映像。

Userinit.exe会对用户环境执行一些初始化工作，例如运行登录脚本并重新建立网络连接。随后它会在注册表中查找Shell值（也位于前文提到的同一个Winlogon键下）并创建一个进程来运行系统定义的“外壳”（默认为Explorer.exe）。随后Userinit会退出。这也是Explorer看起来没有父进程的原因：它的父进程已经退出了。正如第1章中介绍的那样，tlist.exe和Process Explorer会将父进程不再运行的进程用左对齐的方式显示。这个问题还可以从另一种角度来看：Explorer是Winlogon.exe的孙进程。

Winlogon.exe不仅在用户登录和注销时活跃，还需要随时拦截键盘输入的SAS。例如，当我们在登录时按快捷键Ctrl+Alt+Delete后，会显示Windows Security界面，并提供了log off、start the Task Manager、lock the workstation、shut down the system等选项。Winlogon.exe和LogonUI.exe是负责处理这一系列交互的进程。

如果希望完整了解登录过程涉及的每个步骤，请参阅卷2第11章。有关安全身份验证的详细信息，请参阅第7章。有关在与Lsass.exe进行交互时可调用函数（以Lsa开头的函数）的详细信息，请参阅Windows SDK文档。

2.6 小结

本章概括介绍了Windows的整体系统架构。我们一起了解了Windows的关键组件，以及它们之间相互关联的方式。在第3章中，我们将详细看看进程这一Windows最基本的实体。

第3章　进程和作业

本章将介绍 Windows 在处理进程和作业时涉及的数据结构与算法。首先将概括介绍进程的创建过程，随后介绍进程的内部结构，接下来还会介绍进程的保护机制，以及受保护进程和不受保护进程的区别。在概括介绍创建进程（及其初始线程）所涉及的步骤后，本章最后还会介绍作业这个概念。

由于进程涉及 Windows 的诸多组件，本章会涉及大量术语和数据结构（如工作集、线程、对象和句柄、系统内存堆等），这些概念将在本书的其他章节详细介绍。为了更好地理解本章内容，读者应先熟悉第 1 章和第 2 章中的术语和概念，例如进程和线程的区别、Windows 虚拟地址空间布局，以及用户模式和内核模式的区别。

3.1　创建进程

Windows API 提供了很多用于创建进程的函数。其中最简单的是 CreateProcess，该函数会尝试使用与创建者相同的访问令牌新建一个进程。如果需要不同的令牌，可以使用 CreateProcessAsUser 函数，该函数可接受一个额外的参数（第一个参数），即已经通过其他方式（如调用 LogonUser 函数）获取的令牌对象句柄。

其他可创建进程的函数还有 CreateProcessWithTokenW 和 CreateProcessWithLogonW（均属于 advapi32.Dll 的一部分）。CreateProcessWithTokenW 与 CreateProcessAsUser 类似，但两者对调用方的特权要求有所差异。（具体规范可参阅 Windows SDK 文档。）如果希望快速用特定用户凭据登录并使用所获得的令牌创建进程，此时使用 CreateProcessWithLogonW 是最方便的做法。这两个函数均会调用辅助登录服务（seclogon.dll，承载于一个 SvcHost.Exe 中），通过远程过程调用（RPC）创建出实际进程。SecLogon 会在自己的 SlrCreateProcessWithLogon 内部函数中执行该调用，如果一切顺利，最终将调用 CreateProcessAsUser。SecLogon 服务默认会被配置为手动启动，因此 CreateProcessWithTokenW 或 CreateProcessWithLogonW 首次被调用时才会启动该服务。如果该服务启动失败（例如被管理员禁用），这些函数也将运行失败。大家熟悉的 Runas 命令行工具就用到了这些函数。

图 3-1 展示了前文介绍的调用关系图。

上述所有已经文档化的函数都需要提供恰当的可移植可执行（Portable Executable，PE）文件（但并不严格要求只能使用扩展名为.exe 的文件）、批处理文件或 16 位 COM 应用程序。除此之外，它们对如何将某一扩展名（例如.txt）的文件连接至对应的可执行文件（例如“记事本”）完全不知情。这一工作通常是由 Windows Shell 使用 ShellExecute 和 ShellExecuteEx 等函数实现的。这些函数可以接受任何文件（并非仅可执行文件）并试图找到运行这些扩展名的文件所需的可执行文件，以及 HKEY_CLASSES_ROOT 下对应的注册表设置（见卷 2 第 9 章“管理机制”）。最终，ShellExecute(Ex)使用恰当的可执行文件调用 CreateProcess 并在命令行附加必要参数，进而实现用户意图（例如将文件名附加到 Notepad.exe 中，进而编辑 TXT 文件）。

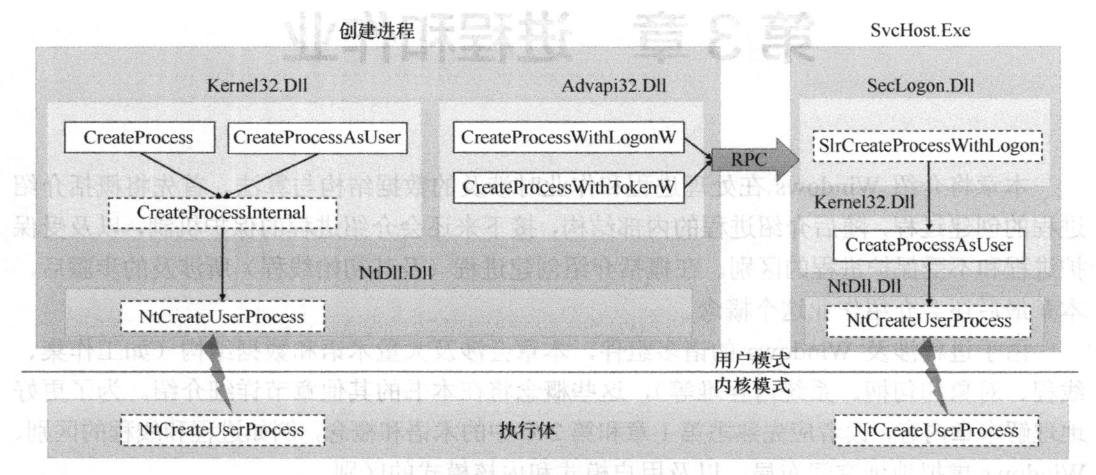

图 3-1 进程创建函数（虚线框内的函数为内部函数）

总的来说，这些执行路径都涉及一个通用的内部函数——CreateProcessInternal，该函数将启动创建用户模式 Windows 进程的实际工作。最终（如果一切顺利），CreateProcessInternal 会调用 Ntdll.dll 中的 NtCreateUserProcess 函数切换至内核模式，并在执行体中所包含的同名函数（NtCreateUserProcess）中继续执行进程创建过程中需要在内核模式下执行的工作。

3.1.1 CreateProcess*函数的参数

首先我们有必要讨论一下 CreateProcess*函数的参数，因为本节介绍的 CreateProcess 函数中就用到了其中的某些参数。用户模式下创建的进程在创建时始终会在其中包含一个线程，这个线程最终将执行可执行文件的主函数。CreateProcess*函数的一些重要参数如下：

（1）CreateProcessAsUser 和 CreateProcessWithTokenW 需要提供执行新进程所需的令牌句柄。类似地，CreateProcessWithLogonW 则需要用户名、域名和密码。

（2）可执行文件的路径和命令行参数。

（3）应用于新进程的可选安全属性以及即将创建的线程对象。

（4）代表当前（创建方）进程中，标记为可继承的所有句柄是否应该继承（复制）到新进程的布尔标记。（有关句柄和句柄继承的内容见卷 2 第 8 章。）

（5）影响进程创建过程的其他多种标志，例如下列标志。（完整列表请参阅 Windows SDK 文档。）

- **CREATE_SUSPENDED**。用挂起状态在新进程中创建初始线程。随后可调用 Resume Thread 执行该线程。
- **DEBUG_PROCESS**。将创建的进程宣告为调试器，并在其控制下新建进程。
- **EXTENDED_STARTUPINFO_PRESENT**。提供扩展的 STARTUPINFOEX 结构将代替 STARTUPINFO（见下文）。

（6）新进程的可选环境块（用于指定环境变量）。如果不指定，则会从创建方进程处继承。

（7）新进程的可选当前目录。（如果不指定，则会使用创建方进程的当前目录。）随后创建出的进程可调用 SetCurrentDirectory 设置其他当前目录。进程的当前目录可用于多种非完整路径的搜索工作（例如仅通过文件名加载 DLL）。

（8）为进程创建过程提供更多配置所需的 STARTUPINFO 或 STARTUPINFOEX 结构。STARTUPINFOEX 包含一个额外的不透明（opaque）字段，从本质上来看，可通过键值对数组代表与进程和线程有关的一系列属性。在需要每个属性时，可调用 UpdateProcThreadAttributes 来填充这些属性。其中一些属性尚未文档化，仅供内部使用，例如可在按照下一节的介绍创建商店应用时使用。

（9）在进程创建成功后，用于提供输出的 PROCESS_INFORMATION 结构。该结构包含了新产生的唯一进程 ID、新产生的唯一线程 ID，以及新进程的一个句柄和新线程的一个句柄。如果希望在创建成功后通过某种形式操作新建的进程或线程，就可以使用这些句柄。

3.1.2 创建 Windows“现代化”进程

本书第 1 章介绍了自 Windows 8 和 Windows Server 2012 新增的一种应用程序类型。一段时间以来，这类应用的名称曾多次变更，我们将其称为现代化应用、UWP 应用或沉浸式应用，借此与传统的桌面应用程序加以区分。

创建现代化应用程序进程除了要通过正确的可执行文件路径调用 CreateProcess 外，还要执行其他工作。例如要提供必需的命令行参数，此外还要（使用 UpdateProcThreadAttribute）添加一个未文档化的进程属性，并提供一个名为 PROC_THREAD_ATTRIBUTE_PACKAGE_FULL_NAME 的键，通过该键的值设置完整的商店应用包名称。虽然该属性尚未文档化，但（从 API 的角度来看）我们也可以通过其他方式执行商店应用。例如，Windows API 中包含了一种名为 IApplicationActivationManager 的 COM 接口，它是通过 COM 类以及名为 CLSID_ApplicationActivationManager 的 CLSID 实现的。该接口提供的 ActivateApplication 方法可用于在通过调用 GetPackageApplicationIds 从商店应用完整包名称中获取到名为 AppUserModelId 的信息后启动商店应用。（关于这些 API 的详细信息，请参阅 Windows SDK 文档。）

包名称以及商店应用的典型创建方式，从用户单击现代化应用的磁贴开始，最终还将交由 CreateProcess 处理，详细过程将在卷 2 第 9 章讨论。

3.1.3 创建其他类型的进程

虽然 Windows 应用程序可以启动传统或现代化应用程序，但执行体还可支持绕过 Windows API 启动其他类型的进程，如原生进程、最小进程或 Pico 进程。例如，在第 2 章中我们介绍过的会话管理器（Smss）就是一种原生映像。由于该进程是由内核直接创建的，很明显并未使用 CreateProcess API，而是直接调用了 NtCreateUserProcess。类似地，在 Smss 创建 Autochk（磁盘检查工具）或 Csrss（Windows 子系统进程）时，Windows API 也是不可用的，此时必须使用 NtCreateUserProcess。此外 Windows 应用程序无法创建原生进程，因为 CreateProcessInternal 函数会拒绝类型为“原生子系统”的映像。为了解决类似这样的并发问题，原生库 Ntdll.dll 包含了一个名为 RtlCreateUserProcess 的导出助手函数，为 NtCreateUserProcess 提供更简单的包装。

顾名思义，NtCreateUserProcess 可用于创建用户模式的进程。然而正如在第 2 章介绍的那样，Windows 还包含一系列内核模式进程，如 System 进程和 Memory Compression 进程（这些均属于最小进程），此外可能还包含由适用于 Linux 的 Windows 子系统等提供程序管理的 Pico 进程。而此类进程的创建是通过 NtCreateProcessEx 系统调用提供的，并专为内核模式调用方保留了某些能力（例如创建最小进程的能力）。

最后，Pico 提供程序可调用助手函数 PspCreatePicoProcess，随后由该函数负责最小进程的创建以及 Pico 提供程序上下文的初始化工作。该函数是不可导出的，仅供 Pico 提供程序通过自己的专用接口使用。

本章下文很快会介绍，虽然 NtCreateProcessEx 和 NtCreateUserProcess 是不同的系统调用，但都使用了 PspAllocateProcess 和 PspInsertProcess 这两个相同的内部例程来执行工作。从 WMI PowerShell cmdlet 到内核驱动程序，目前为止创建进程的所有可行方式，以及可以想象到的各种方式就是这些了。

3.2 进程的内部构造

本节将介绍由系统的不同部件所维护的 Windows 进程重要数据结构，以及查看这些数据的各种方法和工具。

每个 Windows 进程都可以用一种执行体进程（EPROCESS）结构来表示。除了包含与进程有关的众多属性，EPROCESS 还包含并指向其他一系列相关数据结构。例如，每个进程会有一个或多个线程，每个线程都可以用一个执行体线程（ETHREAD）结构来表示。线程数据结构的内容见第 4 章。

EPROCESS 及其大部分相关数据结构都位于系统地址空间中。唯一的例外是进程环境块（Process Environment Block，PEB），它位于进程（用户）地址空间中（因为它包含了由用户模式代码访问的信息）。另外，内存管理机制中使用的一些进程数据结构，如工作集列表，仅在当前进程的上下文中有效，因为它们被保存在进程相对应的系统空间中。进程地址空间的内容见第 5 章。

对于每个执行了 Windows 程序的进程，Windows 子系统进程（Csrss）维护了一种名为 CSR_PROCESS 的平行结构。另外，Windows 子系统（Win32k.sys）的内核模式部分还为每个进程维护了一种名为 W32PROCESS 的数据结构，这是在线程首次调用 Windows 并在内核模式中实现 USER 或 GDI 函数时创建的。该操作会在加载 User32.dll 库时执行。一般来说，需要加载该库的函数主要是 CreateWindow(Ex)和 GetMessage。

由于内核模式 Windows 子系统大量使用基于 DirectX 的硬件提升图形处理能力，图形设备接口（GDI）组件基础架构会导致 DirectX 图形内核（Dxgkrnl.sys）初始化自己的结构 DXGPROCESS。该结构中包含了有关 DirectX 对象（如表面、阴影等）的信息，以及与计算和内存管理有关调度机制相关的 GPGPU 计数器和策略设置。

除了 Idle 进程，每个 EPROCESS 结构都会被执行体对象管理器（见卷 2 第 8 章）封装为进程对象。进程并不是命名对象，因此无法通过（Sysinternals 提供的）WinObj 工具查看，但我们可以（使用 WinObj）在\ObjectTypes 目录下看到名为 Process 的类型对象。

通过使用与进程有关的 API，我们可以通过进程句柄访问 EPROCESS 结构以及它的一些相关结构中的某些数据。

通过注册进程创建通知，很多其他驱动程序和系统组件可以选择创建自己的数据结构，借此针对每个进程跟踪自己所存储的信息。（执行体函数 PsSetCreateProcessNotifyRoutine(Ex,Ex2)可以实现这一点，详见 WDK 文档。）在讨论进程的总体开销时，通常也必须考虑到类似这样的数据结构尺寸，只不过几乎不可能获得精确的数值。另外，一些此类函数还可以让某些组件拒绝或阻止创建进程。这为反恶意软件供应商提供了一种源自架构的方法，借此通过基于散列的黑名单或其他机制提高操作系统的安全性。

首先我们一起来看看 Process 对象。图 3-2 展示了一个 EPROCESS 结构中的重要字段。

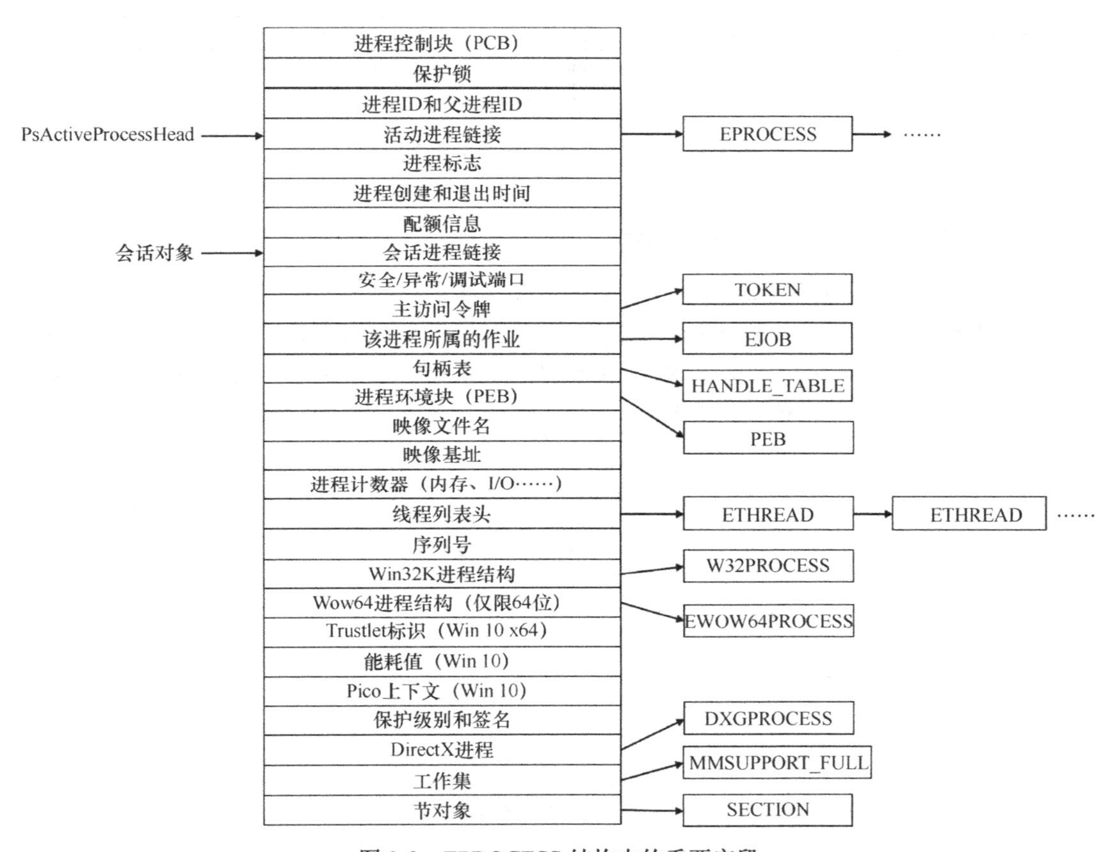

图 3-2 EPROCESS 结构中的重要字段

内核 API 和组件被划分为隔离且分层的模块，有着各自的命名规范，进程的树结构也沿袭了类似的设计。执行体进程结构的第一个成员名为进程控制块（Process Control Block，PCB），如图 3-2 所示。这是一种 KPROCESS 类型的结构，专用于内核进程。虽然执行体中的例程将信息存储在 EPROCESS 中，但分发器、调度器及中断/时间记账代码（作为操作系统内核的一部分）使用了 KPROCESS。这样即可在执行体的高层功能和下方底层特定函数的实现之间存在一种抽象层，这有助于避免不同层之间产生不必要的依赖关系。KPROCESS 结构中的重要字段如图 3-3 所示。

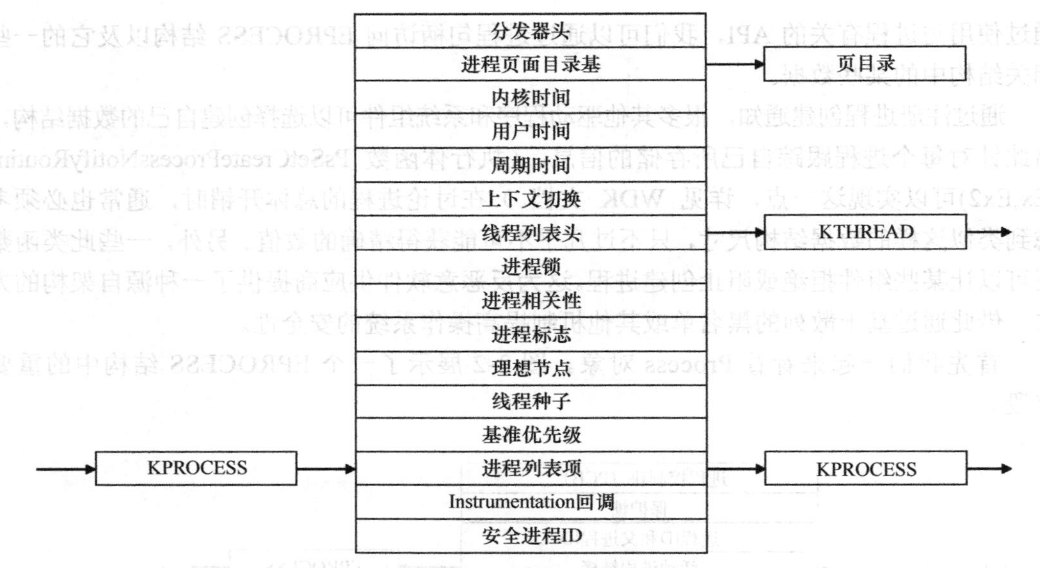

图 3-3 KPROCESS 结构中的重要字段

实验：展示 EPROCESS 结构的格式

若要查看组成 EPROCESS 结构的字段列表以及它们的十六进制偏移量，可在内核模式调试器中执行 dt nt!_eprocess 命令。（有关内核模式调试器的详细信息以及对本地系统进行内核调试的方法见第 1 章。）在 64 位 Windows 10 系统中，该命令的输出结果如下所示（版面有限，有所删减）。

```
lkd> dt nt!_eprocess
   +0x000 Pcb                : _KPROCESS
   +0x2d8 ProcessLock        : _EX_PUSH_LOCK
   +0x2e0 RundownProtect     : _EX_RUNDOWN_REF
   +0x2e8 UniqueProcessId    : Ptr64 Void
   +0x2f0 ActiveProcessLinks : _LIST_ENTRY
...
   +0x3a8 Win32Process       : Ptr64 Void
   +0x3b0 Job                : Ptr64 _EJOB
...
   +0x418 ObjectTable        : Ptr64 _HANDLE_TABLE
   +0x420 DebugPort          : Ptr64 Void
   +0x428 WoW64Process       : Ptr64 _EWOW64PROCESS
...
   +0x758 SharedCommitCharge : Uint8B
   +0x760 SharedCommitLock   : _EX_PUSH_LOCK
   +0x768 SharedCommitLinks  : _LIST_ENTRY
   +0x778 AllowedCpuSets     : Uint8B
   +0x780 DefaultCpuSets     : Uint8B
   +0x778 AllowedCpuSetsIndirect : Ptr64 Uint8B
   +0x780 DefaultCpuSetsIndirect : Ptr64 Uint8B
```

该结构（Pcb）的第一个成员是一种 KPROCESS 类型的嵌入式结构，这里存储了与调度和时间记账有关的信息。我们可以使用与 EPROCESS 相同的方法查看内核进程结构的格式。

```
lkd> dt nt!_kprocess
   +0x000 Header             : _DISPATCHER_HEADER
   +0x018 ProfileListHead    : _LIST_ENTRY
   +0x028 DirectoryTableBase : Uint8B
   +0x030 ThreadListHead     : _LIST_ENTRY
   +0x040 ProcessLock        : Uint4B
   ...
   +0x26c KernelTime         : Uint4B
   +0x270 UserTime           : Uint4B
   +0x274 LdtFreeSelectorHint     : Uint2B
   +0x276 LdtTableLength     : Uint2B
   +0x278 LdtSystemDescriptor : _KGDTENTRY64
   +0x288 LdtBaseAddress     : Ptr64 Void
   +0x290 LdtProcessLock     : _FAST_MUTEX
   +0x2c8 InstrumentationCallback : Ptr64 Void
   +0x2d0 SecurePid          : Uint8B
```

dt命令也可查看一个或多个字段中的内容，只需输入其名称，后跟结构名称即可。例如，输入dt nt!_eprocess UniqueProcessId可以查看进程ID字段。对于代表某种结构的字段，例如EPROCESS的Pcb字段，其中包含了KPROCESS子结构，此时在字段名后面添加一个英文句号即可让调试器显示出子结构。例如，另一种查看KPROCESS的方法是输入dt nt!_eprocess Pcb.。这种方式还可以继续递归，添加（KPROCESS内部的）更多字段名。最后，dt命令的-r开关可供我们在所有子结构中递归，在该开关后面添加一个数字即可控制命令要递归的深度。

前文介绍的dt命令可以展示指定结构的格式，但不能展示该结构类型特定实例中所包含的内容。如果要查看某个进程的实例，可以指定EPROCESS结构的地址作为dt命令的参数。使用!process 0 0命令即可获得系统中几乎所有EPROCESS结构的地址（System Idle进程除外）。由于KPROCESS位于EPROCESS的首位，EPROCESS的地址通常也可以作为KPROCESS的地址用于dt _kprocess中。

实验：使用内核模式调试器的!process命令

内核模式调试器的!process命令会显示进程对象及其相关结构中所含信息的子集。对于每个进程，该命令的输出结果会分为两部分。首先可以看到类似下方所示的进程信息。如果不指定进程地址或ID，执行!process命令会列出当前在CPU 0上运行的线程所属的进程信息。对于单处理器系统，将显示WinDbg自身的信息（如果配合WinDbg使用，则会显示livekd的信息）。

```
lkd> !process
PROCESS ffffe0011c3243c0
    SessionId: 2 Cid: 0e38 Peb: 5f2f1de000 ParentCid: 0f08
    DirBase: 38b3e000 ObjectTable: ffffc000a2b22200 HandleCount: <Data Not Accessible>
    Image: windbg.exe
    VadRoot ffffe0011badae60 Vads 117 Clone 0 Private 3563. Modified 228. Locked 1.
    DeviceMap ffffc000984e4330
    Token                             ffffc000a13f39a0
    ElapsedTime                       00:00:20.772
```

```
    UserTime                               00:00:00.000
    KernelTime                             00:00:00.015
    QuotaPoolUsage[PagedPool]              299512
    QuotaPoolUsage[NonPagedPool]           16240
    Working Set Sizes (now,min,max)  (9719, 50, 345) (38876KB, 200KB, 1380KB)
    PeakWorkingSetSize                     9947
    VirtualSize                            2097319 Mb
    PeakVirtualSize                        2097321 Mb
    PageFaultCount                         13603
    MemoryPriority                         FOREGROUND
    BasePriority                           8
    CommitCharge                           3994
    Job                                    ffffe0011b853690
```

在最基本的进程输出信息之后，还会输出进程中的线程列表。这部分内容将在第4章“实验：使用内核模式调试器的!thread命令”中详细介绍。

其他可以显示进程信息的命令还有!handle，该命令可转储进程句柄表（见卷2第8章）。有关进程和线程安全结构的详情可参阅第7章。

请注意输出结果中显示的PEB地址。我们可以将该地址与下文实验中提到的!peb命令配合使用，以更友好的视图查看任意进程的PEB，或将普通的dt命令与_PEB结构配合使用。然而由于PEB位于用户模式地址空间中，因此仅在自己的进程上下文内有效。若要查看其他进程的PEB，需要首先切换WinDbg到目标进程。为此可使用.process /P命令，后跟EPROCESS指针。

如果使用最新的Windows 10 SDK，新版WinDbg会在PEB地址下包含一个更直观的超链接，单击即可自动同时执行.process命令与!peb命令。

PEB位于它所描述的进程的用户模式地址空间，其中包含了映像加载程序、堆管理器，以及其他Windows组件需要从用户模式访问的信息。通过系统调用暴露所有这些信息是一种开销非常大的做法，而EPROCESS和KPROCESS结构只能从内核模式访问。PEB的重要字段如图3-4所示，本章下文将提供更详细的介绍。

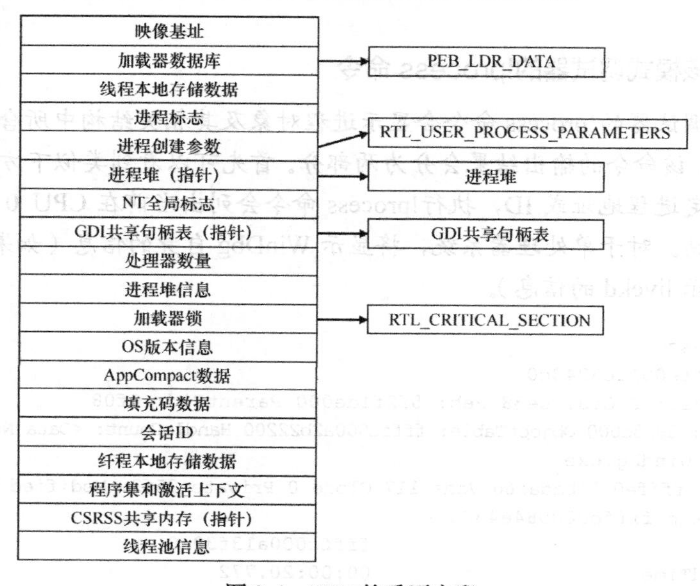

图3-4 PEB的重要字段

实验：查看 PEB

我们可以使用内核模式调试器的!peb 命令转储 PEB，该命令可显示 CPU 0 上当前运行的线程及其所属进程的 PEB。利用上一个实验中得到的信息，我们也可以使用 PEB 指针作为命令参数。

```
lkd> .process /P ffffe0011c3243c0 ; !peb 5f2f1de000
PEB at 0000003561545000
    InheritedAddressSpace:    No
    ReadImageFileExecOptions: No
    BeingDebugged:            No
    ImageBaseAddress:         00007ff64fa70000
    Ldr                       00007ffdf52f5200
    Ldr.Initialized:          Yes
    Ldr.InInitializationOrderModuleList: 000001d3d22b3630 . 000001d3d6cddb60
    Ldr.InLoadOrderModuleList:           000001d3d22b3790 . 000001d3d6cddb40
    Ldr.InMemoryOrderModuleList:         000001d3d22b37a0 . 000001d3d6cddb50
                Base TimeStamp                     Module
        7ff64fa70000 56ccafdd Feb 23 21:15:41 2016 C:\dbg\x64\windbg.exe
        7ffdf51b0000 56cbf9dd Feb 23 08:19:09 2016 C:\WINDOWS\SYSTEM32\ntdll.dll
        7ffdf2c10000 5632d5aa Oct 30 04:27:54 2015 C:\WINDOWS\system32\
        KERNEL32.DLL
...
```

CSR_PROCESS 结构包含了专用于 Windows 子系统（Csrss）的进程信息，因此仅 Windows 应用程序才有相关联的 CSR_PROCESS 结构（例如 Smss 就没有）。此外因为每个会话都有自己的 Windows 子系统实例，所以 CSR_PROCESS 结构是由每个会话的 Csrss 进程维护的。CSR_PROCESS 的基本结构如图 3-5 所示，本章下文还将详细介绍。

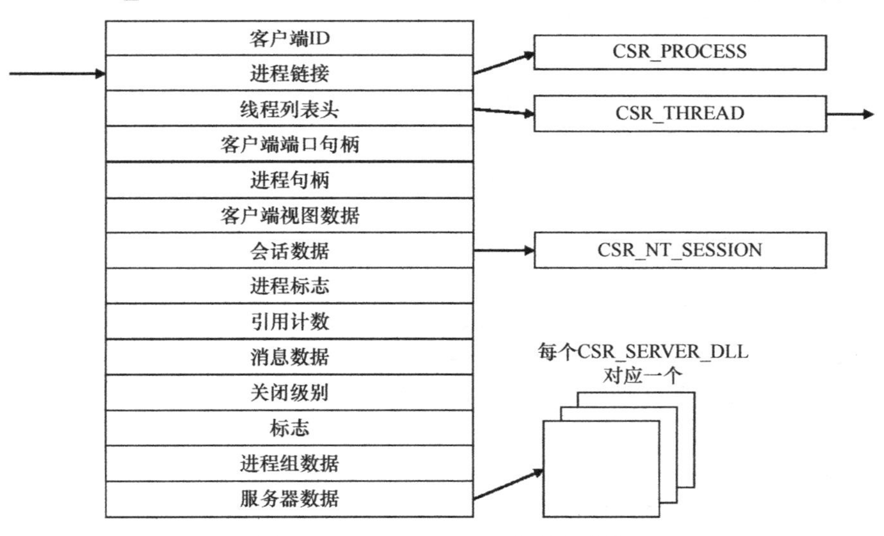

图 3-5 CSR_PROCESS 的基本结构

实验：查看 CSR_PROCESS

Csrss 进程是受保护的（有关受保护进程的详情请参阅本章下文），因此无法将用户模式调试器连接至 Csrss 进程（甚至提权后的调试器或非侵入式调试器也不行）。此时需要使用内核模式调试器。

首先列出现有的 Csrss 进程，如下所示。

```
lkd> !process 0 0 csrss.exe
PROCESS ffffe00077ddf080
    SessionId: 0  Cid: 02c0    Peb: c4e3fc0000  ParentCid: 026c
    DirBase:   ObjectTable: ffffc0004d15d040  HandleCount: 543.
    Image: csrss.exe

PROCESS ffffe00078796080
    SessionId: 1  Cid: 0338    Peb: d4b4db4000  ParentCid: 0330
    DirBase:   ObjectTable: ffffc0004ddff040  HandleCount: 514.
    Image: csrss.exe
```

随后选择任何一个进程并更改调试器的上下文，指向所选进程，使其用户模式的模块可见。

```
lkd> .process /r /P ffffe00078796080
Implicit process is now ffffe000'78796080
Loading User Symbols
...
```

/p 开关可以将调试器的进程上下文更改为所提供的进程对象（EPROCESS，最主要用于实时调试），/r 开关可以请求加载用户模式符号。随后即可使用 lm 命令查看模块本身，或查看 CSR_PROCESS 结构。

```
lkd> dt csrss!_csr_process
   +0x000 ClientId          : _CLIENT_ID
   +0x010 ListLink          : _LIST_ENTRY
   +0x020 ThreadList        : _LIST_ENTRY
   +0x030 NtSession         : Ptr64 _CSR_NT_SESSION
   +0x038 ClientPort        : Ptr64 Void
   +0x040 ClientViewBase    : Ptr64 Char
   +0x048 ClientViewBounds  : Ptr64 Char
   +0x050 ProcessHandle     : Ptr64 Void
   +0x058 SequenceNumber    : Uint4B
   +0x05c Flags             : Uint4B
   +0x060 DebugFlags        : Uint4B
   +0x064 ReferenceCount    : Int4B
   +0x068 ProcessGroupId    : Uint4B
   +0x06c ProcessGroupSequence : Uint4B
   +0x070 LastMessageSequence : Uint4B
   +0x074 NumOutstandingMessages  : Uint4B
   +0x078 ShutdownLevel     : Uint4B
   +0x07c ShutdownFlags     : Uint4B
   +0x080 Luid              : _LUID
   +0x088 ServerDllPerProcessData : [1] Ptr64 Void
```

W32PROCESS 结构是我们要介绍的最后一个与进程有关的数据结构，其中包含了内核（Win32k）中 Windows 图形和窗口管理代码维护 GUI 进程状态信息（这些信息是在进程进行过至少一次 USER/GDI 系统调用时就已定义好的）所需的全部信息。W32PROCESS 的基本结构如图 3-6 所示。但由于 Win32k 结构的类型信息未在公开的符号中提供，我们无法通过简单的实验展示这些信息。此外，与图形有关的数据结构和概念的介绍也已超出了本书范围。

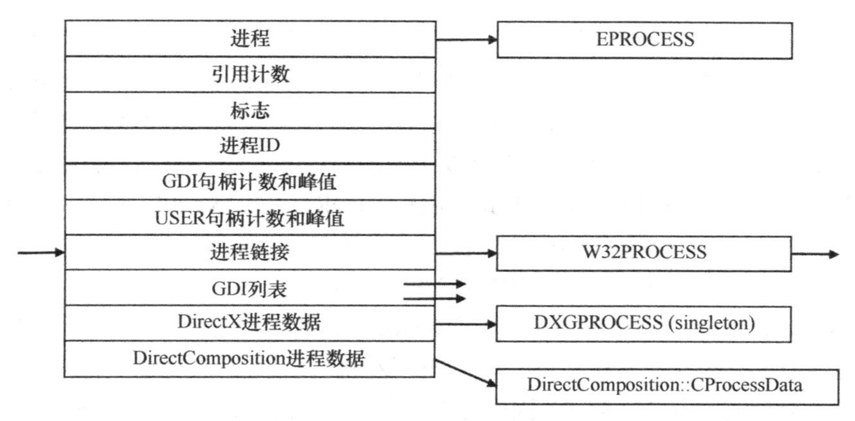

图 3-6 W32PROCESS 的基本结构

3.3 受保护进程

在 Windows 安全模型中，任何进程运行时所用的令牌只要包含调试权限（例如使用管理员账户运行）即可向计算机上运行的任何其他进程请求所有访问权限。例如，可以读写任意进程内存、注入代码、挂起并恢复线程，以及查询其他进程的信息。诸如 Process Explorer 和任务管理器等工具需要并会请求这些访问权限，借此向用户提供所需功能。

但是这种逻辑行为（保证了管理员始终可以完整控制系统中运行的代码）与媒体行业对使用计算机操作系统播放先进的高质量数字化内容（例如蓝光光盘）所提出的、保护数字化版权管理机制所需的系统行为相冲突了。为了以可靠、受保护的形式播放此类内容，Windows Vista 和 Windows Server 2008 引入了受保护进程这一概念。此类进程能够与普通 Windows 进程并存，但会对系统中其他进程（哪怕是使用管理员特权运行的进程）向此类进程请求访问权限的过程添加很多限制。

任何应用程序均可创建受保护进程，然而只有映像文件使用一种特殊的 Windows Media 证书添加了数字签名后，操作系统才会对进程提供保护。Windows 中的受保护媒体路径（Protected Media Path，PMP）可以通过受保护进程为高价值媒体提供保护，诸如 DVD 播放软件等应用程序的开发者则能通过媒体基础（Media Foundation，MF）API 使用受保护进程这个功能。

音频设备图形进程（Audiodg.exe）就是一种受保护进程，受保护的音乐内容可通过该进程解码。类似的还有媒体基础受保护管道（Mfpmp.exe），出于类似原因，这也是一种受保护进程（不过默认不运行）。同理，Windows 错误报告（Windows Error Reporting，WER，将在卷 2 第 8 章介绍）客户端进程（Werfaultsecure.exe）也能以受保护的方式运行，因为一旦其他受保护进程崩溃，它需要能访问这些进程。最后，System 进程本身也是受保护的，因为 Ksecdd.sys 驱动程序生成的解密所需的某些信息会存储在该进程的用户模式内存中。System 进程受保护的另一个原因在于，借此可以保护所有内核句柄的完整性（因为 System 进程的句柄表包含了系统中的所有内核句柄）。其他驱动程序有时可能会映射 System 进程用户模式地址空间的内存（例如代码完整性证书和编录数据），这也是需要保护该进程的另一个原因。

在内核层面上，对受保护进程的支持分为两方面。首先，为避免注入攻击，大部分进程创建过程是在内核模式下进行的。（下一节将分别详细介绍受保护进程和标准进程的创建过程。）其次，受保护进程［及其扩展后的“表亲”——受保护进程轻型（Protected Processes Light，PPL）］会在自己的 EPROCESS 结构中设置一个特殊位，借此修改进程管理器中与安全有关的例程的行为，进而拒绝通常会授予管理员的某些访问权限。实际上，受保护进程仅能获得 PROCESS_QUERY/SET_LIMITED_INFORMATION、PROCESS_TERMINATE 和 PROCESS_SUSPEND_RESUME 访问权限。受保护进程中运行的线程也会被禁止获得某些访问权限。这些访问权限的相关内容参见 4.2 节。

Process Explorer 会使用标准的用户模式 Windows API 查询进程内部的信息，因此无法针对此类进程执行某些操作。然而，类似 WinDbg 这样的工具运行在内核调试模式下时，会使用内核模式基础架构获取所需信息，因此可以获得完整信息。有关使用 Process Explorer 操作诸如 Audiodg.exe 等受保护进程时该工具实际行为的具体介绍，可参阅 4.2 节中的实验。

注意 正如第 1 章所述，为了进行本地内核调试，我们需要将操作系统引导至调试模式（可通过 bcdedit /debug on 启用，或使用 Msconfig 的高级引导选项启用。）这种做法可以减少针对受保护进程和 PMP 进行的基于调试器的攻击。在引导至调试模式后，将无法播放高清内容。

对访问权限的限制，使得内核可以可靠地将受保护进程放置在能避免用户模式访问的沙盒中。另外，因为受保护进程是通过 EPROCESS 结构中的一个标志标识的，管理员依然可以加载禁用该标志的内核模式驱动程序。然而这会违反 PMP 模型的要求且会被认为是恶意操作，能实现此类功能的驱动程序最终可能会被 64 位系统禁止加载，因为内核模式代码签名策略严禁为恶意代码签名。此外内核模式补丁保护（又名 PatchGuard，将在第 7 章介绍）以及受保护环境和身份验证驱动程序（Peauth.sys）也会识别并报告此类尝试。即便在 32 位系统中，驱动程序也必须获得 PMP 策略的认可，否则播放将停止。该策略由微软实施，但并未使用任何内核探测机制。被阻止之后，需要由微软通过人工操作将签名标记为恶意的签名，并更新内核。

3.3.1 受保护进程轻型（PPL）

如上所述，受保护进程最初的模型主要围绕数字版权管理（Digital Rights Management，DRM）内容展开。从 Windows 8.1 和 Windows Server 2012 R2 开始，引入了受保护进程模型扩展——受保护进程轻型（Protected Process Light，PPL）。

PPL 可以受到与传统受保护进程相同的保护，即用户模式代码（哪怕提权后运行）无法通过注入线程的方式渗透进此类进程，也无法获取有关已加载 DLL 的详细信息。而 PPL 模型对可实现的保护增加了一个新的维度——属性值。不同签名方（signer）的信任程度各不相同，因此一个 PPL 可以实现比其他 PPL 更严格或更宽松的保护。

随着 DRM 从单纯的多媒体内容 DRM 逐渐演化为 Windows 许可 DRM 及 Windows 应用商店 DRM，标准的受保护进程机制也要根据签名方值的差异区别对待。最终，各种获得认可的签名方还可定义对于受保护程度较低的进程需要拒绝哪些访问权限。一般来说，唯一允许的访问掩码（access mask）包括 PROCESS_QUERY/SET_LIMITED_INFORMATION 和 PROCESS_SUSPEND_RESUME，某些 PPL 签名方可以不允许 PROCESS_TERMINATE。

表 3-1 列出了 EPROCESS 结构中所存储的保护标记可用的值。

表 3-1 EPROCESS 结构中所存储的保护标记可用的值

内部保护进程级别符号	保护类型	签名方
PS_PROTECTED_SYSTEM (0x72)	受保护	WinSystem
PS_PROTECTED_WINTCB (0x62)	受保护	WinTcb
PS_PROTECTED_WINTCB_LIGHT (0x61)	受保护轻型	WinTcb
PS_PROTECTED_WINDOWS (0x52)	受保护	Windows
PS_PROTECTED_WINDOWS_LIGHT (0x51)	受保护轻型	Windows
PS_PROTECTED_LSA_LIGHT (0x41)	受保护轻型	Lsa
PS_PROTECTED_ANTIMALWARE_LIGHT (0x31)	受保护轻型	Anti-malware
PS_PROTECTED_AUTHENTICODE (0x21)	受保护	Authenticode
PS_PROTECTED_AUTHENTICODE_LIGHT (0x11)	受保护轻型	Authenticode
PS_PROTECTED_NONE (0x00)	无	无

表 3-1 显示了签名方及其级别。根据能力的大小，这里定义了多种签名方。WinSystem 是最高优先级的签名方，主要供 System 进程以及 Memory Compression 进程等最小进程使用。对于用户模式进程，WinTCB（Windows Trusted Computer Base）是最高优先级的签名方，可用于保护关键进程。内核可能对此类进程有非常深入的了解，因而可能会降低其安全边界。在理解进程能力时需要注意：首先，受保护进程的能力始终胜过 PPL；其次，高值签名方签名的进程可以访问低值签名方签名的进程，但这一原则反之不成立。表 3-2 列出了签名方的不同级别（数值越大，能力越大）及说明。我们也可以在调试器中使用 _PS_PROTECTED_SIGNER 类型转储出这些信息。

表 3-2 签名方的不同级别及说明

签名方名称（PS_PROTECTED_SIGNER）	级别	说明
PsProtectedSignerWinSystem	7	System 和最小进程（包括 Pico 进程）
PsProtectedSignerWinTcb	6	关键 Windows 组件。PROCESS_TERMINATE 将被拒绝
PsProtectedSignerWindows	5	处理敏感数据的重要 Windows 组件
PsProtectedSignerLsa	4	Lsass.exe（如果配置为在受保护模式下运行）
PsProtectedSignerAntimalware	3	反恶意软件服务和进程，包括第三方。PROCESS_TERMINATE 将被拒绝
PsProtectedSignerCodeGen	2	NGEN（.NET 原生代码生成）
PsProtectedSignerAuthenticode	1	承载 DRM 内容或加载用户模式字体
PsProtectedSignerNone	0	无效（无保护）

至此大家可能会好奇，如何禁止恶意进程宣称自己为受保护进程并借此保护自己躲避反恶意软件（Anti Malware，AM）应用程序的检查。因为 Windows Media DRM 证书已不再是运行受保护进程所必需的，微软对代码完整性模块进行了扩展，借此可以理解两个特殊的增强型密钥用法（Enhanced Key Usage，EKU）OID，并可将其编码至数字化代码签名证书 1.3.6.1.4.1.311.10.3.22 和 1.3.6.1.4.1.311.10.3.20 中。只要出现一个此类 EKU，证书中硬编码的签名方和颁发方（issuer）字符串将与其他可能的 EKU 相结合，随后关联至不同的 Protected Signer 值。例如，Microsoft Windows 颁发方可以授予 PsProtectedSignerWindows 这个受保护的签名方值，但前提是 Windows 系统组件验证 EKU（1.3.6.1.4.1.311.10.3.6）

同时存在。例如，图3-7显示的Smss.exe的证书就可以作为WinTcb-Light运行。

最后还需注意，进程的受保护级别还会影响进程可加载的DLL，否则无论通过逻辑bug还是简单的文件替换或伪装，都可让合法的受保护进程被迫加载第三方或恶意库，并用与受保护进程相同的保护级别执行这些内容。为了实现这种检查，要为每个进程提供一个“签名级别”（signature level），该信息存储在EPROCESS的SignatureLevel字段中，随后会使用一个内部查询表在EPROCESS的SectionSignatureLevel中查找对应的“DLL签名级别”。进程加载的任何DLL都必须和主可执行文件一样经过代码完整性组件的检查。例如，可执行文件的签名方为“WinTcb”的进程就只能加载“Windows”或更高签名级别的DLL。

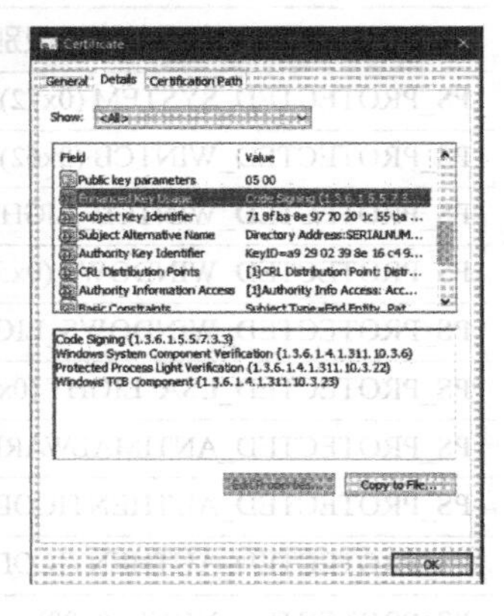

图3-7　Smss.exe的证书

在Windows 10和Windows Server 2016中，Smss.exe、Csrss.exe、Services.exe和Wininit.exe进程使用WinTcb-Lite进行了PPL签名。在ARM架构的Windows（例如Windows Mobile 10）中，Lsass.exe也是以PPL的方式运行的，该进程在x86/x64架构的系统中可通过注册表或策略配置（见第7章）以PPL的方式运行。此外某些服务也可配置为以Windows PPL或受保护进程的方式运行，如Sppsvc.exe（软件保护平台）。我们可能还会注意到，某些服务承载进程（Svchost.exe）也会用一定的受保护级别运行，因此很多服务（例如AppX Deployment Service和Windows Subsystem for Linux服务）也可以运行在受保护模式下。有关此类受保护服务的详细信息可参阅卷2第9章。

实际上，此类核心系统二进制文件以TCB的方式运行，这是实现系统安全性的重要途径。例如，Csrss.exe可以访问窗口管理器（Win32k.sys）实现的某些私有API，而具备管理员权限的攻击者可以借此访问内核中的敏感部分。类似地，Smss.exe和Wininit.exe所实现的系统启动和管理逻辑也是二进制文件在无须管理员介入的前提下正常运行的关键。Windows需要保证这些二进制文件始终以WinTcb-Lite的方式运行，只有这样别人才无法在调用CreateProcess时不在进程属性中指定正确的进程保护级别就直接运行。这种保护措施又名最小TCB列表，可迫使名称与表3-3中所列的相同，且位于System路径下的任何进程，无论由谁调用，均可获得最小保护级别或签名级别。

表3-3　最小化TCB

进程名称	最小签名级别	最小保护级别
Smss.exe	从保护级别推测	WinTcb-Lite
Csrss.exe	从保护级别推测	WinTcb-Lite
Wininit.exe	从保护级别推测	WinTcb-Lite
Services.exe	从保护级别推测	WinTcb-Lite
Werfaultsecure.exe	从保护级别推测	WinTcb-Full
Sppsvc.exe	从保护级别推测	Windows-Full
Genvalobj.exe	从保护级别推测	Windows-Full
Lsass.exe	SE_SIGNING_LEVEL_WINDOWS	0
Userinit.exe	SE_SIGNING_LEVEL_WINDOWS	0
Winlogon.exe	SE_SIGNING_LEVEL_WINDOWS	0
Autochk.exe	SE_SIGNING_LEVEL_WINDOWS*	0

*符号的签名级别仅适用于使用UEFI固件的系统。

实验：在 Process Explorer 中查看受保护进程

在这个实验中，我们将看到如何使用 Process Explorer 查看（不同类型的）受保护进程。运行 Process Explorer 并在 Process Image 选项卡中选中 Protection 选项，选中 Protection 复选框，如图 3-8 所示。

随后针对 Protection 列降序排列所有进程，并拖动至顶部。接下来即可看到所有受保护进程及其保护类型。例如，在 64 位 Windows 10 计算机上可以看到类似图 3-9 所示的内容。

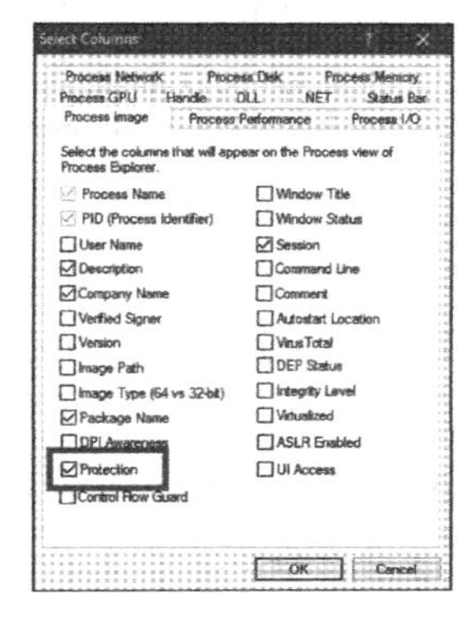

图 3-8 选中 Protection 选项

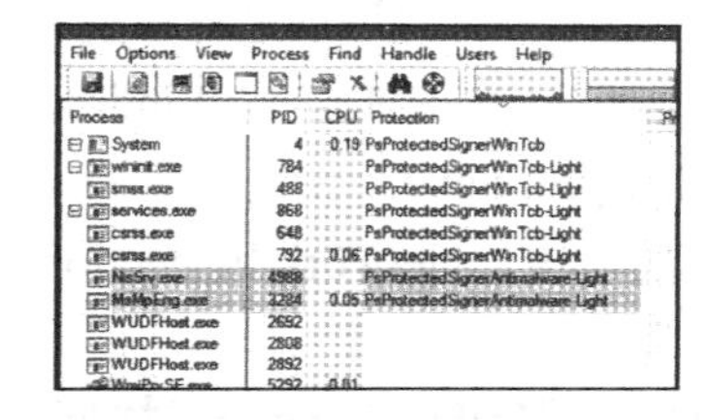

图 3-9 64 位 Windows 10 计算机上的所有受保护进程及其保护类型

如果在选中一个受保护进程并在配置为查看 DLL 后查看界面底部的区域，会发现这里什么都不会显示。这是因为 Process Explorer 使用用户模式 API 查询已加载的模块时，无法访问受保护进程的此类信息。但 System 进程是一个明显的例外，虽然这也是受保护进程，但 Process Explorer 可以显示已加载的内核模块（主要为驱动程序）列表，因为 System 进程中不包含 DLL。这是通过 EnumDeviceDrivers 这个无须访问进程句柄的系统 API 实现的。

如果切换至句柄视图，则可看到完整的句柄信息。因为 Process Explorer 使用了一个未文档化的 API 返回系统中的所有句柄，所以并不需要特定进程的句柄。Process Explorer 能够识别不同进程的原因是这些信息可以返回每个句柄所关联的 PID。

3.3.2 对第三方 PPL 的支持

借助 PPL 机制，系统对进程的保护能力可扩展至由微软创建的可执行文件的范围之外。例如反恶意软件（AM）程序也能获得这样的保护。典型的 AM 产品通常包含下列三大组件。

（1）内核驱动程序：负责拦截文件系统或网络 I/O 请求，并使用对象、进程和线程回调实现阻止功能。

（2）用户模式的服务（通常用特权账户运行）：配置驱动程序的配置文件，从驱动程序处接收有关“值得关注”事件（例如有文件被感染）的通知，并可能要与本地服务器或互联网通信。

（3）用户模式的GUI进程：向用户告知相关信息，让用户在必要时做出处理决策（可选）。

而恶意软件攻击系统的一种可行方式为设法将代码注入使用高特权运行的进程中，甚至直接将代码注入AM服务的内部，借此修改甚至完全禁用反恶意软件。然而，如果AM服务能够以PPL的方式运行，则代码注入将不再可行，且AM进程将无法终止，借此AM服务能更好地防范针对内核级漏洞的恶意软件。

为了实现这种做法，上述AM内核驱动程序必须具备相应的预先启动反恶意软件（Early-Launch Anti Malware，ELAM）驱动程序。本书第7章将详细介绍ELAM。而此类驱动程序最大的特点在于，它需要微软（在对软件发行商进行仔细查验后）提供的一种特殊反恶意软件证书。一旦安装了此类驱动程序，即可在自己的主可执行（PE）文件中包含一个名为ELAMCERTIFICATEINFO的自定义资源节。该资源节可描述3个额外的签名方（由其公钥加以区分），每个签名方最多可以具备3个额外的EKU（由OID加以区分）。当代码完整性系统确认由3个签名方中任何一个签名过的任何文件中包含3个EKU中的任意一个EKU后，即可允许该进程请求PS_PROTECTED_ANTIMALWARE_LIGHT (0x31)这个PPL。微软自己的AM产品Windows Defender就是这样做的，该产品在Windows 10上的服务（MsMpEng.exe）使用反恶意软件证书进行了签名，借此可以更好地防范针对AM本身发起的攻击，Network Inspection Server（NisSvc.exe）服务也采取了类似做法。

3.4 最小进程和Pico进程

目前我们所讨论的进程类型及其数据结构似乎都暗指它们的用途是为了执行用户模式的代码，并且为此它们会在内存中包含大量相关数据结构。然而并非所有进程的用途都是如此。例如，System进程仅仅只是充当大量系统线程的容器，借此这些线程的执行时间才不会污染其他用户模式的进程。该进程还可充当驱动程序句柄（也叫作内核句柄）的容器，以确保这些句柄最终不会被任何应用程序所拥有。

3.4.1 最小进程

在为NtCreateProcessEx函数设置一个特殊的标志，并且其调用方位于内核模式的情况下，该函数的行为会略有差异，并会导致执行PsCreateMinimalProcess API，进而导致进程在创建时缺乏前文提到的很多结构。这些缺乏的结构主要如下。

（1）不再设置用户模式地址空间，因此不存在PEB和相关结构。

（2）进程不会有映射的NTDLL，也不会有任何加载程序/API集的信息。

（3）进程不会绑定区域对象（section object），也就意味着进程的执行或其名称（名称可能为空，或为任意字符串）不具备相关的可执行映像文件。

（4）EPROCESS标志中会设置Minimal标志，导致所有线程成为最小线程，同时可以避免任何用户模式的分配，例如TEB或用户模式栈（有关TEB的详细信息参见第4章）。

如本书第2章所述，Windows 10至少具备两个最小进程：System进程和Memory Compression进程。如果启用基于虚拟化的安全性（见第2章和第7章），可能还会有第三个最小进程——Secure System进程。

最后，在Windows 10系统中还可以通过其他方式运行最小进程：启用适用于Linux

的 Windows 子系统（WSL）这一可选功能（见第 2 章）。借此即可安装由 Lxss.sys 和 LxCore.sys 驱动程序组成且系统自带的 Pico 提供程序。

3.4.2 Pico 进程

在允许从内核组件访问用户模式虚拟地址空间并对其进行保护方面，最小进程的用途较为有限。Pico 进程则在这方面扮演了更重要的角色，可以让一种名为 Pico 提供程序的特殊组件控制（从操作系统的角度来看）其执行过程中的大部分操作。这种程度的控制最终使得此类提供程序可以模拟与操作系统内核截然不同的行为，并确保底层用户模式库无法察觉自己正在 Windows 操作系统中运行。从本质上来说，这是微软研究院 Drawbridge 项目的一种实现，也被用于通过类似方式让 SQL Server 支持 Linux（尽管在 Linux 内核的基础上使用了一种基于 Windows 库的操作系统）。

为了让系统支持 Pico 进程，我们必须首先具备提供程序。此类提供程序可以注册至 PsRegisterPicoProvider API，但必须遵守一个非常特殊的规则：Pico 提供程序必须先于任何第三方驱动程序加载（包括引导驱动程序）。实际上，在有限的十几个核心驱动程序中，只有一个可以在该功能被禁用前调用这个 API，且这些核心驱动程序必须使用微软签名方证书和 Windows 组件 EKU 签名。在启用了可选 WSL 组件的 Windows 系统中，这个核心驱动程序为 Lxss.sys，可在另一个驱动程序（LxCore.sys）稍后加载之前充当存根（stub）驱动程序，随后将由 LxCore.sys 接管 Pico 提供程序，进而将多种分派表转移给自己。另外注意，在撰写本书时，唯有这一个核心驱动程序可将自己注册为 Pico 提供程序。

当 Pico 提供程序调用注册 API 时，我们会收到一系列函数指针，进而借此创建并管理 Pico 进程。

（1）用一个函数创建 Pico 进程，用另一个函数创建 Pico 线程。

（2）用一个函数获取 Pico 进程的上下文（一种可供提供程序用于存储特定数据的属性指针），用另一个函数设置上下文，并对 Pico 线程用另一组函数执行类似操作，借此可为 ETHREAD 或 EPROCESS 的 PicoContext 字段填充数据。

（3）用一个函数获取 Pico 线程的 CPU 上下文结构（CONTEXT），用另一个函数设置该结构。

（4）用一个函数更改 Pico 线程的 FS 或 GS 段，这些段通常被用户模式代码用于指向某些线程的本地结构（例如 Windows 中的 TEB）。

（5）用一个函数终止 Pico 线程，并用另一个函数终止 Pico 进程。

（6）用一个函数挂起 Pico 线程，并用另一个函数恢复。

如上所述，Pico 提供程序可以借助这些函数创建完整的自定义进程和线程，并自行控制初始启动阶段、段注册以及相关数据。然而仅仅这样并不能模拟另一个操作系统。这还需要转移另一组函数指针，但这次是从提供程序转移至内核，当 Pico 线程或进程执行某些值得关注的活动后充当回调函数。

（1）当 Pico 线程使用 SYSCALL 指令发起系统调用时对应的回调函数。

（2）当 Pico 线程抛出异常时的回调函数。

（3）当 Pico 线程内部针对内存描述符列表（Memory Descriptor List，MDL）执行探测和锁操作出错时的回调函数。

（4）当调用方请求 Pico 进程名称时的回调函数。

（5）当 Windows 事件跟踪（ETW）请求 Pico 进程用户模式栈跟踪时的回调函数。

（6）当应用程序视图打开到 Pico 进程或 Pico 线程句柄时的回调函数。

（7）当请求终止 Pico 进程时的回调函数。

（8）当 Pico 线程或 Pico 进程意外终止时的回调函数。

Pico 提供程序还可以利用内核补丁保护（Kernel Patch Protection，KPP）机制（见第 7 章）保护自己的回调和系统调用，并防止欺骗性或恶意 Pico 提供程序将自己注册到合法 Pico 提供程序之上。

显然，借助这种前所未有的方式访问用户-内核间可能的转换，以及 Pico 进程/线程和其余系统组件间可见的内核-用户交互，Pico 提供程序（以及相关的用户模式的库）可以通过完整封装的方式对 Windows 之外其他完全不同的内核实现进行彻底的包装（当然还有一些例外，线程调度规则和“提交”等内存管理规则依然适用）。正确编写的应用程序对此类内部算法应该是不敏感的，因为就算在通常执行所用的操作系统中执行，这些算法也有可能出现改动。

Pico 提供程序本质上是一种自定义开发的内核模块，通过实现必要的回调响应 Pico 进程可能产生或抛出的各种可能事件（见前文）。因此 WSL 能够在用户模式下运行未经修改的 Linux ELF 二进制文件，这一过程仅受制于系统调用模拟工作和相关功能的完善程度。

将最小进程、Pico 进程和常规 NT 进程结合在一起来看，我们可以用图 3-10 代表它们之间的不同结构。

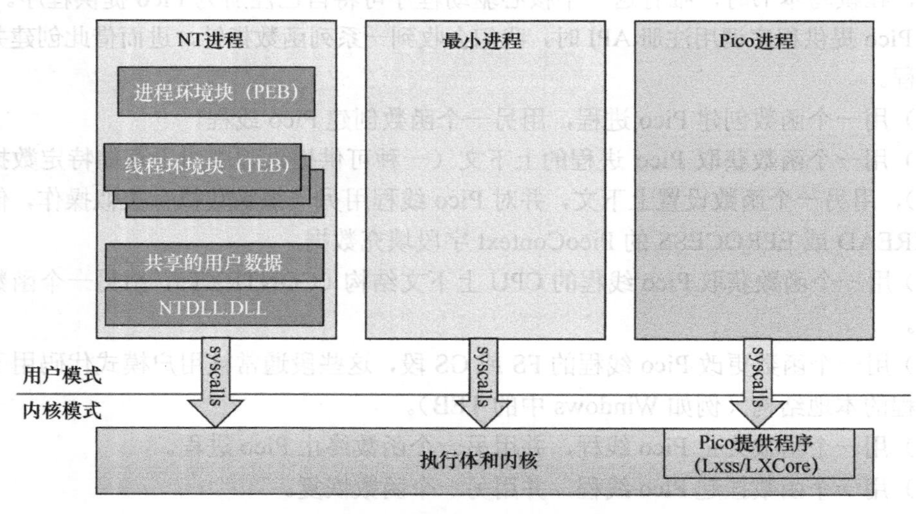

图 3-10　进程之间的不同结构

3.5 Trustlet（安全进程）

第 2 章提到，Windows 提供了一系列基于虚拟化的安全性（VBS）功能，例如 Device Guard 和 Credential Guard。这些功能可以借助虚拟机监控程序提高操作系统和用户数据的安全性。我们还简要介绍了 Credential Guard（见第 7 章）是如何运行在一个全新的隔离用户模式环境中，在无特权（Ring 3）的情况下具备 VTL 1 的虚拟信任级别，因而可以同时为常规 VTL 0 环境中运行的 NT 内核（Ring 0）和应用程序（Ring 3）提供保护的。接下来我们一起看看内核是如何设置并执行此类进程的，以及此类进程使用的不同数据结构。

3.5.1 Trustlet 的构造

首先注意，尽管 Trustlet 也是常规的 Windows 可移植可执行（PE）文件，但它们包含了某些与 IUM 有关的属性。

（1）由于 Trustlet 可用的系统调用数量有限，因此只能从有限的 Windows 系统 DLL（C/C++运行时、KernelBase、Advapi、RPC 运行时、CNG Base Crypto 以及 NTDLL）中导入。注意，只作用于数据结构（例如 NTML、ASN.1 等）的数学性 DLL 也是可用的，因为它们不执行任何系统调用。

（2）可以从自己可用的、与 IUM 有关的系统 DLL（也叫作 Iumbase）中调用，这些 DLL 提供了 Base IUM 系统 API，并对邮件槽（mailslot）、存储框（storage box）、加密（cryptography）等提供了支持。最终这个库会调用至 Iumdll.dll（VTL 1 版本的 Ntdll.dll）的内部，并可包含安全系统调用（指由安全内核实现的、不会被传递给常规 VTL 0 内核的系统调用）。

（3）可以包含一个名为.tPolicy 的 PE 节，以及一个名为 s_IumPolicyMetadata 的导出的全局变量。借此为安全内核围绕对 Truselet 允许的 VTL 0 访问（例如允许调试、崩溃转储支持等）实现策略设置提供所需的元数据。

（4）对使用包含隔离用户模式 EKU（1.3.6.1.4.1.311.10.3.37）的证书进行签名。图 3-11 显示了 LsaIso.exe 的证书数据以及其中的 IUM EKU。

此外在使用 CreateProcess 请求在 IUM 中执行，或指定启动属性时，必须用一个特定的进程属性启动 Trustlet。下文将分别介绍此处涉及的策略元数据和进程属性。

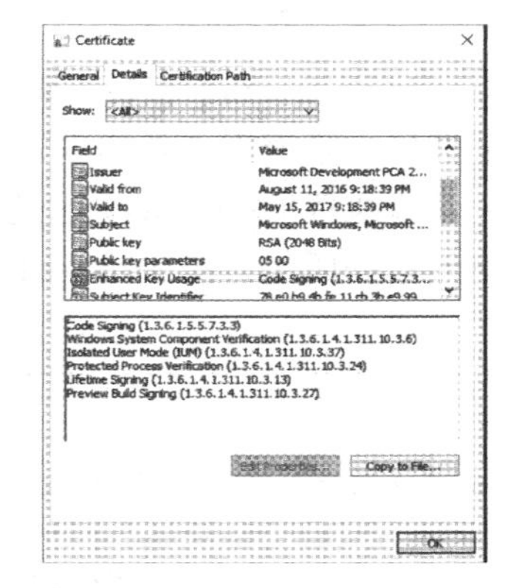

图 3-11 LsaIso.exe 的证书数据以及其中的 Trustlet EKU

3.5.2 Trustlet 策略元数据

策略元数据包含了多种选项，可用于配置 Trustlet 在 VTL 0 模式下的“可访问性”。这是通过之前提到的 s_IumPolicyMetadata 导出结构描述的，其中可包含一个版本号（目前设置为“1”）以及 Trustlet ID。后者具备唯一性，可用于在各种已知 Trustlet 中区分指定的那一个（例如 BioIso.exe 的 Trustlet ID 为 4）。最后，元数据也提供了一组策略选项，目前可支持的选项见表 3-4。显而易见，这些策略是已签名可执行文件数据的一部分，对其进行改动将导致 IUM 签名失效，进而无法执行。

表 3-4 目前可支持的 Trustlet 策略选项

策略	含义	详情
ETW	启用或禁用 ETW	
Debug	配置调试	调试可随时启用，但前提是 SecureBoot 已禁用，或使用按需质询/回应机制
Crash Dump	启用或禁用崩溃转储	

续表

策略	含义	详情
Crash Dump Key	指定崩溃转储加密所用的公钥	转储文件可提交给微软产品团队，他们有解密所需的私钥
Crash Dump GUID	指定崩溃转储密钥的标识符	借此产品团队即可使用/识别多个密钥
Parent Security Descriptor	SDDL 格式	用于验证所有者/父进程是否符合预期
Parent Security Descriptor Revision	SDDL 格式修订 ID	用于验证所有者/父进程是否符合预期
SVN	安全版本	具备唯一性的数字，可被 Trustlet 用于（以自己的身份）加密 AES256/GCM 消息
Device ID	安全设备 PCI 标识符	Trustlet 只能与 PCI ID 匹配的安全设备通信
Capability	启用强大的 VTL 1 能力	可允许访问 Create Secure Section API、DMA 以及对安全设备和安全存储 API 进行用户模式 MMIO 访问
Scenario ID	为此二进制文件指定场景 ID	编码为 GUID，为确保可用于已知场景，必须在创建安全映像节时由 Trustlet 指定

3.5.3 Trustlet 的属性

启动 Trustlet 需要正确使用 PS_CP_SECURE_PROCESS 属性，该属性首先可用于验证调用方是否真正希望创建一个 Trustlet，并可验证所执行的 Trustlet 是否确实是调用方真正希望执行的 Trustlet。这是通过在属性中嵌入 Trustlet 标识符实现的，该标识符必须与策略元数据所包含的 Trustlet ID 一致。随后可以指定一个或多个属性，见表 3-5。

表 3-5 Trustlet 的属性

属性	含义	详情
Mailbox Key	用于检索邮箱（mailbox）数据	邮箱可供 Trustlet 与 VTL 0 环境共享数据，前提是 Trustlet 密钥必须是已知的
Collaboration ID	设置在使用安全存储 IUM API 时要使用的合作 ID	安全存储可供 Trustlet 在相互之间共享数据，前提是它们具备相同的合作 ID。如果合作 ID 不存在，可用 Trustlet 实例 ID 代替
TK Session ID	标识会在 Crypto 中使用的会话 ID	—

3.5.4 系统内置的 Trustlet

在撰写本书时，Windows 10 包含 5 个 Trustlet，它们分别具备自己的标识号（见表 3-6）。请注意 Trustlet ID 0 代表安全内核本身。

表 3-6 系统内置的 Trustlet

二进制名称（Trustlet ID）	描述	策略选项
LsaIso.exe (1)	Credential Guard 和 Key Guard Trustlet	允许 ETW、禁用调试、允许崩溃转储加密
Vmsp.exe (2)	安全虚拟机工作进程（vTPM Trustlet）	允许 ETW、禁用调试、禁用崩溃转储、启用安全存储能力、验证父安全描述符是否为 S-1-5-83-0（NT VIRTUAL MACHINE\Virtual Machines）
Unknown (3)	vTPM 密钥登记 Trustlet	未知
BioIso.exe (4)	安全生物特征 Trustlet	允许 ETW、禁用调试、允许崩溃转储加密
FsIso.exe (5)	安全框架服务器 Trustlet	禁用 ETW、允许调试、启用创建安全区域能力、使用场景 ID{AE53FC6E-8D89-4488-9D2E-4D008731C5FD}

3.5.5 Trustlet 的标识

Trustlet 具备多种形式的标识，下列这些标识均可在系统中使用。

（1）**Trustlet 标识符或 Trustlet ID**。存储在 Trustlet 策略元数据中的一种硬编码整数，同时也必须用于 Trustlet 的进程创建属性中。它确保了系统了解数量有限的 Trustlet，并且调用方启动的 Trustlet 恰好是自己需要的。

（2）**Trustlet 实例**。由安全内核生成，在密码学层面上可保证安全的 16 字节随机数。在不使用合作 ID 的情况下，可以使用 Trustlet 实例保证安全存储 API 只允许这一个实例的 Trustlet 在自己的存储 Blob 中读取/存储数据。

（3）**合作 ID**。如果一个 Trustlet 需要允许使用相同 ID 的其他 Trustlet，或同一个 Trustlet 的其他实例以共享方式访问同一个安全存储 Blob，此时将需要使用该 ID。具备该 ID 的情况下调用 Get 或 Put API 时，Trustlet 的实例 ID 将会被忽略。

（4）**安全版本号**（Security Version Number，SVN）。可供 Trustlet 通过强密码证明的方式了解已签名或已加密数据的来源。Credential Guard 和 Key Guard 加密 AES256/GCM 数据时会使用该标识，Cryptograph Report 服务也会用到该标识。

（5）**场景 ID**。可供 Trustlet 创建（基于标识的）命名安全内核对象，例如安全区域。这个 GUID 会验证 Trustlet 是否是在事先确定的场景中创建此类对象，这是通过在命名空间中使用该 GUID 添加标记的方式实现的。因此其他 Trustlet 如果希望打开同一个命名对象，就必须具备相同的场景 ID。注意，有可能会存在多个场景 ID，但目前的 Trustlet 都只能使用一个。

3.5.6 隔离用户模式服务

以 Trustlet 的方式运行，这种做法的好处不仅在于可以防范来自常规（VTL 0）环境的攻击，而且可以访问安全内核专门为 Trustlet 提供的特权和受保护安全系统调用。此类服务包括安全设备、安全区域、邮箱、标识密钥、加密服务和安全存储。

（1）**安全设备**（IumCreateSecureDevice、IumDmaMapMemory、IumGetDmaEnabler、IumMapSecureIo、IumProtectSecureIo、IumQuerySecureDeviceInformation、IopUnmap SecureIo、IumUpdateSecureDeviceState）。可用于访问原本无法从 VTL 0 访问且专属于安全内核（及附属安全 HAL 和安全 PCI 服务）的安全 ACPI 或 PCI 设备。具备相关能力的 Trustlet（见 3.5.2 节）可以将此类设备的寄存器映射至 VTL 1 IUM，并有可能执行直接内存访问（DMA）传输。此外，Trustlet 使用 SDFHost.dll 中的安全设备框架（Secure Device Framework，SDF）作为此类硬件的用户模式设备驱动程序。Windows Hello 中的安全生物验证就利用了这样的能力，例如安全 USB 智能卡（通过 PCI）或摄像头/指纹传感器（通过 ACPI）。

（2）**安全区域**（IumCreateSecureSection、IumFlushSecureSectionBuffers、IumGetExposed SecureSection、IumOpenSecureSection）。可用于与 VTL 0 驱动程序（需要使用 VslCreateSecure Section）通过暴露的安全区域共享物理内存页，也可用于在 VTL 1 中以命名安全区域（利用了 3.5.5 节中基于标识的机制）的方式与其他 Trustlet，或同一 Trustlet 的其他实例共享数据。为了使用这些功能，Trustlet 需要具备 3.5.2 节所介绍的安全区域能力。

（3）**邮箱**（IumPostMailbox）。可供 Trustlet 与常规（VTL 0）内核中的组件通过最多 8 个邮件槽（slot）共享最多 4KB 的数据，并可调用 VslRetrieveMailbox 传递槽标识符和邮箱密钥。例如 VTL 0 中的 Vid.sys 可以借此从 Vmsp.exe 这个 Trustlet 中获取 vTPM 功能所用的各种机密。

（4）**标识密钥**（IumGetIdk）。可供 Trustlet 获取具备标识唯一性的解密密钥或签名密钥。该密钥在每台计算机上是唯一的，且仅能通过 Trustlet 获取。它也是 Credential Guard 功能的重要组成部分，可以对计算机及来自 IUM 的凭据的唯一性进行验证。

（5）**加密服务**（IumCrypto）。可供 Trustlet 使用本地或由安全内核生成、仅供 IUM 使用的预引导会话密钥加密和解密数据、获取 TPM 绑定句柄、获取安全内核的 FIPS 模式，或获取安全内核为 IUM 生成的随机数生成器（Random Number Generator，RNG）种子。无论是否曾连接至调试器，或曾请求过任何其他 Trustlet 控制的数据，它都可以让 Trustlet 使用该 Trustlet 的标识和 SVN 生成“使用 IDK 进行签名，使用 SHA-2 创建散列，并包含时间戳”的报告，或生成策略元数据的转储。Trustlet 可将其用作一种类似 TPM 的测量措施来证明自己未经篡改。

（6）**安全存储**（IumSecureStorageGet、IumSecureStoragePut）。可供具备安全存储能力（见 3.5.2 节）的 Trustlet 存储任意大小的存储 Blob，并在稍后通过自己的唯一 Trustlet 实例或与其他 Trustlet 共享相同的合作 ID 从 Blob 中检索内容。

3.5.7 Trustlet 可访问的系统调用

为了通过安全内核将攻击面和暴露范围降至最小，对于数百个系统调用，常规（VTL 0）应用程序只能使用其中的一少部分（不到 50 个）。这些系统调用与 Trustlet 可以使用的系统 DLL（具体可使用的系统调用见 3.5.1 节）相兼容，并提供 RPC 运行时（Rpcrt4.dll）和 ETW 追踪所需服务的最低要求。

（1）**Worker Factory 和线程 API**。用于支持 RPC 所用的线程池 API 和加载程序所用的 TLS 槽。

（2）**进程信息 API**。用于支持 TLS 槽和线程栈分配。

（3）**事件、信号量、等待和完成 API**。用于支持线程池和同步。

（4）**高级本地过程调用（ALPC）API**。用于支持通过 ncalrpc 传输的本地 RPC。

（5）**系统信息 API**。用于支持读取安全引导信息、用于 Kernel32.dll 和线程池缩放的基本和 NUMA 系统信息、性能信息，以及时间信息的子集。

（6）**令牌 API**。为 RPC 模拟提供了最小支持。

（7）**虚拟内存分配 API**。用于支持由用户模式堆管理器进行的分配。

（8）**节 API**。用于支持（DLL 映像的）加载程序以及安全区域功能（在通过前文提到的安全系统调用创建/暴露后）。

（9）**追踪控制 API**。用于支持 ETW。

（10）**异常和继续 API**。用于支持结构化异常处理（Structured Exception Handling，SHE）。

上述内容足以证明，Trustlet 对设备 I/O 等操作的支持（无论是针对文件还是实际的物理设备）都是不可行的（例如，根本不支持 CreateFile API），对于注册表 I/O 也是如此。此外，也不支持其他进程的创建或使用任何类型的图形 API（VTL 1 中不具备 Win32k.sys

驱动程序）。因此 Trustlet 实际上可以理解成一种为复杂前端（位于 VTL 0 中）执行工作任务，但被隔离的后端“工人”（位于 VTL 1 中），只能使用 ALPC 这一种通信机制，或暴露出安全区域（安全区域的句柄也只能通过 ALPC 来传递）。在第 7 章中，我们将详细介绍一种特殊的 Trustlet——LsaIso.exe 的具体实现，该 Trustlet 提供了 Credential Guard 和 Key Guard 功能。

实验：识别安全进程

安全进程除了可以通过名称加以识别，还可以通过两种方法在内核模式调试器中识别出来。首先，每个安全进程都有一个安全 PID，该 ID 代表了这个进程在安全内核的句柄表中的句柄。常规（VTL 0）内核在进程中创建线程或请求将其终止时会用到该 ID。其次，线程本身有个相关联的线程 Cookie，代表了线程在安全内核线程表中的索引。

我们可以尝试在内核模式调试器中执行如下操作。

```
lkd> !for_each_process .if @@(((nt!_EPROCESS*)${@#Process})->Pcb.SecurePid) {
.printf "Trustlet: %ma (%p)\n", @@(((nt!_EPROCESS*)${@#Process})->ImageFileName),
@#Process }
Trustlet: Secure System (ffff9b09d8c79080)
Trustlet: LsaIso.exe (ffff9b09e2ba9640)
Trustlet: BioIso.exe (ffff9b09e61c4640)
lkd> dt nt!_EPROCESS ffff9b09d8c79080 Pcb.SecurePid
   +0x000 Pcb                  :
      +0x2d0 SecurePid         : 0x00000001'40000004
lkd> dt nt!_EPROCESS ffff9b09e2ba9640 Pcb.SecurePid
   +0x000 Pcb                  :
      +0x2d0 SecurePid         : 0x00000001'40000030
lkd> dt nt!_EPROCESS ffff9b09e61c4640 Pcb.SecurePid
   +0x000 Pcb                  :
      +0x2d0 SecurePid         : 0x00000001'40000080
lkd> !process ffff9b09e2ba9640 4
PROCESS ffff9b09e2ba9640
    SessionId: 0 Cid: 0388 Peb: 6cdc62b000 ParentCid: 0328
    DirBase: 2f254000 ObjectTable: ffffc607b59b1040 HandleCount: 44.
    Image: LsaIso.exe
        THREAD ffff9b09e2ba2080 Cid 0388.038c Teb: 0000006cdc62c000 Win32Thread:
0000000000000000 WAIT
lkd> dt nt!_ETHREAD ffff9b09e2ba2080 Tcb.SecureThreadCookie
   +0x000 Tcb                  :
      +0x31c SecureThreadCookie     : 9
```

3.6 CreateProcess 的流程

我们之前介绍了多种可以在进程状态操作和管理过程中使用的数据结构，以及如何用不同工具和调试器命令查看这些信息。本节将介绍这些数据结构是如何以及何时创建并填充的，以及进程背后的整体创建和终止行为。大家将会看到，所有已经文档化的进程创建函数最终将调用 CreateProcessInternalW，因此我们也会从这里着手。

创建一个 Windows 进程需要执行多个步骤，共涉及操作系统的 3 个部分：Windows

客户端库 Kernel32.dll（CreateProcessInternalW 实际开始执行工作的地方）、Windows 执行体，以及 Windows 子系统进程（Csrss）。由于 Windows 采用了多环境子系统的架构，以及创建执行体进程对象（以便供其他子系统使用）与创建 Windows 子系统进程这两个工作是分开进行的，因此尽管下文介绍的 CreateProcess 函数的工作流程非常复杂，但实际上其中的部分工作是与 Windows 子系统加入的语义有关的，而非创建执行体进程对象必需的核心工作。

下面的内容概括汇总了使用 Windows 的 CreateProcess*函数创建进程的主要步骤。每一步执行的操作将在后续章节进一步详细介绍。

注意 CreateProcess 执行的很多步骤都与进程虚拟地址空间的建立有关，因此涉及很多与内存管理有关的术语和结构，这些内容将在第 5 章详细介绍。

（1）验证参数，将 Windows 子系统标志和选项转换为原生形式，解析、验证并转换属性列表为原生形式。

（2）打开要在进程中执行的映像文件（.exe）。

（3）创建 Windows 执行体进程对象。

（4）创建初始线程（栈、上下文、Windows 执行体线程对象）。

（5）执行创建之后需要的、与 Windows 子系统有关的进程初始化操作。

（6）开始执行初始线程（除非指定了 CREATE_SUSPENDED 标志）。

（7）在新进程和线程的上下文中完成地址空间的初始化操作（如加载所需的 DLL），并开始执行程序的入口点。

图 3-12 概括展现了 Windows 创建进程的全过程。

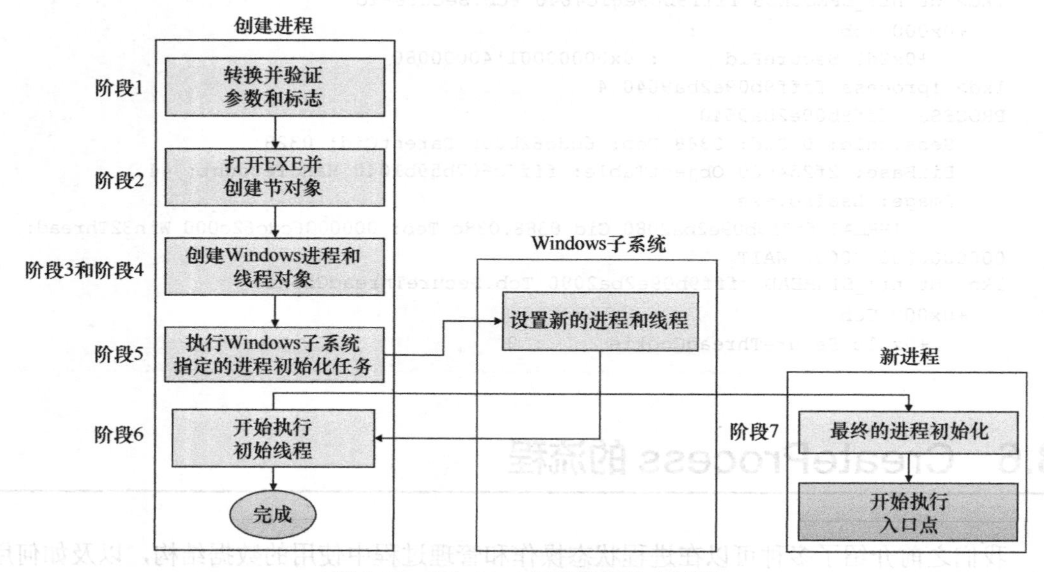

图 3-12　Windows 创建进程的全过程

3.6.1　第 1 阶段：转换并验证参数和标志

在打开要运行的可执行映像前，CreateProcessInternalW 需要执行下列操作。

(1) 新进程的优先级类是通过 CreateProcess*函数中 CreationFlags 参数内的独立位指定的，因此我们可以为一个 CreateProcess*调用指定多个优先级类。Windows 会选择所设置的最低优先级类，借此确定最终要为进程分配哪个优先级类。

Windows 共定义了 6 个进程优先级类，每个值对应一个数字。

- “空闲”或“低”(4)，如任务管理器中所示。
- 低于正常（6）。
- 正常（8）。
- 高于正常（10）。
- 高（13）。
- 实时（24）。

优先级类可作为进程中所创建线程的基础优先级。该数值不会直接影响进程本身，只会影响进程中的线程。有关进程优先级类及其对线程调度的影响详见本书第 4 章。

(2) 如果新进程未指定优先级类，则会默认使用“正常”优先级类。如果新进程指定了“实时”优先级类，且该进程的调用方不具备 Increase Scheduling Priority 特权（SE_INC_BASE_PRIORITY_NAME），此时将使用高优先级类代替。换句话说，进程的创建过程不会仅仅因为调用方的特权不足以创建“实时”优先级类的进程而失败，这样创建出来的进程只是无法获得“实时”那么高的优先级而已。

(3) 如果创建时使用的标志指定了进程需要被调试，Kernel32 会调用 DbgUiConnectToDbg 发起到 Ntdll.dll 中原生调试代码的连接，并从当前线程的环境块（TEB）中获取调试对象句柄。

(4) 如果创建时使用的标志有指定，Kernel32.dll 将设置默认的硬错误模式。

(5) 与用户有关的属性列表会从 Windows 子系统格式转换为原生格式，并会添加内部属性。可添加到属性列表中的可能属性（如果存在的话，还包括其文档化的 Windows API 形式）见表 3-7。

注意 CreateProcess*调用传递的属性列表允许把复杂度超过简单状态代码的信息传回给调用方，例如初始线程的 TEB 地址或有关映像节的信息。这是保护进程所必需的，因为在创建了子进程后，父进程将无法查询这些信息。

表 3-7 可添加到属性列表中的可能属性

原生属性	等价的 Win32 属性	类型	描述
PS_CP_PARENT_PROCESS	PROC_THREAD_ATTRIBUTE_PARENT_PROCESS，也可用于提权	输入	指向父进程的句柄
PS_CP_DEBUG_OBJECT	不可用，可在使用 DEBUG_PROCESS 标志时使用	输入	如果进程以调试模式启动，可作为调试对象
PS_CP_PRIMARY_TOKEN	不可用，可在使用 CreateProcessAsUser/WithTokenW 时使用	输入	如果使用 CreateProcessAsUser，可作为进程令牌
PS_CP_CLIENT_ID	不可用，可由 Win32 API 作为参数返回（PROCESS_INFORMATION）	输出	返回初始线程和进程的 TID 与 PID
PS_CP_TEB_ADDRESS	不可用，内部使用不公开	输出	返回初始线程的 TEB 地址
PS_CP_FILENAME	不可用，可作为 CreateProcess API 的参数	输入	即将创建的进程的名称

续表

原生属性	等价的 Win32 属性	类型	描述
PS_CP_IMAGE_INFO	不可用，内部使用不公开	输出	返回SECTION_IMAGE_INFORMATION，其中包含了有关可执行文件版本、标志和子系统的信息，以及栈大小和入口点
PS_CP_MEM_RESERVE	不可用，仅供 SMSS 和 CSRSS 内部使用	输入	在初始进程地址空间创建过程中要保留的虚拟内存块数组，可保证在没有进行其他分配的情况下依然有可用内存
PS_CP_PRIORITY_CLASS	不可用，可作为 CreateProcess API 的参数传入	输入	进程将要获得的优先级类
PS_CP_ERROR_MODE	不可用，可通过 CREATE_DEFAULT_ERROR_MODE 标志传入	输入	进程的硬错误处理模式
PS_CP_STD_HANDLE_INFO	不可用，仅限内部使用	输入	指定是否要复制标准句柄或新建句柄
PS_CP_HANDLE_LIST	PROC_THREAD_ATTRIBUTE_HANDLE_LIST	输入	属于父进程，且需要被新进程继承的句柄列表
PS_CP_GROUP_AFFINITY	PROC_THREAD_ATTRIBUTE_GROUP_AFFINITY	输入	可用于运行线程的一个或多个进程组
PS_CP_PREFERRED_NODE	PROC_THREAD_ATTRIBUTES_PRFERRED_NODE	输入	与进程关联的首选（理想）NUMA 节点，会影响将在哪个节点上创建初始进程堆和线程栈（见第 5 章）
PS_CP_IDEAL_PROCESSOR	PROC_THREAD_ATTTRIBUTE_IDEAL_PROCESSOR	输入	将线程调度到的首选（理想）处理器
PS_CP_UMS_THREAD	PROC_THREAD_ATTRIBUTE_UMS_THREAD	输入	包含 UMS 属性、完成列表和上下文
PS_CP_MITIGATION_OPTIONS	PROC_THREAD_MITIGATION_POLICY	输入	包含为进程启用/禁用哪些缓解措施（SEHOP、ATL 模拟、NX）的信息
PS_CP_PROTECTION_LEVEL	PROC_THREAD_ATTRIBUTE_PROTECTION_LEVEL	输入	必须指向表 3-1 列出的某个允许的进程保护值，或指向 PROTECT_LEVEL_SAME 的值，以代表与父进程相同程度的保护
PS_CP_SECURE_PROCESS	不可用，仅限内部使用	输入	代表需要以隔离用户模式（IUM）Trustlet 形式运行的进程，详见卷 2 第 8 章
PS_CP_JOB_LIST	不可用，仅限内部使用	输入	将进程分配至作业列表
PS_CP_CHILD_PROCESS_POLICY	PROC_THREAD_ATTRIBUTE_CHILD_PROCESS_POLICY	输入	指定新进程是否允许直接或间接（如使用 WMI）创建子进程
PS_CP_ALL_APPLICATION_PACKAGES_POLICY	PROC_THREAD_ATTRIBUTE_ALL_APPLICATION_PACKAGES_POLICY	输入	指定包含 ALL APPLICATION PACKAGES 组的ACL检查是否排除AppContainer令牌，并使用 ALL RESTRICTED APPLICATION PACKAGES 组代替
PS_CP_WIN32K_FILTER	PROC_THREAD_ATTRIBUTE_WIN32K_FILTER	输入	指定进程到 Win32k.sys 的大部分 GDI/USER 系统调用是否需要筛选（阻止），或者允许但需要审核。Microsoft Edge 使用这种方式减小攻击面
PS_CP_SAFE_OPEN_PROMPT_ORIGIN_CLAIM	None. Used internally.	输入	Web 标记（mark of the Web）功能用于代表文件来源不可信
PS_CP_BNO_ISOLATION	PROC_THREAD_ATTRIBUTE_BNO_ISOLATION	输入	可让进程的主令牌关联至隔离的 BaseNamedObjects 目录。有关命名对象的详情请参阅卷 2 第 8 章
PS_CP_DESKTOP_APP_POLICY	PROC_THREAD_ATTRIBUTE_DESKTOP_APP_POLICY	输入	指定是否允许现代化应用程序启动传统的桌面软件。如果允许，以何种方式启动
无——内部使用	PROC_THREAD_ATTRIBUTE_SECURITY_CAPABILITIES	输入	指定一个到 SECURITY_CAPABILITIES 结构的指针，可用于在调用 NtCreateUserProcess 前为进程创建 AppContainer 令牌

（6）如果进程是作业对象的一部分，但创建标志请求创建单独的 DOS 虚拟机（VDM），则该标志会被忽略。

（7）由 CreateProcess 函数提供的进程和初始线程安全属性会被转换为相应的内部表现（OBJECT_ATTRIBUTES 结构，WDK 中提供了相关文档）。

（8）CreateProcessInternalW 会检查是否要将进程创建为“现代化”形态。如果由属性（PROC_THREAD_ATTRIBUTE_PACKAGE_FULL_NAME）明确指定并提供了完整的包名称，或创建方本身就是现代化应用（且父进程未通过 PROC_THREAD_ATTRIBUTE_PARENT_PROCESS 属性明确指定），则会将进程创建为现代化形态。这种情况下，需要调用内部的 BasepAppXExtension，获取由 APPX_PROCESS_CONTEXT 结构描述的现代化应用参数中包含的详细上下文信息。该结构包含了诸如包名称［内部可称为包名字对象（package moniker）］、应用需要的能力、进程当前目录、应用是否具备完整信任等信息。创建完整信任现代化应用的选项尚未公开，因此这是专门为从外观和体验来看是现代化应用，但实际上执行系统级操作的应用［例如 Windows 10 中的“设置”应用（SystemSettings.exe）］保留的。

（9）如果进程创建为现代化形态，通过调用 BasepCreateLowBox 内部函数创建的初始令牌中将包含对应的安全能力（前提是 PROC_THREAD_ATTRIBUTE_SECURITY_CAPABILITIES 提供了这些信息）。“LowBox”这个术语代表执行进程所用的沙盒（AppContainer）。注意，虽然不支持通过调用 CreateProcess 直接创建现代化进程（此时应使用前文提到的 COM 接口），Windows SDK 和 MSDN 中确实介绍了通过传递该属性创建 AppContainer 传统桌面应用程序的做法。

（10）如果创建现代化进程，则随后需要设置一个标志让内核跳过嵌入清单检测操作。现代化进程绝不会具备嵌入清单，因为根本不需要。（现代化应用有自己的清单，但与此处提到的嵌入清单无关。）

（11）如果指定了调试标志（DEBUG_PROCESS），那么可执行文件的映像文件执行选项（Image File Execution Options，IFEO 将在下文介绍）注册表键下的 Debugger 值会标记为跳过。否则调试器将永远无法创建自己的调试对象（debuggee）进程，因为创建过程将进入无尽的循环（试图反复不断创建调试器进程）。

（12）将所有窗口关联给桌面（此处的“桌面”是指对工作空间提供的图形化呈现）。如果 STARTUPINFO 结构未指定桌面，进程会关联至调用方的当前桌面。

注意 Windows 10 虚拟桌面功能（在内核对象层面上）并未使用多个桌面对象。实际上依然只有一个桌面，但窗口可按需显示或隐藏。Sysinternals 的 desktops.exe 工具采取了截然不同的方法，可以真正创建最多 4 个桌面对象。如果试图将窗口从一个桌面移动到另一个桌面，就可以感受到这其中的差异。在使用 desktops.exe 的情况下是无法这样做的，因为 Windows 不支持这样的操作。但 Windows 10 的虚拟桌面支持这样做，毕竟此时并没有真正“移动”窗口。

（13）分析传递给 CreateProcessInternalW 的应用程序和命令行参数。可执行文件的路径名称会转换为 NT 内部名称（例如，c:\temp\a.exe 会转换为类似\device\harddiskvolume1\temp\a.exe 的名称），因为某些函数需要这样的格式。

（14）收集到的大部分信息会被转换为一个类型为 RTL_USER_PROCESS_PARAMETERS 的大型结构。

上述操作完成后，CreateProcessInternalW 会首次调用 NtCreateUserProcess，并试图创建进程。由于 Kernel32.dll 此时还不知道应用程序映像名称到底是真正的 Windows 应用程序还是批处理文件（.bat 或.cmd）、16 位或 DOS 应用程序，此时调用会失败，随后 CreateProcessInternalW 会查看错误原因并尝试加以纠正。

3.6.2 第2阶段：打开要执行的映像

在这一阶段，正在创建的线程将切换至内核模式，并在 NtCreateUserProcess 系统调用实现中继续完成自己的工作。

（1）NtCreateUserProcess 首先会验证参数并构建一个保存所有创建信息的内部结构。再次验证参数的原因在于要确保对执行体的调用并非源自某种不当手段（hack），并恰好通过这种手段使用伪造或恶意的参数模拟了 Ntdll.dll 转换至内核的方法。

（2）NtCreateUserProcess 下一阶段的工作是找到运行调用方指定的可执行文件对应的 Windows 映像，并创建区域对象，随后将其映射至新进程的地址空间，如图 3-13 所示。如果调用因为任何情况失败了，会为 CreateProcessInternalW 返回失败状态（见表 3-8），随后 CreateProcessInternalW 会试图重新执行。

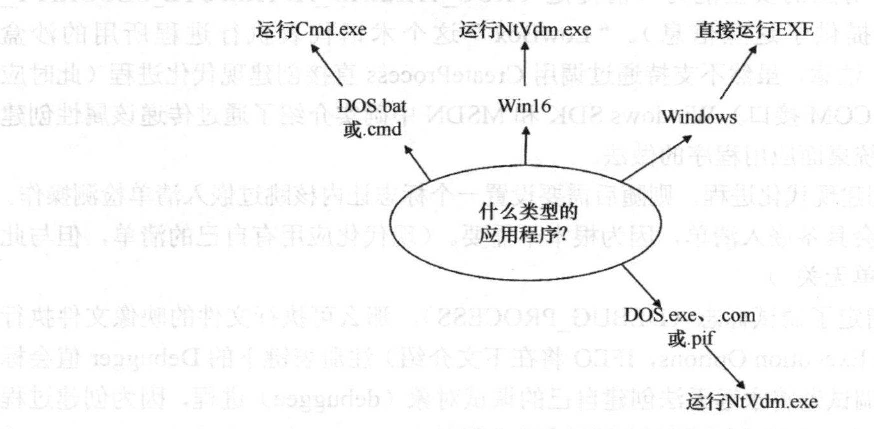

图 3-13 选择要激活的 Windows 映像（如果需要创建受保护进程，则还会检查签名策略）

（4）如果要创建现代化进程，还需要通过许可检查来确保其具备许可并且允许运行。对于内置（Windows 自带）应用，无论许可检查的结果如何均可运行；如果允许侧面加载应用（通过“设置”应用配置），那么除了来自应用商店的应用，任何带签名的应用均可运行。

（5）如果要创建 Trustlet 进程，必须使用一个特殊标志创建区域对象以供安全内核使用。

（6）如果指定的可执行文件是 Windows EXE 文件，NtCreateUserProcess 会试图打开该文件并为其创建区域对象。此时该对象虽已打开但尚未映射至内存。成功创建区域对象并不一定意味着文件是有效的 Windows 映像，也可能是 DLL 或 POSIX 可执行文件。对于 POSIX 可执行文件，此时调用会失败，因为 POSIX 已不被支持。对于 DLL 文件，CreateProcessInternalW 也会失败。

（7）注意，当 NtCreateUserProcess 使用下文介绍的进程创建代码找到有效的 Windows 可执行映像后，还会检查注册表 HKLM\SOFTWARE\Microsoft\Windows NT\CurrentVersion\Image File Execution Options，并在这里查看是否有子键包含了可执行映像的文件名和扩展（但不检查目录和路径信息，例如仅仅会查找“Notepad.exe”）。如果存在这样的子键，会通过 PspAllocateProcess 在该子键下查找 Debugger 值。如果存在该值，将要运行的映像会成为该值中的字符串，随后 CreateProcessInternalW 将重新执行第 1 阶段的操作。

窍门 我们可以利用创建进程这个行为，在实际启动之前调试 Windows 服务进程的启动代码，而不需要在启动服务后再连接调试器，这种方式无法调试启动代码。

（8）此外，如果映像不是 Windows EXE 文件（例如可能是 MS-DOS 或 Win16 应用程序），CreateProcessInternalW 会通过一系列步骤找到可用于运行的 Windows 支持映像。该过程是必要的，因为非 Windows 应用程序并不能直接运行。相反，Windows 会使用几个特殊的支持映像来运行它们，并由这些支持映像负责非 Windows 程序的实际执行工作。举例来说，如果试图（在 32 位 Windows 下）运行 MS-DOS 或 Win16 可执行文件，实际运行的映像会是 Windows 可执行文件 Ntvdm.exe。简而言之，我们无法直接创建非 Windows 进程类型的进程。如果 Windows 无法通过某种方法将要激活的映像解析为 Windows 进程（见表 3-8），CreateProcessInternalW 将会失败。

表 3-8 CreateProcess 第 1 阶段的决策树

如果映像……	创建状态码	将要运行的映像……	接下来会发生的事……
是 MS-DOS 应用程序，扩展名为.ex、.com 或.pif	PsCreateFailOnSectionCreate	Ntvdm.exe	CreateProcessInternalW 重新执行第 1 阶段的任务
是 Win16 应用程序	PsCreateFailOnSectionCreate	Ntvdm.exe	CreateProcessInternalW 重新执行第 1 阶段的任务
是 32 位系统上运行的 Win64 应用程序（或是 PPC、MIPS 或 Alpha 二进制文件）	PsCreateFailMachineMismatch	不可用	CreateProcessInternalW 失败
Debugger 值设置为另一个映像名称	PsCreateFailExeName	Debugger 值指定的名称	CreateProcessInternalW 重新执行第 1 阶段的任务
是无效或损坏的 Windows EXE	PsCreateFailExeFormat	不可用	CreateProcessInternalW 失败
无法打开	PsCreateFailOnFileOpen	不可用	CreateProcessInternalW 失败
是命令行程序（使用.bat 或.cmd 扩展的应用程序）	PsCreateFailOnSectionCreate	Cmd.exe	CreateProcessInternalW 重新执行第 1 阶段的任务

需要特别注意，运行映像的过程中，CreateProcessInternalW 将经历如下的决策树。

（1）对于 x86 架构的 32 位 Windows，如果映像为 MS-DOS 应用程序且扩展名为.exe、.com 或.pif，则会向 Windows 子系统发送一条消息，并检查是否已经为该会话创建了 MS-DOS 支持进程（由 HKLM\SYSTEM\CurrentControlSet\Control\WOW\cmdline 注册表值指定的 Ntvdm.exe）。如果支持进程已创建，则将用它来运行该 MS-DOS 应用程序。Windows 子系统会将消息发送至运行新映像的 DOS 虚拟机（VDM）。随后会运行 CreateProcessInternalW。如果尚未创建支持进程，则会转为运行 Ntvdm.exe 映像，随后 CreateProcessInternalW 会重新开始第 1 阶段的工作。

（2）如果要运行的文件使用了.bat 或.cmd 扩展，则要运行 Cmd.exe 映像（Windows 命令提示符），随后 CreateProcessInternalW 会重新开始第 1 阶段的工作。（批处理文件的名称是作为/c 开关之后的第二个参数传递给 Cmd.exe 的。）

（3）对于 x86 架构的 Windows 系统，如果映像为 Win16（Windows 3.1）可执行文件，

CreateProcessInternalW 必须决定是新建一个 VDM 进程来运行，还是使用整个会话默认的共享 VDM 进程来运行（此时该进程可能尚未创建）。CreateProcess 的 CREATE_SEPARATE_WOW_VDM 和 CREATE_SHARED_WOW_VDM 这两个标志决定了最终的决策。如果未设置这些标志，将由 HKLM\SYSTEM\CurrentControlSet\Control\WOW\DefaultSeparateVDM 注册表值决定默认行为。如果应用程序需要在单独的 VDM 中运行，则随后将要运行的映像是包含一些配置参数的 Ntvdm.exe，后跟 16 位进程的名称，接着 CreateProcessInternalW 会重新开始第 1 阶段的工作。其他情况下，Windows 子系统会发送一条消息，以确定共享的 VDM 进程是否存在以及是否可以使用。（如果该 VDM 进程运行在不同桌面上，或使用了与调用方不同的安全上下文，则无法使用，此时必须新建一个 VDM 进程。）如果这个共享的 VDM 进程可以使用，Windows 子系统会向其发送一条消息，进而运行新映像并返回 CreateProcessInternalW。如果该 VDM 进程尚未创建（或虽然存在但无法使用），随后将运行的映像会改为 VDM 支持映像，并由 CreateProcessInternalW 重新开始第 1 阶段的工作。

3.6.3　第 3 阶段：创建 Windows 执行体进程对象

至此，NtCreateUserProcess 已经打开了有效的 Windows 可执行文件，创建了区域对象，并将其映射至新进程的地址空间。随后需要调用 PspAllocateProcess 这个内部系统函数，创建用于运行该映像的 Windows 执行体进程对象。执行体进程对象的创建（由创建线程来执行）涉及下列几个子阶段。

（1）阶段 3A：设置 EPROCESS 对象。

（2）阶段 3B：创建初始进程地址空间。

（3）阶段 3C：初始化内核进程结构（KPROCESS）。

（4）阶段 3D：结束进程地址空间的设置。

（5）阶段 3E：设置 PEB。

（6）阶段 3F：完成执行体进程对象的设置工作。

注意　只有一种情况不存在父进程：系统初始化（即创建 System 进程的）过程中。在这之后，始终需要由父进程为新进程提供安全上下文。

1. 阶段 3A：设置 EPROCESS 对象

这一子步骤涉及下列步骤。

（1）继承父进程的处理器相关性，除非在进程创建过程中（通过属性列表）明确设置。

（2）如果属性列表指定了理想 NUMA 节点，则选择该节点。

（3）继承父进程的 I/O 和页面优先级。如果没有父进程，则使用默认的页面优先级（5）和 I/O 优先级（正常）。

（4）将新进程的退出状态设置为 STATUS_PENDING。

（5）选择由属性列表决定的硬错误处理模式。如果未指定，则继承父进程的处理模式；如果没有父进程，则使用默认处理模式，即显示所有错误。

（6）将父进程的 ID 存储到新进程对象的 InheritedFromUniqueProcessId 字段中。

（7）除非进程在 Wow64 下运行，此时无法使用大页面，否则将查询 Image File Execution Options（IFEO）键，检查是否要使用大页面（IFEO 键的 UseLargePages 值）映射该进程。此外还会查询该键来确定NTDLL是否被列为需要在该进程中使用大页面映射的DLL之一。

（8）查询 IFEO 的性能选项键（PerfOptions，如果存在的话），其中可能包含任意数量的下列可用值：IoPriority、PagePriority、CpuPriorityClass 及 WorkingSetLimitInKB。

（9）如果进程要在 Wow64 下运行，则随后会分配 Wow64 辅助结构（EWOW64PROCESS），并将其设置到 EPROCESS 结构的 WoW64Process 成员中。

（10）如果进程要创建到 AppContainer 内部（大部分情况下，现代化应用需要这样做），则需要验证令牌是否由 LowBox 创建（AppContainer 的详情可参阅第 7 章）。

（11）尝试获取创建该进程所需的全部特权。选择进程优先级类为“实时”，为新进程分配令牌，使用大页面映射进程，在新会话中创建进程，这些操作均需要相应的特权。

（12）创建进程的主访问令牌（其父进程主令牌的副本）。新进程可以继承父进程的安全配置文件。如果使用 CreateProcessAsUser 函数为新进程指定不同的访问令牌，则该令牌也会酌情调整。这一改动只在父进程令牌的完整性级别能够支配子进程访问令牌的完整性级别，并且该访问令牌是父令牌真正的子令牌或兄令牌的情况下才会进行。注意，如果父进程具备 SeAssignPrimaryToken 特权，则会绕过上述检查。

（13）随后检查新进程令牌的会话 ID，以确定是否在进行跨会话创建。如果是，父进程会临时附加到目标会话，以便正确处理配额和地址空间的创建。

（14）将新进程的配额块设置为其父进程配额块的地址，并增加父进程配额块的引用计数。如果使用 CreateProcessAsUser 创建新进程，将不执行这一步操作。这种情况下将创建默认配额，或与所选用户配置文件相符的配额。

（15）将进程工作集大小的最小值和最大值分别设置为 PspMinimumWorkingSet 和 PspMaximumWorkingSet 的值。如果 Image File Execution Options 下的 PerfOptions 键指定了性能选项，这些值可能会被覆盖，此时将从性能选项中获得工作集的最大值。注意，默认的工作集大小限制其实是一种软限制，或者说是一种提示，而 PerfOptions 设置的工作集最大值是一种硬限制（也就是说，工作集的上限不能超过这个值）。

（16）初始化进程的地址空间（参阅阶段 3B）。如果涉及不同会话，则从目标会话分离。

（17）如果未使用继承的组相关性，则随后要为进程设置组相关性。默认的组相关性可以在事先设置过 NUMA 节点传播（使用拥有 NUMA 节点的组）的情况下从父进程继承，或按照轮询的方式分配。如果系统运行于强制的组感知模式下，并且选择算法选择了组 0，则将选择组 1 来使用（如果存在的话）。

（18）初始化进程对象中的 KPROCESS 部分（参阅阶段 3C）。

（19）设置进程的令牌。

（20）将进程优先级类设置为“正常”，除非父进程的优先级为“空闲”或“低于正常”，此时将继承父进程的优先级。

（21）初始化进程句柄表。如果已经设置了父进程的继承句柄标志，那么所有可继承的句柄会从父进程的句柄表复制给新进程。（有关对象句柄表的详情，请参阅卷 2 第 8 章。）此外可以使用一个进程属性指定句柄子集，如果要使用 CreateProcessAsUser 限制子进程可继承的对象，这将是一种很实用的方法。

（22）如果通过 PerfOptions 注册表键指定了性能选项，此时将应用这些选项。PerfOptions

键包含了有关进程的工作集限制覆盖值、I/O优先级、页面优先级、CPU优先级类等设置。

（23）计算并设置最终的进程优先级类及其线程的默认量程（quantum）。

（24）从IFEO注册表键读取并应用各种缓解选项（一个名为Mitigation的64位值）。如果进程运行在AppContainer中，则会添加名为TreatAsAppContainer的缓解标志。

（25）应用其他缓解标志。

2．阶段3B：创建初始进程地址空间

初始进程地址空间包含下列页。

（1）页目录（对于超过两级页表的系统，例如PAE模式的x86系统或64位系统，可能有多个页目录）。

（2）超空间（hyperspace）页。

（3）VAD位图页。

（4）工作集列表。

要创建这些页，请执行下列步骤。

（1）在相应的页表中创建页表项，并映射至初始页。

（2）从内核变量MmTotalCommittedPages中扣除页的数量，并添加到MmProcessCommit中。

（3）从MmResidentAvailablePages中扣除系统范围内默认的进程最小工作集尺寸（PsMinimumWorkingSet）。

（4）创建全局系统空间（除前文提到的与进程有关的页，以及与特定会话有关内存之外的其他空间）的页表页。

3．阶段3C：初始化内核进程结构（KPROCESS）

PspAllocateProcess的下个阶段是初始化KPROCESS结构（EPROCESS的Pcb成员）。该工作是由KeInitializeProcess进行的，将执行下列操作。

（1）对用于连接进程中所有线程（最初为空）的双重链接列表（doubly linked list）进行初始化。

（2）在稍后使用PspComputeQuantumAndPriority完成初始化之前，进程默认量程（quantum，见4.4节）的初始值（或重置值）临时被硬编码为“6”。

注意　Windows客户端和服务器系统的默认初始量程有所差异。有关线程量程的详细信息，请参阅4.4节。

（3）根据阶段3A的计算结果设置进程的基本优先级。

（4）以组相关性的方式为进程中的线程设置默认处理器相关性。组相关性可通过阶段3A计算得出，或从父进程继承。

（5）将进程交换状态设置为常驻（resident）。

（6）线程种子基于内核为该进程选择的理想处理器（理想处理器的选择取决于之前创建进程所用的理想处理器，最终效果类似于通过轮询方式进行随机化选择。）新建进程将更新KeNodeBlock（初始NUMA节点块）种子，因此下个进程将获得一个不同的理想处理器种子。

（7）如果进程是安全进程（Windows 10 和 Windows Server 2016），将调用 HvlCreateSecureProcess 为其创建安全 ID。

4．阶段 3D：结束进程地址空间的设置

为新进程创建地址空间的过程有些复杂，因此我们将逐个介绍整个过程涉及的不同步骤。若要充分理解这部分内容，必须对 Windows 内存管理器的原理有所了解（见第 5 章）。

在创建地址空间的过程中，大部分工作都是由 MmInitializeProcessAddressSpace 例程负责处理的。该例程还可以从其他进程克隆地址空间。在实现 POSIX 的 Fork 系统调用时，这种能力非常实用。未来还可能会通过这种能力支持其他 UNIX 风格的 Fork（这也是目前处于里程碑 1 阶段的、适用于 Linux 的 Windows 子系统中实现 Fork 的方式）。下列步骤并未涉及地址空间的克隆，只专注于常规的进程地址空间初始化过程。

（1）虚拟内存管理器将进程的最后裁剪（trim）时间值设置为当前时间。工作集管理器（运行于平衡集管理器系统线程的上下文中）使用该值确定何时进行工作集裁剪。

（2）内存管理器初始化进程的工作集列表，至此已经可以处理页面错误了。

（3）（在打开映像文件时创建的）区域已经可以映射至新进程的地址空间，进程区域的基址将设置为映像的基址。

（4）创建并初始化进程环境块（PEB）（可参阅阶段 3E）。

（5）Ntdll.dll 被映射至进程。对于 Wow64 进程，还将映射 32 位的 Ntdll.dll。

（6）如果请求，还将为该进程创建新会话。这一特殊步骤主要是为了方便会话管理器（Smss）初始化新会话。

（7）为标准句柄创建副本，并将新值写入进程的参数结构中。

（8）处理属性列表中列出的所有内存保留。此外可以使用两个标志对地址空间头部的 1MB 或 16MB 内存进行大块保留。这些标志是内部使用的，例如用于映射实模式下的向量和 ROM 代码（它们必须位于虚拟地址空间的低范围，通常用于放置堆或其他进程结构的地方）。

（9）将用户进程参数写入进程，复制并固定（也就是说会从绝对形式转换为相对形式，这样只需要一个内存块）。

（10）将相关性信息写入 PEB。

（11）将 MinWin API 重定向集映射至进程，并将其指针存储至 PEB。

（12）确定并存储进程唯一 ID。内核并不能区分进程 ID、线程 ID 和句柄之间的唯一性。进程 ID 和线程 ID（句柄）会存储在一个与任何进程均无关的全局句柄表（PspCidTable）中。

（13）对于安全进程（在 IUM 下运行），将初始化安全进程并关联给内核进程对象。

5．阶段 3E：设置 PEB

NtCreateUserProcess 调用 MmCreatePeb，首先将系统范围内的国家语言支持（National Language Support，NLS）表映射至进程的地址空间，随后调用 MiCreatePebOrTeb 为 PEB 分配一个页，并初始化一系列字段，其中大部分字段基于通过注册表配置的内部变量，如 MmHeap*值、MmCriticalSectionTimeout 和 MmMinimumStackCommitInBytes；部分字段可使用链接的可执行映像中的设置覆盖，例如 PE 头中的 Windows 版本，或 PE 头加载配置目录中的相关性掩码。

如果映像头特征中的IMAGE_FILE_UP_SYSTEM_ONLY标志已设置（意味着该映像只能在单处理器系统中运行），则会为这个新进程所运行的全部线程选择同一个CPU（MmRotatingUniprocessorNumber）。选择过程很简单，会直接循环使用所有可用处理器，每次此类映像运行时，都将使用下一颗处理器。借此，这类映像就可以均匀地分配到所有处理器上。

6. 阶段3F：完成执行体进程对象的设置工作

在返回新进程的句柄前，还需要完成一些最终的设置工作，这些工作是由PspInsertProcess及其辅助函数完成的。

（1）如果对进程启用了系统范围内的审核（也许来自本地策略设置或域控制器提供的组策略设置），进程的创建会写入安全事件日志。

（2）如果父进程包含在作业中，则会从父进程作业级别的集合中恢复该作业，随后将其绑定至新建进程的会话中。最终，新进程也会被加入该作业。

（3）新进程对象插入Windows活动进程列表的末尾（PsActiveProcessHead），随后即可通过诸如EnumProcesses和OpenProcess等函数访问该进程。

（4）除非设置了NoDebugInherit标志（可在创建进程时请求该标志），否则父进程的进程调试端口将复制给新建的子进程。如果指定了调试端口，则该端口会附加到新进程上。

（5）作业对象可以做出限制，指定作业内的进程中的线程可以在哪个或哪些组中运行。因此PspInsertProcess必须保证进程的组相关性不会违反作业的组相关性。另外还有个值得注意的问题：作业的访问权限是否可以修改进程的相关性权限，因为低特权作业对象可能会干扰到高特权进程的相关性要求。

（6）PspInsertProcess调用ObOpenObjectByPointer为新进程创建句柄，随后将该句柄返回给调用方。注意，在进程中创建出第一个线程之前不会发出进程创建回调函数，并且代码始终会在发送基于对象管理的回调之前，先发送基于进程的回调。

3.6.4 第4阶段：创建初始线程及其栈和上下文

至此，Windows执行体进程对象已经创建完成，然而其中依然不具备线程，因此还无法开始工作。接下来需要创建所需线程。一般来说，可以通过PspCreateThread例程处理与线程创建有关的工作，例如在创建新线程时调用NtCreateThread。然而，由于初始线程是内核在无须用户模式输入的情况下在内部创建的，此时PspCreateThread需要依靠两个辅助例程：PspAllocateThread和PspInsertThread。PspAllocateThread承担了执行体线程对象本身的创建和初始化工作，PspInsertThread承担了线程句柄和安全属性的创建工作，并负责调用KeStartThread将执行体对象转换为系统中可调度的线程。然而目前线程还无法开始工作，因为在创建时就处于挂起状态，只有在进程全面初始化（可参阅第5阶段）之后才会恢复。

注意 线程参数（无法通过CreateProcess指定，但可通过CreateThread指定）是PEB的地址。该参数可被新线程上下文内运行的初始化代码使用（可参阅第6阶段）。

PspAllocateThread将执行下列操作。

（1）可避免在 Wow64 进程中创建出用户模式调度（UMS）线程，并避免用户模式的调用放在系统进程中创建线程。

（2）创建并初始化一个执行体线程对象。

（3）如果系统启用了能耗估算（energy estimation，Xbox 会始终禁用），则会分配并初始化一个指向 ETHREAD 对象的 THREAD_ENERGY_VALUES 结构。

（4）初始化被 LPC、I/O 管理以及执行体使用的各种列表。

（5）设置线程的创建时间并创建线程 ID（TID）。

（6）线程在执行之前需要栈和上下文方能运行，此时将设置这些东西。初始线程的栈大小来自映像文件，无法修改为其他大小。对于 Wow64 进程，还会初始化 Wow64 线程上下文。

（7）为新线程分配线程环境块（TEB）。

（8）用户模式线程的起始地址将保存在 ETHREAD（的 StartAddress 字段）中。这是系统提供的线程启动函数，位于 Ntdll.dll 内（RtlUserThreadStart）。用户指定的 Windows 启动地址将保存在 ETHREAD 中一个不同的位置（Win32StartAddress 字段），因此诸如 Process Explorer 等调试工具才可以显示此类信息。

（9）调用 KeInitThread 设置 KTHREAD 结构。线程的初始和当前基准优先级将设置为进程的基准优先级，相关性和量程也会设置为与进程相符。随后 KeInitThread 会为线程分配一个内核栈，并为线程初始化与计算机相关的硬件上下文，包括上下文、陷阱和异常帧。设置了上下文的线程即可开始在内核模式的 KiThreadStartup 中启动。最终，KeInitThread 会将线程的状态设置为“已初始化”并返回给 PspAllocateThread。

（10）对于 UMS 线程，将调用 PspUmsInitThread 来初始化 UMS 状态。

上述工作完成后，NtCreateUserProcess 将调用 PspInsertThread 来执行下列步骤。

（1）如果通过属性指定，将对线程的理想处理器进行初始化。

（2）如果通过属性指定，将对线程的组相关性进行初始化。

（3）如果进程是某个作业的一部分，将通过检查确保线程的组相关性不会违背作业本身的限制（见前文）。

（4）检查进程是否已终止、线程是否已终止，以及线程是否根本没能开始运行。如果遇到上述任何一种情况，线程的创建将失败。

（5）如果线程是安全进程（IUM）的一部分，则会创建并初始化安全线程对象。

（6）调用 KeStartThread 初始化线程对象中的 KTHREAD 部分。这一过程需要从拥有者进程继承调度器设置，设置理想节点和处理器，更新组相关性，设置基本和动态优先级（从进程中复制），设置线程量程，将线程插入由 KPROCESS 维护的进程列表（与 EPROCESS 不同的另一个列表）中。

（7）如果进程处于深度冻结状态（此时任何线程都无法运行，包括新建的线程），则该线程也将被冻结。

（8）在非 x86 系统中，如果该线程是进程中的第一个线程（且该进程不是 Idle 进程），随后该进程会被插入由全局变量 KiProcessListHead 维护的、在另一个系统范围内的进程列表中。

（9）递增进程对象中的线程计数，并继承拥有者进程的 I/O 优先级和页面优先级。如果该线程是进程中序号最高的线程，线程计数高水印（high watermark）也会同步更新。

如果是进程中的第二个线程，则主令牌将被冻结（即无法再更改）。

（10）线程将被插入进程的线程列表，如果创建方进程请求，该线程会被挂起。

（11）线程对象会被插入进程句柄表。

（12）如果是进程中创建的第一个线程（即线程创建操作是在 CreateProcess*函数调用过程中进行的），还将调用所有已注册的进程创建回调函数，随后还会调用所有已注册的线程回调函数。如果有任何回调函数拒绝创建操作，线程创建将失败，并会向调用方返回相应的状态信息。

（13）如果（使用属性）提供作业列表，且这是进程中的第一个线程，那么该进程会被分配给作业列表中的所有作业。

（14）该线程已经可以调用 KeReadyThread 来执行了。它将进入延迟就绪状态。（有关线程状态的介绍参见第 5 章）。

3.6.5 第 5 阶段：执行与 Windows 子系统有关的初始化工作

当 NtCreateUserProcess 返回了成功代码后，必要的执行体进程和线程对象就已创建完成。随后将由 CreateProcessInternalW 执行多种与 Windows 子系统有关的操作，借此完成进程的初始化。

（1）通过多种检查确定 Windows 是否允许该可执行文件。这些检查包括验证文件头中的映像版本，以及检查 Windows 应用程序证书是否（通过组策略）禁止了该进程。在特殊版本的 Windows Server 2012 R2（例如 Windows Storage Server 2012 R2）中，还将通过额外的检查确定应用程序是否导入了不允许的 API。

（2）如果软件限制策略有指示，则将为新进程创建一个受限令牌。随后会查询应用程序兼容性数据库，以确认注册表或系统应用程序数据库中是否有关于该进程的任何记录。此时还不会应用兼容性填充码（shim），相关信息会保存在 PEB 中并在初始线程开始执行时（第 6 阶段）应用。

（3）CreateProcessInternalW 调用一些内部函数（针对非受保护进程）以获取 SxS 信息（有关并行执行的详情见 3.8.2 节），例如清单文件和 DLL 重定向路径，以及诸如 EXE 文件所在介质是否为可移动存储介质、安装程序检测标志等其他信息。对于沉浸式进程（UWP 应用的“现代化”进程），还将返回通过包清单获取的版本和目标平台信息。

（4）根据收集到的上述信息创建一条要发送给 Windows 子系统（Csrss）的消息，该消息包含下列信息：

- 路径名称和 SxS 路径名称；
- 进程和线程句柄；
- 区域句柄；
- 访问令牌句柄；
- 媒体信息；
- AppCompat 和填充码数据；
- 沉浸式进程信息；
- PEB 地址；
- 各种标志，如是否为受保护进程、是否需要在提权后运行等；

- 代表该进程是否属于某个 Windows 应用程序（Csrss 借此决定是否显示启动光标）的标志；
- UI 语言信息；
- DLL 重定向和.local 标志（见 3.8 节）；
- 清单文件信息。

收到该消息后，Windows 子系统将执行下列步骤。

（1）CsrCreateProcess 复制进程和线程的句柄。在这一步中，进程和线程的使用计数会从（创建时设置的）1 递增到 2。

（2）分配 Csrss 进程结构（CSR_PROCESS）。

（3）新进程的异常端口将设置为 Windows 子系统的通用功能端口，借此 Windows 子系统能在进程中发生第二次异常（second-chance exception）时收到消息。（有关异常处理的内容参见卷 2 第 8 章。）

（4）如果要新建进程组，且该新进程会成为进程组的根（在 CreateProcess 中使用了 CREATE_NEW_PROCESS_GROUP 标志），则会在 CSR_PROCESS 中设置。进程组可用于将控制事件发送给一组共享了同一个控制台的进程。有关 CreateProcess 和 Generate ConsoleCtrlEvent 的详情，请参阅 Windows SDK 文档。

（5）分配并初始化 Csrss 线程结构（CSR_THREAD）。

（6）CsrCreateThread 将该线程插入进程的线程列表。

（7）递增会话中的进程计数。

（8）进程的关机级别（shutdown level）设置为 0x280，这是默认的进程关机级别。（详情请参阅 Windows SDK 文档中有关 SetProcessShutdownParameters 的介绍。）

（9）新建的 Csrss 进程结构被插入 Windows 子系统范围内的进程列表。

Csrss 执行完这些步骤后，CreateProcessInternalW 将检查进程是否需要先提权再运行（这意味着需要通过 ShellExecute 执行，并当用户在 UAC 对话框中选择“同意”后通过 AppInfo 服务进行提权）。这一过程中需要检查该进程是否为安装程序。如果是，则会打开进程的令牌并开启虚拟化标志，借此实现该应用程序的虚拟化（有关 UAC 和虚拟化的介绍参见第 7 章）。如果该应用程序包含需要提权的填充码或在清单中请求了提升级别，此时将销毁进程并将提权请求发送给 AppInfo 服务。

注意，受保护进程无须进行大部分此类检查，因为受保护进程必须是专为 Windows Vista 及后续版本操作系统设计的，没理由需要对其进行提权、虚拟化或应用程序兼容性检查和处理。此外，如果允许使用诸如填充码引擎等机制对受保护进程使用常规的挂钩和内存补丁技术，当有人发现如何插入任意填充码进而修改受保护进程时，这将会产生安全漏洞。最后，因为填充码引擎是由父进程安装的，所以可能无法访问受保护的子进程，甚至合法的填充码也可能无法生效。

3.6.6 第 6 阶段：初始线程的启动执行

至此，进程环境已确定，线程运行所需的资源已分配，进程中包含了线程，Windows 子系统也了解了新进程。除非调用方指定了 CREATE_SUSPENDED 标志，否则初始线程已经恢复并开始运行，可以在新进程的上下文中执行后续的进程初始化工作（第 7 阶段）。

3.6.7 第7阶段：在新进程的上下文中执行进程初始化工作

新线程的生命始于内核模式线程启动例程KiStartUserThread。KiStartUserThread会将线程的IRQL级别从延迟过程调用（DPC）级别降低至APC级别，随后调用系统初始线程例程PspUserThreadStartup。与用户相关的线程启动地址将作为参数传递给该例程。PspUserThreadStartup将执行下列操作。

（1）在x86系统中，将安装一个异常链。（这方面其他架构的行为有所差异，详见卷2第8章。）

（2）将IRQL降低至PASSIVE_LEVEL（具体来说是降低至“0”，这是唯一可运行IRQL用户代码的级别）。

（3）禁止在运行过程中交换主进程令牌。

（4）如果线程在启动过程中（因为任何情况）被关闭，则线程会被终止且不采取任何后续操作。

（5）根据内核模式数据结构中提供的信息，在TEB中设置区域ID和理想处理器，并检查线程的实际创建是否失败。

（6）调用DbgkCreateThread，由它来检查是否为新进程发送了映像通知。如果未发送且启用了通知，将首次为该进程发送映像通知，并为Ntdll.dll的映像加载发送通知。

注意 上述操作在这一阶段内进行，而非在首次映射映像时进行的原因在于（内核外调所需的）进程ID在那时还不可用。

（7）上述检查完成后，还需要执行另一个检查来确定该进程是否为被调试者（debuggee）。如果是且尚未发送调试器通知，随后将通过调试对象（debug object，如果存在的话）发送进程创建消息，以便将进程启动调试事件（CREATE_PROCESS_DEBUG_INFO）发送给相应的调试器进程。随后还将发送一个类似的线程启动调试事件和一个Ntdll.dll映像加载调试事件。接着DbgkCreateThread会等待来自调试器（通过ContinueDebugEvent函数给出）的回应。

（8）检查系统是否启用了应用程序预取（prefetching）功能，如果启用了，则会调用预取器（以及Superfetch）处理预取指令文件（如果有的话），并将该进程上次运行前10s内引用的内存页预取到内存中。（有关预取器和Superfetch的详情，请参阅第5章。）

（9）检查是否已经在SharedUserDatastructure中设置了系统范围的Cookie。如果尚未设置，则会根据某些系统信息（例如已处理的中断数、DPC递交数、页错误、中断时间以及一个随机数）的散列生成这些数据。这种系统范围的Cookie可用于指针的内部编码和解码，例如堆管理器用它防范某些类型的非法利用。（有关堆管理器安全性的详情，请参阅第5章。）

（10）对于安全进程（IUM进程），随后会调用HvlStartSecureThread将控制转移给安全内核，进而开始执行线程。该函数只会在线程已存在时反馈。

（11）设置初始形式转换（thunk）上下文，以便运行映像加载程序初始化例程（Ntdll.dll中的LdrInitializeThunk），以及系统范围内的线程启动存根（stub，Ntdll.dll中的RtlUserThreadStart）。这些步骤是通过在原编辑进程的上下文并从系统服务的操作中退出这种方式完成的，借此加载特别修改过的用户上下文。随后LdrInitializeThunk例程会初始化加载程序、堆管理器、NLS 表、线程本地存储（TLS）和纤程本地存储（FLS）数组，以及关键的区域结构。接着它会加载任何必要的 DLL 并使用 DLL_PROCESS_ATTACH 函数代码调用 DLL 入口点。

该函数返回后，NtContinue 会还原新的用户上下文并返回到用户模式。线程可以开始真正执行了。

RtlUserThreadStart 会使用实际映像入口点的地址和启动参数调用应用程序的入口点。这两个参数应该已经由内核推送至栈中。进行这一系列复杂操作的目的主要有如下两个。

（1）可以让 Ntdll.dll 中的映像加载程序在内部、幕后设置进程，进而顺利运行其他用户模式代码。（否则将不具备堆、线程本地存储之类的东西。）

（2）让所有线程从一个通用例程开始，即可将其包装到异常处理机制中。这样一旦崩溃，Ntdll.dll 将获知这一情况并可调用 Kernel32.dll 中的未处理异常筛选器。此外也可以在线程从启动例程返回后协调线程的退出操作，并执行各种清理工作。应用程序开发者也可以调用 SetUnhandledExceptionFilter 添加自己的未处理异常处理代码。

实验：跟踪进程的启动

在详细介绍了进程的启动过程以及执行应用程序所需的不同操作后，我们将使用 Process Monitor 看看这一过程中产生的一些文件 I/O 和注册表键访问操作。

虽然该实验无法展示前文介绍的完整内部操作步骤，但可以从中观察到系统的很多部分参与了这些操作，尤其是预取和 Superfetch、映像文件执行选项和兼容性检查，以及映像加载程序的 DLL 映射。

我们会以一个非常简单的可执行文件 Notepad.exe 为例，并从命令提示符窗口（Cmd.exe）中启动它。重要的是，我们会分别观察 Cmd.exe 和 Notepad.exe 中进行的操作。毕竟很多用户模式的工作是由 CreateProcessInternalW 进行的，而在内核创建新进程对象之前，它是由父进程调用的。

为了准确执行所需步骤，请执行下列操作。

（1）在 Process Monitor 中添加两个筛选器，一个针对 Cmd.exe，另一个针对 Notepad.exe。只需要包含这两个进程即可。但请尽量不要运行这两个进程的其他实例，这样才能更好地看到正确的事件。筛选器窗口中的配置如图 3-14 所示。

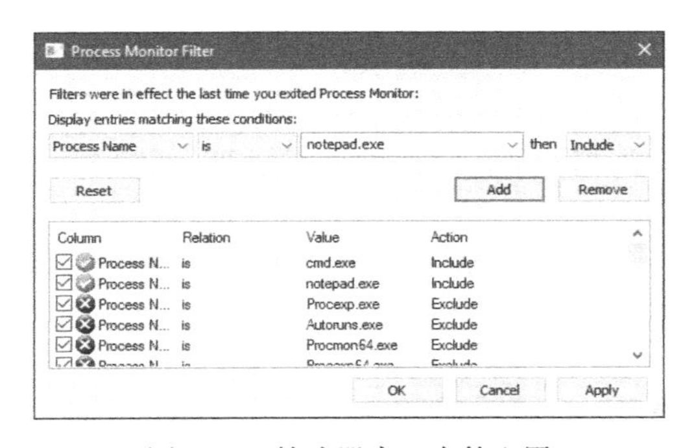

图 3-14 筛选器窗口中的配置

（2）先禁用 Process Monitor 的事件日志（打开 File 菜单并取消选中 Capture Events），随后启动命令提示符。

（3）重新启用事件日志（打开File菜单并选择Event Logging，按快捷键Ctrl+E，或单击工具栏中的放大镜图标），然后输入Notepad.exe并按Enter键。在典型的Windows系统中，随后应该可以看到500～3500条事件。

（4）停止捕获并隐藏Sequence和Time of Day列，以便将注意力放在值得注意的列。此时窗口中显示的内容应该与图3-15所示的类似。

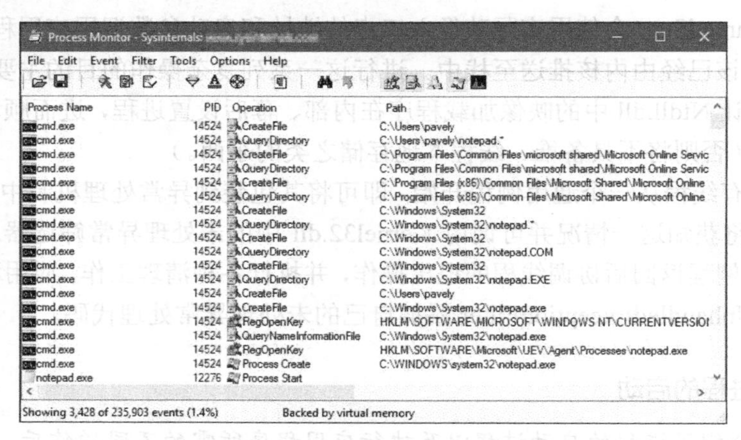

图3-15　窗口中显示的内容

正如CreateProcess流程的第1阶段所述，首先要注意的是，在进程启动并创建第一个线程前，Cmd.exe读取了注册表HKLM\SOFTWARE\Microsoft\Windows NT\CurrentVersion\Image File Execution Options\Notepad.exe这个位置，因为Notepad.exe没有相关联的映像执行选项，进程照常创建了。

与这条事件类似，Process Monitor日志中的其他事件也可以看出进程创建流程的每个部分到底是在用户模式，还是在内核模式下进行的，通过查看事件的栈还可以了解分别由哪个例程执行。为此请双击RegOpenKey事件并切换至Stack选项卡。图3-16展示了64位Windows 10计算机的标准栈。

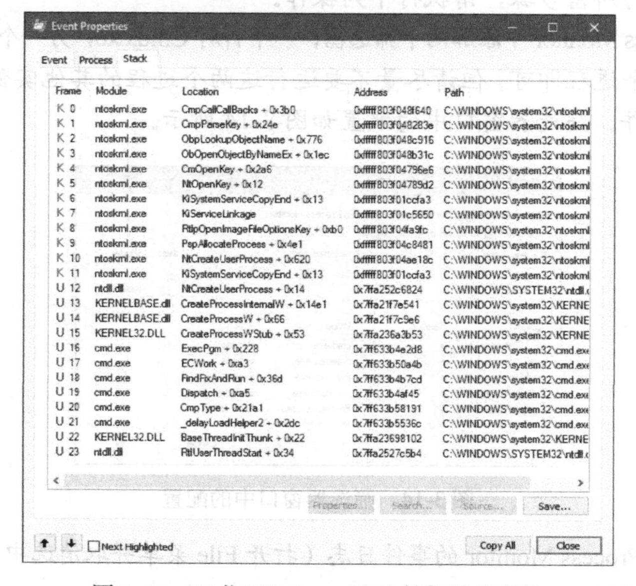

图3-16　64位Windows 10计算机的标准栈

从该栈中可以看出，我们已经到达了进程创建过程中（通过 NtCreateUserProcess）在内核模式下执行的部分，并且由辅助例程 PspAllocateProcessis 进行检查。

继续向下拖动并找到线程和进程创建完成之后的事件，会发现这些事件被分为如下 3 组。

（1）检查应用程序兼容性标志，借此让用户模式的进程创建代码知道是否要通过填充码引擎在应用程序兼容性数据库内部进行检查。

（2）多次读取 SxS（搜索并行）、清单和 MUI/语言键，这也是前文提到的程序集框架的一部分。

（3）针对一个或多个.sdb 文件（即系统中的应用程序兼容性数据库）产生的文件 I/O。该 I/O 意味着正在通过额外的检查来确定是否需要对该应用程序调用填充码引擎。由于记事本是微软的一个正常程序，因此无须任何填充码。

图 3-17 展示了接下来的一系列事件，这些事件都发生在 Notepad 进程内部。这些操作是由用户模式线程启动包装器发起、在内核模式中进行的，借此执行了前文提到的相关操作。前两条是 Notepad.exe 和 Ntdll.dll 映像加载调试通知信息，只有当代码正在 Notepad 进程的上下文内部运行，而非在命令提示符的上下文中运行时才会产生。

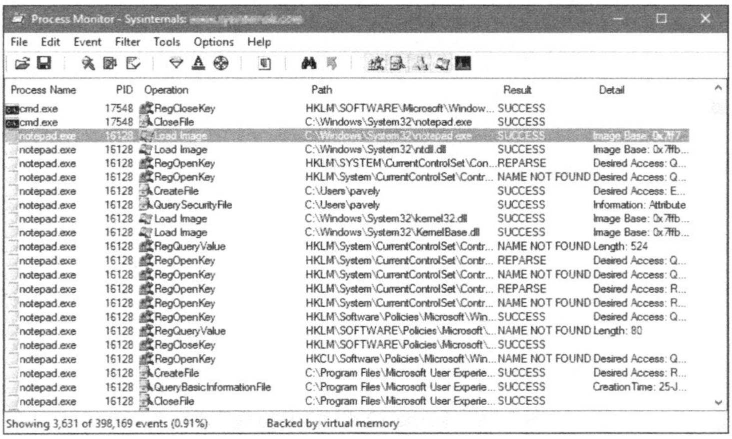

图 3-17　发生在 Notepad 进程内部的一系列事件

随后轮到了预取器，它开始寻找为 Notepad 生成的预取数据库文件（有关预取器的详细信息参见第 5 章）。在一个至少运行过一次记事本的系统中会存在这样的数据库，预取器会开始执行数据库中指定的命令。对于这种情况，继续向下拖动可以看到读取并查询了多个 DLL。在常规 DLL 加载过程中，会由用户模式的映像加载程序在导入表中查找，或由应用程序手动加载 DLL。但对于由预取器生成的这些事件，可以看到预取器已经感知到 Notepad 会需要的库文件。随后对必要的 DLL 执行常规的映像加载，我们可以看到类似图 3-18 所示的事件。

这些事件由用户模式运行的代码生成，并会在内核模式包装器函数完成工作之后调用。因此这些事件也是来自 LdrpInitializeProcess 的第一批事件，是由进程中的第一个线程调用 LdrInitializeThunk 产生的。为了确认这一点，可以查看这些事件的栈，例如 kernel32.dll 映像加载事件，如图 3-19 所示。

Process Monitor - C:\Temp\createprocess.PML

File　Edit　Event　Filter　Tools　Options　Help

Process Name	PID	Operation	Path
cmd.exe	14524	RegQueryValue	HKCU\SOFTWARE\Microsoft\Windows\CurrentVersion\Explorer\Shell Folders\Cache
cmd.exe	14524	RegOpenKey	HKCU\SOFTWARE\Microsoft\Windows NT\CurrentVersion\AppCompatFlags\Layers
cmd.exe	14524	RegQueryValue	HKCU\SOFTWARE\Microsoft\Windows NT\CurrentVersion\AppCompatFlags\Layers\C:\WINDOWS\sys
cmd.exe	14524	CreateFile	C:\Windows\AppPatch\sysmain.sdb
cmd.exe	14524	CreateFile	C:\Windows\AppPatch\apppatch64\sysmain.sdb
cmd.exe	14524	RegOpenKey	HKLM\Software\Microsoft\Windows\CurrentVersion\SideBySide
cmd.exe	14524	RegQueryValue	HKLM\SOFTWARE\MICROSOFT\Windows\CurrentVersion\SideBySide\PreferExternalManifest
notepad.exe	12276	Load Image	C:\Windows\System32\notepad.exe
notepad.exe	12276	Load Image	C:\Windows\System32\ntdll.dll
notepad.exe	12276	CreateFile	C:\Windows\Prefetch\NOTEPAD.EXE-D8414F97.pf
notepad.exe	12276	ReadFile	C:\Windows\Prefetch\NOTEPAD.EXE-D8414F97.pf
notepad.exe	12276	RegOpenKey	HKLM\SYSTEM\CurrentControlSet\Control\Session Manager\Segment Heap
notepad.exe	12276	RegOpenKey	HKLM\System\CurrentControlSet\Control\Session Manager\Segment Heap
notepad.exe	12276	CreateFile	C:\Users\pavely
notepad.exe	12276	Load Image	C:\Windows\System32\kernel32.dll
notepad.exe	12276	Load Image	C:\Windows\System32\KernelBase.dll
notepad.exe	12276	RegQueryValue	HKLM\System\CurrentControlSet\Control\WMI\Security\05f95efe-7f75-49c7-a994-60a55cc09571
notepad.exe	12276	RegOpenKey	HKLM\System\CurrentControlSet\Control\SafeBoot\Option
notepad.exe	12276	RegOpenKey	HKLM\System\CurrentControlSet\Control\SafeBoot\Option
notepad.exe	12276	RegOpenKey	HKLM\System\CurrentControlSet\Control\Srp\GP\DLL
notepad.exe	12276	RegOpenKey	HKLM\System\CurrentControlSet\Control\Srp\GP\DLL
notepad.exe	12276	RegOpenKey	HKLM\Software\Policies\Microsoft\Windows\Safer\CodeIdentifiers
notepad.exe	12276	RegQueryValue	HKLM\SOFTWARE\Policies\Microsoft\Windows\safer\codeidentifiers\TransparentEnabled
notepad.exe	12276	RegOpenKey	HKCU\Software\Policies\Microsoft\Windows\Safer\CodeIdentifiers
notepad.exe	12276	CreateFile	C:\Program Files\Microsoft User Experience Virtualization\Agent\x64\Microsoft.Uev.AppAgent.dll
notepad.exe	12276	CreateFile	C:\Program Files\Microsoft User Experience Virtualization\Agent\x64\Microsoft.Uev.AppAgent.dll
notepad.exe	12276	Load Image	C:\Program Files\Microsoft User Experience Virtualization\Agent\x64\Microsoft.Uev.AppAgent.dll
notepad.exe	12276	Thread Create	
notepad.exe	12276	Load Image	C:\Windows\System32\user32.dll
notepad.exe	12276	RegOpenKey	HKLM\System\CurrentControlSet\Control\Session Manager
notepad.exe	12276	RegOpenKey	HKLM\System\CurrentControlSet\Control\Session Manager
notepad.exe	12276	RegQueryValue	HKLM\System\CurrentControlSet\Control\SESSION MANAGER\SafeDllSearchMode
notepad.exe	12276	Load Image	C:\Windows\System32\gdi32.dll
notepad.exe	12276	Thread Create	

Showing 3,428 of 4,406 events (77%)　　Backed by C:\Temp\createprocess.PML

图 3-18　对必要的 DLL 执行常规的映像加载

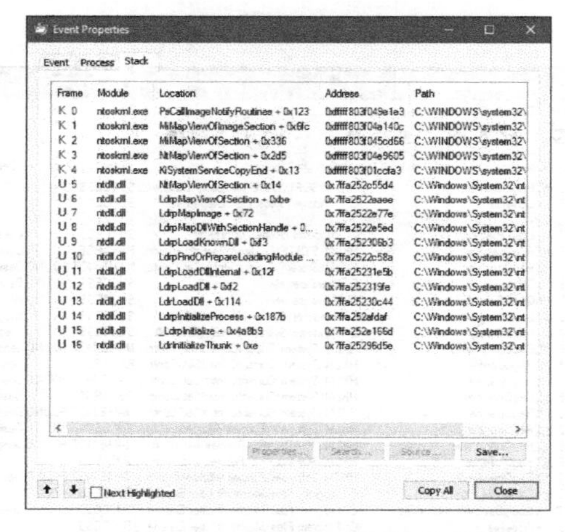

图 3-19　kernel32.dll 映像加载事件

该例程及其辅助函数还会生成一系列事件，直到最终看到 Notepad 中 WinMain 函数生成的事件。从这里开始，就可以执行由开发者控制的代码了。对于进程执行过程中的所有事件和用户模式组件，限于篇幅无法详细介绍，因此不妨将其作为练习，还请读者们自行探索。

3.7　进程的终止

进程可以看作一种容器或边界。这意味着被一个进程使用的资源无法自动被其他进程可见，需要使用某些进程间通信机制在不同进程间传递信息。因此一个进程无法无意间将任意数据写入其他进程的内存中。为此必须明确调用诸如 WriteProcessMemory 等函数。然而这就必须明确打开一个具备相应访问掩码（PROCESS_VM_WRITE）的句柄，但这一访问句柄可能被允许，也可能被拒绝。进程间这种与生俱来的隔离特性也意味着，一个进程中出现异常并不会影响到其他进程。此时最糟糕的情况无非是这个进程崩溃，但系统的其他部分依然不受影响。

进程可以调用 ExitProcess 函数，从而“优雅地”退出。对于大部分进程［取决于其链接器（linker）设置］，当进程的第一个线程从其主函数返回时，该线程的进程启动代码会代表该进程调用 ExitProcess。“优雅地”这个词意味着载入该进程的 DLL 将有机会在接获进程即将退出的通知后，使用 DLL_PROCESS_DETACH 调用自己的 DllMain 函数执行一些工作。

ExitProcess 只能由自己要求退出的进程调用。但如果用 TerminateProcess 函数，也可以以“不优雅”的方式终止进程，该函数还可从进程外部调用。（Process Explorer 和任务管理器会在接到此类请求时使用该方法。）TerminateProcess 要求使用 PROCESS_TERMINATE 访问掩码打开一个到进程的句柄，该句柄可能被允许，也可能被拒绝。这也是某些进程（如 Csrss）很难（甚至无法）终止的原因——发出请求的用户无法获得具备所需访问掩码的句柄。

此处“不优雅”意味着 DLL 将没机会执行代码（因为没有发送 DLL_PROCESS_DETACH），并且所有线程会被突然终止。某些情况下可能导致数据丢失，例如客户端缓存没机会将其中的数据写回到目标文件。

无论进程以何种方式退出，都不会出现任何泄露。也就是说，进程的所有专用内存会被内核自动释放、地址空间会被销毁、到内核对象的所有对象会被关闭等。如果到进程的句柄依然打开（EPROCESS 结构依然存在），那么其他进程将依然能够访问该进程的某些进程管理信息，例如进程的退出代码（GetExitCodeProcess）。当这些线程关闭后，EPROCESS 才能被正确销毁，关于该进程的一切才会“烟消云散”。然而如果第三方驱动程序代表该进程在内核内存中进行了分配，例如因为 IOCTL 或仅仅因为进程通知而这样做的话，此时就需要由第三方驱动程序负责自行释放此类内存池，Windows 并不跟踪或清理进程所拥有的内核内存（对象由于进程创建的句柄所占用的内存除外）。这通常是通过由 IRP_MJ_CLOSE 或 IRP_MJ_CLEANUP 通知告诉驱动程序到设备对象的句柄已关闭，或通过进程终止通知实现的（有关 IOCTL 的内容见第 6 章）。

3.8 映像加载程序

如上所述，当系统中启动一个进程时，内核会创建一个代表该进程的进程对象，并执行多种与内核相关的初始化任务。然而这些任务并不能让应用程序开始执行，只是为应用程序的执行准备好了所需的上下文和环境。实际上，与由内核模式代码组成的驱动程序不同，应用程序是在用户模式下执行的。因此真正的初始化工作大部分都在内核之外进行。这些工作由映像加载程序（在内部可用 Ldr 代表）负责。

映像加载程序位于 Ntdll.dll 这个用户模式系统 DLL 中，不在内核库中。因此其行为与包含在 DLL 中的标准代码无异，并在内存访问和安全权限方面也受到相同限制。但这些代码的特殊之处在于，可以确保始终存在于运行中的进程内部（始终需要加载 Ntdll.dll），而这也是每个新进程在用户模式下运行的第一段代码。

由于加载程序会先于实际的应用程序代码运行，因此它通常对用户和开发者是不可见的。此外，虽然加载程序的初始化任务是隐藏的，但程序在运行过程中通常需要与其接口交互，例如是否要加载或卸载某个DLL，或查询某个DLL的基址。加载程序负责的一部分主要任务如下。

（1）为应用程序初始化用户模式状态，例如创建初始堆、设置线程本地存储（TLS）和纤程本地存储（FLS）槽。

（2）解析应用程序的导入地址表（Import Address Table, IAT），查找所需的全部DLL（随后递归地解析每个DLL的IAT），接着解析DLL的导出表，以确保函数确实存在。[还可通过特殊的转发器项（Forwarder entry）将导出表重定向至另一个DLL。]

（3）在运行时或者需要时加载和卸载DLL，维护包含所有已加载模块的列表（模块数据库）。

（4）处理Windows并行（Side-by-Side，SxS）支持所需的清单文件，以及多语言用户界面（Multiple Language User，MUI）文件和资源。

（5）读取应用程序兼容性数据库中的填充码，并在需要时加载填充码引擎DLL。

（6）启用对API集和API重定向的支持，这也是One Core功能的核心部件，可用于创建通用Windows平台（Universal Windows Platform，UWP）应用程序。

（7）通过SwitchBack机制启用动态运行时兼容性缓解措施，并与填充码引擎和应用程序验证器机制交互。

如上所述，大部分此类任务对应用程序最终运行自己的代码是至关重要的。如果不执行这些任务，从调用外部函数到使用堆，所有工作都会立即失败。当进程成功创建后，加载程序会调用NtContinuespecial这个原生API，像异常句柄那样根据栈中的异常帧（exception frame）继续执行。这个异常帧由内核创建，并且如前所述，其中包含了应用程序真正的入口点。由于加载程序未使用标准调用或跳转进入运行中的应用程序，因此我们绝对无法在线程的栈痕迹中看到加载程序的初始化函数出现在调用树中。

实验：观察映像加载程序

在这个实验中，我们将使用全局标志启用一种名为加载程序快照（loader snap）的调试功能，借此在调试应用程序启动的过程中查看映像加载程序的输出。

（1）在安装WinDbg的目录下启动Gflags.exe应用程序，随后打开Image File选项卡。

（2）在Image字段中输入Notepad.exe，随后按Tab键。这将启用多种选项，请选中Show Loader Snaps选项并单击OK或Apply按钮。

（3）随后启动WinDbg，打开File菜单，选择Open Executable，浏览至c:\windows\system32\notepad.exe并将其启动。随后应该能看到类似下文所示的输出信息。

```
0f64:2090 @ 02405218 - LdrpInitializeProcess - INFO: Beginning execution of
notepad.exe (C:\WINDOWS\notepad.exe)
    Current directory: C:\Program Files (x86)\Windows Kits\10\Debuggers\
    Package directories: (null)
0f64:2090 @ 02405218 - LdrLoadDll - ENTER: DLL name: KERNEL32.DLL
0f64:2090 @ 02405218 - LdrpLoadDllInternal - ENTER: DLL name: KERNEL32.DLL
0f64:2090 @ 02405218 - LdrpFindKnownDll - ENTER: DLL name: KERNEL32.DLL
0f64:2090 @ 02405218 - LdrpFindKnownDll - RETURN: Status: 0x00000000
0f64:2090 @ 02405218 - LdrpMinimalMapModule - ENTER: DLL name: C:\WINDOWS\
```

```
System32\KERNEL32.DLL
ModLoad: 00007fff'5b4b0000 00007fff'5b55d000 C:\WINDOWS\System32\KERNEL32.DLL
0f64:2090 @ 02405218 - LdrpMinimalMapModule - RETURN: Status: 0x00000000
0f64:2090 @ 02405218 - LdrpPreprocessDllName - INFO: DLL api-ms-win-
corertlsupport-l1-2-0.dll was redirected to C:\WINDOWS\SYSTEM32\ntdll.dll by API set
0f64:2090 @ 02405218 - LdrpFindKnownDll - ENTER: DLL name: KERNELBASE.dll
0f64:2090 @ 02405218 - LdrpFindKnownDll - RETURN: Status: 0x00000000
0f64:2090 @ 02405218 - LdrpMinimalMapModule - ENTER: DLL name: C:\WINDOWS\
System32\KERNELBASE.dll
ModLoad: 00007fff'58b90000 00007fff'58dc6000 C:\WINDOWS\System32\KERNELBASE.dll
0f64:2090 @ 02405218 - LdrpMinimalMapModule - RETURN: Status: 0x00000000
0f64:2090 @ 02405218 - LdrpPreprocessDllName - INFO: DLL api-ms-win-
eventing-provider-l1-1-0.dll was redirected to C:\WINDOWS\SYSTEM32\
kernelbase.dll by API set
0f64:2090 @ 02405218 - LdrpPreprocessDllName - INFO: DLL api-ms-win-core-
apiquery-l1-1-0.dll was redirected to C:\WINDOWS\SYSTEM32\ntdll.dll by API set
```

（4）最终，调试器会在加载程序代码内部的某个位置中断，在这个位置上，映像加载程序会检查是否连接了调试器并激发了一个断点。如果按 G 键继续执行，会看到来自加载程序的更多信息，并且 Notepad 会开始运行。

（5）尝试使用 Notepad，随后可以看到其中涉及了与加载程序有关的一些操作。例如可以打开 Notepad 的 Save/Open 对话框。这个操作证明了加载程序不仅会在启动时运行，也会持续响应涉及延迟加载其他模块（这些模块可在使用完毕后卸载）的线程请求。

3.8.1 进程初始化的早期工作

由于加载程序位于 Ntdll.dll 中，而后者是一个不属于任何特定子系统的原生 DLL，因此所有进程都遵循相同的加载程序行为（但也有些细微差别）。之前我们曾专门介绍过在内核模式下创建进程所涉及的步骤，以及由 CreateProcess 这个 Windows 函数执行的某些工作。本节我们将介绍用户模式下进行的所有其他工作，只要用户模式的第一条指令开始执行，这些工作将不依赖任何子系统。

当进程启动时，加载程序将执行下列步骤。

（1）检查 LdrpProcessInitialized 是否已设置为 1，或 TEB 中是否已设置了 SkipLoaderInit 标志。对于后一种情况，会跳过所有初始化任务，并等待 3s，由其他东西调用 LdrpProcess InitializationComplete。这种做法常见于 Windows 错误报告使用进程反射（process reflection）时，或其他进程企图创建分叉（fork）进而不需要初始化加载程序时。

（2）将 LdrInitState 设置为 0，这意味着加载程序尚未初始化。此外会将 PEB 的 ProcessInitializing 标志设置为 1，并将 TEB 的 RanProcessInit 设置为 1。

（3）在 PEB 中初始化加载程序锁。

（4）初始化动态函数表，JIT 代码可使用该表获得展开（unwind）/异常（exception）支持。

（5）初始化可变只读堆区域（Mutable Read Only Heap Section，MRDATA），该区域可用于存储与安全性有关、不应被漏洞利用所修改的全局变量（详见第 7 章）。

（6）在 PEB 中初始化加载程序数据库。

（7）为进程初始化国家语言支持（National Language Support，NLS）表（借此实现国际化支持）。

（8）为应用程序构建映像路径名称。

（9）从.pdata 区域获取 SHE 异常句柄并构建内部异常表。

（10）为 5 个关键的加载程序函数获取系统调用形式转换（thunk），这 5 个函数分别为 NtCreateSection、NtOpenFile、NtQueryAttributesFile、NtOpenSection 和 NtMapViewOfSection。

（11）读取应用程序的缓解选项（由内核通过 LdrSystemDllInitBlock 这个导出变量传入），详见第 7 章。

（12）查询应用程序的映像文件执行选项（IFEO）注册表键。其中包含了诸如全局标志（存储于 GlobalFlags 中）、堆调试选项（DisableHeapLookaside、ShutdownFlags 以及 FrontEndHeapDebugOptions）、加载程序设置（UnloadEventTraceDepth、MaxLoaderThreads、UseImpersonatedDeviceMap）、ETW 设置（TracingFlags）等选项。其他选项则包括 MinimumStackCommitInBytes 和 MaxDeadActivationContexts。在这部分工作中，应用程序验证器包和相关的验证器 DLL 将被初始化，并从 CFGOptions 读取控制流防护（Control Flow Guard，CFG）选项。

（13）在可执行文件的文件头中检查这是否是.NET 应用程序（取决于是否存在与.NET 相关的映像目录），以及是否是 32 位映像。此外，还会查询内核以验证这是否为 Wow64 进程。如果有必要，将处理一个 32 位的仅 IL 映像，而不需要 Wow64。

（14）加载可执行文件的映像加载配置目录中指定的任何配置选项。开发者可以在编译应用程序时定义这些选项，编译器和链接器也可以使用这些选项实现某些安全和缓解功能，例如 CFG，借此控制可执行文件的行为。

（15）对 FLS 和 TLS 进行最低限度的初始化。

（16）为关键区域设置调试选项，如果启用相应的全局标志，还将创建用户模式栈跟踪数据库，并从映像文件执行选项中查询 StrackTraceDatabaseSizeInMb。

（17）为进程初始化堆管理器，并创建首个进程堆。这一过程会使用多种加载配置、映像文件执行、全局标志以及可执行文件头选项来设置必要的参数。

（18）如果启用，则会在堆损坏缓解措施中启用终止进程。

（19）如果启用相应的全局标志，则会初始化异常分发日志。

（20）初始化支持线程池 API 所需的线程池包。为此需要查询并处理 NUMA 信息。

（21）初始化并转换环境块和参数块，需要着重强调的是这是支持 Wow64 进程所必需的。

（22）打开\KnownDlls 对象目录并构建已知 DLL 的路径。对于 Wow64 进程，则会使用\KnownDlls32。

（23）对于商店应用，将读取应用程序模型策略选项，这些信息已经被编码至令牌的 WIN://PKG 和 WP://SKUID 声明中（见 7.9 节）。

（24）判断进程的当前目录、系统路径及默认加载路径（用于加载映像和打开文件），以及有关默认 DLL 搜索顺序的规则。此时还需要为通用 Windows 平台（UWP）、Desktop Bridge（Centennial）以及 Silverlight（Windows Phone 8）读取打包应用程序（或服务）的当前策略设置。

（25）为 Ntdll.dll 构建第一个加载程序数据表项，并将其插入模块数据库。

（26）构建展开（unwind）历史表。

（27）初始化并行加载程序，它将使用线程池和并发线程加载所有（不具备交叉依赖的）依赖项。

（28）为主可执行文件构建下一个加载程序数据表项，并将其插入模块数据库。

（29）如果需要，将重新定位主可执行文件映像。

（30）如果启用，将初始化应用程序验证器。

（31）对于 Wow64 进程，将初始化 Wow64 引擎。此时 64 位加载程序将完成自己的初始化工作，并由 32 位加载程序接手控制，重新启动从此处向前提到的大部分操作。

（32）对于.NET 映像，将进行验证并加载 Mscoree.dll（.NET 运行时填充码），同时会获取主可执行文件入口点（_CorExeMain），覆盖异常记录，将它设置为入口点并取代常规的主函数。

（33）为进程初始化 TLS 槽。

（34）对于 Windows 子系统应用程序，无论进程的实际导入是什么，都将手动加载 Kernel32.dll 和 Kernelbase.dll。如果需要，还将使用这些库初始化 SRP/Safer（软件限制策略）机制，并捕获 Windows 子系统线程初始化形式转换（thunk）函数。最后，将解析这两个库中明确存在的任何 API 集依赖项。

（35）初始化填充码引擎并解析填充码数据库。

（36）只要核心加载程序函数之前的扫描未发现任何系统调用挂钩或附加了“便道”，将根据通过策略和映像文件执行选项配置的加载程序线程数量启用并行映像加载程序。

（37）将 LdrInitState 变量设置为 1，意味着“正在进行导入加载”。

至此，映像加载程序已经准备好开始解析应用程序可执行文件的导入表，并开始加载应用程序编译过程中动态链接的任何 DLL。无论是.NET 映像（通过调用.NET 运行时来处理自己的导入）还是普通映像，都将进行该操作。导入的每个 DLL 可能还有自己的导入表，因此该操作会持续递归，直到所有 DLL 均已成功导入并且所有要导入的函数均已找到。随着加载每个 DLL，加载程序会维持其状态信息并构建模块数据库。

在较新版本的 Windows 中，加载程序会事先构建依赖项映射图，并通过具体的节点来描述每一个 DLL 及其依赖性关系图，构建可并行加载的单独节点。如果在任何时候需要进行序列化，线程池工作队列将被“排空”进而充当同步点。其中有一个同步点会先于调用所有静态导入的所有 DLL 初始化例程存在，这也是加载程序需要执行的最后一个步骤。该步骤完成后，将调用所有静态 TLS 的初始化。最终，对于 Windows 应用程序，在这两个步骤之间还要在最开始调用 Kernel32 线程初始化形式转换函数（BaseThreadInitThunk），并在最终结束前调用 Kernel32 进程初始化后的例程。

3.8.2 DLL 名称解析和重定向

名称解析的处理过程为：当调用方未指定或无法指定唯一文件标识时，系统会将 PE 格式二进制文件的名称转换为物理文件。这样做是因为多个目录（如应用程序目录、系统目录等）的位置无法在链接时以硬编码的方式确定，此外这一过程还包括解析所有二进制依赖项，以及在调用方未指定完整路径时执行的 LoadLibrary 操作。

在解析二进制依赖项时，最基本的 Windows 应用程序模型会通过搜索路径查找文件。搜索路径是一种位置列表，系统会在该列表中按顺序搜索与基本名称匹配的文件。然而各种系统组件为了扩展默认应用程序模型，会覆盖这一搜索路径机制。搜索路径这一概念是早期命令行时代的遗留产物，应用程序的当前目录在当时是一种有意义的概念，但对于现代化 GUI 应用程序，这个概念已经略显过时了。

以这样的顺序安排当前目录时，如果将使用相同基本名称的恶意二进制文件放置在应用程序的当前目录中，会使系统二进制文件的加载操作被覆盖，这种技术通常也被叫作二进制植入（binary planting）。为了避免这种行为可能导致的安全风险，路径搜索计算过程中加入了一个名为安全 DLL 搜索模式的功能，该功能默认会对所有进程启用。在安全搜索模式下，当前目录会被移动到 3 个系统目录之后，并产生如下的路径顺序：

（1）启动应用程序时的来源目录；

（2）原生 Windows 系统目录（如 C:\Windows\System32）；

（3）16 位 Windows 系统目录（如 C:\Windows\System）；

（4）Windows 目录（如 C:\Windows）；

（5）应用程序启动时的当前目录；

（6）%PATH%环境变量指定的任何目录。

后续的每个 DLL 加载操作都会重新计算 DLL 搜索路径。计算该路径所用的算法与计算默认搜索路径所用的算法相同，但应用程序可使用 SetEnvironmentVariable API 更改 %PATH%变量，进而改变特定的路径元素。使用 SetCurrentDirectory API 更改当前目录，或使用 SetDllDirectory API 为进程指定 DLL 目录。如果指定了 DLL 目录，指定的这个目录将取代搜索路径中的当前目录，加载程序会忽略进程的安全 DLL 搜索模式设置。

调用方也可以为 LoadLibraryEx API 提供 LOAD_WITH_ALTERED_SEARCH_PATH 标志，借此修改特定加载操作的 DLL 搜索路径。如果提供了该标志并且提供给 API 的 DLL 名称指定了完整的路径字符串，在计算该操作的搜索路径时，将使用包含该 DLL 文件的路径取代应用程序目录。注意，如果提供的是相对路径，该行为将是“未定义”的，并且可能存在危险。如果加载的是 Desktop Bridge（Centennial）应用程序，该标志会被忽略。

应用程序还可使用 LOAD_LIBRARY_SEARCH_DLL_LOAD_DIR、LOAD_LIBRARY_SEARCH_APPLICATION_DIR、LOAD_LIBRARY_SEARCH_SYSTEM32 和 LOAD_LIBRARY_SEARCH_USER_DIRS 这几个标志指定 LoadLibraryEx，它们均可用于替代 LOAD_WITH_ALTERED_SEARCH_PATH 标志。上述每个标志均会修改搜索顺序，仅搜索标志所指定的一个或多个特定目录，或者可以结合使用这些标志搜索多个所需位置。例如，LOAD_LIBRARY_SEARCH_DEFAULT_DIRS 可用于同时搜索应用程序、System32 和用户目录。此外这些标志还可使用 SetDefaultDllDirectories API 进行全局设置，这会影响设置之后的所有二进制加载操作。

如果应用程序是打包的应用程序、未打包的服务，或遗留的 Silverlight 8.0 Windows Phone 应用程序，搜索路径顺序可能会受到影响。对于这些情况，DLL 搜索顺序将不再使用传统的机制或 API，而是限制为基于软件包进行图（graph）搜索。如果使用 LoadPackagedLibrary API 而非普通的 LoadLibraryEx 函数，也会出现类似情况。基于软件包的图是根据 UWP 应用程序清单文件中<Dependencies>下的<PackageDependency>项计算而来的，这样可以保证不会有任何 DLL 被无意载入软件包中。

此外，在加载打包的应用程序时，只要所加载的并非 Desktop Bridge 应用程序，所有可以在应用程序中配置的 DLL 搜索路径顺序 API（例如前文提到的那些 API）都将被禁用，此时将仅使用系统的默认行为（此外也会按照前文所述的方法，仅通过大部分 UWP 应用程序的依赖项进行查找）。

然而尽管有安全搜索模式和面向遗留应用程序的默认路径搜索算法，通常还是会首先包含应用程序本身的目录，二进制文件依然有可能从自己的常规位置复制到用户可访问的位置（例如从 c:\windows\system32\notepad.exe 复制到 c:\temp\notepad.exe，这一操作并不需要管理员权限）。这种情况下，攻击者即可将一个特别准备的 DLL 放入应用程序所在目录，随后由于前文提到的顺序问题，让这个 DLL 先于系统 DLL 被处理。借此即可常驻或影响应用程序，而这个应用程序可能还具备一定的特权（在用户不知道这一变化的情况下，甚至可能通过 UAC 提升自己的权限）。为了防范这种问题，进程或管理员可以使用一个名为 Prefer System32 Images（优先使用 System32 映像）的进程缓解策略（见 7.12.1 节）。顾名思义，该策略可以逆转前文所述的第一个和第二个位置的顺序。

DLL 名称重定向

在尝试将 DLL 名称字符串解析为文件之前，加载程序会试着应用 DLL 名称重定向规则。这些重定向规则可用于扩展或覆盖 DLL 命名空间（通常相当于 Win32 文件系统命名空间）的部分区域，借此对 Windows 应用程序模型进行扩展。按照应用的先后顺序，这些规则如下。

（1）**MinWin API 集重定向**。API 集这套机制的设计目标是让不同版本的 Windows 能够用对应用程序来说透明的方式，通过合约（contract）这一概念更改可以导出特定系统 API 的二进制文件。本书第 2 章已简要介绍过这种机制，下文还将进一步详细介绍。

（2）**.LOCAL 重定向**。.LOCAL 重定向机制可以让应用程序忽略所指定的完整路径，对某一特定 DLL 基名称的所有加载操作重定向至应用程序目录下的 DLL 本地副本，具体方法则有两种：使用相同基本名称后跟“.LOCAL”创建 DLL 副本（如 MyLibrary.dll.local）；在应用程序目录下创建名为“.LOCAL”的文件夹，随后将 DLL 的本地副本保存在该文件夹中（如 C:\\MyApp\.LOCAL\MyLibrary.dll）。通过.LOCAL 机制重定向的 DLL，其处理方式与 SxS 重定向的 DLL 相同（参阅下一条介绍）。但只有在可执行文件不包含对应的（嵌入式或外部）清单的情况下，加载程序才会为 DLL 使用.LOCAL 重定向。该功能默认并未启用。为了全局启用该功能，可在基本 IFEO 注册表（HKLM\Software\Microsoft\WindowsNT\CurrentVersion\Image File Execution Options）键下创建名为 DevOverrideEnable 的 DWORD 值，并将其设置为 1。

（3）**Fusion（SxS）重定向**。Fusion（也叫作并行，即 SxS）是对 Windows 应用程序模型的扩展，可以让组件嵌入名为清单的二进制资源，借此表达更详细的二进制依赖信息（通常为版本信息）。Fusion 机制最初的用途在于让应用程序能够加载正确版本的 Windows 公共控件包（comctl32.dll），因为这个二进制文件可以被拆分为不同版本，并且多版本共存。此后，其他二进制文件也开始通过类似的方式进行版本管理。到了 Visual Studio 2005 版本，使用微软链接器构建的应用程序可以通过 Fusion 机制定位正确版本的 C 运行时库，而 Visual Studio 2015 和后续版本可以使用 API 集重定向机制实现通用 CRT 的理念。

Fusion 运行时工具可使用 Windows 资源加载程序，从二进制文件的资源区域读取嵌入的依赖项信息，并可将这些依赖项信息打包为一种名为激活上下文（activation context）的查找结构。系统分别会在系统引导和进程启动时，在系统和进程层面创建默认激活上下文。此外，每个线程也有相应的激活上下文栈，栈顶端的激活上下文结构通常会被认为是活跃的。每个线程的激活上下文栈可通过 ActivateActCtx 和 DeactivateActCtx API 进行显式管理，或由系统在特定点上隐式管理，例如当调用嵌入了依赖项信息的二进制文件 DLL 主例程时。在进行 Fusion DLL 名称重定向查找的过程中，系统会在线程激活上下文栈头部的激活上下文中搜索重定向信息，随后会搜索进程和系统的激活上下文。如果发现了重定向信息，则会在加载操作中使用激活上下文所指定的文件。

（4）**已知 DLL 重定向。**已知 DLL 机制意在将特定 DLL 的基本名称映射至系统目录中的文件，从而避免 DLL 被其他位置的不同版本所替换。

DLL 路径搜索算法中的一种极端情况是这样的：针对 64 位 Wow64 应用程序执行 DLL 版本检查。如果找到了基本名称相符的 DLL，但随后发现该文件是针对另一种体系结构的计算机编译的，例如 32 位应用程序中找到了 64 位映像，加载程序会忽略这些错误并恢复路径搜索操作，从导致找到错误文件的路径元素开始继续向下查找。按照设计，这种行为是为了让应用程序能够在全局%PATH%环境变量中同时指定 64 位和 32 位项。

实验：观察 DLL 的加载搜索顺序

我们可以使用 Sysinternals Process Monitor 工具观察加载程序搜索 DLL 的方式。当加载程序试图解析某个 DLL 依赖时，我们可以看到它会执行 CreateFile 调用以探测搜索序列中的每个位置，直到找到所需 DLL，或加载失败。

图 3-20 展示了 OneDrive.exe 可执行文件的加载搜索顺序。若要重现该结果，可执行下列操作。

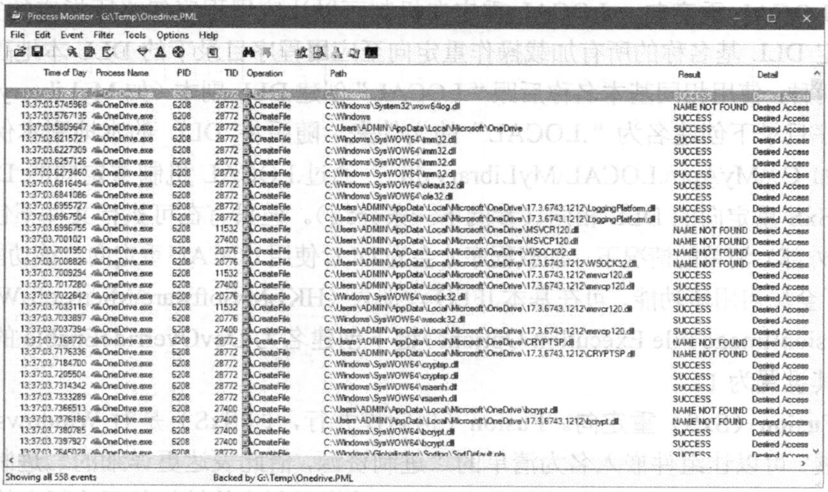

图 3-20　OneDrive.exe 可执行文件的加载搜索顺序

（1）如果 OneDrive 已运行，请通过托盘图标将其关闭。随后关闭所有展示了 OneDrive 内容的资源管理器窗口。

（2）打开 Process Monitor 添加筛选器，只显示 OneDrive.exe 进程的信息。这里可设置只显示 CreateFile 操作。

（3）访问%LocalAppData%\Microsoft\OneDrive 并启动 OneDrive.exe 或 OneDrive Personal.cmd（可启动“个人”版而非“商业”版 OneDrive）。随后可看到类似图 3-20 所示的内容（注意，OneDrive 是 32 位进程，运行在 64 位系统中）。

与前文描述的搜索顺序有关的调用如下所示。

（1）已知 DLL：从系统位置加载的 DLL（如图中的 ole32.dll）。

（2）LoggingPlatform.Dll：从多个子目录加载，可能是因为 OneDrive 调用了 SetDll Directory，所以将搜索重定向至最新版本（图中的 17.3.6743.1212 版）。

（3）在可执行文件所在目录搜索 MSVCR120.dll（第 12 版 MSVC 运行时）但未找到，随后在版本子目录中搜索并找到。

（4）在可执行文件的路径下搜索 Wsock32.Dll（WinSock），随后搜索版本子目录，最终在系统目录（SysWow64）下找到。请注意该 DLL 也是已知 DLL。

3.8.3 已加载模块数据库

加载程序会维持进程已加载全部模块（DLL 以及主可执行文件）的列表。这些信息存储在 PEB 中，主要位于由 Ldr 标识的一个名为 PEB_LDR_DATA 的子结构中。在该结构中，加载程序维护了 3 个双向链表，其中均包含了相同信息，但顺序有所差异（按照加载顺序、内存位置或初始化顺序）。这些列表中包含的结构也叫作加载程序数据表项（LDR_DATA_TABLE_ENTRY），存储了有关每个模块的信息。

另外，由于对链表进行查找在算法上需要巨大开销（以线性时间的方式完成），加载程序还维持了两个红黑树（red-black tree），这是一种在二进制查找方面更高效的树。第一个树按照基址排序，第二个树按照模块名的散列排序。通过这些树，搜索算法即可以“对数时间”的方式进行，这种措施大幅提升了 Windows 8 和后续版本的进程创建效率和速度。此外，作为一种安全措施，与链表不同，这两个树的根不能在 PEB 中访问。这确保了它们更难被 Shell 代码定位，因为 Shell 代码通常是在启用了地址空间布局随机化（Address Space Layout Randomization，ASLR，见第 5 章）的环境中运行的。

表 3-9 列出了每个加载程序数据表项中维持的各类信息。

表 3-9 加载程序数据表项中维持的各类信息

字段	含义
BaseAddressIndexNode	将该项作为节点链接至按照基址排序的红黑树中
BaseDllName/BaseNameHashValue	模块本身的名称，不包含完整路径。第二个字段存储了使用 RtlHashUnicodeString 获得的散列
DdagNode/NodeModuleLink	到数据结构的指针，用于跟踪分布式依赖项关系图，可通过工作进程线程池实现依赖项的并行加载。第二个字段可将结构链接至所关联的 LDR_DATA_TABLE_ENTRY（同一个图中的一部分）
DllBase	保存了模块加载时的基址
EntryPoint	包含模块的初始例程（如 DllMain）
EntryPointActivationContext	包含调用初始化时的 SxS/Fusion 激活上下文
Flags	该模块的加载程序状态标志（标志的介绍可参阅表 3-10）
ForwarderLinks	该模块的导出表前向链接之后所加载的模块列表
FullDllName	模块的完全限定路径名

续表

字段	含义
HashLinks	进程启动和关闭过程中为了快速查找所用的链表
ImplicitPathOptions	用于存储可通过 LdrSetImplicitPathOptions API 设置的路径查找标志，或根据 DLL 路径继承的路径查找标志
List Entry Links	将该项链接至加载程序数据库内 3 个排序后的列表
LoadContext	到 DLL 当前加载信息的指针，除非正在被加载，否则一般为 NULL
ObsoleteLoadCount	模块的引用计数（即该模块已经加载了多少次）。该数值已经不再准确，因此被移动至 DDAG 节点结构中
LoadReason	包含一个枚举值，解释了 DLL 的加载原因（如动态、静态、作为转发器、作为延迟加载依赖项等）
LoadTime	存储了加载该模块时的系统时间值
MappingInfoIndexNode	将该项作为节点链接至按照名称排序的红黑树
OriginalBase	存储了该模块的原始基址（由链接器设置），在 ASLR 或重新定位前，可更快速地处理重定位后的导入项
ParentDllBase	对于静态（或转发器、延迟加载）依赖项，存储了依赖该项的其他 DLL 的地址
SigningLevel	存储了该映像的签名级别（有关代码完整性基础架构的详情，请参阅卷 2 第 8 章）
SizeOfImage	模块在内存中的大小
SwitchBackContext	被 SwitchBack（介绍见下文）用于存储该模块关联的当前 Windows 上下文 GUID 以及其他数据
TimeDateStamp	模块被链接时由链接器写入的时间戳，加载程序可从模块的映像 PE 文件头中获得该信息

查看进程加载程序数据库的一种方法是使用 WinDbg 来查看 PEB 的格式化输出。下面的实验将介绍如何做到这一点，以及如何自行查看 LDR_DATA_TABLE_ENTRY 结构。

实验：转储已加载模块数据库

在开始实验前，请按照上面两个实验中的操作步骤，用 WinDbg 作为调试器启动 Notepad.exe。在遇到初始断点（调试器会要求输入 g 继续执行）后，执行下列操作。

（1）使用!peb 命令查看当前进程的 PEB。目前我们只需要关心显示出来的 Ldr 数据。

```
0:000> !peb
PEB at 000000dd4c901000
    InheritedAddressSpace:    No
    ReadImageFileExecOptions: No
    BeingDebugged:            Yes
    ImageBaseAddress:         00007ff720b60000
    Ldr                       00007ffe855d23a0
    Ldr.Initialized:          Yes
    Ldr.InInitializationOrderModuleList: 0000022815d23d30 . 0000022815d24430
    Ldr.InLoadOrderModuleList:           0000022815d23ee0 . 0000022815d31240
    Ldr.InMemoryOrderModuleList:         0000022815d23ef0 . 0000022815d31250
                    Base TimeStamp                     Module
            7ff720b60000 5789986a Jul 16 05:14:02 2016 C:\Windows\System32\
notepad.exe
            7ffe85480000 5825887f Nov 11 10:59:43 2016 C:\WINDOWS\SYSTEM32\
ntdll.dll
            7ffe84bd0000 57899a29 Jul 16 05:21:29 2016 C:\WINDOWS\System32\
KERNEL32.DLL
```

```
        7ffe823c0000 582588e6 Nov 11 11:01:26 2016 C:\WINDOWS\System32\
KERNELBASE.dll
...
```

（2）Ldr 行所示地址是到前文介绍过的 PEB_LDR_DATA 结构的指针。注意，WinDbg 还会显示 3 个链表的地址，并转储出初始化顺序列表，此外还会显示每个模块的完整路径、时间戳和基址。

（3）我们也可以分析每个模块对应的项，为此只需要遍历模块列表，然后使用 LDR_DATA_TABLE_ENTRY 结构的格式转储出每个地址的数据。不过并不需要对每一项都执行该操作，使用!list 扩展并配合下列语法，即可让 WinDbg 完成大部分操作。

```
!list -x "dt ntdll!_LDR_DATA_TABLE_ENTRY" @@C++(&@$peb->Ldr-
>InLoadOrderModuleList)
```

（4）即可看到每个模块对应的项。

```
+0x000 InLoadOrderLinks    : _LIST_ENTRY [ 0x00000228'15d23d10 -
0x00007ffe'855d23b0 ]
   +0x010 InMemoryOrderLinks : _LIST_ENTRY [ 0x00000228'15d23d20 -
0x00007ffe'855d23c0 ]
   +0x020 InInitializationOrderLinks : _LIST_ENTRY [ 0x00000000'00000000 -
0x00000000'00000000 ]
   +0x030 DllBase             : 0x00007ff7'20b60000 Void
   +0x038 EntryPoint          : 0x00007ff7'20b787d0 Void
   +0x040 SizeOfImage         : 0x41000
   +0x048 FullDllName         : _UNICODE_STRING "C:\Windows\System32\notepad.
exe"
   +0x058 BaseDllName         : _UNICODE_STRING "notepad.exe"
   +0x068 FlagGroup           : [4] "???"
   +0x068 Flags               : 0xa2cc
```

虽然本节介绍了 Ntdll.dll 中用户模式的加载程序，但别忘了，内核也会通过自己的加载程序来处理驱动程序和依赖的 DLL，并使用了一个类似的加载程序项结构，名为 KLDR_DATA_TABLE_ENTRY。类似地，内核模式的加载程序也会用自己的数据库保存每个项，该数据库可通过 PsLoadedModuleList 全局数据变量直接访问。若要转储内核的已加载模块数据库，也可以使用类似上述实验中的!list 命令，但需要将命令末尾的指针替换为 nt!PsLoadedModuleList，并使用新的结构/模块名称!list -x "dt nt!_kldr_data_table_entry" nt!PsLoadedModuleList。

以原始格式查看该列表，还可以对加载程序的内部原理获得额外认识，例如 Flags 字段，其中包含的状态信息是只使用!peb 命令时无法看到的。这些信息的含义见表 3-10。由于内核和用户模式的加载程序都使用了该结构，因此标志的含义并非总是相同。在该表中，我们主要介绍了这些标志在用户模式下的含义（其中某些可能也适用于内核模式下的结构）。

表 3-10 加载程序数据表项的标志

标志	含义
Packaged Binary (0x1)	该模块是打包应用程序的一部分（只能为 AppX 软件包的主模块设置）
Marked for Removal (0x2)	当所有引用（例如从执行工作线程引用）被丢弃后，该模块将被卸载
Image DLL (0x4)	该模块是映像 DLL（而非数据 DLL 或可执行文件）

续表

标志	含义
Load Notifications Sent (0x8)	已经向该映像告知了已注册的 DLL 通知
Telemetry Entry Processed (0x10)	该映像的遥测数据已处理
Process Static Import (0x20)	该模块是应用程序主二进制文件的静态导入
In Legacy Lists (0x40)	该映像的项位于加载程序的双向链表中
In Indexes (0x80)	该映像的项位于加载程序的红黑树中
Shim DLL (0x100)	该映像的项代表填充码引擎/应用程序兼容性数据库中的 DLL 部分
In Exception Table (0x200)	该模块的.pdata 异常句柄已捕获至加载程序的反转函数表中
Load In Progress (0x800)	该模块正在加载
Load Config Processed (0x1000)	该模块的映像加载配置目录已找到并已处理
Entry Processed (0x2000)	加载程序已经全面完成了对该模块的所有处理
Protect Delay Load (0x4000)	该二进制文件的控制流防护功能已请求保护延迟加载的 IAT。详情请参阅第 7 章
Process Attach Called (0x20000)	已向 DLL 发送了 DLL_PROCESS_ATTACH 通知
Process Attach Failed (0x40000)	DLL 的 DllMain 例程处理 DLL_PROCESS_ATTACH 通知失败
Don't Call for Threads (0x80000)	不要向该 DLL 发送 DLL_THREAD_ATTACH/DETACH 通知。可通过 DisableThreadLibraryCalls 设置
COR Deferred Validate (0x100000)	通用对象运行时（Common Object Runtime，COR）将于稍后验证该.NET 映像
COR Image (0x200000)	该模块是一个.NET 应用程序
Don't Relocate (0x400000)	该映像不应重定位或随机化
COR IL Only (0x800000)	这是一个.NET 仅中间语言（Intermediate-langage，IL）的库，不包含原生汇编码
Compat Database Processed (0x40000000)	填充码引擎已经处理过该 DLL

3.8.4 导入解析

在介绍完导入程序对进程中所有已加载模块进行跟踪的方式后，我们还可以继续分析加载程序所执行的启动初始化任务。在这一阶段，加载程序将执行下列工作。

（1）加载进程可执行映像导入表中引用的每个 DLL。

（2）查询模块数据库检查该 DLL 是否已加载。如果在列表中未找到，加载程序会打开该 DLL 并将其映射至内存。

（3）在映射操作中，加载程序首先会在多个路径下尝试找到该 DLL，并确定该 DLL 是否为已知 DLL（已知 DLL 是指系统启动时已经加载过的 DLL，此时可通过全局内存映射文件访问它）。有些时候的做法可能会与标准查找算法有所差异，例如使用.local 文件（可以迫使加载程序使用本地路径下的 DLL），或使用清单文件指定重定向的 DLL，借此确保使用特定的版本。

（4）找到磁盘上的 DLL 并成功映射后，加载程序会检查内核是否已将其载入其他地方（即重定位）。如果加载程序检测到重定位，将解析 DLL 中的重定位信息并执行所需操作。如果不存在重定位信息，DLL 会加载失败。

（5）加载程序会为该 DLL 创建加载程序数据表项，并将其插入数据库。

（6）DLL 成功映射后，针对该 DLL 重复这个过程，以便解析其导入表和所有依赖项。

（7）每个 DLL 均载入后，加载程序将解析 IAT 以查找已经导入的函数。通常这是通过名称来进行的，但也可以按照序号（索引编号）进行。对于每个名称，加载程序会解析已导入 DLL 的导出表，并尝试着找到匹配的结果。如果未找到匹配结果，操作将终止。

（8）映像的导入表可能已经被绑定。这意味着在链接时，开发者已经通过分配静态地址指向了外部 DLL 中的导入函数。此时就无须对每个名称进行查找，但这样做的前提是应用程序将要用到的 DLL 始终位于相同地址下。由于 Windows 使用了地址空间随机化（ASLR 的内容见第 5 章），系统应用程序和库通常无法这样做。

（9）已导入 DLL 的导出表还可以使用转发项，这意味着实际函数是在另一个 DLL 中实现的。但另一个函数必须被视作导入项或依赖项，因此解析完导出表后，转发项引用的每个 DLL 也需要加载，所以需要回到第（1）步再次执行。

当所有导入的 DLL（及其依赖项或导入项）均已成功加载、所有需要的函数已经查找过并已找到，并且所有转发项也已加载并处理后，导入解析操作就完成了，即应用程序及其各种 DLL 在编译时所定义的依赖性均已满足。在执行过程中，延迟依赖项（也叫作延迟加载）以及运行时操作（例如调用 LoadLibrary）可以调用至加载程序中，而本质上它们所做的工作是相同的。不过需要注意，上述过程如果是在应用程序启动进程的过程中进行的，那么所遇到的失败操作会导致应用程序启动错误。例如，如果试图运行一个应用程序，但该应用程序所需的某个函数在当前版本的操作系统中不存在，此时就会遇到类似图 3-21 所示的错误。

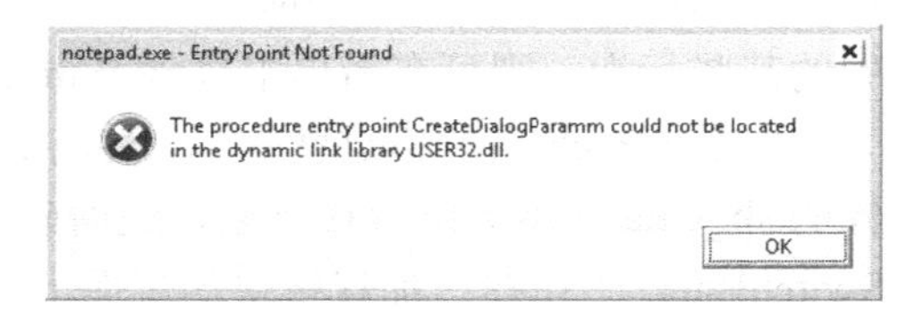

图 3-21　当 DLL 中不存在所需（导入）函数时显示的错误信息

3.8.5　导入过程初始化的后处理

所需依赖项加载完毕后，必须执行一系列初始化任务，最终完成应用程序的启动操作。在这一阶段，加载程序将执行下列工作。

（1）将 LdrInitState 变量设置为 2，意味着导入项已加载。

（2）如果使用 WinDbg 等调试器，将抵达初始调试器断点。前文实验中必须输入 g 以继续执行，就是因为到达了这个阶段。

（3）检查应用程序是否为 Windows 子系统应用程序。如果是，那么早期的进程初始化步骤中应该捕获到 BaseThreadInitThunk 函数。此时将调用该函数并检查是否成功。类似的还有 TermsrvGetWindowsDirectoryW 函数，早期应该已经捕获了该函数（前提是系统支持终端服务），接着将调用该函数以重置系统和 Windows 目录路径。

（4）使用分布式关系图递归所有依赖项并对映像的所有静态导入进行初始化。这一步需要调用每个 DLL 的 DllMain 例程（借此让每个 DLL 执行自己的初始化工作，甚至在运行时载入新的 DLL）并处理每个 DLL 的 TLS 初始化。此时也是应用程序加载可能失败的最后一个环节。如果在 Dllmain 例程运行完毕后，加载的所有 DLL 没能返回成功返回代码，加载程序会终止应用程序的启动。

（5）如果映像使用了任何 TLS 槽，则会进行 TLS 的初始化。

（6）如果模块通过填充码实现兼容性，则运行初始化后填充码引擎回调。

（7）运行 PEB 中注册的相关子系统 DLL 后处理初始化例程。例如对于 Windows 应用程序，此时还将进行与终端服务相关的检查。

（8）写入一条 ETW 事件，代表进程已成功加载。

（9）如果存在最低限度的栈提交，则强制线程栈进行已提交页面的页面换入操作。

（10）将 LdrInitState 设置为 3，意味着初始化已完成。将 PEB 的 ProcessInitializing 字段重新设置为 0，随后更新 LdrpProcessInitialized 变量。

3.8.6 SwitchBack

随着每个新版 Windows 陆续修复现有 API 函数中诸如竞争条件和错误的参数验证检查等 bug，或大或小的变化都可能导致应用程序出现兼容性问题。Windows 在加载程序中实现了一种名为 SwitchBack 的技术，该技术可以帮助软件开发者在可执行文件相关联的清单中嵌入目标版本 Windows 对应的 GUID。

举例来说，如果开发者希望某一 API 能够全面利用 Windows 10 中增强的功能，即可在自己的清单中包含 Windows 10 的 GUID；如果开发者的遗留应用程序依赖 Windows 7 中的某些行为，则可在清单中包含 Windows 7 的 GUID。

SwitchBack 会解析这些信息，并将其与 SwitchBack 兼容 DLL 中内嵌的信息（位于映像的.sb_data 区域）结合在一起，进而确定该模块的受影响 API 应当调用哪个版本。由于 SwitchBack 工作在已加载模块的层面上，因此进程可以同时具备遗留和最新的 DLL，它们可以调用相同 API 但产生不同的结果。

1．SwitchBack 的 GUID

Windows 目前定义了从 Windows Vista 以来每一版 Windows 兼容性设置所对应的 GUID。

（1）Windows Vista：{e2011457-1546-43c5-a5fe-008deee3d3f0}。

（2）Windows 7：{35138b9a-5d96-4fbd-8e2d-a2440225f93a}。

（3）Windows 8：{4a2f28e3-53b9-4441-ba9c-d69d4a4a6e38}。

（4）Windows 8.1：{1f676c76-80e1-4239-95bb-83d0f6d0da78}。

（5）Windows 10：{8e0f7a12-bfb3-4fe8-b9a5-48fd50a15a9a}。

这些 GUID 必须放在应用程序清单文件的兼容性属性项下 ID 属性的<SupportedOS>元素中。（如果应用程序清单不包含 GUID，默认使用 Windows Vista 作为兼容性模式。）我们可以在任务管理器的 Details 选项卡下启用 Operating System Context 列，通过该列可以看到每个应用程序是否运行在某一特定操作系统上下文中。（如果此列显示为空值，通常意味着运行在 Windows 10 模式下。）图 3-22 显示了几个此类应用程序范例，尽管都运行在 Windows 10 系统中，但它们运行于 Windows Vista 和 Windows 7 模式下。

下面这个例子展示了为 Windows 10 设置兼容性的清单项范例。

```
<compatibility xmlns="urn:schemas-microsoft-com:compatibility.v1">
  <application>
    <!-- Windows 10 -->
    <supportedOS Id="{8e0f7a12-bfb3-4fe8-b9a5-48fd50a15a9a}" />
  </application>
</compatibility>
```

Task Manager

File Options View

Processes Performance App history Startup Users Details Services

Name	PID	Status	Operating syst...	User na...	Description	CPU	Memory (p...
svchost.exe	2788	Running		SYSTEM	Host Process for Windows Services	00	8,936 K
svchost.exe	2836	Running		LOCAL...	Host Process for Windows Services	00	3,172 K
svchost.exe	2848	Running		SYSTEM	Host Process for Windows Services	00	1,036 K
svchost.exe	4084	Running		aione	Host Process for Windows Services	00	10,384 K
SystemSettings.exe	10528	Suspended		aione	Settings	00	5,148 K
SystemSettingsBroke...	15948	Running		aione	System Settings Broker	00	1,852 K
taskhostw.exe	4128	Running		aione	Host Process for Windows Tasks	01	9,644 K
Taskmgr.exe	13032	Running		aione	Task Manager	00	14,880 K
TSVNCache.exe	5740	Running		aione	TortoiseSVN status cache	00	8,000 K
Twitter.Windows.exe	7028	Suspended		aione	Twitter.Windows	00	320 K
windbg.exe	14888	Running		aione	Windows GUI symbolic debugger	00	139,192 K
windbg.exe	12924	Running		aione	Windows GUI symbolic debugger	00	128,656 K
WINWORD.EXE	11576	Running		aione	Microsoft Word	00	146,108 K
lynchtmlconv.exe	14464	Running	Windows 7	aione	Microsoft Lync	00	12,936 K
UcMapi.exe	9440	Running	Windows 7	aione	Skype for Business	00	28,988 K
idaq64.exe	18964	Running	Windows Vista	aione	The Interactive Disassembler	00	119,844 K
IpOverUsbSvc.exe	2552	Running	Windows Vista	SYSTEM	Windows IP Over USB PC Service	00	2,136 K
vcpkgsrv.exe	4876	Running	Windows Vista	aione	Microsoft (R) Visual C++ Package Server	00	7,200 K
vcpkgsrv.exe	16240	Running	Windows Vista	aione	Microsoft (R) Visual C++ Package Server	00	3,068 K
vcpkgsrv.exe	17004	Running	Windows Vista	aione	Microsoft (R) Visual C++ Package Server	00	2,588 K
Zoom.exe	4012	Running	Windows Vista	aione	Zoom Meetings	00	15,352 K
Zoom.exe	15832	Running	Windows Vista	aione	Zoom Meetings	00	96,092 K
conhost.exe	7652	Running		aione	Console Window Host	00	4,552 K
conhost.exe	11940	Running		aione	Console Window Host	00	5,140 K
conhost.exe	11184	Running		aione	Console Window Host	00	5,128 K
conhost.exe	2204	Running		aione	Console Window Host	00	5,104 K
conhost.exe	11696	Running		aione	Console Window Host	00	5,148 K
conhost.exe	5224	Running		aione	Console Window Host	00	5,128 K

Fewer details End task

图 3-22 一些运行在兼容性模式下的进程

2. SwitchBack 兼容性模式

为了说明 SwitchBack 的作用，我们以运行在 Windows 7 上下文中所获得的效果为例进行介绍。

（1）RPC 组件使用 Windows 线程池，而非私有实现。

（2）主缓冲区上无法获得 DirectDraw Lock。

（3）如果不具备裁剪窗口，无法对桌面进行位图复制操作。

（4）GetOverlappedResult 中的竞争条件被修复。

（5）到 CreateFile 的调用可以传递“降级”标志并以独占方式打开文件，哪怕调用方并不具备写特权。这会导致 NtCreateFile 无法收到 FILE_DISALLOW_EXCLUSIVE 标志。

然而在 Windows 10 模式下的运行则会对低碎片堆（Low Fragmentation Heap，LFH）行为产生一些微妙影响，迫使 LFH 子片段完全提交并使用头块（header block）填充所有分配，除非具备 Windows 10 GUID。此外在 Windows 10 中，对无效句柄关闭缓解措施（见第 7 章）抛出异常将导致 CloseHandle 和 RegCloseKey 等行为。另外，在以前的操作系统中，如果未连接调试器，在调用 NtClose 前该行为将被禁用，并在调用之后重新启用。

另一个例子：对于不具备拼写检查器的语言，Spell Checking Facility 将返回 NULL，但在 Windows 8.1 中会返回“空的”拼写检查器。类似地，当在 Windows 8 兼容性模式下运行时，如果提供相对路径，IShellLink::Resolve 函数的实现会返回 E_INVALIDARG，但在 Windows 7 模式下并不包含该检查。

此外，调用 GetVersionEx 或 NtDll 中的其他等价函数（例如 RtlVerifyVersionInfo）可以返回所指定 SwitchBack 上下文 GUID 中的最大版本号。

注意 这些 API 已被弃用，如果未提供更高版本的 SwitchBack GUID，那么在所有版本的 Windows 8 和后续版本中，调用 GetVersionEx 都将返回 6.2。

3. SwitchBack 的行为

当一个 Windows API 受到其他改变的影响并可能破坏兼容性时，相关函数的入口代码便会调用 SbSwitchProcedure 进而调用 SwitchBack 逻辑。随后会将一个指针传递到 SwitchBack 模块表，其中包含了该模块所用的 SwitchBack 机制的相关信息。该表还包含另一个指针，指向由每个 SwitchBack 点组成的入口数组。同时这个表中包含的有关每个分支点的描述可用于识别其符号名称和完整描述信息，以及相关的缓解标签。一般来说，一个模块中会包含多个分支点，例如一个对应 Windows Vista 行为、一个对应 Windows 7 行为。

对于每个分支点，还会提供所需的 SwitchBack 上下文，这个上下文决定了运行时要采用哪两个（或更多的）分支。最终，这些描述符中的每一个都包含了到每个分支应该执行的实际代码的函数指针。如果应用程序在运行时使用了 Windows 10 的 GUID，那么该 GUID 就会成为 SwitchBack 上下文和 SbSelectProcedure API 的一部分，随后会根据模块表的解析执行匹配的操作。在为该上下文找到模块入口描述符后，便开始调用描述符所包含的函数指针。

SwitchBack 使用 ETW 跟踪特定 SwitchBack 上下文和分支点的选择，随后将这些数据发送至 Windows AIT（应用程序影响遥测）记录程序。微软可以定期收集这些数据，借此确定每个兼容性入口的使用范围，识别使用这些入口的应用程序（日志中提供了完整的栈跟踪），并将相关情况告知第三方供应商。

如前所述，应用程序的兼容性级别信息存储在自己的清单中。在加载应用程序时，加载器会分析清单文件、创建上下文数据结构，并将其缓存在 PEB 的 pShimData 成员中。该上下文数据包含了执行该进程时所用的兼容性 GUID，并能用于确定对所调用的、使用了 SwitchBack 机制的 API 需要执行哪个版本的分支点。

3.8.7　API 集

在某些特定的应用程序兼容性场景中，SwitchBack 用到了 API 重定向，而实际上，Windows 还会为所有应用程序使用一种更普遍的、名为“API 集”（API set）的重定向机制。API 集的目的在于通过更细化的分类，将 Windows API 分为多种子 DLL，而无须跨越近千种目前以及未来 Windows 系统可能并不完全需要的 API 使用大量多用途 DLL。该技术的开发原本主要是对 Windows 架构的最底层进行重构，将其与高层分开，进而将 Kernel32.dll 和 Advapi32.dll（以及其他 DLL）拆分为多个虚拟的 DLL 文件。

例如，图 3-23 显示了 Dependency Walker 的截图，其中 Kernel32.dll 这个 Windows 核心库就是从很多其他 DLL 导入的，首先是 API-MS-WIN。这些 DLL 中的每一个都包含原本由 Kernel32 提供的大量 API 的一个小子集，结合在一起组成 Kernel32.dll 所提供的完整 API 平面。例如，其中的 CORE-STRING 库就只提供 Windows 基本字符串函数。

将函数分散到不同文件中可以实现两个目标。首先，这样做使得以后的应用程序只需链接至提供了自己所需功能的 API 库。其次，如果微软打算创建一个不支持某些功能的 Windows 版本，例如不支持本地化（例如一种并非面向用户的、仅支持英文的嵌入式系统），只需简单地移除相应的子 DLL 并修改 API 集的架构即可实现。这样可以获得更小的 Kernel32 库，而任何不需要本地化的应用程序就可以继续运行。

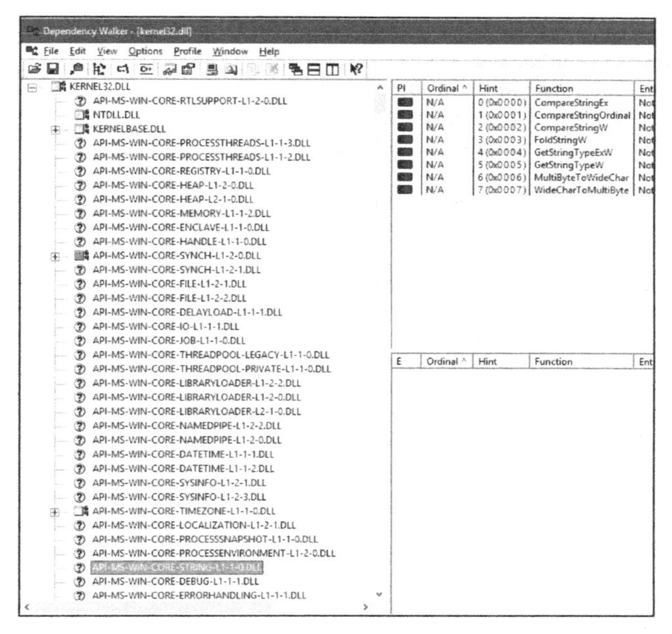

图 3-23 Dependency Walker

借助这样的技术，我们就定义出了一种名为 MinWin 的“基准”Windows 系统，并（在源代码层面可以）构建出最小化的服务集，其中可以只包含内核、核心驱动程序（包括文件系统、诸如 CSRSS 等基本系统进程、服务控制管理器，以及少量 Windows 服务）。Windows Embedded 及其 Platform Builder 就提供了类似这样的技术。借助 System Builder，我们可以移除不需要的“Windows 组件”，例如 Shell 或网络栈。然而从 Windows 中移除某些组件会导致棘手的依赖性问题，某些代码可能由于所依赖的组件被移除而执行失败。不过 MinWin 的依赖性是完全自包含的。

进程管理器初始化后会调用 PspInitializeApiSetMap 函数，该函数负责用%SystemRoot%\System32\ApiSetSchema.dll 中存储的 API 集重定向表创建节对象。该 DLL 不包含可执行代码，但其中有一个名为.apiset 的节中包含的 API 集映射数据可将虚拟 API 集 DLL 映射至实现该 API 所需的逻辑 DLL。当新进程启动后，进程管理器便会将该节对象映射至进程的地址空间，并设置进程 PEB 的 ApiSetMap 字段，使其指向节对象所映射到的基址。

随后，如果（以动态或静态方式）加载的新导入库的名称以“API-”开头，如前所述，通常负责处理.local 和 SxS/Fusion 清单重定向的加载器 LdrpApplyFileNameRedirection 函数还会检查 API 集重定向数据。API 集表会按照库进行整理，每个入口均描述了可以在哪个逻辑 DLL 中找到相关函数，随后会加载这些 DLL。虽然架构数据是二进制格式，但我们可以使用 Sysinternals Strings 工具转储其字符串并查看目前定义的 DLL。

```
C:\Windows\System32>strings apisetschema.dll
...
api-ms-onecoreuap-print-render-l1-1-0
printrenderapihost.dllapi-ms-onecoreuap-settingsync-status-l1-1-0
settingsynccore.dll
api-ms-win-appmodel-identity-l1-2-0
kernel.appcore.dllapi-ms-win-appmodel-runtime-internal-l1-1-3
api-ms-win-appmodel-runtime-l1-1-2
api-ms-win-appmodel-state-l1-1-2
```

```
api-ms-win-appmodel-state-l1-2-0
api-ms-win-appmodel-unlock-l1-1-0
api-ms-win-base-bootconfig-l1-1-0
advapi32.dllapi-ms-win-base-util-l1-1-0
api-ms-win-composition-redirection-l1-1-0
...
api-ms-win-core-com-midlproxystub-l1-1-0
api-ms-win-core-com-private-l1-1-1
api-ms-win-core-comm-l1-1-0
api-ms-win-core-console-ansi-l2-1-0
api-ms-win-core-console-l1-1-0
api-ms-win-core-console-l2-1-0
api-ms-win-core-crt-l1-1-0
api-ms-win-core-crt-l2-1-0
api-ms-win-core-datetime-l1-1-2
api-ms-win-core-debug-l1-1-2
api-ms-win-core-debug-minidump-l1-1-0
...
api-ms-win-core-firmware-l1-1-0
api-ms-win-core-guard-l1-1-0
api-ms-win-core-handle-l1-1-0
api-ms-win-core-heap-l1-1-0
api-ms-win-core-heap-l1-2-0
api-ms-win-core-heap-l2-1-0
api-ms-win-core-heap-obsolete-l1-1-0
api-ms-win-core-interlocked-l1-1-1
api-ms-win-core-interlocked-l1-2-0
api-ms-win-core-io-l1-1-1
api-ms-win-core-job-l1-1-0
...
```

3.9 作业

作业是一种可命名、可保护、可共享的内核对象，借此可以用“组”的方式控制一个或多个进程。作业对象的基本功能在于，可以将一组进程作为一个单元加以管理和操作。一个进程可以是任意数量个作业的成员，不过通常只会是一个作业的成员。进程与作业对象的关联无法打断，由一个进程及其后代创建的所有进程会关联至相同作业对象（除非使用 CREATE_BREAKAWAY_FROM_JOB 标志创建子进程并且作业本身对此无限制）。作业对象还会记录与作业相关联的所有进程（包括所有曾经与该作业关联，但后来被终止的进程）的基本审计信息。

作业还可以关联至 I/O 完成端口对象，而此时可能还有其他线程正在等待此对象，为此需要使用 Windows 的 GetQueuedCompletionStatus 函数，或使用线程池 API（原生函数 TpAllocJobNotification）。借此可以让对此有兴趣的其他方（通常为作业的创建者）监视对各种限制的违反情况，以及可能影响到作业安全性的事件，例如新进程的创建或进程的异常退出。

作业在很多系统机制中扮演了重要的角色，如下。

（1）管理现代化应用（UWP 进程），详见卷 2 第 9 章。实际上，每个现代化应用都是在一个作业中运行的。如果想验证这一点，可使用 Process Explorer 按照本章下文“查看作业对象”实验中的方法来验证。

（2）借助一种名为Server Silo的机制，可实现Windows对容器的支持，详见本节下文。

（3）是Desktop Activity Moderator（DAM）为Win32应用程序和服务管理限制（throttling）、计时器虚拟化、计时器冻结以及其他闲置行为的主要方式。DAM相关内容详见卷2第8章。

（4）可用于为第4章介绍的动态公平共享调度（Dynamic Fair-Share Scheduling，DFSS）定义并管理调度组。

（5）可用于实现自定义内存分区，进而实现第5章介绍的内存分区API。

（6）用于实现诸如Run As（辅助登录）、应用程序装箱（boxing）和程序兼容性助手等功能。

（7）为诸如Google Chrome和Microsoft Office文档转换器等应用程序提供安全沙盒的部分功能，并可通过Windows Management Instrumentation（WMI）请求针对拒绝服务（DoS）攻击提供缓解措施。

3.9.1 作业的限制

我们可以为作业指定如下这些与CPU、内存以及I/O有关的限制。

（1）**活动进程最大数量**。限制了作业中可同时包含的进程数量。如果达到该限制，将无法继续创建分配给该作业的进程。

（2）**作业范围内的用户模式CPU时间限制**。限制了作业中进程（包括曾运行但已退出的进程）可使用的用户模式CPU时间最大值。一旦达到该限制，默认情况下作业中的所有进程将被终止并返回错误代码，该作业中无法继续创建新进程（除非该限制被重置）。作业对象是有信号的，因此此时任何等待该作业的线程都将被释放。若要更改这一默认行为，可调用SetInformationJobObject设置JOBOBJECT_END_OF_JOB_TIME_INFORMATION结构的EndOfJobTimeAction成员，为其传递JobObjectEndOfJobTimeInformation信息类，并请求通过作业的完成端口发送通知。

（3）**每个进程的用户模式CPU时间限制**。可以限制作业中的每个进程总共最多只能使用固定数量的用户模式CPU时间。当达到该限制后，进程将被终止（没有进行清理的机会）。

（4）**作业的处理器相关性**。可以为作业中的每个进程设置处理器相关性掩码。（单个线程可以将自己的相关性调整为作业相关性的任何子集，但进程无法调整自己的进程相关性设置。）

（5）**作业组的相关性**。用于设置作业中进程可分配到的组列表。随后，相关性的任何变化都将受到该限制所决定的组选择方式的影响。该限制也被视为作业处理器相关性限制（老版本）的一种可以感知组的新版本，可用于取代老版本的限制。

（6）**作业进程优先级类**。可为作业中的每个进程设置优先级类。线程无法增加自己相对于该类的优先级（通常是可以的）。增加线程优先级的企图会被忽略。（调用SetThreadPriority时不返回错误信息，但优先级无法提高。）

（7）**默认工作集的最小值和最大值**。定义了作业中每个进程的工作集最小值和最大值。（该设置无法用于整个作业范围，每个进程都有自己的工作集最小值和最大值。）

（8）**进程和作业已提交虚拟内存的限制**。定义了一个进程或整个作业可提交的虚拟地址空间数量最大值。

（9）**CPU 速率控制**。定义了在被强制限制（throttling）前，作业可以使用的 CPU 时间数量最大值。该控制也被用于第 4 章介绍的调度组。

（10）**网络带宽速率控制**。定义了在进行限制前，整个作业可使用的出站带宽最大值。为了实现 QoS，还可借此为作业所发送的每个网络数据包设置区分服务代码点（Differentiated Services Code Point，DSCP）标志，但只能按照层次结构为整个作业设置，并且会影响到该作业及其全部子作业。

（11）**磁盘 I/O 带宽速率控制**。与网络带宽速率控制类似，但影响的是磁盘 I/O，可用于控制带宽本身，或每秒执行的 I/O 操作数量（Input/Output Operations Per Second，IOPS）。可针对系统中的特定磁盘卷或全部卷进行设置。

对于上述很多限制，作业的所有者可以设定指定的阈值，借此在到达阈值后发送通知（或者如果没有注册通知的话，则会直接终止该作业）。此外还可通过速率控制实现一定的容差范围和容差区间，例如每 5min 里，允许一个进程的网络带宽用量超限 20%并最多持续 10s。这样的通知是通过将相应的消息在作业 I/O 完成端口上排队实现的，详见 Windows SDK 文档。

最后，我们还可以通过作业对进程施加用户界面方面的限制。例如禁止作业中的进程打开指向该作业之外其他线程所拥有的窗口句柄，禁止读取或写入剪贴板，禁止通过 Windows 的 SystemParametersInfo 函数更改各种用户界面系统参数等。此类用户接口方面的限制是由 Windows 子系统 GDI/USER 驱动程序 Win32k.sys 管理的，并通过注册到进程管理器中一个特殊的调出——“作业调出”来强制实现。通过调用 UserHandleGrantAccess 函数，即可允许作业中的所有进程访问特定的用户句柄（例如窗口句柄），但该函数仅限目标作业之外的其他进程调用（显而易见）。

3.9.2　使用作业

我们可以用 CreateJobObject API 创建作业对象。刚创建好的作业不包含任何进程。若要将进程加入某个作业，需要调用 AssignProcessToJobObject，通过多次调用即可将多个进程加入同一个作业，或将同一个进程加入多个作业。后一种情况可以创建出嵌套的作业，详见 3.9.3 节。将进程加入作业的另一种方法是使用本章前文介绍过的进程创建属性 PS_CP_JOB_LIST 手动指定到作业对象的句柄。我们可以指定到作业对象的一个或多个句柄，进而实现连接。

对于作业来说，最有趣的 API 是 SetInformationJobObject，该 API 可用于设置前文提到的多种限制和设置，并可借此包含供诸如容器（silo）、DAM 或 Windows UWP 应用程序等机制使用的内部信息类。这些值可使用 QueryInformationJobObject 重新读回，进而让相关方了解有关该作业的各种限制。为了让调用方精确了解到底违反了哪些限制，还有必要调用所设置的限制通知（见 3.9.1 节）。另一个较为有用的函数是 TerminateJobObject，它可以终止作业中的所有进程（等同于对每个进程调用了 TerminateProcess）。

3.9.3　嵌套的作业

直到 Windows 7 和 Windows Server 2008 R2 版本，一个进程都只能关联到一个作业，这也削弱了作业机制本身的实用性，因为某些情况下一个应用程序不可能提前知道自己所需管理的某个进程是否恰好位于某个作业中。从 Windows 8 和 Windows Server 2012 开始，一个进程可以关联给多个作业，进而让作业产生层次结构。

子作业包含父作业的进程子集。一旦一个进程被添加至多个作业中，系统便会尽可能尝试着产生层次结构。这方面目前有一个限制：如果有任何一个作业被设置有任何 UI 方面的限制（SetInformationJobObject 配合 JobObjectBasicUIRestrictions 参数），那么就无法用这样的作业产生层次结构。

子作业的作业限制，在宽容度方面不能超过其父作业的限制，但可比父作业的限制更严格。举例来说，如果某个父作业设置了内存限制为 100MB，那么任何子作业都无法设置更大的内存限制（这种请求会直接失败）。然而此时子作业可为自己的进程（及其任何子作业）设置更严格的限制，如 80MB。任何以该作业 I/O 完成端口为目标的通知都将发送给该作业，及其全部的祖先作业。（如果只需要向祖先作业发送通知，则该作业本身可以不具备 I/O 完成端口。）

对父作业进行的资源记账也会包含由其直接管理的进程，以及子作业中的所有进程使用的资源。当作业被终止（TerminateJobObject）后，该作业及其子作业中的所有进程均会被终止，并且此时会按照层次结构从最底层的子作业开始终止。由一个作业层次结构管理的 4 个进程如图 3-24 所示。

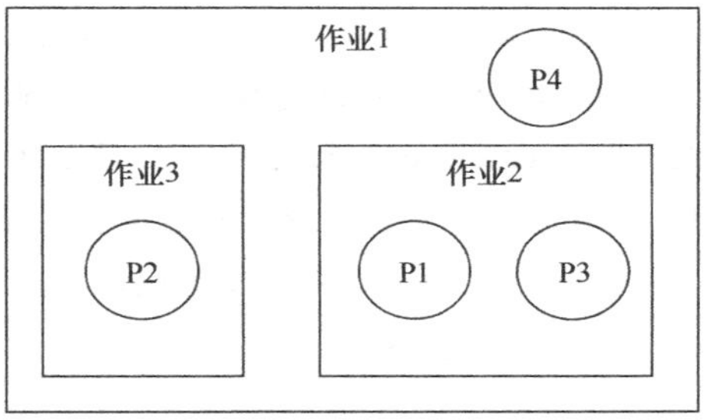

图 3-24 由一个作业层次结构管理的 4 个进程

若要创建这样的层次结构，可从根作业开始逐级添加进程。为此，可执行以下操作创建层次结构。

（1）将进程 P1 添加至作业 1。

（2）将进程 P1 添加至作业 2，这将创建第一个嵌套。

（3）将进程 P2 添加至作业 1。

（4）将进程 P2 添加至作业 3，这将创建第二个嵌套。

（5）将进程 P3 添加至作业 2。

（6）将进程 P4 添加至作业 1。

实验：查看作业对象

我们可以使用性能监视器工具查看命名作业对象。（具体需要查看 Job Object 和 Job Object Details 这两个类别。）若要查看未命名的作业对象，则需要使用内核模式调试器的!job 或 dt nt!_ejob 命令。

要查看某个进程是否与作业相关联，可以使用内核模式调试器!process 命令或 Process Explorer 工具。请使用如下步骤创建并查看未命名的作业对象。

（1）在命令提示符中使用 runas 命令创建一个命令提示符（Cmd.exe）运行进程，例如可输入 runas /user:<domain>\< username> cmd。

（2）随后需要输入密码。输入密码后会打开一个新的命令提示符窗口。执行 runas 命令的 Windows 服务会创建一个包含所有进程的未命名作业（这样才可以在注销时终止所有进程）。

（3）运行 Process Explorer，打开 Options 菜单，选择 Configure Colors，选中 Jobs 项。请留意 Cmd.exe 进程及其子进程 ConHost.exe 都被作为作业的一部分高亮显示了，如图 3-25 所示。

（4）双击 Cmd.exe 或 ConHost.Exe 进程打开其属性窗口。随后打开 Job 选项卡即可看到该进程所属作业的信息，如图 3-26 所示。

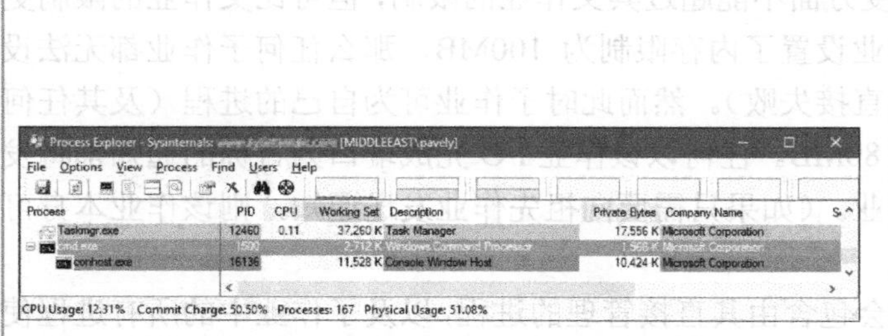

图 3-25　Cmd.exe 进程及其子进程 ConHost.exe

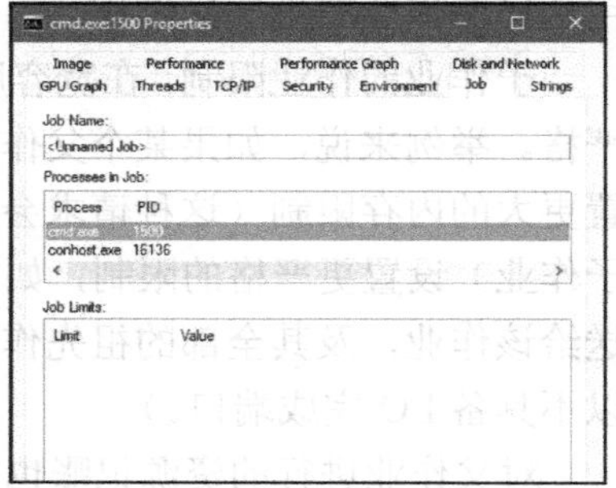

图 3-26　该进程所属作业的信息

（5）通过命令提示符运行 Notepad.exe。

（6）打开 Notepad 进程并查看其 Job 选项卡。可以看到 Notepad 也在同一个作业中运行，这是因为 cmd.exe 并未使用 CREATE_BREAKAWAY_FROM_JOB 创建标志。对于嵌套的作业，Job 选项卡会显示该进程所属直接作业中的进程信息，以及所有子作业中的进程信息。

（7）在运行中的系统中直接运行内核模式调试器并输入!process 命令查找 notepad.exe，可以看到如下基本信息。

```
lkd> !process 0 1 notepad.exe
PROCESS ffffe001eacf2080
    SessionId: 1  Cid: 3078    Peb: 7f4113b000  ParentCid: 05dc
    DirBase: 4878b3000  ObjectTable: ffffc0015b89fd80  HandleCount: 188.
    Image: notepad.exe
    ...
    BasePriority                      8
    CommitCharge                      671
    Job                               ffffe00189aec460
```

（8）请留意该作业的指针是非零的。若要查看该作业的摘要信息，可输入!job 调试器命令。

```
lkd> !job ffffe00189aec460
Job at ffffe00189aec460
  Basic Accounting Information
    TotalUserTime:             0x0
    TotalKernelTime:           0x0
    TotalCycleTime:            0x0
    ThisPeriodTotalUserTime:   0x0
    ThisPeriodTotalKernelTime: 0x0
    TotalPageFaultCount:       0x0
    TotalProcesses:            0x3
    ActiveProcesses:           0x3
    FreezeCount:               0
    BackgroundCount:           0
    TotalTerminatedProcesses:  0x0
```

```
    PeakJobMemoryUsed:      0x10db
    PeakProcessMemoryUsed: 0xa56
  Job Flags
  Limit Information (LimitFlags: 0x0)
  Limit Information (EffectiveLimitFlags: 0x0)
```

（9）注意，ActiveProcesses 成员被设置为 3（cmd.exe、conhost.exe 和 notepad.exe）。我们可以在!job 命令后使用标志 2 查看该作业包含的进程列表。

```
lkd> !job ffffe00189aec460 2
...
Processes assigned to this job:
    PROCESS ffff8188d84dd780
        SessionId: 1 Cid: 5720    Peb: 43bedb6000 ParentCid: 13cc
        DirBase: 707466000 ObjectTable: ffffbe0dc4e3a040 HandleCount:
<Data Not Accessible>
        Image: cmd.exe

    PROCESS ffff8188ea077540
        SessionId: 1 Cid: 30ec    Peb: dd7f17c000 ParentCid: 5720
        DirBase: 75a183000 ObjectTable: ffffbe0dafb79040 HandleCount:
<Data Not Accessible>
        Image: conhost.exe
    PROCESS ffffe001eacf2080
        SessionId: 1 Cid: 3078    Peb: 7f4113b000 ParentCid: 05dc
    DirBase: 4878b3000 ObjectTable: ffffc0015b89fd80 HandleCount: 188.
    Image: notepad.exe
```

（10）还可以使用 dt 命令显示作业对象并查看有关该作业的其他字段，例如其成员级别，对于嵌套作业，还可查看该作业与其他作业的关系（父作业、兄作业和根作业）。

```
lkd> dt nt!_ejob ffffe00189aec460
   +0x000 Event            : _KEVENT
   +0x018 JobLinks         : _LIST_ENTRY [ 0xffffe001'8d93e548 -
0xffffe001'df30f8d8 ]
   +0x028 ProcessListHead  : _LIST_ENTRY [ 0xffffe001'8c4924f0 -
0xffffe001'eacf24f0 ]
   +0x038 JobLock          : _ERESOURCE
   +0x0a0 TotalUserTime    : _LARGE_INTEGER 0x0
   +0x0a8 TotalKernelTime  : _LARGE_INTEGER 0x2625a
   +0x0b0 TotalCycleTime   : _LARGE_INTEGER 0xc9e03d
   ...
   +0x0d4 TotalProcesses   : 4
   +0x0d8 ActiveProcesses  : 3
   +0x0dc TotalTerminatedProcesses : 0
...
   +0x428 ParentJob        : (null)
   +0x430 RootJob          : 0xffffe001'89aec460 _EJOB
...
   +0x518 EnergyValues     : 0xffffe001'89aec988 _PROCESS_ENERGY_VALUES
   +0x520 SharedCommitCharge : 0x5e8
```

3.9.4 Windows 容器（Server Silo）

无处不在又价格低廉的云计算技术的崛起催生了一场重大的互联网革命。时至今日，为在线服务或后端服务器开发移动应用的过程已经大幅简化，甚至在很多云提供商的服务中，点几个按钮就能实现。但随着云供应商之间竞争的加剧，以及在不同云平台之间迁移、从云平台迁移到数据中心，或从数据中心迁移到高端个人服务器等需求的日益增加，后端的便携性愈加重要。目前的后端不仅要能按需部署并转移，并且成本方面也必须要能比在虚拟机中运行的做法进一步降低。

为了迎合此类需求，逐渐产生了诸如 Docker 这样的技术。从本质上来看，这样的技术可以让我们将“装箱的应用程序”部署到不同的 Linux 发行版中，但完全不需要考虑复杂的本地安装或虚拟机相对较高的资源消耗等问题。这种技术最初仅支持 Linux，但微软已经通过年度更新让 Windows 10 能够支持 Docker。目前该技术支持两种模式。

（1）将应用程序部署到较重但完全隔离的 Hyper-V 容器中，可同时支持客户端和服务器场景。

（2）将应用程序部署到较轻、可实现操作系统隔离的服务器 Silo 内，但由于许可，该模式目前仅支持服务器场景。

本节将详细介绍第二种技术。这种技术对操作系统的支持能力已经产生了非常重大的变化。注意，如前所述，客户端系统创建这种服务器 Silo 的能力依然存在，但目前被禁用了。与使用真正的虚拟化环境的 Hyper-V 容器不同，服务器 Silo 在相同内核和驱动程序的基础上提供了所有用户模式组件的第二个“实例”。以一定的安全性为代价，这种做法可以提供更轻巧的容器环境。

1．作业对象和 Silo

创建 Silo 的能力主要与 SetJobObjectInformation API 中一系列未文档化的子类有关。换句话说，Silo 其实是一种超级作业（super-job），除了前文介绍过的规则和能力外，还有一些额外的其他规则与能力。实际上，作业对象可用于实现我们介绍过的隔离和资源管理能力，并可用于创建 Silo。此类作业被系统称为混合作业（hybrid job）。

在实践中，作业对象实际上可承载应用程序 Silo（目前被用于实现将在卷 2 第 9 章介绍的 Desktop Bridge）和服务器 Silo 这两类 Silo，而对 Docker 容器的支持就是通过服务器 Silo 实现的。

2．Silo 的隔离

服务器 Silo 的第一个基本要素是必须具备自定义的对象管理器根目录（\）。（对象管理器的相关内容见卷 2 第 8 章。）虽然我们尚未介绍过该机制，但目前完全可以说，所有对应用程序可见的命名对象（例如文件、注册表键、事件、互斥体、RPC 端口等）都承载于根命名空间中，借此应用程序就可以创建、定位，并在相互之间共享这些对象。

服务器 Silo 有自己的根，这意味着对任何命名对象的访问均可加以控制。这是通过下列 3 种方式之一实现的。

（1）创建现有对象的新副本，借此供 Silo 内部进行替代访问。

（2）创建到现有对象的符号链接，借此提供直接访问。

（3）创建仅在 Silo 内部存在的全新对象，例如可供容器化的应用程序使用的对象。

随后，这些基本能力与（Docker 所用的）Virtual Machine Compute（Vmcompute）服务相结合，并与其他组件相互交互，就提供了完整隔离的下列层。

（1）**称为基准 OS 的基准 Windows 映像**（Windows Image，WIM）**文件**。提供了操作系统的单独副本。目前微软提供了 Server Core 映像以及 Nano Server 映像。

（2）**主机 OS 的 Ntdll.dll 库**。用于覆盖基准 OS 映像中的对应内容。这样的做法源自前文提到的情况：服务器 Silo 需要使用相同的主机内核和驱动程序，但因为要由 Ntdll.dll 处理系统调用，所以这个用户模式的组件必须从主机操作系统中实现复用。

（3）**由 Wcifs.sys 筛选器驱动程序提供的沙盒虚拟文件系统**。借此，容器对文件系统进行的临时改动才不会影响到底层的 NTFS 驱动器，并可在容器关闭后将改动彻底清除。

（4）**由 VReg 内核组件提供的沙盒虚拟注册表**。借此提供临时使用的注册表根键（以及额外的一个命名空间层隔离，因为对象管理器根命名空间只能隔离注册表根，无法隔离注册表根键本身）。

（5）**会话管理器**（Smss.exe）。可以用它创建额外的服务会话或控制台会话，这是为了支持容器所需的全新能力。该机制对 SMSS 进行了扩展，使其不仅可以处理额外的用户会话，还可以处理每个已启动容器所需的会话。

此类容器和相关组件的架构如图 3-27 所示。

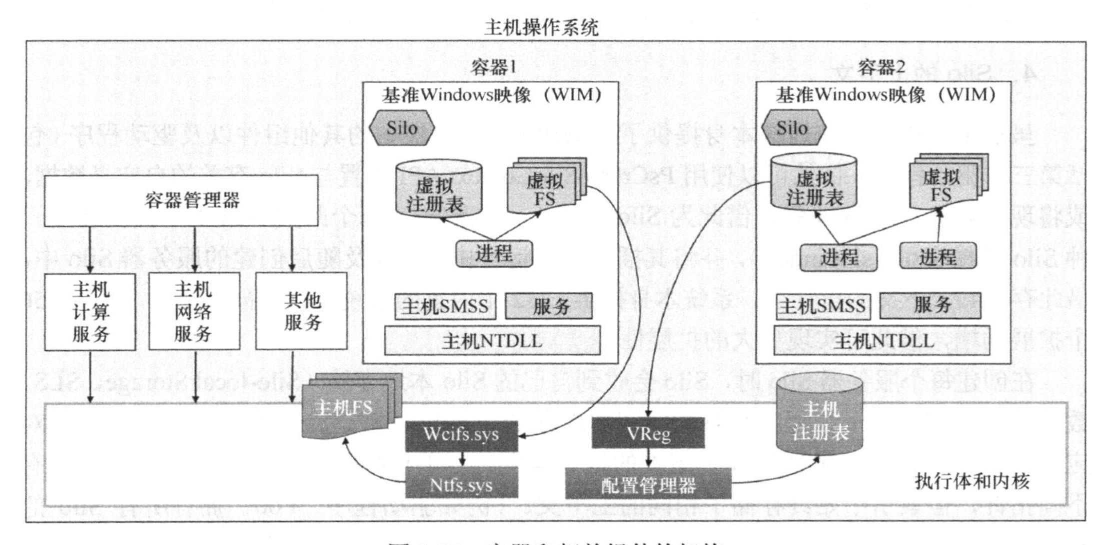

图 3-27　容器和相关组件的架构

3. Silo 的隔离边界

上述组件提供了用户模式的隔离环境。然而因为使用了主机中的 Ntdll.dll 组件，需要与主机内核与驱动程序通信，所以还必须创建额外的隔离边界，借此由内核提供给不同的 Silo。因此每个服务器 Silo 还包含下列这些相互隔离的内容。

（1）**微共享**（micro shared）**的用户数据**（符号中的 SILO_USER_SHARED_DATA）。包含自定义系统路径、会话 ID、前台 PID 以及产品类型/套件。这些均为原始 KUSER_SHARED_DATA 的组成要素，但无法从主机提供，因为主机提供的此类信息引用了与主机OS映像有关的信息，而非与基准OS有关的信息，所以需要单独提供。在查找此类数据时，各种组件与API通过修改将能读取Silo共享的数据，而非用户共享的数据。注意，原始KUSER_SHARED_DATA依然存在于原地址中，并借此呈现了主机的相关细节信息，而主机状态也可通过这种方式“泄露”到容器状态中。

（2）**对象目录根命名空间**。具备自己专用的\SystemRoot符号链接、\Device目录（所有用户模式组件正是通过这种方式间接访问设备驱动程序的）、设备地图以及DOS设备映射（举例来说，用户模式应用程序正是通过这种方式访问网络映射驱动器的）、\Sessions目录等。

（3）**API集映射**。基于基准OS WIM的API集架构，而非主机OS文件系统中所存储的架构。加载程序会使用API集映射来判断是否需要，以及需要使用哪个DLL来实现某些函数。但不同SKU中的这些信息可能有所差异，因此应用程序必须通过基准OS的SKU，而非主机的SKU来做此判断。

（4）**登录会话**。主要与SYSTEM和Anonymous本地唯一ID（Local Unigue ID，LUID），以及用于在Silo中描述用户的虚拟服务账户的LUID有关。从本质上来说，这代表了将要在Smss所创建的容器服务会话中运行的服务和应用程序所用的令牌。有关LUID和登录会话的详细信息请参阅本书第7章。

（5）**ETW跟踪和日志记录上下文**。主要用于将ETW操作隔离在Silo内部，确保不会在容器或主机OS本身之间暴露或泄露状态信息（有关ETW的详情请参阅卷2第9章）。

4．Silo的上下文

虽然主机操作系统内核本身提供了隔离边界，但内核中的其他组件以及驱动程序（包括第三方驱动程序）依然可以使用PsCreateSiloContext API设置与Silo有关的自定义数据，或将现有对象与Silo关联，借此为Silo添加上下文数据。每个此类Silo上下文会使用一种Silo插槽索引（slot index），并将其插入所有运行中的，以及随后创建的服务器Silo中，借此存储到上下文的指针中。系统本身提供了32个内置的系统级存储插槽索引，外加256个扩展插槽，借此可实现更大的扩展性。

在创建每个服务器Silo时，Silo会收到自己的Silo本地存储（Silo-local Storage，SLS）数组，这有些类似于线程所具有的线程本地存储（TLS）。在这个数组中，会有不同项对应于已分配的、用于存储Silo上下文的插槽索引。对于相同的插槽索引，每个Silo会有不同指针，但索引中始终存储了相同的上下文。（例如驱动程序“Foo”拥有所有Silo的索引5，可以用它来存储每个Silo的不同指针/上下文）。某些情况下，诸如对象管理器、安全引用监视器（SRM）和配置管理器等内置内核组件会使用一些此类插槽，而其他插槽主要会被内置驱动程序（如WinSock的辅助功能驱动程序Afd.sys）所使用。

与处理服务器Silo共享的用户数据时的做法类似，各种组件和API通过更新已经可以通过从相关Silo的上下文，而非原本使用的全局内核变量来获取数据，借此访问所需数据。例如，因为每个容器都承载了自己的Lsass.exe进程，并且内核的SRM需要拥有到Lsass.exe进程的句柄（有关Lsass和SRM的详细内容参见第7章），所以已经无法继续使用全局变量中包含的单一实例（singleton）。因此现在可由SRM查询活跃服务器Silo的Silo上下文来访问句柄，进而从返回的数据结构中得到变量。

而这就引出了几个有趣的问题。主机操作系统本身所运行的Lsass.exe会怎样？SRM

该如何访问句柄？毕竟这一组进程和会话（即会话 0 本身）并没有对应的服务器 Silo。为了解决这个问题，内核开始实现一个根主机 Silo。换句话说，主机本身也被认定为是 Silo 的一部分！但这并不是真正意义上的 Silo，而是为了可以对当前运行的 Silo（哪怕当前没有运行 Silo）正确查询上下文所使用的一种小技巧。这是通过存储一种名为 PspHostSiloGlobals 的全局内核变量实现的，该变量有自己的插槽本地存储数组，以及被内置内核组件使用的其他 Silo 上下文。当使用 NULL 指针调用不同 Silo API 时，这个“NULL”会被视作“无 Silo”，即使用主机 Silo。

实验：转储主机 Silo 的 SRM Silo 上下文

如上所述，尽管 Windows 10 系统可能并未承载任何服务器 Silo，甚至可能是单纯的客户端操作系统，但它依然具备主机 Silo，其中包含了被内核使用的，可感知 Silo 隔离的上下文。Windows 调试器提供的!silo 扩展可配合–g Host 参数，使用!silo –g Host 这样的命令获得类似下列的输出结果。

```
lkd> !silo -g Host
Server silo globals fffff801b73bc580:
                        Default Error Port: ffffb30f25b48080
                        ServiceSessionId  : 0
                        Root Directory    : 00007fff00000000 ''
                        State             : Running
```

在输出结果中，到全局 Silo 的指针应该会包含超级链接，单击即可看到类似下列命令执行和输出结果。

```
lkd> dx -r1 (*((nt!_ESERVERSILO_GLOBALS *)0xfffff801b73bc580))
(*((nt!_ESERVERSILO_GLOBALS *)0xfffff801b73bc580))                 [Type: _
ESERVERSILO_GLOBALS]
    [+0x000] ObSiloState      [Type: _OBP_SILODRIVERSTATE]
    [+0x2e0] SeSiloState      [Type: _SEP_SILOSTATE]
    [+0x310] SeRmSiloState    [Type: _SEP_RM_LSA_CONNECTION_STATE]
    [+0x360] CmSiloState      : 0xffffc308870931b0 [Type: _CMP_SILO_CONTEXT *]
    [+0x368] EtwSiloState     : 0xffffb30f236c4000 [Type: _ETW_SILODRIVERSTATE *]
...
```

随后单击 SeRmSiloState 字段，展开后可以显示大量信息，以及到 Lsass.exe 进程的指针。

```
lkd> dx -r1 ((ntkrnlmp!_SEP_RM_LSA_CONNECTION_STATE *)0xfffff801b73bc890)
((ntkrnlmp!_SEP_RM_LSA_CONNECTION_STATE *)0xfffff801b73bc890) :
0xfffff801b73bc890 [Type: _SEP_RM_LSA_CONNECTION_STATE *]
    [+0x000] LsaProcessHandle : 0xffffffff80000870 [Type: void *]
    [+0x008] LsaCommandPortHandle : 0xffffffff8000087c [Type: void *]
    [+0x010] SepRmThreadHandle : 0x0 [Type: void *]
    [+0x018] RmCommandPortHandle : 0xffffffff80000874 [Type: void *]
```

5. Silo 监视器

如果内核驱动程序有能力添加自己的 Silo 上下文，那么它最开始又该如何知道哪些 Silo 正在执行，并且在启动容器之后又创建了哪些新的 Silo？这是通过 Silo 监视器实现的，

Silo 监视器提供的一组 API 可以接收通知信息，进而了解什么时候创建或终止了服务器 Silo（PsRegisterSiloMonitor、PsStartSiloMonitor、PsUnregisterSiloMonitor），以及有哪些已经存在的 Silo。随后，每个 Silo 监视器可以调用 PsGetSiloMonitorContextSlot 获取自己的插槽索引，并按需将其与 PsInsertSiloContext、PsReplaceSiloContext 和 PsRemoveSiloContext 函数配合使用。借助 PsAllocSiloContextSlot 还可分配更多插槽，但只有当某个组件由于某些情况需要存储两个上下文时才有必要这样做。另外，驱动程序也可以借助 PsInsertPermanentSiloContext 或 PsMakeSiloContextPermanent API 来使用“永久”的 Silo 上下文，但并不进行引用计数，也不会与服务器 Silo 的寿命或所获得的 Silo 上下文数量绑定。一旦被插入，即可使用 PsGetSiloContext 或 PsGetPermanentSiloContext 获取此类 Silo 上下文。

实验：Silo 监视器和上下文

为了解 Silo 监视器的使用方式以及 Silo 上下文的存储方式，我们可以通过使用 WinSock 的辅助功能驱动程序（Afd.sys）及其监视器为例一起来看看。首先转储代表监视器的数据结构。然而，由于未包含在符号文件中，我们只能阅读原始数据。

```
lkd> dps poi(afd!AfdPodMonitor)
ffffe387'a79fc120 ffffe387'a7d760c0
ffffe387'a79fc128 ffffe387'a7b54b60
ffffe387'a79fc130 00000009'00000101
ffffe387'a79fc138 fffff807'be4b5b10 afd!AfdPodSiloCreateCallback
ffffe387'a79fc140 fffff807'be4bee40 afd!AfdPodSiloTerminateCallback
```

随后从主机 Silo 获取插槽（本例中为“9”）。Silo 会将自己的 SLS 存储在一个名为 Storage 的字段中，其中包含了数据结构（插槽项）数组，每个数组保存为一个指针以及一些标志。将索引号乘以 2 获得正确插槽项的偏移量，随后访问第二个字段（+1）获取到上下文指针的指针。

```
lkd> r? @$t0 = (nt!_ESERVERSILO_GLOBALS*)@@masm(nt!PspHostSiloGlobals)
lkd> ?? ((void***)@$t0->Storage)[9 * 2 + 1]
void ** 0xffff988f'ab815941
```

注意，永久标志（0x2）在指针中进行了 OR 运算，使其被屏蔽，随后可以使用!object 扩展来确认这确实是真正的 Silo 上下文。

```
lkd> !object (0xffff988f'ab815941 & -2)
Object: ffff988fab815940 Type: (ffff988faaac9f20) PsSiloContextNonPaged
```

6．服务器 Silo 的创建

在创建服务器 Silo 时，首先会使用一个作业对象，因为如前所述，Silo 是作业对象的一个功能。这是通过标准的 CreateJobObject API 实现的，通过年度更新所进行的更改，该 API 可以关联作业 ID，即 JID。JID 与进程和线程的 ID（PID 和 TID）来自同一个“数据池”，即客户端 ID（Client ID，CID）表。因此 JID 不仅在作业间可确保唯一性，还能保证与其他进程和线程 ID 的唯一性。此外还会自动创建容器 GUID。

随后将使用 SetInformationJobObject API 创建 Silo 信息类。借此即可在代表该作业的 EJOB 执行体对象内部设置 Siloflag，并分配之前我们在 EJOB 的 Storage 成员中看到的 SLS

插槽数组。至此我们就有了一个应用程序 Silo。

随后将使用另一个信息类创建根对象目录命名空间并调用至 SetInformationJobObject。这个新类需要具备 Trusted Computing Base（TCB）特权。由于 Silo 通常只能由 Vmcompute 服务创建，因此这确保了虚拟对象命名空间不会被恶意地用于让应用程序产生混淆并造成潜在破坏。当该命名空间创建完成后，对象管理器会在真正的主机根（\）下创建或打开一个新的 Silo 目录，并附加 JID 进而创建新的虚拟根（如\Silos\148\）。随后还会创建 KernelObjects、ObjectTypes、GLOBALROOT 和 DosDevices 对象。接着会将该根存储为 Silo 上下文，并使用 PsObjectDirectorySiloContextSlot 中定义的任何插槽索引，该索引是由对象管理器在启动时分配的。

接下来需要将该 Silo 转换为服务器 Silo，这是通过再次调用 SetInformationJobObject 并使用另一个信息类实现的。随后会运行内核中的 PspConvertSiloToServerSilo 函数，初始化我们之前通过实验使用!silo 命令转储 PspHostSiloGlobals 时看到的 ESERVERSILO_GLOBALS 结构。借此将初始化 Silo 的共享用户数据、API 集映射、SystemRoot 以及各种 Silo 上下文，例如 SRM 用于识别 Lsass.exe 进程的上下文。进行这个转换的同时，Silo 监视器将完成注册操作并开始回调，进而准备好接收通知，这一过程也可能添加自己的 Silo 上下文数据。

最后一步，需要“启动”这个服务器 Silo，为此需要为它初始化一个新的服务会话。这个会话可以看作该服务器 Silo 的会话 0。这是通过向 Smss SmApiPort 发送 ALPC 消息实现的，消息中包含了到 Vmcompute 所创建作业对象的句柄，当然该对象现在已经成为一个服务器 Silo 作业对象。和创建真正的用户会话时类似，Smss 会为自己创建一个克隆的副本，不过这次会在创建时将副本关联给作业对象。借此即可将新的 Smss 副本附加给服务器 Silo 内所有容器化的元素。Smss 会认为这就是会话 0，并开始承担自己的本职工作，例如启动 Csrss.exe、Wininit.exe、Lsass.exe 等。“启动”过程将照常进行，先启动 Wininit.exe，随后启动服务控制管理器（Services.exe），接着启动所有自动启动的服务，以此类推。随后就可以通过服务器 Silo 执行新应用程序了，应用程序将使用与虚拟服务账户 LUID 关联的下个登录会话来运行，详见前文介绍。

7. 辅助功能

你可能已经注意到了，截至目前的简短介绍还不足以涵盖实际成功“启动”的完整过程。例如，在初始化的过程中，需要创建命名管道 ntsvcs，因而这需要与\Device\NamedPipe 通信，或者需要让 Services.exe 能够看到\Silos\JID\Device\NamedPipe。但根本不存在这样的设备对象！

因此，为了让设备驱动程序能够正常访问，驱动程序还必须了解并注册自己的 Silo 监视器，随后使用通知创建自己的每 Silo 设备对象。内核提供的 API——PsAttachSiloToCurrentThread（以及对应的 PsDetachSiloFromCurrentThread）可以暂时设置 Silo 的 ETHREAD 对象字段传入作业对象。但这会导致所有访问，包括对象管理器的访问，都被视作来自 Silo 本身。例如命名管道驱动程序可以使用这种功能在\Device 命名空间下创建 NamedPipe 对象，但实际上会被包含在\Silos\JID\中。

另一个问题在于，如果启动的应用程序实际上是一种“服务”会话，那么又该如何与之交互并处理输入和输出？首先有一个很重要的问题，Windows 容器中启动的应用程序不能也无法提供GUI，并且不能通过远程桌面（Remote Desktop，RDP）来访问容器。因此只能执行命令行应用程序。但这类应用程序通常也需要“交互式”会话。这又是如何做到的？秘密在于CExecSvc.exe这个特殊的主机进程，它实现了容器执行服务。该服务可以使用命名管道与主机中运行的Docker和Vmcompute服务通信，并用于在会话中启动真正的容器化应用程序。它还可以模拟通常由Conhost.exe提供的控制台功能，通过管道的方式将输入和输出传递至一开始在主机上执行Dock命令时所用命令提示符（或PowerShell）窗口的命名管道。我们在使用诸如dockercp等命令跨越容器传输文件时也用到了这个服务。

8. 容器模板

在创建Silo时，就算已经考虑到驱动程序可能创建的所有设备对象，内核以及其他组件依然可能创建数不胜数的其他对象，会话0中运行的服务需要能与其通信，反之亦然。在用户模式下，并不存在能够满足组件这种需求的Silo监视器系统，而迫使每个驱动程序创建特殊的设备对象来代表每个Silo，这种做法意义不大。

如果某个Silo需要通过声卡来播放声音，此时并不需要用不同的设备对象来代表每个其他Silo以及主机自己可以使用的声卡。只有在某些情况下这样做才是有必要的，例如在需要对每个Silo对象进行音频隔离时。AFD也是类似的例子，虽然它使用了Silo监视器，但其目的在于确定承载DNS客户端的用户模式服务，进而为内核模式DNS请求提供服务，这也是为了实现每个Silo隔离，而非为了创建独立的\Silos\JID\Device\Afd对象，因为系统中只有一个网络/Winsock栈。

除了驱动程序和对象，注册表同样包含大量全局信息，必须能跨Silo可见和存在，并在此基础上由VReg组件实现所需的沙盒隔离。

为了支持这些需求，你可使用一种特殊容器模板文件来定义Silo命名空间、注册表和文件系统。在通过添加/删除Windows功能对话框启用Windows容器功能后，该文件将默认保存在%SystemRoot%\System32\Containers\wsc.def目录下。该文件描述了对象管理器、注册表命名空间以及相关规则，并可按需定义到主机上真实对象的符号链接。此外该文件还描述了要使用的作业对象、卷挂载点和网络隔离策略。理论上，Windows操作系统未来对Silo对象的使用还可支持通过不同模板文件提供其他类型的容器化环境。下列例子展示了启用容器功能的系统中的wsc.def文件摘要片段。

```
<!-- This is a silo definition file for cmdserver.exe -->
<container>
    <namespace>
        <ob shadow="false">
            <symlink name="FileSystem" path="\FileSystem" scope="Global" />
            <symlink name="PdcPort" path="\PdcPort" scope="Global" />
            <symlink name="SeRmCommandPort" path="\SeRmCommandPort" scope="Global" />
            <symlink name="Registry" path="\Registry" scope="Global" />
            <symlink name="Driver" path="\Driver" scope="Global" />
            <objdir name="BaseNamedObjects" clonesd="\BaseNamedObjects" shadow="false"/>
            <objdir name="GLOBAL??" clonesd="\GLOBAL??" shadow="false">
                <!-- Needed to map directories from the host -->
                <symlink name="ContainerMappedDirectories" path="\
ContainerMappedDirectories" scope="Local" />
```

```
                <!-- Valid links to \Device -->
                <symlink name="WMIDataDevice" path="\Device\WMIDataDevice" scope=
"Local"/>
                <symlink name="UNC" path="\Device\Mup" scope="Local" />
    ...
            </objdir>
            <objdir name="Device" clonesd="\Device" shadow="false">
                <symlink name="Afd" path="\Device\Afd" scope="Global" />
                <symlink name="ahcache" path="\Device\ahcache" scope="Global" />
                <symlink name="CNG" path="\Device\CNG" scope="Global" />
                <symlink name="ConDrv" path="\Device\ConDrv" scope="Global" />
    ...
        <registry>
            <load
                key="$SiloHivesRoot$\Silo$TopLayerName$Software_Base"
                path="$TopLayerPath$\Hives\Software_Base"
                ReadOnly="true"
                />
    ...
                <mkkey
                    name="ControlSet001"
                    clonesd="\REGISTRY\Machine\SYSTEM\ControlSet001"
                    />
                <mkkey
                    name="ControlSet001\Control"
                    clonesd="\REGISTRY\Machine\SYSTEM\ControlSet001\Control"
                    />
```

3.10 小结

本章介绍了进程结构，包括创建和销毁进程的方式。我们还了解了如何使用作业将一组进程作为一个单位进行管理，以及如何使用服务器 Silo 拓展 Windows Server 对容器的支持。第 4 章将深入介绍线程，你将了解到线程的结构和运作，线程的执行调度，以及操作和使用线程的不同方式。

第4章 线程

本章将介绍 Windows 中与线程和线程调度有关的数据结构与算法。首先介绍如何创建线程，随后介绍线程的内部机理和线程调度。最后，本章还将讨论线程池这个概念。

4.1 创建线程

在讨论用于管理线程的内部结构之前，首先来看看如何从 API 的角度创建线程，以及这一过程所涉及的步骤和参数。

用户模式下，最简单的线程创建函数是 CreateThread。该函数可以在当前进程中创建线程，并可以接受下列参数。

（1）**可选的安全属性结构**。决定了要附加给新建线程的安全描述符，此外还决定了是否以可继承的方式创建线程句柄（句柄的继承详见卷 2 第 8 章）。

（2）**可选的栈大小**。如果指定为零，将采用可执行文件文件头的默认大小。这一点将始终适用于用户模式下进程中创建的第一个线程。（线程的栈的相关内容见第 5 章。）

（3）**一个函数指针**。将充当新线程执行所需的入口点。

（4）**一个可选参数**。将传递给线程的函数。

（5）**可选标志**。可用一个标志控制该线程是否以挂起的状态（CREATE_SUSPENDED）启动，其他标志控制了有关栈大小参数的解释（初始已提交大小或最大保留大小）。

一旦创建完成，系统会为这个新线程返回非零句柄，并且如果调用方请求，还将返回唯一的线程 ID。

CreateRemoteThread 则是一种扩展的线程创建函数。该函数可接受一个额外的参数（第一个），该参数是一种句柄，指向要将该线程创建到的目标进程。我们可以使用该函数将线程注入其他进程。这种技术的一种常见用法是供调试器强制中断被调试的进程。调试器注入该线程，即可立即调用 DebugBreak 函数产生断点。该技术的另一种常见用法是让一个进程获得其他进程的内部信息，如果该进程在目标进程的上下文中运行（例如整个地址空间都是可见的），这一点将更容易实现。这种方式将可以用在合法和恶意用途中。

为了让 CreateRemoteThread 能够正常工作，进程句柄必须已经具备执行此类操作所需的足够访问权限。作为一种极端范例，受保护进程就无法通过这种方式注入，因为所获得的到此类进程的句柄只能提供非常有限的权限。

最后还有个 CreateRemoteThreadEx 函数值得一提，它是 CreateThread 和 CreateRemoteThread 的超集。其实 CreateThread 和 CreateRemoteThread 也是通过相应默认值调用 CreateRemoteThreadEx 实现的。CreateRemoteThreadEx 额外增加了提供属性列表（类似于 STARTUPINFOEX 结构的角色，但在创建进程时除了 STARTUPINFO 还有一个额外成员）的能力。这类属性的范例包括设置理想处理器和组相关性（均在本章下文讨论）。

如果一切顺利，CreateRemoteThreadEx 最终将调用 Ntdll.dll 中的 NtCreateThreadEx。通常这会导致转换至内核模式，并继续在执行体函数 NtCreateThreadEx 中执行。在这里，会执行线程创建过程中内核模式的工作（见 4.2.2 节）。

在内核模式创建线程是通过 PsCreateSystemThread 函数（WDK 中提供了文档）实现的。对于需要在系统进程中以独立方式（即不与任何特定进程相关联）工作的驱动程序，该函数非常有用。从技术上来看，该函数可用于在任何进程中创建线程，不过这一点对驱动程序而言并不是很有用。

内核线程的退出函数并不能自动销毁线程对象。相反，驱动程序必须在线程函数中调用 PsTerminateSystemThread 才能正确地终止线程。因此该函数永远不会返回任何结果。

4.2 线程的内部机理

本节将讨论内核（以及某些情况下在用户模式状态中）中管理线程所用的内部结构。除非明确说明，否则可以假设本节的所有内容均同时适用于用户模式的线程和内核模式的系统线程。

4.2.1 数据结构

在操作系统层面上，Windows 线程可以由执行体线程对象代表。该执行体线程对象的内部封装了一个 ETHREAD 结构，该结构所包含的第一个成员便是 KTHREAD 结构。具体情况如图 4-1（ETHREAD）和图 4-2（KTHREAD）所示。ETHREAD 结构和它指向的其他结构均位于系统地址空间内。唯一的例外是线程环境块（Thread Environment Block，TEB），它位于进程地址空间内（类似于 PEB，因为用户模式组件需要访问它）。

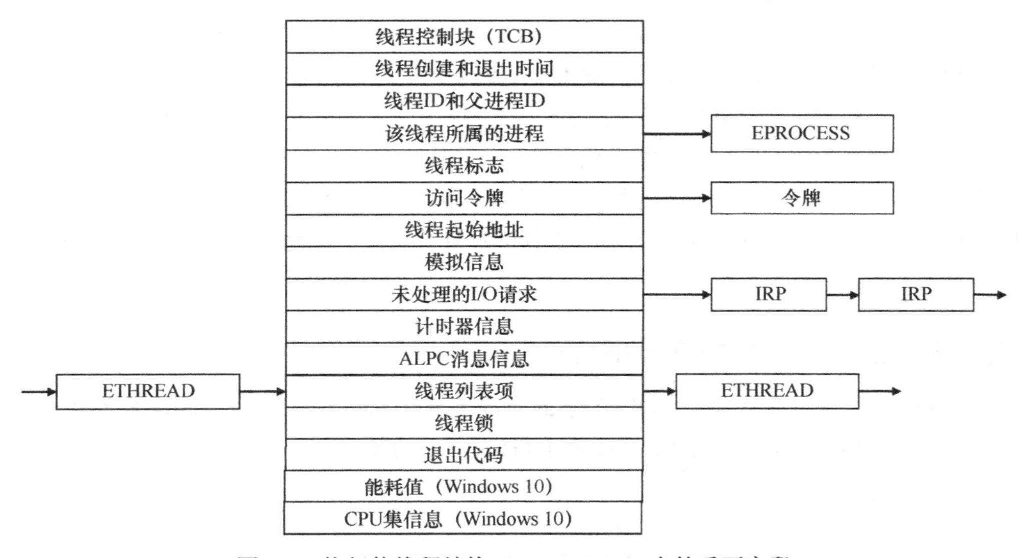

图 4-1 执行体线程结构（ETHREAD）中的重要字段

Windows 子系统进程（Csrss）为 Windows 子系统应用程序中创建的每个线程维护了一种名为 CSR_THREAD 的并行结构。对于已经调用了 Windows 子系统 USER 或 GDI 函数的线程，Windows 子系统的内核模式部分（Win32k.sys）还维护了一种每个线程数据结构（W32THREAD），KTHREAD 结构会指向该数据结构。

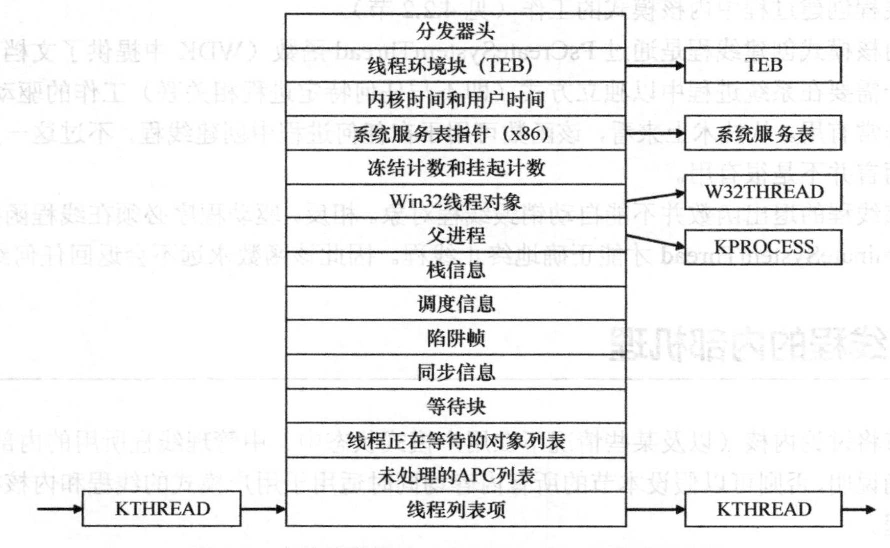

图 4-2　内核线程结构（KTHREAD）中的重要字段

注意　执行体、高级、图形相关 Win32k 线程结构由 KTHREAD 指向，而非由 ETHREAD 指向，这看起来更像是对层级关系的违反，或标准内核抽象架构的疏忽。调度器和其他底层组件并不使用该字段。

图 4-1 所示的大部分字段的含义都很明确。ETHREAD 的第一个成员是线程控制块（Thread Control Block，TCB），这是一种类型为 KTHREAD 的结构。随后是线程标识信息、进程标识信息（包含了到所有者进程的指针，这样才可以访问环境信息）、指针形式的安全信息（用于访问令牌并模拟信息）、与异步本地过程调用（ALPC）消息有关的字段、挂起的 I/O 请求（I/O Request Packet，IRP）、Windows 10 独有的与电源管理有关的字段（见第 6 章）以及 CPU 集。本书其他章节会详细介绍上述部分重要字段。如果希望了解 ETHREAD 结构内部构造的更多细节，可使用内核模式调试器的 dt 命令查看该结构的格式。

随后，我们进一步看看前文提到的 ETHREAD 和 KTHREAD 这两个重要的线程数据结构。KTHREAD 结构（是 ETHREAD 的 Tcb 成员）包含了 Windows 内核执行线程调度、同步和计时功能所需的信息。

实验：显示 ETHREAD 和 KTHREAD 结构

我们可以在内核模式调试器中使用 dt 命令显示 ETHREAD 和 KTHREAD 结构。下列输出显示了 64 位 Windows 10 系统中 ETHREAD 的格式。

```
lkd> dt nt!_ethread
   +0x000 Tcb              : _KTHREAD
   +0x5d8 CreateTime       : _LARGE_INTEGER
   +0x5e0 ExitTime         : _LARGE_INTEGER
...
   +0x7a0 EnergyValues     : Ptr64 _THREAD_ENERGY_VALUES
```

```
    +0x7a8 CmCellReferences : Uint4B
    +0x7b0 SelectedCpuSets  : Uint8B
    +0x7b0 SelectedCpuSetsIndirect : Ptr64 Uint8B
    +0x7b8 Silo             : Ptr64 _EJOB
```

我们也可以用类似命令显示 KTHREAD 的结构，或像第 3 章中的“展示 EPROCESS 结构的格式”实验那样使用 dt nt!_ETHREAD Tcb 命令。

```
lkd> dt nt!_kthread
    +0x000 Header               : _DISPATCHER_HEADER
    +0x018 SListFaultAddress : Ptr64 Void
    +0x020 QuantumTarget        : Uint8B
    +0x028 InitialStack         : Ptr64 Void
    +0x030 StackLimit           : Ptr64 Void
    +0x038 StackBase            : Ptr64 Void
    +0x040 ThreadLock           : Uint8B
    +0x048 CycleTime            : Uint8B
    +0x050 CurrentRunTime       : Uint4B
...
    +0x5a0 ReadOperationCount   : Int8B
    +0x5a8 WriteOperationCount : Int8B
    +0x5b0 OtherOperationCount : Int8B
    +0x5b8 ReadTransferCount    : Int8B
    +0x5c0 WriteTransferCount   : Int8B
    +0x5c8 OtherTransferCount   : Int8B
    +0x5d0 QueuedScb            : Ptr64 _KSCB
```

实验：使用内核模式调试器的!thread 命令

内核模式调试器的!thread 命令可转储线程数据结构中的信息子集。内核模式调试器所输出的一些关键信息元素是任何工具都无法显示的，这些信息如下。

（1）内部结构地址。

（2）优先级细节。

（3）栈信息。

（4）挂起的 I/O 请求列表。

（5）对于等待状态的线程正在等待线程对象列表。

若要显示这些线程信息，可使用!process 命令（可在显示了进程信息后，显示该进程中的所有线程）或使用!thread 命令并附加线程对象地址，以显示特定线程的信息。

例如，可以试着显示 explorer.exe 的所有实例。

```
lkd> !process 0 0 explorer.exe
PROCESS ffffe00017f3e7c0
    SessionId: 1  Cid: 0b7c    Peb: 00291000  ParentCid: 0c34
    DirBase: 19b264000  ObjectTable: ffffc00007268cc0  HandleCount: 2248.
    Image: explorer.exe

PROCESS ffffe00018c817c0
    SessionId: 1  Cid: 23b0    Peb: 00256000  ParentCid: 03f0
    DirBase: 2d4010000  ObjectTable: ffffc0001aef0480  HandleCount: 2208.
    Image: explorer.exe
```

随后选中一个实例并显示它的所有线程。

```
lkd> !process ffffe00018c817c0 2
PROCESS ffffe00018c817c0
    SessionId: 1  Cid: 23b0    Peb: 00256000  ParentCid: 03f0
    DirBase: 2d4010000  ObjectTable: ffffc0001aef0480  HandleCount: 2232.
    Image: explorer.exe
        THREAD ffffe0001ac3c080 Cid 23b0.2b88 Teb: 0000000000257000 Win32Thread:
ffffe0001570ca20 WAIT: (UserRequest) UserMode Non-Alertable
            ffffe0001b6eb470 SynchronizationEvent

        THREAD ffffe0001af10800 Cid 23b0.2f40 Teb: 0000000000265000 Win32Thread:
ffffe000156688a0 WAIT: (UserRequest) UserMode Non-Alertable
            ffffe000172ad4f0 SynchronizationEvent
            ffffe0001ac26420 SynchronizationEvent

        THREAD ffffe0001b69a080 Cid 23b0.2f4c Teb: 0000000000267000 Win32Thread:
ffffe000192c5350 WAIT: (UserRequest) UserMode Non-Alertable
            ffffe00018d83c00 SynchronizationEvent
            ffffe0001552ff40 SynchronizationEvent
...
        THREAD ffffe00023422080 Cid 23b0.3d8c Teb: 00000000003cf000 Win32Thread:
ffffe0001eccd790 WAIT: (WrQueue) UserMode Alertable
            ffffe0001aec9080 QueueObject

        THREAD ffffe00023f23080 Cid 23b0.3af8 Teb: 00000000003d1000 Win32Thread:
0000000000000000 WAIT: (WrQueue) UserMode Alertable
            ffffe0001aec9080 QueueObject

        THREAD ffffe000230bf800 Cid 23b0.2d6c Teb: 00000000003d3000 Win32Thread:
0000000000000000 WAIT: (WrQueue) UserMode Alertable
            ffffe0001aec9080 QueueObject

        THREAD ffffe0001f0b5800 Cid 23b0.3398 Teb: 00000000003e3000 Win32Thread:
0000000000000000 WAIT: (UserRequest) UserMode Alertable
            ffffe0001d19d790 SynchronizationEvent
            ffffe00022b42660 SynchronizationTimer
```

为了节约篇幅，线程列表已进行了截断。每个线程都显示了可传递给!thread 命令的地址（ETHREAD），以及客户端 ID（CID），即进程 ID 和线程 ID（上述所有线程的进程 ID 均相同，因为它们都属于同一个 explorer.exe 进程）、线程环境块（TEB，随后介绍）以及线程状态（大部分应处于等待状态，等待原因会显示在括号内）。随后一行可能会显示该线程等待的同步对象列表。

要查看与特定线程有关的更多信息，请将其地址传递给!thread 命令。

```
lkd> !thread ffffe0001d45d800
THREAD ffffe0001d45d800 Cid 23b0.452c Teb: 000000000026d000 Win32Thread:
ffffe0001aace630 WAIT: (UserRequest) UserMode Non-Alertable
    ffffe00023678350  NotificationEvent
    ffffe00022aeb370  Semaphore Limit 0xffff
    ffffe000225645b0  SynchronizationEvent
Not impersonating
DeviceMap                 ffffc00004f7ddb0
Owning Process            ffffe00018c817c0       Image:         explorer.exe
Attached Process          N/A            Image:         N/A
```

```
Wait Start TickCount        7233205       Ticks: 270 (0:00:00:04.218)
Context Switch Count        6570          IdealProcessor: 7
UserTime                    00:00:00.078
KernelTime                  00:00:00.046
Win32 Start Address 0c
Stack Init ffffd000271d4c90 Current ffffd000271d3f80
Base ffffd000271d5000 Limit ffffd000271cf000 Call 0000000000000000
Priority 9 BasePriority 8 PriorityDecrement 0 IoPriority 2 PagePriority 5
GetContextState failed, 0x80004001
Unable to get current machine context, HRESULT 0x80004001
Child-SP          RetAddr           : Args to Child                       : Call Site
ffffd000'271d3fc0 fffff803'bef086ca : 00000000'00000000 00000000'00000001
00000000'00000000 00000000'00000000 : nt!KiSwapContext+0x76
ffffd000'271d4100 fffff803'bef08159 : ffffe000'1d45d800 fffff803'00000000
ffffe000'1aec9080 00000000'0000000f : nt!KiSwapThread+0x15a
ffffd000'271d41b0 fffff803'bef09cfe : 00000000'00000000 00000000'00000000
ffffe000'0000000f 00000000'00000003 : nt!KiCommitThreadWait+0x149
ffffd000'271d4240 fffff803'bf2a445d : ffffd000'00000003 ffffd000'271d43c0
00000000'00000000 fffff960'00000006 : nt!KeWaitForMultipleObjects+0x24e
ffffd000'271d4300 fffff803'bf2fa246 : fffff803'bf1a6b40 ffffd000'271d4810
ffffd000'271d4858 ffffe000'20aeca60 : nt!ObWaitForMultipleObjects+0x2bd
ffffd000'271d4810 fffff803'befdefa3 : 00000000'00000fa0 fffff803'bef02aad
ffffe000'1d45d800 00000000'1e22f198 : nt!NtWaitForMultipleObjects+0xf6
ffffd000'271d4a90 00007ffe'f42b5c24 : 00000000'00000000 00000000'00000000
00000000'00000000 00000000'00000000 : nt!KiSystemServiceCopyEnd+0x13 (TrapFrame @
ffffd000'271d4b00)
00000000'1e22f178 00000000'00000000 : 00000000'00000000 00000000'00000000
00000000'00000000 00000000'00000000 : 0x00007ffe'f42b5c24
```

关于线程的信息还有很多，例如其优先级、堆详细信息、用户和内核时间等。本章以及后续的第 5 章和第 6 章还将详细介绍这些概念。

实验：使用 tlist 查看线程信息

下列输出结果来自 Windows 调试工具中的 tlist 工具所生成的进程信息。（请务必运行与目标进程相同“位数”的 tlist 工具。）请注意线程列表中显示的 Win32StartAddr，这是由应用程序传递给 CreateThread 函数的地址。所有其他能够显示线程启动地址的工具（Process Explorer 除外）都会显示真正的启动地址（Ntdll.dll 中的一个函数），而非应用程序指定的启动地址。

下列输出来自针对 Word 2016 运行 tlist 的结果（有截断）。

```
C:\Dbg\x86>tlist winword
 120 WINWORD.EXE      Chapter04.docm - Word
   CWD:     C:\Users\pavely\Documents\
   CmdLine: "C:\Program Files (x86)\Microsoft Office\Root\Office16\WINWORD.EXE" /n
"D:\OneDrive\WindowsInternalsBook\7thEdition\Chapter04\Chapter04.docm
   VirtualSize:    778012 KB   PeakVirtualSize:    832680 KB
   WorkingSetSize:185336 KB   PeakWorkingSetSize:227144 KB
   NumberOfThreads: 45
   12132 Win32StartAddr:0x00921000 LastErr:0x00000000 State:Waiting
   15540 Win32StartAddr:0x6cc2fdd8 LastErr:0x00000000 State:Waiting
   7096 Win32StartAddr:0x6cc3c6b2 LastErr:0x00000006 State:Waiting
   17696 Win32StartAddr:0x77c1c6d0 LastErr:0x00000000 State:Waiting
   17492 Win32StartAddr:0x77c1c6d0 LastErr:0x00000000 State:Waiting
```

```
    4052 Win32StartAddr:0x70aa5cf7 LastErr:0x00000000 State:Waiting
    14096 Win32StartAddr:0x70aa41d4 LastErr:0x00000000 State:Waiting
    6220 Win32StartAddr:0x70aa41d4 LastErr:0x00000000 State:Waiting
    7204 Win32StartAddr:0x77c1c6d0 LastErr:0x00000000 State:Waiting
    1196 Win32StartAddr:0x6ea016c0 LastErr:0x00000057 State:Waiting
    8848 Win32StartAddr:0x70aa41d4 LastErr:0x00000000 State:Waiting
    3352 Win32StartAddr:0x77c1c6d0 LastErr:0x00000000 State:Waiting
    11612 Win32StartAddr:0x77c1c6d0 LastErr:0x00000000 State:Waiting
    17420 Win32StartAddr:0x77c1c6d0 LastErr:0x00000000 State:Waiting
    13612 Win32StartAddr:0x77c1c6d0 LastErr:0x00000000 State:Waiting
    15052 Win32StartAddr:0x77c1c6d0 LastErr:0x00000000 State:Waiting
    ...
    12080 Win32StartAddr:0x77c1c6d0 LastErr:0x00000000 State:Waiting
    9456 Win32StartAddr:0x77c1c6d0 LastErr:0x00002f94 State:Waiting
    9808 Win32StartAddr:0x77c1c6d0 LastErr:0x00000000 State:Waiting
    16208 Win32StartAddr:0x77c1c6d0 LastErr:0x00000000 State:Waiting
    9396 Win32StartAddr:0x77c1c6d0 LastErr:0x00000000 State:Waiting
    2688 Win32StartAddr:0x70aa41d4 LastErr:0x00000000 State:Waiting
    9100 Win32StartAddr:0x70aa41d4 LastErr:0x00000000 State:Waiting
    18364 Win32StartAddr:0x70aa41d4 LastErr:0x00000000 State:Waiting
    11180 Win32StartAddr:0x70aa41d4 LastErr:0x00000000 State:Waiting
  16.0.6741.2037 shp 0x00920000 C:\Program Files (x86)\Microsoft Office\Root\
Office16\WINWORD.EXE
  10.0.10586.122 shp 0x77BF0000 C:\windows\SYSTEM32\ntdll.dll
    10.0.10586.0 shp 0x75540000 C:\windows\SYSTEM32\KERNEL32.DLL
  10.0.10586.162 shp 0x77850000 C:\windows\SYSTEM32\KERNELBASE.dll
   10.0.10586.63 shp 0x75AF0000 C:\windows\SYSTEM32\ADVAPI32.dll
...
    10.0.10586.0 shp 0x68540000 C:\Windows\SYSTEM32\VssTrace.DLL
    10.0.10586.0 shp 0x5C390000 C:\Windows\SYSTEM32\adsldpc.dll
  10.0.10586.122 shp 0x5DE60000 C:\Windows\SYSTEM32\taskschd.dll
    10.0.10586.0 shp 0x5E3F0000 C:\Windows\SYSTEM32\srmstormod.dll
    10.0.10586.0 shp 0x5DCA0000 C:\Windows\SYSTEM32\srmscan.dll
    10.0.10586.0 shp 0x5D2E0000 C:\Windows\SYSTEM32\msdrm.dll
    10.0.10586.0 shp 0x711E0000 C:\Windows\SYSTEM32\srm_ps.dll
    10.0.10586.0 shp 0x56680000 C:\windows\System32\OpcServices.dll
                     0x5D240000 C:\Program Files (x86)\Common Files\Microsoft
Shared\Office16\WXPNSE.DLL
  16.0.6701.1023 shp 0x77E80000 C:\Program Files (x86)\Microsoft Office\Root\
Office16\GROOVEEX.DLL
    10.0.10586.0 shp 0x693F0000 C:\windows\system32\dataexchange.dll
```

图 4-3 所示的 TEB 是本节介绍的一种，位于进程地址空间（而非系统空间）中的数据结构。从内部来看，它有一个名为线程信息块（Thread Information Block，TIB）的头部，TIB 的存在主要是为了实现与 OS/2 和 Win9x 应用程序的兼容性。在使用初始 TIB 创建新线程时，还可以借助它将异常和栈信息保存在一个较小的结构中。

TEB 存储了映像加载器和各种 Windows DLL 使用的上下文信息。由于这些组件运行在用户模式下，因此需要一种在用户模式下可写的数据结构。所以该结构存在于进程地址空间，而非系统空间中，毕竟只有从内核模式才可以写入系统空间。我们可以使用内核模式调试器的!thread 命令找到 TEB 的地址。

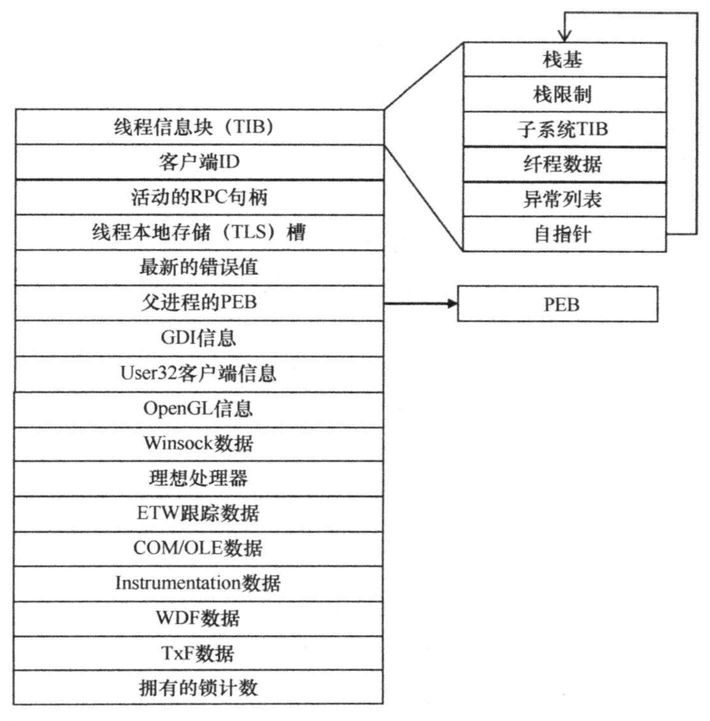

图 4-3 线程环境块（TEB）中的重要字段

实验：查看 TEB

我们可以在内核或用户模式调试器中使用!teb 命令转储 TEB 结构。该命令可单独使用以转储调试器中当前线程的 TEB，或配合 TEB 地址使用以转储其他线程的 TEB。对于内核模式调试器，必须在针对 TEB 地址使用该命令前设置当前进程，这样才能提供正确的进程上下文。

要使用用户模式调试器查看 TEB，请执行如下步骤。（下一个实验将介绍如何通过内核模式调试器查看 TEB。）

（1）打开 WinDbg。

（2）打开 File 菜单并选择 Run Executable。

（3）浏览至 C:\windows\system32\Notepad.exe。调试器会在初始断点处中断。

（4）运行!teb 命令查看当前存在线程的 TEB（下列范例来自 64 位 Windows）。

```
0:000> !teb
TEB at 000000ef125c1000
    ExceptionList:          0000000000000000
    StackBase:              000000ef12290000
    StackLimit:             000000ef1227f000
    SubSystemTib:           0000000000000000
    FiberData:              0000000000001e00
    ArbitraryUserPointer:   0000000000000000
    Self:                   000000ef125c1000
    EnvironmentPointer:     0000000000000000
    ClientId:               00000000000021bc . 0000000000001b74
    RpcHandle:              0000000000000000
```

```
    Tls Storage:           00000266e572b600
    PEB Address:           000000ef125c0000
    LastErrorValue:        0
    LastStatusValue:       0
    Count Owned Locks:     0
    HardErrorMode:         0
```

（5）输入 g 命令或按 F5 键继续运行 Notepad。

（6）在 Notepad 中打开 File 菜单，选择 Open，随后单击 Cancel 按钮，以关闭 Open File 对话框。

（7）按快捷键 Ctrl+Break 或打开 Debug 菜单并选择 Break 以强制中断该进程。

（8）输入～（浪纹线）命令显示进程中的所有线程，应该可以看到类似下列的输出结果。

```
0:005> ~
   0 Id: 21bc.1b74 Suspend: 1 Teb: 000000ef'125c1000 Unfrozen
   1 Id: 21bc.640 Suspend: 1 Teb: 000000ef'125e3000 Unfrozen
   2 Id: 21bc.1a98 Suspend: 1 Teb: 000000ef'125e5000 Unfrozen
   3 Id: 21bc.860 Suspend: 1 Teb: 000000ef'125e7000 Unfrozen
   4 Id: 21bc.28e0 Suspend: 1 Teb: 000000ef'125c9000 Unfrozen
   5 Id: 21bc.23e0 Suspend: 1 Teb: 000000ef'12400000 Unfrozen
   6 Id: 21bc.244c Suspend: 1 Teb: 000000ef'125eb000 Unfrozen
   7 Id: 21bc.168c Suspend: 1 Teb: 000000ef'125ed000 Unfrozen
   8 Id: 21bc.1c90 Suspend: 1 Teb: 000000ef'125ef000 Unfrozen
   9 Id: 21bc.1558 Suspend: 1 Teb: 000000ef'125f1000 Unfrozen
  10 Id: 21bc.a64 Suspend: 1 Teb: 000000ef'125f3000 Unfrozen
  11 Id: 21bc.20c4 Suspend: 1 Teb: 000000ef'125f5000 Unfrozen
  12 Id: 21bc.1524 Suspend: 1 Teb: 000000ef'125f7000 Unfrozen
  13 Id: 21bc.1738 Suspend: 1 Teb: 000000ef'125f9000 Unfrozen
  14 Id: 21bc.f48 Suspend: 1 Teb: 000000ef'125fb000 Unfrozen
  15 Id: 21bc.17bc Suspend: 1 Teb: 000000ef'125fd000 Unfrozen
```

（9）每个线程都显示了自己的 TEB 地址。我们可以为!teb 命令指定 TEB 地址来查看对应的线程信息。例如，对上述结果中的线程 9 进一步查看可获得如下信息。

```
0:005> !teb 000000ef'125f1000
TEB at 000000ef125f1000
    ExceptionList:          0000000000000000
    StackBase:              000000ef13400000
    StackLimit:             000000ef133ef000
    SubSystemTib:           0000000000000000
    FiberData:              0000000000001e00
    ArbitraryUserPointer:   0000000000000000
    Self:                   000000ef125f1000
    EnvironmentPointer:     0000000000000000
    ClientId:               00000000000021bc . 0000000000001558
    RpcHandle:              0000000000000000
    Tls Storage:            00000266ea1af280
    PEB Address:            000000ef125c0000
    LastErrorValue:         0
    LastStatusValue:        c0000034
    Count Owned Locks:      0
    HardErrorMode:          0
```

（10）当然，我们也可以使用 TEB 地址查看实际的结构（版面有限，下列内容有截断）。

```
0:005> dt ntdll!_teb 000000ef'125f1000
   +0x000 NtTib            : _NT_TIB
   +0x038 EnvironmentPointer : (null)
   +0x040 ClientId         : _CLIENT_ID
   +0x050 ActiveRpcHandle  : (null)
   +0x058 ThreadLocalStoragePointer : 0x00000266'ea1af280 Void
   +0x060 ProcessEnvironmentBlock : 0x000000ef'125c0000 _PEB
   +0x068 LastErrorValue   : 0
   +0x06c CountOfOwnedCriticalSections : 0
...
   +0x1808 LockCount        : 0
   +0x180c WowTebOffset     : 0n0
   +0x1810 ResourceRetValue : 0x00000266'ea2a5e50 Void
   +0x1818 ReservedForWdf   : (null)
   +0x1820 ReservedForCrt   : 0
   +0x1828 EffectiveContainerId : _GUID {00000000-0000-0000-0000-000000000000}
```

实验：使用内核模式调试器查看 TEB

若要用内核模式调试器查看 TEB，可执行如下操作。

（1）找到所关注的线程 TEB 对应的进程。例如查看 explorer.exe 进程并列出其所有线程的基本信息后可看到如下所示的内容（有截断）。

```
lkd> !process 0 2 explorer.exe
PROCESS ffffe0012bea7840
    SessionId: 2 Cid: 10d8    Peb: 00251000 ParentCid: 10bc
    DirBase: 76e12000 ObjectTable: ffffc000e1ca0c80 HandleCount: <Data Not
Accessible>
    Image: explorer.exe

        THREAD ffffe0012bf53080 Cid 10d8.10dc Teb: 0000000000252000
Win32Thread: ffffe0012c1532f0 WAIT: (WrUserRequest) UserMode Non-Alertable
            ffffe0012c257fe0 SynchronizationEvent

        THREAD ffffe0012a30f080 Cid 10d8.114c Teb: 0000000000266000
Win32Thread: ffffe0012c2e9a20 WAIT: (UserRequest) UserMode Alertable
            ffffe0012bab85d0 SynchronizationEvent

        THREAD ffffe0012c8bd080 Cid 10d8.1178 Teb: 000000000026c000
Win32Thread: ffffe0012a801310 WAIT: (UserRequest) UserMode Alertable
            ffffe0012bfd9250 NotificationEvent
            ffffe0012c9512f0 NotificationEvent
            ffffe0012c876b80 NotificationEvent
            ffffe0012c010fe0 NotificationEvent
            ffffe0012d0ba7e0 NotificationEvent
            ffffe0012cf9d1e0 NotificationEvent
...

        THREAD ffffe0012c8be080 Cid 10d8.1180 Teb: 0000000000270000
Win32Thread: 0000000000000000 WAIT: (UserRequest) UserMode Alertable
            fffff80156946440 NotificationEvent

        THREAD ffffe0012afd4040 Cid 10d8.1184 Teb: 0000000000272000
Win32Thread: ffffe0012c7c53a0 WAIT: (UserRequest) UserMode Non-Alertable
```

```
        ffffe0012a3dafe0 NotificationEvent
        ffffe0012c21ee70 Semaphore Limit 0xffff
        ffffe0012c8db6f0 SynchronizationEvent

    THREAD ffffe0012c88a080 Cid 10d8.1188 Teb: 0000000000274000
Win32Thread: 0000000000000000 WAIT: (UserRequest) UserMode Alertable
        ffffe0012afd4920 NotificationEvent
        ffffe0012c87b480 SynchronizationEvent
        ffffe0012c87b400 SynchronizationEvent
...
```

（2）如果存在多个explorer.exe进程，请随意选择一个并执行下列操作。

（3）每个线程会显示出自己的TEB地址。由于该TEB位于用户空间中，因此这些地址仅在相关进程的上下文内部才有意义。我们需要切换至调试器所见的进程/线程。选择explorer的第一个线程，因为其内核栈很可能就位于物理内存中，否则会出错。

```
lkd> .thread /p ffffe0012bf53080
Implicit thread is now ffffe001'2bf53080
Implicit process is now ffffe001'2bea7840
```

（4）借此即可将上下文切换至指定线程（并可引申至进程）。随后即可为线程显示的TEB地址使用!teb命令。

```
lkd> !teb 0000000000252000
TEB at 0000000000252000
    ExceptionList:          0000000000000000
    StackBase:              00000000000d0000
    StackLimit:             00000000000c2000
    SubSystemTib:           0000000000000000
    FiberData:              0000000000001e00
    ArbitraryUserPointer: 0000000000000000
    Self:                   0000000000252000
    EnvironmentPointer:     0000000000000000
    ClientId:               00000000000010d8 . 00000000000010dc
    RpcHandle:              0000000000000000
    Tls Storage:            000000009f73f30
    PEB Address:            0000000000251000
    LastErrorValue:         0
    LastStatusValue:        c0150008
    Count Owned Locks:      0
    HardErrorMode:          0
```

图4-4所示的CSR_THREAD结构类似于CSR_PROCESS的数据结构，但CSR_THREAD是适用于线程的。大家可能会回想到，这是由会话中的每个Csrss进程维护的，可用于标识其中运行的每个Windows子系统线程。CSR_THREAD存储了Csrss为该线程维护的句

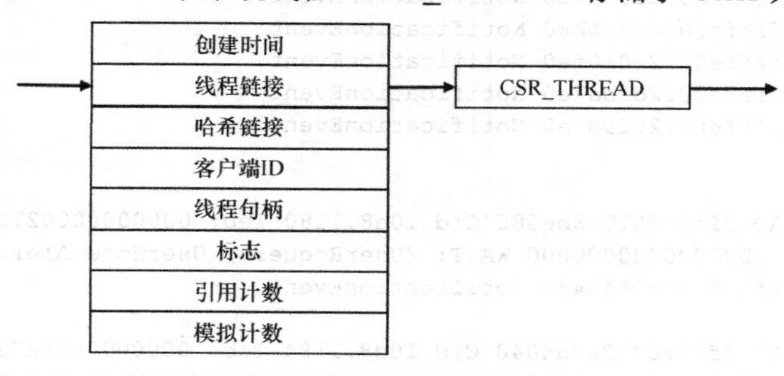

图4-4 CSR线程中的字段

柄、各种标志、客户端 ID（线程 ID 和进程 ID）以及线程创建时间的副本。注意，如果某些 API 需要向 Csrss 告知某种操作或状况，那么线程需要向 Csrss 发送消息，且首次发送时要向 Csrss 注册。

实验：查看 CSR_THREAD

在内核模式调试器中将调试器上下文设置为 Csrss 进程，随后即可使用 dt 命令转储 CSR_THREAD 结构。若要执行该操作，请参考第 3 章的实验“查看 CSR_PROCESS”。在 Windows 10 x64 系统上的输出结果范例如下。

```
lkd> dt csrss!_csr_thread
   +0x000 CreateTime        : _LARGE_INTEGER
   +0x008 Link              : _LIST_ENTRY
   +0x018 HashLinks         : _LIST_ENTRY
   +0x028 ClientId          : _CLIENT_ID
   +0x038 Process           : Ptr64 _CSR_PROCESS
   +0x040 ThreadHandle      : Ptr64 Void
   +0x048 Flags             : Uint4B
   +0x04c ReferenceCount    : Int4B
   +0x050 ImpersonateCount  : Uint4B
```

最后，图 4-5 所示的 W32THREAD 结构类似于 W32PROCESS 的数据结构，但 W32THREAD 是适用于线程的。该结构主要包含对 GDI 子系统（笔刷和设备上下文属性）、DirectX，以及硬件供应商开发用户模式打印机驱动时所用的用户模式打印机驱动（User Mode Print Driver，UMPD）框架有用的信息。最后，它还包含了用于桌面合成和抗走样所需的渲染状态数据。

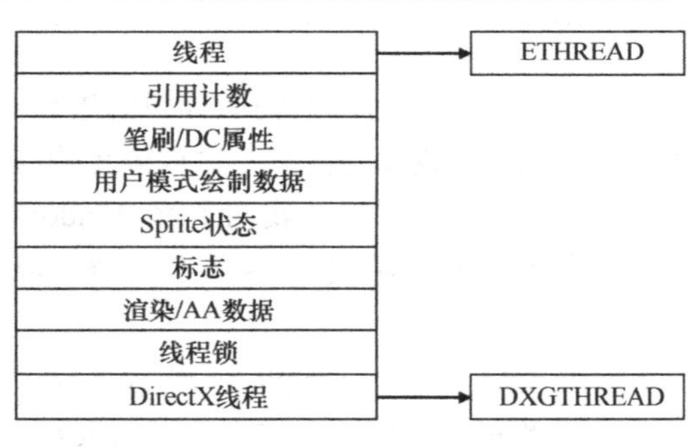

图 4-5 Win32k 线程中的字段

4.2.2 线程的诞生

线程的生命周期始于进程（在某些线程的上下文中，例如运行主函数的线程）创建新线程时。线程创建请求被传送至 Windows 执行体，进程管理器在这里为线程对象分配空间并调用内核初始化线程控制块（KTHREAD）。如前所述，各种线程创建函数最终都将归结于 CreateRemoteThreadEx。创建 Windows 进程的过程中，Kernel32.dll 内部的该函数将执行如下步骤。

（1）该函数将 Windows API 参数转换为原生标志，并构建描述对象参数（OBJECT_ATTRIBUTE 属性）的原生结构，详见卷 2 第 8 章。

（2）构建包含客户端 ID 和 TEB 地址这两个项的属性列表。（有关属性列表的详细介绍见 3.6 节。）

（3）确定该线程是否要创建在调用进程的内部，或是创建到由句柄传入的另一个进程内部。如果该句柄等于 GetCurrentProcess 所返回的伪（pseudo）句柄（值为“-1”），那么就意味着是同一个进程。如果进程句柄不同，此时依然有可能是同一个进程的有效句柄，因此需要调用 NtQueryInformationProcess（位于 Ntdll 中）以确定是否属于这种情况。

（4）调用 NtCreateThreadEx（位于 Ntdll 中）转换至内核模式执行体，并在使用相同名称和参数的函数内继续运行。

（5）NtCreateThreadEx（位于执行体中）创建并初始化用户模式线程上下文（其结构取决于具体架构），随后调用 PspCreateThread 创建一个处于挂起状态的执行体线程对象。（有关该函数所执行步骤的详细介绍，可见 3.6 节中有关第 3 和第 5 阶段的介绍。）随后该函数返回，最终回到用户模式的 CreateRemoteThreadEx。

（6）CreateRemoteThreadEx 为线程分配并行程序集支持所需的激活上下文。随后查询激活栈，以确定是否需要激活，并在需要时进行激活。该激活栈的指针会保存在新线程的 TEB 中。

（7）除非调用方在创建该线程时设置了 CREATE_SUSPENDED 标志，否则至此该线程将恢复，进而可以通过调度参与执行。当线程开始运行后，便会执行 3.6.7 节中所描述的步骤，随后调用实际用户指定的启动地址。

（8）线程句柄和线程 ID 会被返回给调用方。

4.3 查看线程的活动

如果试图判断为何某些运行中的进程（例如 Svchost.exe、Dllhost.exe 或 Lsass.exe）承载了多个服务，或者为何某个进程停止响应了，此时查看线程活动是一种重要的调查手段。

有多种工具可以帮助我们了解 Windows 线程状态的各种元素，例如 WinDbg（用户模式附加和内核调试模式）、性能监视器，以及 Process Explorer。（可显示线程调度信息的工具参见 4.4 节。）

若要使用 Process Explorer 查看进程中的线程，请选择一个进程，双击打开其属性对话框。或者右击进程，并选择 Properties。

随后打开 Threads 选项卡。该选项卡列出了进程中的所有线程，每个线程会显示如下 4 列信息：线程 ID、CPU 占用百分比（基于所配置的刷新间隔）、为线程记录的周期数、线程启动地址。我们可以根据这 4 列进行排序。

新线程会用绿色高亮显示，已退出线程则会用红色高亮显示。（若要配置高亮显示的时间长度，可打开 Options 菜单并选择 Difference Highlight Duration。）如果需要发现进程中不必要的线程创建操作，这将是一种很有用的方法。（一般来说，进程启动时会创建线程，但每次进程内部处理请求时通常不会新建线程。）

选中列表中的线程后，Process Explorer 会显示线程 ID、启动时间、状态、CPU 时间计数、已记录周期数、上下文切换次数、理想处理器和处理器组、I/O 优先级、内存优先级、基准和当前（动态）优先级信息。此外还会显示一个 Kill 按钮，通过该按钮可终止特定线程，但该按钮的使用必须非常慎重。此外还有一个 Suspend 按钮，可阻止该线程继续执行，借此可避免失控的线程继续消耗 CPU 时间。然而该按钮也可能导致死锁，因此与 Kill 按钮一样，使用时必须慎重。最后还可单击 Permissions 按钮查看线程的安全描述符。（有关安全描述符的详细信息请参阅第 7 章。）

与任务管理器和其他所有进程/处理器监视工具不同，Process Explorer 使用了专为统计线程运行时间而设计的时钟周期计数器（具体介绍请参阅本章下文），而非时钟间隔计时器，因此在 Process Explorer 中看到的 CPU 用量会与在其他工具中看到的有较大差异。这是因为很多线程只运行非常短的时间，以至于当时钟间隔计时器发生中断时，它们很难（甚至不可能）恰好成为当前线程。因此它们所使用的大部分 CPU 时间无法准确记录，导致基于时钟的工具只能检测到 CPU 使用量为 0。另一方面，时钟周期总数代表了进程中每个线程实际使用的处理器周期数量，这个数值与时钟间隔计时器的精度无关，因为该数值是由处理器在每个周期内部维持的，并会由 Windows 在每个中断入口进行更新。（并会在上下文切换之前进行最终的累积。）

线程启动地址会显示为module!function 的形式，其中的 module 是.EXE 或.DLL 的名称。函数名取决于对该模块符号文件的访问情况（可参阅第 1 章中的“实验：使用 Process Explorer 查看进程详情”）。如果不确定模块具体是什么，可以单击 Module 按钮打开资源管理器文件属性对话框，其中会显示包含该线程启动地址的模块（例如可能是.EXE 或.DLL）。

注意 对于使用 Windows 的 CreateThread 函数创建的线程，Process Explorer 会显示传递给 CreateThread 的函数，而非真正的线程启动函数。这是因为所有 Windows 线程都是从一个公用的线程启动封装函数（Ntdll.dll 中的 RtlUserThreadStart）启动的。如果 Process Explorer 显示实际的启动地址，则进程中的大部分线程看起来都将是从同一个地址启动的，这对于理解线程所执行的代码没有任何帮助。然而，如果 Process Explorer 无法查询用户定义的启动地址（例如对于受保护进程），则会显示封装函数，此时会看到所有线程都是从 RtlUserThreadStart 启动的。

显示的线程启动地址所提供的信息可能还不足以用来确定线程在做什么，以及进程中的哪些组件导致该线程消耗了 CPU 时间。如果线程启动地址为通用启动函数，例如，函数名完全无法指出该线程实际做了什么时，情况尤为如此。此时可能需要检查线程栈。要查看线程的栈，请双击目标线程（或单击选中并单击 Stack 按钮），Process Explorer 会显示该线程的栈信息（如果线程位于内核模式下，此时会同时显示用户模式和内核模式栈）。

注意 虽然用户模式调试器（WinDbg、Ntsd 和 Cdb）允许我们附加到进程并显示线程的用户栈，但 Process Explorer 可以通过一键单击同时显示用户和内核栈。我们也可以在本地内核调试模式下使用 WinDbg 查看用户和内核栈，随后的两个实验会演示具体做法。

当在 64 位系统上查看以 Wow64 进程（有关 Wow64 的详情请参阅卷 2 第 8 章）方式运行的 32 位进程时，Process Explorer 会同时显示线程的 32 位和 64 位栈。由于在真正的（64 位）系统调用发生时，线程已经切换至 64 位栈和上下文，因此只查看线程的 64 位栈只能了解到一半的实际情况（线程的 64 位部分）以及 Wow64 的形式转换（thunking）代码。因此在检查 Wow64 进程时，请务必同时考虑 32 位和 64 位栈。

实验：使用用户模式调试器查看线程栈

执行下列操作即可将 WinDbg 附加到进程并查看其线程信息和栈。

（1）运行 notepad.exe 和 WinDbg.exe。

（2）在 WinDbg 中打开 File 菜单，选择 Attach to Process。

（3）找到 notepad.exe 实例，单击 OK 按钮以附加。此时调试器会中断 Notepad 的运行。

（4）使用~命令列出进程中的现有线程。每个线程会显示出自己的调试器 ID、客户端 ID（进程 ID 和线程 ID）、挂起计数（大部分时候该数值应该为 1，这是因为断点而挂起的）、TEB 地址，以及是否因为使用了调试器命令而被冻结（frozen）。

```
0:005> ~
   0 Id: 612c.5f68 Suspend: 1 Teb: 00000022'41da2000 Unfrozen
   1 Id: 612c.5564 Suspend: 1 Teb: 00000022'41da4000 Unfrozen
   2 Id: 612c.4f88 Suspend: 1 Teb: 00000022'41da6000 Unfrozen
   3 Id: 612c.5608 Suspend: 1 Teb: 00000022'41da8000 Unfrozen
   4 Id: 612c.cf4 Suspend: 1 Teb: 00000022'41daa000 Unfrozen
.  5 Id: 612c.9f8 Suspend: 1 Teb: 00000022'41db0000 Unfrozen
```

（5）请注意输出结果中第 5 个线程前面的“句点”。这是当前的调试器线程，此时执行 k 命令即可查看调用栈。

```
0:005> k
 # Child-SP          RetAddr           Call Site
00 00000022'421ff7e8 00007ff8'504d9031 ntdll!DbgBreakPoint
01 00000022'421ff7f0 00007ff8'501b8102 ntdll!DbgUiRemoteBreakin+0x51
02 00000022'421ff820 00007ff8'5046c5b4 KERNEL32!BaseThreadInitThunk+0x22
03 00000022'421ff850 00000000'00000000 ntdll!RtlUserThreadStart+0x34
```

（6）调试器将线程注入执行断点指令（DbgBreakPoint）的 Notepad 的进程中。若要查看其他线程的调用栈，请使用~nk 命令，其中 n 是 WinDbg 显示的线程编号。（该操作不会更改当前调试器线程。）例如，对第 2 个线程执行的结果如下。

```
0:005> ~2k
 # Child-SP          RetAddr           Call Site
00 00000022'41f7f9e8 00007ff8'5043b5e8 ntdll!ZwWaitForWorkViaWorkerFactory+0x14
01 00000022'41f7f9f0 00007ff8'501b8102 ntdll!TppWorkerThread+0x298
02 00000022'41f7fe00 00007ff8'5046c5b4 KERNEL32!BaseThreadInitThunk+0x22
03 00000022'41f7fe30 00000000'00000000 ntdll!RtlUserThreadStart+0x34
```

（7）要将调试器切换至另一个线程，请使用~ns 命令（n 是线程编号）。让我们试着切换到线程 0 并查看它的栈。

```
0:005> ~0s
USER32!ZwUserGetMessage+0x14:
00007ff8'502e21d4 c3              ret
0:000> k
 # Child-SP          RetAddr           Call Site
00 00000022'41e7f048 00007ff8'502d3075 USER32!ZwUserGetMessage+0x14
01 00000022'41e7f050 00007ff6'88273bb3 USER32!GetMessageW+0x25
02 00000022'41e7f080 00007ff6'882890b5 notepad!WinMain+0x27b
03 00000022'41e7f180 00007ff8'341229b8 notepad!__mainCRTStartup+0x1ad
04 00000022'41e7f9f0 00007ff8'5046c5b4 KERNEL32!BaseThreadInitThunk+0x22
05 00000022'41e7fa20 00000000'00000000 ntdll!RtlUserThreadStart+0x34
```

（8）注意，尽管线程此时可能位于内核模式下，但用户模式调试器依然可以显示它在用户模式时最后使用的函数（上例中的 ZwUserGetMessage）。

实验：使用本地内核模式调试器查看线程栈

在这个实验中，我们将使用本地内核模式调试器查看线程的栈（用户模式和内核模式栈）。该实验将使用资源管理器的一个线程，但也可以用其他进程或线程自行尝试。

（1）显示 explorer.exe 映像运行的所有进程。（注意，如果在资源管理器选项中启用了 Launch Folder Windows in a Separate Process 选项，可能会看到多个 Explorer 实例。其中一个进程管理桌面和任务栏，其他进程管理资源管理器窗口。）

```
lkd> !process 0 0 explorer.exe
PROCESS ffffe00197398080
    SessionId: 1  Cid: 18a0    Peb: 00320000  ParentCid: 1840
    DirBase: 17c028000   ObjectTable: ffffc000bd4aa880  HandleCount: <Data
Not Accessible>
    Image: explorer.exe

PROCESS ffffe00196039080
    SessionId: 1  Cid: 1f30    Peb: 00290000  ParentCid: 0238
    DirBase: 24cc7b000  ObjectTable: ffffc000bbbef740  HandleCount: <Data
Not Accessible>
    Image: explorer.exe
```

（2）选择一个实例并显示其线程摘要信息。

```
lkd> !process ffffe00196039080 2
PROCESS ffffe00196039080
    SessionId: 1  Cid: 1f30    Peb: 00290000  ParentCid: 0238
    DirBase: 24cc7b000  ObjectTable: ffffc000bbbef740  HandleCount: <Data
Not Accessible>
    Image: explorer.exe

        THREAD ffffe0019758f080 Cid 1f30.0718 Teb: 0000000000291000
Win32Thread: ffffe001972e3220 WAIT: (UserRequest) UserMode Non-Alertable
          ffffe00192c08150 SynchronizationEvent

        THREAD ffffe00198911080 Cid 1f30.1aac Teb: 00000000002a1000
Win32Thread: ffffe001926147e0 WAIT: (UserRequest) UserMode Non-Alertable
          ffffe00197d6e150 SynchronizationEvent
          ffffe001987bf9e0 SynchronizationEvent

        THREAD ffffe00199553080 Cid 1f30.1ad4 Teb: 00000000002b1000
Win32Thread: ffffe0019263c740 WAIT: (UserRequest) UserMode Non-Alertable
          ffffe0019ac6b150 NotificationEvent
          ffffe0019a7da5e0 SynchronizationEvent

        THREAD ffffe0019b6b2800 Cid 1f30.1758 Teb: 00000000002bd000
Win32Thread: 0000000000000000 WAIT: (Suspended) KernelMode Non-Alertable
SuspendCount 1
           ffffe0019b6b2ae0 NotificationEvent
...
```

（3）切换至进程中第一个线程的上下文（也可以选择其他线程）。

```
lkd> .thread /p /r ffffe0019758f080
Implicit thread is now ffffe001'9758f080
Implicit process is now ffffe001'96039080
Loading User Symbols
..............................................
```

（4）随后查看该线程以显示其详细信息和调用栈（输出内容中的地址信息有截断）。

```
lkd> !thread ffffe0019758f080
THREAD ffffe0019758f080  Cid 1f30.0718  Teb: 0000000000291000 Win32Thread :
ffffe001972e3220 WAIT : (UserRequest)UserMode Non - Alertable
ffffe00192c08150 SynchronizationEvent
Not impersonating
DeviceMap                 ffffc000b77f1f30
Owning Process            ffffe00196039080       Image : explorer.exe
Attached Process          N / A          Image : N / A
Wait Start TickCount      17415276       Ticks : 146 (0:00 : 00 : 02.281)
Context Switch Count      2788           IdealProcessor : 4
UserTime                  00 : 00 : 00.031
KernelTime                00 : 00 : 00.000
*** WARNING : Unable to verify checksum for C : \windows\explorer.exe
Win32 Start Address explorer!wWinMainCRTStartup(0x00007ff7b80de4a0)
Stack Init ffffd0002727cc90 Current ffffd0002727bf80
Base ffffd0002727d000 Limit ffffd00027277000 Call 0000000000000000
Priority 8 BasePriority 8 PriorityDecrement 0 IoPriority 2 PagePriority 5

... Call Site
... nt!KiSwapContext + 0x76
... nt!KiSwapThread + 0x15a
... nt!KiCommitThreadWait + 0x149
... nt!KeWaitForSingleObject + 0x375
... nt!ObWaitForMultipleObjects + 0x2bd
... nt!NtWaitForMultipleObjects + 0xf6
... nt!KiSystemServiceCopyEnd + 0x13 (TrapFrame @ ffffd000'2727cb00)
... ntdll!ZwWaitForMultipleObjects + 0x14
... KERNELBASE!WaitForMultipleObjectsEx + 0xef
... USER32!RealMsgWaitForMultipleObjectsEx + 0xdb
... USER32!MsgWaitForMultipleObjectsEx + 0x152
... explorerframe!SHProcessMessagesUntilEventsEx + 0x8a
... explorerframe!SHProcessMessagesUntilEventEx + 0x22
... explorerframe!CExplorerHostCreator::RunHost + 0x6d
... explorer!wWinMain + 0xa04fd
... explorer!__wmainCRTStartup + 0x1d6
```

有关受保护进程中线程的限制

本书第 3 章提到，受保护进程（经典保护或 PPL 保护）在可获得的访问权限方面存在诸多限制，甚至系统中具备最高特权的用户同样会受制于这些限制。这些限制也同样适用于此类进程中运行的线程。这样可以确保受保护进程中实际运行的代码无法被劫持，或通过其他途径被标准 Windows 函数所影响（受保护进程的线程无法获得这些函数所需的访问权限）。实际上，此时唯一可提供的权限为 THREAD_SUSPEND_RESUME 和 THREAD_SET/QUERY_LIMITED_INFORMATION。

实验：使用 Process Explorer 查看受保护进程的线程信息

在这个实验中，我们将查看受保护进程的线程信息。实验步骤如下。

（1）在进程列表中选择任何一个受保护进程或 PPL 进程，例如 Audiodg.exe 或 Csrss.exe 进程。

（2）打开进程的 Properties 对话框，单击 Threads 选项卡，如图 4-6 所示。

（3）此时 Process Explorer 并不显示 Win32 线程启动地址，而是会显示 Ntdll.dll 中

的标准线程启动封装函数。如果单击 Stack 按钮，此时会出现错误信息，因为 Process Explorer 需要读取受保护进程内部的虚拟内存，但针对受保护进程无法执行该操作。

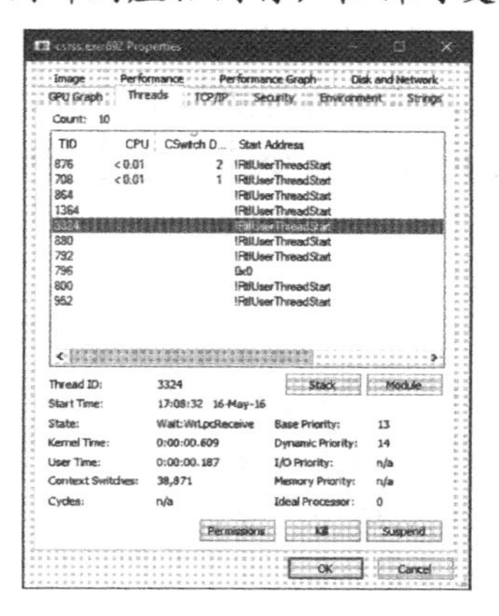

图 4-6 Threads 选项卡

（4）注意，虽然此处显示了基本和动态优先级，但并未显示 I/O 和内存优先级（也未显示 Cycles 信息），这也证明了 THREAD_QUERY_LIMITED_INFORMATION 相对于完整的查询信息访问权限（THREAD_QUERY_INFORMATION），在访问权限方面受到了限制。

（5）试着终止受保护进程中的线程。执行该操作时会注意到出现了另一个访问被拒绝的错误信息，类似于缺乏 THREAD_TERMINATE 访问权限的情况。

4.4 线程的调度

本节将介绍 Windows 调度策略和算法。4.4.1 节将概括介绍 Windows 中调度机制的工作方式和关键术语。随后将分别从 Windows API 和 Windows 内核角度介绍 Windows 的优先级级别。在介绍了与调度有关的 Windows 实用工具后，还将介绍构成 Windows 调度系统的数据结构和算法，并介绍常见的调度场景以及线程选择和进程选择的进行方式。

4.4.1 Windows 调度概述

Windows 实现了一种由优先级驱动的抢占式调度系统。在这个系统中，最高优先级的可运行（就绪）线程将始终运行，但是也要注意，某些做好运行准备的高优先级线程实际可以（或者首选）在哪些处理器上运行，这一点可能会受到某些限制，这种现象也叫作处理器相关性（processor affinity）。处理器相关性是基于特定处理器组来定义的，每个处理器组最多可包含 64 颗处理器。默认情况下，线程只能在进程相关处理器组中的可用处理器上运行。（这是为了维持与老版本 Windows 的兼容性，因为老版 Windows 最多只支持 64 颗处理器。）开发者可以使用相应 API 或在映像头部设置相关性掩码来调整处理器相关性设置，用户也可以通过各种工具在运行或创建进程时更改相关性。然而，虽然一个进程中的多个线程可以关联到不同处理器组，但一个线程本身只能在所分配的处理器组内可用的处理器上运行。此外，开发者可以创建能够感知处理器组的应用程序，借此通过扩展的调度 API，把不同处理器组中的逻辑处理器关联到线程的相关性中。这样做可将进程转换为多处理器组（multigroup）进程，理论上将能在计算机中任何可用处理器上运行其线程。

当一个线程被选中准备运行后，它将可以运行一段长度的时间，这段时间也叫作量程（quantum）。量程是指在轮到其他具备相同优先级的线程运行前，线程可以运行的时间长度。对于不同系统或不同进程，量程的值可能各不相同，主要原因为下列3点之一。

（1）系统配置设置（量程的长短、可变或固定的量程、优先级分离）。

（2）进程的前台或后台状态。

（3）使用作业对象更改量程。

具体情况参见4.4.5节。

由于Windows实现了一种抢占式调度器，线程可能无法完整用完自己的量程。也就是说，如果另一个优先级更高的线程已经就绪可以运行，当前运行的线程很可能会在用完自己的时间片（time slice）之前就被抢占。实际上，对于被选择接下来运行的线程，很可能在它的量程真正开始之前就被抢占。

Windows调度代码是在内核中实现的。然而并不存在单独的“调度器”模块或例程。调度代码分散在整个内核中与调度相关的事件各处。

执行这些工作的例程总称为内核的调度程序（dispatcher）。下列事件可能需要线程调度程序的参与。

（1）线程变为执行就绪状态，例如已经新建完成的线程，或刚从等待状态释放的线程。

（2）量程到期、线程终止、线程放弃执行或进入等待状态，导致线程离开运行状态。

（3）线程优先级发生变化，这可能源自系统服务调用，或Windows自己更改了优先级值。

（4）线程的处理器相关性发生变化，以至于无法在当前处理器上继续运行。

在上述每个交叉点时，Windows必须决定（如果适用的话）在原本运行该线程的逻辑处理器上接下来要运行哪个线程，或者决定接下来用哪颗逻辑处理器运行该线程。逻辑处理器在选择运行一个新线程后，还需要通过上下文切换来切换到新线程。在上下文切换过程中，会保存当前运行中线程所关联的易失性（volatile）处理器状态信息，加载另一个线程的易失性状态信息，然后开始执行新线程。

如前所述，Windows的调度是在线程粒度上进行的。如何理解这种做法的合理性？可以这样想：进程本身并不运行，它只是提供了自己所包含的线程运行所需的资源和上下文。由于调度决策是严格针对线程进行的，因此完全无须考虑这些线程到底归属于哪个进程。举例来说，如果进程A有10个可运行线程，进程B有2个可运行线程，这12个线程的优先级相同，那么理论上，每个线程都可以使用CPU时间总数的1/12。也就是说，Windows并不是将CPU时间总量平均分配给进程A和进程B。

4.4.2 优先级级别

为了理解线程调度算法，首先必须理解Windows所用的优先级级别。Windows内部使用了从0到31这32个优先级级别（31是最高优先级），如图4-7所示。这些值进行了如下划分。

（1）16个实时级别（16到31）。

（2）16个可变级别（0到15），其中级别0是为零页面（zero page）线程保留的（见第5章）。

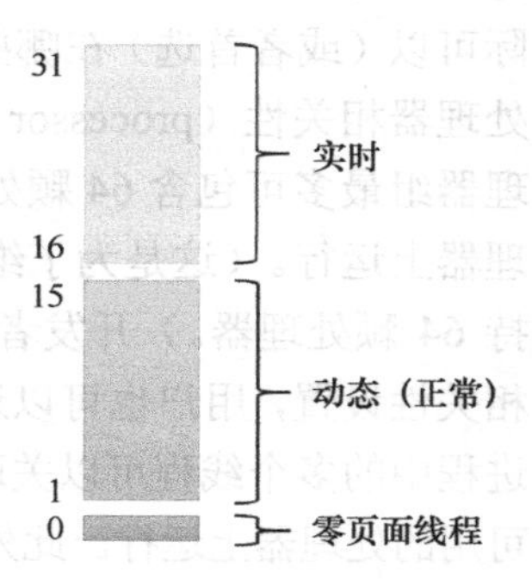

图4-7 线程优先级级别

线程优先级级别可以从 Windows API 和 Windows 内核这两个角度来分配。Windows API 首先根据创建时所分配的优先级类别将线程进行如下分组（数字代表能被内核识别的内部 PROCESS_PRIORITY_CLASS 索引）。

（1）实时（4）。

（2）高（3）。

（3）高于正常（6）。

（4）正常（2）。

（5）低于正常（5）。

（6）空闲（1）。

我们可以使用 SetPriorityClass 这个 Windows API 将进程的优先级类更改为上述一种级别。

随后需要为这些进程中的每个线程分配相对优先级。此时用下列数字代表将要给进程基本优先级应用的优先级增量。

（1）时间关键（15）。

（2）最高（2）。

（3）高于正常（1）。

（4）正常（0）。

（5）低于正常（–1）。

（6）最低（–2）。

（7）空闲（–15）。

“时间关键”和“空闲”级别（+15 和–15）也叫作饱和值，它们代表着真正要应用的级别，而非偏移量。这些值可传递给 SetThreadPriority 这个 Windows API，进而更改线程的相对优先级。

因此在 Windows API 中，每个线程都有基本优先级，这个优先级也是其进程优先级类和相对线程优先级综合作用后的结果。在内核中，进程优先级类会使用 PspPriorityTable 全局数组以及前文提到的 PROCESS_PRIORITY_CLASS 索引转换为基本优先级，进而分别获得 4、8、13、24、6 和 10 这样的优先级。（这是一种无法更改的固定映射。）随后相对线程优先级将作为“差值”应用给基本优先级。例如，一个最高优先级的线程将获得比其进程的基本优先级高两级的线程基本优先级。

这种从 Windows 优先级到内部 Windows 数值优先级之间的映射关系如图 4-8 和表 4-1 所示。

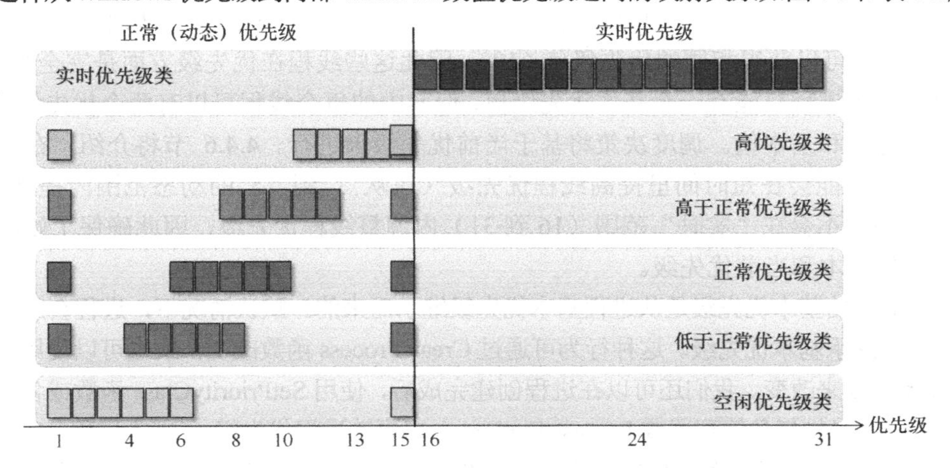

图 4-8 从 Windows API 角度来看，可用线程优先级的图形化展示

表4-1　Windows 内核优先级到 Windows API 的映射关系

优先级类相对优先级	实时	高	高于正常	正常	低于正常	空闲
时间关键（+饱和）	31	15	15	15	15	15
最高（+2）	26	15	12	10	8	6
高于正常（+1）	25	14	11	9	7	5
正常（0）	24	13	10	8	6	4
低于正常（-1）	23	12	9	7	5	3
最低（-2）	22	11	8	6	4	2
空闲（-饱和）	16	1	1	1	1	1

无论进程优先级类是什么，时间关键和空闲这两种相对线程优先级的值会始终不变（除非是实时优先级），见表4-1。这是因为 Windows API 会向内核请求优先级饱和值，为此会传入+16或-16作为所请求的相对优先级。用于计算该值的公式如下（HIGH_PRIORITY 等于31）。

```
If Time-Critical: (HIGH_PRIORITY+1) / 2

If Idle: -(HIGH_PRIORITY+1) / 2
```

随后内核会将这些值视作对饱和值的请求，并在 KTHREAD 中设置 Saturation 字段。对于正数饱和值，这会导致线程在自己的优先级类（动态或实时）的基础上获得可能的最高优先级值；对于负数饱和值，则会获得可能的最低优先级值。此外如果随后通过请求更改了进程的基本优先级，将不会影响到这些线程的基本优先级，因为进程代码中的饱和线程会被跳过。

从 Windows API 的角度来看，线程可以设置7种级别的优先级（“高”优先级类可设置6个类别），见表4-1。“实时”优先级类实际上可以设置介于16和31之间的任何优先级类别（见图4-7）。表中未涉及的标准常数值可通过-7、-6、-5、-4、-3、3、4、5和6这几个值，将其作为 SetThreadPriority 的参数来指定（见4.4.2节中的“实时优先级”）。

无论通过 Windows API（将进程优先级类与相对线程优先级相结合）设置了怎样的线程优先级，对调度器来说，只需要关注最终结果即可。例如，优先级级别10可通过两种方式获得：“正常”优先级类进程（8）与线程相对优先级“最高”（+2）相结合，或“高于正常”优先级类进程（10）与线程相对优先级“正常”（0）相结合。从调度器的角度来看，这些设置可以获得相同的优先级值（10），因此这些线程在优先级方面是完全平等的。

虽然一个进程只能有一个基本优先级值，但其中的每个线程可以有两个优先级值：当前值（动态）和基本值。调度决策将基于当前优先级来进行。4.4.6节将介绍，在某些情况下，系统可能会在短时间里提高线程优先级（在从1到15的动态范围内提高）。但 Windows 绝对不会在“实时”范围（16到31）内调整线程优先级，因此确保了始终可以获得相同的基本和当前优先级。

线程的初始基本优先级是从进程基本优先级继承而来的。默认情况下，进程会从创建自己的进程处继承基本优先级。这种行为可通过 CreateProcess 函数改变，或也可以使用命令行中的 Start 命令来改变。我们还可以在进程创建完成后，使用 SetPriorityClass 函数或各种提供该功能的工具（如任务管理器或 Process Explorer）来更改进程优先级。（右击进程，选择新的优先级类。）例如，可以降低 CPU 密集型进程的优先级，使其不至于影响到常规系统操作。

更改进程的优先级可以增大或降低线程优先级，但线程的相对设置始终保持不变。

通常来说，用户应用程序和服务会以“正常”基本优先级启动，因此其中的初始线程通常会在优先级级别 8 下执行。然而有些 Windows 系统进程（如会话管理器、服务控制管理器、本地安全身份验证进程）的基本进程优先级略高于默认的“正常”类（8）。这个较高的默认值确保了这些进程中的线程启动时会获得比 8 这个默认值更高的优先级。

1. 实时优先级

对于任何应用程序，我们都可以在一个动态范围内提高或降低线程优先级。然而必须具备提高调度优先级特权（SeIncreaseBasePriorityPrivilege）才能在“实时”范围内调整。注意，很多重要的 Windows 内核模式系统线程都运行在“实时”优先级范围内，因此如果有线程在该范围内运行了很长的时间，可能会阻碍到重要的系统功能（例如内存管理器、缓存管理器，或某些设备驱动程序）。

在使用标准 Windows API 的情况下，一旦某个进程进入实时范围，它的所有线程（哪怕空闲线程）也必须运行在这个实时优先级级别下。因此我们不可能通过标准接口将实时和动态线程混合包含在同一个进程中。这是因为 SetThreadPriority API 需要使用 ThreadBasePriority 信息类调用原生 NtSetInformationThread API，而这个信息类只允许在同一个范围内设置优先级。此外，除非请求来自 CSRSS 或另一个实时进程，否则这个信息类只允许在公认的 Windows API 差值−2 到 2（或时间关键和空闲）之间更改优先级。换句话说，这意味着实时进程可以选择介于 16 到 13 之间的任何线程优先级，而（根据前文表格中所示的情况，）标准 Windows API 相对线程优先级的选择会受到一定限制。

如前所述，使用这种特殊值调用 SetThreadPriority 会导致通过 ThreadActualBasePriority 信息类调用 NtSetInformationThread，而该线程的内核基本优先级可直接设置，并可包含实时进程的动态范围。

注意 “实时”这个词并不意味着 Windows 是一种常规意义上的实时操作系统。这是因为 Windows 并未提供真正的实时操作系统基础构造，例如有保障的中断延迟，或让线程获得有保障的执行时间的方式。此处的“实时”仅仅意味着“高于其他一切”。

2. 使用工具更改优先级

我们可以使用任务管理器和 Process Explorer 更改（并查看）进程的基本优先级。此外还可以使用 Process Explorer 终止进程中的某个线程（当然，这种操作必须非常慎重）。

借助性能监视器、Process Explorer 或 WinDbg，我们可以查看每个线程的优先级。调整进程优先级有时候会非常有用，但通常来说，我们没必要调整进程中某个特定线程的优先级，因为只有完全了解某个程序的人（也就是该程序的开发者）才能理解进程中各个线程之间的相对重要性。

为进程指定启动优先级类的唯一方法是在 Windows 命令提示符下使用 Start 命令。如果希望某个程序每次都以特定优先级启动，可以创建一个快捷方式，借此使用 Start 命令并配合 cmd /c 来启动该程序。这样即可运行命令提示符，在命令行下执行命令，随后终止命令提示符。例如，若要以“空闲进程”优先级运行 Notepad，可以使用 cmd /c start /low Notepad.exe 这样的快捷方式。

实验：查看并指定进程和线程的优先级

若要查看并指定进程和线程的优先级，请执行如下操作。

（1）按照正常方式运行 notepad.exe，例如在命令行窗口中输入 Notepad。

（2）打开任务管理器并切换至 Details 选项卡。

（3）添加 Base Priority 列。任务管理器会使用该列显示优先级类。

（4）在列表中找到 Notepad，此时应该能看到类似图 4-9 所示的界面。

（5）可以看到，Notepad 进程运行在正常优先级类（8）下，并且任务管理器将空闲优先级类显示为“低”。

（6）打开 Process Explorer。

（7）双击 Notepad 进程打开其属性对话框，随后选择 Threads 选项卡。

（8）选中第一个线程（如果有多个线程的话），随后可以看到类似图 4-10 所示的界面。

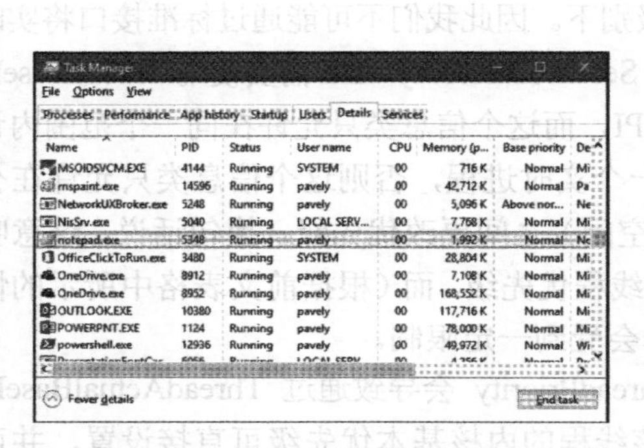

图 4-9　在列表中找到 Notepad 所示的界面

图 4-10　选中第一个线程

（9）注意该线程的优先级。其基本优先级为 8，但当前（动态）优先级为 10。（4.4.6 节将讨论优先级增加的原因）。

（10）如果愿意，可以在这里挂起并终止该线程。（当然这两类操作都应慎重。）

（11）在任务管理器中右击 Notepad 进程，选择 Set Priority，随后设置为 High，如图 4-11 所示。

（12）接受确认对话框的提示，返回 Process Explorer。请注意线程的优先级已经变为高（13）这个新类别。其动态优先级也相应有所提高，如图 4-12 所示。

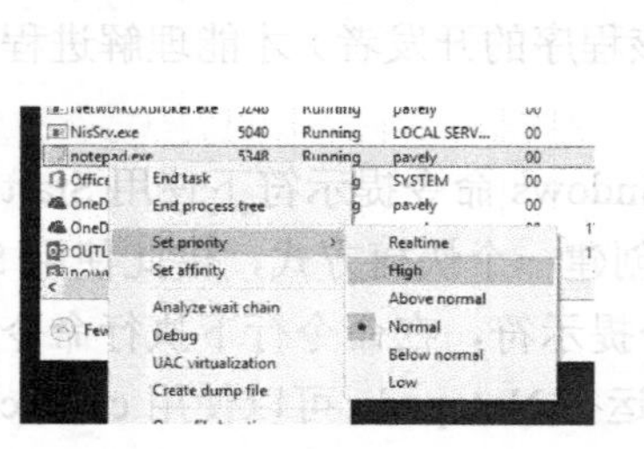

图 4-11　设置优先级

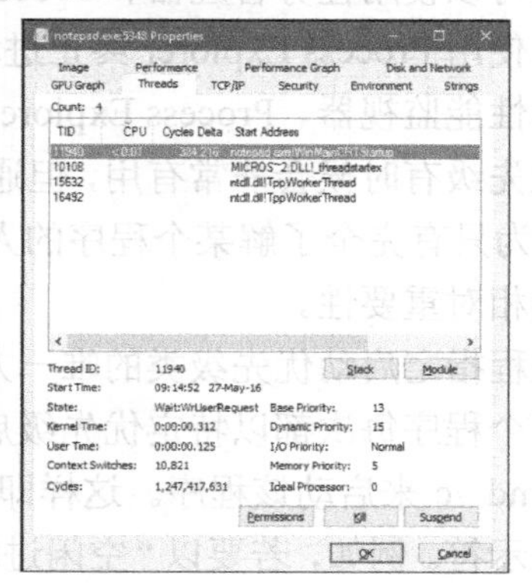

图 4-12　动态优先级也相应有所提高

（13）在任务管理器中将优先级类改为 Realtine。（必须是本机管理员才能执行该操作。此外也可以在 Process Explorer 中执行该改动。）

（14）在 Process Manager 中可以发现，该线程的基本和动态优先级都已变为 24，如图 4-13 所示。别忘了，内核永远不会对实时优先级范围内的线程应用优先级提升。

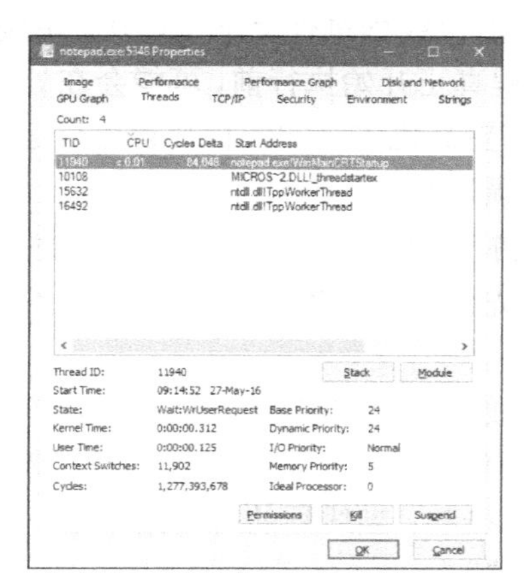

图 4-13 该线程的基本和动态优先级已变为 24

Windows 系统资源管理器

Windows Server 2012 R2 Standard Edition 和更高版本的 SKU 包含一个名为 Windows 系统资源管理器（Windows System Resource Manager，WSRM）的可选安装组件。该组件可供管理员配置策略，进而为进程设置 CPU 利用率、相关性和内存限制（物理和虚拟内存）。WSRM 还可以创建资源利用率报表，这种报表可供用户统计并检查服务级别协议。

这种策略可以应用给特定应用程序（在包含或不包含命令行参数的情况下进行映像文件名匹配）、用户或组。策略可以根据计划在特定时间内生效，或始终生效。

在设置好管理特定进程的资源分配策略后，WSRM 服务会监视被管理进程的 CPU 用量，并在进程不符合目标 CPU 分配方案时调整进程的基本优先级。

物理内存限制会使用 SetProcessWorkingSetSizeEx 函数为工作集设置硬性最大值。虚拟内存限制则是通过由该服务检查进程所用私有虚拟内存实现的。（有关这些内存限制的解释请参阅第 5 章。）当超出限制后，WSRM 根据配置可以终止进程，或将事件日志写入事件。该行为可用于检测进程的内存泄露，以避免此类进程耗尽系统中所有可用的已提交内存。注意，WSRM 的内存限制无法适用于地址窗口扩展（Address Windowing Extension，AWE）内存、大页面内存或内核内存（非换页或换页内存池）。（有关这些术语的介绍请参阅第 5 章。）

4.4.3 线程的状态

在介绍线程调度算法前，首先必须理解线程可能所处的不同执行状态。线程的状态如下。

（1）**就绪**（ready）。处于就绪状态的线程正在等待执行，或在等待完成后被换入（in-swapped）。在查找要执行的线程时，调度程序将仅考虑处于就绪状态的线程。

（2）**延迟就绪**（deferred ready）。该状态代表线程已被选择在特定处理器上运行，但尚未开始运行。该状态的存在，使得内核能够保持调度数据库被每颗处理器锁锁定的时间长度维持在最小范围内。

（3）**待命**（standby）。处于该状态的线程已被选中，随后在特定处理器上运行。在满足正确条件后，调度程序将针对该线程执行上下文切换。系统中每颗处理器只能有一个处于待命状态的线程。注意，线程真正开始执行前，可能会在处于待命模式时就被抢占掉（例如在待命线程开始执行前，有更高优先级的线程变得可以运行了）。

（4）**运行中**（running）。调度程序针对线程执行上下文切换后，线程将进入运行中状态并开始执行。线程的执行将持续进行，直到量程到期（随后将执行相同优先级并且已经就绪的其他线程）、被更高优先级的线程抢占、该线程终止、该线程放弃执行，或该线程自愿进入等待中状态为止。

（5）**等待中**（waiting）。线程可通过多种方式进入等待中状态，例如线程自愿等待一个对象以便与其同步执行，操作系统代表线程进行等待（例如为了处理分页 I/O），或某个环境子系统可以让线程自行挂起。当线程的等待结束后，根据其优先级，线程可能立即开始运行，或重新恢复为就绪状态。

（6）**转换**（transition）。如果线程已执行就绪，但其内核栈从内存中被换出，此时线程将处于转换状态。在内核栈重新换入内存后，线程将进入就绪状态。（线程栈的详细讨论请参阅第 5 章）。

（7）**已终止**（terminated）。执行完毕的线程将进入该状态。线程被终止后，执行体线程对象（用于在系统内存中描述该线程的数据结构）可能会被释放，或者也可能不释放。对象管理器可通过策略决定何时删除该对象。例如，如果还有指向该线程的未关闭句柄，对象将继续保留。如果被其他线程明确终止（例如调用 TerminateThread 这个 Windows API），线程也可以从其他状态直接进入已终止状态。

（8）**已初始化**（initialized）。当线程创建完成后，内部将使用该状态。

线程在不同状态之间转换的过程如图 4-14 所示。图中的数值代表每个状态的内部值，该数值可通过诸如性能监视器等工具查看。就绪和延迟就绪状态在图中表示为同一种状态。这也反映了这样一种事实：延迟就绪状态充当了调度例程的临时占位符。待命状态同样适用于这种情况。这些状态通常始终只能持续很短的时间。处于这些状态的线程始终会快速在就绪、运行中或等待中状态之间转换。

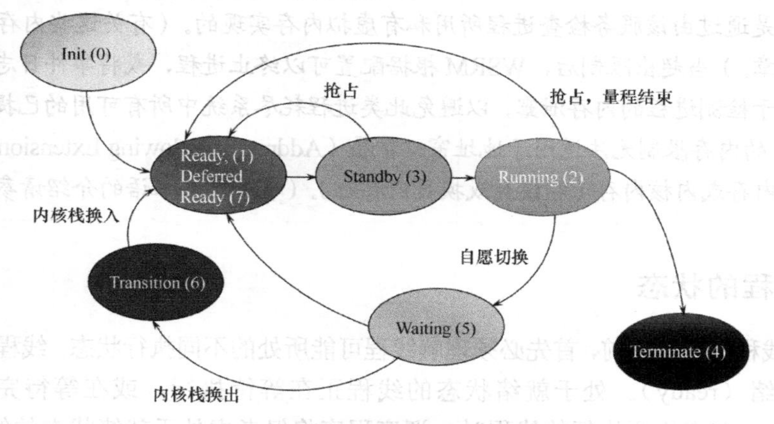

图 4-14　线程在不同状态之间转换的过程

实验：线程调度状态的改变

我们可以通过 Windows 性能监视器工具查看线程调度状态的改变。如果要对多线程应用程序进行调试，但不确定进程中所运行的线程的状态，该工具将提供很大的帮助。若要使用性能监视器工具查看线程调度状态的改变，请执行如下操作。

（1）下载 CPU Stress 工具。

（2）运行 CPUSTRES.exe。此时线程 1 将被激活。

（3）从列表中选择线程 2，单击 Activate 按钮，或右击并从上下文菜单中选择 Activate，借此激活线程 2。此时该工具应显示类似图 4-15 所示的界面。

CPU Stress - Sysinternals:

File Process Thread Options Help

Process Affinity: 11111111

Process Priority Class: Normal

#	ID	Active?	Activity	Priority	Ideal CPU	Affinity
1	2708	Yes	Low	Normal	3	11111111
2	14852	Yes	Low	Normal	5	11111111
3	16848		Low	Normal	7	11111111
4	14084		Low	Normal	0	11111111

图 4-15 激活线程 2 所示的界面

（4）单击 Start 按钮，输入 perfmon 启动性能监视器工具。

（5）如果有必要，请选择图表视图。随后移除原有的 CPU 计数器。

（6）右击图表，并在弹出的菜单中选择 Properties。

（7）单击 Graph 选项卡，将图表的垂直比例最大值改为 7。（图 4-14 所示的不同状态会关联从 0 到 7 的不同数值。）随后单击 OK 按钮。

（8）单击工具栏上的 Add 按钮打开 Add Counters 对话框。

（9）选择 Thread 性能对象，随后选择 Thread State 计数器。

（10）选中 Show description 选项，以便查看有关该值的定义，如图 4-16 所示。

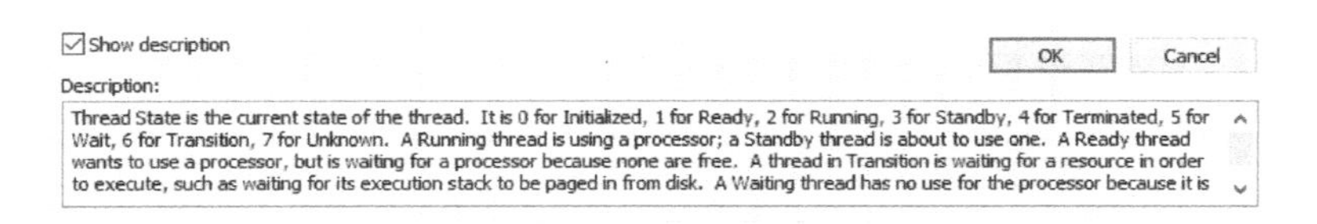
Show description
OK
Cancel
Description:
Thread State is the current state of the thread. It is 0 for Initialized, 1 for Ready, 2 for Running, 3 for Standby, 4 for Terminated, 5 for Wait, 6 for Transition, 7 for Unknown. A Running thread is using a processor; a Standby thread is about to use one. A Ready thread wants to use a processor, but is waiting for a processor because none are free. A thread in Transition is waiting for a resource in order to execute, such as waiting for its execution stack to be paged in from disk. A Waiting thread has no use for the processor because it is

图 4-16 选中 Show description 选项

（11）在实例框中选择<All instances>，随后输入 cpustres 并单击 Search 按钮。

（12）选中前 3 个 cpustres 线程（cpustres/0、cpustres/1 和 cpustres/2），并单击 Add 按钮，如图 4-17 所示。单击 OK 按钮。线程 0 应处于状态 5（等待中），因为这是 GUI 线程，正等待用户输入。线程 1 和线程 2 应在状态 2 和状态 5（运行中和等待中）之间切换。（线程 1 可能隐藏在线程 2 之后，因为它们的运行使用了相同活动级别和优先级。）

（13）重新回到 CPU Stress，右击线程 2，从上下文菜单中选择 Busy。随后应该可以看到，线程 2 比线程 1 更频繁地处于状态 2（运行中）下，如图 4-18 所示。

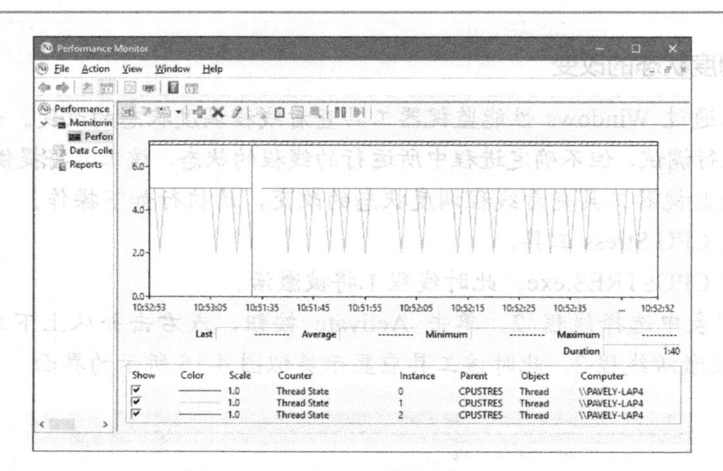

图 4-17　选中前 3 个 cpustres 线程

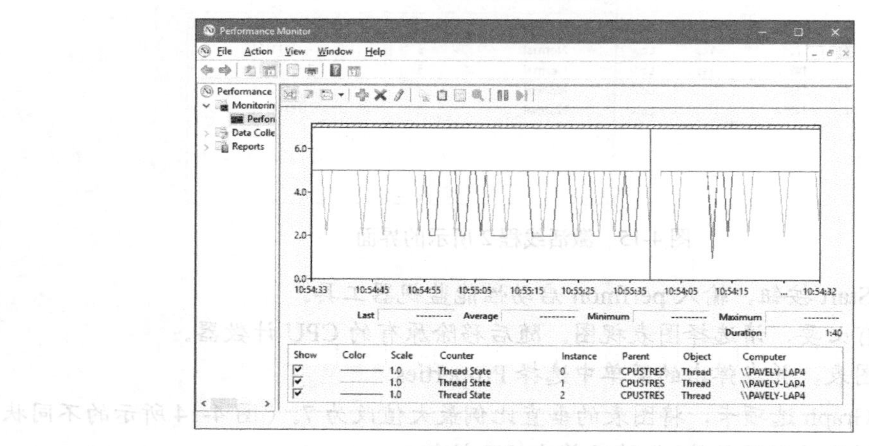

图 4-18　线程 2 比线程 1 更频繁地处于状态 2

（14）右击线程 1，并在弹出的菜单中选择活动级别为 Maximum。随后对线程 2 重复该操作。现在这两个线程都将更频繁地处于状态 2 下，因为它们实际上是以无限循环的方式运行的，如图 4-19 所示。

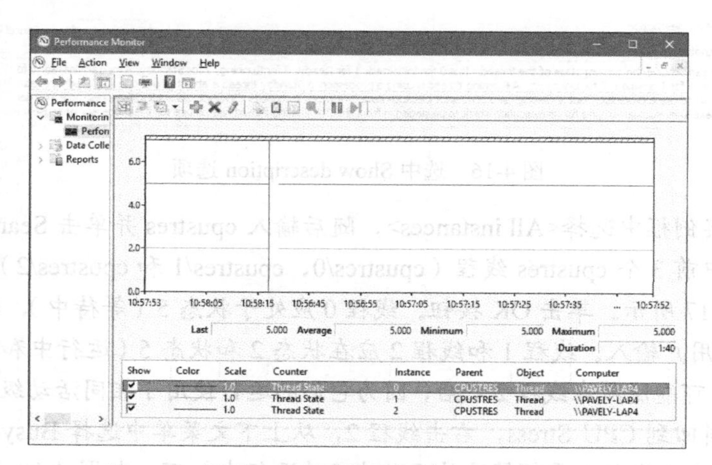

图 4-19　这两个线程都将更频繁地处于状态 2 下

如果在单处理器系统上执行上述操作，那么情况将有所不同。因为只有一颗处理器，同一时间只能执行一个线程，所以会看到这两个线程在状态 1（就绪）和状态 2（运行中）之间轮流切换，如图 4-20 所示。

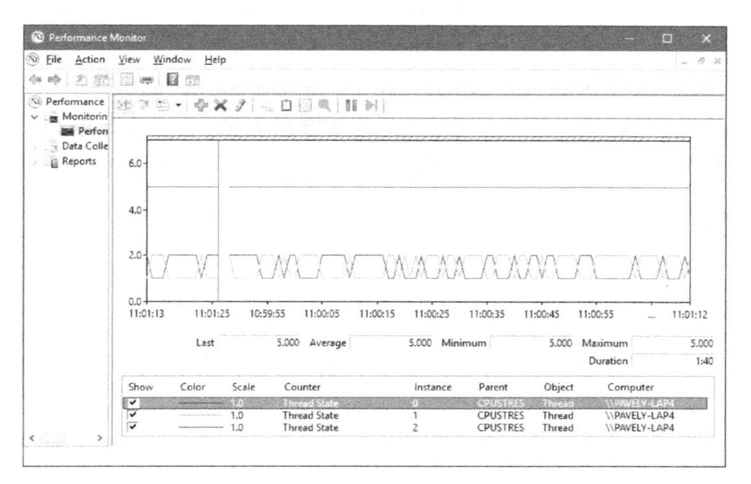

图 4-20 这两个线程在状态 1（就绪）和状态 2（运行中）之间轮流切换

（15）如果使用多处理器系统（概率很高），则可以这样操作以看到相同的结果：打开任务管理器，右击 CPUSTRES 进程，在弹出的菜单中选择 Set Affinity，然后只选择一颗处理器（具体选择哪颗不重要），如图 4-21 所示。（或者也可以在 CPU Stress 中打开 Process 菜单，然后选择 Affinity 即可实现相同效果。）

（16）还可以做另外一个尝试。在现有设置下返回 CPU Stress，右击线程 1，选择优先级为 Above Normal。随后可以看到线程 1 开始连续运行（处于状态 2），线程 2 始终处于就绪状态（状态 1），如图 4-22 所示。这是因为只有一颗处理器，所以一般来说优先级更高的线程将总是胜出。然而我们可能会不时地看到线程 1 的状态变为就绪。这是因为每 4s 左右，“忍饥挨饿”的线程将获得提升，使其可以短暂运行片刻。（通常图表中无法体现这个变化，因为性能监视器的粒度最细只能到 1s，精度不足无法体现。）4.4.6 小节将进一步介绍这个话题。

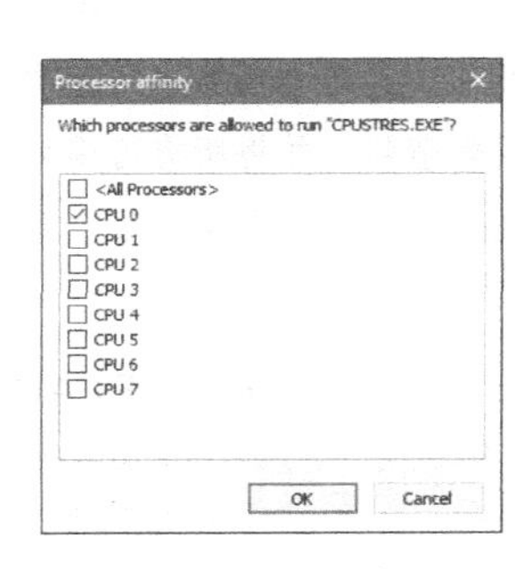

图 4-21 选择一颗处理器

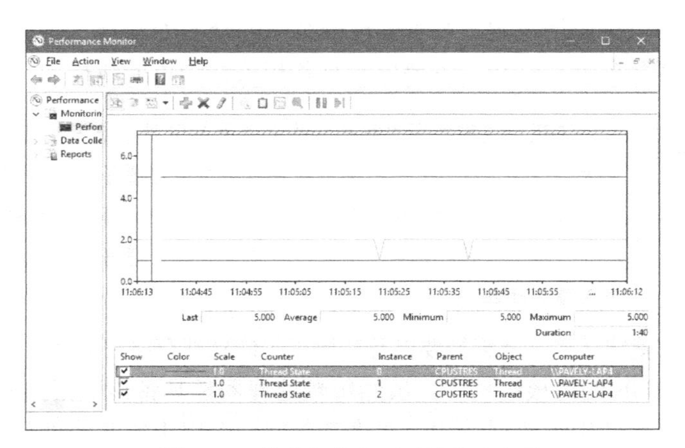

图 4-22 线程的状态不时地发生变化

4.4.4 调度程序数据库

为了做出线程调度决策，内核维护了一组总称为调度程序数据库（dispatcher database）的数据结构。调度程序数据库会跟踪哪些线程正等待执行，以及哪颗处理器正在执行哪些线程。

为了提高可缩放性以及线程调度的并发性，Windows 多处理器系统为每颗处理器提供了一个调度程序就绪队列，以及一个共享的处理器组队列，如图 4-23 所示。借此，每颗 CPU 即可检查共享给自己的就绪队列，进而了解接下来需要执行的线程，而无须锁定整个系统范围的就绪队列。

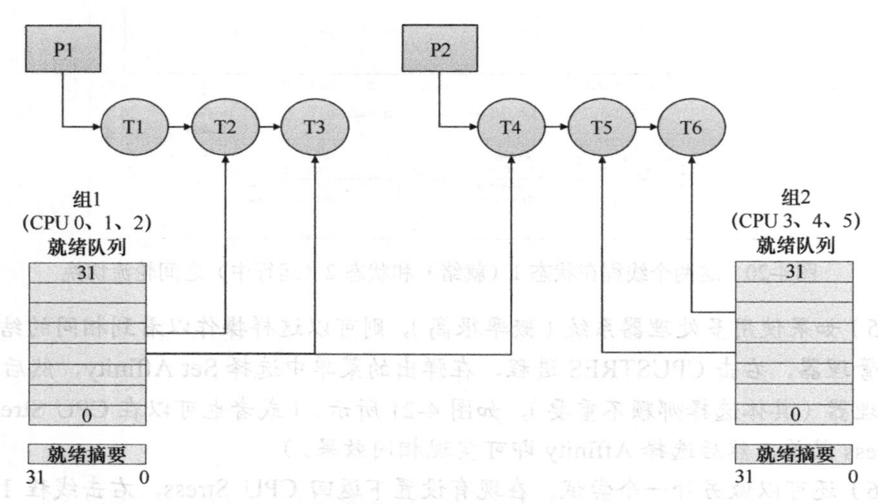

图 4-23 Windows 多处理器调度程序数据库（此图以有 6 颗处理器的系统为例。P 代表处理器，T 代表线程）

Windows 8 和 Windows Server 2012 之前版本的 Windows 使用每颗处理器就绪队列和每颗处理器就绪摘要，这些信息都存储在处理器控制块（Processor Control Block，PRCB）结构中。（若要查看 PRCB 中的字段，请在内核模式调试器中运行 dt nt!_kprcb。）从 Windows 8 和 Windows Server 2012 开始，为处理器组提供了共享的就绪队列和就绪摘要。这样系统即可更好地决定，对于处理器组中的众多处理器，接下来具体要使用哪一颗。（每 CPU 就绪队列依然存在，主要用于具备相关性约束的线程。）

注意 这种共享的数据结构必须受到保护 [使用旋转锁（spinlock）]，因此处理器组不能太大。通过这种方式，队列的争用就不那么重要了。在当前的实现中，处理器组最多可包含 4 颗逻辑处理器。如果逻辑处理器数量超过 4 颗，那么将创建多个处理器组，并将所有可用处理器平分给所有处理器组。例如，在包含 6 颗处理器的系统中，将创建两个处理器组，每个组包含 3 颗处理器。

就绪队列、就绪摘要以及其他相关信息都存储在 PRCB 中一个名为 KSHARED_READY_QUEUE 的内核结构中。虽然每颗处理器都具备该数据结构，但每颗处理器中仅第一颗处理器会使用该数据结构，并将其与同一个组中的其他处理器共享。

调度程序就绪队列（KSHARED_READY_QUEUE 中的 ReadListHead）包含处于就绪状态，等待调度执行的线程信息。总共有 32 个优先级级别，每个级别有一个队列。为了更快速地选择要运行或抢占的线程，Windows 维护了一种名为就绪摘要（ReadySummary）的 32 位掩码。该掩码中设置的每个位均代表该优先级级别下，就绪队列中的一个或多个线程（位 0 代表优先级 0，位 1 代表优先级 1，以此类推）。

系统并不会扫描每个就绪列表以查看它是否为空(这会让调度决策所需的时间取决于不同优先级线程的数量)，而是会以原生处理器命令的方式执行单个位的扫描，借此找到所设置的最高位。这样无论就绪队列中包含多少个线程，都可以用固定时长完成操作。

调度程序数据库可通过将 IRQL 提升至 DISPATCH_LEVEL(2)进行同步。（有关中断优先级级别，即 IRQL 的详细介绍，参见第 6 章。）使用这种方式提升 IRQL 可以防止其他线程打断处理器的线程调度过程，因为正常情况下，线程都运行在 IRQL 0 或 IRQL 1 下。然而除了提升 IRQL，还有其他工作需要完成，因为其他处理器也可以同时提升至相同 IRQL 并试图根据自己的调度程序数据库来运行。Windows 通过何种方式对调度程序数据库进行同步访问？相关内容参见 4.4.13 节。

实验：查看就绪的线程

我们可以使用内核模式调试器的!ready 命令查看就绪线程列表。该命令可显示每个优先级级别下已经就绪可以运行的线程或线程列表。在包含 4 颗逻辑处理器的 32 位计算机上，该命令的输出结果如下所示。

```
0: kd> !ready
KSHARED_READY_QUEUE 8147e800: (00) ****------------------------------
SharedReadyQueue 8147e800: Ready Threads at priority 8
    THREAD 80af8bc0 Cid 1300.15c4 Teb: 7ffdb000 Win32Thread: 00000000 READY on
processor 80000002
    THREAD 80b58bc0 Cid 0454.0fc0 Teb: 7f82e000 Win32Thread: 00000000 READY on
processor 80000003
SharedReadyQueue 8147e800: Ready Threads at priority 7
    THREAD a24b4700 Cid 0004.11dc Teb: 00000000 Win32Thread: 00000000 READY on
processor 80000001
    THREAD a1bad040 Cid 0004.096c Teb: 00000000 Win32Thread: 00000000 READY on
processor 80000001
SharedReadyQueue 8147e800: Ready Threads at priority 6
    THREAD a1bad4c0 Cid 0004.0950 Teb: 00000000 Win32Thread: 00000000 READY on
processor 80000002
    THREAD 80b5e040 Cid 0574.12a4 Teb: 7fc33000 Win32Thread: 00000000 READY on
processor 80000000
SharedReadyQueue 8147e800: Ready Threads at priority 4
    THREAD 80b09bc0 Cid 0004.12dc Teb: 00000000 Win32Thread: 00000000 READY on
processor 80000003
SharedReadyQueue 8147e800: Ready Threads at priority 0
    THREAD 82889bc0 Cid 0004.0008 Teb: 00000000 Win32Thread: 00000000 READY on
processor 80000000
Processor 0: No threads in READY state
Processor 1: No threads in READY state
Processor 2: No threads in READY state
Processor 3: No threads in READY state
```

处理器的编号前添加了“0x8000000”的字样，不过其实际编号依然非常直观。第一行显示了 KSHARED_READY_QUEUE 的地址，并用括号显示了处理器组的编号(输出结果中的“00”)，随后用图形的方式（4 个星号）显示了特定组中的处理器。

最后 4 行输出结果看起来比较奇怪，似乎没有任何线程处于就绪状态，感觉与前文的输出结果自相矛盾。其实这几行代表了相对于 PRCB 中较老的 DispatcherReadyListHead 成员已经就绪的线程，因为每颗处理器就绪队列仅限在相关性方面受到限制（被设置为只能使用处理器组中的部分处理器运行）的线程使用。

我们还可以使用!ready 命令提供的地址对 KSHARED_READY_QUEUE 进行转储。

```
0: kd> dt nt!_KSHARED_READY_QUEUE 8147e800
   +0x000 Lock             : 0
   +0x004 ReadySummary     : 0x1d1
   +0x008 ReadyListHead    : [32] _LIST_ENTRY [ 0x82889c5c - 0x82889c5c ]
   +0x108 RunningSummary   : [32] "???"
   +0x128 Span             : 4
   +0x12c LowProcIndex     : 0
   +0x130 QueueIndex       : 1
   +0x134 ProcCount        : 4
   +0x138 Affinity         : 0xf
```

ProcCount 成员显示了共享处理器组中的处理器数量（本例中为“4”）。另外，请注意 ReadySummary 值 0x1d1。该值可转换为二进制数 111010001。从右边第一位开始向左阅读该二进制值，这个值代表线程分别处于优先级 0、4、6、7、8 下，这也与前文的输出结果相符。

4.4.5　量程

前文提到，量程（quantum）是指在 Windows 检查是否有相同优先级的其他线程等待运行前，一个线程可运行的时间长度。如果一个线程的量程已结束，并且该优先级下没有其他线程，Windows 将允许该线程继续运行一个量程。

在客户端版本 Windows 中，默认情况下线程可运行两个时钟间隔。在服务器系统中，默认情况下线程可运行 12 个时钟间隔（更改这些值的方法见 4.4.5 节的“量程的控制”）。服务器系统默认使用更大的默认值，这是为了尽可能减少上下文切换次数。通过使用更长的量程，服务器应用程序一旦在收到客户端请求被唤醒后，会有更大可能在量程时段内完成请求并重新进入等待状态。

不同硬件平台的时钟间隔长度有所不同。时钟中断的频率取决于 HAL 而非内核。例如，大部分 x86 单处理器的时钟间隔约为 10ms（不过要注意，Windows 已不再支持此类计算机，此处仅仅是用作示例），大部分 x86 和 x64 多处理器的时钟间隔约为 15ms。时钟间隔信息以纳秒为单位存储在内核变量 KeMaximumIncrementas 中。

虽然线程会以时钟间隔作为单位来运行，但系统并不使用时钟计数来衡量线程到底运行了多久，以及量程是否已到期。这是因为线程的运行时间统计是基于处理器周期进行的。系统启动时，会将以赫兹（Hz）为单位的处理器速度（每秒的 CPU 周期数）乘以单个时钟周期的秒数（基于前文提到的 KeMaximumIncrement 值），借此计算出每个量程的等效时钟周期数。该值会存储在内核变量 KiCyclesPerClockQuantum 中。

这种记账方式导致线程的量程长短并不取决于时钟周期数，而是要运行一个量程目标（target），这种估计值代表了运行过程中，线程可以使用的 CPU 周期数。该目标应等于和时钟间隔等价的处理器周期数。这是因为如前所述，每个量程所对应的时钟周期数量的计算是基于时钟间隔计时器频率的，这一点可通过下文的实验证实。不过也要注意，处理中断所用的周期并不会记录为线程时间，因此实际的时钟周期可能会更长一些。

实验：确定时钟间隔频率

Windows 的 GetSystemTimeAdjustment 函数可以返回时钟间隔。若要确定时钟间隔，请运行 Sysinternals 提供的 Clockres 工具。在四核 64 位 Windows 10 系统中，该工具的输出结果如下。

```
C:\>clockres

ClockRes v2.0 - View the system clock resolution
Copyright (C) 2009 Mark Russinovich
SysInternals - www.sysinternals.com

Maximum timer interval: 15.600 ms
Minimum timer interval: 0.500 ms
Current timer interval: 1.000 ms
```

由于多媒体计时器（multimedia timer），当前间隔可能低于最大（默认）时钟间隔。多媒体计时器主要被诸如 timeBeginPeriod 和 timeSetEvent 等函数用于接收回调，最佳情况下这种回调的间隔为 1ms。这导致需要对内核间隔计时器进行全局重编程，因此调度器会以更高频率的间隔唤醒，这可能会降低系统性能，但在任何情况下都不会影响到量程的长度。

此外还可以使用内核全局变量 KeMaximumIncrement 读取该值，如下所示（下列输出和前文的输出并非来源于同一个系统）。

```
0: kd> dd nt!KeMaximumIncrement L1
814973b4 0002625a
0: kd> ? 0002625a
Evaluate expression: 156250 = 0002625a
```

该值也对应于默认的 15.6ms。

1. 量程的计算

每个进程都在进程控制块（KPROCESS）中有一个量程重置值。在进程中新建线程时，会使用该值并将其复制到线程控制块（KTHREAD）中，并用它为新线程设置新的量程目标。量程重置值会存储为量程单元（下文会介绍），随后将其与每个量程的时钟周期数量相乘，即可得到量程目标。

线程运行过程中，会针对诸如上下文切换、中断、某些调度决策等不同事件统计所用的 CPU 时钟周期。如果在某个时钟间隔计时器中断发生时，所统计的 CPU 时钟周期数已经达到（或超过）量程目标，将触发量程结束处理。如果有其他相同优先级的线程正等待运行，将通过上下文切换开始处理就绪队列中的下一个线程。

从内部来看，一个量程单元等于一个时钟计时周期（clock tick）的三分之一。也就是说，一个时钟计时周期等于 3 个量程。这意味着在客户端 Windows 系统中，线程的量程重置值为 6（2×3），而服务器系统的量程重置值为 36（12×3）。因此对于前文提到的

KiCyclesPerClockQuantum 值，计算过程中最后要除以 3，因为原始值只能代表每个时钟间隔计时器计时周期内 CPU 时钟周期的数量。

在内部将量程存储为时钟计时周期的分数倍，而非整数倍，这种做法的原因在于，要在 Windows Vista 之前版本的 Windows 中实现减少等待完成时的部分量程。之前版本的系统使用时钟间隔计时器决定量程是否到期。如果不进行这样的调整，线程的量程很有可能永远无法减少。举例来说，如果线程已经运行并进入等待状态，随后再次运行并再次进入等待状态，但每次在时钟间隔计时器触发时该线程都不是当前运行的线程，那么该线程运行过程中将永远无法从量程中扣减实际运行的时间。但由于现在线程的运行时间将使用 CPU 时钟周期而非量程来进行计算，并且这一过程不再依赖时钟间隔计时器，因此这个调整也就不再需要了。

实验：确定每个量程的时钟周期数

Windows 无法通过任何函数暴露每个量程的时钟周期数。不过通过给出的计算方式和相关介绍，我们可以使用下列方法，通过诸如 WinDbg 等内核模式调试器的本地调试模式自行确定。

（1）获取 Windows 检测到的处理器频率。为此可以使用 PRCB 的 MHz 字段所存储的值，该值可通过!cpuinfo 命令查看。例如在一台四核处理器，运行于 2794 兆赫兹（MHz）频率下的系统中，可以看到如下输出结果。

```
lkd> !cpuinfo

CP F/M/S Manufacturer  MHz PRCB Signature    MSR 8B Signature Features
 0 6,60,3 GenuineIntel 2794 ffffffff00000000 >ffffffff00000000<a3cd3fff
 1 6,60,3 GenuineIntel 2794 ffffffff00000000                   a3cd3fff
 2 6,60,3 GenuineIntel 2794 ffffffff00000000                   a3cd3fff
 3 6,60,3 GenuineIntel 2794 ffffffff00000000                   a3cd3fff
```

（2）将该数值转换为赫兹（Hz）数。这也是系统中的处理器每秒钟产生的 CPU 时钟周期数。本例中为每秒 2794000000 个周期。

（3）使用 Clockres 获取系统中的时钟间隔。该数值衡量了时钟被触发前等待的时长。在本例所用的系统中，这个间隔为 15.625ms。

（4）将该数值转换为每秒产生的时钟间隔计时器触发的次数。1s 等于 1000ms，因此将第（3）步得到的数字除以 1000。那么可知本例中计时器每 0.015625s 触发一次。

（5）将这个数字与在第（2）步得到的每秒产生的周期数相乘。那么本例中每个时钟间隔将经过 43656250 个周期。

（6）别忘了，每个量程单元是一个时钟间隔的三分之一，因此要将周期数除以 3。这就得到了 14528083，即十六进制的 0xDE0C13。对于运行在 2794 MHz 频率下，时钟间隔约为 15.6ms 的系统，每个量程单位将对应 14528083 个时钟周期。

（7）若要验证计算结果，可转储系统中的 KiCyclesPerClockQuantum 值。结果应该完全匹配（或由于舍入误差而极为接近）。

```
lkd> dd nt!KiCyclesPerClockQuantum L1
8149755c 00de0c10
```

2. 量程的控制

所有进程的线程量程都可更改，但只能选择如下两种设置之一：短设置（2 个时钟计时周期，客户端系统的默认值）；长设置（12 个时钟计时周期，服务器系统的默认值）。

注意 如果在长设置量程系统中使用作业对象，还可以为作业中的进程选择其他量程值。

若要更改该设置，请右击桌面上的此电脑图标。或者在 Windows 资源管理器中选择 Properties，单击 Advanced System Settings，单击 Advanced 选项卡，随后单击 Performance 选项下的 Settings 按钮，然后再次打开另一个 Advanced 选项卡。随后将看到图 4-24 所示的对话框。

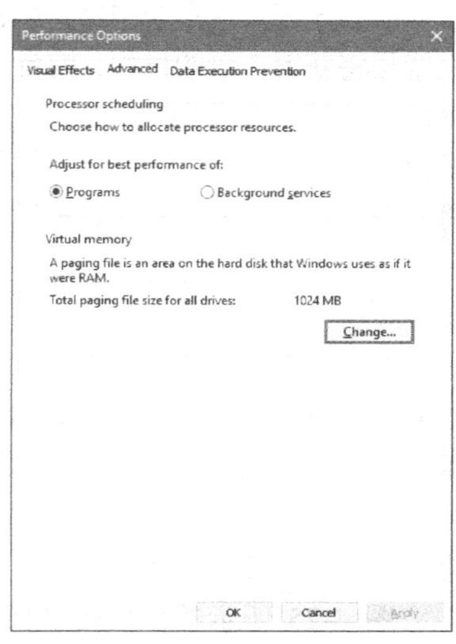

图 4-24 Performance Options 对话框中的量程配置

该对话框包含两个关键选项。

（1）**Programs**。该设置将使用短的可变量程，是客户端版本 Windows（以及其他类客户端版本，如移动设备、Xbox、HoloLens 等）的默认值。如果在服务器系统上安装终端服务并将该服务器配置为应用程序服务器，那么也将使用该设置，这样使用终端服务器的用户就可以获得与桌面或客户端系统相同的量程设置。如果使用 Windows Server 作为桌面操作系统，也可以手动选择该选项。

（2）**Background services**。该设置将使用长的固定量程，是服务器系统的默认值。唯有在将工作站充当服务器系统的时候，才有必要对工作站系统选择该选项。不过由于该选项的改动会立刻生效，因此也可以在计算机需要运行后端或服务器类的工作负载时再选择该选项。例如，如果需要长时间运行计算、编码或建模模拟等任务，甚至可能需要彻夜运行时，即可在夜间选择 Background services 选项，并在白天重新设置为 Programs 模式。

3. 可变量程

如果启用可变量程，此时会将可变量程表（PspVariableQuantums）中存储的，由 6 个量程成员组成的数组载入由 PspComputeQuantum 函数使用的 PspForegroundQuantum 表（一种三元素数组）中。其算法会根据进程是否为前台进程（也就是说，是否包含拥有桌面前台窗口的线程）来选择最合适的量程索引。如果不是这种情况，将选择索引 0，该索引值对应了前文介绍的默认线程量程。对于前台进程，该量程索引将等同于优先级分离值。

该优先级分离值决定了调度器应用给前台线程的优先级提升（见 4.4.6 节），因此可与量程的相应扩展实现配对。每额外增加一个优先级级别（最多 2 级），线程即可额外获得一个量程。举例来说，如果线程获得了一个优先级级别的提升，那么也将额外获得一个量程。默认情况下，Windows 会对前台线程设置可行的最大优先级提升，这意味着其优先级分离值为 2，因而会选择可变量程表中的量程索引 2。结合起来，这会导致线程额外获得两个量程，共有 3 个可用量程。

表 4-2 描述了根据量程索引和不同量程配置，可以额外获得的量程值（别忘了，这些数值均以一个时钟计时周期的 1/3 为单位）。

表 4-2 量程值

	短量程索引			长量程索引		
可变	6	12	18	12	24	36
固定	18	18	18	36	36	36

因此在客户端系统中将一个窗口切换到前台后，包含了该前台窗口所属线程的进程中的所有线程将获得 3 倍的量程。前台进程中的线程可运行 6 个时钟计时周期的量程，而其他进程中的线程依然只能获得默认客户端量程，即两个时钟计时周期。通过这种方式，当我们从 CPU 密集型进程切出后，新的前台进程将按比例获得更多 CPU 时间。这是因为当它的线程运行时，将获得比后台线程更长的轮流运行时间（这里依然需要假设前台和后台进程的优先级相同）。

4. 与量程设置有关的注册表值

前文介绍过，在图形界面下修改量程设置的选项实际上修改了注册表 HKLM\SYSTEM\CurrentControlSet\Control\PriorityControl 键下的 Win32PrioritySeparation 值。除了指定线程量程的相对长度（长或短），该注册表值还决定了是否使用可变量程和优先级分离（如你所见，启用可变量程后进而决定了要使用的量程索引）。该值包含 6 个位，分为 3 个 2 位字段，如图 4-25 所示。

4	2	0
长或短	可变或固定	优先级分离

图 4-25 Win32PrioritySeparation 注册表值对应的字段

图 4-25 所示的字段可按照下列方式定义。

（1）**短或长**。该值设置为“1”代表长量程，“2”代表短量程，“0”或“3”代表采用适合当前系统的默认值（客户端系统为短，服务器系统为长）。

（2）**可变或固定**。该值设置为“1”代表根据 4.4.5 节中的“可变量程”介绍的算法启用可变量程表，设置为“0”或“3”代表采用适合当前系统的默认值（客户端系统为可变，服务器系统为固定）。

（3）**优先级分离**。该字段（存储在内核变量 PsPrioritySeparation 中）决定了优先级分离（最多可设置为“2”），详见 4.4.5 节中的“可变量程”。

在图 4-24 所示的 Performance Options 对话框中，只能从短量程以及 3 倍的前台量程，或者前台线程不变的长量程这两个选项中择一使用。不过只要直接修改 Win32PrioritySeparation 注册表值即可选择其他的组合。

对于处于“空闲”进程优先级类的进程，其中运行的线程将始终收到一个线程量程，并会忽略其他任何（由默认值或通过注册表设置的）量程配置设置。

在配置为应用程序服务器的 Windows Server 系统中，Win32PrioritySeparation 注册表值的初始值为十六进制的 26，通过性能选项对话框中针对程序进行的性能优化选项也会设置为该值。该值所选择的量程和优先级提升行为与 Windows 客户端类似，主要适合承载用户应用程序的服务器使用。

在 Windows 客户端系统，以及未配置为应用程序服务器的服务器系统中，Win32Priority Separation 注册表值的初始值为 2。该值可为“短或长”以及“可变或固定”位提供值“0”，借此针对这些选项提供默认行为（具体行为取决于这是客户端系统还是服务器系统）。该注册表值还可为“优先级分离”字段提供值“2”。通过性能选项对话框更改该注册表值后，除了直接修改注册表，将无法通过其他方式将其恢复为初始值。

实验：更改量程配置所产生的效果

我们可以通过本地内核模式调试器查看 Programs 和 Background Services 这两个量程配置设置，以及修改系统中线程的 QuantumReset 值之后，对 PsPrioritySeparation 和 PspForegroundQuantum 表所产生的影响。请执行如下操作。

（1）在控制面板中打开系统工具，或右击桌面上的此电脑图标并选择 Properties。

（2）单击 Advanced System Settings 选项，并打开 Advanced 选项卡，随后单击性能选项下的 Settings 按钮，再次单击 Advanced 选项卡。

（3）选择 Programs 选项并单击 Apply 按钮。在实验过程中不要关闭该对话框。

（4）转储 PsPrioritySeparation 和 PspForegroundQuantum 的值，如下所示。此处看到的这些值是执行上述步骤（1）~（3）操作之后的结果。请留意可变短量程表的使用方式，以及针对前台应用程序进行的优先级提升级别 2。

```
lkd> dd nt!PsPrioritySeparation L1
fffff803'75e0e388 00000002
lkd> db nt!PspForegroundQuantum L3

fffff803'76189d28 06 0c 12
```

（5）查看系统中任意进程的 QuantumReset 值。如上所述，这是系统中每个线程重新“注满”后默认的完整量程。该值会被缓存到进程的每个线程中，不过相对来说 KPROCESS 结构更易于观察。注意，本例中它的值是 6，因为 WinDbg 与大部分其他应用程序一样，会通过 PspForegroundQuantum 表中的第一项获取量程设置。

```
lkd> .process
Implicit process is now ffffe001'4f51f080
lkd> dt nt!_KPROCESS ffffe001'4f51f080 QuantumReset
   +0x1bd QuantumReset : 6 ''
```

（6）在第（1）和第（2）步打开的对话框中更改为 Background Services。

（7）重复运行第（4）和第（5）步的命令，可以看到这些值发生了变化，并且变化方式与之前讨论的一致。

```
lkd> dd nt!PsPrioritySeparation L1
fffff803'75e0e388 00000000
lkd> db nt!PspForegroundQuantum L3
fffff803'76189d28 24 24 24
lkd> dt nt!_KPROCESS ffffe001'4f51f080 QuantumReset
   +0x1bd QuantumReset : 36 '$'
```

4.4.6 优先级提升

Windows 调度器会借助内部优先级提升（priority boost）机制周期性地调整进程的当

前（动态）优先级。很多情况下，这是为了减少各种延迟（即为了让线程更快速响应正在等待的事件）并提高响应能力。其他情况下，这样做则可能是为了避免倒置（inversion）和饥饿（starvation）等情况。本小节将介绍如下一些优先级提升场景（及其用途）。

（1）由于调度器/调度程序事件而进行提升（减少延迟）。

（2）由于 I/O 操作完成而提升（减少延迟）。

（3）由于用户界面（UI）输入而提升（减少延迟/提高响应性）。

（4）由于线程长时间等待执行体资源（ERESOURCE）而提升（避免饥饿）。

（5）运行就绪的线程一段时间内没有运行而进行提升（避免饥饿和优先级倒置）。

然而与任何调度算法类似，这些措施并不完美，可能无法让所有应用程序从中获益。

注意 Windows 绝对不会提升实时范围（16～31）内的线程的优先级。因此对于此范围内的其他线程来说，调度将始终是可预测的。Windows 会假设如果已经使用实时线程优先级，那么你肯定完全清楚自己在做什么。

客户端版本的 Windows 还包含一种适用于多媒体播放过程的伪提升机制。与其他优先级提升机制不同，多媒体播放提升是由名为 Multimedia Class Scheduler Service（mmcss.sys）的内核模式驱动程序管理的。然而这并不是真正的优先级提升。该驱动程序仅仅只是在需要时为线程设置新的优先级，因此与优先级提升有关的规则对它均不适用。接下来我们首先介绍典型的、由内核管理的优先级提升，随后介绍 MMCSS 以及它所执行的“提升”。

1．由于调度器/调度程序事件而进行提升

发生调度程序事件时，将调用 KiExitDispatcher 例程。该例程的任务是调用 KiProcessThreadWaitList 处理延迟就绪列表，随后调用 KzCheckForThreadDispatch 检查当前处理器上是否有任何线程不应被调度。当此类事件发生时，调用方还可以指定要对线程进行哪种类型的优先级提升，以及与提升相关联的优先级增量。下列场景会被视作 AdjustUnwait 调度程序事件，因为它们需要处理正在进入信号（signaled）状态的调度程序（同步）对象，这可能导致唤醒一个或多个线程。

（1）异步过程调用（APC，第 6 章有介绍，更详细的介绍请参阅卷 2 第 8 章）被加入线程队列。

（2）事件被设置或触发（pulsed）。

（3）计时器被设置，或系统时间有变化并且计时器必须重置。

（4）互斥体（mutex）被释放或放弃。

（5）进程退出。

（6）项被插入队列（KQUEUE），或队列被清空。

（7）信号量（semaphore）被释放。

（8）线程被警告、挂起、恢复、冻结或解冻。

（9）UMS 主线程正等待切换至已调度的 UMS 线程。

对于关联至公共 API 的调度事件（如 SetEvent），所用的优先级提升增量是由调用方决定的。Windows 会为开发者提供一些推荐使用的值，下文会进行介绍。对于警告，所用提升增量为 2（除非调用 KeAlertThreadByThreadId 将线程置于警告等待状态，此时所

用提升增量为 1），因为警告 API 并没有提供调用方可用于设置自定义增量的参数。

调度器还有两个特殊的 AdjustBoost 调度程序事件，它们是锁拥有权（lock-ownership）优先级机制的一部分。这些提升会试图解决这样的情况：调用方以优先级 *x* 拥有一个锁，随后将该锁释放给优先级小于等于 *x* 的另一个线程。这种情况下，新的所有者线程必须等待以轮到自己运行（如果以优先级 *x* 运行的话）；或者更糟糕的情况，如果其优先级小于 *x*，可能完全没机会运行。这意味着释放锁的线程可以继续执行，尽管实际上它应该让新的所有者线程被唤醒并接管处理器的控制权。下列两种调度程序事件会导致 AdjustBoost 调度程序退出。

（1）通过 KeSetEventBoostPriority 接口设置一个事件，并被 ERESOURCE 读取者-写入者内核锁使用。

（2）通过 KeSignalGate 接口设置一个门（gate），并在释放入口锁后被各种内部机制使用。

2. 等待后提升

等待后（unwait）提升会试图降低如下两个环节之间的延迟：线程因为对象发送了信号而被唤醒（进而进入就绪状态），以及线程实际开始执行等待后需要处理的任务（因而进入运行中状态）。一般来说，我们都希望从等待状态唤醒的线程能够尽可能快速地开始运行。

各种 Windows 头文件指定了内核模式 API，如 KeReleaseMutex、KeSetEvent 和 KeRelease Semaphore 等的调用方应当使用的推荐值，这些值也符合诸如 MUTANT_INCREMENT、SEMAPHORE_INCREMENT 和 EVENT_INCREMENT 等的定义。这 3 个定义在头文件中总是会被设置为 1，因此可以安全地假设，针对此类对象的大部分 Unwait 会导致增量为 1 的提升。对于用户模式 API，不仅无法指定增量，也无法让诸如 NtSetEvent 等原生系统调用通过参数指定增量。实际上，当此类 API 调用底层 Ke 接口时，会自动使用默认的 _INCREMENT 定义。当互斥体被放弃或计时器因为系统时间变化而被重置时，也是类似的情况，即系统将使用默认提升，类似于通常在互斥体被释放后所应用的提升。最后，APC 提升则完全取决于调用方。稍后我们将在下文介绍与 I/O 完成有关的 APC 提升使用场景。

注意 一些调度程序对象没有相关联的提升，例如，当计时器被设置或过期时，或当进程发送了信号时，将不会应用提升。

所有这些增量为 1 的提升，在试图解决最初问题时都会假设释放和等待的线程均运行在相同优先级下。通过将等待的线程优先级提升一个级别，等待的线程将在操作完成后立即抢占释放的线程。然而在单处理器系统中，如果该假设不成立，提升将起不到太大的效果。举例来说，如果等待的线程为优先级 4，释放的线程为优先级 8，那么在优先级 5 上的等待并不能在减少延迟和强制抢占方面起到多大作用。不过在多处理器系统中，由于窃取（stealing）和平衡算法的存在，更高优先级的线程将有更大可能被另一颗逻辑处理器选中。这种情况要归结于 NT 架构最初的一个设计选择，即不跟踪锁的所有权（但少数锁除外）。这意味着调度器无法确定事件到底归谁所有，以及它是否真的被当作锁来使用。即使对锁的所有权进行追踪，除非与执行体资源有关，否则为了避免护航问题（convoy issue），通常也不会传递所有权。

某些类型的锁对象会使用事件或门作为自己的底层同步对象，而锁所有权提升解决了这种两难的问题。此外在多处理器系统中，就绪线程可能会被其他处理器选中（原因可能是下文将要介绍的处理器分布和负载平衡架构），而此时高优先级可能会增加它在其他处理器上运行的概率。

3．锁所有权提升

由于执行体资源（ERESOURCE）和关键节的锁使用了底层的调度程序对象，释放这些锁会导致前文介绍过的等待后提升。另外，因为这些对象的高层实现会跟踪锁的所有者，所以在决定要应用的提升时，内核通过使用 AdjustBoost 将可以做出更适合的决策。在此类提升中，AdjustIncrement 会被设置为：所释放（或设置）的线程的当前优先级，减去任何图形用户界面（GUI）前台分离提升。此外在调用 KiExitDispatcher 函数前，事件和门代码会先调用 KiRemoveBoostThread 以便让释放的线程返回正常优先级。为避免锁护航（lock-convoy）问题，即两个线程相互之间反复传递锁进而得到不断增长的提升，这一步必不可少。

注意 推锁（pushlock）是一种很不公平的锁，因为在争夺获取路径上，此类锁的所有权是不可预测的（与自旋锁相似，是随机的），优先级不会因为锁的拥有权而获得提升。这样做只能加重抢占和优先级扩散的情况，而这些情况并非必须，因为锁会在释放后立即可用（绕过了常规的等待/等待后路径）。

锁所有权提升和等待后提升，这两种机制之间的其他差异还体现在调度器实际应用提升的方式中。下文将介绍这个话题。

4．I/O 操作完成后的优先级提升

当某些 I/O 操作完成时，Windows 会提供临时的优先级提升，借此等待这些 I/O 的线程将有更大机会可以立即运行以便处理正在等待的任务。虽然 Windows 驱动程序开发包（WDK）头文件提供了推荐的提升值（请在 Wdm.h 或 Ntddk.h 中搜索#define IO_），但实际使用的提升值（具体值请见表 4-3）取决于设备驱动程序。设备驱动程序完成 I/O 请求后，会在对内核函数 IoCompleteRequest 的调用中指定提升值。在表 4-3 中可以看到，越是对响应性要求高的 I/O 请求，越是能获得更高的提升值。

表 4-3 推荐的提升值

设备	提升值
磁盘、CD-ROM、并口、视频	1
网络、邮件槽、命名管道、串口	2
键盘、鼠标	6
声卡	8

注意 很多人可能凭直觉认为显卡或磁盘需要比提升值 1 更高的响应性。然而内核实际上是在尽可能对延迟进行优化，因为某些设备（以及人类的感官输入）比另一些设备更敏感。为了形象地理解，可以这样看：为了在播放音乐的过程中不让人感觉到“卡顿”，声卡需要每 1ms 均能获得数据；而显卡每秒钟只需要输出 24 帧画面，也就是说每帧画面约持续 42ms，超过这个时间才会产生可察觉的跳帧。

正如前所述，这些 I/O 完成提升依赖于之前提到的等待后提升。第 6 章会深入介绍 I/O 完成机制。目前我们只需要注意，IoCompleteRequest 这个 API 中信号发送代码的内核实现方式为：使用 APC（针对异步 I/O），或使用事件（针对同步 I/O）。举例来说，当驱动程序将异步磁盘读取的 IO_DISK_INCREMENT 传入 IoCompleteRequest 时，内核会调用 KeInsertQueueApc，并将提升参数设置为 IO_DISK_INCREMENT。随后当该线程的等待因为 APC 而被打断后，即可得到值为 1 的提升。

然而也要注意，表 4-3 中列出的提升值仅仅是微软的建议。驱动程序的开发者可以放心将其忽略，甚至一些特殊的驱动程序还可以使用自己的提升值。例如一个处理医疗设备超声波数据的驱动程序，当收到新数据后必须通过用户模式可视化应用程序发送通知，为了实现足够低的延迟，可能就需要像声卡那样使用 8 这个提升值。然而大部分情况下由于 Windows 驱动程序栈的构建方式（详情请参阅第 6 章），驱动程序开发者通常会编写迷你驱动程序（minidriver），借此调用一个微软私有的驱动程序，进而将自己的提升值提供给 IoCompleteRequest。例如 RAID 或 SATA 控制器卡的开发者通常就会调用 StorPortCompleteRequest 来处理自己的请求。这种调用并不能通过任何参数提供提升值，因为 Storport.sys 驱动程序会在调用内核时提供适合的值。此外，当任何文件系统驱动程序（可通过将自己的设备类型设置为 FILE_DEVICE_DISK_FILE_SYSTEM 或 FILE_DEVICE_NETWORK_FILE_SYSTEM 加以识别）完成了自己的请求后，如果驱动程序传入了 IO_NO_INCREMENT(0)，那么将始终对 IO_DISK_INCREMENT 进行提升。因此这个提升值已经不太像是一种建议，而更像是内核的强制要求。

5. 等待执行体资源时的提升

当线程试图获取执行体资源（ERESOURCE，有关内核同步对象的详细信息，请参阅卷 2 第 8 章），而该资源已经被另一个线程独占拥有时，该线程必须进入等待状态，直到其他线程释放了该资源。为降低死锁风险，执行体会以 500ms 为间隔进行等待，而不会无限制地等待该资源。

每当 500ms 的等待结束后，如果该资源依然被独占，为了防止 CPU 饥饿，执行体会尝试获取调度程序锁，将独占该资源的一个或多个线程的优先级提升至 15（如果原所有者线程的优先级低于等待者线程，并且小于 15），重置其量程，然后开始下一次等待。

由于执行体资源可被共享也可被独占，内核首先会提升独占的所有者，随后检查共享的所有者并提升所有这些所有者。当等待的线程再次进入等待状态后，调度器有可能调度一个或多个所有者线程，这些线程将有足够的时间完成自己的工作并释放资源。但是要注意，只有在资源未设置 Disable Boost（禁止提升）标志时才会使用这种提升机制。开发者可以选择设置该标志，但前提是此处描述的优先级反转机制必须能与资源的使用方式良好配合。

此外，这种机制也并不完美。举例来说，如果资源有多个共享的所有者，执行体会将所有这些线程的优先级提升至 15。这会导致系统中突然激增大量高优先级线程，并且所有线程都具备完整量程。虽然最初的所有者线程会优先运行（因为它是被第一个提升的，所以会处于就绪列表首位），但其他共享的所有者会随后运行，因为等待线程的优先级并未提升。只有在所有共享的所有者都有机会运行，并且它们的优先级被降低到低于等待线程后，等待线程才能最终有机会获取资源。由于在原本的独占所有者释放资源后，共享的所有者可将自己的所有权从共享所有提升或转换为独占所有，因此该机制可能无法取得预期效果。

6. 前台线程等待之后的提升

下文很快会提到，无论何时，当前台进程中的线程针对内核对象的等待操作完成后，内核会将自己的当前（而非基本）优先级提升为PsPrioritySeparation的当前值。（窗口系统负责决定哪些进程是前台进程。）正如4.4.5节中的“量程的控制”部分所述，PsPrioritySeparation反映了在为前台应用程序中的线程选择量程时所用的量程表索引。不过在这种情况下，它会被用于充当优先级的提升值。

进行这种提升是为了提高交互式应用程序的响应性。通过为完成了一次等待的前台应用程序提供少量提升，该应用程序将更有可能立即运行，尤其是在后台还有相同基本优先级的其他进程正在运行时。

实验：观察前台优先级的提升和降低

通过使用CPU Stress工具，我们可以实际观察到优先级提升的过程。为此请执行如下操作。

（1）在控制面板中打开系统工具，或右击桌面上的此电脑图标，随后选择Properties。

（2）单击Advanced System Settings选项，单击Advanced选项卡，随后单击性能选项下的Settings按钮，并再次单击Advanced选项卡。

（3）选择Programs选项。该选项会将PsPrioritySeparationa的值设置为2。

（4）运行CPU Stress，右击线程1，从上下文菜单中选择Busy。

（5）启动性能监视器工具。

（6）单击工具栏上的Add Counter按钮，或按快捷键Ctrl+I，打开Add Counters对话框。

（7）选择Thread对象，随后选择Priority Current计数器。

（8）在实例框中选择<All Instances>并单击Search按钮。

（9）向下拖动找到CPUSTRES进程，选择第二个线程（线程1，第一个线程为GUI线程），并单击Add按钮，随后可以看到图4-26所示的界面。

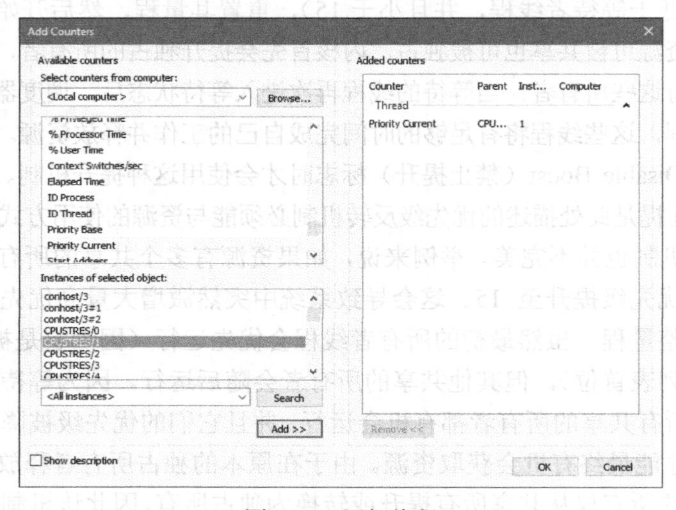

图4-26　添加线程

（10）单击 OK 按钮。

（11）右击该计数器，并在弹出的菜单中选择 Properties。

（12）选择 Graph 选项卡，将垂直比例的最大值改为 16，随后单击 OK 按钮。

（13）将 CPUSTRES 进程切换至前台。随后应该可以看到，CPUSTRES 线程的优先级先被提升了 2，随后又降低至基本优先级。CPUSTRES 会周期性地获得 2 级的提升，这是因为我们所监视的线程在 25%的时间里处于睡眠状态，随后会被唤醒。（这也是该线程的 Busy 活动级别。）该线程被唤醒时便会被提升。如果将活动级别设置为 Maximum，将完全不被提升，因为 CPUSTRES 的 Maximum 级别会让线程进入无限循环，所以该线程将不调用任何等待函数，因而不会获得任何提升，如图 4-27 所示。

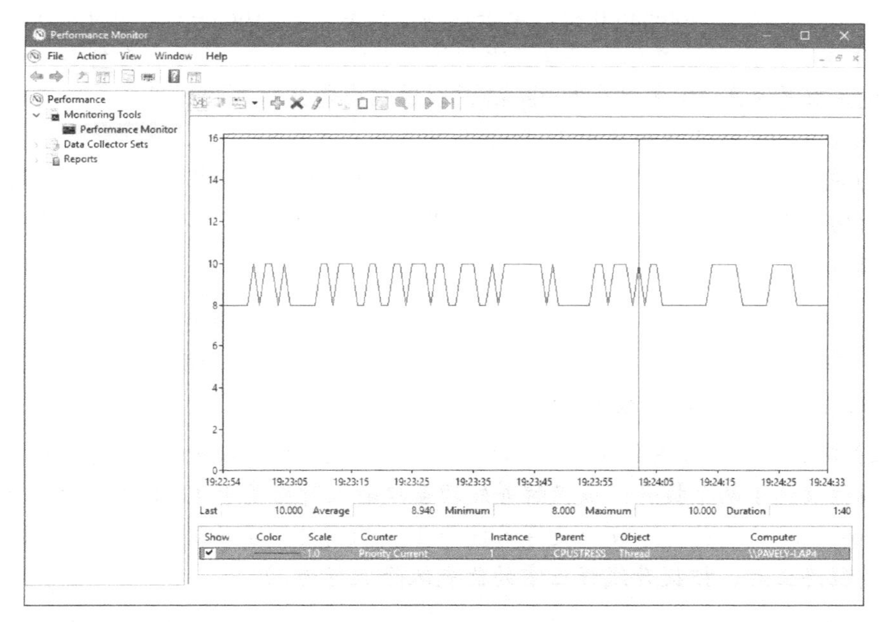

图 4-27 线程状态

（14）操作完成后，退出 Performance Monitor 和 CPU Stress 窗口。

7. GUI 线程被唤醒后的优先级提升

拥有窗口的线程，在被某些窗口活动（例如收到窗口消息）唤醒后将获得额外的提升值 2。当窗口系统（Win32k.sys）调用 KeSetEvent 以设置用于唤醒 GUI 线程的事件时，便会进行这样的提升。进行这种提升的原因与上一种提升类似，都是为了更好地支持交互式应用程序。

实验：观察 GUI 线程的优先级提升

通过在监视 GUI 应用程序当前优先级的过程中，在窗口内部移动鼠标指针，即可观察到窗口系统对被唤醒以处理窗口消息的 GUI 线程应用的提升值 2。为此，执行如下操作。

（1）在控制面板中打开系统工具。

（2）单击 Advanced System Settings 选项，单击 Advanced 选项卡，随后单击性能选项下的 Settings 按钮，并再次单击 Advanced 选项卡。

（3）选择 Programs 选项。该选项会将 PsPrioritySeparationa 的值设置为 2。

（4）运行 Notepad。

（5）启动性能监视器工具。

（6）单击工具栏上的 Add Counter 按钮，或按快捷键 Ctrl+I，打开 Add Counters 对话框。

（7）选择 Thread 对象，随后选择 Priority Current 计数器。

（8）在实例框中输入 Notepad 并单击 Search 按钮。

（9）向下拖动至 Notepad/0 项，单击该项，随后单击 Add 按钮，并单击 OK 按钮。

（10）与上一个实验类似，将垂直比例的最大值改为 16。随后会看到 Notepad 中线程 0 的优先级为 8 或 10。（因为 Notepad 前台进程中的线程在收到提升 2 的消息后快速进入等待状态，可能还来不及由 10 降低为 8。）

（11）将性能计数器放在前台，在 Notepad 窗口上移动鼠标指针。（确保这两个窗口在桌面上均可见。）此时可以观察到，优先级有时候保持为 10，有时候保持为 9，原因如上所述。

注意　实验时很可能根本观察不到优先级为 8 的 Notepad。这是因为在收到 GUI 线程提升 2 的消息后，它只运行了极短时间，而在被再次唤醒前，（由于额外的窗口活动以及再次收到提升 2 的消息而）根本来不及经历超过一次的优先级降低。

（12）将 Notepad 切换至前台。随后会看到它的优先级被提升至 12 并保持不变。这是因为线程收到了两个提升：被唤醒并处理窗口输入时应用于 GUI 线程的提升 2，以及因为 Notepad 位于前台而额外获得的提升 2。（或者可能会看到其优先级降低为 11，这是当量程终止后，被提升线程正常的优先级降低行为。）

（13）当 Notepad 处于前台时在它的窗口上移动鼠标指针。可以看到优先级被降低至 11（甚至 10），这也是正常运行完成后，被提升线程正常的优先级降低行为。然而只要 Notepad 依然处于前台，作为前台进程它依然会被应用提升值 2。

（14）退出性能监视器和 Notepad。

8. CPU 饥饿导致的优先级提升

请假设这样一种情况：一个优先级为 7 的线程正在运行，导致一个优先级为 4 的线程无法获得 CPU 时间。然而一个优先级为 11 的线程正在等待被优先级为 4 的线程锁定的某些资源。但由于位于中间的，优先级为 7 的线程耗尽了所有 CPU 时间，优先级为 4 的线程将永远无法获得完成自己工作所需的时间，进而也就无法释放出优先级为 11 的线程正在等待的资源。这种情况也叫作优先级反转（priority inversion）。

Windows 如何解决这种情况？理想的解决方案（至少在理论上是理想的）应该是跟踪锁和它的所有者，并酌情对需要的线程进行提升以便进一步处理。这种理念是通过一种名为自动提升（autoboost）的功能实现的，有关该功能的详细介绍参见 4.4.6 节中的“自动提升”。不过对于一般的饥饿场景，会使用下列缓解措施。

我们已经介绍过，执行体资源对于这种情况会对所有者线程进行提升，使其有机会开始运行进而释放资源。然而执行体资源仅仅是开发者可以使用的众多同步结构中的一种，但这种提升技术无法适用于任何其他基元（primitive）。因此 Windows 还提供了一种通用的 CPU 饥饿缓解机制，该机制包含在平衡集管理器（balance-set manager）线程中。（这是一个系统线程，主要目的在于执行内存管理功能，详见第 5 章。）该线程会以每秒一次的频率扫描就绪队列，在其中查找已经处于就绪状态（也就是说，尚未运行）并持续了约 4s 的线程。如果找到这样的线程，平衡集管理器会将该线程的优先级提升至 15，并将量程目标设置为与 3 个量程单元相等的 CPU 时钟周期数。该量程到期后，线程的优先级会立即降低至最初的基本优先级。如果该线程还没有运行完毕并且更高优先级的线程已经准备好运行，优先级降低后的进程会返回就绪队列；如果继续维持这种状态 4s，则再次经历上述提升过程。

平衡集管理器并不会在每次运行时扫描所有已就绪线程。为了将自己所用的 CPU 时间降至最低，它只扫描 16 个就绪线程，如果在该优先级级别上还有更多线程，它会记住自己上次扫描到的位置，并在下次扫描时从这个位置继续进行。此外，每次运行只能提升 10 个线程。如果找到了超过 10 个线程适合进行此类提升（也意味着整个系统真的是非常繁忙），下次运行时会停止扫描并直接提升。

注意 如前所述，Windows 的调度决策不受线程数量影响，并且每次所需的时间都是固定不变的。由于平衡集管理器必须手动扫描就绪队列，该操作取决于系统中的线程数量，线程越多扫描所需的时间就越长。然而平衡集管理器及其算法并不算调度器的一部分，只是一种为了提高可靠性而采用的扩展机制。此外，因为要扫描的线程和队列存在上限，所以可保证平衡集管理器对性能的影响维持最低，并且在最糟糕的情况下也依然是可预测的。

实验：观察 CPU 饥饿导致的优先级提升

我们可以使用 CPU Stress 工具观察到优先级提升的过程。在这个实验中，我们将观察线程优先级提升后 CPU 用量的变化。请执行如下操作。

（1）运行 CPUSTRES.exe。

（2）线程 1 的活动级别为 Low，将其改为 Maximum。

（3）线程 1 的线程优先级为 Normal，将其改为 Lowest。

（4）单击线程 2。其活动级别为 Low，将其改为 Maximum。

（5）将处理器相关性掩码改为单一逻辑处理器。为此请打开 Process 菜单并选择 Affinity（具体改为哪颗处理器无所谓），或者请使用任务管理器进行该改动。随后应该能看到图 4-28 所示的界面。

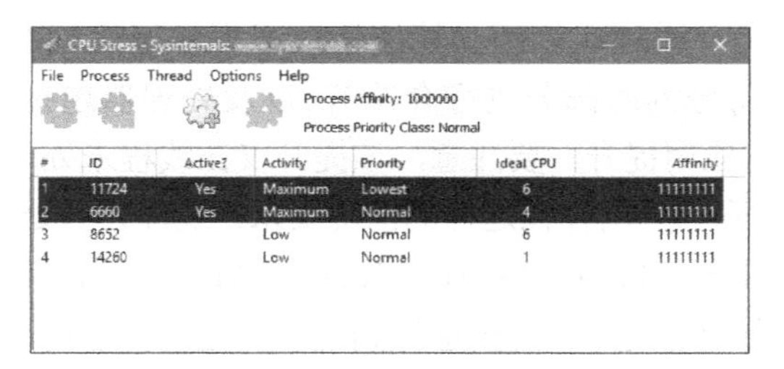

图 4-28 将处理器相关性掩码改为单一逻辑处理器

（6）启动性能监视器工具。

（7）单击工具栏上的 Add Counter 按钮，或按快捷键 Ctrl+I，打开 Add Counters 对话框。

（8）选择 Thread 对象，随后选择 Priority Current 计数器。

（9）在实例框中输入 CPUSTRES 并单击 Search 按钮。

（10）选择线程 1 和线程 2（线程 0 为 GUI 线程），单击 Add 按钮，接着单击 OK 按钮。

（11）将所有计数器的垂直比例最大值改为 16。

（12）由于性能监视器每秒刷新一次，因此可能会错过优先级提升过程。为了解决此问题，请按快捷键 Ctrl+F 冻结显示结果。随后按快捷键 Ctrl+U 并保持不松手，借此强制用更高频率进行刷新。如果运气好的话，你可能会看到优先级较低的线程被提升至优先级 15，如图 4-29 所示。

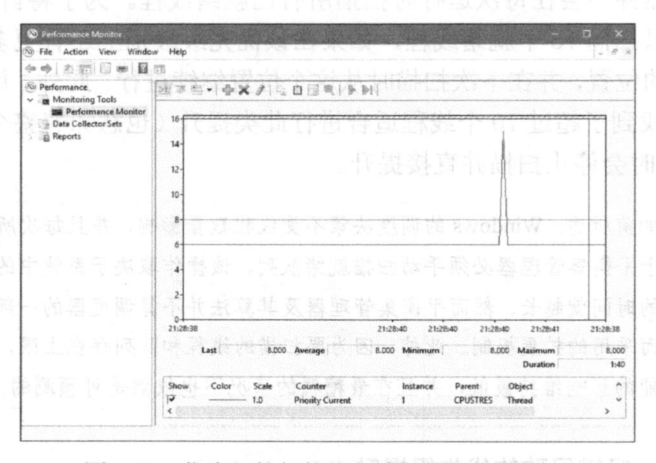

图 4-29　优先级较低的线程被提升至优先级 15

（13）关闭 Performance Monitor 和 CPU Stress 窗口。

9．应用提升

继续回到 KiExitDispatcher，我们已经介绍过，可以调用 KiProcessThreadWaitList 来处理延迟就绪列表中的线程。而调用方传递的提升信息也是在这里处理的。为此需要循环遍历每个 DeferredReady 线程，解除到等待块的链接（仅 Active 和 Bypassed 块会被解除链接），并在内核的线程控制块中设置两个重要值：AdjustReason 和 AdjustIncrement。具体原因可能是前文提到的两个 Adjust 可能性之一，而增量对应着提升值。随后将调用 KiDeferredReadyThread，并通过运行两个算法让该线程做好运行准备，这两个算法为：量程和优先级选择算法（将分为两部分进行介绍），以及处理器选择算法（见 4.4.15 节）。

首先看看该算法何时应用提升，要注意，该提升仅在线程未处于实时优先级范围内时才会生效。AdjustUnwait 提升的应用存在这样的前提要求：线程并未处于任何非正常提升过程，且该线程未通过调用 SetThreadPriorityBoost 在 KTHREAD 中设置 DisableBoost 标志以禁用提升。此外还有一种情况会禁用提升：内核意识到线程已经耗尽了自己的量程（但“记账”所需的时钟中断尚未被触发），并且线程刚从不超过两个时钟计时周期的等待中脱离出来。

如果不符合上述任何情况，则会通过将 AdjustIncrement 与线程当前基本优先级相加的方式计算该线程的新优先级。此外，如果线程已知是某个前台进程的一部分（意味着其内存优先级被设置为 MEMORY_PRIORITY_FOREGROUND，这是由 Win32k.sys 在焦点改变时设置的），此时将应用优先级分离提升（PsPrioritySeparation），将该提升值增加到新优先级的基础上。这种做法也叫作前台优先级提升，下文会详细介绍。

最后，内核会检查新计算出来的优先级是否高于线程的当前优先级，为避免新优先级进入实时优先级范围，还会限制该优先级不超过 15。随后内核会将这个值设置为线程最新的当前优先级。如果应用了任何前台分离提升，那么内核会在 KTHREAD 的 ForegroundBoost 字段中设置该值，使得 PriorityDecrement 值与分离提升值相等。

对于 AdjustBoost 提升，内核会检查线程的当前优先级是否低于 AdjustIncrement 值（根据前文介绍可知，这是负责进行设置的线程对应的优先级）以及线程的当前优先级是否低于 13。如果情况相符，并且线程并未禁用优先级提升，则会使用 AdjustIncrement 优先级作为新的当前优先级，但该值最高只能达到 13。同时 KTHREAD 的 UnusualBoost 字段还包含了提升值，这也会导致 PriorityDecrement 值与锁所有权提升值相等。

在所有情况下，只要存在 PriorityDecrement 值，线程的量程都会基于 KiLockQuantumTarget 值重新计算，使其等同于一个时钟计时周期。这确保了前台和非正常提升会在一个时钟计时周期（而非通常的两个，或配置的其他个数的时钟计时周期）后被移除。如果请求了 AdjustBoost 但线程已经在优先级 13 或 14 下运行，或提升被禁用，也会发生这种情况。

上述工作完成后，AdjustReason 将被设置为 AdjustNone。

10. 移除提升

提升的移除是在 KiDeferredReadyThread 中应用重新计算出的提升值和量程的同时进行的。算法首先会检查所做调整的类型。

对于 AdjustNone 场景，意味着线程可能是因为抢占而变为就绪状态，如果量程已耗尽但时钟中断尚未发现这种情况，此时将重新计算该线程的量程，但前提是该线程运行在动态优先级级别下。此外线程的优先级也会重新计算。对于非实时线程的 AdjustUnwait 或 AdjustBoost 场景，内核会检查线程是否已经悄悄用完了自己的量程。如果是，或如果该线程的基本优先级为 14 或更高，或如果不存在 PriorityDecrement 并且该线程已经完成了超过两个时钟计时周期的等待，该线程的量程和优先级都会重新计算。

非实时线程可以重新计算优先级。为此需要获得线程的当前优先级，减去非正常前台提升值（后面这两项的组合便是 PriorityDecrement），最后再减 1。随后对于这个新优先级值，再使用基本优先级作为下限进行界定，并将当前存在的所有优先级降低量进行清零（借此清除非正常提升和前台提升）。这意味着对于锁所有权提升或前文介绍过的任何其他非正常提升，所有提升值均已丢弃。另外，对于常规的 AdjustUnwait 提升，由于需要减 1，其优先级自然会降低一级。由于下界检查的存在，这种降低最终会止于基本优先级。

还有一种情况会导致提升移除，这种移除是由 KiRemoveBoostThread 函数进行的。这是一种锁所有权提升规则导致的提升移除特例。该规则决定了设置线程在将自己当前优先级提供给被唤醒线程时，为避免“锁护航”，必须失去自己的提升。这种机制也被用于撤销定向延迟过程调用（DPC）以及针对 ERESOURCE 锁饥饿引起的提升而导致的提升。这个例程唯一的特殊之处在于，在计算新优先级时，会通过特别谨慎的处理来区分

PriorityDecrement 的 ForegroundBoost 和 UnusualBoost 组件，以便为任何 GUI 前台分离提升维持线程的累积。这种行为是从 Windows 7 引入的，确保了依赖锁所有权提升的线程在前台运行，或不在前台运行时均不会产生异常行为。

图 4-30 展示了当线程量程结束时，移除常规提升过程的范例。

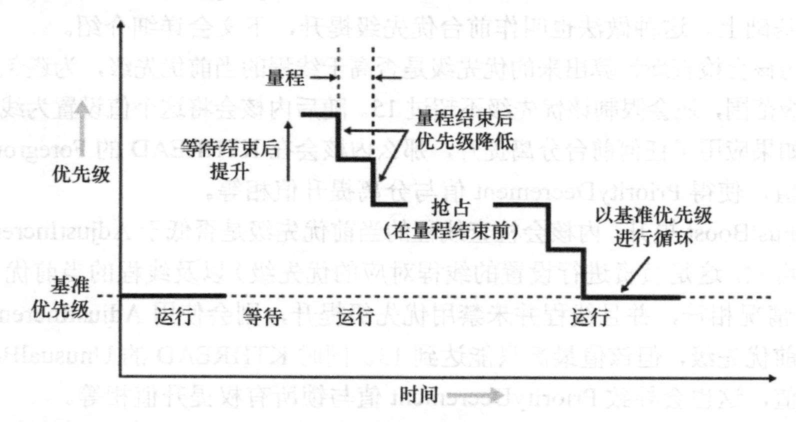

图 4-30　优先级提升和降低

11．多媒体应用程序和游戏的优先级提升

虽然 Windows 的 CPU 饥饿优先级提升可能已经足以让线程脱离长得离谱的等待状态或潜在死锁，但依然无法应对诸如 Windows Media Player 或 3D 游戏这类 CPU 密集型应用程序对资源的需求。

跳音和音频卡顿曾经是很多 Windows 用户最头疼的问题之一，而 Windows 用户模式的音频栈也让这个问题变得更严重，因为该栈提供了更多抢占机会。为了解决这个问题，客户端版本的 Windows 引入了 MMCSS 驱动程序（本章前文曾介绍过），该驱动程序是通过%SystemRoot%\System32\Drivers\MMCSS.sys 实现的，其目的在于确保注册了该驱动程序的应用程序可以实现无卡顿的多媒体播放。

注意　Windows 7 将 MMCSS 实现为服务（而非驱动程序），这会导致潜在风险。如果 MMCSS 管理线程由于任何情况被阻塞，它所管理的线程将继续维持自己的实时优先级，这可能导致整个系统范围内的饥饿。解决方法为将相关代码移动至管理线程（及 MMCSS 用到的其他资源）无法碰触的内核中。将其实现为内核驱动程序还有其他好处，例如可获得到进程和线程对象（而非到 ID 或句柄）的直接指针，进而绕过根据 ID 或句柄进行搜索的过程，借此更快速地与调度器和电源管理器通信。

客户端应用程序可通过调用 AvSetMmThreadCharacteristics 向 MMCSS 注册，注册时还必须提供一个与注册表 HKLM\SOFTWARE\Microsoft\WindowsNT\CurrentVersion\Multimedia\SystemProfile\Tasks 键下任何一个子键相符的任务名称。（OEM 厂商可以修改这个列表以便包含需要的其他任务。）出厂状态的 Windows 包含下列任务。

（1）音频（audio）。

（2）捕获（capture）。

（3）分配（distribution）。

（4）游戏（games）。

（5）低延迟（low latency）。

（6）回放（playback）。

（7）专业音频（pro audio）。

（8）窗口管理器（window manager）。

上述每个任务都包含一些信息，可用于区分不同任务的各种属性。对调度来说，最重要的一条属性是调度分类（scheduling category），这是确定向 MMCSS 注册的线程的优先级时主要的考虑因素。表 4-4 列出了各种调度分类。

表 4-4 调度分类

分类	优先级	描述
高	23～26	除了关键系统线程，优先级比系统中任何其他线程更高的专业音频线程
中	16～22	诸如 Windows Media Player 等前台应用程序的线程
低	8～15	所有不属于上述分类的其他线程
已耗尽	4～6	已耗尽自己的 CPU 份额，只有在没有其他更高优先级进程已经准备好运行时才能继续运行的线程

MMCSS 的主要机制会将已注册进程内的线程优先级提升至与其调度分类相符的优先级级别和该类别的相对优先级，并将这一状态维持一段可保证的时间。随后它会将这些线程的优先级降低至已耗尽分类，这样系统中其他非多媒体线程也将能获得执行的机会。

默认情况下，多媒体线程会获得 80%的可用 CPU 时间，其他线程获得剩余的 20%。（基于 10ms 采样，分别为其提供 8ms 和 2ms 时间。）修改注册表 HKLM\SOFTWARE\Microsoft\WindowsNT\CurrentVersion\Multimedia\SystemProfile 键下的 SystemResponsiveness 注册表值可以更改这个比例。该值的范围基于 10%到 100%之间（20%为默认值，设置低于 10%的值，最终效果等同于 10%），决定了系统（而非所注册的音频应用）可获得的有保障的 CPU 时间比例。MMCSS 调度线程会以优先级 27 运行，因为它需要能抢占任何专业音频线程，以便将其优先级降低至已耗尽分类。

如上所述，更改进程中线程的相对优先级通常是无意义的，并且没有工具会提供这样的功能，因为只有开发者本人才能理解自己程序中不同线程的重要性。另外，因为应用程序必须手动向 MMCSS 注册并提供与自己的线程类型有关的信息，所以 MMCSS 可以获得更改这些线程相对优先级所需的数据，而开发者也会明确得知将发生这样的事情。

实验：MMCSS 优先级提升

通过这个实验，我们可以观察到 MMCSS 优先级提升的效果。

（1）运行 Windows Media Player（wmplayer.exe）。（其他播放软件可能无法从需要向 MMCSS 注册的 API 调用中获益。）

（2）播放一些音频内容。

（3）使用任务管理器或 Process Explorer 设置 Wmplayer.exe 进程的相关性，使其仅在一颗 CPU 上运行。

（4）启动性能监视器工具。

（5）使用任务管理器将性能监视器的优先级类改为 Realtime，使其有更大概率能够记录相关活动。

（6）单击工具栏上的 Add Counter 按钮，或按快捷键 Ctrl+I 打开 Add Counters 对话框。

（7）选择 Thread 对象，随后选择 Priority Current。

（8）在实例框中输入 Wmplayer，单击 Search 按钮，随后选择它的所有线程。

（9）单击 Add 按钮并单击 OK 按钮。

（10）打开 Action 菜单并选择 Properties。

（11）在 Graph 选项卡中，将垂直比例最大值设置为 32。随后应该可以在 Wmplayer 中看到一个或多个优先级为 16 的线程，除非这些线程被放入已耗尽分类后，有其他更高优先级的线程需要使用 CPU，否则这些线程将持续运行。

（12）启动 CPU Stress。

（13）将线程 1 的活动级别设置为 Maximum。

（14）线程 1 的优先级为 Normal，将其改为 Time Critical。

（15）将 CPUSTRES 的优先级类更改为 High。

（16）更改 CPUSTRES 的相关性，让它与 Wmplayer 使用同一颗 CPU。随后系统的运行速度将大幅降低，但音频的播放并不受影响。而尽管此时我们依然可以从系统的其他部分获得一些响应。

（17）在性能监视器中可以看到，Wmplayer 优先级为 16 的线程，其优先级会时不时降低，如图 4-31 所示。

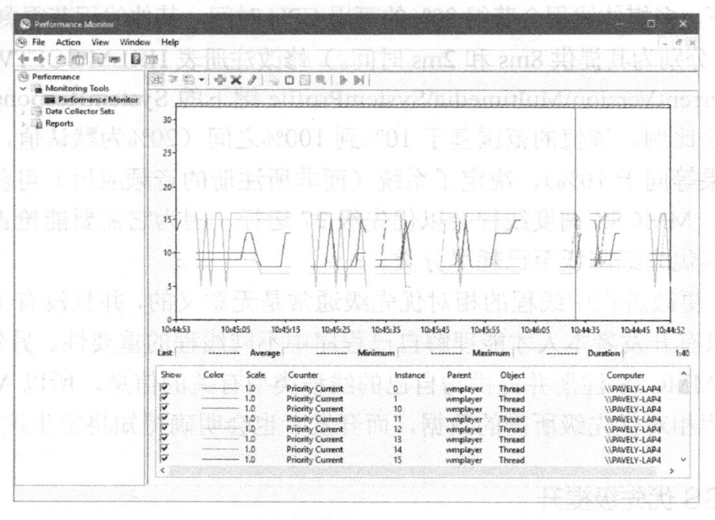

图 4-31 Wmplayer 优先级为 16 的线程，其优先级会时不时降低

MMCSS 的功能不仅是简单的优先级提升。由于 Windows 网络驱动程序和 NDIS 栈的本质特性，在收到来自网卡的中断后，DPC 是一种常见的延迟处理机制。但 DPC 运行在高于用户模式代码的 IRQL 级别上（有关 DPC 和 IRQL 的内容第 6 章），长时间运行的网卡驱动程序代码依然可能打断媒体播放，例如在网络传输或玩游戏时。

MMCSS 会向网络栈发送一个特殊命令，借此让网络栈在媒体播放过程中对网络数据包进行限流（throttle）。按照设计，这种限流可以实现最大化播放性能，但代价是牺牲少量网络吞吐量（不过在执行播放工作，例如玩在线游戏时，吞吐量的这种少量损失对网络操作造成的影响并不容易察觉）。由于这背后的具体机制并不属于调度器的范畴，因此这里不打算详细介绍。

MMCSS 还支持一种名为截止期限调度（deadline scheduling）的功能。该功能的思路在于：音频播放程序并非总是需要自己所属分类的最高优先级，如果此类程序使用了缓冲区机制（从磁盘或网络获取音频数据），随后在构建下一个缓冲区的同时播放上一个缓冲区中的数据，截止期限调度即可让客户端线程指定一个时间，代表为了避免卡顿，自己必须在这个时间获得足够高的优先级级别，不过在这个时间到来之前依然可以用相对较低（但依然位于自己所属分类）的优先级。线程可以使用 AvTaskIndexYield 函数指定自己必须能够运行的下一个时间，并借此指定获得自己所属分类最高优先级的时间。在这个时间到达前，线程可以继续用自己所属分类中最低的优先级运行，因此也就可以为系统留出更多 CPU 时间。

12. 自动提升

自动提升（autoboost）是一种以解决前文提到的优先级反转问题为目标的框架。它的想法在于：使用一种能够对相应线程的优先级（如果需要还可用于 I/O 优先级）进行提升的方式来追踪锁的所有者和锁的等待者，借此实现对线程的进一步处理。有关锁的信息存储在 KTHREAD 结构内部由 KLOCK_ENTRY 对象组成的静态数组中。该机制的当前实现最多可使用 6 个项。每个 KLOCK_ENTRY 维持两个二叉树：一个用于由线程所拥有的锁，另一个用于正在被线程等待的锁。这些树可通过优先级进行键控（keyed），因此需要通过恒定的时间来判断每个提升需要应用的最高优先级。如果需要提升，会将所有者的优先级设置为等待者的优先级。如果优先级过低会造成问题，该机制还可提升 I/O 的优先级。（I/O 优先级的详情请参阅第 6 章。）与所有优先级提升机制类似，自动提升可实现的最大优先级为 15。（实时线程的优先级永远不会被提升。）

该机制当前的实现会为推锁（pushlock）和受保护的互斥体同步基元使用自动提升框架，它们只会暴露给内核代码。（有关这些对象的内容见卷 2 第 8 章。）该框架还会被一些执行体组件用于某些特殊情况。后续版本的 Windows 可能会为具备所有权概念的用户模式可访问对象，例如关键部分（critical section）实现自动提升。

4.4.7 上下文切换

线程的上下文以及上下文切换过程随着处理器体系结构的不同而有较大差异。典型的上下文切换需要保存并加载下列数据：指令指针、内核栈指针以及指向线程运行所在地址空间（进程页表目录）的指针。

内核会将来自老线程的这些信息存储起来，具体过程为：将其推送给当前（老线程的）内核模式栈，更新栈指针，将栈指针保存到老线程的 KTHREAD 结构。随后该内核栈指针会被设置给新线程的内核栈，并加载新线程的上下文。如果新线程位于不同进程中，还会将该进程的页表目录载入一个特殊的处理器寄存器中，这样新进程的地址空间就可用了。（有关地址转换的介绍请参阅第 5 章。）如果需要交付的内核 APC 正处于挂起状态，随后还会请求 IRQL 为 1 的中断。（有关 APC 的详情请参阅卷 2 第 8 章。）否则，控制权会被传递给新线程中被还原的指令指针，随后新线程会恢复执行。

直接切换

Windows 8 和 Windows Server 2012 引入了一种名为直接切换（direct switch）的优化

机制，可以让线程让渡出自己的量程并提升给另一个线程，随后接受让渡的线程可以立即调度到同一颗处理器上运行。在同步客户端/服务器场景中，这种方式可大幅提高吞吐量，因为客户端/服务器线程无法迁移至其他可能闲置或休止（parked）的处理器上运行。这种机制还可以这样理解：在任何特定时间里，只能运行客户端或服务器线程，因此线程调度器应当将其视作一个单一的逻辑线程。图4-32展示了使用直接切换后的效果。

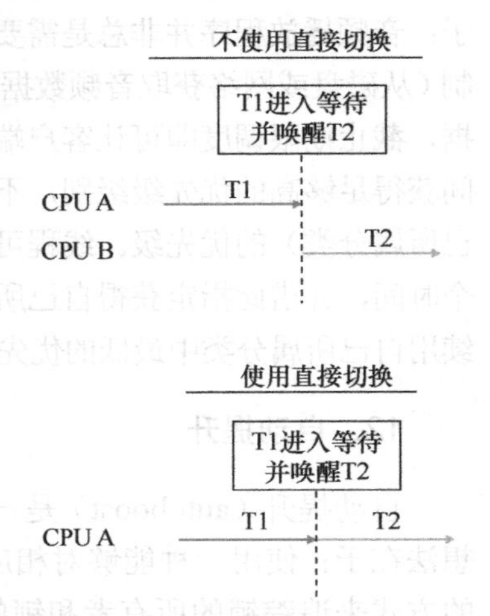

图4-32 使用直接切换后的效果

调度器无法得知第一个线程（图4-32中的T1）在发送出信号后即将进入等待状态，而这个信号涉及的一些同步对象恰恰是第二个线程（T2）正在等待的。因此必须调用一个特殊函数让调度器知道这种情况（原子信号和等待）。

如果可行，KiDirectSwitchThread 函数会真正执行切换。如果通过传递标志指出要尽可能使用直接切换，KiExitDispatcher 会调用这个函数。如果 KiExitDispatcher 通过另一个位标志做出了指示，还将应用优先级让渡，此时第一个线程的优先级会被"让渡"给第二个线程（前提是后者的优先级低于前者）。在当前实现中，这两个标志总是会配合使用（全部使用，或全部不使用），这意味着在任何直接切换尝试中，都会同时尝试进行优先级让渡。直接切换也可能失败，举例来说，目标线程的相关性可能会阻止它在当前处理器上运行。然而只要成功，第一个线程的量程就会传递给目标线程，第一个线程将失去自己的剩余量程。

直接切换目前主要用在下列场景中。

（1）线程调用了 SignalObjectAndWait 这个 Windows API（或内核等价的 NtSignalAndWaitForSingleObject）。

（2）ALPC（见卷2第8章）。

（3）同步远程过程调用（RPC）。

（4）COM 远程调用［目前仅支持多线程单元（multithreaded apartment，MTA）之间的调用］。

4.4.8 调度场景

Windows 可以根据线程优先级告诉我们"谁占用了 CPU"，但这种方法又是如何实现的？本小节将从线程层面介绍优先级驱动的抢占式多任务的实现原理。

1. 自愿切换

线程可以调用 WaitForSingleObject 或 WaitForMultipleObjects 等 Windows 等待函数，进而等待某些对象（如事件、互斥体、信号量、I/O 完成端口、进程、线程、窗口消息等），从而让自己进入等待状态，自愿放弃对处理器的使用。（有关等待对象的内容见第8章。）

图4-33演示了一个线程进入等待状态，随后 Windows 选择一个新线程来运行的过程。在图4-33中，顶部的方块（线程）自愿放弃处理器，这样就绪队列中的下一个线程就可以运行了。（在图中使用"运行中"列中的光圈来代表。）虽然从图中看来，自愿放弃处理

器的线程的优先级被降低了，但其实并非如此。该线程只是被放入了它正在等待的对象所对应的等待队列中。

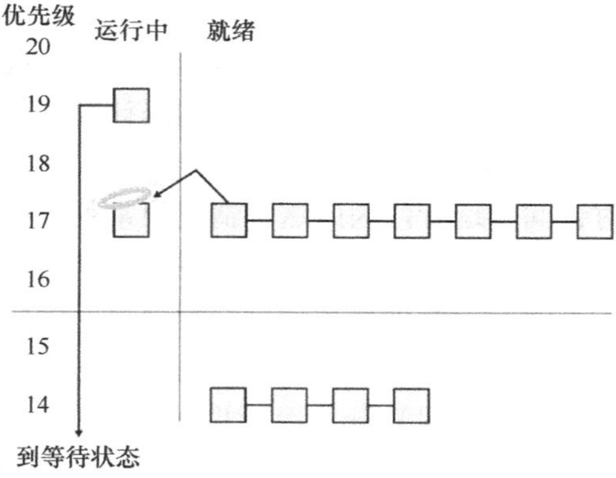

图 4-33 自愿切换

2. 抢占

在这种调度场景中，当高优先级线程做好准备就绪后，低优先级的线程会被抢占。出现这种情况的原因有多种，如高优先级线程的等待已完成（另一个线程所等待的事件发生了）、一个线程的优先级被提高或降低了。

无论任何一种情况，Windows 都必须决定当前运行中的线程是否需要继续运行，还是被抢占，以便运行优先级更高的线程。

注意 运行于用户模式的线程可以抢占运行于内核模式的线程。线程具体在哪种模式下运行并不重要，此时线程优先级是决定性因素。

当一个线程被抢占后，会被放置到所处优先级对应的就绪队列的最顶部（见图 4-34）。

在图 4-34 中，优先级为 18 的线程从等待状态中恢复，重新控制了 CPU，导致当时正在运行的线程（优先级为 16）被放置到就绪队列的顶部。注意，这个被放置的线程并不会出现在队列尾部，而是会放在顶部。当发起抢占的线程运行完毕后，被放置的线程即可继续在自己的量程内运行。

3. 量程结束

当运行中的线程耗尽了自己的 CPU 量程后，Windows 必须决定是否要降低该线程的优先级，以及是否要将另一个线程调度到这颗处理器上。

如果线程的优先级被降低（例如因为之前获得的某些提升而被降低），Windows 会寻找另一个更适合的线程来调度，例如位于就绪队列中，并且比当前运行中的线程的新优先级更高的另一个线程。如果该线程的优先级未被降低，并且就绪队列中还有相同优先级的其他线程，Windows 会选择就绪队列中相同优先级的下一个线程来运行，随后还会将前一个线程移动到队列尾部，为其分配一个新的量程值，并将其状态由运行中改为就绪。这一过程如图 4-35 所示。如果没有其他已经就绪的相同优先级的线程，则原先的线程可以继续运行一个量程。

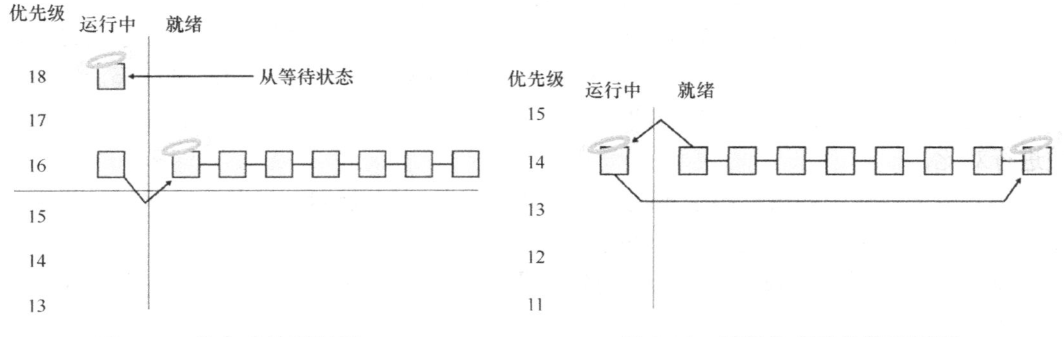

图 4-34 抢占式线程调度

图 4-35 量程结束时的线程调度

如上所述，Windows 并不会简单地依赖基于时钟间隔计时器的量程来调度线程，而是会使用精确的 CPU 时钟周期计数来维持量程目标。Windows 还会使用该计数器来确定当前是否适合终止线程的量程，这种情况之前可能就已经发生过，因此有必要详细讨论。

如果使用仅仅依赖时钟间隔计时器的调度模型，可能会出现下列情况。

（1）线程 A 和线程 B 在一个时钟间隔期间变为就绪状态。（调度代码并非只能在每个时钟间隔运行，因此这种情况很常见。）

（2）线程 A 开始运行但中断了一段时间。处理该中断所用时间被记账给该线程。

（3）中断处理完成后线程 A 再次开始运行，但很快遇到了下一个时钟间隔。调度器只能假设线程 A 在这段时间里一直在运行，因此就切换到了线程 B。

（4）线程 B 开始运行并恰好运行了一个完整的时钟间隔（除非遇到抢占或中断处理）。

在上述场景中，线程 A 遭遇了两种方式的不公平对待。首先，处理设备中断所用的时间被算在它使用的 CPU 时间里，但实际上这个线程可能与中断没有任何关系。（中断的处理会在处理那一刻运行中的任何线程的上下文中进行，详见第 6 章。）其次在线程 A 被调度的那个时钟周期里，实际调度前所经历的时间也被算在了它的 CPU 时间里。图 4-36 展示了这样的场景。

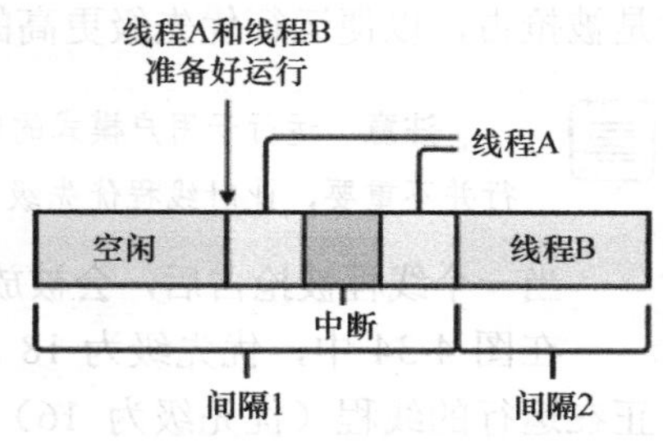

图 4-36 在 Vista 之前版本 Windows 中不公平的时间切片

Windows 会精确记录所调度线程运行过程中使用的 CPU 时钟周期数量（不包含中断处理）。此外 Windows 还会记录在线程量程结束时，线程应该使用掉的时钟周期数量程目标。因此上述针对线程 A 的那些不公平决策在 Windows 中将不再出现。此时会发生下列情况，如图 4-37 所示。

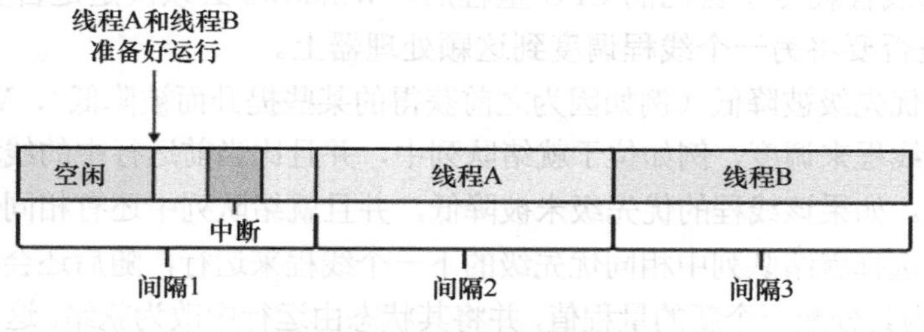

图 4-37 对上述场景的示意

（1）线程 A 和线程 B 在一个时钟间隔期间变为就绪状态。

（2）线程 A 开始运行但中断了一段时间。处理该中断所用的时间不会被记账给该线程。

（3）中断处理完成后线程 A 再次开始运行，但很快遇到了下一个时钟间隔。调度器检查为线程 A 记账的 CPU 时钟周期数，并将其与量程计数时预计记账的 CPU 时钟周期数进行对比。

（4）由于前一个数值远小于预期值，因此调度器会假设线程 A 是在一个时钟间隔的期间内运行的，并且可能遇到了额外的中断。

（5）线程 A 的量程额外增加一个时钟间隔，量程目标重新计算。这样，线程 A 就有机会运行一个完整时钟间隔了。

（6）在下一个时钟间隔，线程 A 用完了自己的量程，线程 B 得到机会开始运行。

4．终止

当一个线程运行完成（可能是因为它从主例程返回时调用了 ExitThread，或被 TerminateThread 终止）后，它会从运行中状态转换为已终止状态。如果该线程对象上没有打开的句柄，该线程会被从进程线程列表中删除，相关数据结构也会被撤销分配并释放。

4.4.9 空闲线程

如果 CPU 上不存在可运行的线程，Windows 会调度该 CPU 的空闲线程。每颗 CPU 都有自己专用的空闲线程。这是因为在多处理器系统中，当一颗 CPU 正在执行线程时，其他 CPU 可能没有任何线程需要执行。每颗 CPU 的空闲线程均可通过该 CPU 的 PRCB 中的指针找到。

所有空闲线程都属于空闲进程。从很多方面来看，空闲进程和空闲线程都是一种特殊的情况。当然，它们可以用 EPROCESS/KPROCESS 和 ETHREAD/KTHREAD 结构来表示，但它们并非执行体管理器进程和线程对象。空闲进程也不会出现在系统进程列表中。（因此它不会出现在内核模式调试器!process 0 0 命令的输出结果中。）然而空闲线程或线程及其进程可通过其他方式找到。

实验：查看空闲线程和空闲进程的结构

我们可以在内核模式调试器中使用!pcr 命令找到空闲线程和进程结构。（PCR 的英文全称是 processor control region，中文名为处理器控制区域。）该命令可显示来自 PCR 和相关 PRCB 的信息子集。!pcr 命令可接受一个数字参数，该数字代表了要显示的 PCR 对应的 CPU 编号。引导处理器为处理器 0，该处理器是始终存在的，因此!pcr 0 命令总是可以生效。下列输出显示了在一个 64 位八核处理器系统中通过本地内核调试会话运行该命令后的输出结果。

```
lkd> !pcr
KPCR for Processor 0 at fffff80174bd0000:
    Major 1 Minor 1
    NtTib.ExceptionList: fffff80176b4a000
        NtTib.StackBase: fffff80176b4b070
       NtTib.StackLimit: 0000000000108e3f8
     NtTib.SubSystemTib: fffff80174bd0000
          NtTib.Version: 0000000074bd0180
      NtTib.UserPointer: fffff80174bd07f0
          NtTib.SelfTib: 00000098af072000

                SelfPcr: 0000000000000000
                   Prcb: fffff80174bd0180
                   Irql: 0000000000000000
                    IRR: 0000000000000000
                    IDR: 0000000000000000
          InterruptMode: 0000000000000000
                    IDT: 0000000000000000
                    GDT: 0000000000000000
                    TSS: 0000000000000000

          CurrentThread: ffffb882fa27c080
             NextThread: 0000000000000000
```

```
        IdleThread: fffff80174c4c940

        DpcQueue:
```

从上述输出结果中可知，在获取该内存转储的那一刻，CPU 0 正在执行的线程并非其空闲线程，因为 CurrentThread 和 IdleThread 指针是不同的。在多 CPU 系统中，可以尝试运行!pcr 1、!pcr 2 命令，以此类推，直到针对所有处理器运行完毕。随后就会观察到每个 IdleThread 指针都是不同的。

随后针对所发现的空闲线程地址运行!thread 命令。

```
lkd> !thread fffff80174c4c940
THREAD fffff80174c4c940  Cid 0000.0000  Teb: 0000000000000000 Win32Thread:
0000000000000000 RUNNING on processor 0
Not impersonating
DeviceMap                 ffff800a52e17ce0
Owning Process            fffff80174c4b940       Image:         Idle
Attached Process          ffffb882e7ec7640       Image:         System
Wait Start TickCount      1637993        Ticks: 30 (0:00:00:00.468)
Context Switch Count      25908837       IdealProcessor: 0
UserTime                  00:00:00.000
KernelTime                05:51:23.796
Win32 Start Address nt!KiIdleLoop (0xfffff801749e0770)
Stack Init fffff80176b52c90 Current fffff80176b52c20
Base fffff80176b53000 Limit fffff80176b4d000 Call 0000000000000000
Priority 0 BasePriority 0 PriorityDecrement 0 IoPriority 0 PagePriority 5
```

最后，针对上述输出结果中所示的拥有进程运行!process 命令。简单起见，我们添加第二个参数值 3，这会导致!processto 命令只针对每个线程显示最少量的信息。

```
lkd> !process fffff80174c4b940 3
PROCESS fffff80174c4b940
    SessionId: none  Cid: 0000    Peb: 00000000  ParentCid: 0000
    DirBase: 001aa000  ObjectTable: ffff800a52e14040  HandleCount: 2011.
    Image: Idle
    VadRoot ffffb882e7e1ae70 Vads 1 Clone 0 Private 7. Modified 1627. Locked 0.
    DeviceMap 0000000000000000
    Token                             ffff800a52e17040
    ElapsedTime                       07:07:04.015
    UserTime                          00:00:00.000
    KernelTime                        00:00:00.000
    QuotaPoolUsage[PagedPool]         0
    QuotaPoolUsage[NonPagedPool]      0
    Working Set Sizes (now,min,max)  (7, 50, 450) (28KB, 200KB, 1800KB)
    PeakWorkingSetSize                1
    VirtualSize                       0 Mb
    PeakVirtualSize                   0 Mb
    PageFaultCount                    2
    MemoryPriority                    BACKGROUND
    BasePriority                      0
    CommitCharge                      0

        THREAD fffff80174c4c940  Cid 0000.0000  Teb: 0000000000000000
Win32Thread: 0000000000000000 RUNNING on processor 0
        THREAD ffff9d81e230ccc0  Cid 0000.0000  Teb: 0000000000000000
Win32Thread: 0000000000000000 RUNNING on processor 1
```

```
        THREAD ffff9d81e1bd9cc0 Cid 0000.0000 Teb: 0000000000000000
    Win32Thread: 0000000000000000 RUNNING on processor 2
        THREAD ffff9d81e2062cc0 Cid 0000.0000 Teb: 0000000000000000
    Win32Thread: 0000000000000000 RUNNING on processor 3
        THREAD ffff9d81e21a7cc0 Cid 0000.0000 Teb: 0000000000000000
    Win32Thread: 0000000000000000 RUNNING on processor 4
        THREAD ffff9d81e22ebcc0 Cid 0000.0000 Teb: 0000000000000000
    Win32Thread: 0000000000000000 RUNNING on processor 5
        THREAD ffff9d81e2428cc0 Cid 0000.0000 Teb: 0000000000000000
    Win32Thread: 0000000000000000 RUNNING on processor 6
        THREAD ffff9d81e256bcc0 Cid 0000.0000 Teb: 0000000000000000
    Win32Thread: 0000000000000000 RUNNING on processor 7
```

这些进程和线程地址还可配合 dt nt!_EPROCESS、dt nt!_KTHREAD 以及其他此类命令使用。

上述实验展示了与空闲进程及其线程有关的一些反常情况。调试器显示的映像名为“Idle”（该名称来自 EPROCESS 结构的 ImageFileName 成员），但各种 Windows 实用工具会将该空闲进程显示为不同名称。任务管理器和 Process Explorer 将其称为 System Idle Process，Tlist 工具将其称作 System Process。它的进程 ID 和线程 ID（即客户端 ID，或调试器输出结果中所示的 Cid）均为 0，其 PEB 和 TEB 指针也是 0，空闲进程或其线程的很多其他字段也是 0。因为空闲进程没有用户模式地址空间，其线程不执行任何用户模式代码，所以也不需要用于管理用户模式环境所需的各类数据。此外，空闲进程并非一种对象管理器进程对象，其空闲线程也不是对象管理器线程对象。相反，初始空闲线程和空闲进程结构是静态分配的，可用于在进程管理器和对象管理器被初始化之前实现系统自举。后续的空闲线程结构则是在系统中更多处理器上线后动态分配的（简单地从非换页池中分配，无须对象管理器参与）。一旦进程管理初始化完成，就会使用一个特殊变量 PsIdleProcess 指向空闲进程。

对于空闲进程，最有趣的一个反常之处可能在于，Windows 会将空闲线程的优先级报告为 0。然而实际上，空闲线程的优先级成员值是没有意义的，因为这些线程只有在没有其他线程运行时才会选中并进行分配。它们的优先级从不需要与其他线程的优先级进行比较，也不需要将空闲线程放入就绪队列，因为空闲线程从来不会成为任何就绪队列的一部分。（每个 Windows 系统中只有一个线程真正运行在优先级 0 下，即零页面线程，见第 5 章。）

正如空闲线程对于选择执行是一种特例，对于抢占，它们也是一种特例。空闲线程的例程 KiIdleLoop 会执行一系列操作，以避免自己被常规方式运行的其他线程抢占。当处理器上不存在可运行的非空闲线程时，该处理器会在自己的 PRCB 中被标记为空闲。随后，如果有线程被选中在该空闲处理器上执行，该线程的地址会存储到空闲处理器的 PRCB 中的 NextThread 指针内。在每一次循环过程中，空闲线程都会检查该指针。

虽然不同体系结构之间的流程细节有所差异（这也是少数用汇编语言，而非 C 语言编写的例程之一），但空闲线程的基本操作步骤如下。

（1）空闲线程短暂开启中断，进而让任何挂起的中断顺利交付，随后（使用 x86 和 x64 处理器的 STI 和 CLI 指令）关闭中断。这是必需的，因为空闲线程执行过程中的大部分时间里中断都是关闭的。

（2）在某些体系结构的调试版系统（debug build）中，空闲线程会检查是否有内核模式调试器正试图打断系统的执行。如果有，则会提供这样的访问。

（3）空闲线程会检查处理器上是否有任何挂起的 DPC（详见第 6 章）。如果 DPC 在加入队列时没有生成 DPC 中断，那么该 DPC 会被挂起。如果 DPC 正在挂起，空闲循环会调用 KiRetireDpcList 来交付 DPC。这样做还会执行计时器到期处理以及延迟就绪处理，后者将在 4.4.13 节详细介绍。KiRetireDpcList 必须在中断关闭的情况下进入，因此第 1 步结束时中断会关闭。KiRetireDpcList 退出时，中断依然处于关闭状态。

（4）空闲线程检查是否请求了量程终止处理。如果有，则调用 KiQuantumEnd 处理该请求。

（5）空闲线程检查是否有线程被选中随后在该处理器上运行。如果有，则会分配该线程。出现这种情况的原因有多种，例如第 3 步所处理的 DPC 或计时器过期解决了等待线程的等待状态，或其他正处于空闲循环的处理器为该处理器选择了一个线程来运行。

（6）如果接到请求，空闲线程会检查已就绪要在其他处理器上运行的线程，并且在可行的情况下，会将其中一个线程放在本地进行调度。（该操作的详细解释见 4.4.12 节。）

（7）空闲线程调用已注册的电源管理处理器空闲例程（如果需要执行任何电源管理功能的话），该例程可能位于处理器的电源驱动程序（例如 intelppm.sys）中，如果此类驱动程序不可用，也可能位于 HAL 中。

4.4.10 线程的挂起

线程可分别使用 SuspendThread 和 ResumeThread API 函数显式挂起和恢复。每个线程有一个挂起计数，每次挂起会导致该计数增加，恢复会导致该计数减少。如果数值为 0，意味着线程可以自由执行，否则将无法执行。

为了实现挂起，该线程需要在内核 APC 中排队。当线程切换为执行状态时，会首先执行该 APC，这会让线程处于等待状态，只有在获得事件信号后线程才能最终恢复。

如果处于等待状态的线程收到了挂起请求，这种挂起机制将产生显而易见的缺陷，因为这意味着为了挂起该线程，反而要首先将其唤醒。这可能会导致内核栈换入（如果该线程的内核栈之前处于换出状态）。Windows 8.1 和 Windows Server 2012 R2 增加了一种名为轻型挂起（lightweight suspend）的机制，可以在不使用 APC 机制的前提下将处于等待状态的线程直接挂起，此时会直接操作线程在内存中的对象将其标记为已挂起。

4.4.11 （深度）冻结

在冻结机制中，进程会进入挂起状态，并且无法通过针对进程中的线程调用 ResumeThread 更改这种状态。如果系统需要挂起 UWP 应用，这种机制将非常有用。当一个 Windows 应用切换到前台就会发生这种情况，例如在平板模式下有另一个应用被切换到前台，或在桌面模式下有应用被最小化。在这种情况下，系统会为应用提供大约 5s 的时间来完成工作，通常这段时间可以用来保存应用程序的状态。保存状态的操作很重要，因为如果内存资源变得非常低，Windows 应用可能会在不事先通知的情况下被终止。如果应用被终止，那么还可在下次启动时重新加载其状态，在用户感觉中，这个应用就好像从来不曾被关闭一样。冻结一个进程，意味着同样以无法通过 ResumeThread 唤醒的方式挂起进程中的所有线程。KTHREAD 结构中的一个标志可以用来表示某个线程是否被冻结。为了让线程可以执行，其挂起计数必须为0，并且必须清除该冻结标志。

深度冻结增加了一个额外约束：进程中新建的线程同样无法启动。举例来说，如果通过调用 CreateRemoteThreadEx 在深度冻结的进程中新建了线程，线程在实际启动前也会被冻结。这也是冻结功能最典型的用法。

进程和线程冻结功能并未直接暴露到用户模式。它们主要被进程状态管理器（Process State Manager，PSM）服务在内部使用，该服务负责向内核发出请求以便进行深度冻结和解冻。

我们也可以使用作业进行进程冻结。冻结和解冻作业的能力尚未公开文档化，但只需使用标准的 NtSetInformationJobObject 系统调用即可实现。这一能力主要被 Windows 应用所用，毕竟所有 Windows 应用的处理都是通过作业的方式进行的。此类作业可能包含一个进程（Windows 应用本身），但也可能包含与该 Windows 应用有关的后台任务承载进程，因此可通过一步操作冻结或解冻这种作业下的所有进程。（Windows 应用详见卷2第8章。）

实验：深度冻结

在这个实验中，我们会通过对虚拟机进行调试来观察深度冻结的发生。

（1）使用管理员特权打开 WinDbg，并将其附加到运行 Windows 10 的虚拟机。

（2）按快捷键 Ctrl+Break 让虚拟机中断。

（3）当深度冻结开始时设置一个断点，并使用命令显示被冻结的进程：

```
bp nt!PsFreezeProcess "!process -1 0; g"
```

（4）输入 g（go）命令或按 F5 键，应该会看到出现了很多深度冻结。

（5）从任务栏打开 Cortana 界面，随后关闭该界面。大约 5s，应该可以看到类似下列的内容。

```
PROCESS 8f518500 SessionId: 2 Cid: 12c8   Peb: 03945000 ParentCid: 02ac
    DirBase: 054007e0 ObjectTable: b0a8a040 HandleCount: 988.
    Image: SearchUI.exe
```

（6）随后在调试器中中断，显示有关该进程的更多信息。

```
1: kd> !process 8f518500 1
PROCESS 8f518500 SessionId: 2 Cid: 12c8   Peb: 03945000 ParentCid: 02ac
DeepFreeze
    DirBase: 054007e0 ObjectTable: b0a8a040 HandleCount: 988.
    Image: SearchUI.exe
    VadRoot 95c1ffd8 Vads 405 Clone 0 Private 7682. Modified 201241. Locked 0.
    DeviceMap a12509c0
    Token                             b0a65bd0
    ElapsedTime                       04:02:33.518
    UserTime                          00:00:06.937
    KernelTime                        00:00:00.703
    QuotaPoolUsage[PagedPool]         562688
    QuotaPoolUsage[NonPagedPool]      34392
    Working Set Sizes (now,min,max)  (20470, 50, 345) (81880KB, 200KB, 1380KB)
    PeakWorkingSetSize                25878
    VirtualSize                       367 Mb
    PeakVirtualSize                   400 Mb
    PageFaultCount                    307764
    MemoryPriority                    BACKGROUND
```

```
    BasePriority                  8
    CommitCharge                  8908
    Job                           8f575030
```

（7）请注意调试器写入的 DeepFreeze 属性。另外请注意该进程是某个作业的一部分。使用!job 命令可查看详情。

```
1: kd> !job 8f575030
Job at 8f575030
  Basic Accounting Information
    TotalUserTime:                0x0
    TotalKernelTime:              0x0
    TotalCycleTime:               0x0
    ThisPeriodTotalUserTime:      0x0
    ThisPeriodTotalKernelTime:    0x0
    TotalPageFaultCount:          0x0
    TotalProcesses:               0x1
    ActiveProcesses:              0x1
    FreezeCount:                  1
    BackgroundCount:              0
    TotalTerminatedProcesses:     0x0
    PeakJobMemoryUsed:            0x38e2
    PeakProcessMemoryUsed:        0x38e2
  Job Flags
    [cpu rate control]
    [frozen]
    [wake notification allocated]
    [wake notification enabled]
    [timers virtualized]
    [job swapped]
  Limit Information (LimitFlags: 0x0)
  Limit Information (EffectiveLimitFlags: 0x3000)
  CPU Rate Control
    Rate = 100.00%
    Scheduling Group: a469f330
```

（8）该作业会被应用 CPU 速率控制（有关 CPU 速率控制的详细介绍参见 4.5.2 节）并被冻结。将调试器与虚拟机分离并关闭调试器。

4.4.12　线程的选择

逻辑处理器需要选择接下来运行的线程时，会调用 KiSelectNextThread 调度器函数。这种情况会发生在多种场景中。

（1）发生一次相关性硬变更，使得当前运行中或待命的线程无法符合在所选逻辑处理器上继续运行的条件，因而需要选择另一个线程来运行。

（2）当前运行中的线程量程结束，而它之前运行所用的对称多线程（Symmetric Multithreading，SMT）集已经变得非常忙碌，而理想节点上的其他 SMT 集处于完全空闲的状态。（对称多线程是第 2 章介绍的超线程技术的学名。）调度器针对当前线程执行量程终止迁移，因此必须选择另一个线程来运行。

（3）等待操作完成，等待状态寄存器中存在等待处理的调度操作（也就是说，其优先级或相关性位已经设置）。

在这些情况下，调度器将表现出如下行为。

（1）调度器调用 KiSelectReadyThreadEx，搜索处理器应该运行的下一个已就绪线程，并检查是否找到这样的线程。

（2）如果未找到就绪线程，则会启用空闲调度器，并选择空闲线程来执行。如果找到了就绪线程，则会酌情将其以就绪状态放置在本地或共享的就绪队列中。

只有在逻辑处理器需要选择（但尚未运行）下一个已调度线程时，才需要执行 KiSelectNextThread 操作（这也是该线程会进入就绪状态的原因）。不过其他情况下，逻辑处理器会立即运行下一个已就绪线程，或在此类线程不可用时执行其他操作（但不会进入空闲状态），例如在遇到下列情况时。

（1）优先级变化导致当前待命或运行中的线程不再是所选逻辑处理器上优先级最高的已就绪线程，这意味着现在必须运行一个优先级更高的已就绪线程。

（2）线程已通过调用 YieldProcessor 或 NtYieldExecution 明确放弃，另一个线程可能已做好执行准备。

（3）当前线程的量程已到期，相同优先级级别的其他线程同样需要得到机会来运行。

（4）线程失去了自己的优先级提升，导致类似上一种情况的优先级变化。

（5）空闲调度器正在运行，需要检查在空闲调度被请求，以及空闲调度器开始运行这两种状态期间，是否没有出现过已就绪线程。

有一种简单的方法可以用来记住所运行例程之间的差异：检查逻辑处理器是否需要运行一个不同的线程（此时会调用 KiSelectNextThread），或是只要可行就运行另一个不同的线程（此时会调用 KiSelectReadyThreadEx）。无论任何情况，由于每颗处理器都属于一个共享的就绪队列（由 KPRCB 指向），KiSelectReadyThreadEx 可以直接检查当前逻辑处理器（LP）的队列，移除所找到的第一个优先级最高的线程，除非该线程的优先级低于当前运行中的线程（取决于当前线程是否被允许继续运行，不过 KiSelectNextThread 场景并不是这种情况）。如果不存在更高优先级的线程（或没有已就绪线程），则不会返回任何线程。

空闲调度器

空闲线程运行时，会检查是否启用了空闲调度器。如果启用，空闲线程会开始扫描其他进程的就绪队列，以查找可由自己调用 KiSearchForNewThread 来运行的线程。与该操作有关的运行开销并不会记账给空闲线程时间，但会记账给中断和 DPC 时间（记账给处理器），因此空闲调度时间可以视作系统时间。KiSearchForNewThread 算法是基于上一节提到的函数实现的，下文会详细介绍。

4.4.13 多处理器系统

单处理器系统中的调度相对简单：想要运行的最高优先级线程将始终可以运行。不过多处理器系统就比较复杂了。这是因为 Windows 会试图将线程调度到对线程来说最优的处理器上，所以不仅要考虑线程的首选处理器和之前运行时使用的处理器，还要考虑多处理器系统本身的配置。因此，虽然 Windows 会尝试着将优先级最高的可运行线程调度到所有可用 CPU 上，但只能保证在某个 CPU 上运行一个最高优先级的线程。对于共享的就绪队列（线程没有相关性限制），这种保证更强一些。每个共享的处理器组都可以运行至少一个最高优先级线程。

在详细介绍决定何时在哪里运行哪个线程所用的算法前，先来看看 Windows 为了在多处理器系统中维持追踪线程和处理器状态时所用到的额外信息，以及 Windows 可支持的 3 种多处理器系统类型（SMT、多核、NUMA）。

1. 封装集和 SMT 集

在处理逻辑处理器拓扑时，Windows 会使用 KPRCB 中的 5 个字段来确定适合的调度决策。第一个字段 CoresPerPhysicalProcessor 决定了逻辑处理器是否为多核封装的一部分，这是通过处理器所返回的 CPUID 四舍五入为 2 的幂次计算而来的。第二个字段 LogicalProcessorsPerCore 决定了逻辑处理器是否为 SMT 集的一部分，例如是否为启用超线程技术的 Intel 处理器，这也是通过 CPUID 查询和四舍五入而来的。将这两个数字相乘即可知道每个封装中包含的逻辑处理器数量，也就是一个处理器插槽中容纳的实际物理处理器数量。借助这些数字，即可为每个 PRCB 填充自己的 PackageProcessorSet 值。这是一种相关性掩码，描述了这个处理器组（因为封装会被限制在同一个组中）中的哪个其他逻辑处理器属于同一颗物理处理器。类似地，CoreProcessorSet 值可以将同一个内核中的其他逻辑处理器连接在一起，这也叫作一个 SMT 集。最后，GroupSetMember 值定义了可以用当前处理器组中的哪个位掩码（bitmask）来标识这颗逻辑处理器。例如，逻辑处理器 3 的 GroupSetMember 值通常为 8（2 的 3 次方）。

实验：查看逻辑处理器信息

我们可以在内核模式调试器中使用!smt 命令查看 Windows 为 SMT 处理器维持的信息。下列输出结果来自一台支持 SMT 的四核心 Intel Core i7 系统的计算机（共 8 颗逻辑处理器）。

```
lkd> !smt
SMT Summary:
------------

KeActiveProcessors:
********-------------------------------------------------------- (00000000000000ff)
IdleSummary:
-****--*-------------------------------------------------------- (000000000000009e)
No PRCB             SMT Set                                           APIC Id
 0 fffff803d7546180 **------------------------------ (0000000000000003) 0x00000000
 1 ffffba01cb31a180 **------------------------------ (0000000000000003) 0x00000001
 2 ffffba01cb3dd180 --**---------------------------- (000000000000000c) 0x00000002
 3 ffffba01cb122180 --**---------------------------- (000000000000000c) 0x00000003
 4 ffffba01cb266180 ----**-------------------------- (0000000000000030) 0x00000004
 5 ffffba01cabd6180 ----**-------------------------- (0000000000000030) 0x00000005
 6 ffffba01cb491180 ------**------------------------ (00000000000000c0) 0x00000006
 7 ffffba01cb5d4180 ------**------------------------ (00000000000000c0) 0x00000007

Maximum cores per physical processor:   8
Maximum logical processors per core:    2
```

2. NUMA 系统

Windows 还支持另一种多处理器系统类型：非一致内存访问架构（Non-Uniform Memory

Architecture，NUMA）。在NUMA系统中，处理器会被分为一组组名为节点的较小单元。每个节点有自己的处理器和内存，通过一种缓存一致的互联总线连接组成大规模系统。说这些系统是“非一致”的，是因为每个节点都有自己的本地高速内存。虽然任何节点中的任何处理器都可以访问所有内存，但节点本地内存的访问速度通常更快。

内核会将NUMA系统中有关每个节点的信息保存在名为KNODE的数据结构中。内核变量KeNodeBlock是一种指针数组，指向每个节点的KNODE结构。我们可以使用内核模式调试器的dt命令查看KNODE结构的格式，如下所示。

```
lkd> dt nt!_KNODE
   +0x000 IdleNonParkedCpuSet : Uint8B
   +0x008 IdleSmtSet         : Uint8B
   +0x010 IdleCpuSet         : Uint8B
   +0x040 DeepIdleSet        : Uint8B
   +0x048 IdleConstrainedSet : Uint8B
   +0x050 NonParkedSet       : Uint8B
   +0x058 ParkLock           : Int4B
   +0x05c Seed               : Uint4B
   +0x080 SiblingMask        : Uint4B
   +0x088 Affinity           : _GROUP_AFFINITY
   +0x088 AffinityFill       : [10] UChar
   +0x092 NodeNumber         : Uint2B
   +0x094 PrimaryNodeNumber  : Uint2B
   +0x096 Stride             : UChar
   +0x097 Spare0             : UChar
   +0x098 SharedReadyQueueLeaders : Uint8B
   +0x0a0 ProximityId        : Uint4B
   +0x0a4 Lowest             : Uint4B
   +0x0a8 Highest            : Uint4B
   +0x0ac MaximumProcessors  : UChar
   +0x0ad Flags              : _flags
   +0x0ae Spare10            : UChar
   +0x0b0 HeteroSets         : [5] _KHETERO_PROCESSOR_SET
```

实验：查看NUMA信息

我们可以在内核模式调试器中使用!numa命令查看Windows为NUMA系统中每个节点维护的信息。如果希望在不具备此类硬件的情况下执行与NUMA系统有关的实验，可以配置Hyper-V虚拟机包含超过一个的NUMA节点以供来宾虚拟机使用。若要配置Hyper-V虚拟机使用NUMA，请执行如下操作。（宿主计算机必须具备4颗以上的逻辑处理器。）

（1）打开Start菜单，输入hyper，随后单击Hyper-V Manager选项。

（2）确保虚拟机已经关机，否则无法进行后续操作。

（3）在Hyper-V管理器中右击虚拟机，选择Settings打开该虚拟机的设置。

（4）单击Memory节点，确保Dynamic Memory未被选中。

（5）单击Processor节点，在Number of virtual processors文本框中输入4，如图4-38所示。

（6）展开Processor节点，选择NUMA子节点。

（7）在Maximum number of processors和Maximum NUMA nodes allowed on a socket框中输入2，如图4-39所示。

图 4-38 在 Number of virtual processors 文本框中输入 4

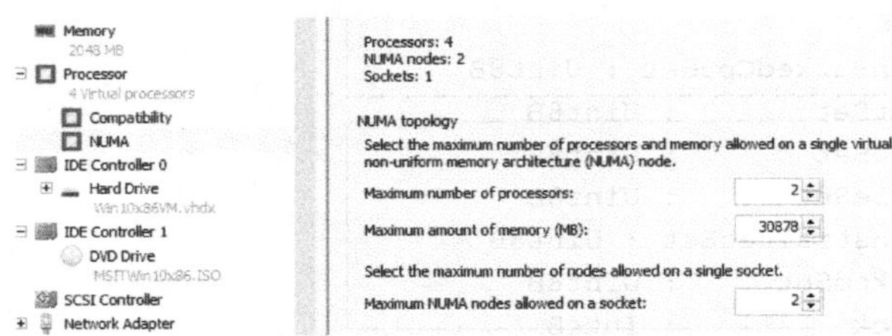

图 4-39 在 Maximum number of processors 和 Maximum NUMA nodes allowed on a socket 文本框中输入 2

（8）单击 OK 按钮保存设置。

（9）启动虚拟机。

（10）使用内核模式调试器运行!numa 命令。按照上述步骤配置的虚拟机可看到如下输出结果。

```
2: kd> !numa
NUMA Summary:
------------
    Number of NUMA nodes : 2
    Number of Processors : 4
unable to get nt!MmAvailablePages
    MmAvailablePages     : 0x00000000
    KeActiveProcessors   :
    ****---------------------------- (0000000f)

    NODE 0 (FFFFFFFF820510C0):
   Group              : 0 (Assigned, Committed, Assignment Adjustable)
   ProcessorMask      : **------------------------------ (00000003)
   ProximityId        : 0
   Capacity           : 2
   Seed               : 0x00000001
   IdleCpuSet         : 00000003
   IdleSmtSet         : 00000003
   NonParkedSet       : 00000003
Unable to get MiNodeInformation

    NODE 1 (FFFFFFFF8719E0C0):
   Group              : 0 (Assigned, Committed, Assignment Adjustable)
   ProcessorMask      : --**---------------------------- (0000000c)
   ProximityId        : 1
   Capacity           : 2
   Seed               : 0x00000003
   IdleCpuSet         : 00000008
   IdleSmtSet         : 00000008
   NonParkedSet       : 0000000c
Unable to get MiNodeInformation
```

如果应用程序希望通过 NUMA 系统获得最佳性能，可设置相关性掩码，限制进程只能在特定节点的处理器上运行。不过在可感知 NUMA 的调度算法的帮助下，Windows 已经将几乎所有线程都限制为只在一个 NUMA 节点运行了。

4.4.15 节将介绍 NUMA 系统中的调度算法。（第 5 章将介绍为了充分利用节点本地内存所进行的内存管理器优化。）

3. 处理器组的分配

在查询系统拓扑并在逻辑处理器、SMT 集、多核封装以及物理处理器插槽之间构建各种关系时，Windows 会将处理器分配到相应的组，借此（通过前文提到的扩展相关性掩码）描述其相关性。这是由 KePerformGroupConfiguration 例程进行的，系统初始化过程中，在执行任何其他第 1 阶段工作前会调用该例程。整个过程如下。

（1）该函数查询检测到的所有节点（KeNumberNodes），计算每个节点的容量，即节点可以包含多少颗逻辑处理器。这个值会存储到 KeNodeBlock 数组的 MaximumProcessors 中，这个字段标识了系统中的所有 NUMA 节点。

如果系统支持 NUMA 临近 ID（Proximity ID），则会查询每个节点的临近 ID，并保存到节点块中。

（2）分配 NUMA 距离数组（KeNodeDistance），计算每个 NUMA 节点之间的距离。

接下来的一系列步骤将处理用于取代默认 NUMA 分配，由用户配置的特定选项。例如假设有系统安装了 Hyper-V，并将虚拟机监控程序配置为自动启动。如果 CPU 不支持扩展的虚拟机监控程序接口，则只能启用一个处理器组，所有 NUMA 节点都将关联到组 0（只要能容纳在内）。因此这种情况下 Hyper-V 将无法发挥处理器数量超过 64 颗的计算机的全部性能。

（3）该函数会检查加载器（loader）是否传递了任何静态组分配数据（进而可由用户来配置）。这些数据决定了每个 NUMA 节点的临近信息和组分配。

注意 使用大型 NUMA 服务器的用户，可能出于测试或验证等目的而需要自定义地控制临近信息和组分配，此时可通过 Group Assignment 与 Node Distance 注册表值提供这些信息。这些注册表值位于注册表 HKLM\SYSTEM\CurrentControlSet\Control\NUMA 键下。这些数据的格式为：一个计数值，后跟临近 ID 和组分配组成的数组，所有值均为 32 位值。

（4）在将这些数据作为有效数据前，内核会查询临近 ID 来匹配节点编号，并根据请求将其与组编号关联。随后需要确保 NUMA 节点 0 关联至组 0，并且所有 NUMA 节点的容量与组的规模一致。最后，该函数会检查有多少组还具备剩余容量。

注意 在任何情况下，NUMA 节点 0 始终会分配给组 0。

（5）内核会尝试动态地将 NUMA 节点分配给组，同时会遵循按照前文描述传递而来的静态配置的节点。通常来说，内核会试图创建最小数量的组，让每个组包含尽可能多的 NUMA 节点。然而，如果不希望使用这种行为，也可以通过加载器参数/MAXGROUP，借助 maxgroup 这个 BCD 选项进行其他方式的配置。使用该值可以覆盖默认行为，让算法将尽可能多的 NUMA 节点分配到尽可能多的组中，同时依然符合最多 20 个组这一限制。如果只有一个节点，或如果所有节点都可以纳入同一个组（并且 maxgroup 选项被关闭），系统会按照默认设置将所有节点分配给组 0。

（6）如果有多个节点，Windows 会检查静态 NUMA 节点距离（如果存在的话）。随后会按照容量对所有节点排序，这样最大容量的节点会排在最前。在组数量最小化的模式下，内核会计算容量总和进而确定处理器数量的最大值。随后将这个数值除以每个组包含的处理器数量，内核即可假设计算机上处理器组的总数（最多可以有 20 个）。在组数量最大化模式下，一开始就会假设会有尽可能多的节点（最多依然是 20 个）。

（7）随后内核开始最终的分配过程。所有上述固定分配会进行提交，并根据分配创建所需的组。

（8）随后所有 NUMA 节点被重新打乱，借此将一个组中不同节点之间的距离降至最低。换句话说，距离更近的节点会放在同一个组中，并按照距离排序。

（9）对于任何动态配置的节点，也会执行相同的组分配过程。

（10）如果还有剩余的空节点，则会被分配给组 0。

4．每个组中的逻辑处理器

一般来说，Windows 会为每个组分配 64 颗处理器。但我们可以使用不同的加载选项，例如用/GROUPSIZE 选项来定制该配置，这是通过 BCD 中的 groupsize 元素配置的。通过为其指定 2 的某次幂这样的数字，即可迫使每个组包含少于常规数量的处理器，例如借此对组的感知能力进行测试。举例来说，包含 8 颗逻辑处理器的系统可以设置为使用一个、两个或 4 个组。为了进一步强化效果，可以借助/FORCEGROUPAWARE 选项（BCD 中的 groupaware 元素）让内核尽可能避免使用组 0，将最高的可用组编号用于诸如线程和 DPC 相关性选择与进程组的分配。但应避免将组的规模设置为 1，这会迫使系统中几乎所有应用程序表现得如同在单处理器计算机上运行。这是因为内核会将特定进程的相关性掩码设置为只跨越一个组，除非该应用程序自己请求（但大部分应用程序并不会这样做）。

某些极端情况下，一个封装中的逻辑处理器可能无法纳入同一个组，此时 Windows 会调整这些数字，以确保一个封装可纳入一个组。为此要减小 CoresPerPhysicalProcessor 数值，如果 SMT 也无法容纳，则会减小 LogicalProcessorsPerCore 数值。但该规则有个例外：系统实际上在一个封装里包含了多个 NUMA 节点（少见，但有可能）。在此类多芯片模组（Multi-chip module，MCM）中，会通过一个晶片（die）/封装容纳两套内核与内存控制器。如果 ACPI 静态资源相关性表（Static Resource Affinity Table，SRAT）定义的 MCM 包含两个 NUMA 节点，Windows 可能会将这两个节点关联到不同的组（取决于组配置算法）。此时一个 MCM 封装可能被分散到多个组中。

除了导致棘手的驱动程序和应用程序兼容性问题（其设计目的就是帮助开发者发现问题，确定根源），这些选项还会对计算机造成更大影响：就算非 NUMA 类型的计算机，也会迫使其表现出 NUMA 的相关行为。这是因为 Windows 绝不允许一个 NUMA 节点跨越多个组，这一点从分配算法中就可以看出来。因此如果内核要创建过小的多个组，这两个组就必须拥有各自的 NUMA 节点。例如对于组大小为 2 的四核处理器，会创建两个组，也就是两个 NUMA 节点，它们将是主节点的子节点。这会对调度和内存管理策略产生类似于真正 NUMA 系统那样的影响，不过对于测试会较为有用。

5．逻辑处理器状态

除了共享的和本地就绪的队列与摘要，Windows 还会通过两个位掩码追踪系统中的处理器状态。（这些位掩码的用法见 4.4.15 节。）Windows 使用了下列两个位掩码。

（1）**KeActiveProcessors**。这是活动处理器掩码，会为系统中每颗可用处理器设置一个位。如果许可方面的限制导致所运行 Windows 版本无法支持所有可用物理处理器，那么该掩码的数值可能会小于实际处理器数量。我们可以使用 KeRegisteredProcessors 变量查看计算机中已经获得许可的处理器数量，此处的处理器是指物理封装。

（2）**KeMaximumProcessors**。这是在许可限制内允许的逻辑处理器（包括未来可以额外动态添加的处理器）数量最大值。通过调用 HAL 并检查 ACPI SRAT 表（如果有的话），还可借此了解平台本身在这方面的局限。

节点的数据（KNODE）将有一部分用于设置节点的空闲 CPU（IdleCpuSet 成员）、尚未休止的空闲 CPU（IdleNonParkedCpuSet）以及空闲的 SMT 集（IdleSmtSet）。

6. 调度器的伸缩性

在多处理器系统中，一颗处理器可能需要修改另一颗处理器的每 CPU 调度数据结构，例如向某颗处理器插入想要在该处理器上运行的线程。因此我们需要使用针对每个 PRCB 排队的自旋锁同步这些结构，这是在 DISPATCH_LEVEL 级别上进行的。因此可以在锁定特定处理器的 PRCB 的同时进行线程的选择工作。如果有必要，还可以额外多锁定一颗处理器的 PRCB，例如在线程窃取（thread stealing）场景中（具体描述见下文）。通过使用细粒度的每个线程自旋锁，还可对线程上下文的切换进行同步。

对于每颗 CPU 上处于延迟就绪状态的线程，也会维持一个列表（DeferredReadyListHead）。这代表已经就绪可以运行，但执行体尚未就绪的线程，因此实际就绪操作被延迟到其他更合适的时间。由于每颗处理器只能操作它自己的每颗处理器延迟就绪列表，因此该列表并不会被 PRCB 自旋锁同步。延迟就绪线程列表是由 KiProcessDeferredReadyList 处理的，但在处理前，首先需要通过其他函数修改进程或线程相关性、优先级（包括提升后的优先级）或量程值。

该函数会为列表中的每个线程调用 KiDeferredReadyThread，并对其执行 4.4.15 节将要介绍的算法。这可能导致线程立即运行，被放入处理器的就绪列表，或如果处理器不可用则可能会（以待命状态）放入另一颗处理器的延迟就绪列表，或通过另一颗处理器立即执行。该属性是由内核休止引擎在休止内核时使用的，休止内核时，所有线程均会放入延迟就绪列表，随后再加以处理。由于 KiDeferredReadyThread 会跳过已休止的内核（见下文），因此这会导致处理器上的所有线程被转移至另一颗处理器。

7. 相关性

每个线程的相关性掩码决定了允许运行该线程的处理器。线程相关性掩码是从进程相关性掩码继承而来的。默认情况下，所有进程（以及所有线程）初始相关性掩码均等于所分配到的处理器组中所有活动的处理器集。换句话说，系统可以自由地将线程调度到所关联处理器组内任何可用处理器上。然而为了优化吞吐量，以及/或者将工作负载通过分区分配给特定处理器集，应用程序也可以选择更改自己线程的相关性掩码。这一点可以在多个层面上实现。

（1）调用 SetThreadAffinityMask 函数为特定线程设置相关性。

（2）调用 SetProcessAffinityMask 函数为进程中的所有线程设置相关性。

（3）任务管理器和 Process Explorer 提供了该功能的 GUI 版本。若要使用该功能，请右击进程，选择 Set Affinity。此外（来自 Sysinternals 的）Psexec 工具还提供了该功能的命令行版本。（搭配-a 开关运行可查看帮助。）

（4）让进程成为作业的成员，并使用 SetInformationJobObject 函数设置影响整个作业的相关性掩码（见第 3 章）。

（5）编译应用程序时，在映像文件头指定相关性掩码。

窍门 若要了解 Windows 映像格式的详细规范，请在 http://msdn.microsoft.com 中搜索 Portable Executable and Common Object File Format Specification。

我们还可在链接时为映像设置 uniprocessor 标志。如果设置了该标志，系统会在创建进程时选择一颗处理器（MmRotatingProcessorNumber），并将其作为进程相关性掩码分配，从第一颗处理器开始分配，随后对该组中的所有处理器进行轮询。例如在双处理器系统中，当带有 uniprocessor 标志的映像首次启动时，会被分配给 CPU 0；第二次启动分配给 CPU 1；第三次启动分配给 CPU 0；第四次启动分配给 CPU 1；以此类推。对于在多线程同步方面有 bug，因而当在多处理器系统中运行时会导致竞争条件，但在单处理器系统中可正常运行的应用程序，可以使用该标志作为临时解决方案。如果有映像遇到此类状况并且映像不包含签名，那么还可以使用可移植可执行（PE）映像编辑工具编辑映像头，手动添加该标志。不过更好的，并且可兼容带签名可执行文件的解决方法是使用 Microsoft Application Compatibility Toolkit，通过添加填充码（shim）迫使兼容性数据库在启动映像时将其标记为仅单处理器。

实验：查看并更改进程相关性

在这个实验中，我们将修改进程的相关性设置，并观察新进程对进程相关性的继承。

（1）运行命令提示符（Cmd.exe）。

（2）运行任务管理器或 Process Explorer，从进程列表中找到 Cmd.exe 进程。

（3）右击该进程，选择 Set Affinity。随后会显示处理器列表，例如在有 8 颗逻辑处理器的系统中可见图 4-40 所示的界面。

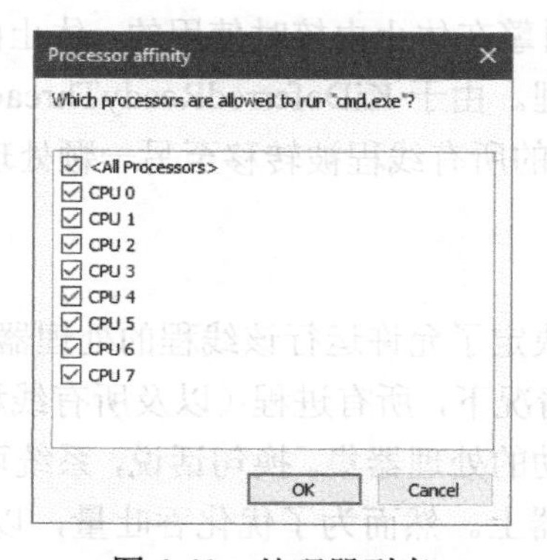

图 4-40 处理器列表

（4）选择系统可用处理器的子集，随后单击 OK 按钮。该进程的线程将被限制，只能在选中的处理器上运行。

（5）在命令提示符中输入 Notepad 以运行 Notepad.exe。

（6）返回任务管理器或 Process Explorer，找到新出现的 Notepad 进程。

（7）右击该进程，选择 Affinity。随后可以看到与命令提示符进程相同的处理器列表，这是因为该进程从父进程处继承了相关性设置。

Windows 不会为了让与第一颗处理器有相关性的第二个线程能够在第一颗处理器上运行，就把可以在其他处理器上运行的，正在运行中的线程从一颗处理器移动到另一颗处理器。例如可以考虑这样的场景：CPU 0 正在运行一个优先级为 8，并且可以在任何处理器上运行的线程；而 CPU 1 正在运行一个优先级为 4，同样可以在任何处理器上运行的线程。此时一个优先级为 6，只能在 CPU 0 上运行的线程就绪了。随后会怎样？Windows 并不会把优先级为 8 的线程从 CPU 0 移动到 CPU 1（这会抢占优先级为 4 的线程），以便让优先级为 6 的线程可以运行，此时优先级为 6 的线程必须出于就绪状态。因此更改进程或线程的优先级掩码可能导致线程获得少于正常情况的 CPU 时间，因为 Windows 受到限制不能在某些处理器上运行该线程。所以相关性的设置必须非常谨慎。大部分情况下最好让 Windows 自己决定在哪里运行每个线程。

8. 扩展的相关性掩码

为了支持 64 颗以上的处理器（这是最初的相关性掩码结构本身存在的限制，64 位系统上该掩码只有 64 位），Windows 使用了一种扩展的相关性掩码：KAFFINITY_EX。这是一种相关性掩码数组，每个可支持的处理器组对应其中一个元素（目前定义为 20 个）。

当调度器需要从扩展的相关性掩码中引用一颗处理器时，首先会使用组编号解除对正确位掩码的引用（de-reference），随后直接访问所需的相关性。内核 API 并不暴露扩展的相关性掩码，此时需要由 API 的调用方将组编号作为参数输入，随后即可获得该组的遗留相关性掩码。然而在 Windows API 中，通常只能查询并获得有关一个组的信息，即正在运行当前线程的那个组（这是固定的）。

扩展的相关性掩码及其底层功能还可以让进程脱离最初分配给自己的处理器组边界。通过使用扩展相关性 API，进程中的线程将可以选择其他处理器组中的相关性掩码。举例来说，某进程有 4 个线程，计算机上有 256 颗处理器，如果每个线程在组 0、1、2、3 上设置相关性掩码为 0x10（二进制值为 0b10000），那么线程 1 可以在处理器 4 上运行，线程 2 可在处理器 68 上运行，线程 3 可在处理器 132 上运行，线程 4 可在处理器 196 上运行。或者每个线程可以针对特定组将相关性全部设置为 1 位（0xFFFF...），这样进程就可以利用系统中任何一颗可用的处理器运行自己的线程（但也有一个限制：每个线程只能在自己的组中运行）。

我们可以在创建时使用扩展的相关性，为此需要在创建新线程，或针对现有线程调用 SetThreadGroupAffinity 时，在线程属性列表（PROC_THREAD_ATTRIBUTE_GROUP_AFFINITY）中指定线程编号。

9. 系统相关性掩码

Windows 驱动程序通常会在调用线程或任意线程的上下文中执行（也就是说，通常并不在 System 进程的安全界限内），因此目前运行的驱动程序代码可能会受制于应用程序开发者设置的相关性规则。这些规则与驱动程序的代码无关，甚至可能导致无法正确处理中断或其他排队的工作。因此驱动程序开发者必须通过某种机制暂时绕过用户线程的相关性设置，为此可使用 KeSetSystemAffinityThread(Ex)/KeSetSystemGroupAffinityThread 和 KeRevertToUser-AffinityThread(Ex)/KeRevertToUserGroupAffinityThread 这些 API。

10. 理想处理器和上一颗处理器

每个线程有 3 个 CPU 成员，这些信息存储在内核线程控制块中。

（1）**理想处理器**。这是运行该线程的首选处理器。

（2）**上一颗处理器**。这是上一次运行该线程所用的处理器。

（3）**下一颗处理器**。这是线程即将运行或准备好下次运行要使用的处理器。

线程的理想处理器是在创建线程时使用进程控制块中的一个种子选择的。每创建一次线程，该种子都会递增，因此系统中所有可用处理器会轮流充当该进程中每个新线程的理想处理器。举例来说，系统中第一个进程的第一个线程所分配的理想处理器为处理器 0，该进程中第二个线程分配的理想处理器是处理器 1。然而系统中下一个进程的第一个线程的理想处理器会被设置为处理器 1，第二个线程会被设置为处理器 2，以此类推。借助这种方式，每个进程中的线程就可以分散到所有处理器上。在 SMT 系统（超线程）中，下一个理想处理器的选择是从下一个 SMT 集进行的。例如在四核心超线程系统中，某个进程中不同线程的理想处理器可能是 0、2、4、6、0…3、5、7、1、3…借此即可将线程平均分配给所有物理处理器。

注意，这种方式会假设一个进程中的所有线程承担了等量工作。但多线程进程的实际情况往往并非如此，通常来说，此类进程会有一个或多个负责常规事务的线程，以及大量实际承担工作任务的线程。因此多线程应用程序如果希望充分利用整个平台，往往需要通过 SetThreadIdealProcessor 函数为自己的线程指定理想处理器编号。为了充分发挥处理器组的作用，开发者应当调用 SetThreadIdealProcessorEx，该函数可用于为相关性选择组编号。

在 64 位 Windows 中，可以使用 KNODE 中的 Stride 字段均衡地分配进程中新建的线程。Stride（步幅）是一种标量数值，代表特定 NUMA 节点中，为了获得一个新的独立处理器片段，而需跳过的相关性位数，其中“独立”是指位于另一个内核（对于 SMT 系统）或另一个封装（对于非 SMT 的多核系统）中。由于 32 位 Windows 不支持大型处理器配置系统，因此并不使用 Stride，而是会直接选择下一个处理器编号，并尽可能试图避免共享同一个 SMT 集。

11. 理想节点

在 NUMA 系统中创建进程时，会为该进程选择理想节点。第一个进程会分配给节点 0，第二个进程分配给节点 1，以此类推。随后，还会从进程的理想节点中选出该进程中线程的理想处理器。进程中第一个线程的理想处理器会分配给节点中的第一颗处理器。随着相同理想节点中同一个进程内创建出额外的线程，下一颗处理器将充当下一个线程的理想处理器，以此类推。

12. CPU 集

我们已经介绍过如何通过相关性（有时也可叫作硬相关性）限制线程只能在特定处理

器上运行，这也是调度器始终会遵循的一种做法。理想处理器机制则会试图通过理想处理器来运行线程（这种做法也叫作软相关性），通常这会让线程的状态成为处理器缓存的一部分。但最终所用的可能是理想处理器，也可能不是，同时这也无法防止线程被调度到其他处理器上。并且这些机制无法作用于与系统有关的活动，例如系统线程活动。此外我们也无法轻松地通过一次操作为系统中的所有进程设置硬相关性，甚至无法遍历这些进程。系统进程通常会受到保护，使其不受外部相关性变化的影响，因为这种影响需要 PROCESS_SET_INFORMATION 访问权限，而受保护进程无法保证能获得此权限。

Windows 10 和 Windows Server 2016 引入了一种名为 CPU 集（CPU set）的机制。该机制是相关性的一种体现形式，可以作为整体应用给系统（包括系统线程活动）、进程，甚至单个进程。例如，低延迟音频应用程序可能需要独占使用某颗处理器，而系统的其余部分可以使用其他处理器。CPU 集提供了实现这种做法的一种方式。

截至撰写本文时，已经文档化的用户模式 API 还较为有限。GetSystemCpuSetInformation 可返回由包含了每个 CPU 集数据的 SYSTEM_CPU_SET_INFORMATION 组成的数组。在当前实现中，一个 CPU 集可以等同于一颗 CPU。这意味着所返回的数组，其长度等同于系统中逻辑处理器的数量。每个 CPU 集可通过其 ID 加以标识，而具体数值可以任意选择为 256（0x100）外加 CPU 索引（0、1、……）。为了给进程和特定线程设置 CPU 集，必须将这些 ID 分别传递给 SetProcessDefaultCpuSets 和 SetThreadSelectedCpuSets 函数。

例如，我们可以为希望尽可能不被打断的“重要”线程设置线程 CPU 集。这个线程可以获得一个只包含一颗 CPU 的 CPU 集，同时设置默认进程 CPU 集包含所有其他 CPU。

Windows API 目前缺乏减少系统 CPU 集的能力。但调用 NtSetSystemInformation 系统调用即可获得这样的能力。不过为了成功调用，调用方必须具备 SeIncreaseBasePriorityPrivilege 特权。

实验：CPU 集

在这个实验中，我们将查看和修改 CPU 集并观察修改后产生的效果。

（1）从本书的随附资源中下载 CpuSet.exe 工具。

（2）以管理员身份打开命令提示符窗口，进入 CPUSET.exe 所在目录。

（3）在命令提示符中输入不包含任何参数的 cpuset.exe，观察当前的系统 CPU 集。输出结果如下所示。

```
System CPU Sets
---------------
Total CPU Sets: 8

CPU Set 0
  Id: 256 (0x100)
  Group: 0
  Logical Processor: 0
  Core: 0
  Last Level Cache: 0
  NUMA Node: 0
  Flags: 0 (0x0) Parked: False Allocated: False Realtime: False Tag: 0

CPU Set 1
  Id: 257 (0x101)
  Group: 0
```

```
    Logical Processor: 1
    Core: 0
    Last Level Cache: 0
    NUMA Node: 0
    Flags: 0 (0x0) Parked: False Allocated: False Realtime: False Tag: 0
...
```

（4）启动CPUSTRES.exe并将其配置为以最大化活动级别运行一两个线程。（意在实现大约25%的CPU占用。）

（5）打开任务管理器，单击Performance选项卡，随后选择CPU标签。

（6）将CPU图形视图改为显示逻辑处理器（如果原视图显示了总体利用率的话）。

（7）在命令提示符窗口中运行下列命令，并将-p后的数字替换为系统中CPUSTRES进程的进程ID。

```
CpuSet.exe -p 18276 -s 3
```

上述命令中的-s参数指定了为进程设置的默认处理器掩码。此处的3代表CPU 0和CPU 1。随后即可通过任务管理器看到，这两颗CPU开始变得异常忙碌，如图4-41所示。

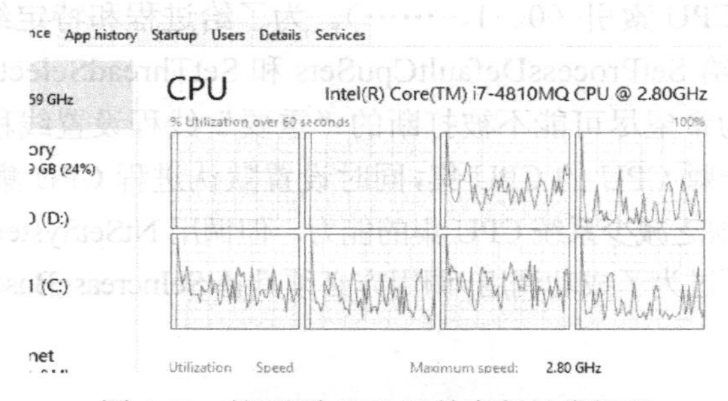

图4-41　这两颗CPU开始变得异常忙碌

（8）随后详细看看CPU 0正在运行的线程。为此需要使用Windows SDK中提供的Windows性能记录器（Windows Performance Recorder，WPR）和Windows性能分析器（Windows Performance Analyzer，WPA）。单击Start按钮，输入WPR，选择Windows Performance Recorder。接收权限提升提示，随后应该能看到图4-42所示的界面。

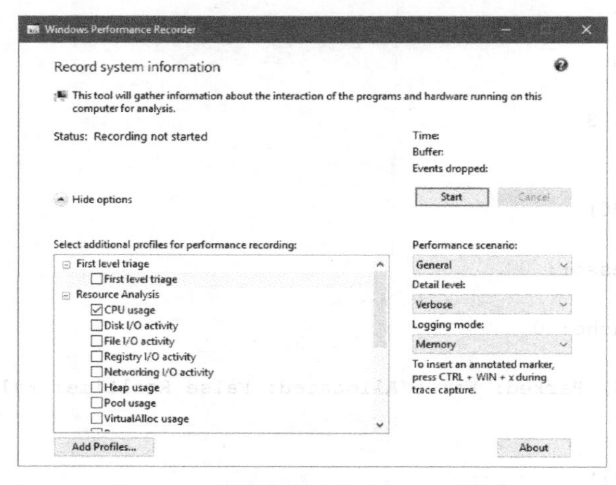

图4-42　接收权限提升提示后的界面

（9）该工具默认会记录 CPU 用量，这正是我们所需要的。这个工具可以记录 Windows 事件跟踪（ETW）事件。（有关 ETW 的详情请参阅卷 2 第 8 章。）单击窗口中的 Start 按钮，并在 1～2 秒后再次单击该按钮，不过此时该按钮对应的文字已变为 Save。

（10）WPR 会建议将记录的数据保存到某个位置。此时可接受该建议的位置，或改为保存到其他文件/文件夹。

（11）文件保存后，WPR 会建议使用 WPA 打开该文件。请执行这个操作。

（12）WPA 工具启动并加载保存的文件。（WPA 的功能非常丰富，已超出了本书的范围。）在该工具窗口左侧，可以看到捕获的不同类型的信息，如图 4-43 所示。

（13）展开 Computation 节点，随后展开 CPU Usage (Precise)节点。

（14）双击 Utilization by CPU 图表，随后该图表会显示在主窗格中，如图 4-44 所示。

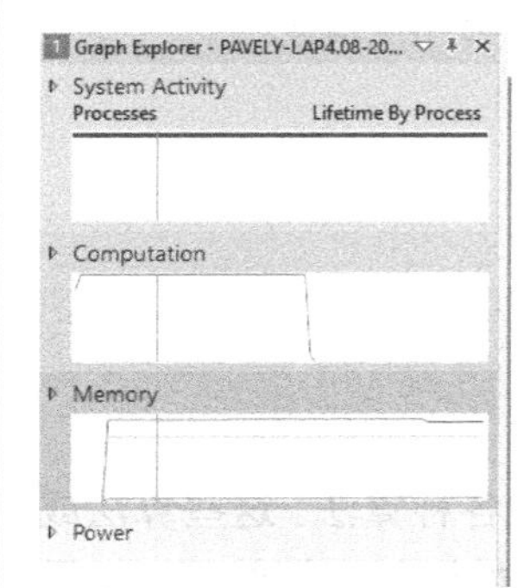

图 4-43　捕获的不同类型的信息

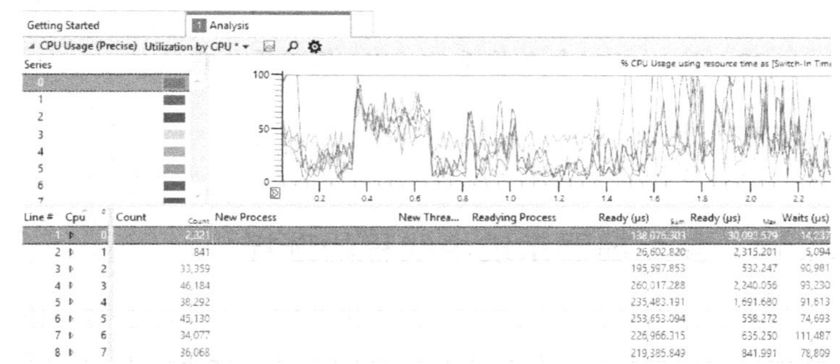

图 4-44　Utilization by CPU 图表显示在主窗格中

（15）目前我们需要重点关注 CPU 0。随后的操作中，我们会让 CPU 0 仅用于 CPUSTRES。首先请展开 CPU 0 节点。随后应该可以看到很多进程，其中也包含了 CPUSTRES，但绝对不是独占使用的，如图 4-45 所示。

（16）输入下列命令，限制系统使用除了第一颗之外的其他所有处理器。此系统有 8 颗处理器，因此完整掩码应该是 255（0xff）。排除 CPU 0 后的掩码为 254（0xfe）。根据系统实际配置用正确的掩码替换命令中的数值。

```
CpuSet.exe -s 0xfe
```

（17）任务管理器中的视图应该可以看到类似的结果。接着仔细观察 CPU 0。再次运行 WPR，像刚才一样再次记录一两个结果。

（18）用 WPA 打开记录的结果，并导航至 Utilization by CPU。

（19）展开 CPU 0，随后可以看到 CPUSTRES 几乎是独占的，只是偶尔会出现 System 进程的身影，如图 4-46 所示。

（20）请留意（视图中的）CPU Usage (ms)列，System 进程所占时间非常短（几微妙）。无疑，CPU 0 已经被 CPUSTRES 进程专用了。

（21）再次不加参数运行 CPUSET.exe。第一个集（CPU 0）被标记为 Allocated: True，这是因为它已经被分配给某个特定进程，无法用作他用。

（22）关闭 CPU Stress 窗口。

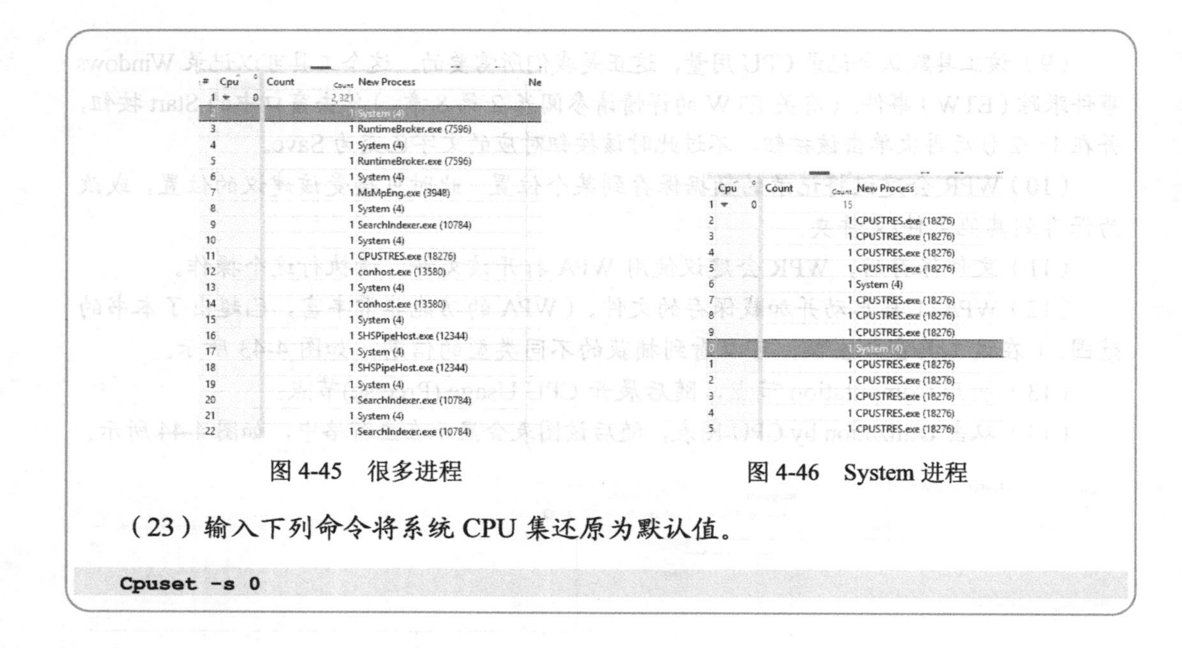

图 4-45　很多进程　　　　图 4-46　System 进程

（23）输入下列命令将系统 CPU 集还原为默认值。

```
Cpuset -s 0
```

4.4.14　多处理器系统中线程的选择

深入介绍多处理器系统前，首先来总结一下 4.4.12 节讨论的各种算法。这些算法或者会继续执行当前线程（如果未找到新的“可执行候选人”），或开始运行空闲线程（如果当前线程已经被阻塞）。然而前文曾经暗示过，还有一种名为 KiSearchForNewThread 的第三个线程选择算法。该算法会在一种非常特殊的情况下调用：当前线程由于等待某个对象而即将被阻塞时（包括在执行 NtDelayExecutionThread 调用，即 Windows 中的 Sleep API 时）。

注意　从这里也可以看出常用的 Sleep(1)调用（会阻塞当前线程，直到下一个计时器时钟周期）与 SwitchToThread 调用（前文曾有介绍）之间存在一些微妙的区别。Sleep(1)调用会使用下文即将介绍的算法，而 SwitchToThread 调用会使用前文讨论过的逻辑。

KiSearchForNewThread 最初会检查是否已经有线程被选择在这颗处理器上运行（为此需要读取 NextThread 字段）。如果有，则会立刻分发该线程使其进入运行中状态。否则会调用 KiSelectReadyThreadEx 例程，并且针对所找到的线程执行相同操作。

如果未找到任何线程，该处理器会被标记为空闲（即使空闲线程尚未开始执行），随后会开始启动对其他（共享的）逻辑处理器上的队列所进行的扫描（与其他标准算法不同，并不会在此时就放弃）。然而如果处理器的内核已经休止，该算法将不再试图检查其他逻辑处理器，此时更适当的做法是让内核进入休止状态，而非用新工作让它保持忙碌。

除了上述两种情况，其他情况下此时都会运行工作窃取（work-stealing）循环。这些代码会检查当前 NUMA 节点并移除任何空闲处理器（因为这些处理器上不存在需要“窃取”的线程）。随后这些代码会检查当前 CPU 的共享就绪队列，并开始循环调用 KiSearchForNewThreadOnProcessor。如果未找到其他线程，相关性会被改为下一个处理器组并再次调用该函数。不过这一次，目标 CPU 会指向下一个处理器组（而非当前组）的共享队列，这会导致当前处理器从另一个处理器组的就绪队列中寻找最适合的就绪线程。

如果依然没找到可运行的线程，则会用相同方式搜索那个组中处理器的本地队列。如果依然不成功，并且DFSS已启用，则在可能的情况下，会从远程逻辑处理器的“仅空闲时运行”队列中释放一个线程给当前从处理器。

如果没有找到候选的已就绪线程，则会用编号递减后的下一颗逻辑处理器继续尝试进行，以此类推，直到当前NUMA节点中的所有逻辑处理器均已穷尽。此时算法会继续搜索下一个距离最近的节点，以此类推，直到当前组中的所有节点均已穷尽。（别忘了，Windows只允许线程的相关性位于一个处理器组范围内。）如果上述过程依然没能找到任何候选者，该函数将返回NULL，线程进入等待状态，处理器进入空闲线程（跳过空闲调度）。如果空闲调度器已经完成了这些工作，则处理器会进入睡眠状态。

4.4.15 处理器的选择

我们已经介绍过当逻辑处理器需要做出选择（或必须针对某个特定逻辑处理器做出选择）时Windows会如何挑选线程，并假设了各种调度例程都有一个现有的数据库，可从中选择就绪的线程。随后我们一起来看看这个数据库最开始是如何填充内容的，换句话说，我们将介绍Windows是如何选择将哪颗逻辑处理器的就绪队列关联给特定的已就绪线程。在介绍过Windows可支持的多处理器系统类型以及线程相关性和理想处理器的设置后，我们已经可以进一步看看如何利用这些信息来完成这个工作了。

1. 在具备空闲处理器时，为线程选择处理器

当一个线程变为运行就绪状态，将调用KiDeferredReadyThread调度器函数。这会让Windows执行两个任务：酌情调整优先级并刷新量程（见4.4.6节）；为该线程选择最佳逻辑处理器。

Windows首先会查询该线程的理想处理器，并在该线程的硬相关性掩码范围内计算空闲处理器集。随后按照下列方式修剪这个集。

（1）任何由内核休止机制休止的空闲逻辑处理器均会被移除。（有关内核休止的详情参见第6章。）如果这个操作导致无法剩下任何空闲处理器，则空闲处理器的选择会被忽略，随后调度器的行为类似于无可用空闲处理器时的情况（具体描述请参阅下一节）。

（2）任何不包含在理想节点（即包含理想处理器的那个节点）中的空闲逻辑处理器均会被移除（除非这会导致所有空闲处理器被淘汰）。

（3）在SMT系统中，任何非空闲SMT集会被移除，哪怕这可能会导致理想处理器本身被淘汰。换句话说，相比理想处理器，Windows更倾向于选择非理想的空闲SMT集。

（4）Windows会检查理想处理器是否位于剩余空闲处理器集中。如果不在其中，则随后必须寻找最适合的理想处理器。为此首先需要检查该线程上一次运行时所用处理器是否位于剩余空闲集中。如果是，则会将该处理器看作临时理想处理器并选择它。（别忘了：理想处理器需要尽可能实现最大化的处理器缓存命中率，而选择线程上一次运行所用的处理器是实现这一目标的一种好办法。）如果上次使用的处理器未包含在剩余的空闲集中，Windows会检查当前处理器（即当前正在执行此调度代码的处理器）是否包含在这个集中。如果在，则会应用上一步所述逻辑。

（5）如果上一颗以及当前处理器都不空闲，Windows会再次执行一次修剪操作，删

除未包含在同一个 SMT 集中并充当理想处理器的任何逻辑处理器。如果没有剩下任何处理器，Windows 将移除未包含在当前处理器所在 SMT 集中的任何处理器（除非这样做同样会淘汰所有空闲处理器）。换句话说，Windows 更倾向于将共享同一个 SMT 集的空闲处理器，或一开始就可能选择的“上次运行所用”处理器，作为不可用的理想处理器。由于 SMT 的实现共享了内核缓存，从缓存的角度来看，这种做法可获得与选择理想处理器或上次所用处理器类似的效果。

（6）如果经过上述步骤后空闲集依然剩余超过一颗处理器，Windows 会选择编号最小的处理器作为该线程的处理器。

在为线程选择了运行所用的处理器后，该线程会转为待命状态，空闲处理器的 PRCB 会被更新以指向该线程。如果该处理器为空闲但尚未停止（halted），则会发送一个 DPC 中断，使得该处理器立即开始处理这个调度操作。每当发起上述调度操作后，还会调用 KiCheckForThreadDispatch，它会检测到处理器上已经调度了新的线程，并在可能的情况下立刻进行上下文切换（并向 Autoboost 机制通知这个切换，交付待处理的 APC）。或者如果没有待处理的线程，则会发送一个 DPC 中断。

2．在不具备空闲处理器时，为线程选择处理器

如果线程想运行时不具备空闲处理器，或仅有的空闲处理器已被第一轮修剪（会淘汰掉已休止的空闲处理器）所淘汰，则 Windows 首先会检查是否发生了第二种情况。如果是这种情况，调度器会调用 KiSelectCandidateProcessor，通过内核休止引擎查询最佳候选处理器。内核休止引擎会选择理想节点中编号最大的未休止处理器。如果不存在此类处理器，该引擎会强制修改理想处理器的休止状态，使其不再处于已休止状态。返回调度器后，还会检查候选者是否已经处于空闲状态，如果是，则会选择该处理器以供线程运行，具体做法与上一个场景的最后几步类似。

如果该操作失败，Windows 必须决定是否要抢占当前运行中的线程。首先必须选择一个目标处理器。具体选择偏好取决于如下优先级：该线程的理想处理器、该线程上次运行所用的处理器、当前 NUMA 节点中第一颗可用处理器、另一个 NUMA 节点中距离最近的处理器。当然所有这些顺序都会忽略相关性约束（如果存在的话）。

选择了处理器后，随后需要确定新线程是否可以抢占该处理器上当前运行的线程。这是通过比较两个线程的排名（rank）实现的。排名是一种内部调度编号，代表了基于调度组和其他因素为线程计算而来的相对“权力”。（有关组调度和排名的详细介绍参见 4.5 节。）如果新线程的排名为 0（最高）或低于当前线程的排名，或如果排名相等但新线程的优先级高于当前执行中的线程，那么会进行抢占。当前运行中的线程会被标记为“已抢占”，Windows 会向目标进程的队列中插入一个 DPC 中断，以便抢占当前运行中的线程，供新线程运行。

如果已就绪的线程无法立即运行，则会被放入共享或本地队列（根据相关性约束进行选择）的就绪队列，在队列中等待自己的运行机会。正如前文介绍的调度场景所示，该线程可能被放入队列的顶部或尾部，这取决于线程是否因为抢占而进入就绪状态。

注意　无论底层场景如何或出于任何可能性，大部分情况下线程都会被放入理想处理器的每颗处理器就绪队列，这样可以保证算法在确定如何为线程的运行选择逻辑处理器的过程中的一致性。

4.4.16 异质调度（big.LITTLE）

如上所述，内核会假设自己运行在 SMP 系统中。然而某些 ARM 架构的处理器会包含多种不同内核。典型的 ARM CPU（例如高通的 CPU）会包含一些仅短时间运行的高性能内核（耗电量更大），以及一些长时间运行的低性能内核（耗电量更小）。这种设计有时候也叫作 big.LITTLE。

Windows 10 引入了区分这些内核的能力，可以根据内核的尺寸和策略（包括线程的前台状态、线程优先级、线程的预期运行时间）调度线程。当电源管理器初始化时，Windows 会调用 PopInitializeHeteroProcessors 对一组处理器进行初始化（前提是处理器是热添加到系统中的）。该函数可用于模拟异质系统（例如用于测试用途），为此需要将如下键添加至注册表 HKLM\System\CurrentControlSet\Control\SessionManager\Kernel\KGroups 键下。

（1）通过一个键，使用两位十进制数识别处理器组编号。（回顾：每个组最多可包含 64 颗处理器）。例如 00 是第一个组，01 是第二个组……（大部分系统中，一个组就足够了。）

（2）每个键会包含一个名为 SmallProcessorMask 的 DWORD 值，代表需要视作“Small”的处理器掩码。举例来说，如果该值为 3（前两位已打开）并且该组共有 6 颗处理器，那么就意味着处理器 0 和处理器 1（3=1 或 2）为“Small”，另外 4 颗处理器为“Big”。这个机制基本上等同于相关性掩码。

对于异质系统，可通过全局变量中存储的多种策略选项调整内核。表 4-5 列出了部分此类选项及其含义。

表 4-5 异质内核变量

变量名	含义	默认值
KiHeteroSystem	系统是异质的吗？	False
PopHeteroSystem	系统的异质类型： None (0) Simulated (1) EfficiencyClass (2) FavoredCore (3)	None (0)
PpmHeteroPolicy	调度策略： None (0) Manual (1) SmallOnly (2) LargeOnly (3) Dynamic (4)	Dynamic (4)
KiDynamicHeteroCpuPolicyMask	决定了在评估一个线程是否重要时的考虑因素	7（前台状态=1，优先级=2，预期运行时间=4）
KiDefaultDynamicHeteroCpuPolicy	动态异质策略（见前文）行为： All (0)（全部可用） Large (1) LargeOrIdle (2) Small (3) SmallOrIdle (4) Dynamic (5)（用优先级和其他指标决定） BiasedSmall (6)（用优先级和其他指标决定，但倾向于 Small） BiasedLarge (7)	Small (3)
KiDynamicHeteroCpuPolicyImportant	对被认为重要的动态线程（见上一行的可行值）所要采取的策略	LargeOrIdle (2)
KiDynamicHeterCpuPolicyImportantShort	对被认为重要但只短暂运行的动态线程所要采取的策略	Small (3)

续表

变量名	含义	默认值
KiDynamicCpuPolicyExpectedRuntime	被认为“繁重”的运行时间值	5200ms
KiDynamicHeteroCpuPolicyImportantPriority	如果选择基于优先级的动态策略，那么重要线程的优先级最小值应是多少	8

动态策略（见表4-5）必须被转换为基于KiDynamicHeteroPolicyMask和线程状态的重要性数值。这是由KiConvertDynamicHeteroPolicy函数负责的，该函数会按顺序检查线程的前台状态，线程相对于KiDynamicHeteroCpuPolicyImportantPriority的优先级，以及线程的预期运行时间。如果该线程被认为是重要线程（如果运行时间是决定性因素，那么可以允许短时间的运行），则会在调度决策中使用与重要性有关的策略（即表4-5中的KiDynamicHeteroCpuPolicyImportantShort或KiDynamicHeteroCpuPolicyImportant）。

4.5 基于组的调度

4.4节介绍了Windows中标准的基于线程的调度实现。自从第一版Windows NT使用这种实现（并在每次后续版本中不断完善伸缩性）以来，这套机制已经稳定地服务于各种常规用途的用户和服务器使用场景中。然而由于基于线程的调度只会在相同优先级且相互竞争的线程间尽可能公平地共享一颗或多颗处理器，因此无法考虑到更高级别的要求，例如将线程分配给用户，以及让某些用户先于其他用户从更多的CPU总体时间中获益。对于有数十位用户争夺CPU时间的终端服务环境，这会造成一些问题。如果只使用基于线程的调度，来自某个用户的一个高优先级线程很有可能让这台计算机上其他所有用户的线程陷入饥饿状态。

Windows 8和Windows Server 2012引入了一种基于组的调度机制，该机制围绕调度组（KSCHEDULING_GROUP）这一概念而来。调度组会为每颗处理器维护一条策略，多个调度参数（见下文），以及一个内核调度控制块（Kernel Scheduling Control Block，KSCB）列表，这些均属于调度组的一部分。从另一面来看，线程会指向自己所属的调度组。如果该指针为Null，则意味着线程脱离了所有调度组的控制。图4-47展示了调度组的结构。在该图中，线程T1、T2和T3属于一个调度组，但线程T4并不属于。

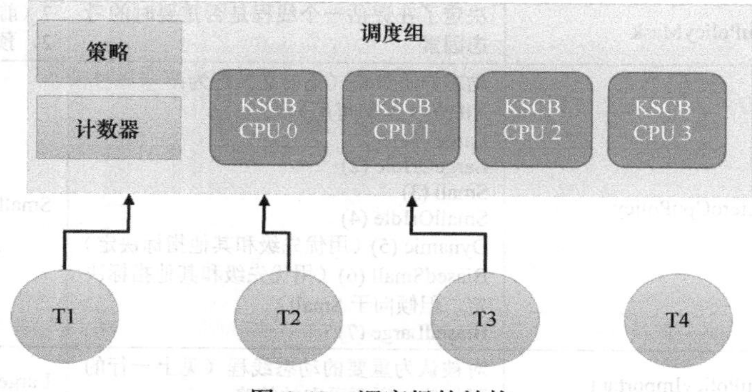

图4-47 调度组的结构

调度组涉及如下一些术语。

（1）**世代**（generation）。这是用于跟踪 CPU 用量的时间量。

（2）**配额**（quota）。这是一个组的每个世代允许运行的 CPU 用量。超过该配额意味着这个组已经耗尽了自己的所有“预算”，不足该配额意味着这个组没能用完自己的所有“预算”。

（3）**权重**（weight）。这是组的相对重要性，其值介于 1 和 9 之间，默认值为 5。

（4）**公平共享调度**（fair-share scheduling）。借助此类调度，如果配额未用尽的线程没有运行，则此时的空闲 CPU 周期可以分配给已经超出配额的线程。

KSCB 结构包含了如下与 CPU 有关的信息。

（1）这个世代的周期用量。

（2）长期平均周期用量，这样即可通过真正的“拱形”发现激增的线程活动。

（3）诸如硬封顶（hard capping）等控制标志，这意味着就算在已分配的配额基础上还有可用 CPU 时间，这些时间也无法为线程提供额外的 CPU 时间。

（4）基于标准优先级（仅限 0 到 15 这个范围，因为实时线程永远不可能包含到调度组中）的就绪队列。

调度组还维持了一个名为排名（rank）的重要参数，它可以视作整个组中所有线程的调度优先级。值为 0 的排名是最高的，排名越高，意味着该组有更多 CPU 时间可以使用，但同时额外获得更多 CPU 时间的可能性就越低。排名将始终胜过优先级。这意味着对于两个不同排名的线程，将忽略优先级首选数值较小的那个排名。排名相等的线程则会根据优先级进行对比。随着 CPU 周期用量的增加，排名也会酌情做出调整。

相对数值更大的其他排名，排名 0 是最靠前的（因此始终会胜出），而某些线程本身就暗含了这样的排名。这可能意味着属于如下任何一种情况。

（1）未包含在任何调度组中的线程（“普通”线程）。

（2）配额未耗尽的线程。

（3）实时优先级（16～31）的线程。

（4）以 IRQL APC_LEVEL (1)在内核关键（kernel critical）区域或受防护（guarded）区域中执行的线程（有关 APC 和区域的更多信息请参阅卷 2 第 8 章。）

面对各种调度选择（如 KiQuantumEnd），在决定接下来要调度哪个线程时还需要考虑当前和就绪线程的线程组（如果有的话）。如果存在调度组，那么数值更小的排名会胜出，随后（如果排名相等）则会按照优先级进行选择，最后则会考虑选择优先抵达的线程（如果优先级也相等，则会在量程结束时进行轮询）。

4.5.1 动态公平共享调度

动态公平共享调度（Dynamic Fair Share Scheduling，DFSS）这种机制可用于将 CPU 时间公平地分配给计算机上运行的不同会话。借此可以防止一个会话因为其中运行了多个高优先级进程而独占 CPU。安装远程桌面角色的 Windows Server 系统会默认启用该机制。不过对于任何系统，无论客户端或服务器，也可以单独进行配置。该机制的实现恰恰基于前文介绍的组调度机制。

在系统初始化的最后几步中，随着 Smss.exe 初始化注册表 SOFTWARE 配置单元，进程管理器会在 PsBootPhaseComplete 中发起最后的引导后初始化过程并调用 PspIsDfssEnabled。

系统会从两种 CPU 配额机制（DFSS 或遗留机制）中择一使用。为了启用 DFSS，需要将两个配额键对应的 EnableCpuQuota 注册表值设置为非零值，一个配额键位于注册表 HKLM\SOFTWARE\Policies\Microsoft\Windows\SessionManager\QuotaSystem 键下，适用于基于策略的设置；另一个配额键位于注册表 HKLM\SYSTEM\CurrentControlSet\Control\SessionManager\QuotaSystem 键下，位于系统键下。借此即可确定系统是否支持此功能（对于安装远程桌面角色的 Windows Server，默认将设置为 TRUE）。

如果 DFSS 被启用，PsCpuFairShareEnabled 全局变量将被设置为 TRUE，借此所有线程都可属于调度组（但会话 0 中的进程除外）。随后会调用 PspReadDfssConfigurationValues 从上述注册表键中读取 DFSS 配置参数，并将其存储在全局变量中。系统会监视这些键。如果键被修改，通知回调会再次调用 PspReadDfssConfigurationValues 以更新配置值。表 4-6 列出了这些值及其含义。

表 4-6 DFSS 注册表配置参数

注册表值名称	内核变量名称	含义	默认值
DfssShortTermSharingMS	PsDfssShortTermSharingMS	在一个世代周期内组排名增加所需的时间	30 ms
DfssLongTermSharingMS	PsDfssLongTermSharingMS	在一个世代周期内，当线程超出自己的配额后，从排名 0 调至非零排名所需的时间	15 ms
DfssGenerationLengthMS	PsDfssGenerationLengthMS	用于跟踪 CPU 用量的时代时间	600 ms
DfssLongTermFraction1024	PsDfssLongTermFraction1024	在长期周期计算过程中，指数移动平均值计算公式中所用的值	512

启用 DFSS 后，一旦新建了会话（会话 0 除外），MiSessionObjectCreate 会以默认权重 5 来分配需要关联给该会话的调度组，而 5 这个权重恰好为最小值 1 和最大值 9 的中间值。调度组会根据策略结构（KSCHEDULING_GROUP_POLICY）管理 DFSS 或 CPU 速率控制（详见下一节）信息，该策略结构也是调度组的一部分。其中的 Type 成员决定了该策略是为 DFSS（WeightBased=0）还是为速率控制（RateControl=1）配置的。随后 MiSessionObjectCreate 会调用 KeInsertSchedulingGroup，借此将调度组插入全局系统列表（维护于全局变量 KiSchedulingGroupList 中，对于热添加的处理器，需要借此重新计算权重）。最终这会导致调度组也同时指向特定会话的 SESSION_OBJECT 结构。

实验：DFSS 实战

在这个实验中，我们将配置系统使用 DFSS 并观察其工作方式。

（1）按照前文介绍的方式添加注册表键和值，为系统启用 DFSS。（这个实验也可以在虚拟机中进行。）随后重新启动系统，让改动生效。

（2）为确保 DFSS 已激活，请打开实时内核调试会话并运行下列命令检查 PsCpuFairShareEnabled 的值。如果值为 1，意味着 DFSS 已激活。

```
lkd> db nt!PsCpuFairShareEnabled L1
fffff800'5183722a 01
```

（3）在调试器中查看当前线程。（应该是运行了 WinDbg 的某个线程。）请留意该线程是调度组的一部分，并且其 KSCB 并非 NULL，因为线程在展示的同时正在运行。

```
lkd> !thread
THREAD ffffd28c07231640 Cid 196c.1a60 Teb: 000000f897f4b000 Win32Thread:
ffffd28c0b9b0b40 RUNNING on processor 1
IRP List:
    ffffd28c06dfac10: (0006,0118) Flags: 00060000 Mdl: 00000000
Not impersonating
DeviceMap                 ffffac0d33668340
Owning Process            ffffd28c071fd080       Image:         windbg.exe
Attached Process          N/A            Image:         N/A
Wait Start TickCount      6146           Ticks: 33 (0:00:00:00.515)
Context Switch Count      877            IdealProcessor: 0
UserTime                  00:00:00.468
KernelTime                00:00:00.156
Win32 Start Address 0x00007ff6ac53bc60
Stack Init ffffbf81ae85fc90 Current ffffbf81ae85f980
Base ffffbf81ae860000 Limit ffffbf81ae85a000 Call 0000000000000000
Priority 8 BasePriority 8 PriorityDecrement 0 IoPriority 2 PagePriority 5
Scheduling Group: ffffd28c089e7a40 KSCB: ffffd28c089e7c68 rank 0
```

（4）输入 dt 命令查看调度组。

```
lkd> dt nt!_kscheduling_group ffffd28c089e7a40
   +0x000 Policy           : _KSCHEDULING_GROUP_POLICY
   +0x008 RelativeWeight   : 0x80
   +0x00c ChildMinRate     : 0x2710
   +0x010 ChildMinWeight   : 0
   +0x014 ChildTotalWeight : 0
   +0x018 QueryHistoryTimeStamp : 0xfed6177
   +0x020 NotificationCycles : 0n0
   +0x028 MaxQuotaLimitCycles : 0n0
   +0x030 MaxQuotaCyclesRemaining : 0n-73125382369
   +0x038 SchedulingGroupList : _LIST_ENTRY [ 0xfffff800'5179b110 -
0xffffd28c'081b7078 ]
   +0x038 Sibling          : _LIST_ENTRY [ 0xfffff800'5179b110 -
0xffffd28c'081b7078 ]
   +0x048 NotificationDpc  : 0x0002eaa8'0000008e _KDPC
   +0x050 ChildList        : _LIST_ENTRY [ 0xffffd28c'062a7ab8 -
0xffffd28c'05c0bab8 ]
   +0x060 Parent           : (null)
   +0x080 PerProcessor     : [1] _KSCB
```

（5）在计算机上再创建一个本地用户。

（6）在当前会话中运行 CPU Stress。

（7）让少数线程以最大活动级别运行，但确保不会让整个计算机过载。例如，在包含 3 颗处理器的虚拟机中以最大活动级别运行两个线程，如图 4-48 所示。

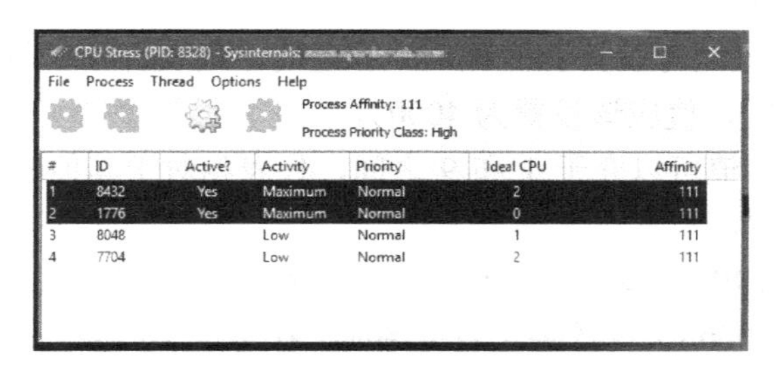

图 4-48　以最大活动级别运行的两个线程

（8）按快捷键 Ctrl+Alt+Del 并选择 Switch User。随后选择刚才创建的用户，用该用户登录。

（9）再次运行 CPU Stress，用最大化活动级别运行同样数量的线程。

（10）对于 CPUSTRES 进程，打开 Process 菜单，选择 Priority Class，随后选择 High 以更改进程优先级类。如果不使用 DFSS，这个更高优先级的进程应该会消耗更多 CPU。这是因为目前共有 4 个线程在争夺 3 颗处理器，当然会有一个线程争夺失败，失败的应该是低优先级进程中的线程。

（11）打开 Process Explorer，分别双击每个 CPUSTRES 进程，随后打开 Performance Graph 选项卡。

（12）并排显示两个属性窗口。随后应该可以看到两个进程大概消耗了等量的 CPU，哪怕它们的优先级并不同，如图 4-49 所示。

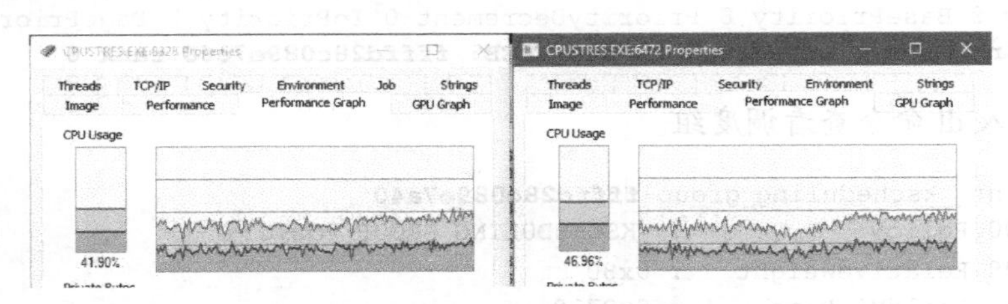

图 4-49　两个进程大概消耗了等量的 CPU

（13）删除注册表键以禁用 DFSS，随后重新启动系统。

（14）重新进行该实验，应该可以清晰地看到差异：高优先级进程获得了更多的 CPU 时间。

4.5.2　CPU 速率限制

DFSS 会自动将新线程放入会话的调度组中。对于终端服务场景，这样做没什么问题，但是作为一种针对线程或进程 CPU 时间进行限制的常规机制，这种做法还不够好。

通过使用作业对象，即可以更细粒度的方式使用调度组基础架构。请回顾第 3 章中介绍的作业，它可用来管理一个或多个进程。我们可对作业施加多种限制，CPU 速率控制（rate control）就是其中之一，为此可调用 SetInformationJobObject 并使用 JobObjectCpuRateControlInformation 作为作业的信息类，同时使用 JOBOBJECT_CPU_RATE_CONTROL_INFORMATION 这种结构类型来包含实际的控制数据。该结构包含的一系列标志可供我们为 CPU 时间限制应用下列 3 种之一的设置。

（1）**CPU 速率**　该值可以介于 1 和 10000 之间，代表百分率与 100 的乘积（例如，如果要设置 40%的限制，值应该设置为 4000）。

（2）**基于权重**　该值可以介于 1 和 9 之间，代表相对于其他作业的权重。（DFSS 实际配置的就是这个设置。）

（3）**最小和最大 CPU 速率**　这些值的用途与第一个选项类似。当作业中的线程达到了测量间隔（默认为 600ms）内的最大百分率时，在下一个间隔开始前，将无法继续获得更多 CPU 时间。我们可以使用控制标志指定是否通过硬上限强制设置限制，哪怕目前还有多余的 CPU 时间。

设置这些限制的最终结果是将一个作业内所有进程中的所有线程放入一个新的调度组中，并按需对整个组进行配置。

实验：CPU 速率限制

在这个实验中，我们将使用一个作业对象来查看 CPU 速率限制。这个实验最好在虚拟机中进行并附加至系统内核，而不要使用本地内核，因为在撰写本文时，调试器在这方面存在一个 bug。

（1）在测试所用的虚拟机中运行 CPU Stress，配置一个新线程大约消耗 50%的 CPU 时间。例如在八核处理器系统中，可以激活 4 个以最大化活动级别运行的线程，如图 4-50 所示。

CPU Stress (PID: 6324) - Sysinternals:

File Process Thread Options Help

Process Affinity: 11111111

Process Priority Class: Normal

#	ID	Active?	Activity	Priority	Ideal CPU	Affinity
1	6556	Yes	Maximum	Normal	6	11111111
2	15304	Yes	Maximum	Normal	1	11111111
3	15280	Yes	Maximum	Normal	3	11111111
4	6456	Yes	Maximum	Normal	5	11111111

图 4-50 激活 4 个以最大化活动级别运行的线程

（2）打开 Process Explorer，找到 CPUSTRES 实例，打开其属性，并打开 Performance Graph 选项卡。此时可以看到 CPU 用量约为 50%。

（3）从本书随附资源中下载 CPULIMIT 工具。这是一个很简单的工具，可通过硬上限的方式限制进程的 CPU 用量。

（4）运行如下命令，将 CPUSTRES 进程的 CPU 用量限制为 20%。（请将数字 6324 替换为实际的进程 ID。）

```
CpuLimit.exe 6324 20
```

（5）查看 Process Explorer 窗口，应该可以看到 CPU 用量被降低至 20%左右，如图 4-51 所示。

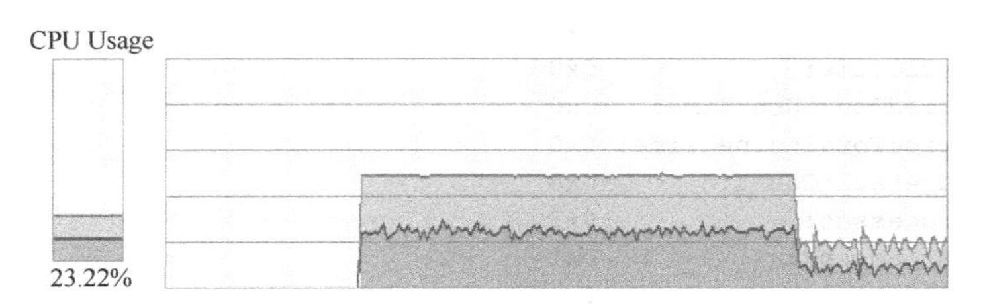

图 4-51 CPU 用量被降低至 20%左右

（6）在宿主机系统中打开 WinDbg。

（7）附加至测试系统的内核并中断其运行。

（8）输入下列命令定位 CPUSTRES 进程。

```
0: kd> !process 0 0 cpustres.exe
PROCESS ffff9e0629528080
    SessionId: 1  Cid: 18b4    Peb: 009e4000  ParentCid: 1c4c
    DirBase: 230803000  ObjectTable: ffffd78d1af6c540  HandleCount: <Data
Not Accessible>
    Image: CPUSTRES.exe
```

（9）输入下列命令显示该进程的基本信息。

```
0: kd> !process ffff9e0629528080 1
PROCESS ffff9e0629528080
    SessionId: 1  Cid: 18b4    Peb: 009e4000  ParentCid: 1c4c
    DirBase: 230803000  ObjectTable: ffffd78d1af6c540  HandleCount: <Data
Not Accessible>
    Image: CPUSTRES.exe
    VadRoot ffff9e0626582010 Vads 88 Clone 0 Private 450. Modified 4. Locked 0.
    DeviceMap ffffd78cd8941640
    Token                             ffffd78cfe3db050
    ElapsedTime                       00:08:38.438
    UserTime                          00:00:00.000
    KernelTime                        00:00:00.000
    QuotaPoolUsage[PagedPool]         209912
    QuotaPoolUsage[NonPagedPool]      11880
    Working Set Sizes (now,min,max)  (3296, 50, 345) (13184KB, 200KB, 1380KB)
    PeakWorkingSetSize                3325
    VirtualSize                       108 Mb
    PeakVirtualSize                   128 Mb
    PageFaultCount                    3670
    MemoryPriority                    BACKGROUND
    BasePriority                      8
    CommitCharge                      568
    Job                               ffff9e06286539a0
```

（10）注意，此处有一个非Null作业对象。使用!job命令可查看其属性。该工具可以创建一个作业（CreateJobObject），将进程添加至该作业（AssignProcessToJobObject），调用SetInformationJobObject并提供CPU速率信息类以及速率值2000（20%）。

```
0: kd> !job ffff9e06286539a0
Job at ffff9e06286539a0
  Basic Accounting Information
    TotalUserTime:             0x0
    TotalKernelTime:           0x0
    TotalCycleTime:            0x0
    ThisPeriodTotalUserTime:   0x0
    ThisPeriodTotalKernelTime: 0x0
    TotalPageFaultCount:       0x0
    TotalProcesses:            0x1
    ActiveProcesses:           0x1
    FreezeCount:               0
    BackgroundCount:           0
    TotalTerminatedProcesses:  0x0
    PeakJobMemoryUsed:         0x248
    PeakProcessMemoryUsed:     0x248
  Job Flags
    [close done]
```

```
    [cpu rate control]
Limit Information (LimitFlags: 0x0)
Limit Information (EffectiveLimitFlags: 0x800)
CPU Rate Control
  Rate = 20.00%
  Hard Resource Cap
  Scheduling Group: ffff9e0628d7c1c0
```

（11）针对同一个进程重新返回 CPULIMIT 工具，并再次设置 CPU 速率为 20%。随后应该可以看到 CPUSTRES 的 CPU 用量进一步下降至 4%左右。这是作业嵌套导致的。新建的作业随着为其分配进程，会嵌套在第一个作业之下，最终会导致 CPU 用量被限制为 20%的 20%，因而等同于 4%。

4.5.3 处理器的动态添加和替换

如你所见，开发者可以非常细化地决定哪些线程可以被允许（对于理想处理器，则是“应当”）在哪颗处理器上运行。对于在运行过程中处理器数量保持不变的系统，这种做法完全没问题。例如桌面计算机需要首先关机，随后才能执行更换处理器或更改处理器数量等硬件改动。然而当今的服务器系统已经无法承受通常需要关机后更换或添加 CPU 所造成的停机时间。实际上，很多时候我们可能需要在高峰时期，负载超出计算机可支持上限的情况下为计算机添加更多处理器，如果在此时需要首先关机，这就违背了这一做法的本意。

为满足这种需求，最新一代服务器主板和系统已经可以支持在计算机运行着的情况下添加（或更换）处理器。计算机中的 ACPI BIOS 和相关硬件在构建时就已设计为可允许并感知此类需求，但还需要操作系统的支持才能完整实现这种做法。

动态处理器支持是通过 HAL 提供的，HAL 可以借助 KeStartDynamicProcessor 函数通知内核系统中新增了处理器。该例程的作用类似于系统在启动时检测到有超过一颗处理器，需要对相关结构进行初始化时所做的工作。在添加了动态处理器后，会有大量系统组件执行一些额外工作。例如内存管理器分配针对该 CPU 优化过的新内存页和内存结构。当内核对全局描述符表（Global Descriptor Table，GDT）、中断分发表（IDT）、处理器控制区域（PCR）、处理器控制块（Processor Control Block，PRCB），以及与处理器有关的其他结构进行初始化时，同时会初始化一个新的 DPC 内核栈。

此外还会调用内核中的其他执行体部件，这主要是为了针对新增加的处理器初始化每颗处理器旁视（look-aside）列表。例如 I/O 管理器、执行体旁视列表代码、缓存管理器以及对象管理器，都会为自己频繁分配的结构使用每颗处理器旁视列表。

最后，内核对处理器的线程化 DPC 支持进行初始化，并调整已导出的内核变量，借此报告新处理器。根据处理器数量计算而来的各种内存管理器掩码和进程种子也会酌情更新，同时还会对新处理器的功能进行更新以便与系统的其他部分保持匹配，例如为新添加的处理器启用虚拟化支持。这个初始化过程的最后一步会通知 Windows 硬件错误架构（Windows Hardware Error Architecture，WHEA）新处理器已经上线。

这一过程也有 HAL 的参与。当内核感知到动态处理器后，会调用一次 HAL；当内核完成该处理器的初始化工作后，会再次调用一次 HAL。然而这些通知和回调只是为了让内核感知到新处理器并对处理器的变化做出响应。虽然新增的处理器提高了内核的吞吐量，但对驱动程序本身无法提供任何帮助。

为了处理驱动程序，系统使用了一个默认的执行体回调对象 ProcessorAdd，驱动程序可以借此注册通知。与通知驱动程序电源状态或系统时间变化的回调类似，该回调可以让驱动程序代码执行所需工作，例如在需要时创建新的工作者线程，以便同时处理更多工作。

驱动程序获得通知后，最后需要调用即插即用管理器这个内核组件，借此将新处理器添加到系统的设备节点中，并对中断进行重新平衡，这样新处理器就可以注册到其他处理器的中断了。随后，CPU 密集型应用程序也将能充分利用新增的处理器。

然而相关性的突然变化可能会对运行中的应用程序产生潜在的不利影响（尤其是在从单处理器环境变为多处理器环境时），此时可能会出现潜在的竞争条件，或导致工作的错误分配（因为进程可能在启动时就已经根据当时所感知到的 CPU 数量计算好了最优比例）。因此应用程序默认将无法从动态添加的处理器中获益，必须主动请求新处理器。

Windows 的 SetProcessAffinityUpdateMode 和 QueryProcessAffinityUpdateMode 这两个 API 可以（使用未文档化的 NtSet/QueryInformationProcess 系统调用）告诉进程管理器，这些应用程序的相关性需要更新（为此需要在 EPROCESS 中设置 AffinityUpdateEnable 标志）；或告诉进程管理器，自己并不想处理相关性更新（为此需要在 EPROCESS 中设置 AffinityPermanent 标志）。这是一种一次性变更。在告知系统后，应用程序的相关性就无法再次更改，不能随后再改变主意并重新请求更新相关性。

作为 KeStartDynamicProcessor 的一部分，中断重新平衡后还增加了一个新步骤：调用处理器管理器，通过 PsUpdateActiveProcessAffinity 执行相关性更新。一些 Windows 核心进程和服务已经启用了相关性更新，但第三方软件可能需要重新编译才能从新 API 调用中获益。System 进程、Svchost 进程和 Smss 均已通过编译能够支持动态添加的处理器。

4.6 工作者工厂（线程池）

工作者工厂（worker factory）是一种用于实现用户模式线程池的内部机制。老版本的线程池例程完全是通过 Ntdll.dll 库在用户模式下实现的。此外 Windows API 还为开发者提供了多个可调用的函数，这些函数提供了可等待计时器（CreateTimerQueue、CreateTimerQueueTimer 和类似计时器）、等待回调（RegisterWaitForSingleObject），并根据所处理的工作量提供了与自动线程创建和删除（QueueUserWorkItem）有关的工作项处理能力。

老版本的实现会面临一个问题：一个进程中只能创建一个线程池，这导致某些使用场景难以实现。举例来说，如果试图通过构建两个线程池的方式对工作项划分优先级，借此为不同请求提供服务，这一点就无法直接实现。此外由于是在用户模式（Ntdll.dll）下实现的，该实现本身也存在其他问题。由于内核可以直接控制线程的调度、创建和终止，并且不像从用户模式下执行这些操作那样会产生典型的相关开销，因此为用户模式线程池的实现提供支持的大部分功能已经被放入 Windows 内核了。这也简化了开发者需要编写的代码。例如，在远程进程中创建工作者池，仅需一个 API 调用即可完成，不再需要以往那样对此类操作执行一系列复杂的虚拟内存调用。在这样的模型下，Ntdll.dll 只需提供必要的接口和高级 API 即可与工作者工厂内核代码交互。

Windows 中这种内核线程池功能由名为 TpWorkerFactory 的对象管理器类型管理，此外参与工厂和工作者管理的还包括 4 个原生系统调用（NtCreateWorkerFactory、NtWorkerFactoryWorkerReady、NtReleaseWorkerFactoryWorker 和 NtShutdownWorkerFactory）、两个查询/设置原生调用(NtQueryInformationWorkerFactory 和 NtSetInformationWorkerFactory)，以及一个等待调用（NtWaitForWorkViaWorkerFactory）。与其他原生系统调用类似，这些调用为用户模式提供了指向 TpWorkerFactory 对象的句柄，其中包含了诸如名称和对象属性、所需访问掩码以及安全描述符等信息。然而与其他系统调用被 Windows API 包装的做法不同，线程池的管理是由 Ntdll.dll 的原生代码负责的。这意味着开发者所面对的是一种不透明的描述符：指向线程池的 TP_POOL 指针，以及指向池中所创建对象的其他不透明指针，包括 TP_WORK（工作回调）、TP_TIMER（计时器回调）、TP_WAIT（等待回调）等。这些结构保存了各种信息，例如指向 TpWorkerFactory 对象的句柄。

顾名思义，工作者工厂的实现需要负责分配工作者线程（并调用特定用户模式工作者线程的入口点），维护最小和最大线程数（以便实现永久工作者池或完全动态的池），并负责其他记账信息。借此，诸如关闭线程池等操作即可通过到内核的一次调用实现，因为内核已经成为负责线程创建和终止的唯一组件。

由于内核会按需动态创建新线程（根据所提供的最小和最大线程数），这也可以提高支持全新线程池实现的应用程序的可伸缩性。当下列所有条件全部满足时，工作者工厂就会新建线程。

（1）动态线程创建已启用。

（2）可用工作者数量低于工厂所配置的工作者数量最大值（默认为 500 个）。

（3）工作者工厂包含绑定对象（例如工作者线程正在等待的 ALPC 端口），或线程已经被激活入池。

（4）相关联的工作者线程存在等待处理的 I/O 请求包（I/O Request Packet，IRP）（参见第 6 章）。

当线程变为空闲状态（即已经不再处理任何工作项）并持续超过 10s（默认值）时，线程还会被终止。此外，虽然在老版本的实现中，开发者始终可以尽可能使用更多的线程（取决于系统中的处理器数量），但现在应用程序可以通过线程池自动从运行中新添加的处理器获益。这是通过 Windows Server 对动态处理器的支持实现的。

工作者工厂的创建

工作者工厂实际上只是一种“包装”，借此管理原本需要在用户模式下（以牺牲性能为代价）处理的各种任务。从架构来看，新线程池代码的大部分逻辑依然位于 Ntdll.dll 中。（理论上，通过使用未文档化的函数还可围绕工作者工厂创建另一种不同的线程池实现。）此外，可伸缩性、内部等待机理以及更高效的工作处理，这些并非工作者工厂的代码提供的，而是一些古老的 Windows 组件［I/O 完成端口，或更确切来说是内核队列（KQUEUE)］共同的功劳。实际上，在创建工作者工厂时，必须首先由用户模式创建一个 I/O 完成端口并传入其句柄。

正是借助这个 I/O 完成端口，用户模式的实现才得以将工作放入队列并等待，只不过此时需要调用工作者工厂系统调用，而非 I/O 完成端口 API。然而从内部来看，“释放”

工作者工厂调用（用于将工作放入队列）是一种围绕 IoSetIoCompletionEx 进行的包装，借此增加等待处理的工作数量；同时“等待”调用也是一种围绕 IoRemoveIoCompletion 进行的包装。这些例程均会调用至内核的队列实现。因此工作者工厂代码的职责在于管理一种或持久、或静态、或动态的线程池，通过自动创建动态线程将 I/O 完成端口模型包装为试图避免工作者队列“失速”的接口，并在工厂关闭请求中简化全局清理和终止操作（以及在这种情况下阻止针对工厂的新请求）。

工作者工厂由执行体函数 NtCreateWorkerFactory 创建而来，可接受多种参数进而对线程池进行定制，例如要创建的线程数最大值、初始已提交大小以及保留的栈大小。然而 CreateThreadpool 这个 Windows API 会使用可执行映像内嵌的默认栈大小（与默认 CreateThread 的做法类似）。不过 Windows API 无法提供覆盖这些默认值的方式。这一点让人感觉有些不够好，因为很多情况下线程池线程并不需要太深的调用栈，并且可以从较小的栈获益。

工作者工厂实现所用的数据结构并未包含在公开的符号中，但按照下文实验中的做法依然可以初步了解工作者池。另外，NtQueryInformationWorkerFactory API 可以转储工作者工厂结构中几乎所有的字段。

实验：查看线程池

由于线程池机制可提供诸多收益，因此很多核心操作系统组件和应用程序都在使用，尤其是在处理诸如 ALPC 端口（以便用恰当、可伸缩的方式动态地处理传入的请求）等资源时。如果希望了解哪些进程使用了工作者工厂，一种方法是通过 Process Explorer 查看句柄列表。执行如下操作即可了解其幕后细节。

（1）启动 Process Explorer。

（2）打开 View 菜单并选择 Show Unnamed Handles and Mappings。（不幸的是，Ntdll.dll 没有给工作者工厂命名，因此需要执行该操作来查看句柄。）

（3）从进程列表中选择 svchost.exe 的一个实例。

（4）打开 View 菜单，选择 Show Lower Pane 以便在底部窗格中显示句柄表。

（5）打开 View 菜单，选择 Lower Pane View，随后选择 Handles 以使用句柄模式显示句柄表。

（6）右击底部窗格列头，选择 Select Columns。

（7）确保 Type 和 Handle Value 列均被选中。

（8）单击 Type 列头，按照类型排序。

（9）向下拖动句柄表，查看 Type 列，直到找到类型为 TpWorkerFactory 的句柄。

（10）单击 Handle 列头按照句柄值排序，随后应该可以看到图 4-52 所示的界面。请注意，TpWorkerFactory 句柄的实现是在 IoCompletion 句柄实现之后立即实现的。如前所述，这是因为在创建工作者工厂之前，必须首先创建到 I/O 完成端口的句柄。

（11）双击进程列表中选中的进程，选择 Threads 选项卡，然后单击 Start Address 列。随后应该可以看到图 4-53 所示的界面。通过 Ntdll.dll 的入口点即可轻松识别工作者工厂线程 TppWorkerThread（Tpp 代表 Thread pool private，即私有线程池）。

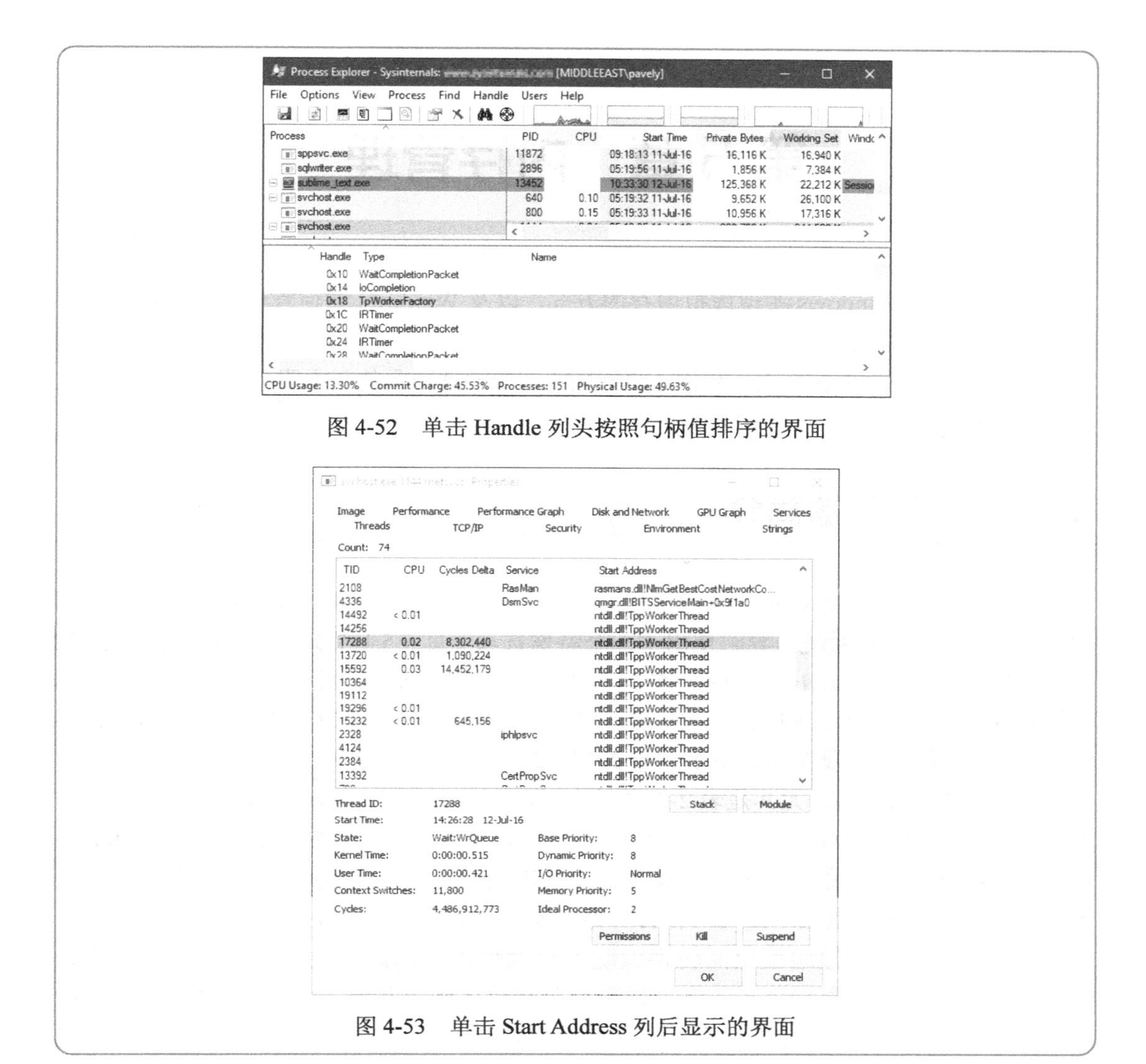

图 4-52 单击 Handle 列头按照句柄值排序的界面

图 4-53 单击 Start Address 列后显示的界面

如果再查看其他工作者线程，你会发现一些线程正在等待诸如事件等对象。一个进程可以有多个线程池，每个线程池可以由多个线程来执行完全不相关的任务。开发者需要负责分配工作并调用线程池 API，将这些工作注册给 Ntdll.dll。

4.7 小结

本章介绍了线程的结构、线程的创建和管理方式，以及 Windows 如何决定要运行哪些线程、运行多久、用哪个或哪些处理器来运行。第 5 章将介绍任何操作系统中最重要的方面之一——内存管理。

第5章　内存管理

本章将介绍 Windows 实现虚拟内存的方式，以及 Windows 如何管理驻留在物理内存中的虚拟内存子集。此外还将介绍组成内存管理器的内部结构和组件，包括关键的数据结构和算法。在介绍这些机制前，我们还将回顾内存管理器提供的基本服务，以及保留内存、已提交内存和共享内存等关键概念。

5.1　内存管理器简介

默认情况下，32 位 Windows 中进程的虚拟大小为 2GB。如果映像被特别标记为可感知大地址空间，并且系统引导时使用了一个特殊选项（见 5.5.1 节），那么 32 位进程在 32 位 Windows 中最大可以增长至 3GB，在 64 位 Windows 中最大可增长至 4GB。64 位 Windows 8 和 Windows Server 2012 中，进程虚拟地址空间最大可达 8192GB（8TB）；在 64 位 Windows 8.1（和后续版本）以及 Windows Server 2012 R2（和后续版本）中，最大可达 128TB。

正如在本书第 2 章，尤其是表 2-2 中所述，根据所运行 Windows 的世代版本（version，如 Windows Server 2016/2019）和功能版本（edition，如标准版/数据中心版），目前 Windows 可支持的物理内存数量最大值介于 2GB 到 24TB 之间。由于虚拟地址空间可能大于或小于计算机的物理内存数量，因此内存管理器主要承担如下两个主要任务。

（1）将进程的虚拟地址空间转换或映射至物理内存，这样，当该进程上下文中运行的线程读写虚拟地址空间时，就可以引用到正确的物理地址。（驻留在物理内存中的进程虚拟地址空间子集通常可称为工作集（working set）。有关工作集的详细介绍见 5.12 节。）

（2）当内存被过度提交（即运行中的线程试图使用超过当前可用量的物理内存）时，将内存中的部分内容分页至磁盘上，并在需要时将这些内容从磁盘重新移入物理内存。

除了提供虚拟内存管理能力，内存管理器还提供了一系列核心服务，Windows 中的不同环境子系统也是基于此构建而来的。这些服务包括内存映射文件（在内部称之为区域对象，section object）、写入时复制（copy-on-write）内存，以及对使用大型稀疏地址空间的应用程序提供支持。内存管理器还为进程提供了一种分配并使用比进程的虚拟地址空间一次可映射数量更多物理内存的方法。例如在 32 位系统中支持超过 3GB 的物理内存。这个话题详见 5.2.9 节。

注意　我们可以通过一个控制面板小工具（“系统”）控制页面文件的大小、数量和位置。习惯认为，虚拟内存和页面文件被习惯认为是同一个概念，但其实并非如此。页面文件只是虚拟内存的一部分，实际上就算完全不使用页面文件，Windows 依然会使用虚拟内存。本章下文将详细介绍这个区别。

5.1.1 内存管理器组件

内存管理器是 Windows 执行体的一部分，因此也位于 Ntoskrnl.exe 文件中。它是执行体中最大的组件，这也可以体现其重要性和复杂性。HAL 不包含内存管理器的任何部分。内存管理器包含如下这些组件。

（1）一组执行体系统服务，负责虚拟内存的分配、撤销分配和管理，大部分这些服务是通过 Windows API 或内核模式设备驱动程序接口暴露的。

（2）一种用于解决硬件检测到的内存管理异常问题，以及让虚拟页面代表进程实现驻留的转换无效（translation-not-valid）和访问错误（access fault）陷阱处理程序（trap handler）。

（3）6 个关键的顶层例程，每个都运行在 System 进程的 6 个不同内核模式线程之一的内部。

- **平衡集管理器（KeBalanceSetManager，优先级为 17）**。负责调用内部例程，工作集管理器（MmWorkingSetManager）每秒钟调用一次，并会在可用内存低于某个阈值时调用。工作集管理器驱动着整体内存管理策略，如工作集修剪、老化以及已修改页面的写入。
- **进程/栈交换器（KeSwapProcessOrStack，优先级为 23）**。负责执行进程栈和内核线程栈的换入与换出。平衡集管理器和内核中的线程调度代码会在需要执行换入和换出操作时唤醒该线程。
- **已修改页面写出器（MiModifiedPageWriter，优先级为 18）**。负责将已修改列表中的脏页面重新写回到相应的页面文件。当已修改列表需要缩小时，会唤醒该线程。
- **已映射页面写出器（MiMappedPageWriter，优先级为 18）**。负责将已映射文件中的脏页面写入磁盘或远程存储。如果已修改列表需要缩小，或已映射文件页面已经位于已修改列表并持续超过 5min，此线程会被唤醒。第二个已修改页面写出器的存在是必要的，因为它可以生成页面错误进而导致请求空闲页面。如果没有空闲页面并且只存在一个已修改页面写出线程，系统可能会因为等待空闲页面而陷入死锁。
- **段取消引用（segment dereference）线程（MiDereferenceSegmentThread，优先级为 19）**。负责减小缓存以及页面文件的增长和收缩。举例来说，如果没有虚拟地址空间可用于换页池的增长，该线程会修剪页面缓存，借此将换页池所占用空间释放出来重新使用。
- **零页面线程（MiZeroPageThread，优先级为 0）**。负责将空闲列表中的页面清零，借此提供零页面缓存，以满足将来要求零页面错误的需求。某些情况下，内存清零是通过一个速度更快的函数 MiZeroInParallel 负责的。详见 5.13.1 节的备注。

上述每个组件都将在本章下文中详细介绍，但段取消引用线程除外，有关它的详细介绍请参阅卷 2 第 14 章。

5.1.2 大页面和小页面

内存管理工作是通过一种名为“页面”的块进行的。这是因为硬件内存管理单元需要以页面为单位进行虚拟和物理地址的转换。因此从硬件层面来看，页面是最小的保护单位。（5.2.6 节将介绍各种页面保护选项。）运行 Windows 的处理器可支持两种页面大小：小页面和大页面。这些页面的实际大小取决于不同的处理器体系结构，见表 5-1。

表 5-1 页面大小

体系结构	小页面大小	大页面大小	每个大页面折合的小页面数量
x86（PAE）	4KB	2MB	512
x64	4KB	2MB	512
ARM	4KB	4MB	1024

注意 一些处理器支持可配置的页面大小，但 Windows 并未使用该功能。

使用大页面的主要优势在于，当引用同一个大页面中的其他数据时地址转换的速度更快。这是因为在首次引用一个大页面中的任何一个字节时，都会导致硬件的转换旁视缓冲区（Translation Look-aside Buffer，TLB）（见 5.6 节）将必要信息保存在自己的缓存中，进而在引用同一个大页面内的其他数据时直接使用。如果使用小页面，为了覆盖相同范围的虚拟地址将需要更多 TLB 项，随着新的虚拟地址需要转换，这会增加项的回收次数。因而这也就意味着如果所引用的虚拟地址不在已缓存的小页面范围内，此时将需要重新查询页表结构。TLB 是一种非常小的缓存，因此大页面可以更好地利用这种有限的资源。

对于物理内存超过 2GB 的系统，为了更充分利用大页面，Windows 会利用大页面映射核心操作系统映像（Ntoskrnl.exe 和 Hal.dll），以及核心操作系统数据（例如非换页池的初始部分，以及用于描述每个物理内存页面状态的数据结构）。Windows 还会自动将 I/O 空间请求（由设备驱动程序调用 MmMapIoSpace）映射到大页面，但前提是这种请求满足大页面的长度和对齐要求。此外 Windows 还允许应用程序将自己的映像、专用内存及页面文件支撑的内存区映射到大页面（可参考 VirtualAlloc、Virtual-AllocEx 和 VirtualAllocExNuma 函数的 MEM_LARGE_PAGES 标志）。我们还可以指定将其他设备驱动程序映射到大页面，为此只需要在注册表 HKLM\SYSTEM\CurrentControlSet\Control\SessionManager\Memory Management 键下添加一个多字符串注册表值 LargePageDrivers，并分别以 Null 结尾的字符串形式指定驱动程序的名称即可。

当操作系统已经运行了很长时间后，尝试分配大页面的操作可能会失败，因为每个大页面对应的物理内存必须占据相当多（见表 5-1）在物理上连续的小页面，并且物理页面的范围必须从一个大页面的边界处开始。例如，x64 系统可以使用物理页面 0～511 作为一个大页面，物理页面 512～1023 也可以，但页面 10～521 是不行的。在系统不断运行的过程中，可用物理内存会逐渐变得碎片化，这种情况不会影响小页面的分配，但可能会导致大页面分配失败。

内存也始终是不可换页的，因为页面文件系统不支持大页面。由于内存不可换页，调用方必须具备 SeLockMemoryPrivilege 特权才能使用大页面进行分配。此外，已分配内存也不会被视作是进程工作集（见 5.12 节）的一部分，而大页面的分配也不会受到作业范围内虚拟内存用量限制的影响。

在 Windows 10 版本 1607 x64 和 Windows Server 2016 系统中，大页面还可能被映射到巨型页面（huge page），其大小可达 1GB。如果分配请求中所请求的大小超过 1GB，将自动分配巨型页面，但所分配的大小并非必须是 1GB 的倍数。例如，1040MB 的分配请求会产生一个巨型页面（1024MB）外加 8 个“正常的”大页面（16MB 除以 2MB）。

然而大页面机制也存在一个副作用。每个页面（无论巨型页面、大页面或小页面）都必须对应一个应用于整个页面的保护。这是因为硬件内存保护是以页面为基础的。举例来说，如果一个大页面同时包含只读代码和可读写的数据，那么这个页面必须标记为可读/

写，这意味着代码也将是可写的。因此设备驱动程序或其他内核模式代码可能因为被滥用或由于 bug 而修改了本应为只读的操作系统或驱动程序代码，而这一切甚至不会导致内存访问违背。如果使用小页面来映射操作系统的内核模式代码，那么 Ntoskrnl.exe 和 Hal.dll 中只读的部分就可以映射为只读页面。虽然使用小页面会降低地址转换的效率，但如果设备驱动程序（或其他内核模式代码）试图修改操作系统的只读部分，系统将立即崩溃，并通过异常信息指出驱动程序中导致问题的指令。如果允许进行写入，系统很可能会在将来有其他组件试图使用出错的数据时（以一种更难诊断的方式）崩溃。

如果怀疑遇到内核代码出错的问题，请启用驱动程序验证器（见第 6 章），这样即可禁止使用大页面。

注意 除非特别说明或结合上下文能够明显看出，否则此处及下文所用的“页面”一词均指小页面。

5.1.3 查看内存使用情况

性能计数器中的 Memory 和 Process 这两个类别可供我们详细了解与系统和进程内存使用情况有关的细节。在本章介绍相关组件的过程中，我们也会介绍包含与这些组件有关信息的性能计数器。同时本章还会包含大量相关案例和实验。不过需要注意：在显示与内存有关的信息时，不同工具可能会使用不同的名称，这些名称有时候会不一致甚至导致混淆。下文的实验就证明了这一点。（后续章节会解释该范例中用到的术语。）

实验：查看系统内存信息

Windows 任务管理器的 Performance 选项卡如图 5-1 所示，这是来自 Windows 10 版本 1607 系统的一个范例（请在打开 Performance 选项卡后单击左侧的 Memory 标签页），此处显示了与系统性能有关的基本信息。这些信息仅仅是性能计数器所提供的丰富信息中的一部分，其中同时包含了有关物理和虚拟内存的使用量数据。表 5-2 列出了这些与内存有关数值的含义。

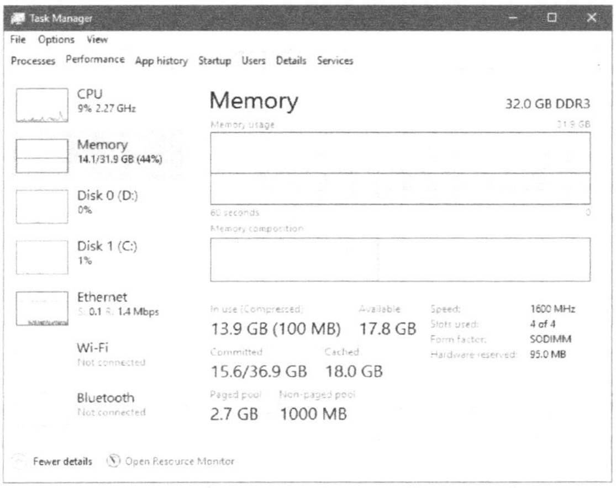

图 5-1 Windows 任务管理器的 Performance 选项卡

表 5-2

任务管理器数值	定义
内存使用量图表	该图表的线条高度代表正被 Windows 使用的物理内存数量（无法通过性能计数器获知）。线条上方区域等于界面下方的“可用”值。该图表的总高度等于图表右上角显示的内存总数（本例中为 31.9GB），这代表可被操作系统使用的物理内存总量，其中不包含 BIOS 影子页面（shadow page）、设备内存等
内存组合	详细列出了使用中、备用、已修改和可用内存之间的关系（本章下文将分别介绍）
物理内存总数（图表右上方）	代表可被 Windows 使用的物理内存数量
使用中（已压缩）	代表当前正在使用的物理内存数量，已压缩物理内存量会显示在括号中。将鼠标指针悬停在这些数值上会显示通过压缩节约的内存数量（内存压缩的详细介绍见 5.15 节）
已缓存	显示了性能计数器 Memory 类别中如下计数器的数值总和：Cache Bytes、Modified Page List Bytes、Standby Cache Core Bytes、Standby Cache Normal Priority Bytes 以及 Standby Cache Reserve Bytes
可用	代表可以立即被操作系统、进程和驱动程序使用的内存数量。该值等同于备用、可用以及零页面列表的大小总和
空闲	代表空闲和零页面列表的大小。要查看该信息，请将鼠标指针悬停在“内存组合”图表的最右侧（前提是有足够多的空闲内存区域可供鼠标指针悬停）
已提交	这两个数字分别等于性能计数器 Committed Bytes 和 Commit Limit 的值
分页缓冲池	这是分页池的总大小，包括空闲和已分配区域
非分页缓冲池	这是非分页池的总大小，包括空闲和已分配区域

若要更清楚地查看分页和非分页池的使用情况，请使用 Poolmon 工具，详见 5.3.2 节。

Sysinternals 提供的 Process Explorer 工具可以显示与物理和虚拟内存有关的更多数据。在该工具的主界面上打开 View 菜单，选择 System Information，随后单击 Memory 选项卡。图 5-2 所示的范例来自一个 64 位 Windows 10 系统。（本章下文会详细介绍这些计数器。）

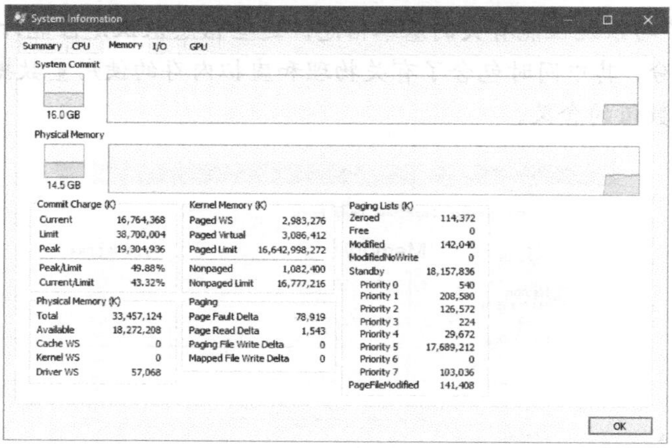

图 5-2 范例

Sysinternals 的另外两个工具可以显示扩展的内存信息。

（1）**VMMap**。可以非常详细地显示进程中的虚拟内存使用情况。

（2）**RAMMap**。可以非常详细地显示物理内存的使用情况。

本章下文的实验中会用到这些工具。

最后，内核模式调试器的!vm命令可以显示通过与内存有关的性能计数器获取的内存管理基本信息。如果需要查看崩溃转储或挂起的系统，该命令将非常有用。在一台配备32GB物理内存的64位Windows 10系统的计算机上，该命令的输出结果如下。

```
lkd> !vm
Page File: \??\C:\pagefile.sys
  Current:   1048576 Kb  Free Space:    1034696 Kb
  Minimum:   1048576 Kb  Maximum:       4194304 Kb
Page File: \??\C:\swapfile.sys
  Current:     16384 Kb  Free Space:      16376 Kb
  Minimum:     16384 Kb  Maximum:      24908388 Kb
No Name for Paging File
  Current:  58622948 Kb  Free Space:   57828340 Kb
  Minimum:  58622948 Kb  Maximum:      58622948 Kb

Physical Memory:              8364281 (   33457124 Kb)
Available Pages:              4627325 (   18509300 Kb)
ResAvail Pages:               7215930 (   28863720 Kb)
Locked IO Pages:                    0 (          0 Kb)
Free System PTEs:          4295013448 (17180053792 Kb)
Modified Pages:                 68167 (     272668 Kb)
Modified PF Pages:              68158 (     272632 Kb)
Modified No Write Pages:            0 (          0 Kb)
NonPagedPool Usage:               495 (       1980 Kb)
NonPagedPoolNx Usage:          269858 (    1079432 Kb)
NonPagedPool Max:          4294967296 (17179869184 Kb)
PagedPool  0 Usage:            371703 (    1486812 Kb)
PagedPool  1 Usage:             99970 (     399880 Kb)
PagedPool  2 Usage:            100021 (     400084 Kb)
PagedPool  3 Usage:             99916 (     399664 Kb)
PagedPool  4 Usage:             99983 (     399932 Kb)
PagedPool Usage:               771593 (    3086372 Kb)
PagedPool Maximum:         4160749568 (16642998272 Kb)
Session Commit:                 12210 (      48840 Kb)
Shared Commit:                 344197 (    1376788 Kb)
Special Pool:                       0 (          0 Kb)
Shared Process:                 19244 (      76976 Kb)
Pages For MDLs:                419675 (    1678700 Kb)
Pages For AWE:                      0 (          0 Kb)
NonPagedPool Commit:           270387 (    1081548 Kb)
PagedPool Commit:              771593 (    3086372 Kb)
Driver Commit:                  24984 (      99936 Kb)
Boot Commit:                   100044 (     400176 Kb)
System PageTables:               5948 (      23792 Kb)
VAD/PageTable Bitmaps:          18202 (      72808 Kb)
ProcessLockedFilePages:           299 (       1196 Kb)
Pagefile Hash Pages:               33 (        132 Kb)
Sum System Commit:            1986816 (    7947264 Kb)
Total Private:                2126069 (    8504276 Kb)
Misc/Transient Commit:          18422 (      73688 Kb)
Committed pages:              4131307 (   16525228 Kb)
Commit limit:                 9675001 (   38700004 Kb)
...
```

未包含在括号中的数值位于小页面（4KB）中。本章下文将详细介绍该命令输出结果中的大部分细节。

5.1.4 内部同步

与 Windows 执行体的所有其他组件类似，内存管理器也是完全可重入（reentrant）的，并可支持在多处理器系统中并发执行。也就是说，它可以让两个线程以互不破坏对方数据的方式获取资源。为了实现完全可重入这一目标，内存管理器使用了多种不同的内部同步机制，例如自旋锁和互锁指令，借此控制对其自有内部数据结构的访问。（有关同步对象的详细介绍请参阅本卷 2 第 8 章。）

内存管理器必须进行同步访问的部分系统范围内的资源如下。

（1）系统虚拟地址空间中动态分配的部分。

（2）系统工作集。

（3）内核内存池。

（4）已加载驱动程序列。

（5）页面文件列表。

（6）物理内存列表。

（7）映像基址随机化地址空间布局随机化（Address Space Layout Randomization，ASLR）结构。

（8）页面帧编号（Page Frame Number，PFN）数据库中的每个项。

面向每个进程的内存管理数据结构则需要同步下列内容。

（1）**工作集锁**。更改工作集列表时需要这个锁。

（2）**地址空间锁**。更改地址空间时需要这个锁。

这两个锁均使用自旋锁实现，详见卷 2 第 8 章。

5.2 内存管理器提供的服务

内存管理器提供的一系列系统服务可用于分配和释放虚拟内存、跨进程共享内存、将文件映射到内存、将虚拟页面刷新到磁盘、获取有关虚拟页面范围的信息、更改对虚拟页面的保护，以及将虚拟页面锁定到内存中。

与其他 Windows 执行体服务类似，这些内存管理服务可以让调用方提供一个进程句柄，借此指定要操作哪个进程的虚拟内存。因此调用方可以操作自己的内存，或者（在具备相应权限的情况下）操作其他进程的内存。举例来说，如果一个进程创建了子进程，默认情况下它将有权操作子进程的虚拟内存。因此父进程可以代表子进程，通过调用虚拟内存服务来分配、取消分配、读取和写入子进程的内存，并将句柄作为参数传递给子进程。子系统会使用这样的功能来管理自己客户端进程的内存。这种特性对于调试器的实现也非常重要，因为调试器必须能读写被调试进程的内存。

大部分此类服务是通过 Windows API 暴露的。Windows API 用 4 组函数管理应用程序的内存，如图 5-3 所示。

（1）**虚拟 API**。这是常规内存分配和取消分配用到的最底层 API，始终工作在页面粒度下。同时这也是最强大的 API，可支持内存管理器的全部功能。相关函数包括 VirtualAlloc、VirtualFree、VirtualProtect、VirtualLock 等。

（2）**堆 API**。提供了小型分配（通常小于一个页面）所需的函数。它在内部使用了虚拟 API，但在此基础上添加了管理功能。堆管理器函数包括 HeapAlloc、HeapFree、HeapCreate、HeapReAlloc 等。有关堆管理器的详细介绍参见 5.4 节。

（3）**本地/全局 API**。这些是 16 位 Windows 的遗留产物，现在已经可以使用堆 API 来实现。

（4）**内存映射文件**。这些函数可将文件映射为内存，并/或在协作进程之间共享内存。内存映射文件函数包括 CreateFileMapping、OpenFileMapping、MapViewOfFile 等。

图 5-3 中的虚线框展示了一种使用堆 API 的内存管理（诸如 malloc、free、realloc、C++ operator new 和 delete）C/C++运行时典型实现。展示为虚线框是因为该实现需要依赖编译器，因而肯定不是强制的（不过相当常见）。C 运行时的等价物则可使用堆 API 在 Ntdll.dll 中实现。

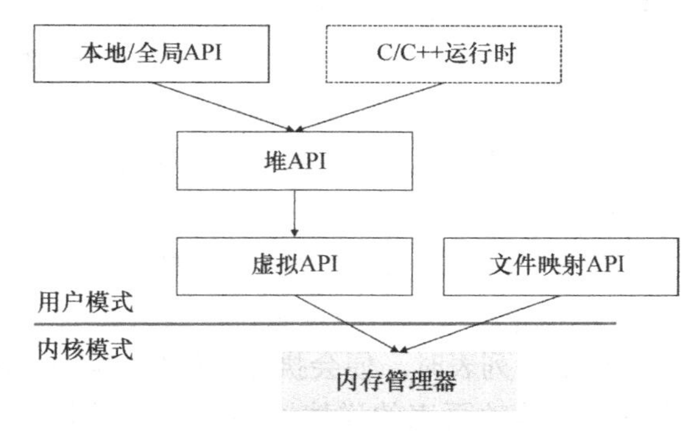

图 5-3 用户模式下的内存 API 分组

内存管理器还为执行体内部的很多其他内核模式组件以及设备驱动程序提供了多种服务，例如分配和撤销分配物理内存，以及将页面锁定在物理内存中以供直接内存访问（DMA）传输。这些函数的名称以 Mm 为前缀。此外，虽然严格来说并非内存管理器的一部分，但一些名称以 Ex 开头的执行体支持例程也可用于从系统堆（换页池和非换页池）中分配或撤销分配内存，以及操作旁视列表。5.3 节将详细探讨这些话题。

5.2.1 页面状态和内存的分配

进程虚拟地址空间中的页面可能是空闲的（free）、保留的（reserved）、提交的（committed）或可共享的（shareable）。提交和可共享的页面是指在共享时，最终会被转换为物理内存中有效页面的页面。提交的页面也可以叫作私有页面（private page），这是因为提交的页面无法与其他进程共享，而可共享的页面可共享（但可能只被一个进程使用）。

私有页面是通过 Windows 的 VirtualAlloc、VirtualAllocEx 和 VirtualAllocExNuma 函数分配的，最终将供内存管理器内部的 NtAllocateVirtualMemory 函数中的执行体使用。这些函数可以提交或保留内存。保留内存意味着设置一段连续的虚拟地址以供日后使用（例如用于数组），但与此同时这一过程中只占用微乎其微的系统资源，并在应用程序运行过程中根据需要提交已保留空间的不同部分。或者如果已经预先知道需要的大小，进程可以通过一次函数调用完成保留和提交操作。随后，这两种情况所产生的提交的页面即可被进程中的任何线程访问。如果试图访问空闲或保留的内存，会导致访问冲突异常，因为所访问的页面尚未映射至任何能够解析该引用的存储。

如果提交的（私有）页面之前未被访问过，则会在首次访问时以零初始化页面（即要求零，demand zero）的方式创建出来。随后，如果对物理内存的需求表明有必要这样做，专用的提交页面可被操作系统自动写入页面文件。此处所说的“私有”是指这些页面通常对任何其他进程都是不可访问的。

> **注意** 某些函数，例如 ReadProcessMemory 和 WriteProcessMemory，似乎可以允许跨进程内存访问，但这实际上是通过在目标进程上下文中运行内核模式代码的方式实现的。（这也叫附加到进程。）此外这要求目标进程的安全描述符为访问者分别提供 PROCESS_VM_READ 或 PROCESS_VM_WRITE 权限，或访问者具备 SeDebugPrivilege 特权，默认情况下仅 Administrators 组成员具备该特权。

共享的页面通常会映射为节（section）视图。这种节可能是一个文件的部分或全部，但也可以代表页面文件空间的一部分。所有共享页面都可能与其他进程共享。在 Windows API 中，节是以文件映射对象的形式暴露的。

当任何进程首次访问一个共享页面时，将从相关的映射文件中读入，但除非节关联到页面文件，此时需要以零初始化页面的形式创建。随后，如果依然驻留在物理内存中，第二个或后续进程访问时只需要使用内存中现有的页面内容即可。共享页面还可以被系统预取（prefetch）。

5.2.5 节和 5.11 节将深入介绍共享页面。页面需要通过一种名为已修改页面写入（modified page writing）的机制写入磁盘。当页面从一个进程的工作集移动至名为已修改页面列表的系统范围列表时，便会执行该操作。随后这些页面会被写入磁盘或远程存储。（有关工作集和已修改页表的详情请参阅本章下文。）映射的文件页面也可以写回到磁盘上的原始位置，为此只需显式调用 FlushViewOfFile，或由内存需求发起映射页面写出器执行相应操作。

我们可以通过 VirtualFree 或 VirtualFreeEx 函数将私有页面解除提交，并/或释放地址空间。解除提交和释放这两者间的差异类似于保留和提交间的差异。解除提交的内存依然会被保留，但释放的内存将变得空闲（未提交也未保留）。

借助虚拟内存的先保留然后提交这个两步过程，可以将提交页面的操作推迟到真正需要时再进行（从而可以推迟系统中提交用量的增加，见下文），同时还可以保持虚拟连续性的便利。内存保留是一种开销相对较小的操作，因为只需要消耗非常少量的实际内存，只需要对一个相对非常小的、代表进程地址空间状态的内部数据结构进行更新或构造即可。我们将在本章下文介绍页表和虚拟地址描述符（Virtual Address Descriptor，VAD）这些数据结构。

先保留一大块空间，随后根据需要提交其中的一部分，这种做法最常见于每个线程的用户模式栈。在创建线程时，会通过保留进程地址空间中一块连续的部分来创建栈。（默认大小为 1MB，不过可以调用 CreateThread 和 CreateRemoteThread(Ex)函数更改栈大小，或针对每个可执行映像使用/STACK 链接器标志来更改。）默认情况下，栈中的初始页面会被提交，下一个页面会被标记为守护页面（但不提交），它的用途是捕捉对栈的已提交部分之外其他内容的引用并对其进行扩展。

实验：保留的页面和已提交的页面

我们可以使用 Sysinternals 提供的 TestLimit 工具分配大量保留的或私有提交的虚拟内存。随后即可通过 Process Explorer 观察到这两者的差异。请执行如下操作。

（1）打开两个命令提示符窗口。

（2）在一个命令提示符窗口中调用 TestLimit 创建大量保留内存。

```
C:\temp>testlimit -r 1 -c 800

Testlimit v5.24 - test Windows limits
Copyright (C) 2012-2015 Mark Russinovich
Sysinternals - 

Process ID: 18468

Reserving private bytes 1 MB at a time ...
Leaked 800 MB of reserved memory (800 MB total leaked). Lasterror: 0
The operation completed successfully.
```

（3）在另一个命令提示符窗口中创建类似数量的已提交内存。

```
C:\temp>testlimit -m 1 -c 800

Testlimit v5.24 - test Windows limits
Copyright (C) 2012-2015 Mark Russinovich
Sysinternals - 

Process ID: 14528

Leaking private bytes 1 KB at a time ...
Leaked 800 MB of private memory (800 MB total leaked). Lasterror: 0
The operation completed successfully.
```

（4）运行任务管理器，单击 Details 选项卡，添加 Commit Size 列。

（5）在列表中找到 TestLimit.exe 的两个实例，随后应该能看到图 5-4 所示的界面。

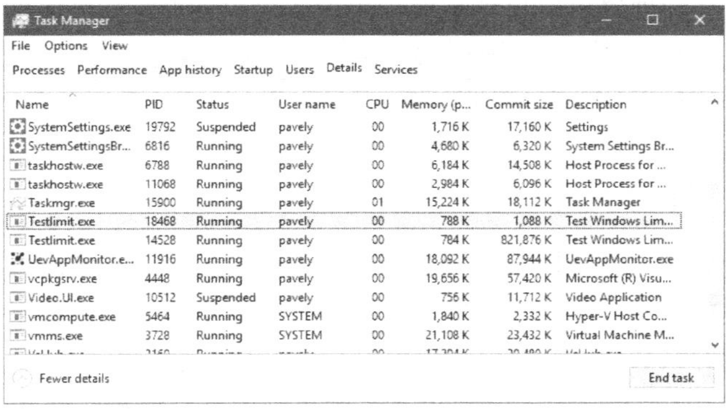

Task Manager

File Options View

Processes Performance App history Startup Users Details Services

Name	PID	Status	User name	CPU	Memory (p...	Commit size	Description
SystemSettings.exe	19792	Suspended	pavely	00	1,716 K	17,160 K	Settings
SystemSettingsBr...	6816	Running	pavely	00	4,680 K	6,320 K	System Settings Br...
taskhostw.exe	6788	Running	pavely	00	6,184 K	14,508 K	Host Process for ...
taskhostw.exe	11068	Running	pavely	00	2,984 K	6,096 K	Host Process for ...
Taskmgr.exe	15900	Running	pavely	01	15,224 K	18,112 K	Task Manager
Testlimit.exe	18468	Running	pavely	00	788 K	1,088 K	Test Windows Lim...
Testlimit.exe	14528	Running	pavely	00	784 K	821,876 K	Test Windows Lim...
UevAppMonitor.e...	11916	Running	pavely	00	18,092 K	87,944 K	UevAppMonitor.exe
vcpkgsrv.exe	4448	Running	pavely	00	19,656 K	57,420 K	Microsoft (R) Visu...
Video.UI.exe	10512	Suspended	pavely	00	756 K	11,712 K	Video Application
vmcompute.exe	5464	Running	SYSTEM	00	1,840 K	2,332 K	Hyper-V Host Co...
vmms.exe	3728	Running	SYSTEM	00	21,108 K	23,432 K	Virtual Machine M...

Fewer details　　End task

图 5-4　在列表中找到 TestLimit.exe 的两个实例

（6）请留意，任务管理器显示了提交大小，但无法通过计数器了解另一个 TestLimit 进程的保留内存数量。

（7）启动 Process Explorer。

（8）单击 Process Memory 选项卡，启用 Private Bytes 和 Virtual Size 列。

（9）在主窗格中找到这两个 TestLimit.exe 进程，如图 5-5 所示。

（10）注意，这两个进程的虚拟大小是相同的，但只有一个进程的 Private Bytes 值与 Virtual Size 值相等。另一个 TestLimit 进程（进程 ID 为 18468）的这两个值有较大差异，主要是保留内存的缘故。我们也可以在性能监视器中查看 Process 分类下的 Virtual Bytes 和 Private Bytes 这两个计数器进行类似的比较。

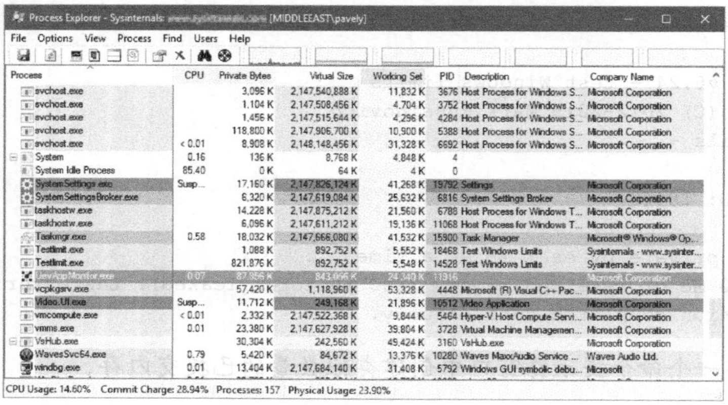

图 5-5　在主窗格中找到这两个 TestLimit.exe 进程

5.2.2　提交用量和提交限制

在任务管理器的性能选项卡中打开内存页面，已提交标签下显示了两个数字。内存管理器会在全局范围内追踪私有提交内存用量，这个数量也叫作提交量（commitment 或 commit charge）。这个数值对应前一个数字，代表系统中已提交虚拟内存的总量。

还有一个系统范围的限制，名为系统提交限制，或可简单将其称为提交限制（commit limit），它限制了任何时间里能够提交的虚拟内存量。该限制对应着当前所有页面文件的总大小，外加可被操作系统使用的物理内存总量。任务管理器已提交标签下显示的第二个数字便是该值。内存管理器可以自动扩展一个或多个页面文件，借此增加提交限制，但前提是这些页面文件尚未达到已配置的大小上限。

提交用量和系统提交限制的详细介绍见 5.7.7 节。

5.2.3　锁定到内存

一般来说，最好由内存管理器自行决定要将哪些页面驻留在物理内存中。然而一些特殊情况下可能需要由应用程序或设备驱动程序将页面锁定在物理内存中。页面可通过如下两种方式锁定到内存中。

（1）Windows 应用程序调用 VirtualLock 函数锁定自己进程工作集中的页面。使用这种机制锁定的页面会始终驻留在物理内存中，直到被明确解除锁定或锁定它的进程被终止。一个进程可以锁定的页面数量最大值无法超过“其最小工作集大小减去 8 个页面”。如果进程需要锁定更多页面，可以通过 SetProcessWorkingSetSizeEx 函数（见 5.12.4 节）增加自己的工作集最小值。

（2）设备驱动程序可以调用 MmProbeAndLockPages、MmLockPagableCodeSection、MmLockPagableDataSection 或 MmLockPagableSectionByHandle 这几个内核模式函数来实现锁定。使用这种机制锁定的页面会始终驻留在物理内存中，直到被明确解除锁定。上述后 3 个 API 可以对能够锁定到内存中的页面数量不加限制，因为在驱动程序首次加载时就已经获得了可用的驻留页面数量。这也可以确保不会因为超量锁定导致系统崩溃。对于第一个 API，必须首先获取用量配额，否则该 API 会返回失败状态。

5.2.4 分配的粒度

Windows 会将保留的进程地址空间中的每个区域与完整边界的开始位置对齐，这个边界由系统分配的粒度值所定义，可通过 Windows 的 GetSystemInfo 或 GetNativeSystemInfo 函数获取。该值为 64KB，内存管理器可以通过这样的粒度高效率地分配元数据（如 VAD、位图等），进而支持各种进程操作。此外，如果未来的处理器开始支持更大的页面大小（例如高达 64KB），若需要支持这样的处理器，或所增加的索引缓存需要在整个系统范围内实现从物理到虚拟的页面对齐，对于已经假定了这种分配对齐方式的应用程序需要进行改动的风险也随之降低。

注意 Windows 的内核模式代码并不受这样的限制。此类代码可以用单个页面的粒度来保留内存（不过鉴于前文曾经提到的原因，这种能力并未暴露给设备驱动程序）。这种粒度主要用于更紧凑地包装 TEB 分配。因为该机制仅限内部使用，如果以后的平台需要使用不同的值，也可以通过更改代码轻松实现。另外为了在 x86 系统上支持 16 位和 MS-DOS 应用程序，内存管理器还为 MapViewOfFileEx API 提供了 MEM_DOS_LIM 标志，可以用它强制使用单页面粒度。

最后，当地址空间的某个区域被保留后，Windows 会确保该区域的大小和基址始终是系统页面大小的整数倍，无论最终的大小到底是多少。例如，因为 x86 系统使用 4KB 的页面，如果试图保留 18KB 大小的内存区域，那么在 x86 系统中最终实际保留的数量将是 20KB。如果为这 18KB 的区域指定了 3KB 为基址，那么最终实际保留的数量会是 24KB。注意，随后该分配的 VAD 的对齐方式和长度也将按照 64KB 进行取整，进而导致超出的部分无法访问。

5.2.5 共享内存和映射文件

与大部分现代化操作系统类似，Windows 提供了一种在多个进程和操作系统之间共享内存的机制。共享内存可以被定义为一种能被超过一个进程可见，或存在于超过一个进程虚拟地址空间中的内存。举例来说，如果两个进程使用了同一个 DLL，那么此时更合理的做法是将引用该 DLL 的代码页面加载到物理内存中，但只加载一次，并在所有映射该 DLL 的进程之间共享这些页面，如图 5-6 所示。

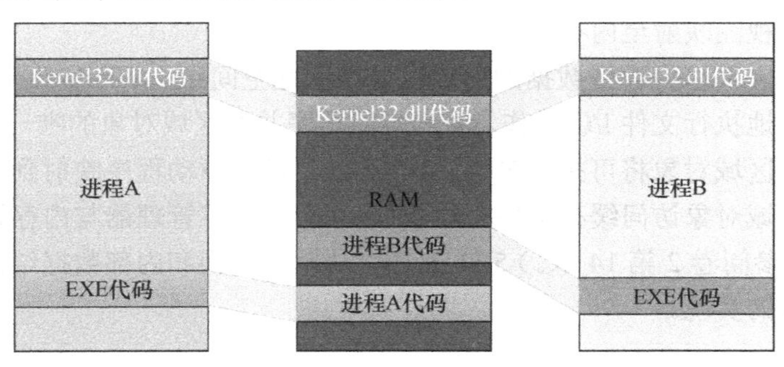

图 5-6 进程之间共享内存

每个进程依然可以通过自己的私有内存区域存储私有数据，但 DLL 代码和未修改的数据页面依然可以放心共享。正如下文将要解释的那样，此类共享可以自动进行，因为可执行映像［EXE 和 DLL 文件，以及诸如屏幕保护程序（Screen Saver，SCR）等其他多种类型的内容，虽然名称不同，但本质上依然是 DLL］的代码页面将以“仅执行”的方式映射，可写页面则会映射为写入时复制（见 5.2.8 节）。

图 5-6 显示了通过不同映像运行的两个进程，它们共享了一个只映射到物理内存一次的DLL。本例中的映像（EXE）代码本身并未共享，因为两个进程运行了不同映像。而 EXE 代码其实可以在相同映像运行的两个进程之间共享，例如通过 Notepad.exe 运行的两个或更多进程。

内存管理器中用于实现共享内存的底层原语名为区域对象（section object），在 Windows API 中它是通过文件映射对象的形式暴露的。区域对象的内部结构和实现参见 5.11 节。

内存管理器中的这种基础原语可用于映射位于主内存、页面文件，或应用程序希望像访问内存那样访问的某些其他文件中的虚拟地址。一个区域可被一个或多个进程打开，换句话说，区域对象并不一定等同于共享内存。

区域对象可连接至磁盘上打开的文件（名为映射文件），或连接至提交的内存（借此提供共享内存）。映射至提交内存的区域也叫作页面文件支撑的区域，因为当物理内存产生这样的需求时，页面会被写入页面文件（而非写入映射文件）。（因为 Windows 可以在没有页面文件的情况下运行，页面文件支撑的区域可能实际上是由物理内存“支撑”的。）与任何对用户模式可见的空页面（例如私有提交页面）类似，为确保不泄露敏感数据，共享的提交页面在首次被访问时始终会用零填充。

若要创建区域对象，请调用 Windows 的 CreateFileMapping、CreateFileMappingFromApp 或 CreateFileMappingNuma(Ex)函数，指定要映射到的、之前打开的文件句柄（对于页面文件支撑的区域，可指定 INVALID_HANDLE_VALUE），并提供可选的名称和安全描述符。如果该区域有名称，其他进程即可使用 OpenFileMapping 或 CreateFileMapping*函数打开它。或者可以通过句柄的继承（打开或创建句柄时指定该句柄是可继承的），或通过句柄的复制（使用 DuplicateHandle）允许对区域对象的访问。设备驱动程序也可以通过 ZwOpenSection、ZwMapViewOfSection 和 ZwUnmapViewOfSection 函数操作区域对象。

区域对象可以引用比进程地址空间大很多的文件。（如果区域对象由页面文件支撑，那么页面文件/物理内存中必须有足够的空间来包含该对象。）若要访问一个非常大的区域对象，进程只能映射该区域对象中自己实际需要的部分（这个“部分”也可以称为区域视图），为此需要调用 MapViewOfFile(Ex)、MapViewOfFileFromApp 或 MapViewOfFileExNuma 函数，并指定要映射的范围。映射的视图可以帮助进程节约地址空间，因为只需要将区域对象中实际需要的视图映射至内存。

通过让映射文件以内存中数据的形式出现在地址空间中，Windows 应用程序可以使用映射文件方便地执行文件 I/O 操作。用户应用程序并非区域对象的唯一使用者，映像加载器也可以使用区域对象将可执行映像、DLL 以及设备驱动程序映射到内存中，缓存管理器可以使用区域对象访问缓存文件中的数据。（有关缓存管理器与内存管理器集成方式的详细信息，请参阅卷 2 第 14 章。）5.11 节还将从地址转换和内部数据结构的角度详细介绍共享内存区域的实现。

实验：查看内存映射文件

我们可以使用 Process Explorer 列出进程中的内存映射文件。为此，请配置该工具的底部窗格显示 DLL 视图（打开 View 菜单，选择 Lower Pane View，随后选择 DLLs）。请注意，这里不仅可以显示 DLL 列表，还可以显示进程地址空间中的所有内存映射文件。其中会包含一些 DLL，一个所运行的映像文件（EXE），此外可能还有其他项代表内存映射数据文件。

图 5-7 所示的 Process Explorer 截图显示了一个使用多个不同内存映射来访问待检查内存转储文件的 WinDbg 进程。与大部分 Windows 程序类似，它（或它所用的任何一个 Windows DLL）也会使用内存映射来访问 Windows 数据文件 Locale.nls，这个文件是 Windows 国际化支持的一部分。

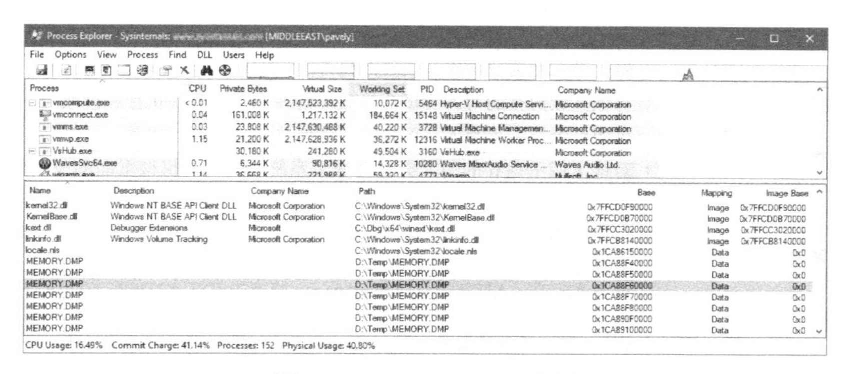

图 5-7 Process Explorer 截图

我们也可以搜索内存映射文件，为此请打开 Find 菜单并选择 Find Handle or DLL（或按快捷键 Ctrl+F）。如果试图确定哪个进程正在使用打算替换的 DLL 或内存映射文件，该功能会显得非常有用。

5.2.6 保护内存

正如第 1 章所介绍的，Windows 提供了内存保护功能，这样用户进程就无法有意或无意破坏其他进程或操作系统的地址空间。Windows 主要通过下列 4 种方式提供这样的保护。

（1）被内核模式系统组件使用的系统范围内的全部数据结构和内存池只能在内核模式下访问。用户模式线程无法访问此类页面。如果试图访问，硬件会生成错误，同时内存管理器会向线程报告访问冲突。

（2）每个进程都有一个独立、受保护的私有地址空间，属于其他进程的任何线程均无法访问该空间。就算共享内存也不例外，因为每个进程必须使用位于自己虚拟地址空间范围内的地址来访问共享的内存区域。唯一的例外是：如果另一个进程对该进程对象具备虚拟内存的读写访问权限（或具备 SeDebugPrivilege 特权），此时将可以使用 ReadProcessMemory 或 WriteProcessMemory 函数。线程每次引用一个地址时，虚拟内存硬件将与内存管理器一起将虚拟地址解读并转换为物理地址。通过对虚拟地址的转换方式加以控制，Windows 即可确保一个进程中运行的线程无法不当地访问属于另一个进程的页面。

（3）除了上述虚拟到物理地址转换机制所暗含的保护，Windows 可支持的所有处理器还可提供一些硬件控制的内存保护机制，例如读写、只读等。（此类保护机制的具体细节依处理器的不同而异。）例如，一个进程地址控件中的代码页可被标记为只读，进而可以防止用户线程修改该代码页。表 5-3 列出了 Windows API 所定义的内存保护选项。（可参阅 VirtualProtect、VirtualProtectEx、VirtualQuery 和 VirtualQueryEx 函数的文档。）

表 5-3　Windows API 所定义的内存保护选项

属性	描述
PAGE_NOACCESS	对该区域的任何读取、写入或代码执行尝试均会导致访问冲突
PAGE_READONLY	对内存的写入尝试（以及在支持“不可执行”的处理器上执行其中的代码）会导致访问冲突，但允许读取操作
PAGE_READWRITE	页面可读取、可写入，但不可执行
PAGE_EXECUTE	对该区域内存中代码的写入尝试会导致访问冲突，但执行（以及在所有现有处理器上进行的读取操作）代码是允许的
PAGE_EXECUTE_READ*	对该区域内存的写入尝试会导致访问冲突，但允许执行和读取
PAGE_EXECUTE_READWRITE*	页面可读取、可写入、可执行。任何访问尝试均可成功
PAGE_WRITECOPY	对该区域中内存的写入尝试会导致系统为进程提供该页面的一个副本。在支持“不可执行”的处理器上，对该区域内存中代码的执行尝试会导致访问冲突
PAGE_EXECUTE_WRITECOPY	对该区域中内存的写入尝试会导致系统为进程提供该页面的一个私有副本。允许读取和执行该区域中的代码（此时不创建副本）
PAGE_GUARD	试图读取或写入防护页面（guard page）将产生 EXCEPTION_GUARD_PAGE 异常，并关闭该页面的受防护状态。因此防护页面可以充当一种一次性报警器。请注意，该标志可与本表中除 PAGE_NOACCESS 外的任何其他页面保护标志一起使用
PAGE_NOCACHE	使用未被缓存的物理内存。通常不建议这样做，但设备驱动程序可能会用到，例如在不使用缓存的情况下映射视频帧缓冲区
PAGE_WRITECOMBINE	可实现写合并（write-combined）内存访问。启用后，处理器将不缓存内存写操作（可能产生相比缓存内存写操作时更多的内存流量），但会尽可能对内存写请求进行合并以优化性能。举例来说，如果要对同一个地址执行多个写操作，则只进行最新的写操作。对多个相邻地址进行的多个写操作也可能用类似方式合并成一个大的写操作。常规应用程序通常不会这样做，但设备驱动程序可能会用到，例如以写合并的方式映射视频帧缓冲区
PAGE_TARGETS_INVALID 和 PAGE_TARGETS_NO_UPDATE（Windows 10 和 Windows Server 2016）	这些值控制了页面中可执行代码的控制流防护（Control Flow Guard，CFG）行为。这两个常量具备相同的值，但会用在不同调用中，在本质上起到了开关的作用。PAGE_TARGETS_INVALID 意味着间接调用应当让 CFG 失败并让进程崩溃。PAGE_TARGETS_NO_UPDATE 可以允许 VirtualProtect 调用更改页面范围以允许执行但不更新 CFG 状态。有关 CFG 的详细信息参见第 7 章

*“不可执行”保护适用于具备相应硬件支持的处理器（例如所有 x64 处理器），但较老的 x86 处理器不支持。如果不支持，可将“执行”理解为“读取”。

（4）共享内存区域对象具备标准的 Windows 访问控制列表（Access Control List，ACL），进程试图打开该对象时会检查 ACL，因此可限制仅允许具备相应权限的进程访问共享内存。当线程创建一个用于包含映射文件的区域时，也可以应用访问限制。若要创建这样的区域，线程必须至少对底层文件对象具备读取访问权限，否则操作会失败。

当线程成功打开指向区域的句柄后，其所能执行的操作依然受制于内存管理器和前文提到的、基于硬件的页保护机制。线程可以针对区域中的虚拟页面更改页面级别的保护，但前提是这种改动不会违反该区域对象 ACL 中的权限要求。例如，内存管理器允许线程将只读区域的页更改为具备写时复制访问权限，但无法改为读写访问权限。允许改为写时复制访问权限，这是因为这不会影响到共享了该数据的其他进程。

5.2.7　数据执行保护

数据执行保护（Data Execution Prevention，DEP）即不可执行（No-execute，NX）页面保护，会在试图将控制权传递给标记为“不可执行”的页面中所包含的指令时产生访问错误。借此可防止某些类型的恶意软件利用系统 bug 执行位于数据页面（例如栈）中的代码。DEP 还能发现编写不够完善的软件，这类软件可能未给想要执行的代码所在页面设置正确的权限。如果是在内核模式下试图执行“不可执行”页面中包含的代码，系统会崩溃，此时的错误检查代码为 ATTEMPTED_EXECUTE_OF_NOEXECUTE_MEMORY(0xFC)。（关于这些代码的解释，请参阅卷 2 第 15 章。）如果用户模式下出现这种情况，试图执行非法引用的线程会收到 STATUS_ACCESS_VIOLATION(0xC0000005)异常。如果进程需要分配可执行的内存，则必须明确标记出这样的页面，例如在页面粒度的内存分配函数中指定 PAGE_EXECUTE、PAGE_EXECUTE_READ、PAGE_EXECUTE_READWRITE 或 PAGE_EXECUTE_WRITECOPY 标志。

在支持 DEP 的 32 位 x86 系统中，会使用页表项（Page Table Entry，PTE）中的第 63 位将页面标记为不可执行。因此 DEP 功能只能在处理器运行于物理地址扩展（Physical Address Extension，PAE）模式时才能使用，原因在于不使用 PAE 时页表项只有 32 位宽（见 5.6.1 节）。进而为了在 32 位系统上支持硬件 DEP，需要加载 PAE 内核（%SystemRoot%\System32\Ntkrnlpa.exe），这也是 x86 系统上唯一支持的内核。

ARM 系统中，DEP 已被设置为 AlwaysOn（始终启用）。

在 64 位版 Windows 中，这种执行保护会始终应用于所有 64 位进程和设备驱动程序，只能通过将 nxBCD 选项设置为 AlwaysOff 的方式将其禁用。针对 32 位程序的执行保护依赖系统配置设置，下文很快会介绍。在 64 位 Windows 中，执行保护会应用给线程栈（用户模式和内核模式）、未明确标记为可执行的用户模式页面、内核换页池以及内核会话池。有关内核内存池的介绍参见 5.3 节。不过在 32 位 Windows 中，执行保护将仅应用于线程栈和用户模式页面，而不会应用于内核换页池和内核会话池。

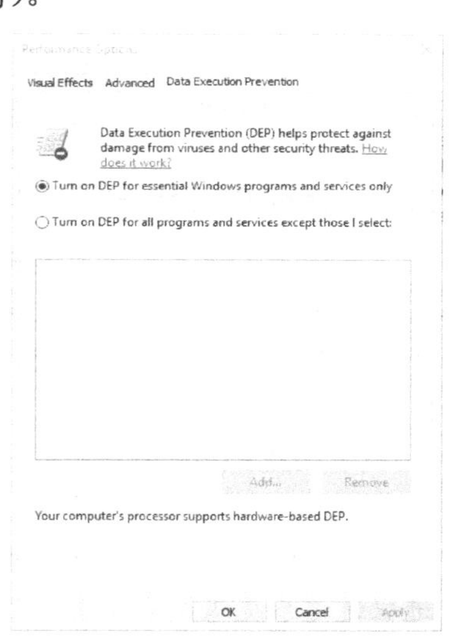

图 5-8 Data Execution Prevention 选项卡设置

是否为 32 位进程应用执行保护，这取决于 BCD nx 选项的值。要更改该设置，请打开 Performance Options 对话框的 Data Execution Prevention 选项卡（见图 5-8）。（若要打开该对话框，请右击此电脑图标，选择 Properties，单击 Advanced System Settings 选项，随后选择 Performance Settings。）在 Performance Options 对话框中配置不执行保护时，即可将 BCD nx 选项设置为相应的值。表 5-4 列出了该选项不同的值，以及它们在 Data Execution Prevention 选项卡下对应的设置。注册表 HKLM\SOFTWARE\Microsoft\Windows NT\CurrentVersion\AppCompatFlags\Layers 键下的值列出了不应用执行保护的 32 位应用程序，此处值的名称是可执行文件的完整路径，值的数据需要设置为 DisableNXShowUI。

表 5-4 BCD nx 值

BCD nx 值	对应的 Data Execution Prevention 选项卡设置	解释
OptIn	仅为基本的 Windows 程序和服务启用 DEP	可为核心 Windows 系统映像启用 DEP。可以让 32 位进程在运行期间动态配置 DEP
OptOut	为除下列选定程序之外的所有程序和服务启用 DEP	可以为除了选定内容外的所有可执行文件启用 DEP。可以让 32 位进程在运行期间动态配置 DEP。可为 DEP 启用系统兼容性修复

续表

BCD nx 值	对应的 Data Execution Prevention 选项卡设置	解释
AlwaysOn	该设置没有对应的图形界面选项	可为所有组件启用 DEP，但无法排除特定应用程序。可禁止 32 位进程动态配置 DEP 并禁止系统兼容性修复
AlwaysOff	该设置没有对应的图形界面选项	可彻底禁用 DEP（不推荐）。此外还可禁止 32 位进程动态配置 DEP

在客户端版本 Windows（64 位和 32 位）中，32 位进程的执行保护默认配置下仅应用于核心 Windows 操作系统可执行文件，即将 nx BCD 选项设置为 OptIn。因为某些 32 位应用程序需要执行的代码可能位于未明确标记为可执行的页面中，这样的默认设置不会导致此类程序无法运行，例如自提取或自打包的应用程序。在 Windows Server 系统中，32 位进程的执行保护默认配置下会应用给所有 32 位程序，即 nx BCD 选项被设置为 OptOut。

就算强制启用 DEP，应用程序依然可以通过其他方式为自己的映像禁用 DEP。例如，无论启用哪种执行保护选项，映像加载器都会向已知的复制保护机制（如 SafeDisc 和 SecuROM）验证可执行文件的签名，并通过禁用执行保护提供与电脑游戏等较老的复制保护软件的兼容性。（有关映像加载器的介绍参见第 3 章。）

实验：查看进程受到的 DEP 保护

Process Explorer 可以显示系统中所有进程的当前 DEP 状态，例如进程是否被设置为 OptIn 或是否受到永久保护。要查看进程的 DEP 状态，请右击进程树中的任何列，选择 Select Columns，随后在 Process Image 选项卡上选择 DEP Status。该列会显示如下 3 种值。

（1）**DEP (permanent)**。意味着进程因为是“重要的 Windows 程序或服务”而启用了 DEP。

（2）**DEP**。意味着进程通过设置为 OptIn 而启用了 DEP。这可能是由于所有 32 位进程通过系统级策略“OptIn”启用了 DEP，也可能是由于诸如 SetProcessDEPPolicy 这种 API 调用而启用了 DEP，或由于构建映像时设置了/NXCOMPAT 链接器标志。

（3）**不显示**。如果某进程的该列未显示任何信息，意味着由于系统级策略、显示 API 调用或填充码而禁用了 DEP。

此外，为兼容老版本 Active Template Library（ATL）库（7.1 或更老版本），Windows 内核还提供了一种 ATL 形式转换（thunk）模拟环境。该环境可检测曾导致 DEP 异常的 ATL 形式转换代码序列并模拟预期操作。应用程序开发者可以使用最新的 Microsoft C++ 编译器指定/NXCOMPAT 标志（借此可在 PE 头中设置 IMAGE_DLLCHARACTERISTICS_NX_COMPAT 标志），借此请求不应用这种 ATL 形式转换模拟，进而告诉系统该可执行文件完全支持 DEP。注意，如果设置了 AlwaysOn 值，ATL 形式转换模拟将被永远禁用。

最后，如果设置为 OptIn 或 OptOut 模式的系统执行的是 32 位进程，SetProcessDEPPolicy 函数将允许进程动态地禁用 DEP 或永久启用。如果通过该 API 启用，在该进程的生命周期内，DEP 将无法通过编程的方式禁用。如果映像在编译时未使用/NXCOMPAT 标志，该函数还可用于动态地禁用 ATL 形式转换模拟。对于 64 位进程或使用 AlwaysOff 或 AlwaysOn

引导的系统，该函数将始终返回一个失败。GetProcessDEPPolicy 函数还可返回 32 位进程的每个进程 DEP 策略 DEP（在 64 位系统中会失败，因为 64 位系统中该策略始终是启用的），而 GetSystemDEPPolicy 则可用于返回表 5-3 所示的相应的值。

5.2.8 写入时复制

写入时复制（copy-on-write）页面保护是一种优化机制，内存管理器可以借此节约物理内存。当进程为区域对象映射的写入时复制视图包含读写页面时，内存管理器会对这些页面的复制延迟到向页面中写入数据时，而非在映射视图的同时创建进程的私有副本。例如，在图 5-9 中，两个进程共享了 3 个页面，每个页面均标记为写入时复制，但这两个进程都不会试图修改页面中的任何数据。

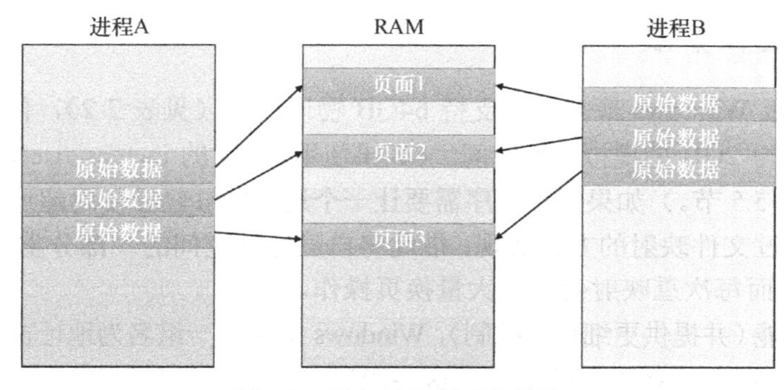

图 5-9　写入时复制“之前”

如果任何一个进程中的线程向页面写入数据，则会产生内存管理错误。内存管理器可以检测到该写入操作会作用于一个“写入时复制”页面，因此，此时并不会将这个错误报告为访问冲突，而是会执行下列操作。

（1）在物理内存中分配一个新的读写页面。

（2）将原页面中的内容复制到这个新建页面。

（3）更新该进程中对应的页面映射信息（具体解释详见本章下文），使其指向新位置。

（4）解除异常，导致生成了上述错误的指令得以重新执行。

这次写操作将能成功进行。然而，新复制的页面对之前执行写操作的进程来说是私有的，该页面对依然共享着写入时复制页面的其他进程是不可见的，如图 5-10 所示。每个试图写入这个共享页面的新进程都会获得自己的私有副本。

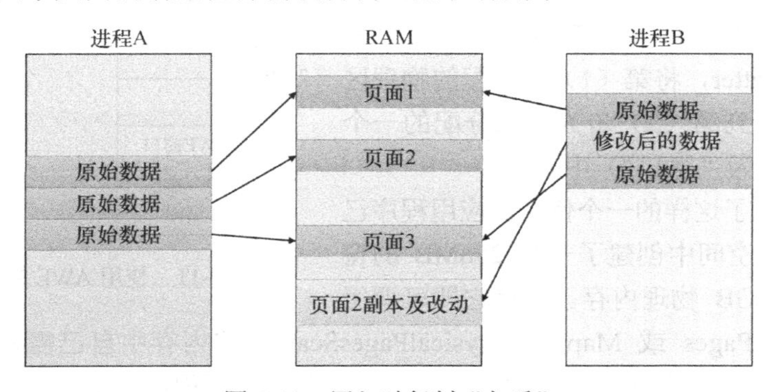

图 5-10　写入时复制“之后”

写入时复制机制的一种应用方式是在调试器中实现对断点的支持。例如，默认情况下，代码页面在启动时都是“仅执行”的。然而如果程序员在调试程序时设置了断点，调试器必须在代码中添加断点指令。为此，调试器首先会将页面的保护方式改为PAGE_EXECUTE_READWRITE，随后更改指令流。由于代码页面是已映射区域的一部分，内存管理器会为设置了断点的进程创建页面的私有副本，而其他进程依然可以使用未修改的代码页面。

写入时复制是惰性计算（lazy evaluation）技术的一个范例，内存管理器会尽可能频繁地使用该技术。惰性计算算法可在绝对必要前避免执行开销昂贵的操作。如果永远不需要执行这种操作，就无须为它浪费哪怕一点时间。

若要查看写入时复制的错误速率，可在性能监视器工具中查看 Memory 分类下的 Write Copies/Sec 性能计数器。

5.2.9　地址窗口扩展

虽然 32 位版 Windows 最多可以支持 64GB 物理内存（见表 2-2），但每个 32 位用户进程默认只能获得 2GB 的虚拟地址空间。（如果使用 BCD 的 increaseuserva 选项可将其增大至 3GB，详见 5.5 节。）如果应用程序需要让一个进程能够轻松使用超过 2GB（或 3GB）的数据，也可通过文件映射的方式实现，借此将自己地址空间的一部分重新映射到大文件的不同部分。然而每次重映射会产生大量换页操作。

为了改善性能（并提供更细化的控制），Windows 提供了一组名为地址窗口扩展（Address Windowing Extension，AWE）的函数。这些函数可以让进程分配超过其虚拟地址空间可代表数量的物理内存。随后即可随时将自己虚拟地址空间的一部分映射到物理内存中所选择的部分，借此访问这些物理内存。

通过 AWE 函数，我们可以通过下列 3 个步骤来分配和使用内存。

（1）分配要使用的物理内存。应用程序可调用 Windows 函数 AllocateUserPhysicalPages 或 AllocateUserPhysicalPagesNuma。（均需要具备 SeLockMemoryPrivilege 特权。）

（2）创建一个或多个虚拟地址空间区域，将其作为窗口来映射物理内存的不同视图。应用程序可调用 Win32 的 VirtualAlloc、VirtualAllocEx 或 VirtualAllocExNuma 函数并传递 MEM_PHYSICAL 标志。

（3）一般来说，上述第（1）和第（2）步都是初始化步骤。为了实际使用这些内存，应用程序需要调用 MapUserPhysicalPages 或 MapUserPhysicalPagesScatter，将第（1）步分配的物理区域的一部分映射到第（2）步为自己分配的一个虚拟区域（或称为“窗口”）中。

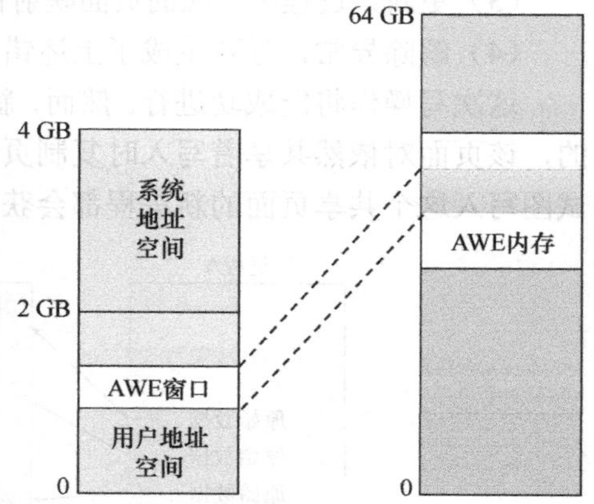

图 5-11　使用 AWE 映射物理内存

图 5-11 展示了这样的一个例子。应用程序已经在自己的地址空间中创建了一个 256MB 的窗口，并分配了 4GB 物理内存。随后它即可调用 MapUserPhysicalPages 或 MapUserPhysicalPagesScatter 将内存中自己需要的部分映射至 256MB 的窗口中，借此访问物理内存中的任何部分。应用程序虚拟地址空间窗口的大小

决定了该应用程序通过任何映射方式所能访问的物理内存数量。若要访问已分配物理内存的其他部分，只需重新映射对应的区域即可。

所有功能版本（edition）的 Windows 都支持 AWE 函数，无论系统有多少物理内存都可使用这些函数。然而 AWE 最适合具备超过 2GB 物理内存的 32 位系统，因为这是 32 位进程能够访问超过自己虚拟地址空间数量的更多物理内存的唯一方式。该函数还可用于改善安全性。由于 AWE 内存绝对不会被换出，因此 AWE 内存中的数据永远不会在页面文件中留下副本，从而避免重新启动到另一个操作系统并通过访问页面文件查看到这些数据。（VirtualLock 为普通页面提供了类似的保证。）

最后，对于 AWE 函数的内存分配和映射还有如下一些限制。

（1）此类页面无法在不同进程间共享。

（2）同一个物理页面无法映射到多个虚拟地址。

（3）页面保护仅限于读写、只读和不可访问。

AWE 对 64 位 Windows 的价值不大，因为这些系统中每个进程已经可以支持 128TB 的虚拟地址空间，但同时最大只能支持 24TB 物理内存（Windows Server 2016 系统）。因此 AWE 也无法让应用程序使用超过其虚拟地址空间的更多物理内存，系统可支持的物理内存数量始终少于进程的虚拟地址空间量。然而此时 AWE 依然有一些价值，例如为进程地址空间设置不可换页的区域，相比文件映射 API，AWE 可以提供更细化的粒度。（系统页面的大小为 4KB 而非 64KB。）

有关在超过 4GB 物理内存的系统中用于映射内存的页表数据结构的详细信息，参见 5.6.1 节。

5.3 内核模式堆（系统内存池）

系统初始化时，内存管理器会创建两个动态大小的内存池（也叫作堆），大部分内核模式组件借此来分配系统内存。

（1）**非换页池**。由一系列可保证在任何时间总是驻留在物理内存中的系统虚拟地址组成。因此任何时间都可在不产生页面错误的情况下访问，这也意味着可以从任何 IRQL 访问。需要非换页池的原因之一在于，在 DPC/dispatch 级别或更高级别上，页面错误无法被满足。因此任何代码和数据如果需要在 DPC/dispatch 级别或更高级别上执行或访问，都必须位于非换页池内存中。

（2）**换页池**。一种位于系统空间中的虚拟内存区域，可以换入或换出系统。如果设备驱动程序无须从 DPC/dispatch 级别或更高级别访问内存，即可使用换页池。换页池可从任何进程上下文中访问。

这两个内存池都位于系统地址空间中，可映射到每个进程的虚拟地址空间。执行体提供了从这些池中分配和撤销分配所需的例程。有关这些例程的详细信息，请参阅 Windows 开发包（WDK）中，名称以 ExAllocatePool、ExAllocatePoolWithTag 以及 ExFreePool 开头的函数对应的文档。

系统启动时会包含 4 个换页池（组合在一起形成完整的系统换页池）和两个非换页池。根据系统中 NUMA 节点的数量，还可以创建更多换页池，最多可达 64 个。使用超过一个换页池可以降低系统代码在并发调用池例程时被阻塞的频率。此外所创建的不同池会映射至不同的虚拟地址范围，并对应系统中不同的NUMA节点。用于描述池分配情况的不同数据结构（如大页面旁视表）也会映射给不同的NUMA节点。

除了换页和非换页池，还有一些包含特殊属性或提供特殊用途的池。例如，在会话空间中有一个池区域，可用于存储该会话中所有进程通用的数据。来自其他池的分配也叫作特殊池（special pool），这种池的两边会围绕着标记为“不可访问”的页面，借此可对该内存池区域分配前后访问内存的代码中出现的问题进行隔离。

5.3.1 池的大小

非换页池的初始大小取决于系统中的物理内存数量，并会按需增长。对于非换页池，其初始大小为系统物理内存容量的3%。但如果这个值小于40MB，只要物理内存数量的10%超过40MB，系统将一直使用40MB的大小。否则将使用物理内存数量的10%作为最小值。Windows 会动态地选择内存池的最大大小，并允许特定内存池从初始大小增大至表5-5所列出的最大值。

表5-5 内存池大小的最大值

内存池类型	32位系统最大值	64位系统最大值（Windows 8、Windows Server 2012）	64位系统最大值（Windows 8.1、Windows 10、Windows Server 2012 R2、Windows Server 2016）
非换页池	物理内存的75%或2GB，两者间取较小值	物理内存的75%或128GB，两者间取较小值	16TB
换页池	2GB	384GB	15.5TB

上述计算而来的值中，有4个会存储在Windows 8.x和Windows Server 2012/R2的内核变量中，其中3个可通过性能计数器的方式暴露，另一个仅作为性能计数器的值进行计算。Windows 10和Windows Server 2016将这些全局变量转移到了全局内存管理结构（MI_SYSTEM_INFORMATION）中名为MiState的字段中。在该字段中，这些信息存储在一个名为Vs（类型为_MI_VISIBLE_STATE）的变量内部。全局变量MiVisibleState也可指向该Vs成员。这些变量和计数器见表5-6。

表5-6 系统内存池大小变量和性能计数器

内核变量	性能计数器	描述
MmSizeOfNonPagedPoolInBytes	Memory: Pool nonpaged bytes	非换页池的初始大小。根据内存需求变化，系统可自动减小或增大该值。内核变量不会显示这些变化，但性能计数器可以显示
MmMaximumNonPagedPoolInBytes（Windows 8.x和Windows Server 2012/R2）	不适用	非换页池的最大大小
MiVisibleState->MaximumNonPagePool InBytes（Windows 10和Windows Server 2016）	不适用	非换页池的最大大小
不适用	Memory: Pool paged bytes	换页池虚拟大小的当前总和
MmPagedPoolWs结构（类型为MMSUPPORT）中的WorkingSetSize（页面数量）（Windows 8.x和Windows Server 2012/R2）	Memory: Pool paged resident bytes	换页池的当前物理（驻留）大小

续表

内核变量	性能计数器	描述
MmSizeOfPagedPoolInBytes（Windows 8.x 和 Windows Server 2012/R2）	不适用	换页池的最大（虚拟）大小
MiState.Vs.SizeOfPagedPoolIn Bytes（Windows 10 和 Windows Server 2016）	不适用	换页池的最大（虚拟）大小

实验：确定池大小的最大值

我们可以使用 Process Explorer 或实时内核模式调试器（见第 1 章）查看池大小的最大值。要使用 Process Explorer 查看该值，请在 View 菜单下选择 System Information，随后单击 Memory 选项卡。与内存池有关的限制会显示在 Kernel Memory 选项中，如图 5-12 所示。

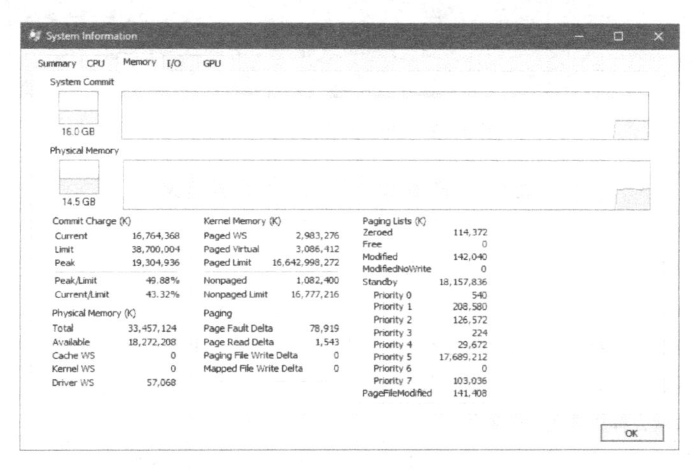

图 5-12 与内存池有关的限制会显示在 Kernel Memory 选项中

注意 若要通过 Process Explorer 获取这些信息，必须能访问当前系统中所运行内核对应的符号。有关如何配置 Process Explorer 使用这些符号的介绍，请参阅第 1 章的实验“使用 Process Explorer 查看进程详情”。

若要使用内核模式调试器查看这些信息，可以按照本章前文介绍的方式使用!vm 命令。

5.3.2 监视内存池的使用

内存性能计数器对象为（虚拟和物理的）非换页池和换页池提供了不同的计数器。此外，（WDK Tools 目录下的）Poolmon 工具可供我们监视非换页池和换页池的使用情况细节。运行 Poolmon 后，可以看到类似图 5-13 所示的界面。

此处可能出现高亮显示的行，这些行代表显示过程中有变化的项。[也可以禁用高亮功能，为此请在运行 Poolmon 时输入一个斜杠（/），再次输入一个斜杠即可重新启用高亮。] 运行 Poolmon 的过程中输入“?”可以查看帮助信息。此外还可配置要监视哪个内存池（换页池、非换页池，或同时监视这两者）并设置排序方式。例如，重复按 P 键直到只显示非换页池的分配，随后按 D 键即可按照 Diff（差额）列排序，借此即可看到非换页池中哪些类型结构的数量最多。此外表 5-7 所示的选项还可供我们监视特定标签（或除一种标签外的其他所有标签）。例如，poolmon –iCM 这个命令将仅监视 CM 标签（这些内存分配来自内存管理器，负责管理注册表）。Poolmon 提供的列及其含义见表 5-6。

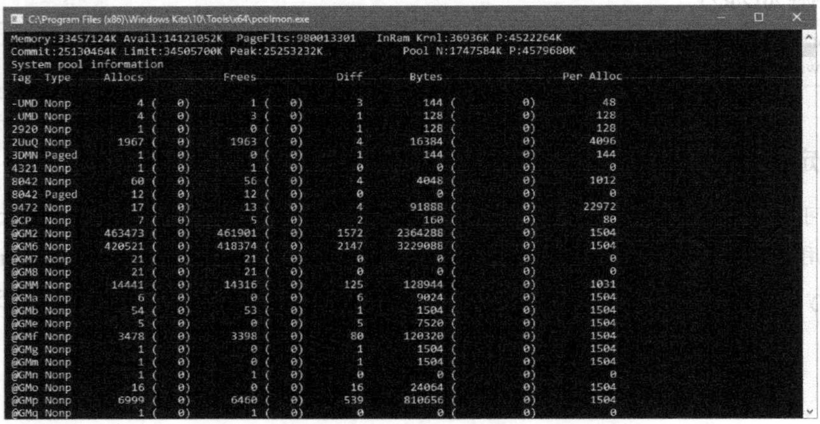

图 5-13　Poolmon 的输出结果

表 5-7　Poolmon 提供的列及其含义

列	解释
Tag	针对内存池的分配提供的 4 字节标签
Type	内存池的类型（换页或非换页）
Allocs	所有分配的总数。括号中的数字代表自上次更新后 Allocs 列的差值
Frees	所有释放的总数。括号中的数字代表自上次更新后 Frees 列的差值
Diff	分配值减去释放值之后的数值
Bytes	该标签消耗的总字节数。括号中的数字代表自上次更新后 Bytes 列的差值
Per Alloc	此标签一个实例的大小字节数

如果希望了解 Windows 所用内存池标签的详细含义，请参阅 Windows 调试工具安装目录下 Triage 子文件夹中的 Pooltag.txt 文件。由于该文件未包含第三方设备驱动池标签，因此在 WDK 提供的 32 位 Poolmon 中，我们可以使用–c 开关生成本地池标签文件（Localtag.txt）。该文件将包含系统中所发现的驱动程序（包括第三方驱动程序）使用的内存池标签。（注意：如果设备驱动程序加载之后，它的二进制文件被删除了，其池标签将无法识别。）

或者可以使用 Sysinternals 提供的 Strings.exe 工具搜索系统中设备驱动程序的池标签。例如，下列命令可以显示包含字符串“abcd”的驱动程序。

```
strings %SYSTEMROOT%\system32\drivers\*.sys | findstr /i "abcd"
```

设备驱动程序并不一定位于%SystemRoot%\System32\Drivers 目录下，可能位于其他任何文件夹中。若要列出所有已加载驱动程序的完整路径，请执行如下操作。

（1）打开 Start 菜单，输入 Msinfo32（随后应该可以找到“系统信息”工具）。

（2）运行系统信息工具。

（3）选择 Software Environment。

（4）选择 System Drivers。如果某个设备驱动程序在加载后从系统中删除，那么将无法显示在这里。

另一种查看设备驱动程序内存池使用情况的方法是启用驱动程序验证工具的内存池跟踪功能，具体做法详见第 6 章。这使得从池标签到设备驱动程序的映射不再必要，但需要重新启动系统（以便对目标驱动程序启用驱动程序验证工具）。启用内存池跟踪并重启后，即可运行图形界面版的驱动程序验证程序管理器（%SystemRoot%\System32\Verifier.exe）或使用 Verifier/Log 命令将内存池用量信息保存到指定文件。

最后，我们还可以使用内核模式调试器的!poolused 命令查看内存池使用情况。!poolused2 命令可以显示非换页池使用情况并按照内存池用量最多的池标签排序。!poolused4 命令可显示换页池使用情况并按照内存池用量最多的池标签排序。下列范例显示了上述两个命令的部分输出结果。

```
lkd> !poolused 2
...........
Sorting by NonPaged Pool Consumed

             NonPaged                  Paged
Tag     Allocs          Used    Allocs          Used

 File   626381     260524032         0             0    File objects
 Ntfx   733204     227105872         0             0    General Allocation , Binary:
                                                        ntfs.sys
MmCa    513713     148086336         0             0    Mm control areas for mapped
                                                        files , Binary: nt!mm
FMsl    732490     140638080         0             0    STREAM_LIST_CTRL structure ,
                                                        Binary: fltmgr.sys
 CcSc   104420      56804480         0             0    Cache Manager Shared Cache Map,
                                                        Binary: nt!cc
SQSF    283749      45409984         0             0    UNKNOWN pooltag 'SQSF', please
                                                        update pooltag.txt
 FMfz   382318      42819616         0             0    FILE_LIST_CTRL structure ,
                                                        Binary: fltmgr.sys
 FMsc    36130      32950560         0             0    SECTION_CONTEXT structure ,
                                                        Binary: fltmgr.sys
 EtwB      517      31297568       107     105119744    Etw Buffer , Binary: nt!etw
 DFmF   382318      30585440    382318      91756320    UNKNOWN pooltag 'DFmF', please
                                                        update pooltag.txt
 DFmE   382318      18351264         0             0    UNKNOWN pooltag 'DFmE', please
                                                        update pooltag.txt
 FSfc   382318      18351264         0             0    Unrecoginzed File System Run
                                                        Time allocations (update
                                                        pooltag.w) , Binary: nt!fsrtl
 smNp     4295      17592320         0             0    ReadyBoost store node pool
                                                        allocations , Binary: nt!store
                                                        or rdyboost.sys
 Thre     5780      12837376         0             0    Thread objects , Binary: nt!ps
 Pool        8      12834368         0             0    Pool tables, etc.
```

实验：内存池泄露排错

在这个实验中，我们将修复系统中的换页池泄露问题，这样即可借助上一节介绍的方法跟踪泄露。该泄露将由 Sysinternals 提供的 Notmyfault 工具生成。请执行如下步骤。

（1）根据操作系统位数运行对应的 Notmyfault.exe（例如，在 64 位系统上运行该工具的 64 位版本）。

（2）Notmyfault.exe 将加载 Myfault.sys 设备驱动程序，显示 Not My Fault 对话框并打开 Crash 选项卡。选择 Leak 选项卡，随后可以看到图 5-14 所示的界面。

（3）确保 Leak/Second 被设置为 1000KB。

（4）单击 Leak Paged 按钮。这会导致 Notmyfault 开始向 Myfault 设备驱动程序发送分配换页池的请求。在单击 Stop Paged 按钮前，Notmyfault 将持续发送这样的请求。通常来说，就算关闭了某个程序，由该程序（通过与有 bug 的设备驱动程序交互所）产生的换页池也不会被释放。因此在重新启动系统前，该内存池会永远泄露下去。然而为了简化测试过程，Myfault 设备驱动程序在检测到进程关闭后会自动释放自己分配的内存。

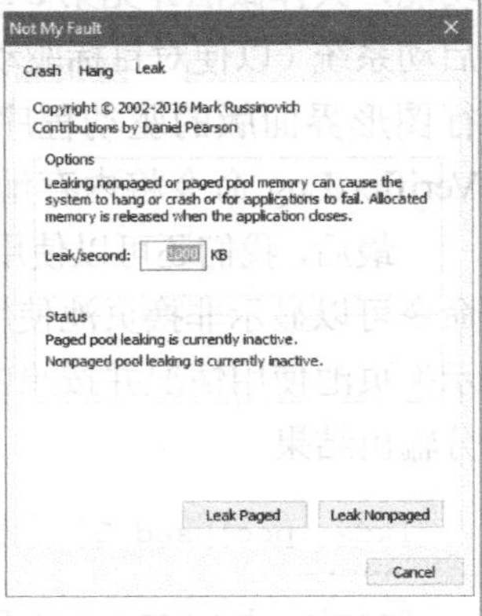

图 5-14　Leak 选项卡

（5）在该内存池依然泄露着的情况下打开任务管理器，并单击 Performance 选项卡，随后选择 Memory 标签。请留意 Paged Pool 的数值将持续攀升。这种情况也可以通过 Process Explorer 的 System Information 窗口看到（在 View 菜单下选择 System Information，单击 Memory 选项卡）。

（6）为了确定哪个池标签正在泄露，可运行 Poolmon 并按 B 键按照字节数排序。

（7）按 P 键两次，让 Poolmon 只显示换页池。注意，Leak pool 标签已经爬升至列表最顶部。（Poolmon 可以通过对相关行进行高亮的方式显示内存池分配情况的变化。）

（8）单击 Stop Paged 按钮，避免系统中的换页池被耗尽。

（9）使用上一节介绍的方法运行（Sysinternals 提供的）Strings，查找包含 Leak pool 标签的驱动程序二进制文件。该工具的显示结果应该与 Myfault.sys 文件的内容相符，借此可确认使用了 Leak pool 标签的驱动程序。

```
Strings %SystemRoot%\system32\drivers\*.sys | findstr Leak
```

5.3.3　旁视列表

Windows 提供了一种名为旁视列表（look-aside list）的快速内存分配机制。内存池和旁视列表的差异在于：一般来说内存池分配的大小可能各异，但旁视列表只包含固定大小的块。从所提供的功能来看，一般的内存池更为灵活，但旁视列表由于不使用任何自旋锁，速度更快一些。

根据 WDK 文档所述，执行体组件和设备驱动程序可以使用 ExInitializeNPagedLookasideList 函数（针对非换页池分配）和 ExInitializePagedLookasideList 函数（针对换页池分配）创建大小与频繁分配的数据结构相符的旁视列表。为了将多处理器同步的开销降至最低，诸如 I/O 管理器、缓存管理器以及对象管理器等很多执行体子系统会为每个进程频繁访问的数据结构创建单独的旁视列表。执行体还会为小型分配（小于等于 256 字节）创建通用的每颗处理器换页和非换页旁视列表。

如果某个旁视列表是空的（例如在首次创建时），系统必须从换页或非换页池中分配。但如果其中包含已释放的块，内存分配请求将以非常快的速度满足。（随着块被逐渐归还，该列表也会增长。）内存池分配例程会根据设备驱动程序或执行体子系统从该列表中分配的频率，自动优化旁视列表所存储的已释放块的数量。分配频率越高，列表中存储的块数量也就越多。如果不再据此进行分配，旁视列表的大小还会自动减小。（这种检查每秒进行一次，此时将唤醒平衡集管理器系统线程并调用 ExAdjustLookasideDepth 函数。）

实验：查看系统旁视列表

我们可以在内核模式调试器中使用!lookaside 命令显示各种系统旁视列表的内容及其大小。该命令的输出结果如下所示（有截断）。

```
lkd> !lookaside

Lookaside "nt!CcTwilightLookasideList" @ 0xfffff800c6f54300 Tag(hex): 0x6b576343"CcWk"
    Type            =         0200  NonPagedPoolNx
    Current Depth   =            0  Max Depth  =          4
    Size            =          128  Max Alloc  =        512
    AllocateMisses  =       728323  FreeMisses =     728271
    TotalAllocates  =      1030842  TotalFrees =    1030766
    Hit Rate        =          29%  Hit Rate   =        29%

Lookaside "nt!IopSmallIrpLookasideList" @ 0xfffff800c6f54500 Tag(hex):0x73707249 "Irps"
    Type            =         0200  NonPagedPoolNx
    Current Depth   =            0  Max Depth  =          4
    Size            =          280  Max Alloc  =       1120
    AllocateMisses  =        44683  FreeMisses =      43576
    TotalAllocates  =       232027  TotalFrees =     230903
    Hit Rate        =          80%  Hit Rate   =        81%

Lookaside "nt!IopLargeIrpLookasideList" @ 0xfffff800c6f54600 Tag(hex):0x6c707249 "Irpl"
    Type            =         0200  NonPagedPoolNx
    Current Depth   =            0  Max Depth  =          4
    Size            =         1216  Max Alloc  =       4864
    AllocateMisses  =       143708  FreeMisses =     142551
    TotalAllocates  =       317297  TotalFrees =     316131
    Hit Rate        =          54%  Hit Rate   =        54%
...

Total NonPaged currently allocated for above lists =     0
Total NonPaged potential for above lists           = 13232
Total Paged currently allocated for above lists    =     0
Total Paged potential for above lists              =  4176
```

5.4 堆管理器

通过使用诸如 VirtualAlloc 这样的页面粒度函数，大部分应用程序可以分配比最小分配粒度 64KB 更小的块。无论从内存使用量和性能的角度来看，为相对较小的请求分配如此大的区域并非最优做法。为了解决这个问题，Windows 提供了一种名为堆（heap）管理器的组件，负责管理使用页面粒度内存分配函数保留的大内存区域中的内存分配。堆管理器中的分配粒度相当小：32 位系统为 8 字节，64 位系统为 16 字节。堆管理器在设计上可以优化此类小型分配的内存用量和性能。

堆管理器存在于两个位置：Ntdll.dll 和 Ntoskrnl.exe。子系统 API（例如 Windows 堆 API）调用 Ntdll.dll 中的函数，而各种执行体组件和设备驱动程序会调用 Ntoskrnl.exe 中的函数。其原生接口（带有 Rtl 前缀）仅限 Windows 内部组件或内核模式设备驱动程序使用。与堆有关的文档化 Windows API 接口（前缀为 Heap）实际上是到 Ntdll.dll 中原生函数的转发器。此外，提供遗留 API（前缀为 Local 或 Global）还可为老版本 Windows 应用程序提供支持。它们也在内部调用堆管理器，使用自己的一些特殊接口为遗留行为提供支持。最常见的 Windows 堆函数如下。

（1）**HeapCreate 或 HeapDestroy**。分别负责创建或删除堆。创建时可指定初始保留大小和已提交大小。

（2）**HeapAlloc**。分配堆块，可转发至 Ntdll.dll 中的 RtlAllocateHeap。

（3）**HeapFree**。可释放之前由 HeapAlloc 分配的块。

（4）**HeapReAlloc**。可更改现有分配的大小，借此增大或缩小现有块。可转发至 Ntdll.dll 中的 RtlReAllocateHeap。

（5）**HeapLock 和 HeapUnlock**。控制了堆操作的互斥（mutual exclusion）。

（6）**HeapWalk**。枚举堆中的项和区域。

5.4.1 进程堆

每个进程至少有一个堆——默认进程堆。默认进程堆是在进程启动时创建的，在进程生命周期内永远不会删除。其大小默认为 1MB，但可在映像文件中使用/HEAP 链接器标志指定更大的初始大小。不过该大小仅仅是初始时的保留大小，随着需求的变化，其大小也会自动变化。我们还可以在映像文件中指定初始已提交大小。

默认进程堆可被程序显式使用，或被某些 Windows 内部函数隐式使用。应用程序可调用 Windows 的 GetProcessHeap 函数来查询默认进程堆。进程还可以使用 HeapCreate 函数创建额外的私有堆。当进程不再需要某个私有堆时，可调用 HeapDestroy 恢复自己的虚拟地址空间。每个进程都维持了所有堆信息的数组，线程可以通过 Windows 的 GetProcessHeap 函数查询该数组。

通用 Windows 平台（UWP）应用的进程至少包含如下 3 个堆。

（1）前文所述的默认进程堆。

（2）一个用于将大型参数传递给进程会话 Csrss.exe 实例的共享堆。这是通过 Ntdll.dll 的 CsrClientConnectToServer 函数创建的，Ntdll.dll 会在进程初始化的早期阶段执行该工作。堆句柄可通过（Ntdll.dll 中的）全局变量 CsrPortHeap 使用。

（3）一个由 Microsoft C 运行时库创建的堆。其句柄会存储在（msvcrt 模块内部的）全局变量_crtheap 中。该堆将被 malloc、free、operat 或 new/delete 等 C/C++内存分配函数在内部使用。

堆可以管理由内存管理器通过 VirtualAlloc 保留的大内存区域分配，也可管理进程地址空间中映射的内存映射文件对象的内存分配。实践中，后一种方法很罕见（且 Windows API 未暴露这种做法），但在需要跨越两个进程共享，或在内核模式与用户模式组件间共享内存块的内容时，这也是一种适合的做法。Win32 GUI 子系统驱动程序（Win32k.sys）

会使用这种堆与用户模式共享 GDI 和 USER 对象。如果堆建立在内存映射文件区域的基础上，那么在可调用堆函数的组件方面会有一些限制。

（1）内部堆结构使用了指针，因此不允许重映射至其他进程的不同地址。

（2）堆函数不支持跨越多个进程的同步，也不支持内核组件与用户进程之间的同步。

（3）如果用户模式与内核模式间使用共享堆，为防止用户模式代码破坏堆的内部结构进而导致系统崩溃，用户模式映射会是只读的。为避免泄露至用户模式，内核模式驱动程序还有责任确保不将敏感数据防止在共享堆中。

5.4.2 堆的类型

在 Windows 10 和 Windows Server 2016 之前，只有一种类型的堆，即 NT 堆。NT 堆可通过一种可选的前端层进一步扩展，在使用这种扩展的情况下，NT 堆还将包含低碎片堆（Low-fragmentation Heap，LFH）。

Windows 10 引入了一种名为段堆（segment heap）的全新堆类型。这两种类型的堆包含了一些通用元素，但在结构和实现上各有不同。默认情况下，段堆主要被所有 UWP 应用和某些系统进程使用，其他所有进程则使用 NT 堆。不过这种行为可通过注册表进行调整，详细介绍参见 5.4.5 节。

5.4.3 NT 堆

用户模式的 NT 堆由一个前端层和一个堆后端（有时也叫作堆核心）两层组成，如图 5-15 所示。后端承担了堆的基本功能，这包括段内部内存块管理、段管理、堆扩展策略、内存提交和解除提交以及大块管理。

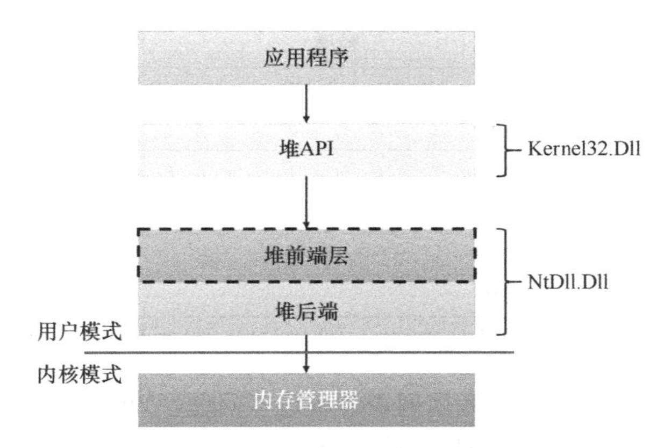

图 5-15 用户模式下的 NT 堆分层

只有用户模式的堆可以在核心功能的基础上存在一个堆前端层。Windows 仅支持一个可选的前端层，即 5.4.4 节即将介绍的“低碎片堆”。

5.4.4 堆同步

堆管理器默认支持多个线程的并发访问。然而，如果进程是单线程的，或使用了外部同步机制，即可在创建堆的时候或在每次分配时指定 HEAP_NO_SERIALIZE 标志，借此告诉堆管理器，以避免同步所造成的开销。如果启用堆同步，每个堆还可获得一个用于保护内部堆结构的锁。

进程也可以将整个堆锁定起来，借此防止其他线程执行可能需要跨越多个堆调用实现一致状态的堆操作。例如，使用 Windows 函数 HeapWalk 枚举堆内部的堆块时，如果多个线程可同时执行堆操作，就需要具备堆锁。堆的锁定和解锁可分别通过 HeapLock 和 HeapUnlock 函数实现。

低碎片堆

Windows 中运行的很多应用程序往往有着较小的堆内存用量（通常不会超过 1MB）。对于此类应用程序，堆管理器的最佳匹配策略会确保每个进程只占用最少量的内存。然而这种策略并不能很好地适应大型进程和多处理器计算机。此时，由于堆碎片的存在，堆可用的内存可能会减少。某些情况下，调度到不同处理器的多个线程常常需要并发地使用特定大小的块，这也会导致性能进一步退化。原因在于多个处理器需要同时修改相同内存位置（例如特定大小的旁视列表头），进而在相应处理器的缓存线上产生激烈的争用。

LFH（低碎片堆）通过将已分配的内存块映射为事先确定了不同大小范围的桶（butket），可以有效避免碎片的出现。当进程从堆分配内存时，LFH 会选择映射到足以包含所需大小的最小内存块所对应的桶。（最小的桶为 8KB。）第一个桶用于 1 到 8 字节的分配，第二个桶用于 9 到 16 字节的分配，以此类推。直到第 32 个桶用于 249 到 256 字节的分配，随后是第 33 个桶，用于 257 到 272 字节的分配，以此类推。最后是第 128 个桶，用于最后 15873 到 16384 字节的分配［即所谓的二进制伙伴（binary buddy）系统］。如果分配大于 16384 字节，LFH 会将其直接转发至底层堆后端。表 5-8 总结了不同的桶，它们的粒度，以及可映射的大小范围。

表 5-8 LFH 桶

桶	粒度	范围
1～32	8	1～256
33～48	16	257～512
49～64	32	513～1024
65～80	64	1025～2048
81～96	128	2049～4096
97～112	256	4097～8192
113～128	512	8193～16384

LFH 会使用核心堆管理器和旁视列表解决这些问题。Windows 堆管理器实现了一种自动调整算法，借此在特定条件下默认启用 LFH，例如锁争用，或按照经验特定大小的分配可以实现比启用 LFH 时更好的性能时。对于大型堆，其相当大比例的分配经常会分组到相对少量的特定大小的桶中。LFH 所用分配策略重点在于，通过高效处理相同大小的块来优化这些模式的用量。

为了解决可伸缩性问题，LFH 还会对频繁访问的内部结构进行扩展，将其变为多个槽（slot），而槽的数量等同于计算机中当前处理器数量的两倍。将线程分配到这些槽的工作是由一个名为相关性管理器（affinity manager）的 LFH 组件进行的。初始时，LFH 会为堆的分配使用第一个槽，如果在访问某些内部数据时检测到争用，LFH 会将当前线程切换到一个不同的槽。如果随后还出现争用，则会进一步将线程分散给更多槽。对这些槽的控制是针对每个大小的桶分别进行的，这也是为了提高“局部性”并尽可能降低整体内存用量。

即便 LFH 已经作为前端堆启用，分配频率较低的大小可能依然会使用核心堆的功能来分配内存，而最频繁的分配已经开始由 LFH 负责处理了。在为特定堆启用 LFH 后，就无法将其禁用。此时可通过 HeapSetInformation 这个 API 以及 HeapCompatibilityInformation 类移除 Windows 7 中的 LFH 层，但更老版本的 Windows 会将其忽略。

5.4.5 段堆

Windows 10 中引入的段堆（segment heap）类型的架构如图 5-16 所示。

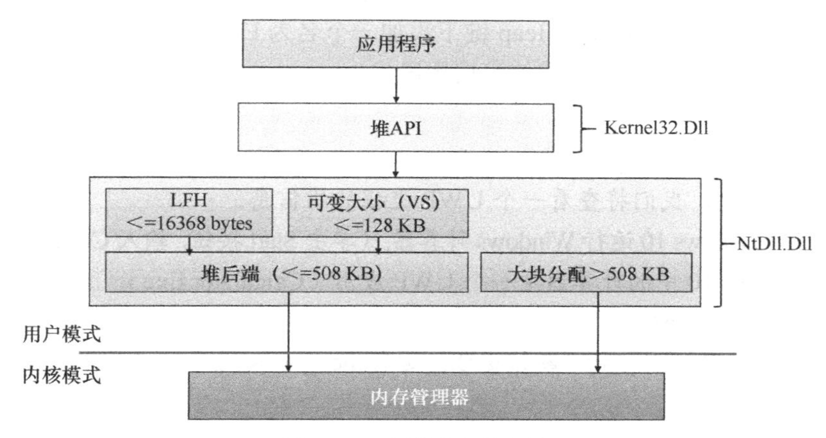

图 5-16 段堆类型的架构

实际负责管理所有分配的层取决于所分配的大小，具体如下。

（1）对于较小的分配大小（小于等于 16368 字节），将使用 LFH 分配器（allocator），前提是该大小被确定是常用大小。这与 NT 堆的 LFH 前端层所用逻辑类似。如果 LFH 尚未引入，则会转为使用可变大小（Variable Size，VS）分配器。

（2）对于小于等于 128KB（且未由 LFH 分配）的大小，将使用 VS 分配器。VS 和 LFH 分配器会酌情使用后端创建所需的堆子段。

（3）对于大于 128KB 但小于等于 508KB 的分配，则会直接由堆后端进行分配。

（4）大于 508KB 的分配将通过调用内存管理器（VirtualAlloc）直接实现，因为这种分配实在是太大了，使用默认的 64KB 分配粒度（并取整为最接近的页大小）往往是更适合的做法。

堆的这两种实现方式可做如下简要对比。

（1）某些场景中，段堆可能比 NT 堆慢，但很可能未来版本的 Windows 会通过改进使其实现与 NT 堆类似的速度。

（2）段堆的元数据内存占用更小，因此更适合手机等小内存设备。

（3）段堆的元数据会与实际数据分隔，而 NT 堆的元数据会与实际数据掺杂在一起。因此段堆更安全，因为更难以仅通过块地址就从分配中获取元数据。

（4）段堆只能用于可增长堆，无法用于用户提供的内存映射文件。如果企图用该方式创建段堆，则会转为创建 NT 堆。

（5）这两种堆都支持LFH类型的分配，但两者的内部实现完全不同。在内存使用和性能方面，段堆的实现更高效。

如前所述，UWP应用默认会使用段堆。这主要是因为此类应用的内存占用更少，所以更适合小内存设备。某些系统进程也会使用段堆，例如csrss.exe、lsass.exe、runtimebroker.exe、services.exe、smss.exe和svchost.exe。

出于可能影响到现有应用程序兼容性的顾虑，段堆并非桌面应用的默认进程堆。然而在未来版本的Windows中，段堆也有可能成为此类应用的默认进程堆。若要为特定可执行文件启用或禁用段堆，可以设置映像文件执行选项中名为FrontEndHeapDebugOptions的DWORD值：Bit 2 (4) 可禁用段堆；Bit 3 (8) 可启用段堆。

我们还可以全局启用或禁用段堆，为此需要在注册表HKLM\SYSTEM\CurrentControlSet\Control\Session Manager\Segment Heap键下添加一个名为Enabled的DWORD值。将该值的数值设置为零可禁用段堆，非零值可启用段堆。

实验：查看基本的堆信息

在这个实验中，我们将查看一个UWP进程的堆信息。

（1）使用Windows 10运行Windows计算器。（单击Start按钮，输入Calculator并查找。）

（2）Windows 10中的计算器是一个UWP应用（Calculator.Exe）。随后运行WinDbg并附加至calculator进程。

（3）附加后，WinDbg会中断该进程。运行!heap命令显示该进程中的堆摘要信息。

```
0:033> !heap
        Heap Address      NT/Segment Heap

         2531eb90000         Segment Heap
         2531e980000              NT Heap
         2531eb10000         Segment Heap
         25320a40000         Segment Heap
         253215a0000         Segment Heap
         253214f0000         Segment Heap
         2531eb70000         Segment Heap
         25326920000         Segment Heap
         253215d0000              NT Heap
```

（4）请留意不同句柄和类型（段堆或NT堆）的堆。第一个堆是默认进程堆。由于它是可增长的，并且未使用任何原有的内存块，因此会创建为段堆。第二个堆将与用户定义的内存块（见5.4.1节）配合使用。由于段堆目前不支持该功能，因此会创建为NT堆。

（5）NT堆由NtDll!_HEAP结构管理。第二个堆的结构如下。

```
0:033> dt ntdll!_heap 2531e980000
   +0x000 Segment              : _HEAP_SEGMENT
   +0x000 Entry                : _HEAP_ENTRY
   +0x010 SegmentSignature     : 0xffeeffee
   +0x014 SegmentFlags         : 1
   +0x018 SegmentListEntry : _LIST_ENTRY [ 0x00000253'1e980120 -
0x00000253'1e980120 ]
   +0x028 Heap                 : 0x00000253'1e980000 _HEAP
   +0x030 BaseAddress          : 0x00000253'1e980000 Void
```

```
   +0x038 NumberOfPages      : 0x10
   +0x040 FirstEntry         : 0x00000253'1e980720 _HEAP_ENTRY
   +0x048 LastValidEntry     : 0x00000253'1e990000 _HEAP_ENTRY
   +0x050 NumberOfUnCommittedPages : 0xf
   +0x054 NumberOfUnCommittedRanges : 1
   +0x058 SegmentAllocatorBackTraceIndex : 0
   +0x05a Reserved           : 0
   +0x060 UCRSegmentList     : _LIST_ENTRY [ 0x00000253'1e980fe0 -
0x00000253'1e980fe0 ]
   +0x070 Flags              : 0x8000
   +0x074 ForceFlags         : 0
   +0x078 CompatibilityFlags : 0
   +0x07c EncodeFlagMask     : 0x100000
   +0x080 Encoding           : _HEAP_ENTRY
   +0x090 Interceptor        : 0
   +0x094 VirtualMemoryThreshold : 0xff00
   +0x098 Signature          : 0xeeffeeff
   +0x0a0 SegmentReserve     : 0x100000
   +0x0a8 SegmentCommit      : 0x2000
   +0x0b0 DeCommitFreeBlockThreshold : 0x100
   +0x0b8 DeCommitTotalFreeThreshold : 0x1000
   +0x0c0 TotalFreeSize      : 0x8a
   +0x0c8 MaximumAllocationSize : 0x00007fff'fffdefff
   +0x0d0 ProcessHeapsListIndex : 2
   ...
   +0x178 FrontEndHeap       : (null)
   +0x180 FrontHeapLockCount : 0
   +0x182 FrontEndHeapType : 0 ''
   +0x183 RequestedFrontEndHeapType : 0 ''
   +0x188 FrontEndHeapUsageData : (null)
   +0x190 FrontEndHeapMaximumIndex : 0
   +0x192 FrontEndHeapStatusBitmap : [129] ""
   +0x218 Counters           : _HEAP_COUNTERS
   +0x290 TuningParameters : _HEAP_TUNING_PARAMETERS
```

（6）请留意 FrontEndHeap 字段。该字段代表是否存在前端层。在上述输出结果中该字段为 Null，意味着不存在前端层。非 Null 值代表 LFH 前端层（因为前端层仅有 LFH 这一种类型）。

（7）段堆是由 NtDll!_SEGMENT_HEAP 结构定义的。默认进程堆的内容如下。

```
0:033> dt ntdll!_segment_heap 2531eb90000
   +0x000 TotalReservedPages : 0x815
   +0x008 TotalCommittedPages : 0x6ac
   +0x010 Signature          : 0xddeeddee
   +0x014 GlobalFlags        : 0
   +0x018 FreeCommittedPages : 0
   +0x020 Interceptor        : 0
   +0x024 ProcessHeapListIndex : 1
   +0x026 GlobalLockCount    : 0
   +0x028 GlobalLockOwner    : 0
   +0x030 LargeMetadataLock : _RTL_SRWLOCK
   +0x038 LargeAllocMetadata : _RTL_RB_TREE
   +0x048 LargeReservedPages : 0
   +0x050 LargeCommittedPages : 0
   +0x058 SegmentAllocatorLock : _RTL_SRWLOCK
```

```
   +0x060 SegmentListHead  : _LIST_ENTRY [ 0x00000253'1ec00000 -
0x00000253'28a00000 ]
   +0x070 SegmentCount     : 8
   +0x078 FreePageRanges   : _RTL_RB_TREE
   +0x088 StackTraceInitVar : _RTL_RUN_ONCE
   +0x090 ContextExtendLock : _RTL_SRWLOCK
   +0x098 AllocatedBase    : 0x00000253'1eb93200 ""
   +0x0a0 UncommittedBase  : 0x00000253'1eb94000 "--- memory read error at
address 0x00000253'1eb94000 ---"
   +0x0a8 ReservedLimit    : 0x00000253'1eba5000 "--- memory read error at
address 0x00000253'1eba5000 ---"
   +0x0b0 VsContext        : _HEAP_VS_CONTEXT
   +0x120 LfhContext       : _HEAP_LFH_CONTEXT
```

（8）请留意 Signature 字段，该字段可用于区分两种类型的堆。

（9）请留意_HEAP 结构的 SegmentSignature 字段，其偏移量（0x10）保持不变。诸如 RtlAllocateHeap 等函数也正是借此了解需要根据堆句柄（地址）选择哪种实现。

（10）请留意_SEGMENT_HEAP 的最后两个字段，其中包含了与 VS 和 LFH 分配器有关的信息。

（11）若要了解每个堆的详细信息，请运行!heap -s 命令。

```
0:033> !heap -s
                                         Process      Total       Total
                              Global      Heap     Reserved   Committed
    Heap Address  Signature     Flags      List       Bytes       Bytes
                                           Index        (K)         (K)

     2531eb90000  ddeeddee         0          1        8276        6832
     2531eb10000  ddeeddee         0          3        1108         868
     25320a40000  ddeeddee         0          4        1108          16
     253215a0000  ddeeddee         0          5        1108          20
     253214f0000  ddeeddee         0          6        3156         816
     2531eb70000  ddeeddee         0          7        1108          24
     25326920000  ddeeddee         0          8        1108          32

*****************************************************************************
*************
                                 NT HEAP STATS BELOW
*****************************************************************************
*************
LFH Key                    : 0xd7b666e8f56a4b98
Termination on corruption : ENABLED
Affinity manager status:
   - Virtual affinity limit 8
   - Current entries in use 0
   - Statistics: Swaps=0, Resets=0, Allocs=0

             Heap     Flags    Reserv   Commit    Virt    Free    List   UCR    Virt
Lock  Fast                               (k)       (k)     (k)     (k) length blocks
cont. heap
-----------------------------------------------------------------------------
----------
000002531e980000 00008000               64       4      64       2     1  1     0
0
00000253215d0000 00000001               16      16      16      10     1  1     0
N/A
-----------------------------------------------------------------------------
----------
```

（12）请留意上述输出结果的第一部分。其中包含了段堆的扩展信息（如果有的话）。第二部分包含了进程中 NT 堆的扩展信息。

调试器中的!heap 命令提供了用于查看、调查、搜索堆的多种选项。详情请参阅“Windows 调试器工具”文档。

5.4.6 堆的安全特性

随着不断演变，在尽早发现堆用法错误、缓解围绕基于堆的漏洞发起潜在攻击方面，堆管理器扮演着越来越重要的作用。这些措施意在消除应用程序中潜在漏洞带来的安全隐患。NT 堆和段堆的实现中包含了多种有助于降低内存攻击可能性的机制。

堆用来实现内部管理所用的元数据采用了一种高度随机化的封装方式，使得通过修改内部结构以防止崩溃或隐藏攻击企图的做法变得更加困难。这些内存块还可通过针对块头进行完整性检查来检测一些简单的破坏，如缓冲区溢出。最后，堆的基址或句柄也进行了少量程度的随机化处理。通过使用 HeapSetInformation API 以及 HeapEnableTerminationOnCorruption 类，进程可以在检测到不一致时选择性地启用自动终止功能，进而避免执行未知代码。

内存块元数据随机化的一种效果是：使用调试器将内存块头作为一个内存区域简单地进行转储，这种做法已经不那么有效了。例如，块的大小以及块是否忙碌等信息已经无法简单地通过普通转储来判断。LFH 块也面临这样的情况。它们的头部存储了一种不同类型的元数据，同时也进行了随机化处理。为了转储这些细节信息，在调试器中使用!heap –i 命令即可完成所有工作：从内存块获取元数据字段，并标记校验值或空闲列表的不一致问题（如果存在不一致的情况）。该命令可适用于 LFH 堆和普通的堆块。其输出结果还会包含块的总大小、用户请求的大小、拥有该块的段，以及头部部分内容的校验值，如下面的输出结果范例所示。由于随机化算法使用了堆粒度，因此!heap –i 命令只能在包含了块的堆这种正确的上下文中使用。在本例中，堆句柄为 0x001a0000。如果当前堆上下文与它不同，将无法对头部进行正确的解码。若要设置正确的上下文，必须首先在运行!heap –i 命令时提供堆句柄作为参数。

```
0:004> !heap -i 000001f72a5e0000
Heap context set to the heap 0x000001f72a5e0000

0:004> !heap -i 000001f72a5eb180
Detailed information for block entry 000001f72a5eb180
Assumed heap       : 0x000001f72a5e0000 (Use !heap -i NewHeapHandle to change)
Header content     : 0x2FB544DC 0x1000021F (decoded : 0x7F01007E 0x10000048)
Owning segment     : 0x000001f72a5e0000 (offset 0)
Block flags        : 0x1 (busy )
Total block size   : 0x7e units (0x7e0 bytes)
Requested size     : 0x7d0 bytes (unused 0x10 bytes)
Previous block size: 0x48 units (0x480 bytes)
Block CRC          : OK - 0x7f
Previous block     : 0x000001f72a5ead00
Next block         : 0x000001f72a5eb960
```

与段堆有关的安全特性

段堆的实现使用了很多安全机制，使其难以破坏内存或被攻击者注入代码，如下所示。

（1）**链接列表节点出错时快速失败**。段堆使用链接列表跟踪段和子段。与NT堆类似，列表节点的插入和删除增加了检查机制，以防止列表节点出错导致的随意内存写入。如果检测到出错的节点，进程将调用RtlFailFast并终止。

（2）**红黑（Red-black，RB）树节点出错时快速失败**。段堆使用RB树跟踪空闲的后端和VS分配。节点插入和删除函数会验证所涉及的节点，如果节点出错，会调用快速失败机制。

（3）**函数指针解码**。段堆的某些部分可允许回调（位于_SEGMENT_HEAP结构中的VsContext和LfhContext结构内）。攻击者可以覆盖这些回调并指向自己的代码。然而函数指针会通过XOR函数使用一个内部随机堆密钥和上下文地址进行编码，这两个因素都是无法事先猜测的。

（4）**保护页**。当分配了LFH和VS子段及大块时，会在末尾添加一个守护页。这有助于检测毗邻数据的溢出和错误。有关保护页的详细介绍见5.8节。

5.4.7 堆的调试特性

堆管理器提供的一些特性有助于使用下列堆设置检测bug。

（1）**启用尾部检查**。每个块的尾部包含一个签名，释放该块的时候会检查该签名。如果缓冲区溢出彻底/部分销毁了该签名，堆将上报这个错误。

（2）**启用空闲检查**。空闲块会被填充为一种特定模式，而堆管理器在需要访问该块（例如从空闲列表中删除，以满足分配请求）之前会在多个点检查这种模式。如果在释放之后依然有进程继续写入该块，堆管理器会检测到模式的变化并上报错误。

（3）**参数检查**。该功能包含了作为参数传递给堆函数的大量检查。

（4）**堆验证**。每次调用每个堆之前，都会对整个堆进行验证。

（5）**堆标记和栈跟踪支持**。该功能可以为每个分配指定标记，并/或为堆调用捕获用户模式栈追踪记录，以便在遇到造成堆错误的问题时缩小可能的原因范围。

如果加载器检测到进程是在调试器控制下启动的，将默认启用前3个选项（调试器可以修改这些行为并关闭相应的特性）。若要为可执行映像指定堆调试特性，可以使用Gflags工具在映像头中设置各种调试标志（详见下一个实验，以及卷2第8章），也可以在标准的Windows调试器中使用!heap命令启用堆调试选项（详情请参阅调试器帮助文档）。

启用堆调试选项会影响进程中的所有堆。此外，如果启用了任何堆调试选项，LFH都将被自动禁用并转为使用核心堆（同时会启用需要的调试选项）。对于不可扩展的堆（因为会对现有堆结构造成额外的开销），或不允许序列化的堆，也不会使用LFH。

5.4.8 页堆

前文提及的尾部检查和空闲检查可能会检测到内存破坏，而实际造成的问题会在检测到之后很久才出现，因此系统提供了一种名为页堆（pageheap）的堆调试能力。页堆会将到堆的全部或部分调用定向至另一个堆管理器。我们可以使用Gflags工具（包含在Windows调试器工具中）启用页堆。启用后，堆管理器会将分配放置在页面尾部，并将毗邻的下一个页面保留。由于保留的页面无法访问，因此任何可能发生的缓冲区溢出都会导致访问冲突，借此可以更容易地检测到有问题的代码。此外，页堆还可以允许将块放置在页的开头处，并保留毗邻该页的前一个页面，借此即可检测缓冲区不足（underrun）的问题（这种情况很罕见）。页堆还可以保护已释放的页面，防止堆块被释放后对其中任何页面的引用企图。

不过需要注意，堆块的使用可能导致（32 位进程的）地址空间不足，因为这会在小内存分配方面造成巨大开销。此外因为增加了对零页面的需求，丧失了局部性，并且通过频繁的调用来验证对结构造成了额外开销，这也会对性能造成较大影响。如果需要降低这种影响，进程需要指定仅为特定大小的块、特定地址范围，以及/或特定来源的 DLL 使用页堆。

实验：使用页堆

在这个实验中，我们将为 Notepad.exe 启用页堆并观察效果。

（1）运行 Notepad.exe。

（2）打开任务管理器，单击 Details 选项卡，添加 Commit Size 列以显示该列。

（3）请留意刚才启动的 Notepad 实例的提交大小。

（4）在 Windows 调试工具安装目录下找到并运行 Gflags.exe（需要提权）。

（5）选择 Image File 选项卡。

（6）在 Image 文本框中输入 notepad.exe，随后按 Tab 键，这样各种选项就可以选择了。

（7）选中 Enable Page Heap 选项，对话框应该显示图 5-17 所示的界面。

（8）单击 Apply 按钮。

（9）运行另一个 Notepad 实例（不要关闭前一个）。

（10）在任务管理器中对比两个实例的提交大小。请留意，尽管都是空的 Notepad 进程，但第二个实例的提交大小明显更大。这是因为页堆提供了额外的内存分配。在 32 位 Windows 10 上，结果对比如图 5-18 所示。

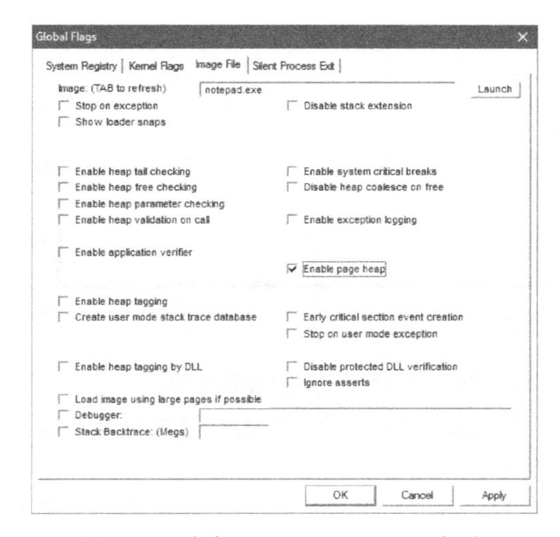

图 5-17 选中 Enable Page Heap 选项

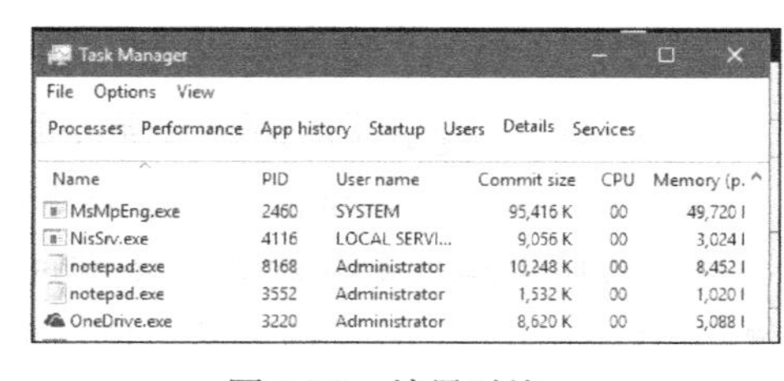

图 5-18 结果对比

（11）为了详细检查额外分配的内存，请使用 Sysinternals 提供的 VMMap 工具。在 Notepad 进程继续运行的情况下打开 VMMap.exe，随后选择使用了页堆的 Notepad 实例，如图 5-19 所示。

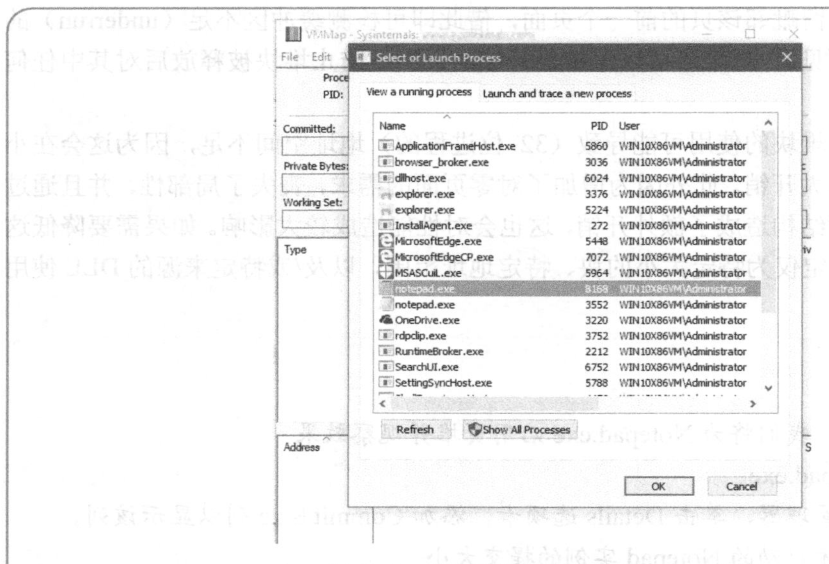

图 5-19　选择使用了页堆的 Notepad 实例

（12）打开另一个 VMMap 实例，在其中选择另一个 Notepad 实例。并列显示两个窗口以便观察对比，如图 5-20 所示。

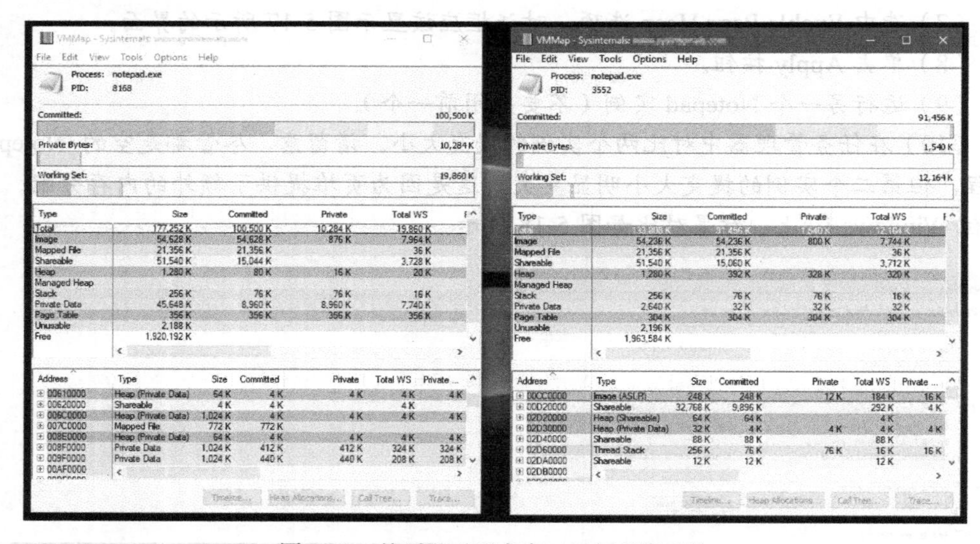

图 5-20　并列显示两个窗口以便观察对比

（13）注意，提交大小的差异可以从 Private Data 部分很清楚地观察到。

（14）单击两个 VMMap 实例窗口中间的 Private Data 一行，在底部视图中显示其组成部分（截图中按照大小排序），如图 5-21 所示。

（15）图 5-21 中的左侧截图（使用页堆的 Notepad）明显消耗了更多内存。打开其中一个 1024KB 的块，应该可以看到图 5-22 所示的内容。

（16）可以看到，已提交页面之间的保留页有助于发现经由页堆导致的缓冲区溢出和缓冲区不足问题。在 Gflags 中取消选中 Enable Page Heap 选项并单击 Apply 按钮，这样以后运行的 Notepad 实例就不再使用页堆了。

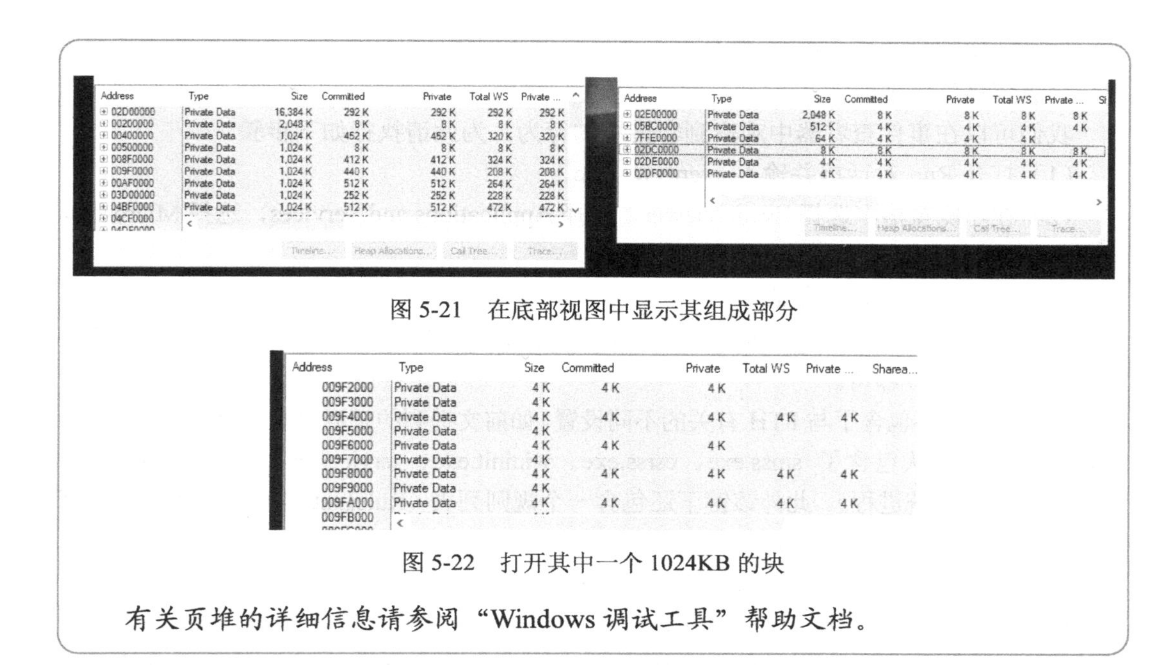

图 5-21 在底部视图中显示其组成部分

图 5-22 打开其中一个 1024KB 的块

有关页堆的详细信息请参阅“Windows 调试工具”帮助文档。

5.4.9 容错堆

微软已经确认，堆元数据的损坏已经成为应用程序失败的最常见原因之一。为了缓解此类问题并为需要解决此类问题的应用程序开发者提供更有用的资源，Windows 提供了一种名为容错堆（Fault-tolerant Heap，FTH）的功能。FTH 通过两个主要组件来实现：检测组件（FTH 服务器）和缓解组件（FTH 客户端）。

检测组件是一个名为 Fthsvc.dll 的 DLL，位于 Windows 安全中心服务（Wscsvc.dll）中，而安全中心服务使用 Local Service 账户运行在一个共享服务进程中。Windows 错误报告（WER）服务会将应用程序崩溃事件通知给该服务。

当一个应用程序在 Ntdll.dll 中崩溃且其错误状态指出问题源自访问冲突或堆损坏异常时，如果该应用程序尚未包含在 FTH 服务的监视应用程序列表中，FTH 服务将为这个应用程序创建一个用于保存 FTH 数据的“工单”。如果随后该应用程序崩溃的频率超过每小时 4 次，FTH 服务会配置此应用程序以后开始使用 FTH 客户端。

FTH 客户端是一种应用程序兼容性填充码。自 Windows XP 开始就在使用该机制来让依赖老版本 Windows 中特定行为的应用程序顺利运行在新版操作系统中。在本例中，填充码机制会拦截对堆例程的调用，并将其重定向至 FTH 自己的代码。FTH 代码会通过多种缓解措施试图让应用程序从各种与堆有关的错误中恢复出来。

例如，为了预防小缓冲区溢出错误，FTH 会为每个内存分配添加 8 字节的填充（padding）和一个 FTH 保留区域。为解决堆块在释放后又被访问这种常见问题，只有在延迟一段时间后才会调用 HeapFree。“被释放”的块会被包含在一个列表中，并且仅在该列表中块的总大小超过 4MB 后才会被释放。如果试图释放不属于堆的区域，或试图释放并未由 HeapFree 的堆句柄参数所识别的堆，这些企图会被忽略。此外如果调用了 exit 或 RtlExitUserProcess，任何块都将不再被真正释放。

在安装缓解措施后，FTH 服务器会持续监视应用程序的失败率。如果失败率没有改观，则缓解措施会被取消。

我们可以在事件查看器中观察到容错堆的行为。为此请执行如下步骤。

（1）打开 Run 对话框并输入 eventvwr.msc。

（2）在左侧窗格中选择 Event Viewer，选择 Applications and Services，选择 Microsoft，选择 Windows，单击 Fault-Tolerant-Heap。

（3）单击 Operational 日志。

（4）FTH 可以通过注册表彻底禁用，在注册表 HKLM\Software\Microsoft\FTH 键下将 Enabled 值设置为 0 即可。

该注册表键还包含了与 FTH 有关的不同设置，如前文提到的延迟以及可执行文件的排除列表（该列表默认包含了 smss.exe、csrss.exe、wininit.exe、services.exe、winlogon.exe 和 taskhost.exe 等系统进程）。此外该键下还包含一个规则列表（RuleList 值），其中列出了为了让 FTH 生效而需要监视的模块和异常类型（以及一些标志）。默认情况下这里只有一条规则，对应着 Ntdll.dll 中类型为 STATUS_ACCESS_VIOLATION (0xc0000005)的堆问题。

FTH 通常并不会作用于服务，并且出于性能方面的考虑，在 Windows Server 系统上是禁用的。系统管理员也可以通过应用程序兼容性工具包（application compatibility toolkit）手动为应用程序或服务的可执行文件设置填充码。

5.5 虚拟地址空间布局

本节将介绍用户地址空间和系统地址空间的组件，以及它们在 32 位（x86 和 ARM）和 64 位（x64）系统中的特定布局。这些信息可以帮助你理解这些平台上有关进程虚拟内存和系统虚拟内存方面的限制。

在 Windows 中，主要有 3 类数据会被映射到虚拟地址空间。

（1）**每个进程的私有代码和数据**。正如第 1 章的介绍，每个进程有自己的私有地址空间，该空间无法被其他进程访问。即虚拟地址总会在当前进程的上下文中求值，无法引用任何其他进程定义的地址。因此进程中的线程永远无法访问私有地址空间范围外的虚拟地址。就算这条规则对共享内存同样成立，因为共享内存区域会映射到每个参与进程中，同样只能由每个进程用自己的每个进程地址访问。同理，跨进程内存函数（ReadProcessMemory 和 WriteProcessMemory）是由目标进程上下文中运行的内核模式代码来执行的。进程虚拟地址空间也叫作页表（page table），详细介绍参见 5.6 节。每个进程都有自己的一套页表，该页表会存储在仅内核模式可以访问的页面中，因此进程中用户模式的线程无法修改自己的地址空间布局。

（2）**整个会话范围的代码和数据**。会话空间包含了每个会话的通用信息（见第 2 章）。会话由进程以及其他系统对象（例如窗口站、桌面、窗口）组成，代表一个用户的登录会话。每个会话包含一个该会话专用的换页池区域，Windows 子系统（Win32k.sys）内核模式的部分会使用该区域分配会话私有的 GUI 数据结构。此外，每个会话都有自己的 Windows 子系统进程（Csrss.exe）副本和登录进程（Winlogon.exe）副本。会话管理器进程（Smss.exe）负责创建新会话，包括加载会话的私有 Win32k.sys 副本，创建会话私有的对象管理器命名空间（有关对象管理器的详细信息，请参阅卷 2 第 8 章），并为该会话创建 Csrss.exe 和 Winlogon.exe 进程实例。为了实现会话的虚拟化，所有会话范围的数据结构会映射至一个名为会话空间的系统空间区域。在创建进程时，该地址范围会被映射至与该进程所属会话相关联的页面。

（3）**整个系统范围的代码和数据**。系统空间包含仅内核模式代码（无论当前执行的进程是什么）可见的全局操作系统代码和数据结构。系统空间由下列组件组成。

- **系统代码**。包含操作系统映像、HAL 和用于引导系统的设备驱动程序。
- **非换页池**。不可换页的系统内存堆。
- **换页池**。可换页的系统内存堆。
- **系统缓存**。用于映射系统缓存中已打开文件的虚拟地址空间（见卷 2 第 11 章）。
- **系统页表项**（Page Table Entry，PTE）。用于映射系统页面（如 I/O 空间、内核栈和内存描述符列表）的系统 PTE 池。使用性能监视器检查 Memory: Free System Page Table Entries 值即可了解可用系统 PTE 的数量。
- **系统工作集列表**。一种工作集列表数据结构，描述了 3 个系统工作集：系统缓存、换页池以及系统 PTE。
- **系统映射视图**。可用于映射 Win32k.sys（Windows 子系统中可加载的内核模式部分）以及它所使用的内核模式图形驱动程序（有关 Win32k.sys 的详情请参阅第 2 章）。
- **超空间**（hyperspace）。这是一种特殊区域，用于进程工作集列表以及其他不需要通过任意进程的上下文访问的每个进程数据。超空间还可用于临时将物理页面映射至系统空间。例如，可用于验证非当前进程的其他进程的进程页表中的页表项（例如当页面从待命列表中移除时）。
- **崩溃转储信息**。专为系统崩溃状态的记录信息预留的空间。
- **HAL 使用情况**。专为 HAL 相关结构预留的系统内存。

在介绍过 Windows 中组成虚拟地址空间的基本组件后，我们来看看它在 x86、ARM 和 x64 平台上的布局。

5.5.1 x86 地址空间布局

默认情况下，32 位 Windows 中每个用户进程可以获得 2GB 私有地址空间。（剩余 2GB 由操作系统使用。）然而对于 x86 体系结构，可为系统配置 BCD 的 increaseuserva 引导选项分配最大 3GB 的用户地址空间。图 5-23 展示了这两种可能的地址空间布局。

32 位进程增大至 2GB 以上的能力主要是为了满足 32 位应用程序的需求，让它们可以将更多数据保留在物理内存中，进而超过 2GB 地址空间的限制。当然，64 位系统可以提供更大的地址空间。

如果进程需要增大至 2GB 以上的地址空间，（除了使用 increaseuserva 这个系统全局设置）其映像文件头必须设置 IMAGE_FILE_LARGE_ADDRESS_AWARE 标志。否则 Windows 会为该进程保留额外的地址空间，应用程序将看不到大于 0x7FFFFFFF 的虚拟地址。对额外虚拟内存的访问是一种选择性启用的功能，因为某些应用程序已经假设自己最多只能获得 2GB 的地址空间。由于引用小于 2GB 地址的指针其高位始终为零（引用 2GB

的地址空间需要 31 位)，这些应用程序可以将自己指针中的高位作为自己数据的标志位(当然还需要在引用数据之前将其清除)。如果使用 3GB 地址空间，可能会无意中截断了值大于 2GB 的指针，进而导致程序出错甚至可能造成数据损坏。若要设置该标志，可在构建可执行文件时指定/LARGEADDRESSAWARE 链接器标志。或者可以在 Visual Studio 中使用 Property 页面(选择 Linker，选择 System，单击 Enable Large Addresses。)如果使用诸如 Editbin.exe(包含在 Windows SDK 工具中)等工具，甚至可以在不进行构建(也无须源代码)的情况下为可执行映像文件添加该标志(前提是文件不包含数字签名)。如果在具备 2GB 用户地址空间的系统中运行应用程序，该标志将不产生任何效果。

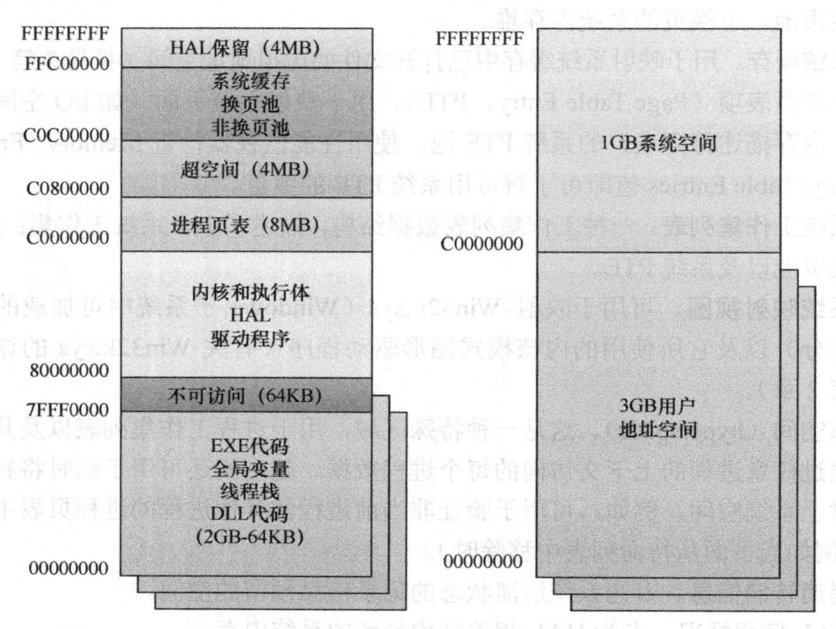

图 5-23　x86 地址空间布局(左侧为 2GB 布局，右侧为 3GB 布局)

多个系统映像已标记为可感知大地址空间，因此它们可以从使用大进程地址空间的系统中获益。这些映像如下。

(1) **Lsass.exe**。本地安全机构子系统。

(2) **Inetinfo.exe**。互联网信息服务器。

(3) **Chkdsk.exe**。磁盘检查工具。

(4) **Smss.exe**。会话管理器。

(5) **Dllhst3g.exe**。一个特殊版本的 Dllhost.exe(适用于 COM+应用程序)。

实验：检查应用程序是否可感知大地址空间

我们可以使用 Visual Studio 工具(以及老版本的 Windows SDK)提供的 Dumpbin 工具检查其他可执行文件，并判断它们是否支持大地址空间。使用/headers 标志即可显示所需结果。例如，针对会话管理器运行 Dumpbin 的结果如下。

```
dumpbin /headers c:\windows\system32\smss.exe
Microsoft (R) COFF/PE Dumper Version 14.00.24213.1
Copyright (C) Microsoft Corporation. All rights reserved.
```

```
Dump of file c:\windows\system32\smss.exe
PE signature found
File Type: EXECUTABLE IMAGE
FILE HEADER VALUES
             14C machine (x86)
               5 number of sections
        57898F8A time date stamp Sat Jul 16 04:36:10 2016
               0 file pointer to symbol table
               0 number of symbols
              E0 size of optional header
             122 characteristics
                   Executable
                   Application can handle large (>2GB) addresses
                   32 bit word machine
```

最后，默认情况下使用 VirtualAlloc、VirtualAllocEx 和 VirtualAllocExNumastart 执行的内存分配是从低位虚拟地址开始，并向着高位地址增长的。除非进程分配了大量内存，或虚拟地址空间的碎片化问题非常严重，否则永远不会达到非常高位的地址上。因此出于测试目的，我们可以使用 VirtualAlloc*函数的 MEM_TOP_DOWN 标志，或在注册表 HKLM\SYSTEM\CurrentControlSet\Control\Session Manager\Memory Management 键下创建一个名为 AllocationPreference 的 DWORD 值，并将其数值设置为 0x100000，借此强制从高位地址开始分配内存。

下列输出结果显示了在不使用 increaseuserva 选项引导的 32 位 Windows 计算机上，通过运行 TestLimit 工具（见上一个实验）进行内存泄露的结果。

```
Testlimit.exe -r

Testlimit v5.24 - test Windows limits
Copyright (C) 2012-2015 Mark Russinovich
Sysinternals - www.sysinternals.com

Process ID: 5500

Reserving private bytes (MB)...
Leaked 1978 MB of reserved memory (1940 MB total leaked). Lasterror: 8
```

该进程设法保留了将近 2GB 上限（但不精确相等）的内存。该进程的地址空间映射了 EXE 代码和多个 DLL，因此自然无法通过常规进程保留整个地址空间。

在同一个系统中，我们可以在以管理员身份运行的命令提示符窗口中运行如下命令切换至 3GB 地址空间。

```
C:\WINDOWS\system32>bcdedit /set increaseuserva 3072

The operation completed successfully.
```

注意，该命令允许我们（以 MB 为单位）指定介于 2048（默认的 2GB）和 3072（最大 3GB）之间的任何数值。重新启动系统后改动即可生效，随后再次运行 TestLimit。

```
Testlimit.exe -r

Testlimit v5.24 - test Windows limits
Copyright (C) 2012-2015 Mark Russinovich
```

```
Sysinternals - www.sysinternals.com

Process ID: 2308

Reserving private bytes (MB)...
Leaked 2999 MB of reserved memory (2999 MB total leaked). Lasterror: 8
```

TestLimit 能够泄露大约 3GB，这一点符合预期。而这正是因为 TestLimit 是使用/LARGEADDRESSAWARE 链接的。如果不这样做，那么最终结果将与不使用 increaseuserva 选项引导系统时的结果一样。

注意　如果希望将系统恢复为默认的每个进程 2GB 地址空间，请运行 bcdedit / deletevalue increaseuserva 命令。

5.5.2　x86 系统地址空间布局

32 位版 Windows 使用虚拟地址分配器实现了一种动态系统地址空间布局。不过依然会保留一些特定区域，如图 5-23 所示。然而很多内核模式结构使用了动态地址空间分配，因此这些结构的虚拟地址并不一定是连续的。它们的每个地址都可能位于系统地址空间不同区域内不连续的多个内存片段里。通过这种方式分配系统地址空间，主要用于非换页池、换页池、特殊池、系统 PTE、系统映射视图、文件系统缓存、PFN 数据库和会话空间等场景。

5.5.3　x86 会话空间

对于包含多个会话的系统（通常几乎所有系统都是如此，系统进程和服务使用会话 0，首个登录用户使用会话 1），每个会话独有的代码和数据会映射至系统地址空间，并被该会话中的进程共享。图 5-24 展示了会话空间的常规布局。会话空间中组件的大小与内核系统地址空间的其他部分一样，可由内存管理器根据需要动态配置并调整大小。

会话数据结构和工作集
会话视图映射
会话换页池
会话驱动程序映像
Win32k.sys

图 5-24　x86 会话空间布局（所呈现组件未按比例绘制）

实验：查看会话

通过使用任务管理器、Process Explorer 或内核模式调试器查看会话 ID，即可了解哪些进程属于哪个会话。如果使用内核模式调试器，可以使用!session 命令列出所有活动会话，如下所示。

```
lkd> !session
Sessions on machine: 3
Valid Sessions: 0 1 2
Current Session 2
```

随后即可使用!session -s 命令设置活动会话，并使用!sprocess 命令显示该会话中的会话数据结构地址和进程。

```
lkd> !session -s 1
```

```
Sessions on machine: 3
Implicit process is now d4921040
Using session 1

lkd> !sprocess
Dumping Session 1

_MM_SESSION_SPACE d9306000
_MMSESSION        d9306c80
PROCESS d4921040  SessionId: 1  Cid: 01d8    Peb: 00668000 ParentCid: 0138
    DirBase: 179c5080  ObjectTable: 00000000 HandleCount:  0.
    Image: smss.exe

PROCESS d186c180  SessionId: 1  Cid: 01ec    Peb: 00401000 ParentCid: 01d8
    DirBase: 179c5040 ObjectTable: d58d48c0 HandleCount: <Data Not Accessible>
    Image: csrss.exe

PROCESS d49acc40  SessionId: 1  Cid: 022c    Peb: 03119000 ParentCid: 01d8
    DirBase: 179c50c0 ObjectTable: d232e5c0 HandleCount: <Data Not Accessible>
    Image: winlogon.exe

PROCESS dc0918c0  SessionId: 1  Cid: 0374    Peb: 003c4000 ParentCid: 022c
    DirBase: 179c5160 ObjectTable: dc28f6c0 HandleCount: <Data Not Accessible>
    Image: LogonUI.exe

PROCESS dc08e900  SessionId: 1  Cid: 037c    Peb: 00d8b000 ParentCid: 022c
    DirBase: 179c5180 ObjectTable: dc249640 HandleCount: <Data Not Accessible>
    Image: dwm.exe
```

要查看会话细节信息，可使用 dt 命令转储 MM_SESSION_SPACE 结构，如下所示。

```
lkd> dt nt!_mm_session_space d9306000
   +0x000 ReferenceCount   : 0n4
   +0x004 u                : <unnamed-tag>
   +0x008 SessionId        : 1
   +0x00c ProcessReferenceToSession : 0n6
   +0x010 ProcessList      : _LIST_ENTRY [ 0xd4921128 - 0xdc08e9e8 ]
   +0x018 SessionPageDirectoryIndex : 0x1617f
   +0x01c NonPagablePages  : 0x28
   +0x020 CommittedPages   : 0x290
   +0x024 PagedPoolStart   : 0xc0000000 Void
   +0x028 PagedPoolEnd     : 0xffbfffff Void
   +0x02c SessionObject    : 0xd49222b0 Void
   +0x030 SessionObjectHandle : 0x800003ac Void
   +0x034 SessionPoolAllocationFailures : [4] 0
   +0x044 ImageTree        : _RTL_AVL_TREE
   +0x048 LocaleId         : 0x409
   +0x04c AttachCount      : 0
   +0x050 AttachGate       : _KGATE
   +0x060 WsListEntry      : _LIST_ENTRY [ 0xcdcde060 - 0xd6307060 ]
   +0x080 Lookaside        : [24] _GENERAL_LOOKASIDE
   +0xc80 Session          : _MMSESSION
...
```

实验：查看会话空间使用情况

我们可以在内核模式调试器中使用!vm 4 命令查看会话空间的内存使用情况。例如，在使用远程桌面连接的 32 位 Windows 客户端系统中的输出结果如下，从中可见共有 3 个会话：默认的两个会话外加远程会话。（地址为前文提到的 MM_SESSION_SPACE 对象的地址。）

```
lkd> !vm 4
...
Terminal Server Memory Usage By Session:

Session ID 0 @ d6307000:
Paged Pool Usage:        2012 Kb
NonPaged Usage:           108 Kb
Commit Usage:            2292 Kb

Session ID 1 @ d9306000:
Paged Pool Usage:        2288 Kb
NonPaged Usage:           160 Kb
Commit Usage:            2624 Kb

Session ID 2 @ cdcde000:
Paged Pool Usage:        7740 Kb
NonPaged Usage:           208 Kb
Commit Usage:            8144 Kb

Session Summary
Paged Pool Usage:       12040 Kb
NonPaged Usage:           476 Kb
Commit Usage:           13060 Kb
```

5.5.4 系统页表项

系统页表项（PTE）可用于动态地映射系统页面（如I/O空间、内核栈、内存描述符列表）。（有关内存描述符列表，即MDL的简单介绍见第6章。）系统PTE资源是有限的。在32位Windows中，系统PTE的可用数量在理论上可以供系统描述2GB大小的持续系统虚拟地址空间。在64位Windows 10和Windows Server 2016中，系统PTE最多可描述16TB的连续虚拟地址空间。

实验：查看系统PTE信息

我们可以使用性能计数器的Memory: Free System Page Table Entries计数器值了解系统PTE的可用数量，或者也可以使用调试器中的!sysptes或!vm命令。此外还可以将_MI_SYSTEM_PTE_TYPE结构作为内存状态（MiState）变量（或在Windows 8.x、Windows Server 2012/2012R2中作为MiSystemPteInfo全局变量）的一部分转储出来。借此还可以了解系统中发生了多少次PTE分配失败。如果该值较大，则意味着可能存在问题，甚至系统PTE存在泄露。

```
kd> !sysptes
System PTE Information
  Total System Ptes 216560
    starting PTE: c0400000
  free blocks: 969   total free: 16334   largest free block: 264

kd> ? MiState
Evaluate expression: -2128443008 = 81228980

kd> dt nt!_MI_SYSTEM_INFORMATION SystemPtes
   +0x3040 SystemPtes : _MI_SYSTEM_PTE_STATE
```

```
kd> dt nt!_mi_system_pte_state SystemViewPteInfo 81228980+3040
   +0x10c SystemViewPteInfo : _MI_SYSTEM_PTE_TYPE

kd> dt nt!_mi_system_pte_type 81228980+3040+10c
   +0x000 Bitmap             : _RTL_BITMAP
   +0x008 BasePte            : 0xc0400000 _MMPTE
   +0x00c Flags              : 0xe
   +0x010 VaType             : c ( MiVaDriverImages )
   +0x014 FailureCount       : 0x8122bae4 -> 0
   +0x018 PteFailures        : 0
   +0x01c SpinLock           : 0
   +0x01c GlobalPushLock     : (null)
   +0x020 Vm                 : 0x8122c008 _MMSUPPORT_INSTANCE
   +0x024 TotalSystemPtes    : 0x120
   +0x028 Hint               : 0x2576
   +0x02c LowestBitEverAllocated : 0xc80
   +0x030 CachedPtes         : (null)
   +0x034 TotalFreeSystemPtes : 0x73
```

如果看到大量系统PTE失败，可以启用系统PTE追踪，为此请在注册表HKLM\SYSTEM\CurrentControlSet\Control\Session Manager\Memory Management键下创建一个名为TrackPtes的DWORD值，并将其数值设置为1。随后即可使用!sysptes 4命令显示分配器列表。

5.5.5 ARM地址空间布局

ARM地址空间布局几乎与x86地址空间的完全相同，如图5-25所示。单纯从内存管理方面来看，内存管理器对ARM系统和x86系统的处理没有任何区别。主要差异仅在于地址转换层，详见5.6节。

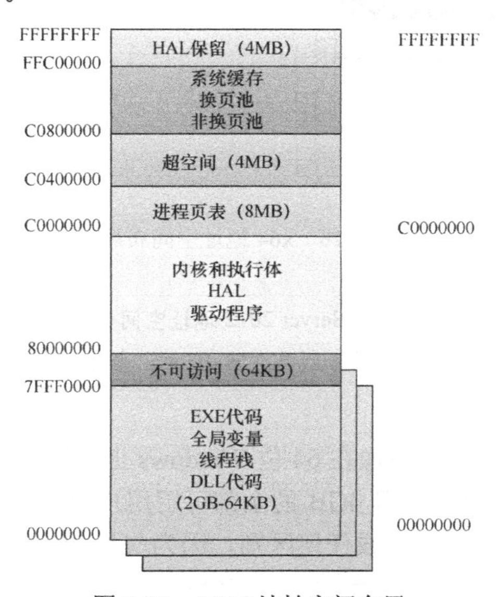

图5-25 ARM地址空间布局

5.5.6 64位地址空间布局

理论上，64位虚拟地址空间可达16EB（exabyte），即18446744073709551616字节。

目前在处理器方面的限制导致最多只能使用 48 位地址，因此地址空间最大可以达到 256TB（2 的 48 次方）。该地址空间会对半划分，低位的 128TB 供私有用户进程使用，高位的 128TB 供系统空间使用。（在 Windows 10 和 Windows Server 2016 中）系统空间将进一步划分为多个不同大小的区域，如图 5-26 所示。很明显，相比 32 位，从地址空间大小的角度来看，64 位代表着一次重大的飞跃。但是注意，由于最新版 Windows 为内核空间使用了 ASLR（地址空间布局随机化）机制，不同内核节（section）的实际起始地址并不一定是图 5-26 所示的地址。

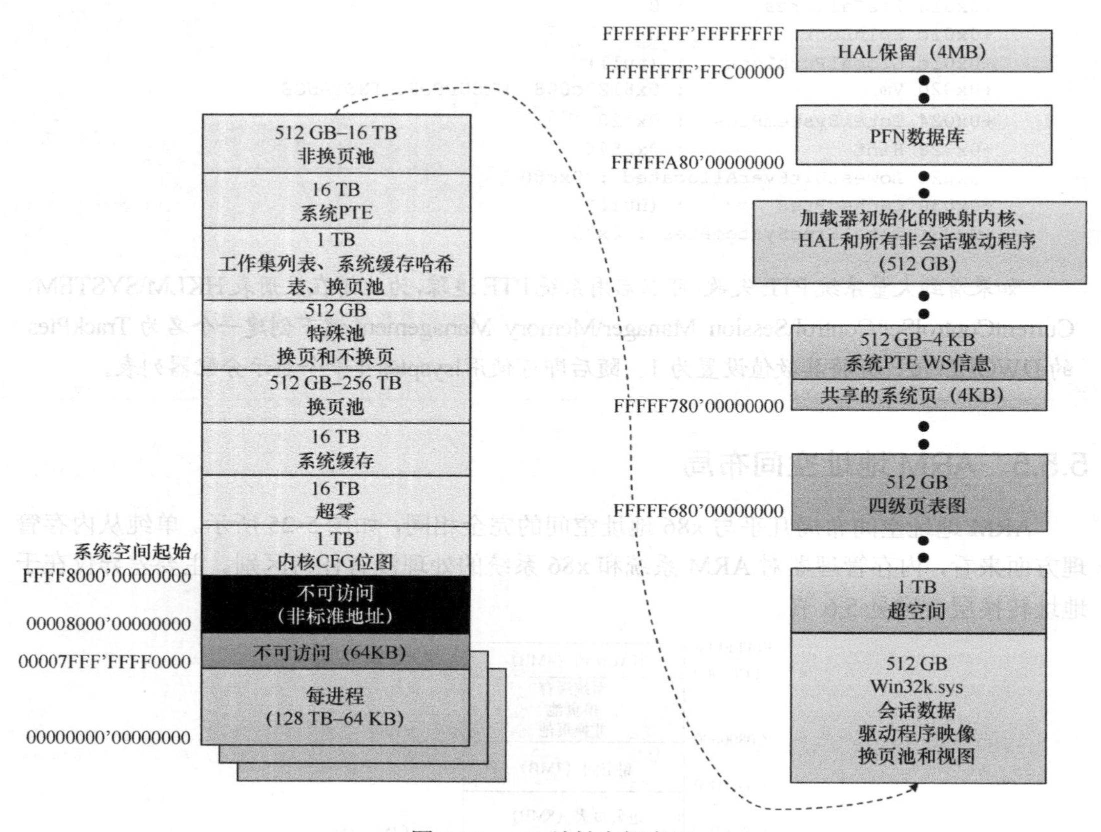

图 5-26　x64 地址空间布局

注意　Windows 8 和 Windows Server 2012 地址空间被限制为 16TB，这是由 Windows 在实现方面的局限导致的，详见本书第 6 版卷 2 第 10 章。当然，这个空间中的 8TB 供进程使用，另外 8TB 供系统空间使用。

可感知大地址空间的 32 位映像在 64 位 Windows 上（通过 Wow64）运行时还能获得额外收益。此类映像实际上会获得 4GB 的全部可用用户地址空间。毕竟如果映像可以支持 3GB 指针，4GB 指针也无法造成任何区别，因为与从 2GB 切换至 3GB 时不同，此时并不涉及更多位数。下列输出结果显示了以 32 位应用程序方式运行的 TestLimit 在 64 位 Windows 计算机上保留的地址空间。

```
C:\Tools\Sysinternals>Testlimit.exe -r

Testlimit v5.24 - test Windows limits
```

```
Copyright (C) 2012-2015 Mark Russinovich
Sysinternals -

Process ID: 264

Reserving private bytes (MB)...
Leaked 4008 MB of reserved memory (4008 MB total leaked). Lasterror: 8
Not enough storage is available to process this command.
```

上述结果源自 TestLimit 链接时所用的/LARGEADDRESSAWARE 选项。如果不这样做，每次运行时的结果都将是大概 2GB。64 位应用程序在链接时如果不使用/LARGEADDRESSAWARE 选项，将和 32 位应用程序类似，只能使用进程虚拟地址空间的前 2GB。（因此 Visual Studio 中进行 64 位构建时将默认设置该标签。）

5.5.7 x64 虚拟寻址的局限

前文曾经讨论过，64 位虚拟地址空间最大可允许 16EB 的虚拟内存，相比 32 位寻址的 4GB，这已经是非常巨大的提升。然而无论当今或可预见的未来，计算机都不会需要如此多的内存。

因此为了简化芯片的体系架构并避免不必要的开销（尤其是地址转换方面的开销，下文将详细讨论），AMD 和 Intel 目前的 x64 处理器均只实现了 256TB 的虚拟地址空间。也就是说，在完整的 64 位虚拟地址中，只实现了最低的 48 位地址。然而虚拟地址依然是 64 位宽的，在寄存器或内存中存储时需要占用 8 个字节。接下来的高 16 位（48 到 63 位）必须设置为与所实现的最高位（第 47 位）相同的值，这也是一种类似于二进制补码运算（complement arithmetic）符号扩展的过程。符合这种规则的地址也可称为规范的（canonical）地址。

根据这些规则，地址空间的下半段按预期始于 0x0000000000000000，止于 0x00007FFFFFFFFFFF；地址空间的上半段始于 0xFFFF800000000000，止于 0xFFFFFFFFFFFFFFFF。每个规范的区域均为 128TB。随着以后的新处理器开始实现更多地址位，内存的下半段将向上扩展至 0x7FFFFFFFFFFFFFFF，而上半段将向下扩展至 0x8000000000000000。

5.5.8 动态系统虚拟地址空间管理

32 位版 Windows 会通过本节介绍的内部内核虚拟分配器机制管理系统地址空间。目前，64 位 Windows 无须在虚拟地址空间管理过程中使用该分配器（因而避免了相关成本），因为每个区域都是静态定义的（见图 5-26）。

当系统初始化时，MiInitializeDynamicVa 函数会将基本动态范围和可用虚拟地址设置为所有可用的内核空间。随后会使用 MiInitializeSystemVaRange 函数，为引导加载器映像、进程空间（超空间）以及 HAL 初始化地址空间范围，该函数可用于设置硬编码的地址范围（仅限 32 位系统）。随后，当非换页池初始化后，还将再次使用该函数为非换页池保留虚拟地址范围。最后在加载驱动程序时，地址范围会被重新标记为驱动程序映像的范围，而不再是引导加载的范围。

在这之后，系统虚拟地址空间的其他部分可通过 MiObtainSystemVa（及与它类似的 MiObtainSessionVa）和 MiReturnSystemVa 以动态方式请求并释放。如扩展系统缓存、系统 PTE、非换页池、换页池或特殊池等操作，使用大空间映射内存的操作，创建 PFN 操作，及新建会话操作，这些操作都会导致为特定范围分配动态虚拟地址。

每次内核虚拟地址空间分配器通过某类虚拟地址获取要使用的虚拟内存范围时，还会更新 MiSystemVaType 数组，该数组中包含了新分配范围的虚拟地址类型信息。MiSystemVaType 数组中可以出现的值见表 5-9。

表 5-9 MiSystemVaType 数组中可以出现的值

区域	描述	可限制
MiVaUnused (0)	未使用	不适用
MiVaSessionSpace (1)	会话空间的地址	是
MiVaProcessSpace (2)	进程地址空间的地址	否
MiVaBootLoaded (3)	引导加载器所加载映像的地址	否
MiVaPfnDatabase (4)	PFN 数据库的地址	否
MiVaNonPagedPool(5)	非换页池的地址	是
MiVaPagedPool(6)	换页池的地址	是
MiVaSpecialPoolPaged(7)	特殊池（换页）的地址	否
MiVaSystemCache(8)	系统缓存的地址	否
MiVaSystemPtes(9)	系统 PTE 的地址	是
MiVaHal(10)	HAL 的地址	否
MiVaSessionGlobalSpace (11)	会话全局空间的地址	否
MiVaDriverImages(12)	已加载驱动程序映像的地址	否
MiVaSpecialPoolNonPaged(13)	特殊池（非换页）的地址	是
MiVaSystemPtesLarge(14)	大页 PTE 的地址	是

虽然按需动态保留虚拟地址空间的能力可以更好地管理虚拟内存，但如果缺乏释放这些内存的能力，这样的好处根本无从谈起。因此当换页池或系统缓存可以缩小时，或特殊池和大页映射被释放时，相关虚拟地址也将被释放。引导注册表被释放时也是类似情况。这样即可根据每个组件的使用情况动态地管理内存。另外，组件也可以通过 MiReclaimSystemVa 回收内存，这需要当可用虚拟地址空间低于 128MB 时，能够（通过解除对节的引用来）清空与系统缓存相关的虚拟地址。如果初始非换页池被释放，也将进行这样的回收。

除了更好地划分比例并更好地管理不同内核内存消耗者专属的虚拟地址，在降低内存占用方面动态虚拟地址分配器也能提供显著价值。此时并不需要手动预分配静态页表项和页表，而是可以按需分配与页面有关的结构。在 32 位和 64 位系统中，这样做都可以减少引导时的内存用量，因为未被使用的地址并不需要分配页表。同时这也意味着在 64 位系统上，保留的大地址空间区域并不需要将其页表映射至内存中。这样它们就可以有任意大小的界限，尤其是在只有少量物理内存为所生成的换页结构提供支撑的系统中。

实验：查询系统虚拟地址的使用情况（Windows 10 和 Windows Server 2016）

我们可以使用内核模式调试器查看每个系统虚拟地址类型的当前用量和峰值用量。（MI_VISIBLE_STATE 类型的）全局变量 MiVisibleState 提供了公开符号中可用的信息。（下列例子来自 x86 Windows 10。）

（1）若要查看 MiVisibleState 提供的信息，请转储该结构以及它的值。

```
lkd> dt nt!_mi_visible_state poi(nt!MiVisibleState)
   +0x000 SpecialPool      : _MI_SPECIAL_POOL
   +0x048 SessionWsList    : _LIST_ENTRY [ 0x91364060 - 0x9a172060 ]
   +0x050 SessionIdBitmap : 0x8220c3a0 _RTL_BITMAP
   +0x054 PagedPoolInfo    : _MM_PAGED_POOL_INFO
   +0x070 MaximumNonPagedPoolInPages : 0x80000
   +0x074 SizeOfPagedPoolInPages : 0x7fc00
   +0x078 SystemPteInfo    : _MI_SYSTEM_PTE_TYPE
   +0x0b0 NonPagedPoolCommit : 0x3272
   +0x0b4 BootCommit       : 0x186d
   +0x0b8 MdlPagesAllocated : 0x105
   +0x0bc SystemPageTableCommit : 0x1e1
   +0x0c0 SpecialPagesInUse : 0
   +0x0c4 WsOverheadPages : 0x775
   +0x0c8 VadBitmapPages  : 0x30
   +0x0cc ProcessCommit   : 0xb40
   +0x0d0 SharedCommit    : 0x712a
   +0x0d4 DriverCommit    : 0n7276
   +0x100 SystemWs        : [3] _MMSUPPORT_FULL
   +0x2c0 SystemCacheShared : _MMSUPPORT_SHARED
   +0x2e4 MapCacheFailures : 0
   +0x2e8 PagefileHashPages : 0x30
   +0x2ec PteHeader        : _SYSPTES_HEADER
   +0x378 SessionSpecialPool : 0x95201f48 _MI_SPECIAL_POOL
   +0x37c SystemVaTypeCount : [15] 0
   +0x3b8 SystemVaType     : [1024] ""
   +0x7b8 SystemVaTypeCountFailures : [15] 0
   +0x7f4 SystemVaTypeCountLimit : [15] 0
   +0x830 SystemVaTypeCountPeak : [15] 0
   +0x86c SystemAvailableVa : 0x38800000
```

（2）请注意最后面有 15 个元素的多个数组，它们对应着表 5-8 中的系统虚拟地址类型。SystemVaTypeCount 和 SystemVaTypeCountPeak 数组的内容如下。

```
lkd> dt nt!_mi_visible_state poi(nt!mivisiblestate) -a SystemVaTypeCount
   +0x37c SystemVaTypeCount :
    [00] 0
    [01] 0x1c
    [02] 0xb
    [03] 0x15
    [04] 0xf
    [05] 0x1b
    [06] 0x46
    [07] 0
    [08] 0x125
    [09] 0x38
    [10] 2
    [11] 0xb
    [12] 0x19
    [13] 0
    [14] 0xd
lkd> dt nt!_mi_visible_state poi(nt!mivisiblestate) -a SystemVaTypeCountPeak
   +0x830 SystemVaTypeCountPeak :
    [00] 0
    [01] 0x1f
    [02] 0
```

```
[03] 0x1f
[04] 0xf
[05] 0x1d
[06] 0x51
[07] 0
[08] 0x1e6
[09] 0x55
[10] 0
[11] 0xb
[12] 0x5d
[13] 0
[14] 0xe
```

实验：查询系统虚拟地址的使用情况（Windows 8.x和Windows Server 2012/2012 R2）

我们可以使用内核模式调试器查看每个系统虚拟地址类型的当前用量和峰值用量。对于表5-8列出的每个系统虚拟地址类型，内核中的MiSystemVaTypeCount、MiSystemVaTypeCountFailures和MiSystemVaTypeCountPeak全局数组包含了每个类型的大小、失败计数以及峰值大小。该大小为PDE映射（见5.6节）的倍数，实际上也是大页面的大小（x86系统中为2MB）。我们可以按照如下方式转储系统用量与峰值用量。失败计数也可以用类似方式查看。（下列范例来自32位Windows 8.1系统。）

```
lkd> dd /c 1 MiSystemVaTypeCount L f
81c16640 00000000
81c16644 0000001e
81c16648 0000000b
81c1664c 00000018
81c16650 0000000f
81c16654 00000017
81c16658 0000005f
81c1665c 00000000
81c16660 000000c7
81c16664 00000021
81c16668 00000002
81c1666c 00000008
81c16670 0000001c
81c16674 00000000
81c16678 0000000b
lkd> dd /c 1 MiSystemVaTypeCountPeak L f
81c16b60 00000000
81c16b64 00000021
81c16b68 00000000
81c16b6c 00000022
81c16b70 0000000f
81c16b74 0000001e
81c16b78 0000007e
81c16b7c 00000000
81c16b80 000000e3
81c16b84 00000027
81c16b88 00000000
81c16b8c 00000008
81c16b90 00000059
81c16b94 00000000
81c16b98 0000000b
```

理论上，只要有足够的可用系统虚拟地址空间，分配给组件的各种虚拟地址范围就可以随意增长。实际上，在 32 位系统中，出于可靠性和稳定性方面的考虑，内核分配器实现了对每种虚拟地址类型加以限制的能力。（在 64 位系统中，内核地址空间的枯竭还不足以成为问题。）虽然默认并未施加任何限制，但系统管理员可以使用注册表为目前标记为可限制的虚拟地址类型（见表 5-8）修改相应的限制。

如果在 MiObtainSystemVa 调用过程中，当前请求超过了可用限制，会标记出失败（参阅上一个实验），并且无论是否还有可用内存，都将请求一次回收操作。这有助于缓解内存压力，并有可能让下一次虚拟地址分配尝试获得成功。不过别忘了，这个回收操作仅影响系统缓存和非换页池。

实验：设置系统虚拟地址限制

MiSystemVaTypeCountLimit 数组包含了与系统虚拟地址用量有关的限制，可分别设置给每种类型的地址。目前，内存管理器只允许限制某些类型的虚拟地址，并提供了使用一个未文档化的系统调用，在运行过程中为系统动态设置限制的能力。表 5-8 列出的部分类型支持这样的限制。

我们可以使用 MemLimit 工具（来自本书的随附资源）在 32 位系统上查询这些地址类型并为其设限，同时可借助该工具查看虚拟地址空间的当前与峰值用量。我们可以这样使用-q 标志查询当前限制，如下所示。

```
C:\Tools>MemLimit.exe -q

MemLimit v1.01 - Query and set hard limits on system VA space consumption
Copyright (C) 2008-2016 by Alex Ionescu


System Va Consumption:

Type                Current         Peak           Limit
Non Paged Pool       45056 KB      55296 KB            0 KB
Paged Pool          151552 KB     165888 KB            0 KB
System Cache        446464 KB     479232 KB            0 KB
System PTEs          90112 KB     135168 KB            0 KB
Session Space        63488 KB      73728 KB            0 KB
```

随后作为实验，可以使用下列命令为换页池设置 100MB 的限制。

```
memlimit.exe -p 100M
```

接下来可以使用 Sysinternals 的 TestLimit 工具创建尽可能多的句柄。通常来说，只要有足够的换页池，大概可以创建约 1600 万个句柄。但在限制到 100MB 后，可创建的句柄数量就少多了。

```
C:\Tools\Sysinternals>Testlimit.exe -h

Testlimit v5.24 - test Windows limits
Copyright (C) 2012-2015 Mark Russinovich
Sysinternals -

Process ID: 4780

Creating handles...
Created 10727844 handles. Lasterror: 1450
```

有关对象、句柄以及换页池用量的详细信息见卷 2 第 8 章。

5.5.9 系统虚拟地址空间配额

5.5.8 节讨论的系统虚拟地址空间限制可在整个系统范围内，针对某个内核组件的虚拟地址空间加以限制。然而如果作为整体应用给系统，该方式只能在 32 位系统上生效。为了满足系统管理员可能提出的、更具体的配额要求，内存管理器通过与进程管理器配合，可以为每个进程强制施加系统范围或仅限特定用户的配额。

我们可以在注册表 HKLM\SYSTEM\CurrentControlSet\Control\Session Manager\Memory Management 键下配置 PagedPoolQuota、NonPagedPoolQuota、PagingFileQuota 和 Working SetPagesQuota 值，借此限制特定进程每个类型的地址可以使用多少内存。该信息会在系统初始化时读取，同时还会生成默认的系统配额块并将其分配给所有系统进程。（用户进程可获得默认系统配额块的副本，除非按照下文介绍的方式配置了每个用户配额。）

要启用每个用户配额，我们可以在注册表 HKLM\SYSTEM\CurrentControlSet\Session Manager\Quota System 键下创建子键，每个子键对应一个特定用户 SID。随后即可在特定 SID 子键下创建前文提到的值，借此为该用户创建的进程强制施加限制。表 5-10 显示了这些值的配置方式（能否在运行时配置）以及所需特权。

表 5-10　进程配额类型

值名称	描述	值类型	动态配置	特权
PagedPoolQuota	此进程可分配换页池的最大大小	MB 为单位的大小	仅限以 System 令牌运行的进程	SeIncreaseQuota Privilege
NonPagedPool Quota	此进程可分配非换页池的最大大小	MB 为单位的大小	仅限以 System 令牌运行的进程	SeIncreaseQuota Privilege
PagingFileQuota	此进程可包含的、由页面文件支撑的页面数量最大值	页面数	仅限以 System 令牌运行的进程	SeIncreaseQuota Privilege
WorkingSetPages Quota	此进程可在自己工作集（物理内存）中使用的页面数量最大值	页面数	支持	SeIncreaseBasePriorityPrivilege，除非请求的是清空操作

5.5.10 用户地址空间布局

正如内核地址空间为动态的，用户地址空间也可以构建为动态的。线程栈、进程堆，以及已加载映像（如 DLL 和可执行文件）的地址都可通过 ASLR 机制动态地计算出来（前提是应用程序及其映像支持该功能）。

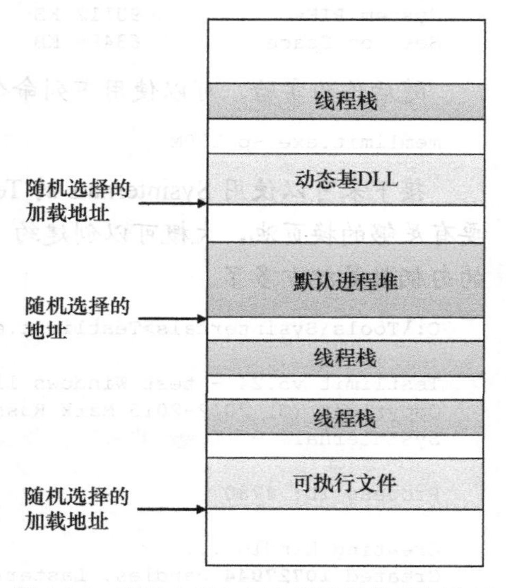

图 5-27　启用 ASLR 后的用户地址空间布局

在操作系统层面上，用户地址空间可分为几个明确定义的内存区域，如图 5-27 所示。可执行文件和 DLL 本身均表现为内存映射的映像文件，随后是进程堆以及进程中的线程栈。除了这些区域（以及一些保留的系统结构，例如 TEB 和 PEB）外，所有其他内存分配都依赖于运行时并生成于运行时。ASLR 会负责处理所有依赖于运行时的区域位置，并与 DEP 一起提供了一种机制，让通过远程操纵内存挖掘系统数据的做法变得难以成功。由于 Windows 代码和数据都放置在动态位置上，攻击者将无法在程序或系统提供的 DLL 中通过典型的硬编码方式获得有意义的偏移量。

实验：分析用户虚拟地址空间

Sysinternals 提供的 VMMap 工具可以展示被系统中任何进程使用的虚拟内存区域的详细视图。这些信息按照每种类型的分配被分为不同类别，总的来说有如下类别。

（1）**映像**（image）。代表用于映射可执行文件及其依赖项（如动态库）以及其他内存映射映像（可移植可执行格式）文件的内存分配。

（2）**映射文件**（mapped file）。代表内存映射数据文件的内存分配。

（3）**可共享**（shareable）。代表标记为可共享的内存分配，通常其中包含共享的内存（但不包含内存映射文件，内存映射文件会显示在 Image 或 Mapped File 中）。

（4）**堆**（heap）。代表该进程所拥有的堆的内存分配。

（5）**托管堆**（managed heap）。代表.NET CLR（托管对象）的内存分配。对于未使用.NET 的进程，该类别将什么也不显示。

（6）**栈**（stack）。代表该进程中每个线程栈的内存分配。

（7）**私有数据**（private data）。代表标记为私有，但排除栈和堆之后的内存分配，例如内部数据结构。

通过 VMMap 查看 Explorer（64 位）进程的典型结果如图 5-28 所示。

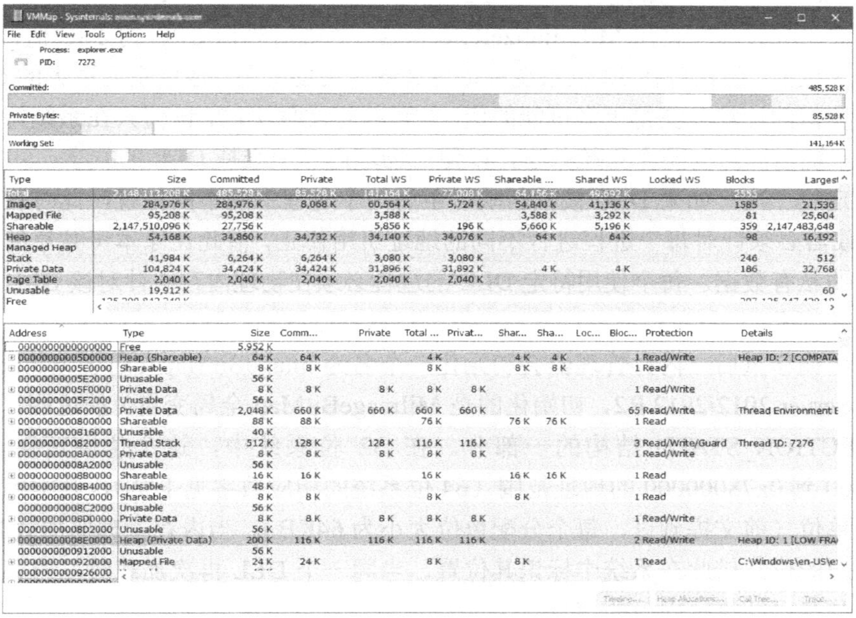

图 5-28 通过 VMMap 查看 Explorer（64 位）进程的典型结果

根据内存分配的类型，VMMap 还可以显示额外信息，例如文件名（针对映射文件）、堆 ID 和类型（针对堆分配）以及线程 ID（针对栈分配）。此外，每个分配的成本也会显示在 Committed memory（已提交内存）和 Working set memory（工作集内存）列下。此外这里还会显示每个分配的大小和所受到的保护。

ASLR始于映像层面，会应用于进程的可执行文件及其依赖的DLL。任何映像文件，如果在PE头（IMAGE_DLL_CHARACTERISTICS_DYNAMIC_BASE）指定了对ASLR的支持（例如通常可在Microsoft Visual Studio中指定/DYNAMICBASE链接器标志），并且包含重定位内存区域，那么就会由ASLR来处理。在找到此类映像后，系统会选择一个对当前引导来说全局有效的映像偏移量，该偏移量是从一个包含256个值的桶中选出的，所有值均以64KB为边界对齐。

1．映像随机化

对于可执行文件，可通过计算可执行文件每次加载时的增量值得到加载的偏移量。该增量值是一个介于0x10000和0xFE0000之间的8比特伪随机数，其计算方式为将当前处理器的时间戳计数器（Time Stamp Counter，TSC）右移4位后模254再加1，随后将得出的数值乘以前文讨论过的分配粒度，即64KB。因为加了1，内存管理器可以确保该值绝对不会为0，进而确保了启用ASLR的情况下，可执行文件绝对不会加载到PE头中记录的地址中。随后该增量值会与可执行文件的首选加载地址相加，从而获得PE头中映像地址之后16MB范围内共256个可能位置中的一个位置。

对于DLL，加载偏移量的计算会在每次引导时从系统范围内一个名为映像偏差（image bias）的值开始进行。这个计算由MiInitializeRelocations函数负责，结果会存储在全局内存状态结构（MI_SYSTEM_INFORMATION）中的MiState.Sections.ImageBias字段内（Windows 8.x、Windows Server 2012/2012 R2则会保存在全局变量MiImageBias中）。该值对应着引导过程中调用MiInitializeRelocations函数时当前CPU的TSC值，会被移位并掩码为8位值，借此可在32位系统中提供256个可能的值；地址空间更大的64位系统也会进行类似的计算并获得更多可能的值。与可执行文件不同，该值只在系统每次引导时计算一次，随后即可与整个系统共享，以便在物理内存中维持DLL的共享，并确保DLL只需要重定位一次。如果DLL被重新映射至另一个进程中的不同位置，此时代码将无法共享。加载器必须针对每个进程进行不同的地址引用修正，借此让原本可共享的只读代码成为进程的私有数据。每个使用特定DLL的进程必须在物理内存中针对该DLL维持一个自己私有的副本。

计算出偏移量后，内存管理器会初始化一个名为ImageBitMap（对于Windows 8.x、Windows Server 2012/2012 R2，初始化的是MiImageBitMap全局变量）的位图，该位图也是MI_SECTION_STATE结构的一部分。在32位系统中，这个位图可用于代表从0x50000000到0x78000000的地址范围（64位系统的相应数字见下文），其中每一位代表一个分配单位（前文提到过，每个分配单位大小为64KB）。当内存管理器加载DLL时，会设置相应的位，借此在系统中标识其位置。当同一个DLL再次加载时，内存管理器会为节对象共享已经重定向后的信息。

在加载每个DLL时，系统会在位图中从上到下扫描空闲位。此时会使用早先计算而来的ImageBias值作为从顶部开始的起始索引，借此即可像前文介绍的那样在每次引导时实现随机化的加载。由于在加载第一个DLL（始终为Ntdll.dll）时该位图是空的，因此很容易即可算出它的加载地址。（64位系统也有自己的偏差。）

（1）**32位**。0x78000000 – (ImageBias + NtDllSizein64KBChunks) * 0x10000。

（2）**64位**。0x7FFFFFFF0000 – (ImageBias64High + NtDllSizein64KBChunks) * 0x10000。

后续的每个 DLL 将加载到接下来的 64KB 内存块中。因此，如果 Ntdll.dll 的地址是已知的，其他 DLL 的地址很容易就可以计算出来。为了降低被计算出来的可能性，初始化过程中，会话管理器对已知 DLL 进行映射的顺序也可在加载 Smss.exe 的时候实现随机化。

最后，如果该位图中没有空闲空间（意味着为 ASLR 定义的大部分区域已经被用掉），DLL 重定位代码默认会重新寻找可执行文件的基址，将 DLL 加载到其首选基址之后 16MB 范围内的一个 64KB 块中。

实验：计算 Ntdll.dll 的加载地址

借助上一节介绍的内容，我们已经可以通过内核变量信息计算 Ntdll.dll 的加载地址。下列计算是针对 Windows 10 x86 系统进行的。

（1）启动本地内核调试。

（2）查找 ImageBias 值。

```
lkd> ? nt!mistate
Evaluate expression: -2113373760 = 820879c0
lkd> dt nt!_mi_system_information sections.imagebias 820879c0
   +0x500 Sections :
      +0x0dc ImageBias                    : 0x6e
```

（3）打开资源管理器，在 System32 目录下查看 Ntdll.dll 的大小。在此系统中，其大小为 1547KB，等于 0x182c00，因此 64KB 块中的大小为 0x19（始终需要取整）。因此结果为 0x78000000 – (0x6E + 0x19) * 0x10000 = 0x77790000。

（4）打开 Process Explorer，选择任意一个进程，查看 Ntdll.dll 的加载地址（显示于 Base 或 Image Base 列），随后应该可以看到相同的值。

（5）试着在 64 位系统上执行类似的实验。

2. 栈随机化

ASLR 接下来需要对初始线程（及后续每个新线程）的栈位置进行随机化。除非为进程启用了 StackRandomizationDisabled 标志，否则该随机化会默认启用，并从 32 个可能的栈位置（64KB 或 256KB 分隔）中选择一个作为第一个位置。这个基址的选择方法为：首先找出适合的第一个空闲内存区域，随后选择第 *x* 个可用区域，这里的“*x*”也是通过当前处理器的 TSC 移位并掩码为一个 5 位值计算而来的。（借此可获得 32 个可能的位置。）

选出该基址后，还将计算一个由 TSC 派生出的新值，该值长度为 9 位。随后将该值乘以 4 以实现对齐，这也意味着这个值最大可以为 2048 字节（半个页面）。将其与基址相加即可得到最终的栈基址。

3. 堆随机化

用户模式下创建的初始进程堆和后续堆的地址也会进行 ASLR 随机化。此时 RtlCreateHeap 函数会使用由 TSC 派生的另一个伪随机值来确定堆的基址。这个伪随机值长度为 5 位，将其与 64KB 相乘可得到最终的基址。该基址从 0 开始，因此初始堆的可能范围介于

0x00000000和0x001F0000之间。此外堆基址前方的地址范围还会通过手动方式撤销分配，这样，当攻击者试图对所有可能的堆地址范围进行暴力扫描时，可迫使产生访问冲突。

4. 内核地址空间中的ASLR

ASLR还可作用于内核地址空间。32位驱动程序可以有64个可能的加载地址，64位驱动程序则可能有256个。如果要重定位用户空间中的映像，需要用到内核空间中的大量工作区域，但如果内核空间很紧张，ASLR可以把System进程的用户模式地址空间用于这个工作区域。在Windows 10（版本1607）和Windows Server 2016中，大部分系统内存区域均实现了ASLR，例如换页和非换页池、系统缓存、页表以及PFN数据库（由MiAssignTopLevelRanges初始化）。

5. 控制安全缓解措施

如前所述，Windows中的ASLR和其他很多安全机制都是可选的，因为它们可能会对安全性产生影响：ASLR只能适用于映像头包含IMAGE_DLL_CHARACTERISTICS_DYNAMIC_BASE位的映像，基于硬件的不可执行（DEP）保护可以通过引导选项和链接器选项来控制等。为了让企业用户与个人能对这些功能更可见和可控，微软提供了增强缓解体验工具包（Enhanced Mitigation Experience Toolkit，EMET）。EMET可用于集中控制Windows提供的缓解措施，并提供了几个尚未包含在Windows产品中的缓解措施。EMET还可以通过事件日志提供通知能力，让管理员了解某个软件何时因为所使用的缓解措施而遇到了访问错误。最后，EMET还可供用户在某些环境中，为某些可能会遇到兼容性问题的应用程序选择性地关闭某些缓解措施（哪怕应用程序开发者选择性地启用了这些措施）。

注意 在撰写本文时，EMET的最新版本为5.51。该版本的支持终止日期已延后至2018年7月底。不过它的某些功能已经包含在新版Windows中了。

实验：查看进程的ASLR保护

我们可以使用Sysinternals提供的Process Explorer检查进程（以及进程所加载的DLL），进而了解它们是否支持ASLR。请注意，就算进程加载的大量DLL中只有一个不支持ASLR，也会导致该进程更易于遭受攻击。

要查看进程的ASLR状态，请执行如下操作。

（1）右击进程树中的任意一列，选择Select Columns。

（2）随后在Process Image和DLL选项卡中选中ASLR Enabled选项。

（3）随后可以发现，所有系统内置的Windows程序和服务都会在启用ASLR的情况下运行，但第三方应用程序可能使用，也可能没有使用ASLR。

在图5-29的示例中突出显示了Notepad.exe进程。在本例中，它的加载地址为0x7FF7D76B0000，如果关闭Notepad的所有实例并重新启动一个，会发现它将使用不同的加载地址。如果关机并重新启动系统然后再次进行该实验，会发现每次启动后，启用ASLR的DLL都会使用不同的加载地址。

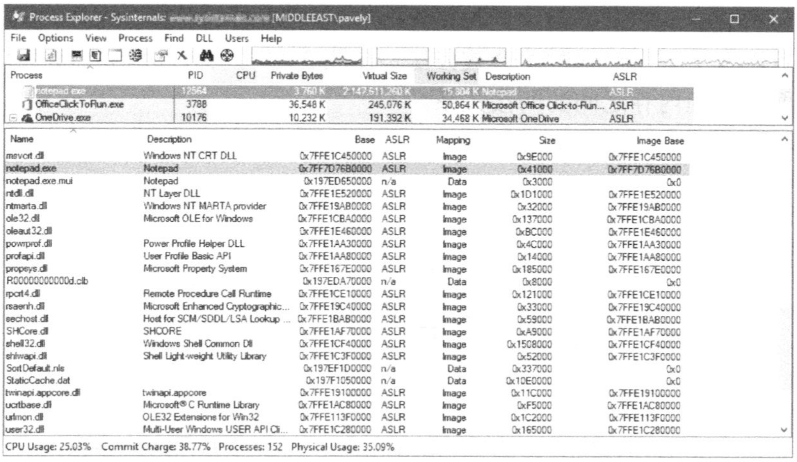

图 5-29 Notepad.exe 进程

5.6 地址转换

了解了 Windows 构建虚拟地址空间的方式后，我们来看看 Windows 如何将这些地址空间映射至真正的物理页面。用户应用程序和系统代码引用的都是虚拟地址。本节先详细介绍 PAE 模式（新版 Windows 唯一支持的模式）下的 32 位 x86 地址转换，随后介绍 ARM 和 x64 平台上的差异。5.7 节将介绍当这种转换未能解析为物理内存地址（出现了页面错误）时所发生的事情，并解释 Windows 是如何通过工作集和页面帧数据库管理物理内存的。

5.6.1 x86 虚拟地址转换

最初，受制于当时的 CPU 硬件，x86 内核只支持不超过 4GB 的物理内存。Intel x86 Pentium Pro 处理器引入了一种名为物理地址扩展（Physical Address Extension，PAE）的内存映射模式。通过搭配适合的芯片组，PAE 模式可以允许在目前的 Intel x86 处理器上运行的 32 位操作系统访问最多 64GB 物理内存（不使用 PAE 时仅支持 4GB）；对于以“遗留模式”运行的 x64 处理器，最多可访问 1024GB 物理内存（不过为了描述如此多的内存，会导致 PFN 数据库过于庞大，目前 Windows 依然将其限制为 64GB）。自那时起，Windows 就维护了两个 x86 内核：一个不支持 PAE，另一个支持 PAE。从 Windows Vista 开始，如果安装 x86 版本的 Windows 将始终安装 PAE 内核，哪怕系统中的物理内存并未超过 4GB。借此微软就只需要维护一个 x86 内核，因为非 PAE 内核在性能和内存占用方面的优势已经微乎其微了（但依然是硬件“不可执行”保护所必需的）。因此我们只打算介绍 x86 PAE 地址转换。如果你对非 PAE 模式感兴趣，可自行阅读本书第 6 版的相关章节。

内存管理器创建并维护了一种名为页表（page table）的数据结构，CPU 会借助页表将虚拟地址转换为物理地址。虚拟地址空间中的每个页都会关联至一种名为页表项（Page Table Entry，PTE）的系统空间结构，PTE 包含了虚拟地址所映射到的物理地址信息。图 5-30

所示的是在 x86 系统中，3 个连续的虚拟页面是如何被映射到 3 个不连续物理页面上的。对于标记为保留或提交但从未被访问过的区域，甚至可能不存在任何 PTE，因为页表本身也只有在首次发生页面错误时才会被分配。在图 5-30 中，连接虚拟地址和 PTE 的虚线代表虚拟页面和物理内存之间的间接关系。

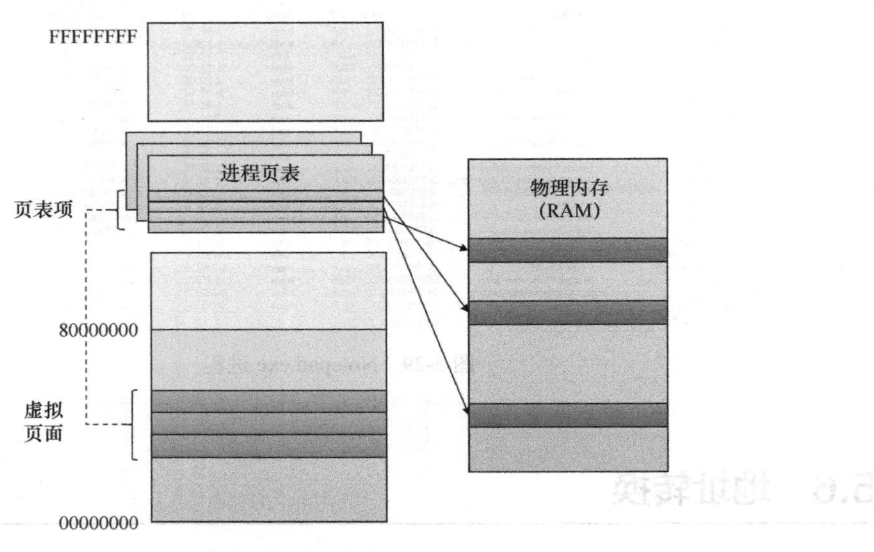

图 5-30 将虚拟地址映射到物理内存（x86）

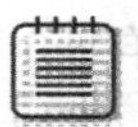

注意 就算内核模式代码（如设备驱动程序）也无法直接引用物理内存地址，但可首先创建虚拟地址并映射至物理内存，借此间接引用。详细信息请参阅 WDK 文档中有关内存描述符列表（MDL）支持例程的介绍。

实际转换过程、页表布局以及页目录（见下文）都是由 CPU 决定的。为了让整个体系正常运转，操作系统必须遵守相关规则在内存中构建正确的结构。图 5-31 描述了 x86 转换的概况，不过这些常规概念也适用于其他体系架构。

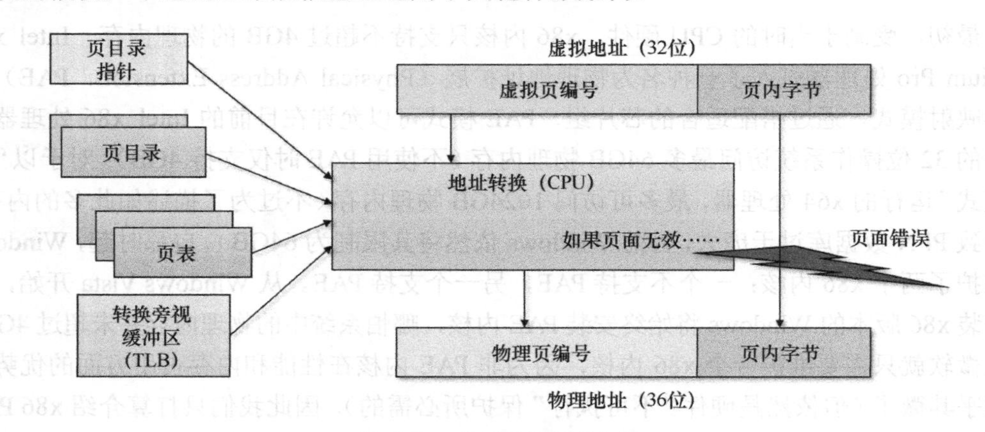

图 5-31 虚拟地址转换概述

到转换系统的输入包含一个 32 位虚拟地址（这也是 32 位体系结构的可寻址范围）以及一些与内存有关的结构［页表、页目录、一个页目录指针表（Page Directory Pointer Table，PDPT）和转换旁视缓冲区］，如图 5-31 所示。输出内容则是一个指向物理内存的 36 位物理地址，这也是数据的真正所在位置。“36”这个数字源自页表的结构和组织方式，前文也曾提到，这是处理器决定的。如果映射的是小页面（最常见的情况见图 5-31），来自虚拟地址最低位的 12 位会直接复制到转换后的物理地址中。12 位恰恰等同于 4KB，也就是小页面的大小。

如果地址无法成功转换（例如，页面可能不位于物理内存，而是位于页面文件中），CPU 会抛出一种名为页面错误（page fault）的异常，借此告诉操作系统该页面无法定位。CPU 不知道需要去哪里（页面文件、映射文件，或其他位置）寻找该页，因此需要由操作系统（尽可能地）从实际所处位置找到这个页面，修复页表指向这个页面，随后请求 CPU 再次尝试进行转换（有关页面错误的详细内容参见 5.7.6 节）。

待转换的 32 位虚拟地址从逻辑上可划分为 4 部分。最低的 12 位将“照原样”用于选择页面中的特定字节，如图 5-32 所示。转换过程首先从每颗处理器上的一个 PDPT 开始，它会始终驻留在物理内存中。（否则系统将找不到它）它的物理地址存储在每颗处理器的 KPROCESS 结构中。对于当前执行的进程，一个特殊的 x86 寄存器 CR3 存储了该进程的这个值（正是借助这个值，线程才得以访问虚拟地址）。这意味着当某颗 CPU 进行上下文切换时，如果新老线程运行在不同进程中，则必须向 CR3 寄存器载入源自 KROCESS 结构的新进程页目录指针地址。PDPT 必须与 32 字节的边界对齐，同时必须位于物理内存的前 4GB 中（因为 x86 体系结构的 CR3 依然是 32 位的寄存器）。

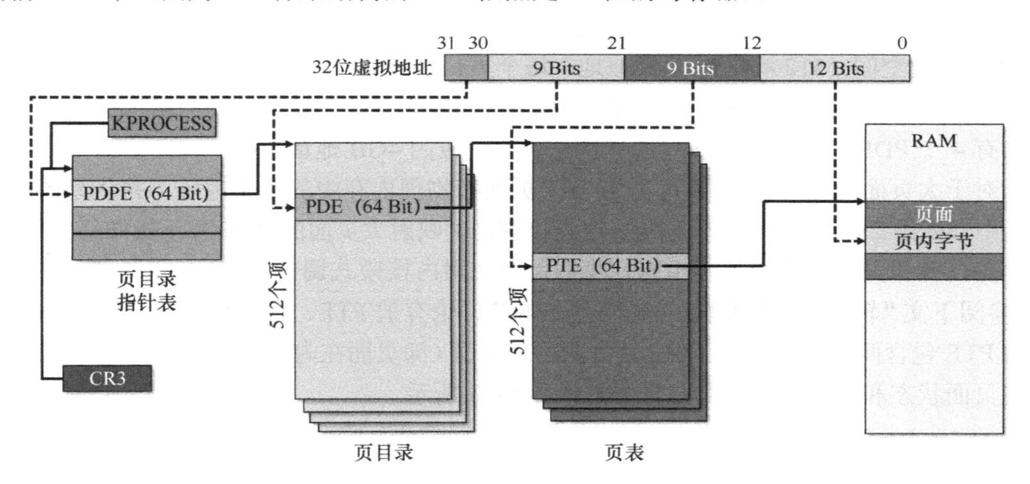

图 5-32 x86 虚拟到物理地址转换完整过程图示

按照图 5-32 所示的布局，将虚拟地址转换为物理地址的顺序如下。

（1）虚拟地址中最重要的两个位（第 30 和 31 位）提供了到 PDPT 的索引。该表包含 4 项，所选项［页目录指针项（Page Directory Pointer Entry，PDPE）］将指向页目录的物理地址。

（2）页目录中包含 512 个项，虚拟地址的第 21～29 位（共 9 位）将选择其中一个项。所选页目录项（Page Directory Entry，PDE）将指向页表的物理地址。

（3）页表也包含 512 个项，虚拟地址的第 12～28 位（共 9 位）也将选择其中一个项。所选页表项（PTE）将指向页面起始位置的物理地址。

（4）虚拟地址偏移量（较低的 12 位）被添加至 PTE 指向的地址，进而为调用方提供所请求的最终物理地址。

上述各种表中的每一项也叫作页面帧编号（Page Frame Number，PFN），因为它们指向的是与页面对齐的地址。每个项64位宽，因此页目录或页表的大小不会超过一个4KB的页，但严格来说，要描述一个64GB的地址范围，只有其中24位是必要的（外加代表地址范围偏移量的12位，共36位）。这意味着对于真实的PFN值，其中有些位数并不是必需的。

但这些额外的位数中有一位对整个机制而言尤为重要——验证位。借助这一位，我们可以知道PFN数据是否确实有效，进而可以决定CPU是否需要执行上述过程。但是，若该位被清空，则代表出现了页面错误。CPU将抛出一个异常，并等待操作系统通过某种有意义的方式处理这个页面错误。举例来说，如果有问题的页面之前曾被写入磁盘，那么内存管理器需要将其重新读入物理内存中的可用页面，从而解决PTE问题，并让CPU重试。

由于Windows为每个进程提供了私有地址空间，每个进程都有用于映射自己私有地址空间所需的PDPT、页目录和页表。然而，描述系统空间的页目录和页表是所有进程共享的（会话空间仅在一个会话包含的进程之间共享）。为避免用多个页表描述同一块虚拟内存，描述系统空间的页目录项在初始化后会指向创建进程时现有的系统页表。如果进程是某个会话的一部分，会话空间页表会将会话空间页目录项指向现有会话空间表，借此实现共享。

1. 页表和页表项

每个PDE都指向一个页表。页表相当于由PTE组成的数组，因此也属于一种PDPT。每个页表包含512个项，每个PTE会映射一个页面（4KB）。这意味着一个页表可以映射2MB的地址空间（512 × 4KB）。类似地，每个页目录包含512项，每个项指向一个页表。因此一个页目录可以映射512 × 2MB，也就是1GB的地址空间。这样的安排很合理，因为共有4个PDPE，因此总共即可映射出32位对应的4GB地址空间。

对于大页面，PDE会使用11位指向大页面在物理内存中的起始地址，并从原始虚拟地址中较低的21位得到字节偏移量。这意味着这种映射大页面的PDE并不指向任何页表。

页目录和页表的布局基本相同。我们可以使用内核模式调试器的!pte命令查看PTE。（可参阅下文“转换地址”实验。）我们会在本节讨论有效PTE，并在5.7节讨论无效PTE。有效PTE包含两个主要字段：包含数据的物理页面（即页面在内存中的物理地址）的PFN；描述页面状态和保护属性的某些标志，如图5-33所示。

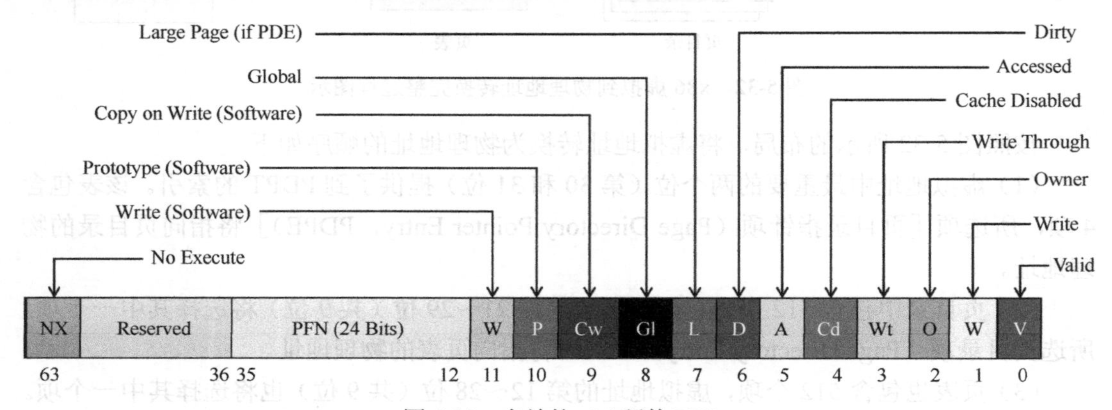

图5-33　有效的x86硬件PTE

无论PTE是否有效，图5-33所示的“软件”和“保留”位都会被CPU中的内存管理单元（MMU）所忽略。这些位的存储和解读都由内存管理器负责。表5-11简要描述了有效PTE中，由硬件定义的位。

表 5-11 PTE 的状态及其保护位

位的名称	含义
Accessed	该页面已被访问过
Cache disabled	为该页面禁用 CPU 缓存
Copy-on-write	该页面使用了写入时复制（相关介绍请参阅前文）
Dirty	该页面已被写入过
Global	该转换适用于所有进程，例如，转换缓冲区的刷新操作不会影响这个 PTE
Large page	代表该 PDE 映射至一个 2MB 页面（见 5.1.2 节）
No execute	代表该页面中的代码不可执行（只能用于存储数据）
Owner	代表用户模式代码是否可访问该页面，或该页面是否仅限内核模式访问
Prototype	该 PTE 属于原型 PTE，可用作模板来描述与节对象关联的共享内存
Valid	代表该转换是否映射至物理内存中的页面
Write through	可将页面标记为写入直达，但前提是处理器支持页面属性表和并写入（writecombined）。通常该标志可用于映射视频帧缓冲区内存
Write	可以告知 MMU，该页面是否可以写入

在 x86 系统中，硬件 PTE 包含两个能被 MMU 修改的位：Dirty 位和 Accessed 位。如果页面被读取或写入，MMU 便会设置 Accessed 位（如果尚未设置的话）。如果对页面进行了写入操作，MMU 会设置 Dirty 位。操作系统负责在恰当的时间清除这些位，但 MMU 绝对不会进行清除。

x86 MMU 使用一个 Write 位为页面提供保护。如果这个位被清除，页面将成为只读的。如果设置了该位，页面可以读取或写入。如果线程试图向 Write 位已经被清除的页面写入数据，将发生内存管理异常。此外内存管理器的访问错误处理程序（见 5.7 节）必须决定是要允许线程写入页面（例如，该页面是否真的被标记为写入时复制），还是产生访问冲突。

2. 页表项中的硬件和软件 Write 位

由软件实现的一个额外 Write 位（见表 5-11）可强制将 Drity 位的更新操作与 Windows 内存管理数据的更新保持同步。此时一种简单的实现是：内存管理器为所有可写页面设置硬件 Write 位（位 1），随后对此类页面的写操作会导致 MMU 设置 PTE 中的 Dirty 位。接下来，这个 Dirty 位即可告诉内存管理器：必须先将这个物理页面中的内容写入后备存储，随后才能将该物理页面用于其他用途。

在实践中，对于多处理器系统，这可能导致竞争条件，并且解决此条件的代价非常大。多颗处理器的 MMU 将可以随时为设置了硬件 Write 位的任何 PTE 设置 Drity 位。为了反映 PTE 中 Dirty 位的状态，内存管理器必须随时更新进程的工作集列表。内存管理器会使用推锁来同步对工作集列表的访问。但是在多处理器系统中，即使一颗处理器可能持有了这个锁，但 Dirty 位依然可能被其他处理器的 MMU 更改。这将增大错过 Dirty 位更新的概率。

为了避免这种问题，Windows 内存管理器在初始化只读和可写页面时，会将它们 PTE 的硬件 Write 位（位 1）设置为 0，并将页面真正的可写与否状态记录在软件 Write 位（位 11）中。首次写入这样的页面时，处理器将产生内存管理异常，因为硬件 Write 位已被清除了，就好像产生了一个真正的只读页面。不过此时内存管理器其实知道页面是可以写入的（借助软件 Write 位获知），因此会获取工作集推锁、在 PTE 中设置 Dirty 位和硬件 Write 位、更新工作集列表代表该页面已经被修改、释放工作集推锁，然后解除该异常。随后即可照常进行硬件写操作，但Dirty位的存在使得这一切只能在持有工作集列表推锁的情况下实现。

随后写入该页面时将不再出现异常，因为已经设置了硬件Write位。MMU会用冗余方式设置Dirty位，不过这并不会造成任何问题，因为页面的“写入过”状态已经被记录到工作集列表中了。强制对页面的首次写操作必须经历上述异常处理过程，这可能显得代价太大，然而对于每个可写入的页面，只要页面本身始终维持有效，这种操作只需要进行一次。此外，首次访问几乎所有页面都需要经历内存管理异常处理，因为页面通常都会初始化为无效状态（PTE位0被清除）。如果对页面的首次访问同时也是对该页面的首次写访问，那么在处理首次访问页面错误过程中，还会进行上述的Dirty位处理过程，这样看起来额外的开销就不那么大了。最后，在单处理器和多处理器系统中，这种实现还可允许在不需要对被刷新的页面持有锁的情况下刷新地址转换旁视缓冲区（见5.6.2节）。

5.6.2　地址转换旁视缓冲区

如前所述，每个硬件地址转换都需要进行如下3次查找。

（1）一次在PDPT中找到正确的项。

（2）一次在页目录中找到正确的项（该项提供了页表的位置）。

（3）一次在页表中找到正确的项。

由于对每个虚拟地址的引用都必须进行3次额外的内存查找，这会将所需内存带宽增大4倍进而影响到性能，因此所有CPU都会缓存地址转换结果，避免在重复访问相同地址时重复转换。这种缓存是一种由联合存储器（associative memory）组成的数组，名为地址转换旁视缓冲区（Translation Lookaside Buffer，TLB）。联合存储器是一种向量，其中包含的单元可以并发读取并与目标值进行对比。在TLB中，向量包含了大部分常用页面的虚拟到物理页面映射，如图5-34所示，还包含了应用于每个页面的页面保护、大小、属性等信息。TLB中的每个项可视作一种缓存项，使用标签保存了虚拟地址的一部分，而这些项的数据部分保存了物理页面号、保护字段和有效位，通常还会包含一个Dirty位，用于代表该缓存PTE所对应的页面条件。如果PTE的全局位已设置（Windows会为对所有进程可见的系统空间页进行此设置），则TLB项在进程上下文切换时就不会被视作无效。

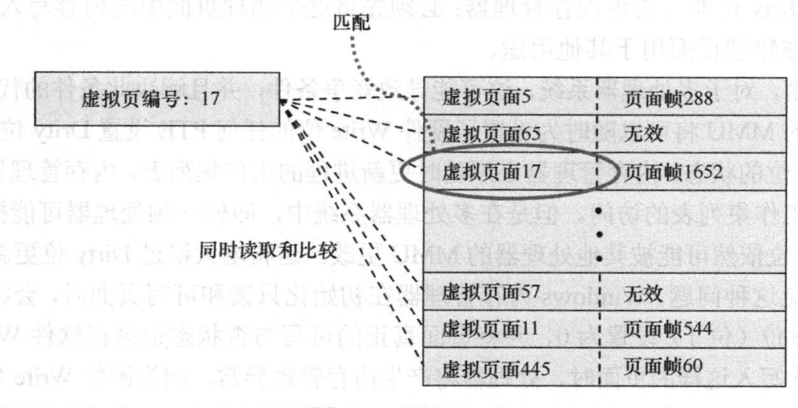

图5-34　访问TLB

频繁使用的虚拟地址很可能在TLB中有对应的项，借此可实现非常快速的虚拟到物理地址转换，进而可以更快速地访问内存。如果某个虚拟地址不在 TLB 中，可能它依然在物理内存中，但需要多次内存访问才能找到，导致访问速度略慢一些。如果虚拟页面被换出物理内存，或内存管理器更改了 PTE，此时内存管理器会显式地让该 TLB 项失效。如果随后有进程再次访问该页面，将产生页面错误，内存管理器会将该页面重新换入物理内存（如果需要的话），并重建其 PTE（导致在 TLB 中针对该页创建一个项）。

实验：转换地址

为了更清晰地理解地址转换过程，该实验将介绍在 x86 PAE 系统中转换虚拟地址的过程，并使用内核模式调试器提供的工具查看 PDPT、页目录、页表和 PTE。在本实验中，我们检查一个虚拟地址为 0x3166004，且该地址目前已映射至有效物理地址的进程。随后的实验中，我们将看到如何通过内核模式调试器跟踪无效地址的地址转换过程。

先将 0x3166004 转换为二进制，并将其拆分为转换地址所用的 3 个字段。0x3166004 可以转换为二进制的 11.0001.0110.0110.0000.0000.0100，将其拆分为图 5-35 所示的组成字段。

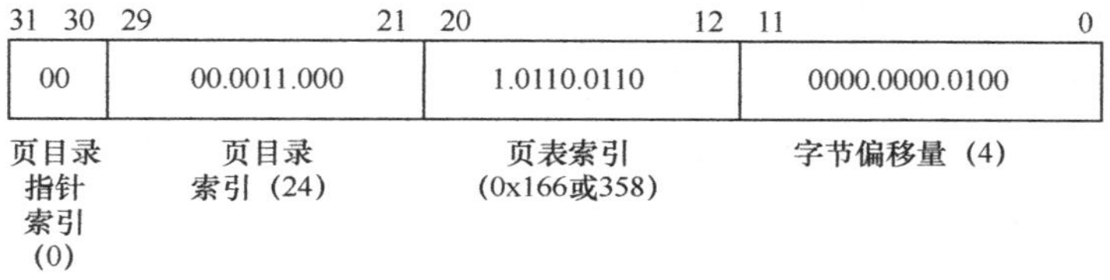

31 30	29 21	20 12	11 0
00	00.0011.000	1.0110.0110	0000.0000.0100
页目录指针索引 (0)	页目录索引 (24)	页表索引 (0x166或358)	字节偏移量 (4)

图 5-35 组成字段

若要开始进行转换，CPU 需要知道进程 PDPT 的物理地址。当该进程中的线程正在运行的过程中时，可通过 CR3 寄存器得到该地址。我们可以在!process 命令输出结果中查看 DirBase 字段得到该地址，如下所示。

```
lkd> !process -1 0
PROCESS 99aa3040 SessionId: 2 Cid: 1690 Peb: 03159000 ParentCid: 0920
    DirBase: 01024800 ObjectTable: b3b386c0 HandleCount: <Data Not Accessible>
    Image: windbg.exe
```

从 DirBase 字段可知，PDPT 的物理地址为 0x1024800。示例中 PDPT 索引字段的虚拟地址为 0，因此该 PDPT 项所包含的相关页目录的物理地址就是 PDPT 中的第一个项，其物理地址为 0x1024800，如图 5-35 所示。

内核模式调试器的!pte 命令可显示用于描述虚拟地址的 PDE 和 PTE，如下所示。

```
lkd> !pte 3166004
                               VA 03166004
PDE at C06000C0            PTE at C0018B30
contains 0000000056238867  contains 800000005DE61867
pfn 56238     ---DA--UWEV  pfn 5de61     ---DA--UW-V
```

调试器无法显示 PDPT，但在知道物理地址后，就可以很容易地显示出来。

```
lkd> !dq 01024800 L4
# 1024800 00000000'53c88801 00000000'53c89801
# 1024810 00000000'53c8a801 00000000'53c8d801
```

这里我们还用到了调试器扩展命令!dq。该命令与 dq 命令类似［可作为四字（quadword）显示，这是一种 64 位值］，但可供我们使用物理地址，而非虚拟地址检查内存。我们已经知道 PDPT 只包含 4 项，因此为了让输出结果显得整齐，可以添加 L4 长度参数。

示例中虚拟地址的 PDPT 索引（最重要的两位）等于 0，因此我们需要的 PDPT 项就是之前所显示的四字中的第一个，如图 5-35 所示。PDPT 项的结构类似于 PDE 和 PTE，因此可以看到，该 PDPT 项的 PFN 为 0x53c88（始终与页面对齐），物理地址为 0x53c88000。这就是页目录的物理地址。

!pte 命令的输出结果将 PDE 地址 0xC06000C0 显示为虚拟地址，而非物理地址。在 x86 系统中，第一个进程页目录始于虚拟地址 0xC0600000。此时，其 PDE 地址为 0xC0，即 8 字节（项的大小）乘以 24，随后与页目录起始地址相加。因此，上述示例中虚拟地址的页目录索引字段为 24。这意味着我们需要在页目录中查看第 25 个 PDE。

该 PDE 提供了所需页表的 PFN。在本例中，PFN 为 0x56238，因此页表始于物理地址 0x56238000。MMU 会将虚拟地址的页表索引字段（0x166）乘以 8（PTE 大小的字节数），随后将结果与物理地址相加。最终得出该 PTE 的物理地址为 0x56238B30。

根据调试器的显示，该 PTE 位于虚拟地址 0xC0018B30。注意，字节偏移量部分（0xB30）与物理地址相同，地址转换过程中始终会存在这种情况。因为内存管理器会将页表映射至起始位置 0xC0000000，将其与 0xB30 相加便会得到 0xC0018000（0x18 是前文提到的第 24 项），即可得到内核模式调试器输出中显示的虚拟地址 0xC0018B30。根据调试器的显示，该 PTE 的 PFN 字段为 0x5DE61。

最后，还需要考虑原始地址中的字节偏移量。如前所述，MMU 会将该字节偏移量连接到 PTE 的 PFN，得到物理地址 0x5DE61004。这就是原始虚拟地址 0x3166004 所对应的物理地址，至少目前如此。

来自 PTE 的标志位可以理解为 PFN 编号右侧的位。例如，用于描述被引用页面的 PTE 具有---DA--UW-V 标志。在这里，A 代表访问过（页面被读取过），U 代表可被用户模式访问（而非只能从内核模式访问），W 代表可写入（而非只读），V 代表有效（该 PTE 代表物理内存中的一个有效页面）。

为了确认物理地址的计算准确无误，可以同时通过对应的虚拟和物理地址来查看这块内存。首先针对虚拟地址使用调试器的 dd（display dwords）命令，可以看到如下结果。

```
lkd> dd 3166004 L 10
03166004  00000034 00000006 00003020 0000004e
03166014  00000000 00020020 0000a000 00000014
```

随后针对计算出的物理地址使用!dd 命令，可以看到相同的内容。

```
lkd> !dd 5DE61004 L 10
#5DE61004 00000034 00000006 00003020 0000004e
#5DE61014 00000000 00020020 0000a000 00000014
```

我们也可以用类似的方法对比 PTE 和 PDE 的虚拟地址与物理地址。

5.6.3 x64 虚拟地址转换

x64 的虚拟地址转换与 x86 类似，但额外增加了第四个级别。每个进程有一个可扩展的顶级页目录，名为 4 级页映射表（page map level 4 table），其中包含 512 个第三级结构（叫作页目录指针，page directory pointer）的物理位置信息。页面父目录类似于 x86 PAE PDPT，但页面父目录共有 512 个，而 x86 的 PAE PDPT 只有一个，每个页面父目录都是一个完整的页，其中包含了 512 个（而非仅仅 4 个）项。与 PDPT 类似，页面父目录的项包含了二级页目录的物理位置，而每个二级页目录也包含 512 个项，指向每个页表的位置。最后，每个页表也包含 512 个页表项，每个页表项指向内存中页面的物理位置。本段前文所有“物理位置”都以 PFN 的形式存储在这些结构中。

X64 体系结构的当前实现限制了虚拟地址为 48 位。这 48 位虚拟地址的组成部分，以及地址转换过程中不同组成部分之间的关系如图 5-36 所示，x64 硬件 PTE 的格式如图 5-37 所示。

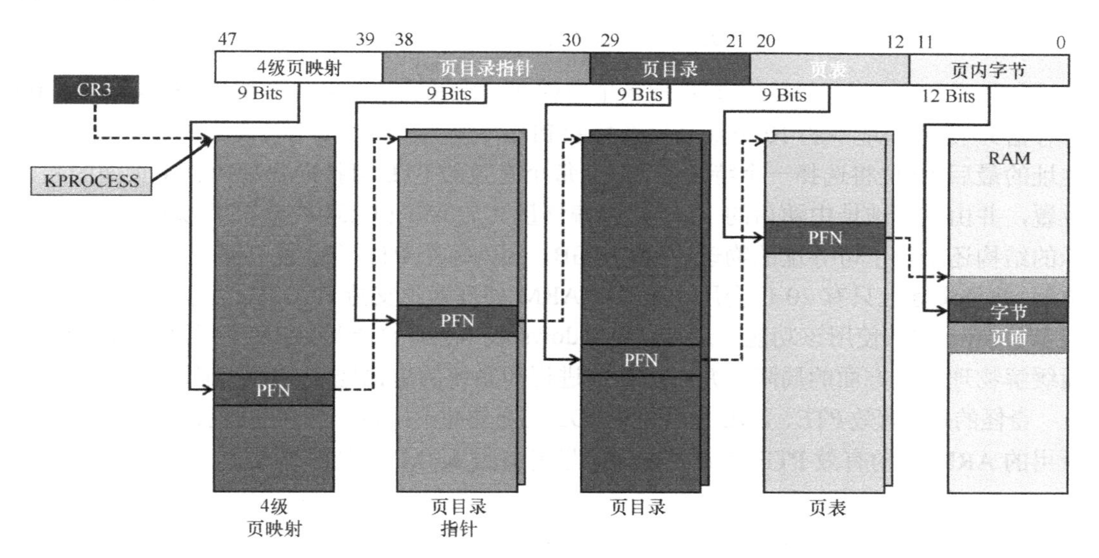

图 5-36 48 位虚拟地址的组成部分，以及地址转换过程中不同组成部分之间的关系

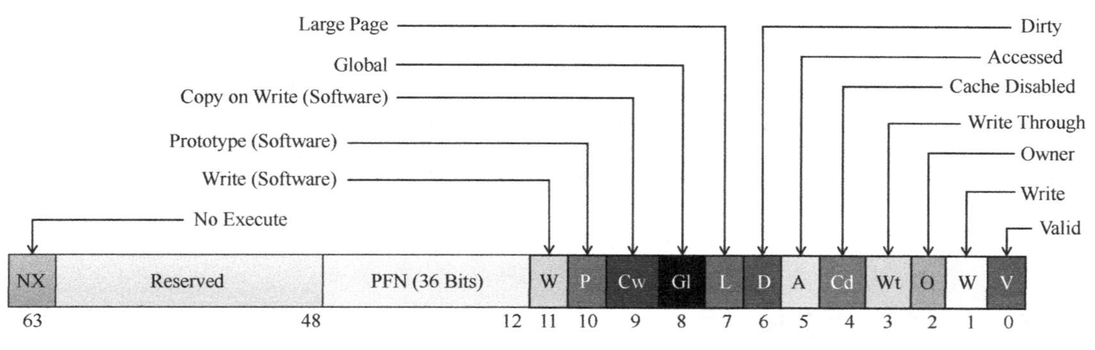

图 5-37 x64 硬件 PTE 的格式

5.6.4 ARM 虚拟地址转换

ARM 32 位处理器的虚拟地址转换使用了一种包含 1024 项的单个页目录，每个项的

大小为 32 位。ARM 虚拟地址转换结构如图 5-38 所示。

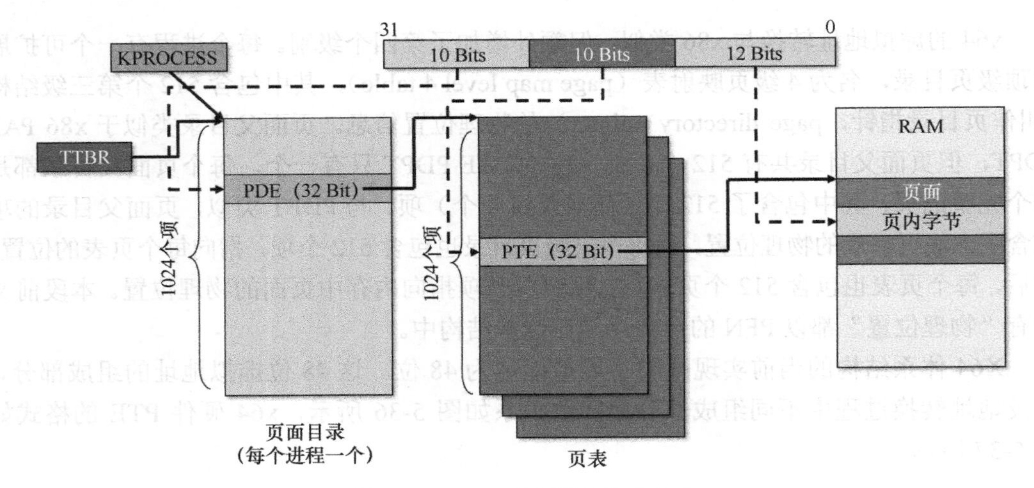

图 5-38　ARM 虚拟地址转换结构

每个进程有一个页目录，其物理地址存储在 TTBR 寄存器中（类似于 x86/x64 的 CR3 寄存器）。虚拟地址中的 10 个最高位选择的 PDE 可能指向 1024 个页表中的一个表。虚拟地址的最后 10 位将选择一个特定的 PTE。每个有效的 PTE 可指向物理内存中页面的起始位置，并由虚拟地址中随后的 12 位提供偏移量（与 x86 和 x64 的情况类似）。图 5-38 所示的结构还暗示了可寻址的物理内存为 4GB，因为每个 PTE（32 位）都小于 x86/x64（64 位），并且实际上只有 20 位会用于 PFN。ARM 处理器也支持 PAE 模式（与 x86 类似），但 Windows 并未使用该功能。未来的 Windows 版本也许会支持 ARM 64 位体系结构，进而缓解物理地址方面的局限，并大幅增加进程和系统的虚拟地址空间范围。

奇怪的是，有效 PTE、PDE 以及大页 PDE 的布局并不相同。图 5-39 展示了目前 Windows 所用的 ARMv7 的有效 PTE 布局。详细信息请参阅 ARM 官方文档。

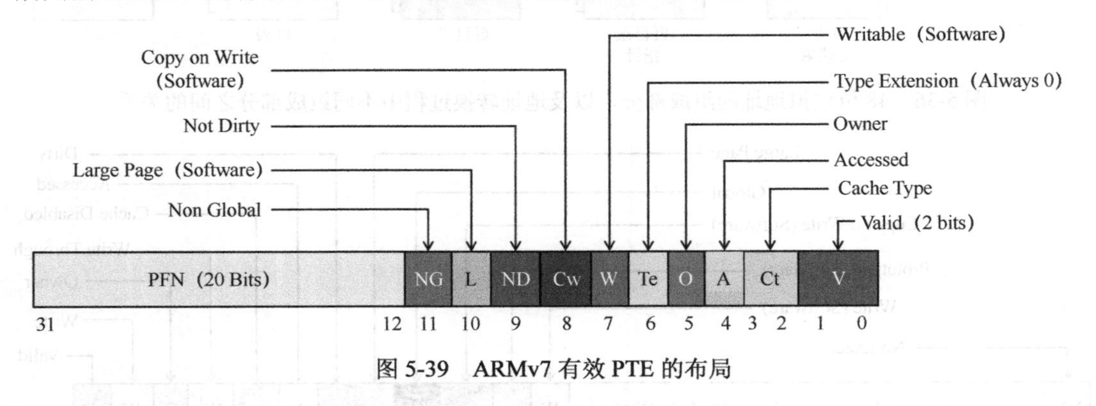

图 5-39　ARMv7 有效 PTE 的布局

5.7　页面错误的处理

前文介绍了 PTE 有效时的地址转换过程。当 PTE 的 valid 位被清除后，这意味着目标页面因为某些情况当前无法被进程访问。本节将介绍无效 PTE 的类型，以及如何解析对这些 PTE 的引用。

> **注意** 本章仅详细介绍32位x86 PTE格式。64位和ARM系统的PTE包含了类似信息，但并不详细介绍其具体的布局。

对无效页面的引用也叫作页面错误（page fault）。内核陷阱处理程序（trap handler，见卷2第8章）会将此类错误分发给内存管理器错误处理程序函数MmAccessFault，以加以解决。该例程运行在产生页面错误的线程上下文中，会负责试图解决该错误（如果能解决的话），或产生适当的异常。有多种条件会引发这样的错误，产生访问错误的原因见表5-12。

表5-12 产生访问错误的原因

错误原因	结果
PTE/PDE损坏	使用代码0x1A（MEMORY_MANAGEMENT）对系统进行bug-check（崩溃）
所访问的页面并未驻留在内存中，而是位于磁盘上的页面文件或映射文件中	分配物理页面，从磁盘读取所需页面并放入相关工作集内
所访问的页面位于待命或修改列表中	将页面转换为相关进程、会话或系统工作集
所访问的页面尚未提交（例如位于保留的地址空间或尚未分配的地址空间中）	访问冲突异常
从用户模式访问了仅能从内核模式访问的页面	访问冲突异常
向只读页面执行写操作	访问冲突异常
访问了要求零（demand-zero）的页面	向相关工作集加入填充零的页面
写入受防护的页面	防护页面冲突（如果是指向用户模式栈的引用，将自动执行栈扩展）
写入“写入时复制”页面	为页面创建进程私有（或会话私有）的副本，用其取代进程、会话或系统工作集中的原页面
所写入的页面虽然有效，但尚未被写入当前后备存储区的副本	在PTE中设置Dirty位
执行被标记为不可执行的页面中所包含的代码	访问冲突异常
PTE权限与飞地（enclave）权限不符（见5.18节，或Windows SDK文档中有关CreateEnclave函数的介绍）	用户模式：访问冲突异常。内核模式：使用代码0x50（PAGE_FAULT_IN_NONPAGED_AREA）进行bug-check

下列各节将介绍访问错误处理程序所处理的4种基本类型的无效PTE。随后还将介绍一种特殊的无效PTE——原型PTE，它主要用于实现可共享的页面。

5.7.1 无效PTE

如果在地址转换过程中发现PTE的Valid位被设置为0，那么该PTE代表了无效页面，进而会导致内存管理异常，或称为页面错误。此时，MMU会忽略该PTE的其他位，因此操作系统可以使用这些位来保存有助于解决页面错误所需的其他信息。

下文列出了4类无效PTE的类型及其结构。这些通常被称为软件PTE，因为它们是由内存管理器，而非MMU来解读的。下列部分标志与表5-10中列出的硬件PTE的部分标志相同，并且某些位字段与硬件PTE中相应字段有着相同或类似的含义。

（1）**页面文件**（page file）。所需页面位于页面文件中。PTE中的4位代表了该页面可能位于16个页面文件中的哪一个里，其他32位提供了文件中的页面编号，如图5-40所示。换页器会发起页面换入操作，将页面放入内存并使其有效。页面文件偏移量始终是非零的，并且不可能全部为1(也就是说，页面文件中的第一个和最后一个页面不用于分页)，这样即可实现下文将要介绍的其他格式。

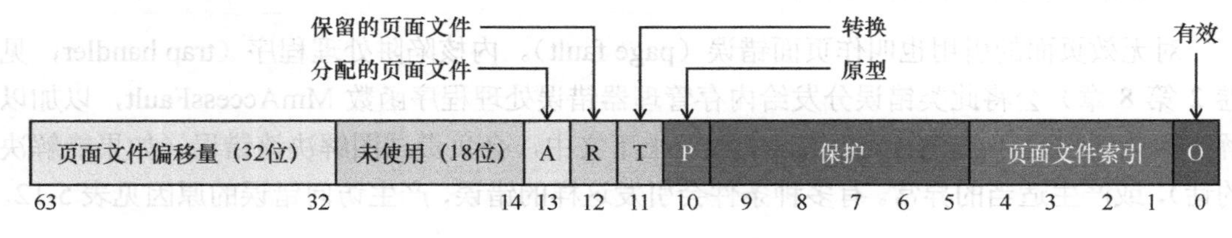

图 5-40 代表页面文件中一个页面的 PTE

（2）**要求零**（demand zero）。该 PTE 的格式与前文提到的页面文件 PTE 格式相同，但该格式的页面文件偏移量为 0。所需页面必须由全部填充了 0 的页面来满足。换页器会检查零页面列表，如果该列表为空，换页器会从空闲列表中拿取一个页面，并为其填充 0。如果空闲列表同样为空，则会从某个待命列表中拿取页面并填充 0。

（3）**虚拟地址描述符**（virtual address descriptor）。该 PTE 的格式与前文提到的页面文件 PTE 格式相同，但该格式的页面文件偏移量字段均为 1。这意味着对于有定义并且具备后备存储的页面，可以在进程的虚拟地址描述符（VAD）树中找到该页面。这种格式将用于由映射文件中的节支撑的页面。换页器可以找到包含虚拟页面虚拟地址范围定义的 VAD，并从 VAD 引用的映射文件发起换入操作。（有关 VAD 的详细介绍请参阅 5.9 节。）

（4）**转换**（transition）。转换位为 1。所需页面位于内存中的待命、已修改或修改但不写出列表中，或不位于任何列表中。换页器会从列表中移除该页面（如果位于某个列表中），并将其加入进程工作集。由于不涉及 I/O，这通常也叫作页面软错误。

（5）**未知**（unknown）。该 PTE 为零，或页表尚不存在。（本应提供页表物理地址的 PDE 为零）。在这些情况下，内存管理器必须检查 VAD 以确定该虚拟地址是否已经提交。如果已经提交，会建立页表来代表新提交的地址空间；如果尚未提交，也就是说，如果页面被保留或尚未定义，则会将该页面错误报告为访问冲突异常。

5.7.2 原型 PTE

如果一个页面可在两个进程之间共享，内存管理器会使用一种名为原型（prototype）页表项（原型 PTE）的软件结构映射这些可能需要共享的页面。对于页面文件支撑的节，会在节对象首次创建时创建原型 PTE 数组。对于映射的文件，会在映射每个视图时根据需要创建该数组的部分内容。这些原型 PTE 还是段（segment）结构的一部分（见 5.11 节）。

当进程首次引用映射至节对象视图的页时（前文提过，只有在映射该视图时才会创建 VAD），内存管理器会使用原型 PTE 所提供的信息填充进程页表中用于地址转换的实际 PTE 数据。当共享页面变得有效后，进程 PTE 和原型 PTE 均会指向包含这些数据的物理页面。为了跟踪引用了有效共享页面的进程 PTE 的数量，会对 PFN 数据库项中的一个计数器进行累加。借此内存管理器即可确定某个共享页面何时不再被任何页表引用，进而可以令其失效并放入转换列表或写出到磁盘上。

当共享页面失效后，进程页表中的 PTE 会使用一个特殊的 PTE 填充，被填充的 PTE 将指向描述该页面的原型 PTE，如图 5-41 所示。因此当该页面被访问时，内存管理器可以使用该 PTE 中编码的信息定位到原型 PTE，而原型 PTE 进一步描述了被引用的页面。

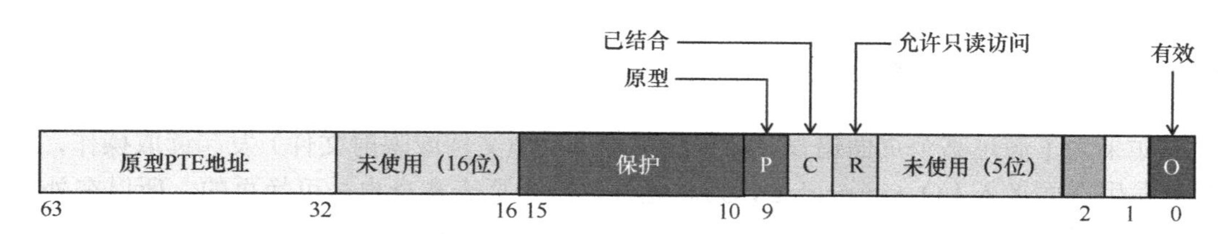

图 5-41 指向原型 PTE 的无效 PTE 的结构

根据原型 PTE 的描述，共享页面可处于下列 6 种状态之一。

（1）**活动/有效**（active/valid）。因为其他进程可以访问，所以该页面位于物理内存中。

（2）**转换**（transition）。目标页面位于内存中的待命列表或修改列表（或不位于这两个列表中的任一个）内。

（3）**已修改不写出**（modified-no-write）。目标页面位于内存中，且位于已修改不写出列表内（见表 5-11）。

（4）**要求零**（demand zero）。目标页面应当用一个零页面来满足。

（5）**页面文件**（page file）。目标页面驻留在页面文件内。

（6）**映射文件**（mapped file）。目标页面驻留在映射文件内。

虽然此类原型 PTE 的格式与前文提到的真正 PTE 格式相同，但原型 PTE 并不用于地址转换，而是充当了页表和 PFN 数据库之间的一层，并且绝对不会直接应用于页表。

通过让一个可能被共享的页面的所有访问者指向同一个原型 PTE 来解决错误，内存管理器可以直接管理共享的页面，而不需要更新共享该页面的每个进程的页表。例如，共享的代码页或数据页可能会在某一刻换出到磁盘。当内存管理器从磁盘获取该页面时，只需要更新原型 PTE 以指向该页面新的物理位置即可。共享了该页面的每个进程的 PTE 可以维持不变，此时 Valid 位已经被清除，因此依然可以指向原型 PTE。随后，当进程引用该页面时，才需要更新真正的 PTE。

图 5-42 所示的是两个虚拟页面的映射视图。其中一个视图有效，另一个视图无效。可以看到，第一个页面是有效的，进程 PTE 和原型 PTE 均指向该页面；第二个页面位于页面文件中，其准确位置位于原型 PTE 中。进程 PTE（以及映射了该页面的任何其他进程）需要指向该原型 PTE。

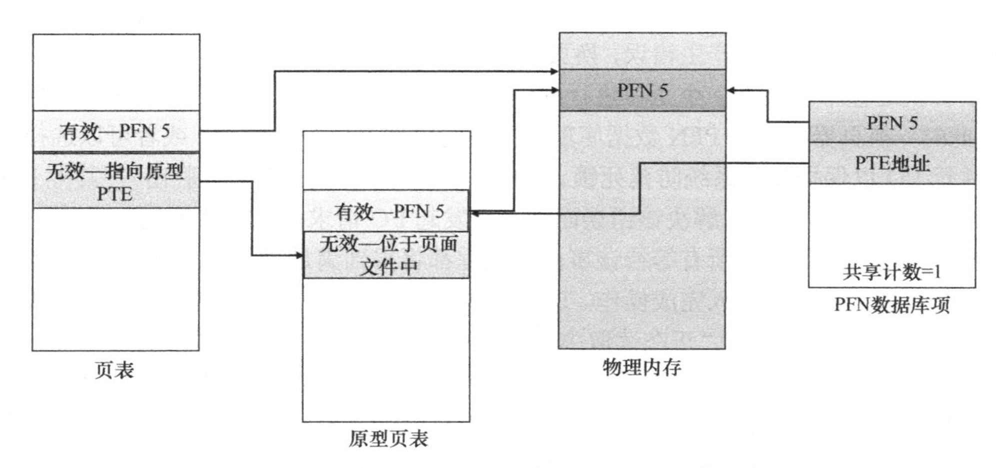

图 5-42 两个虚拟页面的映射视图

5.7.3 页面换入 I/O

如果为了满足某个页面错误，必须向文件（页面文件或映射文件）发起读取操作，此时会发生页面换入 I/O（in-paging I/O）。此外，因为页表本身也是可换页的，所以在处理页面错误时，如果系统还需要加载页表页面，并且该页表页面包含了用于描述被引用原始页面的 PTE 或原型 PTE，还可能产生额外的 I/O。

页面换入 I/O 操作是同步进行的，即线程会等待事件，直到 I/O 操作完成，这个过程不会被异步过程调用（APC）的交付打断。换页器会在 I/O 请求函数中使用一个特殊的修饰符来代表这个换页 I/O。换页 I/O 操作完成后，I/O 系统会触发一个事件，借此唤醒换页器，让它继续执行换页工作。

在换页 I/O 操作进行的过程中，产生错误的线程并不拥有任何关键的内存管理同步对象。进程中的其他线程可以执行虚拟内存函数，进而在换页 I/O 进行的过程中处理页面错误。但在 I/O 完成的过程中，换页器必须意识到下列这些有趣的条件。

（1）同一个进程或不同进程中的另一个线程可能会在同一个页面上产生错误（这种情况也叫作冲突的页面错误，见 5.7.4 节）。

（2）该页面已经被从虚拟地址空间中删除（并且重新映射）了。

（3）该页面的保护属性可能已经改变了。

（4）该错误可能针对的是原型 PTE，映射原型 PTE 的页面可能已经不在工作集中。

为了处理这些情况，换页器会在执行换页 I/O 请求之前，在线程的内存栈中存储足够多的状态信息。因此当请求完成后，换页器即可检测这些条件，如果有必要，会在不将页面变为有效的同时解除该页面错误。如果再次执行导致页面错误的指令，换页器将被再次调用并根据新状态评估该 PTE。

5.7.4 冲突的页面错误

如果在页面换入的过程中，同一个进程或不同进程中的另一个线程导致该页面出现页面错误，这种情况便称为冲突的页面错误（collided page fault）。换页器必须能检测到冲突的页面错误并以最优方式加以处理，因为这种情况在多线程系统中十分普遍。如果另一个线程或进程对同一个页面产生错误，换页器会检测到冲突的页面错误，并会注意到该页面正处于转换过程中，且有一个正在进行的读取操作。（这些信息都保存在 PFN 数据库项中。）此时，换页器会针对 PFN 数据库项所指定的事件发出等待操作。或者可以选择发起一个并行 I/O 以保护文件系统防范死锁。（第一个完成操作的 I/O 会“胜出”，其他 I/O 会被丢弃。）该事件是由为了解决该错误而第一个发起 I/O 请求的线程初始化而来的。

当 I/O 操作完成后，所有等待该事件的线程都将得到满足。获得 PFN 数据库锁的第一个线程负责执行页面换入完成操作。这些操作包括检查 I/O 状态以确保 I/O 操作成功完成、清除 PFN 数据库中的“正在读取中”位、更新 PTE。

当后续线程获取了 PFN 数据库锁以消除冲突的页面错误时，换页器发现“正在读取中”这个位已经被消除了，进而会确定初始更新已执行完成，因而会检查 PFN 数据库中的页面换入错误标志，以确保页面换入 I/O 已成功完成。如果页面换入错误标志依然存在，此时将不更新 PTE，并会导致正在出现页面错误的线程产生页面换入错误异常。

5.7.5 聚簇的页面错误

为了满足页面错误和填充系统缓存的需求，内存管理器会预取由多个页面组成的簇。该预取操作会将数据直接读入系统的页面缓存中，而非读入虚拟内存中的工作集内。因此预取的数据并不消耗虚拟地址空间，预取操作的大小也不会受制于可用虚拟地址空间的限制。此外，如果要将页面转为他用，此时并不需要对跨处理器中断（Inter-Processor Interrupt，IPI）执行成本高昂的 TLB 刷新。预取的页面会被放入待命列表，并在 PTE 中标记为转换状态。如果随后引用了已经预取的页面，内存管理器会将其加入工作集中。然而，如果预取的页面从未被引用，也不需要耗费任何系统资源来释放它。如果位于预取簇中的任何页面已经位于内存中，内存管理器并不会再次读取它，而是会使用傀儡（dummy）页面代表它，这样只需要一个高效的 I/O 请求就够了。整个过程如图 5-43 所示。

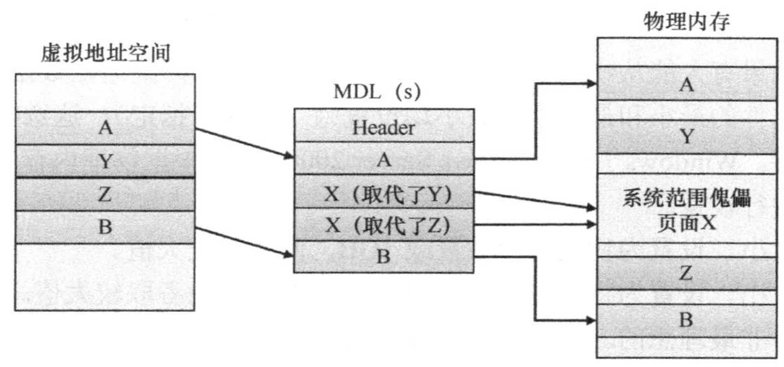

图 5-43 在虚拟地址到物理地址的映射过程中为 MDL 使用的傀儡页面

可以看到，对应页面 A、Y、Z 和 B 的文件偏移量和虚拟地址在逻辑上是连续的，但物理页面本身并不一定连续。页面 A 和 B 是非驻留的，因此内存管理器必须读取它们。页面 Y 和 Z 已经位于内存中，因此没必要读取。（实际上，它们自从上次从后备存储中读取出来后，可能已经被修改了，此时如果改写它们的内容将造成更严重的错误。）然而相比用两个读取操作分别读取页面 A 和页面 B，用一个操作同时读取它们是一种更高效的做法。因此内存管理器会从后备存储发出一个涵盖所有 4 个页面（页面 A、Y、Z 和 B）的读取请求。根据可用内存数量、当前系统使用情况等因素，这样的读取请求会包含尽可能多的页面。

当内存管理器构建了能够描述请求的 MDL 后，会提供指向页面 A 和 B 的有效指针。然而页面 Y 和 Z 对应的项会指向同一个系统范围内的傀儡页面 X。内存管理器可以使用来自后备存储区的，可能已经过时的数据填充傀儡页面 X，因此页面 X 并不会对外可见。然而，如果有组件访问了 MDL 中页面 Y 和 Z 的偏移量，该组件将看到傀儡页面 X，而非页面 Y 和 Z。

页面管理器可以将任意数量的已丢弃页面代表为一个傀儡页面，这个傀儡页面可以在同一个 MDL 中多次嵌入，甚至可以嵌入多个驱动程序所使用的多个并发 MDL 中。因此代表已丢弃页面位置的内容可以随时更改。有关 MDL 的详细介绍参见第 6 章。

5.7.6 页面文件

页面文件用于存储依然可以被某些进程使用，但由于被取消映射或内存压力导致的修剪操作，而不得不写回到磁盘的已修改页面。当页面最初被提交时，页面文件空间会被保留。但只有在页面写出到磁盘后，才能确定最优化的聚簇页面文件实际的位置。

系统引导时，会话管理器进程（Smss.exe）会检查注册表 HKLM\SYSTEM\CurrentControlSet\Control\Session Manager\Memory Management\PagingFiles 键下的注册表值，借此读取要打开的页面文件列表。这个多字符串注册表值包含了每个页面文件的名称、最小大小和最大大小信息。在 x86 和 x64 系统中，Windows 最多支持使用 16 个页面文件，ARM 系统最多支持使用 2 个页面文件。在 x86 和 x64 系统中，每个页面文件最大可达 16TB，ARM 系统最大可达 4GB。一旦打开后，系统运行过程中将无法删除页面文件，因为 System 进程会对每个打开的页面文件维持一个打开的句柄。

由于页面文件包含了进程和内核虚拟内存的一部分，出于安全方面的考虑，我们可将系统配置为在关机时清空页面文件。为此需要将注册表 HKLM\SYSTEM\CurrentControlSet\Control\Session Manager\Memory Management 键下的 ClearPageFileAtShutdown 注册表值设置为 1。否则在关机后，页面文件依然会包含系统运行过程中可能恰好被换出到页面文件的任何数据。如果有人能从物理上访问计算机，就可能会访问到这些数据。

如果页面文件的最小和最大文件大小均设置为 0（或未指定），这意味着将由系统自行管理页面文件。Windows 7 和 Windows Server 2008 R2 会根据物理内存的大小，使用如下的简单规则进行设置。

（1）**最小大小**。设置为物理内存数量或 1GB，两者取较大值。

（2）**最大大小**。设置为物理内存数量的 3 倍或 4GB，两者取较大值。

这些设置并非最理想的。例如，当今的笔记本电脑和台式机很轻松就可以装备 32GB 或 64GB 物理内存，服务器计算机更可能装备了数百吉字节的物理内存。如果将页面文件的初始大小设置为物理内存的大小，会占用大量磁盘空间，对于使用小容量磁盘或固态磁盘（Solid-state Device，SSD）的计算机，情况将更为严峻。此外，系统的物理内存数量多少也不一定意味着系统所运行的典型工作负载就需要这么多内存。

因此当前的实现使用了一种更巧妙的方式，不仅可以考虑物理内存的数量，还会结合考虑页面文件的历史用量和其他因素，借此确定“适宜”的页面文件大小最小值。在创建和初始化页面文件的过程中，Smss.exe 会根据 4 个因素计算页面文件大小的最小值，并将其存储在全局变量中。

（1）**RAM**（SmpDesiredPfSizeBasedOnRAM）。这是根据物理内存数量推荐的页面文件大小。

（2）**崩溃转储**（SmpDesiredPfSizeForCrashDump）。这是为了能够存储崩溃转储而推荐的页面文件大小。

（3）**历史记录**（SmpDesiredPfSizeBasedOnHistory）。这是根据使用情况历史记录推荐的页面文件大小。Smss.exe 会用到一个每小时触发一次的计时器记录页面文件的使用情况。

（4）**应用**（SmpDesiredPfSizeForApps）。这是为 Windows 应用推荐的页面文件大小。

页面文件大小建议的基本计算方式见表 5-13。

表 5-13 页面文件大小建议的基本计算方式

建议的基准	推荐的页面文件大小
RAM	如果物理内存小于等于 1GB，那么大小为 1GB。如果物理内存大于 1GB，那么额外每吉比特物理内存增加 1/8 GB，最多 32GB

续表

建议的基准	推荐的页面文件大小
崩溃转储	如果配置了专用转储文件，那么无须用页面文件存储转储文件，因此大小为 0。（若要为专用转储文件配置该选项，可在注册表 HKLM\System\CurrentControlSet\Control\CrashControl 键下添加 DedicatedDumpFile 注册表值） 如果转储类型配置为自动（默认值），那么会有以下几种情况。 如果物理内存小于 4GB，那么大小为“物理内存数量/6”。否则，大小为 2/3 GB，外加物理内存超出 4GB 的部分额外每吉比特对应 1/8 GB，但 32GB 封顶。 如果最近出现过崩溃并且页面文件不够大，那么建议的大小为将页面文件增加至与物理内存数量相等或将页面文件设置为 32GB，两者取较小的值。 如果配置了完整转储，那么最终的页面文件大小等于物理内存的数量外加转储文件中其他信息需要占用的存储量。 如果配置了内核转储，那么页面文件的大小等于物理内存的数量
历史记录	如果已经记录了足够多的样本数据，则会以数据中第 90 百分位的值作为推荐大小。否则会根据物理内存数量提供页面文件大小建议（见前文）
应用	对于服务器，将返回 0。推荐的大小将基于进程生命周期管理器（Process Lifecycle Manager，PLM）在决定何时终止某个应用时所用的因素。当前该因素为物理内存数量的 2.3 倍，这是针对 1GB 物理内存（通常为移动设备的物理内存最小值）所做出的考量。（基于上述因素）推荐的大小约为 2.5GB。如果这个数值大于物理内存数量，则会从中减去物理内存数量。否则将返回 0

对于系统自行管理的页面文件，页面文件大小的最大值会被设置为物理内存数量的 3 倍或 4GB，两者取较大值。最小（初始）页面文件大小则是按照下列规则确定的。

（1）对于第一个由系统自行管理的页面文件，会根据页面文件历史记录（见表 5-12）来设置基准大小，否则会根据物理内存数量设置基准大小。

（2）对于第一个由系统自行管理的页面文件：如果基准大小小于计算出来的面向应用的页面文件大小（SmpDesiredPfSizeForApps），那么会将计算而来的、面向应用的大小（见表 5-12）作为新的基准大小；如果（新的）基准大小依然小于面向崩溃转储计算而来的页面文件大小（SmpDesiredPfSizeForCrashDump），那么会将计算而来的、面向崩溃转储的大小设置为新的基准大小。

实验：查看页面文件

若要查看页面文件列表，请在注册表 HKLM\SYSTEM\CurrentControlSet\Control\Session Manager\Memory Management 键下查看 PagingFiles 值。该值包含了通过 Advanced System Settings 对话框修改过的页面文件配置设置。若要访问这些设置，请执行如下操作。

（1）打开控制面板。

（2）单击 System and Security 选项，随后单击 System 选项。这会打开系统属性对话框。或者可以在资源管理器中右击此电脑并选择 Properties。

（3）单击 Advanced System Settings 选项。

（4）选择 Advanced 选项卡，在性能选项下单击 Settings 按钮，即可打开性能选项对话框。

（5）选择 Advanced 选项卡。

（6）在虚拟内存选项下单击 Change 按钮。

实验：查看页面文件的推荐大小

若要查看表5-12中计算而来的实际变量，请执行如下操作（下列操作在x86 Windows 10系统中进行）。

（1）启动本地内核调试。

（2）找到Smss.exe进程。

```
lkd> !process 0 0 smss.exe
PROCESS 8e54bc40  SessionId: none  Cid: 0130   Peb: 02bab000  ParentCid: 0004
    DirBase: bffe0020  ObjectTable: 8a767640 HandleCount: <Data Not Accessible>
    Image: smss.exe

PROCESS 9985bc40  SessionId: 1 Cid:  01d4   Peb: 02f9c000 ParentCid: 0130
    DirBase: bffe0080  ObjectTable: 00000000 HandleCount:  0.
    Image: smss.exe

PROCESS a122dc40  SessionId: 2 Cid:  02a8   Peb: 02fcd000 ParentCid: 0130
    DirBase: bffe0320  ObjectTable: 00000000 HandleCount:  0.
    Image: smss.exe
```

（3）找到第一个进程（其会话ID显示为“None”），这是Smss.exe主实例（见第2章）。

（4）将调试器的上下文切换至该进程。

```
lkd> .process /r /p 8e54bc40
Implicit process is now 8e54bc40
Loading User Symbols
...
```

（5）显示上一节提到的那4个变量。（每个变量的大小均为64位。）

```
lkd> dq smss!SmpDesiredPfSizeBasedOnRAM L1
00974cd0 00000000'4fff1a00
lkd> dq smss!SmpDesiredPfSizeBasedOnHistory L1
00974cd8 00000000'05a24700
lkd> dq smss!SmpDesiredPfSizeForCrashDump L1
00974cc8 00000000'1ffecd55
lkd> dq smss!SmpDesiredPfSizeForApps L1
00974ce0 00000000'00000000
```

（6）这台计算机只有一个卷（C:\），因此只创建了一个页面文件。如果未经明确配置，页面文件将由系统自行管理。因此我们可以直接查看磁盘上C:\PageFile.Sys文件的大小，或在调试器中使用!vm命令查看。

```
lkd> !vm 1
Page File: \??\C:\pagefile.sys
  Current:     524288 Kb  Free Space:     524280 Kb
  Minimum:     524288 Kb  Maximum:       8324476 Kb
Page File: \??\C:\swapfile.sys
  Current:     262144 Kb  Free Space:     262136 Kb
  Minimum:     262144 Kb  Maximum:       4717900 Kb
No Name for Paging File
  Current:   11469744 Kb  Free Space:   11443108 Kb
  Minimum:   11469744 Kb  Maximum:      11469744 Kb
...
```

请留意 C:\PageFIle.sys 文件的最小大小（524288KB）。（下一节将讨论其他与页面文件有关的项。）根据变量的数值可知，SmpDesiredPfSizeForCrashDump 的值最大，因此将成为决定性因素（0x1FFECD55 = 524211KB），这个值与实际显示的值已经非常接近。（页面文件的大小会取整为 64MB 的倍数。）

若要添加新的页面文件，控制面板会使用 Ntdll.dll 中定义的内部专用系统服务 NtCreatePagingFile。（需要 SeCreatePagefilePrivilege 特权。）页面文件始终会以未压缩文件的形式创建，哪怕页面文件所在目录已经被压缩。其名称为 PageFile.Sys（但下文介绍的一些特殊页面文件会使用其他名称）。页面文件会被创建到分区根目录，并具备隐藏属性，所以无法直接可见。为了保证新增加的页面文件不被删除，该文件的句柄会被复制给 System 进程，这样就算创建过程中关闭了新页面文件的句柄，依然会有一个句柄始终处于打开的状态。

1．交换文件

在 UWP 应用的世界中，当一个应用被放入后台，例如被最小化后，该应用进程中的线程会被挂起，这样进程就不再消耗 CPU 资源。该进程所用的私有物理内存有可能会被其他进程复用。如果内存压力较大，私有工作集（进程所用的物理内存）可以交换到磁盘上，借此为其他进程释放物理内存。

Windows 8 增加了另一个名为交换（swap）文件的页面文件。从本质来看，它和普通的页面文件完全相同，但它是专供 UWP 应用使用的。在客户端 SKU 的 Windows 中，只有在至少创建了一个普通页面文件（正常情况下都会创建）的前提下，才会创建交换文件。其名称为 SwapFile.sys，位于系统根分区下，例如 C:\SwapFile.sys。

在创建了常规页面文件后，系统会查询注册表 HKLM\System\CurrentControlSet\Control\Session Manager\Memory Management 键。如果存在名为 SwapFileControl 的 DWORD 值，且其数值为 0，则会忽略交换文件的创建。如果存在名为 SwapFile 的值，则会将其以字符串的形式读取，该值与常规页面文件对应的注册表值格式类似，包含了交换文件的文件名、初始大小和最大大小信息。这里的差异在于文件大小的数值为 0 会被理解为不创建交换文件。这两个注册表值默认均不存在，因此会导致需要在系统根分区创建一个 SwapFile.sys 文件，在较快速（但容量较小）的磁盘（例如 SSD）上，该文件的最小值为 16MB；在速度较慢（或大容量 SSD）的磁盘上，该文件的最小值为 256MB。交换文件大小的最大值被设置为物理内存总数的 1.5 倍，或系统根分区容量的 10%，两者之间取较小值。有关 UWP 应用的详细信息参见第 7 章以及卷 2 的第 8 章与第 9 章。

注意 交换文件的大小并不会被统计到可支持的页面文件大小最大值中。

2．虚拟页面文件

调试器中的!vm 命令暗示了另一种名为“No Name for Paging File（无名页面文件）”的页面文件。这是一种虚拟页面文件。顾名思义，它没有实际的文件名，而是被间接用于内存压缩功能（见 5.15 节）所需的后备存储。这种页面文件很大，但为了不至于耗尽可用空间，也可以随意设置它的大小。对于已经被压缩的页面，其无效的 PTE 将指向这个虚拟页面文件，借此内存压缩存储即可在需要时解读无效 PTE 中的这一位，从而获得正确的存储、区域和索引信息，进而获取被压缩的数据。

实验：查看与交换文件和虚拟页面文件有关的信息

使用调试器中的!vm 命令可显示所有页面文件，包括交换文件和虚拟页面文件的信息。

```
lkd> !vm 1
Page File: \??\C:\pagefile.sys
  Current:     524288 Kb  Free Space:     524280 Kb
  Minimum:     524288 Kb  Maximum:       8324476 Kb
Page File: \??\C:\swapfile.sys
  Current:     262144 Kb  Free Space:     262136 Kb
  Minimum:     262144 Kb  Maximum:       4717900 Kb
No Name for Paging File
  Current:  11469744 Kb  Free Space: 11443108 Kb
  Minimum:  11469744 Kb  Maximum:    11469744 Kb
```

在上述系统中，交换文件的最小大小为 256MB，因为这个系统实际是一台运行 Windows 10 的虚拟机（用于承载磁盘的 VHD 会被视作慢速磁盘。）交换文件大小的最大值约为 4.5GB，因为系统物理内存有 3GB，磁盘分区的容量为 64GB（在 4.5GB 和 6.4GB 之间取较小值）。

5.7.7　提交用量和系统提交限制

接下来可以更深入地讨论提交用量（commit charge）和系统提交限制（system commit limit）这两个概念。

每当创建虚拟地址空间时，例如调用 VirtualAlloc（用于已提交的内存）或调用 MapViewOfFile 时，系统必须确保物理内存或后备存储中有足够的空间来存储它们，这样才能成功执行创建请求。系统为映射的内存（而非映射至页面文件的节），以及 MapViewOfFile 调用中引用的映射对象所关联的文件提供了所需的后备存储。所有其他虚拟分配均依赖于系统管理的共享资源所提供的存储：物理内存，一个或多个页面文件。系统提交限制和提交用量的目的在于跟踪对这些资源的所有使用情况，以确保不会被过度提交。也就是说，所定义的虚拟地址空间绝对不会超出物理内存或（位于磁盘上的）后备存储所能容纳的空间。

注意　本节会频繁提到“页面文件”这个词。虽然可以在不使用任何分页文件的情况下运行 Windows（但通常不建议这样做），但这基本上也就意味着当物理内存耗尽时，将无法提供进一步增长的空间，内存分配可能会失败，进而导致蓝屏死机。因此对于本节所有提到页面文件的地方，都可以认为有一个前提条件——存在一个或多个页面文件。

从概念上来看，系统提交限制代表除了关联到各自后备存储的虚拟分配（即除了映射到内存映射的节）之外，可以额外创建的已提交的虚拟地址空间总量。其数值只是简单地将 Windows 可用物理内存总量与任何页面文件的当前大小相加而来。如果有页面文件被扩展，或新建了页面文件，系统提交限制也会酌情增大。如果不存在页面文件，那么系统提交限制就直接等同于 Windows 可用物理内存的总量。

提交用量则是整个系统范围内，必须保存在物理内存或一个页面文件中的所有已提交内存分配的总量。顾名思义，从表面来看，进程私有的已提交虚拟地址空间是提交用量的组成部分之一，然而还有其他很多组成部分，其中一些甚至并不明显。

Windows 维护着一种名为进程页面文件配额的每个进程的计数器。它会影响到提交用量的很多分配，同样也会影响到进程页面文件配额。进程页面文件配额代表每个进程对系统提交用量的“私有贡献”。然而需要注意，这并不代表当前页面文件用量，而是代表了当所有这些分配都存储在其中时，潜在或最大的页面文件用量。

下列类型的内存分配会对系统提交用量产生影响，很多情况下也会影响到进程页面文件配额。

（1）**私有已提交内存**。这是指通过 MEM_COMMIT 选项调用 VirtualAlloc 分配的内存，也是会影响提交用量的最常见分配类型。这些分配也会影响到进程页面文件配额。

（2）**页面文件支撑的映射内存**。这是通过引用节对象（但该节对象不与文件关联）的 MapViewOfFile 调用分配的内存。此时系统会将页面文件的部分内容用作后备存储。这类分配不会影响到进程页面文件配额。

（3）**映射内存的写入时复制区域（即便已关联到常规页面文件）**。映射文件为自己未修改的内容提供了后备存储。然而写入时复制区域中的页面一经修改就无法继续使用原先的映射文件作为后备存储，此时必须将其保存在物理内存或页面文件中。这类分配不会影响到进程页面文件配额。

（4）**非换页和换页内存池，以及系统空间中并非由显式关联的文件来支撑的其他分配类型**。系统内存池中当前可用的区域会影响到提交用量。非换页区域也会影响到提交用量，虽然它们由于永久性减小了用于私有可分页数据的物理内存，可能永远不会被写入页面文件。这类分配不会影响到进程页面文件配额。

（5）**内核栈**。在内核模式下执行时的线程栈。

（6）**页表**。大部分页表本身是可换页的，并且无须映射文件的支撑。然而即便是不可换页的页表，也依然会占用物理内存。因此它们占据的空间会被计入提交用量。

（7）**尚未实际分配的页表所占用的空间**。下文将会介绍，如果已经定义了大块虚拟空间，但这些空间尚未被引用（例如私有已提交虚拟空间），那么系统并不需要真正创建用于描述该空间的页表。然而这些暂时不存在的页表所占用的空间会被计入提交用量，这是为了确保需要时能够成功创建出页表。

（8）**通过地址窗口扩展（AWE）**。API 分配的物理内存 正如前文所述，它们将直接消耗物理内存。

上述这些项中的好几类，它们的提交用量可能代表了潜在的存储空间用量，而非实际用量。例如，私有提交内存页面在真正被引用至少一次之前，并不会实际占用物理内存页面或等量的页面文件空间。只有在被首次引用后，它才会变为要求零页面。但提交用量会在虚拟空间首次创建时计量这样的页面。这确保了当随后引用该页面时，可以为其提供实际的物理存储空间。

以写入时复制方式映射的文件区域也有类似的需求。在进程写入这种区域前，其中的所有页面都是由映射文件支撑的。然而进程可能随时写入该区域中的任何页面。出现这种情况时，被写入的页面将被视作该进程的私有页面，进而它们的后备存储就变成了页面文件。在首次创建这种区域时记录它们的系统提交用量，这确保了稍后发生写访问时，可以为这些页面提供私有存储空间。

在首先保留私有内存，随后再提交的情况下，还会出现一种特别有趣的情况。使用VirtualAlloc创建保留区域时，实际的虚拟区域不会被记录到系统提交用量中。在Windows 8和Windows Server 2012以及更早版本的系统中，用于描述该区域的任何新页表页都会被记录，哪怕这些页面可能暂时还不存在或者到最后也根本不需要。从Windows 8.1和Windows Server 2012 R2开始，保留区域对应的页表层级关系并不会被立刻记录，这意味着无须耗尽页表即可分配非常巨大的保留内存区域。这一特性在某些安全功能中非常重要，例如控制流防护（Control Flow Guard，CFG）（详见第7章）。如果稍后提交了该区域或该区域的一部分，系统提交用量将记录该区域（以及页表）的大小以及进程页面文件配额。

换一种方式来看，当系统成功完成某些操作，例如成功调用VirtualAlloc提交或成功调用MapViewOfFile后，会做出一种“承诺”：所需存储空间会在需要时可用，哪怕目前暂不需要该空间。因此随后对已分配区域的内存引用就不会因为存储空间不足而失败。（当然，这依然可能因为其他情况而失败，如页面保护、区域被取消分配等。）提交用量机制确保了系统给予这样的承诺。

在性能监视器中，提交用量可通过计数器Memory: Committed Bytes来体现。此外提交用量也体现为任务管理器性能选项卡下两个“已提交”数据中的第一个（第二个数据是指提交限制）。同时Process Explorer的System Information窗口中的Memory选项卡下的Commit Charge - Current数值也对应着提交用量数值。

进程页面文件配额可通过性能计数器Process: Page File Bytes来体现。该数值还会体现为计数器Process: Private Bytes performance counter。（但这两个计数器的名称都无法体现该计数器的真正含义。）

如果提交用量达到了提交限制，内存管理器会试图扩展一个或多个页面文件，借此增大提交限制。如果这个操作无法实现，后续发生的、需要消耗提交用量的虚拟内存分配请求将会失败，直到现有已提交内存被释放。表5-14列出的性能计数器可供我们针对整个系统、每个进程或每个页面文件查看私有提交内存的用量。

表5-14 提交内存和页面文件性能计数器

性能计数器	描述
Memory: Committed Bytes	代表已提交的虚拟（非保留）内存字节数。该数值未必代表页面文件用量，因为其中包含位于物理内存中、从未被换出的私有提交页面。实际上该数值代表了必须由页面文件空间或物理内存支撑的用量
Memory: Commit Limit	代表无须扩展页面文件的情况下可提交的虚拟内存字节数。如果页面文件可扩展，则可认为这是一种软性限制
Process: Page File Quota	代表进程对Memory: Committed Bytes的贡献
Process: Private Bytes	与Process: Page File Quota意义相同
Process: Working Set-Private	这是Process: Page File Quota的子集，代表当前位于物理内存中，在引用时不会产生页面错误的部分。同时这也是Process: Working Set的子集
Process: Working Set	这是Process: Virtual Bytes的子集，代表当前位于物理内存中，在引用时不会产生页面错误的部分
Process: Virtual Bytes	代表为进程分配的虚拟内存总量，其中包括映射区域、私有提交区域以及私有保留区域
Paging File: % Usage	代表页面文件空间当前用量所占百分比
Paging File: % Usage Peak	代表Paging File: % Usage已观测到的最大值

5.7.8 提交用量和页面文件大小

表 5-13 列出的计数器可以帮助我们确定自定义页面文件的大小。系统默认采用的、基于物理内存数量的策略适合大部分计算机，但对于特定的工作负载，这可能导致页面文件过大或过小。

如果希望根据系统引导完成之后所运行的具体应用程序来确定自己真正需要多少页面文件空间，可以在 Process Explorer 的 System Information 窗口中的 Memory 选项卡下查看 Peak commit charge（内存提交量峰值）数据。该数据代表在系统引导后，当系统必须对大部分私有提交虚拟内存进行换出操作（很罕见的情况）时，所需要的页面文件空间量峰值。

如果系统中的页面文件过大，系统将无法充分利用它。换句话说，此时增大页面文件并不能改变系统性能。而这实际上仅仅意味着系统可以获得更多提交的虚拟内存。如果对于试图运行的各类应用程序来说页面文件过小，那么可能会看到“系统虚拟内存不足”的错误消息。此时需要检查是否有进程存在内存泄露的情况，为此可以查看进程的私有字节计数。如果没有进程存在泄露的情况，则需要检查系统的换页池大小。如果有设备驱动程序正在泄露换页池，那么这可能就是原因所在了。有关如何对内存池泄露进行排错的详细信息，可参见 5.3 节中的“内存池泄露排错”实验。

实验：使用任务管理器查看页面文件用量

我们可以使用任务管理器查看提交内存的用量。为此请打开 Performance 选项卡，随后可以看到下列与页面文件有关的计数器，如图 5-44 所示。

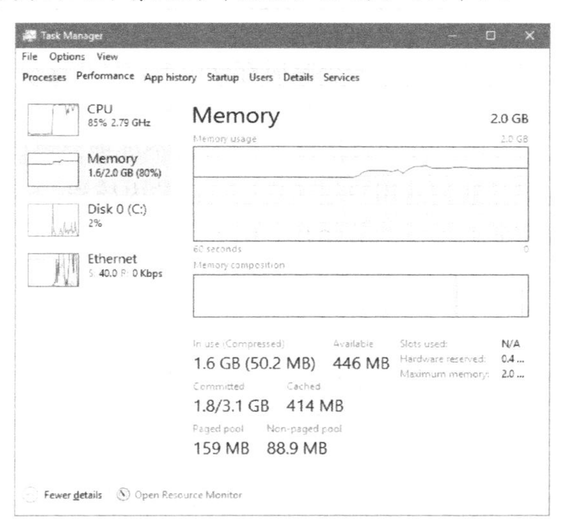

图 5-44 与页面文件有关的计数器

系统提交总量会通过两个数据显示在“Committed”字样下。第一个数据代表潜在的页面文件用量，而非实际页面文件用量。也就是说，它代表了当系统中所有私有提交虚拟内存需要同时换出时，所需要的页面文件空间总量。第二个数据代表提交限制，也就是在虚拟内存（包括由物理内存以及页面文件支撑的虚拟内存）不足之前，系统可以支持的虚拟内存用量最大值。提交限制实际上等同于物理内存的大小，外加页面文件的当前大小。因此这个数据不会包含页面文件可扩展的大小。

Process Explorer 的 System Information 窗口还可以显示与系统提交用量有关的其他信息，例如峰值用量与限制值的百分比，以及当前用量与限制值的百分比，如图 5-45 所示。

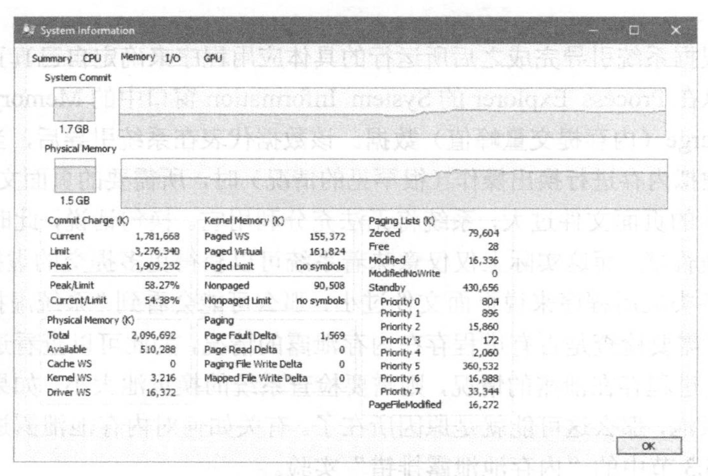

图 5-45　与系统提交用量有关的其他信息

5.8　栈

线程在运行过程中必须能够访问一个临时存储位置，并在这里存储函数参数、本地变量以及线程调用后的返回地址。这部分内存叫作栈（stack）。在 Windows 中，内存管理器为每个线程提供了两个栈（用户栈和内核栈），还为每个处理器提供了 DPC 栈。第 2 章简要介绍了系统调用如何导致线程从用户栈切换至自己的内核栈。下面我们将介绍内存管理器为了更高效地使用栈空间而提供的其他几个服务。

5.8.1　用户栈

创建线程时，内存管理器会自动保留一块预定容量的虚拟内存，默认将保留 1MB。这个数量可在调用 CreateThread 或 CreateRemoteThread(Ex)函数时进行配置；或在编译应用程序时，在 Microsoft C/C++编译器中使用/STACK:reserve 开关将相关信息存储在映像头中。虽然保留了 1MB，但栈中只有第一个页面和一个防护页面会被提交（除非映像的 PE 头另有指定）。当线程栈变得足够大以至于碰触到防护页面时，将会发生异常，进而引发分配另一个防护页面的操作。借助这样的机制，用户栈就不会立即耗尽所有的 1MB 提交内存，而是可以按需增大（但是永远无法缩小）。

实验：创建最大数量的线程

每个 32 位进程仅有 2GB 用户地址空间可用，为每个线程栈保留的内存数量相对来说就足够大了，因此可以很容易计算出一个进程可支持的线程数量最大值：略少于 2048 个，对应了接近2GB的内存（除非使用了BCD的increaseuserva选项并且映像可感知大地址空间）。通过强制为每个新线程使用可行的最小栈保留大小（64KB），最多将可以支持约30000个线程。我们可以使用Sysinternals提供的TestLimit工具自行测试。其输出范例如下。

```
C:\Tools\Sysinternals>Testlimit.exe -t -n 64

Testlimit v5.24 - test Windows limits
Copyright (C) 2012-2015 Mark Russinovich
Sysinternals - 

Process ID: 17260

Creating threads with 64 KB stacks...
Created 29900 threads. Lasterror: 8
```

如果考虑在64位Windows（可用的用户地址空间为128TB）中执行该实验，你可能期待着能创建出数十万个线程（假设有足够的可用内存）。然而有趣的是，TestLimit最终创建的线程数量会少于32位Windows中的最大值。因为Testlimit.exe本身也是一个32位应用程序，必须在Wow64环境（有关Wow64的详情，请参阅卷2第8章）下运行。所以所创建的每个线程不仅需要自己的32位Wow64栈，同时也需要自己的64位栈，导致内存用量翻倍，但同时只有2GB地址空间可用。若要正确测试64位Windows在线程创建方面的限制，请使用Testlimit64.exe二进制文件。

TestLimit需要使用Process Explorer或任务管理器终止，无法直接使用快捷键Ctrl+C中断该应用程序的运行，因为该操作本身也要新建一个线程，一旦内存被耗尽，创建可能无法成功。

5.8.2 内核栈

虽然用户栈的大小通常为1MB，但内核栈专用的内存数量通常更少：32位系统为12KB，64位系统为16KB，随后还有另一个防护页，因此虚拟地址空间总大小为16KB或20KB。运行在内核模式下的代码，其递归调用的数量通常少于用户模式的代码，同时可以更高效地使用变量，并保持栈缓冲区足够小。由于内核栈位于系统地址空间（被所有进程共享）中，它们的内存用量会对系统产生更大的影响。

虽然内核代码通常是非递归的，但是Win32k.sys所处理的图形系统调用和随后返回的用户模式的回调，这两者间的交互会导致内核代码在同一内核栈上重入。为此Windows提供了一种机制，可对内核栈的初始大小进行动态的扩展和收缩。如果同一个线程每次执行额外的图形调用，将分配另一个16KB的内核栈。（可以发生于系统地址空间的任何位置，内存管理器提供了在接近防护页时在不同栈之间跳转的能力。）每当这种调用返回到调用方[这个过程也叫作展开（unwinding）]，内存管理器会释放之前额外分配的内核栈，整个过程如图5-46所示。该机制为递归的系统调用提供了可

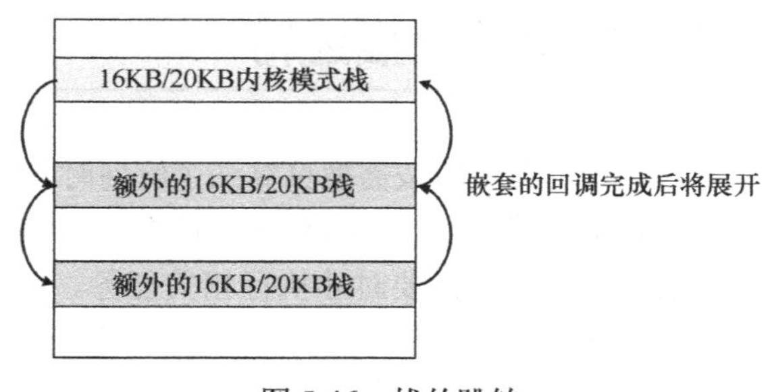

图5-46 栈的跳转

靠的支持，并能更高效地使用系统地址空间。驱动程序开发者也可以借助这样的机制，在必要时通过 KeExpandKernelStackAndCallout(Ex) API 执行递归调出。

实验：查看内核栈用量

我们可以使用 Sysinternals 提供的 RamMap 工具查看当前被内核栈使用的物理内存量。该工具的 Use Counts 选项卡界面如图 5-47 所示。

Driver Locked	3,419,852 K	3,419,852 K	
Kernel Stack	47,496 K	41,380 K	6,116 K
Unused	10,773,740 K	77,504 K	

图 5-47 该工具的 Use Counts 选项卡界面

要查看内核栈的用量，请执行如下操作。

（1）重复前文提到的 TestLimit 实验，但暂时不要终止 TestLimit。

（2）切换至 RamMap。

（3）打开 File 菜单，选择 Refresh（或按 F5 键），随后应该能看到更大的内核栈，如图 5-48 所示。

Driver Locked	3,419,852 K	3,419,852 K	
Kernel Stack	346,076 K	339,916 K	6,160 K
Unused	10,318,232 K	77,680 K	

图 5-48 更大的内核栈

多运行几次 TestLimit（但不要关闭之前的实例）就可以很轻松地耗尽 32 位系统的物理内存，而这个限制也是系统范围内 32 位线程数量最主要的限制之一。

5.8.3 DPC 栈

Windows 为每颗处理器提供了一个 DPC 栈，可在执行 DPC 时由系统使用。这种做法可将 DPC 代码与当前线程的内核栈隔离。（但这与 DPC 的实际操作无关，因为 DPC 可以运行在任意线程上下文中。DPC 的相关内容参见第 6 章。）DPC 栈还会配置为在系统调用过程中处理 Sysenter(x86)、Svc(ARM)或 Syscall(x64)指令的初始栈。当这些指令执行完毕后，CPU 负责根据特定模型的寄存器（在 x86/x64 上为 MSR）切换栈。不过，Windows 并不希望每次上下文切换时对 MSR 重新编程，这是一种成本很高的操作，Windows 会在 MSR 中配置每颗处理器 DPC 栈的指针。

5.9 虚拟地址描述符

内存管理器使用按需换页算法了解何时将页面载入内存：它会等待线程引用了一个地址并导致页面错误后，从磁盘获取该页面。与写入时复制类似，按需换页也是一种延迟计算，需要等到真正需要时才执行相关任务。

内存管理器不仅使用延迟计算的方式将页面放入内存，而且会通过这种方式构建描述新页面所需的页表。例如，当线程使用 VirtualAlloc 提交了一大块虚拟内存区域时，内存管理器会立即构建访问整个已分配内存范围所需的页表。但如果该区域有一部分从未被访问呢？此时为整个范围创建页表就是一种浪费。因此内存管理器会一直等待，直到线程产生了页面错误后才为相应的页面创建页表。对于保留或提交了大量内存但实际上只零星访问这些内存的进程，这种做法可以大幅提高性能。

这些“暂时不存在”的页表所占用的虚拟地址空间会被计入进程页面文件配额以及系统提交用量。这保证了一旦真正创建后，所需空间是可用的。借助延迟计算算法，即使分配更大块的内存也是一种很快速的操作。当线程分配内存时，内存管理器必须用一段地址作为响应供该线程使用。为此，内存管理器维持了另一组数据结构，用于记录哪些虚拟地址空间已经被进程的地址空间所保留，哪些尚未保留。这种数据结构就叫作虚拟地址描述符（Virtual Address Descriptor，VAD）。VAD 是通过非换页池分配的。

5.9.1 进程的 VAD

内存管理器为每个进程维持了一组用于描述进程地址空间状态的 VAD。VAD 会被组织成一种可以自平衡的 AVL 树（这个名称源自其发明人 Adelson-Velsky 和 Landis，在这种树中，任意节点的两个子树的高度差最大为 1，因此可实现非常快速的插入、查找和删除操作）。平均来说，借此即可在搜索 VAD 对应的虚拟地址时将需要进行的对比次数降至最低。具备相同特征（保留/提交/映射、内存访问保护等）的非空闲虚拟地址中每一块连续的区域，都对应一个 VAD。图 5-49 展示了 VAD 树的一个示意图。

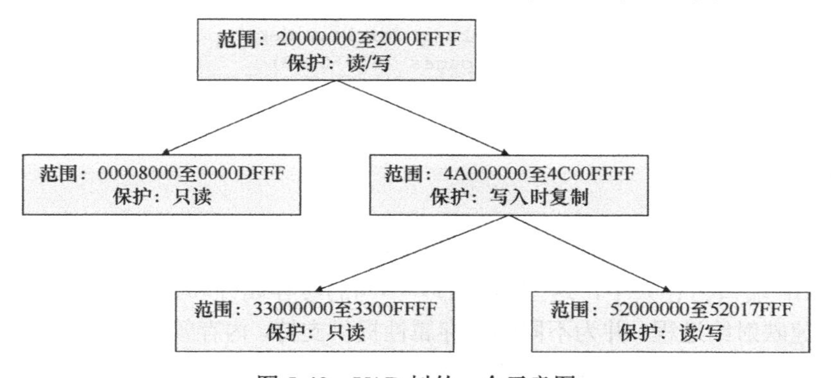

图 5-49 VAD 树的一个示意图

当进程保留了地址空间或映射了节视图后，内存管理器会创建一个 VAD 来存储分配请求所提供的所有信息，例如所保留的地址范围、该范围是共享的还是私有的、子进程是否可继承该范围的内容、应用于该范围中的页面的页面保护。

当线程首次访问一个地址时，内存管理器必须为包含该地址的页面创建 PTE。为此，内存管理器首先会寻找地址范围中包含所访问地址的 VAD，并使用找到的信息填充 PTE。如果该地址落在 VAD 所涵盖的范围之外，或位于已保留但尚未提交的地址范围中，内存管理器会知道该线程在使用这块内存之前尚未申请，因此会生成访问冲突。

实验：查看 VAD

我们可以使用内核模式调试器的!vad 命令查看特定进程的 VAD。首先使用!process 命令找到 VAD 树的根地址，随后将该地址提供给!vad 命令。下例中展示的是 Explorer.exe 进程的 VAD 树。

```
lkd> !process 0 1 explorer.exe
PROCESS ffffc8069382e080
    SessionId: 1 Cid: 43e0 Peb: 00bc5000 ParentCid: 0338
    DirBase: 554ab7000 ObjectTable: ffffda8f62811d80 HandleCount: 823.
    Image: explorer.exe
    VadRoot ffffc806912337f0 Vads 505 Clone 0 Private 5088. Modified 2146. Locked 0.
    ...
    lkd> !vad ffffc8068ae1e470
    VAD              Level      Start       End Commit
    ffffc80689bc52b0  9         640         64f        0 Mapped      READWRITE
    Pagefile section, shared commit 0x10
    ffffc80689be6900  8         650         651        0 Mapped      READONLY
    Pagefile section, shared commit 0x2
    ffffc80689bc4290  9         660         675        0 Mapped      READONLY
    Pagefile section, shared commit 0x16
    ffffc8068ae1f320  7         680         6ff       32 Private     READWRITE
    ffffc80689b290b0  9         700         701        2 Private     READWRITE
    ffffc80688da04f0  8         710         711        2 Private     READWRITE
    ffffc80682795760  6         720         723        0 Mapped      READONLY
    Pagefile section, shared commit 0x4
    ffffc80688d85670 10         730         731        0 Mapped      READONLY
    Pagefile section, shared commit 0x2
    ffffc80689bdd9e0  9         740         741        2 Private     READWRITE
    ffffc80688da57b0  8         750         755        0 Mapped      READONLY
    \Windows\en-US\explorer.exe.mui
    ...
    Total VADs: 574, average level: 8, maximum depth: 10
    Total private commit: 0x3420 pages (53376 KB)
    Total shared commit:  0x478 pages (4576 KB)
```

5.9.2　旋转 VAD

显卡驱动程序通常必须将数据从用户模式图形应用程序复制到各种系统内存（包括显卡内存和 AGP 端口内存）中，这些内存都有不同的缓存属性和地址。为了将这些不同视图的内存快速映射给进程，并为不同的缓存属性提供支持，内存管理器实现了旋转（rotate）VAD。借此视频驱动程序即可使用 GPU 直接传输数据，并根据需要将不再需要的内存从进程的视图页面中旋入或旋出。图 5-50 展示了这样一个在视频物理内存和虚拟内存之间旋转同一个虚拟地址的例子。

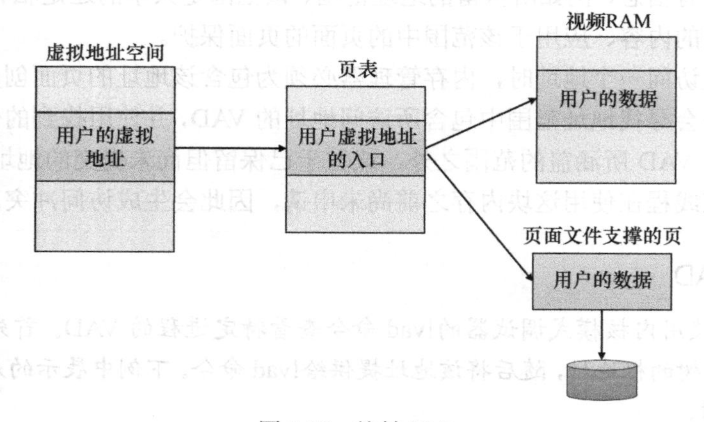

图 5-50　旋转 VAD

5.10 NUMA

为了更好地利用非一致内存体系结构（Non-Uniform Memory Architecture，NUMA）计算机，每一代 Windows 都在内存管理器方面进行了不断的完善，例如大型服务器系统以及基于 Intel i7 和 AMD Opteron 的对称多处理器工作站。内存管理器对 NUMA 的支持已经可以智能地感知诸如位置、拓扑、访问成本等与节点有关的信息，借此应用程序和驱动程序即可充分利用 NUMA 能力，并通过抽象隐藏底层的硬件细节。

内存管理器初始化时，会调用 MiComputeNumaCosts 函数在不同节点上执行多种换页和缓存操作。随后它会计算完成这些操作所需的时间。根据这些信息即可构建出访问成本（系统中任意两个节点之间的距离）节点图。当系统由于某些操作而需要换页时，即可根据该图选择最优节点（即距离最近的节点）。如果该节点上没有可用内存，则会选择距离第二近的节点，以此类推。

对于发起分配操作的线程，虽然内存管理器会尽可能地确保总是从最理想的处理器节点（理想节点）分配内存，但同时也提供了另一种功能，可以让应用程序自行选择节点，这是通过 VirtualAllocExNuma、CreateFileMappingNuma、MapViewOfFileExNuma 以及 AllocateUserPhysicalPagesNuma 等 API 实现的。

不仅应用程序分配内存时会用到理想节点，内核操作和页面错误也会用到。例如，当运行在非理想处理器上的线程出现页面错误时，内存管理器将不再使用当前节点，而是会从该线程的理想节点分配内存。虽然线程此时依然运行在这颗 CPU 上，而这样做会导致访问速度略慢，但当该线程被回迁到自己的理想节点后，整体内存访问将得以优化。任何情况下，如果理想节点资源耗尽，此时会选择距离理想节点最近的其他节点，而非随机选择节点。不过与用户模式应用程序类似，驱动程序也可以使用诸如 MmAllocatePagesForMdlEx 或 MmAllocateContiguousMemorySpecifyCacheNode 等 API 选择自己的节点。

各种内存管理器的内存池和数据结构也进行了优化，可以充分利用 NUMA 节点。内存管理器会尝试从系统中的所有节点均匀地使用物理内存保存非换页池。在分配非换页池时，内存管理器会使用理想节点作为索引，来选择非换页池内部与该节点所述物理内存相对应的虚拟内存地址范围。此外，内存管理器还会为每个 NUMA 节点创建内存池空闲列表，借此更高效地利用这些类型的内存配置。除了非换页池，系统缓存、系统 PTE 和内存管理器的旁视列表也会用类似方式分配给所有节点。

最后，当系统需要零页面时，会通过并行方式跨越不同 NUMA 节点来创建，为此会使用与物理内存所在节点对应的 NUMA 相关性来创建线程。逻辑预取器与 SuperFetch（详见 5.19 节）在预取时也会使用目标进程的理想节点，不过页面软错误会导致页面迁移至引发错误的线程的理想节点。

5.11 节对象

正如 5.2.5 节所述，节（section）对象，即 Windows 子系统调用的文件映射对象，代表两个或更多进程可共享的内存块。节对象可映射至页面文件或磁盘上的其他文件。

执行体会使用节将可执行映像载入内存，缓存管理器会使用节访问缓存文件中的数据。（有关缓存管理器如何使用节对象的详细信息，参见卷 2 第 14 章。）我们还可以使用节对象将文件映射至进程地址空间，随后即可映射节对象的不同视图，以“大型数组”的方式访问该文件并读写至内存（而非文件），这种操作也叫作映射文件 I/O。当程序访问了无效的页面（不在物理内存中的页面）后，将引发页面错误，随后内存管理器会自动将该页面从映射文件或页面文件读入内存。如果随后应用程序修改了该页面，内存管理器会在常规换页操作中将改动重新写回文件。（或者应用程序可以使用 Windows 的 FlushViewOfFile 函数明确刷新视图。）

与其他对象类似，节对象的分配和取消分配由对象管理器负责。对象管理器会创建并初始化用于管理对象的对象头，随后由内存管理器定义节对象的主体。（有关对象管理器的详情请参阅卷 2 第 8 章。）内存管理器还实现了一些可供用户模式线程调用的服务，借此即可获取并更改节对象主体中存储的属性信息。节对象的结构如图 5-51 所示，表 5-15 总结了节对象中所存储的各种属性。

对象类型	节
对象主体属性	最大大小 页面保护 换页文件或映射文件 基节或非基节
服务	创建节 打开节 扩展节 映射/撤销映射视图 查询节

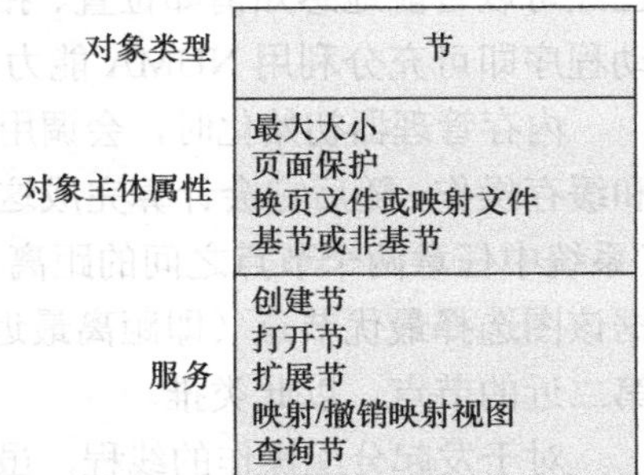

图 5-51　节对象的结构

表 5-15　节对象中所有存储的各种属性

属性	用途
Maximum size	节可以增长到的最大尺寸字节数。对于映射文件，则是指文件的最大尺寸
Page protection	在创建节时，分配给其中所有页面的、基于页面的内存保护属性
Paging file 或 Mapped file	代表该节在创建时是为空（由页面文件支撑，如前所述，页面文件支撑的节只有在页面需要写出到磁盘时才会使用页面文件资源）还是加载了一个文件（由映射文件支撑）
Based 或 Not based	代表该节是否为基节（based section），若为基节，必须在所有共享该节的进程中都位于相同虚拟地址上；若为非基节，可以位于不同进程的不同虚拟地址上

实验：查看节对象

我们可以使用 Sysinternals 提供的 Process Explorer 查看进程映射的文件（见图 5-52）。具体步骤如下。

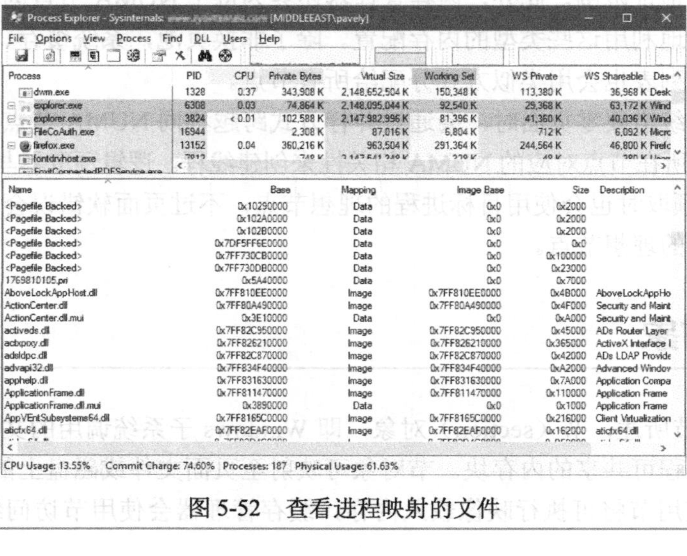

图 5-52　查看进程映射的文件

（1）打开 View 菜单，选择 Lower Pane View，随后选择 DLLs。

（2）打开 View 菜单，选择 Select Columns，随后选中 DLL，并启用 Mapping Type 列。

（3）请留意 Mapping 列中标记为 Data 的文件。这些便是映射文件，而非 DLL 或映像加载器以模块形式加载的其他文件。对于由页面文件支撑的节对象，其 Name 列会显示为<Pagefile Backed>，其他情况会显示文件名。

另一种查看节对象的方式是切换为句柄视图（打开 View 菜单，选择 Lower Pane View，随后选择 Handles），随后查找类型为 Section 的对象。图 5-53 还显示了对象名称（如果存在的话），但这并不是支撑该节（如果该节由文件支撑的话）的文件的名称，而是对象管理器命名空间中为该节设置的名称。（有关对象管理器的详细内容参见卷 2 第 8 章。）双击对应的项可显示对象的详细信息，例如打开的句柄数及其安全描述符。

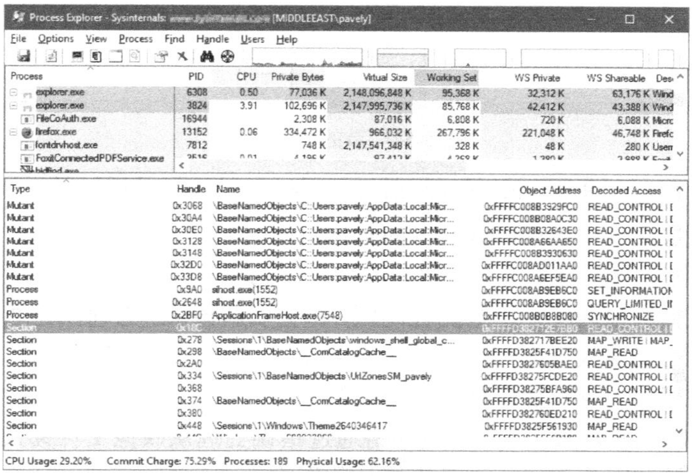

图 5-53 对象名称

内存管理器为了描述映射节所维护的数据结构如图 5-54 所示。这些结构确保了无论任何类型的访问（打开文件、映射文件等），从映射文件读取的数据均可保持一致。每个打开的文件（由文件对象所代表）都存在一个节对象指针结构。该结构是确保所有类型的数据访问均能维持数据一致性的关键，同时还提供了文件缓存。节对象指针结构会指向一个或两个控制区（control area）。其中一个控制区用于在以数据文件形式访问时对文件进行映射，另一个控制区可用于在以可执行映像形式运行时对文件进行映射。随后，控制区会指向为文件中的每个节描述映射信息（只读、读写、写入时复制等）的子节结构。该控制区还会指向在换页池中分配的一种段（segment）结构，随后段结构会指向对节对象所映射的实际页面进行映射的原型 PTE。正如本章前文所述，进程页表会指向这些原型 PTE，进而映射至所引用的页面。

虽然 Windows 可以保证任何进程在访问（读取或写入）文件时始终可以看到相同且一致的数据，但是在一种情况下，物理内存中可能存有一个文件所对应页面的两个副本。（就算在这种情况下，所有访问者也都可以得到最新副本，因此数据一致性依然有保障。）如果以数据文件的方式访问（读取或写入）了某个映像文件，随后又以可执行映像的形式运行了该文件，那么就会出现这种形式的副本。（例如，首先链接、随后运行一个映像，链接器打开该文件以供访问，随后运行该映像时，映像加载器将其映射为可执行文件。）

从内部来看，此时会执行如下操作。

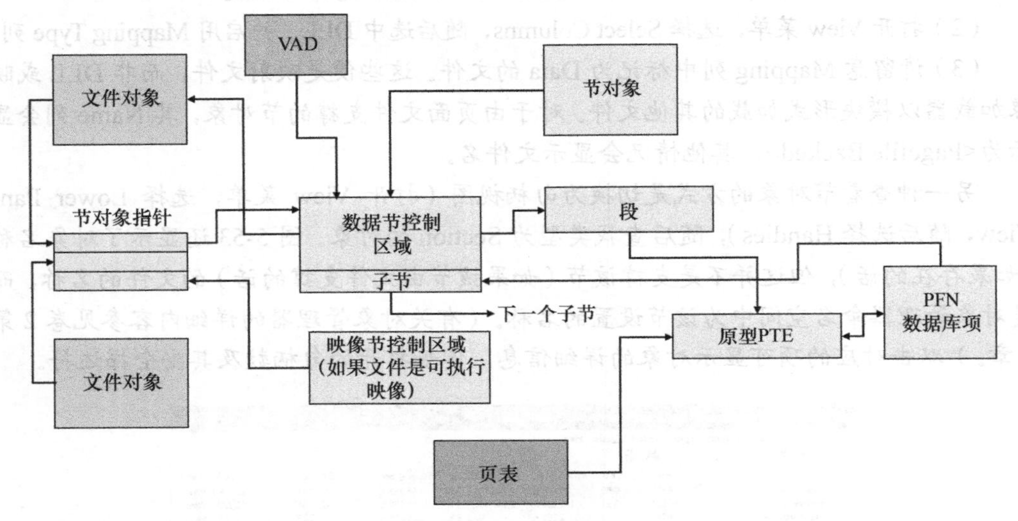

图 5-54 节的内部结构

（1）如果可执行文件是使用文件映射 API 或由缓存管理器创建的，将创建一个数据控制区来代表映像文件中被读取或写入的数据页面。

（2）当映像运行且创建了节对象来将映像映射为可执行文件时，内存管理器发现该映像文件的节对象指针指向了一个数据控制区，将会刷新该节。为确保在通过映像控制区访问映像之前，任何已修改页面都已经被写入磁盘，这个步骤是必须有的。

（3）内存管理器为该映像文件创建一个控制区。

（4）执行该映像时，其（只读）页面将通过错误处理从映像文件读入内存，但如果相应数据页面依然驻留在内存中，则会直接从数据文件中复制。

数据控制区映射的页面可能依然驻留（位于待命列表中），因此这种情况下，相同数据的两个副本将位于内存中两个不同页面内。然而这种副本并不会导致数据不一致的问题，因为就像前面所说的，数据控制区已被刷新到磁盘上，因此从映像读取的页面已处于最新状态（而这些页面永远不会被写回到磁盘）。

实验：查看控制区

若要查找某个文件的控制区结构的地址，必须首先得到目标文件对象的地址。为此可使用内核模式调试器通过!handle 命令转储进程句柄表，并记录文件对象的对象地址。虽然内核模式调试器的!file 命令可以显示有关文件对象的基本信息，但是无法显示指向节对象指针结构的指针。随后即可使用 dt 命令设置该文件对象的格式，进而获得节对象指针结构的地址。该结构包含 3 个指针：一个指向数据控制区、一个指向共享的缓存图（见卷 2 第 14 章）和一个指向映像控制区。通过节对象指针结构即可得到该文件的控制区的地址（如果存在的话），并将该地址传递给!ca 命令。

举例来说，如果打开一个 PowerPoint 文件并使用!handle 命令显示该进程的句柄表，随后可以找到一个到该 PowerPoint 文件的打开的句柄（可进行文本搜索）。（有关如何使用!handle 命令的详细信息，可参见卷 2 第 8 章，或查阅调试器文档。）

```
lkd> !process 0 0 powerpnt.exe
PROCESS ffffc8068913e080
    SessionId: 1  Cid: 2b64    Peb: 01249000  ParentCid: 1d38
    DirBase: 252e25000  ObjectTable: ffffda8f49269c40  HandleCount: 1915.
    Image: POWERPNT.EXE
lkd> .process /p ffffc8068913e080
Implicit process is now ffffc806'8913e080
lkd> !handle
...
0c08: Object: ffffc8068f56a630 GrantedAccess: 00120089 Entry: ffffda8f491d0020
Object: ffffc8068f56a630 Type: (ffffc8068256cb00) File
   ObjectHeader: ffffc8068f56a600 (new version)
       HandleCount: 1 PointerCount: 30839
       Directory Object: 00000000 Name: \WindowsInternals\7thEdition\Chapter05\
diagrams.pptx {HarddiskVolume2}
...
```

得到文件对象的地址（FFFFC8068F56A630）后使用 dt 命令进行格式化，结果如下。

```
lkd> dt nt!_file_object ffffc8068f56a630
   +0x000 Type              : 0n5
   +0x002 Size              : 0n216
   +0x008 DeviceObject      : 0xffffc806'8408cb40 _DEVICE_OBJECT
   +0x010 Vpb               : 0xffffc806'82feba00 _VPB
   +0x018 FsContext         : 0xffffda8f'5137cbd0 Void
   +0x020 FsContext2        : 0xffffda8f'4366d590 Void
   +0x028 SectionObjectPointer : 0xffffc806'8ec0c558 _SECTION_OBJECT_POINTERS
...
```

得到节对象指针结构的地址后使用 dt 命令进行格式化，结果如下。

```
lkd> dt nt!_section_object_pointers 0xffffc806'8ec0c558
   +0x000 DataSectionObject : 0xffffc806'8e838c10 Void
   +0x008 SharedCacheMap : 0xffffc806'8d967bd0 Void
   +0x010 ImageSectionObject : (null)
```

最后，即可使用!ca 命令通过该地址显示控制区。

```
lkd> !ca 0xffffc806'8e838c10
ControlArea @ ffffc8068e838c10
  Segment      ffffda8f4d97fdc0 Flink      ffffc8068ecf97b8 Blink
ffffc8068ecf97b8
  Section Ref                 1 Pfn Ref                  58 Mapped Views      2
  User Ref                    0 WaitForDel                0 Flush Count       0
  File Object ffffc8068e5d3d50 ModWriteCount              0 System Views      2
  WritableRefs                0
  Flags (8080) File WasPurged    \WindowsInternalsBook\7thEdition\Chapter05\diagrams.pptx

Segment @ ffffda8f4d97fdc0
  ControlArea       ffffc8068e838c10 ExtendInfo    0000000000000000
  Total Ptes                    80
  Segment Size               80000  Committed                 0
  Flags (c0000) ProtectionMask
Subsection 1 @ ffffc8068e838c90
  ControlArea  ffffc8068e838c10  Starting Sector        0 Number Of Sectors    58
  Base Pte     ffffda8f48eb6d40  Ptes In Subsect       58 Unused Ptes          0
  Flags                       d  Sector Offset          0 Protection           6
```

```
   Accessed
   Flink        ffffc8068bb7fcf0 Blink     ffffc8068bb7fcf0 MappedViews      2

 Subsection 2 @ ffffc8068c2e05b0
   ControlArea  ffffc8068e838c10 Starting Sector      58 Number Of Sectors 28
   Base Pte     ffffda8f3cc45000 Ptes In Subsect      28 Unused Ptes      1d8
   Flags                       d Sector Offset         0 Protection         6
   Accessed
   Flink        ffffc8068c2e0600 Blink    ffffc8068c2e0600  MappedViews      1
```

显示所有控制区列表的另一种方法是使用!memusage命令。该命令的输出结果摘要如下。（如果系统中物理内存数量较多，该命令的运行过程可能需要较长时间。）

```
lkd> !memusage
 loading PFN database
loading (100% complete)

Compiling memory usage data (99% Complete).

             Zeroed:   98533 (   394132 kb)
               Free:    1405 (     5620 kb)
            Standby:  331221 (  1324884 kb)
           Modified:   83806 (   335224 kb)
    ModifiedNoWrite:     116 (      464 kb)
       Active/Valid: 1556154 (  6224616 kb)
         Transition:       5 (       20 kb)
          SLIST/Bad:    1614 (     6456 kb)
            Unknown:       0 (        0 kb)
              TOTAL: 2072854 (  8291416 kb)

Dangling Yes Commit:     130 (      520 kb)
 Dangling No Commit:  514812 (  2059248 kb)
Building kernel map
Finished building kernel map

 (Master1 0 for 1c0)

 (Master1 0 for e80)

 (Master1 0 for ec0)

 (Master1 0 for f00)
Scanning PFN database - (02% complete)

 (Master1 0 for de80)
Scanning PFN database - (100% complete)
  Usage Summary (in Kb):
Control       Valid Standby Dirty Shared Locked PageTables name
fffffffd 1684540       0      0      0 1684540      0     AWE
ffff8c0b7e4797d0     64       0      0      0      0      0  mapped_file( Microsoft-
Windows-Kernel-PnP%4Configuration.evtx )
ffff8c0b7e481650     0       4      0      0   0    0 mapped_file( No name for file )
ffff8c0b7e493c00      0     40      0      0   0    0  mapped_file( FSD-{ED5680AF-
0543-4367-A331-850F30190B44}.FSD )
ffff8c0b7e4a1b30       8     12      0      0   0    0  mapped_file( msidle.dll )
ffff8c0b7e4a7c40    128      0      0      0   0    0  mapped_file( Microsoft-
Windows-Diagnosis-PCW%4Operational.evtx )
ffff8c0b7e4a9010     16      8      0     16   0    0  mapped_file( netjoin.dll
```

```
)8a04db00 ...
ffff8c0b7f8cc360 8212      0    0   0   0  0  mapped_file( OUTLOOK.EXE )
ffff8c0b7f8cd1a0   52     28    0   0   0  0  mapped_file( verdanab.ttf )
ffff8c0b7f8ce910    0      4    0   0   0  0 mapped_file( No name for file )
ffff8c0b7f8d3590    0      4    0   0   0  0 mapped_file( No name for file )
…
```

其中的Control列指向了描述映射文件的控制区结构。我们可以使用内核模式调试器的!ca命令显示控制区、段、子节信息。例如，若要对本例中的映射文件Outlook.exe的控制区进行转储，可输入!ca命令后跟Control列显示的数字。

```
lkd> !ca ffff8c0b7f8cc360

ControlArea  @ ffff8c0b7f8cc360
  Segment      ffffdf08d8a55670 Flink      ffff8c0b834f1fd0  Blink
ffff8c0b834f1fd0
  Section Ref                 1 Pfn Ref                  806 Mapped Views      1
  User Ref                    2 WaitForDel                 0 Flush Count    c5a0
  File Object  ffff8c0b7f0e94e0 ModWriteCount              0 System Views   ffff
  WritableRefs         80000161
  Flags (a0) Image File

      \Program Files (x86)\Microsoft Office\root\Office16\OUTLOOK.EXE

Segment @ ffffdf08d8a55670
  ControlArea     ffff8c0b7f8cc360 BasedAddress 0000000000be0000
  Total Ptes                  1609
  Segment Size             1609000 Committed               0
  Image Commit                  f4 Image Info    ffffdf08d8a556b8
  ProtoPtes       ffffdf08dab6b000
  Flags (c20000) ProtectionMask

Subsection 1 @ ffff8c0b7f8cc3e0
  ControlArea  ffff8c0b7f8cc360  Starting Sector        0 Number Of Sectors    2
  Base Pte     ffffdf08dab6b000  Ptes In Subsect        1 Unused Ptes          0
  Flags                       2  Sector Offset          0 Protection           1

Subsection 2 @ ffff8c0b7f8cc418
  ControlArea  ffff8c0b7f8cc360  Starting Sector        2 Number Of Sectors 7b17
  Base Pte     ffffdf08dab6b008  Ptes In Subsect      f63 Unused Ptes          0
  Flags                       6  Sector Offset          0 Protection           3

Subsection 3 @ ffff8c0b7f8cc450
  ControlArea  ffff8c0b7f8cc360  Starting Sector     7b19 Number Of Sectors 19a4
  Base Pte     ffffdf08dab72b20  Ptes In Subsect      335 Unused Ptes          0
  Flags                       2  Sector Offset          0 Protection           1

Subsection 4 @ ffff8c0b7f8cc488
  ControlArea  ffff8c0b7f8cc360  Starting Sector     94bd Number Of Sectors  764
  Base Pte     ffffdf08dab744c8  Ptes In Subsect       f2 Unused Ptes          0
  Flags                       a  Sector Offset          0 Protection           5

Subsection 5 @ ffff8c0b7f8cc4c0
  ControlArea  ffff8c0b7f8cc360  Starting Sector     9c21 Number Of Sectors    1
  Base Pte     ffffdf08dab74c58  Ptes In Subsect        1 Unused Ptes          0
  Flags                       a  Sector Offset          0 Protection           5
```

```
Subsection 6 @ ffff8c0b7f8cc4f8
  ControlArea  ffff8c0b7f8cc360  Starting Sector    9c22 Number Of Sectors    1
  Base Pte     ffffdf08dab74c60  Ptes In Subsect       1 Unused Ptes          0
  Flags                       a  Sector Offset         0 Protection           5

Subsection 7 @ ffff8c0b7f8cc530
  ControlArea  ffff8c0b7f8cc360  Starting Sector    9c23 Number Of Sectors  c62
  Base Pte     ffffdf08dab74c68  Ptes In Subsect     18d Unused Ptes          0
  Flags                       2  Sector Offset         0 Protection           1

Subsection 8 @ ffff8c0b7f8cc568
  ControlArea  ffff8c0b7f8cc360  Starting Sector    a885 Number Of Sectors  771
  Base Pte     ffffdf08dab758d0  Ptes In Subsect      ef Unused Ptes          0
  Flags                       2  Sector Offset         0 Protection           1
```

5.12 工作集

在了解过 Windows 如何追踪物理内存，以及能支持多少内存后，我们可以来看看 Windows 如何在物理内存中维护一个虚拟地址的子集。

回忆之前内容可知，驻留在物理内存中的虚拟页面子集也可以叫作工作集（working set)。工作集的类型有如下 3 种。

（1）**进程工作集**。包含被一个进程中的线程所引用的页面。

（2）**系统工作集**。包含可换页系统代码（如 Ntoskrnl.exe 和驱动程序)、换页池以及系统缓存驻留在物理内存中的子集。

（3）**会话工作集**。每个会话都有一个工作集，其中包含了下列内容驻留在物理内存中的子集：由 Windows 子系统（Win32k.sys）内核模式部分所分配的与该会话有关的内核模式数据结构、会话换页池、会话映射视图以及其他会话空间设备驱动程序。

在详细介绍每类工作集的细节之前，我们先来看看用于决定哪些页面需要放入物理内存并保存多长时间的整体策略。

5.12.1 按需换页

Windows 内存管理器使用按需换页算法将页面以簇的形式载入内存。当线程收到页面错误后，内存管理器会将出错页面，外加该页面的少量前序或后续页面一起载入内存。这种策略意在将线程导致的换页 I/O 数量降至最低。因为程序（尤其是大型程序）在任何特定时间内总是倾向于在自己地址空间的这一小块区域内执行，所以成簇加载虚拟页面可以减少磁盘读取操作数量。对于引用映像中的数据页面导致的页面错误，簇的大小为 3 个页面；对于其他所有页面错误，簇的大小为 7 个页面。

然而，如果一个进程的线程首次开始执行，或线程在稍后某个时刻恢复执行，按需换页策略可能导致该进程产生很多页面错误。为了优化进程（和系统）的启动过程，Windows 使用了一种名为逻辑预取器的智能预取引擎（见 5.12.2 节）。后续的进一步优化和预取则是由另一个组件负责的，该组件名为 SuperFetch，本章下文将进行介绍。

5.12.2 逻辑预取器和 ReadyBoot

在典型的系统引导或应用程序启动过程中，页面错误顺序为：从一个文件的一部分中读取一些页面，随后也许要从同一个文件较远的部分、从不同的文件、甚至可能从目录读取页面，然后再次从第一个文件中读取其他页面。这种来回跳转大幅降低了每次访问的速度。其实分析发现，磁盘寻道时间已经成为降低系统引导和应用程序启动速度的首要因素。通过一次性预取大批页面的方式，即可获得更合理的访问顺序并避免过多的来回跳转，进而改善系统和应用程序启动的整体速度。能够提前得知需要哪些页面，是因为系统引导或应用程序启动过程中访问的数据有极高的相关性。

预取器会试图监视系统引导和应用程序启动过程中访问的数据和代码，并在下一次系统引导或应用程序启动的开始时刻使用这些信息读取代码和数据，借此加快系统引导和应用程序启动的速度。在激活预取器后，内存管理器会将页面错误（包括硬错误，即所需数据必须从磁盘读取；以及软错误，即所需数据已经位于物理内存中，只不过需要添加至进程的工作集）告知预取器代码。预取器会监视应用程序启动过程的前 10s。对于系统的引导，预取器默认会从系统启动开始跟踪，直到用户外壳（通常为 Explorer）启动后的 30s，或者如果失败的话，则会跟踪到 Windows 服务初始化之后的 60s，或总共跟踪 120s，这取决于哪个条件首先实现。

内核中收集的跟踪记录会记录发生在下列内容上的页面错误：NTFS 主文件表（Master File Table，MFT）元数据文件（如果应用程序访问了 NTFS 卷上的文件或目录）、被引用的文件以及被引用的目录。借助收集到的跟踪记录，内核预取器代码会等待来自 Superfetch 服务（%SystemRoot%\System32\Sysmain.dll，该服务运行在一个 Svchost 实例中）的预取器组件请求。Superfetch 服务负责内核中的逻辑预取组件以及稍后提到的 SuperFetch 组件。预取器发送\KernelObjects\PrefetchTracesReady 事件给 Superfetch 服务，随后 Superfetch 服务即可查询跟踪记录数据。

注意 若要启用或禁用系统引导或应用程序启动时的预取，可修改名为 EnablePrefetcher 的 DWORD 注册表值，该值位于注册表 HKLM\SYSTEM\CurrentControlSet\Control\Session Manager\Memory Management\PrefetchParameters 键下。设置为 0 可全面禁用预取，设置为 1 可仅启用应用程序启动预取，设置为 2 可仅启用系统引导预取，设置为 3 可同时为系统引导和应用程序启动启用预取。

Superfetch 服务（承载了逻辑预取器，不过预取器是独立于 SuperFetch 功能的一个单独组件）执行内部的 NtQuerySystemInformation 系统调用，请求跟踪记录数据。逻辑预取器在处理跟踪记录数据后，将其与之前收集的数据结合在一起，并写入位于%SystemRoot%\Prefetch 目录的文件中，如图 5-55 所示。这些文件的名称与追踪记录数据对应的应用程序名称相同，后跟一条短横线，以及代表文件路径散列值的十六进制数值。该文件的扩展名为.pf。例如，这样得到的文件名称可能为 NOTEPAD.EXE-9FB27C0E.pf。

但上述命名规则也有例外，主要面向承载其他组件的映像，包括微软管理控制台（%SystemRoot%\System32\Mmc.exe）、服务承载进程（%SystemRoot%\System32\ Svchost.exe）、RunDLL 组件（%SystemRoot%\ System32\Rundll32.exe）以及 Dllhost（%SystemRoot%\System32\

Dllhost.exe）。因为加载项组件是在这些应用程序的命令行中指定的，预取器生成的散列值也包含了相应的命令行，所以在命令行中通过不同组件调用这些应用程序会生成不同的跟踪记录。

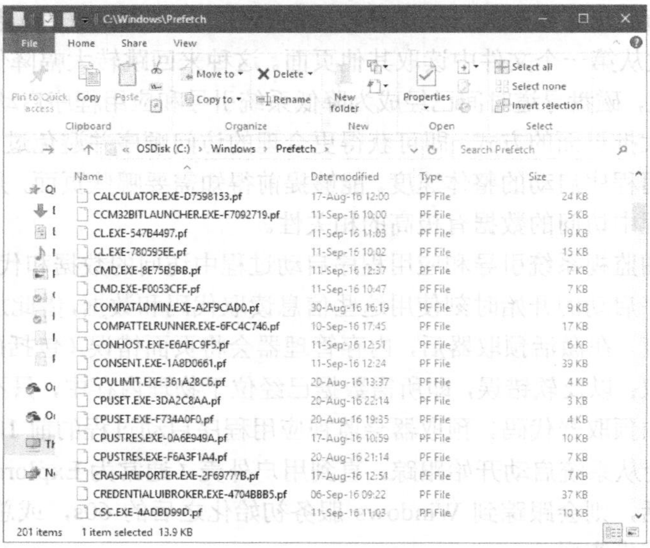

图 5-55　Prefetch 目录

系统的引导则使用了一种名为 ReadyBoot 的不同机制。ReadyBoot 会试图创建更大更高效的 I/O 读取，并将读到的数据保存在物理内存中，借此优化 I/O 操作。当系统组件需要这些数据时，即可通过物理内存直接获取。这一特性对机械硬盘尤为实用，SSD 固态硬盘也能从中获益。当系统引导后，需要预取的文件信息会存储在图 5-55 所示的 Prefetch 目录下的 ReadyBoot 子目录中。一旦引导完成，物理内存中缓存的数据会被删除。对于速度非常快的 SSD，ReadyBoot 默认会被关闭，因为该机制所能起到的作用极为有限甚至毫无效果。

当系统引导或应用程序启动时，预取器会被调用进而开始预取。预取器会检查 Prefetch 目录，并确定对于当前的预取场景是否存在现有的跟踪文件。如果有，预取器会调用 NTFS 来预取 MFT 元数据文件引用，读取被引用的每个目录中的内容，最后打开每个被引用的文件。随后预取器会调用内存管理器函数 MmPrefetchPages 以读取跟踪记录中指定、但目前不存在于内存中的所有数据和代码。内存管理器会以异步方式发起所有读取操作，随后等待操作完成并让应用程序的启动过程继续。

实验：观察预取文件的读写

如果在客户端版本 Windows（Windows Server 默认禁用了预取）上使用 Sysinternals 提供的 Process Monitor 捕获应用程序启动过程的跟踪记录，便可以发现预取器检查并读取应用程序的预取文件（如果存在的话）。此外还可以看到，当应用程序启动后，预取器每隔约 10s 会写入该文件的一个新副本。在图 5-56 所示的例子中，我们捕获了 Notepad 的启动过程，并将 Include 筛选器设置为 prefetch，这样 Process Monitor 就可以只显示对%SystemRoot%\Prefetch 目录的访问情况。

Process Monitor - Sysinternals

File Edit Event Filter Tools Options Help

Seq...	Time of Day	Process Name	PID	Operation	Path	Result
0	13:13:31.7829885	notepad.exe	14240	CreateFile	C:\Windows\Prefetch\NOTEPAD.EXE-9FB27C0E.pf	SUCCESS
1	13:13:31.7830387	notepad.exe	14240	QuerySecurityFile	C:\Windows\Prefetch\NOTEPAD.EXE-9FB27C0E.pf	SUCCESS
2	13:13:31.7830849	notepad.exe	14240	ReadFile	C:\Windows\Prefetch\NOTEPAD.EXE-9FB27C0E.pf	SUCCESS
3	13:13:31.7833540	notepad.exe	14240	CloseFile	C:\Windows\Prefetch\NOTEPAD.EXE-9FB27C0E.pf	SUCCESS
4	13:13:32.7878077	explorer.exe	3824	CreateFile	C:\Windows\Prefetch	SUCCESS
5	13:13:32.7878601	explorer.exe	3824	QuerySecurityFile	C:\Windows\Prefetch	SUCCESS
6	13:13:32.7879327	explorer.exe	3824	CloseFile	C:\Windows\Prefetch	SUCCESS
7	13:13:41.8746941	svchost.exe	1436	CreateFile	C:\Windows\Prefetch\NOTEPAD.EXE-9FB27C0E.pf	SUCCESS
8	13:13:41.8747703	svchost.exe	1436	QuerySecurityFile	C:\Windows\Prefetch\NOTEPAD.EXE-9FB27C0E.pf	SUCCESS
9	13:13:41.8748088	svchost.exe	1436	CreateFileMapping	C:\Windows\Prefetch\NOTEPAD.EXE-9FB27C0E.pf	FILE LOCKED WIT
10	13:13:41.8748748	svchost.exe	1436	CreateFileMapping	C:\Windows\Prefetch\NOTEPAD.EXE-9FB27C0E.pf	SUCCESS
11	13:13:41.8751343	svchost.exe	1436	CloseFile	C:\Windows\Prefetch\NOTEPAD.EXE-9FB27C0E.pf	SUCCESS
12	13:13:41.8768183	svchost.exe	1436	CreateFile	C:\Windows\Prefetch\NOTEPAD.EXE-9FB27C0E.pf	SUCCESS
13	13:13:41.8768619	svchost.exe	1436	QuerySecurityFile	C:\Windows\Prefetch\NOTEPAD.EXE-9FB27C0E.pf	SUCCESS
14	13:13:41.8769154	svchost.exe	1436	CloseFile	C:\Windows\Prefetch\NOTEPAD.EXE-9FB27C0E.pf	SUCCESS
15	13:13:41.8770269	svchost.exe	1436	CreateFile	C:\Windows\Prefetch\NOTEPAD.EXE-9FB27C0E.pf	SUCCESS
16	13:13:41.8771900	svchost.exe	1436	QuerySecurityFile	C:\Windows\Prefetch\NOTEPAD.EXE-9FB27C0E.pf	SUCCESS
17	13:13:41.8772168	svchost.exe	1436	WriteFile	C:\Windows\Prefetch\NOTEPAD.EXE-9FB27C0E.pf	SUCCESS
18	13:13:41.8773249	svchost.exe	1436	QueryBasicInformationFile	C:\Windows\Prefetch\NOTEPAD.EXE-9FB27C0E.pf	SUCCESS
19	13:13:41.8773476	svchost.exe	1436	CloseFile	C:\Windows\Prefetch\NOTEPAD.EXE-9FB27C0E.pf	SUCCESS
20	13:13:43.2975078	explorer.exe	3824	CreateFile	C:\Windows\Prefetch	SUCCESS
21	13:13:43.2976215	explorer.exe	3824	QuerySecurityFile	C:\Windows\Prefetch	SUCCESS
22	13:13:43.2976794	explorer.exe	3824	QueryDirectory	C:\Windows\Prefetch\NOTEPAD.EXE-9FB27C0E.pf	SUCCESS
23	13:13:43.2977619	explorer.exe	3824	CloseFile	C:\Windows\Prefetch	SUCCESS

Showing 24 of 1,318,981 events (0.0018%)　Backed by virtual memory

图 5-56　示例

第 0～3 行显示了 Notepad 预取文件在启动过程中被读入 Notepad 进程上下文，第 7～19 行（其时间戳比前 4 行晚了大约 10s）显示了 Superfetch 服务（运行在 Svchost 进程上下文中）更新了该预取文件。

为了进一步缩短磁盘寻道时间，每 3 天左右，Superfetch 服务会在系统空闲过程中按照引导或应用程序启动的顺序将访问过的文件和目录整理出一个列表，并将其保存在%SystemRoot%\Prefetch\Layout.ini 文件（见图 5-57）中。该列表还包含 Superfetch 服务追踪到的频繁访问的文件。

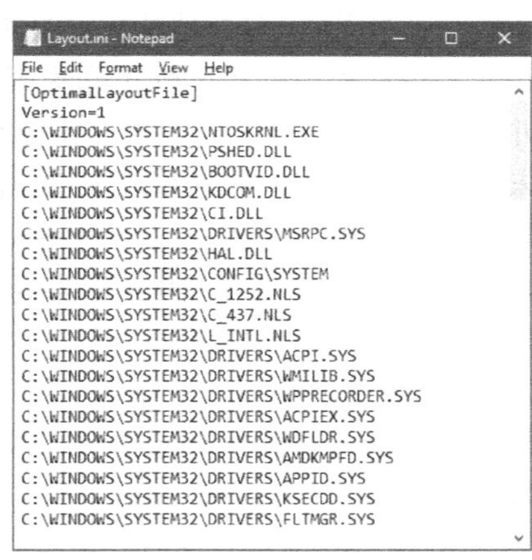

图 5-57　预取碎片整理布局文件

随后将启动系统碎片整理程序，并通过命令行选项告诉碎片整理程序按照该文件的内容进行碎片整理，而非进行全面的碎片整理。碎片整理程序会在每个卷上寻找一个足够大的连续区域来保存上述文件中列出的、位于该卷上的所有文件和目录，随后将这些内容整体移入该区域，使其能够连续地存储在一起。借此，后续预取操作即可更高效，因为所有需要读取的数据都在物理上按照读取顺序存放在了一起。由于需要为预取机制整理碎片的文件通常只有数百个，因此这种碎片整理过程本身也要比整卷碎片整理快很多。

5.12.3　放置策略

当线程收到页面错误时，内存管理器必须决定要将虚拟页面放在物理内存的什么位置。系统会通过名为放置策略的一系列规则来确定最佳位置。Windows 在选择页面帧时，为了将不必要的缓存抖动（thrashing）降至最低，会充分考虑 CPU 内存缓存的大小。

如果出现页面错误时物理内存已满，Windows 会使用一条置换策略（replacement policy）来决定必须将哪些虚拟页面从内存中移出，以便为新页面留出位置。常见的置换策略包括最近最少用到（Least Recently Used，LRU）策略以及先进先出（First in，First out，

FIFO）策略。LRU 算法（也叫时钟算法，在大部分版本的 UNIX 中均有实现）要求虚拟内存系统记录内存中每个页面的使用时间。当需要新页面帧时，未被使用时间最长的页面将从工作集中移除。FIFO 算法则更简单一些，它不考虑使用频率，直接移除物理内存中存在时间最长的页面。

置换策略还可以进一步分为全局的或局部的。全局置换策略可以用任何页面帧满足页面错误，无论该页面帧是否被其他进程所拥有。例如，使用 FIFO 算法的全局置换策略可以找到在内存中存在时间最久的页面，将其移除以满足页面错误的需求。局部置换策略则只能在产生了该页面错误的进程所拥有的页面中寻找并移除最老的页面。不过要注意，全局置换策略使得进程更容易受到其他进程行为的影响。例如，一个行为不当的应用程序可能导致在所有进程中产生大量换页操作，进而影响到整个操作系统。

Windows 实现了一种局部和全局置换策略相结合的模式。当一个工作集达到自己的限制并/或因为物理内存需求而必须进行修剪时，内存管理器会从其工作集中不断移除页面，直到确定已经有足够的空闲页面。

5.12.4 工作集管理

每个进程启动时都有一个默认的工作集最小值（50 个页面）和工作集最大值（345 个页面）。虽然效果有限，但我们可以使用 Windows 的 SetProcessWorkingSetSize 函数更改工作集的这些限制，前提是具备增加调度优先级的特权（SeIncreaseBasePriorityPrivilege）。然而，除非为进程配置使用硬性工作集限制，否则这些限制会被忽略。也就是说，如果换页频繁并且有足够的内存，内存管理器会允许进程工作集增长到超出最大值的限制。（反之，如果未进行换页操作，并且系统中物理内存非常紧缺，内存管理器会将进程收缩至低于工作集最小值的限制。）我们可以使用 SetProcessWorkingSetSizeEx 函数并配合 QUOTA_LIMITS_HARDWS_MAX_ENABLE 标志为工作集设置硬性限制，但一般来说，让系统自行管理工作集是一种更适当的做法。

在 32 位系统中，工作集的最大值不能超过系统初始化时在系统范围内计算而来的最大值，该数值存储在内核变量 MiMaximumWorkingSet 中。在 x64 系统中，由于虚拟地址空间足够巨大，物理内存远远不会超过上限。工作集的最大值上限见表 5-16。

表 5-16　工作集的最大值上限

Windows 版本	工作集最大值
x86、ARM	2GB—64KB (0x7FFF0000)
使用 increaseuserva 选项引导的 x86 版本 Windows	2GB—64KB + 用户虚拟地址增量
x64（Windows 8、Server 2012）	8192GB（8TB）
x64（Windows 8.1、10、Server 2012 R2、2016）	128TB

如果发生页面错误，就会检查该进程的工作集限制以及系统中空闲内存的数量。如果条件允许，内存管理器会允许进程增大至自己工作集的最大值（如果进程工作集无硬性限制并且有足够的空闲页面可供使用，还可增大至超出最大值）。但是，如果内存紧张，Windows 会在发生页面错误后置换工作集中的页面，而非添加新页面。

Windows 会将已修改页面写入磁盘，使得始终有内存可供使用。但如果已修改页面的产生速率非常高，则需要有更多内存才能满足内存需求。因此当物理内存不足时，工作集管理器这个运行在平衡集系统线程（见 5.12.5 节）上下文中的例程会自发进行工作集的修剪操作，借此增加系统可用的空闲内存数量。我们也可以使用前文提到的 SetProcessWorkingSetSizeEx 这个 Windows 函数为自己的进程发起工作集修剪操作（例如在进程初始化之后执行）。

工作集管理器会检查可用内存数量，并确定是否有哪个工作集需要进行修剪。如果有足够多的内存，工作集管理器会计算在需要时可以将多少页面从工作集中移除。如果需要进行修剪，则会检查已经超过最小值设置的工作集。工作集管理器还会动态调整检查工作集的速率，并将适合进行修剪的进程以最优化的顺序安排到一个列表中。例如，包含大量最近未访问过页面的进程会被优先检查，空闲时间长的大进程会先于频繁运行的小进程被检查，运行前台应用程序的进程会被放到最后检查。

工作集管理器找到页面用量超出最小值的进程，便会进一步确定可从其工作集中移除，进而可被其他进程使用的页面。如果移除之后空闲内存依然不足，工作集管理器会继续从进程的工作集中移除页面，直到系统中空闲页面的数量达到最小值。

工作集管理器会试图移除最近未被访问过的页面，为此需要检查硬件 PTE 的 Accessed 位，借此判断某个页面是否被访问过。如果该位被清除，意味着对应的页面已经老化。随后相应的计数器会递增，意味着自从上一次工作集修剪扫描后，该页面一直未被引用过。再通过页面的“年龄”确定适合从工作集中移除的页面。

如果硬件 PTE 的 Accessed 位已经设置，工作集管理器会清除这个位，并继续检查工作集中的后续页面。通过这样的方式，如果工作集管理器下一次检查该页面时发现 Accessed 位已经被清除，便会由此知道该页面自上一次检查之后未被访问过。这种对工作集列表中可移除页面进行的扫描工作将持续进行，直到所需数量的页面已经被移除，或扫描工作回到起点为止。下一次修剪工作集时，扫描工作会从上一次停止的位置继续进行下去。

实验：查看进程工作集的大小

我们可以使用性能监视器查看表 5-17 中列出的性能计数器，借此检查进程工作集的大小。很多其他进程查看器工具（如任务管理器和 Process Explorer）也可以显示进程工作集的大小。

表 5-17 性能计数器

性能计数器	描述
Process: Working Set	代表所选进程工作集当前大小的字节数
Process: Working Set Peak	可跟踪所选进程工作集大小字节数的峰值
Process: Page Faults/Sec	代表所选进程每秒产生的页面错误次数

我们也可以在性能监视器的实例框中选择_Total 进程，借此查看所有进程工作集的整体情况。这并不是真实存在的进程，而是代表系统中当前运行的所有进程。不过这里看到的总数信息会大于物理内存的实际数量，这是因为每个进程工作集的大小都包含了进程与其他进程共享的页面。因此如果两个或更多进程共享同一个页面，每个进程的工作集都会将该页面统计一次。

实验：工作集和虚拟大小

前文介绍过使用 TestLimit 工具创建两个进程：一个进程包含大量内存（但仅仅是保留内存），一个进程使用私有提交内存。随后我们用 Process Explorer 分析了两者之间的差异。接下来我们将创建第三个 TestLimit 进程，这个进程不仅提交了内存，还访问了这些内存，从而导致这些内存进入自己的工作集中。请执行如下操作。

（1）新建一个 TestLimit 进程。

```
C:\Users\pavely>testlimit -d 1 -c 800

Testlimit v5.24 - test Windows limits
Copyright (C) 2012-2015 Mark Russinovich
Sysinternals - 

Process ID: 13008

Leaking private bytes with touch 1 MB at a time...
Leaked 800 MB of private memory (800 MB total leaked). Lasterror: 0
The operation completed successfully.
```

（2）打开 Process Explorer。

（3）打开 View 菜单，选择 Select Columns，选择 Process Memory 选项卡。

（4）启用 Private Bytes、Virtual Size、Working Set Size、WS Shareable Bytes 和 WS Private Bytes 计数器。

（5）找到 TestLimit 的 3 个实例，如图 5-58 所示。

Process	PID	CPU	Private Bytes	Virtual Size	Working Set	WS Private	WS Shareable	Des
SystemSettings.exe	12024	Suspended	17,288 K	2,147,827,164 K	33,532 K	576 K	32,956 K	Setti
SystemSettingsBroker.exe	20836		4,156 K	2,147,599,952 K	17,136 K	1,448 K	15,688 K	Syst
taskhostw.exe	2036		12,404 K	2,147,870,484 K	16,988 K	4,748 K	12,240 K	Host
Taskmgr.exe	2112	0.08	21,716 K	2,147,683,040 K	25,696 K	8,632 K	17,064 K	Task
Testlimit.exe	25264		1,096 K	892,740 K	5,544 K	780 K	4,764 K	Test
Testlimit.exe	19552		821,884 K	892,740 K	5,528 K	784 K	4,744 K	Test
Testlimit.exe	13008		821,888 K	892,740 K	824,720 K	819,984 K	4,736 K	Test
Twitter.Windows.exe	24652	Suspended	58,660 K	388,224 K	29,236 K	592 K	28,644 K	Twit
UcMapi.exe	13556	< 0.01	25,192 K	347,316 K	24,776 K	4,940 K	19,836 K	Skyp
UevAppMonitor.exe	12716	< 0.01	104,836 K	872,720 K	22,244 K	15,844 K	6,400 K	
vmcompute.exe								

图 5-58　TestLimit 的 3 个实例

新建的 TestLimit 进程是上图中显示的第三个进程，其 PID 为 13008。这是 3 个进程中唯一实际引用了已分配内存的进程，因此它也是唯一工作集可以反映测试中所分配内存大小的进程。

但是注意，上述结果只有在具备足够物理内存，进而可以让进程增长至如此大小的系统中才可以实现。尽管在测试所用的系统中，也并非所有的私有字节数（821888K）都能位于工作集的 WS Private 部分中。少量私有页面可能已经由于置换而从进程工作集中换出，或者尚未被换入。

实验：在调试器中查看工作集列表

我们可以使用内核模式调试器的!wsle 命令查看工作集中的每个项。下列范例显示了（32 位系统中）WinDbg 输出的工作集列表（有截断）。

```
lkd> !wsle 7

Working Set Instance @ c0802d50
Working Set Shared @ c0802e30

    FirstFree        f7d  FirstDynamic          6
    LastEntry       203d  NextSlot              6  LastInitialized       2063
    NonDirect          0  HashTable             0  HashTableSize            0

Reading the WSLE data .........................................................
.......

Virtual Address          Age Locked ReferenceCount
        c0603009          0      0         1
        c0602009          0      0         1
        c0601009          0      0         1
        c0600009          0      0         1
        c0802d59          6      0         1
        c0604019          0      0         1
        c0800409          2      0         1
        c0006209          1      0         1
        77290a05          5      0         1
        7739aa05          5      0         1
        c0014209          1      0         1
        c0004209          1      0         1
        72a37805          4      0         1
          b50409          2      0         1
          b52809          4      0         1
        7731dc05          6      0         1
          bbec09          6      0         1
          bbfc09          6      0         1
        6c801805          4      0         1
        772a1405          2      0         1
          944209          1      0         1
        77316a05          5      0         1
        773a4209          1      0         1
        77317405          2      0         1
        772d6605          3      0         1
          a71409          2      0         1
          c1d409          2      0         1
        772d4a05          5      0         1
        77342c05          6      0         1
        6c80f605          3      0         1
        77320405          2      0         1
        77323205          1      0         1
        77321405          2      0         1
        7ffe0215          1      0         2
          a5fc09          6      0         1
        7735cc05          6      0         1
...
```

注意，工作集列表中的某些项实际上是页表页（地址大于 0xC0000000 的页面），有些项来自系统 DLL（位于 0x7nnnnnnn 范围内的页面），一些项则来自 Windbg.exe 本身的代码。

5.12.5 平衡集管理器和交换器

工作集的扩展和修剪是在一个名为平衡集管理器（KeBalanceSetManager 函数）的系统线程上下文中进行的。平衡集管理器会在系统初始化过程中创建。虽然从技术上来说，平衡集管理器也是内核的一部分，但它需要调用内存管理器的工作集管理器（MmWorkingSetManager）执行工作集分析和调整工作。

平衡集管理器会等待两个不同的事件对象：一个事件会在某个被设置为每秒触发一次的周期性计时器过期后被设置为有信号状态；另一个是工作集管理器的内部事件，当不同点上的内存管理器判断需要对工作集进行调整时，会将该事件设置为有信号状态。举例来说，如果系统正在很频繁地遇到页面错误，或空闲列表太小，内存管理器会唤醒平衡集管理器，进而由后者调用工作集管理器开始修剪工作集。当内存足够多时，工作集管理器会允许产生页面错误的进程将出错页面换入内存，借此逐渐增大其工作集的大小。但工作集只会根据需求增长。

当平衡集管理器由于 1 秒计时器到期而被唤醒时，将执行下列操作。

（1）如果系统支持虚拟安全模式（Virtual Secure Mode，VSM）（Windows 10 和 Windows Server 2016 的新功能），将调用安全内核进行周期性的清理工作（VslSecureKernelPeriodicTick）。

（2）调用一个例程来调整 IRP 额度以优化 IRP 完成时将会用到的每颗处理器旁视列表用量（IoAdjustIrpCredits）。这样当某颗处理器面临繁重的 I/O 负载时将能获得更佳的可缩放性。（IRP 详见第 6 章。）

（3）检查旁视列表并调整其深度（如果必要的话）以改善访问速度，并减少内存池用量和降低内存池碎片化程度（ExAdjustLookasideDepth）。

（4）通过调用以调整 Windows 事件追踪（ETW）缓冲区池大小，以便更高效地使用 ETW 内存缓冲区（EtwAdjustTraceBuffers）（ETW 详见卷 2 第 8 章）。

（5）调用内存管理器的工作集管理器。工作集管理器有自己的内部计数器，借此调节何时修剪并确定修剪程度。

（6）为作业强制应用执行时间（PsEnforceExecutionLimits）。

（7）如果平衡集管理器由于 1 秒计时器到期而被唤醒，并且每当这样的唤醒被累积到第八次时，便会向一个事件发送信号进而唤醒另一个名为交换器（swapper）的系统线程（KeSwapProcessOrStack）。该线程会试图将长时间未执行线程的内核栈换出。该交换器线程（运行于优先级 23）会寻找已经处于等待状态 15s 的用户模式线程。如果找到这样的线程，交换器会将该线程的内核栈改为转换状态（将其页面移入已修改或待命列表），借此回收其物理内存。该操作的原则为：如果一个线程已经等待了足够长的时间，那么可能还将等待更久。当进程中最后一个线程的内核栈从内存中移除后，该进程就会标记为彻底换出。这也是空闲足够久的进程（如 Wininit 或 Winlogon）的工作集大小可能为零的原因。

5.12.6 系统工作集

正如进程可以通过进程工作集管理进程地址空间中可换页的部分，系统地址空间中可换页的代码和数据也可以通过如下 3 个全局工作集加以管理，这 3 个全局工作集统称为系统工作集。

（1）**系统缓存工作集**。包含驻留在系统缓存中的页面。

（2）**换页池工作集**。包含驻留在换页池中的页面。

（3）**系统 PTE 工作集**。包含来自下列对象的可换页代码与数据：已加载驱动程序和内核映像，已映射至系统空间的内存节页面。

表 5-18 列出了这 3 个系统工作集的存储位置。

表 5-18 系统工作集

系统工作集类型	存储位置（Windows 8.x、Windows Server 2012/2012R2）	存储位置（Windows 10、Windows Server 2016）
系统缓存	MmSystemCacheWs	MiState.SystemVa.SystemWs[0]
换页池	MmPagedPoolWs	MiState.SystemVa.SystemWs[2]
系统 PTE	MmSystemPtesWs	MiState.SystemVa.SystemWs[1]

我们可以使用表 5-19 列出的性能计数器或系统变量查看这些工作集及其组成部分的大小。（注意，性能计数器的值以字节数为单位，而系统变量则以页面数来计量。）

表 5-19 与系统工作集有关的性能计数器

性能计数器（以字节数为单位）	系统变量（以页面数为单位）	描述
Memory: Cache Bytes Memory: System Cache Resident Bytes	WorkingSetSize 成员	文件系统缓存消耗的物理内存数
Memory: Cache Bytes Peak	PeakWorkingSetSize 成员（Windows 10 和 Windows Server 2016） Peak 成员（Windows 8.x 和 Windows Server 2012/2012 R2）	系统工作集的峰值大小
Memory: System Driver Resident Bytes	SystemPageCounts.SystemDriverPage（全局，Windows 10 和 Windows Server 2016） MmSystemDriverPage（全局，Windows 8.x 和 Windows Server 2012/2012 R2）	可换页设备驱动程序代码消耗的物理内存数
Memory: Pool Paged Resident Bytes	WorkingSetSize 成员	换页池消耗的物理内存数

我们还可以通过 Memory: Cache Faults/Sec 这个性能计数器查看系统缓存工作集的换页活动。该计数器代表了系统缓存工作集中（软性和硬性）页面错误的数量。该计数器的值位于系统缓存工作集结构的 PageFaultCount 成员中。

5.12.7 内存通知事件

当物理内存、换页池、非换页池以及提交用量很少或很多时，Windows 为用户模式进程和内核模式驱动程序提供了一种方法，向它们通知这些情况。这些信息可用于在必要时确定内存用量。举例来说，如果可用内存很少，应用程序即可减小内存消耗。如果可用换页池很大，驱动程序即可分配更多内存。最后，内存管理器也提供了一种事件，可在检测到页面损坏时发出通知。

用户模式进程只有在内存少或多的时候收到通知。应用程序可以调用 CreateMemory-ResourceNotification 函数来指定自己期望接收到内存多或内存少的通知，借此获得的句柄可提供给任何等待函数。当内存少（或多）时，等待结束进而通知线程所等待的条件已经满足。或者可以随时使用 QueryMemoryResourceNotification 查询系统内存状况，而无须阻塞调用方线程。

另一方面，驱动程序可以使用内存管理器在\KernelObjects 对象管理器目录下建立的特定事件名称来接收通知。这是因为这种通知是由内存管理器将自己定义的全局命名事件对象（见表 5-20）设置为有信号状态而实现的。在检测到特定内存状况后，相应事件会被设置为有信号状态，进而唤醒等待线程。

表 5-20　内存管理器的通知事件

事件名称	描述
HighCommitCondition	如果提交用量接近最大提交限制，即内存用量非常大，物理内存或页面文件中可用空间极为有限，且操作系统无法增加页面文件的大小，将设置该事件
HighMemoryCondition	当空闲物理内存数量超过预设值时将设置该事件
HighNonPagedPoolCondition	当非换页池用量超过预设值时将设置该事件
HighPagedPoolCondition	当换页池用量超过预设值时将设置该事件
LowCommitCondition	当提交用量相对当前提交限制较低，即内存用量低，且物理内存或页面文件中存在大量可用空间时，将设置该事件
LowMemoryCondition	当物理内存空闲数量低于预设值时将设置该事件
LowNonPagedPoolCondition	当非换页池空闲数量低于预设值时将设置该事件
LowPagedPoolCondition	当换页池空闲数量低于预设值时将设置该事件
MaximumCommitCondition	如果提交用量接近最大提交限制，即内存用量非常大，物理内存或页面文件中可用空间极为有限，且操作系统无法增加页面文件的大小或数量时，将设置该事件
MemoryErrors	代表检测到的坏页面（未成功清零的零页面）数量

注意　我们可以在注册表 HKLM\SYSTEM\CurrentControlSet\Control\SessionManager\Memory Management 键下添加 LowMemoryThreshold 或 HighMemoryThreshold 这两个 DWORD 注册表值，借此更改大内存和小内存的值。此处需要以兆字节为单位指定大小阈值的数值。也可以配置系统在检测到坏页面时直接崩溃，而不再发送内存错误事件，为此需要将上述注册表键下 PageValidationAction 这个 DWORD 注册表值的数值设置为“1”。

实验：查看内存资源通知事件

若要查看内存资源通知事件，可运行 Sysinternals 提供的 WinObj 工具，并单击 KernelObjects 文件夹。随后即可在右侧窗格中看到大内存和小内存条件事件，如图 5-59 所示。

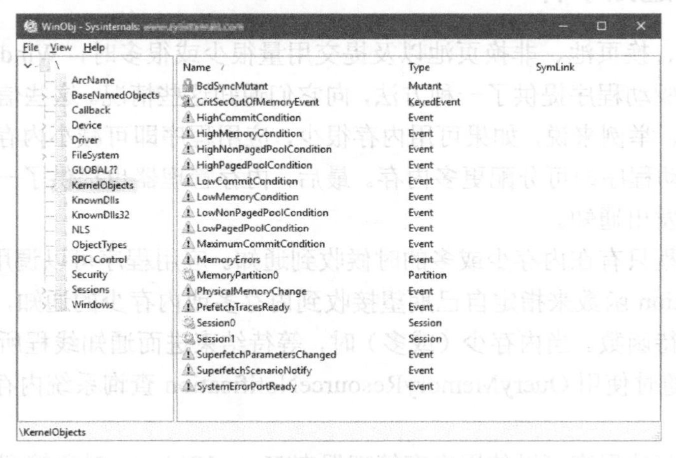

图 5-59　大内存和小内存条件事件

双击上述任何一条事件，即可看到对相应对象产生了多少句柄或引用。如果想要了解系统中是否有任何进程请求了内存资源通知，可以搜索句柄表，查找对 LowMemoryCondition 或 HighMemoryCondition 的引用。为此需要使用 Process Explorer 的 Find 菜单（选择 Find Handle or DLL）或使用 WinDbg（有关句柄表的介绍参见卷 2 第 8 章）。

5.13 页帧编号数据库

前文的几节重点介绍了 Windows 进程的虚拟视图：页表、PTE 和 VAD。本章下文将介绍 Windows 管理物理内存的方式，首先将介绍 Windows 如何跟踪物理内存。工作集描述了由进程或系统所拥有的内存中驻留的页面，而页帧编号（Page Frame Number，PFN）数据库描述了物理内存中每个页面的状态。物理页面的状态见表 5-21。

表 5-21 物理页面的状态

状态	描述
活动（也叫作有效）	页面是（进程、会话或系统）工作集的一部分，或不位于任何工作集中（例如非换页内核页面）并且通常有一个有效的 PTE 指向该页面
转换	一种临时状态，适用于不归任何工作集所拥有，也不位于任何换页列表中的页面。如果与页面有关的 I/O 正在进行中，那么该页面会处于此状态。PTE 在进行过相应的编码后，即可正确识别并处理冲突的页面错误（此处“转换”这个词与介绍无效 PTE 时所用的“转换”这个词含义不同。无效的转换 PTE 适用于位于待命或已修改列表中的页面。）
待命	这种页面原本属于某个工作集，但被移除了，或在预取/聚簇时被直接放入待命列表。这种页面自上一次写入磁盘后未被修改过。PTE 依然引用了物理页面，但页面被标记为无效并且正在被转换
已修改	这种页面原本属于某个工作集，但被移除了。然而页面之前在使用过程中已经被修改，并且当前内容尚未写入磁盘或远程存储。PTE 依然引用了物理页面，但页面被标记为无效并且正在被转换。在物理页面可被重新使用前，必须将其内容写入后备存储
已修改不写出	与上述“已修改”状态类似，但标记为此状态的页面会导致内存管理器的已修改页面写出器不将其写出到磁盘。缓存管理器在收到文件系统驱动程序的请求后，会为页面设置为这个状态。例如，NTFS 会为包含文件系统元数据的页面设置该状态，借此确保事务日志项所保护的页面写入磁盘之前将日志项刷新到磁盘（NTFS 事务日志详见卷 2 第 13 章）
空闲	页面为空闲，但其中包含未指定的脏数据。出于安全方面的考虑，此类页面在没有用零进行初始化的情况下，无法作为用户页面提供给用户进程，但也可以用新数据（例如来自文件的数据）复写后提供给用户进程使用
零化	页面为空闲，并已被零页面线程初始化为零，或已经确认其中只包含零
Rom	代表只读内存的页面
坏的	页面生成了校验错误或其他硬件错误，因而无法使用（或作为飞地的一部分来使用）

PFN 数据库由一种结构数组构成，这些结构代表了系统内存的每个物理页面。PFN 数据库及其与页表的关系如图 5-60 所示。可以看到，有效的 PTE 通常会指向 PFN 数据库中的项（PFN 索引会指向物理内存页面），PFN 数据库项（非原型 PFN）则会重新指向使用这些项的页表（如果它正被页表使用的话）。而原型 PFN 会指向原型 PTE。

表 5-20 列出的页面状态中，有 6 种会按照链表来组织，这样内存管理器即可快速定位特定类型（活动/有效页面、转换页面、未包含在任何系统范围页面列表的过载“坏”页面）的页面。此外待命状态实际上也关联到 8 个按照优先级排序的列表。（本节下文将介绍页面优先级。）图 5-61 展示了这些项相互链接的方式。

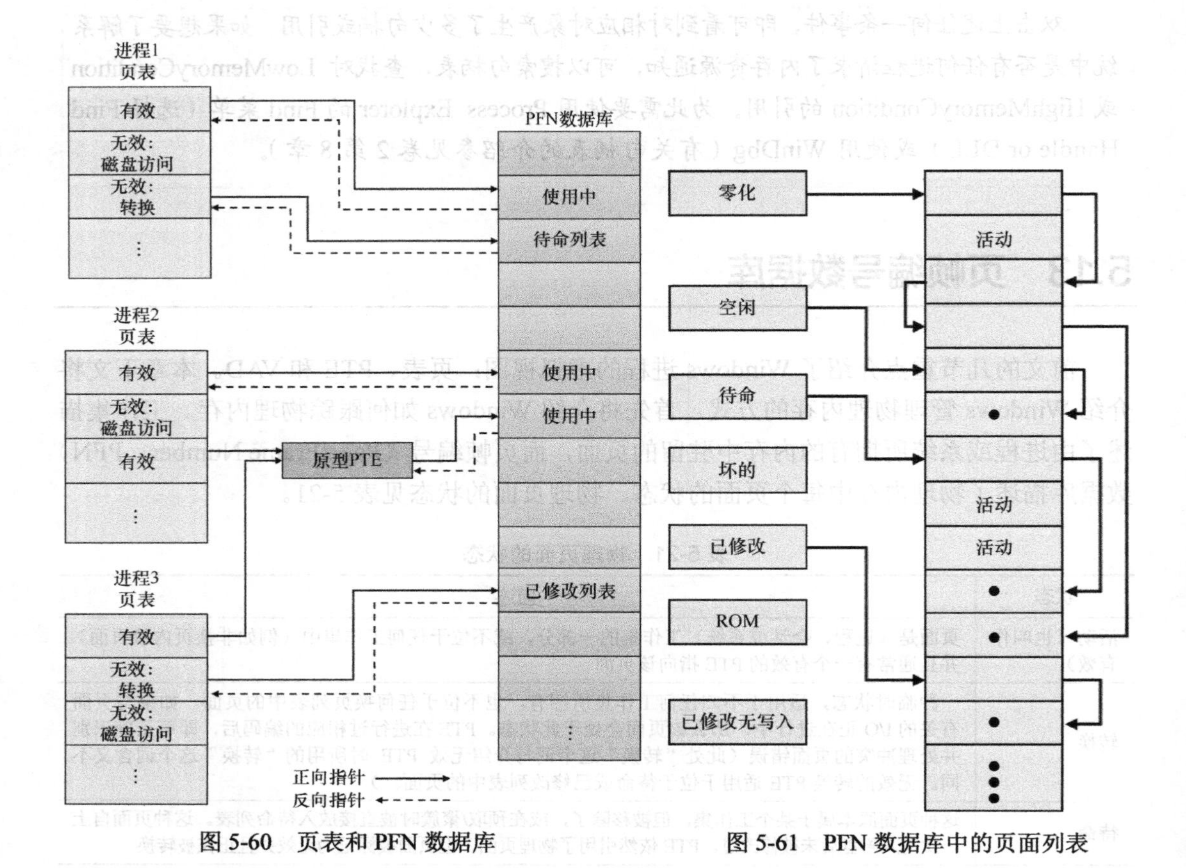

图 5-60　页表和 PFN 数据库　　图 5-61　PFN 数据库中的页面列表

下一节介绍如何使用这些链表满足页面错误，以及页面如何在各种列表之间移动。

实验：查看PFN数据库

我们可以使用 Windows Internals 图书网站提供的 MemInfo 工具并配合使用-s 标志转储各种换页列表的大小。该工具的输出结果如下。

```
C:\Tools>MemInfo.exe -s
MemInfo v3.00 -Show PFN database information
Copyright (C) 2007-2016 Alex Ionescu


Initializing PFN Database... Done

PFN Database List Statistics
             Zeroed:    4867 (    19468 kb)
               Free:    3076 (    12304 kb)
            Standby: 4669104 (18676416 kb)
           Modified:    7845 (    31380 kb)
   ModifiedNoWrite:      117 (      468 kb)
       Active/Valid: 3677990 (14711960 kb)
         Transition:       5 (       20 kb)
```

```
             Bad:         0 (        0 kb)
         Unknown:      1277 (     5108 kb)
           TOTAL: 8364281 (33457124 kb)
```

借助内核模式调试器的!memusage 命令也可以获得类似信息，不过该工具的执行耗时比较长。

5.13.1 页面列表的转换

页帧转换的状态示意如图 5-62 所示。为简化起见，图中未显示已修改不写出、坏的以及 ROM 列表。

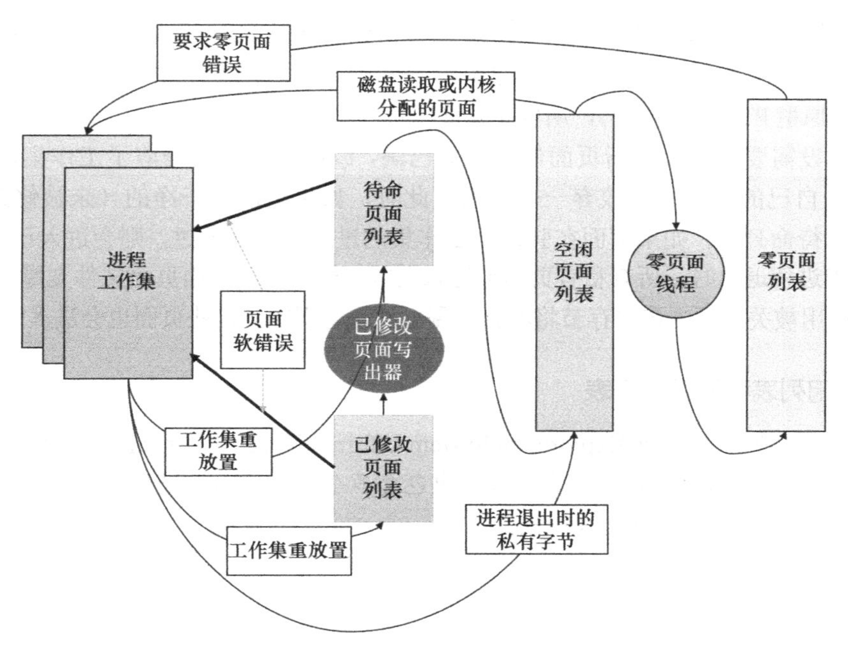

图 5-62 页帧转换的状态示意

页帧将按照下列方式在页面列表中移动。

（1）当内存管理器需要初始化为零的页面来满足要求零的页面错误（引用一个定义为全零的页面，或从未被访问过的用户模式私有提交页面）时，首先会试图从零页面列表获取一个这样的页面。如果该列表为空，会从空闲页面列表获取一个页面并为其填充零。如果空闲列表也为空，则会从待命列表中获取页面并填充零。

需要初始化为零的页面，原因之一在于要满足某些安全标准，例如通用标准（Common Criteria，CC）的要求。大部分 CC 标准要求为用户模式进程提供初始化后的页帧，以避免进程读取到上一个进程的内存内容。因此内存管理器会为用户模式进程提供零化的页帧，除非页面是从后备存储读取的。在这种情况下，内存管理器会倾向于使用非零化页帧，并用来自磁盘或远程存储的数据对其进行初始化。零页面列表由零页面线程（System 进程中的线程 0）这个系统线程所生成的空闲列表填充。零页面线程会在门对象上等待信号进而开始工作。当空闲列表包含 8 个或更多页面时，这个门对象便会发出信号。然而零页面线程只有在至少一颗处理器未运行其他线程时才会开始运行，这是因为零页面线程运行于优先级 0，而用户线程最低只能设置为 1。

注意　如果因为驱动程序调用 MmAllocatePagesForMdl(Ex)，或者 Windows 应用程序调用 AllocateUserPhysicalPages 或 AllocateUserPhysicalPagesNuma，或者应用程序分配了大页面而要分配零化内存的物理页面，内存管理器会使用一个更高性能的函数 MiZeroInParallel 来零化所需内存，进而映射出比零页面线程更大的区域，而零页面线程一次只能零化一个页面。此外在多处理器系统中，内存管理器会创建额外的系统线程，借此并行进行零化（在 NUMA 平台上则会以一种围绕 NUMA 进行优化的方式来进行）。

（2）当内存管理器不需要零初始化的页面时，首先会在空闲列表中寻找。如果该列表为空，则会在零化列表中寻找。如果零化列表为空，则会在待命列表中寻找。内存管理器使用来自待命列表的页帧之前，必须首先回溯（backtrack）并移除无效 PTE（或原型 PTE）中指向该页帧的引用。因为 PFN 数据库中的项包含了指向上一个使用者的页表页的指针（对于共享的页面，则包含指向原型 PTE 页的指针），所以内存管理器可以快速找到 PTE 并酌情进行修改。

（3）假设需要引用一个新页面但工作集已满，或内存管理器修剪了工作集，从而导致进程必须从自己的工作集中放弃一个页面。此时，如果页面是干净的（未被修改过），该页面会进入待命列表；如果页面在驻留于工作集的过程中被修改过，则会进入已修改列表。

（4）当进程退出时，所有私有页面会进入空闲列表。并且当由页面文件支撑的内存节的最后一个引用被关闭后，该内存节将不具备剩下的映射视图，这些页面也会进入空闲列表。

实验：空闲列表和零页面列表

我们可以使用 Process Explorer 的 System Information 窗口观察进程退出时私有页面的释放过程。首先需要创建一个在工作集中包含多个私有页面的进程。类似之前的实验，可以通过 TestLimit 工具做到这一点。

```
C:\Tools\Sysinternals>Testlimit.exe -d 1 -c 1500

Testlimit v5.24 - test Windows limits
Copyright (C) 2012-2015 Mark Russinovich
Sysinternals -

Process ID: 13928

Leaking private bytes with touch 1 MB at a time...
Leaked 1500 MB of private memory (1500 MB total leaked). Lasterror: 0
The operation completed successfully.
```

其中-d 选项会让 TestLimit 不仅分配私有提交内存，而且“碰触”（也就是访问）这些内存。这会导致将物理内存分配给该进程并产生真正的私有提交虚拟内存。如果系统中有足够多的可用物理内存，那么该进程的 1500MB 内存将全部位于物理内存中。随后该进程会开始等待，直到我们将其退出或终止（例如在命令行窗口中按快捷键 Ctrl+C）。

随后请执行如下操作。

（1）打开 Process Explorer。

（2）打开 View 菜单，选择 System Information，选择 Memory 选项卡。

（3）观察 Free 列表和 Zeroed 列表的大小。

（4）终止或退出 TestLimit 进程。

随后可以看到空闲页面列表的大小可能会短暂地增长。说“可能会”是因为，只有在空闲列表包含 8 个页面时，零页面线程才会被唤醒，而该线程的操作速度很快。Process Explorer 所显示的内容刷新频率仅为每秒一次，很可能在恰巧“捕获到”这种状态之前，大部分页面已经被零化并放入零页面列表中了。如果可以看到空闲列表大小的短暂增长，那么也会看到其大小很快跌至 0，而零页面列表的大小也会有相应的增长。即使没看到空闲列表大小的增长，此时依然可以看到零页面列表大小的增长。

实验：已修改页面列表和待命页面列表

我们可以通过 Sysinternals 提供的 VMMap 和 RAMMap 工具，或使用实时内核模式调试器观察页面从进程工作集到已修改列表，再到待命页面列表的移动过程。请执行如下操作。

（1）打开 RAMMap 并观察系统静置时的状态。图 5-63 所示的内容来自一个有 3GB 物理内存的 x86 系统，其中的每个列代表图 5-62 所示的不同页面状态（为了方便查看，一些与此讨论无太大关系的列已经被缩窄）。

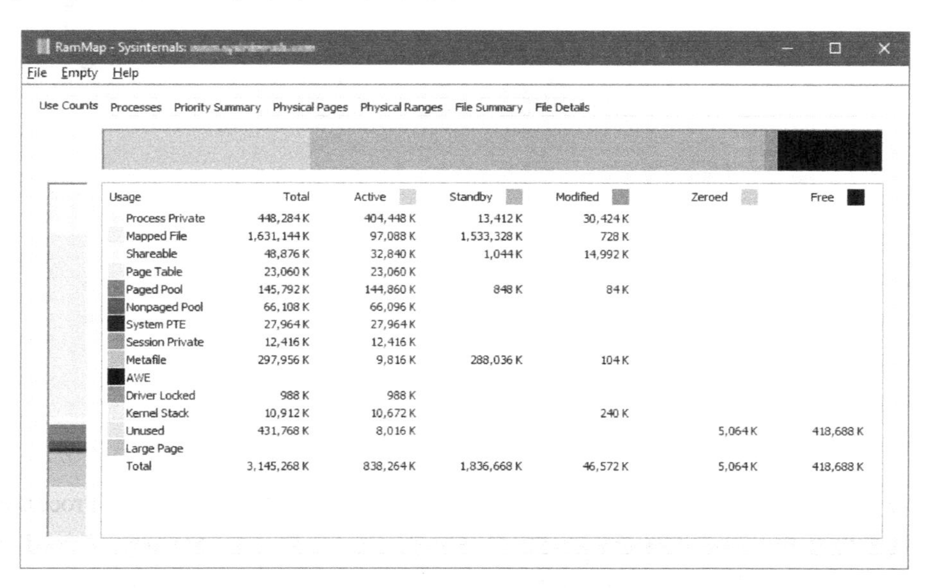

Usage	Total	Active	Standby	Modified	Zeroed	Free
Process Private	448,284 K	404,448 K	13,412 K	30,424 K		
Mapped File	1,631,144 K	97,088 K	1,533,328 K	728 K		
Shareable	48,876 K	32,840 K	1,044 K	14,992 K		
Page Table	23,060 K	23,060 K				
Paged Pool	145,792 K	144,860 K	848 K	84 K		
Nonpaged Pool	66,108 K	66,096 K				
System PTE	27,964 K	27,964 K				
Session Private	12,416 K	12,416 K				
Metafile	297,956 K	9,816 K	288,036 K	104 K		
AWE						
Driver Locked	988 K	988 K				
Kernel Stack	10,912 K	10,672 K		240 K		
Unused	431,768 K	8,016 K			5,064 K	418,688 K
Large Page						
Total	3,145,268 K	838,264 K	1,836,668 K	46,572 K	5,064 K	418,688 K

图 5-63　打开 RAMMap 并观察系统静置时的状态

（2）系统大约有 420MB 的空闲物理内存（空闲和零页面列表的总和）。大约有 580MB 的内存位于待命列表（因此也属于“可用”的部分，但很可能包含最近从进程中移出的数据或正被 SuperFetch 使用）。大约有 830MB 的内存为“活动的”，通过有效的页表项直接映射至虚拟地址。

（3）每一行可以按照用途或来源（进程私有、映射文件等）进一步划分为不同页面状态。例如目前在活跃的 830MB 内存中，约有 400MB 的内存来自进程的私有分配。

（4）随后像上一个实验那样，使用 TestLimit 工具创建一个在自己工作集中包含大量页面的进程。再次提醒，我们可以使用–d 选项让 TestLimit 对每个页面进行写操作，但这次不需要设置任何限制，因此将创建尽可能多的私有已修改页面。

```
C:\Tools\Sysinternals>Testlimit.exe -d

Testlimit v5.24 - test Windows limits
Copyright (C) 2012-2015 Mark Russinovich
Sysinternals -

Process ID: 7548

Leaking private bytes with touch (MB)...
Leaked 1975 MB of private memory (1975 MB total leaked). Lasterror: 8
```

（5）至此，TestLimit 创建了 1975 个页面，每个页面 1MB 的内存分配。在 RAMMap 中，使用 File | Refresh 命令更新显示结果（由于收集信息的开销过大，RAMMap 并不会持续刷新），如图 5-64 所示。

RamMap

File　Empty　Help

Use Counts　Processes　Priority Summary　Physical Pages　Physical Ranges　File Summary　File Details

Usage	Total	Active	Standby	Modified	Zeroed	Free
Process Private	2,505,828 K	2,467,236 K	11,296 K	27,296 K		
Mapped File	243,416 K	106,836 K	135,820 K	760 K		
Shareable	46,348 K	41,256 K	48 K	5,044 K		
Page Table	27,956 K	27,956 K				
Paged Pool	73,536 K	73,380 K	60 K	96 K		
Nonpaged Pool	66,120 K	66,108 K				
System PTE	25,164 K	25,164 K				
Session Private	18,828 K	18,828 K				
Metafile	26,668 K	8,408 K	18,160 K	100 K		
AWE						
Driver Locked	988 K	988 K				
Kernel Stack	10,024 K	10,024 K				
Unused	100,392 K	17,244 K			38,856 K	44,292 K
Large Page						
Total	3,145,268 K	2,863,428 K	165,384 K	33,296 K	38,856 K	44,292 K

图 5-64　更新显示结果

（6）可以看到，现在有超过 2.8GB 的内存为活跃的，其中约 2.4GB 显示在 Process Private 行中。这些均为 TestLimit 进程分配和访问内存所导致的。还应注意，Standby、Zeroed 和 Free 列表现在已经变小了很多。分配给 TestLimit 的大部分物理内存都来自这些列表。

（7）随后在 RAMMap 中检查进程的物理页面分配情况。打开 Physical Pages 选项卡，将底部的筛选器设置为 Process 列，并使用 Testlimit.exe 作为要筛选的值，随后即可显示该进程的工作集所包含的全部物理页面，如图 5-65 所示。

（8）我们希望从中找出 TestLimit 的–d 选项分配的虚拟地址所对应的物理页面。RAMMap 并不能显示所分配的哪些虚拟内存是与 RAMMap 的 VirtualAlloc 调用相关的，但我们可以通过 VMMap 工具获得一定的提示。针对同一个进程运行 VMMap，可以看到图 5-66 所示的结果。

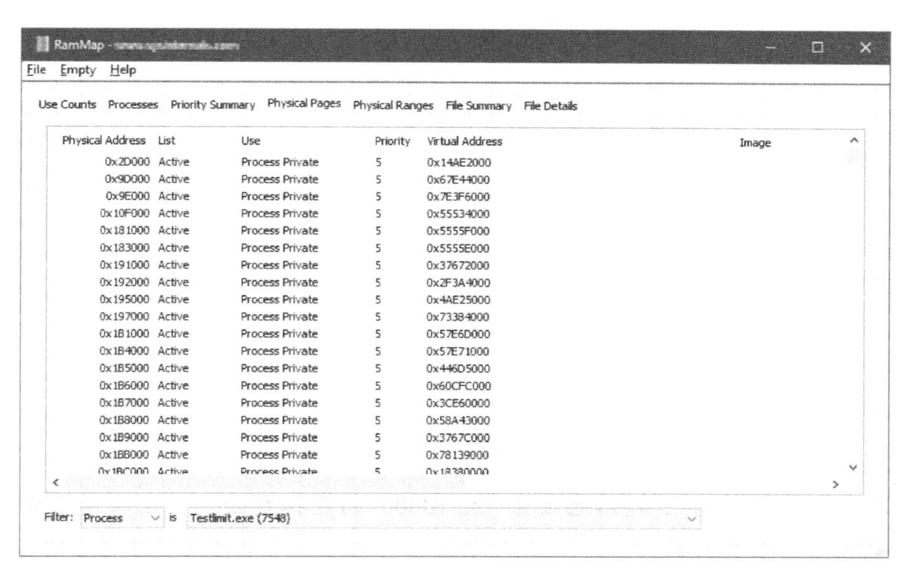

图 5-65　显示该进程的工作集所包含的全部物理页面

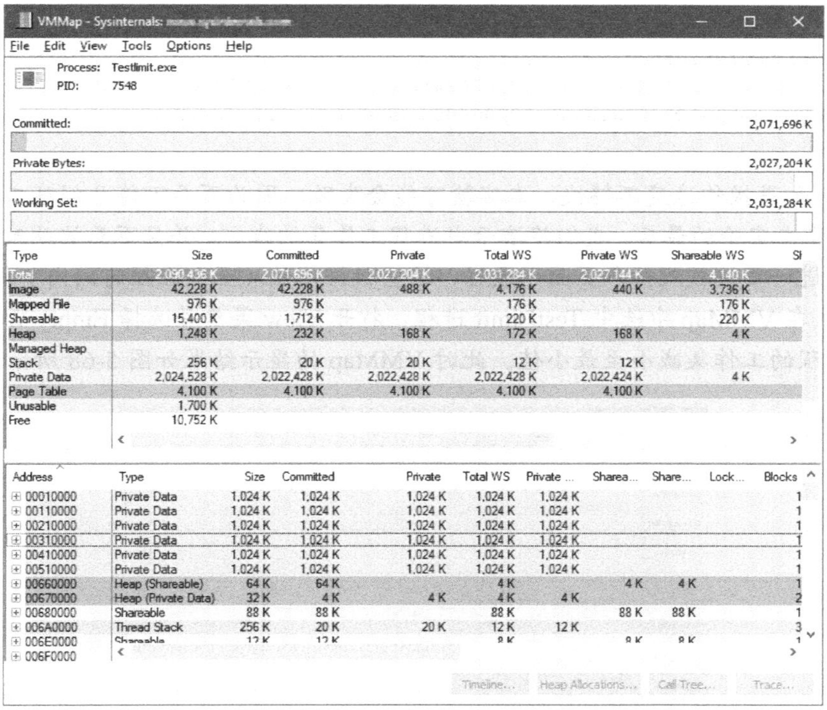

图 5-66　针对同一个进程运行 VMMap 的结果

（9）在显示界面的底部，可以发现数百个进程私有数据的分配，每个分配的大小为 1MB，提交量也为 1MB。这些数值与 TestLimit 所进行的分配在大小上匹配。上述截图中高亮选中了一个这样的分配。请注意该分配的起始虚拟地址为 0x310000。

（10）随后重新切换至 RAMMap 的物理内存界面。调整列宽以便观察 Virtual Address 列的结果，单击该列的列头按照数值排序，并找到刚才记下的虚拟地址，如图 5-67 所示。

RamMap

File　Empty　Help

Use Counts　Processes　Priority Summary　Physical Pages　Physical Ranges　File Summary　File Details

Physical Address	List	Use	Priority	Virtual Address	Image
0x21233000	Active	Process Private	5	0x30A000	
0x2122A000	Active	Process Private	5	0x30B000	
0x212EF000	Active	Process Private	5	0x30C000	
0x212E9000	Active	Process Private	5	0x30D000	
0x212DD000	Active	Process Private	5	0x30E000	
0x212D9000	Active	Process Private	5	0x30F000	
0x212D1000	Active	Process Private	5	0x310000	
0x21B2D000	Active	Process Private	5	0x311000	
0x211D6000	Active	Process Private	5	0x312000	
0x211D8000	Active	Process Private	5	0x313000	
0x211D9000	Active	Process Private	5	0x314000	
0x211DC000	Active	Process Private	5	0x315000	
0x211BC000	Active	Process Private	5	0x316000	
0x211A5000	Active	Process Private	5	0x317000	
0x211A6000	Active	Process Private	5	0x318000	
0x21194000	Active	Process Private	5	0x319000	
0x21195000	Active	Process Private	5	0x31A000	
0x21197000	Active	Process Private	5	0x31B000	
0x2119C000	Active	Process Private	5	0x31C000	

Filter: Process　is　Testlimit.exe (7548)

图 5-67　重新切换至 RAMMap 的物理内存界面

（11）图 5-67 展示了起始地址为 0x310000 的虚拟页面目前正映射至物理地址 0x212D1000。TestLimit 的–d 选项会在每个分配的第一个字节写入程序自己的名称。我们可以在本地内核模式调试器中使用!dc 命令（显示指定物理地址上的字符串）观察到这一点。

```
lkd> !dc 0x212d1000
#212d1000 74736554 696d694c 00000074 00000000 TestLimit.......
#212d1010 00000000 00000000 00000000 00000000 ................
...
```

（12）如果操作速度不够快，本实验可能会失败，因为页面可能已经从工作集中移除。因此在本实验的最后，我们将演示当进程工作集被减小，并且页面被放入已修改列表，随后进一步被放入待命页面列表时，这些数据依然（至少在短时间内）保持不变。

（13）在 VMMap 中选中 TestLimit 进程，打开 View 菜单并选择 Empty Working Set 以将该进程的工作集减小至最小值。此时 VMMap 的显示结果如图 5-68 所示。

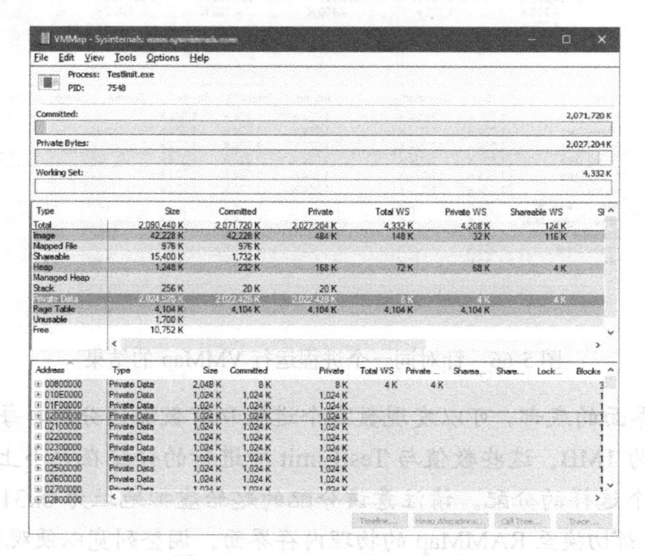

图 5-68　VMMap 的显示结果

（14）注意，Working Set 条状图几乎为空。在窗口的中间区域可以看到，该进程的工作集总大小仅为 4KB，并且该工作集几乎完全位于页表中。随后切换至 RAMMap 并刷新显示内容。在 Use Counts 选项卡下可以看到，活动页面数量已经大幅减少，大量页面被放入已修改列表，部分页面被放入待命列表，如图 5-69 所示。

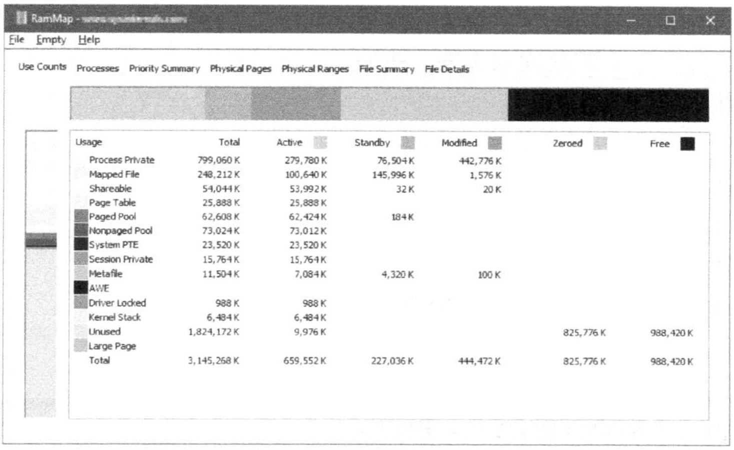

RamMap
File Empty Help
Use Counts Processes Priority Summary Physical Pages Physical Ranges File Summary File Details

Usage	Total	Active	Standby	Modified	Zeroed	Free
Process Private	799,060 K	279,780 K	76,504 K	442,776 K		
Mapped File	248,212 K	100,640 K	145,996 K	1,576 K		
Shareable	54,044 K	53,992 K	32 K	20 K		
Page Table	25,888 K	25,888 K				
Paged Pool	62,608 K	62,424 K	184 K			
Nonpaged Pool	73,024 K	73,012 K				
System PTE	23,520 K	23,520 K				
Session Private	15,764 K	15,764 K				
Metafile	11,504 K	7,084 K	4,320 K	100 K		
AWE						
Driver Locked	988 K	988 K				
Kernel Stack	6,484 K	6,484 K				
Unused	1,824,172 K	9,976 K			825,776 K	988,420 K
Large Page						
Total	3,145,268 K	659,552 K	227,036 K	444,472 K	825,776 K	988,420 K

图 5-69 更新后显示的内容

（15）在 RAMMap 的 Processes 选项卡下可以确认，TestLimit 进程的大部分页面都已经贡献给图 5-70 所示的列表。

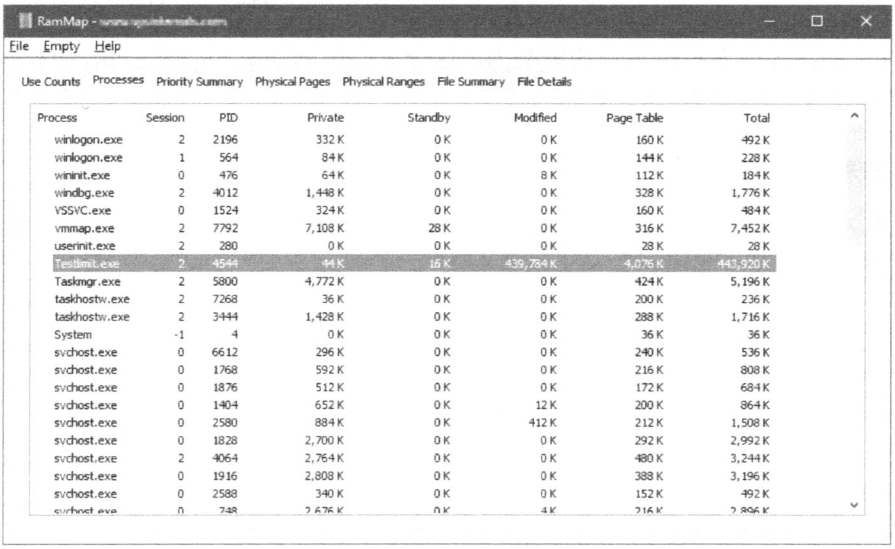

RamMap
File Empty Help
Use Counts Processes Priority Summary Physical Pages Physical Ranges File Summary File Details

Process	Session	PID	Private	Standby	Modified	Page Table	Total
winlogon.exe	2	2196	332 K	0 K	0 K	160 K	492 K
winlogon.exe	1	564	84 K	0 K	0 K	144 K	228 K
wininit.exe	0	476	64 K	0 K	8 K	112 K	184 K
windbg.exe	2	4012	1,448 K	0 K	0 K	328 K	1,776 K
VSSVC.exe	0	1524	324 K	0 K	0 K	160 K	484 K
vmmap.exe	2	7792	7,108 K	28 K	0 K	316 K	7,452 K
userinit.exe	2	280	0 K	0 K	0 K	28 K	28 K
Testlimit.exe	2	4544	44 K	16 K	439,784 K	4,076 K	443,920 K
Taskmgr.exe	2	5800	4,772 K	0 K	0 K	424 K	5,196 K
taskhostw.exe	2	7268	36 K	0 K	0 K	200 K	236 K
taskhostw.exe	2	3444	1,428 K	0 K	0 K	288 K	1,716 K
System	-1	4	0 K	0 K	0 K	36 K	36 K
svchost.exe	0	6612	296 K	0 K	0 K	240 K	536 K
svchost.exe	0	1768	592 K	0 K	0 K	216 K	808 K
svchost.exe	0	1876	512 K	0 K	0 K	172 K	684 K
svchost.exe	0	1404	652 K	0 K	12 K	200 K	864 K
svchost.exe	0	2580	884 K	0 K	412 K	212 K	1,508 K
svchost.exe	0	1828	2,700 K	0 K	0 K	292 K	2,992 K
svchost.exe	2	4064	2,764 K	0 K	0 K	480 K	3,244 K
svchost.exe	0	1916	2,808 K	0 K	0 K	388 K	3,196 K
svchost.exe	0	2588	340 K	0 K	0 K	152 K	492 K
svchost.exe	0	748	2,676 K	0 K	4 K	216 K	2,896 K

图 5-70 列表

5.13.2 页面优先级

就算是系统中的物理页面，也会由内存管理器分配一个页面优先级数值。页面优先级是一个介于 0 和 7 之间的数值，其主要用途在于确定从待命列表消耗页面的顺序。内存管理器会将待命列表拆分为8个子列表，每个子列表存储了特定优先级的页面。当内存管理器需要从待命列表获取页面时，会优先从最低优先级的列表开始获取。

系统中的每个线程和进程也会获得页面优先级。页面的优先级通常反映了最先导致该分配的线程的页面优先级。（如果该页面是共享的，则会体现为所有共享线程中页面优先级最高的那个优先级。）线程会从所属进程继承其页面优先级。在预测到进程即将访问内存时，内存管理器会预先从磁盘读取页面，并为其使用低优先级。

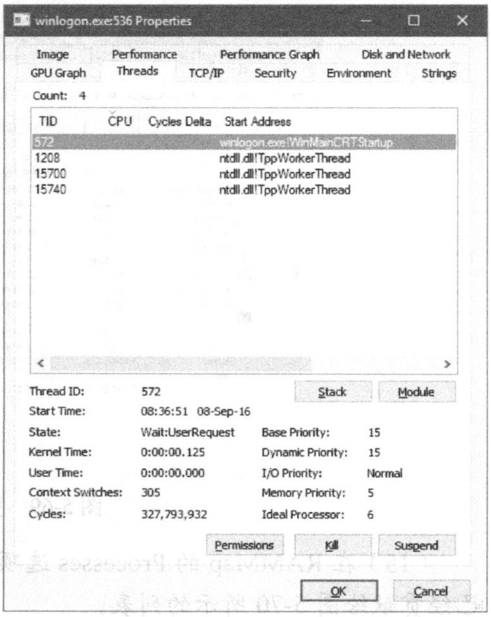

默认情况下，进程的页面优先级值为5，但用户模式函数SetProcessInformation和SetThreadInformation可以让应用程序更改进程和线程的页面优先级值。这些函数会调用原生的NtSetInformationProcess和NtSetInformationThread函数。我们也可以使用Process Explorer查看线程的内存优先级（每个页面优先级可通过PFN项查看，本章稍后的实验将会介绍）。Process Explorer的Threads选项卡如图5-71所示，其中显示了Winlogon主线程的相关信息。虽然该线程本身的优先级为高，但其内存优先级依然为标准的5。

图5-71　Process Explorer的Threads选项卡

只有从上层机制解读页面的相对优先级时，内存优先级才能发挥出真正的影响力。这个上层机制就是SuperFetch，会在本章末尾进行介绍。

实验：查看待命列表的优先级

我们可以在Process Explorer的System Information窗口中打开Memory选项卡，随后即可查看每个待命页面列表的大小，如图5-72所示。

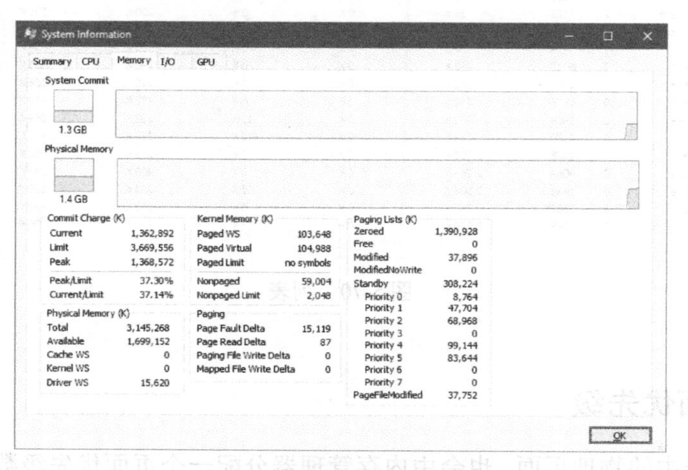

图5-72　查看每个待命页面列表的大小

在本实验使用的刚刚启动的 x86 系统中，约有 9MB 的数据缓存在优先级 0，约有 47MB 的数据缓存在优先级 1，约有 68MB 的数据缓存在优先级 2。使用 Sysinternals 提供的 TestLimit 工具提交并访问尽可能多的内存后所发生的情况如图 5-73 所示。

```
C:\Tools\Sysinternals>Testlimit.exe -d
```

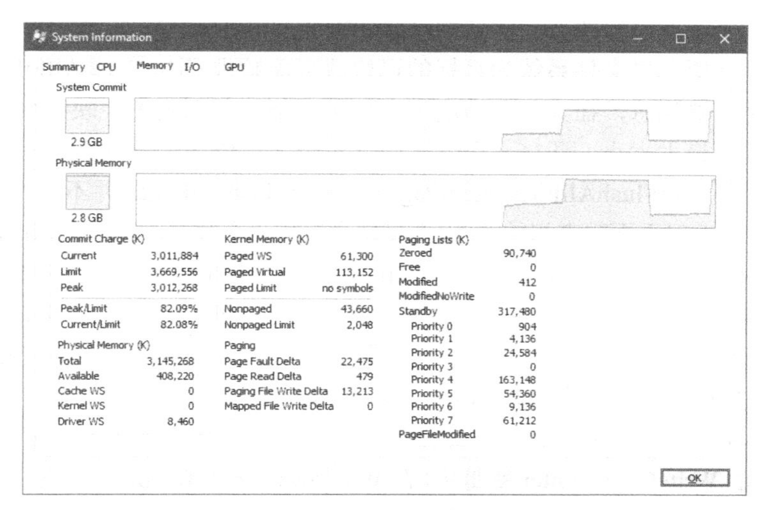

图 5-73 用 Sysinternals 提供的 TestLimit 工具提交并访问尽可能多的内存后所发生的情况

注意，较低优先级的待命页面列表会被优先使用 [可由重用（repurposed）计数得知]，并且其数量已经相当小了，而较高优先级的列表依然包含了有价值的缓存数据。

5.13.3 已修改页面写出器和映射页面写出器

内存管理器使用两个系统线程将页面写出到磁盘，并（根据优先级）将这些页面重新移入待命列表。其中一个系统线程（MiModifiedPageWriter）负责将已修改页面写出到页面文件，另一个（MiMappedPageWriter）负责将已修改页面写出到映射文件。为避免死锁，这两个线程是必须有的。例如，如果页面文件的写操作导致了页面错误进而需要空闲页面，但此时没有可用的空闲页面，就需要通过已修改页面写出器创建更多空闲页面。让已修改页面写出器通过另一个系统线程执行映射文件的换页 I/O 操作，该线程就可以等待，而不会阻塞常规的页面文件 I/O。

这两个线程的优先级均为 18，初始化完成后，它们会等待不同的事件对象触发自己的操作。映射页面写出器可等待如下 18 种事件对象。

（1）通过信号让线程退出的退出事件（与此处的讨论无关）。

（2）映射写出器事件，存储在全局变量 MiSystemPartition.Modwriter.MappedPageWriterEvent（在 Windows 8.x 和 Windows Server 2012/2012 R2 中则为 MmMappedPageWriterEvent）中。该事件会在下列情况下发出信号。

■ 页面列表操作（MiInsertPageInList）过程中，该例程会根据输入的参数向列表（待命、已修改等列表）中插入一个页面。如果已修改页面列表中以文件系统为目标的页面数量超过了 16 个，并且可用页面数量不足 1024 个，这个例程便会向该事件发送信号。

- 试图获取空闲页面（MiObtainFreePages）时。
- 由内存管理器的工作集管理器（MmWorkingSetManager）触发。该工作集管理器会作为内核平衡集管理器的一部分，每秒运行一次。如果已修改页面列表中以文件系统为目标的页面数量超过 800 个，这个工作集管理器就会向该事件发送信号。
- 收到刷新所有已修改页面的请求（MmFlushAllPages）时。
- 收到刷新所有以文件系统为目标的已修改页面请求（MmFlushAllFilesystemPages）时。然而请注意，在大部分情况下，如果已修改页面列表中映射页面的数量小于写入簇的最大大小，即 16 个页面，则并不会将已修改的映射页面写入其后备存储文件。但 MmFlushAllFilesystemPages 或 MmFlushAllPages 并不进行该检查。

（3）与 16 个映射页面列表相关的 16 个事件会组成一个数组，存储在 MiSystemPartition.PageLists.MappedPageListHeadEvent（在 Windows 8.x 和 Windows Server 2012/2012 R2 中则为 MiMappedPageListHeadEvent）中。每当映射页面变脏后，便会根据其桶（bucket）号插入这 16 个映射页面列表中的某一个内，这个桶号存储在 MiSystemPartition.WorkingSetControl->CurrentMappedPageBucket（在 Windows 8.x 和 Windows Server 2012/2012 R2 中则为 MiCurrentMappedPageBucket）中。当系统认为映射页面已经足够老［目前为 100s，存储在同一个结构的 WriteGapCounter 变量中(在 Windows 8.x 和 Windows Server 2012/2012 R2 中则存储在 MiWriteGapCounter 中)，每次工作集管理器运行时该值会递增］之后，工作集管理器会更新桶号。使用这些额外的事件是为了降低系统崩溃或供电失败导致数据丢失的可能性，因为就算已修改列表未达到 800 个页面的阈值，已修改的映射页面最终依然会被写出到磁盘上。

已修改页面写出器会等待两个事件：第一个为 Exit 事件；第二个事件存储在 MiSystemPartition.Modwriter.ModifiedPageWriterEvent(在 Windows 8.x 和 Windows Server 2012/2012 R2 中则会等待存储在 MmModifiedPageWriterGate 中的内核门）中，该事件会在下列情况下发出信号。

（1）收到了刷新所有页面的请求时。

（2）存储在 MiSystemPartition.Vp.AvailablePages（在 Windows 8.x 和 Windows Server 2012/2012 R2 中则为 MmAvailablePages）中的可用页面数量低于 128 时。

（3）零化页面和空闲页面列表的总大小低于 20000 个页面，并且以页面文件为目标的已修改页面数量大于下列两个数值中的较小值时：可用页面数的 1/16，或 64MB（16384 个页面）。

（4）当可用页面数量不足 15000，为了获得额外页面而对工作集进行修剪时。

（5）页面列表操作（MiInsertPageInList）过程中，如果已修改页面列表中以文件系统为目标的页面数量超过了 16，并且可用页面数量不足 1024 时。

此外，在上述事件发出信号后，已修改页面写出器还会等待另外两个事件。一个事件用于代表需要重新扫描页面文件（例如可能已经创建了新页面文件），该事件存储在 MiSystemPartition.Modwriter.RescanPageFilesEvent（在 Windows 8.x 和 Windows Server 2012/2012 R2 中则为 MiRescanPageFilesEvent）中。另一个是页面文件头的内部事件［MiSystemPartition.Modwriter.PagingFileHeader (在 Windows 8.x 和 Windows Server 2012/2012 R2 中则为 MmPagingFileHeader)］，可供系统在需要时请求以手动方式进行数据刷新。

在调用后，映射页面写出器会尝试着通过一个 I/O 请求将尽可能多的页面写出到磁盘。为此需要检查已修改页面列表中页面元素的 PFN 数据库中的原始 PTE 字段，借此定位在磁盘上处于连续位置的页面。创建出这样的列表后，页面会从已修改列表中移除，同时会发起一个 I/O 请求，当该 I/O 请求执行完成后，这些页面将被放置到根据其优先级所对应的待命列表的尾部。

正在进行写操作的进程所包含的页面也可以被其他线程引用。当出现这种情况时，PFN 项中代表物理页面的引用计数和共享计数都会递增，代表另一个进程正在使用该页面。当 I/O 操作完成后，已修改页面写出器会注意到共享计数不再为 0，因此不会将这样的页面放在待命列表中。

5.13.4 PFN 的数据结构

虽然 PFN 数据库项是定长的，但根据页面状态的不同，它们依然可能处于不同状态。因此根据不同状态，每个字段可能有不同的含义。图 5-74 展示了处于不同状态时 PFN 项的格式。

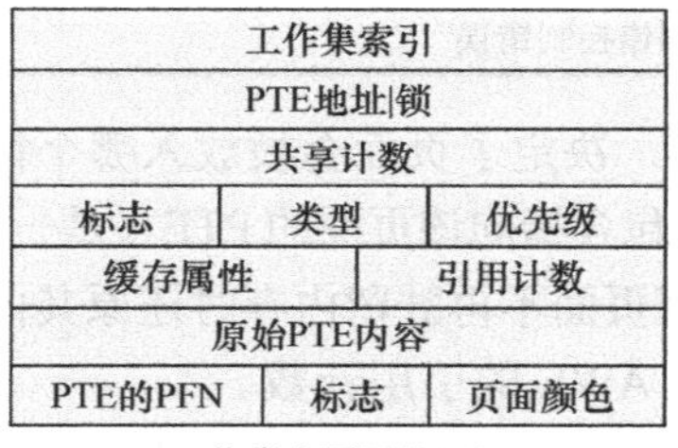

工作集中页面的PFN

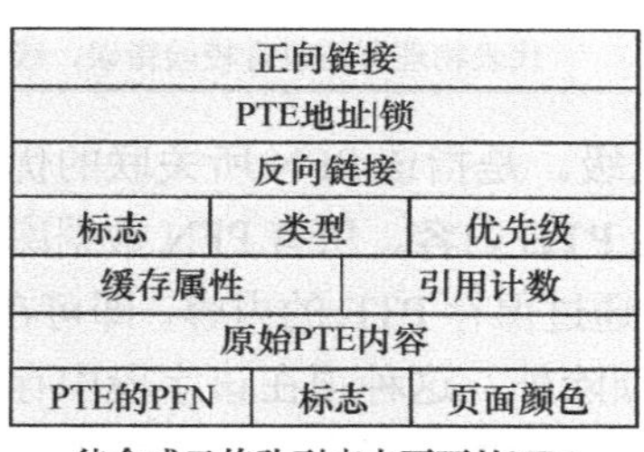

待命或已修改列表中页面的PFN

内核栈所有者	下一个栈PFN链接	
PTE地址|锁		
共享计数		
标志	类型	优先级
缓存属性	引用计数	
原始PTE内容		
PTE的PFN	标志	页面颜色

属于内核栈的页面的PFN

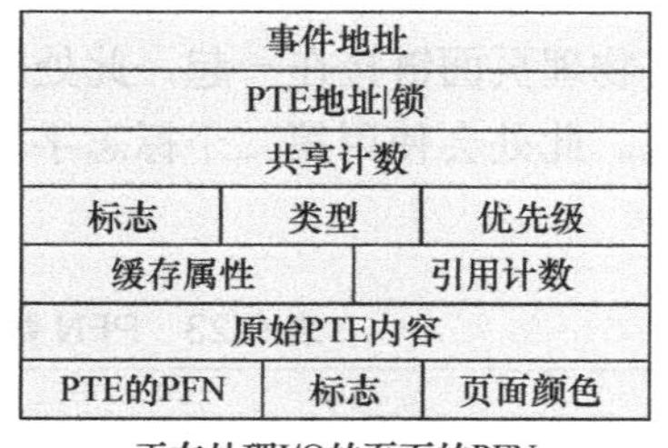

正在处理I/O的页面的PFN

图 5-74 PFN 数据库项的状态（特定布局均为概念性的展示）

不同类型的 PFN 有部分字段是相同的，但有些字段仅适用于特定类型的 PFN。下列字段可用于多种类型的 PFN。

（1）**PTE 地址**。指向该页面的 PTE 的虚拟地址。此外，由于 PTE 地址总是以 4 字节边界对齐（64 位系统为 8 字节边界），最低的两位将用作一种锁定机制，以便实现对 PFN 项的序列化访问。

（2）**引用计数**。对该页面的引用数量。当页面首次被加入工作集，或者页面由于 I/O 操作而被（例如被设备驱动程序）锁定在内存中时，引用计数将会递增。当共享计数归零时，或者页面从内存中解锁时，引用计数会递减。当共享计数归零时，该页面将不再被工作集所拥有。随后，如果引用计数也归零，描述该页面的 PFN 数据库项将被更新，以便将该页面加入空闲、待命或已修改列表。

（3）**类型**。是指该PFN所代表页面的类型（可用类型包括活动/有效、待命、已修改、已修改未写出、空闲、零化、坏的以及转换）。

（4）**标志**。标志域所包含的信息见表5-22。

表5-22　PFN数据库项中的标志

标志	含义
写操作正在进行中	代表某个页面的写操作正在进行中。第一个DWORD包含了该I/O完成后，将要发信号通知的事件对象的地址
已修改的状态	代表该页面是否已被修改（如果页面已被修改，其内容必须保存到磁盘，随后才能将页面从内存中移除）
读操作正在进行中	代表正在进行换入该页面的操作。第一个DWORD包含了该I/O完成后，将要发信号通知的事件对象的地址
ROM	代表该页面来自计算机的固件或其他只读类型的内存，例如设备寄存器
页面换入错误	代表针对该页面的换入操作遇到了I/O错误（此时PFN的第一个字段将包含错误代码）
内核栈	代表该页面正用于保存内核栈。此时PFN项将包含栈的所有者及该线程的下一个栈PFN信息
移除请求	代表该页面即将（由于ECC/清理或内存条热拔除而）被移除
校验错误	代表物理页面包含校验错误，或包含纠错控制错误

（5）**优先级**。是指该PFN所关联的优先级，决定了页面会被放入哪个待命列表。

（6）**原始PTE内容**。所有PFN数据库项均包含指向该页面的PTE（是一种原型PTE）的原始内容。通过保存PTE的内容，即可在物理页面不再驻留内存时还原其内容。但AWE分配的PFN项除外，这种项在该字段中存储了AWE的引用计数。

（7）**PTE的PFN**。指向该页面的PTE所在页表页的物理页面编号。

（8）**颜色**。除了被链接到同一个列表，PFN数据库项还会使用一个额外的字段，通过“颜色”将物理页面链接在一起，此处的“颜色”是指页面的NUMA节点编号。

（9）**标志**。此处会使用第二个标志字段将额外的信息编码到PTE中，这些标志详见表5-23。

表5-23　PFN数据库项的第二个标志

标志	含义
PFN映像已验证	代表该PFN的代码签名（包含在该PFN所支撑的映像的密码学签名编录中）已通过验证
AWE分配	代表该PFN支撑着一个AWE分配
原型PTE	代表该PFN所引用的PTE是原型PTE，例如该页面是可共享的

其余字段都是每类PFN所特有的。例如，图5-74所示的第一个PFN代表一个活动、并且包含在工作集中的页面。它的共享计数字段代表引用该页面的PTE数量（标记为只读、写入时复制或共享读写的页面可被多个进程共享）。对于页表页，该字段代表了页表中有效和转换PTE的数量。只要共享计数大于0，该页面就不能从内存中移除。

工作集索引字段是一种代表进程工作集列表（或者系统或会话工作集，如果不在任何工作集中则为零）的索引，指向了映射至物理页面所驻留的虚拟地址。如果该页面为私有页面，工作集索引字段将直接引用工作集列表中的项，因为该页面只映射到了一个虚拟地址。对于共享的页面，工作集索引可以看作一种“线索”，只有对使得该页面有效的第一个进程，才能保证这个索引是正确的。（其他进程会尽可能试着使用相同的索引。）最初设置了该字段的进程可以确保引用了正确的索引，此时不需要在自己的工作集散列树中添加由该虚拟地址引用的工作集列表散列项。这样做有助于减小工作集散列树的大小，并让不同项的搜索速度更快。

图 5-74 所示的第二个 PFN 主要适用于位于待命或已修改列表中的页面。此时，前向和后向链接字段可以将列表的不同元素链接在一起。这样的链接使得页面可以轻松操作以满足页面错误的需求。当页面位于其中一个列表时，根据定义，其共享计数为 0（因为没有任何工作集正在使用该页面），因此可以使用后向链接覆盖。如果页面位于其中一个列表，其引用计数也将为 0。如果值不为 0（因为针对该页面的 I/O 可能正在进行中，例如页面正在被写到磁盘），则会被首先从列表中移除。

图 5-74 所示的第三个 PFN 主要适用于属于内核栈的页面。如前所述，当执行或返回用户模式的回调，或驱动程序执行回调并请求对栈进行扩展时，Windows 的内核栈可以动态地分配、扩展和释放。对于此类 PFN，内存管理器必须跟踪内核栈所关联的线程，或者当其空闲时维持一个到下一个空闲旁视栈的链接。

图 5-74 所示的第四个 PFN 主要适用于正在进行 I/O 操作（例如页面读取）的页面。当 I/O 正在进行时，第一个字段会指向一个事件对象，该对象会在 I/O 完成后发出信号。如果出现页面换入错误，该字段会包含代表该 I/O 错误的 Windows 错误状态代码。该类型 PFN 主要用于解决冲突的页面错误。

除了 PFN 数据库，表 5-24 所列出的系统变量也代表了与物理内存有关的整体状态。

表 5-24 描述物理内存的系统变量

变量（Windows 10 和 Windows Server 2016）	变量（Windows 8.x 和 Windows Server 2012/2012 R2）	描述
MiSystemPartition.Vp.NumberOfPhysicalPages	MmNumberOfPhysicalPages	系统可用物理页面的总数
MiSystemPartition.Vp.AvailablePages	MmAvailablePages	系统可用物理页面的总数，即零化、空闲和待命列表的页面数总和
MiSystemPartition.Vp.ResidentAvailablePages	MmResidentAvailablePages	在将所有进程修剪至工作集大小的最小值，并且所有已修改页面均刷新至磁盘之后，可用物理页面的总数

实验：查看 PFN 项

我们可以使用内核模式调试器的!pfn 命令查看每个 PFN 项，为此需要以参数形式提供 PFN。（例如运行!pfn 0 可显示第一个项，运行!pfn 1 可显示第二个项，以此类推。）下列范例中，将显示虚拟地址 0xD20000 对应的 PTE，后跟包含该页目录的 PFN，以及实际的页面。

```
lkd> !pte d20000
                         VA 00d20000
PDE at C0600030               PTE at C0006900
contains 000000003E989867 contains 8000000093257847
pfn 3e989     ---DA--UWEV pfn 93257      ---D---UW-V

lkd> !pfn 3e989
```

```
   PFN 0003E989 at address 868D8AFC
   flink       00000071 blink / share count 00000144 pteaddress C0600030
   reference count 0001  Cached      color 0   Priority 5
   restore pte 00000080  containing page 0696B3  Active     M
   Modified
lkd> !pfn 93257
   PFN 00093257 at address 87218184
   flink       000003F9 blink / share count 00000001 pteaddress C0006900
   reference count 0001  Cached      color 0   Priority 5
   restore pte 00000080 containing page 03E989  Active     M
   Modified
```

我们也可以使用MemInfo工具查看有关PFN的信息。MemInfo有时候可以提供比调试器输出结果更详细的信息，并且不需要将系统引导至调试模式。对于上述两个PFN，MemInfo的输出结果如下。

```
C:\Tools>MemInfo.exe -p 3e989
0x3E989000 Active        Page Table        5  N/A             0xC0006000 0x8E499480

C:\Tools>MemInfo.exe -p 93257

0x93257000 Active        Process Private 5  windbg.exe  0x00D20000 N/A
```

从左至右，上述信息包含了物理地址、类型、页面优先级、进程名称、虚拟地址以及可能包含的其他额外信息。MemInfo可以正确地识别出第一个PFN是页表，第二个PFN属于WinDbg，而WinDbg正是在调试器中运行!pte d20000命令时的活动进程。

5.13.5 页面文件的保留

我们已经介绍过，内存管理器会通过一定的机制试图减小物理内存的消耗，进而减少对页面文件的访问。例如待命列表和已修改列表的使用就是这种机制，内存压缩（见5.15节）也是一种这样的机制，这是与页面文件本身的访问有关的另一种内存优化机制。

传统机械磁盘有一个可移动的磁头，需要将磁头移动到目标扇区之后才能进行磁盘读写操作。但这个过程中的寻道时间通常都比较长（以ms为单位），因此磁盘的总活跃时间需要将寻道时间和实际执行读写操作所需的时间加在一起。如果一次寻道后可以连续访问的数据总量足够大，寻道时间的影响几乎可以忽略；但如果磁头必须在不同位置频繁移动才能访问分散在磁盘各处的数据，总的寻道时间就会造成不可忽略的问题。

当会话管理器（Smss.exe）创建页面文件时，会查询文件分区所在磁盘，判断这是机械磁盘还是固态硬盘（SSD）。如果是机械磁盘，则会激活一种名为页面文件保留的机制，借此尝试着将物理内存中连续的页面尽可能在页面文件中连续地保存。如果是固态硬盘（或混合硬盘，页面文件保留机制也会将其视作固态硬盘），此时页面文件保留机制将无法起到任何作用（因为没有可移动的磁头），所创建的页面文件将不使用该功能。

页面文件保留是在内存管理器中的3个地方处理的：工作集管理器、已修改页面写出器以及页面错误处理程序。工作集管理器负责调用MiFreeWsleList例程修剪工作集，该例程会对工作集中的页面创建一个列表，并递减每个页面的共享计数。如果该计数归零，相应的页面即可放入已修改列表，且相关PTE会更改为转换PTE。原先的有效PTE会保存到PFN中。

无效 PTE 包含两个与页面文件保留有关的位：保留的页面文件以及分配的页面文件。当需要一个物理页面并将其从某一个“空闲的”页面列表（空闲、零化或待命列表）中取出时，该页面会变为活动（有效）页面，此时无效 PTE 会保存到该 PFN 的原始 PTE 字段中。这个字段是追踪页面文件保留的关键。

MiCheckReservePageFileSpace 例程会试着从指定的页面开始，创建页面文件保留簇。它会检查目标页面文件是否已经禁用了页面文件保留，以及该页面是否已经（按照原始 PTE）进行了页面文件保留。如果这些条件中有一条满足，该函数就会对这个页面忽略后续的处理工作。该例程还会检查该页面的类型是否为用户页面，如果不是，那么也会停止后续操作。页面文件保留机制不会尝试着作用于其他类型的页面（例如换页池），因为实际上对其他类型的页面几乎起不到作用（例如可能是由于使用模式的不可预测），并会导致创建很小的簇。最后，MiCheckReservePageFileSpace 会调用 MiReservePageFileSpace 来执行实际的工作。

对页面文件保留的搜索工作是从初始 PTE 开始并向后进行的。其目标在于找到符合要求的连续页面并尽可能对齐进行保留。如果映射临近页面的 PTE 代表了已经解除提交的页面或非换页池页面，或者如果页面已经被保留，这样的页面将无法使用，当前页面将成为保留簇的下限。否则会继续向后搜索。随后搜索过程会从初始页面开始向后进行，并尝试着收集尽可能多的符合要求的页面。为了让保留生效，簇必须至少包含 16 个页面（最多则可包含 512 个页面）。图 5-75 展示了这样的一个范例簇，其中无效页面位于一侧，现有簇位于另一侧（注意，在同一个页目录中，它可以跨越页表）。

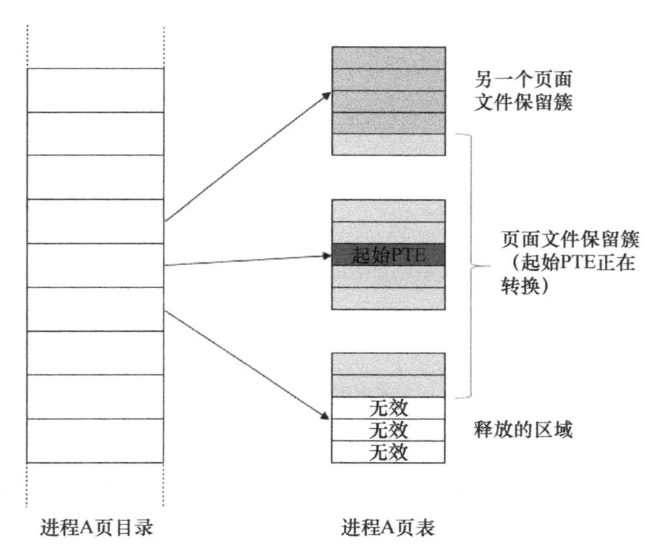

图 5-75 页面文件保留簇

计算得到页面簇后，为了对该页面簇进行保留，还需要定位空闲页面列表的空间。页面文件的分配是由一个位图管理的（其中每个位代表文件中已经使用的一个页面）。为了进行页面文件的保留，还需要使用第二个位图代表已经保留（但未必已经写入，这个工作是由页面文件分配位图负责的）的页面。一旦（根据这些位图）发现了未保留且未分配的页面文件空间，将只在保留位图中设置相关的位。随后由已修改页面写出器在将页面内容写出到磁盘时，负责在分配位图中设置这些位。如果对于所需簇大小找不到足够的页面文件空间，则会试图扩展页面文件；如果页面文件已经扩展过（或扩展后的大小已经达到页面文件大小的最大值），那么将减少簇的大小，以便能将簇放入已定位的保留空间中。

注意　成簇的页面并不会链接至任何物理页面列表（原始起始 PTE 除外）。保留信息均位于 PFN 的原始 PTE 中。

已修改页面写出器需要将已保留页面的写出操作进行一个特殊处理。它会使用之前提到过的所有信息构建一个 MDL，其中包含了在写出页面文件过程中相应的簇 PFN 信息。在构建簇的过程中，还需要寻找可以容纳保留簇的连续空间。如果簇之间存在“孔洞”，则会在其中添加傀儡页面（所有字节的值均为 0xFF 的页面）。如果傀儡页面的数量超过 32，簇就被破坏了。这个过程会先向前，然后向后进行，借此构建出最终要写的簇。图 5-76 展示了这样的一个例子，从中可以看到当已修改页面写出器构建了这样的簇之后，页面的最终状态。

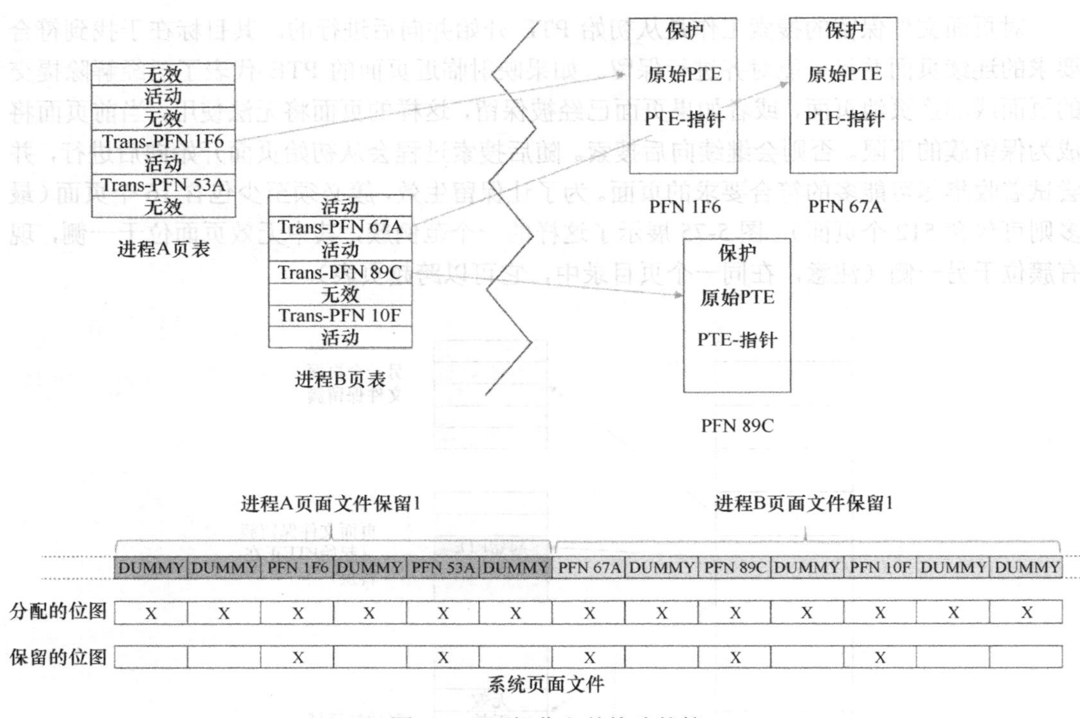

图 5-76　写操作之前构建的簇

最后，页面错误处理程序会使用来自保留位图的构建信息和 PTE 来确定簇的起点和终点，这样即可高效地回载所需页面，同时将机械磁盘的磁头寻道时间降至最低。

5.14　物理内存的限制

在介绍过 Windows 跟踪物理内存的方式后，我们一起来看看 Windows 实际上可以支持多少内存。由于大部分系统在运行过程中所访问的代码和数据远远超过了物理内存容量，可以将物理内存看作在运行过程中访问所需代码和数据的窗口。因为当进程或操作系统所需的数据或代码不在物理内存中时，必须由内存管理器从磁盘或远程存储将其带入物理内存，所以内存数量会对性能产生影响。

除了会影响性能，物理内存的数量还会影响与其他资源有关的限制。例如由物理内存支撑的非换页内存池就会受到物理内存容量的显著制约。物理内存会影响到系统的虚拟内存限制，虚拟内存的大小约等于物理内存的大小与当前配置的所有页面文件的大小的总和。物理内存还会对可支持的进程数量最大值产生间接限制。

Windows 对物理内存的支持受制于硬件、许可、操作系统数据结构以及驱动程序的兼容性。表 5-25 总结了 Windows 8 和后续版本的相关限制。

表 5-25 Windows 可支持物理内存的数量限制

操作系统世代版本/SKU 版本	32 位最大值	64 位最大值
Windows 8.x Professional 和 Enterprise	4GB	512GB
Windows 8.x（所有其他版本）	4GB	128GB
Windows Server 2012/2012 R2 Standard 和 Datacenter	N/A	4TB
Windows Server 2012/2012 R2 Essentials	N/A	64GB
Windows Server 2012/2012 R2 Foundation	N/A	32GB
Windows Storage Server 2012 Workgroup	N/A	32GB
Windows Storage Server 2012 Standard Hyper-V Server 2012	N/A	4TB
Windows 10 Home	4GB	128GB
Windows 10 Pro、Education 和 Enterprise	4GB	2TB
Windows Server 2016 Standard 和 Datacenter	N/A	24TB

在撰写本文时，某些 Windows Server 2012/2012 R2 版本最大可支持 4TB 的物理内存，Windows Server 2016 最大可支持 24TB 的物理内存。这些限制并非来源于实现或硬件方面的局限，而是因为微软只为自己可以测试的配置提供了支持。在撰写本文时，已经测试过并可支持更大容量的内存配置。

Windows 客户端的内存限制

64 位 Windows 客户端版本支持不同容量的物理内存，并且这种支持情况被视作一种区分不同版本的功能：低端版本最多可支持 4GB 的物理内存，Enterprise 和 Professional 版本最多可支持 2TB 的物理内存。然而所有 32 位 Windows 客户端版本最多只能支持 4GB 的物理内存，这也是标准的 x86 内存管理模式可访问的物理地址最大范围。

虽然在 x86 系统上，客户端 SKU 可支持 PAE 寻址模式，借此提供了基于硬件的不可执行保护（同时可实现对 4GB 以上物理内存的访问），但测试表明由于某些设备驱动程序的影响，此时系统可能会崩溃、挂起或不可引导。这种问题常见于客户端（而非服务器）上某些常用的视频和音频设备，因为这些驱动程序在开发过程中就没有考虑过在超过 4GB 的物理地址中运行。因此驱动程序会截断这样的地址，导致内存被破坏并面临各种副作用。服务器系统通常会使用更为通用的设备，其驱动程序往往也更简单可靠，通常不会遇到此类问题。有问题的客户端驱动程序生态导致微软做出了一个决定：对于客户端版本的 Windows，会忽略 4GB 以上的物理内存，哪怕理论上系统可以寻址这些内存。建议驱动开发者使用 BCD 的 nolowmem 选项测试自己使用的系统，如果系统中有足够多的物理内存，该选项可以强迫内核使用 4GB 以上的物理地址，借此即可立即发现自己的驱动程序是否会引发这样的问题。

虽然 4GB 是 32 位客户端版本在许可方面的限制，但根据系统中的芯片组和连接的设备，实际的限制可能更低。这是因为物理地址的映射不仅包含物理内存，还包含设备内存。而为了维持对不知道如何处理 4GB 以上地址的 32 位操作系统的兼容性，x86 和 x64 系统通常会将所有设备内存映射至 4GB 地址边界内。较新的芯片组支持基于 PAE 的设备重映射，但由于前文提到的兼容性问题，客户端版本的 Windows 并不支持该功能。（否则驱动程序会收到指向自己设备内存的 64 位指针。）

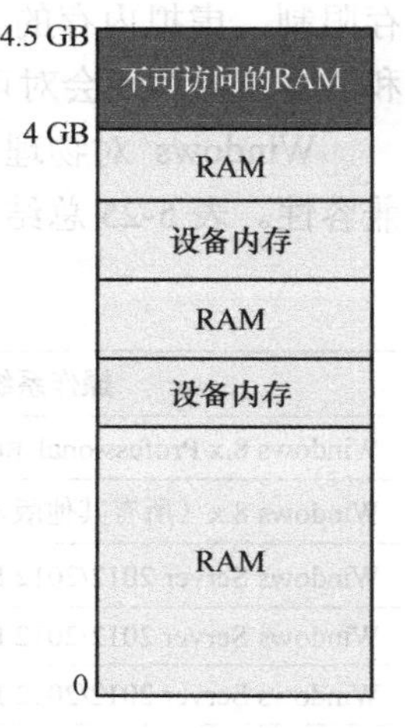

图 5-77　4GB 系统中的物理内存布局

如果系统有 4GB 内存以及诸如视频、音频和网络适配器等设备，并且这些设备的驱动程序创建出总共 500MB 的窗口来映射自己的设备内存，那么这 4GB 物理内存中将有 500MB 位于 4GB 地址边界的上方，如图 5-77 所示。

这样的结果是：如果计算机有 3GB 或更多物理内存，并且运行了 32 位 Windows 客户端系统，那么可能无法完全利用所有物理内存。我们可以通过系统属性对话框看到 Windows 检测到的已安装物理内存数量，但为了了解其中到底有多少物理内存是可被 Windows 使用的，需要打开任务管理器的性能选项卡，或使用 Msinfo32 工具。例如，在一台配置了 4GB 物理内存的 Hyper-V 虚拟机中，安装 32 位 Windows 10 后，根据 Msinfo32 工具的显示，可用物理内存的数量为 3.87GB。

```
Installed Physical Memory (RAM) 4.00 GB
Total Physical Memory           3.87 GB
```

我们可以使用 Meminfo 工具查看物理内存的布局。在 32 位系统中使用-r 开关运行 MemInfo 转储的物理内存范围如下。

```
C:\Tools>MemInfo.exe -r
MemInfo v3.00 - Show PFN database information
Copyright (C) 2007-2016 Alex Ionescu

Physical Memory Range: 00001000 to 0009F000 (158 pages, 632 KB)
Physical Memory Range: 00100000 to 00102000 (2 pages, 8 KB)
Physical Memory Range: 00103000 to F7FF0000 (1015533 pages, 4062132 KB)
MmHighestPhysicalPage: 1015792
```

注意，内存地址 A0000 到 100000 之间有一个空缺（384KB），F8000000 到 FFFFFFFF 之间有另一个空缺（128MB）。

我们还可以使用计算机中的设备管理器查看是什么东西占用了无法被 Windows 使用的各种保留内存区域（这些信息会在 Meminfo 的输出结果中显示为空缺）。若要通过设备管理器查看，请执行如下步骤。

（1）运行 Devmgmt.msc。

（2）打开 View 菜单，选择 Resources by Connection。

（3）展开 Memory 节点。在图 5-78 所示的这台笔记本电脑中，已映射设备内存的主要消耗者毫无疑问是显卡（Hyper-V S3 Cap），它在 F8000000–FBFFFFFF 的范围内消耗了 128MB。

```
Memory
    [00000000 - 0009FFFF] System board
    [000A0000 - 000BFFFF] PCI Bus
    [000C0000 - 000DFFFF] System board
    [000E0000 - 000FFFFF] System board
    [00100000 - F7FFFFFF] System board
    [E0000000 - FFFFFFFF] PCI Bus
        [FF800000 - FFFFFFFF] Microsoft Hyper-V Video
    [F8000000 - FFFBFFFF] PCI Bus
        [F8000000 - FBFFFFFF] Microsoft Hyper-V S3 Cap
        [FEBFF000 - FEBFFFFF] Intel 21140-Based PCI Fast Ethernet Adapter (Emulated)
        [FEC00000 - FEC00FFF] Motherboard resources
        [FEE00000 - FEE00FFF] Motherboard resources
    [FFFC0000 - FFFFFFFF] System board
```

图 5-78　32 位 Windows 系统上的硬件保留内存范围

其他各类设备占用了大部分其他地址范围，而 PCI 总线还为设备保留了额外的范围，这些范围主要用于系统引导过程中为固件“保守”保留的地址。

5.15 内存压缩

Windows 10 内存管理器实现了一种对已修改页面列表中的私有页面和页面文件支撑的节页面进行压缩的机制。该机制主要用于压缩 UWP 应用的私有页面，因为当内存紧张时，此类应用程序所进行的工作集交换和清空机制使得此类页面非常适合进行压缩。当这样的应用程序暂停运行且其工作集已经换出后，即可随时清空其工作集，并对脏页面进行压缩。借此即可获得额外的可用内存，足以将其他应用程序的页面直接容纳到物理内存中，而不需要将第一个应用程序的页面从物理内存中清除。

注意　实验发现，使用微软的 Xpress 算法可将页面压缩至原始大小的 30%～50%，并能在速度和大小之间实现平衡，因此可进一步节约内存。

内存压缩架构必须满足如下要求。

（1）一个页面无法同时以压缩和未压缩状态存在于物理内存中，因为这会浪费物理内存的重复副本。这意味着当一个页面被压缩且被压缩成功后，它必须变为空闲页面。

（2）压缩存储必须维持其数据结构，并存储压缩后的数据，这样才能从整体上节约系统内存。这意味着如果某个页面未能妥善压缩，则不会被放入该存储中。

（3）压缩后的页面必须呈现为可用内存（因为在需要时，这些页面已经可以转为他用），这是为了避免让用户错误地认为内存压缩技术有时候会增加内存的消耗。

客户端版本的 SKU（手机、PC、Xbox 等）已经默认启用了内存压缩，服务器 SKU 目前并未使用内存压缩技术，但未来版本的服务器系统也有可能使用。

注意　在 Windows Server 2016 中，任务管理器会将压缩后的内存数量显示在括号中，但该数值始终为零。此外 Windows Server 2016 中并未出现内存压缩进程。

在系统启动过程中，Superfetch 服务（sysmain.dll，承载于一个 svchost.exe 实例中，见 5.19 节）会通过指令让执行体的存储管理器调用 NtSetSystemInformation 创建一个系统存储（始终是所要创建的第一个存储）以供非 UWP 应用程序使用。当应用程序启动时，每个UWP应用程序会与Superfetch服务通信，并发出创建自己所需的存储的请求。

5.15.1 压缩过程图解

为了了解内存压缩的工作原理，我们可以看看图5-79所示的图解范例。假设在某个时间点存在下列物理页面。

零化和空闲页面列表分别包含已经作为垃圾回收和零化的页面，因此可用于满足内存提交的需求。为了简化下列讨论，我们将其视作同一个列表。活动页面属于不同的进程，而已修改页面中包含尚未写入页面文件的脏数据，但如果进程引用了已修改页面，可以在不使用I/O操作的情况下通过软错误换入进程工作集。

随后假设内存管理器决定修剪已修改页面列表，可能是因为该列表变得过大，或零化/空闲页面变得过小。假设有3个页面被从已修改列表中移除，内存管理器会将它们的内容压缩到一个（从零化/空闲列表拿取的）页面中，如图5-80所示。

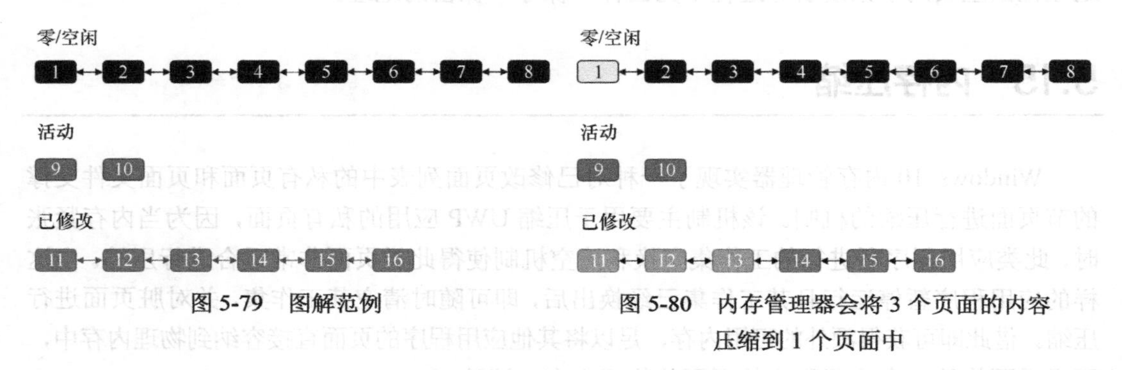

图5-79 图解范例　　图5-80 内存管理器会将3个页面的内容压缩到1个页面中

页面11、页面12和页面13将被压缩进页面1。当该工作完成后，页面1不再是空闲的，实际上已经变成了活动的，并被包含在内存压缩进程（下一节将详细介绍）的工作集中。页面11、页面12和页面13已经不再需要，因此被放入空闲列表。我们通过压缩节约了两个页面，如图5-81所示。

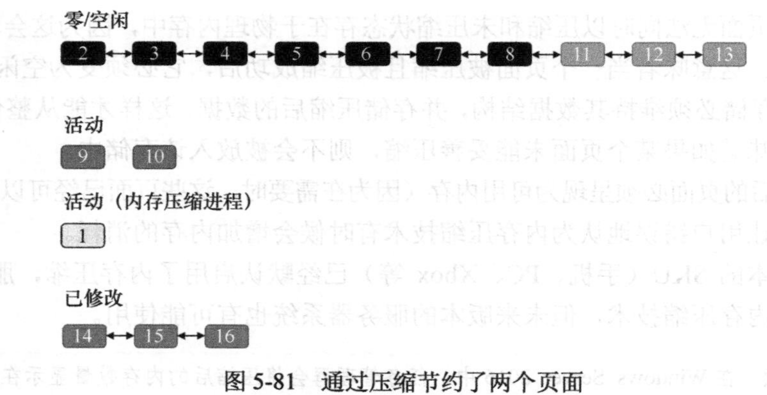

图5-81 通过压缩节约了两个页面

假设再次进行上述操作。这次页面14、页面15和页面16被压缩到（假设）两个页面（页面2和页面3）中，如图5-82所示。

结果页面2和页面3会进入内存压缩进程的工作集，而页面14、页面15和页面16会变得空闲，如图5-83所示。

零/空闲
2
3
4
5
6
7
8
11
12
13
活动
9
10
活动（内存压缩进程）
1
已修改
14
15
16

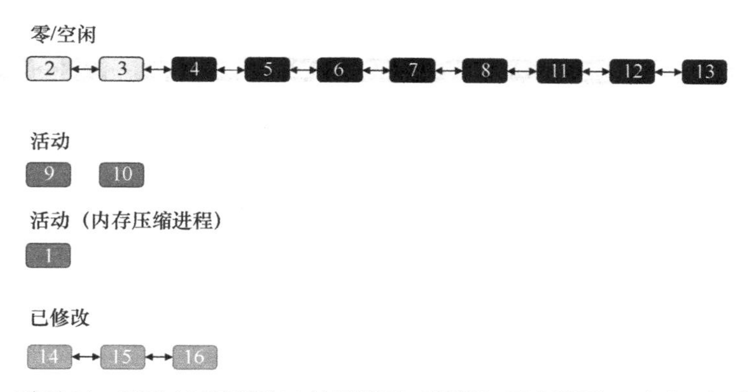

图 5-82 页面 14、页面 15 和页面 16 被压缩到（假设）两个页面（页面 2 和页面 3）中

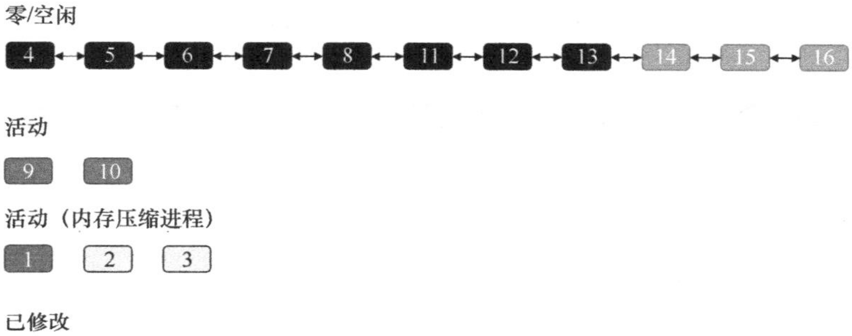

零/空闲
4
5
6
7
8
11
12
13
14
15
16
活动
9
10
活动（内存压缩进程）
1
2
3
已修改

图 5-83 页面 2 和页面 3 进入内存压缩进程的工作集，页面 14、页面 15 和页面 16 会变得空闲

假设内存管理器随后决定修剪内存压缩进程的工作集。此时，这些页面会被移入已修改列表，因为它们包含的数据尚未写入页面文件。当然，它们还可以随时通过软错误重新回到原始进程（使用空闲页面执行解压缩过程）。页面 1 和页面 2 被从内存压缩进程的活动页面中移除，重新回到了已修改列表中，如图 5-84 所示。

零/空闲
4
5
6
7
8
11
12
13
14
15
16
活动
9
10
活动（内存压缩进程）
3
已修改
1
2

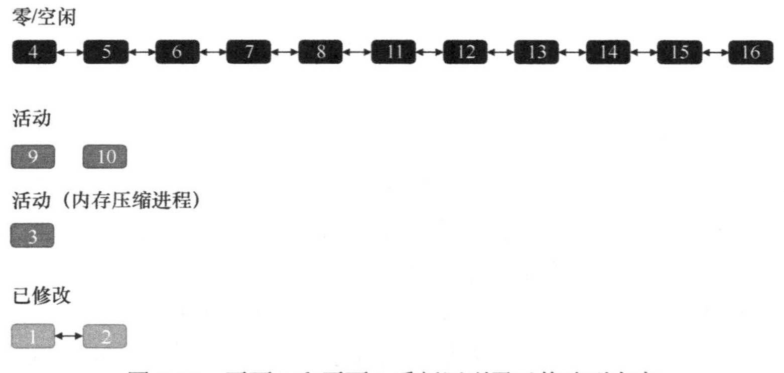

图 5-84 页面 1 和页面 2 重新回到了已修改列表中

如果内存变得紧张，内存管理器可以决定将压缩后的已修改页面写入页面文件，如图 5-85 所示。

最后，当这些页面被写入页面文件后，便会被移动至待命列表，因为它们的内容已经保存了，所以必要时可以转为他用。它们还可以借助软错误（因为它们已被放入了已修改列表）进行解压缩，并将得到的页面重新放入相关进程工作集的活动列表中。当这些页面位于待命列表时，取决于优先级（见 5.19.4 节），它们会被附加至相应的子列表，如图 5-86 所示。

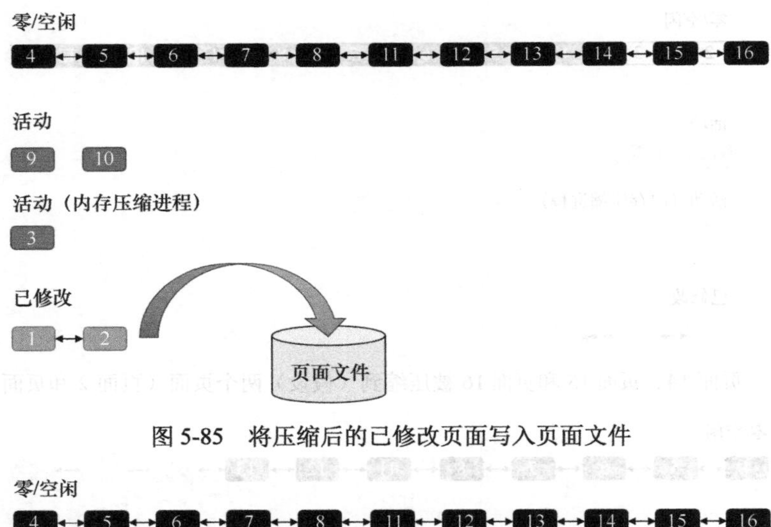

图 5-85 将压缩后的已修改页面写入页面文件

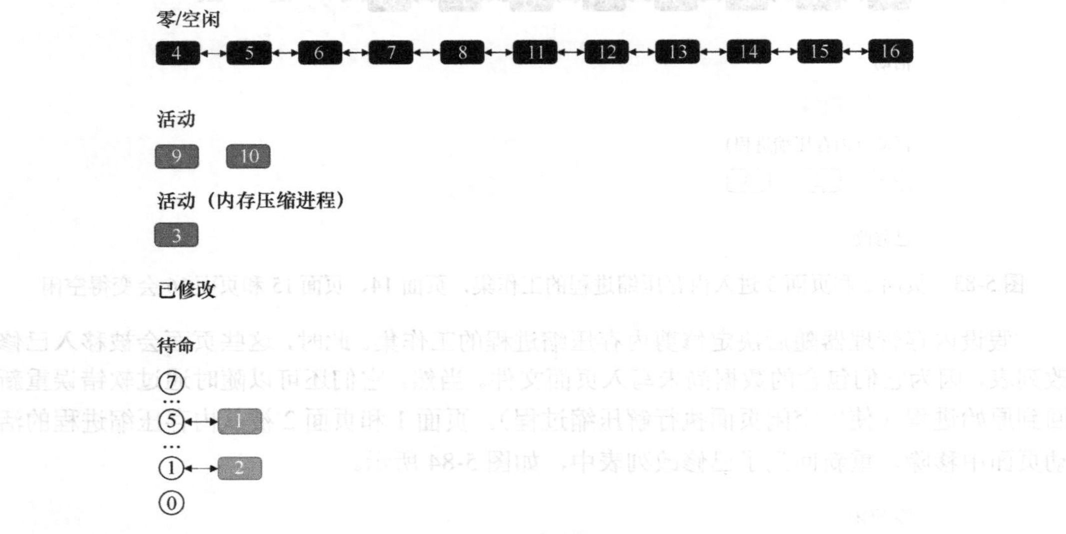

图 5-86 页面被附加至相应的子列表

5.15.2 压缩架构

压缩引擎需要使用一块“工作区”内存来存储压缩后的页面并管理这些页面所需的数据结构。在 Windows 10 1607 之前的版本中，所用的是 System 进程的用户地址空间。从 Windows 10 1607 版本开始，则使用了一个全新的专用进程，名为内存压缩（memory compression）。创建这个新进程的原因之一在于，不这样做的时候，如果随意观察一下，可能发现 System 进程的内存消耗量非常高，会让人误以为系统消耗了大量内存。然而事实并非如此，因为压缩后的内存不再占用提交限制，不过有时候人们的感觉往往胜过其他一切。

内存压缩进程是一个最小化进程，意味着它并不加载任何 DLL，只是提供了工作所需的地址空间。该进程也不运行任何可执行映像，内核只使用了它的用户模式地址空间（最小化进程的相关内容参见第 3 章）。

注意 按照设计，任务管理器并不在详细信息视图下显示内存压缩进程，但 Process Explorer 会显示。如果使用内核模式调试器，可以看到压缩进程的映像名为 MemCompression。

对于每个存储，存储管理器会以可配置的区域大小为其分配内存区域。目前所用的大小为 128KB。该分配通常是由 VirtualAlloc 按需创建的，被压缩的页面实际会被存储到区域中多个 16 字节的块中。因此一个压缩后的页面（4KB）会涵盖很多块。图 5-87 显示了这样的一个区域数组，以及与这种存储的管理工作有关的数据结构。

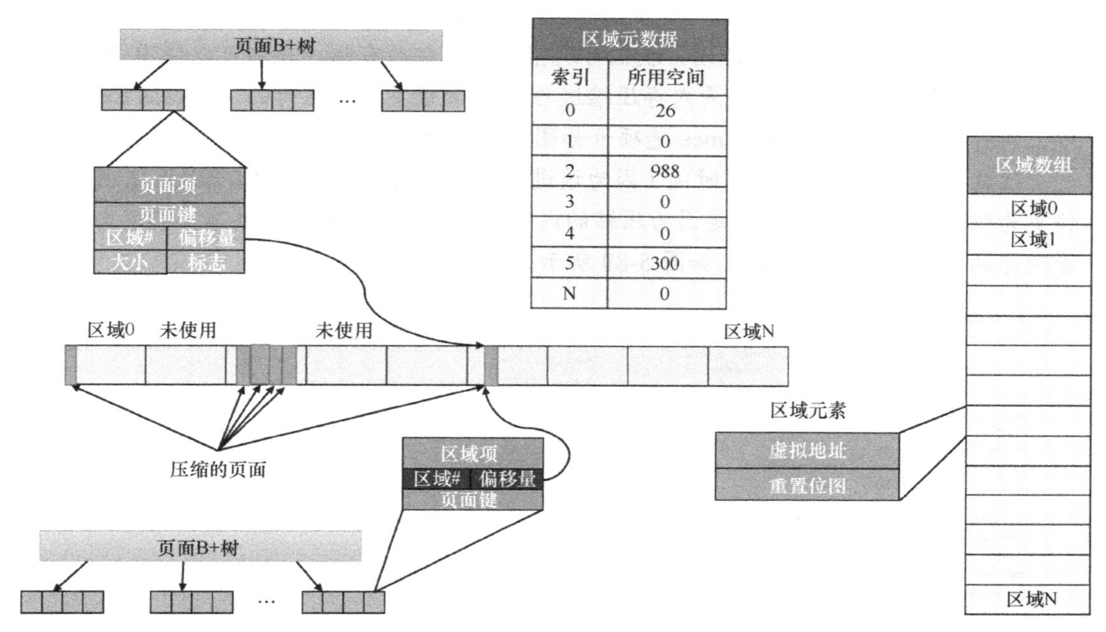

图 5-87　存储的数据结构

页面是通过一种 B+树管理的，在这种树中，一个节点可以有任意数量的子节点，而每个页面项均指向存储在一个区域中的、自己压缩后的内容，如图 5-87 所示。这样的存储将从零区域开始，并会根据需要分配区域或撤销分配。区域有优先级的差异，详见 5.19.4 节。

向区域中添加页面的过程中将涉及下列主要操作。

（1）如果该页面的优先级没有对应的区域，则会分配一个新区域，将其锁定到物理内存中，并为其分配所要加入的页面对应的优先级。随后会将该优先级的当前区域设置为已分配的区域。

（2）压缩页面并将其存储在该区域中，并按照粒度单位（16 字节）进行取整。举例来说，如果某个页面被压缩为 687 字节，那么就需要消耗 43 个 16 字节单位（始终会取整）。压缩工作会在当前线程上进行，为了尽可能降低可能的影响，会使用低 CPU 优先级（7）。需要压缩时，将会使用所有可用处理器并行进行压缩。

（3）更新页面以及区域 B+树中的页面和区域信息。

（4）如果当前区域的剩余空间不足以存储压缩后的页面，则会分配新的区域（使用相同页面优先级）并将其设置为该优先级的当前区域。

从存储中移除页面则涉及如下步骤。

（1）在页面 B+树中找到页面项，并在区域 B+树中找到区域项。

（2）移除该项并更新该区域的空间用量。

（3）如果区域变成空的，则会撤销该区域的分配。

随着压缩后的页面的添加和移除，区域会逐渐变得碎片化。但只有在区域彻底变空后，该区域对应的内存才会被释放。这意味着为了减少内存浪费，必须进行某种形式的精简。精简操作是一种延迟安排的操作，其“激进”程度取决于碎片化的程度。在整合区域时，也会考虑区域优先级的差异。

实验：内存压缩

对于系统中的内存压缩活动，我们可观察的内容极为有限。我们可以使用 Process Explorer 或内核模式调试器查看内存压缩进程。(以管理员特权运行的) Process Explorer 中，内存压缩进程的 Performance 选项卡如图 5-88 所示。

注意，该进程并没有用户时间 (因为该进程中只有内核线程在“工作”)，并且其工作集为仅私有 (不共享)。这是因为压缩的内存在任何情况下都不会共享。将其与任务管理器的内存视图进行对比，如图 5-89 所示。

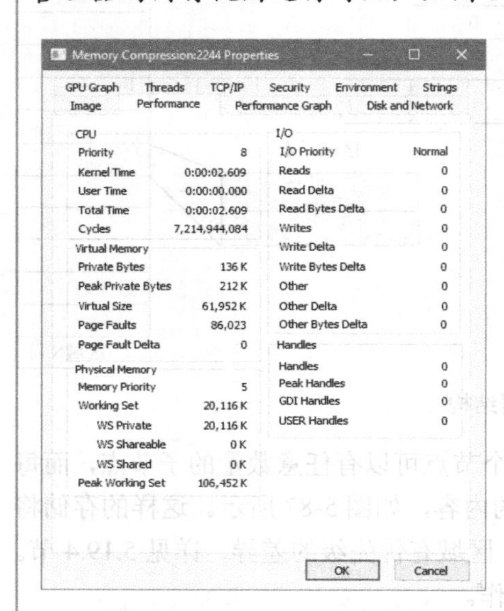

图 5-88　Performance 选项卡

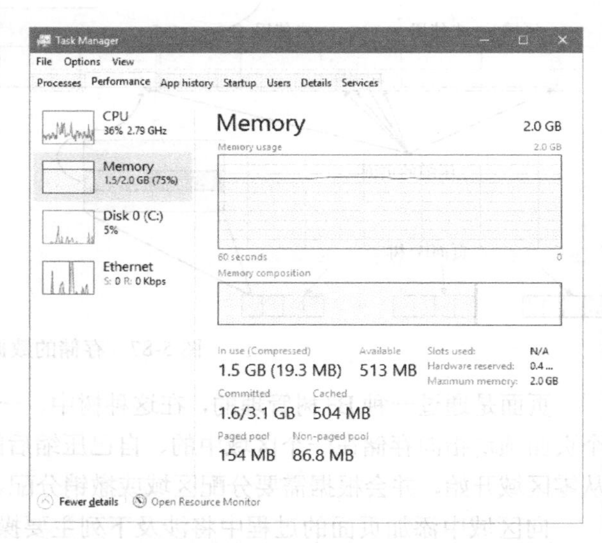

图 5-89　与任务管理器的内存视图进行对比

我们可以发现括号中的压缩内存数量与内存压缩进程的工作集大小是对应的，该图是在上一张截图截取大概 1min 后截取的，而变化的数量恰巧是压缩后内存所消耗的数量。

5.16　内存分区

一般来说，可以使用虚拟机隔离应用程序，这样从安全性的角度来看，即可使用不同虚拟机运行相互隔离的多个（或多组）应用程序。虚拟机之间无法相互交互，因此可以提供较强的安全和资源边界。虽然这一切都是可行的，但在承载的宿主机硬件方面，需要付出较高的资源成本和管理成本。这些问题推动了容器技术（例如 Docker）的崛起。通过在同一台物理或虚拟计算机上创建承载应用程序的沙盒容器，这类技术可以降低隔离和资源管理的壁垒。

但此类容器的创建较为困难，因为需要由内核驱动程序在常规 Windows 的基础上执行某种形式的虚拟化。部分此类驱动程序（一个驱动程序也可以提供下列全部功能）如下。

（1）文件系统（迷你）筛选器，可创建出相互隔离文件系统的“错觉”。

（2）注册表虚拟化驱动程序，可创建出相互隔离注册表（CmRegisterCallbacksEx）的“错觉”。

（3）通过 Silo（见第 3 章）创建的私有对象管理器命名空间。

（4）使用进程创建或通知（PsSetCreateNotifyRoutineEx）对相应容器内的有关进程实现进程的管理。

就算在上述驱动程序的帮助下，一些东西依然很难实现虚拟化，尤其是内存的管理。每个容器都可能需要使用自己的 PFN 数据库、页面文件等。Windows 10（仅限 64 位版）和 Windows Server 2016 通过内存分区（memory partition）提供了这样的内存控制能力。

内存分区包含了与内存有关的专用管理结构，例如页面列表（待命、已修改、零化、空闲等）、提交用量、工作集、页面修剪器、已修改页面写出器、零页面线程等，但不同分区间是相互隔离的。在系统中，内存分区可表现为 Partition 对象，这是一种可保护的命名对象（与其他执行体对象类似）。有一个始终存在的内存分区，名为系统分区（system partition），它代表了系统整体，并且最终会成为所有明确创建分区的父分区。系统分区的地址存储在一个全局变量（MiSystemPartition）中，其名称为 KernelObjects\MemoryPartition0，我们可以通过 Sysinternals 的 WinObj 等工具查看，如图 5-90 所示。

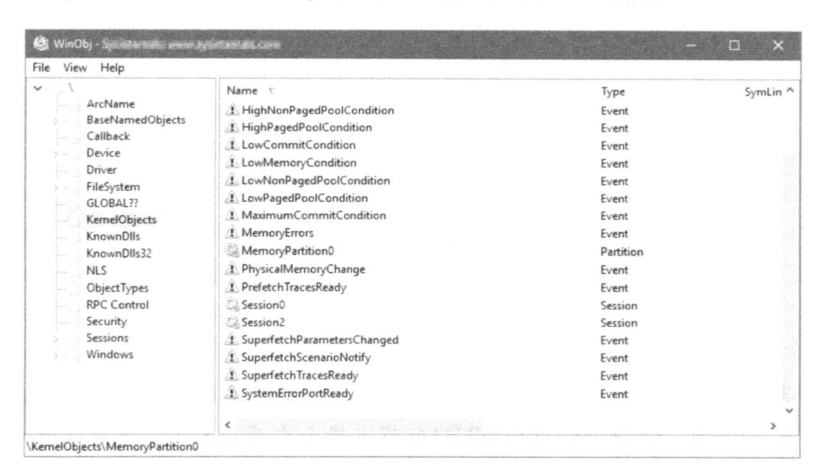

图 5-90 WinObj 中显示的系统分区

所有分区对象存储在全局列表中，目前分区数最大值为 1024（10 位），因为为了在需要时快速访问分区信息，分区索引必须编码到 PTE 中。系统分区也是这些索引之一，此外需要使用另外两个值作为特殊标记（sentinel），因此可用分区数为 1021。

内存分区可使用 NtCreatePartition 这个内部（非文档化）函数从用户模式或内核模式创建，用户模式的调用方必须具备 SeLockMemory 特权才能成功创建。该函数可接受父分区，其初始页面将来自父分区，并且当子分区被销毁后，这些页面也将重新返回父分区。如果不指定，那么系统分区将成为默认父分区。NtCreatePartition 会将实际的创建工作委派给内存管理器的内部函数 MiCreatePartition。

现有分区可通过指定名称使用 NtOpenPartition 打开（因为对象可以照常受到 ACL 的保护，所以该操作无须其他特权）。但对分区的实际操作是保留给 NtManagePartition 函数的。该函数可用于向分区增加内存、增加页面文件、将内存从一个分区复制到另一个，以及获取与分区有关的常规信息。

实验：查看内存分区

在这个实验中，我们将使用内核模式调试器查看分区对象。

（1）启动本地内核模式调试器并运行!partition 命令，随后将列出系统中的所有分区对象。

```
lkd> !partition
Partition0 fffff803eb5b2480 MemoryPartition0
```

（2）默认情况下将显示始终存在的系统分区。!partition 命令可接受分区对象的地址并显示更多细节。

```
lkd> !partition fffff803eb5b2480
PartitionObject @ ffffc808f5355920 (MemoryPartition0)
_MI_PARTITION 0 @ fffff803eb5b2480
  MemoryRuns: 0000000000000000
  MemoryNodeRuns: ffffc808f521ade0
  AvailablePages:        0n4198472 ( 16 Gb 16 Mb 288 Kb)
  ResidentAvailablePages: 0n6677702 ( 25 Gb 484 Mb 792 Kb)
      0 _MI_NODE_INFORMATION @ fffff10000003800
            TotalPagesEntireNode:  0x7f8885
                        Zeroed                              Free
            1GB            0 ( 0)                                    0 (
0)
            2MB           41 ( 82 Mb)                                0 (
0)
            64KB        3933 ( 245 Mb 832 Kb)                        0 (
0)
            4KB        82745 ( 323 Mb 228 Kb)                        0 (
0)
            Node Free Memory:        ( 651 Mb 36 Kb )
            InUse Memory:            ( 31 Gb 253 Mb 496 Kb )
            TotalNodeMemory:         ( 31 Gb 904 Mb 532 Kb )
```

输出结果中所示的部分信息存储在底层的 MI_PARTITION 结构中（该结构的地址也显示了出来）。注意，该命令会按照 NUMA 节点显示内存信息（本例中只有一个 NUMA 节点）。由于是系统分区，因此与已用、空闲以及总内存有关的数据应该与任务管理器或 Process Explorer 等工具中相应的值一致。我们还可以使用常规的 dt 命令来查看 MI_PARTITION 结构。

该功能未来的使用场景可能会用于特定进程（借助作业对象），通过相关分区使其更充分地利用内存分区能力，例如对物理内存获得独占式控制。Windows 10 创意者更新中，就借此实现了游戏模式这种场景（游戏模式的相关内容参见卷 2 第 8 章）。

5.17 内存联合

内存管理器会使用多种机制尽可能节约物理内存用量，例如在映像之间共享页面，对数据页使用写入时复制，以及内存压缩。本节我们将讨论一种名为内存联合（memory combining）的机制。

该机制的原理很简单：在物理内存中查找相同页面，并将其联合为一个页面，进而移除其他重复的副本。但是很明显，为此首先需要解决如下几个问题。

（1）哪些页面是进行联合的“最佳”候选页面？

（2）什么时候最适合发起内存联合？

（3）到底是以特定进程、某个内存分区，还是以系统整体为目标进行联合？

（4）如何能让联合过程尽可能快速，不至于对代码的正常执行产生影响？

（5）如果一个联合后的可写页面稍后被某个“客户”修改了，如何为其提供一个私有副本？

本节将解答这些问题，先从最后一个问题开始。此处使用了写入时复制机制：只要联合后的页面没有被写入，那么什么都不用做。如果有进程试图写入这样的页面，则为发起写操作的进程创建一个私有副本，然后移除新分配的私有页面所包含的写入时复制标志。

注意 页面联合可禁用，为此请在注册表 HKLM\System\CurrentControlSet\Control\Session Manager\Memory Management 键下创建一个名为 DisablePageCombining 的 DWORD 值，并将其数值设置为 1。

注意 本节中，CRC 和“散列”这两个术语的使用是可互换的。它们均代表一个在统计学上（大概率）唯一的 64 位编号，可借此引用页面的内容。

内存管理器的初始化例程 MmInitSystem 负责创建系统分区（有关内存分区的介绍见 5.16 节）。在用于描述分区的 MI_PARTITION 结构内部存在由 16 个 AVL 树组成的数组，该数组可用于识别重复的页面。这个数组将按照联合后的页面的 CRC 值的最后 4 位进行排序。稍后将介绍算法中对这种分类的运用。

有两种成为通用页面的特殊页面类型。其中一类包含所有 0 字节，另一类包含所有 1 字节（使用字节 0xFF 填充），它们的 CRC 只需要计算一次，结果会被存储起来。在扫描页面内容时可以非常容易地找出此类页面。

在发起内存联合时，将使用 SystemCombinePhysicalMemoryInformation 系统信息类调用 NtSetSystemInformation 原生 API。调用方的令牌必须具备 SeProfileSingleProcessPrivilege 特权，通常本地管理员组可获得该特权。为该 API 提供的参数可通过配合使用不同标志提供下列选项。

（1）针对完整（系统）分区或仅当前进程执行内存联合。

（2）搜索通用页面（全 0 或全 1），对其进行联合，或忽略内容联合任何重复的页面。

输入结构也提供了一种可传入的可选事件句柄，如果（由其他线程）发送了信号，将会忽略页面联合。目前 Superfetch 服务（见 5.19 节）就具备这样的特殊线程，该线程运行在低优先级（4）下，可在用户离开时，或在用户忙碌时（每 15min 一次），对整个系统分区发起内存联合。

在 Windows 10 创意者更新中，如果物理内存数量超过 3.5GB（3584MB），大部分由 Svchost 承载的系统内置服务会为每个服务使用一个 Svchost 承载进程。这会导致系统默认就包含大量此类进程，但消除了服务之间相互影响（例如影响稳定性或安全性）的可能性。在这种情况下，服务控制管理器（SCM）会使用内存联合 API 的一个新选项，并使用运行在基本优先级 6 下的线程池计时器（ScPerformPageCombineOnServiceImages 例程）对每个 Svchost 进程发起一次内存联合，这种操作每 3min 进行一次。这种做法意在让物理内存的用量能够小于原本使用较少 Svchost 实例时的用量。但是要注意，非 Svchost 服务以及使用每个用户或私有用户账户运行的服务不进行页面联合。

MiCombineIdenticalPages 例程是页面联合过程的真正入口点。对于内存分区的每个 NUMA 节点，该例程会分配一个页面列表及 CRC，并将其存储在页面联合支持（Page Combing Support，PCS）结构中，该结构管理着页面联合操作所需的全部信息。（也是该结构保存了前文提到的 AVL 树数组。）发出申请的线程将实际处理联合操作，该线程会在当前 NUMA 节点所属的 CPU 上运行，如果有必要，还会更改其相关性。为了更清楚、简单地阐述，我们会将内存联合算法划分为 3 个阶段：搜索、分类和页面共享。下文将假设需要对所有页面（而非仅是通用页面）进行完整的页面联合（而非仅针对当前进程）。其他情况与这种假设时的情况基本类似，但更简单一些。

5.17.1 搜索阶段

这个初始阶段的目标在于计算所有物理页面的 CRC。算法会分析活动、已修改、待命列表中的每个物理页面，但会跳过零化和空闲页面（因为它们实际上未被使用）。

适合进行内存联合的页面应符合这些特点：是活动的非共享页面，属于某个工作集，不应映射至页面结构。候选页面甚至可以处于待命或已修改状态，但引用计数器的值必须为 0。基本上，系统会识别出 3 类可联合页面：用户进程、换页池以及会话空间。其他类型的页面会被跳过。

为了正确计算这些页面的 CRC，系统会使用一个新的系统 PTE 将物理页面映射至系统地址（因为进程上下文很可能与调用线程的上下文不同，所以在用户模式低位地址下这些页面可能无法访问）。随后，会使用一种自定义算法（MiComputeHash64 例程）计算页面的 CRC 并释放系统 PTE（至此，这些页面已从系统地址空间中撤销了映射）。

页面散列算法

系统用于计算 8 字节页面散列（CRC）的算法如下：两个 64 位大质数相乘，结果用作起始散列。随后从后向前扫描页面内容，该算法会在每个周期创建 64 字节的散列。目标页面每次读取的 8 字节值会与起始散列相加，随后将散列向右旋转一个质数位（先是 2，随后是 3、5、7、11、13、17 和 19）。完成一个页面的散列计算需要执行 512 次内存访问操作（4096/8）。

5.17.2 分类阶段

当属于同一个 NUMA 节点的所有页面散列成功计算完成后，算法将执行第二部分操作。该阶段的目标在于处理列表中的每个 CRC/PFN 项，并将其按照策略化的方式进行整理。页面共享算法必须将进程上下文切换的次数降至最低，并且必须能尽可能快速地完成。

MiProcessCrcList 例程首先会按照散列对 CRC/PFN 列表进行排序（使用一种快速排

序算法）。此时会使用另一个重要的数据结构——联合块（combine block）跟踪所有共享相同散列的页面，更重要的是，需要借助该结构存储新的原型 PTE，该原型 PTE 会映射至联合后的新页面。新排序后的列表中，每个 CRC/PFN 项将按顺序处理。系统需要确认当前散列是否为通用的（属于零化或完全填充的页面），以及是否等于上一个或下一个散列（别忘了该列表的排序方式）。如果上述情况均不满足，系统会检查 PCS 结构中是否已经具备联合块。如果存在联合块，这意味着上一次执行该算法时，或者系统的其他节点已经发现了联合的页面；如果不存在联合块，则意味着该 CRC 是唯一的，该页面无法被联合，算法会转为继续处理列表中的下一个页面。

如果所发现的通用散列以前从没见过，该算法会新分配一个空的联合块（供主 PFN 使用），并将其插入实际负责页面共享的代码（见下一个阶段）所用的列表中。如果该散列已经存在（页面非主副本），则会将相应联合块的引用加入当前 CRC/PFN 项。

至此，该算法已经准备好了页面共享算法所需的全部数据：联合块列表（其中存储了主物理页面及其原型 PTE）、CRC/PFN 项列表（按照拥有者工作集进行排序），以及存储新生成的共享页面所需的一些物理内存。

随后该算法会获取物理页面的地址（该地址应该是存在的，因为 MiCombineIdenticalPages 例程已经执行过初始检查），并搜索用于存储属于特定工作集的所有页面的数据结构（从现在开始我们将该结构称为 WS CRC 节点）。如果该结构不存在，则会分配新的结构并插入另一个 AVL 树中。在 WS CRC 节点内部，页面 CRC/PFN 和虚拟地址会链接在一起。

与页面识别有关的工作全部完成后，系统会（使用 MDL）为新生成的主共享页面分配物理内存，并处理每个 WS CRC 节点。但出于性能方面的考虑，位于节点内部的候选页面会按照其原始虚拟地址排序。至此系统已经准备好执行实际的页面联合操作了。

5.17.3 页面联合阶段

页面联合阶段首先从包含特定工作集所属全部页面的 WS CRC 节点结构开始，将会处理所有适合联合的候选页面，并会使用一个空闲联合块列表来存储原型 PTE 和实际的共享页面。该算法会附加至目标进程，并锁定其工作集（将 IRQL 提升至分派级别）。借此无须重映射即可直接读写每个页面。

算法会处理列表中的每个 CRC/PFN 项，但因为它运行在分派级别的 IRQL 下，执行过程可能需要一定时间，所以会首先检查处理器队列中是否有 DPC 或已调度的项（为此需要调用 KeShouldYieldProcessor），随后才会分析下一个项。如果答案为“是”，算法会继续进行自己的工作并通过必要的措施来维持自己的状态。

实际的页面共享策略期待着如下 3 种可能的场景。

（1）页面为活动状态且有效，但只包含 0，此时并不进行联合，而是使用“需要 0” PTE 替换其原本的 PTE。你应该还记得，这也是常规 VirtualAlloc 类内存分配的初始状态。

（2）页面为活动状态且有效，但并未零化，意味着页面需要共享。算法会检查是否可以将该页面提升为主（master）页面：如果 CRC/PFN 项包含指向有效联合块的指针，意味着这并非主页面；否则页面可以看作主副本。随后将重新检查主页面散列并分配一个用于共享的新物理页面；否则将使用现有联合块（并递增其引用计数）。至此，系统已经准备好将私有页面转换为共享页面，并调用 MiConvertPrivateToProto 例程执行相关工作。

（3）页面位于已修改或待命列表中。此时会将其作为有效页面映射至系统地址，并重新计算其散列。算法会执行与上一个场景相同的操作，但唯一的差异在于会使用 MiConvert-StandbyToProto 例程将 PTE 从共享转换为原型。

当前页面的共享操作完成后，系统会将主副本的联合块插入 PCS 结构。这一点很重要，因为联合块会成为每个私有 PTE 和联合后页面之间的桥梁。

5.17.4　从私有到共享 PTE

MiConvertPrivateToProto 的目标在于转换活动和有效页面的 PTE。如果该例程检测到联合块内部的原型 PTE 为 0，这意味着必须创建主页面（以及主共享原型 PTE）。随后它会将空闲物理页面映射至系统地址，并将私有页面的内容复制到新的共享页面中。在实际创建共享 PTE 之前，系统可能会释放任何保留的页面文件（见 5.13.5 节）并填入共享页面的 PFN 描述符。共享的 PFN 已经设置了原型位，并且其 PTE 帧指针会指向包含该原型 PTE 的物理页面所对应的 PFN。更重要的是，这里还会通过一个 PTE 指针指向联合块内部的 PTE，但其第 63 位会被设置为 0。这意味着在告诉系统，该 PFN 属于一个已经被联合的页面。

随后，系统需要修改私有页面的 PTE，使其目标 PFN 设置为共享的物理页面，并将其保护掩码更改为写入时复制，同时将私有页面 PTE 标记为有效。联合块内部的原型 PTE 也会被标记为有效的硬件 PTE，因为其内容与私有页面的新 PTE 完全相同。最后，为私有页面分配的页面文件空间会被释放，私有页面的原始 PFN 会被标记为已删除。此外，TLB 缓存将被刷新，私有进程工作集的大小将会减小一个页面。

对于另一种情况（联合块内部的原型 PTE 非 0），这意味着该私有页面应该是某个主页面的副本。此时只需要转换该私有页面的活动 PTE。共享页面的 PFN 将被映射至系统地址，随后会对比两个页面的内容。这一点很重要，因为 CRC 算法一般来说并不生成唯一值。如果两个页面不匹配，函数会停止处理并返回；否则会撤销对共享页面的映射，将共享 PFN 的页面优先级设置为两者中较高的值。仅存在一个主页面时的情况如图 5-91 所示。

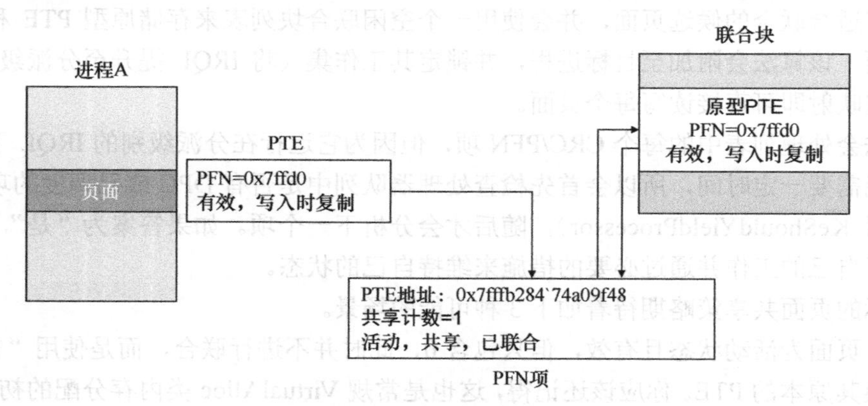

图 5-91　联合后的主页面

算法随后会计算需要插入进程私有页表中的无效软件原型 PTE。为此，需要读取映射至共享页面（位于联合块中）的硬件 PTE 地址，对其移位并设置 Prototype 和 Combined 位。随后会检查该私有 PFN 的共享计数是否为 1。如果不为 1，后续处理将被忽略。算法会在进程的私有页表中写入新的软件 PTE，并递减原私有 PFN 页表的共享计数（注意，活动的 PFN 始终有指向其页表的指针）。目标进程的工作集大小会减小一个页面，TLB 将被刷新。原先的私有页面会被改为转换状态，其 PFN 会被标记为已删除。图 5-92 展示了两个页面，其中新页面指向原型 PTE，但该 PTE 尚未变为有效状态。

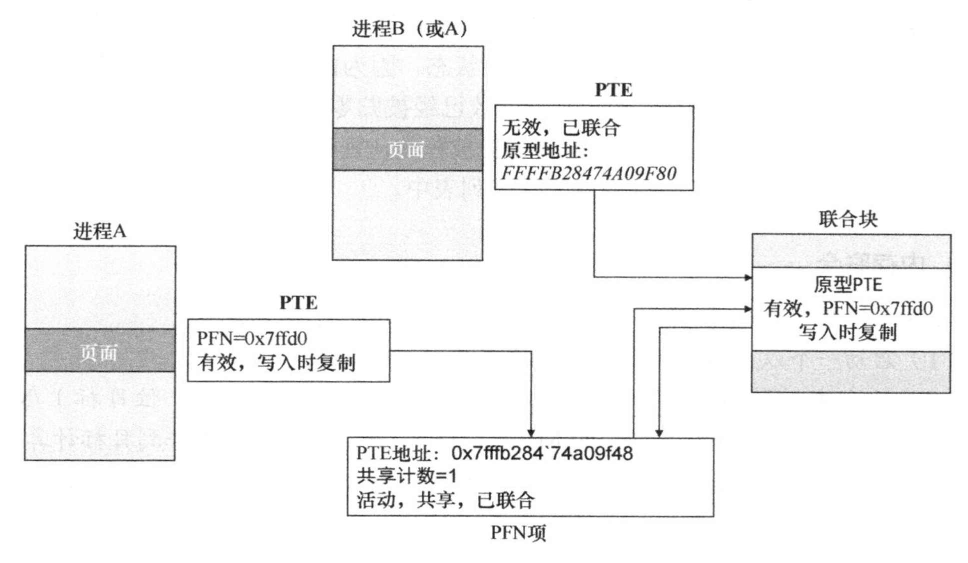

图 5-92 在模拟页面错误前联合的页面

最后，系统会使用另一种方法来模拟页面错误，借此防止对共享页面进行工作集修剪。这种方法会让共享 PFN 的共享计数再次递增，并且在进程试图读取共享页面时不产生页面错误。结果私有 PTE 会再次成为有效的硬件 PTE。对第二个页面进行软错误的效果如图 5-93 所示，这会使其有效并导致共享计数增加。

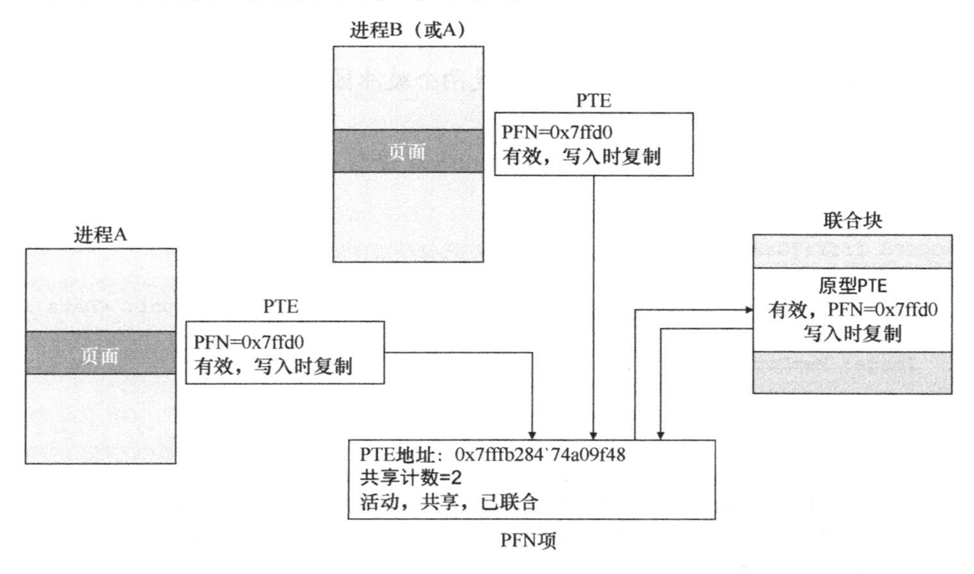

图 5-93 在模拟页面错误后联合的页面

5.17.5 联合页面的释放

当系统需要释放某个特定虚拟地址时，首先会定位映射至该地址的 PTE 的地址。联合页面指向的 PFN 已经设置了 Prototype 和 Combined 位，因此联合 PFN 的释放请求可以用与原型 PFN 完全相同的方式管理。唯一的差异在于，系统（如果已经设置了联合位）会在处理完原型 PFN 后调用 MiDecrementCombinedPte。

MiDecrementCombinedPte 是一个简单的函数，主要用于递减原型 PTE 联合块的引用计数。（注意，截至目前，PTE 依然处于转换状态，因为内存管理器已经解除了对其所指向物理页面的引用。而该物理页面的共享计数已经被归零，因此系统将该 PTE 设置为转换状态。）如果引用计数归零，原型 PTE 将会被释放，物理页面会被放入空闲列表，而联合块会返回到内存分区 PCS 结构的联合空闲列表中。

实验：内存联合

在这个实验中，我们将看到内存联合的效果。请执行如下操作。

（1）启动一个以虚拟机为目标的内核调试会话（见第 4 章）。

（2）从本书的随附资源中复制 MemCombine32.exe（针对 32 位目标）/MemCombine64.exe（针对 64 位目标）和 MemCombineTest.exe 可执行文件到目标计算机。

（3）在目标计算机上运行 MemCombineTest.exe。应当能看到图 5-94 所示的结果。

```
MemCombineTest: Available physical memory = 2591 MB
PID: 1832 (0x728)
Allocated buffers and filled both with same random pattern.
buffer 1: 0x00B80000
buffer 2: 0x00B90000
Press any key to make a change to the first page of the first buffer...
```

图 5-94　在目标计算机上运行 MemCombineTest.exe

（4）留意图 5-94 所示的两个地址。这是两个缓冲区，其中填充了随机生成且重复的字节模式，因此每个页面都有了相同内容。

（5）在调试器中中断，找到 MemCombineTest 进程。

```
0: kd> !process 0 0 memcombinetest.exe
PROCESS ffffe70a3cb29080
    SessionId: 2  Cid: 0728    Peb: 00d08000  ParentCid: 11c4
    DirBase: c7c95000  ObjectTable: ffff918ede582640  HandleCount: <Data Not
Accessible>
    Image: MemCombineTest.exe
```

（6）切换至找到的进程。

```
0: kd> .process /i /r ffffe70a3cb29080
You need to continue execution (press 'g' <enter>) for the context
to be switched. When the debugger breaks in again, you will be in
the new process context.
0: kd> g
Break instruction exception - code 80000003 (first chance)
nt!DbgBreakPointWithStatus:
fffff801'94b691c0 cc              int     3
```

（7）使用!pte 命令定位存储了两个缓冲区的 PFN。

```
0: kd> !pte b80000
                                           VA 0000000000b80000
PXE at FFFFA25128944000    PPE at FFFFA25128800000    PDE at
FFFFA25100000028    PTE at FFFFA20000005C00
contains 00C0000025BAC867  contains 0FF00000CAA2D867  contains
00F000003B22F867  contains B9200000DEDFB867
pfn 25bac     ---DA--UWEV  pfn caa2d     ---DA--UWEV  pfn 3b22f     ---DA--
UWEV  pfn dedfb     ---DA--UW-V

0: kd> !pte b90000
                                           VA 0000000000b90000
PXE at FFFFA25128944000    PPE at FFFFA25128800000    PDE at
FFFFA25100000028    PTE at FFFFA20000005C80
contains 00C0000025BAC867  contains 0FF00000CAA2D867  contains
00F000003B22F867  contains B9300000F59FD867
pfn 25bac     ---DA--UWEV  pfn caa2d     ---DA--UWEV  pfn 3b22f     ---DA--
UWEV pfn f59fd     ---DA--UW-V
```

（8）注意两个 PFN 值是不同的，意味着这些页面映射到了不同的物理地址。恢复目标的运行。

（9）在目标计算机上打开一个提升后的命令行窗口，进入复制的 MemCombine (32/64) 所在目录并运行该工具。该工具会强制进行完整内存联合，整个过程可能需要几秒。

（10）完成后，继续在调试器内中断。重复上述第（6）和第（7）步，应该能看到 PFN 发生了变化。

```
1: kd> !pte b80000
                                           VA 0000000000b80000
PXE at FFFFA25128944000    PPE at FFFFA25128800000    PDE at
FFFFA25100000028    PTE at FFFFA20000005C00
contains 00C0000025BAC867  contains 0FF00000CAA2D867  contains
00F000003B22F867  contains B9300000EA886225
pfn 25bac     ---DA--UWEV pfn caa2d     ---DA--UWEV pfn 3b22f    ---DA--
UWEV pfn ea886     C---A--UR-V

1: kd> !pte b90000
                                           VA 0000000000b90000
PXE at FFFFA25128944000    PPE at FFFFA25128800000    PDE at
FFFFA25100000028    PTE at FFFFA20000005C80
contains 00C0000025BAC867  contains 0FF00000CAA2D867  contains
00F000003B22F867  contains BA600000EA886225
pfn 25bac     ---DA--UWEV pfn caa2d     ---DA--UWEV pfn 3b22f    ---DA--
UWEV pfn ea886     C---A--UR-V
```

（11）这次两个 PFN 值相同了，意味着页面已经映射至物理内存中同一个地址。另外注意 PFN 中的 C 标志，该标志代表写入时复制。

（12）恢复目标的运行并在 MemCombineTest 窗口中按任意键。这样会更改第一个缓冲区中的一个字节。

（13）再次在调试器内中断，并再次重复上述第（6）步和第（7）步。

```
1: kd> !pte b80000
```

```
                                           VA 0000000000b80000
PXE at FFFFA25128944000    PPE at FFFFA25128800000    PDE at
FFFFA25100000028    PTE at FFFFA20000005C00
contains 00C0000025BAC867  contains 0FF00000CAA2D867  contains
00F000003B22F867  contains B9300000813C4867
pfn 25bac     ---DA-UWEV  pfn caa2d     ---DA--UWEV  pfn 3b22f    ---DA--
UWEV pfn 813c4      ---DA--UW-V

1: kd> !pte b90000
                                           VA 0000000000b90000
PXE at FFFFA25128944000    PPE at FFFFA25128800000    PDE at
FFFFA25100000028    PTE at FFFFA20000005C80
contains 00C0000025BAC867  contains 0FF00000CAA2D867  contains
00F000003B22F867  contains BA600000EA886225
pfn 25bac     ---DA--UWEV  pfn caa2d     ---DA--UWEV pfn 3b22f    ---DA--
UWEV  pfn ea886     C---A--UR-V
```

（14）第一个缓冲区的PFN有变化，写入时复制标志被移除。页面已更改并重新放到物理内存中一个不同的地址。

5.18　内存飞地

在进程内部执行的线程可以访问整个进程的地址空间（由页面保护机制所决定，并且可更改）。大部分时候这种能力都是我们所期待的，然而如果恰巧有恶意代码将自己注入进程，它就有了相同权力，可以自由地读取可能包含敏感信息的数据，甚至可能更改这些数据。

Intel开发了一种名为Intel软件防护扩展（Software Guard Extensions，SGX）的技术，该技术可用于创建受保护的内存飞地（memory enclave），这是位于进程地址空间中的一个安全区域，其中的代码和数据可受到CPU保护，防止代码在飞地之外运行。与之相对的，飞地内部运行的代码（通常）可以完整访问飞地外部的进程地址空间。很明显，这种访问保护也可以扩展给其他进程，甚至内核模式下运行的代码。简化后的内存飞地示意如图5-95所示。

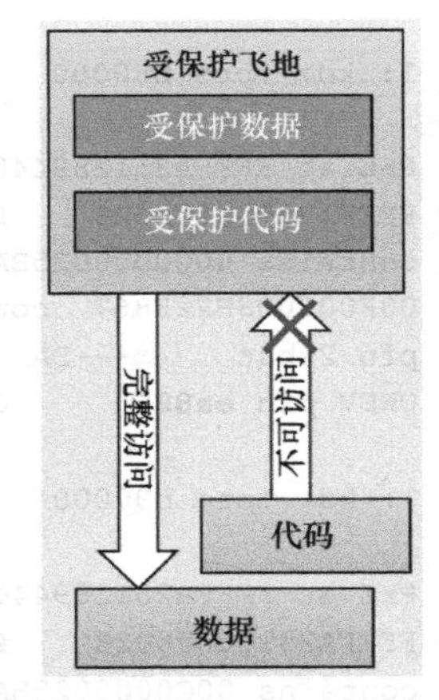

图5-95　简化后的内存飞地示意

第六代酷睿处理器（“Skylake”）和后续产品可支持Intel SGX。Intel还为应用程序开发者提供了可在Windows 7和后续版本（仅限64位）使用的SDK。从Windows 10版本1511和Windows Server 2016开始，Windows使用Windows API函数提供了一种抽象，因此无须再使用Intel的SDK。其他CPU供应商以后可能也会开发类似的解决方案，这些方案也将由相同的API支持，这就为应用程序开发者创建和写入飞地提供了一种相对可移植的层。

注意　并非所有第六代酷睿处理器均支持SGX。为了正确使用SGX，系统可能需要进行必要的BIOS更新。详情请参阅Intel SGX文档或访问Intel SGX网站。

注意 截至撰写本文时，Intel 提供了两种版本的 SGX（1.0 和 2.0 版）。Windows 目前仅支持 1.0 版。版本之间的差异已超出了本书的范围，详情请查阅 SGX 文档。

注意 目前的 SGX 版本不支持位于 Ring 0（内核模式）的飞地，仅支持位于 Ring 3（用户模式）的飞地。

5.18.1 编程接口

从应用程序开发者的角度来看，飞地的创建和使用涉及下列步骤。

（1）初始时，程序应调用 IsEnclaveTypeSupported 来判断系统是否支持内存飞地，并传递代表所支持飞地技术的值，目前该值只能使用 ENCLAVE_TYPE_SGX。

（2）随后可调用 CreateEnclave 函数新建一块飞地，而具体可用的参数与 VirtualAllocEx 类似。举例来说，可以在与调用方进程不同的其他进程中创建飞地。但该函数的复杂之处在于需要提供一个与特定供应商相关的配置结构，对于 Intel 的 CPU，这是一种名为 SGX 飞地控制结构（SGX Enclave Control Structure，SECS）、大小为 4KB 的数据结构，但微软对其并未进行明确的定义。相反，开发者需要根据所用的具体技术以及相关文档中的定义创建自己的结构。

（3）空的飞地创建完成后，需要从飞地外部向其中填充代码和数据。为此需要调用 LoadEnclaveData，此时将使用对飞地而言属于“外部”的内存将数据复制到飞地内部。为了填充所需内容，可能需要多次调用 LoadEnclaveData。

（4）最后需要“激活”飞地，这是通过 InitializeEnclave 函数实现的。随后被标记为可在飞地内部执行的代码就可以开始执行了。

（5）然而，在飞地内部执行代码的做法并未包含在 API 中。此时需要直接使用汇编语言。EENTER 指令会将执行转换至飞地内部，EEXIT 指令会导致调用该函数时返回。飞地的执行还可通过异步飞地退出（Asynchronous Enclave Exit，AEX）进行异常终止，例如在遇到页面错误时。具体细节已超出了本书的范围，因为这些技术与 Windows 本身并无太大关系。详情请参阅 SGX 文档。

（6）最后，为了摧毁飞地，可以针对通过 CreateEnclave 获得的指向飞地的指针使用常规的 VirtualFree(Ex)函数。

5.18.2 内存飞地的初始化

引导过程中，Winload（Windows 引导加载器）会调用 OslEnumerateEnclavePageRegions，后者首先会使用 CPUID 指令检查系统是否支持 SGX。如果支持，则会发出指令枚举飞地页面缓存（Enclave Page Cache，EPC）描述符。EPC 是进程提供的，用于创建和使用飞地的受保护内存。对于枚举的每个 EPC，OslEnumerateEnclavePageRegions 会调用 BlMmAdd-EnclavePageRange，将页面范围信息以及 LoaderEnclaveMemory 类型的值加入一个排序后的内存描述符列表。该列表最终会存储在 LOADER_PARAMETER_BLOCK 结构的 MemoryDescriptorListHead 成员中，该结构主要用于将信息从引导加载器传递到内核。

在第 1 阶段的初始化过程中，会调用内存管理器例程 MiCreateEnclaveRegions 为已经发现的飞地区域创建一个 AVL 树（借此即可在需要时快速查询），该树存储在 MiState.

Hardware.EnclaveRegions 数据成员中。内核会添加一个新的飞地页面列表，并将一个特殊标志传递给启用了 MiInsertPageInFreeOrZeroedList 的功能，以便它们能够使用这个新列表。然而由于内存管理器的列表标识符已经不足了（共 3 位，最多容纳 8 个值，都已经被占用了），内核实际上会将这些页面识别为“坏的”页面并产生页面换入错误。内存管理器知道永远不应使用坏的页面，因此将飞地页面视作“坏的”可以保证这些页面不被常规的内存管理操作所使用，因而这些页面也会位于“坏的”页面列表中。

5.18.3　飞地的构造

CreateEnclave API 最终会调用内核中的 NtCreateEnclave。如上所述，此时必须传入一个 SECS 结构，Intel SGX 的该结构见表 5-26。

表 5-26　SECS 结构布局

字段	偏移量（字节）	大小（字节）	描述
SIZE	0	8	飞地大小的字节数，必须为 2 的幂
BASEADDR	8	8	飞地基准线性地址必须与大小自然对齐
SSAFRAMESIZE	16	4	页面中一个 SSA 帧的大小（包括 XSAVE、pad、GPR 和条件式 MISC）
MRSIGNER	128	32	使用公钥扩展过的测量寄存器（measurement register），可用于对飞地进行验证。相应的格式信息请参阅 SIGSTRUCT
RESERVED	160	96	
ISVPRODID	256	2	飞地的产品 ID
ISVSVN	258	2	飞地的安全版本号（SVN）
EID	取决于具体实现	8	飞地的标识符
PADDING	取决于具体实现	352	签名的铺垫（padding）模式（用于密钥派生字符串）
RESERVED	260	3836	包含 EID、其他非零保留字段以及必须为零的字段

NtCreateEnclave 首先检查 AVL 树的根来判断系统是否支持飞地（而非使用更底层的 CPUID 指令）。随后会创建所传入结构的副本（类似内核函数从用户模式获取数据时的常规做法），如果飞地将要创建到的进程并非调用方进程，那么它会附加至目标进程（KeStackAttachProcess）。随后它会将控制权传递给 MiCreateEnclave 开始执行相关工作。

MiCreateEnclave 要做的第一件事是分配地址窗口扩展（Address Windowing Extension，AWE）信息结构，这个结构也会被 AWE API 使用。这是因为，与 AWE 功能类似，飞地也允许用户模式应用程序直接访问物理页面（也就是说，这种物理页面其实就是根据前文所述检测机制发现的 EPC 页面）。当用户模式应用程序在任何时候对物理页面具备此类直接控制时，还必须使用 AWE 数据结构和锁。该数据结构会存储在 EPROCESS 结构的 AweInfo 字段内。

随后，MiCreateEnclave 调用 MiAllocateEnclaveVad 分配飞地类型的 VAD，借此描述该飞地的虚拟内存范围。这个 VAD 会被设置 VadAwd 标志（所有 AWE VAD 均会设置），此外还会额外设置一个 Enclave 标志，借此将其与真正的 AWE VAD 区分开来。最后，在 VAD 分配过程中，还将为飞地内存选择用户模式的地址（如果最初的 CreateEnclave 调用未明确指定的话）。

接下来，无论飞地大小或初始提交是多少，MiCreateEnclave 都会获取飞地页面。这是因为，根据 Intel SGX 文档所述，所有飞地必须至少有一个相关联的单页控制结构。可以使用

MiGetEnclavePage 获取这个必需的分配。该函数可以扫描前文提到的飞地页面列表，并按需从中提取单页。该操作返回的页面会使用飞地 VAD 中所存储的系统 PTE 进行映射，随后 MiInitializeEnclavePfn 函数设置相关 PFN 数据结构并将其标记为 Modified 以及 ActiveAndValid。

我们无法通过任何“位”帮助自己区分飞地 PFN 与其他活动的内存区域（如非换页池）。为此需要使用飞地区域 AVL 树，此外，内核可以使用 MI_PFN_IS_ENCLAVE 函数在需要时检查某个 PFN 是否实际描述了一个 EPC 区域。

PFN 初始化完成后，系统 PTE 会转换为一个最终的全局内核 PTE，并计算出其虚拟地址。MiCreateEnclave 最后会调用 KeCreateEnclave，由该函数执行底层的内核飞地创建操作，包括与实际的 SGX 硬件实现进行通信。KeCreateEnclave 的另一个职责是：如果调用方未指定基址，则填充 SECS 结构所必需的基址，因为只有在 SECS 结构中设置了该基址后，才能与 SGX 硬件通信进而创建飞地。

5.18.4 将数据载入飞地

飞地创建完毕后，该向其中载入信息了。该工作主要由 LoadEnclaveData 函数负责。这个函数实际上只是将请求转发给底层执行函数 NtLoadEnclaveData。后者类似于内存复制操作与某些 VirtualAlloc 属性（如页面保护）的组合。

如果使用 CreateEnclave 创建的飞地还不包含任何已提交的飞地页面，那么必须首先获得这样的页面，这会导致将清零后的内存加入飞地，随后即可从飞地之外向其中填充非零内存。如果传入了初始的提交前初始大小，就可以从飞地之外的非零内存向飞地的页面中直接填充。

飞地内存是通过 VAD 描述的，因此很多传统的内存管理 API 同样适用，至少部分是可以使用的。例如，针对这样的地址配合 MEM_COMMIT 标志调用 VirtualAlloc（最终将止于 NtAllocateVirtualMemory）会导致调用 MiCommitEnclavePages，进而即可验证新页面的保护掩码是否兼容（例如可能是读、写或执行的组合，不包含任何特殊的缓存或写联合标志）；随后则会调用 MiAddPagesToEnclave，将指针、VirtualAlloc 指定的保护掩码，以及被提交的虚拟地址范围对应的 PTE 地址传递给与该地址范围关联的飞地 VAD。

MiAddPagesToEnclave 首先会检查该飞地 VAD 是否有现有的相关联 EPC 页面，以及是否有数量多到可满足该提交的 EPC 页面。如果没有，则会调用 MiReserveEnclavePages 获取足够数量的页面。MiReserveEnclavePages 会查看当前飞地页面列表并计算页面总数。如果处理器无法提供足够数量（该信息来自系统引导时获取的数值）的物理 EPC 页面，该函数将会失败。否则会循环调用 MiGetEnclavePage 获取所需数量的页面。

对于所获得的每个 PFN 项，还会被链接至飞地 VAD 的 PFN 数组中。基本上，这意味着一旦某个飞地 PFN 被从飞地页面列表中移除并转为活动状态，飞地 VAD 将充当活动飞地 PFN 列表。

获得了所需数量的已提交页面后，MiAddPagesToEnclave 会将传递给 LoadEnclaveData 的页面保护属性转换为 SGX 中的等价属性。随后将保留适当数量的系统 PTE 以便为自己所需的每个 EPC 页面存储换页信息。借助这些信息，即可最终调用 KeAddEnclavePage，进而调用 SGX 硬件执行实际的页面添加工作。

PAGE_ENCLAVE_THREAD_CONTROL 是一个特殊的页面保护属性，该属性代表了具备该属性的内存是用于由 SGX 定义的线程控制结构（Thread Control Structure，TCS）

的。每个 TCS 代表可在飞地中独立执行的一个线程。

NtLoadEnclaveData 会验证参数，随后调用 MiCopyPagesIntoEnclave 执行实际工作，这可能需要按照前文所述的那样获取已提交的页面。

5.18.5　飞地的初始化

当飞地创建完成并且装入数据后，在其中的代码可以真正执行之前，还有最后一个步骤需要完成——必须调用 InitializeEnclave 以通知 SGX 飞地已经处于最终状态，可以开始执行了。InitializeEnclave 需要传入两个与 SGX 有关的结构（SIGSTRUCT 和 EINITTOKEN，详见 SGX 文档）。

InitializeEnclave 调用的执行体函数 NtInitializeEnclave 会执行一些参数验证工作，并确保所获得的飞地 VAD 具备正确的属性，随后将这些结构一路传递给 SGX 硬件。注意，飞地只能初始化一次。

最后一步还将使用 Intel 汇编指令 EENTER 启动代码的执行（详情同样请参阅 SGX 文档）。

5.19　前瞻性内存管理（SuperFetch）

之前我们讨论的均为按需换页模式的传统操作系统内存管理机制，这类机制包含类似簇集和预取之类的高级技术，这样即可在出现按需换页错误时尽可能优化磁盘 I/O。不过客户端版本的 Windows 在物理内存管理方面还包含了一个重要的改进，即 SuperFetch 的实现。这是一种通过文件访问信息历史记录以及前瞻性内存管理方式实现的、增强的“最近最少访问（least-recently accessed）”内存管理架构。

老版本 Windows 对待命列表的管理存在两个局限。首先，页面优先级只依赖于进程最近的历史行为，无法预测进程未来的内存需求。其次，可供划分优先级的数据仅限于特定进程在特定时点所拥有的页面列表。这些不足之处可能导致类似这样的场景：计算机在短时间内无人使用，但在这期间运行了内存密集型系统应用程序（例如进行反病毒扫描或磁盘碎片整理），随后会导致后续的交互式应用程序运行（或启动）卡顿。如果用户主动运行数据密集型或内存密集型应用程序，随后转为使用其他应用程序，也会遇到类似的情况，即其他程序的响应性会大幅降低。

出现这种性能降低的情况主要是因为内存密集型应用程序迫使其他活跃应用程序已缓存在内存中的代码和数据被内存密集型活动所覆盖，随后当这些应用程序需要从磁盘请求自己的数据和代码时，运行过程当然会显得不够流畅。客户端版本的 Windows 通过 SuperFetch 技术很好地解决了这个问题。

5.19.1　组件

SuperFetch 涉及多个需要紧密配合的组件，借此即可前瞻性地管理内存，并尽可能降低了 SuperFetch 执行自身工作时可能对用户活动产生的影响。该技术涉及的组件如下。

（1）跟踪器。跟踪器机制是内核组件（Pf）的一部分，可供 SuperFetch 随时查询与页面使用、会话及进程有关的详细信息。SuperFetch 还会使用 FileInfo 迷你筛选器驱动程序

（%SystemRoot%\System32\Drivers\Fileinfo.sys）跟踪文件的使用情况。

（2）**跟踪收集器和处理器**。该收集器会与跟踪组件配合工作，提供与所获取到的数据有关的原始日志信息。跟踪数据会保存在内存中并交给跟踪处理器处理。随后，跟踪处理器会将跟踪结果中的日志项转交给代理，由代理在内存中维持历史文件（具体描述见下文），并在服务停止，例如系统重新引导时将其永久保存到磁盘。

（3）**代理**。SuperFetch 会将文件页面访问信息保存在历史文件中，并持续记录虚拟偏移量。代理会按照一些属性对页面进行分组，例如用户活跃时的页面访问、前台进程的页面访问、用户活跃时的硬错误、应用程序启动时的页面访问，以及长时间闲置后用户返回时的页面访问。

（4）**场景管理器**。该组件也叫作上下文代理，管理着 3 个 SuperFetch 场景计划：休眠、待机以及快速用户切换。场景管理器内核模式的部分提供了初始化和终止场景所需的 API，并负责管理当前场景状态，并将跟踪信息与这些场景进行关联。

（5）**重均衡器**。根据 SuperFetch 代理所提供的信息以及系统的当前状态（例如优先级页面列表状态），重均衡器（Superfetch 用户模式服务下的一个特殊代理）会查询 PFN 数据库，并根据每个页面的相关评分重新调整其优先级，进而构建出包含优先级的待命列表。重均衡器还可以向内存管理器发布命令进而修改系统中进程的工作集，这也是唯一针对系统实际执行操作的代理。其他代理只是对信息进行筛选，以供重均衡器在自己的决策中使用。除了重新划分优先级，重均衡器还会通过预取线程发起预取操作，并使用 FileInfo 和内核服务将有用的页面预载到内存中。

所有这些组件会使用内存管理器内部的设施查询 PFN 数据库中每个页面的状态详情，并查询每个页面列表和优先级列表的当前页面数量等信息。SuperFetch 多个组件的架构示意如图 5-96 所示。为了尽可能降低对用户的影响，SuperFetch 组件还会使用划分了优先级的 I/O。（I/O 优先级的相关内容参见卷 2 第 8 章。）

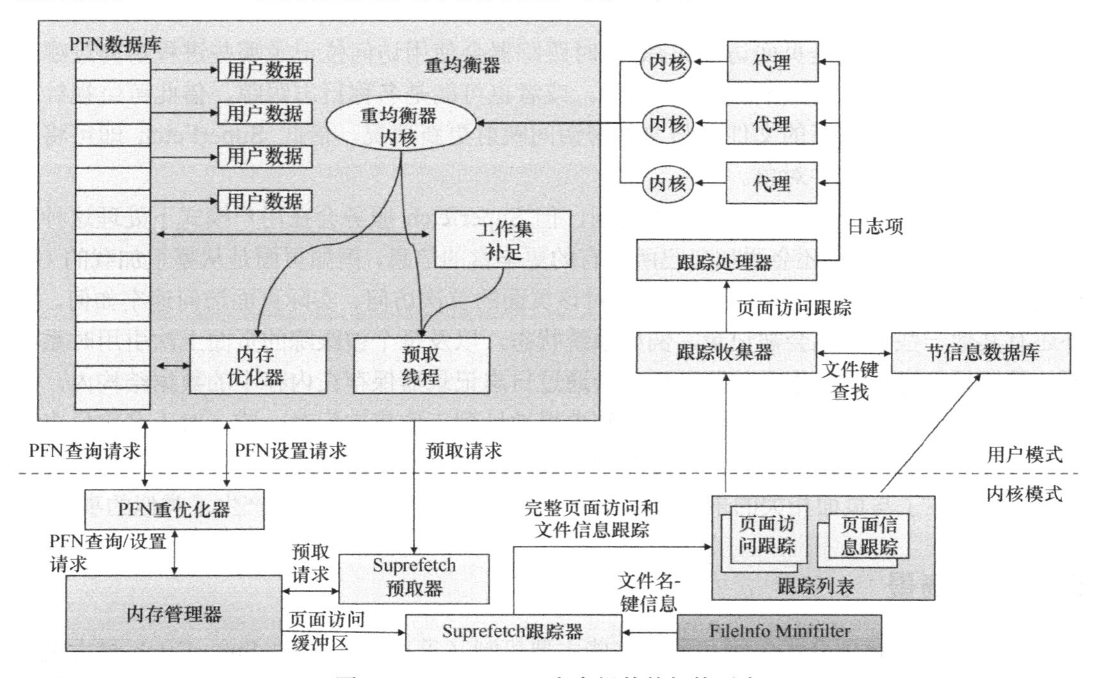

图 5-96 SuperFetch 多个组件的架构示意

5.19.2　跟踪和日志记录

SuperFetch 的大部分决策均基于自己通过集成、解析和处理原始跟踪和日志所获得的信息，因此跟踪和日志这两个组件也显得至关重要。在某些方面，跟踪有点类似于 ETW，因为同样会使用遍及整个系统不同位置的代码中的触发器生成事件。但跟踪也可以配合系统已经提供的各类设施协同进行，例如电源管理器通知、进程回调、文件系统筛选等。跟踪器还会使用内存管理器中原有的传统页面老化机制，以及应用于 SuperFetch 的新的工作集老化和访问跟踪机制。

SuperFetch 会持续进行跟踪并持续从系统查询跟踪数据，进而通过内存管理器的访问位跟踪和工作集老化机制来跟踪页面的使用和访问情况。为了追踪与文件有关的信息（这些信息和页面使用情况同样重要，借此才能对缓存中的文件数据划分优先级），SuperFetch 会利用现有的筛选器功能以及新增的 FileInfo 驱动程序。（筛选器驱动程序的相关内容参见第 6 章。）该驱动程序位于文件系统设备栈内，可在数据流的层面上监视对文件的访问和更改，借此即可更细致地理解文件的访问情况。（NTFS 数据流的相关内容参见卷 2 第 13 章。）FileInfo 驱动程序的主要职责在于将数据流（由唯一密钥所标识，目前实现为相应文件对象的 FsContext 字段）与文件名关联在一起，这样用户模式的 Superfetch 服务即可识别特定的文件流，以及与其相关的内存映射节所属待命列表中的页面偏移量。此外该驱动程序还提供了在不导致文件锁定或影响文件系统其他状态的前提下，以透明的方式预取文件数据的接口。另外，这个驱动程序还通过跟踪删除、重命名、截断等操作确保所有信息保持一致，并通过实现序列编号做到了文件密钥的复用。

在追踪过程的任何时间内，都可能调用重均衡器重新填入页面。这些决策是通过分析诸如工作集中的内存分配、零页面列表、已修改页面列表和待命页面列表、错误数量、PTE 访问位状态、每个页面的使用情况追踪、虚拟地址当前用量、工作集大小等信息后做出的。

具体的跟踪可能是页面访问跟踪，此时跟踪器会使用访问位记录哪些进程访问过哪些页面（会同时记录文件页面和私有内存）。或者也可能是名称日志跟踪，借此可监视针对磁盘上实际文件所进行的文件名与文件密钥间映射更新情况。借此 SuperFetch 即可将页面映射至相关联的文件对象。

虽然 SuperFetch 跟踪仅记录页面访问，但 Superfetch 服务会在用户模式下处理这种跟踪，如果更深入来看，还会添加自己所具有的更丰富的信息，例如页面是从哪里加载的（例如驻留内存或是硬页面错误）、这是否是对该页面的首次访问、实际页面访问速率如何。此外还有其他一些信息也会被记录，例如系统状态，以及每个被跟踪的页面上次引用时系统所处的场景信息。这样生成的跟踪信息会通过日志记录器保存在内存中的数据结构内，借此（对于页面访问跟踪）即可识别跟踪和虚拟地址到工作集的配对，或（对于名称日志跟踪）识别文件到偏移量的配对。通过这种方式，SuperFetch 即可跟踪特定进程的哪个虚拟地址范围产生了与页面相关的事件，以及特定文件的哪个偏移量范围产生了类似的事件。

5.19.3　场景

除了页面重新划分优先级和预取这些主要机制（见 5.19.4 节），SuperFetch 最大的特点之一在于支持不同场景。场景是指为改善用户体验，SuperFetch 会尽可能尝试在计算机上执行的特定操作。具体的场景如下。

（1）**休眠**。休眠的目标在于智能地决定除了现有工作集页面，还要将哪些页面保存到休眠文件中。这是为了将系统从恢复到可以响应这一过程所需的时间降至最低。

（2）**待机**。待机的目标在于在恢复后完全消除硬错误。由于典型的系统均可在 2s 内恢复，但长时间睡眠后可能需要 5s 才能让硬盘重新旋转起来，因此一个硬错误就可能导致恢复过程出现延迟。为了降低出现延迟的概率，SuperFetch 会对待机后需要的页面划分优先级。

（3）**快速用户切换**。快速用户切换的目标在于维持精确的优先级信息并理解每个用户的内存使用情况。借此，切换到其他用户时即可保证另一个用户的会话立即可用，而不需要花费大量时间等待页面通过错误换入内存。

上述每个场景有着不同的目标，但其主要目的都是尽可能减少或消除硬错误。

这些场景均是硬编码到系统代码中的，SuperFetch 会通过控制系统状态所用的 NtSetSystemInformation 和 NtQuerySystemInformation 这两个 API 进行管理。为了实现 SuperFetch 的用途，还使用了一个特殊的信息类。该类名为 SystemSuperfetchInformation，可控制内核模式组件，生成诸如启动、结束和查询场景等请求，并可负责将一个或多个跟踪关联给某个场景。

每个场景由计划文件定义而来，计划文件中至少会包含与该场景相关联的页面列表。此外还会根据某些规则（见下文）分配页面优先级值。当一个场景启动时，场景管理器将负责生成页面列表（该列表决定了要以怎样的优先级将哪些页面放入内存），借此对事件做出响应。

5.19.4 页面优先级和重均衡

我们已经介绍过，内存管理器通过实现一种页面优先级系统来定义哪些待命列表页面将会重新用于其他特定操作，以及将特定页面插入哪个列表。当进程和线程具有相关联的优先级时，这种技术可提供一些好处，例如可以确保碎片整理进程不会污染待命页面列表，并且从交互式前台进程中夺取页面。但该机制的真正威力是通过 SuperFetch 页面优先级架构和重均衡发挥出来的，并且不需要由应用程序手动输入进程重要性信息或将其硬编码到代码中。

SuperFetch 会根据自己为每个页面记录的内部评分来分配页面优先级，而这个评分部分源自基于访问频率的页面使用情况。该使用情况会统计在一个相对时间间隔（例如每小时、每天或每周）内，某个页面被访问过多少次。系统还会记录使用时间，记录自特定页面上次被访问以来已经经历了多久。最后，诸如该页面来自何处（来自哪个列表）以及其他访问模式等数据也会被用于计算评分。

这个评分会被转换为一个介于 1 和 6 之间的优先级编号。（优先级 7 被用于其他用途，下文将会介绍。）在顺序访问时，会优先选择将优先级较低的待命页面列表转为他用，这一点可以通过“查看待命列表的优先级”实验加以证实。优先级 5 通常被用于常规应用程序，优先级 1 主要用于第三方开发者所开发的后台应用程序。最后，优先级 6 被用于确保某些高重要性的页面尽可能不被转为他用。其他优先级则被用于关联了不同评分的页面。

由于SuperFetch会“学习”用户的系统，因此可以在不具备任何历史数据的情况下从零开始，根据用户对不同页面的访问情况缓慢地形成自己的理解。然而如果安装了新应用程序，创建了新用户，或安装了新的Service Pack，整个学习曲线将非常陡峭。因此Windows会使用一款内部工具对SuperFetch进行预训练，借此获得SuperFetch数据并将其转变为预制的追踪记录。这些预制的追踪记录由SuperFetch团队创建，他们会追踪用户可能遇到的所有常见使用情况和模式，例如单击开始菜单、打开控制面板，或使用打开/保存文件对话框。随后这些跟踪数据会被保存到历史文件（以资源的方式包含在Sysmain.dll中），借此即可预先填充特殊的优先级7列表。该列表中包含最重要、并且很少被转为他用的数据。优先级为7的页面是保存在内存中的文件页面，甚至在进程退出以及系统重新引导（下次引导时需要再次预先填充）后也可维持。最后，优先级为7的页面是静态的，因此其优先级永远不会变化，并且除了静态的预训练数据集，SuperFetch也绝对不会动态地加载优先级为7的页面。

划分了优先级的列表由重均衡器载入（或预先填充到）内存，但真正的重均衡工作是由SuperFetch和内存管理器配合处理的。如上所述，划分了优先级的待命页面列表是内存管理器的一种内部机制，借此可根据优先级编号做决策，例如要优先移除哪些页面，哪些页面需要获得固有的保护等。重均衡器实现这一职责的方式并非手动重均衡内存，而是重新调整内存的优先级，随后即可触发内存管理器来执行所需任务。重均衡器还负责在需要时从磁盘读取实际的页面，借此让页面出现（预取到）在内存中。随后它会将每个代理映射的优先级分配为每个页面的评分，而内存管理器确保了可以根据重要性以最适宜的方式处理每个页面。

重均衡器可以不依赖其他代理执行操作，举例来说，它可以发现跨越不同换页列表的页面分布状况非最优，或者跨越不同优先级的页面转为他用的次数对性能不利。重均衡器还可以触发工作集修剪，这是在为应用程序创建页面“预算”并供SuperFetch预先填充缓存数据所必需的。重均衡器通常会选择低效用的页面，例如已经被标记为低优先级、已经零化，或虽然具备有效内容但不位于任何工作集中并且一直未被使用的页面，借此即可在内存中构建出更有用的页面集，进而提供自身所分配的“预算”。在重均衡器决定了要将哪些页面放入内存，需要将其加载为什么优先级（以及要将哪些页面从内存中移除）后，便会开始执行所需的磁盘读取操作对这些页面进行预取。此外重均衡器还可以与I/O管理器的优先级架构配合作用，这样即可以极低优先级执行此类I/O，避免对用户产生影响。

预取机制所消耗的内存由待命页面提供支撑。正如页面转换有关的讨论所述，待命内存也是可用内存，因为可以随时将其作为空闲内存供其他分配方使用。换句话说，即使SuperFetch预取了错误的数据，也不会对用户产生实际影响，因为这些内存在需要时可转为他用，并不实际消耗资源。

最后，重均衡器还会定期运行，以确保被自己标记为高优先级的页面最近确实被使用过。由于这些页面很少（有时甚至从来不会）被转为他用，因此最好不要用很少被访问的数据浪费这些页面，而要将其用于某一时段内频繁访问的数据。如果检测到这样的情况，重均衡器会再次运行，将这些页面下压到优先级列表的底部。

在很多预取机制中，还用到了一种名为应用程序启动代理的特殊代理，该代理会尝试着预测应用程序的启动，并构建出一种马尔可夫链（markov chain）模型。该模型描述了在一段时间内，当一个程序启动后，另一个程序同时启动的可能性。时间段分为4个，每个约 6 小时，对应了早晨、中午、傍晚和深夜，并会区分工作日和周末。举例来说，如果用户在周六和周日傍晚通常会在启动 Word 之后启动 Outlook，那么一旦周末傍晚用户启动了 Word，随后应用程序启动代理就很可能会开始预取 Outlook 的数据。

由于当今的计算机已经有足够大的内存，平均内存数量已经超过 2GB（不过 SuperFetch 在小内存系统中也能发挥一定作用），因此频繁使用的进程为了优化性能而需要驻留在物理内存中的内存数量，最终将成为所有内存总量的一个可管理子集。通常来说，SuperFetch 可以将需要的全部页面放入物理内存，当这一点无法实现时，诸如 ReadyBoost 和 ReadyDrive 之类的技术可以进一步避免使用磁盘。

5.19.5 健壮性能

SuperFetch 最后一个有助于改善性能的功能叫作健壮性（robustness），即健壮性能。这个由用户模式的 Superfetch 服务管理但最终在内核中实现的组件（Pf 例程）可以为待命列表填充不需要的数据，借此监视可能有损系统性能的特定文件 I/O 访问。举例来说，如果一个进程曾跨越文件系统复制一个大文件，待命列表可能会被该文件的内容填满，哪怕该文件可能永远未被访问过（或者至少一段时间内未被访问过）。这会导致相同优先级的其他所有数据被清除，如果该进程属于用户需要的交互式程序，很有可能其优先级至少为 5。

对于这种问题，SuperFetch 会通过两种特殊类型的 I/O 访问模式作为响应：第一种是**顺序文件访问**，对于此类 I/O 访问，系统会访问文件中的所有数据；第二种是**顺序目录访问**，对于此类 I/O 访问，系统会访问目录中的每个文件。

当 SuperFetch 检测到上述这种类型的访问，导致在一个内部阈值指定的时段内，有特定数量的数据被填充至待命列表时，就会对映射该文件所用的页面应用激进的降优先级操作（也叫作健壮化）。这个操作只会发生在目标进程中，这样就不会连累到其他应用程序。这样的页面即所谓的健壮化页面，通常其优先级会被更改为 2。

SuperFetch 的这个组件是反应性的，而非预测性的，因此可能需要等待一段时间才能开始进行健壮化。因而 SuperFetch 会在进程下次运行时进行跟踪。一旦 SuperFetch 确定该进程总是执行这种类型的顺序访问，就会记住这一点，并在文件页面开始映射时对其进行健壮化，而不需要等到具体的反应性行为。借此整个进程后续的文件访问操作都可以看作是健壮化的。

然而如果只使用上述逻辑，SuperFetch 可能会对很多合法应用程序或未来可能要执行顺序访问的用户场景产生不利影响。举例来说，如果使用 Sysinternals 的 Strings.exe 工具，我们可以在一个目录中所包含的所有可执行文件中查找特定字符串。但如果文件数量过多，SuperFetch 很可能会执行健壮化操作。这样当我们下一次使用不同搜索参数运行 Strings.exe 时，也许我们期待着运行速度会有所改善，但实际上运行速度会和首次运行时一样慢。为了避免此类问题，SuperFetch 会为未来将要监视的进程创建一个列表，并为各种例外项创建一个内部使用的硬编码列表。如果某个进程被检测到稍后会重新访问已经被健壮化的文件，为了恢复为预期行为，该进程的健壮化将会被禁用。

谈到健壮化（以及 SuperFetch 的总体优化作用），需要记住一个重点：为了避免预取到无用数据，SuperFetch 会持续监视使用模式并更新自己对系统整体的理解。虽然用户日常活动或应用程序启动行为的变化可能导致 SuperFetch 将不相关数据填充到缓存中，或清除了自己认为可能无用的数据，但该机制可以快速适应模式方面的任何变化。如果用户操作是随机不固定的，最糟糕的情况无非就是让系统所表现的行为类似于 SuperFetch 完全不存在时的状态。如果 SuperFetch 对相关情况存疑或无法可靠地跟踪数据，那么就会自动退出，不对特定进程或页面进行任何改动。

5.19.6 ReadyBoost

相比十几年前，今天的 RAM 不但容量更大，而且价格便宜了很多。但从成本方面来看，依然比不过诸如硬盘驱动器这样的辅助存储设备。不过，机械硬盘包含很多活动部件，非常脆弱，并且更重要的是，它相对 RAM 来说速度慢了很多，尤其是寻道时间方面。因此，如果将活跃的 SuperFetch 数据存储在这种驱动器上，效果比页面换出以及在内存内部产生硬错误的做法好不了多少。

固态硬盘和混合硬盘在一定程度上消除了这些不足，但它们依然很贵，并且相比 RAM 速度慢很多。不过诸如 USB 闪存盘（USB Flash Disk，UFD）、CompactFlash 卡、Secure Digital 卡这样的便携固态存储介质提供了一种实用的折中机制。它们比 RAM 便宜，容量非常大，并且因为不包含活动部件，寻道时间方面也比传统机械硬盘好很多。

注意　实际上，CompactFlash 卡和 Secure Digital 卡通常始终需要借助 USB 适配器来访问，因此在系统中它们会显示为 USB 闪存盘。

随机磁盘 I/O 通常成本都很高，因为典型的台式机硬盘，其磁头的寻道时间外加盘片转动延迟时间往往在 10ms 左右，对当今 3GHz 或 4GHz 主频的处理器来说，这个时间实在是太久了。不过闪存在处理随机读取操作时的速度会比典型的机械硬盘快 10 倍左右。因此 Windows 提供了一种名为 ReadyBoost 的功能，借此充分利用闪存类存储设备创建了一种在逻辑上位于内存和磁盘之间、类似于中介的缓存层。

ReadyBoost（和 ReadyBoot 不是一回事）是借助一个驱动程序（%System-Root%\System32\Drivers\Rdyboost.sys）实现的，该驱动程序负责将缓存的数据写入非易失性 RAM（Non-Volatile RAM，NVRAM）设备。在将 USB 闪存盘插入系统后，ReadyBoost 会检查该设备并确定其性能特征，随后将测试结果存储到注册表 HKLM\SOFTWARE\Microsoft\Windows NT\CurrentVersion\Emdmgmt 键下。（Emd 是外部内存设备的简称，也是 ReadyBoost 功能开发过程中的代号。）

如果新设备的容量介于 256MB 和 32GB 之间，随机 4KB 读取的数据传输率不低于每秒 2.5MB，随机 512KB 写入的数据传输率不低于每秒 1.75MB，那么 ReadyBoost 会询问是否要使用该设备的部分存储空间来保存磁盘缓存。如果同意，ReadyBoost 会在设备根目录创建一个名为 ReadyBoost.sfcache 的文件，用于存储缓存的页面。

缓存初始化完成后，ReadyBoost 会拦截到本地硬盘卷（例如 C:\）的所有读写请求，将需要读写的所有数据复制到该服务创建的缓存文件中。不过也有一些例外，例如长时间未被读取的数据或属于卷快照请求的数据。缓存驱动器中存储的数据会被压缩，通常可实现 2:1 的压缩比，因此一个 4GB 的缓存文件可以包含 8GB 的数据。在将数据写入缓存设备时，每块数据会使用高级加密标准（Advanced Encryption Standard，AES）配合随机生成的每个引导会话密钥进行加密，这样即可在设备从系统中移除后，保存其中所缓存数据的隐私。

当 ReadyBoost 发现有随机读取操作可通过缓存满足时，即可从缓存提供数据。然而由于硬盘的顺序读取性能通常好于闪存，因此就算数据位于缓存中，顺序访问模式的读取操作也会直接作用于硬盘。类似地，在读取缓存时，如果必须进行大 I/O，此时也会读取磁盘缓存。

使用闪存的一个不足之处在于，用户可能随时移除闪存设备，这意味着系统永远不能将关键数据只存储在这样的介质中。（如上所述，写操作始终会优先针对辅助存储进行。）5.19.7 节要介绍的另一项相关技术 ReadyDrive 不仅解决了这个问题，还能提供额外的收益。

5.19.7 ReadyDrive

ReadyDrive 是一种 Windows 功能，可以更好地发挥混合硬盘（Hytrid Hard Disk Driver，H-HDD）的性能。混合硬盘是指内嵌了 NVRAM 的机械硬盘。典型的混合硬盘通常会包含 50MB 到 512MB 的缓存。

在 ReadyDrive 中，设备的闪存并不像大部分硬盘常用的 RAM 缓存那样简单地充当一种自动化的透明缓存。此时，Windows 会使用 ATA-8 命令定义要在闪存中保存的磁盘数据。例如，在关机时，Windows 会将引导数据保存在缓存中，这样即可更快速地重新启动。当系统休眠时，还可以将部分休眠文件数据保存到缓存中，这样后续的恢复速度就能大幅加快。由于硬盘停止转动时缓存依然可用，因此 Windows 可以使用闪存作为磁盘的写缓存，避免系统电池电量不足时依然需要让硬盘转动起来。在日常使用中，硬盘停止旋转可以大幅降低耗电量。

SuperFetch 也可以利用 ReadyDrive。借此可提供与 ReadyBoost 类似的好处，同时一些功能也能借此进一步增强，例如不再需要外部闪存设备，可以更持久地工作。由于缓存同样位于物理硬盘内部，计算机运行过程中通常不会被用户移除，因此一般来说，硬盘控制器也就无须担心数据丢失，从而进一步避免了像只使用缓存那样先将数据写入硬盘。

5.19.8 进程反射

有些时候，某个进程可能呈现出有问题的行为，但由于进程依然能提供服务，我们可能不希望将其挂起并生成完整内存转储或进行交互式调试。为了将进程挂起后生成内存转储所需的时间降至最低，我们可以创建小型转储，这种转储可以捕获线程寄存器和线程栈，以及被寄存器引用的内存页面。但这种类型的转储所能提供的信息非常有限，很多时候也许足以对崩溃进行诊断，但不足以对常规问题进行排错。借助线程反射，目标进程会被挂起，但挂起的时长只够用来创建小型转储并对目标进程创建挂起的副本克隆，随后即可让挂起的线程恢复运行，并借助该克隆创建更大的转储，从中获取进程全部的有效用户模式内存。

很多 Windows 诊断基础架构（WDI）组件会使用进程反射技术，为通过启发式方式识别的存在可疑行为的进程创建侵入性最低的内存转储。例如，Windows 资源消耗及解析（也叫作 RADAR）中的内存泄露诊断器组件即可对怀疑泄露私有虚拟内存的进程创建反射内存转储，随后即可通过 Windows 错误报告（WER）发送给微软以供分析。WDI 的挂起进程检测启发机制也会对怀疑与其他进程死锁在一起的进程执行类似的操作。由于这些组件使用了启发式的方法，无法确定进程一定出错了，因此不能长时间将进程挂起甚至终止进程。

Ntdll.dll 中的 RtlCreateProcessReflection 函数驱动着进程反射的实现，其工作过程如下。

（1）创建一个共享的内存节。

（2）将参数填充到这个共享的内存节。

（3）将共享内存节映射至当前和目标进程。

（4）创建两个事件对象，并在目标进程中为其创建副本，这样当前和目标进程即可实现操作同步。

（5）通过调用 RtlpCreateUserThreadEx 将一个线程注入目标进程。该线程按照指示开始在 Ntdll 的 RtlpProcessReflectionStartup 函数中执行。[由于 Ntdll.dll 已将相同地址（引导时随机生成）映射至每个进程的地址空间，当前进程可直接传递自己通过 Ntdll.dll 映射所获得的函数地址。]

（6）如果 RtlCreateProcessReflection 的调用方指定了自己需要指向克隆进程的句柄，RtlCreateProcessReflection 将等待远程线程终止，否则将返回给调用方。

（7）注入目标进程的线程分配另一个事件对象，并用该对象与创建好的克隆进程进行同步。

（8）注入的线程调用 RtlCloneUserProcess，并传递自己从与初始进程共享的内存映射中获得的参数。

（9）如果 RtlCreateProcessReflection 选项指定的克隆创建过程不能在进程处于加载器执行中、堆操作执行中、修改进程环境块（PEB）或修改纤程本地存储等状态时执行，那么 RtlCreateProcessReflection 会在继续执行前首先获取必要的锁。这一点对调试很有用，因为内存转储的数据结构副本可以处于一致的状态。

（10）RtlCloneUserProcess 调用 RtlpCreateUserProcess。这个用户模式函数负责常规进程创建并传递标志，通过该标志代表新进程是当前进程的克隆。随后 RtlpCreateUserProcess 调用 ZwCreateUserProcess 请求内核创建进程。

在创建克隆进程时，ZwCreateUserProcess 将执行大部分与创建新进程时相同的代码路径。但 PspAllocateProcess 除外，该函数用于创建进程对象和初始化线程，会调用 MmInitializeProcessAddressSpace 并通过一个标志代表该地址是目标进程的写入时复制副本，而非初始进程地址空间。内存管理器还会为 Services for Unix Applications 的 Fork API 使用相同的支持，借此更高效地克隆地址空间。一旦目标进程开始继续执行，它对自己地址空间进行的任何更改都只能被目标进程自己看到，克隆进程不可见。借此，克隆进程的地址空间就可以代表目标进程的一致时点视图。

当 RtlpCreateUserProcess 返回后，克隆进程就开始执行。如果克隆进程成功创建，其线程将收到 STATUS_PROCESS_CLONED 返回代码，而克隆线程会收到 STATUS_SUCCESS。随后克隆进程会与目标进程同步，并在最后调用一个传递给 RtlCreateProcessReflection 的可选函数，该函数必须在 Ntdll.dll 中实现。例如 RADAR 会指定 RtlDetectHeapLeaks，由它对进程堆进行启发式分析，并将结果汇报给调用 RtlCreateProcessReflection 的线程。如果未指定函数，线程会根据传递给 RtlCreateProcessReflection 的标志自行挂起或终止。

当 RADAR 和 WDI 使用进程反射时，它们会调用 RtlCreateProcessReflection，要求该函数返回一个指向克隆进程的句柄，并要求克隆进程在初始化完成后自行挂起。随后即可对目标进程创建小型转储，并在创建过程中挂起目标进程。随后它们会通过克隆进程创建更全面的转储。在对克隆进程的转储完成后，便会终止克隆进程。在小型转储创建完成后以及克隆进程创建前的时间窗口里，目标进程可以继续执行，但大部分情况下，其中出现的不一致情况并不会对排错造成影响。Sysinternals 的 Procdump 工具如果使用-r 开关创建反射转储，也将采取类似的过程。

5.20 小结

本章介绍了 Windows 内存管理器如何实现虚拟内存的管理。与大部分现代化操作系统类似，每个进程都可以访问一个私有地址空间，借此可防止一个进程访问另一个进程的内存，同时还可以让进程安全高效地共享内存。一些高级功能同样是可以做到的，例如映射文件的使用，以及以稀疏的方式分配内存的能力。Windows 环境子系统使得内存管理器的大部分功能都可通过 Windows API 供应用程序使用。

第 6 章将介绍对任何操作系统来说都非常重要的概念——I/O 系统。

第6章 I/O系统

Windows I/O 系统由多个执行体组件组成，这些组件相互合作管理硬件设备，并为应用程序和系统提供访问硬件的接口。本章首先将介绍 I/O 系统的设计目标，以及这些目标对 I/O 实现所产生的影响。然后将介绍组成 I/O 系统的组件，包括 I/O 管理器、即插即用（PnP）管理器以及电源管理器。接着将介绍 I/O 系统以及各种类型的设备驱动程序的结构和组件。随后将讨论用于描述设备、设备驱动程序以及 I/O 请求的重要数据结构，并介绍整个系统在完成 I/O 请求过程时必要的步骤。最后将介绍设备检测、驱动程序安装以及电源管理工作的具体方法。

6.1 I/O 系统组件

Windows I/O 系统的设计目标是向应用程序提供有关硬件（物理）和软件（虚拟或逻辑）的设备抽象以及下列功能。

（1）跨越不同设备统一的安全和命名机制，借此保护可共享的资源。（Windows 安全模型的相关内容参见第 7 章。）

（2）高性能、异步、基于数据包的 I/O，以便实现可伸缩的应用程序。

（3）可供使用高级语言编写驱动程序，以及在不同体系结构的计算机之间轻松移植驱动程序的服务。

（4）层次结构和可扩展性，进而允许加入额外的驱动程序，借此在无须更改其他驱动程序的前提下，以透明的方式修改其他驱动程序或设备。

（5）动态加载和卸载设备驱动程序，借此实现按需加载驱动程序，不需要时不消耗系统资源的能力。

（6）支持即插即用，系统可以为新检测到的硬件自动检测并安装驱动程序，为其分配所需硬件资源，并让应用程序发现和激活设备接口。

（7）支持电源管理，这样系统或特定设备即可进入低耗能状态。

（8）支持多种可安装的文件系统，包括 FAT（及其变体：FAT32 和 exFAT）、CD-ROM 文件系统（CD-ROM File System，CDFS）、通用磁盘格式（Universal Disk Format，UDF）文件系统、弹性文件系统（Resilient File System，ReFS）以及 Windows 文件系统（NTFS）（有关这些文件系统类型及其架构的详细信息，参见卷 2 第 13 章）。

（9）Windows 管理规范（WMI）支持和诊断，借此即可通过 WMI 应用程序和脚本管理并监视驱动程序（WMI 的相关内容参见卷 2 第 9 章）。

为了实现这些功能，Windows I/O 系统包含了多个执行体组件以及设备驱动程序，如图 6-1 所示。

（1）I/O 管理器是 I/O 系统的核心，它将应用程序和系统组件连接至虚拟、逻辑和物理设备，并定义了用于支持设备驱动程序的基础架构。

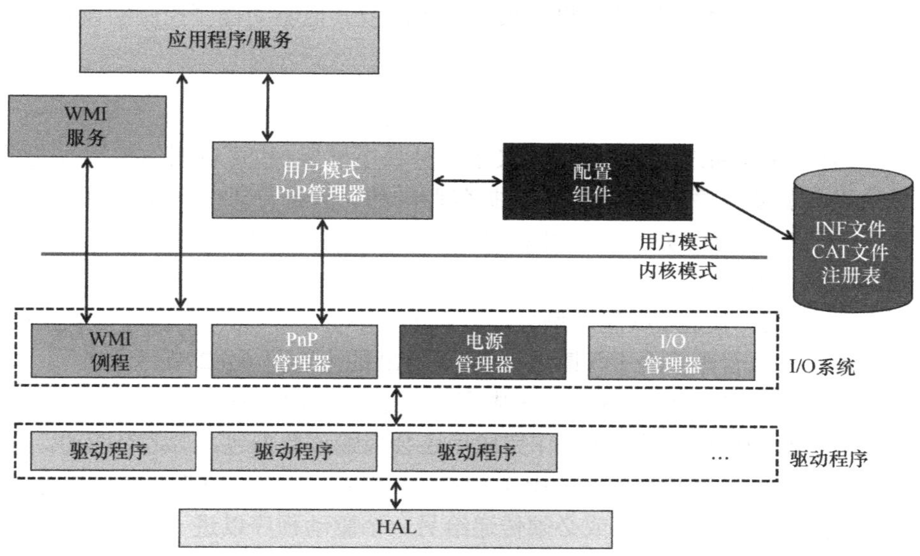

图 6-1　I/O 系统组件

（2）设备驱动程序通常会为某种特定类型的设备提供 I/O 接口。驱动程序是一种软件模块，负责解释高级命令（例如读取或写入命令），并发布与特定设备有关的低级命令（例如写入控制寄存器）。设备驱动程序可以接收由 I/O 管理器转发给自己的、与自己所管理的设备相关的命令，当这些命令操作完成后，驱动程序还会通知 I/O 管理器。设备驱动程序通常会使用 I/O 管理器将 I/O 命令转发给共享了设备接口或控制实现的其他设备驱动程序。

（3）PnP 管理器会与 I/O 管理器，以及一类名为总线驱动程序的设备驱动程序紧密配合，共同引导硬件资源的分配，并检测和响应硬件设备的增添和删减。PnP 管理器和总线驱动程序负责在检测到设备后加载设备的驱动程序。当加载到系统的设备不具备必要的设备驱动程序时，执行体即插即用组件会调用用户模式 PnP 管理器的设备安装服务。

（4）电源管理器同样需要与 I/O 管理器和 PnP 管理器紧密合作，通过电源状态的变化为系统以及每个设备驱动程序提供指导。

（5）WMI 支持例程称为 Windows Driver Model（WDM）WMI 提供程序，可让设备驱动程序间接充当提供程序，并使用 WDM WMI 提供程序作为中介与用户模式的 WMI 服务通信。

（6）注册表作为数据库，存储了附加到系统上的基本硬件设备的描述信息，此外还存储了驱动程序初始化和配置设置（见卷 2 第 9 章）。

（7）INF 文件使用了.inf 扩展名，这是一种驱动程序安装文件。INF 文件可以看作特定硬件设备和假设主要控制该设备的驱动程序之间的链接。其中包含类似脚本的指令，这些指令描述了文件所对应的设备、驱动程序文件的来源和目标位置、驱动程序安装过程中需要对注册表进行的修改，以及驱动程序的依赖性信息。Windows 会使用数字签名验证驱动程序文件是否通过了 Microsoft Windows 硬件质量实验室（WHQL）的测试，这样的数字签名存储在.cat 文件中。数字签名还可用于防止对驱动程序或其 INF 文件进行篡改。

（8）硬件抽象层（HAL）提供了可隐藏不同平台间差异的 API，借此在驱动程序与不同处理器和中断控制器之间实现了隔离。从本质上看，可将HAL视作一种总线驱动程序，该驱动程序适用于所有焊接在计算机主板上、无法被其他驱动程序控制的设备。

6.1.1 I/O 管理器

I/O 管理器是 I/O 系统的核心。它定义了一种秩序框架（也可以叫作模型），借此将 I/O 请求传递给设备驱动程序。I/O 系统是数据包驱动的。大部分 I/O 请求都可以用一种 I/O 请求数据包（IRP）代表，IRP 是一种数据结构，其中包含了用于完整描述一个 I/O 请求所需的全部信息。IRP 会从一个 I/O 系统组件传递至另一个。（正如将在 6.4.1 节中的“快速 I/O”部分介绍的，快速 I/O 属于例外，它并未使用 IRP。）这样的设计方式使得每个应用程序线程可以并发管理多个 I/O 请求。（有关 IRP 的内容见 6.4.2 节。）

对于每个 I/O 操作，I/O 管理器会在内存中创建一个 IRP 来代表，并会将该 IRP 的指针传递给相应的驱动程序，当 I/O 操作完成后还会销毁该数据包。与之对应的，当驱动程序收到 IRP 后，会执行该 IRP 指定的操作，将 IRP 重新返回给 I/O 管理器，这可能是因为所请求的 I/O 操作已成功完成，或必须传递给另一个驱动程序以进一步处理。

除了创建和销毁 IRP，I/O 管理器还提供了对不同驱动程序通用的代码，驱动程序可以调用这些代码执行自己的 I/O 处理。通过将通用任务整合在 I/O 管理器中，每个驱动即可变得更简单、更紧凑。例如，I/O 管理器提供的函数可以让一个驱动程序调用另一个驱动程序，还可用于管理 I/O 请求的缓冲区、为驱动程序提供超时支持，以及记录操作系统中载入了哪些可安装的文件系统。I/O 管理器中约有 100 个例程可被设备驱动程序调用。

I/O 管理器还提供了灵活的 I/O 服务，可供诸如 Windows 和 POSIX（后者已经不再支持）等环境子系统实现自己相应的 I/O 功能。这些服务还包括了对异步 I/O 的支持，开发者可以借此构建可缩放的高性能服务器应用程序。

驱动程序提供了统一的模块化接口，使得 I/O 管理器可以调用任何驱动程序，而无须对其结构或内部细节有任何特殊的了解。操作系统对待任何 I/O 请求都好像在对待一个以文件为目标的请求，驱动程序会将其从针对虚拟文件的请求转换为针对特定硬件的请求。驱动程序还可以（使用 I/O 管理器）相互调用，借此对 I/O 请求实现层次式的独立处理。

除了提供常规的打开、关闭、读取和写入功能，Windows I/O 系统还提供了多个高级功能，例如异步、直接、缓冲，以及分散或聚集的 I/O，这些将在 6.4 节详细介绍。

6.1.2 典型的 I/O 处理

大部分 I/O 操作并不会涉及 I/O 系统的全部组件。典型的 I/O 请求首先始于应用程序执行了与 I/O 有关的请求（例如从设备读取数据），随后该请求将由 I/O 管理器、一个或多个设备驱动程序以及 HAL 加以处理。

如上所述，Windows 中的线程需要针对虚拟文件执行 I/O。虚拟文件可以是任何被当作文件来处理的 I/O 来源或目标（如设备、文件、目录、管道、邮件槽）。典型的用户模式客户端会调用 CreateFile 或 CreateFile2 函数获取到虚拟文件的句柄。该函数名称有点容易产生误导：它们并不是只能用于文件，而是可用于对象管理器 GLOBAL??目录下任何可被视作符号链接的东西。CreateFile*函数名称的“File”后缀实际上意味着虚拟文件对象（FILE_OBJECT），即调用这些函数后执行体创建的实体。图 6-2 显示了用 Sysinternals 的 WinObj 工具查看 GLOBAL??目录的结果。

类似 C:这样的名称实际上是指向 Device 这个对象管理器目录下一个内部名称的符号链接（在本例中这个符号链接为\Device\HarddiskVolume7），如图 6-2 所示。（有关对象管理器和对象管理器命名空间的内容见卷 2 第 8 章。）GLOBAL??目录下的所有名称都可以作为 CreateFile(2)的参数。诸如设备驱动程序等内核模式客户端可以使用类似的 ZwCreateFile 函数获取到虚拟文件的句柄。

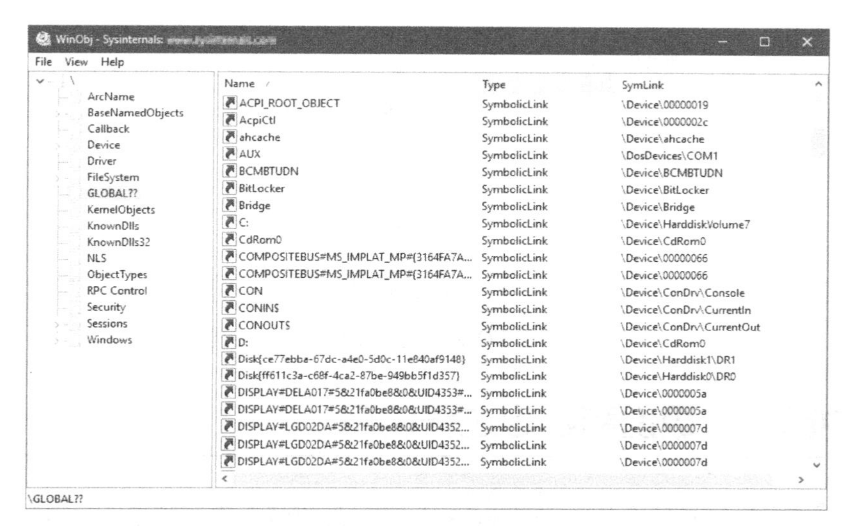

图 6-2 对象管理器的 GLOBAL??目录

注意 诸如.NET Framework 和 Windows Runtime 等高级抽象在处理文件和设备时有自己的 API（例如.NET 中的 System.IO.File 类，或 WinRT 中的 Windows.Storage.StorageFile 类），但它们最终依然需要调用 CreateFile(2)来获得隐藏在表面之下的实际句柄。

注意 GLOBAL??对象管理器目录有时也被叫作 DosDevices，这是一种很老的称呼。DosDevices 目前依然可以工作，因为它们被定义成了指向对象管理器根命名空间中 GLOBAL??的符号链接。在驱动程序代码中，通常会使用“??”字符串来代表 GLOBAL??目录。

操作系统会将所有 I/O 请求抽象为针对虚拟文件所执行的操作，因为 I/O 管理器只“懂”文件，其他什么都“不懂”，所以要由驱动程序将面向文件的命令（打开、关闭、读取、写入）转换为与具体设备有关的命令。这样的抽象也就形成了供应用程序访问设备的接口。用户模式应用程序会调用已文档化的函数，由这些函数调用 I/O 系统的内部函数读写文件或执行其他操作。I/O 管理器会动态地将这些虚拟文件请求引导至相应的设备驱动程序。图 6-3 显示了一个典型 I/O 读取请求流程的基本结构。（其他类型的 I/O 请求，例如写入，也与其类似，只不过使用了不同的 API。）

下面几节将更详细地介绍这些组件，包括不同类型的设备驱动程序、它们的结构、它们的加载和初始化方式，以及它们处理 I/O 请求的方式。随后我们将介绍 PnP 管理器和电源管理器的操作和具体作用。

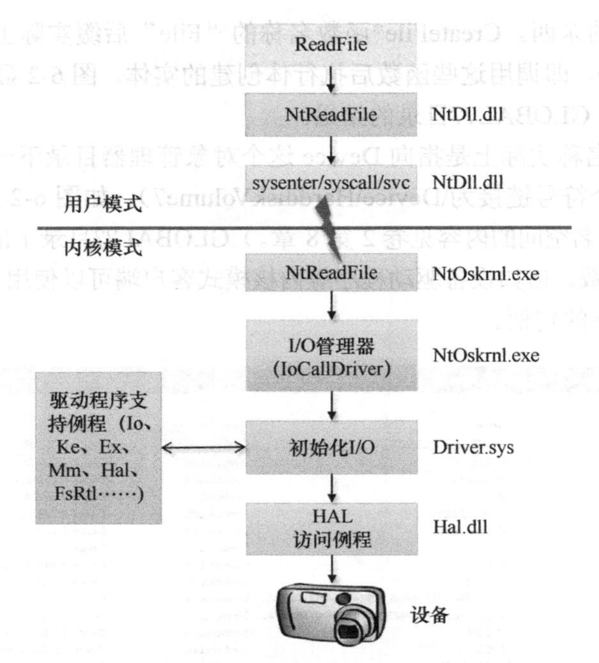

图 6-3 典型 I/O 读取请求流程的基本结构

6.2 中断请求级别和延迟过程调用

在继续讨论前，必须介绍与 Windows 内核有关的两个重要概念——中断请求级别（Interrupt Request Level，IRQL）和延迟过程调用（Deferred Procedure Call，DPC），它们也在 I/O 系统中扮演了重要角色。有关这两个概念的详细介绍请参阅卷 2 第 8 章，此处我们仅提供必要信息，帮助大家更好地理解 I/O 处理的相关机制。

6.2.1 中断请求级别

IRQL 包含两个略有差别的含义，但在某些情况下的含义也是相同的。

（1）**IRQL 是为源自硬件设备的中断所分配的优先级**。该数值由 HAL（与需要获得中断的设备所连接到的中断控制器共同）设置。

（2）**每颗 CPU 都有自己的 IRQL 值**。可将其视作 CPU 的寄存器（不过目前的 CPU 并不用这种方式实现寄存器）。

IRQL 的基本原则为：IRQL 较低的代码无法干涉 IRQL 较高的代码，反之亦然，但 IRQL 较高的代码可以抢占以较低 IRQL 运行的代码。稍后的实验将展示这一点。Windows 所支持体系结构包含的 IRQL 列表如图 6-4 所示。注意，IRQL 与线程优先级并非同一个概念。实际上，线程优先级仅在 IRQL 小于 2 时才有意义。

注意 IRQL 与 IRQ（中断请求）并非同一个概念。IRQ 是将设备连接到中断控制器的硬件实现。IRQ 和 IRQL 的相关内容见卷 2 第 8 章。

一般来说，处理器的 IRQL 为 0。这意味着这方面“未发生任何特殊事情”，并且内核的调度器会根据优先级调度 3 个线程（见第 4 章）。在用户模式下，IRQL 只能为 0。用户模式下无法提升 IRQL。（与用户模式有关的文档完全不会提及 IRQL 这个概念，因为那没有意义。）

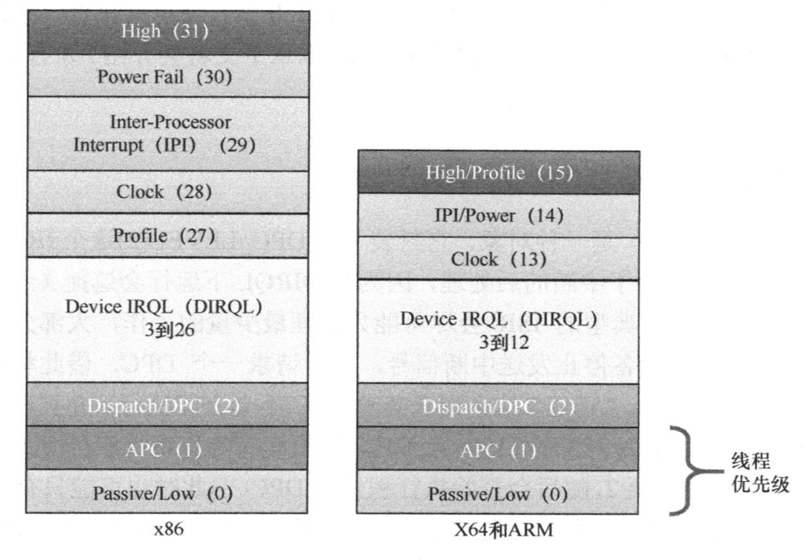

图 6-4 IRQL 列表

内核模式代码可通过 KeRaiseIrql 和 KeLowerIrql 函数提高或降低当前 CPU 的 IRQL。不过大部分与时间有关的函数在调用时均会导致 IRQL 被提高到某些预期内的级别，稍后在讨论驱动程序的典型 I/O 处理过程时会介绍这一点。

与 I/O 有关的讨论中，最重要的 IRQL 如下。

（1）**Passive(0)**。由 PASSIVE_LEVEL 宏指令在 WDK 头 wdm.h 中定义。这是内核调度器通常工作时所处的常规 IRQL，详见第 4 章。

（2）**Dispatch/DPC (2) (DISPATCH_LEVEL)**。这是内核调度器大部分时候所处的 IRQL。这意味着，如果线程将当前 IRQL 提高到 2（或更高），该线程本质上将获得无限的量程，无法再被其他线程抢占。最终的效果则为：调度器无法在当前 CPU 上唤醒，除非 IRQL 降低至 2 以下。

- 对于 2 或更高的 IRQL，针对内核调度程序对象（例如互斥体、信号量以及事件）的任何等待都会让系统崩溃。这是因为等待意味着该线程可能进入等待状态，而另一个线程可能会调度到这颗 CPU 上运行。然而由于调度器不在这个级别上，这一切都不可能发生，系统将进行 bug-check（唯一的例外是：如果该等待的超时值为 0，意味着完全不需要等待，那么此时会重新恢复到对象的信号状态）。
- 无法处理任何页面错误。这是因为页面错误需要上下文切换至某一个已修改页面写出器。然而此时无法进行上下文切换，因此系统将会崩溃。这也意味着在 IRQL 2 或以上运行的代码只能访问非换页内存，通常也就是指从非换页池分配的内存。按照定义，这些内存会始终驻留在物理内存中。

（3）**Device IRQL（DIRQL）（x86 为 3～26，x64 和 ARM 为 3～12）**。这些是分配给硬件中断的级别。当中断抵达后，内核的陷阱调度程序会调用相应的中断服务例程（Interrupt Service Routine，ISR），并将其 IRQL 提高至与相关中断一致。由于这个值始终高于 DISPATCH_LEVEL(2)，因此所有与 IRQL 2 有关的规则也同样适用于 DIRQL。

运行在特定IRQL下，即可以该IRQL或更低IRQL产生中断。例如，某个运行在IRQL 8下的ISR就不会受到（同一颗CPU上）IRQL为7或更低的代码干扰。尤其是任何用户模式代码均无法运行，因为这些代码始终运行在IRQL 0下。这也意味着一般来说，我们并不需要在高IRQL下运行，只有在少数特殊场合（本章下文将会介绍）才有必要这样做，但实际上此时依然需要常规的系统操作。

6.2.2　延迟过程调用

延迟过程调用（DPC）是一种对象，它封装了对DPC_LEVEL(2)这个IRQL下运行的函数的调用。DPC主要用于中断的后处理，因为在DIRQL下运行会遮掩（进而拖延）等待获得服务的其他中断。典型的ISR会尽可能只处理最少量的工作，大部分工作只是读取设备状态，然后告诉设备停止发送中断信号，随后请求一个DPC，借此将进一步地处理推迟至更低的IRQL(2)。"延迟"这个词意味着DPC不会立即执行，并且也无法立即执行，因为当前IRQL高于2。然而当ISR返回时，如果没有等待获得服务而尚未处理的中断，CPU的IRQL将降低至2，随后会开始执行积累的DPC（但此时也可能只有一个DPC）。图6-5展示了一个简化后的范例，该范例描述了当代码通常在某颗CPU上以IRQL 0运行时出现来自硬件设备的中断（从本质来说这些中断都是异步的，意味着它们随时可能抵达）后所需要处理的一系列事件。

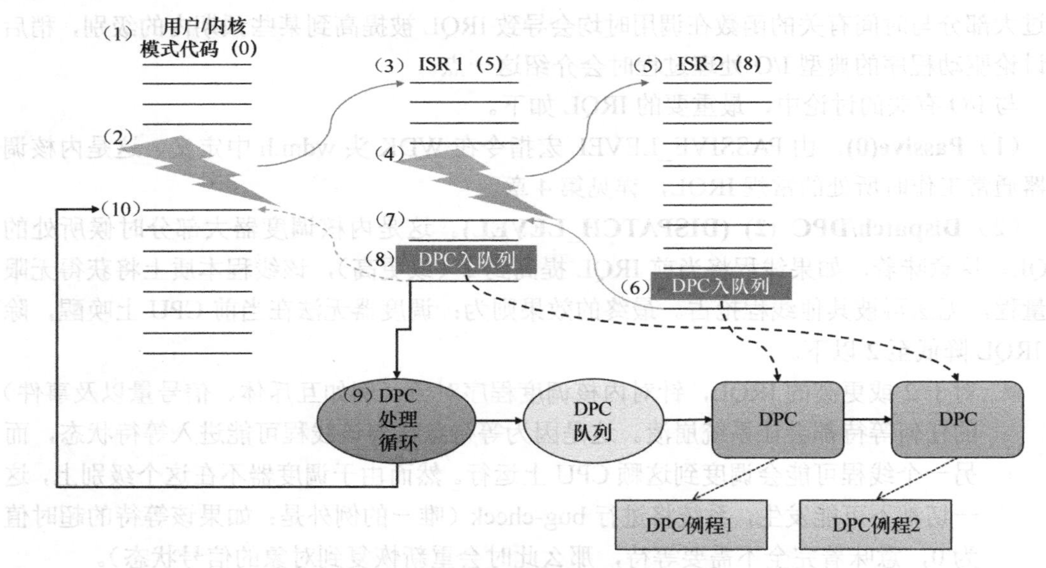

图6-5　中断和DPC处理范例

图6-5所示的一系列事件如下。

（1）当CPU处于IRQL 0时，正在执行某些用户模式或内核模式代码，系统中大部分时候均是如此。

（2）一个IRQL为5的硬件中断抵达（还记得吗？设备IRQL的最小值为3）。由于5大于0（当前IRQL），CPU状态将被保存，随后其IRQL提高至5，与该中断相关的ISR被调用。注意，这里并没有进行上下文切换，这里是同一个线程恰巧执行了ISR代码。（如果该线程位于用户模式，则要在中断抵达时切换至内核模式。）

（3）ISR 1 开始执行，而此时 CPU 的 IRQL 为 5。此时，任何 IRQL 为 5 或更低的中断均无法处理。

（4）假设另一个 IRQL 为 8 的中断抵达，又假设系统决定用同一颗 CPU 处理它。由于 8 大于 5，代码会被再次中断，CPU 状态被保存，其 IRQL 被提高至 8，CPU 跳转至 ISR 2。注意，这里依然是同一个线程，无须进行上下文切换，因为如果 IRQL 为 2 或更高，线程调度器将无法唤醒。

（5）ISR 2 开始执行。在执行完成前，ISR 2 需要在一个较低的 IRQL 下执行更多处理任务，这样才能为 IRQL 低于 8 的中断提供服务。

（6）到最后，ISR 2 会插入一个 DPC，并通过恰当的初始化使其指向驱动程序例程，进而在调用 KeInsertQueueDpc 函数消除该中断之后可以继续进行后处理任务。（6.3 节将介绍后处理任务通常都包含什么。）随后 ISR 返回，并还原之前在进入 ISR 2 时保存的 CPU 状态。

（7）至此，IRQL 已降低至之前的级别（5），CPU 继续执行被中断之前正在执行的 ISR 1。

（8）在 ISR 1 执行完毕前，还将查询自己的 DPC 以便执行所需的后处理工作。这些 DPC 会被收集到一个 DPC 队列中，但该队列还未被检查过。随后 ISR 返回，并还原 ISR 1 开始执行之前保存的 CPU 状态。

（9）至此，IRQL 会希望降低至开始处理所有中断之前的初始值（0）。然而内核注意到还有等待处理的 DPC，因此会将 IRQL 降低至第 2 级（DPC_LEVEL），随后进入 DPC 处理环，针对积累的 DPC 进行迭代处理并调用序列中的每个 DPC 例程。当 DPC 队列被清空后，DPC 的处理也将终止。

（10）最后，IRQL 重新降低至 0，再次还原 CPU 的状态，并恢复中断抵达之前一开始执行的用户或内核模式代码。此时同样需要注意，上述所有工作都是由同一个线程（无论具体是哪个线程）处理的。这也就意味着 ISR 和 DPC 例程不依赖任何特定线程（因此也就不依赖任何特定进程）便可执行自己的代码。它可以是任何线程，这样做的意义将在 6.3 节讨论。

上述描述较为简化。其中并未提到 DPC 的重要性、其他 CPU 可能会处理 DPC 以便更快速地处理完毕等情况。这些细节对本章的讨论并不重要，更详细的介绍请参阅卷 2 第 8 章。

6.3 设备驱动程序

为了与 I/O 管理器和其他 I/O 系统组件集成，设备驱动程序必须遵守与其要管理的设备类型及自己在管理设备中所扮演角色相匹配的实施指南。本节介绍 Windows 可支持的设备驱动程序类型，以及设备驱动程序的内部结构。

注意 大部分内核模式设备驱动程序是使用 C 语言编写的。从 Windows Driver Kit 8.0 开始，我们也可以安全地使用 C++来编写驱动程序，因为新编译器已经可以支持内核模式的 C++。但强烈建议不要使用汇编语言，这种方式过于复杂，并可能导致所编写的驱动程序难以移植到 Windows 所支持的不同硬件体系结构（x86、x64 和 ARM）。

6.3.1 设备驱动程序的类型

Windows 支持多种类型的设备驱动程序与编程环境。即使是特定类型的设备驱动程序，根据驱动程序所适用的具体设备类型，编程环境也可能各异。

对于驱动程序来说，最广泛的分类方式就是用户模式或内核模式驱动程序。Windows 可支持多种类型的用户模式驱动程序。

（1）**Windows 子系统打印机驱动程序**。可将设备独立的图形请求转换为打印机的相关命令。随后这些命令通常会被转发至内核模式的端口驱动程序，例如通用串行总线（Universal Serial Bus，USB）打印机端口驱动程序（Usbprint.sys）。

（2）**用户模式驱动程序框架（UMDF）驱动程序**。运行在用户模式下的硬件设备驱动程序。它们可通过高级本地过程调用（ALPC）与内核模式 UMDF 支持库通信。详细介绍参见 6.8.2 节。

本章将主要关注内核模式设备驱动程序。内核模式驱动程序有多种类型，但主要可分为下列几种基本类别。

（1）**文件系统驱动程序**。可接收到文件的 I/O 请求，随后通过自己发出的更明确的请求作用于大容量存储或网络设备驱动程序，借此满足文件 I/O 请求。

（2）**即插即用驱动程序**。可与硬件配合工作，并可与 Windows 电源管理器和 PnP 管理器集成。例如大容量存储设备、视频适配器、输入设备以及网络适配器的驱动程序。

（3）**非即插即用驱动程序**。包括内核扩展，是指能够扩展系统功能的驱动程序或模块。此类驱动程序通常并不与 PnP 管理器或电源管理器集成，因为通常它们并不管理任何真正的硬件设备。例如网络 API 和网络协议驱动程序皆属此类。Sysinternals 的 Process Monitor 工具也包含驱动程序，并且也是一种非即插即用驱动程序。

除了上述分类，内核模式驱动程序还可以根据所遵循的驱动程序模型，以及自己在服务设备请求过程中扮演的角色进一步划分为不同类别。

1．WDM 驱动程序

WDM 驱动程序是指遵循 Windows 驱动程序模型（WDM）的驱动程序。WDM 包含对 Windows 电源管理、即插即用和 WMI 的支持，大部分即插即用驱动程序都符合 WDM 标准。WDM 驱动程序可分为如下 3 类。

（1）**总线驱动程序**。用于管理逻辑或物理总线，例如 PCMCIA、PCI、USB 和 IEEE 1394。总线驱动程序负责检测附加到自己所控制总线上的设备，并将这些情况通知 PnP 管理器，同时还负责管理总线的电源设置。此类驱动程序通常是由微软默认提供的。

（2）**功能驱动程序**。用于管理某一特定类型的设备。总线驱动程序可通过 PnP 管理器将设备呈现给功能驱动程序。功能驱动程序负责将设备的可操作接口导出给操作系统。一般来说，此类驱动程序最了解设备的操作。

（3）**筛选器驱动程序**。位于功能驱动程序之上（通常也叫作上层筛选器或功能筛选器），或总线驱动程序之上（通常也叫作下层筛选器或总线筛选器）的一个逻辑层，可以扩充或更改设备或其他驱动程序的行为。例如，键盘按键记录工具就可以在键盘功能驱动程序之上，通过键盘筛选器驱动程序的方式实现。

图 6-6 显示了一个包含总线驱动程序的 WDM 设备节点（也叫作 Devnode），其中包

括创建了物理设备对象（Physical Device Object，PDO）的总线驱动程序、下层筛选器、创建了功能设备对象（Functional Device Object，FDO）的功能驱动程序，以及上层筛选器。其中仅 PDO 和 FDO 层是必需的，各种筛选器可以存在，也可以不存在。

在 WDM 中，并不会让一个驱动程序负责控制特定设备的所有方面。总线驱动程序负责检测总线成员关系的变化（设备的添加和移除），并协助 PnP 管理器枚举总线上的所有设备，访问与总线有关的配置注册表，并且在某些情况下还需要负责控制总线上设备的电源使用。功能驱动程序通常是唯一需要访问设备硬件的驱动程序。这些驱动程序相互配合的具体方式参见 6.6 节。

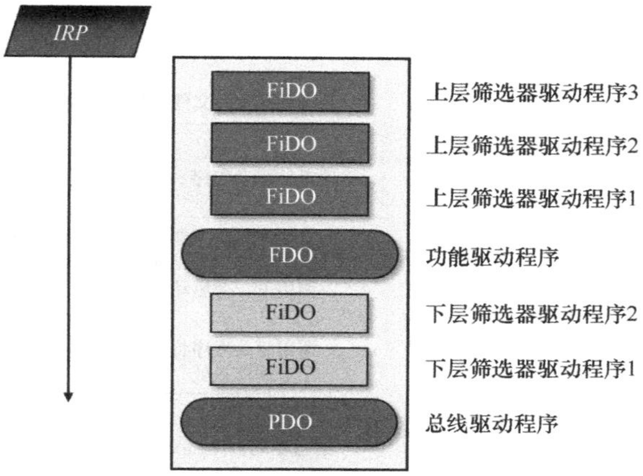

图 6-6 WDM 设备节点（Devnode）

2. 分层式驱动程序

对特定硬件提供的支持通常会由多个不同驱动程序负责，每个驱动程序提供了让设备正常工作所需的部分功能。除了 WDM 总线驱动程序、功能驱动程序以及筛选器驱动程序，对硬件的支持可能还会拆分到如下几个组件中。

（1）**类（class）驱动程序**。实现特定类型设备（例如磁盘、键盘、CD-ROM 等）的 I/O 请求处理。这些硬件的接口已经实现了标准化，因此不同制造商多种型号的设备均可使用同一个驱动程序。

（2）**小型类（miniclass）驱动程序**。实现由供应商定义的特定类型设备的 I/O 请求处理。例如，虽然微软已经编写了标准化的电池类驱动程序，但不间断电源（Uninterruptible Power Supply，UPS）和笔记本电脑电池都有特定的接口，不同制造商的产品有较大差异，因此需要由制造商提供小型类驱动程序。小型类驱动程序本质上是内核模式的 DLL，不直接执行 IRP 处理。实际上是由类驱动程序调用它们，而它们也可以从类驱动程序导入所需功能。

（3）**端口（port）驱动程序**。实现特定类型 I/O 端口（例如 SATA）的 I/O 请求处理，并且会实现为内核模式的函数库，而非实际的设备驱动程序。端口驱动程序几乎总是由微软编写，因为其接口通常已经标准化，因而不同供应商可以共用同一个端口驱动程序。然而某些情况下，第三方可能需要为特定硬件编写自己的端口驱动程序。某些情况下，I/O 端口这个概念通过扩展还可以涵盖逻辑端口，例如网络驱动程序接口规范（Network Driver Interface Specification，NDIS）就是网络的“端口”驱动程序。

（4）**小型端口（miniport）驱动程序**。可将针对某种端口类型的通用 I/O 请求映射至特定适配器类型（例如网络适配器）。小型端口驱动程序是真正的设备驱动程序，可导入端口驱动程序提供的函数。小型端口驱动程序通常由第三方编写，可以向端口驱动程序提供接口。与小型类驱动程序类似，小型端口驱动程序也是内核模式的 DLL，不直接执行 IRP 处理。

图 6-7 显示了一个出于说明目的的简化的范例，可以帮助大家从较高层面理解设备驱动程序和驱动程序分层机制的工作方式。可以看到，文件系统驱动程序接受了向特定文件中某一特定位置写入数据的请求，它将请求转换为向磁盘上特定（逻辑）位置写入特定字节数的写操作请求，随后（通过 I/O 管理器）将该请求传递至简单的磁盘驱动程序。最后，

磁盘驱动程序将请求转换为磁盘上的物理位置，并与磁盘通信以写入数据。

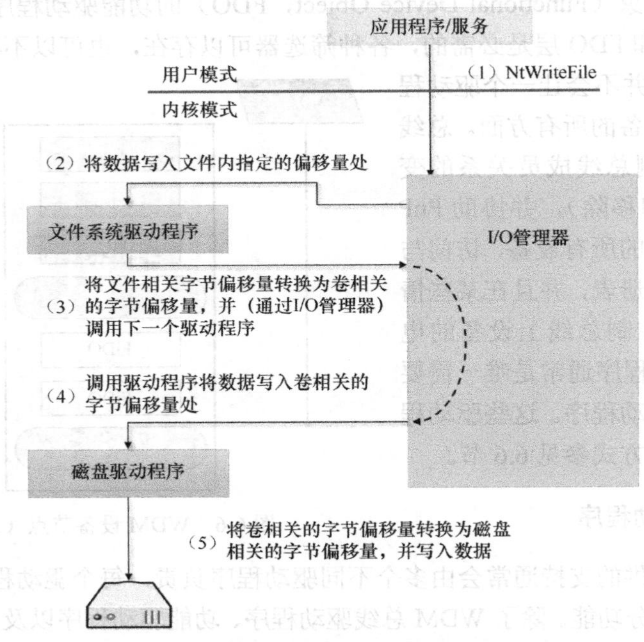

图 6-7　文件系统驱动程序和磁盘驱动程序分层

图6-7显示了分为两层的驱动程序之间的分工。I/O管理器收到一个相对于特定文件开始位置的写请求，并将该请求传递至文件系统驱动程序，由后者将其从相对于文件的写操作转换为开始位置（磁盘上的扇区边界）和要写入的字节数。文件系统驱动程序会调用I/O管理器将请求传递给磁盘驱动程序，并由后者将其转换为物理磁盘位置并传输数据。

所有驱动程序（无论是设备驱动程序还是文件系统驱动程序）都向操作系统呈现出相同框架，因此其他驱动程序可以很容易地插入这个层次结构中，而无须调整现有驱动程序或I/O系统。例如，多块磁盘可通过添加一个驱动程序而对外表现为一块非常大的磁盘。这种逻辑卷管理器驱动程序介于文件系统和磁盘驱动程序之间，这种概念对应的简化架构示意图如图6-8所示。（有关实际的存储驱动程序栈示意图及卷管理器驱动程序详情，请参阅卷2第12章。）

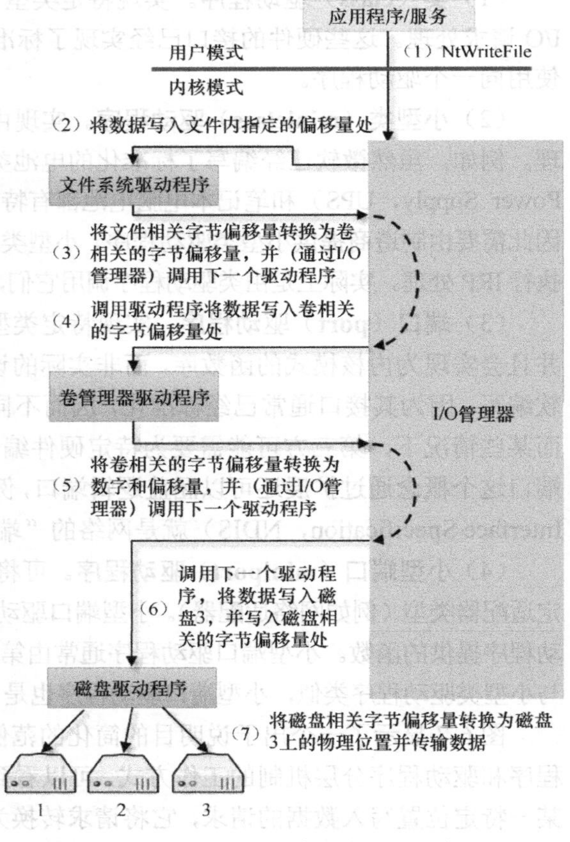

图 6-8　添加一个分层式驱动程序

实验：查看已加载驱动程序列表

我们可以通过开始菜单打开运行对话框，并运行 Msinfo32.exe 查看已注册驱动程序列表。在 Software Environment 下选择 System Drivers 即可查看系统中配置的驱动程序列表。已加载驱动程序会在 Started 一列中显示 Yes，如图 6-9 所示。

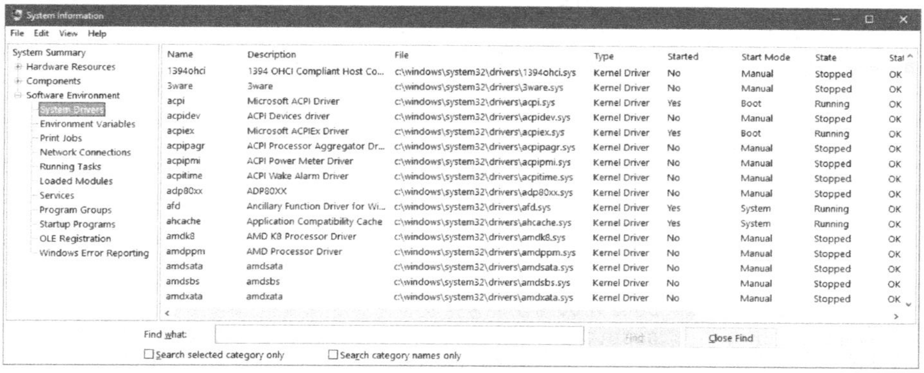

System Information

File Edit View Help

System Summary
Hardware Resources
Components
Software Environment
System Drivers
Environment Variables
Print Jobs
Network Connections
Running Tasks
Loaded Modules
Services
Program Groups
Startup Programs
OLE Registration
Windows Error Reporting

Name	Description	File	Type	Started	Start Mode	State	Stat
1394ohci	1394 OHCI Compliant Host Co...	c:\windows\system32\drivers\1394ohci.sys	Kernel Driver	No	Manual	Stopped	OK
3ware	3ware	c:\windows\system32\drivers\3ware.sys	Kernel Driver	No	Manual	Stopped	OK
acpi	Microsoft ACPI Driver	c:\windows\system32\drivers\acpi.sys	Kernel Driver	Yes	Boot	Running	OK
acpidev	ACPI Devices driver	c:\windows\system32\drivers\acpidev.sys	Kernel Driver	No	Manual	Stopped	OK
acpiex	Microsoft ACPIEx Driver	c:\windows\system32\drivers\acpiex.sys	Kernel Driver	Yes	Boot	Running	OK
acpipagr	ACPI Processor Aggregator Dr...	c:\windows\system32\drivers\acpipagr.sys	Kernel Driver	No	Manual	Stopped	OK
acpipmi	ACPI Power Meter Driver	c:\windows\system32\drivers\acpipmi.sys	Kernel Driver	No	Manual	Stopped	OK
acpitime	ACPI Wake Alarm Driver	c:\windows\system32\drivers\acpitime.sys	Kernel Driver	No	Manual	Stopped	OK
adp80xx	ADP80XX	c:\windows\system32\drivers\adp80xx.sys	Kernel Driver	No	Manual	Stopped	OK
afd	Ancillary Function Driver for Wi...	c:\windows\system32\drivers\afd.sys	Kernel Driver	Yes	System	Running	OK
ahcache	Application Compatibility Cache	c:\windows\system32\drivers\ahcache.sys	Kernel Driver	Yes	System	Running	OK
amdk8	AMD K8 Processor Driver	c:\windows\system32\drivers\amdk8.sys	Kernel Driver	No	Manual	Stopped	OK
amdppm	AMD Processor Driver	c:\windows\system32\drivers\amdppm.sys	Kernel Driver	No	Manual	Stopped	OK
amdsata	amdsata	c:\windows\system32\drivers\amdsata.sys	Kernel Driver	No	Manual	Stopped	OK
amdsbs	amdsbs	c:\windows\system32\drivers\amdsbs.sys	Kernel Driver	No	Manual	Stopped	OK
amdxata	amdxata	c:\windows\system32\drivers\amdxata.sys	Kernel Driver	No	Manual	Stopped	OK

Find what: Find Close Find

Search selected category only　Search category names only

图 6-9 已加载驱动程序会在 Started 一列中显示 Yes

该驱动程序列表来自注册表 HKLM\System\CurrentControlSet\Services 键。这个键是驱动程序和服务共用的，均可由服务控制管理器（SCM）启动。对于每个子键，区分它具体是驱动程序还是服务的方法是查看 Type 值。较小的值（1、2、4、8）代表驱动程序，16（0x10）和 32（0x20）代表 Windows 服务。Services 子键的相关内容见卷 2 第 9 章。

还可以使用 Process Explorer 查看已加载内核模式驱动程序列表。运行 Process Explorer，选择 System 进程，随后从 View 菜单的 Lower Pane View 菜单项中选择 DLLs，如图 6-10 所示。

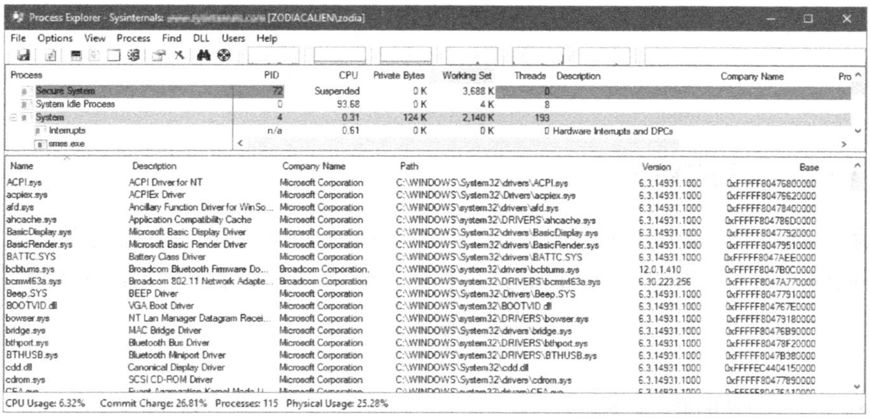

Process Explorer - Sysinternals: [ZODIACALIEN\zodia]

File Options View Process Find DLL Users Help

Process	PID	CPU	Private Bytes	Working Set	Threads	Description	Company Name	Pro
Secure System	72	Suspended	0 K	3,688 K	0			
System Idle Process	0	93.68	0 K	4 K	8			
System	4	0.31	124 K	2,140 K	193			
Interrupts	n/a	0.61	0 K	0 K	0	Hardware Interrupts and DPCs		
smss.exe								

Name	Description	Company Name	Path	Version	Base
ACPI.sys	ACPI Driver for NT	Microsoft Corporation	C:\WINDOWS\System32\drivers\ACPI.sys	6.3.14931.1000	0xFFFFF80476800000
acpiex.sys	ACPIEx Driver	Microsoft Corporation	C:\WINDOWS\System32\Drivers\acpiex.sys	6.3.14931.1000	0xFFFFF80476620000
afd.sys	Ancillary Function Driver for WinSo...	Microsoft Corporation	C:\WINDOWS\system32\drivers\afd.sys	6.3.14931.1000	0xFFFFF80478400000
ahcache.sys	Application Compatibility Cache	Microsoft Corporation	C:\WINDOWS\system32\DRIVERS\ahcache.sys	6.3.14931.1000	0xFFFFF804786D0000
BasicDisplay.sys	Microsoft Basic Display Driver	Microsoft Corporation	C:\WINDOWS\System32\drivers\BasicDisplay.sys	6.3.14931.1000	0xFFFFF80477920000
BasicRender.sys	Microsoft Basic Render Driver	Microsoft Corporation	C:\WINDOWS\System32\drivers\BasicRender.sys	6.3.14931.1000	0xFFFFF80479510000
BATTC.SYS	Battery Class Driver	Microsoft Corporation	C:\WINDOWS\System32\drivers\BATTC.SYS	6.3.14931.1000	0xFFFFF8047AEE0000
bcbtums.sys	Broadcom Bluetooth Firmware Do...	Broadcom Corporation.	C:\WINDOWS\system32\drivers\bcbtums.sys	12.0.1.410	0xFFFFF8047B0C0000
bcmwl63a.sys	Broadcom 802.11 Network Adapte...	Broadcom Corporation	C:\WINDOWS\system32\DRIVERS\bcmwl63a.sys	6.30.223.256	0xFFFFF8047A770000
Beep.SYS	BEEP Driver	Microsoft Corporation	C:\WINDOWS\System32\Drivers\Beep.SYS	6.3.14931.1000	0xFFFFF80477910000
BOOTVID.dll	VGA Boot Driver	Microsoft Corporation	C:\WINDOWS\system32\BOOTVID.dll	6.3.14931.1000	0xFFFFF804767E0000
bowser.sys	NT Lan Manager Datagram Recei...	Microsoft Corporation	C:\WINDOWS\system32\DRIVERS\bowser.sys	6.3.14931.1000	0xFFFFF80479180000
bridge.sys	MAC Bridge Driver	Microsoft Corporation	C:\WINDOWS\System32\drivers\bridge.sys	6.3.14931.1000	0xFFFFF80476B90000
bthport.sys	Bluetooth Bus Driver	Microsoft Corporation	C:\WINDOWS\system32\DRIVERS\bthport.sys	6.3.14931.1000	0xFFFFF80478F20000
BTHUSB.sys	Bluetooth Miniport Driver	Microsoft Corporation	C:\WINDOWS\system32\DRIVERS\BTHUSB.sys	6.3.14931.1000	0xFFFFF8047B380000
cdd.dll	Canonical Display Driver	Microsoft Corporation	C:\WINDOWS\System32\cdd.dll	6.3.14931.1000	0xFFFFEC4404150000
cdrom.sys	SCSI CD-ROM Driver	Microsoft Corporation	C:\WINDOWS\System32\drivers\cdrom.sys	6.3.14931.1000	0xFFFFF80477890000

CPU Usage: 6.32%　Commit Charge: 26.81%　Processes: 115　Physical Usage: 25.28%

图 6-10 使用 Process Explorer 查看已加载内核模式驱动程序列表

Process Explorer 会列出已加载的驱动程序，以及其名称、版本信息（包括公司和描述）和加载地址（假设已配置了让 Process Explorer 显示对应的列）。

最后，如果要使用内核模式调试器调查崩溃转储（或进行实时调试），可使用内核模式调试器的 lm kv 命令查看类似信息。

```
kd> lm kv
start    end        module name
80626000 80631000   kdcom      (deferred)
    Image path: kdcom.dll
    Image name: kdcom.dll
    Browse all global symbols functions data
    Timestamp:        Sat Jul 16 04:27:27 2016 (57898D7F)
    CheckSum:         0000821A
    ImageSize:        0000B000
    Translations:     0000.04b0 0000.04e4 0409.04b0 0409.04e4
81009000 81632000   nt         (pdb symbols)          e:\symbols\ntkrpamp.
pdb\A54DF85668E54895982F873F58C984591\ntkrpamp.pdb
    Loaded symbol image file: ntkrpamp.exe
    Image path: ntkrpamp.exe
    Image name: ntkrpamp.exe
    Browse all global symbols functions data
    Timestamp:        Wed Sep 07 07:35:39 2016 (57CF991B)
    CheckSum:         005C6B08
    ImageSize:        00629000
    Translations:     0000.04b0 0000.04e4 0409.04b0 0409.04e4
81632000 81693000   hal        (deferred)
    Image path: halmacpi.dll
    Image name: halmacpi.dll
    Browse all global symbols functions data
    Timestamp:        Sat Jul 16 04:27:33 2016 (57898D85)
    CheckSum:         00061469
    ImageSize:        00061000
    Translations:     0000.04b0 0000.04e4 0409.04b0 0409.04e4
8a800000 8a84b000   FLTMGR     (deferred)
    Image path: \SystemRoot\System32\drivers\FLTMGR.SYS
    Image name: FLTMGR.SYS
    Browse all global symbols functions data
    Timestamp:        Sat Jul 16 04:27:37 2016 (57898D89)
    CheckSum:         00053B90
    ImageSize:        0004B000
    Translations:     0000.04b0 0000.04e4 0409.04b0 0409.04e4
...
```

6.3.2 驱动程序的结构

I/O系统驱动了设备驱动程序的执行。设备驱动程序包含的一系列例程可在I/O请求处理的不同阶段进行调用。图6-11显示了主要的设备驱动程序例程，其具体描述见下文。

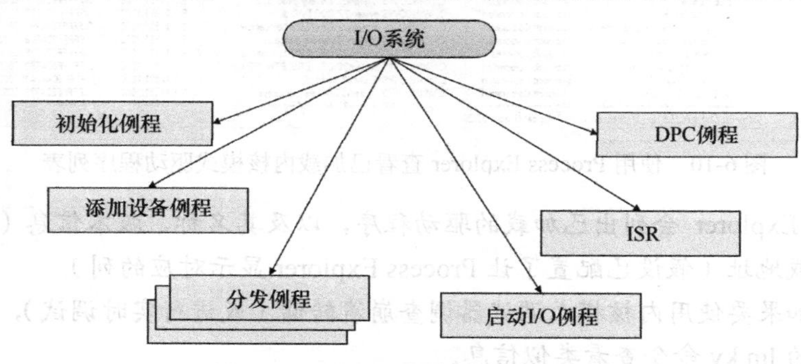

图6-11　主要的设备驱动程序例程

（1）**一个初始化例程 I/O**。管理器会执行驱动程序的初始化例程，在将驱动程序载入操作系统时，该例程会被 WDK 设置为 GSDriverEntry。GSDriverEntry 会初始化编译器为防止栈溢出错误而设置的保护机制（也叫作 Cookie），随后调用 DriverEntry。该例程必须由驱动程序的编写者实现。该例程可填充某些系统数据结构，借此向 I/O 管理器注册驱动程序的其他例程，并执行必要的全局驱动程序初始化工作。

（2）**一个添加设备例程**。支持即插即用的驱动程序需要实现添加设备例程。在检测到该驱动程序负责的设备后，PnP 管理器会通过该例程向驱动程序发送通知。在这个例程中，驱动程序通常会创建用于代表该设备的设备对象。

（3）**一系列分发例程**。分发例程是设备驱动程序提供的主要入口点，例如打开、关闭、读取、写入以及即插即用。当调用此类例程执行 I/O 操作时，I/O 管理器会生成一个 IRP 并通过驱动程序的某个分发例程来调用驱动程序。

（4）**一个启动 I/O 例程**。驱动程序可以使用启动 I/O 例程向设备（从设备）发起数据传输。只有需要依赖 I/O 管理器将传入的 I/O 请求加入队列的驱动程序才需要定义该例程。通过确保驱动程序一次只处理一个 IRP，I/O 管理器会对驱动程序的 IRP 进行连续化。驱动程序可以并发处理多个 IRP，但大部分设备通常都会需要连续化，因为它们无法并发处理多个 I/O 请求。

（5）**一个中断服务例程（ISR）**。当一个设备中断时，内核的中断调度程序会将控制权传递给例程。在 Windows 的 I/O 模型中，ISR 运行在设备中断请求级别（DIRQL）上，因此为避免阻塞更低 IRQL 的中断，它们只需要执行尽可能少的工作。ISR 通常会对 DPC 进行排队，由运行在更低 IRQL（DPC/Dispatch 级别）上的 DPC 执行中断处理过程的后续工作。只有中断驱动的设备驱动程序具备 ISR，例如文件系统驱动程序就没有 ISR。

（6）**一个中断服务 DPC 例程**。在执行 ISR 后，将由 DPC 例程执行与设备中断处理有关的大部分工作。DPC 例程在 IRQL 2 下执行，这是较高的 DIRQL 和较低的 Passive 级别（0）之间的一种“妥协”。典型的 DPC 例程负责发起 I/O 完成操作并启动设备上下一个正在排队的 I/O 操作。

虽然下列例程并未展示在图 6-11 中，但很多类型的设备驱动程序中都有它们的身影。

（1）**一个或多个 I/O 完成例程**。分层式驱动程序可能包含 I/O 完成例程，该例程会在低层驱动程序完成 IRP 的处理工作后发出通知。例如，I/O 管理器会在设备驱动程序完成向文件或从文件传输数据的操作后，调用文件系统驱动程序的 I/O 完成例程。该完成例程会通知文件系统驱动程序操作成功、失败或被取消，随后可让文件系统驱动程序执行清理操作。

（2）**一个取消 I/O 例程**。如果某个 I/O 操作可以被取消，驱动程序即可定义一个或多个取消 I/O。当驱动程序收到某个 I/O 请求的 IRP，并且该请求可以取消时，便会向该 IRP 分配取消例程。随着 IRP 经历处理过程的不同阶段，该例程可以更改，如果当前操作已经无法取消，该例程还可以彻底移除。如果发出 I/O 请求的线程在请求完成之前就已经退出，或者操作被取消（例如使用 Windows 的 CancelIo 或 CancelIoEx 函数），I/O 管理器会执行 IRP 的取消例程（前提是已经分配了取消例程）。取消例程负责执行各种必要的步骤，借此释放该 IRP 在处理过程中已经获得的各种资源，并使用“已取消”的状态来完成该 IRP。

（3）**快速分发例程**。使用缓存管理器的驱动程序（例如文件系统驱动程序）通常会提供此类例程，借此内核在访问驱动程序时即可绕过典型的 I/O 处理。（有关缓存管理器的内容见卷 2 第 14 章。）例如，诸如读取或写入等操作可以直接访问缓存的数据，而非通过 I/O 管理器的常规路径产生不连续的多个 I/O 操作，借此即可加快操作速度。快速分发例程还可用于从内存管理器和缓存管理器到文件系统驱动程序的回调机制。例如在创建内存节时，内存管理器可以回调文件系统驱动程序，并以独占的方式获得文件。

（4）**一个卸载例程**。卸载例程可以释放驱动程序正在使用的任何系统资源，随后I/O管理器即可从内存中移除驱动程序。任何在初始化例程（DriverEntry）中获得的资源通常都可在卸载例程中释放。如果驱动程序支持，即可在系统运行过程中随时加载或卸载，但卸载例程只有在到设备的所有文件句柄都关闭后才能调用。

（5）**一个系统关机通知例程**。该例程可以让驱动程序在系统关机时进行清理。

（6）**错误记录例程**。如果出现非预期错误（例如磁盘出现坏块），驱动程序的错误记录例程会注意到这种情况，并通知I/O管理器。随后I/O管理器会将相关信息写入错误日志文件。

6.3.3 驱动程序对象和设备对象

当线程打开到文件对象的句柄（见6.4节）后，I/O管理器必须通过文件对象的名称决定自己需要调用哪个驱动程序来处理该请求。此外，当线程下次使用相同文件句柄时，I/O管理器必须能够定位此信息。为此需要用到下列系统对象。

（1）**驱动程序对象**。代表系统中一个单独的驱动程序（DRIVER_OBJECT结构）。I/O管理器会通过驱动程序对象获取每个驱动程序的分发例程（入口点）的地址。

（2）**设备对象**。代表系统中的物理或逻辑设备，描述了其特征（DEVICE_OBJECT结构），例如需要的缓冲区对齐特性和用于保存传入的IRP所需的设备队列位置。设备对象是所有I/O操作的目标，因为该对象是句柄的通信目标。

当驱动程序被载入系统时，I/O管理器会创建一个驱动程序对象。随后会调用驱动程序的初始化例程（DriverEntry），借助该例程用驱动程序的入口点填充对象属性。

驱动程序被成功加载后，会创建代表逻辑或物理设备的设备对象，甚至可以创建指向设备的逻辑接口或端点，为此需要调用 IoCreateDevice 或 IoCreateDeviceSecure。然而大部分即插即用驱动程序是在接到 PnP 管理器的通知，得知出现了自己所管理的设备后，通过自己的添加设备例程创建设备对象的。非即插即用驱动程序通常会在I/O管理器调用自己的初始化例程之后创建设备对象。当驱动程序的最后一个设备对象被删除，并且不存在任何指向设备的引用时，I/O管理器会卸载该驱动程序。

驱动程序对象及其设备对象之间的关系如图6-12所示。

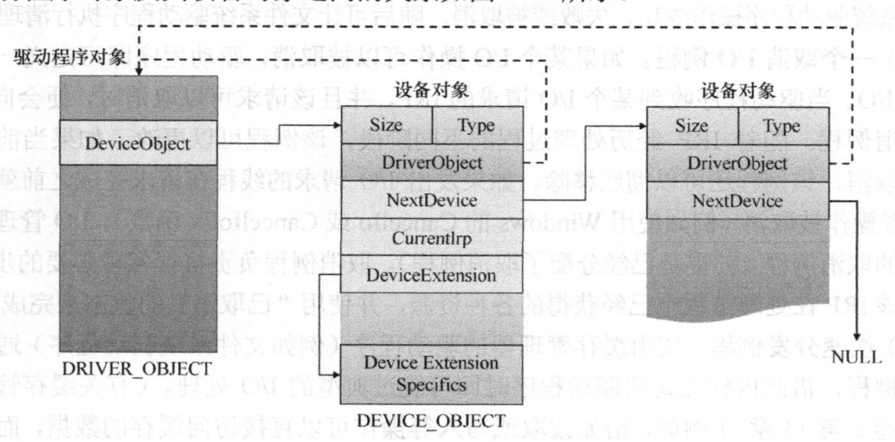

图6-12 驱动程序对象及其设备对象之间的关系

驱动程序对象包含一个指针，指向了 DeviceObject 成员中的第一个设备对象。第二个设备对象会指向 DEVICE_OBJECT 的 NextDevice 成员，直到最后一个设备对象指向 NULL。每个设备对象还会指回自己的驱动程序对象以及 DriverObject 成员。图 6-12 中的所有箭头都是由设备创建函数（IoCreateDevice 或 IoCreateDeviceSecure）构建的。借助图中所示的 DeviceExtension 指针，驱动程序即可额外分配一块内存并将其附加到自己管理的每个设备对象。

注意 驱动程序对象和设备对象之间的差别很重要。驱动程序对象代表驱动程序的行为，而每个设备对象代表一个通信端点。例如，在包含 4 个串口的系统中，可能只有一个驱动程序对象（以及一个驱动程序二进制文件），但会有 4 个设备对象实例，每个实例对应一个串口，每个串口可在不影响其他串口的情况下打开。对于硬件设备，每个设备都代表一组不同的硬件资源，例如 I/O 端口、内存映射 I/O 以及中断线（interrupt line）。Windows 是以设备为中心的，而非以驱动程序为中心。

当驱动程序创建了设备对象后，驱动程序即可随意为设备分配名称。这个名称使得设备对象能够被放置在对象管理器的命名空间中。驱动程序可以明确定义名称，或者让 I/O 管理器自动创建名称。按照惯例，设备对象会被放置在命名空间的\Device 目录下，应用程序无法使用 Windows API 访问该目录。

注意 一些驱动程序会将设备对象放置在\Device 之外的其他目录中。例如 IDE 驱动程序会创建代表 IDE 端口和通道的设备对象，并将其放置在\Device\Ide 目录下。有关存储架构，包括存储驱动程序使用设备对象的具体方法的内容见卷 2 第 12 章。

如果驱动程序需要让应用程序能够打开设备对象，则必须在\GLOBAL??目录下创建一个符号链接，并将该符号链接指向\Device 目录下的设备对象名称。（可通过 IoCreateSymbolicLink 函数做到这一点。）非即插即用驱动程序和文件系统驱动程序通常会使用众所周知的名称（例如\Device\HarddiskVolume2）创建符号链接。由于这些众所周知的名称无法适用于硬件可以动态地出现和消失的环境，因此 PnP 驱动程序需要调用 IoRegisterDeviceInterface 函数，并指定代表自己所暴露函数的全局标识符（Globally Unique Identifier，GUID），借此暴露一个或多个接口。GUID 是一种 128 位的值，可使用诸如 uuidgen 和 guidgen 等工具生成，这些工具都包含在 WDK 和 Windows SDK 中。考虑到 128 位值的范围巨大（并且生成这些值使用了特殊的公式），在统计学上几乎可以确保所生成的每个 GUID 永远都是全局唯一的。

IoRegisterDeviceInterface 生成了与设备实例相关联的符号链接。然而在 I/O 管理器实际创建符号链接前，驱动程序必须调用 IoSetDeviceInterfaceState 启用设备接口。驱动程序通常会在 PnP 管理器启动设备，向设备发送启动设备 IRP［此时发送的是 RP_MJ_PNP（主要函数代码）以及 IRP_MN_START_DEVICE（次要函数代码）］时执行该操作。6.4.2 节还将详细介绍 IRP。

如果应用程序想要打开设备对象，并且该设备对象的接口是由 GUID 代表的，此时可以调用用户空间中的即插即用安装函数（如 SetupDiEnumDeviceInterfaces）来枚举特定 GUID 上出现的接口，并获取可用于打开设备对象的符号链接名称。对于 SetupDiEnumDeviceInterfaces 报告的每个设备，应用程序会执行 SetupDiGetDeviceInterfaceDetail 以获得关于设备的额外信息，例如自动生成的名称。在从 SetupDiGetDeviceInterfaceDetail 获得了设备名称后，应用程序即可执行 Windows 的 CreateFile 或 CreateFile2 函数打开设备并获得句柄。

实验：查看设备对象

我们可以使用 Sysinternals 提供的 WinObj 工具，或使用内核模式调试器的!object 命令查看对象管理器命名空间\Device 下的设备名称。图 6-13 显示了一个由 I/O 管理器分配的符号链接，该链接指向\Device 中一个自动生成了名称的设备对象。

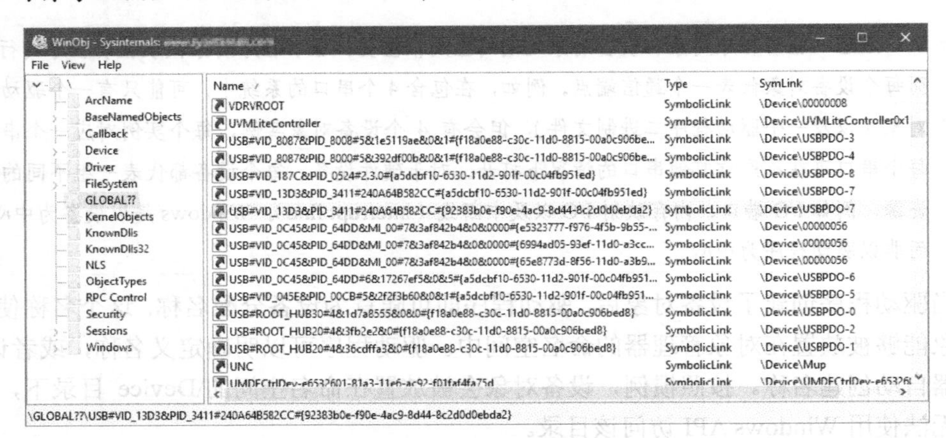

图 6-13 一个由 I/O 管理器分配的符号链接

如果在内核模式调试器中运行!object 命令并指定\Device 目录，可以看到类似下列输出结果。

```
1: kd> !object \device
Object: 8200c530 Type: (8542b188) Directory
    ObjectHeader: 8200c518 (new version)
    HandleCount: 0 PointerCount: 231
    Directory Object: 82007d20 Name: Device

    Hash Address Type                          Name
    ---- ------- ----                          ----
     00 d024a448 Device                        NisDrv
        959afc08 Device                        SrvNet
        958beef0 Device                        WUDFLpcDevice
        854c69b8 Device                        FakeVid1
        8befec98 Device                        RdpBus
        88f7c338 Device                        Beep
        89d64500 Device                        Ndis
        8a24e250 SymbolicLink                  ScsiPort2
        89d6c580 Device                        KsecDD
        89c15810 Device                        00000025
        89c17408 Device                        00000019
     01 854c6898 Device                        FakeVid2
        88f98a70 Device                        Netbios
        8a48c6a8 Device                        NameResTrk
        89c2fe88 Device                        00000026
     02 854c6778 Device                        FakeVid3
        8548fee0 Device                        00000034
        8a214b78 SymbolicLink                  Ip
        89c31038 Device                        00000027
     03 9c205c40 Device                        00000041
```

```
        854c6658 Device                      FakeVid4
        854dd9d8 Device                      00000035
        8d143488 Device                      Video0
        8a541030 Device                      KeyboardClass0
        89c323c8 Device                      00000028
        8554fb50 Device                      KMDF0
     04 958bb040 Device                      ProcessManagement
        97ad9fe0 SymbolicLink                MailslotRedirector
        854f0090 Device                      00000036
        854c6538 Device                      FakeVid5
        8bf14e98 Device                      Video1
        8bf2fe20 Device                      KeyboardClass1
        89c332a0 Device                      00000029
        89c05030 Device                      VolMgrControl
        89c3a1a8 Device                      VMBus
...
```

在输入!object 命令并指定对象管理器目录对象后，内核模式调试器会根据对象管理器的内部组织方式转储目录内容。为了快速查找，目录会根据对象名称的散列值，将对象存储在一个散列表中，因此输出结果会显示目录散列表中每个桶所存储的对象。

设备对象指回到自己的驱动程序对象，借此I/O管理器可以知道在收到I/O请求后需要调用哪个驱动程序例程，如图6-12所示。I/O管理器会使用设备对象查找驱动程序对象，而这个驱动程序对象代表了为该设备提供服务的驱动程序。随后I/O管理器会利用原始请求中提供的函数代码索引到驱动程序对象中。每个函数代码对应一个驱动程序入口点（也叫作分发例程）。

一个驱动程序对象通常有多个相关联的设备对象。在从系统中卸载驱动程序时，I/O管理器会使用设备对象队列来判断本次移除的驱动程序会影响到哪些设备。

实验：显示驱动程序对象和设备对象

我们可以分别使用内核模式调试器的!drvobj 和!devobj 命令显示驱动程序对象和设备对象。在下列范例中，我们查看了键盘类驱动程序的驱动程序对象，以及它的一个设备对象。

```
1: kd> !drvobj kbdclass
Driver object (8a557520) is for:
 \Driver\kbdclass
Driver Extension List: (id , addr)

Device Object list:
9f509648 8bf2fe20 8a541030
1: kd> !devobj 9f509648
Device object (9f509648) is for:
 KeyboardClass2 \Driver\kbdclass DriverObject 8a557520
Current Irp 00000000 RefCount 0 Type 0000000b Flags 00002044
Dacl 82090960 DevExt 9f509700 DevObjExt 9f5097f0
ExtensionFlags (0x00000c00) DOE_SESSION_DEVICE, DOE_DEFAULT_SD_PRESENT
Characteristics (0x00000100) FILE_DEVICE_SECURE_OPEN
AttachedTo (Lower) 9f509848 \Driver\terminpt
Device queue is not busy.
```

注意，!devobj 命令还会显示所要查看的对象之下的任何设备对象的地址和名称

（AttachedTo 行）。此外还可以显示所指定的对象之上的设备对象（AttachedDevice 行），但本例中并未显示该信息。

!drvobj 命令可以通过可选参数显示更多信息。下列范例包含了所能显示的全部信息。

```
1: kd> !drvobj kbdclass 7
Driver object (8a557520) is for:
 \Driver\kbdclass
Driver Extension List: (id , addr)

Device Object list:
9f509648  8bf2fe20  8a541030

DriverEntry:   8c30a010  kbdclass!GsDriverEntry
DriverStartIo: 00000000
DriverUnload:  00000000
AddDevice:     8c307250  kbdclass!KeyboardAddDevice

Dispatch routines:
[00] IRP_MJ_CREATE                     8c301d80  kbdclass!KeyboardClassCreate
[01] IRP_MJ_CREATE_NAMED_PIPE          81142342  nt!IopInvalidDeviceRequest
[02] IRP_MJ_CLOSE                      8c301c90  kbdclass!KeyboardClassClose
[03] IRP_MJ_READ                       8c302150  kbdclass!KeyboardClassRead
[04] IRP_MJ_WRITE                      81142342  nt!IopInvalidDeviceRequest
[05] IRP_MJ_QUERY_INFORMATION          81142342  nt!IopInvalidDeviceRequest
[06] IRP_MJ_SET_INFORMATION            81142342  nt!IopInvalidDeviceRequest
[07] IRP_MJ_QUERY_EA                   81142342  nt!IopInvalidDeviceRequest
[08] IRP_MJ_SET_EA                     81142342  nt!IopInvalidDeviceRequest
[09] IRP_MJ_FLUSH_BUFFERS              8c303678  kbdclass!KeyboardClassFlush
[0a] IRP_MJ_QUERY_VOLUME_INFORMATION   81142342  nt!IopInvalidDeviceRequest
[0b] IRP_MJ_SET_VOLUME_INFORMATION     81142342  nt!IopInvalidDeviceRequest
[0c] IRP_MJ_DIRECTORY_CONTROL          81142342  nt!IopInvalidDeviceRequest
[0d] IRP_MJ_FILE_SYSTEM_CONTROL        81142342  nt!IopInvalidDeviceRequest
[0e] IRP_MJ_DEVICE_CONTROL             8c3076d0  kbdclass!KeyboardClassDevice
Control
[0f] IRP_MJ_INTERNAL_DEVICE_CONTROL    8c307ff0  kbdclass!KeyboardClassPass
Through
[10] IRP_MJ_SHUTDOWN                   81142342  nt!IopInvalidDeviceRequest
[11] IRP_MJ_LOCK_CONTROL               81142342  nt!IopInvalidDeviceRequest
[12] IRP_MJ_CLEANUP                    8c302260  kbdclass!KeyboardClassCleanup
[13] IRP_MJ_CREATE_MAILSLOT            81142342  nt!IopInvalidDeviceRequest
[14] IRP_MJ_QUERY_SECURITY             81142342  nt!IopInvalidDeviceRequest
[15] IRP_MJ_SET_SECURITY               81142342  nt!IopInvalidDeviceRequest
[16] IRP_MJ_POWER                      8c301440  kbdclass!KeyboardClassPower
[17] IRP_MJ_SYSTEM_CONTROL             8c307f40  kbdclass!KeyboardClassSystem
Control
[18] IRP_MJ_DEVICE_CHANGE              81142342  nt!IopInvalidDeviceRequest
[19] IRP_MJ_QUERY_QUOTA                81142342  nt!IopInvalidDeviceRequest
[1a] IRP_MJ_SET_QUOTA                  81142342  nt!IopInvalidDeviceRequest
[1b] IRP_MJ_PNP                        8c301870  kbdclass!KeyboardPnP
```

从中可以很清楚地看到分发例程数组，下一节将详细进行介绍。请留意那些不被指向 I/O 管理器 IopInvalidDeviceRequest 例程的驱动程序所支持的操作。

提供给!drvobj 命令的是 DRIVER_OBJECT 结构的地址，提供给!devobj 命令的是 DEVICE_OBJECT 结构的地址。我们可以使用调试器直接查看这些结构。

```
1: kd> dt nt!_driver_object 8a557520
   +0x000 Type             : 0n4
   +0x002 Size             : 0n168
   +0x004 DeviceObject     : 0x9f509648 _DEVICE_OBJECT
   +0x008 Flags            : 0x412
   +0x00c DriverStart      : 0x8c300000 Void
   +0x010 DriverSize       : 0xe000
   +0x014 DriverSection    : 0x8a556ba8 Void
   +0x018 DriverExtension  : 0x8a5575c8 _DRIVER_EXTENSION
   +0x01c DriverName       : _UNICODE_STRING "\Driver\kbdclass"
   +0x024 HardwareDatabase : 0x815c2c28 _UNICODE_STRING "\REGISTRY\MACHINE\HARDWARE\
DESCRIPTION\SYSTEM"
   +0x028 FastIoDispatch   : (null)
   +0x02c DriverInit       : 0x8c30a010   long  +fffffff8c30a010
   +0x030 DriverStartIo    : (null)
   +0x034 DriverUnload     : (null)
   +0x038 MajorFunction    : [28] 0x8c301d80   long   +fffffff8c301d80
1: kd> dt nt!_device_object 9f509648
   +0x000 Type             : 0n3
   +0x002 Size             : 0x1a8
   +0x004 ReferenceCount   : 0n0
   +0x008 DriverObject     : 0x8a557520 _DRIVER_OBJECT
   +0x00c NextDevice       : 0x8bf2fe20 _DEVICE_OBJECT
   +0x010 AttachedDevice   : (null)
   +0x014 CurrentIrp       : (null)
   +0x018 Timer            : (null)
   +0x01c Flags            : 0x2044
   +0x020 Characteristics  : 0x100
   +0x024 Vpb              : (null)
   +0x028 DeviceExtension  : 0x9f509700 Void
   +0x02c DeviceType       : 0xb
   +0x030 StackSize        : 7 ''
   +0x034 Queue            : <unnamed-tag>
   +0x05c AlignmentRequirement : 0
   +0x060 DeviceQueue      : _KDEVICE_QUEUE
   +0x074 Dpc              : _KDPC
   +0x094 ActiveThreadCount : 0
   +0x098 SecurityDescriptor : 0x82090930 Void
   ...
```

这些结构中有一些很有趣的字段，参见 6.3.4 节。

使用对象记录有关驱动程序的信息，意味着 I/O 管理器不需要了解每个驱动程序的细节。I/O 管理器只需要顺着指针就可以找到驱动程序，借此可获得更高的灵活性，让新驱动程序更容易加载。

6.3.4 打开设备

文件对象是一种内核模式的数据结构，代表设备的句柄。很明显，文件对象符合 Windows 中有关对象的标准：是一种系统资源，可供两个或更多用户模式进程共享，有名字，可通过基于对象的安全性进行保护，支持同步。与 Windows 执行体的其他组件类似，I/O 系统中的共享资源也可以通过对象来操作（对象管理的相关内容参见卷 2 第 8 章）。

文件对象为符合以 I/O 为中心的接口资源提供了一种基于内存的表达方法，借此即可读取或写入文件对象中的数据。表 6-1 列出了文件对象的部分属性。如果想要了解特定字段的声明和大小，请参阅 wdm.h 中有关 FILE_OBJECT 的结构定义。

表 6-1 文件对象的部分属性

属性	用途
文件名	标识了文件对象所引用的虚拟文件，需要传入 CreateFile 或 CreateFile2 API
当前字节偏移	标识了在文件中的当前位置（仅适用于同步的 I/O）
共享模式	标识了在当前调用方正在使用文件时，其他调用方是否可以打开文件并执行读、写、删除操作
打开模式标志	标识了该 I/O 是同步还是异步的，缓存的还是非缓存的，顺序的还是随机的等
指向设备对象的指针	标识了文件所在的设备类型
指向卷参数块（Volume Parameter Block，VPB）的指针	标识了文件（如果是文件系统文件）所在的卷或分区
指向节对象指针的指针	标识了描述映射（缓存）文件的根结构。该结构还包含了共享的缓存图，缓存图则标识了文件中哪些部分是被缓存管理器缓存的（或者说，是被映射的），以及具体位于缓存中什么位置
指向私有缓存图的指针	可用于存储每个句柄的缓存信息，例如该句柄的读取模式或进程的页面优先级。有关页面优先级的内容参见第 5 章
I/O 请求数据包（IRP）列表	如果使用了线程不可知的 I/O（见 6.4.5 节），并且文件对象关联至完成端口（见 6.4.7 节），这个列表将列出与该文件对象关联的所有 I/O 操作
I/O 完成上下文	这是当前 I/O 完成端口（如果存在的话）的上下文信息
文件对象扩展	存储了文件的 I/O 优先级（详见本章下文），以及是否要对文件对象执行共享访问检查。此外还包含可选的文件对象扩展，其中保存了用于特定上下文的信息

为了对使用文件对象的驱动程序代码维持一定程度的不透明度，同时为了能在不扩大结构的情况下扩展文件对象的功能，文件对象还包含一个可扩展字段，其中最多可包含 6 个额外属性，见表 6-2。

表 6-2 文件对象扩展

扩展	用途
事务参数	包含事务参数块，其中包含了有关事务化文件操作的信息，可由 IoGetTransactionParameterBlock 返回
设备对象提示	标识了该文件所关联筛选器驱动程序对应的设备对象。可通过 IoCreateFileEx 或 IoCreateFileSpecifyDeviceObjectHint 设置
I/O 状态块范围	可供应用程序将用户模式缓冲区锁定到内核内存中，借此优化异步 I/O。可通过 SetFileIoOverlappedRange 设置
通用	包含与筛选器驱动程序有关的信息，以及调用方添加的扩展创建参数（Extended Create Parameter，ECP）。可通过 IoCreateFileEx 设置
计划的文件 I/O	存储了文件的带宽保留信息，可供存储系统用于优化多媒体应用程序并为其提供有保证的吞吐量（见 6.4.8 节的“带宽预留（计划的文件 I/O）”部分）。可通过 SetFileBandwidthReservation 设置
符号链接	在创建文件对象时，如果穿越了挂载点或目录交接点（或筛选器明确重新解析了路径），则会将该属性添加给文件对象。其中存储了调用方提供的路径，包括有关任何中间交接点的信息，这样如果遇到相对符号链接，即可借此重新回到交接点。有关 NTFS 符号链接、挂载点和目录交接点的详情请参阅卷 2 第 13 章

当调用方打开一个文件或简单的设备时，I/O 管理器会返回一个到文件对象的句柄。在此之前，将通过该设备的驱动程序所提供的创建分发例程（IRP_MJ_CREATE）查询是否可

以打开该设备，如果打开请求执行成功，随后将允许驱动程序执行任何必要的初始化工作。

> **注意** 文件对象代表了打开的文件实例，而非文件本身。与使用 vnode 的 UNIX 系统不同，Windows 并不定义文件的表示形式，Windows 的文件系统驱动程序定义了自己的表示形式。

与执行体对象类似，文件可以由包含访问控制列表（Access Control List，ACL）的安全描述符加以保护。I/O 管理器会检查安全子系统，以确认文件的 ACL 是否允许进程按照其线程请求的方式访问该文件。如果允许，对象管理器会批准访问，并将授予的访问权与返回的文件句柄关联在一起。如果该线程或进程中的其他线程需要执行未在原始请求中指定的其他操作，则线程必须用不同的请求重新打开同一个文件（或对指向所请求访问的文件的句柄创建副本），进而获得另一个句柄，并进行另一次安全检查。（有关对象保护的内容参见第 7 章。）

实验：查看设备句柄

任何进程如果打开了到设备的句柄，那么在自己的句柄表中都会有一个与所打开实例对应的文件对象。我们可以使用 Process Explorer 查看这些句柄，为此请选中一个进程，单击 View 菜单中 Lower Pane View 子菜单下的 Handles 选项。随后单击 Type 列列头排序并拖动窗口中的内容，直到看到代表文件对象的句柄。这些句柄被标记为 File，如图 6-14 所示。

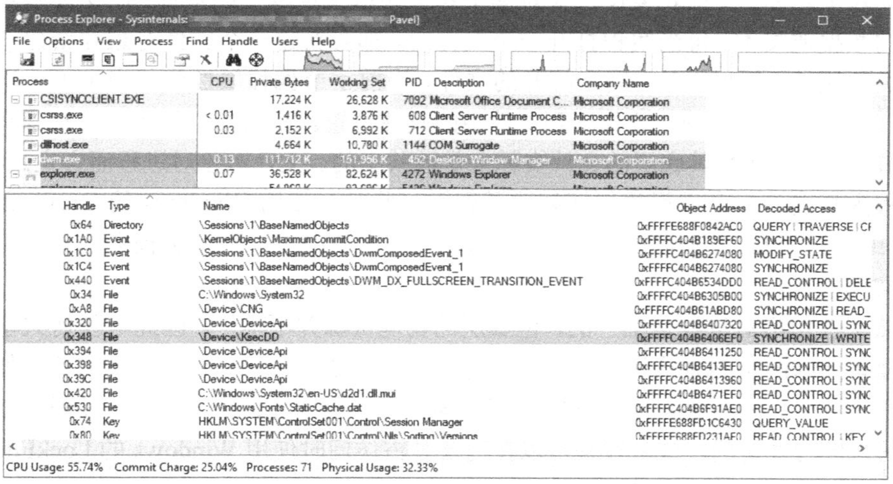

图 6-14 句柄被标记为 File

在本例中，桌面窗口管理器（dwm.exe）进程有一个打开的句柄，该句柄指向由内核安全设备驱动程序（Ksecdd.sys）创建的设备。我们可以在内核模式调试器中查看特定的文件对象，为此首先需要确定对象的地址。下列命令的结果对应了图 6-14 中所选中句柄（句柄值为 0x348）的详细信息，该句柄位于 Dwm.exe 进程中，进程 ID 为十进制的 452。

```
lkd> !handle 348 f 0n452

PROCESS ffffc404b62fb780
    SessionId: 1  Cid: 01c4    Peb: b4c3db0000  ParentCid: 0364
    DirBase: 7e607000  ObjectTable: ffffe688fd1c38c0  HandleCount: <Data Not Accessible>
    Image: dwm.exe

Handle Error reading handle count.
```

```
0348: Object: ffffc404b6406ef0 GrantedAccess: 00100003 (Audit) Entry: ffffe688fd396d20
Object: ffffc404b6406ef0 Type: (ffffc404b189bf20) File
    ObjectHeader: ffffc404b6406ec0 (new version)
        HandleCount: 1 PointerCount: 32767

Because the object is a file object, you can get information about it with the
!fileobjcommand (notice it's also the same object address shown in Process Explorer):

lkd> !fileobj ffffc404b6406ef0

Device Object: 0xffffc404b2fa7230 \Driver\KSecDD
Vpb is NULL
Event signalled

Flags: 0x40002
        Synchronous IO
        Handle Created

CurrentByteOffset: 0
```

文件对象是可共享资源的一种基于内存的表示，而非对资源本身的表示，这一点与其他执行体对象不同。文件对象仅包含对某个对象句柄来说唯一的数据，而文件本身包含了可共享的数据或文本。每当线程打开一个文件时，都会新建一个文件对象并新建一组与该句柄相关的属性。例如，对于同步打开的文件，当前字节偏移属性值代表了下一次使用该句柄执行的读取或写入操作要作用到文件中的具体位置。指向文件的每个句柄都有自己的私有字节偏移量，哪怕其底层的文件实际上是被共享的。文件对象对进程而言也是唯一的，除非进程为指向另一个进程的句柄创建了副本（此时会使用 Windows 的 DuplicateHandle 函数），或子进程从父进程继承了文件句柄。在这些情况下，两个进程会用不同句柄指向同一个文件对象。

虽然文件句柄对进程是唯一的，但底层的物理资源并不唯一。因此与任何共享资源类似，线程必须以同步的方式访问文件、文件目录、设备等共享资源。举例来说，如果线程要写入一个文件，为避免其他线程同时写入该文件，在打开这个文件时，线程就必须指定以独占写入的方式访问。或者线程可以在需要独占访问时使用 Windows 的 LockFile 函数，借此在写入的同时锁定文件中被写入的部分。

打开文件后，所用的文件名包含了文件所在设备对象的名称。例如\Device\HarddiskVolume1\Myfile.dat 这个名称可代表 C:卷上的 Myfile.dat 文件。其中的子串\Device\HarddiskVolume1是代表该卷的 Windows 设备对象内部名称。在打开 Myfile.dat 时，I/O 管理器会创建一个文件对象，并在其中保存一个指向 HarddiskVolume1 设备对象的指针，随后将文件句柄返回给调用方。当调用方使用该文件句柄时，I/O 管理器就可以直接找到 HarddiskVolume1这个设备对象。

需要注意，Windows 内部设备名无法被 Windows 应用程序使用，这样的设备名称必须出现在对象管理器\GLOBAL??命名空间中一个特殊的目录中。该目录包含了指向实际 Windows 内部设备名的符号链接。正如前所述，设备驱动程序负责在该目录中创建链接，这样相应的设备才可以被 Windows 应用程序访问。我们可以用编程的方式查看甚至更改这些链接，为此需要使用 Windows 的 QueryDosDevice 和 DefineDosDevice 函数。

6.4　I/O 的处理

在介绍过驱动程序的结构和类型，以及为其提供支撑的数据结构后，一起来看看 I/O 请求是如何在系统中流动的。I/O 请求的处理过程会经历多个可预测的阶段。这些阶段各异，但主要取决于请求的目标到底是由单层驱动程序操作的设备，还是通过多层驱动程序才能访问的设备。后续处理过程也不尽相同，主要取决于调用方指定的是同步 I/O 还是异步 I/O。因此首先我们要来看看 I/O 的不同类型。

6.4.1　I/O 的类型

应用程序在发出 I/O 请求时可以选择多种选项。此外，I/O 管理器还为驱动程序提供了实现快速 I/O 接口的选择，这种接口通常可减轻 I/O 处理时与 IRP 分配有关的负担。本节我们将介绍这些与 I/O 请求有关的选项。

1. 同步 I/O 和异步 I/O

应用程序发出的大部分 I/O 操作都是同步的（默认情况）。也就是说，在设备执行数据操作时，应用程序线程会一直等待，直到 I/O 完成并返回状态代码为止。随后程序立即就能继续访问所传输的数据。在通过最简单的形式应用时，Windows 的 ReadFile 和 WriteFile 函数可以用同步的方式执行，它们会在完成 I/O 操作后将控制权返回给调用方。

异步 I/O 可以让应用程序发出多个 I/O 请求，并在设备执行 I/O 操作的同时继续执行。此类 I/O 可以改善应用程序的吞吐量，因为可以让应用程序线程在 I/O 操作进行的过程中继续工作。若要使用异步 I/O，必须在调用 Windows 的 CreateFile 或 CreateFile2 函数时指定 FILE_FLAG_OVERLAPPED 标志。当然，在发出一个异步 I/O 操作后，线程必须非常小心，在设备驱动程序完成数据操作之前，线程不能访问来自该 I/O 操作的任何数据。该线程必须监视一个同步对象（可以是事件对象、I/O 完成端口或文件对象本身）句柄，该句柄会在 I/O 操作完成后发出信号，借此将其执行过程与 I/O 操作的完成保持同步。

无论哪种类型的 I/O 请求，代表应用程序发送给驱动程序的 I/O 操作都会以异步的方式执行。也就是说，一旦成功发起了一个 I/O 请求，设备驱动程序必须尽可能快地返回 I/O 系统。但 I/O 系统是否可以立即返回到调用方，这取决于句柄是以同步 I/O 还是异步 I/O 的方式打开的。图 6-3 展示了发起一个读取操作之后的控制流程。请留意，如果等待完成（这取决于文件对象上覆盖的标志），那么意味着这是由 NtReadFile 函数在内核模式完成的。

我们可以使用 Windows 的 HasOverlappedIoCompleted 宏测试等待处理的异步 I/O 操作的状态，或使用 GetOverlappedResult(Ex)函数获得更多细节信息。如果使用 I/O 完成端口（见 6.4.7 节），即可使用 GetQueuedCompletionStatus(Ex)函数。

2. 快速 I/O

快速 I/O 是一种特殊机制，可以让 I/O 系统绕过 IRP 的生成过程，直接到达驱动程序栈进而完成 I/O 请求。这种机制可用于优化某些 I/O 路径，如果对这种路径使用 IRP，操作速度将会慢很多。（有关快速 I/O 的内容见卷 2 第 13 章和第 14 章。）驱动程序通过将快速 I/O 的入口点放在自己驱动程序对象内部 PFAST_IO_DISPATCH 指针所指向的结构中，即可注册自己的快速I/O入口点。

实验：查看驱动程序已经注册的快速I/O例程

内核模式调试器的!drvobj 命令可以列出驱动程序在自己驱动程序对象中注册的快速I/O例程。然而一般来说，只有文件系统驱动程序会用到快速I/O例程，但也有例外，例如网络协议驱动程序和总线筛选器驱动程序也会用到。下列输出结果显示了NTFS文件系统驱动程序对象的快速I/O表。

```
lkd> !drvobj \filesystem\ntfs 2
Driver object (ffffc404b2fbf810) is for:
 \FileSystem\NTFS
DriverEntry:    fffff80e5663a030                    NTFS!GsDriverEntry
DriverStartIo: 00000000
DriverUnload:  00000000
AddDevice:     00000000

Dispatch routines:
...
Fast I/O routines:
FastIoCheckIfPossible                fffff80e565d6750
NTFS!NtfsFastIoCheckIfPossible
FastIoRead                           fffff80e56526430  NTFS!NtfsCopyReadA
FastIoWrite                          fffff80e56523310  NTFS!NtfsCopyWriteA
FastIoQueryBasicInfo                 fffff80e56523140
NTFS!NtfsFastQueryBasicInfo
FastIoQueryStandardInfo              fffff80e56534d20  NTFS!NtfsFastQueryStdInfo
FastIoLock                           fffff80e5651e610  NTFS!NtfsFastLock
FastIoUnlockSingle                   fffff80e5651e3c0  NTFS!NtfsFastUnlockSingle
FastIoUnlockAll                      fffff80e565d59e0  NTFS!NtfsFastUnlockAll
FastIoUnlockAllByKey                 fffff80e565d5c50
NTFS!NtfsFastUnlockAllByKey
ReleaseFileForNtCreateSection        fffff80e5644fd90  NTFS!NtfsReleaseForCreate
Section
FastIoQueryNetworkOpenInfo           fffff80e56537750  NTFS!NtfsFastQueryNetwork
OpenInfo
AcquireForModWrite                   fffff80e5643e0c0
NTFS!NtfsAcquireFileForModWrite
MdlRead                              fffff80e5651e950  NTFS!NtfsMdlReadA
MdlReadComplete                      fffff802dc6cd844
nt!FsRtlMdlReadCompleteDev
PrepareMdlWrite                      fffff80e56541a10  NTFS!NtfsPrepareMdlWriteA
MdlWriteComplete                     fffff802dcb76e48
nt!FsRtlMdlWriteCompleteDev
FastIoQueryOpen                      fffff80e5653a520
NTFS!NtfsNetworkOpenCreate
ReleaseForModWrite                   fffff80e5643e2c0
NTFS!NtfsReleaseFileForModWrite
AcquireForCcFlush                    fffff80e5644ca60
NTFS!NtfsAcquireFileForCcFlush
ReleaseForCcFlush                    fffff80e56450cf0
NTFS!NtfsReleaseFileForCcFlush
```

从上述输出结果中可见，NTFS将自己的NtfsCopyReadA例程注册为快速I/O表的FastIoRead项。正如这个快速I/O项的名称所示，如果有文件被缓存，那么I/O管理器会在发出读取I/O请求时调用该函数。如果调用失败，则会选择标准的IRP路径。

3. 映射文件 I/O 和文件缓存

映射文件 I/O 是 I/O 系统的一个重要功能，它是 I/O 系统和内存管理器配合的产物。（有关映射文件的实现方式的内容见第 5 章。）映射文件 I/O 是指将磁盘上的文件看作进程虚拟内存的组成部分的能力。程序可以用大数组的形式访问文件，而无须缓冲数据或执行磁盘 I/O。程序访问内存时，内存管理器会使用其换页机制从磁盘文件中加载正确的页面。如果应用程序写入自己的虚拟地址空间，内存管理器会通过正常换页将改动写回文件。

映射文件 I/O 可通过 Windows 的 CreateFileMapping、MapViewOfFile 等相关函数在用户模式下使用。在操作系统内部，映射文件 I/O 会被用于一些重要操作，例如文件缓存和映像激活（加载并运行可执行程序）。缓存管理器也大量使用了映射文件 I/O。文件系统会使用缓存管理器将文件数据映射至虚拟内存，借此为 I/O 密集型应用程序提供更出色的响应时间。当调用方使用该文件时，内存管理器会将所访问的页面放入内存。虽然大部分缓存系统会为缓存到内存中的文件分配固定数量的字节数，但 Windows 的缓存会根据可用内存数量增大或减小。这种大小变化的成功实现正是因为缓存管理器依赖内存管理器，可使用第 5 章介绍的常规工作集机制（本例中所操作的是系统工作集）自动扩大（或缩小）缓存的大小。通过充分利用内存管理器的换页系统，缓存管理器可避免重复执行内存管理器已经完成的工作（缓存管理器工作方式的相关内容参见卷 2 第 14 章）。

4. 分散/聚集 I/O

Windows 支持一种特殊类型的高性能 I/O，名为分散（scatter）/聚集（gather），这是通过 Windows 的 ReadFileScatter 和 WriteFileGather 函数使用的。这些函数让应用程序只需要发出一个读取或写入请求，即可在虚拟内存中的多个缓冲区与磁盘文件的连续区域之间传输数据，而无须为每个缓冲区发送单独的 I/O 请求。为了使用分散/聚集 I/O，文件必须以非缓存 I/O 的形式打开，所用的用户缓冲区必须与页面对齐，并且 I/O 必须是异步的（可重叠）。此外，如果 I/O 的目标是大容量存储设备，那么 I/O 必须与设备的扇区边界对齐，并且长度是扇区大小的整数倍。

6.4.2 I/O 请求包

I/O 请求包（IRP）是 I/O 系统为处理 I/O 请求而存储必要信息的地方。当线程调用 I/O API 时，I/O 管理器会构造一个 IRP，并在 I/O 系统进行处理的过程中用 IRP 代表对应的请求。如果可能，I/O 管理器会从下列 3 个每颗处理器的 IRP 非换页旁视列表之一中分配 IRP。

（1）**小 IRP 旁视列表**。存储只有一个栈位置的 IRP。

（2）**中 IRP 旁视列表**。存储包含 4 个栈位置的 IRP（也可用于只需要两个或 3 个栈位置的 IRP）。

（3）**大 IRP 旁视列表**。存储包含超过 4 个栈位置的 IRP。默认情况下，系统会在大 IRP 旁视列表中存储包含 14 个栈位置的 IRP，但会根据当前所需栈位置数量每分钟调整一次分配的栈位置数量，并且最多可以增加至 20 个。

这些列表还会得到全局旁视列表的支撑，因此可以更高效地跨 CPU 进行 IRP 的流动。如果 IRP 需要的栈位置数量超过大 IRP 旁视列表中 IRP 可包含的数量，I/O 管理器会从非换页池分配IRP。I/O管理器使用IoAllocateIrp函数分配IRP，该函数也可供设备驱动程序开发者使用，因为某些情况下驱动程序可能需要创建并初始化自己的IRP，借此直接发起I/O请求。IRP分配和初始化完成后，I/O管理器会在IRP中存储一个指向调用方文件对象的指针。

注意 如果在注册表HKLM\System\CurrentControlSet\Session Manager\I/O System键下定义名为LargeIrpStackLocations的DWORD注册表值，即可指定大IRP旁视列表中的IRP最多可以包含多少个栈位置。同理，同一个注册表键下的MediumIrpStackLocations值可用于更改中IRP旁视列表中IRP栈位置的大小。

IRP结构中的一些重要成员如图6-15所示。其中总会包含一个或多个IO_STACK_LOCATION对象。

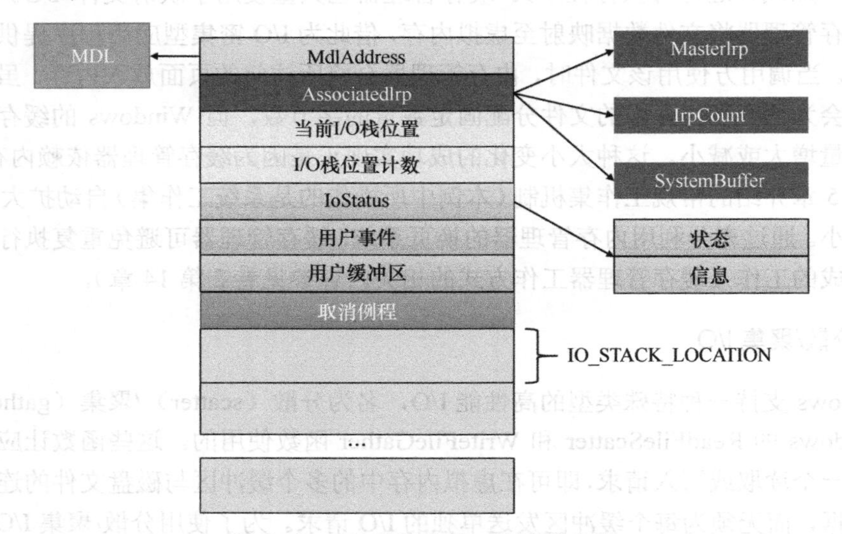

图6-15 IRP结构中的一些重要成员

这些重要成员分别如下。

（1）**IoStatus（IO状态）**。代表IRP的状态，包含Status和Information这两个成员，其中Status是实际的代码本身，而Information是一种仅在某些情况下有意义的多态值。举例来说，对于读取或写入操作，该值（由驱动程序设置）代表要读取或写入的字节数。ReadFile和WriteFile函数的输出值中也会报告该值。

（2）**MdlAddress（MDL 地址）**。指向内存描述符列表（MDL）的可选指针。MDL是一种能代表物理内存中缓冲区信息的结构，下一节会详细介绍设备驱动程序对MDL的主要用法。如果MDL不存在，该值将为NULL。

（3）**I/O栈位置计数和当前I/O栈位置**。分别存储了后续I/O栈位置对象的总数量，以及指向驱动程序应该查看的当前I/O栈位置。下一节将详细讨论I/O栈位置。

（4）**用户缓冲区**。一种指针，指向了发起该I/O操作的客户端所提供的缓冲区。例如指向提供给ReadFile或WriteFile函数的缓冲区。

（5）**用户事件**。内核事件对象，可用于与（异步）I/O操作相重叠（如果存在的话）。当I/O操作完成后，事件是发出通知的方法之一。

（6）**取消例程**。如果IRP被取消，I/O管理器将调用该函数。

（7）**AssociatedIrp（相关IRP）**。3个字段之一的总称。如果I/O管理器使用有缓冲的 I/O 技术将用户的缓冲区传递给驱动程序，将使用 SystemBuffer 成员。下一节将讨论有缓冲的 I/O，以及将用户模式缓冲区传递给驱动程序的其他选项。MasterIrp 成员提供了一种创建“主 IRP”进而将自己的工作拆分给子 IRP 的方法，只有所有子 IRP 的任务均完成后，才会认为主 IRP 的任务已经成功完成。

1. I/O 栈位置

每个 IRP 之后始终是一个或多个 I/O 栈位置。栈位置的数量等同于该 IRP 所应用到的设备节点中分层式驱动程序的数量。I/O 操作信息会分散到 IRP 主体（主结构）和当前 I/O 栈位置之间，“当前”是指针对特定设备层设置的栈位置。I/O 栈位置的重要字段如图 6-16 所示。在创建 IRP 时，所请求的 I/O 栈位置数量会被传递至 IoAllocateIrp。随后 I/O 管理器仅初始化 IRP 的主体和第一个 I/O 栈位置，并前进至设备节点中最上层的设备。如果决定将 IRP 传递至下一个设备，那么将由设备节点中的每一层负责初始化下一个 I/O 栈位置。

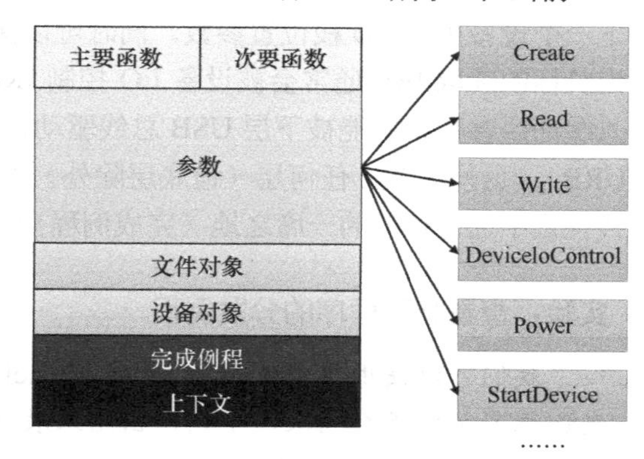

图 6-16 I/O 栈位置的重要字段

图 6-16 所示的成员如下。

（1）**主要函数**（major function）。这是代表请求类型（读取、写入、创建、即插即用等）的最初代码，也可以叫作分发例程代码。它是 wdm.h 中始于 IRP_MJ_in 的 28 个常量（0～27）之一。该索引可被 I/O 管理器用于通过驱动程序对象中的函数指针 MajorFunction 函数数组跳转至驱动程序内相应的例程。大部分驱动程序会指定分发例程来处理各种可能的主要函数代码的子集，包括创建（打开）、读取、写入、设备 I/O 控制、电源、即插即用、系统控制（对于 WMI 命令）、清理和关闭。文件系统驱动程序就是这样的一类驱动程序，通常会用函数填充自己的大部分或全部分发入口点。作为对比，一些简单的 USB 设备的驱动程序可能只需要填充打开、关闭、读取、写入和发送 I/O 控制代码所必需的例程。对于驱动程序不需要填充的分发入口点，I/O 管理器会将其设置为指向自己的 IopInvalidDeviceRequest，因而在完成 IRP 后会产生一个错误状态，代表 IRP 中指定的主要函数对该设备无效。

（2）**次要函数**（minor function）。可用于为主要函数代码增加额外的函数。例如 IRP_MJ_READ（读取）和 IRP_MJ_WRITE（写入）没有次要函数，但即插即用 IRP 和电源 IRP 始终会使用次要函数代码为常规的主要函数增加专用功能。例如即插即用 IRP_MJ_PNP 的主要代码太过通用，因此将由 IRP_MN_START_DEVICE、IRP_MN_REMOVE_DEVICE 等次要 IRP 提供准确的指令。

（3）**参数**（parameter）。这是由多种结构组成的庞大组合，其中每种结构都对特定的主要函数代码或主要/次要代码的集合有效。例如对于读取操作（IRP_MJ_READ），可通过 Parameters.Read 结构保存有关读取请求的信息，如缓冲区大小。

（4）**文件对象**（file object）**和设备对象**（device object）。它们可指向该 I/O 请求所对应的 FILE_OBJECT 和 DEVICE_OBJECT。

（5）**完成例程**（completion routine）。这是一种可选函数，驱动程序可通过

IoSetCompletionRoutine(Ex) DDI进行注册，随后当下层驱动程序完成了IRP后即可调用。借此，驱动程序即可查询IRP的完成状态，并执行任何必要的后处理操作。完成例程甚至可以撤销完成（从函数中返回一个特殊值：STATUS_MORE_PROCESSING_REQUIRED），并将IRP（也许还包含修改后的参数）重新发送给设备节点，甚至重新发送给不同的设备节点。

（6）**上下文**（context）。由所传递的IoSetCompletionRoutine(Ex)调用为完成例程设置的任意值。

将这些信息分散到IRP主体和其I/O栈位置，这样的做法使得系统可以为设备栈中的下一个设备更改I/O栈位置参数，同时可以保留原始请求包含的参数。例如，以USB设备为目标的读取IRP通常会被设备I/O控制IRP的函数驱动程序所更改，使得设备控制的输入缓冲区参数指向能被下层USB总线驱动程序理解的USB请求包（USB Request Packet，URB）。另外注意，任何层（最底层除外）都可以注册完成例程，并且每一层都可以在I/O栈位置中拥有自己的一席之地（完成例程会存储在接下来的下一个I/O栈位置中）。

实验：查看驱动程序的分发例程

我们可以使用调试器命令!drvobjkernel配合位1（值为2）获得驱动程序已经为分发例程定义的函数列表。下列输出结果展示了NTFS驱动程序所支持的主要函数代码。（这与前文的快速I/O是相同的实验。）

```
lkd> !drvobj \filesystem\ntfs 2
Driver object (ffffc404b2fbf810) is for:
 \FileSystem\NTFS
DriverEntry:    fffff80e5663a030                          NTFS!GsDriverEntry
DriverStartIo: 00000000
DriverUnload:  00000000
AddDevice:     00000000

Dispatch routines:
[00] IRP_MJ_CREATE                       fffff80e565278e0  NTFS!NtfsFsdCreate
[01] IRP_MJ_CREATE_NAMED_PIPE            fffff802dc762c80  nt!IopInvalidDeviceRequest
[02] IRP_MJ_CLOSE                        fffff80e565258c0  NTFS!NtfsFsdClose
[03] IRP_MJ_READ                         fffff80e56436060  NTFS!NtfsFsdRead
[04] IRP_MJ_WRITE                        fffff80e564461d0  NTFS!NtfsFsdWrite
[05] IRP_MJ_QUERY_INFORMATION            fffff80e565275f0  NTFS!NtfsFsdDispatchWait
[06] IRP_MJ_SET_INFORMATION              fffff80e564edb80  NTFS!NtfsFsdSetInformation
[07] IRP_MJ_QUERY_EA                     fffff80e565275f0  NTFS!NtfsFsdDispatchWait
[08] IRP_MJ_SET_EA                       fffff80e565275f0  NTFS!NtfsFsdDispatchWait
[09] IRP_MJ_FLUSH_BUFFERS                fffff80e5653c9a0  NTFS!NtfsFsdFlushBuffers
[0a] IRP_MJ_QUERY_VOLUME_INFORMATION     fffff80e56538d10  NTFS!NtfsFsdDispatch
[0b] IRP_MJ_SET_VOLUME_INFORMATION       fffff80e56538d10  NTFS!NtfsFsdDispatch
[0c] IRP_MJ_DIRECTORY_CONTROL            fffff80e564d7080
NTFS!NtfsFsdDirectoryControl
[0d] IRP_MJ_FILE_SYSTEM_CONTROL          fffff80e56524b20
NTFS!NtfsFsdFileSystemControl
[0e] IRP_MJ_DEVICE_CONTROL               fffff80e564f9de0  NTFS!NtfsFsdDeviceControl
[0f] IRP_MJ_INTERNAL_DEVICE_CONTROL      fffff802dc762c80  nt!IopInvalidDeviceRequest
[10] IRP_MJ_SHUTDOWN                     fffff80e565efb50  NTFS!NtfsFsdShutdown
[11] IRP_MJ_LOCK_CONTROL                 fffff80e5646c870  NTFS!NtfsFsdLockControl
[12] IRP_MJ_CLEANUP                      fffff80e56525580  NTFS!NtfsFsdCleanup
```

```
  [13] IRP_MJ_CREATE_MAILSLOT           fffff802dc762c80  nt!IopInvalidDeviceRequest
  [14] IRP_MJ_QUERY_SECURITY            fffff80e56538d10  NTFS!NtfsFsdDispatch
  [15] IRP_MJ_SET_SECURITY              fffff80e56538d10  NTFS!NtfsFsdDispatch
  [16] IRP_MJ_POWER                     fffff802dc762c80  nt!IopInvalidDeviceRequest
  [17] IRP_MJ_SYSTEM_CONTROL            fffff802dc762c80  nt!IopInvalidDeviceRequest
  [18] IRP_MJ_DEVICE_CHANGE             fffff802dc762c80  nt!IopInvalidDeviceRequest
  [19] IRP_MJ_QUERY_QUOTA               fffff80e565275f0  NTFS!NtfsFsdDispatchWait
  [1a] IRP_MJ_SET_QUOTA                 fffff80e565275f0  NTFS!NtfsFsdDispatchWait
  [1b] IRP_MJ_PNP                       fffff80e56566230  NTFS!NtfsFsdPnp

  Fast I/O routines:
  ...
```

在活跃时，每个 IRP 通常会在与请求该 I/O 的线程相关的 IRP 列表中排队；而在执行与线程无关的 I/O 时，它会被存储在文件对象中（见 6.4.5 节）。借此，如果线程在 I/O 请求完成之前终止，I/O 系统就可以找到并取消任何尚未处理的 IRP。此外，换页 I/O 的 IRP 也会关联至导致页面错误的线程（不过这些 IRP 无法取消）。这样 Windows 就可以使用与线程无关的 I/O 优化机制：如果当前线程就是发起线程，则无须使用异步过程调用（APC）完成该 I/O。这意味着页面错误将在线程内部发生，无须传递 APC。

实验：查看线程尚未处理的 IRP

!thread 命令可以显示与线程有关的所有 IRP。如果请求，那么!process 命令也可实现这一点。运行内核模式调试器，并启动本地或实时调试，随后列出 explorer 进程的线程。

```
lkd> !process 0 7 explorer.exe
PROCESS ffffc404b673c780
    SessionId: 1  Cid: 10b0    Peb: 00cbb000  ParentCid: 1038
    DirBase: 8895f000  ObjectTable: ffffe689011b71c0  HandleCount: <Data Not
Accessible>
    Image: explorer.exe
    VadRoot ffffc404b672b980 Vads 569 Clone 0 Private 7260. Modified 366527.Locked 784.
    DeviceMap ffffe688fd7a5d30
    Token                             ffffe68900024920
    ElapsedTime                       18:48:28.375
    UserTime                          00:00:17.500
    KernelTime                        00:00:13.484
    ...
    MemoryPriority                    BACKGROUND
    BasePriority                      8
    CommitCharge                      10789
    Job                               ffffc404b6075060

        THREAD ffffc404b673a080  Cid 10b0.10b4  Teb: 0000000000cbc000 Win32Thread:
ffffc404b66e7090 WAIT: (WrUserRequest) UserMode Non-Alertable
            ffffc404b6760740  SynchronizationEvent
        Not impersonating
...
        THREAD ffffc404b613c7c0 Cid 153c.15a8 Teb: 00000000006a3000 Win32Thread:
ffffc404b6a83910 WAIT: (UserRequest) UserMode Non-Alertable
            ffffc404b58d0d60 SynchronizationEvent
            ffffc404b566f310 SynchronizationEvent
```

```
    IRP List:
            ffffc404b69ad920: (0006,02c8) Flags: 00060800 Mdl: 00000000
...
```

随后可以看到很多线程，其中大部分的线程信息IRP列表部分均报告了一些IRP（注意，对于未处理I/O请求超过17个的线程，调试器将只显示前17个IRP）。选择一个IRP并使用!rip命令检查。

```
lkd> !irp ffffc404b69ad920
Irp is active with 2 stacks 1 is current (= 0xffffc404b69ad9f0)
 No Mdl: No System Buffer: Thread ffffc404b613c7c0: Irp stack trace.
     cmd flg cl Device File  Completion-Context
>[IRP_MJ_FILE_SYSTEM_CONTROL(d), N/A(0)]
            5 e1 ffffc404b253cc90 ffffc404b5685620 fffff80e55752ed0-ffffc404b63c0e00
Success Error Cancel pending
               \FileSystem\Npfs    FLTMGR!FltpPassThroughCompletion
                        Args: 00000000 00000000 00110008 00000000
 [IRP_MJ_FILE_SYSTEM_CONTROL(d), N/A(0)]
            5 0 ffffc404b3cdca00 ffffc404b5685620 00000000-00000000
               \FileSystem\FltMgr
                        Args: 00000000 00000000 00110008 00000000
```

这个IRP有两个栈位置，其目标为命名管道文件系统（Named Pipe File System，NPFS）驱动程序所拥有的设备（有关NPFS的详情请参阅卷2第10章）。

2. IRP流程

IRP通常由I/O管理器创建，随后被发送至目标设备节点中的第一个设备。基于硬件的设备驱动程序的典型IRP流程如图6-17所示。

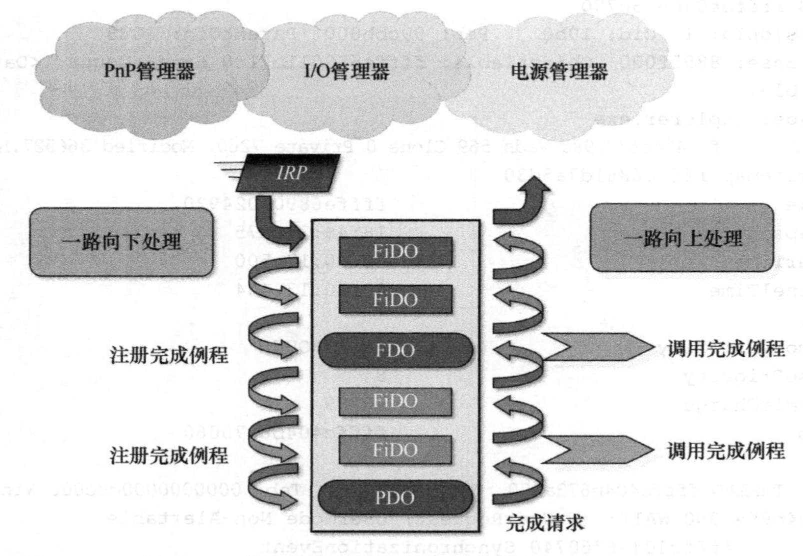

图6-17　基于硬件的设备驱动程序的典型IRP流程

并非只有I/O管理器才能创建IRP。即插即用管理器和电源管理器也可以分别通过主要函数代码IRP_MJ_PNP和IRP_MJ_POWER创建IRP。

图6-17显示了一个设备节点范例，其中包含6个分层式设备对象：两个上层筛选器、

FDO、两个下层筛选器以及 PDO。这意味着以这个 Devnode 为目标的 IRP 会创建 6 个 I/O 栈位置，每一层对应一个。IRP 始终会被传递给最高层设备，哪怕对处于设备栈中较低的位置的命名设备打开了句柄。

收到 IRP 的驱动程序可以执行下列操作之一。

（1）可以完成此 IRP 随后调用 IoCompleteRequest。这可能是因为该 IRP 包含一些无效参数（例如缓冲区大小不足，或包含出错的 I/O 控制代码），或因为操作请求本身很快速，可以立即完成，例如获取与设备有关的某些状态，或从注册表读取一个值。驱动程序会调用 IoGetCurrentIrpStackLocation 获取自己需要引用的栈位置的指针。

（2）进行过某些可选处理后，驱动程序可以将该 IRP 转发至下一层。例如上层筛选器可以对操作进行某些日志记录工作，随后向下传递该 IRP 以供正常执行。在向下发送该请求前，驱动程序必须准备好下一个 I/O 栈位置，因为随后的下一个驱动程序可能需要查找该位置。如果不希望进行任何修改，可以使用 IoSkipCurrentIrpStackLocation 宏，或使用 IoCopyIrpStackLocationToNext 创建副本，使用 IoGetNextIrpStackLocation 获得指针，并酌情修改栈位置副本。下一个 I/O 栈位置准备好后，驱动程序会调用 IoCallDriver 执行实际的 IRP 转发工作。

（3）作为上一种方式的扩展，驱动程序还可以调用 IoSetCompletionRoutine(Ex)例程注册一个完成例程，随后再向下传递 IRP。除了最底层之外，其他任何一层都可以注册完成例程（最底层驱动程序注册完成例程的做法没有任何意义，因为驱动程序必须完成该 IRP，所以无须回调）。当下层驱动程序调用 IoCompleteRequest 后，IRP 会向上传递（见 6-17），按照注册顺序的倒序依次调用所有完成例程。实际上，IRP 的发起者（I/O 管理器、PnP 管理器或电源管理器）会使用这种机制执行任何 IRP 后处理操作并最终释放该 IRP。

注意 由于特定栈中设备的数量是提前确定的，I/O 管理器会对栈中的每个设备驱动程序分配一个栈位置。然而，有时候 IRP 可能会被重定向至另一个驱动程序栈。涉及筛选器管理器的场景就会发生这种情况，筛选器可以将 IRP 重定向至另一个筛选器（例如从本地文件系统到网络文件系统）。I/O 管理器暴露了一个 API——IoAdjustStackSizeForRedirection，该 API 可以添加所需的栈位置以实现这样的功能，因为设备会出现在重定向的栈中。

实验：查看设备栈

内核模式调试器的!devstack 命令可以显示与特定设备对象关联的分层式设备对象中的设备栈。本例展示了与\device\keyboardclass0 这个设备对象关联的设备栈，该设备对象由键盘类驱动程序所拥有。

```
lkd> !devstack keyboardclass0
  !DevObj           !DrvObj              !DevExt           ObjectName
> ffff9c80c0424440  \Driver\kbdclass     ffff9c80c0424590  KeyboardClass0
  ffff9c80c04247c0  \Driver\kbdhid       ffff9c80c0424910
  ffff9c80c0414060  \Driver\mshidkmdf    ffff9c80c04141b0  0000003f
!DevNode ffff9c80c0414d30 :
  DeviceInst is "HID\MSHW0029&Col01\5&1599b1c7&0&0000"
  ServiceName is "kbdhid"
```

输出结果使用第一列的>字符突出显示了与 KeyboardClass0 有关的项。这一行上方的项对应键盘类驱动程序的上层驱动程序，下方的项则对应下层驱动程序。

实验：检查 IRP

在这个实验中，我们将查看系统中未完成的 IRP，并判断其 IRP 类型、指向的设备、管理设备的驱动程序、发出该 IRP 的线程，以及线程所属的进程。该实验最好在 32 位系统上使用非本地内核调试的方式进行。虽然也可通过本地内核调试的方式进行，但此时 IRP 可能会在执行各种命令的过程中就已完成，可能无法获得预期结果。

在实验过程的任何时间里，系统中至少都会有几个未完成的 IRP。这是因为有大量设备可供应用程序发出 IRP，而只有在特定事件（例如数据变得可用）发生后驱动程序才能完成 IRP。例如可以阻止从网络端点读取数据。我们可以使用内核模式调试器的!irpfind 命令查看系统中尚未处理的 IRP（该命令可能需要运行一段时间，当显示出一些 IRP 后可以停止该命令）。

```
kd> !irpfind
Scanning large pool allocation table for tag 0x3f707249 (Irp?) (a5000000 : a5200000)

  Irp      [ Thread ] irpStack: (Mj,Mn)  DevObj  [Driver]          MDL Process
9515ad68 [aa0c04c0] irpStack: ( e, 5) 8bcb2ca0 [ \Driver\AFD] 0xaa1a3540
8bd5c548 [91deeb80] irpStack: ( e,20) 8bcb2ca0 [ \Driver\AFD] 0x91da5c40

Searching nonpaged pool (80000000 : ffc00000) for tag 0x3f707249 (Irp?)

86264a20 [86262040] irpStack: ( e, 0) 8a7b4ef0 [ \Driver\vmbus]
86278720 [91d96b80] irpStack: ( e,20) 8bcb2ca0 [ \Driver\AFD] 0x86270040
86279e48 [91d96b80] irpStack: ( e,20) 8bcb2ca0 [ \Driver\AFD] 0x86270040
862a1868 [862978c0] irpStack: ( d, 0) 8bca4030 [ \FileSystem\Npfs]
862a24c0 [86297040] irpStack: ( d, 0) 8bca4030 [ \FileSystem\Npfs]
862c3218 [9c25f740] irpStack: ( c, 2) 8b127018 [ \FileSystem\NTFS]
862c4988 [a14bf800] irpStack: ( e, 5) 8bcb2ca0 [ \Driver\AFD] 0xaa1a3540
862c57d8 [a8ef84c0] irpStack: ( d, 0) 8b127018 [ \FileSystem\NTFS] 0xa8e6f040
862c91c0 [99ac9040] irpStack: ( 3, 0) 8a7ace48 [ \Driver\vmbus] 0x9517ac40
862d2d98 [9fd456c0] irpStack: ( e, 5) 8bcb2ca0 [ \Driver\AFD] 0x9fc11780
862d6528 [9aded800] irpStack: ( c, 2) 8b127018 [ \FileSystem\NTFS]
862e3230 [00000000] Irp is complete (CurrentLocation 2 > StackCount 1)
862ec248 [862e2040] irpStack: ( d, 0) 8bca4030 [ \FileSystem\Npfs]
862f7d70 [91dd0800] irpStack: ( d, 0) 8bca4030 [ \FileSystem\Npfs]
863011f8 [00000000] Irp is complete (CurrentLocation 2 > StackCount 1)
86327008 [00000000] Irp is complete (CurrentLocation 43 > StackCount 42)
86328008 [00000000] Irp is complete (CurrentLocation 43 > StackCount 42)
86328960 [00000000] Irp is complete (CurrentLocation 43 > StackCount 42)
86329008 [00000000] Irp is complete (CurrentLocation 43 > StackCount 42)
863296d8 [00000000] Irp is complete (CurrentLocation 2 > StackCount 1)
86329960 [00000000] Irp is complete (CurrentLocation 43 > StackCount 42)
89feeae0 [00000000] irpStack: ( e, 0) 8a765030 [ \Driver\ACPI]
8a6d85d8 [99aa1040] irpStack: ( d, 0) 8b127018 [ \FileSystem\NTFS] 0x00000000
8a6dc828 [8bc758c0] irpStack: ( 4, 0) 8b127018 [ \FileSystem\NTFS] 0x00000000
8a6f42d8 [8bc728c0] irpStack: ( 4,34) 8b0b8030 [ \Driver\disk] 0x00000000
8a6f4d28 [8632e6c0] irpStack: ( 4,34) 8b0b8030 [ \Driver\disk] 0x00000000
8a767d98 [00000000] Irp is complete (CurrentLocation 6 > StackCount 5)
8a788d98 [00000000] irpStack: ( f, 0) 00000000 [00000000: Could not read device
object or _DEVICE_OBJECT not found
]
8a7911a8 [9fdb4040] irpStack: ( e, 0) 86325768 [ \Driver\DeviceApi]
8b03c3f8 [00000000] Irp is complete (CurrentLocation 2 > StackCount 1)
8b0b8bc8 [863d6040] irpStack: ( e, 0) 8a78f030 [ \Driver\vmbus]
```

```
8b0c48c0 [91da8040] irpStack: ( e, 5) 8bcb2ca0 [ \Driver\AFD] 0xaa1a3540
8b118d98 [00000000] Irp is complete (CurrentLocation 9 > StackCount 8)
8b1263b8 [00000000] Irp is complete (CurrentLocation 8 > StackCount 7)
8b174008 [aa0aab80] irpStack: ( 4, 0) 8b127018 [ \FileSystem\NTFS] 0xa15e1c40
8b194008 [aa0aab80] irpStack: ( 4, 0) 8b127018 [ \FileSystem\NTFS] 0xa15e1c40
8b196370 [8b131880] irpStack: ( e,31) 8bcb2ca0 [ \Driver\AFD]
8b1a8470 [00000000] Irp is complete (CurrentLocation 2 > StackCount 1)
8b1b3510 [9fcd1040] irpStack: ( e, 0) 86325768 [ \Driver\DeviceApi]
8b1b35b0 [a4009b80] irpStack: ( e, 0) 86325768 [ \Driver\DeviceApi]
8b1cd188 [9c3be040] irpStack: ( e, 0) 8bc73648 [ \Driver\Beep]
...
```

一些 IRP 已经完成，可能很快会被解除分配，或者已经被解除分配，但由于这种分配来自旁视列表，这些 IRP 尚未被新的 IRP 所替代。

对于每个 IRP，都会显示其地址，以及发出该请求的线程。随后在括号中显示了当前栈位置的主要和次要函数代码。我们可以使用!irp 命令检查任何 IRP。

```
kd> !irp 8a6f4d28
Irp is active with 15 stacks 6 is current (= 0x8a6f4e4c)
 Mdl=8b14b250: No System Buffer: Thread 8632e6c0:  Irp stack trace.
     cmd flg cl Device   File     Completion-Context
 [N/A(0), N/A(0)]
            0 0 00000000 00000000 00000000-00000000

                         Args: 00000000 00000000 00000000 00000000
 [N/A(0), N/A(0)]
            0 0 00000000 00000000 00000000-00000000

                         Args: 00000000 00000000 00000000 00000000
 [N/A(0), N/A(0)]
            0 0 00000000 00000000 00000000-00000000

                         Args: 00000000 00000000 00000000 00000000
 [N/A(0), N/A(0)]
            0 0 00000000 00000000 00000000-00000000

                         Args: 00000000 00000000 00000000 00000000
 [N/A(0), N/A(0)]
            0 0 00000000 00000000 00000000-00000000

                         Args: 00000000 00000000 00000000 00000000
>[IRP_MJ_WRITE(4), N/A(34)]
           14 e0 8b0b8030 00000000 876c2ef0-00000000 Success Error Cancel
              \Driver\disk         partmgr!PmIoCompletion
                         Args: 0004b000 00000000 4b3a0000 00000002
 [IRP_MJ_WRITE(4), N/A(3)]
           14 e0 8b0fc058 00000000 876c36a0-00000000 Success Error Cancel
              \Driver\partmgr      partmgr!PartitionIoCompletion
                         Args: 4b49ace4 00000000 4b3a0000 00000002
 [IRP_MJ_WRITE(4), N/A(0)]
           14 e0 8b121498 00000000 87531110-8b121a30 Success Error Cancel
              \Driver\partmgr      volmgr!VmpReadWriteCompletionRoutine
                         Args: 0004b000 00000000 2bea0000 00000002
 [IRP_MJ_WRITE(4), N/A(0)]
            4 e0 8b121978 00000000 82d103e0-8b1220d9 Success Error Cancel
```

```
                \Driver\volmgr          fvevol!FvePassThroughCompletionRdpLevel2
                            Args: 0004b000 00000000 4b49acdf 00000000
 [IRP_MJ_WRITE(4), N/A(0)]
            4 e0 8b122020 00000000 82801a40-00000000 Success Error Cancel
                \Driver\fvevol          rdyboost!SmdReadWriteCompletion
                            Args: 0004b000 00000000 2bea0000 00000002
 [IRP_MJ_WRITE(4), N/A(0)]
            4 e1 8b118538 00000000 828637d0-00000000 Success Error Cancel pending
                \Driver\rdyboost         iorate!IoRateReadWriteCompletion
                            Args: 0004b000 3fffffff 2bea0000 00000002
 [IRP_MJ_WRITE(4), N/A(0)]
            4 e0 8b11ab80 00000000 82da1610-8b1240d8 Success Error Cancel
                \Driver\iorate          volsnap!VspRefCountCompletionRoutine
                            Args: 0004b000 00000000 2bea0000 00000002
 [IRP_MJ_WRITE(4), N/A(0)]
            4 e1 8b124020 00000000 87886ada-89aec208 Success Error Cancel pending
                \Driver\volsnap         NTFS!NtfsMasterIrpSyncCompletionRoutine
                            Args: 0004b000 00000000 2bea0000 00000002
 [IRP_MJ_WRITE(4), N/A(0)]
            4 e0 8b127018 a6de4bb8 871227b2-9ef8eba8 Success Error Cancel
                \FileSystem\NTFS                FLTMGR!FltpPassThroughCompletion
                            Args: 0004b000 00000000 00034000 00000000
 [IRP_MJ_WRITE(4), N/A(0)]
            4 1 8b12a3a0 a6de4bb8 00000000-00000000 pending
                \FileSystem\FltMgr
                            Args: 0004b000 00000000 00034000 00000000
Irp Extension present at 0x8a6f4fb4:
```

这是一个巨大的IRP，包含15个栈位置（第6个为当前位置，在上述输出结果中用粗体字显示，同时调试器也会用>字符突出显示）。此外还会显示每个栈位置的主要和次要函数代码，以及设备对象和完成例程的地址等信息。

下一步是观察IRP的目标是哪个设备对象，为此需要针对活跃栈位置的设备对象地址执行!devobj命令。

```
kd> !devobj 8b0b8030
Device object (8b0b8030) is for:
DR0 \Driver\disk DriverObject 8b0a7e30
Current Irp 00000000 RefCount 1 Type 00000007 Flags 01000050
Vpb 8b0fc420 SecurityDescriptor 87da1b58 DevExt 8b0b80e8 DevObjExt 8b0b8578 Dope
8b0fc3d0
ExtensionFlags (0x00000800) DOE_DEFAULT_SD_PRESENT
Characteristics (0x00000100) FILE_DEVICE_SECURE_OPEN
AttachedDevice (Upper) 8b0fc058 \Driver\partmgr
AttachedTo (Lower) 8b0a4d10 \Driver\storflt
Device queue is not busy.
```

最后，可以使用!thread命令查看发出该IRP的线程和进程的详细信息。

```
kd> !thread 8632e6c0
THREAD 8632e6c0 Cid 0004.0058 Teb: 00000000 Win32Thread: 00000000 WAIT:
(Executive) KernelMode Non-Alertable
\FileSystem\NTFS FLTMGR!FltpPassThroughCompletion
Args: 0004b000 00000000 00034000 00000000
[IRP_MJ_WRITE(4), N/A(0)]
4 1 8b12a3a0 a6de4bb8 00000000-00000000 pending
```

```
\FileSystem\FltMgr
Args: 0004b000 00000000 00034000 00000000
Irp Extension present at 0x8a6f4fb4:
    89aec20c NotificationEvent
IRP List:
    8a6f4d28: (0006,02d4) Flags: 00060043 Mdl: 8b14b250
Not impersonating
DeviceMap                 87c025b0
Owning Process            86264280       Image:         System
Attached Process          N/A            Image:         N/A
Wait Start TickCount      8083           Ticks: 1 (0:00:00:00.015)
Context Switch Count      2223           IdealProcessor: 0
UserTime                  00:00:00.000
KernelTime                00:00:00.046
Win32 Start Address nt!ExpWorkerThread (0x81e68710)
Stack Init 89aecca0 Current 89aebeb4 Base 89aed000 Limit 89aea000 Call 00000000
Priority 13 BasePriority 13 PriorityDecrement 0 IoPriority 2 PagePriority 5
```

6.4.3 针对单层硬件驱动程序的 I/O 请求

本节将跟踪针对单层内核模式设备驱动程序的 I/O 请求。此类驱动程序的典型 IRP 处理场景如图 6-18 所示。

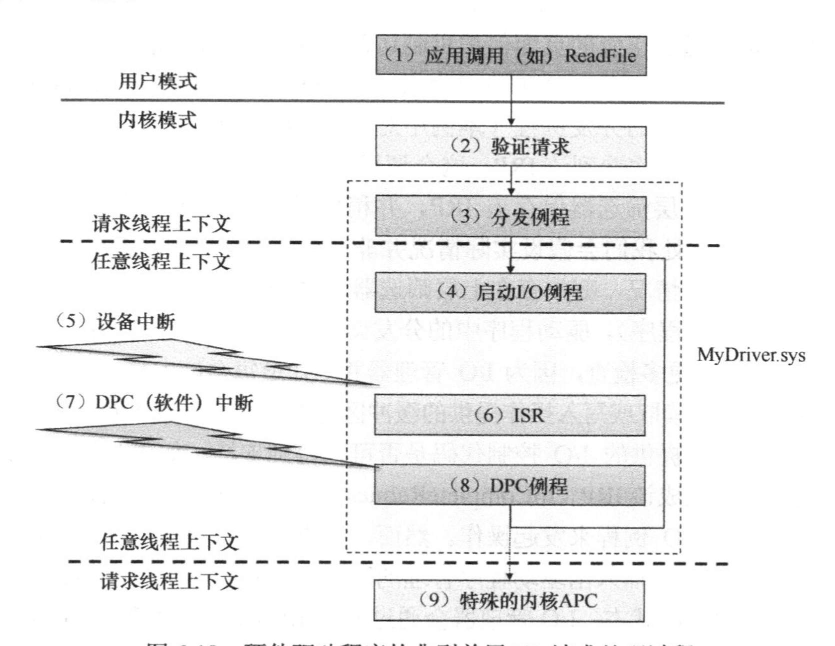

图 6-18　硬件驱动程序的典型单层 I/O 请求处理过程

在深入介绍图 6-18 所示的每个步骤前，首先将按顺序提供一些通用的说明。

（1）图 6-18 中有两种水平分隔线。第一种（实线）代表用户模式和内核模式之间的常规划分。第二种（虚线）分隔了在请求线程上下文中运行，以及在任意线程上下文中运行的代码。对这些上下文的定义如下。

■ 发出请求的线程上下文区域代表执行线程正是最初请求该 I/O 操作的线程。这一点很重要，因为如果正是这个线程最初发起了调用，那么这意味着进程上下文也就是初始进程的上下文。因此适用于该I/O操作的、包含了用户缓冲区的用户模式地址空间可以直接访问。

■ 任意线程上下文区域代表运行这些函数的可以是任何线程。更具体来说，很大概率并不是最初发出请求的线程，因此可见的用户模式进程地址空间很可能并非初始地址空间。在这个上下文中，使用用户模式地址访问用户的缓冲区将会是一种灾难性的做法。下一节将介绍这种情况的处理方式。

注意　对图6-18中所示步骤的解释将说明这些分隔线为何在图中所处的位置。

（2）大方框包裹的4个小方块（分别为分发例程、启动I/O例程、ISR和DPC例程）代表驱动程序提供的代码。所有其他小方块对应的内容均由系统提供。

（3）图6-18中会假设硬件设备可以一次处理一个操作，很多类型的设备属于这种情况。就算设备可以处理多个请求，操作的基本流程也是类似的。

图6-18所示的事件处理顺序如下。

（1）客户端应用程序调用一个Windows API，如ReadFile。ReadFile调用原生NtReadFile（位于Ntdll.dll中），借此将该线程转换至执行体NtReadFile的内核模式（本章前文已经讨论过这个步骤）。

（2）NtReadFile中实现的I/O管理器针对该请求执行一些合理性检查，例如客户端提供的缓冲区是否可以通过正确的页面保护机制访问。随后，I/O管理器将（使用所提供的文件句柄）定位相关驱动程序、分配并初始化一个IRP、为该IRP使用IoCallDriver，以及将驱动程序调用到相应的分发例程（本例中对应于IRP_MJ_READ索引）。

（3）这是驱动程序首次看到该IRP。这个调用通常会涉及发出申请的线程，唯一可以不这样做的方法是由上层筛选器保存该IRP，并稍后通过另一个线程调用IoCallDriver。为了更全面地讨论，此处我们会假设实际情况并非如此（并且对于涉及硬件设备的大部分场景，也不会出现这种情况，哪怕存在上层筛选器，也会在同一个线程中执行某些处理工作并立即调用下层驱动程序）。驱动程序中的分发读取回调承担两个任务：首先，负责执行I/O管理器无法进行的更多检查，因为I/O管理器并不知道每个请求真正的实际含义。例如驱动程序可能会检查为读取或写入操作提供的缓冲区是否足够大，或者对于DeviceIoControl操作驱动程序会检查所提供的I/O控制代码是否可以得到支持。如果此类检查失败，驱动程序会使用失败状态完成该IRP（IoCompleteRequest）并立即返回。如果检查成功，驱动程序会调用自己的启动I/O例程来发起操作。然而，如果硬件设备当前正忙（忙于处理上一个IRP），那么该IRP会被插入由驱动程序管理的队列中，并在不完成该IRP的前提下返回一个STATUS_PENDING状态。I/O管理器会通过IoStartPacket函数适应这样的场景，该函数会检查设备对象中的“忙碌”位，如果设备正忙，则会将IRP加入队列（该队列也是设备对象结构的一部分）。如果设备不忙，则会将设备位设置为忙碌，然后调用已注册的启动I/O例程（别忘了，驱动程序对象中就有这样的成员，并且可能已经在DriverEntry中进行了初始化）。就算驱动程序选择不使用IoStartPacket，也可能会遵循类似的逻辑。

（4）如果设备不忙，将直接从分发例程调用启动I/O例程，这意味着目前依然在发出该调用的请求方线程内执行。然而图6-18所示的启动I/O例程是在任意线程上下文中调用的，当讨论到第（8）步的 DPC 例程时就会知道，常规情况下确实会如此。这个启动 I/O 例程的作用是获取与 IRP 有关的参数，并使用它们对硬件设备编程（例如使用 WRITE_PORT_UCHAR、WRITE_REGISTER_ULONG 等 HAL 硬件访问例程写入其端口或寄存器）。当启动 I/O 完成后，调用将会返回，驱动程序中不再运行特殊代码，硬件开始“执行自己的任务”。当硬件设备开始工作时，同一个线程可能向设备发出了更多请求（如果使用异步操作），或者其他线程打开了指向该设备的句柄。此时分发例程会意识到设备正忙，因此将 IRP 插入 IRP 队列（如上所述，实现这一目标的方式之一是调用 IoStartPacket）。

（5）设备完成当前操作后，将产生一个中断。内核陷阱处理程序会将被选中执行该中断的 CPU 上当前执行的任意线程的 CPU 上下文保存起来，然后将该 CPU 的 IRQL 提升至中断所关联的 IRQL（DIRQL），并跳转至该设备注册的 ISR。

（6）运行在设备 IRQL（高于 2）的 ISR 会执行尽可能少的工作，告诉设备停止中断信号，并获取硬件设备的状态或其他必要信息。在它最后一步的操作中，ISR 会将需要在更低 IRQL 下进一步处理的 DPC 加入队列。使用 DPC 执行大部分设备服务，这种做法的优势在于在开始处理较低优先级 DPC 之前，IRQL 介于设备 IRQL 和 DPC/分发 IRQL（2）之间的、产生了阻塞的中断都是被允许的。因此中间优先级的中断可比不这样做时更迅速地得到服务，进而有助于降低系统延迟。

（7）中断解除后，内核会注意到 DPC 队列非空，因此会在 IRQL DPC_LEVEL（2）上使用软件中断跳转至 DPC 处理环路。

（8）最终，DPC 被从队列中移出，并在 IRQL 2 下执行，通常会执行如下两个主要操作。

- 获取队列中的下一个 IRP（如果存在的话），并为设备启动新操作。为此，首先会防止设备闲置太长时间。如果分发例程使用了 IoStartPacket，那么 DPC 例程将会调用对应的 IoStartNextPacket，仅此而已。如果有 IRP 可用，将从 DPC 调用启动 I/O 例程。因此一般情况下，启动 I/O 例程可以从任意线程上下文调用。如果队列中没有其他 IRP，设备将被标记为不忙，也就是说已经准备好处理收到的下一个请求。
- 完成 IRP，其操作已经由驱动程序调用 IoCompleteRequest 完成。随后驱动程序将不再负责处理该 IRP，也不应再接触该 IRP，因为这个 IRP 可能在调用完成后随时释放。IoCompleteRequest 将调用已注册的任何完成例程。最后，I/O 管理器将释放该 IRP（实际上是使用它自己所拥有的一个完成例程来释放的）。

（9）操作完成后，最初发出请求的线程需要获得通知。由于执行 DPC 的当前线程是任意线程，而非使用初始进程地址空间的初始线程，为了能够在发出请求的线程上下文中执行代码，需要对该线程发出一个特殊的内核 APC。APC 是一种函数，可用于强制在特定线程的上下文中执行。当发出请求的线程得到 CPU 时间后，将优先执行这个特殊的内核 APC（位于 IRQL APC_LEVEL=1 下），进而执行所需的工作，例如解除线程的等待状态，为注册到异步操作的事件发送信号等（APC 的相关内容参见卷 2 第 8 章）。

关于 I/O 完成还有一个问题需要注意：异步 I/O 函数 ReadFileEx 和 WriteFileEx 允许调用方将回调函数作为参数提供。如果调用方这样做，I/O 管理器会将用户模式 APC 加入调用方的线程 APC 队列，并将其作为 I/O 完成前执行的最后一个步骤。该功能使得调用方可以指定 I/O 请求完成或取消之后要调用的子例程。用户模式 APC 完成例程是在发出请求的线程上下文中执行的，且只有在该线程进入可警告的等待状态后才会发出（通过调用诸如 SleepEx、WaitForSingleObjectEx 或 WaitForMultipleObjectsEx 等函数）。

1. 用户地址空间缓冲区访问

IRP 的处理过程涉及 4 个主要驱动程序函数，如图 6-18 所示。这些例程中的部分或全部可能需要访问客户端应用程序提供的、位于用户空间中的缓冲区。当应用程序或设备驱动程序使用 NtReadFile、NtWriteFile 或 NtDeviceIoControlFile 系统服务（或使用这些服务相对应的 Windows API 函数，即 ReadFile、WriteFile 和 DeviceIoControl）间接创建了 IRP 后，将通过 IRP 主体的 UserBuffer 成员提供指向用户缓冲区的指针。然而直接访问该缓冲区的做法只能在发出申请的线程上下文中（此时客户端进程的地址空间可见）以及 IRQL 0 下（可照常进行换页）进行。

正如上一节所述，只有分发例程满足在发出申请的线程上下文中以 IRQL 0 运行这一条件。但大部分时候并非这种情况，实际上可能由上层筛选器保存了 IRP，并且未能立即向下传递，也许会稍后使用另一个不同线程向下传递，甚至可能最终是在 CPU 的 IRQL 为 2 或更高的状态下进行的。

另外 3 个函数（启动 I/O、ISR、DPC）明显是在任意线程（即任何一个线程）中运行的，并且其 IRQL 为 2（ISR 的 DIRQL）。大部分情况下，从这些例程中的任一个直接访问用户缓冲区是一种致命做法，原因如下。

（1）由于 IRQL 为 2 或更高，因此无法进行换页。由于用户缓冲区（或缓冲区的一部分）可能已经被换出，直接访问未驻留在物理内存中的页面会导致系统崩溃。

（2）由于执行这些函数的线程可能是任意线程，因此可见的将会是随机的进程地址空间，此时初始用户的地址毫无意义，并可能导致访问冲突，或者更糟糕的情况，导致访问了某个随机进程（执行那一刻所运行任意线程的父进程）的数据。

显然，我们必须能通过某种安全的方式在所有上述例程中访问用户缓冲区。I/O 管理器通过繁重的工作提供了两个选项：缓冲的 I/O（buffered I/O）和直接 I/O（direct I/O）。此外还有两者皆非的 I/O（neither I/O）这个第三选项，但这其实并不是真正的选项。对于这种 I/O，I/O 管理器不进行任何特殊处理，由驱动程序自行处理相关问题。

驱动程序会通过下列方式选择具体方法。

（1）对于读取和写入请求（IRP_MJ_READ 和 IRP_MJ_WRITE），会为设备对象（DEVICE_OBJECT）设置 Flags 成员（并包含一个 OR 布尔操作，以避免干扰其他标志），该成员会被设置为 DO_BUFFERED_IO（缓冲的 I/O）或 DO_DIRECT_IO（直接 I/O）。如果未设置任何标志，则暗示着使用两者皆非的 I/O。[DO 是设备对象（device Object）的缩写。]

（2）对于设备 I/O 控制请求（IRP_MJ_DEVICE_CONTROL），将使用 CTL_CODE 宏构造每个控制代码，并通过其中的某些位代表缓冲的具体方法。这意味着缓冲方法可以针对每个控制代码分别设置，这一点非常有用。

下文将详细介绍每种缓冲方法。

（1）**缓冲的 I/O**。对于缓冲的 I/O，I/O 管理器会分配一个镜像缓冲区，其大小等于用户缓冲区在非换页池中的大小，其中存储了指向 IRP 主体中 AssociatedIrp.SystemBuffer 成员内新建缓冲区的指针。图 6-19 显示了一个读取操作的缓冲的 I/O 所经历的主要阶段（写入操作与此类似）。

驱动程序可通过任何线程，在任何 IRQL 下访问系统缓冲区（图 6-19 中的地址 q）。

- 该地址位于系统空间，意味着其对任何进程上下文均有效。

■ 该缓冲区由非换页池分配，因此不会出现页面错误。

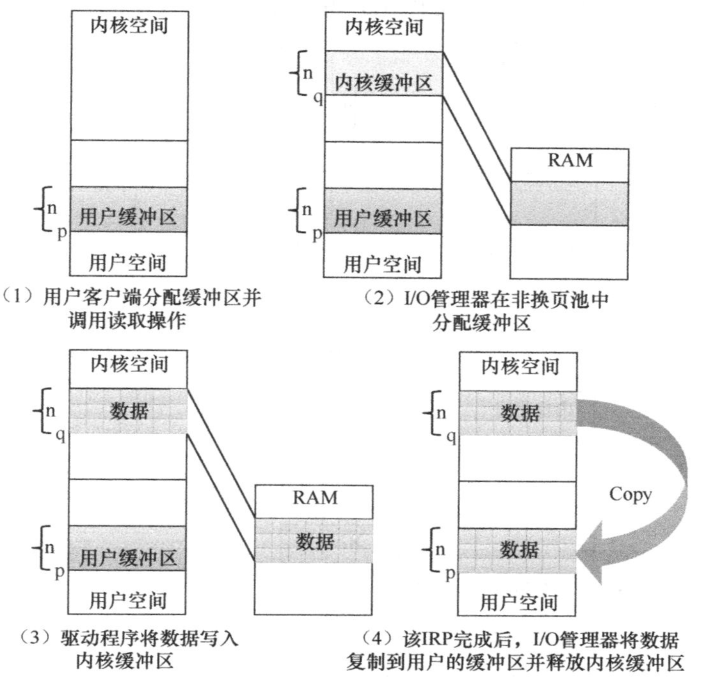

图 6-19 缓冲的 I/O

对于写入操作，在创建 IRP 时，I/O 管理器会将调用方的缓冲区数据复制到已分配的缓冲区。对于读取操作，当 IRP 完成时，I/O 管理器会（使用一个特殊的内核 APC）将已分配缓冲区中的数据复制到用户的缓冲区内，随后释放已分配的缓冲区。

缓冲的 I/O 无疑是非常易用的，因为几乎所有工作都由 I/O 管理器完成。但这种 I/O 最主要的不足之处在于始终需要复制数据，对于较大的缓冲区来说，效率会受到影响。缓冲的 I/O 通常会用于缓冲区大小不超过一个页面（4KB），并且设备不支持直接内存访问（DMA）的情况，因为可以使用 DMA 将数据从设备传输到 RAM，或从 RAM 传输到设备，并且全程无须 CPU 介入。但是缓冲的 I/O 这种方法始终需要借助 CPU 复制数据，进而使得 DMA 失去了价值。

（2）**直接 I/O**。直接 I/O 提供了一种让驱动程序无须进行任何复制操作，即可直接访问用户缓冲区的功能。图 6-20 显示了一个读取或写入操作的直接 I/O 所经历的主要阶段。

当 I/O 管理器创建 IRP 时，会调用 MmProbeAndLockPages 函数（已在 WDK 中文档化）将用户的缓冲区锁定在内存中（即使其不可换页）。I/O 管理器会以内存描述符列表（MDL）的形式存储有关内存的描述信息，MDL 这种结构描述了被缓冲区使用的物理内存，其地址存储在 IRP 主体的 MdlAddress 成员中。执行 DMA 的设备只需要获得缓冲区的物理描述，通过 MDL 就足以操作此类设备。然而如果有驱动程序必须访问缓冲区的内容，则可使用 MmGetSystemAddressForMdlSafe 函数将缓冲区映射至系统的地址空间，并传入所提供的 MDL。借此生成的指针（图 6-20 中的 q）可以在任何进程上下文（因为那是一个系统地址）和任何 IRQL 中（缓冲区无法被换出）安全地使用。这等于对用户缓冲区进行了双重映射，用户的直接地址（图 6-20 中的 p）只能从原始进程上下文中使用，而到系统空间的第二次映射使其可在任何上下文中使用。IRP完成后，I/O管理器会调用MmUnlockPages（已在WDK中文档化）解锁缓冲区（使其再次可换页）。

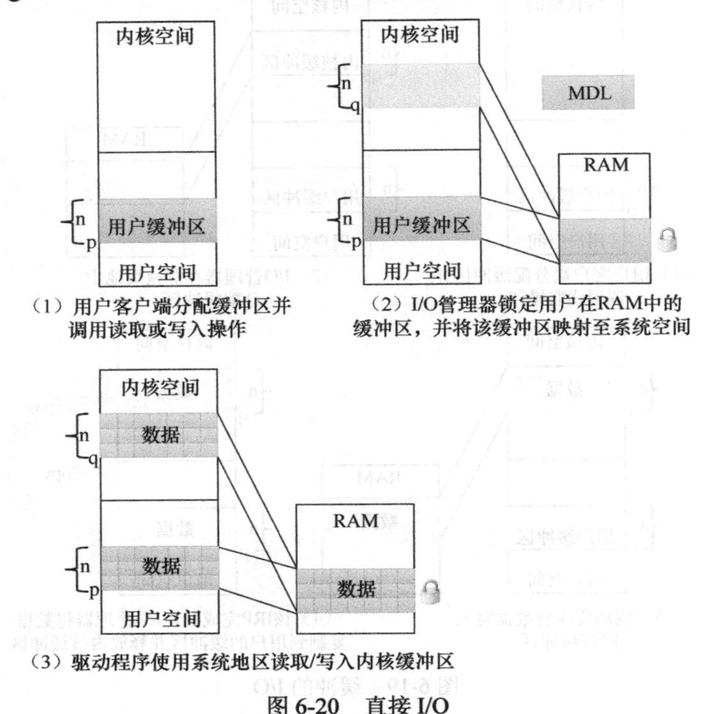
内核空间
用户缓冲区
用户空间
n
p
q
MDL
RAM
数据
（1）用户客户端分配缓冲区并调用读取或写入操作
（2）I/O管理器锁定用户在RAM中的缓冲区，并将该缓冲区映射至系统空间
（3）驱动程序使用系统地区读取/写入内核缓冲区

图6-20　直接I/O

因为无须进行复制，直接I/O很适合大缓冲区（超过一个页面），尤其适合DMA传输（也是因为无须复制）。

（3）**两者皆非的I/O**。对于两者皆非的I/O，I/O管理器并不执行任何缓冲区管理工作，这些工作将留给设备驱动程序自行处理，例如可选择手动执行类似于I/O管理器所执行的其他类型的缓冲区管理工作。某些情况下，只需要访问分发例程中的缓冲区就足够了，因此驱动程序可能立即结束两者皆非的I/O。两者皆非的I/O的主要优势在于零开销。

如果驱动程序使用两者皆非的I/O访问可能位于用户空间中的缓冲区，此时必须特别小心，要确保缓冲区地址是有效的，并且不会引用到内核模式内存。虽然可以用极为安全的方式传递标量值，但很少有驱动程序只需要传递一个标量值就够了。如果不能保证这一点，可能导致系统崩溃或安全漏洞，使得应用程序能够访问到内核模式内存，或将代码注入内核。内核提供给驱动程序的ProbeForRead和ProbeForWrite函数可以验证缓冲区是否完全驻留在地址空间中用户模式的部分内。为避免引用了无效用户模式地址所导致的崩溃，驱动程序可以访问使用结构化异常处理（Structured Exception Handling，SEH）保护的用户模式缓冲区（在C/C++中，这也称为__try/__except块）。SEH可以捕捉无效的内存错误，并将其转换为错误代码，随后返回给应用程序（有关SEH的详情，请参阅卷2第8章）。此外，驱动程序也应将所有数据输入捕获到内核缓冲区，而非依赖用户模式地址，因为调用方始终可以在驱动程序的支持下修改数据，哪怕内存地址本身依然是有效的。

2．同步

驱动程序对全局驱动程序数据和硬件寄存器的访问必须同步，原因有两点：其一，驱动程序的执行可能被其他高优先级线程抢占，而时间片（量程）有可能到期或被更高 IRQL 的中断所打断；其二，在多处理器系统（很普遍）中，Windows 可以在多颗处理器上并行地运行驱动程序代码。

如果不进行同步，那么有可能造成破坏，例如当调用方发起一个 I/O 操作时，运行于被动 IRQL（0）的设备驱动程序代码（例如分发例程）可能被设备中断所打断，导致设备驱动程序的 ISR 会在设备驱动程序正在运行的情况下开始执行。如果设备驱动程序修改了 ISR 本来也想要修改的数据，例如设备寄存器、堆存储或静态数据，那么当 ISR 开始执行时，这些数据将被损坏。

为避免这种情况，针对 Windows 编写的设备驱动程序必须对所有能在多个 IRQL 上访问的任何数据进行同步的访问。在试图更新共享的数据前，设备驱动程序必须将所有其他线程（或 CPU，如果是多处理器系统）锁定在外，防止它们更新同一个数据结构。

在单 CPU 系统中，只要将不同 IRQL 下运行的两个或更多函数同步，以及将此类函数的 IRQL（KeRaiseIrql）提升至这些函数执行所用的最高 IRQL 即可。例如，如果要在一个分发例程（IRQL 0）和一个 DPC 例程（IRQL 2）之间进行同步，在访问共享数据前，需要将分发例程的 IRQL 提升至 2。如果需要在 DPC 和 ISR 之间同步，可将 DPC 的 IRQL 提升至设备 RQL（当 PnP 管理器向驱动程序告知一个设备所连接的硬件资源时，会向驱动程序提供这些信息）。在多处理器系统中，光提升 IRQL 还不够，因为其他例程（如 ISR）可能通过其他 CPU 获得了服务（别忘了，IRQL 是 CPU 的属性，而非全局系统属性）。

为了允许高 IRQL 跨 CPU 同步，内核提供了一个特殊的同步对象——旋转锁（spinlock）。由于会用在驱动程序的同步过程中，因此我们在这里简要介绍旋转锁。（旋转锁的相关介绍见卷 2 第 8 章。）大体上，旋转锁的意义类似于一种互斥体（mutex，见卷 2 第 8 章），可供一段代码访问共享的数据，但两者的工作原理和用法有较大差异。表 6-3 总结了互斥体和旋转锁之间的差别。

表 6-3 互斥体和旋转锁之间的差别

	互斥体	旋转锁
同步的本质	任意数量的线程中，只有一个线程被允许进入关键区域并访问共享的数据	任意数量的 CPU 中，只有一颗 CPU 被允许进入关键区域并访问共享的数据
可用的 IRQL	<DISPATCH_LEVEL (2)	≥DISPATCH_LEVEL (2)
等待类型	常规。即不会在等待时浪费 CPU 周期	忙碌。即在被释放前，CPU 将持续测试旋转锁位
所有权	拥有者线程会被追踪，允许递归获取	CPU 拥有者不被追踪，递归获取会导致死锁

旋转锁只是内存中的一个位，可被原子测试（atomic test）和修改操作访问。旋转锁可能被 CPU 所拥有或者是自由的（不具备所有者）。见表 6-3，如果要在较高 IRQL（≥2）时实现同步，旋转锁是必须有的，因为互斥体无法用于需要调度器的情况，而之前已经讨论过，调度器无法在 IRQL 为 2 或更高的 CPU 上唤醒。因此对旋转锁的等待是一种很忙碌的等待操作：线程无法进入常规等待状态，因为这需要调度器被唤醒并切换至该 CPU 上的其他线程。

通过 CPU 获得旋转锁，这始终是一个包含两个步骤的操作。首先，IRQL 会被提升至与即将发生同步的对象相同的 IRQL，也就是说，需要提升至所有需要同步执行的函数中最高的那个 IRQL。例如分发例程（IRQL 0）和 DPC（IRQL 2）之间的同步就需要将 IRQL

提升至2，DPC（IRQL 2）和ISR（DIRQL）之间的同步需要将IRQL提升至DIRQL（特定中断的IRQL）。其次，旋转锁会试图通过原子测试的方式获取并设置旋转锁位。

注意　上述有关旋转锁获取过程的介绍有所简化，忽略了与此处讨论无关的一些细节。有关旋转锁的详细介绍参见卷2第8章。

下面将要介绍获得了旋转锁的函数决定进行同步时所处的IRQL。

简化后的旋转锁获取过程所涉及的两个步骤如图6-21所示。

当在IRQL 2同步[例如在分发例程和DPC之间，或在一个DPC和另一个DPC（当然，第二个DPC运行在另一颗CPU上）之间]时，内核提供了KeAcquireSpinLock和KeReleaseSpinLock函数（还有其他一些变体，详见卷2 第8章）。这些函数执行了图6-21中“相关IRQL”为2时对应的步骤。此时驱动程序必须分配一个旋转锁（KSPIN_LOCK，32位系统上仅4字节，64位系统上为8字节），这个旋转锁通常位于设备扩展（其中保存了驱动程序为设备管理的数据）中，并会使用KeInitializeSpinLock进行初始化。

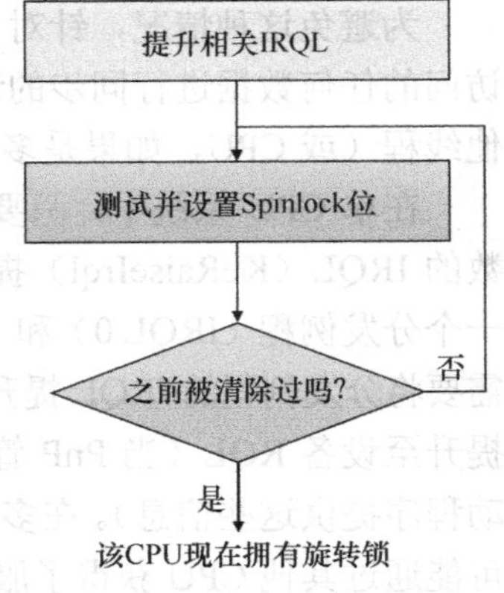

图6-21　旋转锁的获取

对于任意函数（例如DPC或分发例程）和ISR之间的同步，必须使用另一种函数。每个中断对象（KINTERRUPT）内部都保存了一个旋转锁，这是在ISR执行之前获得的（这意味着同一个ISR无法在其他CPU上并发运行）。此时的同步需要这种特殊的旋转锁（无须另外分配一个），该旋转锁可通过KeAcquireInterruptSpinLock函数间接获得，并可使用KeReleaseInterruptSpinLock释放。另一个选项是使用KeSynchronizeExecution函数，该函数可接受驱动程序提供的回调函数，并会在中断旋转锁的获取和释放之间调用。

至此，我们了解到，尽管ISR需要特别注意，但设备驱动程序所使用的任何数据都可能被运行在另一颗处理器上的同一个设备驱动程序（或某一个函数）所访问。因此设备驱动程序代码在使用任何全局或共享数据，或对物理设备本身进行任何方式的访问时，必须以同步的方式访问，这一点非常重要。

6.4.4　针对分层驱动程序的I/O请求

6.4.2节中的“IRP流程”部分介绍了驱动程序处理IRP时的常规选项，并重点介绍了标准的WDM设备节点。前一节介绍了对于由单一设备驱动程序控制的简单设备，其I/O请求是如何处理的。对于基于文件的设备，或对于其他层驱动程序的请求，I/O处理过程基本类似，但也值得进一步看看以文件系统驱动程序为目标的请求。图6-22显示了一个大幅简化后的示意图，概括介绍了异步I/O请求如何经过分层驱动程序最终到达非硬件的设备这一主要目标。这里使用了由文件系统控制的磁盘作为例子。

再一次，I/O管理器收到请求后创建代表该请求的IRP。不过这一次请求包会传递给文件系统驱动程序。此时，该文件系统驱动程序针对I/O操作拥有极大的控制力。根据调用方发出的请求类型，文件系统可以将同一个IRP发送给磁盘驱动器，或额外生成IRP并单独发送给磁盘驱动器。

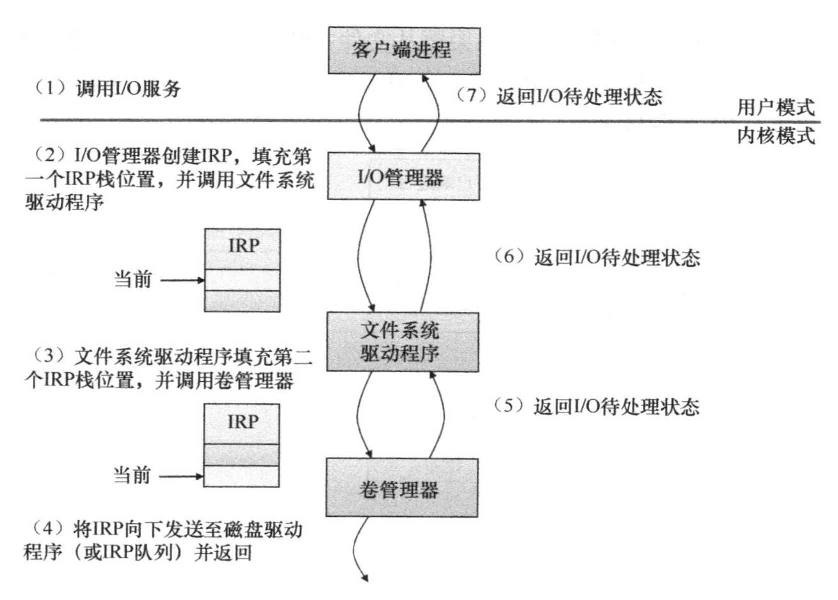

图 6-22 将异步请求添加到分层驱动程序的队列中

如果文件系统收到的请求可以转换为直接作用于一个设备的请求，那么很可能会复用同一个 IRP。举例来说，如果某个应用程序发出一个读取请求，需要读取卷上所存储的一个文件的前 512 字节，NTFS 文件系统会直接调用卷管理器驱动程序，要求它从卷上该文件的起始位置开始读取一个扇区的内容。

当磁盘控制器的 DMA 适配器完成数据传输后，磁盘控制器会在主机上产生中断，导致该磁盘控制器的 ISR 开始运行，进而请求一个 DPC 回调以完成该 IRP，如图 6-23 所示。

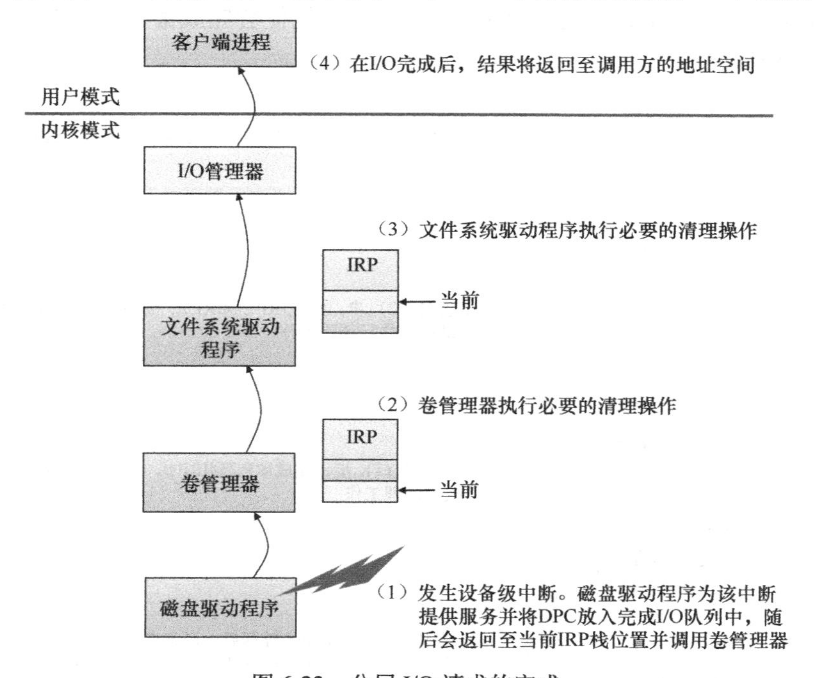

图 6-23 分层 I/O 请求的完成

复用单一 IRP 的另一种方法是，文件系统可以针对同一个 I/O 请求建立一组相互关联并且可以并行工作的IRP。举例来说，如果要从文件中读取的数据分散在磁盘上不同位置，文件系统驱动程序即可创建多个IRP，每一个IRP从磁盘上不同扇区读取所请求的部分数据。这种队列方式如图6-24所示。

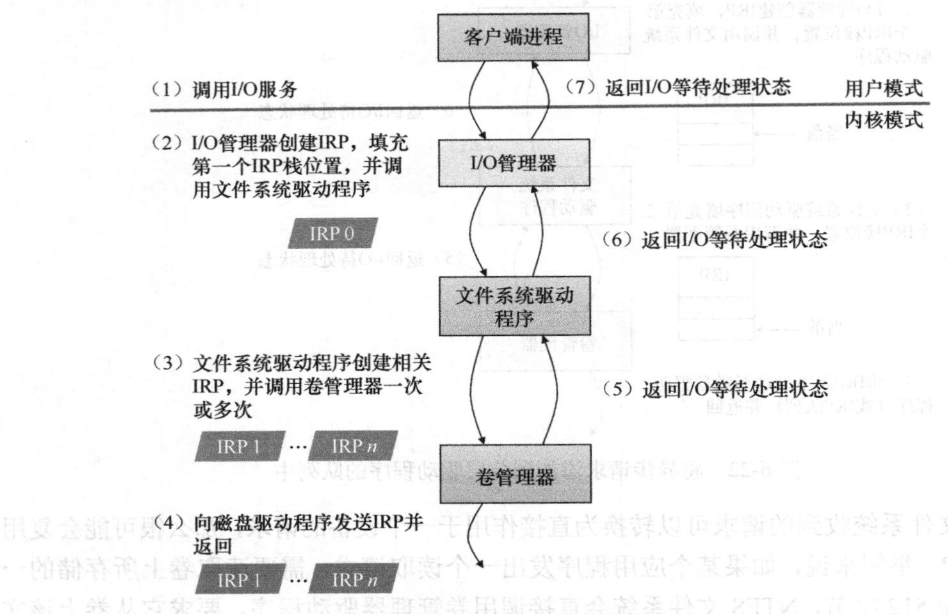

图6-24　相关IRP组成的队列

文件系统驱动程序会将这些相关的IRP提供给卷管理器，由卷管理器发送给磁盘设备驱动程序，并加入磁盘设备的队列中。这些IRP一次处理一个，文件系统驱动程序会跟踪所返回的数据。当所有相关联的IRP完成后，I/O系统便会完成最初的IRP并返回给调用方，如图6-25所示。

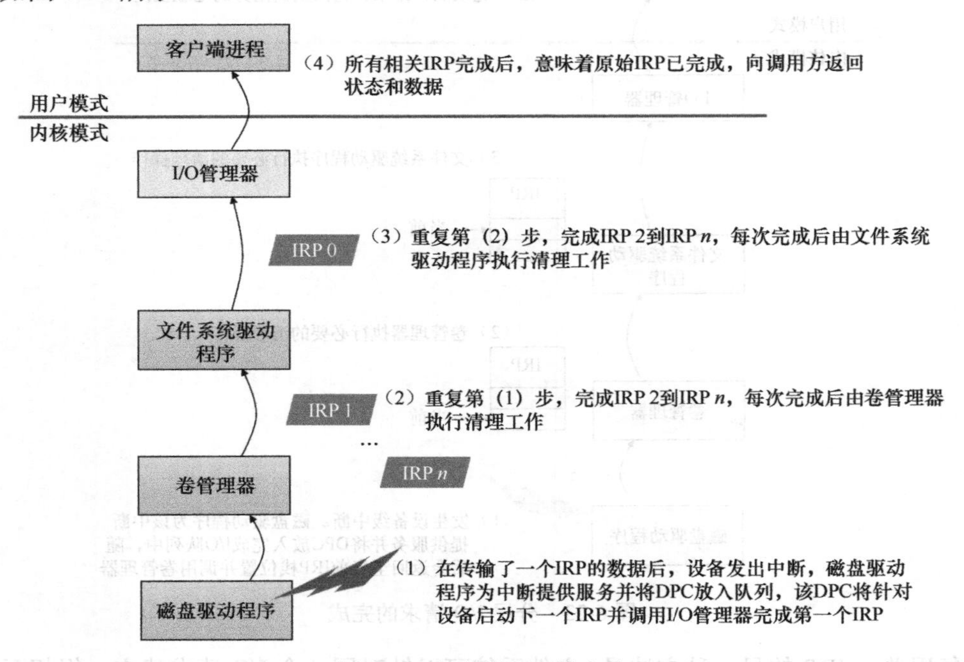

图6-25　相关联IRP的完成

> **注意** 所有负责管理基于磁盘的文件系统的 Windows 文件系统驱动程序，都是一个深度至少为 3 层的驱动程序栈的一部分。其中文件系统驱动程序位于顶层，中间是卷管理器，磁盘驱动程序位于底层。此外任意数量的筛选器驱动程序可分布在这些驱动程序的上层或下层。明确起见，上述分层 I/O 请求的范例仅包含一个文件系统驱动程序和卷管理器驱动程序，详细信息请参阅卷 2 第 12 章。

6.4.5 线程无关 I/O

在截至目前讨论的 I/O 模型中，IRP 需要在发起该 I/O 的线程中排队，并由 I/O 管理器向线程发出一个 APC 宣告该 IRP 的完成，借助这种方式，才能让 I/O 完成时的处理过程访问特定于进程和特定于线程的上下文。特定于线程的 I/O 处理通常在性能和缩放性方面可以满足大部分应用程序的需求，但 Windows 还通过两种机制提供了对线程无关 I/O（thread-agnostic I/O）的支持：一种是 I/O 完成端口，详见 6.4.7 节；另一种是将用户缓冲区锁定在内存中，并将其映射至系统地址空间。

借助 I/O 完成端口，应用程序可以决定自己什么时候需要检查 I/O 的完成情况。借此，发出 I/O 请求的线程即可置身事外，因为其他任何线程都可以执行完成请求。这样就不再需要在特定线程的上下文中完成 IRP，而是可以在能够访问该完成端口的任何线程的上下文中完成。

类似地，通过被锁定的用户缓冲区及其在内核中的映射，我们就不再需要发起请求的线程所对应的内存地址空间，因为内核可以从任意上下文访问所需内存。具备 SeLockMemoryPrivilege 特权的应用程序可使用 SetFileIoOverlappedRange 启用该机制。

对于使用了 I/O 完成端口和使用 SetFileIoOverlappedRange 设置文件缓冲区的 I/O，I/O 管理器会将这些 IRP 与请求所针对的文件对象关联在一起，而非与发起请求的线程关联在一起。WinDbg 的!fileobj 扩展可以为使用这些机制的文件对象显示 IRP 列表。

下一节我们将介绍如何借助线程无关 I/O 增强 Windows 中应用程序的可靠性和性能。

6.4.6 I/O 的取消

IRP 的处理可通过多种方式进行，并且 I/O 请求可通过多种方法完成，但很多 I/O 处理操作实际上以被取消而结束，并未真正完成。例如，设备可能在 IRP 依然活动时需要移除，或者用户可能主动取消设备需要长时间执行的操作（如网络操作）。此外，如果线程和进程终止，也将需要取消 I/O。当线程退出时，与该线程关联的 I/O 必须取消。这是因为 I/O 操作已经不再必要，而在未处理完的 I/O 完成之前，线程还无法被删除。

为了提供流畅的用户体验，Windows I/O 管理器需要与驱动程序配合来高效、可靠地处理这种请求。驱动程序在管理此类需求时，会调用 IoSetCancelRoutine 注册一个取消例程，将其用于可取消的 I/O 操作（通常来说，此类操作依然在队列中，只不过尚未开始执行），随后即可被 I/O 管理器调用，进而取消对应的 I/O 操作。当驱动程序在这些场景中无法扮演应有的角色时，用户将会遇到无法终止的进程，看起来这些进程已经消失了，但在任务管理器或 Process Explorer 中它们依然存在。

1. 用户发起的I/O取消

大部分软件使用一个线程来处理用户界面（UI）输入，并用一个或多个线程执行包括I/O在内的各种工作。在某些情况下，当用户希望取消一个自己通过UI发起的操作时，应用程序可能需要取消尚未处理的I/O操作。很快就能完成的操作可能并不需要取消，但对于需要花费大量时间的操作（例如大量数据传输或网络操作），Windows为同步和异步操作均提供了取消功能。

（1）**取消同步I/O**。线程可以调用CancelSynchronousIo，只要设备驱动程序支持，借此甚至可以取消创建（打开）操作。Windows中的很多驱动程序均支持该功能，例如管理网络文件系统（如MUP、DFS和SMB）的驱动程序即可取消打开网络路径的操作。

（2）**取消异步I/O**。线程可以调用CancelIo取消自己尚未完成的异步I/O。通过调用CancelIoEx，线程即可取消同一个进程内、针对特定文件句柄的所有异步I/O，而无须考虑操作是哪个线程发起的。CancelIoEx还适用于通过前文提到的Windows对线程无关I/O的支持关联到I/O完成端口的操作，这是因为I/O系统会将未处理I/O与完成端口链接起来，借此跟踪完成端口的未处理I/O。

同步I/O和异步I/O的取消如图6-26和图6-27所示。（对于驱动程序来说，所有取消操作的处理都是相同的。）

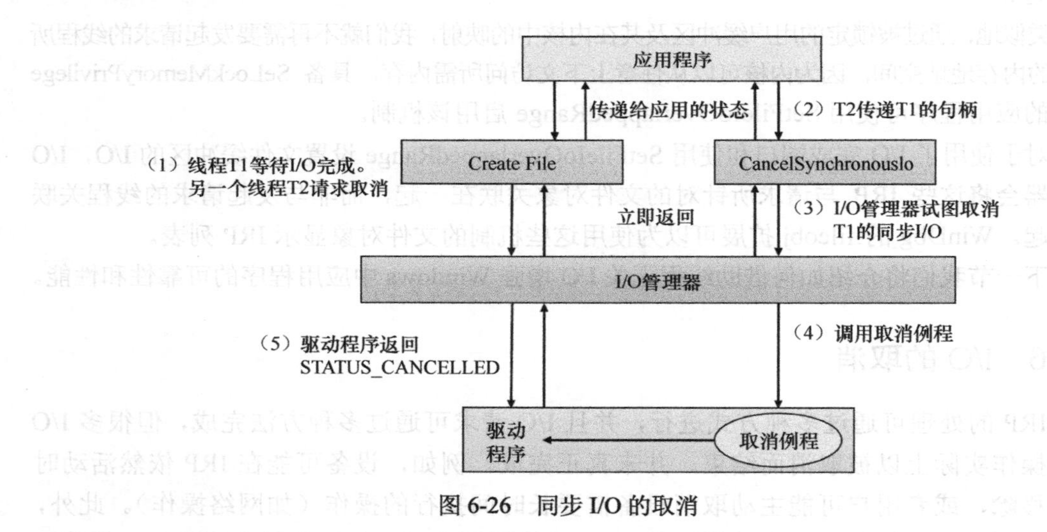

图6-26 同步I/O的取消

2. 线程终止时的I/O取消

此外当线程退出时，无论是直接退出，还是因为线程所属进程终止（这会导致进程中的所有线程退出）而退出，I/O都必须取消。由于每个线程都有一个与自己关联的IRP列表，I/O管理器可以查看该列表，寻找可取消的IRP然后将其取消。与CancelIoEx不同，此时在返回前并不需要等待IRP被取消，在所有I/O取消之前，进程管理器并不允许处理线程终止操作。因此如果驱动程序取消IRP时失败，在系统关机前，进程和线程对象将依然维持在已分配状态。

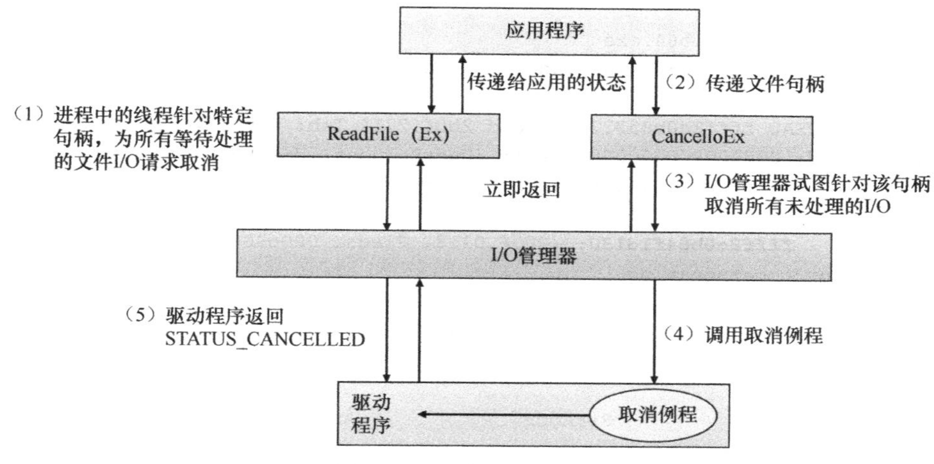

图 6-27 异步 I/O 的取消

注意 只有被驱动程序设置了取消例程的 IRP 可以被取消。进程管理器会等待与线程关联的所有 I/O 全部被取消或成功完成之后，才会删除该线程。

实验：调试无法终止的进程

在这个实验中，我们将使用 Sysinternals 提供的 Notmyfault 工具，让（Notmyfault.exe 使用的）Myfault.sys 驱动程序永久持有一个 IRP，而不注册取消例程，借此获得一个无法终止的进程（Notmyfault 的相关内容详见卷 2 第 15 章）。请执行如下步骤。

（1）运行 Notmyfault.exe。

（2）出现 Not My Fault 对话框。选择 Hang 选项卡，然后选中 Hang with IRP，如图 6-28 所示，最后单击 Hang 按钮。

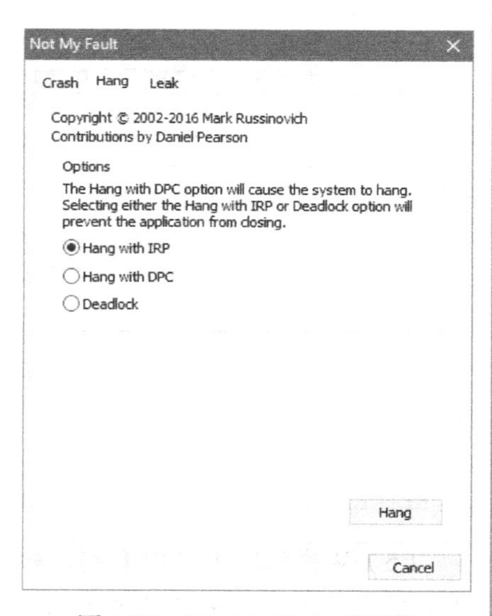

图 6-28 Not My Fault 对话框

（3）接下来看不到任何事情发生，可以单击 Cancel 按钮退出该应用程序。然而，随后在任务管理器或 Process Explorer 中依然可以看到 Notmyfault 进程。试图终止该进程会失败，因为 Myfault 驱动程序没有注册取消例程，所以 Windows 将永久等待 IRP 完成。

（4）若要对此类问题进行调试，可以使用 WinDbg 查看该线程目前正在做什么。打开本地内核模式调试器会话，然后用!process 命令列出 Notmyfault.exe 进程的信息（notmyfault64 为该进程的 64 位版本）。

```
lkd> !process 0 7 notmyfault64.exe
PROCESS ffff8c0b88c823c0
    SessionId: 1 Cid: 2b04    Peb: 4e5c9f4000 ParentCid: 0d40
    DirBase: 3edfa000 ObjectTable: ffffdf08dd140900 HandleCount: <Data Not
Accessible>
```

```
    Image: notmyfault64.exe
    VadRoot ffff8c0b863ed190 Vads 81 Clone 0 Private 493. Modified 8. Locked
0….
        THREAD ffff8c0b85377300  Cid 2b04.2714 Teb: 0000004e5c808000
Win32Thread: 0000000000000000 WAIT: (UserRequest) UserMode Non-Alertable
            fffff80a4c944018 SynchronizationEvent
        IRP List:
            ffff8c0b84f1d130: (0006,0118) Flags: 00060000 Mdl: 00000000
        Not impersonating
        DeviceMap                 ffffdf08cf4d7d20
        Owning Process            ffff8c0b88c823c0       Image:
notmyfault64.exe
...
        Child-SP          RetAddr           : Args to Child
: Call Site
        ffffb881'3ecf74a0 fffff802'cfc38a1c : 00000000'00000100
00000000'00000000 00000000'00000000 00000000'00000000 :
nt!KiSwapContext+0x76
        ffffb881'3ecf75e0 fffff802'cfc384bf : 00000000'00000000
00000000'00000000 00000000'00000000 00000000'00000000 :
nt!KiSwapThread+0x17c
        ffffb881'3ecf7690 fffff802'cfc3a287 : 00000000'00000000
00000000'00000000 00000000'00000000 00000000'00000000 :
nt!KiCommitThreadWait+0x14f
        ffffb881'3ecf7730 fffff80a'4c941fce : fffff80a'4c944018
fffff802'00000006 00000000'00000000 00000000'00000000 :
nt!KeWaitForSingleObject+0x377
        ffffb881'3ecf77e0 fffff802'd0067430 : ffff8c0b'88d2b550
00000000'00000001 00000000'00000000 00000000'00000000 : myfault+0x1fce
        ffffb881'3ecf7820 fffff802'd0066314 : ffff8c0b'00000000
ffff8c0b'88d2b504 00000000'00000000 ffffb881'3ecf7b80 : nt!IopSynchronousSer
viceTail+0x1a0
        ffffb881'3ecf78e0 fffff802'd0065c96 : 00000000'00000000
00000000'00000000 00000000'00000000 00000000'00000000 :
nt!IopXxxControlFile+0x674
        ffffb881'3ecf7a20 fffff802'cfd57f93 : ffff8c0b'85377300
fffff802'cfcb9640 00000000'00000000 fffff802'd005b32f :
nt!NtDeviceIoControlFile+0x56
        ffffb881'3ecf7a90 00007ffd'c1564f34 : 00000000'00000000
00000000'00000000 00000000'00000000 00000000'00000000 :
nt!KiSystemServiceCopyEnd+0x13 (TrapFrame @ ffffb881'3ecf7b00)
```

（5）从栈跟踪中可以看到，初始化该I/O的线程正在等待取消或完成。接下来需要使用前一个实验中用到的调试器扩展命令!irp，借此分析具体问题。请复制该IRP的指针，然后用!irp检查。

```
lkd> !irp ffff8c0b84f1d130
Irp is active with 1 stacks 1 is current (= 0xffff8c0b84f1d200)
 No Mdl: No System Buffer: Thread ffff8c0b85377300: Irp stack trace.
     cmd flg cl Device   File        Completion-Context
>[IRP_MJ_DEVICE_CONTROL(e), N/A(0)]
            5 0 ffff8c0b886b5590 ffff8c0b88d2b550 00000000-00000000
            \Driver\MYFAULT
                    Args: 00000000 00000000 83360020 00000000
```

（6）从输出结果中很明显可以看到，造成问题的驱动程序是\Driver\MYFAULT，也就是 Myfault.sys。该驱动程序的名称也着重强调了造成这种情况的唯一原因在于有问题的驱动程序，而非有问题的应用程序。然而虽然我们已经知道哪个驱动程序造成了该问题，但除了重新启动系统外什么也做不了。这是必要的，因为 Windows 永远不能安全地假设自己可以忽略取消操作尚未发生这一事实。IRP 可能随时返回，并导致系统内存被破坏。

窍门 如果在现实中遇到这类情况，应该检查驱动程序是否有新版本，新版本可能修复了这类 bug。

6.4.7 I/O 完成端口

编写高性能服务器应用程序需要实现高效的线程模型。无论用太少或太多的服务器线程处理客户端请求，均会导致性能问题。举例来说，如果服务器创建一个线程来处理所有请求，客户端可能会“挨饿”，因为同一时间里服务器只能处理一个请求。单线程也可以并发地处理多个请求，在 I/O 操作启动时从一个请求切换至另一个请求。然而此类架构大幅增加了复杂性，无法充分利用配备多颗逻辑处理器的系统。作为另一种极端情况，服务器可以创建一个巨大的线程池，几乎每个客户端请求都用一个专门的线程处理。这种场景通常会导致线程抖动（thread-thrashing），以及会有大量线程被唤醒，并执行一些 CPU 处理任务。随后因为等待 I/O 而被阻塞，然后当请求处理完成后再次被阻塞，并等待新的请求。此外使用太多线程会产生过多的上下文切换，因为调度器必须将处理器时间分配给多个活动线程，并且这样的架构是不可缩放的。

服务器的目标是尽可能减少上下文切换次数，让线程尽量不要受到非必要的阻塞，同时让多个线程实现最大化的并行执行能力。理想情况下，在每颗处理器上有一个线程在活跃地服务客户端请求，并且如果有其他请求正在等待，这些线程在操作完成后不会导致阻塞。然而为了正确实现这种最优化的过程，应用程序必须通过某种方法，在处理一个客户端请求的线程阻塞了 I/O 时（例如在处理过程中从文件读取数据时）能够激活另一个线程。

1. IoCompletion 对象

应用程序使用的 IoCompletion 执行体对象在将 Windows API 导出为完成端口时，可以作为与多个文件句柄相关联的 I/O 完成时的焦点。一旦一个文件被关联至完成端口，针对该文件完成的任何异步 I/O 操作都会导致一个完成包（completion packet）在该完成端口上排队。线程只需要等待该完成包被加入完成端口的队列，即可等待在多个文件上尚未处理的 I/O 操作成功完成。Windows API 通过 WaitForMultipleObjects API 函数提供了类似的功能，但完成端口有一个重大优势——并发性。并发性是指应用程序可以用于为客户端请求提供服务的活动线程的数量，这是在系统的协助下控制的。

当应用程序创建完成端口时，需要指定一个并发性值。该值代表了在任何特定时间内，这个端口可关联的线程数量最大值。正如前所述，理想情况下，在任何特定时间内，要让系统中的每颗处理器上运行一个活动线程。Windows 会使用端口所关联的并发性值来控制应用程序有多少活动线程。如果端口所关联的活动线程数量等于并发性值，那么正在该完成端口上等待的线程将不允许运行。相反，如果一个活动线程完成了当前请求的处理，随后会检查该端口上是否有其他包正在等待。如果存在，线程将直接拿取这个包并开始进行处理。这个过程中无须上下文切换，CPU 的几乎全部能力都可以被有效运用。

2. 使用完成端口

图 6-29 从较高角度展示了 I/O 完成端口的操作。调用 Windows API 函数 CreateIoCompletionPort 即可创建完成端口，阻塞在完成端口的线程均会与该端口相关联，并按照后进先出（Last in, first out，LIFO）的顺序唤醒，这样最近阻塞的线程将成为下一个提供包的线程。对于被长时间阻塞的线程，它们的栈可能被换出到磁盘，因此如果与一个完成端口关联的线程数量超出了实际处理能力，被阻塞时间最长的线程的内存痕迹也可以降至最低限度。

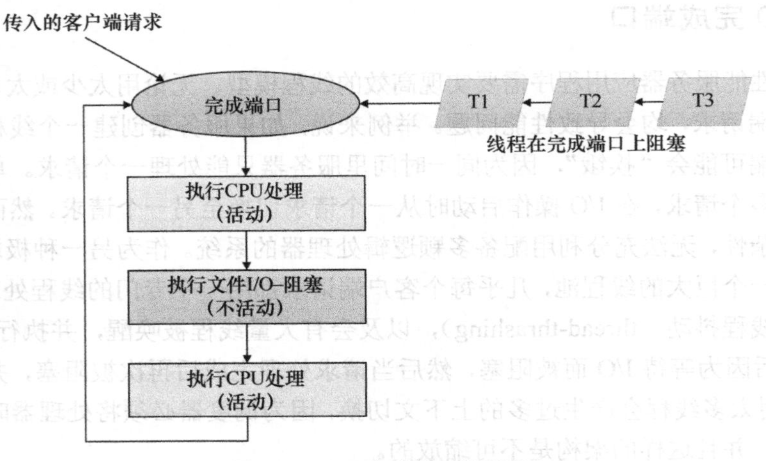

图 6-29 I/O 完成端口的操作

服务器应用程序通常会通过由文件句柄所标识的网络端点接收客户端请求，例如 Windows Sockets 2（Winsock2）套接字或命名管道。随着服务器创建通信端点，会将其关联至完成端口，并且服务器中的线程会在该端口上调用 GetQueuedCompletionStatus(Ex) 来等待传入的请求。当线程通过完成端口获得请求包后，便不再继续等待并开始处理该请求，进而就成为活动线程。线程处理过程中可能会被阻塞多次，例如在需要以磁盘上的文件为目标读写数据时，或与其他线程同步时。Windows 可以检测到这种活动并意识到该完成端口已经有至少一个活动线程，因此当线程由于被阻塞而变得不活动时，如果队列中还有其他请求包，在完成端口上等待的其他线程将会被唤醒。

对于这个问题，微软的指导方针是将并发性值设置为约等于系统中处理器的数量。不过也要注意，一个完成端口上的活动线程数量也有可能超过并发性限制。请考虑将该限制设置为 1 时的情况。

（1）客户端请求传入，一个线程被分发负责处理该请求，因此变为活动线程。

（2）第二个请求抵达，但在该端口上等待的第二个线程不允许开始处理，因为已经达到了并发性限制。

（3）第一个线程由于在等待文件 I/O 而被阻塞，变为不活动线程。

（4）第二个线程被释放。

（5）虽然第二个线程依然是活动的，但第一个线程的文件 I/O 已经完成，因此第一个线程再次成为活动线程。此时（在某一个线程被阻塞前）的并发性值为 2，高于我们设置的 1。大部分时候，活动线程的数量都会维持等于或略微大于并发性值的状态。

完成端口 API 还可以让服务器应用程序使用 PostQueuedCompletionStatus 函数查询完成端口上以私有定义创建的请求包。服务器通常会使用该函数向自己的线程通知外部事件，如需要优雅地关机。

应用程序可以使用前文介绍过的线程无关 I/O，并将其与 I/O 完成端口一起使用，以避免将线程关联给自己的 I/O，而是将其关联给完成端口对象。使用 I/O 完成端口除了可以获得与伸缩性有关的好处，还可以尽可能减少上下文切换次数。标准的 I/O 完成必须由发起该 I/O 的线程执行，但如果 I/O 关联给 I/O 完成端口并且执行完毕，I/O 管理器就可以使用任何正在等待的线程执行完成操作。

3. I/O 完成端口操作

Windows 应用程序可以调用 Windows 的 CreateIoCompletionPort API 创建完成端口，并指定完成端口句柄为 NULL。这会导致执行系统服务 NtCreateIoCompletion。执行体的 IoCompletion 对象包含了一个名为内核队列的内核同步对象，因此该系统服务会创建一个完成端口对象，并在为端口分配的内存中初始化一个队列对象。（到该端口的指针也会指向该队列对象，因为这个队列是完成端口的第一个成员。）内核队列对象会包含线程初始化它的时候提供的并发性值，此时所用的并发性值正是传递给 CreateIoCompletionPort 的值。NtCreateIoCompletion 还会调用 KeInitializeQueue 函数初始化端口的队列对象。

当应用程序调用 CreateIoCompletionPort 为端口分配文件句柄时，系统服务 NtSetInformationFile 将使用该文件句柄作为主要参数开始执行。此时将设置 FileCompletionInformation 这个信息类，完成端口的句柄和来自 CreateIoCompletionPort 的 CompletionKey 参数将成为数据值。NtSetInformationFile 会解除对该文件句柄的引用，进而获得文件对象，并分配完成上下文数据结构。

最后，NtSetInformationFile 设置文件对象中的 CompletionContext 字段指向该上下文结构。当针对文件对象的异步 I/O 操作完成后，I/O 管理器会检查文件对象中的 CompletionContext 字段是否非 NULL。如果是，I/O 管理器会分配一个完成包，并调用 KeInsertQueue 将其加入完成端口的队列，同时指定该端口作为这个完成包要加入的队列（之所以能够实现这一点，是因为完成端口对象和队列对象具备相同的地址）。

当服务器线程调用 GetQueuedCompletionStatus 时，将执行系统服务 NtRemoveIoCompletion。在验证过参数并将完成端口句柄转换为指向端口的指针后，NtRemoveIoCompletion 会调用 IoRemoveIoCompletion，并最终调用 KeRemoveQueueEx。对于高性能场景，可能有多个 I/O 已经完成，虽然线程不会被阻塞，但每次获取一个项时依然需要调用到内核中。GetQueuedCompletionStatus 或 GetQueuedCompletionStatusEx API 可供应用程序一次获取多个 I/O 的完成状态，借此可减少用户模式和内核模式之间往返的次数进而维持最高效率。在内部，这是通过 NtRemoveIoCompletionEx 函数实现的，它会通过已加入队列的项数量调用 IoRemoveIoCompletion，并将这个数值传递给 KeRemoveQueueEx。

如上所述，KeRemoveQueueEx 和 KeInsertQueue 是完成端口背后的引擎。这些函数决定了等待 I/O 完成包的线程是否应该被激活。从内部来看，队列对象维护了当前活动线程的数量计数以及活动线程数量的最大值。如果当前数量等于或超过最大值，当线程调用 KeRemoveQueueEx 时，该线程将被（以 LIFO，即后进先出地）按顺序放入一个线程列表，等待轮到自己处理完成包的机会。该线程列表在队列对象外部。线程的控制块数据结构（KTHREAD）中包含一个指针，该指针引用了与队列相关的队列对象，如果该指针为NULL，意味着线程没有关联到任何队列。

Windows 依赖于线程控制块中的队列指针来跟踪由于被阻塞到完成端口之外的地方而变得不活动的线程。有可能导致线程阻塞的调度器例程（如 KeWaitForSingleObject、KeDelayExecutionThread 等）会检查线程的队列指针，如果指针非 NULL，该函数会调用 KiActivateWaiterQueue，这个与队列有关的函数可以递减与队列相关的活动线程计数。如果递减后的数值小于最大值，并且队列中至少有一个完成包，那么在队列的线程列表最前方的线程将被唤醒，并获得最老的包。然而与之相对的，无论任何时候，当与队列相关的线程在阻塞后被唤醒时，调度器均会执行 KiUnwaitThread 函数，并递增队列的活动线程计数。

Windows 的 API 函数 PostQueuedCompletionStatus API 会导致执行系统服务 NtSetIoCompletion。该函数只是调用 KeInsertQueue 将指定的包插入完成端口的队列中。

图 6-30 所示的是一个运行中的完成端口范例。虽然有两个线程已经准备好处理完成包，但并发性值为 1，因此只有一个关联到该完成端口的线程是活动的，这两个线程都被阻塞在完成端口上。

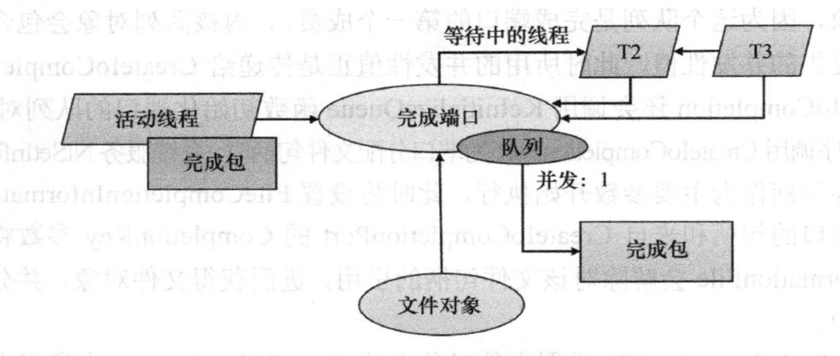

图 6-30 运行中的完成端口范例

我们可以通过 SetFileCompletionNotificationModes API 进一步调优 I/O 完成端口的通知模型，借此让应用程序开发者充分利用有针对性的额外改进实现更大吞吐量，而无须修改自己的应用程序。表 6-4 列出了 I/O 完成端口通知模型，这些模型均面向单个文件句柄，并且设置后无法更改。

表 6-4 I/O 完成端口通知模型

通知模型	含义
成功时跳过完成端口（FILE_SKIP_COMPLETION_PORT_ON_SUCCESS=1）	如果下列 3 个条件均满足，I/O 管理器将不按照常规做法将完成项加入端口队列：第一，完成端口必须与文件句柄关联；第二，文件必须用异步 I/O 打开；第三，请求必须立即返回成功状态而非返回 ERROR_PENDING
跳过在句柄上设置事件的操作（FILE_SKIP_SET_EVENT_ON_HANDLE=2）	如果请求返回了成功代码，或返回的错误代码为 ERROR_PENDING 并且所调用的并非同步函数，I/O 管理器将不为文件对象设置事件。但如果为请求提供了显式事件，事件依然会被设置为有信号状态
为快速 I/O 跳过用户事件的设置（FILE_SKIP_SET_USER_EVENT_ON_FAST_IO=4）	如果请求经历了快速 I/O 路径并返回了成功状态，或返回的错误代码为 ERROR_PENDING 并且所调用的并非同步函数，I/O 管理器将不为该请求设置显式事件

6.4.8 I/O 优先级处理

如果不为I/O 划分优先级，诸如搜索索引、病毒扫描、磁盘碎片整理等后台任务可能会严重影响前台操作的响应性能。例如，当一个进程在执行磁盘I/O 时，用户启动了另一个应用程序或打开了一个文档，此时就会出现延迟，因为前台任务必须等待磁盘访问。这种干扰也会影响到从磁盘上播放音乐等多媒体文件类型时的流式播放过程。

为了帮助前台 I/O 获得“优先权”，Windows 提供了两类 I/O 优先级机制：面向单个I/O 操作的优先级，以及预留的 I/O 带宽。

1. I/O 优先级

Windows I/O 管理器内部可支持 5 个 I/O 优先级，见表 6-5，但实际上只使用了其中 3 个优先级。（后续版本的 Windows 可能会支持“高”和“低”优先级。）

表 6-5 I/O 优先级

I/O 优先级	用途
关键	内存管理器
高	暂未使用
正常	正常应用程序 I/O
低	暂未使用
非常低	计划任务、SuperFetch、碎片整理、内容索引、后台任务

I/O 的默认优先级为“正常”。当可用内存数量低，内存管理器在将脏的内存数据写出到磁盘，进而为其他数据和代码腾出内存空间时，会使用“关键”优先级。Windows 任务计划程序会将默认优先级任务的 I/O 优先级设置为“非常低”。在后台执行处理任务的应用程序会将优先级指定为“非常低”。所有 Windows 后台操作，包括 Windows Defender 扫描和桌面搜索索引，也会使用“非常低”的 I/O 优先级。

2. 优先化策略

在内部，这 5 个 I/O 优先级可以分为两种 I/O 优先化模式：层级优先化（hierarchy prioritization）和空闲优先化（idle prioritization）。这些优先化模式也叫作策略。层级优先化涉及除“非常低”之外的所有 I/O 优先级，并会实施下列策略。

（1）所有关键优先级的 I/O 必须先于任何高优先级 I/O 处理。

（2）所有高优先级的 I/O 必须先于任何正常优先级 I/O 处理。

（3）所有正常优先级的 I/O 必须先于任何低优先级 I/O 处理。

（4）所有低优先级的 I/O 必须在任何更高优先级的 I/O 之后处理。

在每个应用程序生产 I/O 时，会根据优先级将 IRP 放入不同的 I/O 队列，层级优先化策略决定了操作的顺序。

另外，空闲优先化策略为非空闲优先级的 I/O 使用了一个单独的队列。由于系统会先于空闲 I/O 处理所有层级优先的 I/O，因此只要系统中的层级优先级策略队列中哪怕有一个非空闲 I/O，该队列中的 I/O 就很容易“挨饿”。

为避免这种情况，并为了控制处理速率（即 I/O 传输的发送速率），空闲优先化策略会使用一个计时器来监视队列，并保证每个单位时间（通常为 0.5s）里至少有一个 I/O 会被处理完成。使用非空闲 I/O 优先级写的数据还会导致缓存管理器立即将改动写出到磁盘，而不会延迟该写出操作，同时这样也可以绕过针对读取操作的预读逻辑，这种逻辑通常会在访问文件时进行抢占式的读取。该优先化策略会在最后一个空闲 I/O 完成后等待 50ms，随后再处理下一个空闲 I/O，否则空闲 I/O 可能会发生在非空闲流的过程中，导致开销巨大的磁盘寻道操作。

出于示范的目的，将这些策略与虚拟全局 I/O 队列相结合，得到了图 6-31 所示的队列。注意，在每个队列中，处理顺序都是先进先出（FIFO）。图 6-31 所示的顺序仅供参考。

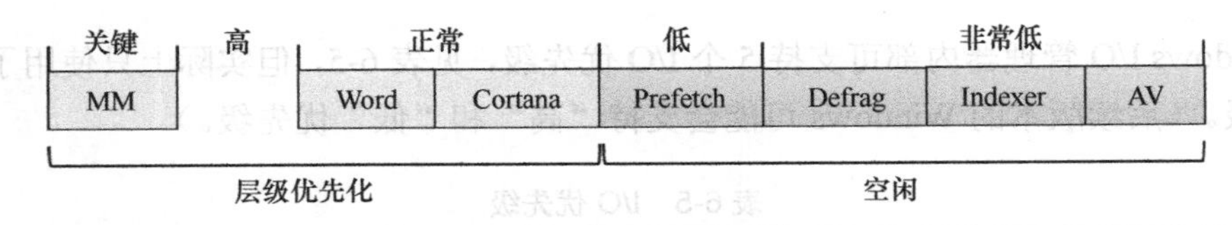

图 6-31　全局 I/O 队列中的范例项

用户模式应用程序可针对 3 种对象设置 I/O 优先级。SetPriorityClass 函数（与 PROCESS_MODE_BACKGROUND_BEGIN 值）和 SetThreadPriority 函数（与 THREAD_MODE_BACKGROUND_BEGIN 值）可用于为整个进程或特定线程生成的所有 I/O 设置优先级（优先级会存储在每个请求的 IRP 中）。这些函数仅适用于当前进程或线程，可将 I/O 优先级降低至“非常低”。此外这些函数还可以将调度优先级降低至 4，将内存优先级降低至 1。SetFileInformationByHandle 函数可为特定文件对象设置优先级（该优先级会存储在文件对象中）。驱动程序也可以使用 IoSetIoPriorityHint API 直接为 IRP 设置 I/O 优先级。

注意　IRP 和文件对象中的 I/O 优先级字段是一种“提示”，但无法保证存储栈中的各类驱动程序遵守，甚至支持这些 I/O 优先级。

这两种优先化策略是通过两种类型的驱动程序实现的。层级优先化由存储端口驱动程序实现，该驱动程序负责特定端口（如 ATA、SCSI 或 USB）的所有 I/O。仅 ATA 端口驱动程序（Ataport.sys）和 USB 端口驱动程序（Usbstor.sys）实现了该策略，SCSI 和存储端口驱动程序（Scsiport.sys 和 Storport.sys）并未实现。

注意　所有端口驱动程序就算不支持完整的层级优先化机制，也会特意检查关键优先级的 I/O 并将其放置在队列最前方。该机制是为了支持关键的内存管理器换页 I/O，保证系统的可靠性。

这意味着 IDE 和 STAT 硬盘等消费类大容量存储设备以及 USB 闪存盘可以从 I/O 优先级中获益，而使用 SCSI、光纤通道以及 iSCSI 的设备则无法获益。

此外，系统存储类设备驱动程序（Classpnp.sys）会强制实施空闲优先化策略，因此空闲优先化策略可自动应用于直接针对存储设备、包括 SCSI 驱动器的 I/O。这种分离确保了空闲 I/O 可受到处理速率算法控制，在空闲 I/O 使用量高的情况下保证系统可靠性，并确保使用这种 I/O 的应用程序在此时依然可以继续完成自己的处理任务。通过微软提供的类驱动程序为这样的策略提供支持，可避免由于旧的第三方端口驱动程序缺乏必要的支持所导致的性能问题。

存储栈的简化视图如图 6-32 所示，并显示了每个策略的实施位置。存储栈的相关内容参见卷 2 第 12 章。

3. 避免 I/O 优先级反转

为避免 I/O 优先级反转，低 I/O 优先级线程导致高 I/O 优先级线程“挨饿”的情况，执行体资源（ERESOURCE）锁定功能使用了多种策略。选择 ERESOURCE 作为 I/O 优先级继承实现的位置，这是因为它在文件系统以及存储驱动程序中有着广泛的应用，而大部分 I/O 优先级反转问题都出现在这里（执行体资源的相关内容参见卷 2 第 8 章）。

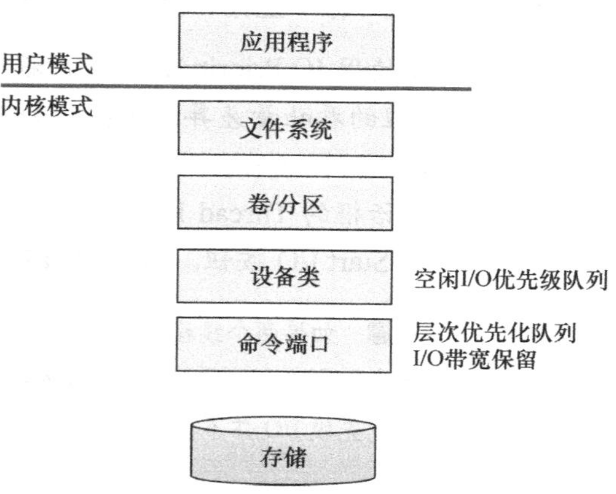

图 6-32 存储栈的简化视图

如果 ERESOURCE 被低 I/O 优先级线程获取，且当前在该 ERESOURCE 上存在“正常”或更高优先级的等待方，当前线程将通过 PsBoostThreadIo API 临时提升为正常 I/O 优先级，并递增 ETHREAD 结构中的 IoBoostCount。此外还会通知自动提升该线程的 I/O 优先级是否被提升，或提升是否被移除（自动提升的相关内容参见第 4 章）。

随后将调用 IoBoostThreadIoPriority API，由该 API 枚举在目标线程上排队的所有 IRP（别忘了，每个线程都有一个未完成 IRP 列表），并检查哪个 IRP 的优先级低于目标优先级（通常为“正常”优先级），借此识别出未完成的空闲 I/O 优先级 IRP。随后还会识别出负责每个 IRP 的设备对象，I/O 管理器会检查是否注册了优先级回调，而驱动程序开发者可以使用 IoRegisterPriorityCallback API 并为设备对象设置 DO_PRIORITY_CALLBACK_ENABLED 标志来注册回调。根据该 IRP 是否为换页 I/O，这套机制可以称为线程提升（treaded boost）或换页提升（paging boost）。最后，如果未找到匹配的 IRP，但线程至少有一些未完成的 IRP，那么将忽略设备对象或优先级提升所有 IRP，这个过程也叫作地毯式提升（blanket boosting）。

4. I/O 优先级提升和撞升

为避免使用 I/O 优先级的情况下产生“挨饿”、反转或其他不希望出现的情况，Windows 还会对常规 I/O 路径进行其他一些微妙的改动。一般来说，这些改动是在需要时提升 I/O 优先级完成的。下列场景会体现这样的行为。

（1）当调用驱动程序处理以特定文件对象为目标的 IRP 时，Windows 会确保：如果请求来自内核模式，IRP 将使用正常优先级，哪怕实际前文件对象本身包含较低 I/O 优先级的提示。这叫作内核撞升（kernel bump）。

（2）当页面文件正在（通过 IoPageRead 和 IoPageWrite）读取或写入时，Windows 会检查请求是否来自内核模式，并确认该请求并非代表 Superfetch 执行的（Superfetch 总是使用空闲 I/O）。对于这种情况，IRP 将使用正常优先级，哪怕实际上当前线程使用了较低的 I/O 优先级。这叫作换页撞升（paging bump）。

下列实验将展示一个 I/O 优先级非常低的范例，并介绍如何使用 Process Monitor 查看不同请求的I/O优先级。

实验：“非常低”和“正常”I/O的吞吐量

我们可以使用IO Priority范例应用程序（包含在本书的随附资源中）查看两个不同I/O优先级线程的吞吐量差异。请执行如下步骤。

（1）启动IoPriority.exe。

（2）在对话框的Thread 1选项下，选中Low Priority选项，如图6-33所示。

（3）单击Start I/O按钮。随后应该可以注意到两个线程的速度有巨大差异。

注意　如果两个线程都运行在低优先级，并且系统相对较为空闲，它们的吞吐量应该约等于本例中单个正常I/O优先级的吞吐量。这是因为如果没有其他更高优先级的I/O争用，低优先级I/O并不会被人为限流或通过其他方式阻碍。

（4）在Process Explorer中打开该进程，查看低I/O优先级线程的属性信息，如图6-34所示。

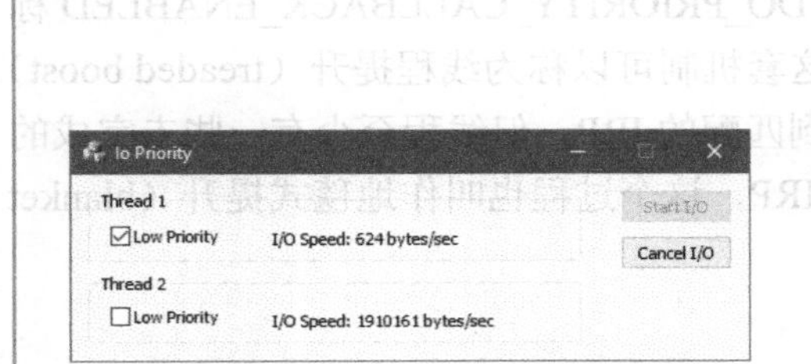

图6-33　选中Low Priority选项

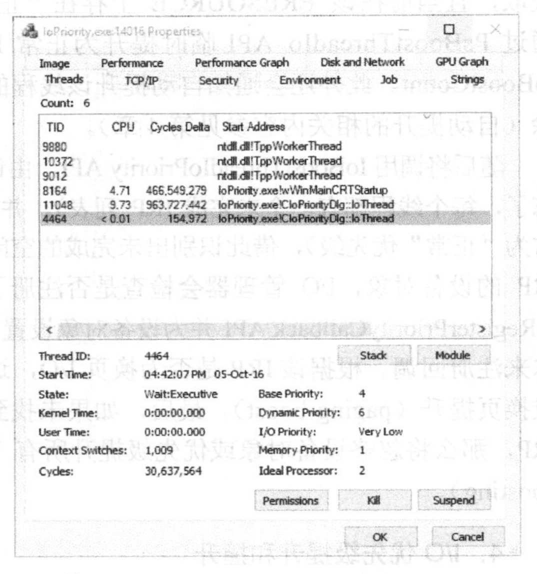

图6-34　查看低I/O优先级线程的属性信息

（5）也可以使用Process Monitor跟踪IO Priority程序的I/O，并查看其I/O优先级提示。为此请启动Process Monitor，为IoPriority.exe配置一个筛选器，然后重复上述实验。在该应用程序中，每个线程会读取一个名为_File_、后跟线程ID作为序号的文件。

（6）向下拖动界面，直到看到对File_1进行的写入。此时应该可以看到图6-35所示的界面。

（7）注意，针对_File_7920的I/O优先级为低。如果查看Time of Day和Relative Time列就会发现，这些I/O之间存在0.5s的间隔，这也是空闲优先化策略生效的另一个迹象。

Process Monitor - Sysinternals:

File Edit Event Filter Tools Options Help

Relative Time	Process Name	PID	Operation	Path	Result	Detail
00:00:02.3156375	IoPriority.exe	12912	CreateFile	C:\Dev\IoPriority_File_7920	SUCCESS	Desired Access: Generic Read/Write, Delete, Disposition: Create, Option
00:00:02.3160181	IoPriority.exe	12912	WriteFile	C:\Dev\IoPriority_File_7920	SUCCESS	Offset: 0, Length: 1,024, I/O Flags: Non-cached, Priority: Normal
00:00:02.3174006	IoPriority.exe	12912	WriteFile	C:\Dev\IoPriority_File_13636	SUCCESS	Offset: 0, Length: 1,024, I/O Flags: Non-cached, Priority: Normal
00:00:02.3177795	IoPriority.exe	12912	ReadFile	C:\Dev\IoPriority_File_7920	SUCCESS	Offset: 0, Length: 1,024, I/O Flags: Non-cached, Priority: Very Low
00:00:02.3181271	IoPriority.exe	12912	ReadFile	C:\Dev\IoPriority_File_13636	SUCCESS	Offset: 0, Length: 1,024, I/O Flags: Non-cached, Priority: Normal
00:00:02.3183190	IoPriority.exe	12912	ReadFile	C:\Dev\IoPriority_File_13636	SUCCESS	Offset: 0, Length: 1,024, I/O Flags: Non-cached, Priority: Normal
00:00:02.3185555	IoPriority.exe	12912	ReadFile	C:\Dev\IoPriority_File_13636	SUCCESS	Offset: 0, Length: 1,024, I/O Flags: Non-cached, Priority: Normal
00:00:02.3187344	IoPriority.exe	12912	ReadFile	C:\Dev\IoPriority_File_13636	SUCCESS	Offset: 0, Length: 1,024, I/O Flags: Non-cached, Priority: Normal
00:00:02.3189125	IoPriority.exe	12912	ReadFile	C:\Dev\IoPriority_File_13636	SUCCESS	Offset: 0, Length: 1,024, I/O Flags: Non-cached, Priority: Normal
00:00:02.3191022	IoPriority.exe	12912	ReadFile	C:\Dev\IoPriority_File_13636	SUCCESS	Offset: 0, Length: 1,024, I/O Flags: Non-cached, Priority: Normal
00:00:02.3192820	IoPriority.exe	12912	ReadFile	C:\Dev\IoPriority_File_13636	SUCCESS	Offset: 0, Length: 1,024, I/O Flags: Non-cached, Priority: Normal

Showing 31,716 of 257,854 events (12%)　　Backed by virtual memory

图 6-35　对 File_1 进行的写入

实验：I/O 优先级提升/撞升的性能分析

内核暴露的一些内部变量可使用 NtQuerySystemInformation 中未文档化的 SystemLowPriorityIoInformation 系统类进行查询。然而即便不编写或依赖这样的应用程序，我们也可以使用本地内核模式调试器查看系统中的这些数据。可用变量包括 IoLowPriorityReadOperationCount 和 IoLowPriorityWriteOperationCount、IoKernelIssued IoBoostedCount、IoPagingReadLowPriorityCount 和 IoPagingWriteLowPriorityCount、IoPagingReadLowPriorityBumpedCount 和 IoPagingWriteLowPriorityBumpedCount、IoBoostedThreadedIrpCount 和 IoBoostedPagingIrpCount 以及 IoBlanketBoostCount。

我们可以在内核模式调试器中使用内存转储命令 dd 查看这些变量的值（均为 32 位值）。

5. 带宽预留（计划的文件 I/O）

Windows 对 I/O 带宽预留的支持为需要一致 I/O 吞吐量的应用程序提供了很大价值。例如，媒体播放器应用程序通过使用 SetFileBandwidthReservation 调用，即可要求 I/O 系统保证自己能够以特定速率从设备读取数据。如果该设备能够以要求的速率提供数据，并且在满足现有预留的同时还有“余地”，I/O 系统将为应用程序提供指导信息，告知应用程序可以用多快的速度发出 I/O 以及 I/O 需要有多大。

I/O 系统不会再向其他 I/O 提供服务，除非可以满足针对目标存储设备做出保留的应用程序的要求。图 6-36 从概念上展示了针对同一个文件发出的 I/O 时间线，只有灰色区域是其他应用程序可用的。如果 I/O 带宽已经耗尽，新 I/O 就只能等待下一个周期。

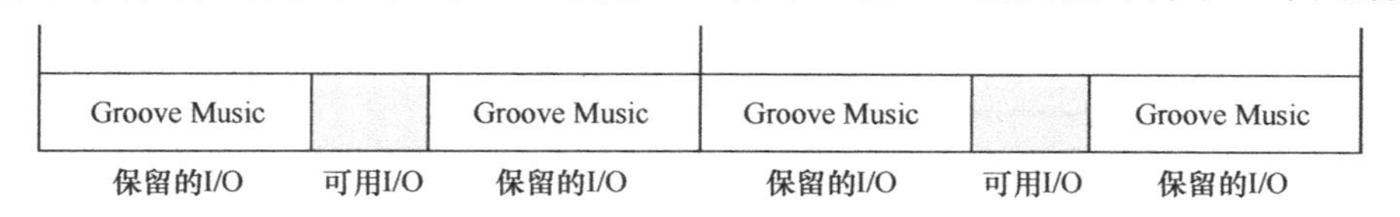

图 6-36　带宽预留情况下的 I/O 请求效果

与层级优先化策略类似，带宽预留也是在端口驱动程序层面上实现的，这意味着基于 IDE、SATA 或 USB 的大容量存储设备都能使用。

6.4.9 容器通知

容器通知是一种特定类型的事件，驱动程序只需调用 IoRegisterContainerNotification

API并选择自己感兴趣的通知类，即可通过异步回调机制注册到这些事件。Windows以此为基础实现了一个类：IoSessionStateNotification。这个类可以让驱动程序已注册的回调在特定会话中的状态发生变化时进行调用。可支持的变化有：创建或终止了会话、用户连接到会话或从会话断开，以及用户登录到会话或从会话注销。

通过指定一个属于特定会话的设备对象，驱动程序回调将仅对该会话有效。作为对比，如果指定全局对象（或根本不指定任何设备对象），驱动程序将收到系统中所有事件的通知。该功能对参与由终端服务提供的即插即用设备重定向功能的设备尤为有用，可以让远程设备对所连接主机的即插即用管理器总线可见（例如音频或打印机驱动程序重定向）。举例来说，一旦用户从正在播放音频的会话断开，设备驱动程序需要收到通知才能停止重定向音频流。

6.5　驱动程序验证程序

驱动程序验证程序是一种有助于查找和隔离设备驱动程序或其他内核模式系统代码中常见bug的机制。微软会使用驱动程序验证程序检查自己的设备驱动程序，以及供应商提交给WHQL进行测试的所有设备驱动程序。这样做可以确保所提交的驱动程序能够兼容Windows且不包含任何常见的驱动程序错误。（虽然本书并未介绍，但还有一个对应的应用程序验证程序可以帮助我们改善Windows中用户模式代码的质量。）

注意　虽然驱动程序验证程序主要充当帮助设备驱动程序开发者发现自己代码中bug的工具，但系统管理员也可通过这个强大的工具调查系统崩溃问题。卷2第15章将介绍它在崩溃分析排错中扮演的角色。

驱动程序验证程序支持内存管理器、I/O管理器以及HAL等系统组件，这些组件都可以启用驱动程序验证选项。这些选项可通过驱动程序验证程序管理器（%SystemRoot%\System32\Verifier.exe）配置。如果不使用任何命令行参数直接运行驱动程序验证程序，则会显示一个图6-37所示的向导界面。（我们也可以使用命令行接口启用和禁用驱动程序验证程序或查看当前设置。在命令提示符下输入Verifier /?即可查看相关开关。）

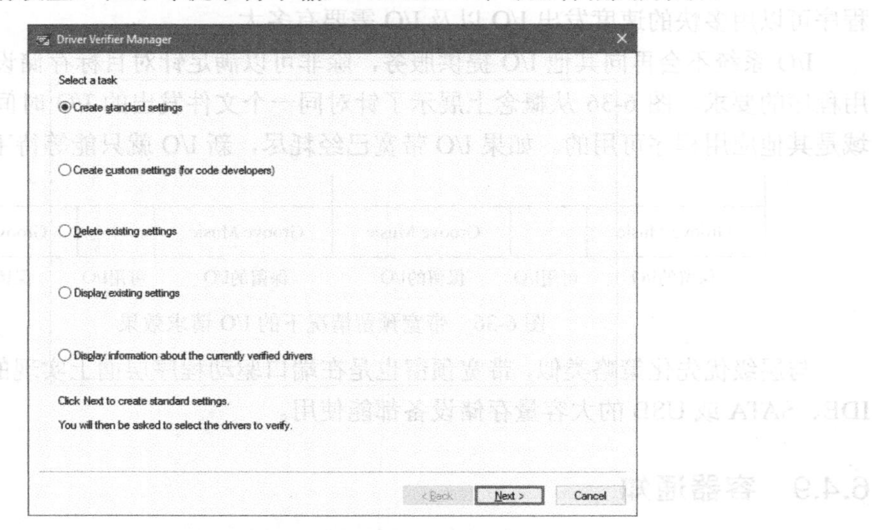

图6-37　驱动程序验证程序管理器

驱动程序验证程序管理器提供了两组截然不同的设置："标准设置"和"其他设置"。也许显得有些武断，但标准设置代表更常见的选项，通常每个需要测试的驱动程序都应当选择；其他设置代表不那么常见，或仅适用于某些特定类型驱动程序的选项。从向导主页面选择 Create Custom Settings 即可查看所有选项，其中有一列会显示每个选项到底是标准设置还是其他设置，如图 6-38 所示。

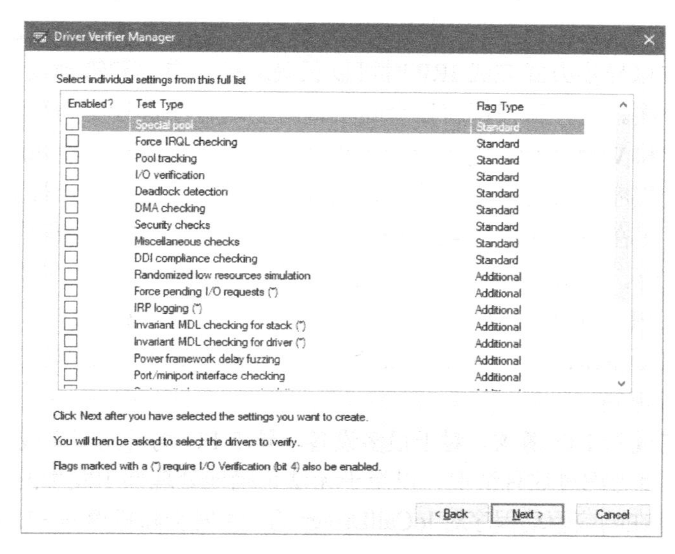

图 6-38 驱动程序验证程序设置

无论选择哪个选项，驱动程序验证程序始终会监视所选驱动程序并进行验证，查找多种非法操作和边界操作，包括在无效 IRQL 上调用内核内存池函数、重复释放内存、错误地释放旋转锁、未冻结计时器、引用了已释放对象、将关机操作延迟了 20min 以上，以及请求大小为 0 的内存分配。

驱动程序验证程序的设置存储在注册表 HKLM\SYSTEM\CurrentControlSet\Control\Session Manager\Memory Management 键下。其中的 VerifyDriverLevel 值包含一个代表已启用验证选项的位掩码，VerifyDrivers 值包含要监视的驱动程序的名称。（除非在驱动程序验证程序管理器中选择过要验证的驱动程序，否则这些值并不存在。）如果选择验证所有驱动程序（绝对不要这样做，因为这会大幅降低系统运行速度），VerifyDrivers 值会被设置为星号（*）。根据所做设置，可能需要重新启动系统才能进行所选验证工作。

在引导过程的早期阶段，内存管理器会读取驱动程序验证程序的注册表值，借此确定要验证的驱动程序，以及启用的验证选项。（注意，如果引导至安全模式，则所有驱动程序验证程序设置均会被忽略。）随后，如果选择了至少一个要验证的驱动程序，内核会通过我们选择要验证的驱动程序列表来检查载入内存的每个设备驱动程序的名称。对于每个同时出现在这两处的设备驱动程序，内核会调用 VfLoadDriver 函数，并由后者调用内部的另一个 Vf*函数，将驱动程序的引用替换为一系列内核函数，这些内核函数则引用了其与驱动程序验证程序等价的函数版本。例如，ExAllocatePool 会被替换为调用 VerifierAllocatePool。窗口系统驱动程序（Win32k.sys）也会通过类似的改动来使用与驱动程序验证程序等价的函数。

6.5.1　与 I/O 有关的验证选项

与 I/O 有关的验证选项有很多，如下所示。

（1）**I/O 验证**。选中该选项后，I/O 管理器会通过一个特殊池为需要验证的驱动程序分配 IRP，而 IRP 的使用会被跟踪。此外，如果 IRP 在完成时包含无效状态，或无效的设备对象被传递给 I/O 管理器，驱动程序验证程序会让系统崩溃。该选项还可监视所有 IRP，以确保驱动程序在以异步方式完成 IRP 时可以正确地标记自己和管理设备栈位置，并且只将设备对象删除一次。此外验证程序还会随机地对驱动程序进行压力测试，向驱动程序发送虚假的电源管理和 WMI IRP，更改设备的枚举顺序，在完成时调整 PnP 和电源 IRP 的状态，借此测试驱动程序是否会在自己的分发例程中返回错误的状态。最后，验证程序还会检测是否因为设备正在被移除，而导致持有设备移除锁的情况下会错误地重新进行初始化。

（2）**DMA 检查**。DMA 是一种硬件支持机制，可以让设备直接向物理内存读取或写入数据，而无须 CPU 的介入。I/O 管理器提供了多种函数，驱动程序可以使用这些函数初始化并控制 DMA 操作，而该选项可以检查 I/O 管理器为 DMA 操作提供的这些函数及缓冲区的使用是否正确。

（3）**强制未完成的 I/O 请求**。对于很多设备，异步 I/O 均可立即完成，因此驱动程序在编写时可能没有慎重考虑过这种情况，以至于无法正确地处理偶尔发生的异步 I/O。启用该选项后，I/O 管理器在响应驱动程序对 IoCallDriver 的调用时会随机返回 STATUS_PENDING，借此模拟 I/O 的异步完成。

（4）**IRP 日志记录**。该选项可监视驱动程序对 IRP 的使用并记录 IRP 使用情况，这些记录会存储为 WMI 信息。随后即可使用 WDK 中的 Dc2wmiparser.exe 工具将 WMI 记录转换为文本文件。但是要注意，每个设备只能记录 20 条 IRP，后续的 IRP 会覆盖最早记录的数据。系统重新启动后，这些信息会被丢弃，因此如果想要稍后再分析这些跟踪记录，也应该先运行 Dc2wmiparser.exe。

6.5.2　与内存有关的验证选项

驱动程序验证程序支持的、与内存有关的验证选项如下所示。（其中也与 I/O 操作有关）

1. 特殊池

选择特殊池选项会让内存池分配例程在分配的池前后放入一个无效页面，这样如果引用了该分配之前或之后的内容，便会导致内核模式访问冲突，进而导致系统产生类似于有 bug 的驱动程序造成的崩溃。当驱动程序分配或释放内存时，特殊池还会导致执行一些额外的验证检查。启用特殊池后，内存池分配例程会分配一块内核内存供驱动程序验证程序使用。驱动程序验证程序会将待验证驱动的内存分配请求重定向至这个特殊池，而非标准的内核模式内存池。当设备驱动程序从特殊池分配内存时，驱动程序验证程序会将该分配取整到偶数页边界。由于驱动程序验证程序会用无效页面前后包围分配的页面，如果设备驱动程序试图读写缓冲区末尾之后的内容，该驱动程序将访问到无效页面，此时内存管理器会产生内核模式访问冲突。

驱动程序验证程序在检查溢出错误时，为设备驱动程序分配的特殊池缓冲区范例如

图 6-39 所示。

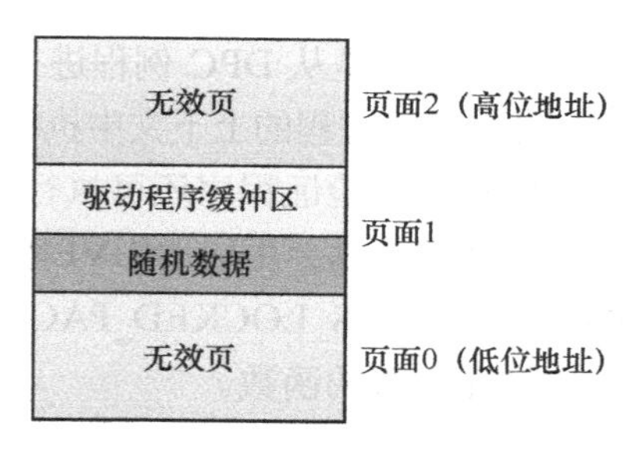

图 6-39 特殊池缓冲区范例

默认情况下，驱动程序验证程序会执行缓冲区溢出（overrun）检测。为此需要将设备驱动程序所用的缓冲区放置在已分配页面的末尾，并用随机模式填充页面的开始位置。虽然驱动程序验证程序管理器不允许我们指定溢出检测，但也可以手动设置此类检测，只需要在注册表 HKLM\SYSTEM\CurrentControlSet\Control\Session Manager\Memory Management 键下添加名为 PoolTagOverruns 的 DWORD 值，并将其数值设置为 0 即可（或者运行 Gflags.exe 工具，在 Kernel Special Pool Tag 选项下选择 Verify Start 选项作为非默认的 Verify End 选项）。当 Windows 强制进行溢出检测后，驱动程序验证程序即可将驱动程序的缓冲区分配到页面的开头处，而非结尾处。

溢出检测配置还包含一些与缓冲区不足（underrun）有关的检测。当驱动程序释放自己的缓冲区，并将内存返回给驱动程序验证程序后，驱动程序验证程序会确保之前的缓冲模式没有发生变化。如果模式被修改，则意味着设备驱动程序缓冲区不足，并且针对缓冲区之外的内存执行了写操作。

特殊池分配还会通过检查来确保在分配和解除分配时，处理器的 IRQL 都是合法的。这个检查会发现设备驱动程序可能会犯的一种错误：从 DPC/dispatch 或更高级别的 IRQL 分配了可换页内存。

我们可以手动配置特殊池，为此可在注册表 HKLM\SYSTEM\CurrentControlSet\Control\Session Manager\Memory Management 键下添加一个名为 PoolTag 的 DWORD 值，该值代表了系统为特殊池使用的分配标志。因此就算未将驱动程序验证程序配置为对特定设备驱动程序进行验证，如果驱动程序关联的标志和所分配的内存与 PoolTag 注册表值的内容相符，内存池分配例程也会从特殊池分配内存。如果将 PoolTag 的值设置为 0x2a 或通配符（*），那么驱动程序的所有内存都将从特殊池分配，但前提是要有足够的虚拟和物理内存（如果空闲内存不足，驱动程序将转为从常规池中分配）。

2. 池跟踪

如果启用池跟踪，内存管理器会在驱动程序卸载时检查该驱动程序是否释放了为自己分配的所有内存。如果没有全部释放，则会让系统产生类似于有 bug 的驱动程序造成的崩溃。驱动程序验证程序还会在驱动程序验证程序管理器的 Pool Tracking，选项卡（若要打开该选项卡，可在向导主界面选择 Display information about the currently verified drivers，随后单击 Next 按钮两次）上显示常规的内存池统计信息。我们还可以使用内核模式调试器的!verifier 命令，该命令可显示比驱动程序验证程序更丰富的信息，能为驱动程序的开发者提供很多帮助。

池跟踪和特殊池不仅可以涵盖诸如 ExAllocatePoolWithTag 等显式分配调用，而且可以涵盖对其他暗示了要从内存池分配内存的内核 API 的调用，例如 IoAllocateMdl、IoAllocateIrp 以及其他 IRP 分配，此外还可显示多种 Rtl 字符串 API 以及 IoSetCompletionRoutineEx。

池跟踪选项还启用了另一个驱动程序验证功能，该功能与池配额的变化有关。对 ExAllocatePoolWithQuotaTag 的调用会将已分配的字节数记账给当前进程的内存池配额。

如果此类调用是从DPC例程进行的，那么最终记账给哪个进程将不可预测，因为DPC例程可能在任何进程的上下文中执行。池跟踪选项会检查从DPC例程上下文对该例程的调用。

驱动程序验证程序还可执行锁定内存页面跟踪，并可检查在I/O操作完成后依然被锁定的页面，此时会生成DRIVER_LEFT_LOCKED_PAGES_IN_PROCESS崩溃代码，而非PROCESS_HAS_LOCKED_PAGES。前者代表了需要对此负责的驱动程序，以及需要对锁定的页面负责的函数。

3．强制IRQL检查

当驱动程序访问可换页数据或代码，而执行设备驱动程序的处理器处于提升后的IRQL时，会遇到最常见的设备驱动程序bug之一。当IRQL为DPC/dispatch或更高级别时，内存管理器无法处理页面错误。当处理器在高IRQL级别下执行时，系统通常无法检测到正在访问可换页数据的设备驱动程序实例，因为正在被访问的可换页数据恰巧在此时驻留在物理内存中。然而在其他时候，这些数据可能会被换出，导致系统崩溃并显示IRQL_NOT_LESS_OR_EQUAL停止代码[即IRQL并不小于或等于试图执行的操作（本例中为访问可换页内存）所需的级别]。

虽然通常很难对设备驱动程序测试此类bug，但驱动程序验证程序简化了这一过程。如果选择强制IRQL检查选项，当被验证的设备驱动程序IRQL提高后，驱动程序验证程序会强制将所有内核模式可换页代码和数据换出系统工作集。执行这个工作的内部函数为MiTrimAllSystemPagableMemory。启用该设置后，当被验证的设备驱动程序在IRQL提升后访问可换页的内存时，系统会立即检测到冲突，并产生类似于有bug的驱动程序造成的崩溃。

当包含在数据结构中的同步对象被换页并等待时，IRQL的错误使用还会造成另一种常见的驱动程序崩溃。同步对象永远不应换页，因为分发程序需要在提升的IRQL中访问它们，换页会导致崩溃。驱动程序验证程序会检查可换页内存中是否存在下列任意结构：KTIMER、KMUTEX、KSPIN_LOCK、KEVENT、KSEMAPHORE、ERESOURCE以及FAST_MUTEX。

4．低资源模拟

启用低资源模拟会导致驱动程序验证程序使验证设备驱动程序执行的内存分配操作随机失败。以前，开发者编写的很多设备驱动程序会假设内核内存始终是可用的，如果内存不足，设备驱动程序也无须担心这一问题，因为系统无论如何总是会崩溃。然而由于内存不足的问题可能是暂时的，而当今的移动设备并不像大型计算机那么强大，因此设备驱动程序更有必要正确处理此类代表内核内存耗尽的分配失败。

会被随机注入失败的驱动程序调用包括下列函数：ExAllocatePool*、MmProbeAndLockPages、MmMapLockedPagesSpecifyCache、MmMapIoSpace、MmAllocateContiguousMemory、MmAllocatePagesForMdl、IoAllocateIrp、IoAllocateMdl、IoAllocateWorkItem、IoAllocateErrorLogEntry、IOSetCompletionRoutineEx，以及从内存池中分配的各种Rtl字符串API。驱动程序验证程序还会让内核GDI函数执行的某些分配失败（完整列表请参阅WDK文档），此外，我们还可指定下列选项。

（1）**分配失败的概率**。默认为6%。

（2）**需要纳入该模拟的应用程序**。默认为全部应用程序。

（3）**哪些内存池标志会受影响**。默认为全部标志。

（4）**故障注入开始前延迟多久**。默认为系统引导后的 7min，这段时间足够结束关键的初始化时期，在这段时间里，内存不足可能导致设备驱动程序无法加载。

我们可以使用 Verifier.exe 的命令行选项更改这些可定制的选项。

延迟期结束后，驱动程序验证程序会开始随机地让正在验证的设备驱动程序的分配调用失败。如果有驱动程序无法正确处理分配失败，那么可能会表现为系统崩溃。

5. 系统低资源模拟

与低资源模拟选项类似，该选项会让内核与 Ndis.Sys（主要针对网络驱动程序）的某些调用失败，不过会用一种更为系统化的方式进行，为此需要检查失败注入点的调用栈。如果驱动程序能正确处理此类失败，对应的调用栈就不会再次注入失败。借此驱动程序开发者即可用更系统化的方式看待这个问题，修复可能存在的 bug，然后继续处理其他内容。检查调用栈是一种开销相对较大的操作，因此不建议通过这种设置一次验证超过一个的驱动程序。

6. 杂项检查

驱动程序验证程序中所谓的杂项检查，可以在依然活跃的内存池中检测某些系统结构的释放。例如，驱动程序验证程序可以检查的内容如下。

（1）**已释放内存中的活跃工作项**。驱动程序可以调用 ExFreePool 释放内存池块，其中可能包含一个或多个在 IoQueueWorkItem 中排队的工作项。

（2）**已释放内存中的活跃资源**。驱动程序可在调用 ExDeleteResource 销毁 ERESOURCE 对象前先调用 ExFreePool。

（3）**已释放内存中的活跃旁视列表**。驱动程序可以在调用 ExDeleteNPagedLookasideList 或 ExDeletePagedLookasideList 删除旁视列表前先调用 ExFreePool。

最后，启用验证后，驱动程序验证程序会执行一些无法单独启用或禁用的自动化检查，这些检查包括以下内容。

（1）在具备错误标志的 MDL 上调用 MmProbeAndLockPages 或 MmProbeAndLockProcessPages。例如对于通过调用 MmBuildMdlForNonPagedPool 创建的 MDL，为其调用 MmProbeAndLockPages 就是一种错误的做法。

（2）在具备错误标志的 MDL 上调用 MmMapLockedPages。例如对于已经映射至系统地址的 MDL，为其调用 MmMapLockedPages 就是一种错误的做法。另一个驱动程序错误行为的例子则是为尚未锁定的 MDL 调用 MmMapLockedPages。

（3）在部分 MDL（可使用 IoBuildPartialMdl 创建）上调用 MmUnlockPages 或 MmUnmapLockedPages。

（4）在并未映射至系统地址的 MDL 上调用 MmUnmapLockedPages。

（5）从 NonPagedPoolSession 内存分配诸如事件或互斥体等同步对象。

设备驱动开发者有丰富的验证和调试工具可供使用，而驱动程序验证程序是一个重要的补充。很多设备驱动程序在首次配合驱动程序验证程序运行时就检查出了很多 bug，因此驱动程序验证程序有助于整体改善 Windows 中运行的所有内核模式代码的质量。

6.6 即插即用管理器

在支持 Windows 识别和适应硬件配置变化的能力方面，PnP 管理器是一个主要组件。借此，用户无须理解硬件的复杂性或进行烦琐的手动配置，即可安装或移除设备。例如，PnP 管理器可以让运行中的 Windows 笔记本电脑放置在拓展坞上之后，自动检测到位于拓展坞中的新增设备，并使其可供用户使用。

即插即用支持需要在硬件、设备驱动程序以及操作系统层面进行协调。用于枚举和识别连接到总线上的设备所用的行业标准为 Windows 的即插即用支持建立了基础。例如，USB 标准定义了连接到 USB 总线的设备识别自身的方法。借助这一基础，Windows 即插即用支持提供了如下的能力。

（1）PnP 管理器可自动识别已安装的设备，这一过程包括在引导阶段枚举连接到系统的设备，以及在系统执行过程中检测设备的增加和移除。

（2）PnP 管理器还提供了硬件资源分类能力，可将连接到系统的设备对硬件资源（中断、I/O 内存、I/O 寄存器或总线资源）的需求收集起来，并通过一种名为资源仲裁（resource arbitration）的过程以最优化的方式分配这些资源，让每个设备满足自身必要的操作要求。由于硬件设备可能在引导时进行的资源分配工作结束后添加至系统，PnP 管理器还必须能重新分配资源，以满足动态增加的设备的需求。

（3）PnP 管理器还负责加载正确的驱动程序。PnP 管理器可以根据设备标识来判断系统中是否已经安装了能够管理该设备的驱动程序，如果已经安装，则会指示 I/O 管理器加载。如果尚未安装适合的驱动程序，内核模式 PnP 管理器会与用户模式 PnP 管理器通信进而安装该设备，但可能需要用户协助来找到适合的驱动程序。

（4）PnP 管理器还为硬件配置的变化检测实现了应用程序和驱动程序机制。应用程序或驱动程序有时候可能需要某一特定硬件设备才能正常工作，因此 Windows 为它们提供了一种在设备存在、加入或移除后获得通知的方法。

（5）提供了存储设备状态的位置，并会参与到系统安装、升级、迁移和脱机映像管理工作中。

（6）让特殊的总线驱动程序将网络作为一种总线来检测，并为其上运行的设备创建设备节点，可支持通过网络连接的设备，例如网络投影仪和打印机。

6.6.1 即插即用的支持级别

Windows 的目标是提供全面即插即用，但可行的支持级别取决于所连接的设备和已安装的驱动程序。如果某个设备或驱动程序不支持即插即用，系统对即插即用的支持程度将会受到影响。此外，不支持即插即用的驱动程序可能会阻止其他设备被系统使用。表 6-6 列出了设备和驱动程序能够和不能支持即插即用时，不同组合情况所产生的影响。

表 6-6　设备和驱动程序的即插即用能力

设备类型	即插即用驱动程序	非即插即用驱动程序
即插即用	完整即插即用	不支持即插即用
非即插即用	可能部分即插即用	不支持即插即用

不兼容即插即用的设备，是指不支持自动检测的设备，如旧的 ISA 声卡。由于操作系统不知道硬件位于什么物理位置，某些操作（例如笔记本电脑的拓展坞移除、睡眠和休眠）将无法使用。然而，如果为这样的设备手动安装了即插即用驱动程序，驱动程序至少可以为设备实现 PnP 管理器引导下的资源分配能力。

不兼容即插即用的驱动程序包括旧的驱动程序，例如针对 Windows NT 4 编写的驱动程序。虽然这些驱动程序也许可以在新版 Windows 中正常工作，但如果需要重新分配资源来满足动态加入的新设备的需求，PnP 管理器将无法重新配置为此类设备分配的资源。例如，某个设备也许可以使用 I/O 内存范围 A 和 B，在系统引导过程中，PnP 管理器为其分配了范围 A。如果稍后有个只能使用范围 A 的新设备被连接到系统，PnP 管理器将无法指示第一个设备的驱动程序重新配置自己以使用范围 B。这会导致第二个设备无法获得所需资源，进而导致该设备无法被系统所用。旧的驱动程序还可能影响计算机睡眠或休眠的能力（见 6.9 节）。

6.6.2 设备的枚举

当系统引导、从休眠状态恢复，或收到明确指令要求这样做（例如在设备管理器界面下单击了 Scam for Hardware Changes 按钮）时，PnP 管理器便会进行设备枚举。PnP 管理器会构建设备树（马上会讲到），并将其与上一次枚举后存储的已知树（如果存在的话）进行比较。对于系统引导或从休眠状态恢复，存储的设备树内容为空。而新发现的设备和移除的设备需要特殊处理，例如加载正确的驱动程序（对于新发现的设备）或通知驱动程序设备已经被移除。

PnP 管理器的设备枚举工作会始于一个名为 Root（根）的虚拟总线驱动程序，Root 代表整个计算机系统，并充当了非即插即用驱动程序和 HAL 的总线驱动程序。HAL 充当的总线驱动程序可枚举直接连接到主板的设备以及电池等系统组件。然而此时并不会真正进行枚举，HAL 会依赖安装过程中记录在注册表中的硬件描述信息来检测主总线（大部分时候是 PCI 总线），以及诸如电池和风扇等设备。

主总线驱动程序会枚举总线上的其他设备，甚至可能找到其他总线，随后将由 PnP 管理器初始化其他总线的驱动程序。接着，这些驱动程序即可检测其他设备，包括其他附属总线。这种递归的枚举、加载驱动程序（如果驱动程序尚未加载）以及进一步枚举的过程将持续进行，直到系统中的所有设备均已检测出来并配置完成。

随着总线驱动程序将检测到的设备报告给 PnP 管理器，PnP 管理器会创建一种名为设备树的内部树，它代表了不同设备之间的关系。树上的每个节点叫作设备节点，也叫作 Devnode。每个 Devnode 包含了相关设备所对应的设备对象的信息，以及由 PnP 管理器存储在 Devnode 中的、与即插即用有关的其他信息。图 6-40 显示了一个简化后的设备树范例。其中一条 PCI 总线作为系统的主总线，USB、ISA 和 SCSI 总线连接到该主总线。

从开始菜单的程序/管理工具文件夹中打开计算机管理控制台后，可以从这里访问设备管理器工具（也可以从控制面板的系统工具中找到设备管理器链接），该工具显示了一个简单的列表，其中包含系统中以默认配置存在的设备。我们也可以打开设备管理器的 View 菜单，选择 Devices by Comnection 查看不同设备在设备树中的位置。图 6-41 显示了设备管理器中按照连接显示的设备视图范例。

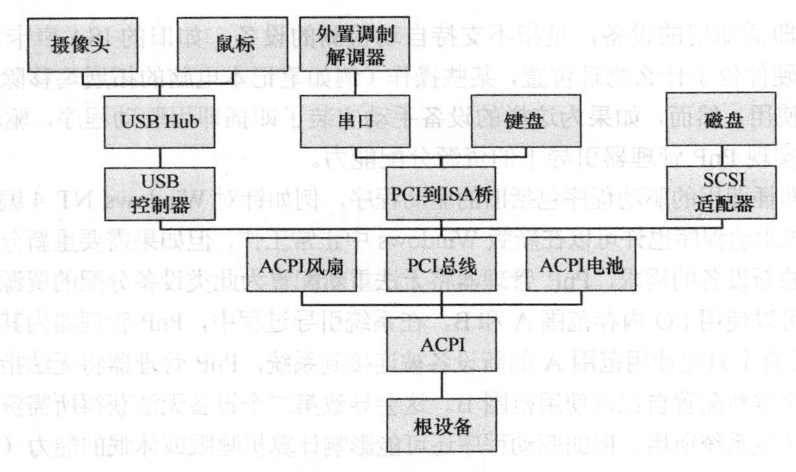

图 6-40　设备树范例

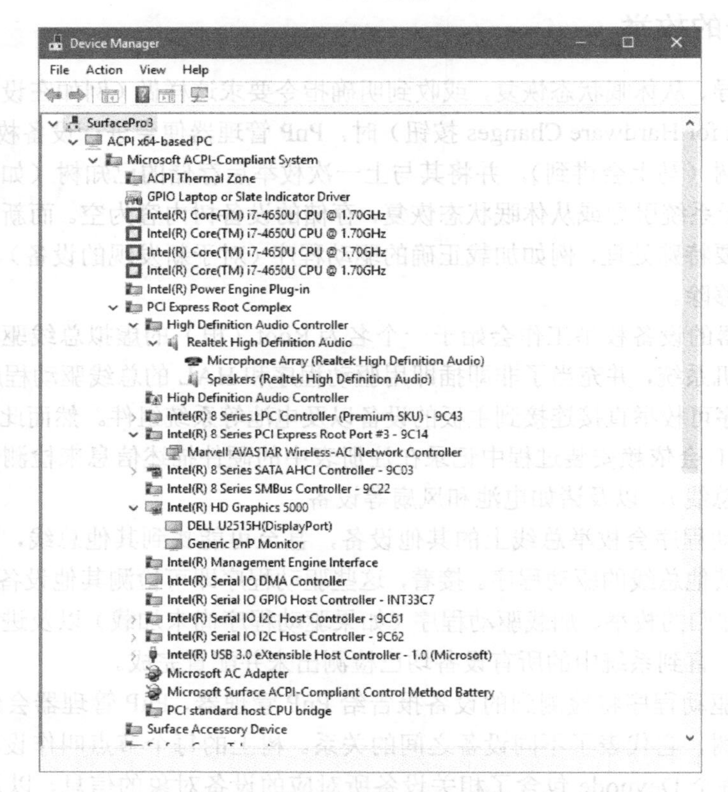

图 6-41　设备管理器中显示的设备树

实验：转储设备树

除了设备管理器，我们还可以使用内核模式调试器的!devnode 命令查看与设备树有关的更多细节信息。指定 0 1 作为命令选项即可转储内部设备树的 Devnode 结构，并通过缩进的格式体现其层次关系，如下所示。

```
lkd> !devnode 0 1
Dumping IopRootDeviceNode (= 0x85161a98)
```

```
DevNode 0x85161a98 for PDO 0x84d10390
  InstancePath is "HTREE\ROOT\0"
  State = DeviceNodeStarted (0x308)
  Previous State = DeviceNodeEnumerateCompletion (0x30d)
  DevNode 0x8515bea8 for PDO 0x8515b030
  DevNode 0x8515c698 for PDO 0x8515c820
    InstancePath is "Root\ACPI_HAL\0000"
    State = DeviceNodeStarted (0x308)
    Previous State = DeviceNodeEnumerateCompletion (0x30d)
    DevNode 0x84d1c5b0 for PDO 0x84d1c738
      InstancePath is "ACPI_HAL\PNP0C08\0"
      ServiceName is "ACPI"
      State = DeviceNodeStarted (0x308)
      Previous State = DeviceNodeEnumerateCompletion (0x30d)
      DevNode 0x85ebf1b0 for PDO 0x85ec0210
        InstancePath is "ACPI\GenuineIntel_-_x86_Family_6_Model_15\_0"
        ServiceName is "intelppm"
        State = DeviceNodeStarted (0x308)
        Previous State = DeviceNodeEnumerateCompletion (0x30d)
      DevNode 0x85ed6970 for PDO 0x8515e618
        InstancePath is "ACPI\GenuineIntel_-_x86_Family_6_Model_15\_1"
        ServiceName is "intelppm"
        State = DeviceNodeStarted (0x308)
        Previous State = DeviceNodeEnumerateCompletion (0x30d)
      DevNode 0x85ed75c8 for PDO 0x85ed79e8
        InstancePath is "ACPI\ThermalZone\THM_"
        State = DeviceNodeStarted (0x308)
        Previous State = DeviceNodeEnumerateCompletion (0x30d)
      DevNode 0x85ed6cd8 for PDO 0x85ed6858
        InstancePath is "ACPI\pnp0c14\0"
        ServiceName is "WmiAcpi"
        State = DeviceNodeStarted (0x308)
        Previous State = DeviceNodeEnumerateCompletion (0x30d)
      DevNode 0x85ed7008 for PDO 0x85ed6730
        InstancePath is "ACPI\ACPI0003\2&daba3ff&2"
        ServiceName is "CmBatt"
        State = DeviceNodeStarted (0x308)
        Previous State = DeviceNodeEnumerateCompletion (0x30d)
      DevNode 0x85ed7e60 for PDO 0x84d2e030
        InstancePath is "ACPI\PNP0C0A\1"
        ServiceName is "CmBatt"
...
```

每个Devnode可显示的信息包括以下内容：InstancePath，这是设备的枚举注册表键（存储在注册表HKLM\SYSTEM\CurrentControlSet\Enum键下）的名称；以及ServiceName，对应了设备在注册表HKLM\SYSTEM\CurrentControlSet\Services键下的驱动程序注册表键。若要查看分配给每个Devnode的资源，例如中断、端口和内存，请指定0 3作为!devnode命令的命令行选项。

6.6.3 设备栈

PnP管理器在创建Devnode，还会创建驱动程序对象和设备对象，借此管理并从逻辑上代表组成每个Devnode的设备之间的链接关系。这样的链接关系也叫作设备栈（见6.4.2节中的“IRP流程”部分）。我们可以将设备栈看作设备对象/驱动程序对之间的有序列表。

每个设备栈都是自下而上创建出来的。图6-42显示了一个Devnode范例（与图6-6相同），其中包含7个设备对象（都管理了同一个物理设备）。每个Devnode包含至少两个设备对象（PDO和FDO），但也可以包含多个设备对象。设备栈由下列内容组成。

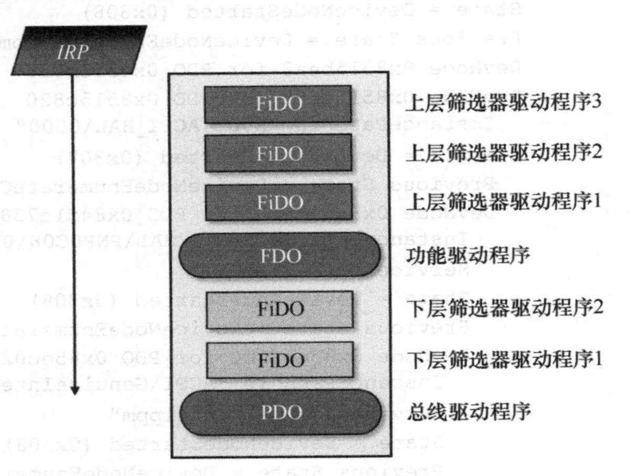

图6-42 Devnode（设备栈）

（1）一个物理设备对象（PDO），当总线驱动程序在总线枚举过程中报告一个设备的存在后，PnP便会指示总线驱动程序创建这样的PDO。该PDO代表到设备的物理接口，始终位于设备栈的最底部。

（2）一个或多个分层的可选筛选器设备对象（FiDO），以及名为下层筛选器（“下层”这个词始终需要结合FDO一起考虑）的功能设备对象（FDO，具体介绍见下文）。它们可能会用于拦截从FDO发给总线驱动程序的IRP（这可能也是总线筛选器的目的）。

（3）一个（且仅一个）功能设备对象（FDO），该FDO由功能驱动程序创建，PnP管理器加载这样的驱动程序来管理检测到的设备。FDO代表到设备的逻辑接口，对设备提供的功能具备最“深入”的了解。如果设备连接到由FDO所代表的设备上，功能驱动程序还可以充当总线驱动程序。功能驱动程序通常会创建与FDO的PDO所对应的接口（本质上是一种名称），这样应用程序和其他驱动程序就可以打开该设备并与其交互。有时候，功能驱动程序会拆分为单独的类/端口驱动程序以及小型端口驱动程序，通过它们的配合管理FDO的I/O。

（4）在FDO上层，有一个或多个可选FiDO，它们也叫作上层筛选器。这是FDO的IRP头接触到的第一个目标。

注意 图6-42所示的多种设备对象有着不同的名称，这是为了更好地进行描述。实际上它们都是DEVICE_OBJECT结构的实例。

设备栈是自下而上构建的，并且依赖I/O管理器的分层功能，因此IRP会从设备栈的顶部向下流动。不过设备栈中的任何一层都可以被选择用来完成该IRP，详细介绍参见6.4.2节中的“IRP流程”部分。

设备栈的驱动程序加载

在构建设备栈的过程中，PnP管理器如何找到正确的驱动程序？注册表提供了这些信息，而这些信息被分散到3个重要的注册表键（及其子键）中，见表6-7。注意，CCS是CurrentControlSet的缩写。

表6-7 对即插即用驱动程序加载至关重要的注册表键

注册表键	简短名称	描述
HKLM\System\CCS\Enum	Hardware键	有关已知硬件设备的设置
HKLM\System\CCS\Control\Class	Class键	有关设备类型的设置
HKLM\System\CCS\Services	Software键	有关驱动程序的设置

当总线驱动程序进行设备枚举并发现新设备后，首先创建一个代表所检测到物理设备的 PDO。随后会调用 IoInvalidateDeviceRelations（已在 WDK 中文档化）通知 PnP 管理器，并提供 BusRelations 枚举值和 PDO，借此告知 PnP 管理器在自己的总线上检测到改动。作为回应，PnP 管理器会（通过 IRP）向总线驱动程序询问设备标识符。

这个标识符是与具体总线相关的，例如 USB 设备标识符中包含一个代表生产该设备的硬件供应商的供应商 ID（Vendor ID，VID），以及由供应商分配给该设备的产品 ID（Prodact ID，PID）。对于 PCI 设备，需要一个类似的供应商 ID 以及设备 ID 才能以唯一的方式标识出该供应商的设备（此外还需要一些可选组件，详见 WDK 文档中有关设备 ID 格式的介绍）。即插即用功能将这些 ID 统称为设备 ID。PnP 管理器还会向总线驱动程序查询实例 ID，借此区分同一个硬件的不同实例。实例 ID 可以描述总线相关的位置（例如某个 USB 端口）或全局唯一标识符（例如一个序列号）。

设备 ID 和实例 ID 合起来可称为设备实例 ID（Device Instance ID，DIID），PnP 管理器会用它来定位表 6-7 中所示 Hardware 键下与该设备对应的键。该键下的子键具体形式为<枚举器>\<设备 ID>\<实例 ID>，其中“枚举器”是总线驱动程序，“设备 ID”是某个类型设备的唯一标识符，“实例 ID”是同一个硬件不同实例的唯一标识符。

图 6-43 显示了 Intel 显卡的枚举子键范例。该设备对应的注册表键包含了描述性数据以及名为 Service 和 ClassGUID 的值（这些值来自安装驱动程序时使用的 INF 文件），可以帮助 PnP 管理器按照如下方式定位设备的驱动程序。

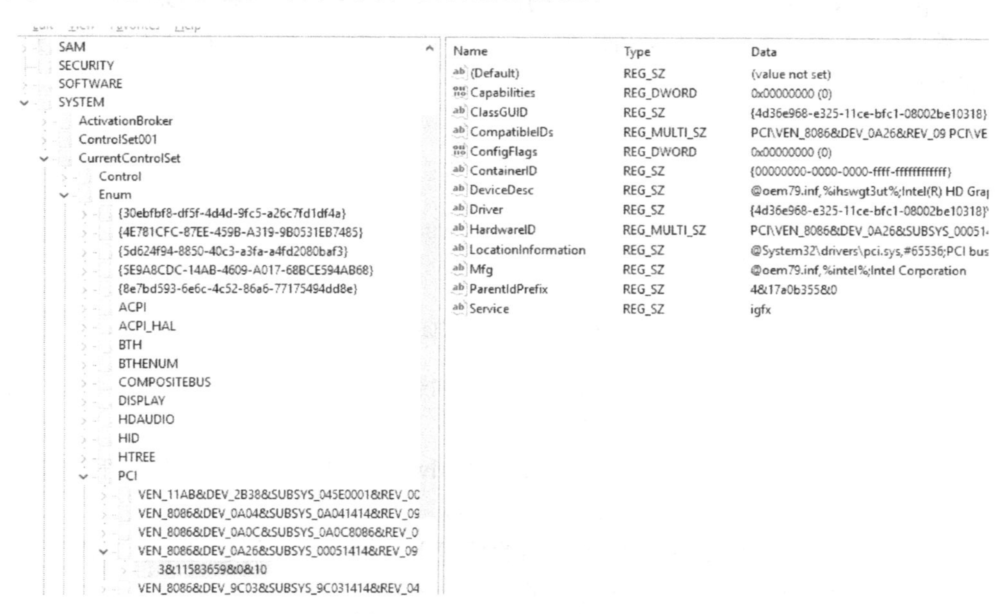

图 6-43 Hardware 子键范例

（1）Service 值需要在 Software 键中查询，而驱动程序（SYS 文件）的路径会存储在 ImagePath 值中。图 6-44 显示了名为 igfx 的 Software 子键（来自图 6-43），这对应了 Intel 显卡驱动程序的位置。PnP 管理器会加载该驱动程序（如果尚未加载），并调用它的设备增加例程，随后有驱动程序来创建 FDO。

（2）如果存在名为 LowerFilters 的值，其中会通过多字符串包含要作为下层筛选器加载的驱动程序列表，这些内容会位于 Software 子键下。PnP 管理器会首先加载这些驱动程序，随后再加载与上述 Service 值相关的驱动程序。

iaLPSSi_GPIO
iaLPSSi_I2C
iaStorAV
iaStorV
ibbus
icssvc
igfx
igfxCUIService2.0.0.0
IKEEXT
IndirectKmd
inetaccs

Name	Type	Data
(Default)	REG_SZ	(value not set)
ErrorControl	REG_DWORD	0x00000000 (0)
Group	REG_SZ	Video
ImagePath	REG_EXPAND_SZ	\SystemRoot\system32\DRIVERS\igdkmd64.sys
Owners	REG_MULTI_SZ	oem79.inf
Start	REG_DWORD	0x00000003 (3)
Tag	REG_DWORD	0x00000004 (4)
Type	REG_DWORD	0x00000001 (1)

图 6-44　Software 子键范例

（3）如果存在名为 UpperFilters 的值，这是一个驱动程序名称列表（与 LowerFilters 类似，同样位于 Software 子键下），在加载了 Service 值指向的驱动程序后，PnP 管理器也将用类似方式加载这些驱动程序。

（4）ClassGUID 值代表常规类型的设备（如显示、键盘、磁盘等），会指向（表 6-7 中的）Class 键下的一个子键。该键代表适用于此类型设备所有驱动程序的设置。尤其是，如果存在 LowerFilters 或 UpperFilters 值，它们会被像特定设备的 Hardware 键下的值那样处理。举例来说，这就可以忽略特定的键盘或制造商信息，直接加载键盘设备的上层筛选器。图 6-45 显示了键盘设备的类驱动程序。注意，虽然显示了友好名称（“Keyboard”），不过这里重要的是 GUID 本身（具体使用哪个类是在安装时由 INF 文件决定的）。这里存在一个 UpperFilters 值，列出了系统提供的键盘类驱动程序，任何键盘 Devnode 均会加载该驱动程序。（这里还有一个 IconPath 值，可用于决定键盘类型设备在设备管理器界面中显示的图标。）

{4d36e967-e325-11ce-bfc1-08002be
{4d36e968-e325-11ce-bfc1-08002be
{4d36e969-e325-11ce-bfc1-08002be
{4d36e96a-e325-11ce-bfc1-08002be
{4d36e96b-e325-11ce-bfc1-08002be
{4d36e96c-e325-11ce-bfc1-08002be
{4d36e96d-e325-11ce-bfc1-08002be
{4d36e96e-e325-11ce-bfc1-08002be

Name	Type	Data
(Default)	REG_SZ	(value not set)
Class	REG_SZ	Keyboard
ClassDesc	REG_SZ	@%SystemRoot%\System32\SysClass.Dll,-3002
IconPath	REG_MULTI_SZ	%SystemRoot%\System32\setupapi.dll,-3
NoInstallClass	REG_SZ	1
UpperFilters	REG_MULTI_SZ	kbdclass

图 6-45　键盘的 Class 键

总结来看，对于一个 Devnode，驱动程序的加载顺序如下。

（1）加载总线驱动程序，创建 PDO。

（2）按照（多字符串中）列出的顺序加载 Hardware 实例键中列出的任何下层筛选器，创建相应的筛选器设备对象（图 6-42 中的 FiDO）。

（3）按照顺序加载相应 Class 键中列出的任何下层筛选器，创建对应的 FiDO。

（4）加载 Service 值中列出的驱动程序，创建 FDO。

（5）按照排列顺序加载 Hardware 实例键中列出的上层筛选器，创建对应的 FiDO。

（6）按照排列顺序加载相应 Class 键中列出的上层筛选器，创建对应的 FiDO。

对于多功能设备（例如多功能打印机，或包含摄像头和音乐播放器功能的手机），Windows 还支持一种容器 ID 属性，该属性可关联给 Devnode。容器 ID 是一种 GUID，对单一物理设备的单一实例具备唯一性，并能被属于该设备的所有功能型 Devnode 共享，如图 6-46 所示。

容器 ID 是一种类似于实例 ID 的属性，同样由相应硬件的总线驱动程序返回该属性。

随后当设备被枚举时，与同一个 PDO 关联的所有 Devnode 可以共享同一个容器 ID。由于 Windows 本身已经可以支持多种类型的总线（如 PnP-X、蓝牙以及 USB），因此大部分设备驱动程序可以直接返回特定总线的 ID，借此 Windows 即可生成对应的容器 ID。对于其他类型的设备或总线，驱动程序可以通过软件生成自己的唯一 ID。

图 6-46 多功能打印机在 PnP 管理器看来只有唯一的 ID

最后，当设备驱动程序未提供容器 ID 时，Windows 可以通过诸如 ACPI 等机制查询该总线的拓扑（如果可用的话），进而做出合理猜测。通过理解某个设备是否是另一个设备的子设备，以及设备是否可以移除、热插拔或被用户接触到（而非主板上的内部组件），Windows 就可以为反映多功能设备的设备节点正确地分配容器 ID。

将设备按照容器 ID 进行分组的做法还可以为最终用户带来一个好处，这主要体现在设备和打印机用户界面中。该功能可以将多功能打印机的扫描仪、打印机和传真组件统一显示为一个图形化元素，而非显示为 3 个不同的设备。例如在图 6-47 中，HP 6830 打印/传真/扫描一体机就被显示为一个设备。

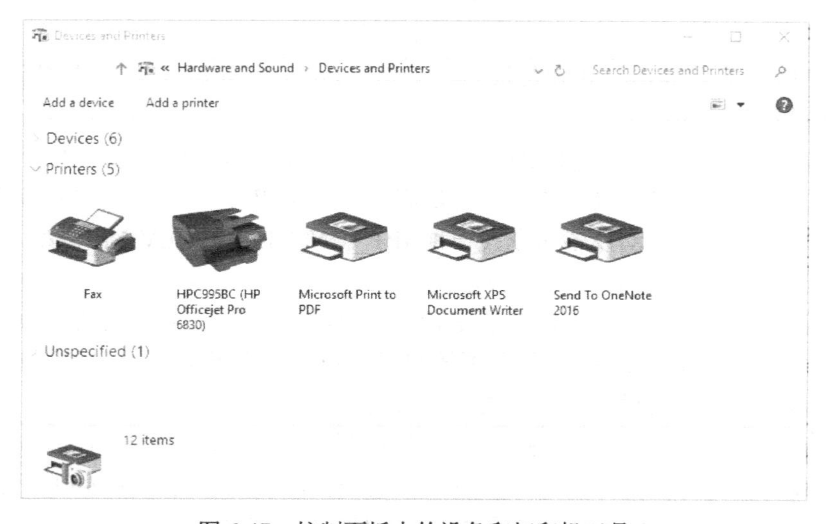

图 6-47 控制面板中的设备和打印机工具

实验：在设备管理器中查看有关 Devnode 的细节信息

设备管理器工具可以通过 Details 选项卡显示每个设备节点的详细信息。该选项卡可供我们查看不同类型的字段，包括 Devnode 的实例 ID、硬件 ID、服务名称、筛选器以及电源能力。

Details 选项卡中的选项列表已经展开，其中列出了可供访问的各种类型的信息，如图 6-48 所示。

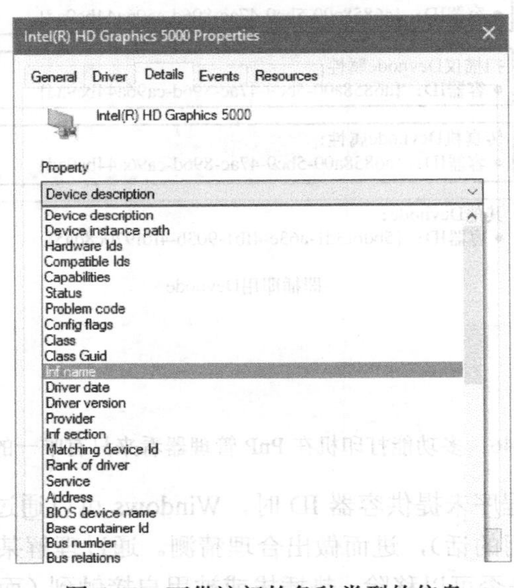

图 6-48　可供访问的各种类型的信息

6.6.4 驱动程序对即插即用的支持

为了支持即插即用，驱动程序必须实现一个即插即用分发例程（IRP_MJ_PNP）、一个电源管理分发例程（IRP_MJ_POWER，见 6.9 节），以及一个设备添加例程。不过与功能或筛选器驱动程序的不同之处在于，总线驱动程序必须支持即插即用请求。例如，在系统引导过程中，PnP 管理器引导设备枚举时会通过 PnP IRP 向总线驱动程序请求在各自总线上已发现设备的描述信息。

功能驱动程序和筛选器驱动程序可以通过自己的增加设备例程准备好管理相应的设备，但它们并不直接与硬件设备通信，而是需要等待 PnP 管理器向它们的即插即用分发例程发送针对该设备的启动设备命令（一种 IRP_MN_START_DEVICE 微型 PnP IRP 代码）。在发送启动设备命令前，PnP 管理器会通过资源仲裁（arbitration）来决定要为设备分配哪些资源。启动设备命令中包含了 PnP 管理器在资源仲裁后决定的资源分配情况。当驱动程序收到启动设备命令后，即可配置自己的设备使用指定资源。如果应用程序试图打开一个尚未启动完成的设备，将会收到一条提示设备不存在的错误信息。

设备启动后，PnP 管理器可向驱动程序发送额外的即插即用命令，包括与将设备从系统中移除，或是重新分配资源有关的命令。举例来说，当用户使用图 6-49 所示的设备移除/弹出工具时（可单击任务栏通知区域中的 USB 连接器图标打开该工具），即可让

Windows 弹出 USB 闪存盘，此时 PnP 管理器会向针对该设备注册过即插即用通知的任何应用程序发送查询-移除通知。应用程序通常会为自己的某些句柄注册该通知，并会在查询-移除通知过程中关闭注册过的句柄。如果没有任何应用程序“否决”该查询-移除请求，PnP 管理器便会向负责待移除设备的驱动程序发送一条查询-移除命令（IRP_MN_QUERY_REMOVE_DEVICE）。此时，驱动程序还有机会拒绝移除，或借此机会确保与该设备有关的所有未处理 I/O 操作均已完成，并开始拒绝以该设备为目标的后续 I/O 请求。如果驱动程序同意移除请求，且该设备已没有依然打开的句柄，PnP 管理器随后将向驱动程序发送移除命令（IRP_MN_REMOVE_DEVICE），请求让该驱动程序不要继续访问这个设备，并代表设备释放驱动程序曾经分配的所有资源。

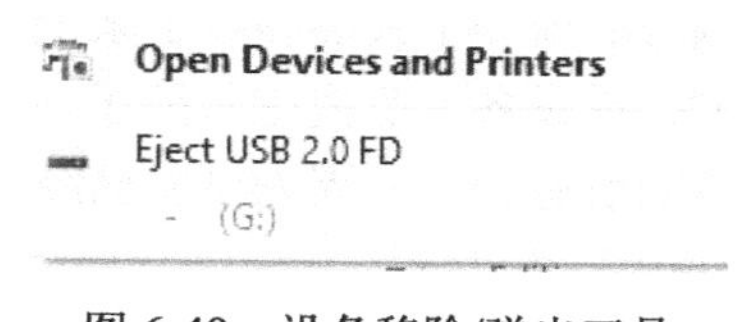

图 6-49 设备移除/弹出工具

当 PnP 管理器需要重新分配某个设备的资源时，首先会询问驱动程序是否可以向驱动程序发送一条查询-停止命令（IRP_MN_QUERY_STOP_DEVICE），进而暂时挂起设备上的所有后续操作。驱动程序可以同意该请求（如果这样做不会导致数据丢失或出错的话），或拒绝该请求。与查询-移除命令类似，如果驱动程序同意了该请求，驱动程序将完成所有尚未处理的 I/O 操作，并且对于无法在终止之后重新启动的设备，将不再发起新的 I/O 请求。驱动程序通常会查询新的 I/O 请求，这样资源重组（reshuffling）对于当前访问该设备的应用程序来说就是完全透明的。随后，PnP 管理器会向设备发送一条停止命令（IRP_MN_STOP_DEVICE）。此时，PnP 管理器可以指示驱动程序将不同的资源分配给该设备，并再次向设备发送一条启动设备命令。

从本质上来看，各种即插即用命令是在引导设备通过运行状态机（operational state machine）形成一种妥善定义的状态转换表，如图 6-50 所示（状态示意图体现了由功能驱动程序实现的状态机，总线驱动程序会实现一种更复杂的状态机）。图 6-50 中的每个转换

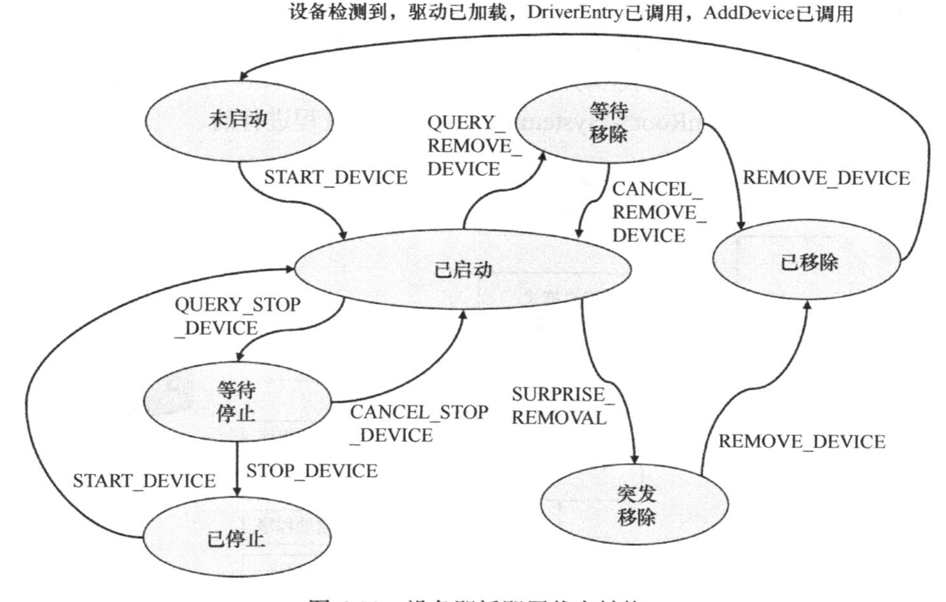

图 6-50 设备即插即用状态转换

都通过其较短的IRP常量名称标记，但不包含IRP_MN_前缀。有一种状态我们尚未讨论过，即PnP管理器的命令（IRP_MN_SURPRISE_REMOVAL）所产生的结果。如果用户在毫无预警的前提下突然移除了某个设备，例如在不使用移除/弹出工具的情况下弹出了PCMCIA卡，或设备本身发生故障了，就会产生这个命令。该命令会告诉驱动程序立即终止与该设备的所有交互，因为设备已经不再连接到系统，并且会取消所有尚未处理的I/O请求。

6.6.5　即插即用驱动程序的安装

如果PnP管理器遇到一个尚未安装驱动程序的设备，则需要依赖用户模式的PnP管理器指导安装过程。如果设备是在系统引导过程中检测到的，将会为该设备定义一个Devnode，但加载过程会被延后至用户模式PnP管理器启动成功后进行。（用户模式PnP管理器服务是在标准的Svchost.exe实例中通过Umpnpmgr.dll实现的。）

驱动程序安装过程所涉及的组件如图6-51所示。图中深色对象对应了通常由系统提供的组件，颜色较浅的对象则包含在驱动程序的安装文件中。首先，总线驱动程序使用设备ID［第（1）步］提醒PnP管理器自己枚举到一个设备。PnP管理器会检查注册表中是否存在相应的功能驱动程序，如果找不到，则会将新设备的设备ID告知用户模式PnP管理器［第（2）步］。用户模式PnP管理器首先会尝试着在无须用户介入的情况下自动安装。如果安装过程需要展示要求用户交互的对话框，并且当前登录用户具备管理员特权，用户模式PnP管理器会启动Rundll32.exe应用程序（该应用程序还承载了传统控制面板.cpl工具），进而执行硬件安装向导［第（3）步］（%SystemRoot%\System32\Newdev.dll）。如果当前登录的用户不具备管理员特权（或如果无用户登录），但是设备的安装需要用户交互，用户模式PnP管理器会将安装过程延后至特权用户登录时再继续。硬件安装向导会使用Setupapi.dll和CfgMgr32.dll（配置管理器）API函数定位与所检测到的设备兼容的驱动程序对应的INF文件。该过程可能需要用户指定包含供应商所提供INF文件的安装介质，或者向导可能会在Windows发布时所包含的驱动存储（%SystemRoot%\System32\DriverStore）中查找适合的INF文件，否则可能会需要通过Windows Update下载。安装过程分为两步。首先，第三方驱动程序开发者将驱动程序包导入驱动存储；其次，系统执行实际的安装过程，这始终是通过%SystemRoot%\System32\Drvinst.exe进程进行的。

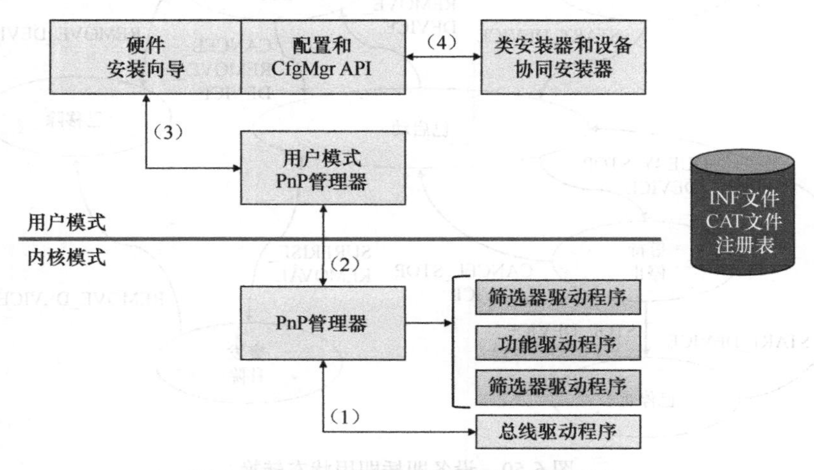

图6-51　驱动程序安装过程所涉及的组件

为了找到新设备的驱动程序，安装过程会从总线驱动程序获取硬件 ID 列表（详见前文）和兼容 ID 列表。兼容 ID 更为通用，例如来自特定供应商的 USB 鼠标可能包含一个提供了独特功能的特殊按键，但如果缺乏必要的驱动程序，针对通用鼠标的兼容 ID 可以安装伴随 Windows 发布的通用驱动程序，借此至少获得最基本、常用的鼠标功能。

这些 ID 描述了硬件可以通过驱动程序安装文件（Installation File，INF）进行标识的所有可能方式。该列表进行了排序，因此有关硬件最具体的描述会位于列表的最前方。如果在多个 INF 中找到匹配的项，则会按照下列顺序应用。

（1）更精准的匹配胜过不那么精准的匹配。

（2）带数字签名的 INF 胜过不带数字签名的 INF。

（3）签名较新的 INF 胜过签名较老的 INF。

注意　如果根据兼容 ID 找到了匹配项，硬件安装向导可以要求用户提供介质，以便安装伴随硬件提供和更新的驱动程序。

INF 文件可用于定位功能驱动程序的文件，其中包含的指令可以填充该驱动程序在注册表中的枚举键和类键，以及复制所需文件。此外 INF 文件可能还会引导硬件安装向导［第（4）步］启动类或设备协同安装器 DLL，进而执行特定于类或设备的安装步骤，例如显示配置对话框让用户指定设备设置。最后，当组成 Devnode 的驱动程序顺利加载后，设备/驱动程序栈就构建完成了。

实验：查看驱动程序的 INF 文件

当驱动程序或其他软件安装了 INF 文件后，系统会将该 INF 文件复制到%SystemRoot%\Inf 目录。有一个文件会始终位于这里，那便是 Keyboard.inf，因为这是键盘类驱动程序的 INF 文件。用记事本打开该文件即可查看其内容，随后应该可以看到类似下列信息（分号后面的内容均为注释）。

```
;
; KEYBOARD.INF -- This file contains descriptions of Keyboard class devices
;
;
; Copyright (c) Microsoft Corporation. All rights reserved.

[Version]
Signature    ="$Windows NT$"
Class        =Keyboard
ClassGUID    ={4D36E96B-E325-11CE-BFC1-08002BE10318}
Provider     =%MSFT%
DriverVer=06/21/2006,10.0.10586.0

[SourceDisksNames]
3426=windows cd

[SourceDisksFiles]
i8042prt.sys     = 3426
kbdclass.sys     = 3426
kbdhid.sys       = 3426
...
```

INF 文件使用了传统的 INI 格式，方括号代表不同的节，随后是用等号分隔的键值对。INF 文件并非从头到尾按顺序“执行”的，相反它更像一种树，其中的某些值指向某个以该值为名的节，执行过程可以从节继续下去（详见 WDK 文档）。

如果在这种文件中搜索.sys，会看到类似于指示用户模式 PnP 管理器安装 i8042prt.sys 和 kbdclass.sys 驱动程序这样的节内容。

```
...
[i8042prt_CopyFiles]
i8042prt.sys,,,0x100

[KbdClass.CopyFiles]
kbdclass.sys,,,0x100
...
```

在安装驱动程序前，用户模式 PnP 管理器会检查系统的驱动程序签名策略。如果设置要求系统必须阻止或警告安装未签名驱动程序的行为，用户模式 PnP 管理器会检查驱动程序的 INF 文件，通过其中的一项找到包含该驱动程序数字签名的目录（Catalog，一种扩展名为.cat 的文件）。

微软 Windows 硬件质量实验室（WHQL）会测试包含在 Windows 中的驱动程序，以及由硬件供应商提交的驱动程序。如果驱动程序通过了 WHQL 测试，微软会对其“签名”。这意味着 WHQL 获得了代表该驱动程序中所有文件（包括映像文件）的散列值，也就是唯一值，随后会使用微软的驱动程序签名私钥对其进行密码学签名。签名后的散列值会保存在目录文件中，并包含在 Windows 安装介质内，或交回给提交该驱动程序的供应商，由供应商将其包含在自己的驱动程序内。

实验：查看目录文件

在安装诸如驱动程序这种包含目录文件的组件时，Windows 会将目录文件复制到%SystemRoot%\System32\Catroot 下的一个目录中。在资源管理器中打开该目录，即可看到包含.cat 文件的子目录。例如 Nt5.cat 和 Nt5ph.cat 存储了 Windows 系统文件的签名和页面散列。

如果打开一个此类目录文件，会出现一个包含两个选项卡的对话框。其中 General 选项卡显示了有关该目录文件数字签名的信息，Security Catalog 选项卡显示了该目录文件中所签名组件的散列。图 6-52 显示了一个来自 Intel 音频驱动程序的目录文件，其中显示了音频驱动程序 SYS 文件的散列。目录中的其他散列都与伴随该驱动程序提供的其他 DLL 有关。

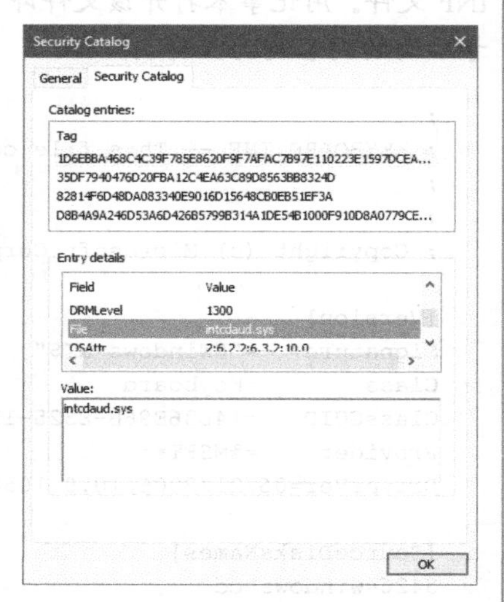

图 6-52 来自 Intel 音频驱动程序的一个目录文件

在安装驱动程序的同时，用户模式 PnP 管理器会从目录文件中提取驱动程序的签名，使用微软为驱动程序签名所用的公/私密钥对中的另一半解密该签名，并将结果散列与所要安装的驱动程序文件的散列进行对比。如果散列匹配，意味着该驱动程序成功通过了 WHQL 测试。如果驱动程序签名验证失败，用户模式 PnP 管理器会遵照系统驱动程序签名策略的设置执行操作，例如让安装失败、警告用户该驱动程序不带签名，或依然安装该驱动程序。

注意 如果驱动程序使用安装程序来安装，并且安装程序手动配置了注册表，并将驱动程序文件复制到系统中，同时驱动程序文件将由应用程序动态加载，此时 PnP 管理器的签名策略将不检查数字签名。相反，此时将由卷 2 第 8 章介绍的内核模式代码签名策略负责检查。仅通过 INF 文件安装的驱动程序会使用 PnP 管理器的驱动签名策略进行验证。

注意 用户模式 PnP 管理器还会检查即将安装的驱动程序是否位于由 Windows Update 维护的受保护驱动程序列表中。如果是，则会停止安装并警告用户。已知有兼容性问题或存在 bug 的驱动程序会被加入该列表，并被禁止安装。

6.7 常规驱动程序的加载和安装

前文介绍了 PnP 管理器是如何发现和加载硬件设备的驱动程序的。这些驱动程序大部分会“按需”加载，这意味着此类驱动程序只有在需要时（驱动程序负责的设备进入了系统）才被加载，而如果驱动程序管理的所有设备均被移除，驱动程序也会被卸载。

更概括地说，注册表中的 Software 键保存了驱动程序（以及 Windows 服务）的设置。虽然服务也是通过同一个注册表键管理的，但它们都是用户模式的程序，与内核驱动程序没有任何关系（不过服务控制管理器可以同时用于加载服务和设备驱动程序）。本节侧重于介绍驱动程序本身，对于服务的相关处理方式，请参阅卷 2 第 9 章。

6.7.1 驱动程序的加载

Software 键（位于注册表 HKLM\System\CurrentControlSet\Services 键下）的每个子键保存了一组控制驱动程序（或服务）中某些静态方面的值。其中一个值 ImagePath 在之前介绍 PnP 驱动程序的加载过程时已经讨论过了。图 6-44 展示了一个驱动程序注册表键的范例，表 6-8 总结了驱动程序的 Software 键中最重要的值（完整列表请参阅卷 2 第 9 章）。

表 6-8 驱动程序的 Software 键中最重要的值

值名称	描述
ImagePath	驱动程序映像文件（SYS）的路径
Type	代表该值对应的是一个服务还是一个驱动程序。值为 1 代表驱动程序，值为 2 代表文件系统（或筛选器）驱动程序，值为 16（0x10）和 32（0x20）代表服务。详见卷 2 第 9 章
Start	代表驱动程序的加载时机。可用选项如下： **0 (SERVICE_BOOT_START)** 驱动程序由引导加载器加载； **1 (SERVICE_SYSTEM_START)** 驱动程序在执行体初始化完毕后加载； **2 (SERVICE_AUTO_START)** 驱动程序由服务控制管理器加载； **3 (SERVICE_DEMAND_START)** 驱动程序按需加载； **4 (SERVICE_DISABLED)** 驱动程序不被加载

Start 值代表驱动程序（或服务）的加载阶段。在这方面，设备驱动程序和服务主要有两个不同之处。

（1）仅设备驱动程序可以将 Start 值设定为 Boot-start (0)或 System-start (1)。这是因为这些阶段尚不存在用户模式，所以无法加载服务。

（2）设备驱动程序可以使用 Group 和 Tag 值（表 6-8 中未包含）控制引导阶段的加载顺序，但与服务不同，驱动程序无法指定 DependOnGroup 或 DependOnService 值（详见卷 2 第 9 章）。

卷 2 第 11 章将介绍引导过程的不同阶段，并解释启动程序的 Start 值为 0 意味着将由操作系统加载器加载该驱动程序。Start 值为 1 意味着由 I/O 管理器在执行体子系统初始化完毕后加载该驱动程序。I/O 管理器会按照驱动程序在引导阶段的加载顺序，调用驱动程序初始化例程。与 Windows 服务类似，驱动程序会使用注册表键中的 Group 值指定所属组，而注册表 HKLM\SYSTEM\CurrentControlSet\Control\ServiceGroupOrder 键下的 List 值决定了引导阶段这些组的加载顺序。

驱动程序还可以使用 Tag 值控制自己在组内的顺序，借此进一步细化自己的加载顺序。I/O 管理器会按照驱动程序注册表键中定义的 Tag 值对每个组中的驱动程序排序，不包含 Tag 的驱动程序会放在组的最末尾。我们可能假设 I/O 管理器会首先初始化 Tab 编号较小的驱动程序，随后处理编号较大的驱动程序，但情况并非总是如此。注册表 HKLM\SYSTEM\CurrentControlSet\Control\GroupOrderList 键定义了组内的 Tag 优先级，借助该键，微软和设备驱动程序开发者就可以使用重新定义的整数系统进行任意的处理。

注意 对 Group 和 Tag 的使用是一种源自早期 Windows NT 时代的习惯。实际上很少会用到这些标志。大部分驱动程序不应对其他驱动程序有依赖性（仅内核库会链接到驱动程序，例如 NDIS.sys）。

在驱动程序设置自己的 Start 值时，需要遵循如下的指导原则。

（1）非即插即用驱动程序设置 Start 值，可以体现自己想要在哪个引导阶段被载入。

（2）（即插即用和非即插即用）驱动程序如果必须由引导加载器在系统引导过程中加载，可将 Start 值设置为 Boot-start (0)。例如系统总线驱动程序和引导文件系统驱动程序就是这样做的。

（3）对于非系统引导所必需的驱动程序，如果能够检测到系统总线驱动程序无法枚举的设备，可将 Start 值设置为 System-start (1)。例如检测到串口驱动程序，即可通知 PnP 管理器由安装程序检测并记录在注册表中的标准 PC 串口是存在的。

（4）非即插即用驱动程序或文件系统驱动程序如果无须在系统引导过程中出现，可将 Start 值设置为 Auto-start (2)。例如为远程资源提供基于 UNC 的路径名（如\\RemoteComputerName\SomeShare）的多种通用命名约定（Universal Naming Convention，UNC）提供程序（Multiple Universal Naming Convention Provider，MUP）驱动程序就是这样做的。

（5）非系统引导所必需的即插即用驱动程序可将 Start 值设置为 Demand-start (3)。例如网络适配器驱动程序。

对于即插即用驱动程序和用于枚举设备的驱动程序来说，Start 值的唯一用途在于确保操作系统加载器可以加载这样的驱动程序（如果该驱动程序是系统成功引导所必需的话）。除此之外，将由 PnP 管理器的设备枚举过程决定即插即用驱动程序的加载顺序。

6.7.2 驱动程序的安装

如前所述，即插即用驱动程序在安装过程中需要一个 INF 文件。INF 包含了该驱动程序可处理的硬件设备 ID，以及复制文件和设置注册表值的指令。其他类型的驱动程序（如文件系统驱动程序、文件系统筛选器以及网络筛选器）也需要 INF 文件，其中包含了与特定类型驱动程序有关的一组唯一值。

纯软件的驱动程序（例如 Process Explorer 所用的驱动程序）也可以使用 INF 文件安装，但没必要这样做。这些驱动程序可通过调用 CreateService API（或使用诸如 sc.exe 等封装工具）来安装，因为 Process Explorer 运行后会从可执行文件的资源中提取驱动程序（前提是使用提升后的权限运行）。对于 CreateService API，顾名思义可用于安装服务和驱动程序。提供给 CreateService 的参数可以指定是要安装驱动程序还是安装服务，并可用于指定 Start 值和其他参数（详见 Windows SDK 文档）。一旦安装完成，就会调用 StartService 加载该驱动程序（或服务），并照常调用 DriverEntry（如果加载的是驱动程序的话）。

纯软件的驱动程序通常会使用自己客户端所知的名称创建设备对象。例如，Process Explorer 会创建名为 PROCEXP152 的设备对象，随后 Process Explorer 会将该设备对象用于 CreateFile 调用，并接着调用诸如 DeviceIoControl 以便向驱动程序发送请求（由 I/O 管理器将其转换为 IRP）。图 6-53 显示了 Process Explorer 在\GLOBAL??目录中的对象符号链接（通过 Sysinternals 的 WinObj 工具查看）（别忘了，该目录下的名称可被用户模式客户端访问），这些符号链接是 Process Explorer 首次使用提升后权限运行时创建的。注意，它们会指向\Device 目录下的实际设备对象，并且符号链接和对象使用了相同名称（这并非必需的）。

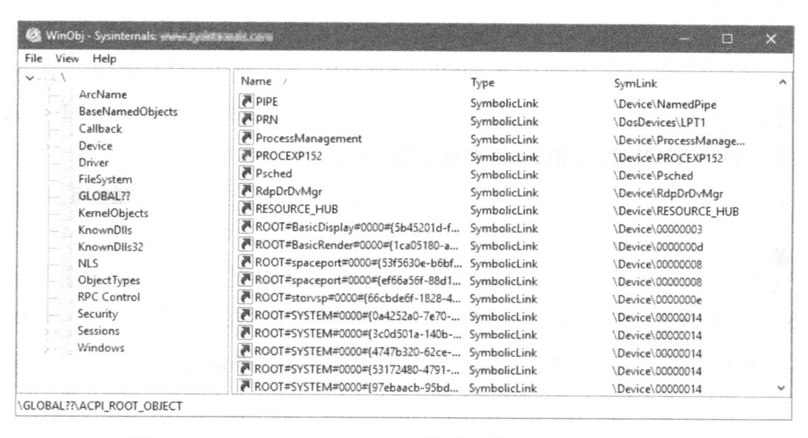

图 6-53 Process Explorer 的符号链接和设备对象名称

6.8 Windows 驱动程序基础

Windows 驱动程序基础（Windows Driver Foundation，WDF）是一种针对驱动程序开发工作的框架，可简化诸如正确处理即插即用和电源 IRP 等常见任务。WDF 包含内核模式驱动程序框架（KMDF）和用户模式驱动程序框架（UMDF）。表 6-9 展示了不同版本 Windows（针对 Windows 7 和后续版本）对 KMDF 的支持情况，表 6-10 则展示了有关 UMDF 的情况。

表 6-9　KMDF 版本

KMDF 版本	发布方法	包含于 Windows 版本	所开发驱动程序的运行平台
1.9	Windows 7 WDK	Windows 7	Windows XP 和后续版本
1.11	Windows 8 WDK	Windows 8	Windows Vista 和后续版本
1.13	Windows 8.1 WDK	Windows 8.1	Windows 8.1 和后续版本
1.15	Windows 10 WDK	Windows 10	Windows 10、Windows Server 2016
1.17	Windows 10 版本 1511 WDK	Windows 10 版本 1511	Windows 10 版本 1511 和后续版本、Windows Server 2016
1.19	Windows 10 版本 1607 WDK	Windows 10 版本 1607	Windows 10 版本 1607 和后续版本、Windows Server 2016

表 6-10　UMDF 版本

UMDF 版本	发布方法	包含于 Windows 版本	所开发驱动程序的运行平台
1.9	Windows 7 WDK	Windows 7	Windows XP 和后续版本
1.11	Windows 8 WDK	Windows 8	Windows Vista 和后续版本
2.0	Windows 8.1 WDK	Windows 8.1	Windows 8.1 和后续版本
2.15	Windows 10 WDK	Windows 10	Windows 10 和后续版本、Windows Server 2016
2.17	Windows 10 版本 1511 WDK	Windows 10 版本 1511	Windows 10 版本 1511 和后续版本、Windows Server 2016
2.19	Windows 10 版本 1607 WDK	Windows 10 版本 1607	Windows 10 版本 1607、Windows Server 2016

Windows 10 还引入了通用驱动程序（universal driver）的概念（见第 2 章）。这些驱动程序会在多个版本的 Windows 10（从 IoT Core 到 Mobile，再到桌面）中使用一套通用的 DDI 实现。通用驱动程序可使用 KMDF、UMDF 2.x 或 WDM 构建。在 Visual Studio 的帮助下，此类驱动程序的构建相对较为简单，只需将目标平台设置为 Universal 即可。任何超出通用边界的 DDI 都会由编译器标注出来。

UMDF 版本 1.x 使用了基于 COM 的驱动程序编程模型，这与 KMDF 所用的 Object-based C 截然不同。UMDF 2 也与 KMDF 保持一致，并提供了几乎完全相同的 API，降低了 WDF 驱动程序开发的相关总体成本，但实际上如果有必要，只需少量工作即可将 UMDF 2.x 驱动程序转换为 KMDF。UMDF 1.x 不在本书讨论范围内，详见 WDK 文档。

下文将讨论 KMDF 和 UMDF，无论到底在哪个操作系统上运行，这两者的行为基本一致。

6.8.1　内核模式驱动程序框架

我们在第 2 章简要介绍了有关 Windows 驱动程序基础（WDF）的一些信息。在本节中，我们将深入讨论由该框架的内核模式部分，即 KMDF 所提供的组件和功能。注意，本节只会简要触及 KMDF 的某些核心架构。如果希望更全面地了解该主题，请参阅 WDK 文档。

注意　除了将要在下一节介绍的某些例外情况，本节讨论的大部分细节信息也适用于 UMDF 2.x。

1. KMDF 驱动程序的结构和运作

首先一起看看 KMDF 所支持的驱动程序或设备类型。一般来说，任何符合 WDM 格式的驱动程序都可由 KMDF 支持，只要该驱动程序执行了标准化的 I/O 处理和 IRP 操作。KMDF 并不适合未直接使用 Windows 内核 API、而是通过库调用至现有端口和类驱动程序的驱动程序。此类驱动程序无法使用 KMDF，原因在于它们只能通过提供到实际 WDM 驱动程序的回调来执行 I/O 处理。此外，如果驱动程序提供了自己的分发函数，而非依赖端口或类驱动程序，那么 IEEE 1394、ISA、PCI、PCMCIA 和 SD Client（适用于 Secure Digital 存储设备）驱动程序也可以使用 KMDF。

虽然 KMDF 在 WDM 的基础上提供了抽象，但前文介绍的驱动程序基本结构通常也适用于 KMDF 驱动程序。从核心来看，KMDF 驱动程序必须具备如下功能。

（1）**一个初始化例程**。与其他任何驱动程序类似，KMDF 驱动程序也有一个对驱动程序进行初始化的 DriverEntry 函数。KMDF 驱动程序会在此时初始化框架，执行驱动程序所需要的，或向框架描述驱动程序所需的任何配置和初始化步骤。对于非即插即用驱动程序，此时将创建第一个设备对象。

（2）**一个增加设备例程**。KMDF 驱动程序基于事件和回调（下文很快会介绍）运作，其中 EvtDriverDeviceAdd 回调可能是 PnP 设备最重要的回调，因为当 PnP 管理器在内核中枚举该驱动程序的设备时，由它负责接收通知。

（3）**一个或多个 EvtIo*例程**。与 WDM 驱动程序的分发例程类似，这些回调例程负责处理来自特定设备队列的特定类型 I/O 请求。驱动程序通常会创建一个或多个队列，KMDF 则会将驱动程序所对应设备的 I/O 请求放置其中。这些队列可以通过请求类型和分发类型加以配置。

最简单的 KMDF 驱动程序可能只需要具备一个初始化例程和一个添加设备例程，因为框架将默认提供大部分 I/O 处理类型（包括电源事件和即插即用事件）所需的通用功能。在 KMDF 模型中，事件代表运行时状态，驱动程序可以响应这样的事件，甚至在时间持续期间参与其中。这些事件与同步基元无关（同步的相关内容参见卷 2 第 8 章），而是框架内部的事件。

有些事件对驱动程序的运作很关键，或者需要某些特殊处理，对于此类事件，驱动程序会注册一个特定的回调例程来处理。其他情况下，驱动程序可以让 KMDF 来执行默认的常规操作。举例来说，在弹出事件（EvtDeviceEject）过程中，驱动程序可以选择支持弹出并提供回调，或回退至默认 KMDF 代码，借此告诉用户设备不支持弹出。然而并非所有事件都有默认行为，并且必须由驱动程序提供回调。例如前文刚介绍过的 EvtDriverDeviceAddevent 就位于任何即插即用驱动程序的核心部分。

实验：显示 KMDF 和 UMDF 2 驱动程序

伴随 Windows 调试工具包发布的 Wdfkd.dll 扩展提供了很多可用于调试和分析 KMDF 驱动程序与设备的命令（此时不应使用内置的 WDM 风格调试扩展，因为它们可能无法提供相同类型的 WDF 的相关信息）。我们可以使用调试器命令!wdfkd.wdfldr 显示已安装的 KMDF 驱动程序。下列范例显示了运行 32 位 Windows 10 的 Hyper-V 虚拟机的输出结果，其中列出了所有已经安装的内置驱动程序。

```
lkd> !wdfkd.wdfldr
----------------------------------------------------------------
KMDF Drivers
----------------------------------------------------------------
LoadedModuleList        0x870991ec
----------------------------------
LIBRARY_MODULE 0x8626aad8
  Version       v1.19
  Service       \Registry\Machine\System\CurrentControlSet\Services\Wdf01000
  ImageName     Wdf01000.sys
  ImageAddress 0x87000000
  ImageSize     0x8f000
  Associated Clients: 25

  ImageName                   Ver   WdfGlobals FxGlobals  ImageAddress ImageSize
  umpass.sys                  v1.15 0xa1ae53f8 0xa1ae52f8 0x9e5f0000   0x00008000
  peauth.sys                  v1.7  0x95e798d8 0x95e797d8 0x9e400000   0x000ba000
  mslldp.sys                  v1.15 0x9aed1b50 0x9aed1a50 0x8e300000   0x00014000
  vmgid.sys                   v1.15 0x97d0fd08 0x97d0fc08 0x8e260000   0x00008000
  monitor.sys                 v1.15 0x97cf7e18 0x97cf7d18 0x8e250000   0x0000c000
  tsusbhub.sys                v1.15 0x97cb3108 0x97cb3008 0x8e4b0000   0x0001b000
  NdisVirtualBus.sys          v1.15 0x8d0fc2b0 0x8d0fc1b0 0x87a90000   0x00009000
  vmgencounter.sys            v1.15 0x8d0fefd0 0x8d0feed0 0x87a80000   0x00008000
  intelppm.sys                v1.15 0x8d0f4cf0 0x8d0f4bf0 0x87a50000   0x00021000
  vms3cap.sys                 v1.15 0x8d0f5218 0x8d0f5118 0x87a40000   0x00008000
  netvsc.sys                  v1.15 0x8d11ded0 0x8d11ddd0 0x87a20000   0x00019000
  hyperkbd.sys                v1.15 0x8d114488 0x8d114388 0x87a00000   0x00008000
  dmvsc.sys                   v1.15 0x8d0ddb28 0x8d0dda28 0x879a0000   0x0000c000
  umbus.sys                   v1.15 0x8b86ffd0 0x8b86fed0 0x874f0000   0x00011000
  CompositeBus.sys            v1.15 0x8b869910 0x8b869810 0x87df0000   0x0000d000
  cdrom.sys                   v1.15 0x8b863320 0x8b863220 0x87f40000   0x00024000
  vmstorfl.sys                v1.15 0x8b2b9108 0x8b2b9008 0x87c70000   0x0000c000
  EhStorClass.sys             v1.15 0x8a9dacf8 0x8a9dabf8 0x878d0000   0x00015000
  vmbus.sys                   v1.15 0x8a9887c0 0x8a9886c0 0x82870000   0x00018000
  vdrvroot.sys                v1.15 0x8a970728 0x8a970628 0x82800000   0x0000f000
  msisadrv.sys                v1.15 0x8a964998 0x8a964898 0x873c0000   0x00008000
  WindowsTrustedRTProxy.sys v1.15 0x8a1f4c10 0x8a1f4b10 0x87240000     0x00008000
  WindowsTrustedRT.sys        v1.15 0x8a1f1fd0 0x8a1f1ed0 0x87220000   0x00017000
  intelpep.sys                v1.15 0x8a1ef690 0x8a1ef590 0x87210000   0x0000d000
  acpiex.sys                  v1.15 0x86287fd0 0x86287ed0 0x870a0000   0x00019000
----------------------------------
Total: 1 library loaded
```

如果曾加载了UMDF 2.x驱动程序，它们也会显示在这里。而这也是UMDF 2.x库提供的收益之一（有关该话题的详情请参阅下文介绍UMDF的内容）。

注意，KMDF库是在Wdf01000.sys中实现的，目前的KMDF中其版本为1.x。后续版本的KMDF可能会将该文件版本升级至2.x，并可能在其他内核模块，例如Wdf02000.sys中实现。未来的新版模块将能与目前的1.x版模块并行运行，每个模块加载针对相应版本编译的驱动程序。这样即可确保以不同的大版本MKDF库为目标构建的驱动程序之间的隔离与独立。

2. KMDF对象模型

KMDF对象模型是一种使用C语言实现、基于对象、具备属性的方法和事件，有点类似于内核模型，但并不使用对象管理器。相反，KMDF 在内部管理自己的对象，将其以句柄的形式暴露给驱动程序，并维持了不透明的数据结构。对于每个对象类型，框架提供了针对对象执行操作所需的例程（也叫作方法），例如用于创建设备对象的 WdfDeviceCreate。此外，对象可以具备能够通过 Get/Set API（用于进行绝对不会失败的修改）或 Assign/Retrieve API（用于可能会失败的修改）访问的特定数据字段或成员，这些也叫作属性。例如 WdfInterruptGetInfo 函数可以返回与特定中断对象（WDFINTERRUPT）有关的信息。

KMDF 对象与内核对象在实现方面的另一个不同之处在于，内核对象涉及的是截然不同并且相互独立的对象类型，而所有 KMDF 对象都是同一个层次结构的一部分，大部分对象类型都要与父对象绑定。其中根对象为 WDFDRIVER 结构，用于描述实际的驱动程序，该结构及其含义可以类比为 I/O 管理器提供的 DRIVER_OBJECT 结构，KMDF 的其他所有结构均为这个根对象的子对象。另一个重要的对象是 WDFDEVICE，主要与系统中已检测到设备的特定实例有关，必须使用 WdfDeviceCreate 创建，并且它也可以类比为 WDM 模型以及 I/O 管理器所用的 DEVICE_OBJECT 结构。

表 6-11 列出了 KMDF 可支持的对象类型。

表 6-11 KMDF 可支持的对象类型

对象	类型	描述
子列表	WDFCHILDLIST	与设备有关的子 WDFDEVICE 对象列表，只被总线驱动程序使用
集合	WDFCOLLECTION	相似类型的对象列表，例如一组筛选后的 WDFDEVICE 对象
延迟过程调用	WDFDPC	DPC 对象的一个实例
设备	WDFDEVICE	设备的一个实例
DMA 通用缓冲区	WDFCOMMONBUFFER	设备和驱动程序可通过 DMA 访问的一个内存区域
DMA 启用器	WDFDMAENABLER	可以为驱动程序的特定通道启用 DMA
DMA 事务	WDFDMATRANSACTION	DMA 事务的一个实例
驱动程序	WDFDRIVER	驱动程序的一个对象，代表驱动程序及其参数、回调等东西
文件	WDFFILEOBJECT	文件对象的一个实例，可充当应用程序和驱动程序间的通信渠道
常规对象	WDFOBJECT	可用于将驱动程序定义的自定义数据作为一个对象，封装到框架的对象数据模型内部
中断	WDFINTERRUPT	驱动程序必须处理的中断的一个实例
I/O 队列	WDFQUEUE	代表特定的 I/O 队列
I/O 请求	WDFREQUEST	代表针对 WDFQUEUE 的特定请求
I/O 目标	WDFIOTARGET	代表被特定 WDFREQUEST 作为目标的设备栈
旁视列表	WDFLOOKASIDE	描述了执行体的旁视列表（见第 5 章）
内存	WDFMEMORY	描述了换页或非换页池的内存区域
注册表键	WDFKEY	描述了注册表键
资源列表	WDFCMRESLIST	标识了可分配给 WDFDEVICE 的硬件资源
资源范围列表	WDFIORESLIST	标识了某个 WDFDEVICE 可能的硬件资源范围
资源要求列表	WDFIORESREQLIST	包含 WDFIORESLIST 对象数组，描述了某个 WDFDEVICE 所有可能的硬件资源范围
旋转锁	WDFSPINLOCK	描述了旋转锁
字符串	WDFSTRING	描述了一种 Unicode 字符串结构
计时器	WDFTIMER	描述了执行体计时器（详见卷 2 第 8 章）

续表

对象	类型	描述
USB 设备	WDFUSBDEVICE	标识了 USB 设备的一个实例
USB 接口	WDFUSBINTERFACE	标识了特定 WDFUSBDEVICE 上的一个接口
USB 管道	WDFUSBPIPE	标识了到特定 WDFUSBINTERFACE 上一个端点的管道
等待锁	WDFWAITLOCK	描述了内核分发器事件对象
WMI 实例	WDFWMIINSTANCE	描述了特定 WDFWMIPROVIDER 的 WMI 数据块
WMI 提供程序	WDFWMIPROVIDER	描述了该驱动程序所支持的全部 WDFWMIINSTANCE 对象的 WMI 架构
工作项	WDFWORKITEM	描述了执行体工作项

对于上述每个对象，其他 KMDF 对象都可被附加为子对象。有些对象只有一两个有效的父对象，但也有些对象可能被附加至任意数量的父对象。例如 WDFINTERRUPT 对象必须关联至特定 WDFDEVICE，但 WDFSPINLOCK 或 WDFSTRING 对象可以将任何对象作为父对象。借此即可更细化地控制对象的有效性和使用情况，并减少全局状态变量的数量。完整的 KMDF 对象层次结构如图 6-54 所示。

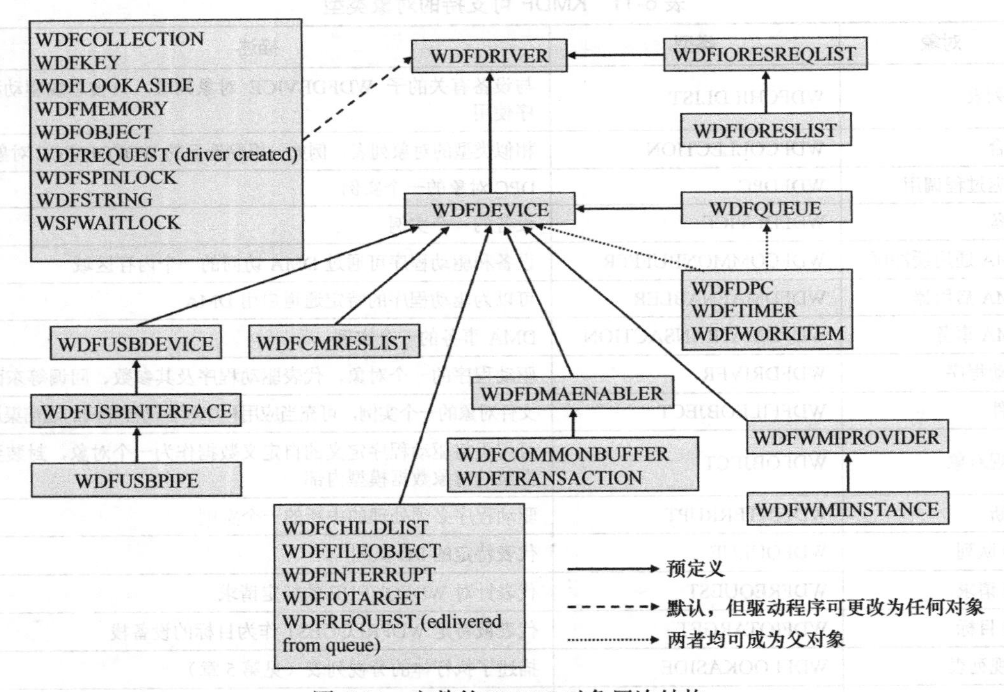

图 6-54 完整的 KMDF 对象层次结构

前文以及图 6-54 所示的关联情况并不一定是直接的。父对象必须位于层次结构链上，这意味着某一个祖先节点必须为相同类型。这种关系对于具体的实现很有帮助，因为对象层次结构不仅会影响对象的位置，同时也会影响到对象的寿命。每次创建子对象时，我们会通过它与父对象的链接为子对象添加一个引用计数。因此当父对象被销毁后，所有子对象也会被销毁。这也是诸如 WDFSTRING 或 WDFMEMORY 等关联对象关联到其他某个特定对象，而非关联到默认的 WDFDRIVER 对象时，即可在父对象被销毁时自动释放内存和状态信息的原因。

与这种层次结构概念密切相关的还有 KMDF 的对象上下文概念。由于（前文曾经提到）KMDF 对象是不透明的，并且需要关联到某个父对象位置，因此为了能够在框架的能力或支持范围外跟踪特定信息，必须能够允许驱动程序将自己的数据附加至对象。KMDF 对象可以使用对象上下文存储这些信息。此外还可以使用多个对象上下文区域，这样即可让同一个驱动程序中的多层代码通过不同方式与同一个对象交互。在 WDM 中，设备扩展自定义数据结构允许将此类信息关联给特定设备，但在 KMDF 中，甚至旋转锁或字符串也可以包含上下文区域。这种扩展能力使得负责 I/O 请求处理的每个库或每一层代码都可以根据自己所用上下文区域独立地与其他代码交互。

最后，KMDF 对象还会关联一系列属性，如表 6-12 所示。这些属性通常会配置为默认值，但当驱动程序指定 WDF_OBJECT_ATTRIBUTES 结构（类似于对象管理器创建内核对象时所用的 OBJECT_ATTRIBUTES 结构）创建对象时，也可以覆盖这些默认值。

表 6-12　KMDF 对象属性

属性	描述
ContextSizeOverride	对象上下文区域的大小
ContextTypeInfo	对象上下文区域的类型
EvtCleanupCallback	用于在删除前通知驱动程序对象已经清理所用的回调（引用可能依然存在）
EvtDestroyCallback	用于在向驱动程序通知对象即将被删除时所用的回调（引用计数将归零）
ExecutionLevel	描述了 KMDF 可调用的回调的 IRQL 最大值
ParentObject	标识了对象的父对象
SynchronizationScope	决定了回调是否要与父对象、队列或设备保持同步，或不与任何东西同步

3. KMDF 的 I/O 模型

KMDF 的 I/O 模型遵循了本章前文讨论过的 WDM 机制。实际上，我们甚至可以将框架本身视作一种 WDM 驱动程序，因为它使用了内核 API 和 WDM 行为来抽象 KMDF 并使其可以正常生效。在 KMDF 中，框架驱动程序会设置自己 WDM 风格的 IRP 分发例程，并控制发送给驱动程序的所有 IRP。在由 3 个 KMDF I/O 句柄（下文马上介绍）之一处理完成后，这些请求会被打包为相应的 KMDF 对象，并插入正确的队列中（如果需要的话），随后如果驱动程序对这些事件感兴趣，便会执行驱动程序回调。图 6-55 描述了 KMDF 的 I/O 流程和 IRP 的处理。

基于前文有关 WDM 驱动程序 IRP 处理过程的讨论，KMDF 会执行下列 3 个操作之一。

（1）将 IRP 发送给 I/O 句柄，进而处理标准化的设备操作。

（2）将 IRP 发送给 PnP 和电源句柄，进而处理此类事件并在状态变化后通知其他驱动程序。

（3）将 IRP 发送给 WMI 句柄，进而处理跟踪和日志记录。

随后这些组件会向驱动程序通知任何已经注册的事件，并可能将请求转发至另一个句柄以便进一步处理，进而根据内部句柄操作或调用驱动程序完成请求。如果 KMDF 已经完成了 IRP 的处理，但请求本身尚未处理完毕，KMDF 会采取下列一项操作。

（1）对于总线驱动程序和功能驱动程序，使用 STATUS_INVALID_DEVICE_REQUEST 完成 IRP。

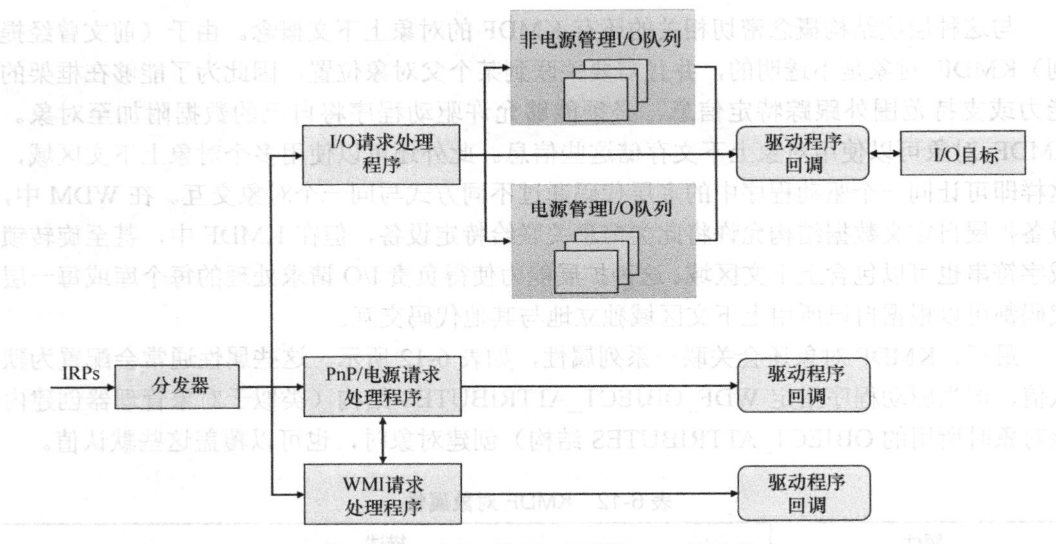

图 6-55　KMDF 的 I/O 流程和 IRP 的处理

（2）对于筛选器驱动程序，会将请求转发给下一个下层驱动程序。

KMDF 的 I/O 处理基于队列机制（WDFQUEUE，而非本章前文讨论过的 KQUEUE 对象）。KMDF 队列是一种可高度缩放的容器，其中保存了针对特定设备的 I/O 请求（打包为 WDFREQUEST 对象），除了对等待处理的 I/O 排序，还可提供丰富的功能。例如该队列可追踪当前活动的请求并为 I/O 取消、I/O 并发（一次执行并完成多个 I/O 请求的能力）以及 I/O 同步（见表 6-12 中有关对象属性的介绍）提供支持。典型的 KMDF 驱动程序会至少创建一个队列，将一个或多个事件关联至每个队列，同时提供了如下一些选项。

（1）与该队列关联的事件所注册的回调。

（2）队列的电源管理状态。KMDF 同时支持可电源管理和不可电源管理的队列。对于前者，将在必要时由 I/O 句柄唤醒设备（如果可能的话），并在设备没有正在排队的 I/O 时触发空闲计时器。同时会在系统从工作状态转为其他状态时调用驱动程序的 I/O 取消例程。

（3）队列的分发方法。KMDF 可以用连续、并行或手动模式从队列交付 I/O。连续 I/O 一次交付一个（KMDF 需等待驱动程序完成上一个请求），并行 I/O 会尽可能快地交付。手动模式下，驱动程序必须手动从队列中获取 I/O。

（4）队列是否可接受长度为零的缓冲区，例如传入了实际上不包含任何数据的请求。

注意　分发方法只影响驱动程序队列内部同一时间内可处于活动状态的请求数量，并不能决定是否要以并发或连续的方式调用事件回调本身。此行为是通过前文提到的同步范围对象属性决定的。因此并行队列也可能在禁用并发的情况下依然收到多个传入的事件。

根据队列机制，KMDF I/O 句柄可执行多种与创建、关闭、清理、写入、读取或设备控制（IOCTL）请求有关的任务。

（1）对于创建请求，驱动程序可通过 EvtDeviceFileCreate 回调事件立即获得通知，或创建非手动队列来接受创建请求。随后须注册接收通知所需的 EvtIoDefault 回调。最后，如果未使用上述任何一种方法，KMDF 将使用成功代码完成请求，意味着默认情况下就算未提供自己的代码，应用程序也可打开到此类 KMDF 驱动程序的句柄。

（2）对于清理和关闭请求，驱动程序可以通过 EvtFileCleanup 和 EvtFileClose 回调事件（如果已注册的话）立即获得通知。否则框架将直接用成功代码完成请求。

（3）对于写入、读取和 IOCTL 请求，将使用图 6-56 所示的流程。

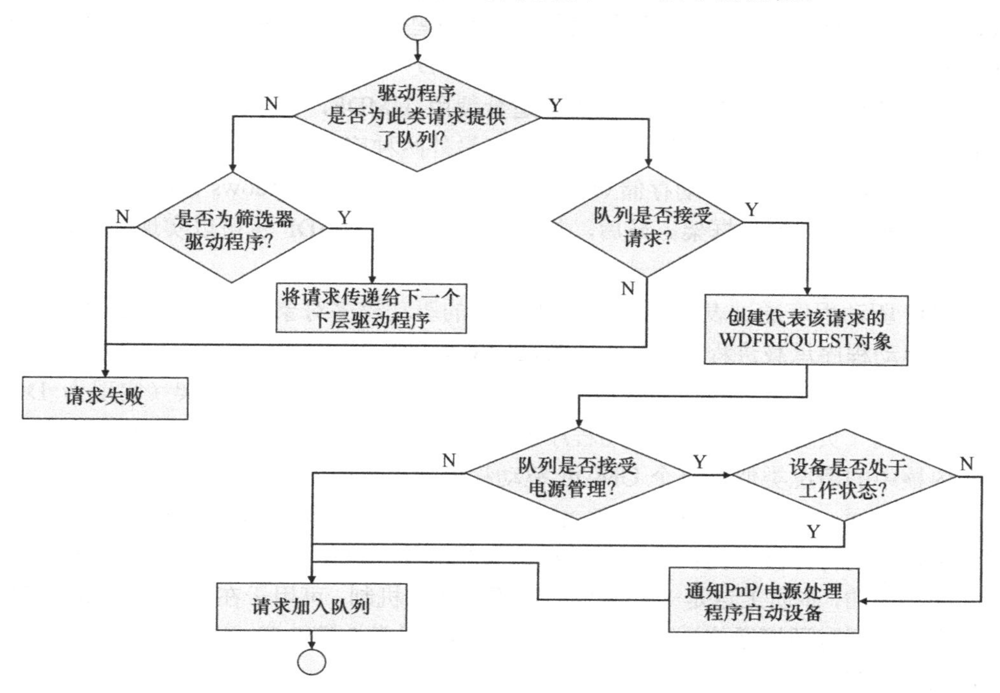

图 6-56　KMDF 对读取、写入和 IOCTL I/O 请求的处理

6.8.2　用户模式驱动程序框架

Windows 包含了越来越多运行在用户模式、使用 WDF 中用户模式驱动程序框架的驱动程序。UMDF 第 2 版在对象模型、编程模型及 I/O 模型方面与 KMDF 保持了一致。然而这两个框架并不完全相同，因为用户模式和内核模式间有些与生俱来的差异。例如，表 6-11 列出的某些 KMDF 对象在 UMDF 中是不存在的，包括 WDFCHILDLIST、DMA 相关对象、WDFLOOKASIDELIST（旁视列表只能在内核模式分配）、WDFIORESLIST、WDFIORESREQLIST、WDFDPC 及 WMI 相关对象。但大部分 KMDF 对象和概念同样适用于 UMDF 2.x。

相比 KMDF，UMDF 有很多优势。

（1）UMDF 驱动程序在用户模式下执行，因此任何无法处理的异常只会导致 UMDF 承载进程崩溃，不会危及整个系统。

（2）UMDF 承载进程使用 Local Service 账户运行，在本地计算机上只有极为有限的特权，且只能匿名访问网络连接，这些有助于减小安全攻击面。

（3）运行在用户模式意味着其 IRQL 始终为 0（PASSIVE_LEVEL），因此驱动程序永远可以接受页面错误并使用内核分发器对象进行（事件、互斥体等的）同步。

（4）UMDF 驱动程度的调试比 KMDF 驱动程序的调试更容易，因为调试步骤不需要两台计算机（物理或虚拟）。

UMDF 最大的不足在于延迟较高，因为需要进行内核/用户模式的转换与通信（下文很快将会介绍）。此外，一些类型的驱动程序，例如高速 PCI 设备的驱动程序本就不应在用户模式下执行，所以无法使用 UMDF 编写。

在设计上，UMDF 主要是为了支持协议设备类，这是指完全使用相同的标准化通用协议，并在此基础上提供专门功能的设备。目前这些协议包括 IEEE 1394（火线）、USB、蓝牙、人机接口设备（Human Interface Device，HID）以及 TCP/IP。任何运行在这些总线之上（或通过网络连接）的设备都有可能适合使用 UMDF，例如便携式音乐播放器、输入设备、手机、相机和摄像头等。UMDF 还有另外两种应用：兼容 SideShow 的设备（辅助显示屏）和支持 USB 可移动存储（USB 批量传输设备）的 Windows 便携设备（Windows Portable Device，WPD）框架。最后，与 KMDF 类似，UMDF 也可以实现纯软件的驱动程序，例如为虚拟设备编写的驱动程序。

KMDF 驱动程序通过表现为 SYS 映像文件的驱动程序对象来运行，而 UMDF 驱动程序运行在驱动程序承载进程（%SystemRoot%\System32\WUDFHost.exe）中，这一点类似服务承载进程。该承载进程包含驱动程序本身、用户模式驱动程序框架（实现为 DLL）及运行时环境（负责 I/O 分发、驱动程序加载、设备栈管理、内核通信及线程池）。

与内核中的情况类似，每个 UMDF 驱动程序都作为栈的一部分运行。栈中可以包含多个负责管理同一个设备的驱动程序。由于用户模式代码无法访问内核地址空间，UMDF 也通过到内核的特殊接口提供了可供这种访问的组件。这是由 UMDF 使用 ALPC 在内核模式一端实现的，本质上这是一种高效的进程间通信机制，可用于在用户模式驱动程序承载进程中与运行时环境通信。（ALPC 的相关内容参见卷 2 第 8 章。）UMDF 驱动程序模型的架构如图 6-57 所示。

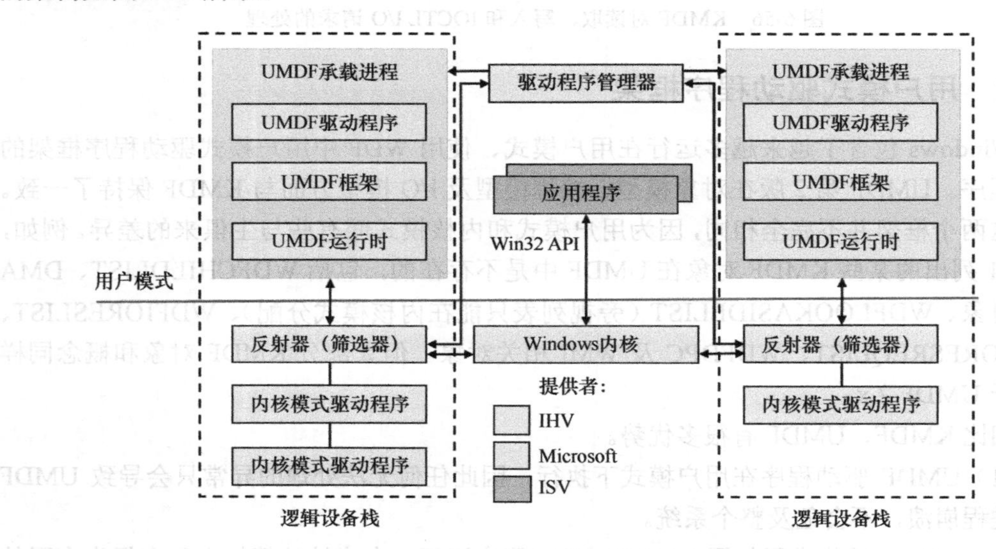

图 6-57　UMDF 驱动程序模型的架构

图 6-57 显示了管理两个不同硬件设备的两个设备栈，每个设备栈都通过自己的驱动程序承载进程运行了一个 UMDF 驱动程序。可以看到，整个架构由下列组件构成。

（1）**应用程序**。驱动程序的客户端，是标准的 Windows 应用程序，可以像 KMDF 或 WDM 管理的设备那样使用相同 API 执行 I/O。应用程序不知道（也不关心）它们在与 UMDF 设备通信，相关调用依然会发给内核 I/O 管理器。

（2）**Windows 内核（I/O 管理器）**。I/O 管理器会根据应用程序 I/O API 为操作构建

IRP，与其他标准设备完全相同。

（3）**反射器**。反射器是 UMDF 得以“实现”的主要原因。这是一种标准的 WDM 筛选器驱动程序（%SystemRoot%\System32\Drivers\WUDFRd.sys），位于 UMDF 驱动程序所管理的每个设备的设备栈顶层。反射器负责管理内核与用户模式驱动程序承载进程之间的通信。与电源管理、即插即用以及标准 I/O 有关的 IRP 会通过 ALPC 重定向至承载进程。借此，UMDF 驱动程序即可响应 I/O 并执行工作，同时可通过提供与设备枚举、安装和管理有关的操作参与到即插即用模型中。最后，反射器还负责监视驱动程序承载进程，以确保在足够长的时间里，它们可以持续响应请求，进而防止驱动程序和应用程序被挂起。

（4）**驱动程序管理器**。驱动程序管理器负责根据所连接的由 UMDF 管理的设备启动和退出驱动程序承载进程，同时负责管理设备上的信息。另外还负责响应来自反射器的消息，并将其应用给相应的承载进程（如对设备安装做出响应）。驱动程序管理器作为标准的 Windows 服务运行，该服务实现在%SystemRoot%\System32\WUDFsvc.dll 中（承载于标准的 Svchost.exe 中），当设备的第一个 UMDF 驱动程序安装后，该服务会被配置为自动启动。所有驱动程序承载进程只需要运行一个驱动程序管理器实例（对于服务的承载进程也是如此），并且只有在该承载进程正常运行时 UMDF 驱动程序才能生效。

（5）**承载进程**。承载进程为真正的驱动程序（WUDFHost.exe）提供了地址空间和运行时环境。虽然它以 Local Service 账户运行，但并不是 Windows 服务，也不接受 SCM 的管理，只能由驱动程序管理器管理。承载进程还负责为实际硬件提供用户模式设备栈，该设备栈对系统中的所有应用程序可见。目前，每个设备实例都有自己的设备栈，并且每个设备站运行在单独的承载进程中。未来，多个实例可能共享同一个承载进程。承载进程是驱动程序管理器的子进程。

（6）**内核模式驱动程序**。如果某个由 UMDF 驱动程序管理的设备确实需要内核支持，那么即可针对该工作编写与之配套的内核模式驱动程序。借此，设备即可同时由 UMDF 和 KMDF（或 WDM）驱动程序管理。

将保存了内容的 USB 闪存盘连接到计算机，即可轻松看到 UMDF 的作用。运行 Process Explorer，随后可以看到一个与驱动程序承载进程相对应的 WUDFHost.exe 进程。切换至 DLL 视图并向下拖动，即可看到图 6-58 所示的 DLL。

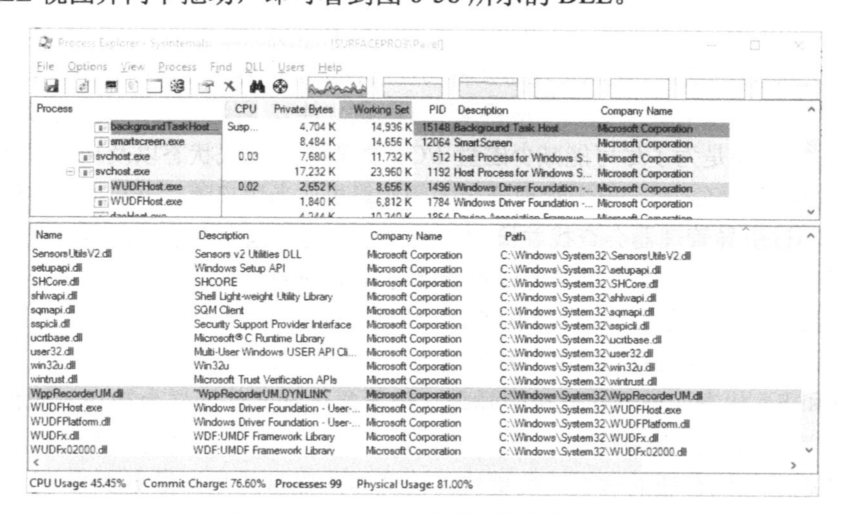

图 6-58 UMDF 承载进程包含的 DLL

从中可以看到 3 个主要组件，它们与前文提到的架构一一对应：**WUDFHost.exe**，UMDF 宿主的可执行文件；**WUDFx02000.dll**，UMDF 2.x 的框架 DLL；**WUDFPlatform.dll**，运行时环境。

6.9 电源管理器

正如 Windows 即插即用功能需要系统硬件的支持，电源管理功能同样要求硬件符合高级配置和电源接口（Advanced Configuration and Power Interface，ACPI）规范，该规范现已成为统一可扩展固件接口（Unified Extensible Firmware Interface，UEFI）的一部分。

ACPI 标准为系统和设备定义了不同的电源级别。表 6-13 列出了 6 种系统电源状态，可分别称之为 S0（完全开启）到 S5（完全关闭）。每个状态有如下特征。

表 6-13　系统电源状态定义

状态	电量消耗	软件恢复	硬件延迟
S0（完全开启）	最大	不适用	无
S1（睡眠）	低于 S0，高于 S2	系统恢复至上次所处状态（恢复至 S0）	小于 2s
S2（睡眠）	低于 S1，高于 S3	系统恢复至上次所处状态（恢复至 S0）	2s 或更久
S3（睡眠）	低于 S2，处理器关闭	系统恢复至上次所处状态（恢复至 S0）	与 S2 相同
S4（休眠）	只对电源按钮和唤醒电路进行涓流供电	系统通过保存的休眠文件重新启动，恢复至休眠前所处的状态（恢复至 S0）	长且不确定
S5（完全关闭）	只对电源按钮进行涓流供电	系统引导	长且不确定

（1）**电量消耗**。系统的耗电量。

（2）**软件恢复**。当系统转换为“更进一步开启”状态时软件所处的状态。

（3）**硬件延迟**。将系统返回至完全开启状态所消耗的时间。

可以看到，S1～S4 是睡眠状态，为了降低耗电量，此时系统看起来似乎已经关闭。然而在这些睡眠状态下，系统依然（在物理内存或磁盘上）维持了足够的信息，可以随时切换至 S0。对于 S1 到 S3 状态，必须有足够的供电将内存维持在计算机的物理内存中，这样当转换至 S0 时（例如用户或设备唤醒了计算机），电源管理器可以从上次暂停的位置恢复执行。

当系统进入 S4 状态时，电源管理器会将物理内存中的内容压缩后保存到名为 Hiberfil.sys 的休眠文件中，这个文件位于系统卷根目录下（隐藏文件），它足够大，甚至可以容纳压缩前的内存内容。（压缩是为了尽可能减少磁盘 I/O，改善进入睡眠状态以及从睡眠状态恢复时的性能。）内存保存好之后，电源管理器会关闭计算机。当用户随后开机时，将进行常规的引导过程，不过引导管理器会查找并检测休眠文件中是否包含有效的内存映像。如果休眠文件包含了保存的系统状态，引导管理器会启动%SystemRoot%\System32\Winresume.exe，由它将文件读入内存，随后将内存状态恢复至休眠文件中所记录的那一刻。

对于启用混合睡眠的系统，用户发出的将计算机置入睡眠状态的请求，其实同时包含了 S3 状态和 S4 状态。虽然计算机会睡眠，但紧急休眠文件同样会被写入磁盘。与包含了几乎所有活跃内存的普通休眠文件不同，紧急休眠文件只包含随后无法换入内存的数据，因此挂起过程比普通的睡眠速度更快（毕竟写入磁盘的数据量更少）。随后驱动程序会收到通知，了解到正在进行 S4 转换，因此驱动程序可以对自身进行配置并保存自己的状态，就像进入普通的休眠状态时一样。随后系统会进入普通的睡眠状态，这一点与传统方式无异。然而如果随后断电，系统实际上已经进入了 S4 状态，用户在开机后，Windows 依然可以通过紧急休眠文件恢复。

注意 在提权后的命令提示符窗口中运行 powercfg/h off 可彻底禁用睡眠并释放一些磁盘空间。

计算机绝对不会直接在 S1 到 S4 这几个状态之间切换（因为切换过程需要执行软件代码，而这些状态下 CPU 已经被关闭了），而是必须先切换至 S0 状态。当系统从 S1 到 S5 之间的任何状态切换至 S0 时，这台计算机就被唤醒了；而从 S0 状态切换至 S1 到 S5 之间的任何状态时，这台计算机就进入了睡眠状态，如图 6-59 所示。

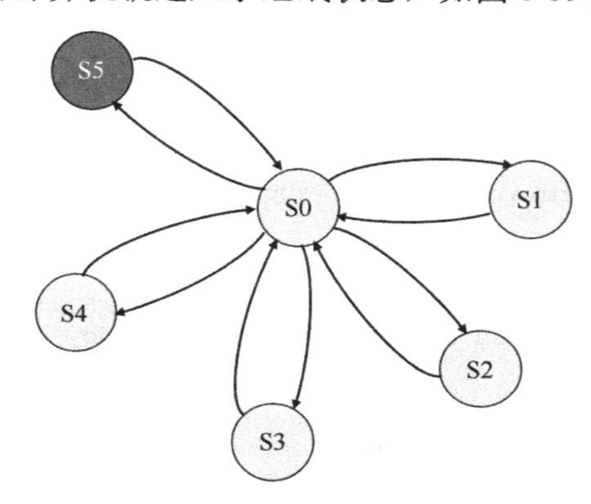

图 6-59 系统的电源状态切换

实验：系统电源状态

若要查看受支持的电源状态，请在提权的命令提示符窗口中运行 powercfg /a 命令。随后将看到类似下列结果。

```
C:\WINDOWS\system32>powercfg /a
The following sleep states are available on this system:
    Standby (S3)
    Hibernate
    Fast Startup

The following sleep states are not available on this system:
    Standby (S1)
        The system firmware does not support this standby state.

    Standby (S2)
        The system firmware does not support this standby state.

    Standby (S0 Low Power Idle)
        The system firmware does not support this standby state.

    Hybrid Sleep
        The hypervisor does not support this standby state.
```

注意，此时待机状态为 S3，休眠功能可用。如果关闭休眠功能重新运行该命令，输出结果如下。

```
C:\WINDOWS\system32>powercfg /h off
C:\WINDOWS\system32>powercfg /a
The following sleep states are available on this system:
    Standby (S3)

The following sleep states are not available on this system:
    Standby (S1)
        The system firmware does not support this standby state.

    Standby (S2)
        The system firmware does not support this standby state.

    Hibernate
        Hibernation has not been enabled.

    Standby (S0 Low Power Idle)
        The system firmware does not support this standby state.

    Hybrid Sleep
        Hibernation is not available.
        The hypervisor does not support this standby state.

    Fast Startup
        Hibernation is not available.
```

ACPI 为设备定义了 4 种电源状态：从 D0 到 D3。D0 状态为完全开启，D3 状态为完全关闭。ACPI 标准将 D1 和 D2 状态的具体含义的决定权交给了驱动程序和设备，但要求 D1 状态的耗电量必须小于或等于 D0 状态；并且当设备处于 D2 状态时，其耗电量必须小于或等于 D1 状态。

Windows 8（和后续版本）将 D3 状态拆分为两个子状态：D3-hot 和 D3-cold。在 D3-hot 状态下，设备大部分组件处于关闭状态但并未与主电源断开，此时上级总线控制器可以检测到该设备的存在。在 D3-cold 状态下，设备将与主电源断开，此时总线控制器检测不到设备。这种状态可以进一步节约耗电量。

这些设备的电源状态及其之间可能的转换方式如图 6-60 所示。

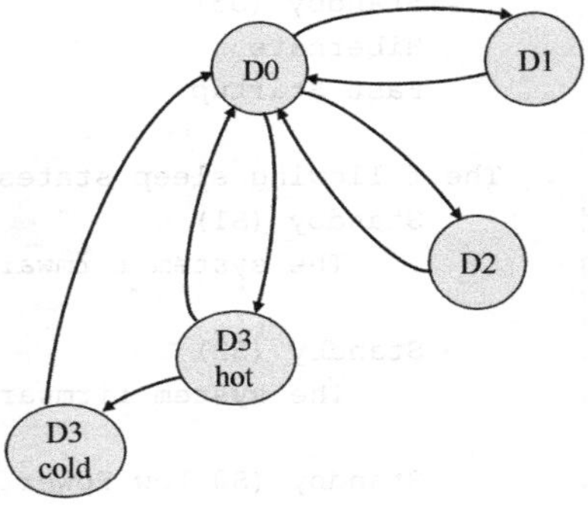

图 6-60 设备的电源状态及其之间可能的转换方式

在 Windows 8 之前，当系统全面开启（S0）时，设备只能达到 D3-hot 状态。只有当系统进入睡眠状态后，才会暗含地将设备转换至 D3-cold 状态。从 Windows 8 开始，可以在系统全面开启的情况下将设备的电源状态转换为 D3-cold。但控制设备的驱动程序无法直接让设备进入 D3-cold 状态，而是必须让设备进入 D3-hot 状态。随后根据同一总线上的其他设备开始进入 D3-hot 状态，总线驱动程序和固件可能会决定让所有设备进入 D3-cold 状态。是否让设备进入 D3-cold 状态，这个决定取决于两个因素：首先是总线驱动程序和固件自身的能力；其次是驱动程序必须启用到 D3-cold 状态的转换，为此可以在安装用的 INF 文件中指定，或动态调用 SetD3DColdSupport 函数。

微软与主要硬件 OEM 厂商联手定义了一系列电源管理参考规范，这些规范决定了属于特定类（主要的设备类包括显示、网络、SCSI 等）的设备都必须支持的设备电源状态。对于某些设备，在全面开启和全面关闭之间没有中间状态，因此也就没有定义相应的状态。

6.9.1 连接待机和新型待机

在之前的实验中，大家可能注意到另一个名为 Standby（S0LowPower Idle）的系统状态。虽然这并非 ACPI 官方定义的状态，但它是 S0 的一种变体，在 Windows 8.x 中将其称为连接待机（connected standby），随后在 Windows 10（桌面和移动版本）中经过进一步增强改名为新型待机（modern standby）。“常规”待机状态（S3 以上）有时也被称为传统待机（legacy standby）。

传统待机的主要问题在于系统无法工作。举例来说，用户收到了新邮件，而除非系统进入 S0 状态，否则将无法收取，而根据配置和设置本身的能力，系统可能、但也许无法进入这样的状态。就算系统被唤醒并收到了邮件，也无法立即重新进入睡眠状态。新型待机解决了这个问题。

支持新型待机的系统会在系统接到待机指令后进入新型待机状态。从技术上来说，系统依然处于 S0 状态，意味着 CPU 依然活跃，可以执行代码。然而桌面进程（非 UWP 应用）和 UWP 应用此时会被挂起（大部分 UWP 应用如果不处于前台，本身就会被挂起），但 UWP 应用创建的后台任务依然允许执行。例如邮件客户端可以通过后台任务定期查收新邮件。

处于新型待机状态，也就意味着系统可以非常快速地唤醒至完整的 S0 状态，这种能力有时也被叫作即时开机（instant on）。不过并非所有系统都支持新型待机，这取决于芯片组以及其他平台组件（正如上一个实验所示，执行该实验的系统不支持新型待机，因此只能支持传统待机）。

6.9.2 电源管理器操作

Windows 的电源管理策略可分为电源管理器和设备驱动程序两部分。电源管理器是系统电源策略的所有者。该所有权意味着电源管理器可以决定在某一特定时刻最适宜的系统电源状态，并且当需要睡眠、休眠或关机时，电源管理器会指示系统中支持电源管理的设备执行必要的系统电源状态转换。

在决定系统何时需要转换电源状态时，电源管理器会结合考虑下列因素。

（1）系统的活动级别。

（2）系统的电池级别。

（3）来自应用程序的关机、休眠或睡眠请求。

（4）用户操作，例如按下了电源按钮。

（5）控制面板中的电源设置。

当 PnP 管理器进行设备枚举时，所获得信息会包含与设备电源管理能力有关的信息。驱动程序会报告自己的设备是否支持 D1 和 D2 这两个设备电源状态，并且可选择汇报从 D1 切换至 D3 再到 D0 状态所需的延迟（也就是时间）。为了帮助电源管理器决定何时转换系统电源状态，总线驱动程序会返回一张表，其中实现了每个系统电源状态（S0到S5）和设备所支持的设备电源状态之间的映射关系。

该表列出了每个系统状态下最低可以实现的设备电源状态，并直接反映计算机睡眠或休眠时各种电源计划下的状态。例如，一个支持4种设备电源状态的总线可能返回类似表6-14所示的映射关系。当计算机不被使用时，为了将耗电量降至最低，大部分设备驱动程序会将自己的设备完全关闭（D3）。然而某些设备，例如网络适配器卡，可支持将系统从睡眠状态唤醒的能力。这样的能力，以及该能力最低可实现的设备电源状态也会在设备枚举过程中报告。

表6-14　系统与设备间电源映射范例

系统电源状态	设备电源状态
S0（完全开启）	D0（完全开启）
S1（睡眠）	D1
S2（睡眠）	D2
S3（睡眠）	D2
S4（休眠）	D3（完全关闭）
S5（完全关闭）	D3（完全关闭）

6.9.3　驱动程序的电源操作

当电源管理器决定在系统电源状态之间转换时，它会向驱动程序的电源分发例程发送电源命令（IRP_MJ_POWER）。虽然可以有多个驱动程序负责管理同一个设备，但只有一个驱动程序会被指定为设备电源策略的所有者，通常为管理FDO的那个驱动程序。该驱动程序会根据系统电源状态决定设备的电源状态。举例来说，如果系统在S0和S3之间转换，驱动程序就可能决定将设备的电源状态从D0转换为D1。

但设备电源策略的所有者并不会将自己的决定直接通知给共同管理该设备的其他驱动程序，而是会通过PoRequestPowerIrp函数通知电源管理器，借此向其他驱动程序的电源分发例程发布设备电源命令，进而告知其他驱动程序。这种行为使得电源管理器可以控制系统中任意时间内活跃的电源命令数量。例如，系统中的一些设备可能需要非常大的电流才能启动，电源管理器确保了此类设备不会被同时启动。

实验：查看设备的电源映射

我们可以使用设备管理器查看驱动程序的系统电源状态和驱动程序电源状态间的映射关系。为此请打开设备的Properties对话框，选择Details选项卡，随后单击Property下拉菜单，并选择Power data。Properties对话框还会显示设备的当前电源状态、设备提供的相关电源功能，以及设备可以从哪些电源状态下唤醒系统，如图6-61所示。

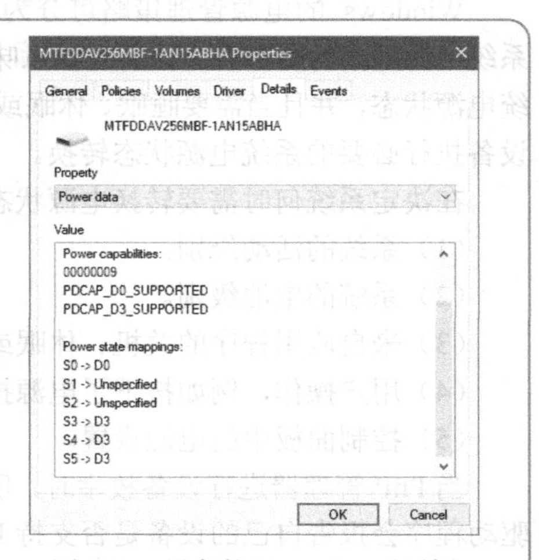

图6-61　设备的Properties对话框

很多电源命令还有对应的查询命令。例如，当系统正在进入睡眠状态时，电源管理器首先会询问系统中的设备是否可以接受这个转变。忙于处理某些时间关键性操作，或正在与设备硬件交互的设备可能会拒绝该命令，这会导致系统依然停留在当前系统电源状态下。

实验：查看系统电源功能和策略

我们可以使用内核模式调试器的!pocaps 命令查看计算机的系统电源功能。在 x64 Windows 10 笔记本电脑上，该命令的输出结果范例如下。

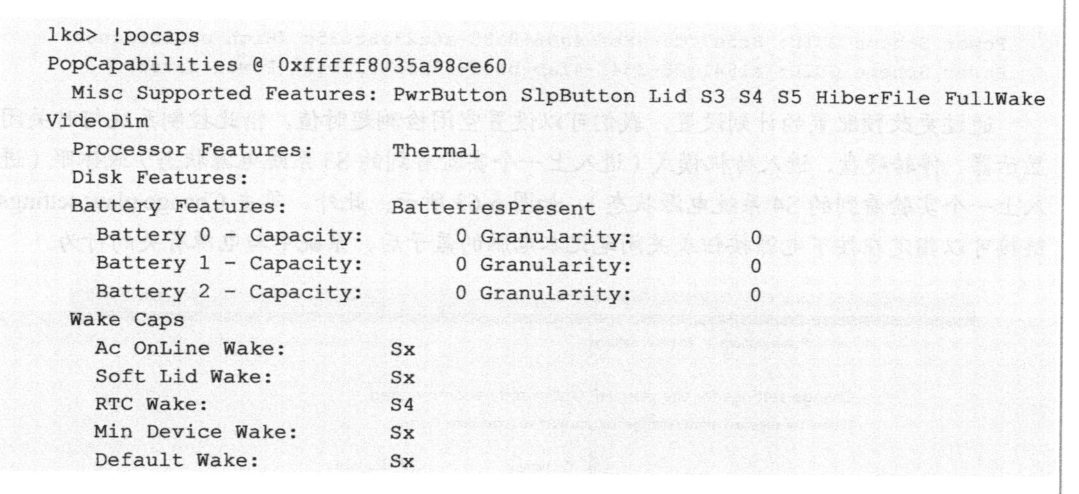

```
lkd> !pocaps
PopCapabilities @ 0xfffff8035a98ce60
  Misc Supported Features: PwrButton SlpButton Lid S3 S4 S5 HiberFile FullWake
VideoDim
  Processor Features:      Thermal
  Disk Features:
  Battery Features:        BatteriesPresent
    Battery 0 - Capacity:       0 Granularity:       0
    Battery 1 - Capacity:       0 Granularity:       0
    Battery 2 - Capacity:       0 Granularity:       0
  Wake Caps
    Ac OnLine Wake:        Sx
    Soft Lid Wake:         Sx
    RTC Wake:              S4
    Min Device Wake:       Sx
    Default Wake:          Sx
```

从上述 Misc Supported Features 一行可知，除了 S0（完全开启），该系统还支持 S3、S4 和 S5 系统电源状态（但未实现 S1 或 S2），并且系统具备有效的休眠文件，可在休眠（S4）时存储系统内存状态。

在控制面板中选择 Power 选项，打开 Power Options 窗口，可在其中配置系统电源策略的不同方面，如图 6-62 所示。在这里可以配置的具体属性取决于系统的电源功能。

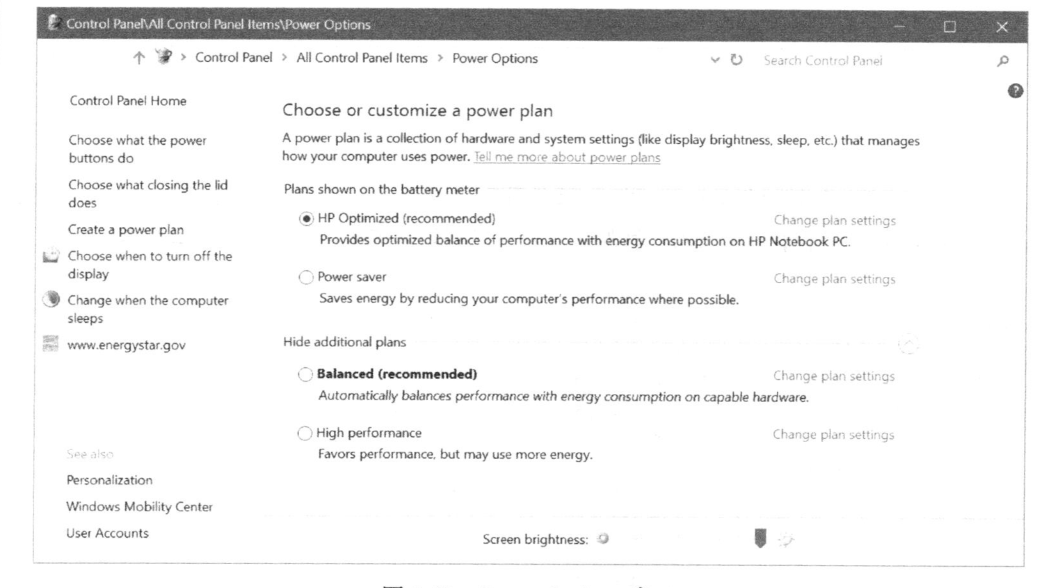

图 6-62 Power Options 窗口

注意，OEM厂商可能会在这里添加自己的电源计划。运行powercfg /list即可查看这些计划，如下所示。

```
C:\WINDOWS\system32>powercfg /list

Existing Power Schemes (* Active)
-----------------------------------
Power Scheme GUID: 381b4222-f694-41f0-9685-ff5bb260df2e (Balanced)
Power Scheme GUID: 8759706d-706b-4c22-b2ec-f91e1ef6ed38 (HP Optimized
(recommended)) *
Power Scheme GUID: 8c5e7fda-e8bf-4a96-9a85-a6e23a8c635c (High performance)
Power Scheme GUID: a1841308-3541-4fab-bc81-f71556f20b4a (Power saver)
```

通过更改预配置的计划设置，我们可以设置空闲检测超时值，借此控制系统何时关闭显示器、停转硬盘、进入待机模式（进入上一个实验看到的S3系统电源状态）或休眠（进入上一个实验看到的S4系统电源状态），如图6-63所示。此外，单击Change plaw settings链接可以指定在按下电源按钮或关闭笔记本电脑的盖子后，系统中与电源有关的行为。

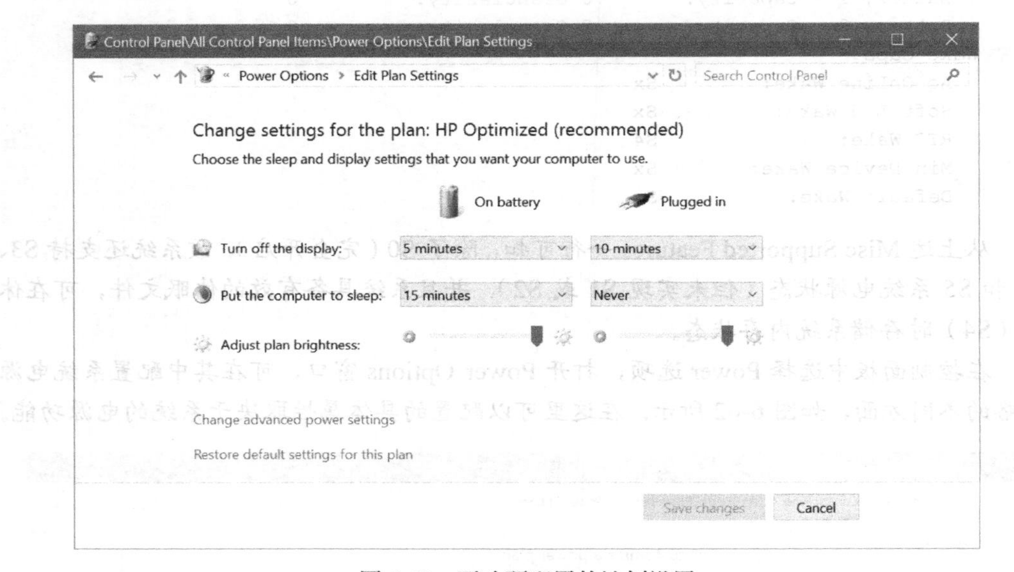

图6-63　更改预配置的计划设置

单击Change advanced power settings链接可直接修改系统电源策略的相关设置值，这些值可通过调试器命令!popolicy查看。例如在前文所提到的系统中，该命令的输出结果范例如下。

```
lkd> !popolicy
SYSTEM_POWER_POLICY (R.1) @ 0xfffff8035a98cc64
  PowerButton:          Sleep Flags: 00000000   Event: 00000000
  SleepButton:          Sleep Flags: 00000000   Event: 00000000
  LidClose:              None Flags: 00000000   Event: 00000000
  Idle:                 Sleep Flags: 00000000   Event: 00000000
  OverThrottled:         None Flags: 00000000   Event: 00000000
  IdleTimeout:              0 IdleSensitivity:        90%
  MinSleep:                S3 MaxSleep:               S3
  LidOpenWake:             S0 FastSleep:              S3
  WinLogonFlags:            1 S4Timeout:              0
  VideoTimeout:           600 VideoDim:               0
```

```
    SpinTimeout:              4b0 OptForPower:            0
    FanTolerance:              0% ForcedThrottle:          0%
    MinThrottle:               0% DyanmicThrottle:       None (0)
```

上述结果中的第一行对应了电源选项高级设置窗口中的按钮行为。在这个系统中，电源和睡眠按钮都会让计算机进入睡眠状态。不过关闭盖子的操作不会产生任何效果。上述输出结果中后半部分显示的超时值的数值单位为秒，并会显示为十六进制形式。此处显示的各种数值直接对应于 Power Options 窗口中配置的设置。例如，视频超时值为 600，意味着显示器会在 600s，即 10min 后关闭（由于所用调试工具存在 bug，该值被显示为十进制）。类似地，硬盘停转的超时值为 0x4b0，对应于 1200s，即 20min。

6.9.4 驱动程序和应用程序对设备电源的控制

除了响应与系统电源状态转换有关的电源管理器命令，驱动程序还可单方面地控制自己设备的设备电源状态。某些情况下，如果设备处于不活跃状态并持续了一段时间，驱动程序可能希望减小自己所控制设备的耗电量，例如支持低亮度模式的显示器以及支持降低转速的磁盘。驱动程序可以自行检测空闲设备，或借助电源管理器获知哪些设备是空闲的。如果设备使用电源管理器，便会调用 PoRegisterDeviceForIdleDetection 函数将设备向电源管理器注册。

该函数会通知电源管理器在检测设备是否空闲时所使用的超时值，以及如果空闲，电源管理器要应用的设备电源状态。驱动程序会指定两个超时值：一个用于用户配置了让计算机节约能源时，另一个用于用户配置了让计算机尽可能高性能运行时。调用 PoRegisterDeviceForIdleDetection 后，驱动程序必须通过调用 PoSetDeviceBusy 或 PoSetDeviceBusyEx 函数告知电源管理器该设备是否活跃，随后再次注册空闲检测，以便在需要时禁用并重新启用设备。此外还可使用 PoStartDeviceBusy 和 PoEndDeviceBusy API，它们简化了实现上述行为所用的编程逻辑。

虽然设备可以自行控制自己的电源状态，但无法操作系统电源状态或防止系统转变自己的电源状态。举例来说，如果一个质量欠佳的驱动程序不支持任何低能耗状态，那么即可保持开启状态或彻底关闭，并且不会影响系统整体进入低功耗状态的能力，因为电源管理器只是通知驱动程序需要转换状态，并不需要获得驱动程序的同意。但当系统即将进入低功耗状态时，驱动程序会收到一个电源查询 IRP（IRP_MN_QUERY_POWER）。驱动程序可以否决该请求，但电源管理器并不需要遵守。不过可能的情况下，这可能会导致转换操作被延后（例如，设备使用电池运行，而电池电量尚未低到一定限度），但到休眠状态的转换是绝对不会失败的。

虽然电源管理主要由驱动程序和内核负责，但应用程序也可以参与其中。用户模式进程可以注册各类电源通知，例如电池电量低或电池电量严重不足，当计算机的供电从直流电（电池）切换为交流电（适配器/充电器），或系统正在发起电源状态转换时，应用程序即可获得通知。应用程序永远无法否决这些操作，在睡眠转换之前，它们最多可以获得 2s 的时间执行必要的状态清理。

6.9.5 电源管理框架

从 Windows 8 开始，内核为设备中的不同组件提供了用于管理电源状态的框架（有时也叫作函数)。例如,假设某个音频设备包含播放和录制组件,但如果播放组件被激活,录制组件将不被激活,此时最好将录制组件转换为低功耗状态。电源管理框架(PoFx)提供了一种 API,驱动程序可以用它指定自己组件的电源状态和要求。所有组件必须支持完全开启状态,即 F0。数字更大的 F 状态代表组件可能所处的低功耗状态,而 F 状态的数字越大,意味着能耗越低,同时转换至 F0 状态时所需的时间就越长。注意,F 状态的管理仅在设备电源状态为 D0 时有意义,因为 F 状态无法作用于更高的 D 状态下。

设备的电源策略所有者(通常为 FDO)必须调用 PoFxRegisterDevice 函数向 PoFx 注册。驱动程序会在该调用中传递如下信息。

(1)设备所包含组件的数量。

(2)驱动程序可实现的一系列回调,这样当各种事件发生,例如切换至激活或空闲状态、将设备切换至 D0 状态并发送电源控制代码时,将能通过 PoFx 获得通知(详情请参阅 WDK)。

(3)对于每个组件,可支持的 F 状态数量。

(4)对于每个组件,可将组件唤醒的最深度的 F 状态。

(5)对于每个组件的每个 F 状态,从该状态切换至 F0 状态所需的时间,为了值得进行转换而要让组件维持该 F 状态的时长最小值,以及组件处于该 F 状态时的标称功率。或者可设置为当 PoFx 决定同时唤醒多个组件时,代表该组件的耗电量微乎其微,不值得考虑。

PoFx 会将这些信息与来自其他设备以及系统整体的电源状态信息(例如当前电源配置文件)结合使用,智能地判断特定组件应处于哪种 F 状态下。这里的难点在于协调两个相互冲突的目标:首先,确保空闲组件尽可能少耗电;其次,确保组件可以用足够快的速度转换为 F0 状态,这样即可让用户感觉该组件始终开启并且始终保持着连接。

当组件需要激活(进入 F0 状态)时,驱动程序必须调用 PoFxActivateComponent 来通知 PoFx。有时候经过该调用后,PoFx 可能调用相应的回调,借此告知驱动程序该组件已经处于 F0 状态。与之相对地,当驱动程序判断该组件当前不需要时,它会调用 PoFxIdleComponent 将情况告知 PoFx,由 PoFx 将组件转换为低功耗 F 状态,并将转换结果告知驱动程序。

性能状态管理

前文讨论的机制可以让处于空闲状态(非 F0 状态)的组件消耗比 F0 状态更少的电能。但一些组件就算在 F0 状态下,也可以围绕设备所执行的相关工作减小耗电量。例如在显示以静止内容为主的画面时,显卡的耗电量就会降低,而当以每秒 60 帧的速度渲染 3D 内容时,耗电量会增加。

在 Windows 8.x 中,此类驱动需要实现适当的性能状态选择算法,并通知操作系统服务调用平台扩展插件(Platform Extension Plug-in,PEP)。PEP 是特定于处理器或单片系统(System on a Chip,SoC)家族产品的,这样可以让驱动程序代码与 PEP 实现更紧密的结合。

Windows 10 扩展了用于性能状态管理的 PoFx API,因此驱动程序代码可以使用标准的 API 而无须考虑平台所具备的特定 PEP。对于每个组件,PoFx 可提供下列类型的性能状态:以频率(Hz)或带宽(每秒位数)为单位的不连续状态数字,或对驱动程序有一定意义的其他不透明数字;介于(频率、带宽或自定义值)最小值和最大值之间持续分配的状态。

例如,显卡可能会定义一系列自己可以运行的不连续频率,这会对能耗产生间接影响。如果有必要,还可以为显卡的带宽使用情况设置类似的性能设置。

若要向 PoFx 注册以进行性能状态管理，驱动程序必须首先按照上一节所述将设备向 PoFx 注册（PoFxRegisterDevice）。随后驱动程序调用 PoFxRegisterComponentPerfStates，传递与参数有关的细节信息（不连续值或者基于范围、频率、带宽或自定义），并在状态变化实际发生时进行回调即可。

当驱动程序检测到需要更改某个组件的性能状态时，只需调用 PoFxIssueComponentPerfStateChange 或 PoFxIssueComponentPerfStateChangeMultiple 即可，这些调用会请求 PEP 将组件（据所提供的索引或数值，取决于该设置到底是不连续的状态或是某个范围）切换至指定状态。驱动程序还有可能指定该调用是同步的、异步的，或者无所谓同步异步（此时将由 PEP 自行决定）。无论什么方式，PoFx 最终都将调用到驱动程序针对性能状态注册的回调，该性能状态可能是请求所对应的，也可能被 PEP 拒绝。如果可接受，驱动程序将对硬件进行必要调用以实际更改状态；如果 PEP 拒绝了该请求，驱动程序可以再次尝试重新调用上述函数。在驱动程序开始回调之前，它只能进行一次调用。

6.9.6 电源可用性请求

应用程序和驱动程序无法否决已经发起的睡眠状态转换，然而某些场景下，当用户正在通过某种方式与系统交互时，可能需要通过某种机制禁用系统发起睡眠状态转换的能力。举例来说，如果用户正在观看电影，那么计算机可能进入空闲状态（超过 15min 未使用鼠标或键盘），而只要电影还在播放，媒体播放器应用程序应该能暂时禁用空闲转换。此外，系统通常可能会采取的其他一些节能措施，如关闭屏幕或降低屏幕亮度，也会影响到欣赏多媒体内容的体验。在老版本 Windows 中，SetThreadExecutionState 这个用户模式 API 曾被用于通知电源管理器用户依然在使用计算机，借此控制系统和显示屏的空闲转换。然而该 API 无法提供任何诊断能力，也无法对可用性请求提供足够细化的定义。此外，驱动程序还无法发出自己的请求，甚至用户应用程序也必须要能正确地管理自己的线程模型，因为这些请求是作用于线程层面上的，而非进程或系统层面上。

现在，Windows 已经可以支持电源请求对象，这是由内核实现、由对象管理器定义的对象。我们可以使用 Sysinternals 提供的 WinObj 工具（见卷 2 第 8 章）查看 \ObjectTypes 目录下的 PowerRequest 对象类型，或使用内核模式调试器的!object 命令验证\ObjectTypes\PowerRequest 对象类型。

电源可用性请求由用户模式应用程序通过 PowerCreateRequest API 生成，随后可分别使用 PowerSetRequest 和 PowerClearRequest API 将其启用或禁用。在内核中，驱动程序将使用 PoCreatePowerRequest、PoSetPowerRequest 和 PoClearPowerRequest。由于没有使用句柄，因此需要使用 PoDeletePowerRequest 移除对这些对象的引用（不过用户模式可以直接使用 CloseHandle）。

通过电源请求 API，我们可以使用 4 种类型的请求。

（1）**系统请求**。此类请求会要求系统不要因为空闲计时器而自动进入睡眠状态（用户依然可关闭盖子进入睡眠状态）。

（2）**显示请求**。此类请求与系统请求作用类似，但主要针对显示器。

（3）**离开模式请求**。这是对 Windows 常规睡眠（S3 状态）行为修改后的产物，可用于确保计算机处于完全开启状态，但会关闭显示器和声卡，在用户看来此时计算机好像已处于睡眠状态。这种行为主要用于某些类型的机顶盒设备或媒体中心设备，在这类设备上，就算用户按下了实体睡眠按钮，依然可以继续交付媒体内容。

（4）**需要执行的请求**。此类请求（从Windows 8和Windows Server 2012开始可用）会要求UWP应用进程继续执行，哪怕常规进程生命周期管理器（PLM）本应（出于任何原因）将其终止。具体可继续执行多长时间取决于包括电源策略设置在内的很多因素。该类型请求只能用于支持新型待机的计算机，否则这种请求会被理解为系统请求。

实验：查看电源可用性请求

不幸的是，使用诸如PowerCreateRequest等调用创建的电源请求内核对象在公开符号中不可用。不过Powercfg工具提供了一种方法，可在无须内核模式调试器的情况下列出电源请求。在一台Windows 10笔记本电脑上播放在线视频和音频流的同时，运行该工具的输出结果范例如下。

```
C:\WINDOWS\system32>powercfg /requests
DISPLAY:
[PROCESS] \Device\HarddiskVolume4\Program Files\WindowsApps\Microsoft.
ZuneVideo_10.16092.10311.0_x64__8wekyb3d8bbwe\Video.UI.exe
Windows Runtime Package: Microsoft.ZuneVideo_8wekyb3d8bbwe

SYSTEM:
[DRIVER] Conexant ISST Audio (INTELAUDIO\FUNC_01&VEN_14F1&DEV_50F4&SUBSYS_103C80D3&R
EV_1001\4&1a010da&0&0001)
An audio stream is currently in use.
[PROCESS] \Device\HarddiskVolume4\Program Files\WindowsApps\Microsoft.
ZuneVideo_10.16092.10311.0_x64__8wekyb3d8bbwe\Video.UI.exe
Windows Runtime Package: Microsoft.ZuneVideo_8wekyb3d8bbwe

AWAYMODE:
None.

EXECUTION:
None.

PERFBOOST:
None.

ACTIVELOCKSCREEN:
None.
```

输出结果显示了6种类型的请求（而非前文提到的4类）。Perfboost和Activelockscreen最后这两类是在内核头部作为内部电源请求类型声明的，不过目前尚未被使用。

6.10 小结

I/O系统定义了Windows的I/O处理模型，可用于执行通用功能或一个以上驱动程序所需的功能。I/O系统的主要职责在于创建代表I/O请求的IRP，通过各种驱动程序指导请求包的处理，并在I/O完成后将结果返回给调用方。I/O管理器可以使用I/O系统对象定位各种驱动程序和设备，包括驱动程序和设备对象。从内部来看，Windows I/O 系统会通过异步操作实现高性能，并为用户模式应用程序提供同步和异步 I/O 能力。

设备驱动程序不仅包含传统的硬件设备驱动程序，也包含文件系统、网络以及分层的筛选器驱动程序。所有驱动程序都有通用的结构，并使用通用机制与其他驱动程序以及 I/O 管理器通信。I/O 系统接口使得驱动程序能够用任何高级语言开发，借此缩短开发时间并增强驱动程序可移植性。由于驱动程序对操作系统呈现出通用的结构，因此多个驱动程序可以相互分层堆叠，借此实现模块化并降低驱动程序之间的重复性。通过使用通用 DDI 基线，驱动程序无须修改代码，即可适用于不同形态和规格的多种设备。

最后，PnP 管理器可与设备驱动程序配合来动态检测硬件设备并构建内部设备树，借此引导硬件设备枚举和驱动程序安装过程。电源管理器与设备驱动程序配合即可在必要时将设备放入低功耗状态，借此节能并延长电池续航。

第 7 章将着重介绍对当今计算机系统来说最重要的话题之一——安全性。

第7章 安全性

对于任何可由多个用户访问同一个物理或网络资源的环境，防止未经授权用户访问敏感数据都是一个非常必要的目标。操作系统和每个用户都必须能保护文件、内存和配置设置不被不希望的人查看和修改。操作系统的安全性包含很多机制，例如账户、密码和文件保护。此外还包含一些不那么明显的机制，如保护操作系统不被破坏、防止低特权用户执行某些操作（例如重新启动计算机），以及禁止用户程序对其他用户或操作系统产生不利操作。

本章将介绍微软 Windows 中为满足严格要求而提供健壮的安全性机制时，在设计和实现方面的相关事宜。

7.1 安全评级

借助妥善定义的标准对软件（包括操作系统）进行评级，有助于政府、企业和个人更好地保护自己存储在计算机系统中的专有数据和个人数据。美国和其他很多国家/地区目前使用的安全评级标准为通用标准（Common Criteria，CC）。然而为了理解 Windows 中所设计的安全能力，我们首先要了解历史上曾对 Windows 设计产生巨大影响的安全评级系统——可信计算机系统评估标准（Trusted Computer System Evaluation Criteria，TCSEC）。

7.1.1 可信计算机系统评估标准

美国国家计算机安全中心（National Computer Security Center，NCSC）成立于 1981 年，是美国国防部（U.S. Department of Defense，DoD）国家安全局（National Security Agency，NSA）的下设机构。NCSC 的目标之一是创建表 7-1 所示的一系列安全评级范围，借此反映商业化操作系统、网络组件和可信赖应用程序所能提供的安全保护程度。

表 7-1 TCSEC 评级级别

评级	描述
A1	已验证的设计
B3	安全领域
B2	结构化保护
B1	标记安全保护
C2	受控访问保护
C1	任意访问保护（已淘汰）
D	最小化保护

TCSEC 标准包含对信任级别的评判，更高级别可在低级别基础上通过增加更严格的保护措施和验证要求来实现。目前没有任何操作系统满足 A1（已验证的设计）级。虽然

少数操作系统已经获得某项B级，但一般认为C2级就足够了，可将其视作常规用途操作系统最高等级的实践。

C2级的重要要求如下所示，对于任何安全的操作系统，这些都是其最核心的要求。

（1）**安全登录设施**。要求用户能够唯一地标识其身份，并只有在通过某种方式的身份验证后方能允许访问计算机。

（2）**任意访问控制**。使得资源（例如文件）的所有者可以决定谁能访问资源，能用资源做什么。所有者可以向一位或一组用户提供执行不同类型访问操作的权利。

（3）**安全审核**。能够检测并记录与安全性有关的事件，或记录创建、访问或删除系统资源的任何企图。登录标识可记录所有用户的身份，进而更易于跟踪哪些人执行过未经授权的操作。

（4）**对象复用保护**。可防止用户访问已被其他用户删除的数据，或访问曾被其他用户使用但随后被释放的内存。例如在某些操作系统中，只需创建某种长度的新文件，随后检查该文件内容即可看到为新文件分配的磁盘位置上之前保存的数据。这些数据可能是保存在另一个用户文件中、包含敏感但已被删除的数据。对象复用保护对所有对象，包括文件和内存进行初始化，随后才分配给其他用户，能够为这种潜在安全漏洞提供保护。

Windows还满足了B级安全性的两个要求。

（1）**可信路径功能**。可防止特洛伊木马程序拦截用户在登录时输入的姓名和密码。Windows中的可信路径功能是以Ctrl+Alt+Delete这样的登录注意序列实现的，该按键序列无法被非特权应用程序拦截。这个按键序列也被称为安全注意序列（Secure Attention Sequence，SAS），按下后始终会显示一个由系统控制的Windows安全界面（如果用户已经登录）或登录界面，借此即可很容易地区分出特洛伊木马程序。（如果组策略和其他限制允许，还可通过SendSAS API以编程的方式发送SAS。）在进入SAS时，特洛伊木马程序展示的仿造登录对话框将被绕过。

（2）**可信设施管理**。要求为管理职能提供相互分离的账户角色，例如，为管理员、负责备份的用户以及标准用户提供不同的账户。

Windows通过其安全子系统和相关组件满足了上述所有要求。

7.1.2 通用标准

1996年1月，美国、英国、德国、法国、加拿大及荷兰联合发布了信息技术安全评估通用标准（Common Criteria for Information Technology Security Evaluation，CCITSE）规范。CCITSE通常可称为通用标准（CC），是产品安全评估领域广受认可的国际化标准。

CC比TCSEC信任评级更灵活，并且相比TCSEC标准，与ITSEC标准的结构更接近。CC包含了保护概要（Protection Profile，PP）这一概念，可用于将安全要求收集到更易于指定和对比的集合中；同时还包含安全目标（Security Target，ST）这一概念，其中包含了通过参考PP所能实现的一系列安全要求。CC还定义了7个评估保证级别（Evaluation Assurance Level，EAL）范围，该级别代表了认证方面的置信水平。通过这种方式，CC（如同以前的ITSEC标准那样）消除了原本TCSEC以及更早期认证架构在功能和保障级别之间的联系。

Windows 2000、Windows XP、Windows Server 2003和Windows Vista Enterprise均在受控访问保护概要（Controlled Access Protection Profile，CAPP）方面获得了通用标准认

证。这大体上等同于 TCSEC 的 C2 级。这些操作系统还都获得了 EAL 4+评级，其中的“加号”代表“缺陷弥补”。EAL 4 是全球范围内最高级别的认可。

2011 年 3 月，Windows 7 和 Windows Server 2008 R2 通过评估被认定可满足美国政府网络环境下通用操作系统保护概要（US Government Protection Profile for General-Purpose Operating Systems in a Networked Environment，GPOSPP）1.0 版的要求。该认证涵盖了 Hyper-V 虚拟机监控程序。上述操作系统也获得了含缺陷弥补的评估保证级别第 4 级（EAL 4+）的认证。

7.2 安全系统组件

Windows 的安全性由核心组件和数据库实现。（除非特别说明，否则提到的所有文件均位于%SystemRoot%\System32 目录下。）

（1）**安全引用监视器**（Security Reference Monitor，SRM）。这个位于 Windows 执行体（Ntoskrnl.exe）中的组件负责定义代表安全上下文的访问令牌数据结构，针对对象执行安全访问检查、操作特权（用户权限），以及生成所产生的各类安全审核信息。

（2）**本地安全机构子系统服务**（Local security authority subsystem service，Lsass）。这个用户模式进程运行的 Lsass.exe 映像负责本地系统安全策略（例如允许哪些用户登录到计算机、密码策略、为用户和组分配的特权，以及系统安全审核设置）、用户身份验证以及将安全审核信息发送给事件日志。本地安全机构服务（Lsasrv.dll）是 Lsass 加载的一个库，该库实现了 Lsass 的大部分功能。

（3）**LSAIso.exe**。被 Lsass 使用（如果在 Windows 10 和 Windows Server 2016 系统上进行过相应配置的话），也叫作 Credential Guard（见 7.3.1 节），用于存储用户的令牌散列，而非将其保存在 Lsass 的内存中。由于 Lsaiso.exe 是一个运行在 VTL 1 下的 Trustlet（被隔离的用户模式进程），因此常规进程（哪怕常规内核）也无法访问该进程的地址空间。Lsass 本身存储了在与 Lsaiso（通过 ALPC）通信时所需密码散列加密后的块。

（4）**Lsass 策略数据库**。该数据库包含了本地系统安全策略设置。它被存储在注册表 HKLM\SECURITY 键下一个受 ACL 保护的区域内，其中包含了由域委托而来的信息，可用于对登录尝试进行身份验证、决定谁有权并且如何（交互式、网络、服务登录）访问系统、查看谁被分配了哪些特权，以及要执行哪些类型的安全审核。Lsass 策略数据库还存储了一些“秘密”，例如被缓存的域登录的登录信息以及 Windows 服务用户账户的登录信息。（有关 Windows 服务的内容参见卷 2 第 9 章。）

（5）**安全账户管理器**（Security Accounts Manager，SAM）。该服务负责管理的数据库包含了在本机定义的用户名和组信息。SAM 服务通过 Samsrv.dll 实现，会被载入 Lsass 进程。

（6）**SAM 数据库**。该数据库包含已定义的本地用户和组及其密码和其他属性信息。在域控制器上，SAM 数据库不存储域中定义的用户信息，但会存储系统管理员的恢复账户及其密码信息。该数据库存储在注册表 HKLM\SAM 键下。

（7）**Active Directory**。该目录服务包含的数据库存储了有关域对象的信息。域是一种计算机集合，相关安全组可作为单一实体管理。Active Directory 存储了域中各种对象（包括用户、组、计算机）的信息，域用户和组的密码与特权信息也存储在 Active Directory 中，并会在该域中所有域控制器计算机间同步。Active Directory 服务器通过 Ntdsa.dll 实现，并运行在 Lsass 进程中。有关 Active Directory 的详细信息请参阅卷 2 第 10 章。

（8）**身份验证包**（authentication package）。包括在 Lsass 进程和客户端进程中运行的，以及实现 Windows 身份验证策略所用的动态链接库（DLL）。身份验证 DLL 负责检查特定用户名与密码（或者用于提供凭据的其他任何机制）是否匹配，进而对用户进行身份验证。如果匹配，将向 Lsass 发送详细信息，告知用户的安全标识，随后 Lsass 将用这些信息来生成令牌。

（9）**交互式登录管理器**（Interactive logon manager，即 Winlogon）。这个用户模式进程运行的 Winlogon.exe 负责响应 SAS，并管理交互式登录会话。例如当用户登录时，Winlogon 会创建用户的第一个进程。

（10）**登录用户界面**（Logon User Interface，LogonUI）。这个用户模式进程运行了 LogonUI.exe 映像，可以为用户提供向系统验证自己身份所需的用户界面。LogonUI 可使用凭据提供程序通过多种方法查询用户凭据。

（11）**凭据提供程序**（Credential Provider，CP）。这是一种在 LogonUI 进程（执行 SAS 时由 Winlogon 按需启动）中运行的进程内 COM 对象，可用于获取用户的用户名和密码、智能卡 PIN 码、生物验证数据（如指纹）或其他标识机制。标准 CP 包括 authui.dll、SmartcardCredentialProvider.dll、BioCredProv.Dll 以及 FaceCredentialProvider.dll，Windows 10 在其中增加了面部识别提供程序。

（12）**网络登录服务**（Network logon service，即 Netlogon）。该 Windows 服务（Netlogon.dll，承载于标准的 SvcHost 中）可建立到域控制器的安全通道，随后即可发送安全请求，如交互式登录（如果域控制器运行 Windows NT 4）或 LAN Manager 及 NT LAN Manager（v1 和 v2）身份验证的验证请求。Netlogon 还可用于 Active Directory 登录。

（13）**内核安全设备驱动程序**（Kernel Security Device Driver，KSecDD）。这个内核模式的函数库（%SystemRoot%\System32\Drivers\Ksecdd.sys）实现了高级本地过程调用接口，其他内核模式安全组件包括加密文件系统（Encrypting File System，EFS），可以用它在用户模式下与 Lsass 通信。

（14）**AppLocker**。该机制可供管理员决定用户和组允许使用哪些可执行文件、DLL 和脚本。AppLocker 包含一个驱动程序（%SystemRoot%\System32\Drivers\AppId.sys）和一个服务（AppIdSvc.dll），运行于标准 SvcHost 进程中。

上述组件之间的关系以及它们所管理的数据库如图 7-1 所示。

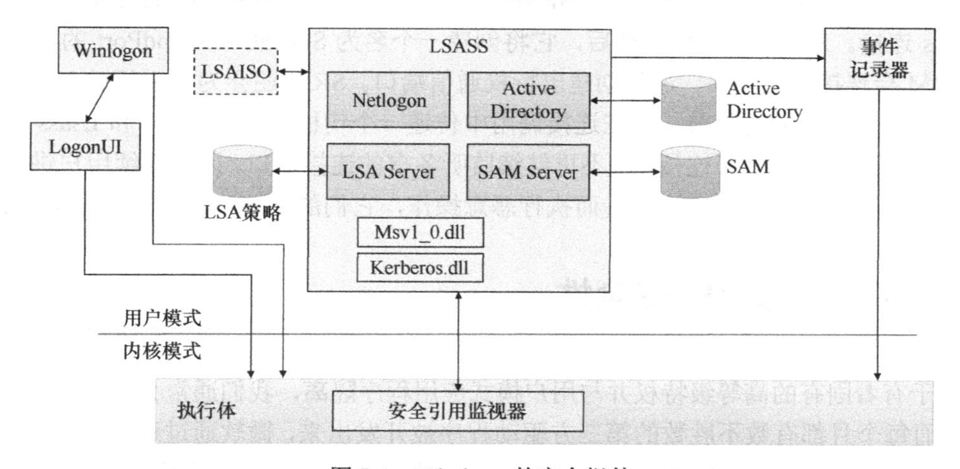

图 7-1　Windows 的安全组件

实验：深入查看注册表 HKLM\SAM 键和注册表 HKLM\Security 键

与注册表中 SAM 和 Security 键有关的安全描述符禁止本地系统账户外的其他所有账户访问。访问这些键的方法之一是重置其安全性，但这可能危及系统安全。另一种方法是以本地系统账户身份运行 Regedit.exe。这可通过 Sysinternals 提供的 PsExec 工具配合-s 选项实现，如下所示。

```
C:\>psexec -s -i -d c:\windows\regedit.exe
```

-i 开关可以让 PsExec 在交互式窗口站中运行目标可执行文件，如图 7-2 所示。如果不使用该开关，将会通过非交互式窗口站在不可见的桌面上运行进程。-d 开关会让 PsExec 无须等待目标进程退出。

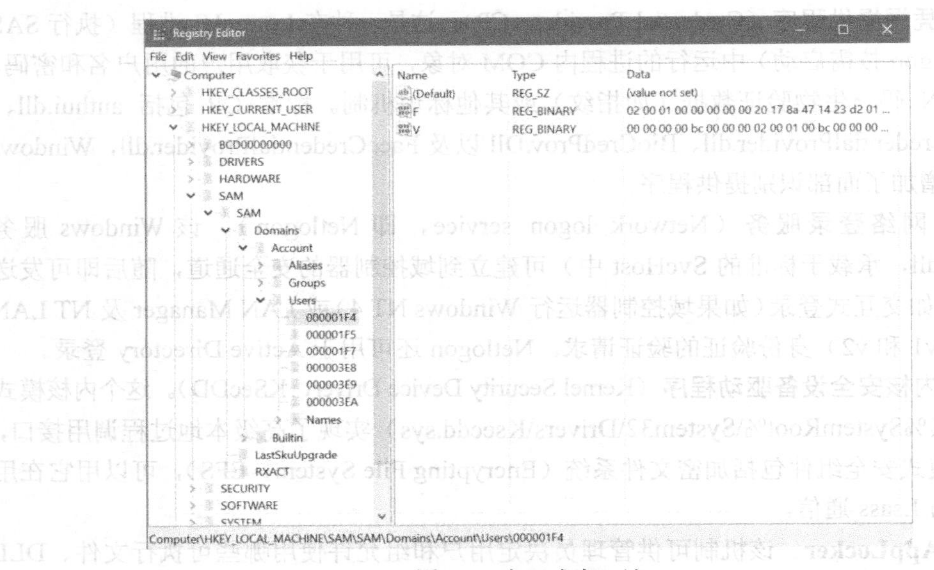

图 7-2　交互式窗口站

运行在内核模式的 SRM 和运行在用户模式的 Lsass 会使用卷 2 第 8 章介绍的 ALPC 设施进行通信。系统初始化过程中，SRM 会创建一个名为 SeRmCommandPort 的端口并供 Lsass 连接。当 Lsass 进程启动后，它将创建一个名为 SeLsaCommandPort 的 ALPC 端口。SRM 会连接到此端口，进而创建出特权通信端口。SRM 还会为长度超过 256 字节的消息创建一个共享的内存节，并在连接调用中传递一个句柄。一旦 SRM 和 Lsass 在系统初始化过程中相互建立了连接，就不再继续监听各自的连接端口。因此后续用户进程将无法成功连接至任何一个上述端口进而执行恶意操作，它们的连接请求永远都无法完成。

7.3　基于虚拟化的安全性

由于有着固有的高等级特权并与用户模式应用程序隔离，我们通常会将内核视作可信的。然而每个月都有数不胜数的第三方驱动程序被开发出来，微软通过遥测发现，每月会出现上百万个唯一驱动程序散列值！其中每个驱动程序都可能包含数量不等的漏洞，更不用提还有专门用于执行恶意操作的内核模式代码。面对这种情况，内核显然是一种小规模的受保护组件，可以“免于”用户模式应用程序的攻击，但这种说法已经站不住脚了。这种态势使得我们无法完全信任内核，并导致可能包含用户私密数据的用户模式应用程序被其他恶意的用户模式应用程序（通过利用有 bug 的内核模式组件）或恶意的内核模式程序威胁。

正如第 2 章所述，Windows 10 和 Windows Server 2016 提供了一种基于虚拟化的安全性（Virtualization-Based Security，VBS）架构，可以额外实现一种正交的信任级别——虚拟信任级别（Virtual Trust Level，VTL）。我们将介绍 Credential Guard 和 Device Guard 如何利用 VTL 保护用户数据，并为数字化代码签名工作提供额外的、基于硬件的安全层。在本章末尾，我们还将介绍如何通过 PatchGuard 组件提供内核补丁保护（Kernel Patch Protection，KPP）并借助 VBS 驱动的 HyperGuard 技术进行增强。

需要提醒大家，常规的用户模式和内核模式代码运行在 VTL 0 下，并不能得知 VTL 1 的存在。这意味着 VTL 1 下的一切对 VTL 0 代码都是隐藏并且不可访问的。就算恶意软件能够渗透常规内核，也无法访问 VTL 1 中的任何内容，甚至无法访问 VTL 1 下运行的用户模式代码［叫作隔离用户模式（isolated user mode）］。本节将要介绍的 VBS 主要组件如图 7-3 所示。

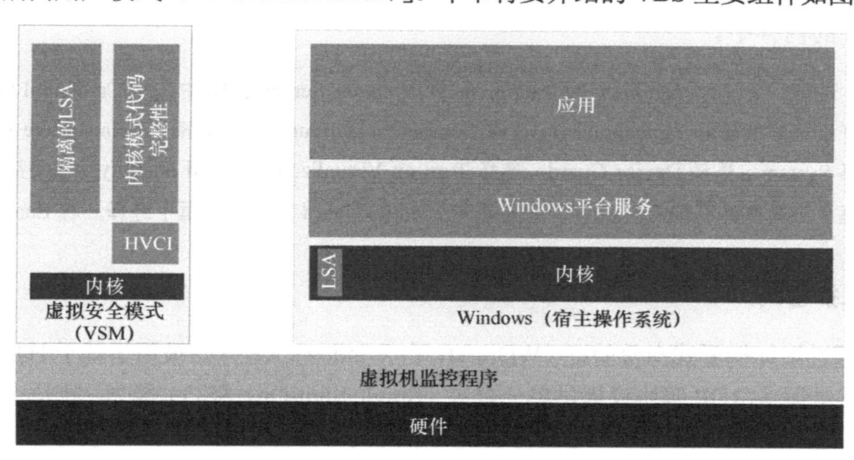

图 7-3 VBS 主要组件

（1）基于虚拟机监控程序的代码完整性（Hypervisor-Based Code Integrity，HVCI）以及内核模式代码完整性（Kernel-Mode Code Integrity，KMCI），它们驱动了 Device Guard。

（2）LSA（Lsass.exe）和隔离的 LSA（LsaIso.exe），它们驱动了 Credential Guard。

别忘了还有运行在 IUM 中的 Trustlet 的实现（见第 3 章）。

当然，与任何可信组件一样，VTL 1 也会进行一些假设，认为自己所依赖的组件同样是可信任的。VTL 1 的正常运行需要安全启动（secure boot）功能（以及可支持的固件），同时要求虚拟机监控程序（hypervisor）不受威胁，诸如 IOMMU 和 Intel Management Engine 等硬件组件不包含可由 VTL 0 访问的漏洞。与信任和引导有关的安全技术的硬件链的相关详细信息，请参阅卷 2 第 11 章。

7.3.1 Credential Guard

为了理解 Credential Guard 所提供的安全边界和保护能力，首先需要了解在网络环境中，为用户资源与数据的访问或登录能力提供支持的各类组件。

（1）**密码**。这是交互式用户向计算机标识自己所使用的主要凭据。该凭据可用于身份验证，并驱动着凭据模型所涉及的其他组件。密码是用户身份中最受重视的一个要素。

（2）**NT 单向函数**（NT One-Way Function，NTOWF）。这是指遗留组件使用 NT LAN Manager（NTLM）协议识别（使用密码成功登录的）用户身份所用的散列。虽然现代化的网络系统已经不再使用 NTLM 验证用户身份，但很多本地组件以及一些遗留的网络组件（例如基于 NTLM 的身份验证代理）依然在用。由于 NTOWF 是一种 MD4 散列，其算法复杂性对于当今的硬件已经不够强，并且缺乏用于反对重复性（repeatability）的保护，这意味着只要拦截散列就可能导致立即攻陷，甚至可能恢复出密码。

（3）**票证授予票证**（Ticket-Granting Ticket，TGT）。当使用 Kerberos 这种更为现代化的远程身份验证机制时，TGT 承担了类似于 NTOWF 的作用。Kerberos 是 Windows Active Directory 域的默认身份验证机制，并在 Windows Server 2016 上开始强制使用。在成功登录后，TGT 和对应的密钥会提供给本地计算机（类似于 NTLM 中的 NTOWF），拦截任何一个组件都会导致用户凭据被立即攻陷，但无法对其复用或借此恢复用户密码。

在不启用 Credential Guard 的情况下，用户身份验证凭据所涉及的部分或全部组件都位于 Lsass 的内存中。

注意　若要在 Windows 10 Enterprise 和 Windows Server 2016 中启用 Credential Guard，请打开组策略编辑器（gpedit.msc），选择 Computer Configuration，选择 Administrative Templates，选择 System，选择 Device Guard，选择 Turn on Virtualization Based Security。在随后出现的对话框左上角选择 Enabled。最后，需要在 Credential Guard 配置对话框中选择一种 Enabled 选项。

1．保护密码

为了通过诸如摘要式身份验证（WDigest，自 Windows XP 开始被用于基于 HTTP 的身份验证）或终端服务/RDP 等协议提供单一登录（Single Sign-On，SSO）能力，密码会使用本地对称密钥加密，随后存储起来。这些协议使用了纯文本身份验证，因此必须将密码保留在内存中，随后即可通过代码注入、调试器或其他可利用的技术访问并解密。Credential Guard 无法改变这类协议固有的不安全本质，因此 Credential Guard 所采用的唯一可行的解决方案是为此类协议禁用 SSO 功能。但这会影响到兼容性，并迫使用户重复验证自己的身份。

很明显，更好的解决方案是彻底避免使用密码，例如使用 7.10.5 节即将介绍的 Windows Hello。借此可以通过诸如用户面孔或指纹等生物特征进行身份验证，用户不再需要输入密码，这样可以保护交互式凭据并防范硬件按键记录器、内核嗅探/挂钩工具，以及基于用户模式的嗅探应用程序。如果用户永远不需要输入密码，那么就没有密码可被窃取。另一种类似的安全凭据是配合使用智能卡和相关联的 PIN 码。虽然 PIN 码在输入时依然可能被窃取，但智能卡是一种物理实体，除非进行复杂的硬件攻击，否则不可能拦截其中的密钥。这只是一种类型的双重身份验证（Two-factor Authentication，TFA），除此之外还存在其他方式的实现。

2．保护 NTOWF/TGT 密钥

就算可以保护交互式凭据，成功的登录依然会导致域控制器的密钥发行中心（Key Distribution Center，KDC）返回 TGT 及其密钥，以及适用于遗留应用程序的 NTOWF。

对于后者，用户只需要使用 NTOWF 即可访问遗留资源，并可使用 TGT 及其密钥生成服务票证。随后即可用于访问远程资源（如共享的文件），如图 7-4 所示。

如果黑客拿到了 NTOWF，或是拿到 TGT 及其密钥（存储在 Lsass 中），就算没有智能卡、PIN 码或用户的面孔/指纹，依然可以访问资源。有必要保护 Lsass 防止被黑客访问，为此可使用第 3 章介绍的受保护进程轻型（Protected Process Light，PPL）架构。

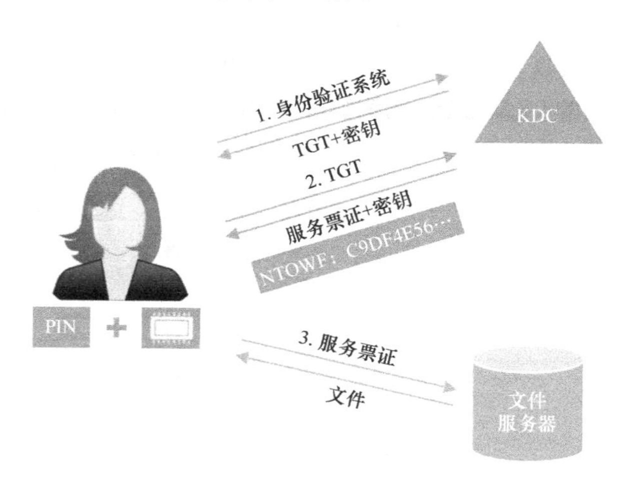

图 7-4 访问远程资源

Lsass 可配置为以受保护方式运行，为此需要将注册表 HKLM\System\CurrentControlSet\Consol\Lsa 键下 RunAsPPL 这个 DWORD 值的数值设置为 1。[这并非默认选项，由于合法的第三方身份验证提供程序（DLL）需要在 Lsass 的上下文中加载并执行，Lsass 以受保护方式运行可能会破坏这种做法。] 不幸的是，虽然这种保护可以防止 NTOWF 和 TGT 密钥被从用户模式下攻击，但无法防范内核攻击或利用每月新出现的上百万种驱动程序中存在的漏洞进行用户模式攻击。Credential Guard 通过使用另一个进程 Lsaiso.exe 解决了这个问题，该进程以 Trustlet 的形式运行在 VTL 1 下，因此可将用户的私密数据存储在自己的内存中，而非 Lsass 中。

3. 保护通信

正如第 2 章所述，VTL 1 具有最小化的攻击面，并且不具备完整的常规“NT”内核，也不包含任何驱动程序，以及不需要访问任何类型的硬件 I/O。被隔离的 LSA 实际上是一种 VTL 1 Trustlet，无法直接与 KDC 通信。所以依然需要由 Lsass 进程作为代理和协议实施方，与 KDC 通信进而验证用户身份，并获得 TGT 及其密钥，或者获得 NTOWF，并负责使用服务票证与文件服务器通信。但看起来这会造成一个问题：TGT 及其密钥/NTOWF 会在身份验证过程中快速穿过 Lsass，为了生成服务票证，TGT 及其密钥在某种程度上对 Lsass 依然是可用的。这进一步催生了两个问题：Lsass 如何通过隔离的 LSA 发送和接收私密数据，以及如何防止攻击者也能这样做。

第一个问题的答案可以回顾第 3 章，曾经介绍过哪些服务是对 Trustlet 可用的。其中之一就是高级本地过程调用（ALPC），借此安全内核可支持通过代理将 NtAlpc*调用发送给常规内核。随后，隔离的用户模式环境通过 ALPC 协议实现了对 RPC 运行时库（Rpcrt4.dll）的支持，借此让 VTL 0 和 VTL 1 应用程序能够像其他应用程序和服务那样通过本地 RPC 通信。在图 7-5 所示的 Process Explorer 界面中，我们可以看到 Lsaiso.exe 进程，它有一个指向 LSA_ISO_RPC_SERVERALPC 端口的句柄，借此即可与 Lsass.exe 进程通信（ALPC 的相关内容见卷 2 第 8 章）。

若要回答第二个问题，首先需要对密码学协议和所需的质询/响应模型有所了解。如果已经熟悉在互联网通信中为了防止中间人（MitM）攻击所使用的 SSL/TLS 技术的某些基本概念，那么也可以用类似的方式来看待KDC和隔离的LSA协议。虽然Lsass像代理那样位于中间，但只能看到KDC和隔离的LSA之间被加密后的流量，无法读取其中的实际内容。由于隔离的LSA建立了一种本地“会话密钥”，仅位于VTL 1下，并使用安全协议发送自己使用（仅KDC拥有的）另一个密钥加密后的会话密钥，随后KDC即可使用隔离的LSA的会话密钥解密，进而用TGT及其密钥作为回应。因此Lsass只能看到发给KDC的加密后的消息（自己无法解密），并看到KDC发送的加密后的消息（自己同样无法解密）。

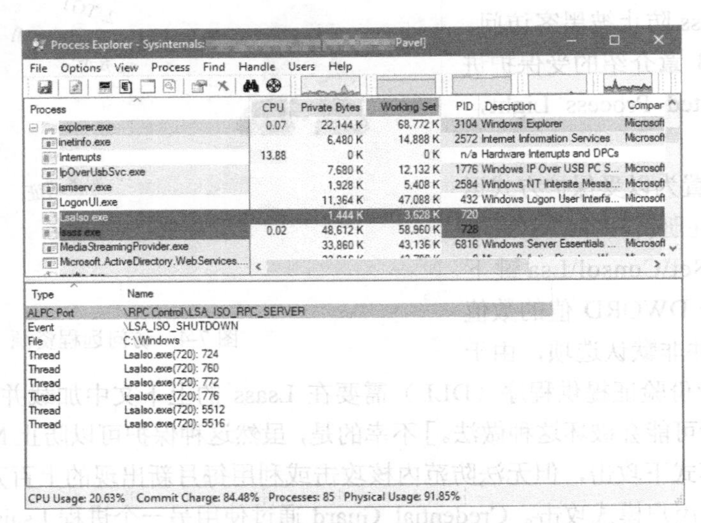

图7-5 Lsaiso.exe及其ALPC端口

这种模型甚至可用于保护遗留的NTLM身份验证，NTLM同样基于质询/响应模型。例如，当用户使用纯文本凭据登录时，LSA会将其发送给隔离的LSA，随后，后者使用自己的会话密钥加密凭据，并将加密后的凭据返回给Lsass。接下来，当需要NTLM质询/响应时，Lsass会将NTLM质询和之前加密后的凭据发送给隔离的LSA。此时，仅隔离的LSA具备加密密钥，因此可以解密凭据，并根据质询生成NTLM响应。

不过要注意，这种模型依然可能遇到4种可能的攻击。

（1）如果计算机已经在物理上被攻陷，纯文本密码无论在输入时，还是在发送给隔离的LSA（如果Lsass已经被攻陷）的过程中，依然可能被拦截。使用Windows Hello可以缓解这种情况。

（2）如上所述，NTLM并不能提供反重播（anti-replay）保护。因此如果NTLM响应被攻击者所捕获，即可用于对相同质询进行重播。或者如果攻击者可以在登录后攻陷Lsass，即可捕获加密后的凭据，并迫使隔离的LSA为任意NTLM质询生成新的NTML响应。不过这种攻击只能在重新启动前生效，因为隔离的LSA会在重新启动后生成新的会话密钥。

（3）对于Kerberos登录，NTOWF（未被加密）可以像标准的散列传递攻击那样被拦截并被重用。然而需要再次提醒的是，这需要首先攻陷计算机（或从物理上进行网络拦截）。

（4）可以在物理上接触到计算机的用户可能会禁用Credential Guard。此时将使用遗留身份验证模型（这也叫作“降级攻击”），而此时就可以使用一些更老的攻击模型。

4. UEFI锁定

由于禁用Credential Guard（只需要修改一处注册表设置）对攻击者来说很容易实现，

因此可以借助安全启动和UEFI防止无法从物理上接触到计算机的管理员（例如具备管理员权限的恶意软件）禁用Credential Guard。为此可通过UEFI锁启用Credential Guard。在这种模式下，一个EFI运行时变量会写入固件内存，并且需要重新启动。在重新启动时，Windows启动加载器（依然运行在EFI Boot Services模式下）会写入一个EFI启动变量（该变量具备一种属性，一旦从EFI Boot Services模式退出，就无法读取或写入该属性），借此记录“Credential Guard已被启用”这个事实。此外，还将记录一个启动配置数据库（Boot Configuration Database，BCD）选项。

当内核引导时，它会自动将所需的Credential Guard注册表键写入BCD选项和UEFI运行时变量。如果BCD选项被攻击者删除，BitLocker（如果启用）以及基于TPM的远程认证（如果启用）会检测到变化，并要求必须通过物理方式输入管理员的恢复密钥才能继续引导，随后即可根据UEFI运行时变量还原BCD选项。如果UEFI运行时变量被删除，Windows启动加载器将根据UEFI引导变量还原它。因此如果无法通过特殊代码删除UEFI引导变量（这只能在EFI Boot Services模式下进行），就无法在UEFI锁定模式下禁用Credential Guard。

这些代码仅存在于一个名为SecComp.efi的特殊微软库中。该文件必须由管理员下载，随后必须使用备选EFI设备引导计算机并手动执行（需要能够从物理上访问计算机并输入BitLocker恢复密钥），或者可以修改BCD选项（需要输入BitLocker恢复密钥）。在重新启动时，SecComp.efi将要求用户在UEFI模式下进行确认（只能通过物理访问方式进行）。

5. 身份验证策略和Armored Kerberos

相比传统的、并非基于Credential Guard的安全模型，这种“除非在登录前就已被攻陷或被从物理上进行了管理员访问，否则就很安全”的安全模型无疑起到了巨大的改善作用。然而一些企业和组织可能还需要更强的安全保证：甚至被攻陷的计算机也无法用于伪造或重播用户的凭据，并且如果用户的凭据被攻陷，也无法在特定系统之外使用。通过使用Windows Server 2016中的身份验证策略（authentication policy）和Armored Kerberos功能，Credential Guard可以在更严格的安全模式下运作。

在该模式下，VTL 1安全内核将使用TPM（也可以使用磁盘上的文件代替，但会使得其作用被大幅削弱）收集一个特殊的计算机ID密钥。随后在配置该计算机首次加入域时（很明显，一定要确保计算机在配置过程中处于可信状态），可以使用该密钥生成计算机TGT密钥，而这个TGT密钥会被发送给KDC。配置完成后，当用户使用自己的凭据登录时，用户凭据会与计算机凭据（仅隔离的LSA可以访问）结合，形成一个具备来源证明的密钥。接下来KDC会使用NTOWF以及用户TGT/密钥作为回应，并使用来源证明密钥对其进行加密。该模式可提供两个安全保障：其一，**进行身份验证的用户使用了已知的计算机**，如果用户（或攻击者）具备原始凭据，并试图在不同的计算机上使用，那么基于TPM的计算机凭据将会产生变化；其二，**NTLM响应/用户票证来自隔离的LSA且并非从Lsass手动生成**，这样可以保证计算机启用了Credential Guard，哪怕可以从物理上访问计算机的用户已经通过其他某种方式将其禁用。

然而同样不幸的是，如果计算机被攻陷，以至于使用来源证明密钥加密的KDC响应（其中包含了用户TGT及其密钥）被拦截了，那么即可存储该响应并用于从隔离的LSA请求会话密钥加密后的服务票证。随后即可将其发送给（例如说）文件服务器，并在通过重新启动擦除会话密钥之前持续进行访问。因此对于启用Credential Guard的系统，建议每次用户注销后都重新启动一次，否则攻击者可能会在用户已经注销后依然颁发有效的票证。

6. 后续改进

正如第 2 章和第 3 章所述，VTL 1 下的安全内核目前还在不断完善，借此支持更多特殊类型的 PCI 和 USB 设备，这些设备只能通过虚拟机监控程序和 VTL 1 代码使用安全设备框架（Secure Device Framework，SDF）进行通信。通过与 BioIso.exe 和 FsIso.exe 这些新的 Trustlet 相结合，即可安全地获取生物特征数据和视频帧（来自计算机摄像头），而基于 VTL 0 内核模式的组件无法拦截 Windows Hello 身份验证企图（虽然认为相比用户的纯文本密码，Windows Hello 更安全，但从技术上来看，依然可能通过基于自定义驱动程序的拦截捕获内容）所发送的内容。一旦这些改进发布后，Windows Hello 凭据将在完全无法被 VTL 0 触及的硬件层面上生成。在这种模式下，Windows Hello 身份验证将不再需要 Lsass 参与。隔离的 LSA 可直接从隔离的生物特征或隔离的视频帧服务中获得凭据。

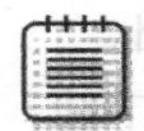

注意 安全驱动程序框架（Secure Driver Framework，SDF）相当于 VTL 1 驱动程序的 WDF 规范。该框架目前尚未公开发布，不过微软已将其共享给一些开发 VTL 1 驱动程序的合作伙伴。

7.3.2 Device Guard

Credential Guard 意在保护用户的凭据，Device Guard 的目标则完全不同：保护用户的计算机免受各种类型的软件和硬件攻击。Device Guard 利用了 Windows 代码完整性服务，例如内核模式代码签名（Kernel-Mode Code Signing，KMCS）和用户模式代码完整性（User-Mode Code Integrity，UMCI），并通过虚拟机监控程序代码完整性（HyperVisor Code Integrity，HVCI）对其进行了增强（代码完整性的相关内容参见卷 2 第 8 章）。

此外，Device Guard 也是可以全面配置的，这要归功于自定义代码完整性（Custom Code Integrity，CCI），以及由企业管理员定义，并由安全启动功能保护的签名策略。这些策略将在卷 2 第 8 章详细介绍，可供我们根据密码学信息（例如证书签名方或 SHA-2 散列）创建强制实施的包含/排除列表，并用该列表取代 AppLocker 策略所用的文件路径和文件名信息（有关 AppLocker 的详细介绍参见 7.14 节）。

虽然下文并不打算介绍创建和定制代码完整性策略的不同方式，但会介绍 Device Guard 如何通过下列保证，强制实施这些策略的配置结果。

（1）**如果强制实施内核模式代码签名，无论内核本身是否被攻陷，仅带有签名的代码可加载**。这是因为内核在加载驱动程序时，会通知 VTL 1 下的安全内核仅在 HVCI 验证过驱动程序的签名后才能成功加载。

（2）**如果强制实施内核模式代码签名，带有签名的代码加载后将无法修改，哪怕内核本身也无法修改**。这是因为可执行文件的代码页会被虚拟机监控程序的二级地址转换（Second Level Address Translation，SLAT）机制标记为只读，该功能的详细介绍请参阅卷 2 第 8 章。

（3）**如果强制实施内核模式代码签名，将严格禁止动态分配代码（其实与上两条说的是同一件事）**。这是因为内核不能在 SLAT 页表项中分配可执行的项，哪怕内核的页表本身会将这些代码标记为可执行的。

（4）**如果强制实施内核模式代码签名，UEFI 运行时代码将无法修改，无论是被其他 UEFI 运行时代码还是内核本身修改**。此外，安全启动会在加载时验证这些代码是否带有签名。（Device Guard 需要假设已经带有签名。）另外 UEFI 运行时数据也无法标记为可执行。这是通过读取所有 UEFI 运行时代码和数据，强制设置正确的权限，并在被 VTL 1 保护的 SLAT 页表项中为它们创建副本来实现的。

（5）**如果强制实施内核模式代码签名，则只有内核模式（Ring 0）签名的代码可以执行**。这一条看起来和最前面的 3 条较为类似，不过主要针对带签名的 Ring 3 代码。此类代码从 UMCI 的角度来看是有效的，并已经在 SLAT 页表项中被标记为可执行代码。安全内核依赖基于模式的执行控制（Mode-Based Execution Control，MBEC）功能，如果硬件也支持该功能，即可用一个用户/内核可执行位进一步增强 SLAT，或使用虚拟机监控程序的软件来模拟该功能，这叫作受限制的用户模式（Restricted User Mode，RUM）。

（6）**如果强制实施用户模式代码签名，仅带签名的用户模式映像可以加载**。这意味着所有可执行进程必须是带签名的（.exe）文件，它们加载的库（.dll）也必须带有签名。

（7）**如果强制实施用户模式代码签名，内核将不允许用户模式应用程序将现有可执行代码页标记为可写**。很明显，除非从内核得到所需权限，否则用户模式代码无法分配可执行内存或修改现有内存，因此内核可以应用自己常用的强制规则。但即便内核被攻陷，SLAT 也可以确保在安全内核获知并批准前，任何用户模式页面都不可执行，而这样的可执行页面是永远不可写的。

（8）**如果强制实施用户模式代码签名，并且签名策略要求硬性代码保证，则严禁动态分配代码**。该场景与内核场景存在很重要的区别。默认情况下，为了支持 JIT 场景，带签名的用户模式代码允许分配额外的可执行内存，除非应用程序的证书中包含一个特殊的增强型密钥用法（Enhanced Key Usage，EKU），并借此提供了动态代码生成权力。目前，NGEN.EXE（.NET 原生映像生成）包含该 EKU，因此仅 IL 的.NET 可执行文件可在该模式下执行。

（9）**如果强制实施用户模式 PowerShell 受限语言模式，所有使用动态类型、反射或其他语言功能，借此允许执行的 PowerShell 脚本，或任何代码和到 Windows/.NET API 函数的封送，均需要包含签名**。借此可防止可能的恶意 PowerShell 脚本逃离受限模式。

SLAT 页表项可在 VTL 1 中获得保护，其中包含了每个特定内存页可具备哪些权限这种“真相”。通过按需持留（withholding）可执行位，或从现有可执行页中持留可写位（这种安全模型也叫作 W^X，可以读作“Double-you xor ex”），Device Guard 可将所有代码签名强制实施转移至 VTL 1 内部（位于 SKCI.DLL 库，即“安全内核代码完整性”中）。

另外，就算计算机上未明确配置，如果强制要求所有 Trustlet 必须具备特定微软签名，并具备包含隔离用户模式 EKU 的证书，借此启用了 Credential Guard，那么 Device Guard 将运行在第三种模式下。否则具备 Ring 0 特权的攻击者就可以以常规 KMCS 机制，通过加载恶意 Trustlet 攻击隔离的 LSA 组件。另外，所有用户模式代码签名强制实施对这些 Trustlet 都是激活的，并会在硬性代码保证模式下执行。

最后还需要注意，当系统从休眠（S4）状态恢复时，为了优化性能，HVCI 机制并不会重新验证每个页面。某些情况下，证书数据甚至可能不可用。但就算这种情况下，也必须重新构造 SLAT 数据，这意味着 SLAT 页表项需要存储在休眠文件中。因此虚拟机监控程序需要信任休眠文件未被进行任何形式的修改。这是通过使用存储在 TPM 中的本机密钥加密休眠文件做到的。然而如果不具备 TPM，则必须将该密钥存储在 UEFI 运行时变量中，因此本地攻击者将可以解密休眠文件，并在修改之后重新将其加密。

7.4 保护对象

对象保护和访问日志记录是自主式访问控制和审核的本质所在。Windows 中可保护的对象包括文件、设备、邮件槽、管道（命名的和匿名的）、作业、进程、线程、事件、键控事件（keyed event）、事件对、互斥体（mutex）、信号量（semaphore）、共享内存节、I/O 完成端口、LPC 端口、可等待计时器、访问令牌、存储卷、窗口站、桌面、网络共享、服务、注册表键、打印机、Active Directory 对象等，理论上任何可由执行体对象管理器管理的东西都可保护。但实际上，未暴露给用户模式的对象（例如驱动程序对象）通常不受保护。内核模式代码是受信任的，通常会使用无须进行访问检查的接口访问对象管理器。由于导出到用户模式（进而需要安全验证）的系统资源在内核模式中是以对象的形式实现的，Windows 对象管理器在强制实施对象安全性方面扮演了关键角色。

我们可以使用 Sysinternals 提供的 WinObj 工具查看（命名对象的）对象保护，如图 7-6 所示。图 7-7 展示了用户会话中一个节对象的安全属性页。虽然在对象保护方面文件是一种最常见的资源，但 Windows 也会将类似于对文件系统中文件应用的安全模型和机制应用给执行体对象。在访问控制方面，执行体对象与文件的唯一差别仅在于每类对象所支持的访问方法。

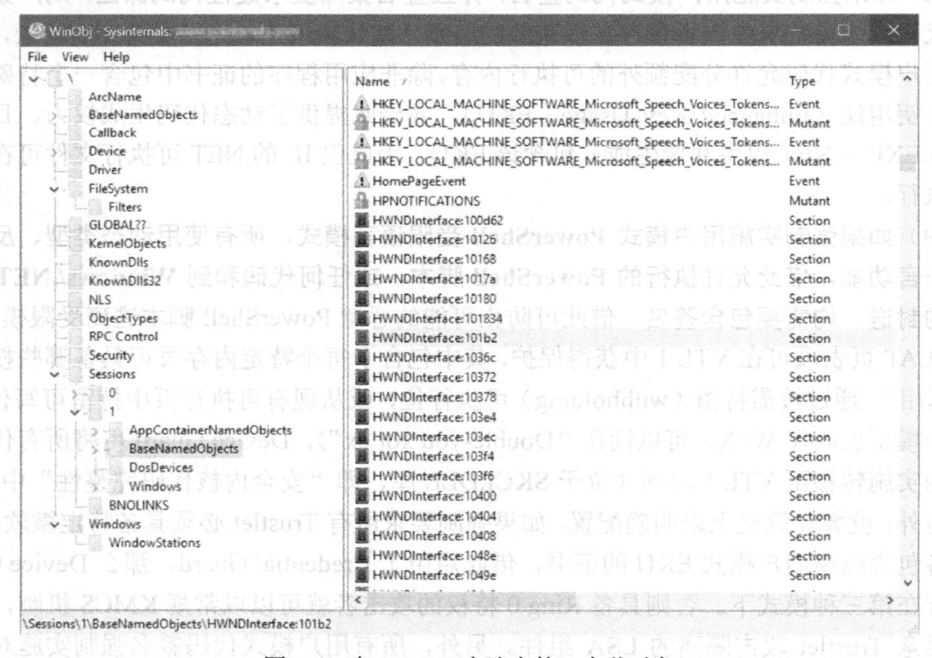

图 7-6 在 WinObj 中选中的一个节对象

图 7-7 所示的实际上是该对象的自定义访问控制列表（Discretionary Access Control List，DACL）。我们将在 7.4.4 节详细介绍 DACL。

我们可以用 Process Explorer 查看对象安全属性，为此请双击底部窗格视图中的句柄（如果已配置显示句柄）。这种方式还可以帮助我们查看未命名的对象。这些工具中可以看到相同的属性页，毕竟这些页面都是 Windows 提供的。

为了控制谁能操作某个对象，安全系统必须首先确定每个用户的身份。之所以要确定用户身份，原因是在可以访问任何系统资源之前，Windows 需要首先对登录进行验证。当一个进程请求某个对象的句柄时，对象管理器和安全系统会使用调用方的安全标识和对象的安全描述符来判断是否为该调用方分配句柄，进而允许访问目标对象。

本章下文将会提到，线程可以假定与自己所在进程持有不同的安全上下文。这种机制也叫作模拟（impersonation）。当线程进行模拟时，安全验证机制会使用该线程的安全上下文，而非线程所处进程的安全上下文。当线程未进行模拟时，安全验证机制将回退为使用线程所处进程的安全上下文。不过需要注意，一个进程中的所有线程共享了同一个句柄表，因此（即便在进行模拟的情况下）当线程打开对象时，该进程的所有线程都将可以访问该对象。

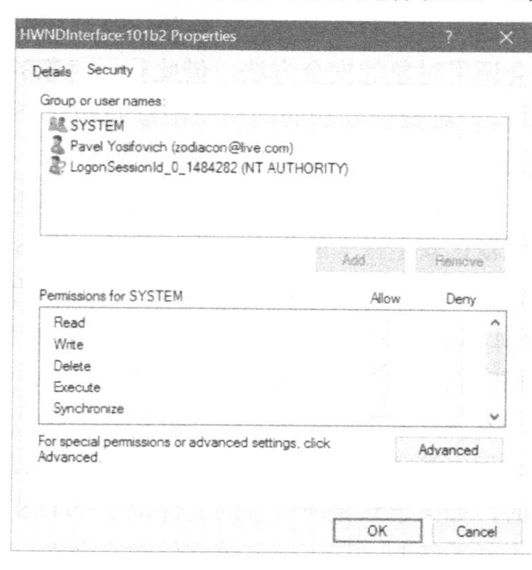

图 7-7 通过 WinObj 查看的一个执行体对象及其安全描述符

有时候，仅验证用户的身份还不足以让系统允许该账户对资源的访问。从逻辑上可以这样想：Alice 账户下运行的一个服务和 Alice 从网上下载的一个未知应用程序，这两者之间是有明显区别的。Windows 会使用 Windows 完整性机制，通过实现多种完整性级别，在用户内部实现这种类型的隔离。Windows 完整性机制还被用于用户账户控制（User Account Control，UAC）提升、用户界面特权隔离（User Interface Privilege Isolation，UIPI）及 AppContainer，本章下文将分别介绍这些技术。

7.4.1 访问检查

Windows 安全模型要求线程在打开一个对象时，必须提前指定自己希望对该对象执行哪些类型的操作。对象管理器会调用 SRM，根据线程期待的访问执行访问检查。如果访问被批准，则会向线程的进程分配一个句柄，随后该线程（以及该进程中的其他线程）就可以针对这个对象执行后续操作。

当线程使用名称打开现有对象时，会有事件导致对象管理器执行安全访问验证。如果使用名称打开对象，对象管理器会在对象管理器的命名空间内查找指定的对象。如果该对象不位于附属命名空间（例如配置管理器的注册表命名空间，或文件系统驱动程序的文件系统命名空间）中，对象管理器会在找到该对象后调用内部函数 ObpCreateHandle。顾名思义，ObpCreateHandle 会在进程句柄表中创建一个项，并将其与该对象关联。ObpCreateHandle 首先会调用 ObpGrantAccess 来检查该线程是否有权访问此对象。如果有，ObpCreateHandle 会调用执行体函数 ExCreateHandle 在进程句柄表中创建项。ObpGrantAccess 还将调用 ObCheckObjectAccess 发起安全访问检查。

随后 ObpGrantAccess 会将当前正在打开该对象的线程的安全凭据、线程所请求的对象访问类型（读取、写入、删除等，包括与对象有关的特定操作），以及指向该对象的指针传递给 ObCheckObjectAccess。ObCheckObjectAccess 首先会锁定对象的安全描述符和线程的安全上下文。这种对象安全锁定可以避免系统中的其他线程在执行访问检查的过程中更改对象的安全设置。针对线程安全上下文的锁定可以防止（来自同一个或不同进程的）其他线程在对线程进行安全验证的过程中更改线程的安全身份。随后 ObCheckObjectAccess 会调用对象的安全方法，借此获得对象的安全设置。（有关对象方法的介绍请参阅卷 2 第 8 章。）对安全方法的调用可能涉及位于不同执行体组件中的函数，不过很多执行体对象只需要依赖系统的默认安全管理支持。

如果执行体组件定义的对象不需要覆盖 SRM 的默认安全策略，即可将该对象标记为“使用默认安全性”的类型。无论何时，当 SRM 调用对象的安全方法时，首先会检查该对象是否有默认安全性。具备默认安全性的对象会将安全信息保存在自己的头部，其安全方法为 SeDefaultObjectMethod。不依赖默认安全性的对象就必须自行管理自己的安全信息，并提供相应的安全方法。依赖默认安全性的对象包括互斥体、事件和信号量。而文件对象是需要覆盖默认安全性的范例之一。I/O 管理器定义了文件对象类型，可通过文件所在的文件系统驱动程序管理文件的安全性（或者选择不实现安全性）。因此当系统查询一个文件对象的安全性时，如果该对象所代表的文件位于 NTFS 卷上，I/O 管理器文件对象安全方法会使用 NTFS 文件系统驱动程序获取该文件的安全性。然而要注意，由于位于附属命名空间中而被打开的文件并不会执行 ObCheckObjectAccess。只有当线程明确查询或设置文件安全性（例如使用 Windows 的 SetFileSecurity 或 GetFileSecurity 函数）时，系统才会调用文件对象的安全方法。

在获得对象的安全信息后，ObCheckObjectAccess 会调用 SRM 的 SeAccessCheck 函数。SeAccessCheck 是 Windows 安全模型的核心函数之一。对于输入的多种参数，SeAccessCheck 可接受对象的安全信息、由 ObCheckObjectAccess 捕获的线程安全身份，以及线程所请求的访问。根据该线程是否允许访问所请求的对象，SeAccessCheck 会返回 True 或 False 的状态。

这里可以举个例子：假设一个线程希望知道特定进程何时存在（或者说，何时以某种方式终止）。该线程首先需要得到目标进程的句柄，为此要调用 OpenProcess API 传入两个重要的参数：进程的唯一 ID（假设 ID 已知或已通过其他某种方式获得）和一个访问掩码。该掩码代表着线程希望使用所返回的句柄执行的操作。有的开发者可能只为访问掩码传递 PROCESS_ALL_ACCESS，指定自己希望获得该进程所有可能的访问权限。随后会发生下列一种情况。

（1）如果发起调用的线程可以获得所有权限，它将获得一个有效句柄，随后即可调用 WaitForSingleObject 等待该进程退出。然而，该进程中的另一个（可能特权较少的）线程可能会使用同一个句柄针对进程执行其他操作，例如通过 TerminateProcess 过早地终止了该进程，因为该句柄可以针对进程执行所有可能的操作。

（2）如果发起调用的线程不具备足够的特权以获得所有可能的访问权限，调用将会失败，并会返回一个无效的句柄，这意味着无法访问该进程。结果让人遗憾，因为该线程可能只需 SYNCHRONIZE 访问掩码。相比申请 PROCESS_ALL_ACCESS 访问掩码，申请 SYNCHRONIZE 掩码的成功率无疑会更高一些。

因此我们可以得出一个简单的结论：线程应当请求恰好满足自己需求的访问权，不应该多，也不应该少。

另一种会导致对象管理器进行访问验证的事件是：当一个进程通过现有句柄引用对象时。此类引用通常是间接发生的，例如进程调用 Windows API 操作一个对象并传递对象句柄时。例如，某个线程在打开文件时可以请求读取该文件的权限。如果根据安全上下文和文件的安全设置，该线程有权用这种方式访问该对象，那么对象管理器会在这个线程所在进程的句柄表中创建一个代表该文件的句柄。该进程中的线程通过这个句柄可以获得的访问类型会被对象管理器和句柄存储在一起。

随后，该线程可以尝试通过 Windows 的 WriteFile 函数将文件句柄作为参数传递，进而写入该文件。WriteFile 通过 Ntdll.dll 调用的系统服务 NtWriteFile 会使用对象管理器函数 ObReferenceObjectByHandle（已在 WDK 中文档化）从句柄中获得指向该文件对象的指针。ObReferenceObjectByHandle 可通过参数接受调用方希望针对该对象进行的访问。在进程句柄表中找到句柄项后，ObReferenceObjectByHandle 会将所请求的访问与打开文件时所批准的访问进行比较。在本例中，ObReferenceObjectByHandle 会指示让该写操作失败，因为调用方在打开文件时并未获得写访问的权限。

Windows 安全功能还可以让 Windows 应用程序定义自己的私有对象，并调用 SRM 的服务（通过 AuthZ 用户模式 API，下文将会介绍），针对这些对象强制应用 Windows 安全模型。对象管理器和其他执行体组件会使用很多内核模式函数保护自己的对象，这些函数已经被导出为 Windows 用户模式 API。与 SeAccessCheck 等价的用户模式 API 为 AuthZ API AccessCheck。因此 Windows 应用程序可以利用该安全模型的灵活性，以透明的方式与 Windows 所提供的身份验证和管理接口进行集成。

SRM 安全模型的本质是一种可接受 3 项输入的等式，3 项输入分别为：线程的安全身份、线程希望针对对象获得的访问，以及对象的安全设置。而该等式的输出结果为“是”或“否”，代表安全模型是否为线程授予所需的访问。下文将更详细地介绍这些输入，以及模型的访问验证算法。

实验：查看句柄访问掩码

Process Explorer 可以显示与打开的句柄相关联的访问掩码。请执行如下操作。

（1）打开 Process Explorer。

（2）打开 View 菜单，选择 Lower Pane View，选择 Handles 以配置底部窗格显示句柄信息。

（3）右击底部窗格的列头，选择 Select Columns，打开图 7-8 所示的 Select Columns 对话框。

（4）选中 Access Mask 和 Decoded Access Mask 选项（后者适用于 Process Explorer 16.10 和后续版本），单击 OK 按钮。

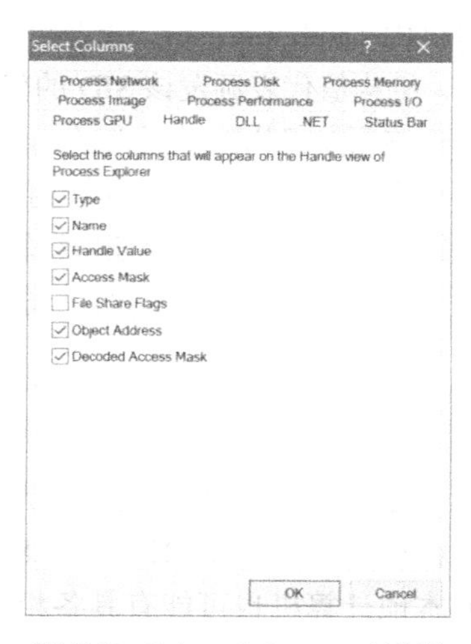

图 7-8 Select Columns 对话框

（5）从 Process 列表中选择 Explorer.exe，随后查看底部窗格显示的句柄。每个句柄都有一个访问掩码，代表使用该句柄可获得的访问。为了帮助解读访问掩码的位内容，解码后的访问掩码列可以显示很多类型对象的访问掩码所对应的文字化描述，如图 7-9 所示。

注意，这里有一些常规访问权（如 READ_CONTROL 和 SYNCHRONIZE），以及一些特殊访问权（如 KEY_READ 和 MODIFY_STATE）。大部分特殊访问权其实是 Windows 头部定义的实际访问权的缩减版本（例如 MODIFY_STATE 代表 EVENT_MODIFY_STATE，TERMINATE 代表 PROCESS_TERMINATE）。

Process Explorer - Sysinternals: CS350101

File Options View Process Find Handle Users Help

Process	PID	CPU	Private Bytes	Working Set	Description	Company Name
devenv.exe	7696	0.65	611,044 K	705,928 K	Microsoft Visual Studio 2015	Microsoft Corporation
devenv.exe	11496	0.05	361,668 K	435,932 K	Microsoft Visual Studio 2015	Microsoft Corporation
dllhost.exe	13252		4,756 K	12,528 K	COM Surrogate	Microsoft Corporation
DPAgent.exe	8980		26,520 K	41,476 K	DigitalPersona Local Agent	DigitalPersona, Inc.
DpAgent.exe	9092		924 K	4,292 K	DigitalPersona 64-bit Helper Process	DigitalPersona, Inc.
DpCardEngine.exe	5884		2,360 K	10,560 K	DigitalPersona Card Engine	DigitalPersona, Inc.
DpHostW.exe	3820		30,824 K	42,448 K	DigitalPersona Local Host	DigitalPersona, Inc.

Handle	Type	Name	Access	Decoded Access
0x3D0	ALPC Port		0x001F0001	READ_CONTROL | DELETE | SYNCHRONIZE | WRITE_DAC | WRITE_OWNER | <U
0x3D4	EtwRegistration		0x00000804	<Unknown>
0x3D8	EtwRegistration		0x00000804	<Unknown>
0x3DC	EtwRegistration		0x00000804	<Unknown>
0x3E0	EtwRegistration		0x00000804	<Unknown>
0x3E4	Event		0x001F0003	READ_CONTROL | DELETE | SYNCHRONIZE | WRITE_DAC | WRITE_OWNER | EV
0x3E8	ALPC Port		0x001F0001	READ_CONTROL | DELETE | SYNCHRONIZE | WRITE_DAC | WRITE_OWNER | <U
0x3EC	Key	HKCU\SOFTWARE\Microsoft\Windows\Cu...	0x00020019	READ_CONTROL | KEY_READ
0x3F0	Key	HKLM\SOFTWARE\Microsoft\Windows\Cu...	0x00020019	READ_CONTROL | KEY_READ
0x3F4	Event		0x001F0003	READ_CONTROL | DELETE | SYNCHRONIZE | WRITE_DAC | WRITE_OWNER | EV
0x3F8	Thread	explorer.exe(9032): 21904	0x001FFFFF	READ_CONTROL | DELETE | SYNCHRONIZE | WRITE_DAC | WRITE_OWNER | TH
0x3FC	File	C:\Users\ADMIN\AppData\Local\Microsoft...	0x0012019F	READ_CONTROL | SYNCHRONIZE | FILE_GENERIC_WRITE | FILE_GENERIC_REAC
0x404	Section	\Sessions\1\Windows\Theme1041933433	0x00000004	MAP_READ
0x408	EtwRegistration		0x00000804	<Unknown>
0x40C	Semaphore		0x00100003	SYNCHRONIZE | MODIFY_STATE

CPU Usage: 32.28%　Commit Charge: 41.97%　Processes: 174　Physical Usage: 38.45%

图 7-9　相关描述

7.4.2 安全标识符

Windows 并不是使用名称（可能唯一，也可能不唯一）标识在系统中执行操作的实体，而是使用安全标识符（Security Identifier，SID）。用户、本地和域组、本地计算机、域、域成员，以及服务都有 SID。SID 是一种可变长度的数值，包含 SID 结构版本号、一个 48 位标识符机构（authority）值，以及可变数量的 32 位子机构或相对标识符（Relative Identifier，RID）值。机构值代表颁发该 SID 的代理，该代理通常为 Windows 本地系统或域。子机构值代表相对于该颁发机构的受托人（trustee），RID 则是 Windows 在一个通用基准 SID 的基础上创建这个唯一 SID 所用的方法。由于 SID 很长，并且 Windows 会负责在每个 SID 中创建真正随机的值，因此在全世界任何计算机或域中，Windows 几乎都不可能颁发两个相同的 SID。

在以文本方式显示时，每个 SID 包含一个 S 前缀，不同组成部分使用连字符分隔，如下所示。

```
S-1-5-21-1463437245-1224812800-863842198-1128
```

在上述 SID 中，版本号为 1，标识符机构值为 5（Windows 安全机构），此外有 4 个子机构值外加一个 RID（1128），这就组成了一个 SID。该 SID 是一个域 SID，但该域中的本地计算机也可能有具备相同版本号、标识符机构值和同样数量子机构值的 SID。

在安装 Windows 时，Windows 安装程序会为计算机颁发计算机 SID。Windows 还会为计算机上的每个本地账户颁发 SID。每个本地账户 SID 基于计算机的 SID 以及末尾的 RID。用户账户和组的 RID 始于 1000，每新建一个用户或组将递增 1。类似地，用于新建 Windows 域的域控制器提升工具（Dcpromo.exe）在将计算机提升为域控制器时，会使用计算机 SID 作为域 SID，如果随后域控制器被降级，则会新建一个计算机 SID。Windows 为新建域账户颁发的 SID 也是基于域 SID 创建的，并会附加 RID（同样始于 1000，每个新用户或组递增 1）。RID 为 1028 意味着这是域中颁发的第 29 个 SID。

Windows 所颁发的 SID 以计算机或域 SID 为基础，此外还有一些针对各种预定义账户和组预定义的 RID。例如 Administrator 账户的 RID 为 500，Guest 账户的 RID 为 501。因此计算机上本地 Administrator 账户的 SID 会以计算机 SID 为基础，并附加 500 这个 RID。

```
S-1-5-21-13124455-12541255-61235125-500
```

对于一些众所周知的组，Windows 也定义了一系列内置的本地和域 SID。例如 Everyone 组用于代表（除匿名用户外的）所有账户，该组的 SID 为 S-1-1-0。另外还有 Network 组，用于代表通过网络登录到本机的所有用户，该组的 SID 为 S-1-5-2。表 7-2 摘录自 Windows SDK 文档，其中列出了一些最基本的知名 SID，以及它们的数值和具体应用。与用户的 SID 不同，这些 SID 是预定义的常量，在全世界每个 Windows 计算机和域中都相同。因此如果一个文件能够在创建它的计算机上被 Everyone 组的成员访问，那么将文件所在硬盘移动到另一个计算机或域中，也将能被这个计算机或域中的 Everyone 组成员访问。当然，这些系统中的用户必须首先使用账户进行身份验证，随后才能成为 Everyone 组的成员。

表 7-2 部分知名 SID

SID	名称	用途
S-1-0-0	Nobody	当 SID 未知时使用
S-1-1-0	Everyone	包含除匿名用户外其他所有用户的组
S-1-2-0	Local	（物理上）登录到系统本地终端上的用户
S-1-3-0	Creator Owner ID	可被新建对象的用户的安全标识符所取代的安全标识符（用于可继承的 ACE）
S-1-3-1	Creator Group ID	可被新建对象的用户的主要组 SID 所取代的安全标识符（用于可继承的 ACE）
S-1-5-18	Local System 账户	被服务使用
S-1-5-19	Local Service 账户	被服务使用
S-1-5-20	Network Service 账户	被服务使用

最后，Winlogon 会为每个交互式登录会话创建一个唯一的登录 SID。登录 SID 的典型用途为：用在访问控制项（Access Control Entry，ACE）中，以便访问客户端的登录会话。例如，Windows 服务可以使用 LogonUser 函数启动一个新的登录会话，并从 LogonUser 函数返回的访问令牌中提取登录 SID。随后该服务即可在 ACE（见 7.4.4 节）中使用这个 SID，以允许该客户端的登录会话访问交互式窗口站和桌面。登录会话的 SID 为 S-1-5-5-*x*-*y*，其中 *x* 和 *y* 为随机生成的值。

实验：使用 PsGetSid 和 Process Explorer 查看 SID

我们可以使用 Sysinternals 提供的 PsGetSid 工具轻松查看任何账户所对应的 SID。PsGetSid 提供的选项可将计算机和用户账户的名称转换为对应的 SID，或将 SID 转换为账户名称。

如果不加任何选项运行 PsGetSid，可以显示分配给本地计算机的 SID。由于 Administrator 账户的 RID 始终为 500，因此只需提供计算机 SID 并附加-500 作为 PsGetSid 的命令行参数，即可确定该账户对应的名称（例如出于安全原因将系统的 Administrator 账户更名的话）。

若要查看域账户的 SID，请输入用户名并将域作为前缀。

```
c:\>psgetsid redmond\johndoe
```

要查看域的SID，可以将域名作为参数提供给PsGetSid。

```
c:\>psgetsid Redmond
```

最后，通过查看自己账户的RID，我们至少可以知道在自己的域或本地计算机上（取决于我们使用了域账户还是本地计算机账户），创建自己账户前已经创建的安全账户的数量（从自己的RID中减去999得到的数字就是账户数量）。若要查看RID被分配给哪个账户，可以将SID以及该RID一起传递给PsGetSid。如果PsGetSid报告说该SID没有对应的账户名称，并且该RID小于自己账户的RID，那么即可知道分配了该RID的账户已被删除。

例如，若要查看第28个RID分配给哪个账户，可以将域SID附加-1027并传递给PsGetSid。

```
c:\>psgetsid S-1-5-21-1787744166-3910675280-2727264193-1027
Account for S-1-5-21-1787744166-3910675280-2727264193-1027:
User: redmond\johndoe
```

Process Explorer也可以通过Security选项卡显示系统中账户和组的SID信息。该选项卡会显示以下这些信息：该进程的所有者是谁，该账户隶属于哪个组。要查看这些信息，只需双击进程列表中的任何进程（例如Explorer.exe）并打开Security选项卡，随后应该可以看到图7-10所示的界面。

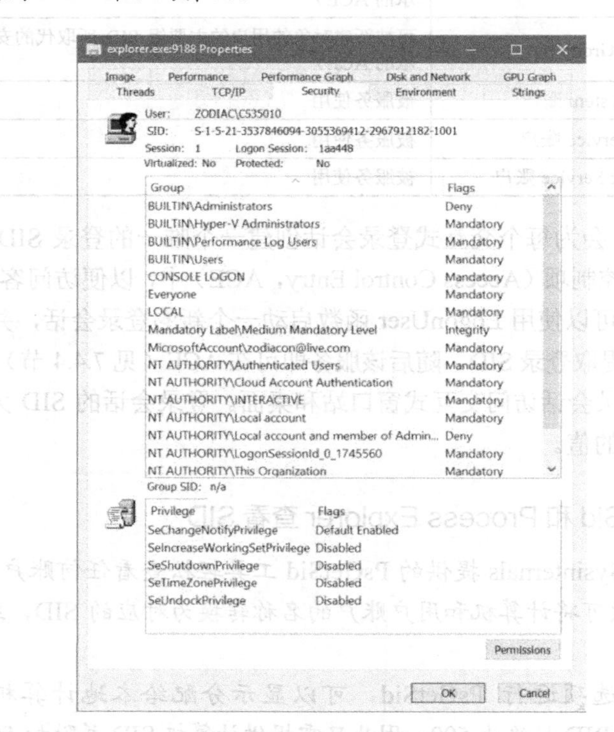

图7-10 Security选项卡

User字段显示的信息包含拥有该进程的账户的友好名称，SID字段显示了实际的SID值，Group列表包含该账户所属的全部组的信息（本章下文将介绍组）。

1. 完整性级别

正如前所述，完整性级别可以覆盖自定义访问行为，借此区分以用户身份运行的，以及被同一个用户所拥有的进程和对象，进而可以隔离该用户账户下的代码和数据。强制完整性控制（Mandatory Integrity Control，MIC）机制通过为调用方关联到某个完整性级别，可以让 SRM 更详细地了解调用方的自身信息。此外通过为对象定义完整性级别，还可以提供有关访问该对象时所需的信任信息。

令牌的完整性级别可通过 GetTokenInformation API 配合 TokenIntegrityLevel 枚举值获取。这些完整性级别是通过 SID 指定的，不过完整性级别可以是任意值，系统使用了表 7-3 所示的 6 个主要级别来分隔特权级别。

表 7-3 不同完整性级别的 SID

用户	名称（级别）	用途
S-1-16-0x0	不受信任（0）	用于被 Anonymous 组启动的进程，会阻止大部分写操作
S-1-16-0x1000	低（1）	用于 AppContainer 进程（UWP）和受保护模式的 Internet Explorer，会阻止对系统中大部分对象（如文件和注册表键）的写操作
S-1-16-0x2000	中（2）	用于在 UAC 启用情况下启动的常规应用程序
S-1-16-0x3000	高（3）	用于在 UAC 启用情况下，通过权限提升启动的管理类应用程序；或在 UAC 禁用情况下，由管理员用户启动的常规应用程序
S-1-16-0x4000	系统（4）	用于服务和其他系统级进程（如 Wininit、Winlogon、Smss 等）
S-1-16-0x5000	受保护（5）	目前默认未被使用，仅能通过内核模式调用设置

另一个看起来像是一个额外完整性级别的级别是 UWP 应用所用的 AppContainer。虽然看起来像是一个单独的级别，但实际上它等同于“低”级别。UWP 进程令牌可以通过一个属性代表自己运行在 AppContainer（见 7.9.2 节）中。这些信息可通过 GetTokenInformation API 并配合 TokenIsAppContainer 枚举值使用。

实验：查看进程的完整性级别

我们可以使用 Process Explorer 快速查看系统中进程的完整性级别。具体操作如下所示。

（1）启动 Microsoft Edge 浏览器和 Calc.exe（Windows 10 中）。

（2）打开提权后的命令提示符窗口。

（3）照常打开记事本（不要提升）。

（4）打开提升后的 Process Explorer，右击进程列表中的任何一个列头，选择 Select Columns。

（5）打开 Process Image 选项卡，选中 Integrity Level 选项。该对话框如图 7-11 所示。

（6）随后 Process Explorer 会显示系统中进程的完整性级别。可以看到，Notepad 进程的级别为“中”，Edge（MicrosoftEdge.exe）进程的级别为“AppContainer”，提权后的命令提示符窗口级别为“高”。另外注意，服务和系统进程运行在“系统”这个更高的完整性级别下，如图 7-12 所示。

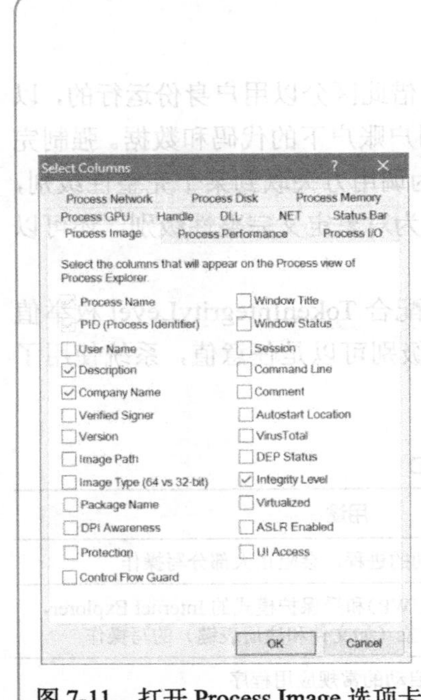

图 7-11　打开 Process Image 选项卡，选中 Integrity Level 选项

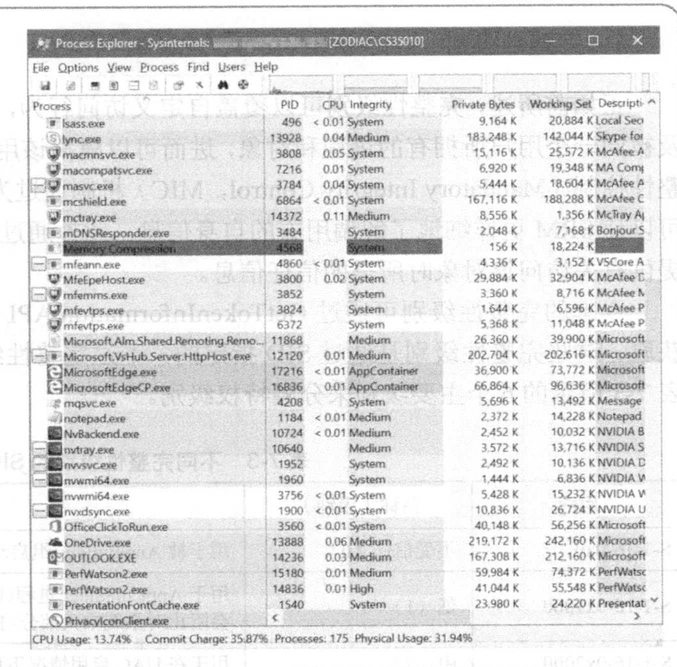

图 7-12　系统中进程的完整性级别

每个进程都在自己的令牌中有一个完整性级别，并会根据下列规则传播。

（1）进程通常会继承其父进程的完整性级别（意味着提权后的命令提示符所启动的进程也将是被提权的）。

（2）如果子进程所属可执行映像的文件对象处于某个完整性级别，而父进程的完整性级别为“中”或更高级别，那么子进程将继承两者中较低的那个级别。

（3）父进程可以明确使用低于自己级别的完整性级别创建子进程。为此需要使用 DuplicateTokenEx 复制自己的访问令牌，并使用 SetTokenInformation 将新令牌的完整性级别更改为需要的状态，随后使用新令牌调用 CreateProcessAsUser。

表 7-3 列出了与进程关联的完整性级别，但对象呢？对象的安全描述符中也存储了完整性级别，具体来说是存储在一种名为强制标签（mandatory label）的结构中。

为了支持从老版本 Windows（其注册表键和文件不包含完整性级别信息）迁移，并且为了向应用程序开发者提供便利，以及避免要求用户手动指定，所有对象都有暗含的完整性级别。这种暗含的完整性级别为“中”，意味着对象的强制策略（下文很快会提到）只会在访问这些对象的令牌的完整性策略低于“中”时才会生效。

如果进程创建对象时未指定完整性级别，系统会检查令牌中的完整性级别。对于级别为“中”或更高级别的令牌，对象暗含的完整性级别依然维持为“中”。然而当令牌包含比“中”更低的完整性级别时，进程在创建对象时会使用与令牌完整性级别相符的显式完整性级别。

由“高”或“系统”完整性级别进程创建的对象本身具备“中”完整性级别，这样用户就可以启用或禁用 UAC。如果对象完整性级别始终从创建者处继承，当管理员禁用了 UAC 随后又重新启用时可能会失败，因为管理员将无法修改“高”完整性级别下创建的任何注册表设置或文件。对象还可能具备由系统，或对象的创建者设置的显式完整性级别。

例如，内核在创建进程、线程、令牌或作业时，会为其分配显式完整性级别。为这些对象分配完整性级别的原因在于，可以防止同一个用户以更低完整性级别运行的进程访问高完整性级别对象并修改其内容或行为（例如 DLL 注入或代码修改）。

除了完整性级别，对象还可以具备强制策略。该策略定义了根据完整性级别检查，为对象应用的实际保护级别。对象的强制策略见表 7-4。完整性级别和强制策略均存储在同一 ACE 中。

表 7-4 对象的强制策略

策略	默认存在于	描述
No-Write-Up	所有对象暗含	用于限制更低完整性级别进程对此对象的写访问
No-Read-Up	仅进程对象	用于限制更低完整性级别进程对此对象的读访问。用于进程对象时，可禁止外部进程读取地址空间，进而防止信息泄露
No-Execute-Up	仅实现 COM 类的二进制文件	用于限制更低完整性级别进程对此对象的执行访问。用于 COM 类时，可限制该 COM 类的启动-激活权限

实验：查看对象的完整性级别

我们可以使用 Sysinternals 提供的 AccessChk 工具查看系统中对象（如文件、进程、注册表键）的完整性级别。例如可以通过如下实验查看 Windows 中 LocalLow 目录的用途。

（1）在命令提示符窗口中浏览至 C:\Users\<UserName>\，其中<username>是你的用户名。

（2）针对 AppData 文件夹运行 AccessChk，如下所示。

```
C:\Users\UserName> accesschk -v appdata
```

（3）留意输出结果中 Local 和 LocalLow 子文件夹的结果差异，如下所示。

```
C:\Users\UserName\AppData\Local
  Medium Mandatory Level (Default) [No-Write-Up]
  [...]
C:\Users\UserName\AppData\LocalLow
Low Mandatory Level [No-Write-Up]
  [...]
C:\Users\UserName\AppData\Roaming
  Medium Mandatory Level (Default) [No-Write-Up]
  [...]
```

（4）注意 LocalLow 目录的完整性级别为“低”，而 Local 和 Roaming 目录的完整性级别为“中（默认）”。默认值意味着系统使用了暗含的完整性级别。

（5）为 AccessChk 传递–e 标志，使其仅显示显式完整性级别。如果再次针对 AppData 文件夹运行该工具，会发现输出结果中只显示 LocalLow 的相关信息。

–o（对象）、–k（注册表键）和–p（进程）标志可用于指定文件或目录之外的其他对象。

2. 令牌

SRM 使用一种名为令牌（或访问令牌）的对象来标识进程或线程的安全上下文。安全上下文包含了与该进程或线程的账户、组和特权有关的描述信息。令牌还包含其他一些信息，例如会话 ID、完整性级别以及 UAC 虚拟化状态。（本章下文将详细介绍特权和 UAC 虚拟化机制。）

在（本章下文将要介绍的）登录过程中，Lsass会创建代表正在登录的用户的初始令牌。随后会判断正在登录的用户是否是下列某个特权组的成员，或是否具备某些强大的特权。这一步会检查的组如下。

（1）Built-In Administrators（内置管理员）。

（2）Certificate Administrators（证书管理员）。

（3）Domain Administrators（域管理员）。

（4）Enterprise Administrators（企业管理员）。

（5）Policy Administrators（策略管理员）。

（6）Schema Administrators（架构管理员）。

（7）Domain Controllers（域控制器）。

（8）Enterprise Read-Only Domain Controllers（企业只读域控制器）。

（9）Read-Only Domain Controllers（只读域控制器）。

（10）Account Operators（账户操作员）。

（11）Backup Operators（备份操作员）。

（12）Cryptographic Operators（密码操作员）。

（13）Network Configuration Operators（网络配置操作员）。

（14）Print Operators（打印操作员）。

（15）System Operators（系统操作员）。

（16）RAS Servers（RAS 服务器）。

（17）Power Users（超级用户）。

（18）Pre-Windows 2000 Compatible Access（Windows 2000之前兼容访问）。

上述很多组仅适用于加入了域的系统，无法直接为用户提供本地管理权。相反，它们可以让用户修改域端的设置。

需要检查的特权包括SeBackupPrivilege、SeCreateTokenPrivilege、SeDebugPrivilege、SeImpersonatePrivilege、SeLabelPrivilege、SeLoadDriverPrivilege、SeRestorePrivilege、SeTakeOwnershipPrivilege和SeTcbPrivilege。

这些特权详见7.6.2节。

如果存在上述一个或多个组或特权，Lsass会为该用户创建一个受限令牌（也叫作筛选后的管理令牌），并为两者创建一个登录会话。标准用户令牌会被附加到Winlogon启动的一个或多个初始进程上（默认为Userinit.exe）。

注意 如果UAC被禁用，管理员运行所用的令牌将包含管理员组的成员身份和特权。

子进程默认会继承其创建者的令牌副本，因此用户会话中的所有进程都将使用同一个令牌。我们还可以使用Windows的LogonUser函数生成一个令牌，随后可以将该令牌传递给Windows的CreateProcessAsUser函数，借此创建进程，并让该进程运行在通过LogonUser函数登录的用户安全上下文中。CreateProcessWithLogonW函数将这一切合并成为一个调用，Runas命令正是借此用其他令牌启动进程的。

令牌的大小并不相同，这是因为不同用户账户具备不同的特权集和相关的组账户。然而所有令牌都包含了相同类型的信息。令牌中最重要的内容如图7-13所示。

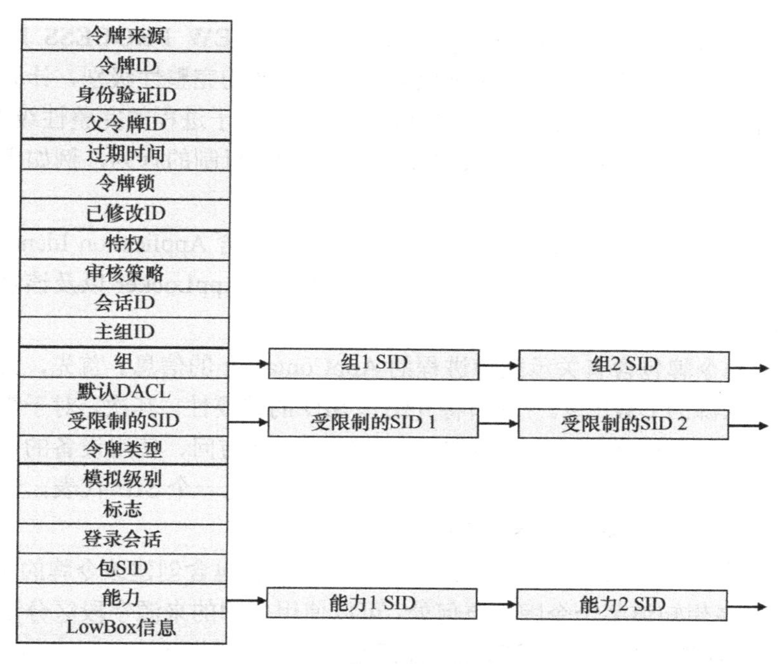

图 7-13 令牌中最重要的内容

Windows 中的安全机制使用两个组件来确定哪些对象可以被访问，以及哪些安全操作可以被执行。一个组件由令牌的用户账户 SID 和组 SID 字段构成。SRM 会使用 SID 来判断进程或线程是否可以获得针对可保护对象，例如 NTFS 文件所请求的访问。

令牌中的组 SID 决定了该用户的账户隶属于哪些组。例如，当服务器应用程序执行客户端请求的操作时，它可能会禁用特定的组，以限制令牌中包含的凭据。这样禁用一个组，其效果近似于该组从未在令牌中存在过。（这样做会产生一个“仅拒绝”的组，详见 7.4.2 节中的“4. 受限制的令牌”部分。被禁用的 SID 也会在安全访问检查过程中进行检查，详见 7.4.4 节中的“确定访问权”部分。）组 SID 也可包含一个特殊的 SID，用来代表进程或线程的完整性级别。SRM 会使用令牌中的另一个字段描述强制完整性策略，进而执行下文将会介绍的强制完整性检查。

在令牌中，用于判断持有该令牌的线程或进程可以做什么的第二个组件是特权数组。令牌的特权数组是一个与该令牌相关的特权的列表，例如只有当令牌关联了相关特权后，持有该令牌的进程或线程才能关闭计算机。本章下文将详细介绍特权这个概念。

令牌的默认主组字段和默认自定义访问控制列表（DACL）字段是一种安全属性，进程或线程使用令牌创建对象时，Windows 便会为该对象应用这些属性。通过将安全信息包含在令牌中，Windows 可以让进程或线程更方便地使用标准安全属性创建对象，因为进程或线程并不需要为自己所创建的每个对象请求单独的安全信息。

每个令牌的类型会区分主令牌（标识进程安全上下文的令牌）和模拟令牌［线程为了临时使用不同安全上下文（通常来自另一个用户）而使用的令牌］。模拟令牌包含模拟级别，该级别决定了令牌中哪些类型的模拟是有效的（有关模拟的详细介绍请参阅本章下文）。

令牌中还包含针对进程或线程的强制策略，这些策略定义了在处理该令牌时，MIC 所要体现的行为。策略共有两种：第一种，**TOKEN_MANDATORY_NO_WRITE_UP**，默认启用，可在令牌上设置 No-Write-Up 策略，指定了进程或线程无法对完整性级别更高的对象执行写访问；第二种，**TOKEN_MANDATORY_NEW_PROCESS_MIN**，同样默认启用，指定了 SRM 在启动子进程时须检查可执行映像的完整性级别，计算父进程和该文件对象完整性级别之间的最小完整性级别，并将其作为子进程的完整性级别。

令牌标志包含的一些参数可决定某些 UAC 和 UIPI 机制的行为，例如虚拟化和用户界面访问。本章下文也将介绍这些机制。

如果已经定义了 AppLocker 规则，每个令牌还可以包含 Application Identification 服务（AppLocker 的一部分）所分配的属性。本章下文将介绍 AppLocker 以及该功能对访问令牌中相关属性的使用。

UWP 进程的令牌包含有关承载该进程的 AppContainer 的信息。首先，其中存储了包 SID，代表进程来源的 UWP 包。7.9 节将介绍该 SID 的重要性。其次，对于需要经过用户批准的操作，UWP 进程必须请求相应的能力。例如网络访问、使用设备的电话功能（如果有的话）、访问设备的摄像头等能力。每个此类能力都用一个 SID 代表，该 SID 会存储在令牌中。有关能力的详细介绍参见 7.9 节。

令牌中的其他字段主要用于提供信息。令牌来源字段包含创建该令牌的实体的简短文字描述。如果程序想知道某个令牌来自何处，可以使用令牌的来源字段区分诸如 Windows 会话管理器、网络文件服务器，或远程过程调用（RPC）服务器等不同来源。令牌标识符是一种本地唯一标识符（Locally Unique Ddentifier，LUID），由 SRM 创建令牌时分配。Windows 执行体还维护了执行体 LUID，这是一种单调递增的计数器，借此可为每个令牌分配唯一的数值标识符。在系统关机之前，LUID 的唯一性可以获得保证。

令牌验证 ID 是另一类 LUID。令牌的创建者在调用 LsaLogonUser 函数时会分配令牌验证 ID。如果创建者不指定 LUID，Lsass 会从执行体 LUID 获得该 LUID。对于所有从同一个初始登录令牌延续的令牌，Lsass 会复制自己的验证 ID。程序可以通过获取令牌的验证 ID 来判断一个令牌和自己检查过的其他令牌是否源自同一个登录会话。

每当令牌的特征被修改后，执行体 LUID 会刷新修改 ID。应用程序通过检查这个修改 ID 可以了解自从上次使用这个上下文以来，是否发生过变化。

令牌还包含一个过期时间字段，应用程序可以借此实现自己的安全性，在指定的时长后拒绝一个令牌。然而 Windows 本身并不强制为令牌实施过期时间。

注意　为保证系统安全性，令牌中的字段都是不可改的（因为都位于内核内存中）。除了某些字段可通过特殊的、专门用于修改某些令牌属性的系统调用进行修改外（前提是调用方针对令牌对象具备必要的权限），令牌中诸如特权和 SID 等数据永远无法从用户模式修改。

实验：查看访问令牌

内核模式调试器的 dt_TOKEN 命令可以显示内部令牌对象的格式。虽然该结构与 Windows API 安全函数返回的用户模式令牌结构有所不同，但字段都是类似的。有关令牌的更多信息请参阅 Windows SDK 文档中的介绍。

在 Windows 10 上，令牌的结构如下。

```
lkd> dt nt!_token
   +0x000 TokenSource           : _TOKEN_SOURCE
   +0x010 TokenId               : _LUID
```

```
    +0x018 AuthenticationId : _LUID
    +0x020 ParentTokenId    : _LUID
    +0x028 ExpirationTime   : _LARGE_INTEGER
    +0x030 TokenLock        : Ptr64 _ERESOURCE
    +0x038 ModifiedId       : _LUID
    +0x040 Privileges       : _SEP_TOKEN_PRIVILEGES
    +0x058 AuditPolicy      : _SEP_AUDIT_POLICY
    +0x078 SessionId        : Uint4B
    +0x07c UserAndGroupCount : Uint4B
    +0x080 RestrictedSidCount : Uint4B
    +0x084 VariableLength   : Uint4B
    +0x088 DynamicCharged   : Uint4B
    +0x08c DynamicAvailable : Uint4B
    +0x090 DefaultOwnerIndex : Uint4B
    +0x098 UserAndGroups    : Ptr64 _SID_AND_ATTRIBUTES
    +0x0a0 RestrictedSids   : Ptr64 _SID_AND_ATTRIBUTES
    +0x0a8 PrimaryGroup     : Ptr64 Void
    +0x0b0 DynamicPart      : Ptr64 Uint4B
    +0x0b8 DefaultDacl      : Ptr64 _ACL
    +0x0c0 TokenType        : _TOKEN_TYPE
    +0x0c4 ImpersonationLevel : _SECURITY_IMPERSONATION_LEVEL
    +0x0c8 TokenFlags       : Uint4B
    +0x0cc TokenInUse       : UChar
    +0x0d0 IntegrityLevelIndex : Uint4B
    +0x0d4 MandatoryPolicy  : Uint4B
    +0x0d8 LogonSession     : Ptr64 _SEP_LOGON_SESSION_REFERENCES
    +0x0e0 OriginatingLogonSession : _LUID
    +0x0e8 SidHash          : _SID_AND_ATTRIBUTES_HASH
    +0x1f8 RestrictedSidHash : _SID_AND_ATTRIBUTES_HASH
    +0x308 pSecurityAttributes : Ptr64 _AUTHZBASEP_SECURITY_ATTRIBUTES_INFORMATION
    +0x310 Package          : Ptr64 Void
    +0x318 Capabilities     : Ptr64 _SID_AND_ATTRIBUTES
    +0x320 CapabilityCount  : Uint4B
    +0x328 CapabilitiesHash : _SID_AND_ATTRIBUTES_HASH
    +0x438 LowboxNumberEntry : Ptr64 _SEP_LOWBOX_NUMBER_ENTRY
    +0x440 LowboxHandlesEntry : Ptr64 _SEP_LOWBOX_HANDLES_ENTRY
    +0x448 pClaimAttributes : Ptr64 _AUTHZBASEP_CLAIM_ATTRIBUTES_COLLECTION
    +0x450 TrustLevelSid    : Ptr64 Void
    +0x458 TrustLinkedToken : Ptr64 _TOKEN
    +0x460 IntegrityLevelSidValue : Ptr64 Void
    +0x468 TokenSidValues   : Ptr64 _SEP_SID_VALUES_BLOCK
    +0x470 IndexEntry       : Ptr64 _SEP_LUID_TO_INDEX_MAP_ENTRY
    +0x478 DiagnosticInfo   : Ptr64 _SEP_TOKEN_DIAG_TRACK_ENTRY
    +0x480 SessionObject    : Ptr64 Void
    +0x488 VariablePart     : Uint8B
```

我们可以使用!token 命令查看进程的令牌。进程地址可从!process 命令的输出结果中找到，例如对于 explorer.exe 进程的输出结果如下。

```
lkd> !process 0 1 explorer.exe
PROCESS ffffe18304dfd780
    SessionId: 1 Cid: 23e4 Peb: 00c2a000 ParentCid: 2264
    DirBase: 2aa0f6000 ObjectTable: ffffcd82c72fcd80 HandleCount: <Data Not
Accessible>
    Image: explorer.exe
    VadRoot ffffe18303655840 Vads 705 Clone 0 Private 12264. Modified 376410. Locked 18.
```

```
    DeviceMap ffffcd82c39bc0d0
    Token                             ffffcd82c72fc060
    ...

PROCESS ffffe1830670a080
    SessionId: 1 Cid: 27b8 Peb: 00950000 ParentCid: 035c
    DirBase: 2cba97000 ObjectTable: ffffcd82c7ccc500 HandleCount: <Data Not
Accessible>
    Image: explorer.exe
    VadRoot ffffe183064e9f60 Vads 1991 Clone 0 Private 19576. Modified 87095. Locked 0.
    DeviceMap ffffcd82c39bc0d0
    Token                             ffffcd82c7cd9060
    ...

lkd> !token ffffcd82c72fc060
_TOKEN 0xffffcd82c72fc060
TS Session ID: 0x1
User: S-1-5-21-3537846094-3055369412-2967912182-1001
User Groups:
 00 S-1-16-8192
    Attributes - GroupIntegrity GroupIntegrityEnabled
 01 S-1-1-0
    Attributes - Mandatory Default Enabled
 02 S-1-5-114
    Attributes - DenyOnly
 03 S-1-5-21-3537846094-3055369412-2967912182-1004
    Attributes - Mandatory Default Enabled
 04 S-1-5-32-544
    Attributes - DenyOnly
 05 S-1-5-32-578
    Attributes - Mandatory Default Enabled
 06 S-1-5-32-559
    Attributes - Mandatory Default Enabled
 07 S-1-5-32-545
    Attributes - Mandatory Default Enabled
 08 S-1-5-4
    Attributes - Mandatory Default Enabled
 09 S-1-2-1
    Attributes - Mandatory Default Enabled
 10 S-1-5-11
    Attributes - Mandatory Default Enabled
 11 S-1-5-15
    Attributes - Mandatory Default Enabled
 12 S-1-11-96-3623454863-58364-18864-2661722203-1597581903-1225312835-2511459453-
1556397606-2735945305-1404291241
    Attributes - Mandatory Default Enabled
 13 S-1-5-113
    Attributes - Mandatory Default Enabled
 14 S-1-5-5-0-1745560
    Attributes - Mandatory Default Enabled LogonId
 15 S-1-2-0
    Attributes - Mandatory Default Enabled
 16 S-1-5-64-36
    Attributes - Mandatory Default Enabled
 Primary Group: S-1-5-21-3537846094-3055369412-2967912182-1001
```

```
Privs:
 19 0x000000013 SeShutdownPrivilege                Attributes -
 23 0x000000017 SeChangeNotifyPrivilege            Attributes - Enabled Default
 25 0x000000019 SeUndockPrivilege                  Attributes -
 33 0x000000021 SeIncreaseWorkingSetPrivilege      Attributes -
 34 0x000000022 SeTimeZonePrivilege                Attributes -
Authentication ID:          (0,1aa448)
Impersonation Level:        Anonymous
TokenType:                  Primary
Source: User32              TokenFlags: 0x2a00 ( Token in use )
Token ID: 1be803            ParentToken ID: 1aa44b
Modified ID:                (0, 43d9289)
RestrictedSidCount: 0       RestrictedSids: 0x0000000000000000
OriginatingLogonSession: 3e7
PackageSid: (null)
CapabilityCount: 0      Capabilities: 0x0000000000000000
LowboxNumberEntry: 0x0000000000000000
Security Attributes:
Unable to get the offset of nt!_AUTHZBASEP_SECURITY_ATTRIBUTE.ListLink
Process Token TrustLevelSid: (null)
```

请注意Explorer进程没有包SID，因为它并未运行在AppContainer中。

在Windows 10下运行calc.exe，随后将打开calculator.exe（已成为UWP应用），并查看其令牌。

```
lkd> !process 0 1 calculator.exe
PROCESS fff.fe18309e874c0
    SessionId: 1 Cid: 3c18 Peb: cd0182c000 ParentCid: 035c
    DirBase: 7a15e4000 ObjectTable: ffffcd82ec9a37c0 HandleCount: <Data Not
Accessible>
    Image: Calculator.exe
    VadRoot ffffe1831cf197c0 Vads 181 Clone 0 Private 3800. Modified 3746. Locked 503.
    DeviceMap ffffcd82c39bc0d0
    Token                             ffffcd82e26168f0
...

lkd> !token ffffcd82e26168f0
_TOKEN 0xffffcd82e26168f0
TS Session ID: 0x1
User: S-1-5-21-3537846094-3055369412-2967912182-1001
User Groups:
 00 S-1-16-4096
    Attributes - GroupIntegrity GroupIntegrityEnabled
 01 S-1-1-0
    Attributes - Mandatory Default Enabled
 02 S-1-5-114
    Attributes - DenyOnly
 03 S-1-5-21-3537846094-3055369412-2967912182-1004
    Attributes - Mandatory Default Enabled
 04 S-1-5-32-544
    Attributes - DenyOnly
 05 S-1-5-32-578
    Attributes - Mandatory Default Enabled
 06 S-1-5-32-559
```

```
    Attributes - Mandatory Default Enabled
  07 S-1-5-32-545
    Attributes - Mandatory Default Enabled
  08 S-1-5-4
    Attributes - Mandatory Default Enabled
  09 S-1-2-1
    Attributes - Mandatory Default Enabled
  10 S-1-5-11
    Attributes - Mandatory Default Enabled
  11 S-1-5-15
    Attributes - Mandatory Default Enabled
  12 S-1-11-96-3623454863-58364-18864-2661722203-1597581903-1225312835-2511459453-
1556397606-2735945305-1404291241
    Attributes - Mandatory Default Enabled
  13 S-1-5-113
    Attributes - Mandatory Default Enabled
  14 S-1-5-5-0-1745560
    Attributes - Mandatory Default Enabled LogonId
  15 S-1-2-0
    Attributes - Mandatory Default Enabled
  16 S-1-5-64-36
    Attributes - Mandatory Default Enabled
 Primary Group: S-1-5-21-3537846094-3055369412-2967912182-1001
 Privs:
  19 0x000000013 SeShutdownPrivilege                Attributes -
  23 0x000000017 SeChangeNotifyPrivilege            Attributes - Enabled Default
  25 0x000000019 SeUndockPrivilege                  Attributes -
  33 0x000000021 SeIncreaseWorkingSetPrivilege      Attributes -
  34 0x000000022 SeTimeZonePrivilege                Attributes -
 Authentication ID:          (0,1aa448)
 Impersonation Level:        Anonymous
 TokenType:                  Primary
 Source: User32              TokenFlags: 0x4a00 ( Token in use )
 Token ID: 4ddb8c0           ParentToken ID: 1aa44b
 Modified ID:                (0, 4ddb8b2)
 RestrictedSidCount: 0       RestrictedSids: 0x0000000000000000
 OriginatingLogonSession: 3e7
 PackageSid: S-1-15-2-466767348-3739614953-2700836392-1801644223-4227750657-
 1087833535-2488631167
 CapabilityCount: 1     Capabilities: 0xffffcd82e1bfccd0
 Capabilities:
  00 S-1-15-3-466767348-3739614953-2700836392-1801644223-4227750657-1087833535-
 2488631167
    Attributes - Enabled
 LowboxNumberEntry: 0xffffcd82fa2c1670
 LowboxNumber: 5
 Security Attributes:
 Unable to get the offset of nt!_AUTHZBASEP_SECURITY_ATTRIBUTE.ListLink
 Process Token TrustLevelSid: (null)
```

从上可见，计算器只需要一个能力（实际上等同于其 AppContainer SID RID，见 7.9 节）。随后可以看看 Cortana 进程（searchui.exe）的令牌需要哪些能力。

```
lkd> !process 0 1 searchui.exe
PROCESS ffffe1831307d080
    SessionId: 1 Cid: 29d8 Peb: fb407ec000 ParentCid: 035c
```

```
DeepFreeze
    DirBase: 38b635000 ObjectTable: ffffcd830059e580 HandleCount: <Data Not
Accessible>
    Image: SearchUI.exe
    VadRoot ffffe1831fe89130 Vads 420 Clone 0 Private 11029. Modified 2031. Locked 0.
    DeviceMap ffffcd82c39bc0d0
    Token                             ffffcd82d97d18f0
    ...

lkd> !token ffffcd82d97d18f0
_TOKEN 0xffffcd82d97d18f0
TS Session ID: 0x1
User: S-1-5-21-3537846094-3055369412-2967912182-1001
User Groups:
 ...
Primary Group: S-1-5-21-3537846094-3055369412-2967912182-1001
Privs:
 19 0x000000013 SeShutdownPrivilege               Attributes -
 23 0x000000017 SeChangeNotifyPrivilege           Attributes - Enabled Default
 25 0x000000019 SeUndockPrivilege                 Attributes -
 33 0x000000021 SeIncreaseWorkingSetPrivilege     Attributes -
 34 0x000000022 SeTimeZonePrivilege               Attributes -
Authentication ID:         (0,1aa448)
Impersonation Level:       Anonymous
TokenType:                 Primary
Source: User32             TokenFlags: 0x4a00 ( Token in use )
Token ID: 4483430          ParentToken ID: 1aa44b
Modified ID:               (0, 4481b11)
RestrictedSidCount: 0      RestrictedSids: 0x0000000000000000
OriginatingLogonSession: 3e7
PackageSid: S-1-15-2-1861897761-1695161497-2927542615-642690995-327840285-
2659745135-2630312742
CapabilityCount: 32        Capabilities: 0xffffcd82f78149b0
Capabilities:
 00 S-1-15-3-1024-1216833578-114521899-3977640588-1343180512-2505059295-473916851-
3379430393-3088591068
    Attributes - Enabled
 01 S-1-15-3-1024-3299255270-1847605585-2201808924-710406709-3613095291-873286183-
3101090833-2655911836
    Attributes - Enabled
 02 S-1-15-3-1024-34359262-2669769421-2130994847-3068338639-3284271446-2009814230-
2411358368-814686995
    Attributes - Enabled
 03 S-1-15-3-1
    Attributes - Enabled
    ...
 29 S-1-15-3-3633849274-1266774400-1199443125-2736873758
    Attributes - Enabled
 30 S-1-15-3-2569730672-1095266119-53537203-1209375796
    Attributes - Enabled
 31 S-1-15-3-2452736844-1257488215-2818397580-3305426111
    Attributes - Enabled
LowboxNumberEntry: 0xffffcd82c7539110
LowboxNumber: 2
Security Attributes:
Unable to get the offset of nt!_AUTHZBASEP_SECURITY_ATTRIBUTE.ListLink
Process Token TrustLevelSid: (null)
```

Cortana 需要 32 个能力。这其实意味着该进程的功能更丰富，需要获得用户批准并由系统验证。

我们还可以在 Process Explorer 中通过进程属性对话框的 Security 选项卡间接查看令牌的内容。该对话框会显示所查看进程的令牌中包含的组和特权信息。

实验：以低完整性级别启动一个程序

在为程序提权时，我们可以使用"以管理员身份运行"选项，或者由于程序主动申请，可以明确以更高完整性级别启动。然而通过使用 Sysinternals 提供的 PsExec 工具，我们可以用低完整性级别启动程序。

（1）使用下列命令即可以低完整性级别启动记事本。

```
c:\psexec -l notepad.exe
```

（2）尝试打开%SystemRoot%\System32 目录下的文件（例如某个 XML 文件）。注意，我们可以浏览该目录并打开其中包含的任何文件。

（3）在记事本中打开 File 菜单，并选择 Create。

（4）在窗口中输入一些文字，随后试着将其保存到%SystemRoot%\System32 目录。记事本会显示一个对话框（见图 7-14），告诉我们缺乏权限，并建议将该文件保存到 Documents 文件夹。

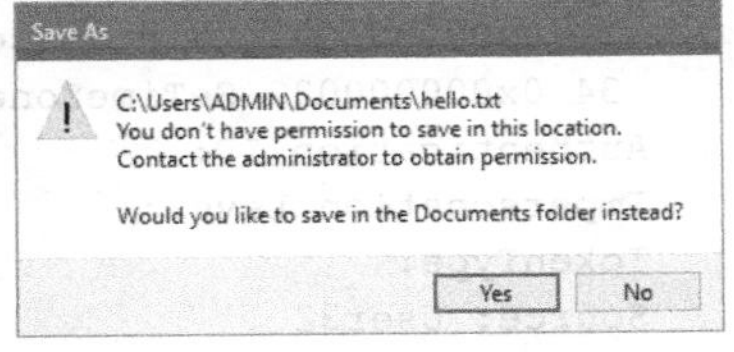

图 7-14　弹出的对话框

（5）接受记事本的建议。我们会再次看到相同的消息，每次尝试都会如此。

（6）随后试着将文件保存到用户配置文件下的 LocalLow 文件夹（本章之前的实验曾提到过这个文件夹）。

在上一个实验中，可以将文件保存到 LocalLow 文件夹，因为此时记事本运行在低完整性级别下，只有 LocalLow 文件夹同样为低完整性级别。其他所有尝试保存到的目录都暗含了中完整性级别。（可通过 AccessChk 验证这一点。）不过读取%SystemRoot%\System32 目录，以及打开该目录中的文件，这些操作是可行的，哪怕这个目录和其中的文件都暗含了中完整性级别。

3. 模拟

模拟（impersonation）是 Windows 安全模型常用的一个强大功能。Windows 还将模拟用于自己的客户端/服务器编程模型。例如，服务器可针对文件、打印机、数据库等资源提供访问。需要访问资源的客户端向服务器发出请求。当服务器收到请求后，它需要确保客户端具备针对资源执行所需操作的权限。举例来说，如果远程计算机上的用户希望删除 NTFS 共享中的文件，提供该共享的服务器就必须确定该用户是否有权删除文件。对服务器来说，确定用户是否有权限最直接的做法是查询用户的账户和组 SID，并检查文件的安全属性。对程序来说这种方法非常冗繁且易出错，并且无法以透明的方式支持后续新增的安全功能。因此 Windows 为了简化服务器的工作，提供了模拟服务。

借助模拟，服务器可以告知 SRM 自己正在暂时接收发出资源访问请求的客户端的安全配置文件。随后服务器即可代表客户端访问所请求的资源，并由 SRM 进行访问验证，但此时的验证是基于所模拟的客户端安全上下文进行的。通常来说，服务器所能访问的资源远超过客户端，并且会在模拟过程中丢失某些安全凭据。不过反过来也是有可能的：服务器会在模拟的过程中获得一些安全凭据。

服务器只在发起该模拟请求的线程内部进行模拟。线程控制的数据结构包含了一个有关模拟令牌的可选项。然而，代表线程实际安全凭据的主令牌始终可以通过进程的控制结构来访问。

Windows 通过多种机制提供了模拟能力。举例来说，如果服务器通过命名管道与客户端通信，服务器可以使用 Windows API 的 ImpersonateNamedPipeClient 函数告诉 SRM 自己希望模拟管道另一端的用户。如果服务器使用动态数据交换(Dynamic Data Exchange，DDE）或 RPC 与客户端通信，则可以使用 DdeImpersonateClient 和 RpcImpersonateClient 发出类似的模拟请求。线程可以借助 ImpersonateSelf 函数创建模拟令牌，但该令牌只是其进程令牌的副本。随后线程即可更改自己的模拟令牌，例如禁用 SID 或特权。安全支持提供程序接口（Security Support Provider Interface，SSPI）包可以通过 ImpersonateSecurityContext 模拟自己的客户端。SSPI 可实现诸如 LAN Manager 第 2 版或 Kerberos 等网络身份验证协议。而诸如 COM 等其他接口会通过自己的 API 来提供模拟，例如 CoImpersonateClient。

当服务器线程完成自己的工作后，它会恢复到自己的主要安全上下文中。这种形式的模拟可以很方便地用于在接到客户端请求后执行指定的操作，并确保对象的访问可以正确进行审核。(例如，所生成的审核记录会显示被模拟的客户端身份，而非进行模拟的服务器进程身份。）但这种形式的模拟也有一些不足，无法在客户端的上下文中执行完整的程序。此外，除非是委派级别的模拟（下文很快会提到），且具备足够的凭据向远程计算机验证身份，或者文件或打印机共享支持空会话（空会话是指由匿名登录产生的会话），否则模拟令牌无法访问网络共享中的文件或打印机。

如果必须在客户端安全上下文中执行整个应用程序，或必须在不进行模拟的情况下访问网络资源，客户端必须登录到系统中。Windows API 的 LogonUser 函数可支持这种做法。LogonUser 可以接受账户名、密码、域或计算机名、登录类型（交互式登录、批处理登录或服务登录)，以及登录提供程序这些输入参数，并返回一个主令牌。服务器线程可以将该令牌作为模拟令牌，或者服务器可以用客户端的凭据作为主令牌启动程序。从安全的角度来看，使用交互式登录通过 LogonUser 返回的令牌创建的进程，例如使用 CreateProcessAsUser API 创建的进程，看起来类似于用户交互式登录到计算机上之后启动的程序。但这种方法的不足之处在于，服务器必须获得用户的账户名和密码。如果服务器通过网络传输这些信息，那么必须将其加密，以避免嗅探网络流量的恶意用户获知这些信息。

为了防止模拟功能被滥用，Windows 不允许服务器在未征得客户端允许的情况下进行模拟。客户端进程在连接到服务器时，通过指定安全服务质量(Security Quality of Service，SQOS）即可对服务器进程能够模拟的级别加以限制。例如，在打开一个命名管道时，进程可以为 Windows 的 CreateFile 函数指定 SECURITY_ANONYMOUS、SECURITY_IDENTIFICATION、SECURITY_IMPERSONATION 或 SECURITY_DELEGATION 作为标志，这些标志也可用于前文列出的其他与模拟有关的函数。每个级别可以让服务器使用客户端的安全上下文执行不同类型的操作。

（1）**SecurityAnonymous**。这是限制程度最高的模拟级别，服务器无法模仿或识别客户端。

（2）**SecurityIdentification**。可供服务器获取客户端的标识（SID）和特权，但服务器无法模拟客户端。

（3）**SecurityImpersonation**。可供服务器在本地系统中标识并模拟客户端。

（4）**SecurityDelegation**。这是最自由的模拟级别，可供服务器在本地和远程系统模拟客户端。

诸如 RPC 等其他接口使用了具备类似含义的其他常量（如 RPC_C_IMP_LEVEL_IMPERSONATE）。

如果客户端未设置模拟级别，Windows 会默认选择 SecurityImpersonation 级别。CreateFile 函数也可接受 SECURITY_EFFECTIVE_ONLY 和 SECURITY_CONTEXT_TRACKING 作为与模拟设置相关的修饰符。

（1）**SECURITY_EFFECTIVE_ONLY**。当服务器进行模拟时，该修饰符可防止服务器启用或禁用客户端的特权或组。

（2）**SECURITY_CONTEXT_TRACKING**。指定了客户端对自己安全上下文进行的任何改动都将反映给模拟自己的服务器。如果未指定该选项，服务器将采用进行模拟时的客户端上下文，不接受有关上下文的任何后续更改。只有当客户端和服务器进程位于同一个系统时，该选项才能生效。

低完整性级别进程可能通过创建用户界面来捕获用户凭据，随后即可使用 LogonUser 获取用户令牌。为防止这种情况，对于进行模拟的场景会应用一条特殊的完整性策略：线程无法模拟完整性级别高于自己的令牌。例如，低完整性应用程序无法假冒需要管理员凭据的对话框，随后试图以更高特权级别启动其他进程。针对所模拟的访问令牌，适用的完整性机制策略为：LsaLogonUser 所返回的访问令牌，其完整性级别绝不能高于调用方进程的完整性级别。

4．受限制的令牌

受限制的令牌是通过 CreateRestrictedToken 函数，基于主要或模拟令牌创建而来的。受限制的令牌是其来源令牌的副本，但可能进行了如下修改。

（1）令牌中的特权数组内，一些特权可能会被移除。

（2）令牌中的 SID 可标记为“仅拒绝”。如果有任何资源被相匹配的“拒绝访问”ACE 拒绝，那么“仅拒绝”的 SID 会移除对这些资源的访问。否则会被允许访问的 ACE 所覆盖，这个 ACE 适用于包含之前所用到的安全描述符中的 SID 所对应的组。

（3）令牌中的 SID 可标记为“受限制的”，这些 SID 需要再次进行访问检查，但此次检查仅处理令牌中受限制的 SID。第一次和第二次检查的结果必须全部通过才能允许访问资源，否则将完全无法访问对象。

当应用程序需要在较低安全级别上模拟客户端（例如运行不可信的代码）时，保险起见，受限制的令牌将比较有用。例如，受限制的令牌可移除关闭系统的特权，借此防止使用受限制的令牌执行的代码重新启动系统。

5．筛选的管理员令牌

正如前所述，UAC 也会使用受限制的令牌创建筛选的管理员令牌，这种令牌会被所有用户应用程序所继承。筛选的管理员令牌具有如下特征。

（1）其完整性级别被设置为“中”。

（2）之前提到的管理员和管理员类的 SID 会被标记为“仅拒绝”，这样即可在将组移除时避免出现安全漏洞。举例来说，如果某个文件的访问控制列表（ACL）拒绝 Administrators 组的所有访问，但允许用户所属的其他组进行某些类型的访问，那么如果只是把 Administrators 组从令牌中移除，该用户依然可以访问，这样会导致用户的标准用户标识反而能够获得比该用户的管理员标识更多的访问权。

（3）除下列特权，其他所有特权会被移除：Change Notify、Shutdown、Undock、Increase Working Set 及 Time Zone。

实验：查看筛选的管理员令牌

在启用 UAC 的计算机上，我们可以用资源管理器通过下列方式，以标准用户令牌或管理员令牌启动进程。

（1）使用隶属于 Administrators 组的成员登录计算机。

（2）打开 Start 菜单，输入 Command，右击随后出现的 Command Prompt 选项，选择 Run as Administrator，借此以提权方式打开命令提示符。

（3）运行一个 cmd.exe 的新实例，但这次是正常启动（即不需要提权）。

（4）以提权方式启动 Process Explorer，打开两个命令提示符进程的属性窗口，选择 Security 选项卡。请留意标准用户令牌包含一个仅拒绝的 SID 并且强制标签为“中”，其中仅包含少量特权。图 7-15 所示的 Properties 窗口来自使用管理员令牌运行的命令提示符窗口，左侧窗口则使用了筛选后的管理员令牌。

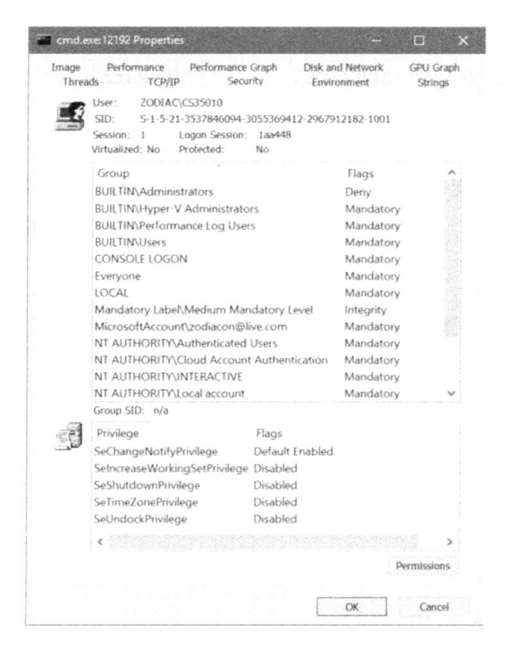

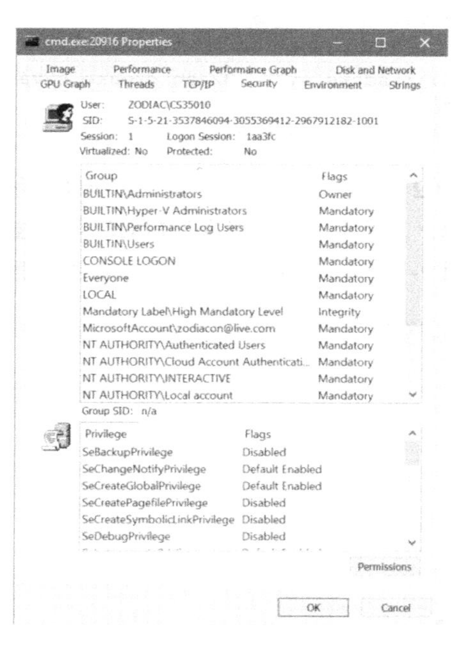

图 7-15 Properties 窗口中的 Security 选项卡

7.4.3 虚拟服务账户

为了进一步增强 Windows 服务的安全隔离程度和访问控制能力，同时不增加管理负担，Windows 提供了一种名为虚拟服务账户（或简称为虚拟账户）的特殊类型账户。（有关 Windows 服务的详情请参阅卷 2 第 9 章。）如果不使用该机制，Windows 服务只能在为 Windows 内置服务定义的账户（如 Local Service 或 Network Service）或普通域账户下运行。诸如 Local Service 这样的账户被很多现有服务共用，只能提供有限粒度的特权和访问控制，此外这些账户无法跨域管理。出于安全方面的考虑，域账户需要定期更改密码，而在更改密码的过程中，服务的可用性可能会受到影响。另外为了实现最佳程度的隔离，每个服务都应该用自己的账户运行，但如果使用普通账户，会增加管理方面的负担。

通过使用虚拟服务账户，每个服务都可以用自己的账户运行，并有自己的安全 ID。这种账户的名称始终为“NT SERVICE\”，后跟该服务的内部名称。与其他账户类似，虚拟服务账户可以出现在访问控制列表中，并可通过组策略为其关联相应的特权。不过此类账户无法通过常规的账户管理工具创建或删除，也无法借助这些工具将账户分配到组。

Windows 会自动为虚拟服务账户设置密码并定期更改。与 Local System 和其他服务账户类似，虚拟服务账户也有密码，但系统管理员并不知道具体的密码是什么。

实验：使用虚拟服务账户

我们可以使用服务控制（sc.exe）工具创建使用虚拟服务账户运行的服务，为此请执行如下操作。

（1）使用管理员身份打开命令提示符窗口，在 Sc.exe 命令行下输入 create 命令即可创建服务，以及运行该服务所用的虚拟服务账户。下列例子使用了来自 Windows 2003 资源包的 srvany 服务。

```
C:\Windows\system32>sc create srvany obj= "NT SERVICE\srvany" binPath=
"c:\temp\srvany.exe"
[SC] CreateService SUCCESS
```

（2）上述命令会（在注册表和服务控制管理器的内部列表中）创建服务以及虚拟服务账户。随后运行“服务”MMC 管理控制单元（Services.msc），选中这个新建的服务，如图 7-16 所示，然后打开其属性对话框。

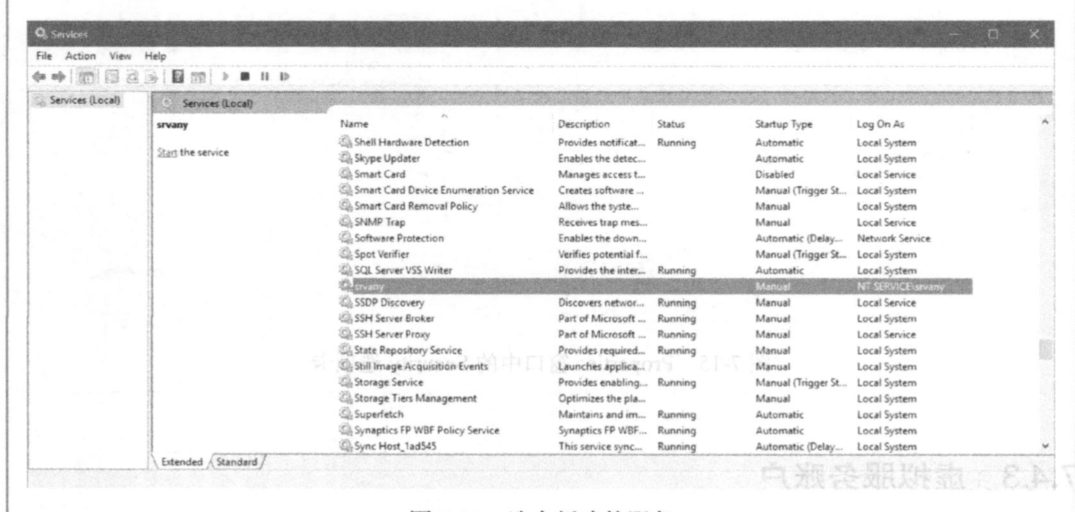

图 7-16　选中新建的服务

（3）选择图 7-17 所示的 Log On 选项卡。

（4）我们可以使用服务的 Properties 对话框为现有服务创建虚拟服务账户。为此，请将 This account 字段下的账户名称改为 NT SERVICE\servicename，并清空两个密码字段的内容。不过要注意，现有服务使用虚拟服务账户时可能无法正常运行，因为该账户可能不具备访问服务所需文件或其他资源的权限。

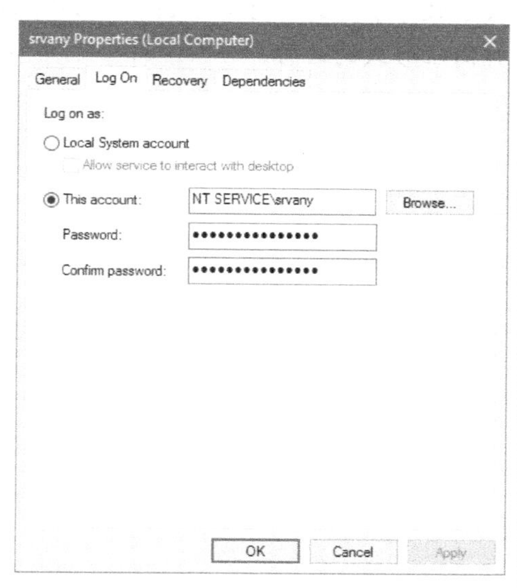

图 7-17 Log On 选项卡

（5）如果启动 Process Explorer 并打开使用了虚拟服务账户的服务 Properties 对话框的 Security 选项卡（见图 7-18），即可看到该虚拟服务账户的名称及其安全 ID（SID）。例如，可以打开 srvany 服务的 Properties 对话框，输入 notepad.exe 作为命令行参数（srvany 可用于将普通的可执行文件转换为服务，因此必须通过命令行指定可执行文件）。随后单击 Start 按钮即可启动该服务。

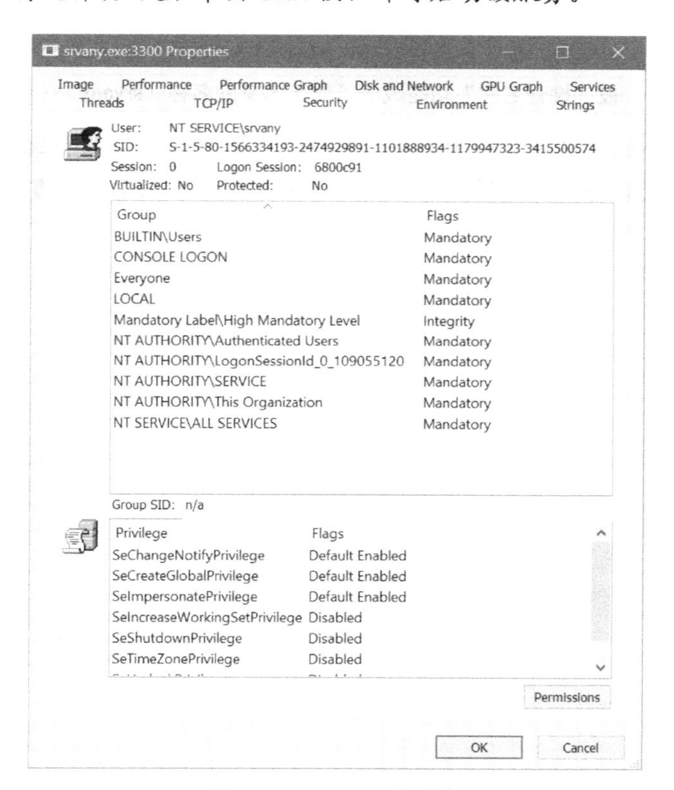

图 7-18 Security 选项卡

（6）虚拟服务账户可以出现在服务需要访问的任何对象（例如文件）的访问控制项中。如果在文件的 Properties 对话框中选择 Security 选项卡，然后为虚拟服务账户创建 ACL，随后会发现输入的账户名称（例如 NT SERVICE\srvany）被“检查名称”功能改成了服务本身的名称（srvany），如图 7-19 所示，并且在访问控制列表中，也会使用这种简短形式的名称。

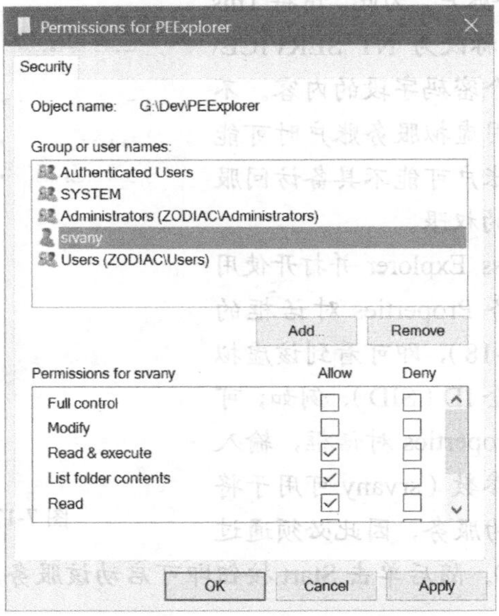

图 7-19　输入的账户名称（例如 NT SERVICE\srvany）被“检查名称”功能改成了服务本身的名称（srvany）

（7）虚拟服务账户可通过组策略分配权限（或用户权限）。在本例中，srvany 服务的虚拟服务账户就获得了创建页面文件的权限（可使用本地安全策略编辑器 secpol.msc 设置），如图 7-20 所示。

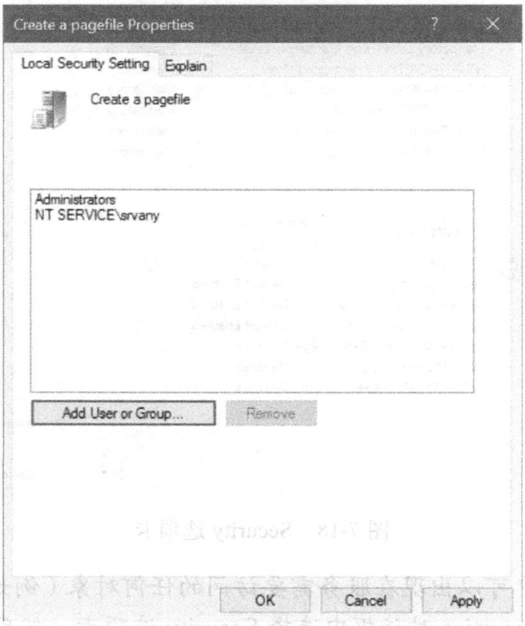

图 7-20　虚拟服务账户可通过组策略分配权限（或用户权限）

（8）我们无法在诸如 lusrmgr.msc 这样的用户管理工具中看到虚拟服务账户，因为这些账户并未存储在注册表的 SAM 配置单元内。然而，如果使用内置 System 账户的上下文查看注册表（方法见前文），就可以在注册表 HKLM\Security\Policy\Secrets 键下找到这些账户的踪迹，如图 7-21 所示。

```
C:\>psexec -s -i -d regedit.exe
```

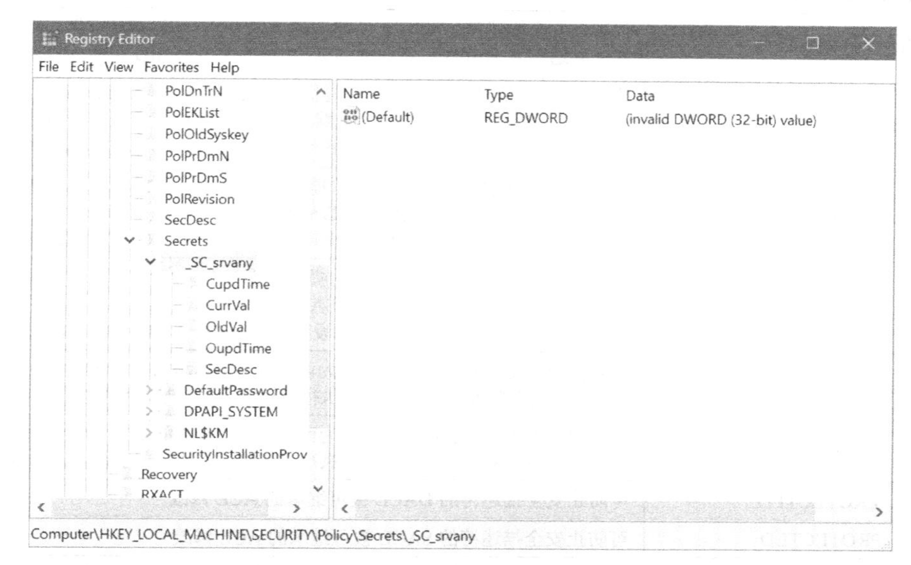

图 7-21 在注册表 HKLM\Security\Policy\Secrets 键下找到这些账户的踪迹

7.4.4 安全描述符和访问控制

令牌标识了用户的凭据，但只是对象安全性等式中的一部分。该等式的另一部分是每个对象所关联的安全信息，这些信息决定了谁能针对对象执行哪些操作。这种信息的数据结构叫作安全描述符。安全描述符包含下列属性。

（1）**版本号**。代表用于创建该描述符的 SRM 安全模型的版本。

（2）**标志**。可选的修饰符，定义了描述符的行为或特征。表 7-5 列出了这些标志（更多标志请参阅 Windows SDK）。

表 7-5 安全描述符标志

标志	含义
SE_OWNER_DEFAULTED	代表具备默认所有者安全标识符（SID）的安全描述符。使用这个标志位即可找到所有具备默认所有者权限集的对象
SE_GROUP_DEFAULTED	代表具备默认组 SID 的安全描述符。使用这个标志位可以找到所有具备默认组权限集的对象
SE_DACL_PRESENT	代表具备 DACL 的安全描述符。如果未设置该标志，或虽然已经设置但 DACL 为 NULL，该安全描述符将允许所有人获得完整访问
SE_DACL_DEFAULTED	代表具备默认 DACL 的安全描述符。举例来说，如果对象的创建者未指定 DACL，该对象即可从创建者的访问令牌获得默认 DACL。在访问控制项（ACE）的继承方面，该标志会影响系统对 DACL 的处理方式。如果未设置 SE_DACL_PRESENT 标志，系统会忽略这个标志

续表

标志	含义
SE_SACL_PRESENT	代表具备系统访问控制列表（SACL）的安全描述符
SE_SACL_DEFAULTED	代表具备默认 SACL 的安全描述符。举例来说，如果对象的创建者未指定 SACL，该对象即可从创建者的访问令牌获得默认 SACL。在 ACE 的继承方面，该标志会影响系统对 SACL 的处理方式。如果未设置 SE_SACL_PRESENT 标志，系统会忽略这个标志
SE_DACL_UNTRUSTED	代表该安全描述符的 DACL 所指向的 ACL 由不可信来源提供。如果设置该标志并遇到复合 ACE，系统会将 ACE 中的服务器 SID 替换为已知有效 SID
SE_SERVER_SECURITY	代表该安全描述符所保护对象的提供方需要根据输入的 ACL 请求一个服务器 ACL，并且不考虑其来源（显式或默认）。为此会把所有 GRANT ACE 替换为复合 ACE 并为当前服务器提供访问许可。该标志仅在主题正在模拟时才有意义
SE_DACL_AUTO_INHERIT_REQ	代表该安全描述符所保护对象的提供方需要自动将 DACL 传播到现有子对象。如果提供方支持自动继承，DACL 将传播至任何现有子对象，同时会在父对象和子对象的安全描述符中设置 SE_DACL_AUTO_INHERITED 标志位
SE_SACL_AUTO_INHERIT_REQ	代表该安全描述符所保护对象的提供方需要自动将 SACL 传播到现有子对象。如果提供方支持自动继承，SACL 将传播至任何现有子对象，同时会在父对象和子对象的安全描述符中设置 SE_SACL_AUTO_INHERITED 标志位
SE_DACL_AUTO_INHERITED	代表安全描述符的 DACL 已配置为可支持将可继承的 ACE 自动传播至现有子对象。在为对象及其现有子对象执行自动继承算法时，系统会设置该标志位
SE_SACL_AUTO_INHERITED	代表安全描述符的 SACL 已配置为可支持将可继承的 ACE 自动传播至现有子对象。在为对象及其现有子对象执行自动继承算法时，系统会设置该标志位
SE_DACL_PROTECTED	可防止安全描述符的 DACL 被可继承的 ACE 修改
SE_SACL_PROTECTED	可防止安全描述符的 SACL 被可继承的 ACE 修改
SE_RM_CONTROL_VALID	代表安全描述符中的资源控制管理器位有效。资源控制管理器位是一种 8 位的安全描述符结构，其中包含了资源管理器访问该结构时所用的信息
SE_SELF_RELATIVE	代表使用自相对（self-relative）格式的安全描述符，这种格式会将所有安全信息放在连续的内存块中。如果未设置该标志，安全描述符将使用绝对格式

（3）**所有者 SID**。代表所有者的 SID。

（4）**组 SID**。该对象的主组 SID（仅供 POSIX 子系统使用，由于 POSIX 已不受支持，因此不再使用）。

（5）**自定义访问控制列表**（DACL）。决定了谁能以何种方式访问该对象。

（6）**系统访问控制列表**（System Access Control List，SACL）。决定了要将哪个用户的哪些操作记录到安全审核日志，以及对象的显式完整性级别。

安全描述符（Security Descriptor，SD）可以通过多种函数以编程的方式获取，例如 GetSecurityInfo、GetKernelObjectSecurity、GetFileSecurity、GetNamedSecurityInfo 等复杂的函数。获取后即可操作安全描述符并调用相应的 Set 函数更改安全描述符。此外，还可以借助安全描述符定义语言（Security Descriptor Definition Language，SSDL）使用字符串构造安全描述符，进而可以使用更紧凑的字符串代表安全描述符。这种字符串可通过调用 ConvertStringSecurityDescriptorToSecurityDescriptor 转换为真正的安全描述符。你可能想到了，还有对应的逆向转换函数（ConvertSecurityDescriptorToStringSecurityDescriptor）。有关 SDDL 的详细介绍请参阅 Windows SDK 文档。

访问控制列表（Access Control List，ACL）由一个头部以及零个或多个访问控制项（Access Control Entry，ACE）结构构成。ACL 有两类：DACL 和 SACL。在 DACL 中，每个 ACE 包含一个 SID 和一个访问掩码（以及一组标志，下文将会介绍），通常可用于决定允许或禁止 SID 持有者获得的访问权（读取、写入、删除等）。DACL 中可以出现 9 种类型的 ACE：允许的访问、拒绝的访问、允许的对象、拒绝的对象、允许的回调、拒绝的回调、允许的对象回调、拒绝的对象回调，以及条件声明（conditional claim）。正如你所想的，“允许的访问”ACE 将为用户提供访问权，而“拒绝的访问”ACE 将拒绝用户获得访问掩码中指定的访问权。回调 ACE 主要被使用 AuthZ API（见 7.5 节）的应用程序使用，借此在执行涉及该 ACE 的访问检查时，即可注册一个可供 AuthZ 调用的回调。

“允许的对象”和“允许的访问”，以及“拒绝的对象”和“拒绝的访问”，它们之间的区别在于对象类型只用在 Active Directory 中。这些类型的 ACE 有一个全局唯一标识符（GUID）字段，代表该 ACE 仅适用于（具备 GUID 标识符的）特定对象或子对象。（GUID 是一种可保证全球唯一的 128 位标识符。）此外，可通过另一个可选的 GUID 代表当在该 ACE 所适用的 Actice Directory 容器中创建子对象时，哪个类型的子对象会继承该 ACE。条件声明 ACE 存储在一种*-callback 类型的 ACE 结构中，详细介绍参见 7.5 节。

每个 ACE 所赋予的权限累加在一起就组成了该 ACL 最终可授予的访问权。如果安全描述符中不存在 DACL（null DACL），每个人都将针对对象获得完整访问权。如果 DACL 为空（即零个 ACE），任何用户都无法获得对象访问权。

DACL 中使用的 ACE 还通过一组标识控制并指定了与 ACE 继承有关的特征。一些对象命名空间可能包含多个容器和对象，容器可以包含其他容器对象和叶对象，这些均为所在容器的子对象。例如文件系统命名空间中的目录和注册表命名空间中的注册表键都是这样的容器。ACE 中的某些标志控制了该 ACE 会如何传播至 ACE 所关联容器的子对象。表 7-6 节选自 Windows SDK 文档，列出了 ACE 标志的继承规则。

表 7-6 ACE 标志的继承规则

标志	继承规则
CONTAINER_INHERIT_ACE	容器的子对象（例如目录）可继承此 ACE 作为有效 ACE。继承的 ACE 也可以进一步继承，除非设置了 NO_PROPAGATE_INHERIT_ACE 标志位
INHERIT_ONLY_ACE	该标志代表这是一个无法控制对象访问，仅仅用于继承的 ACE。如果未设置该标志，该 ACE 将控制对所附加对象的访问权
INHERITED_ACE	该标志代表这个 ACE 是继承而来的。系统在将可继承 ACE 传播给子对象时，会设置该标志位
NO_PROPAGATE_INHERIT_ACE	如果该 ACE 被子对象继承，系统会在所继承的 ACE 中清除 OBJECT_INHERIT_ACE 和 CONTAINER_INHERIT_ACE 标志。该操作可以防止这个 ACE 继续被后代对象继承
OBJECT_INHERIT_ACE	非容器子对象可继承此 ACE 作为有效 ACE。对于容器子对象，该 ACE 可作为“仅继承”的 ACE 来继承，除非设置了 NO_PROPAGATE_INHERIT_ACE 标志位

SACL 包含两类 ACE：系统审核 ACE 和系统审核对象 ACE。这些 ACE 决定了用户或组针对对象执行的哪些操作需要进行审核。审核信息会存储在系统审核日志中。成功和失败的操作企图均可被审核。与 DACL 中和对象有关的 ACE 类似，系统审核对象 ACE 指定的 GUID 代表该 ACE 所适用的对象或子对象类型，此外可通过可选 GUID 控制该 ACE 向特定子对象类型的传播。如果 SACL 为 null，将不对对象进行审核。（安全审核详见本章下文。）适用于 DACL ACE 的继承标志同样适用于系统审核以及系统审核对象 ACE。

图 7-22 简化描述了一个文件对象及其 DACL。可以看到，第一个 ACE 可以允许 USER1 读取该文件，第二个 ACE 拒绝了 TEAM1 组写访问该文件。第三个 ACE 为所有其他用户

（Everyone）提供了执行访问权。

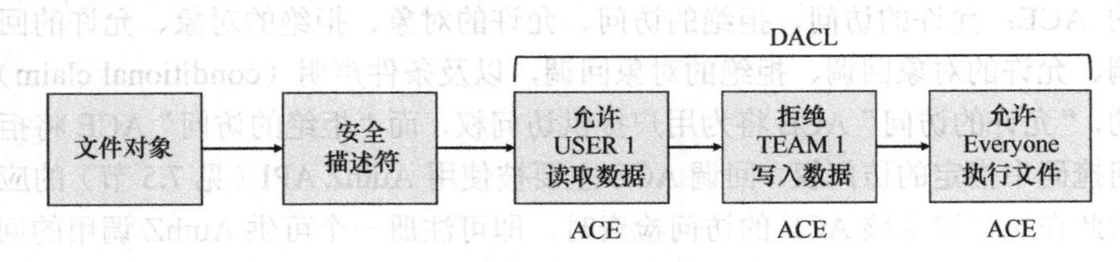

图 7-22　自定义访问控制列表（DACL）

实验：查看安全描述符

大部分执行体子系统依赖对象管理器的默认安全功能来管理自己对象的安全描述符。对象管理器的默认安全功能使用安全描述符指针来存储此类对象的安全描述符。例如，进程管理器使用了默认安全设置，因此对象管理器可以分别在进程对象和线程对象的头部存储进程和线程的安全描述符。事件、互斥体和信号量的安全描述符指针也存储了相应的安全描述符。在按照下文介绍的方法确定对象头部后，即可使用实时内核调试的方式查看这些对象的安全描述符。（注意，Process Explorer 和 AccessChk 也可以显示进程的安全描述符。）

（1）启动本地内核模式调试器。

（2）输入!process 0 0 explorer.exe 获得有关 Explorer 的进程信息。

```
lkd> !process 0 0 explorer.exe
PROCESS ffffe18304dfd780
    SessionId: 1  Cid: 23e4    Peb: 00c2a000  ParentCid: 2264
    DirBase: 2aa0f6000  ObjectTable: ffffcd82c72fcd80  HandleCount:
<Data Not Accessible>
    Image: explorer.exe

PROCESS ffffe1830670a080
    SessionId: 1  Cid: 27b8    Peb: 00950000  ParentCid: 035c
    DirBase: 2cba97000 ObjectTable: ffffcd82c7ccc500  HandleCount:
<Data Not Accessible>
    Image: explorer.exe
```

（3）如果列出了多个 Explorer 实例，请任选一个。（具体哪个无所谓。）输入!object，并使用上一条命令输出的 EPROCESS 地址作为参数，即可显示对象的数据结构。

```
lkd> !object ffffe18304dfd780
Object: ffffe18304dfd780  Type: (ffffe182f7496690) Process
    ObjectHeader: ffffe18304dfd750 (new version)
    HandleCount: 15  PointerCount: 504639
```

（4）输入 dt_OBJECT_HEADER 以及上一条命令输出的对象头字段的地址，随后即可看到对象头数据结构，包括安全描述符指针值。

```
lkd> dt nt!_object_header ffffe18304dfd750
   +0x000 PointerCount         : 0n504448
   +0x008 HandleCount          : 0n15
   +0x008 NextToFree           : 0x00000000'0000000f Void
   +0x010 Lock                 : _EX_PUSH_LOCK
   +0x018 TypeIndex            : 0xe5 ''
```

```
    +0x019 TraceFlags          : 0 ''
    +0x019 DbgRefTrace         : 0y0
    +0x019 DbgTracePermanent   : 0y0
    +0x01a InfoMask            : 0x88 ''
    +0x01b Flags               : 0 ''
    +0x01b NewObject           : 0y0
    +0x01b KernelObject        : 0y0
    +0x01b KernelOnlyAccess    : 0y0
    +0x01b ExclusiveObject     : 0y0
    +0x01b PermanentObject     : 0y0
    +0x01b DefaultSecurityQuota : 0y0
    +0x01b SingleHandleEntry   : 0y0
    +0x01b DeletedInline       : 0y0
    +0x01c Reserved            : 0x30003100
    +0x020 ObjectCreateInfo    : 0xffffe183'09e84ac0 _OBJECT_CREATE_INFORMATION
    +0x020 QuotaBlockCharged   : 0xffffe183'09e84ac0 Void
    +0x028 SecurityDescriptor  : 0xffffcd82'cd0e97ed Void
    +0x030 Body                : _QUAD
```

（5）最后，可以使用调试器的!sd 命令转储安全描述符。对象头部的安全描述符指针使用最低的几个位作为标志，因此在跟踪这些指针前必须将其归零。32 位系统中有 3 个标志位，因此可以向下面的例子那样对对象头结构显示的安全描述符地址使用“& –8”；64 位系统有 4 个这样的标志位，因此需要使用“& –10”。

```
lkd> !sd 0xffffcd82'cd0e97ed & -10
->Revision: 0x1
->Sbz1    : 0x0
->Control : 0x8814
            SE_DACL_PRESENT
            SE_SACL_PRESENT
            SE_SACL_AUTO_INHERITED
            SE_SELF_RELATIVE
->Owner   : S-1-5-21-3537846094-3055369412-2967912182-1001
->Group   : S-1-5-21-3537846094-3055369412-2967912182-1001
->Dacl    :
->Dacl    : ->AclRevision: 0x2
->Dacl    : ->Sbz1       : 0x0
->Dacl    : ->AclSize    : 0x5c
->Dacl    : ->AceCount   : 0x3
->Dacl    : ->Sbz2       : 0x0
->Dacl    : ->Ace[0]: ->AceType: ACCESS_ALLOWED_ACE_TYPE
->Dacl    : ->Ace[0]: ->AceFlags: 0x0
->Dacl    : ->Ace[0]: ->AceSize: 0x24
->Dacl    : ->Ace[0]: ->Mask : 0x001fffff
->Dacl    : ->Ace[0]: ->SID: S-1-5-21-3537846094-3055369412-2967912182-1001

->Dacl    : ->Ace[1]: ->AceType: ACCESS_ALLOWED_ACE_TYPE
->Dacl    : ->Ace[1]: ->AceFlags: 0x0
->Dacl    : ->Ace[1]: ->AceSize: 0x14
->Dacl    : ->Ace[1]: ->Mask : 0x001fffff
->Dacl    : ->Ace[1]: ->SID: S-1-5-18

->Dacl    : ->Ace[2]: ->AceType: ACCESS_ALLOWED_ACE_TYPE
->Dacl    : ->Ace[2]: ->AceFlags: 0x0
->Dacl    : ->Ace[2]: ->AceSize: 0x1c
```

```
->Dacl    : ->Ace[2]: ->Mask : 0x00121411
->Dacl    : ->Ace[2]: ->SID: S-1-5-5-0-1745560

->Sacl    :
->Sacl    : ->AclRevision: 0x2
->Sacl    : ->Sbz1       : 0x0
->Sacl    : ->AclSize    : 0x1c
->Sacl    : ->AceCount   : 0x1
->Sacl    : ->Sbz2       : 0x0
->Sacl    : ->Ace[0]: ->AceType: SYSTEM_MANDATORY_LABEL_ACE_TYPE
->Sacl    : ->Ace[0]: ->AceFlags: 0x0
->Sacl    : ->Ace[0]: ->AceSize: 0x14
->Sacl    : ->Ace[0]: ->Mask : 0x00000003
->Sacl    : ->Ace[0]: ->SID: S-1-16-8192
```

上述安全描述符包含3个允许访问的ACE：一个针对当前用户（S-1-5-21-3537846094-3055369412-2967912182-1001），一个针对System账户（S-1-5-18），最后一个针对Logon SID（S-1-5-5-0-1745560）。系统访问控制列表只包含一项（S-1-16-8192），将该进程标记为“中”完整性级别。

1. ACL的分配

为了确定要给新对象分配哪个DACL，安全系统会使用下列4条分配规则中第一条可适用的规则。

（1）如果在创建对象时，调用方明确提供了安全描述符，安全系统会将其应用给新建的对象。如果对象有名称，并且位于容器对象中（例如对象管理器命名空间\BaseNamedObjects目录下的一个命名事件对象），系统会将任何可继承的ACE（可能从对象容器传播来的ACE）合并到DACL中，除非安全描述符设置了用于阻止继承的SE_DACL_PROTECTED标志。

（2）如果调用方未提供安全描述符，并且对象有名称，安全系统会检查新对象所在容器的安全描述符。一些对象目录的ACE可能标记为可继承，意味着也可应用给对象目录中新建的对象。如果存在任何可继承的ACE，安全系统会利用它们构建ACL，并附加给新对象。（单独的标志可用于指定只允许容器对象本身，而非该容器内的对象继承的ACE。）

（3）如果未指定安全描述符，并且对象没有继承任何ACE，安全系统会从调用方的访问令牌获取默认DACL并应用给新对象。Windows的很多子系统具备硬编码的DAC，可在创建时分配给对象（例如服务、LSA和SAM对象）。

（4）如果未指定安全描述符，无继承的ACE，并且没有默认DACL，系统会创建不带DACL的对象，这样所有人（所有用户和组）都将可以完整访问该对象。如果将第三条规则考虑为令牌包含了null的默认DACL，那么这条规则与第三条规则相同。

系统在为新对象分配SACL时采取的规则与DACL的分配规则类似，但有一些例外：继承而来的系统审核ACE不会传播给安全描述符设置了SE_SACL_PROTECTED标志的对象（与适用于DACL的SE_DACL_PROTECTED标志类似）；如果没有指定安全审核ACE并且没有继承的SACL，系统将不为对象应用SACL。该行为与应用默认DACL的做法有所不同，因为令牌并不包含默认SACL。

在将包含可继承ACE的新安全描述符应用给容器时，系统会将可继承ACE自动传播至子对象的安全描述符。（请注意，如果启用SE_DACL_PROTECTED标志，安全描述符的 DACL 将不接受继承的 DACL ACE；如果描述符设置了 SE_SACL_PROTECTED 标志，其 SACL 将不继承 SACL ACE。）可继承 ACE 合并到现有子对象的安全描述符中的顺序为：任何显式应用于 ACL 的 ACE 都将优先于对象继承的 ACE。在传播可继承的 ACE 时，系统使用了如下规则。

（1）如果无 DACL 的子对象继承了 ACE，子对象将获得一个仅包含所继承 ACE 的 DACL。

（2）如果带有空 DACL 的子对象继承了 ACE，子对象将获得一个仅包含所继承 ACE 的 DACL。

（3）仅针对 Active Directory 对象：如果父对象中可继承的 ACE 被移除，自动继承功能将移除子对象继承的该 ACE。

（4）仅针对 Active Directory 对象：如果自动继承导致子对象 DACL 中所有 ACE 被移除，子对象将有空 DACL，而非没有 DACL。

随后将会介绍，ACL 中 ACE 的处理顺序是 Windows 安全模型中一个非常重要的要素。

注意 继承能力通常并非对象存储（如文件系统、注册表、Active Directory）直接支持的。支持继承的 Windows API，包括 SetEntriesInAcl，是通过调用安全继承支持 DLL（%SystemRoot%\System32\Ntmarta.dll）中知道如何遍历这些对象存储的相关函数做到的。

2. 可信 ACE

即将介绍的受保护进程以及受保护进程轻型（PPL，详见第 3 章）需要让进程能够将对象设置为只允许受保护进程访问。这对某些资源的保护非常重要，例如防止 KnownDlls 注册表键被篡改，甚至防止被管理员权限的代码篡改。此类 ACE 是通过知名 SID 指定的，要求必须满足一定的保护级别并带有签名才能获得访问。表 7-7 列出了这些 SID 及其保护级别和保护签名方。

表 7-7 可信 SID

SID	保护级别	保护签名方
1-19-512-0	受保护轻型	无
1-19-512-4096	受保护轻型	Windows
1-19-512-8192	受保护轻型	WinTcb
1-19-1024-0	受保护	无
1-19-1024-4096	受保护	Windows
1-19-1024-8192	受保护	WinTcb

可信 SID 是令牌对象的一部分，存在于受保护进程或 PPL 进程的令牌中。SID 数字越大，令牌的能力也就越多（注意，“受保护”的级别高于“受保护轻型”）。

实验：查看可信 SID

在这个实验中，我们将查看受保护进程的令牌中的 SID。

首先启动本地内核模式调试器，列出 Csrss.exe 进程及其基本信息，代码如下。

```
lkd> !process 0 1 csrss.exe
PROCESS ffff8188e50b5780
```

```
    SessionId: 0  Cid: 0358    Peb: b3a9f5e000 ParentCid: 02ec
    DirBase: 1273a3000 ObjectTable: ffffbe0d829e2040  HandleCount:
<Data Not Accessible>
    Image: csrss.exe
    VadRoot ffff8188e6ccc8e0 Vads 159 Clone 0 Private 324. Modified 4470.
Locked 0.
    DeviceMap ffffbe0d70c15620
    Token                              ffffbe0d829e7060
    ...
PROCESS ffff8188e7a92080
    SessionId: 1  Cid: 03d4    Peb: d5b0de4000 ParentCid: 03bc
    DirBase: 162d93000 ObjectTable: ffffbe0d8362d7c0  HandleCount:
<Data Not Accessible>Modified 462372. Locked 0.
    DeviceMap ffffbe0d70c15620
    Token                              ffffbe0d8362d060
    ...
```

选择一个令牌并查看其详情。

```
lkd> !token ffffbe0d829e7060
_TOKEN 0xffffbe0d829e7060
TS Session ID: 0
User: S-1-5-18
...
Process Token TrustLevelSid: S-1-19-512-8192
```

可见这个 PPL 的签名方是 WinTcb。

3. 确定访问权

在确定一个对象的访问权时，我们会使用两种方法：第一种是强制完整性检查，通过检查资源的完整性级别和强制策略，判断调用方的完整性级别是否足够高以访问该资源；第二种是自定义访问检查，判断特定用户账户对某个对象的访问权。

当进程试图打开一个对象时，会先进行完整性检查，随后才由内核的 SeAccessCheck 函数进行标准的 Windows DACL 检查，这是因为完整性检查执行起来速度更快，可以更快速地确定是否还需要执行完整的自定义访问检查。因为进程的访问令牌中已经包含默认的完整性策略（前文曾介绍过的 TOKEN_MANDATORY_NO_WRITE_UP 和 TOKEN_MANDATORY_NEW_PROCESS_MIN），所以只有完整性级别等于或高于对象的完整性级别，并且 DACL 允许了所需要的访问时，进程才可以打开对象并执行写访问。例如，低完整性级别的进程无法打开中完整性级别的进程并进行写访问，哪怕 DACL 允许进程执行写访问。

通过默认的完整性策略，只要对象 DACL 允许读取访问，进程就可以打开任何对象（但进程、线程和令牌对象除外）并执行读取访问。这意味着在低完整性级别下运行的进程可打开运行所用的用户账户能访问的任何文件。保护模式 Internet Explorer 使用完整性级别防止恶意软件通过修改用户账户设置感染系统，但无法禁止恶意软件读取用户文档。

前文曾经提过，线程和令牌对象是例外情况，因为它们的完整性策略还包含了 No-Read-Up。这意味着进程的完整性级别必须等于或高于所要打开的进程或线程的完整性级别，并且 DACL 必须提供所需访问权，这样才能成功打开。假设 DACL 允许所需的访问，表 7-8 列出了不同完整性级别下运行的进程对其他进程和对象可进行的访问类型。

表 7-8 不同完整性级别下对对象和进程的访问

访问进程	被访问的对象	被访问的其他进程
高完整性级别	对更高或更低完整性级别的所有对象可进行读写访问，对系统完整性级别的对象可进行读取访问	对更高或更低完整性级别的所有进程可进行读写访问，对系统完整性级别的进程无法进行读写访问
中完整性级别	对中或低完整性级别的所有对象可进行读写访问，对高或系统完整性级别的对象可进行读取访问	对中或低完整性级别的所有进程可进行读写访问，对高或系统完整性级别的进程无法进行读写访问
低完整性级别	对低完整性级别的所有对象可进行读写访问，对中或更高完整性级别的对象可进行读取访问	对低完整性级别的所有进程可进行读写访问，对中或更高完整性级别的进程无法进行读写访问

注意 本节所述的对进程进行的读取访问是指完整的读取访问，例如读取进程地址空间的内容。No-Read-U 无法防止从较低完整性级别的进程打开更高完整性级别的进程并进行有限的访问，例如 PROCESS_QUERY_LIMITED_INFORMATION 即可提供有关进程的基本信息。

用户界面特权隔离

Windows 消息子系统通过完整性级别实现了用户界面特权隔离（User Interface Privilege Isolation，UIPI），借此，该子系统即可禁止进程向更高完整性级别的进程所拥有的窗口发送窗口消息，但下列用于提供信息的消息除外。

- WM_NULL
- WM_MOVE
- WM_SIZE
- WM_GETTEXT
- WM_GETTEXTLENGTH
- WM_GETHOTKEY
- WM_GETICON
- WM_RENDERFORMAT
- WM_DRAWCLIPBOARD
- WM_CHANGECBCHAIN
- WM_THEMECHANGED

完整性级别的这种运用可以防止标准用户进程向提权进程的窗口输入信息，或执行粉碎攻击（例如向其他进程发送有缺陷的信息以触发内部缓冲区溢出，进而以提权进程的特权级别执行代码）。UIPI 还可以禁止窗口挂钩（SetWindowsHookEx API）影响更高完整性级别进程的窗口，例如通过这种方式，标准用户进程就无法记录用户在管理类应用程序中通过键盘输入的文字。通过类似的方法还可以禁止日志挂钩（journal hook），借此可以防止低完整性级别进程监视高完整性级别进程的行为。

进程（仅限以中或更高完整性级别运行的进程）通过调用 ChangeWindowMessageFilterEx API，可选择允许额外的消息穿越这样的保护。该函数通常被用于为需要与 Windows 原生常用控件之外其他控件通信的自定义控件添加所需的消息。一个较老的 API——ChangeWindowMessageFilter 可以执行类似功能，但该 API 面向的是每个进程，而非每个窗口。使用 ChangeWindowMessageFilter，即可让同一个进程内部的两个自定义控件使用同一条内部窗口消息，而这也会导致控件可能发出的恶意窗口消息绕过这种保护，因为对其他自定义控件来说，这恰巧是一个“仅查询”的消息。

由于一些提供辅助功能的应用程序，例如屏幕软键盘（Osk.exe），同样会受到 UIPI 的限制（可能需要对桌面上可见的每种进程完整性级别分别运行一个辅助功能应用程序），因此可以对这类进程启用UI访问。该标志可以位于映像的清单文件中，如果通过标准用户账户启动，会在略高于“中”的完整性级别（介于0x2000和0x3000之间）下运行进程；如果用管理员账户启动，则会在“高”完整性级别下运行。注意，对于第二种情况，将无法显示提权请求。如果进程需要设置该标志，其映像必须带有签名，并位于包括%SystemRoot%和%ProgramFiles%在内的一个安全位置下。

完整性检查完毕后，假设强制策略根据调用方的身份允许访问对象，此时将使用下列两个算法之一针对该对象进行自定义检查，进而确定最终的访问检查结果。

（1）确定允许对该对象进行的最大限度访问，该算法的一种形式可使用AuthZ API（见7.5节）导出至用户模式，或也可以使用较老的GetEffectiveRightsFromAcl函数。当程序指定所需访问为MAXIMUM_ALLOWED时，也需要使用该算法，而一些不支持使用所需访问参数的遗留API恰恰也是这样做的。

（2）确定特定的所需访问是否被允许，这可通过Windows的AccessCheck函数或AccessCheckByType函数实现。

第一个算法会按照如下方式检查DACL中的项。

（1）如果对象没有DACL（null DACL），对象将不获得保护，安全系统允许所有访问。除非访问源自AppContainer进程（见7.9.2节），此时访问将被拒绝。

（2）如果调用方具备获取所有权的特权，安全系统会在检查DACL前授予“写-所有者”访问权。（下文很快会介绍获取所有权和写-所有者访问权。）

（3）如果调用方是对象的所有者，系统会查找OWNER_RIGHTS这个SID，随后使用该SID作为下一步所用的SID。否则将授予“读-控制”和“写-DACL”访问权。

（4）对于每个访问-拒绝ACE，如果其中包含的SID与调用方访问令牌中的某个SID相符，则会从已授予的访问掩码中移除该ACE的访问掩码。

（5）对于每个访问-允许ACE，如果其中包含的SID与调用方访问令牌中的某个SID相符，除非该访问已经被拒绝，否则会将ACE的访问掩码加入正在计算的要授予的访问掩码中。

当DACL中的所有项都被检查后，计算出来的要授予的访问掩码会被返回给调用方，并会作为针对该对象可允许的最大访问程度。该掩码代表调用方在打开该对象时，能够成功请求到的所有访问类型的总和。

上述内容仅适用于该算法的内核模式形式。通过GetEffectiveRightsFromAcl实现的Windows版本的算法，其不同之处在于不执行上述的第（2）步，考虑的仅仅为单一用户或组SID，而非访问令牌。

所有者权限

由于对象的所有者通常总是被授予读-控制和写-DACL权限，借此绕过对象的安全保护，因此Windows通过一种特殊的方法来控制这一行为：所有者权限SID（Owner Rights SID）。

所有者权限SID的出现主要出于如下两个原因。

（1）**增强操作系统对服务的加固。**当服务在运行时创建了对象后，与该对象关联的所有者SID为该服务运行所用的账户（如Local System或Local Service），而非真正的服务 SID。这意味着同一个账户运行的其他任何服务都能以所有者的身份访问该对象。所有者权限 SID 阻止了这种我们不希望产生的行为。

（2）**针对特定使用场景提供最大灵活性**。举例来说，假设一位管理员希望允许用户创建文件和文件夹，但不允许用户修改这些对象的 ACL。（用户可能无意或恶意地将这些文件或文件夹的访问权授予不希望给予的账户。）通过使用可继承的所有者权限 SID，用户将无法编辑甚至查看自己所创建对象的 ACL。另一种使用场景和组关系的变化有关。假设一位员工原本位于某个机密或敏感的组中，在属于这些组成员的时间里，该用户创建了一些文件，但随后因为业务此用户被从这些组中移除了。由于该员工依然是原用户，因此可以继续访问这些敏感文件。

第二个算法可根据调用方的访问令牌来决定是否批准特定的访问请求。Windows API 中每个与可保护对象的“打开”有关的函数都可以通过一个参数来指定所需的访问掩码，而这也是安全等式的最后一部分。为确定某个调用方是否可以访问，将执行下列操作。

（1）如果对象没有 DACL（null DACL），对象将不获得保护，安全系统允许所需的访问。

（2）如果调用方具备获取所有权这个特权，并且发出了请求，安全系统将授予写-所有者访问权，随后还将检查 DACL。然而，如果写-所有者访问权是具备获取所有权特权的调用方唯一申请的访问权，安全系统会允许该访问并不再检查 DACL。

（3）如果调用方是对象的所有者，系统会查找 OWNER_RIGHTS 这个 SID，并使用该 SID 作为后续步骤的 SID；否则将授予读-控制和写-DACL 访问权。如果调用方仅申请了这些权限，则会允许访问并不再检查 DACL。

（4）DACL 中的每个 ACE 都会从头到尾检查。如果 ACE 满足下列任一条件，就会处理这个 ACE。

- 该 ACE 是一个访问-拒绝 ACE，且 ACE 中的 SID 与调用方访问令牌中启用的 SID（SID 可被启用或禁用）或仅拒绝的 SID 相匹配。
- 该 ACE 是一个访问-允许 ACE，且 ACE 中的 SID 与调用方访问令牌中启用的非“仅拒绝”类型的 SID 相匹配。
- 在第二次检查受限制的 SID 过程中，ACE 中的 SID 与调用方访问令牌中的受限制 SID 相匹配。
- 该 ACE 未标记为“仅继承”。

（5）如果是访问-允许 ACE，将被授予所请求的 ACE 中访问掩码对应的权限。如果请求的访问权限已被授予，则访问检查成功完成。如果是访问-拒绝 ACE，并且所请求的任何权限都位于被拒绝的权限中，则禁止访问该对象。

（6）如果已经到达 DACL 的末尾，所请求的某些访问权限依然未被授予，则访问会被拒绝。

（7）如果所有访问权均已授予，但调用方的访问令牌中包含至少一个受限制 SID，系统会重新扫描 DACL 的 ACE，寻找访问掩码与用户所请求的访问相符且 ACE 的 SID 与调用方受限 SID 相匹配的 ACE。只有所有 DACL 扫描均授予了所请求的访问权后，用户才能获得对象的访问权。

这两个访问验证算法的行为取决于允许 ACE 和拒绝 ACE 的相对顺序。假设某对象只有两个 ACE：一个指定允许某特定用户完整访问一个对象，另一个拒绝了该用户的访问。

如果允许 ACE 位于拒绝 ACE 之前，该用户将能完整访问这个对象；但如果顺序反过来，该用户将完全无法访问这个对象。

有很多 Windows 函数，例如 SetSecurityInfo 和 SetNamedSecurityInfo，都可以按照显式拒绝 ACE 先于显式允许 ACE 这样的顺序来应用 ACE。例如用于修改 NTFS 文件和注册表键权限的安全编辑器对话框就用到了这些函数。SetSecurityInfo 和 SetNamedSecurityInfo 还会针对所应用的安全描述符，应用与 ACE 有关的继承规则。

图 7-23 显示了一个体现 ACE 顺序重要性的访问验证范例。在这个例子中，尽管对象的 DACL 中有一个 ACE 允许访问，但当用户打开该文件时还是失败了。这是因为拒绝用户访问的 ACE（由于该用户隶属于 Writers 组）被先于允许用户访问的 ACE 处理所造成的。

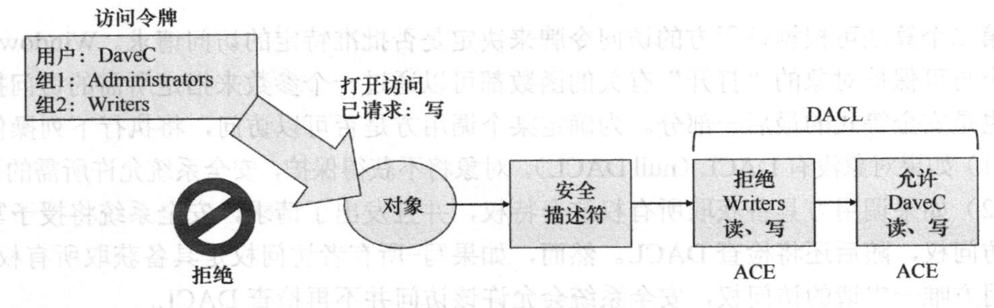

图 7-23　访问验证范例

如前所述，由于进程每次使用一个句柄时都由安全系统处理 DACL，这是一种很低效的做法，因此 SRM 只会在句柄打开时才进行访问检查，而非每次使用句柄时都检查。因此一旦进程已经成功打开了一个句柄，安全系统将无法撤销已经授予的访问权，哪怕对象的 DACL 已经发生了变化。另外需要注意的是，由于内核模式代码在访问对象时使用了指针而非句柄，因此操作系统在使用对象时并不进行访问检查。换句话说，从安全的角度来看，Windows 执行体会自己信任自己（以及自己加载的所有驱动程序）。

由于对象的所有者始终会被授予针对该对象的写-DACL 权限，这也意味着用户永远不会被禁止访问由自己所拥有的对象。如果出于一些原因导致对象具备空 DACL（不可访问），所有者依然可以使用写-DACL 打开该对象，随后通过应用新的 DACL 设置自己需要的访问权限。

有关 GUI 版安全编辑器的一个注意事项

在使用 GUI 版权限编辑器修改文件、注册表、Active Directory 对象或其他可保护对象的安全设置时，主安全对话框所展示的内容可能会让我们对对象所适用的安全设置产生误解。如果向 Everyone 组授予完全控制的权限，然后为 Administrator 拒绝了完全控制权限，那么此处显示的列表可能会让我们误以为 Everyone 组访问-允许 ACE 会位于 Administrator 的拒绝 ACE 之前，因为它们就是用这种顺序显示的。然而正如我们说过的，在为对象应用 ACL 时，这些编辑器会始终将拒绝 ACE 放在允许 ACE 之前，如图 7-24 所示。

Advanced Security Settings 窗口的 Permissions 选项卡显示了 ACE 在 DACL 中的顺序，如图 7-25 所示。然而这个窗口也可能让我们产生误解，因为复杂的 DACL 可能有各种拒绝 ACE 后面跟着针对其他访问类型的允许 ACE。

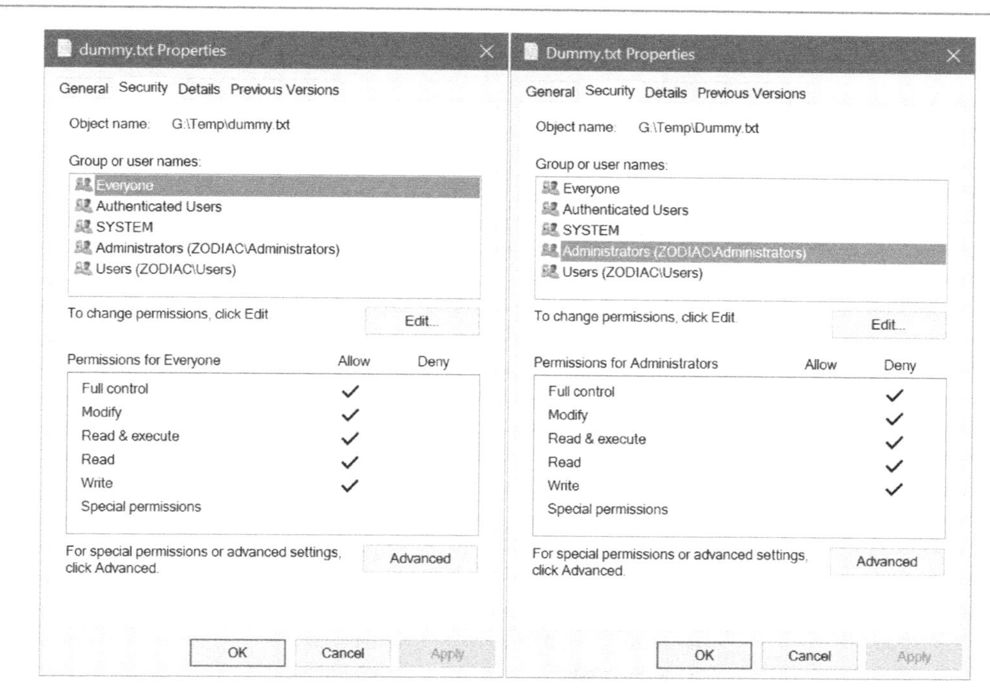

图 7-24　有关 GUI 版安全编辑器的一个注意事项

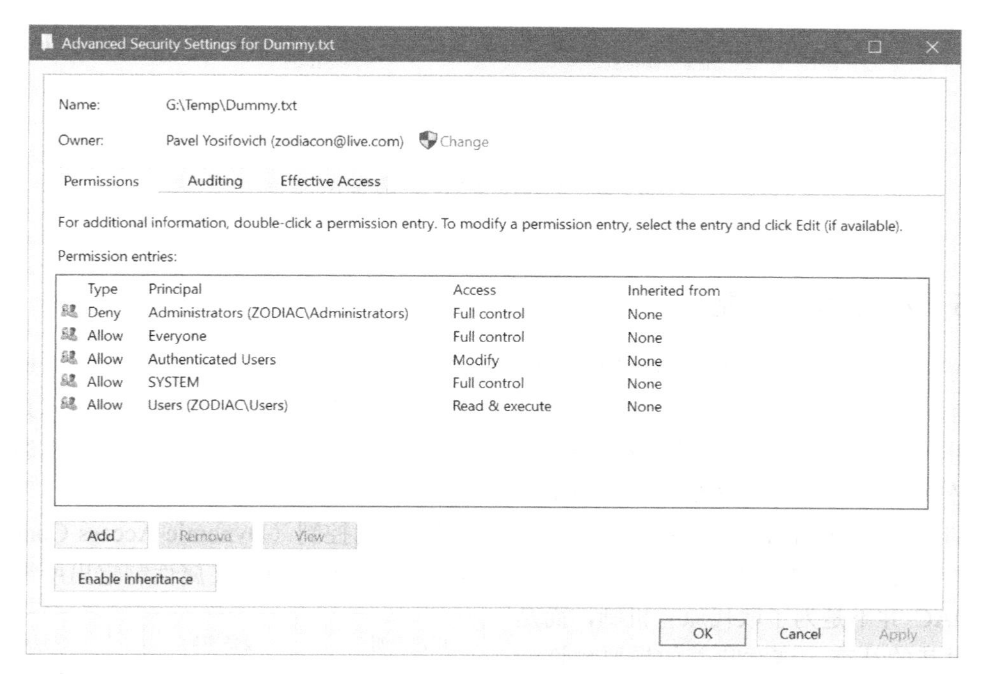

图 7-25　Advanced Security Settings 窗口的 Permissions 选项卡

若想确定特定用户或组对于某个对象到底有怎样的权限，（除了让该用户或组成员试着访问该对象）唯一可以确定的方式是在属性窗口中单击 Advanced 按钮，然后打开新出现的窗口的 Effective Access 选项卡（见图 7-26）。输入希望检查的用户或组的名称，随后该窗口便会显示针对该对象所具备的权限。

图 7-26 Effective Access 选项卡

7.4.5 动态访问控制

前文讨论的自定义访问控制机制自从初代 Windows NT 时就已存在，它在很多场景下都很有用。然而在有些场景中，它的这种架构会缺乏灵活性。例如，假设对于访问共享文件的用户，要求只有在使用工作环境中的计算机时才允许访问，如果从家用计算机访问该文件必须被拒绝。使用 ACE 是无法指定这种条件的。

Windows 8 和 Windows Server 2012 引入了动态访问控制（Dynamic Access Control，DAC）这种灵活机制，借此可通过 Active Directory 中定义的自定义属性制定出所需的规则。DAC 并不是为了取代原有机制，而是作为对其的补充。这意味着如果要允许一个操作，必须同时获得 DAC 和传统 DACL 授予的权限。图 7-27 显示了动态访问控制机制的主要方面。

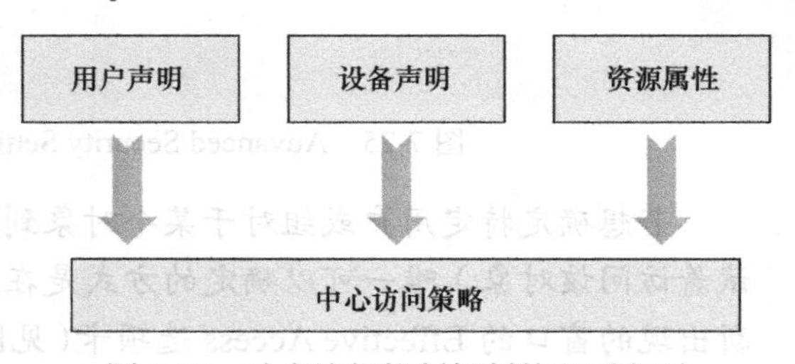

图 7-27 动态访问控制机制的主要方面

其中的声明可以是有关由域控制器发布的用户、设备（域中的计算机）或资源（常规属性）的任何信息。例如用户的职位，或者文件所归属的部门分类。我们可以结合任何声明来表达想构建的规则。这些规则结合在一起就形成了中心访问策略（central access policy）。

DAC 需要通过 Active Directory 配置并通过策略推送。Kerberos 票证协议通过增强已经可以支持对用户和设备声明进行已认证的传输（这也叫作 Kerberos armoring，即 Kerberos 保护）。

7.5 AuthZ API

Windows 中的 AuthZ API 提供了授权功能，并实现了与安全引用监视器（SRM）类似的安全模型，但该模型完全是在用户模式下通过%SystemRoot%\System32\Authz.dll 库实现的。希望保护自己私有对象（例如数据库表）的应用程序可充分利用 Windows 安全模型，而无须像使用 SRM 那样进行开销巨大的用户模式到内核模式的转换。

AuthZ API 使用了标准的安全描述符数据结构、SID 和特权。但 AuthZ 并未使用令牌来代表客户端，而是使用了 AUTHZ_CLIENT_CONTEXT。对于所有访问检查函数和 Windows 安全函数，AuthZ 都提供了用户模式的等价物，例如 AccessCheck 使用了 SRM 的 SeAccessCheck 函数，而 AuthzAccessCheck 就是 AccessCheck 的 AuthZ 版本。

使用 AuthZ 的应用程序还可以获得另一个好处：可以让 AuthZ 将安全检查的结果缓存起来，借此改善使用相同客户端上下文和安全描述符进行检查时的性能。Windows SDK 提供了有关 AuthZ 的完整文档。

这种在静态的受控环境中使用 SID 和安全组成员关系进行的访问检查，也叫作基于标识的访问控制（Identity-Based Access Control，IBAC），在将 DACL 放入对象的安全描述符后，该机制要求安全系统知道每个可能访问者的标识。

Windows 还支持基于声明的访问控制（Claims Based Access Control，CBAC），该机制下访问权的授予并不基于访问者的标识或组成员关系，而是取决于分配给访问者，以及存储在访问者的访问令牌中的任意属性。属性由属性提供程序，例如 AppLocker 提供。CBAC 机制提供了很多好处，例如可以为标识暂时未知的用户或者动态计算的用户属性创建 DACL。CBAC 的 ACE（也叫作条件式 ACE）存储在*-callback ACE 结构中，其本质上是 AuthZ 专用的，会被系统的 SeAccessCheck API 所忽略。内核模式例程 SeSrpAccessCheck 并不能理解条件式 ACE，因此只有调用 AuthZ API 的应用程序可以使用 CBAC。唯一用到 CBAC 的系统组件是 AppLocker，将其用于测试路径或发行商等属性。第三方应用程序只需借助 CBAC 的 AuthZ API 即可支持 CBAC。

借助 CBAC 安全检查可以实现很多强大的管理策略，例如仅允许运行由企业 IT 部门批准的应用程序、仅允许获得批准的应用程序访问 Microsoft Outlook 的联系人或日历、仅允许位于特定大楼中特定楼层的人访问该楼层的打印机，以及仅允许全职员工访问内网网站。

属性可以被所谓的条件式 ACE 所引用，借此可检查属性是否存在，或检查一个或多个属性值。属性名称可以包含任何 Unicode 字母或数字，以及下列字符：冒号（:）、斜线（/）以及下划线（_）。属性的值可以是 64 位整数、Unicode 字符串、字节字符串或数组。

条件式 ACE

SDDL 字符串的格式通过扩展已经可以支持带有条件表达式的 ACE。SDDL 字符串的新格式如下：AceType;AceFlags;Rights;ObjectGuid;InheritObjectGuid; AccountSid;(ConditionalExpression)。

条件式ACE的AceType可以是XA(用于SDDL_CALLBACK_ACCESS_ALLOWED)或XD(用于SDDL_CALLBACK_ACCESS_DENIED)。需要注意：带有条件表达式的ACE仅限用于声明类型的授权（尤其是AuthZ API和AppLocker），对象管理器或文件系统并不能识别这种ACE。

条件表达式可以包含表7-9列出的任何元素。

表7-9　条件表达式可接受的元素

<table>
<tr><th>表达式元素</th><th>描述</th></tr>
<tr><td>AttributeName</td><td>测试特定属性是否为非零值</td></tr>
<tr><td>exists AttributeName</td><td>测试客户端上下文中是否存在特定属性</td></tr>
<tr><td>AttributeName Operator Value</td><td>返回指定操作的结果。条件表达式定义了下列操作符来测试属性值，所有这些均为二元操作符（而非一元），可通过AttributeName Operator Value的形式使用。这些操作符包括：Contains any_of、==、!=、<、<=、>、>=</td></tr>
<tr><td>ConditionalExpression ||
ConditionalExpression</td><td>测试指定的条件表达式是否有任何一个为True</td></tr>
<tr><td>ConditionalExpression &&
ConditionalExpression</td><td>测试指定的条件表达式是否均为True</td></tr>
<tr><td>!(ConditionalExpression)</td><td>对条件表达式的结果取反</td></tr>
<tr><td>Member_of {SidArray}</td><td>测试客户端上下文的SID_AND_ATTRIBUTES数组是否包含由SidArray通过逗号分隔的列表所指定的全部安全标识符（SID）</td></tr>
</table>

条件式ACE可包含任意数量的条件。如果条件评估最终结果为False，该ACE会被忽略；如果计算结果为True，则会应用该ACE。条件式ACE可使用AddConditionalAce API添加给对象，并使用AuthzAccessCheck API进行检查。

条件式ACE可以指定仅当用户满足下列标准时，才允许用户访问程序中的某些数据记录（该场景只是一种范例）。

（1）拥有Role（角色）属性，其值为Architect（架构师）、ProgramManager（项目经理）或DevelopmentLead（开发主管），且Division（部门）属性的值为“Windows”。

（2）其ManagementChain（管理链）属性中包含“John Smith”这个值。

（3）其CommissionType（任命类型）属性为Officer且其PayGrade（薪酬级别）属性大于“6”。

Windows未提供用于查看或编辑条件式ACE所需的工具。

7.6 账户权限和特权

进程执行过程中进行的很多操作无法通过对象访问保护机制来控制，因为并未涉及与特定对象的交互。例如，为了能够执行备份而绕过安全检查直接打开文件，这种能力是账户的属性，而非特定对象的属性。Windows会使用特权（privilege）和账户权限（account right）让系统管理员控制哪些账户可以执行与安全有关的操作。

举例来说，特权是指账户执行某些与系统相关的操作的权限，例如关闭计算机或更改系统时间。而账户权限可以允许或拒绝账户获得针对计算机执行某种类型登录操作的能力，例如本地登录或交互式登录。

系统管理员可以针对域账户使用 Active Directory 用户组这个 MMC 管理单元，或使用本地安全策略编辑器（%SystemRoot%\System32\secpol.msc）等工具将特权分配给组和账户。图 7-28 显示了本地安全策略编辑器中的用户权限分配界面，其中列出了 Windows 中的所有特权和账户权限。请注意，该工具并不明确区分特权和账户权限，不过我们可以这样加以区分：任何不包含“登录（log on）”字眼的用户权限其实都是账户特权。

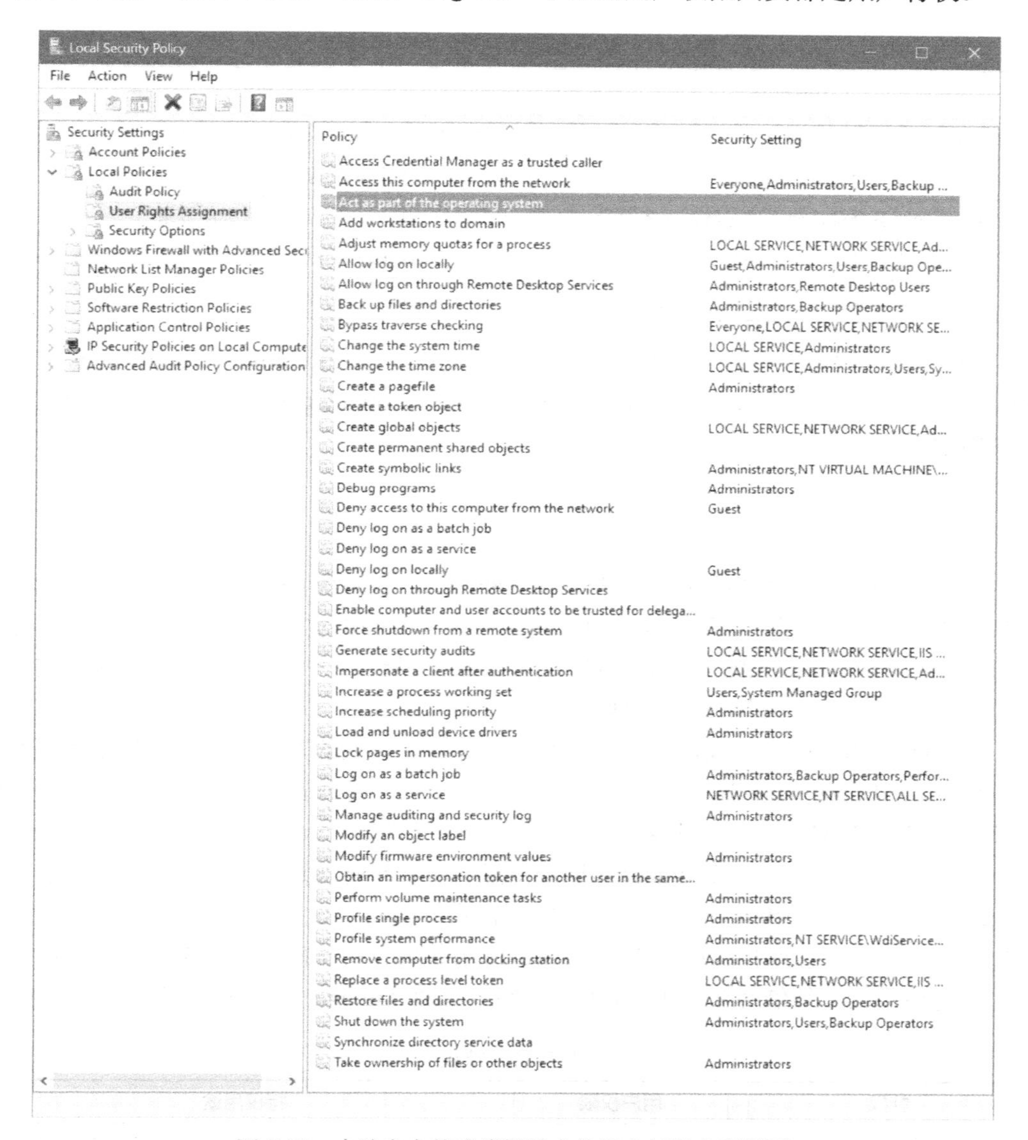

图 7-28 本地安全策略编辑器中的用户权限分配界面

7.6.1 账户权限

账户权限并不由 SRM 强制实施，也不存储在令牌中。负责登录的函数是 LsaLogonUser。举例来说，当用户交互式登录到计算机时，Winlogon 可以调用 LogonUser API，随后 LogonUser 会调用 LsaLogonUser。LogonUser 接收的参数代表了所要执行的登录类型，其中包括：Interactive（交互式）、Network（网络）、Batch（批处理）、Service（服务）和 Terminal

Server client（终端服务器客户端）。

为了响应登录请求，本地安全机构（Local Security Authority，LSA）会在用户试图登录到系统时，通过LSA策略数据库获取分配给该账户的权限。LSA会针对分配给该用户的账户权限检查登录类型，如果账户不具备所要进行的登录类型必需的权限，或有权限拒绝该类型的登录，则会被拒绝。表7-10列出了Windows所定义的用户权限。

表7-10　Windows所定义的用户权限

用户权限	角色
拒绝本地登录，允许本地登录	用于从本地计算机上发起的交互式登录
拒绝从网络登录，允许从网络登录	用于从远程计算机发起的登录
拒绝通过终端服务登录，允许通过终端服务登录	用于通过终端服务器客户端进行的登录
拒绝以服务身份登录，允许以服务身份登录	使用特定用户账户启动服务时，由服务控制管理器使用
拒绝作为批处理作业登录，允许作为批处理作业登录	在执行批处理类型的登录时使用

Windows应用程序可以使用LsaAddAccountRights和LsaRemoveAccountRights函数为账户添加或移除用户权限，并能使用LsaEnumerateAccountRights确定具体为某个账户分配了哪些权限。

7.6.2　特权

操作系统定义的特权数量还在随着时间不断增加。权限由LSA在一个位置强制实施，但特权的不同之处在于，不同特权是由不同组件定义并强制实施的。例如，调试特权可以让进程在使用Windows API中的OpenProcess函数打开到另一个进程的句柄时跳过安全检查，该特权的检查工作就由进程管理器负责。

表7-11列出了所有特权，并介绍了系统组件检查它们的方法和时机。每个特权都在SDK头中以SE_privilege_NAME的形式定义了一个宏，特权在其中是一种特权常量，例如SE_DEBUG_NAME这个调试特权。这些宏会定义为以“Se”开头、以“Privilege”结尾的字符串，例如SeDebugPrivilege。这似乎意味着特权是通过字符串标识的，但实际上它们是通过LUID标识的，并且这些LUID可在系统当前引导后到关机前维持唯一性。每次访问特权需要通过调用LookupPrivilegeValue函数来查找正确的LUID。不过需要注意，Ntdll和内核代码无须借助LUID，即可通过整型常数（integer constant）直接识别特权。

表7-11　特权

特权	用户权限	特权用途
SeAssignPrimaryTokenPrivilege	替换一个进程级令牌	多种组件会检查该特权，如设置进程令牌的NtSetInformationJobObject
SeAuditPrivilege	生成安全审核	使用ReportEvent API生成事件并记录到安全事件日志中所必需的特权
SeBackupPrivilege	备份文件和目录	让NTFS忽略安全描述符，为任何文件或目录提供下列访问：READ_CONTROL、ACCESS_SYSTEM_SECURITY、FILE_GENERIC_READ和FILE_TRAVERSE。注意，当为了备份而打开文件时，调用方必须指定FILE_FLAG_BACKUP_SEMANTICS标志。使用RegSaveKey也可以对注册表实现相应的访问

续表

特权	用户权限	特权用途
SeChangeNotifyPrivilege	绕过遍历检查	NTFS 通过该特权避免了在多级目录中查找时对中间层目录执行权限检查。应用程序为接收文件系统结构变化通知而进行注册时也会用到该特权
SeCreateGlobalPrivilege	创建全局对象	进程在对象管理器命名空间中创建节和符号链接对象，并将其分配给调用方之外的其他会话时，必须具备该特权
SeCreatePagefilePrivilege	创建一个页面文件	新建页面文件所用的 NtCreatePagingFile 函数会检查该特权
SeCreatePermanentPrivilege	创建永久共享对象	创建永久共享对象（不再被引用时也不会被解除分配的对象）时，对象管理器将检查该特权
SeCreateSymbolicLinkPrivilege	创建符号链接	在文件系统上使用 CreateSymbolicLink API 创建符号链接时，NTFS 将检查该特权
SeCreateTokenPrivilege	创建一个令牌对象	创建令牌对象的 NtCreateToken 函数将检查该特权
SeDebugPrivilege	调试程序	如果调用方启用了该特权，进程管理器将允许通过 NtOpenProcess 或 NtOpenThread 访问任何进程或线程，并忽略进程或线程的安全描述符（受保护的进程除外）
SeEnableDelegationPrivilege	信任计算机和用户账户可以执行委派	Active Directory 服务利用该特权委派已认证的凭据
SeImpersonatePrivilege	身份验证后模拟客户端	当线程需要通过令牌进行模拟，且该令牌代表了不同于该线程的进程令牌的用户时，进程管理器将检查该特权
SeIncreaseBasePriorityPrivilege	提高计划优先级	进程管理器会检查该特权，提高进程优先级需要具备该特权
SeIncreaseQuotaPrivilege	为进程调整内存配额	更改进程工作集阈值、进程换页和非换页池配额，以及进程的 CPU 速率配额时，强制要求具备该特权
SeIncreaseWorkingSetPrivilege	增加进程工作集	调用 SetProcessWorkingSetSize 增加工作集最小值时需要具备该特权。该特权将间接允许进程使用 VirtualLock 锁定工作集内存的最小值
SeLoadDriverPrivilege	加载和卸载设备驱动程序	驱动程序函数 NtLoadDriver 和 NtUnloadDriver 将检查该特权
SeLockMemoryPrivilege	锁定内存页	VirtualLock 的内核实现——NtLockVirtualMemory 函数将检查该特权
SeMachineAccountPrivilege	将工作站添加到域	在域中创建计算机账户时，域控制器上的安全账户管理器将检查该特权
SeManageVolumePrivilege	执行卷维护任务	在卷打开操作期间由文件系统驱动程序强制检查，执行磁盘检查和碎片整理操作必须具备该特权
SeProfileSingleProcessPrivilege	配置文件单一进程	在通过 NtQuerySystemInformation API 获取与单一进程有关的信息时，Superfetch 和预取器会检查该特权
SeRelabelPrivilege	修改一个对象标签	在提高另一个用户所拥有的对象的完整性级别，或试图将对象的完整性级别提高到高于调用方令牌的完整性级别时，SRM 将检查该特权
SeRemoteShutdownPrivilege	从远程系统强制关机	Winlogon 会检查 InitiateSystemShutdown 函数的远程调用方是否具备该特权
SeRestorePrivilege	还原文件和目录	让 NTFS 忽略安全描述符，为任何文件或目录提供下列访问：WRITE_DAC、WRITE_OWNER、ACCESS_SYSTEM_SECURITY、FILE_GENERIC_WRITE、FILE_ADD_FILE、FILE_ADD_SUBDIRECTORY 和 DELETE。注意，当为了还原而打开文件时，调用方必须指定 FILE_FLAG_BACKUP_SEMANTICS 标志。使用 RegSaveKey 也可以对注册表实现相应的访问
SeSecurityPrivilege	管理审核和安全日志	访问安全描述符的 SACL，以及读取和清空安全事件日志需要具备该特权

续表

特权	用户权限	特权用途
SeShutdownPrivilege	关闭系统	NtShutdownSystem 和 NtRaiseHardError 会检查该特权，它们会在交互式控制台上显示系统错误对话框
SeSyncAgentPrivilege	同步目录服务数据	使用 LDAP 目录同步服务必须具备该特权。可供持有者读取目录中的所有对象及其属性，并忽略针对这些对象和属性的保护机制
SeSystemEnvironmentPrivilege	修改固件环境值	使用硬件抽象层（HAL）修改和读取固件环境变量时，NtSetSystemEnvironmentValue 和 NtQuerySystemEnvironmentValue 需要该特权
SeSystemProfilePrivilege	配置文件系统性能	NtCreateProfile 需要检查该特权，该函数可用于分析系统性能，例如 Kernprof 工具就用到了该特权
SeSystemtimePrivilege	更改系统时间	更改时间或日期需要具备该特权
SeTakeOwnershipPrivilege	取得文件或其他对象的所有权	在未获得自定义访问权的情况下取得对象所有权，需要具备该特权
SeTcbPrivilege	以操作系统方式执行	当令牌中设置了会话 ID、即插即用管理器创建和管理即插即用事件、使用 BSM_ALLDESKTOPS 调用 BroadcastSystemMessageEx、调用 LsaRegisterLogonProcess，以及通过 NtSetInformationProcess 将应用程序指定为 VDM 时，均需要具备该特权
SeTimeZonePrivilege	更改时区	更改时区需要具备该特权
SeTrustedCredManAccessPrivilege	作为受信任的呼叫方访问凭据管理器	凭据管理器会检查该特权，以验证是否可以通过查询纯文本形式的凭据信息来信任调用方。该特权默认仅分配给 Winlogon
SeUndockPrivilege	从拓展坞上取下计算机	当发起计算机"脱坞"操作或发出设备弹出请求时，用户模式即插即用管理器会检查该特权
SeUnSilocitedInputPrivilege	从终端设备接收未经请求主动发送的数据	Windows 目前已不再使用该特权

当组件需要检查令牌以确定是否具备某个特权时，如果组件运行在用户模式下，会使用 PrivilegeCheck 或 LsaEnumerateAccountRights API；如果运行在内核模式下，则会使用 SeSinglePrivilegeCheck 或 SePrivilegeCheck。与特权有关的 API 并不能感知账户权限，但与账户权限有关的 API 可以感知特权。

与账户权限不同，特权可以启用或禁用。为了让特权检查成功通过，特权必须位于指定的令牌中，并且必须被启用。这种做法的思路在于：只有当用户确实需要时，才有必要启用特权，这样进程才不会无意中执行了高特权的安全操作。特权的启用和禁用可通过 AdjustTokenPrivileges 函数完成。

实验：查看特权的启用过程

通过下列操作，我们将看到在 Windows 10 中使用控制面板中的日期和时间工具更改计算机时区时，SeTimeZonePrivilege 特权的启用过程。

（1）运行提权的 Process Explorer。

（2）右击任务栏系统托盘中的时钟，选择 Adjust Date/Time。或者打开设置应用，搜索 time 打开日期和时间设置页面。

（3）在 Process Explorer 中右击 SystemSettings.exe 进程，并在弹出的菜单中选择 Properties，随后打开 Properties 窗口的 Security 选项卡（见图 7-29）。应当可以看到此时 SeTimeZonePrivilege 特权是被禁用的。

（4）更改时区，关闭 Properties 窗口并重新打开。在 Security 选项卡中，可以看到 SeTimeZonePrivilege 特权已启用，如图 7-30 所示。

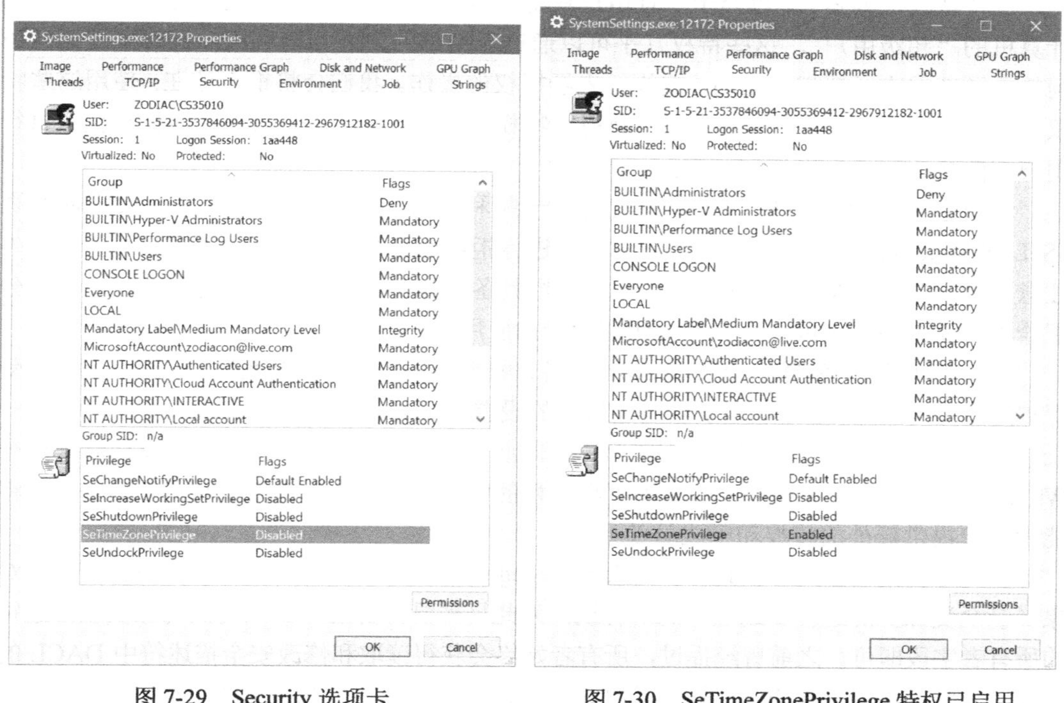

图 7-29 Security 选项卡

图 7-30 SeTimeZonePrivilege 特权已启用

实验：绕过遍历检查特权

系统管理员必须了解绕过遍历检查特权（内部名为 SeNotifyPrivilege）及其作用。该实验演示了不了解该特权的行为会导致无法正确应用安全设置。

（1）创建一个文件夹，并在该文件夹内创建一个包含示范文字的文本文件。

（2）在资源管理器中找到这个新文件，打开其 Properties 窗口，并选择 Security 选项卡。

（3）单击 Advanced 按钮。

（4）取消选中 Inheritance 选项。

（5）在被询问是否要删除或复制继承的权限时，选择 Copy。

（6）修改新文件夹的安全设置，让你的账户对该文件夹不具备任何访问权。为此请选中你的账户，并在权限列表中选中所有 Deny 选项。

（7）运行记事本，随后打开 File 菜单，选择 Open，并在随后出现的对话框中浏览至这个新目录。此时该目录应该是拒绝访问的。

（8）在 Open 对话框的文件名字段，直接输入新文件的完整路径，该文件可以顺利打开。

如果你的账户不具备跳过遍历检查特权，在试图打开一个文件时，文件所在路径的每个目录都会被 NTFS 执行访问检查，此时按照上述操作直接输入文件的完整路径，访问依然会被拒绝。

7.6.3　超级特权

一些特权极为强大，以至于一旦用户获得了这些特权，基本上已经等同于能完整控制计算机的“超级用户”。这些特权几乎可以通过无穷尽的方式加以利用，针对本该无法访问的资源获得未经授权的访问，或执行未经授权的操作。我们会将重点放在：使用这些特权执行代码，进而为用户提供本不应获得的特权；以及利用这些能力在本地计算机上执行用户想要执行的任何操作这两方面。

本节会列出这些特权，并讨论它们的一些利用方式。其他特权，诸如锁定内存页（SeLockMemoryPrivilege）也可用于对系统进行拒绝服务攻击，但此处不准备讨论。另外注意，对于启用 UAC 的系统，哪怕账户已经具备这些特权，但实际上这些特权也只能分配给以高完整性级别或更高完整性级别运行的应用程序。

（1）**调试程序**（SeDebugPrivilege）。具备该特权的用户可以打开系统中的任何进程（受保护进程除外），并忽略进程安全描述符中的设置。例如，用户可以实现一个程序来打开 Lsass 进程，将可执行代码复制到该进程的地址空间，然后使用 CreateRemoteThread 这个 Windows API 注入一个线程，借此以更高特权的安全上下文执行注入的代码。这些代码将能为用户提供额外的特权和组成员关系。

（2）**取得所有权**（SeTakeOwnershipPrivilege）。该特权可供持有者取得任何可保护对象（甚至受保护的进程和线程）的所有权，为此只需要将自己的 SID 写入对象安全描述符的所有者字段即可。之前曾经提过，所有者始终会获得读取和修改安全描述符中 DACL 的权限，因此具备该特权的进程就可以通过修改 DACL 为自己分配对象的完整访问权，进而通过完整访问权关闭并重新打开对象。所有者可以通过这种方式查看敏感数据，甚至用自己的程序替换操作系统正常运行所需的组件，例如 Lsass，借此为用户提供提升的权限。

（3）**还原文件和目录**（SeRestorePrivilege）。具备该特权的用户可以用自己的文件替换系统中的任何文件；甚至可以借助上一段提到的做法，通过这种特权替换系统文件。

（4）**加载和卸载设备驱动程序**（SeLoadDriverPrivilege）。恶意用户可以借助该特权将设备驱动程序载入系统。设备驱动程序通常被视作操作系统可信任的一部分，因此可使用 System 账户凭据执行，借此即可通过驱动程序启动高特权程序，进而为用户分配其他权限。

（5）**创建令牌对象**（SeCreateTokenPrivilege）。该特权的用法很明显：生成可以代表任意用户账户的令牌，并分配任意组成员关系和特权。

（6）**以操作系统方式执行**（SeTcbPrivilege）。进程可以调用 LsaRegisterLogonProcess 函数与 Lsass 建立可信赖的连接，而该函数会检查这个特权。具备该特权的恶意用户可以建立到 Lsass 的可信连接，随后执行 LsaLogonUser 函数新建登录会话。LsaLogonUser 需要有效的用户名和密码，并接受可选的 SID 列表，这些 SID 会被加入为新建登录会话创建的初始令牌中。随后用户即可使用自己的用户名和密码创建新的用户会话，并在所产生的令牌中包含更高特权组或用户的 SID。

注意　提升后的特权，其运用范围不能越过计算机边界到达网络，因为与其他计算机的任何交互都需要通过域控制器进行身份验证，同时还要验证域密码。域密码并不会以明文或密文的形式存储在本地计算机中，因此无法被恶意代码触及。

7.7 进程和线程的访问令牌

图 7-31 显示了本章至此涉及的多个概念，并展示了进程和线程的基本安全结构。注意，图中的进程对象、线程对象以及访问令牌本身都有 ACL。此外，可以看到，线程 2 和线程 3 各有一个模拟令牌，而线程 1 使用了默认的进程访问令牌。

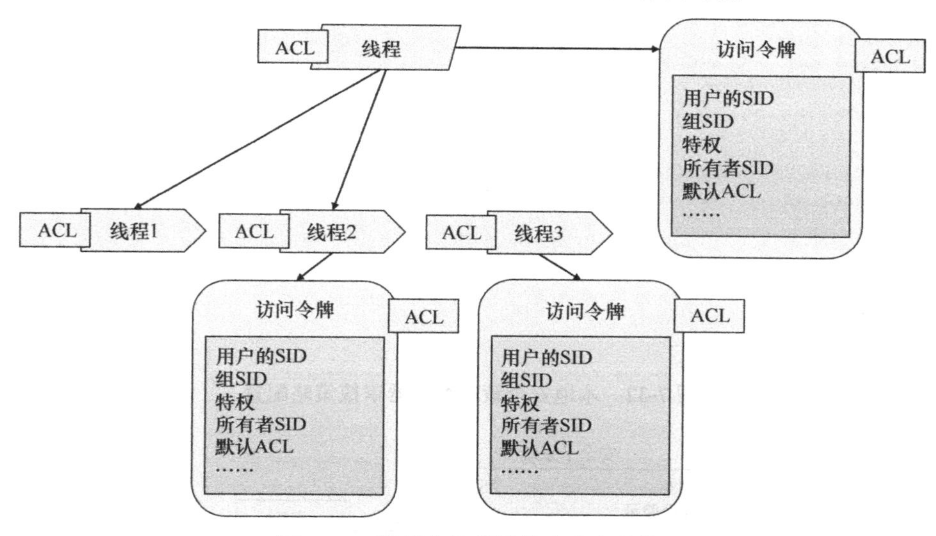

图 7-31 进程和线程的基本安全结构

7.8 安全审核

在访问检查过程中，对象管理器可以生成审核事件，一些用户应用程序也可以通过 Windows 函数直接生成审核事件。内核模式代码始终可以生成审核事件。与审核有关的特权有两个：SeSecurityPrivilege 和 SeAuditPrivilege。进程必须具备 SeSecurityPrivilege 特权才能管理安全事件日志并查看或设置对象的 SACL。调用审核系统服务的进程必须具备 SeAuditPrivilege 特权才能成功生成审核记录。

本地系统的审核策略决定了要审核哪些特定类型的安全事件。审核策略也叫本地安全策略，是 Lsass 在本地系统上维护的安全策略的一部分，可通过图 7-32 所示的本地安全策略编辑器配置。审核策略配置（本地策略下的基础设置，及高级审核策略配置）均以位图值形式保存在注册表 HKEY_LOCAL_MACHINE\SECURITY\Policy\PolAdtEv 键下。

当系统初始化时，或者策略有变化时，Lsass 会向 SRM 发送消息，告知与审核策略有关的信息。Lsass 负责接收根据 SRM 审核事件生成的审核记录，同时负责编辑这些记录，以及将其发送给事件记录程序。这些记录的发送由 Lsass（而非 SRM）负责，因为 Lsass 可以增加有用的细节，例如为了更完整地标识所审核进程而需要的信息。

SRM 通过自己的 ALPC 连接将审核记录发送给 Lsass。随后事件记录程序会将审核记录写入安全事件日志。除了 SRM 传入的审核记录，Lsass 和 SAM 也会生成审核记录，并被 Lsass 直接发送给事件记录程序，AuthZ API 也可以让应用程序生成应用程序定义的审核记录。图 7-33 显示了审核记录的整体流程。

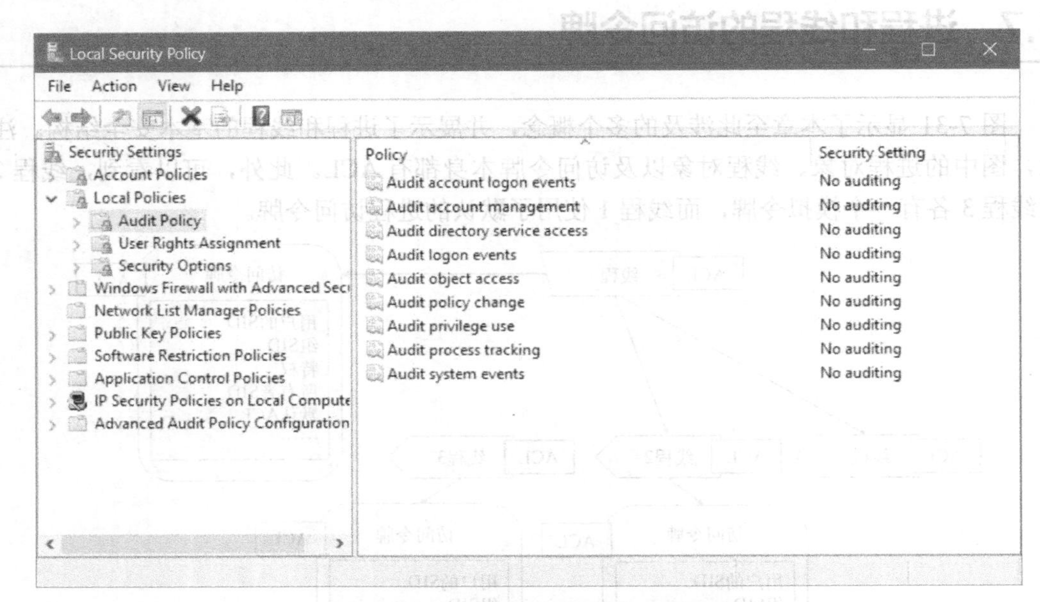

图 7-32　本地安全策略编辑器审核策略配置

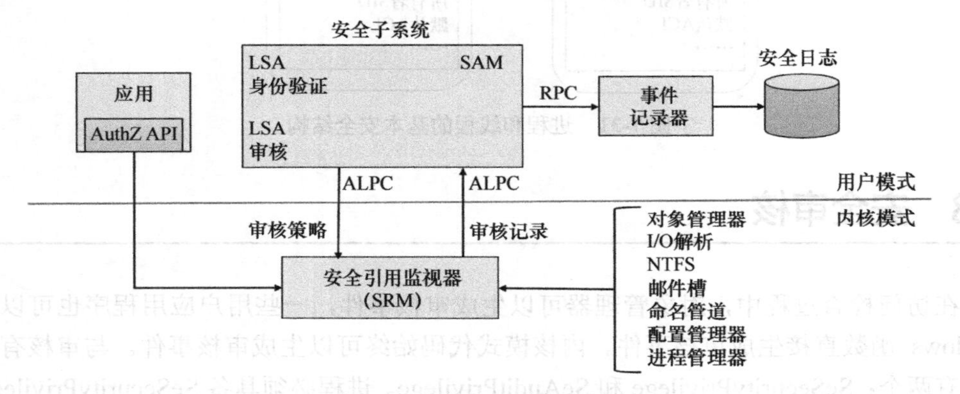

图 7-33　审核记录的整体流程

收到的审核记录会被放入队列，随后发送给 LSA。但审核记录并非批量提交的。审核记录可通过两种方式之一，从 SRM 移动至安全子系统。如果审核记录较小（小于 ALPC 消息大小的最大值），那么会作为 ALPC 消息的方式发送，审核记录会从 SRM 的地址空间复制到 Lsass 进程的地址空间。如果审核记录较大，SRM 会使用共享内存将消息提供给 Lsass，并只通过 ALPC 消息传递指针。

7.8.1　审核对象访问

在很多环境中，审核机制最重要的用途是针对各种可保护对象（尤其是文件）建立访问日志。为此必须启用“审核对象访问”策略，并且对于启用了审核的对象，其系统访问控制列表中必须具备审核 ACE。

当访问者试图打开对象的句柄时，SRM 首先会判断该尝试应该被允许还是拒绝。如果启用了对象访问审核，随后 SRM 会扫描对象的系统 ACL。审核 ACE 分为两种类型：访问允许和访问拒绝。审核 ACE 必须与访问者所持有的任意安全 ID 相匹配，同时必须与所请求的任意访问方法及其访问类型（访问允许或访问拒绝）相匹配，借此访问检查机制才能生成对象访问审核记录。

对象访问审核记录不仅包含访问被允许或拒绝的结果，同时也会包含成功或失败的原因。这种“访问的原因”通常会被呈现为访问控制项的形式，并以安全描述符定义语言（SDDL）的形式出现在审核记录中。借此可确定导致访问尝试成功或失败的访问控制项，进而针对某些问题，例如某个本应被拒绝的对象访问实际上被允许了，反之亦然。

审核对象访问策略默认已被禁用（其他审核策略默认也被禁用），如图 7-32 所示。

实验：审核对象访问

我们可以通过如下操作观察对象访问审核。

（1）在资源管理器中浏览至通常可以访问的文件（如文本文件），打开其 Properties 窗口，单击 Security 选项卡，随后单击 Advanced 按钮。

（2）选择 Auditing 选项卡，并单击 Continue 按钮关闭随后出现的管理特权警告。接下来打开的窗口可用于为该文件的系统访问控制列表添加与审核有关的访问控制项，如图 7-34 所示。

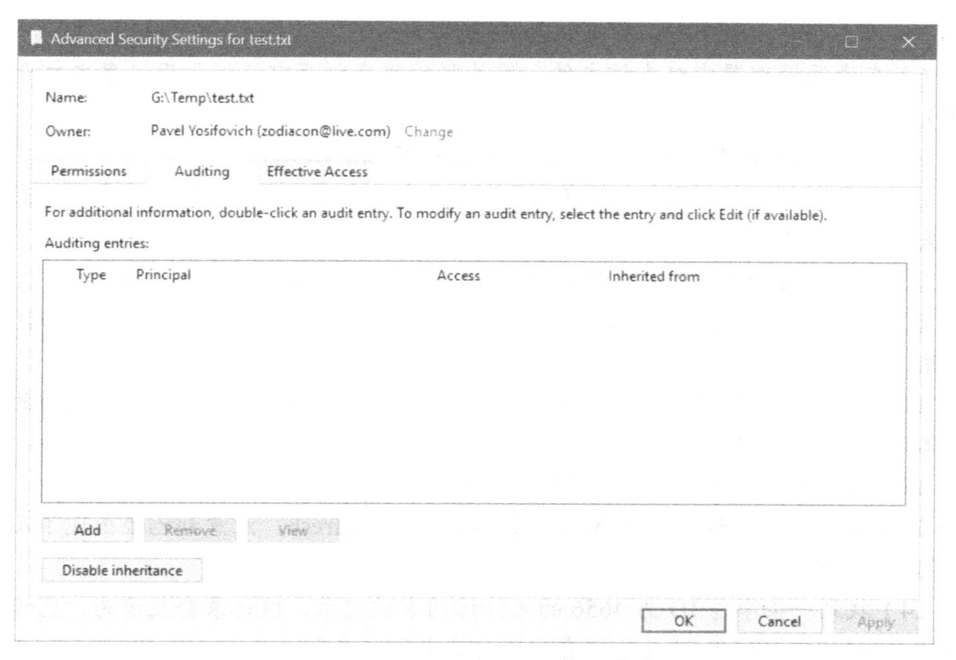

图 7-34 选择 Auditing 选项卡

（3）单击 Add 按钮，并单击 Select a Principal 链接，如图 7-35 所示。

（4）在随后出现的 Select User or Group 对话框中，输入自己的姓名或所属的组名称，例如 Everyone。单击 Check Names 按钮并单击 OK 按钮。随后会打开一个新窗口，在这里即可针对这个文件，为所选用户或组创建审核访问控制项。

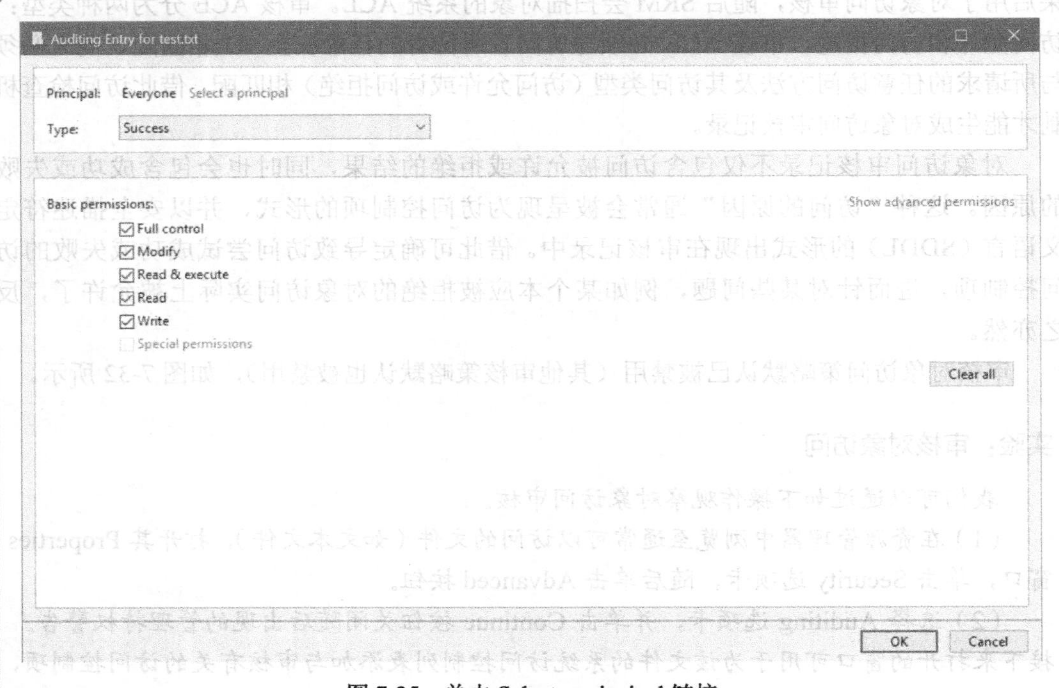

图 7-35　单击 Select a principal 链接

（5）单击 OK 按钮 3 次，关闭 Properties 窗口。

（6）在资源管理器中双击该文件，用关联的程序打开它（例如用记事本打开文本文件）。

（7）打开 Start 菜单，输入 event，然后选择 Event Viewer。

（8）打开安全日志。注意，现在还没有与该文件有关的访问记录，这是因为尚未配置有关对象访问的审核策略。

（9）在本地安全策略编辑器中打开 Local Policies，并选择 Audit Policy。

（10）双击 Audit Object Access，然后选中 Success 选项以启用对文件成功访问操作的审核。

（11）在事件查看器中打开 Action 菜单并选择 Refresh，请留意对审核策略的更改已经体现在审核记录中。

（12）在资源管理器中双击该文件，再次把它打开。

（13）在事件查看器中打开 Action 菜单并选择 Refresh，注意到已经出现了几条文件访问审核记录。

（14）找到一条事件 ID 为 4656 的文件访问审核记录，该记录会显示为“已请求到对象的句柄”（可以使用 Find 选项查找所打开文件的名称）。

（15）在列表框中向下拖动，查找访问原因一节。图 7-36 中的例子显示了 READ_CONTROL 和 SYNCHRONIZE 这两种访问方法，以及该请求的 ReadAttributes、ReadEA（扩展属性）和 ReadData。之所以被授予 READ_CONTROL，原因在于访问者也是该文件的所有者。授予其他访问权限则是因为所指定的访问控制项。

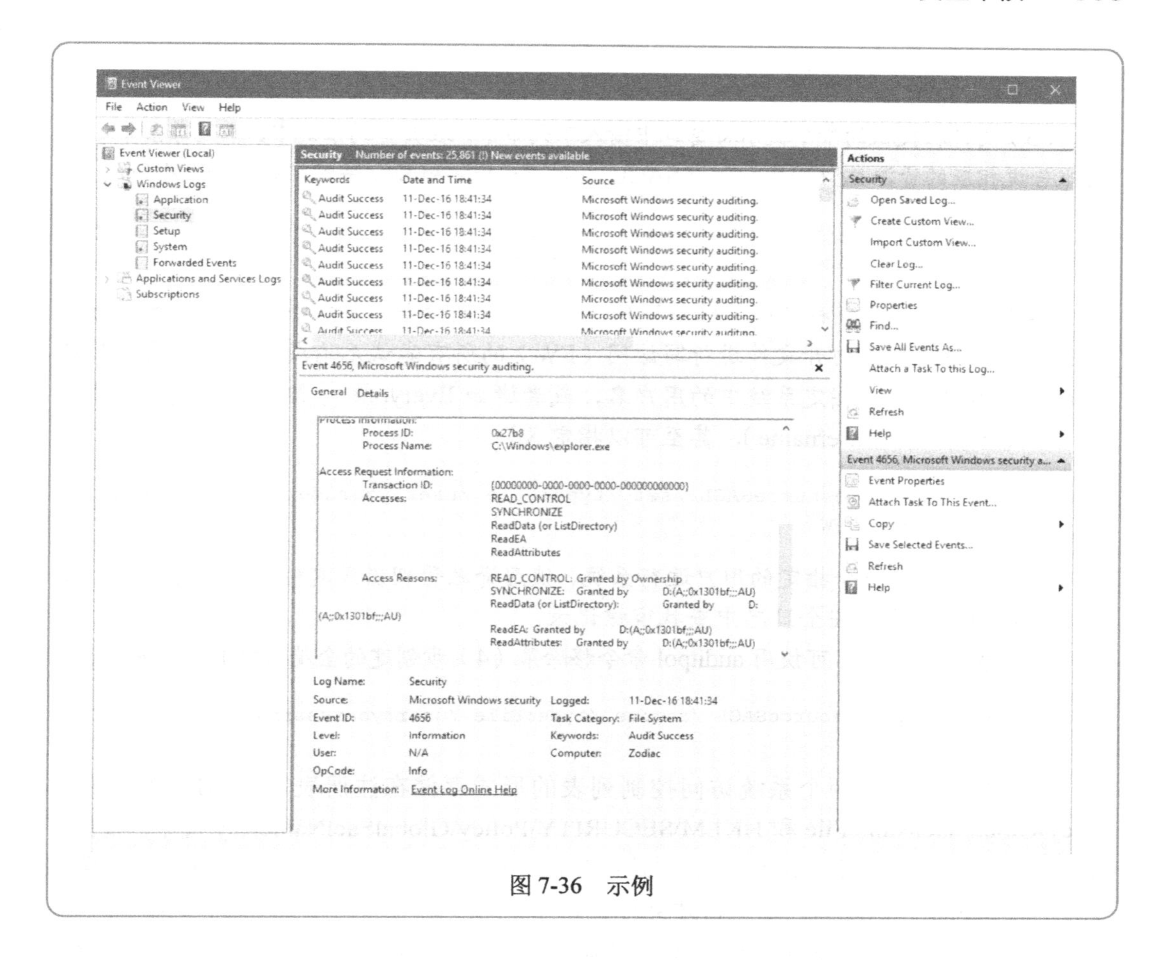

图 7-36 示例

7.8.2 全局审核策略

除了针对个别对象设置对象访问 ACE，还可以为系统定义全局审核策略，借此为所有文件系统对象，或所有注册表键，或同时为这两者启用对象访问审核。这样，安全审核人员就可以确信所需审核均已正确执行，而无须针对感兴趣的每个对象分别设置或检查 SACL。

管理员可通过 AuditPol 命令配合/resourceSACL 选项设置或查询全局审核策略。该操作也可以调用 AuditSetGlobalSacl 和 AuditQueryGlobalSacl API，以编程的方式进行。与修改对象的 SACL 时类似，更改全局 SACL 同样需要具备 SeSecurityPrivilege 特权。

实验：设置全局审核策略

我们可以使用 AuditPol 命令启用全局审核策略。

（1）如果尚未在之前的实验中执行，请首先打开本地安全策略编辑器，进入审核策略设置，双击 Audit Object Access，同时为成功和失败启用审核。在大部分系统上，通过 SACL 指定对象访问审核都是一种不常见的做法，因此就算此刻已经生成了对象访问审核记录，这类记录的数量也不会太多。

（2）在提权后的命令提示符窗口中输入下列命令，该命令将输出一段摘要信息，介绍了设置和查询全局审核策略所需的命令。

```
C:\> auditpol /resourceSACL
```

（3）同样在提权的命令提示符窗口中输入下列命令。在典型的系统中，下列每条命令都会报告说相应的资源类型不具备全局 SACL。（注意：File 和 Key 关键字是区分大小写的。）

```
C:\> auditpol /resourceSACL /type:File /view
C:\> auditpol /resourceSACL /type:Key /view
```

（4）同样在这个提权的命令提示符窗口中输入下列命令。该命令会设置一条全局审核策略，让特定用户打开文件进行写访问（FW）的所有尝试无论成功或失败均生成审核记录。用户名可以指定系统中的用户名，或者诸如 Everyone 等组，或者域限定用户名（如 domainname\username），甚至可以指定 SID。

```
C:\> auditpol /resourceSACL /set /type:File /user:yourusername /success
/failure /access:FW
```

（5）使用上述命令指定的用户运行系统，使用资源管理器或其他工具打开文件，随后在系统事件日志的安全日志中查找审核记录。

（6）实验结束后，可使用 auditpol 命令移除第（4）步创建的全局 SACL，如下所示。

```
C:\> auditpol /resourceSACL /remove /type:File /user:yourusername
```

全局审核策略以两个系统访问控制列表的形式存储在注册表 HKLM\SECURITY\Policy\GlobalSaclNameFile 和 HKLM\SECURITY\Policy\GlobalSaclNameKey 键下。我们可以用 System 账户运行 Regedit.exe 查看这些键，具体做法参见 7.2 节。只有在至少设置相应的全局 SACL 一次之后，这些键才会存在。

全局审核策略无法被对象的 SACL 覆盖，但特定对象的 SACL 可提供额外的审核。例如，全局审核策略可能要求对所有用户针对所有文件进行的读取访问进行审核，但特定文件的 SACL 可以针对该文件，围绕特定用户或更具体的用户组，针对他们执行的写访问进行审核。

全局审核策略还可通过本地安全策略编辑器的高级审核策略设置进行配置，具体做法见 7.8.3 节。

7.8.3　高级审核策略设置

除了前文提到的审核策略设置，本地安全策略编辑器还在图 7-37 所示的高级审核策略配置界面下提供了更细化的审核控制功能。

本地策略下共 9 个审核策略设置，其中每一个策略都对应了这里显示的一组更细致的审核控制选项。例如，本地策略下的“审核对象访问”可以对所有对象的访问进行审核，而此处的设置可以分别控制不同类型对象的审核。如果在本地策略下启用某一个审核策略设置，那么会隐式地启用此处对应的所有高级审核策略事件，但如果希望对审核日志的内容实现更细化的控制，就需要单独设置高级选项，借此可以让标准设置成为高级设置的一部分。但是这些高级选项并未显示在本地安全策略编辑器中。如果同时使用基本和高级选项配置审核设置，可能导致非预期结果。

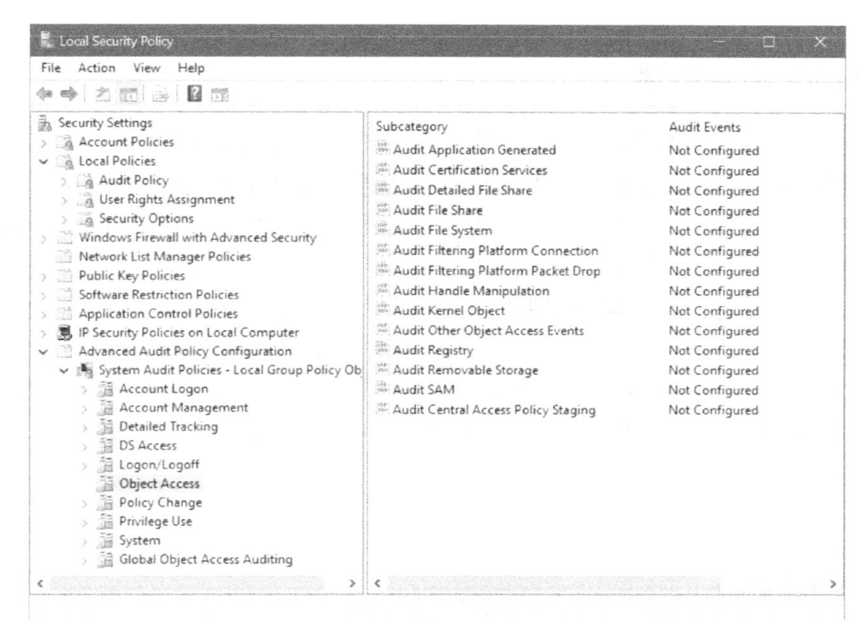

图 7-37　本地安全策略编辑器的高级审核策略配置界面

我们可以使用高级审核策略配置下的全局对象访问审核选项配置上一节所定义的全局 SACL，也可以通过图形化界面来配置审核，就像使用资源管理器或注册表编辑器修改文件系统或注册表的安全描述符一样。

7.9 AppContainer

Windows 8 引入了一种名为 AppContainer 的全新安全沙盒。虽然该机制主要是为了承载 UWP 进程，但 AppContainer 也可用于“普通”进程（但无法通过系统自带工具做到这一点）。本节将主要介绍 AppContainer 打包后的属性，这个术语主要用于代表与 UWP 进程相关联的 AppContainer 以及所产生的.Appx 格式文件。UWP 应用的深入探讨已经超出了本章范围，详细信息参见本书第 3 章，以及卷 2 第 8 章和第 9 章。此处我们主要关注 AppContainer 与安全性有关的部分，以及用于承载 UWP 应用的最典型用法。

注意　通用 Windows 平台（Universal Windows Platform，UWP）应用，这个术语是用来描述承载 Windows Runtime 的进程的最新称呼。该技术的曾用名包括沉浸式应用（immersive app）、现代化应用（modern app）、Metro 应用，甚至被简称为 Windows 应用。“通用（universal）”是指此类应用可以部署到不同 Windows 10 版本以及不同形态的设备（如 IoT Core、移动设备、台式机、Xbox、HoloLens）上运行。然而从本质上来看，UWP 与最早诞生于 Windows 8 的这种技术并无太大不同。因此本节讨论的有关 AppContainer 的概念适用于 Windows 8 以及后续版本的 Windows。另外要注意，有时候可能会用通用应用程序平台（Universal Application Platform，UAP）来代表 UWP，它们都是同一个概念。

注意　AppContainer 最初的开发代号为 LowBox。大家可能会在本节涉及的很多 API 和数据结构的名称中看到这个字眼，它们都代表了相同的概念。

7.9.1　UWP 应用概述

移动设备的革命为软件的获取和运行提供了全新方法。移动设备通常需要从某种集中的商店获取应用程序，可以自动安装和更新，这一切只需要很少的用户介入。一旦用户从商店中选择了一款应用，即可看到该应用正常运行所需的权限。这些权限可以称为能力（capability），是在提交到商店前给应用打包时声明的。借此用户即可确定自己能否接受应用所需的能力。

图 7-38 所示的是一个 UWP 应用（《我的世界》，Windows 10 Beta 版）能力列表范例。该游戏需要作为客户端和服务器访问互联网，需要访问本地网络或工作网络。一旦用户下载该游戏，就意味着同意游戏使用这些能力。同时用户可以确信该游戏只会用到这些能力，也就是说，游戏无法使用其他未被用户批准的能力，例如访问设备的摄像头。

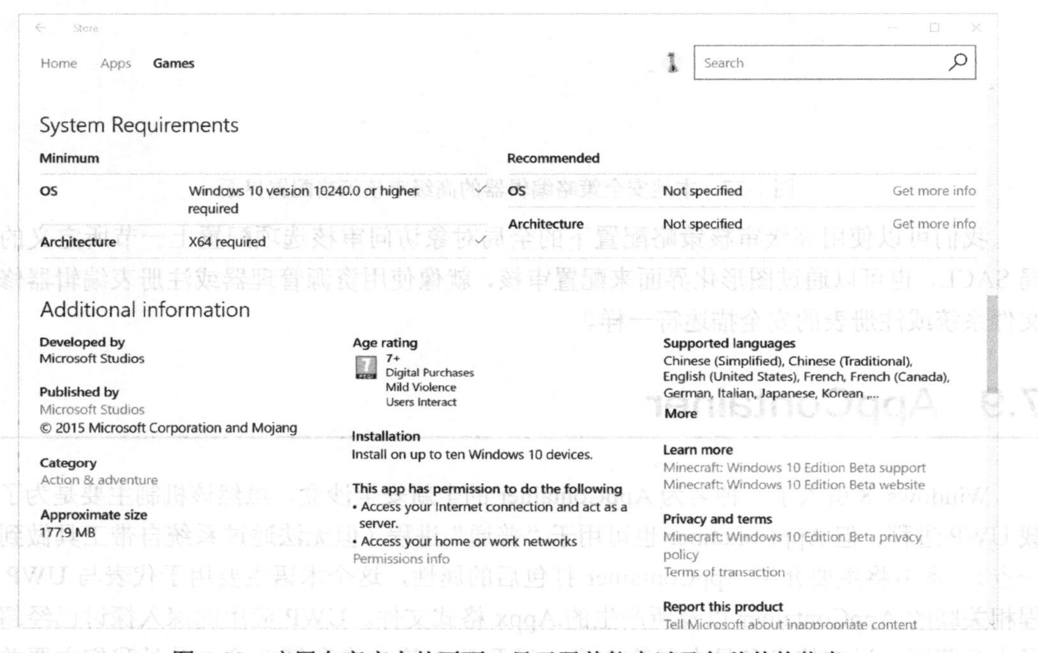

图 7-38　应用在商店中的页面，显示了其能力以及各种其他信息

表 7-12 从较高角度对比了 UWP 应用和桌面（传统）应用之间的差异。从开发者的角度来说，Windows 平台的大致结构如图 7-39 所示。

表 7-12　UWP 和桌面应用的高层面对比

	UWP 应用	桌面（传统）应用
支持的设备	所有 Windows 设备	仅支持 PC
API	可访问 WinRT、COM 的子集，以及 Win32 API 的子集	可访问 COM、Win32 和 WinRT API 的子集
标识	更强的应用标识（静态和动态）	原始 EXE 和进程
信息	声明式 APPX 清单	不透明的二进制文件
安装	自包含的 APPX 包	松散的文件或 MSI
应用数据	每个用户/每个应用的存储隔离（本地和漫游）	共享的用户配置文件
生命周期	参与应用资源管理和 PLM	进程级生命周期
实例数	仅单一实例	任意数量的实例

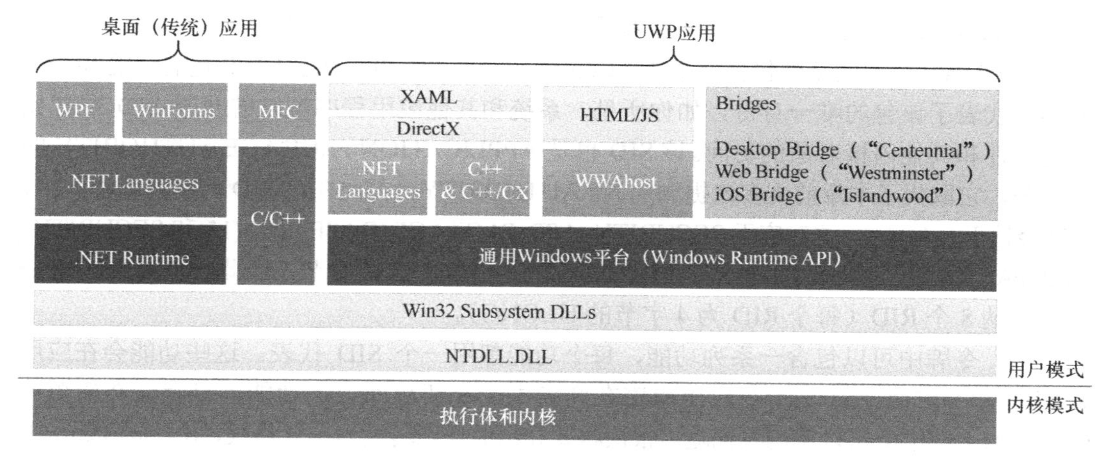

图 7-39 Windows 平台的大致结构

图 7-39 涉及的内容中，有下列几点值得进一步解释。

（1）与桌面应用一样，UWP 应用也可以产生普通的可执行文件。基于 HTML/JavaScript 的 UWP 应用则通过 Wwahost.exe（%SystemRoot%\System32\wwahost.exe）承载，因为它们产生的是 DLL 而非可执行文件。

（2）UWP 应用由 Windows Runtime API 实现，该 API 基于改进版本的 COM 而来。针对 C++（通过名为 C++/CX 的专有语言扩展）、.NET 语言以及 JavaScript，还提供了语言投射（language projection）。这些投射可以帮助开发者在熟悉的环境中更容易地访问 WinRT 类型、方法、属性和事件。

（3）有多个桥接技术可用，借此可将其他类型的应用程序转制为 UWP。有关这些技术的详情请参阅 MSDN 文档。

（4）与.NET Framework 一样，Windows Runtime 位于 Windows 子系统 DLL 的上层。UWP 不包含内核组件，也不包含于任何子系统，因为它利用了系统提供的同一套 Win32 API。不过在内核中依然实现了一些策略，以及对 AppContainer 的常规支持。

（5）Windows Runtime API 实现于%SystemRoot%\System32 目录下的多个 DLL 中，其名称类似于 Windows.Xxx.Yyy…Dll，其中文件名通常代表了所实现的 Windows Runtime API 命名空间。例如 Windows.Globalization.Dll，实现了位于 Windows.Globalization 命名空间中的类（完整的 WinRT API 请参阅 MSDN 文档）。

7.9.2 AppContainer

我们曾在第 3 章介绍了创建进程所要执行的步骤，并介绍了创建 UWP 额外需要的一些步骤。最初的创建工作由 DCOMLaunch 服务负责，因为 UWP 包支持一系列协议，其中之一就是 Launch 协议。借此即可在 AppContainer 内部运行进程。在 AppContainer 内部运行的打包进程，有着如下特征。

（1）进程令牌的完整性级别被设置为低，进而可以自动地限制对很多对象的访问，并对进程的某些 API 或功能产生限制，详见本章前文的介绍。

（2）UWP 进程始终会在作业内部创建（每个 UWP 应用创建一个作业）。该作业管理了 UWP 进程以及代表它（通过嵌套作业）执行的任何后台进程。作业使得进程状态管理器（Process State Manager，PSM）能够用一次操作挂起或恢复应用或后台处理任务。

（3）UWP 进程的令牌包含一个 AppContainer SID，该 SID 基于 UWP 包名称的 SHA-2 散列，代表了该包的唯一身份。如你所见，系统和其他应用程序可以借助该 SID 显式允许对文件和其他内核对象的访问。该 SID 也是 APPLICATION PACKAGE AUTHORITY 的一部分，它取代了本章前文多次提到的 NT AUTHORITY。因此在该 SID 的字符串格式中，SID 会始于 S-1-15-2，这对应于 SECURITY_APP_PACKAGE_BASE_RID (15)和 SECURITY_APP_PACKAGE_BASE_RID (2)。由于 SHA-2 散列长度为 32 字节，因此 SID 中剩余部分共可容纳 8 个 RID（每个 RID 为 4 字节的 ULONG）。

（4）令牌中可以包含一系列功能，每个功能都用一个 SID 代表。这些功能会在应用程序清单中声明，并显示在应用程序在商店中的介绍页面上。功能信息存储在清单中 Capability 小节内，可以使用我们随后很快将要介绍的规则转换为 SID 格式，并且同样属于上一条中提到的 SID 权限，但 SID 中使用了知名的 SECURITY_CAPABILITY_BASE_RID (3)。Windows Rumtine 中的多种组件、用户模式设备访问类，以及内核都可以查找用于允许或拒绝某些操作的能力。

（5）令牌可能仅包含下列特权：SeChangeNotifyPrivilege、SeIncreaseWorkingSetPrivilege、SeShutdownPrivilege、SeTimeZonePrivilege 以及 SeUndockPrivilege。这些均为标准用户账户所关联的默认特权。另外，某些设备可能通过包含在 ms-win-ntos-ksecurity API 集合约扩展（contract extension）中的 AppContainerPrivilegesEnabledExt 函数进一步限制默认启用的特权。

（6）令牌最多可包含 4 个安全属性（参阅前文“基于属性的访问控制”），通过这些属性即可确认该令牌被关联给哪个 UWP 包应用程序。这些属性由前文提到的 DcomLaunch 服务添加，负责 UWP 应用程序的激活，如下所示。

- **WIN://PKG** 代表该令牌属于 UWP 包应用程序。其中包含一个整数值以及应用程序的来源，还有一些标志。具体包含的值可参阅表 7-13 和表 7-14。

表 7-13　包的来源

来源	含义
Unknown (0)	该包的来源未知
Unsigned (1)	该包不包含签名
Inbox (2)	该包与内置（拆箱即用）的 Windows 应用程序有关
Store (3)	该包与从商店下载的 UWP 应用程序有关。若要验证该来源，可检查与 UWP 应用程序主可执行文件相关文件的 DACL 中是否包含可信的 ACE
Developer Unsigned (4)	该包被关联了不带签名的开发者密钥
Developer Signed (5)	该包被关联了带签名的开发者密钥
Line-of-Business (6)	该包被关联给旁加载（side-load）的业务线（Line-of-Business，LOB）应用程序

表 7-14　包的标志

标志	含义
PSM_ACTIVATION_TOKEN_PACKAGED_APPLICATION (0x1)	代表该 AppContainer UWP 应用程序存储为 AppX 打包格式，这也是默认格式
PSM_ACTIVATION_TOKEN_SHARED_ENTITY (0x2)	代表该令牌被多个可执行文件所使用，它们都是同一个 AppX 打包 UWP 应用程序的组成部分

续表

标志	含义
PSM_ACTIVATION_TOKEN_FULL_TRUST (0x4)	代表这个 AppContainer 令牌被用于承载 Project Centennial（Windows Bridge for Desktop）转制的 Win32 应用程序
PSM_ACTIVATION_TOKEN_NATIVE_SERVICE (0x8)	代表该 AppContainer 令牌被用于承载服务控制管理器（SCM）的资源管理器所创建的包服务。有关服务的详细信息请参阅卷 2 第 9 章
PSM_ACTIVATION_TOKEN_DEVELOPMENT_APP (0x10)	代表这是一个内部开发的应用程序，并不用于零售版系统
BREAKAWAY_INHIBITED (0x20)	包无法创建非自己打包的进程。该标志可通过 PROC_THREAD_ATTRIBUTE_DESKTOP_APP_POLICY 进程创建属性设置（见第 3 章）

- **WIN://SYSAPPID** 以 Unicode 字符串值数组的形式包含了应用程序标识符［可称之为包绰号（package moniker）或字符串名称（string name）］。
- **WIN://PKGHOSTID** 对于通过一个整数值具备显式主机的包，标识了 UWP 包主机 ID。
- **WIN://BGKD** 仅用于后台主机（如常规的后台任务宿主 BackgroundTaskHost.exe），可存储作为 COM 提供程序运行的打包 UWP 服务。该属性的名称代表“Background”，通过整数值存储了显式主机 ID。

令牌的 Flags 成员会设置 TOKEN_LOWBOX(0x4000)标志，该标志可通过多种 Windows 和内核 API（例如 GetTokenInformation）查询，借此组件就可以在具备 AppContainer 令牌的情况下以不同方式标识并运作。

注意 还有另一种类型的 AppContainer：子 AppContainer。UWP AppContainer（或父 AppContainer）希望创建自己的嵌套 AppContainer，以便进一步锁定应用程序的安全性时，就会用到这种类型的 AppContainer。除了 8 个 RID，子 AppContainer 还有 4 个额外的 RID（前 8 个与父 AppContainer 相同），借此即可以唯一的方式加以区分。

实验：查看 UWP 进程信息

我们可以通过多种方式查看 UWP 进程，其中有些方法更加直观。Process Explorer 可以用颜色（默认为青色）高亮显示使用了 Windows Runtime 的进程。若要更改该设置，可打开 Process Explorer，打开 Options 菜单，然后选择 Configure Colors。随后请确保 Immersive Processes 选项已被选中，如图 7-40 所示。

沉浸式进程（immersive process）是最早在 Windows 8 中用于称呼 WinRT（现在的 UWP）应用的术语。（当时此类应用大部分会全屏运行，因此叫作“沉浸式”。）这个区别可通过调用 IsImmersiveProcess API 来了解。

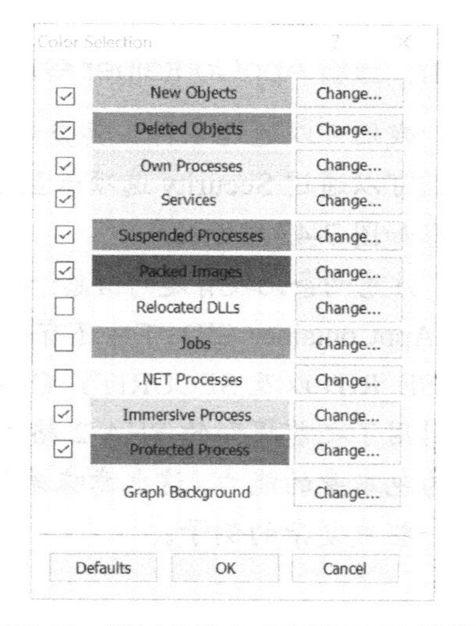

图 7-40 通过多种方式查看 UWP 进程

运行 Calc.exe 并重新切换至 Process Explorer，随后能看到多个青色高亮显示的进程，其中也包括 Calculator.exe。随后将计算器应用最小化，可以发现原本青色的高亮色变灰了，这是因为计算器已经被挂起。还原计算器的窗口，高亮色会重新变为青色。

其他应用也可以获得类似体验，例如 Cortana（SearchUI.exe）。单击或碰触任务栏上的 Cortana 图标，随后将其关闭，这一过程中即可看到灰色到青色，随后重新恢复为灰色的状态变化。或者单击/碰触 Start 按钮，ShellExperienceHost.exe 也会经历类似的变化。

一些被青色高亮显示的进程可能会让人感到惊讶，例如 Explorer.exe、TaskMgr.exe 以及 RuntimeBroker.exe。这些并非实际的应用，而是因为使用了 Windows Runtime API，所以也被分类为沉浸式。（下文很快将介绍 RuntimeBroker 的作用。）

最后，请在 Process Explorer 中显示 Integrity 列并针对该列排序。可以发现诸如 Calculator.exe 和 SearchUI.exe 的完整性级别为 AppContainer，如图 7-41 所示。但是 Explorer.exe 和 TaskMgr.exe 的完整性级别并非如此，这也清楚地证明了它们并非 UWP 进程，因此沿用了不同的一套规则。

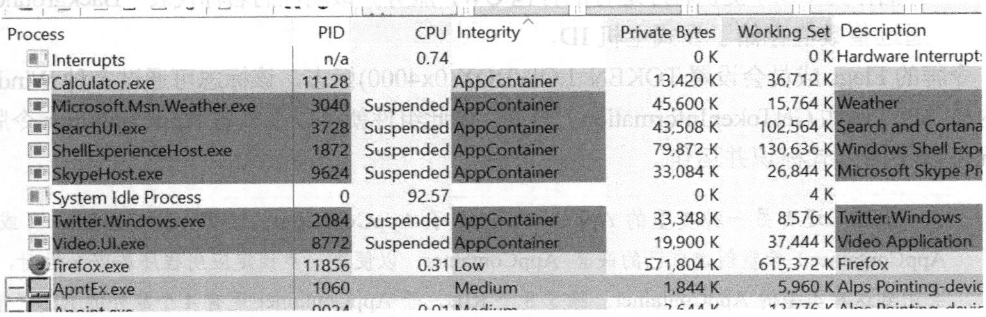

Process	PID	CPU	Integrity	Private Bytes	Working Set	Description
Interrupts	n/a	0.74		0 K	0 K	Hardware Interrupt:
Calculator.exe	11128		AppContainer	13,420 K	36,712 K	
Microsoft.Msn.Weather.exe	3040	Suspended	AppContainer	45,600 K	15,764 K	Weather
SearchUI.exe	3728	Suspended	AppContainer	43,508 K	102,564 K	Search and Cortana
ShellExperienceHost.exe	1872	Suspended	AppContainer	79,872 K	130,636 K	Windows Shell Exp
SkypeHost.exe	9624	Suspended	AppContainer	33,084 K	26,844 K	Microsoft Skype Pr
System Idle Process	0	92.57		0 K	4 K	
Twitter.Windows.exe	2084	Suspended	AppContainer	33,348 K	8,576 K	Twitter.Windows
Video.UI.exe	8772	Suspended	AppContainer	19,900 K	37,444 K	Video Application
firefox.exe	11856	0.31	Low	571,804 K	615,372 K	Firefox
ApntEx.exe	1060		Medium	1,844 K	5,960 K	Alps Pointing-devic

图 7-41 诸如 Calculator.exe 和 SearchUI.exe 的完整性级别为 AppContainer

实验：查看 AppContainer 令牌

我们可以通过多种工具查看 AppContainer 承载进程的属性。在 Process Explorer 中，我们可以通过 Security 选项卡显示令牌相关联的能力。Calculator.exe 的 Security 选项卡内容如图 7-42 所示。

注意两条比较有趣的信息：AppContainer SID 的 Flags 一列显示为 AppContainer，此外在 AppContainer SID 下方还有一个能力。除了基准 RID（SECURITY_APP_PACKAGE_BASE_RID 以及 SECURITY_CAPABILITY_BASE_RID），其他 8 个 RID 都是相同的，都引用了之前提到的 SHA-2 格式的包名称。由此可知始终会存在一个暗含的能力，即成为包本身的能力，这也意味着计算器完全不需要任何能力。下文有关能力的介绍会列举一些更复杂的例子。

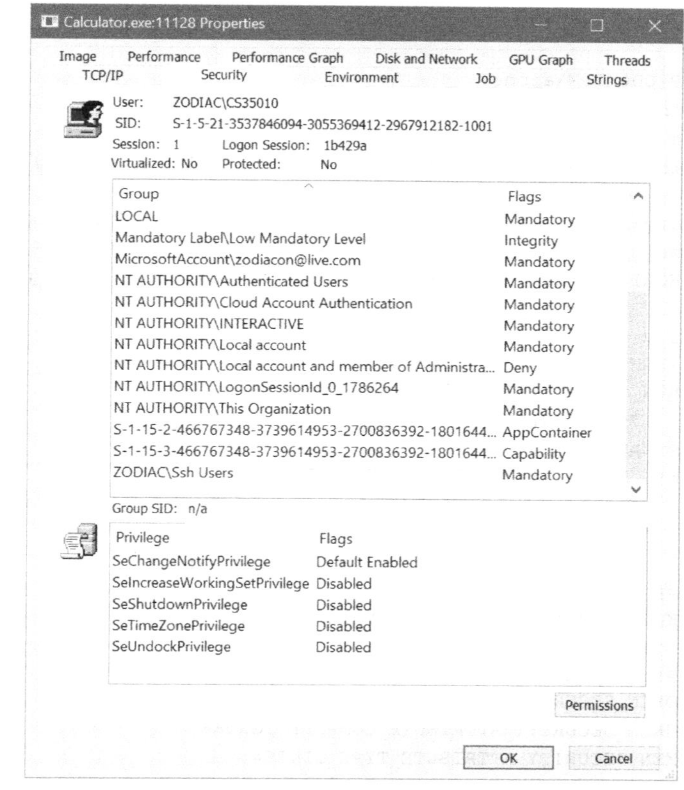

图 7-42 Calculator.exe 的 Security 选项卡内容

实验：查看 AppContainer 令牌的属性

我们可以在命令行下使用 Sysinternals 提供的 AccessChk 工具获得类似的信息，此外还可以获得与令牌属性有关的完整列表。例如，配合-p -f 开关运行 AccessChk，后跟承载 Cortana 的 SearchUI.exe 进程 ID，即可看到以下内容。

```
C:\ >accesschk -p -f 3728

Accesschk v6.10 - Reports effective permissions for securable objects
Copyright (C) 2006-2016 Mark Russinovich
Sysinternals - www.sysinternals.com

[7416] SearchUI.exe
  RW DESKTOP-DD6KTPM\aione
  RW NT AUTHORITY\SYSTEM
  RW Package
\S-1-15-2-1861897761-1695161497-2927542615-642690995-327840285-2659745135-2630312742
  Token security:
  RW DESKTOP-DD6KTPM\aione
  RW NT AUTHORITY\SYSTEM
  RW DESKTOP-DD6KTPM\aione-S-1-5-5-0-459087
  RW Package
\S-1-15-2-1861897761-1695161497-2927542615-642690995-327840285-2659745135-2630312742
  R  BUILTIN\Administrators
```

```
Token contents:
  User:
    DESKTOP-DD6KTPM\aione
  AppContainer:
    Package
\S-1-15-2-1861897761-1695161497-2927542615-642690995-327840285-2659745135-2630312742
  Groups:
    Mandatory Label\Low Mandatory Level                  INTEGRITY
    Everyone                                             MANDATORY
    NT AUTHORITY\Local account and member of Administrators group DENY
    …
     Security Attributes:
    WIN://PKGHOSTID
        TOKEN_SECURITY_ATTRIBUTE_TYPE_UINT64
        [0] 1794402976530433
    WIN://SYSAPPID
        TOKEN_SECURITY_ATTRIBUTE_TYPE_STRING
        [0] Microsoft.Windows.Cortana_1.8.3.14986_neutral_neutral_cw5n1h2txyewy
        [1] CortanaUI
        [2] Microsoft.Windows.Cortana_cw5n1h2txyewy
    WIN://PKG
        TOKEN_SECURITY_ATTRIBUTE_TYPE_UINT64
        [0] 131073
    TSA://ProcUnique
        [TOKEN_SECURITY_ATTRIBUTE_NON_INHERITABLE]
        [TOKEN_SECURITY_ATTRIBUTE_COMPARE_IGNORE]
        TOKEN_SECURITY_ATTRIBUTE_TYPE_UINT64
        [0] 204
        [1] 24566825
```

首先是包主机 ID 转换为十六进制后的结果——0x6600000000001。由于所有包主机 ID 始于 0x66，这意味着 Cortana 使用了可用的第一个主机标识符——1。随后是系统应用程序 ID，其中包含 3 个字符串：强包绰号（strong package moniker）、友好的应用程序名称（friendly application name）以及简化的包名称（simplified package name）。最后还有包声明，即十六进制的 0x20001。根据在表 7-13 和表 7-14 中看到的字段，这意味着其来源为 Inbox(2)，并且标志被设置为 PSM_ACTIVATION_TOKEN_PACKAGED_APPLICATION。这也证明了 Cortana 是 AppX 包的一部分。

1. AppContainer 安全环境

AppContainer SID 和相关标志所导致最严重的副作用之一在于：7.4.1 节所介绍的访问检查算法在被修改后，会忽略令牌可能包含的所有常规用户和组 SID，从本质上来看，会导致这些 SID 被视作"仅拒绝"的 SID。这意味着虽然隶属于 Users 和 Everyone 组的用户 John Doe 可以启动计算器，但在对授予 John Doe SID、Users 组 SID，以及 Everyone 组 SID 的任何访问权进行检查时都将失败。实际上，自定义访问检查算法唯一检查的 SID 首先是 AppContainer SID，随后将由能力检查算法检查令牌所包含的能力 SID。

如果更进一步来考虑，不仅自定义 SID 会被视作"仅拒绝"的，AppContainer 令牌还会对访问检查算法产生另一个严重的安全影响——NULL DACL。由于缺乏任何信息[NULL DACL 与空（empty）DACL 不同，这是一种显式允许规则，因此会"拒绝所有人"]，它通常会被视作一种“允许任何人访问”的情况，但此时它会被忽略，并被作为“拒绝”加以处理。简单来说，唯一可被AppContainer访问的可保护对象只有针对该AppContainer SID或它的某一能力明确配置了ACE的对象，甚至不保护（NULL DACL）的对象也不在此范围内。

这种情况会导致兼容性问题。如果无法访问最基础的文件系统、注册表和对象管理器资源，应用程序又该如何运行？Windows针对这种问题，为每个AppContainer提供了一个自定义执行环境（如果愿意，也可将其称为“牢笼”）。

注意 至此我们已经暗示了每个UWP包应用程序对应一个AppContainer令牌，然而这并不一定暗示着每个AppContainer只能关联一个可执行文件。UWP包可以包含多个可执行文件，所有文件均属于同一个AppContainer。这样它们就可以共享相同的SID和能力，并在相互之间交换数据，例如微服务后端可执行文件和前台前端可执行文件。

（1）AppContainer SID的字符串呈现可用于在对象管理器命名空间的\Sessions\x\AppContainerNamedObjects下创建一个子目录，这会成为命名内核对象的专用目录。随后这个指定的子目录对象会使用AppContainer关联的AppContainer SID通过“全部允许访问”的掩码设置ACL。这一点与桌面应用完全不同，桌面应用全部使用了\Sessions\x\BaseNamedObjects子目录（相同的会话X）。稍后将介绍这种做法的影响，以及由令牌存储句柄的相关要求。

（2）令牌会包含一个LowBox编号，这是一种指向内核在g_SessionLowboxArray全局变量中存储的LowBox Number Entry结构数组的唯一标识符。其中每一个都会映射至一个SEP_LOWBOX_NUMBER_ENTRY结构，而最重要的是，其中还包含了对每个AppContainer都唯一的一个原子表，因为Windows子系统内核模式驱动程序（Win32k.sys）并不允许AppContainer访问全局原子表。

（3）文件系统在%LOCALAPPDATA%下有一个名为ackages的目录，里面包含了所有已安装UWP应用程序的包绰号（AppContainer SID的字符串版本，也就是包的名称）。每个应用程序目录中都包含了与该应用程序相关的目录，如TempState、RoamingState、Settings、LocalCache等，这些目录都会使用与应用程序对应的AppContainer SID通过“允许全部访问”的掩码设置ACL。

（4）Settings目录下有个名为Settings.dat的文件，这是一个注册表配置单元文件，可用于加载应用程序的配置单元。（应用程序配置单元详见卷2第9章。）配置单元充当了应用程序的本地注册表，WinRT API会在这里存储与应用程序有关的各种持久状态。再次提醒：注册表键的ACL会为相关AppContainer SID明确提供“允许全部访问”权限。

这4个“牢笼”使得AppContainer可以安全地在本地存储自己的文件系统、注册表以及原子表，而无须访问系统中敏感的用户和系统区域。话虽如此，但又该如何（至少以只读模式）访问重要的系统文件（如Ntdll.dll和Kernel32.dll）或注册表键（如这些库文件可能需要的注册表键）甚至命名对象（如用于DNS查询的\RPC Control\DNSResolver这个ALPC端口）？在每个UWP应用程序运行或卸载时，重新计算整个目录、注册表键和对象命名空间的ACL进而添加或移除各种SID，这明显不是合理的做法。

为了解决这个问题，安全子系统能够理解一种名为ALLAPPLICATION PACKAGES的特殊组SID，该组SID可以自动将自己绑定给任何AppContainer令牌。很多重要的系统位置，例如%SystemRoot%\System32以及注册表HKLM\Software\Microsoft\Windows\CurrentVersion

键，都会在自己的DACL中包含这个SID，并通常使用“读取”或“读取并执行”访问掩码。对象管理器命名空间中的某些对象也是这样做的，例如对象管理器\RPC Control目录下的ALPC端口DNSResolver。类似的例子还有某些授予执行权限的COM对象。虽然没有正式的文档，但第三方开发者在创建非UWP应用程序时，也可以为自己的资源使用该SID，借此与UWP应用程序交互。

然而，从技术上来说，由于UWP应用程序可以通过自己的WinRT需求加载几乎任何Win32 DLL（因为WinRT就是构建在Win32基础上的），并且由于很难预测某个UWP应用程序到底需要什么，作为预防措施，很多系统资源也会在自己的DACL中包含ALL APPLICATION PACKAGES SID。举例来说，这也就意味着UWP开发者无法禁止自己的应用程序进行DNS查询。这种“超出需求”的访问也会为恶意用户提供一些帮助，例如可以借此逃脱AppContainer沙盒的限制。为了应对这种风险，从版本1607［年度更新（anniversary update）］开始，更新版本的Windows 10开始提供一种额外的安全元素：受限制的AppContainer。

通过使用PROC_THREAD_ATTRIBUTE_ALL_APPLICATION_PACKAGES_POLICY这个进程属性（进程属性的详细信息见第3章），并在进程创建过程中将其设置为PROCESS_CREATION_ALL_APPLICATION_PACKAGES_OPT_OUT，令牌将不再关联给任何指定了ALL APPLICATION PACKAGES SID的ACE，这使得很多原本可以访问的系统资源变得无法访问。此类令牌的区分方法也很简单：查看是否具备第四个令牌属性WIN://NOALLAPPPKG，以及该属性的整数值是否被设置为1。

当然，这就让我们回到了原先的问题：这样的应用程序又该如何加载Ntdll.dll之类的东西？毕竟这是任何进程初始化的关键要素。Windows 10版本1607引入了一个名为ALL RESTRICTED APPLICATION PACKAGES的新组，并借此解决了这个问题。例如，System32目录现在也包含了这个SID，并设置了允许读取和执行的权限，因为即使是对大部分沙盒进程，也必须要加载该目录下的DLL。然而DNSResolver这个ALPC端口未必是必需的，因此这样的AppContainer将无法访问DNS。

实验：查看AppContainer的安全属性

在这个实验中，我们将查看前文提到的一些目录的安全属性。

（1）启动计算器应用。

（2）以提权方式运行Sysinternals提供的WinObj工具，进入计算器应用的AppContainer SID对应的对象目录，如图7-43所示。（这个目录在上一个实验中提到过。）

（3）右击该目录，在弹出的菜单中选择Properties，随后在打开的对话框中选择Security选项卡，就可以看到图7-44所示的界面。计算器应用的AppContainer SID有权列出、添加对象以及添加子目录（拖动该列表还可以看到更多操作），这也就意味着计算器应用可以在该目录下创建内核对象。

（4）打开%LOCALAPPDATA%\Packages\Microsoft.WindowsCalculator_8wekyb3d8bbwe，这是计算器应用的本地文件夹。随后右击Settings子目录，在弹出的菜单中选择Properties，随后在打开的对话框中选择Security选项卡，即可看到计算器的AppContainer SID对该文件夹具备完整权限，如图7-45所示。

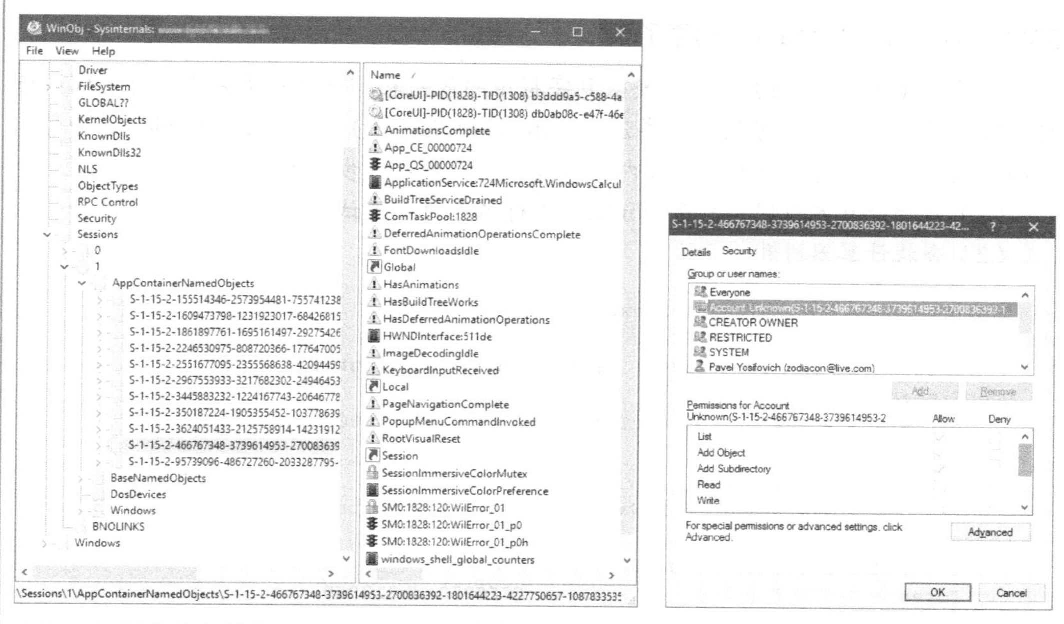

图 7-43 计算器应用的 AppContainer SID 对应的对象目录　　　图 7-44 Security 选项卡

（5）在资源管理器中进入%SystemRoot%目录（例如 C:\Windows），右击 System32 目录，在弹出的菜单中选择 Properties，随后在打开的对话框中选择 Security 选项卡。在这里可以看到，ALL APPLICATION PACKAGES 和 ALL RESTRICTED APPLICATION PACKAGES 都具备读取和执行权限（前提是使用 Windows 10 版本 1607 或后续版本），如图 7-46 所示。

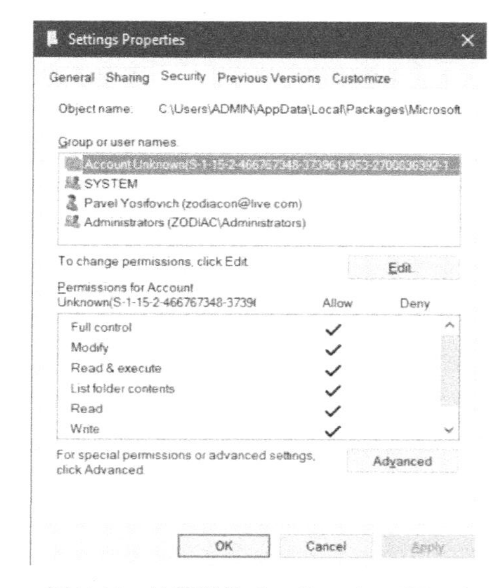

图 7-45 计算器的 AppContainer SID 对该文件夹具备完整权限

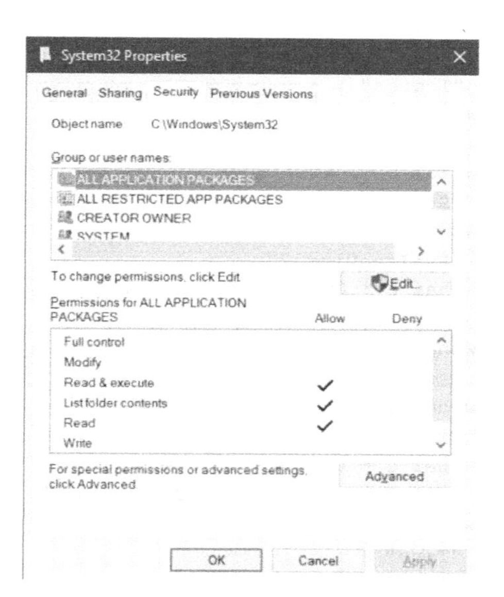

图 7-46 执行操作（5）后的界面

也可以使用 Sysinternals 提供的命令行工具 AccessChk 查看这些信息。

实验：查看 AppContainer 的原子表

原子表（atom table）是一种整数到字符串的散列表，窗口系统会将其用于很多与标识有关的用途，例如 Window 类注册（RegisterClassEx）和自定义 Windows 消息。AppContainer 专用的原子表可通过内核模式调试器查看，步骤如下。

（1）启动计算器应用，打开 WinDbg 进行本地内核调试。

（2）查找计算器进程。

```
lkd> !process 0 1 calculator.exe
PROCESS ffff828cc9ed1080
    SessionId: 1  Cid: 4bd8    Peb: d040bbc000 ParentCid: 03a4
DeepFreeze
    DirBase: 5fccaa000  ObjectTable: ffff950ad9fa2800 HandleCount:
<Data Not Accessible>
    Image: Calculator.exe
    VadRoot ffff828cd2c9b6a0 Vads 168 Clone 0 Private 2938. Modified 3332.
Locked 0.
    DeviceMap ffff950aad2cd2f0
    Token                             ffff950adb313060
   ...
```

（3）在令牌值下可以看到下列表达式。

```
lkd> r? @$t1 = @$t0->NumberOfBuckets
lkd> r? @$t0 = (nt!_RTL_ATOM_TABLE*)((nt!_token*)0xffff950adb313060)-
>LowboxNumberEntry->AtomTable
lkd> .for (r @$t3 = 0; @$t3 < @$t1; r @$t3 = @$t3 + 1) { ?? (wchar_t*)@$t0-
>Buckets[@$t3]->Name }
wchar_t * 0xffff950a'ac39b78a
 "Protocols"
wchar_t * 0xffff950a'ac17b7aa
 "Topics"
wchar_t * 0xffff950a'b2fd282a
 "TaskbarDPI_Deskband"
wchar_t * 0xffff950a'b3e2b47a
 "Static"
wchar_t * 0xffff950a'b3c9458a
 "SysTreeView32"
wchar_t * 0xffff950a'ac34143a
 "UxSubclassInfo"
wchar_t * 0xffff950a'ac5520fa
 "StdShowItem"
wchar_t * 0xffff950a'abc6762a
 "SysSetRedraw"
wchar_t * 0xffff950a'b4a5340a
 "UIA_WindowVisibilityOverridden"
wchar_t * 0xffff950a'ab2c536a
 "True"
...
wchar_t * 0xffff950a'b492c3ea
 "tooltips_class"
wchar_t * 0xffff950a'ac23f46a
 "Save"
wchar_t * 0xffff950a'ac29568a
```

```
  "MSDraw"
wchar_t * 0xffff950a'ac54f32a
  "StdNewDocument"
wchar_t * 0xffff950a'b546127a
  "{FB2E3E59-B442-4B5B-9128-2319BF8DE3B0}"
wchar_t * 0xffff950a'ac2e6f4a
  "Status"
wchar_t * 0xffff950a'ad9426da
  "ThemePropScrollBarCtl"
wchar_t * 0xffff950a'b3edf5ba
  "Edit"
wchar_t * 0xffff950a'ab02e32a
  "System"
wchar_t * 0xffff950a'b3e6c53a
  "MDIClient"
wchar_t * 0xffff950a'ac17a6ca
  "StdDocumentName"
wchar_t * 0xffff950a'ac6cbeea
  "StdExit"
wchar_t * 0xffff950a'b033c70a
  "{C56C5799-4BB3-7FAE-7FAD-4DB2F6A53EFF}"
wchar_t * 0xffff950a'ab0360fa
  "MicrosoftTabletPenServiceProperty"
wchar_t * 0xffff950a'ac2f8fea
  "OLEsystem"
```

2. AppContainer 的能力

如上所述，UWP 应用程序对访问权限的限制非常严格。那么举例来说，Microsoft Edge 应用程序是如何能够解析本地文件系统并打开用户文档文件夹中的 PDF 文件的？类似地，音乐应用是如何播放音乐目录中的 MP3 文件的？无论是通过内核访问检查直接实现，还是使用代理（令牌），关键在于能力 SID。下面来看看能力来自哪里，如何创建，又会在何时使用。

首先，UWP 开发者需要创建应用程序清单来指定有关应用程序的各类细节，例如包名称、徽标、资源、支持的设备等。能力管理的一个重要元素在于清单中的能力列表。例如，我们可以看看 Cortana 的应用程序清单，该清单文件为%SystemRoot%\SystemApps\Microsoft.Windows.Cortana_cw5n1h2txywey\AppxManifest.xml。

```
<Capabilities>
        <wincap:Capability Name="packageContents"/>
        <!-- Needed for resolving MRT strings -->
        <wincap:Capability Name="cortanaSettings"/>
        <wincap:Capability Name="cloudStore"/>
        <wincap:Capability Name="visualElementsSystem"/>
        <wincap:Capability Name="perceptionSystem"/>
        <Capability Name="internetClient"/>
        <Capability Name="internetClientServer"/>
        <Capability Name="privateNetworkClientServer"/>
        <uap:Capability Name="enterpriseAuthentication"/>
        <uap:Capability Name="musicLibrary"/>
        <uap:Capability Name="phoneCall"/>
        <uap:Capability Name="picturesLibrary"/>
```

```
        <uap:Capability Name="sharedUserCertificates"/>
        <rescap:Capability Name="locationHistory"/>
        <rescap:Capability Name="userDataSystem"/>
        <rescap:Capability Name="contactsSystem"/>
        <rescap:Capability Name="phoneCallHistorySystem"/>
        <rescap:Capability Name="appointmentsSystem"/>
        <rescap:Capability Name="chatSystem"/>
        <rescap:Capability Name="smsSend"/>
        <rescap:Capability Name="emailSystem"/>
        <rescap:Capability Name="packageQuery"/>
        <rescap:Capability Name="slapiQueryLicenseValue"/>
        <rescap:Capability Name="secondaryAuthenticationFactor"/>
        <DeviceCapability Name="microphone"/>
        <DeviceCapability Name="location"/>
        <DeviceCapability Name="wiFiControl"/>
    </Capabilities>
```

在这个列表中可以看到很多类型的项。例如Capability项包含了与最初在Windows 8中实现的能力集相互关联的知名SID。它们的名称以SECURITY_CAPABILITY_开头，例如SECURITY_CAPABILITY_INTERNET_CLIENT，同时也是APPLICATION PACKAGE AUTHORITY能力RID的一部分。因此我们就可以获得一个可以用字符串格式表示为S-1-15-3-1的SID。

其他项均使用了uap、rescap和wincap前缀。其中之一（rescap）代表受限制的能力。使用这些能力的应用需要经过微软与客户的特殊批准才能发布到商店。以Cortana为例，它就包含了诸如访问手机短信、邮件、联系人、位置和用户数据的能力。另一方面，Windows能力则是指为Windows和系统应用程序保留的能力。通过商店发布的应用程序无法使用这些能力。最后，UAP能力是指任何人都可以向商店申请的标准能力（UAP是UWP的曾用名）。

与需要映射至硬编码RID的第一组能力不同，后面这些能力是以不同方式实现的。这避免了必须不断维护知名RID列表。相反，在这种模式下，我们可以随时全面定制和更新能力。为此只需要获取能力字符串，将其转换为全部字母大写的形式，并对产生的字符串计算SHA-2散列，类比来看，正如AppContainer包SID恰好是包绰号的SHA-2散列一样。再次提醒，SHA-2散列长度为32字节，因此每个能力可以获得8个RID，随后还有一个知名的SECURITY_CAPABILITY_BASE_RID(3)。

最后，你可能注意到还有几个DeviceCapability项。这些代表UWP应用程序需要访问的设备类，同样可通过知名字符串（如前文提到的那些）或直接通过设备类GUID加以标识。SID的创建并未使用前文提过的两种方法，而是使用了第三种方法！对于此类能力，会将GUID转换为二进制格式，随后向外映射（map out）至4个RID（每个GUID有16字节）。另外，如果指定了知名的名称，则需要首先将其转换为GUID。这是通过查找注册表HKLM\Software\Microsoft\Windows\CurrentVersion\DeviceAccess\CapabilityMappings键实现的，该键包含与设备能力有关的注册表键列表，以及映射至这些能力的GUID列表。随后GUID便会转换为我们所看到的SID。

在将所有这些能力编码到令牌的过程中，我们还用到下列两条规则。

（1）上一个实验中我们可能已经注意到，每个AppContainer令牌包含自己的、以能力形式编码的包SID。该SID可用于供能力系统通过常见的安全检查针对特定应用进行特殊的锁定访问，而无须分别获取并验证包 SID。

（2）在常规的 8 个能力散列 RID 之前，每个能力会使用 SECURITY_CAPABILITY_APP_RID(1024) RID 作为额外的子机构重编码为组 SID。

在将能力编码到令牌后，系统中的不同组件将读取令牌来判断是否应该允许 AppContainer 所要执行的操作。大家会发现，大部分这些 API 都未提供文档，因为与 UWP 应用程序的通信和互操作目前尚未得到官方支持，这个任务最好交给 Broker 服务、内置驱动程序或内核组件处理。例如，内核和驱动程序可以使用 RtlCapabilityCheck API 验证对某些硬件接口或 API 的访问。

举例来说，电源管理器在允许 AppContainer 关闭屏幕的请求前，可检查 ID_CAP_SCREENOFF 能力。蓝牙端口驱动程序可检查 bluetoothDiagnostics 能力，应用程序标识驱动程序可通过 enterpriseDataPolicy 能力检查对企业数据保护（Enterprise Data Protection，EDP）的支持情况。在用户模式下，则可使用已经提供了文档的 CheckTokenCapability API，不过它必须知道能力 SID，而非名称（不过未提供文档的 RtlDeriveCapabilitySidFromName 可以生成该 SID）。另一个选项是未提供文档的 CapabilityCheck API，它可以接受字符串。

最后，很多 RPC 服务会利用 RpcClientCapabilityCheck API，这是一种助手函数，可以处理令牌获取方面的工作，只需要向它提供能力字符串。该函数主要被很多与 WinRT 有关的服务和代理（broker）使用，可以借助 RPC 与 UWP 客户端应用程序通信。

实验：查看 AppContainer 的能力

为了清晰地展示所有这些能力的组合以及它们在令牌中的数量，我们可以看看类似 Cortana 这种复杂应用的能力。之前已经展示了它的清单，因此可以将清单内容与图 7-47

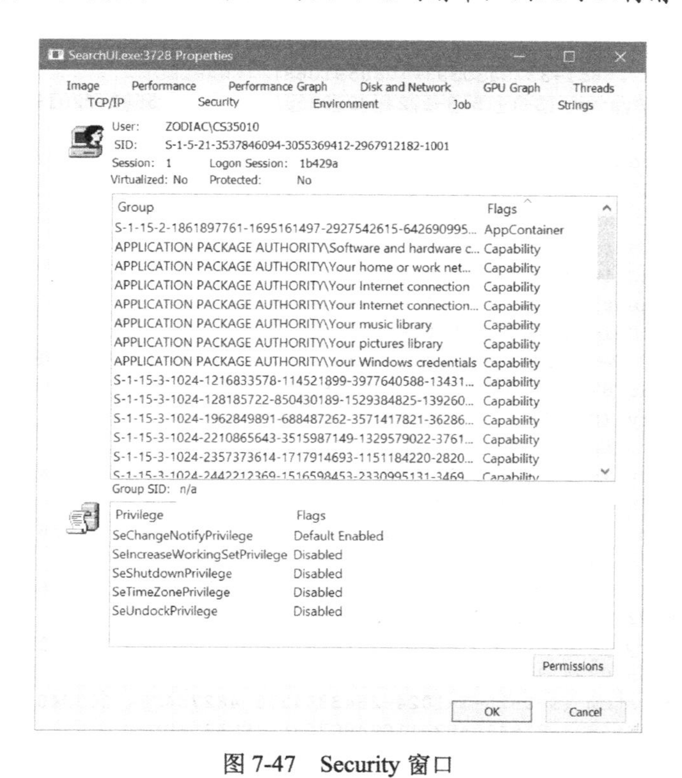

图 7-47 Security 窗口

进行对比。首先，可以看看 SearchUI.exe 属性窗口 Security 选项卡显示的下列内容（按照 Flags 列排序）。

显然，Cortana 获得了很多能力，清单中列出的能力都被获取了。一些能力最早出现在 Windows 8 中，对应了一些已知的函数，例如 IsWellKnownSid，对于它们，Process Explorer 会显示友好的名称。其他能力只显示了 SID，因为它们可能代表了散列或 GUID，下文将会讨论这个问题。

为了进一步了解创建 UWP 进程的包所涉及的详细信息，我们可以使用本书随附资源提供的 UWPList 工具。该工具可以显示系统中的所有沉浸式进程，或通过指定 ID 显示单个进程。

```
C:\WindowsInternals>UwpList.exe 3728
List UWP Processes - version 1.1 (C)2016 by Pavel Yosifovich

Building capabilities map... done.

Process ID: 3728
----------------
Image name: C:\Windows\SystemApps\Microsoft.Windows.Cortana_cw5n1h2txyewy\SearchUI.exe
Package name: Microsoft.Windows.Cortana
Publisher: CN=Microsoft Windows, O=Microsoft Corporation, L=Redmond, S=Washington, C=US
Published ID: cw5n1h2txyewy
Architecture: Neutral
Version: 1.7.0.14393
AppContainer SID: S-1-15-2-1861897761-1695161497-2927542615-642690995-327840285-
2659745135-2630312742
Lowbox Number: 3
Capabilities: 32
cortanaSettings (S-1-15-3-1024-1216833578-114521899-3977640588-1343180512-
2505059295-473916851-3379430393-3088591068) (ENABLED)
visualElementsSystem (S-1-15-3-1024-3299255270-1847605585-2201808924-710406709-
3613095291-873286183-3101090833-2655911836) (ENABLED)
perceptionSystem (S-1-15-3-1024-34359262-2669769421-2130994847-3068338639-
3284271446-2009814230-2411358368-814686995) (ENABLED)
internetClient (S-1-15-3-1) (ENABLED)
internetClientServer (S-1-15-3-2) (ENABLED)
privateNetworkClientServer (S-1-15-3-3) (ENABLED)
enterpriseAuthentication (S-1-15-3-8) (ENABLED)
musicLibrary (S-1-15-3-6) (ENABLED)
phoneCall (S-1-15-3-1024-383293015-3350740429-1839969850-1819881064-1569454686-
4198502490-78857879-1413643331) (ENABLED)
picturesLibrary (S-1-15-3-4) (ENABLED)
sharedUserCertificates (S-1-15-3-9) (ENABLED)
locationHistory (S-1-15-3-1024-3029335854-3332959268-2610968494-1944663922-
1108717379-267808753-1292335239-2860040626) (ENABLED)
userDataSystem (S-1-15-3-1024-3324773698-3647103388-1207114580-2173246572-
4287945184-2279574858-157813651-603457015) (ENABLED)
contactsSystem (S-1-15-3-1024-2897291008-3029319760-3330334796-465641623-3782203132-
742823505-3649274736-3650177846) (ENABLED)
phoneCallHistorySystem (S-1-15-3-1024-2442212369-1516598453-2330995131-3469896071-
605735848-2536580394-3691267241-2105387825) (ENABLED)
appointmentsSystem (S-1-15-3-1024-2643354558-482754284-283940418-2629559125-
2595130947-547758827-818480453-1102480765) (ENABLED)
chatSystem (S-1-15-3-1024-2210865643-3515987149-1329579022-3761842879-3142652231-
```

```
371911945-4180581417-4284864962) (ENABLED)
smsSend (S-1-15-3-1024-128185722-850430189-1529384825-139260854-329499951-
1660931883-3499805589-3019957964) (ENABLED)
emailSystem (S-1-15-3-1024-2357373614-1717914693-1151184220-2820539834-3900626439-
4045196508-2174624583-3459390060) (ENABLED)
packageQuery (S-1-15-3-1024-1962849891-688487262-3571417821-3628679630-802580238-
1922556387-206211640-3335523193) (ENABLED)
slapiQueryLicenseValue (S-1-15-3-1024-3578703928-3742718786-7859573-1930844942-
2949799617-2910175080-1780299064-4145191454) (ENABLED)
S-1-15-3-1861897761-1695161497-2927542615-642690995-327840285-2659745135-2630312742
(ENABLED)
S-1-15-3-787448254-1207972858-3558633622-1059886964 (ENABLED)
S-1-15-3-3215430884-1339816292-89257616-1145831019 (ENABLED)
S-1-15-3-3071617654-1314403908-1117750160-3581451107 (ENABLED)
S-1-15-3-593192589-1214558892-284007604-3553228420 (ENABLED)
S-1-15-3-3870101518-1154309966-1696731070-4111764952 (ENABLED)
S-1-15-3-2105443330-1210154068-4021178019-2481794518 (ENABLED)
S-1-15-3-2345035983-1170044712-735049875-2883010875 (ENABLED)
S-1-15-3-3633849274-1266774400-1199443125-2736873758 (ENABLED)
S-1-15-3-2569730672-1095266119-53537203-1209375796 (ENABLED)
S-1-15-3-2452736844-1257488215-2818397580-3305426111 (ENABLED)
```

输出结果显示了包全名、可执行目录、AppContainer SID、发行商信息、版本以及能力列表。此外还会显示 LowBox 编号，这实际上是该应用的本地索引。

最后，我们可以在内核模式调试器中通过!token 命令检查这些属性。

一些 UWP 应用是可信的，虽然它们像其他 UWP 应用一样使用 Windows Runtime 平台，但不在 AppContainer 内部运行，且完整性级别高于“低”，例如系统设置应用(%SystemRoot%\ImmersiveControlPanel\SystemSettings.exe)。不过这也很合理，毕竟设置应用必须能对系统进行改动，而这些改动是无法通过 AppContainer 承载的进程实现的。如果检查它的令牌，我们会发现 3 个相同的属性：PKG、SYSAPPID 和 PKGHOSTID。这也确认了它依然是打包的应用程序，尽管其中并不包含 AppContainer 令牌。

3．AppContainer 和对象命名空间

桌面应用程序可以通过名称很轻松地共享内核对象。例如假设进程 A 调用 CreateEvent(Ex)，使用 MyEvent 为名创建了一个事件对象，随后可以获得一个句柄，稍后即可借此操作该事件对象。运行在同一个会话中的进程 B 可以用相同的名称，即 MyEvent 调用 CreateEvent(Ex) 或 OpenEvent，并且（假设进程 B 具备必要的权限，如果运行在同一个会话中，通常该假设均可成立）针对相同的底层事件对象获得了另一个句柄。随后，如果进程 A 针对该事件对象调用 SetEvent，而同时进程 B 在针对自己的进程句柄调用 WaitForSingleObject 时被阻塞，进程 B 的等待线程将会被释放，因为这是同一个事件对象。这种共享得以生效，原因在于命名对象实际上被创建在对象管理器的\Sessions\x\BaseNamedObjects 目录下，例如图 7-48 所示的就是使用 Sysinternals 的 WinObj 工具查看的结果。

此外，桌面应用可以用带 Global\前缀的名称在会话之间共享对象。这样即可在会话 0 的对象目录，即\BaseNamedObjects 下创建对象，如图 7-48 所示。

AppContainer 进程具有自己的根对象命名空间：\Sessions\x\AppContainerNamedObjects\

<AppContainerSID>。由于每个 AppContainer 的 AppContainer SID 各异，因此两个 UWP 应用无法共享内核对象。AppContainer 进程也无法在会话 0 对象命名空间中创建命名的内核对象。图 7-49 显示了 Windows UWP 计算器应用的对象管理器目录。

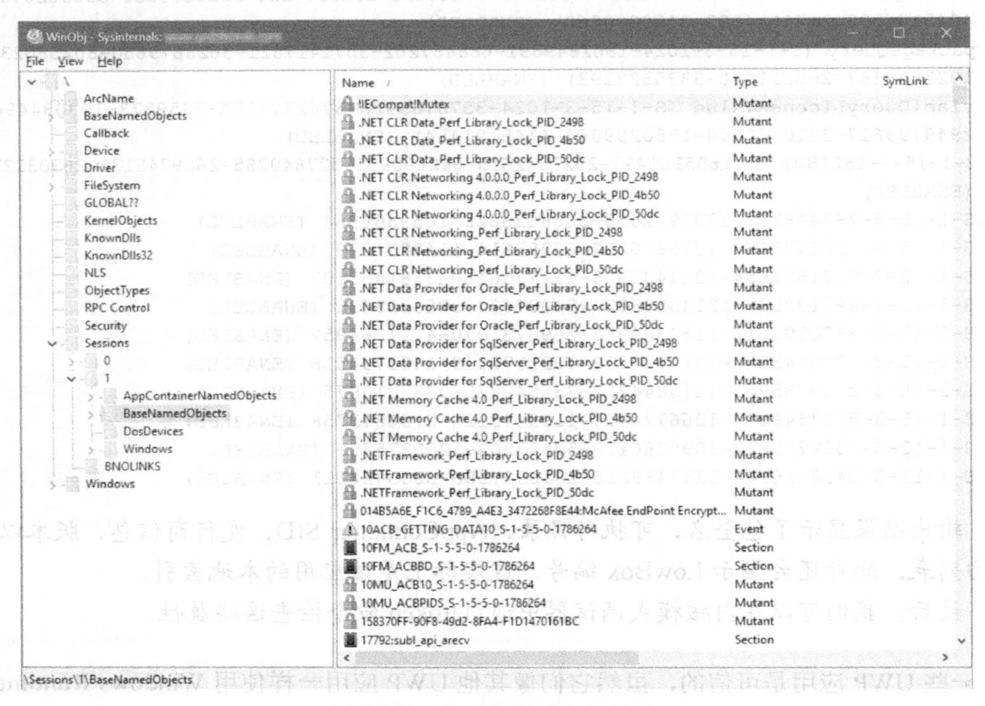

图 7-48　命名对象的对象管理器目录

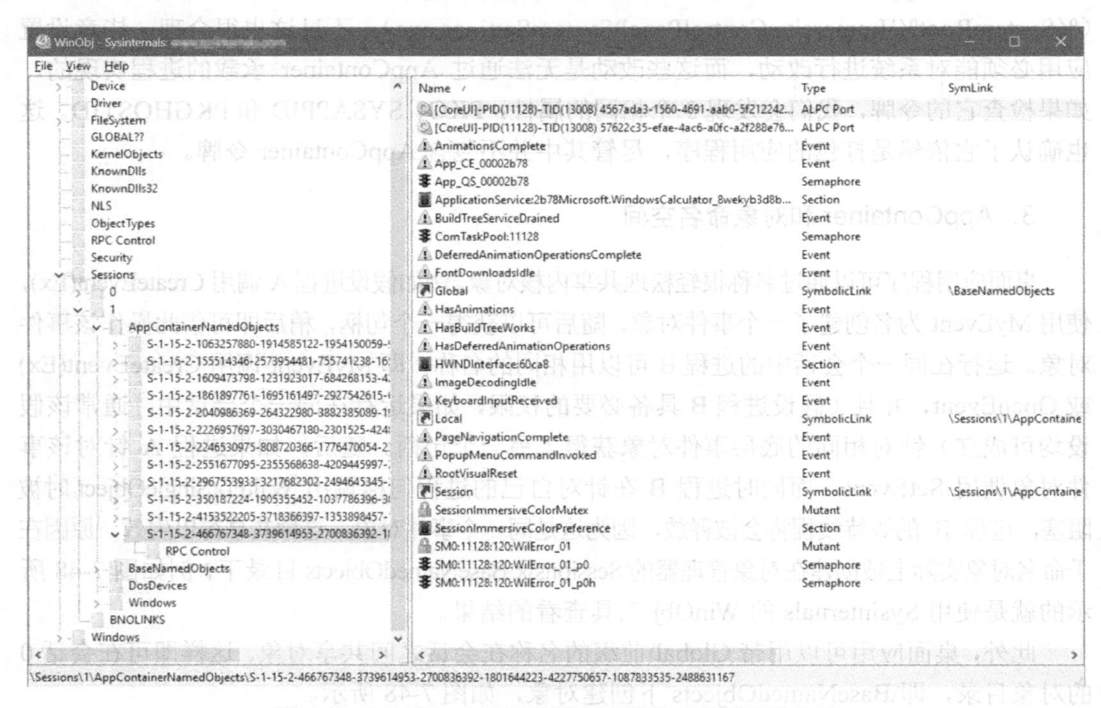

图 7-49　Windows UWP 计算器应用的对象管理器目录

如果 UWP 应用需要共享数据，可以使用明确定义的合约（contract），这些合约由 Windows Runtime 管理。（详情请参阅 MSDN 文档。）

在桌面应用和 UWP 应用之间可以共享内核对象，这通常是通过 Broker 服务实现的。例如在从文件选择器（file picker）Broker 中请求访问“文档”文件夹中的文件（并对相应能力进行验证）时，UWP 应用可以获得一个文件句柄，借此即可直接读写文件而无须来回封送请求。为了实现这一点，Broker 会直接在 UWP 应用程序的句柄表中为自己获得的文件句柄创建副本。（有关句柄副本的内容见卷 2 第 8 章。）为了更进一步地简化这个过程，ALPC 子系统（同样详见第 8 章）可以通过这种方式借助 ALPC 句柄属性自动传输句柄。而远程过程调用（RPC）服务可以使用 ALPC 作为底层协议，并将该功能用在自己的接口中。IDL 文件中可封送的句柄会通过这种方式传递给 ALPC 子系统。

在官方的 Broker RPC 服务之外，桌面应用可以正常创建命名（或未命名）对象，随后使用 DuplicateHandle 函数手动将句柄注入 UWP 进程的同一个对象中。能够这样做的原因在于，桌面应用通常运行在中完整性级别下，因此在将句柄复制到 UWP 进程的过程中不会遇到任何阻碍，但反过来就不行了。

注意 桌面应用和 UWP 应用之间的通信通常并非必需的，因为商店应用不能具备提供助手作用（companion）的桌面应用，也不能指望设备中会存在这样的应用。将句柄注入 UWP 应用的能力可能还被用于一些特殊情况下，例如使用 Desktop Bridge（Centennial）将桌面应用转制为 UWP 应用，并与其他已知存在的桌面应用通信。

4. AppContainer 的句柄

在典型的 Win32 应用程序中，会话本地和全局 BaseNamedObjects 目录的存在可由 Windows 子系统来担保，Windows 子系统会在系统引导和创建会话时创建这些目录。然而 AppContainerBaseNamedObjects 目录实际上是由所启动的应用程序自身创建的。在 UWP 激活的过程中，将由受信任的 DComLaunch 服务负责创建，但也别忘了，并非所有 AppContainers 都必须捆绑至 UWP，因此也可以由恰当的进程创建属性手动创建。（有关具体使用哪个属性的详细信息请参阅第 3 章。）这种情况下，不受信任的应用程序也有可能创建对象目录（并在其中创建所需的符号链接），借此这个应用程序就可以关闭下层 AppContainer 应用程序的句柄。即使没有什么恶意的意图，此时最初启动的应用程序也可能会退出，并导致自己的句柄被清理，以及与 AppContainer 有关的对象目录被销毁。为避免出现这种情况，AppContainer 令牌能够存储一个句柄数组，并可保证在使用该令牌的任何应用程序的完整生命周期内，这个句柄数组都会一直存在。这些句柄最初是在创建 AppContainer 令牌时（通过 NtCreateLowBoxToken）传入的，也会和内核句柄一样进行复制。

与每个 AppContainer 的原子表类似，我们还需要一种特殊的 SEP_CACHED_HANDLES_ENTRY 结构，不过这个结构会基于用户登录会话结构中所存储的散列表来创建。（有关登录会话的详细介绍见 7.10 节。）这个结构包含了一个由创建 AppContainer 令牌时复制的内核句柄组成的数组。如果（因为应用程序退出导致）该令牌被销毁，或如果用户注销（会导致整个登录会话被销毁），这些句柄也会被关闭。

实验：查看令牌存储的句柄

若要查看令牌存储的句柄，请执行如下操作。

（1）运行计算器并启动本地内核调试。

（2）搜索 Calculator 进程。

```
lkd> !process 0 1 calculator.exe
PROCESS ffff828cc9ed1080
    SessionId: 1  Cid: 4bd8    Peb: d040bbc000  ParentCid: 03a4
DeepFreeze
    DirBase: 5fccaa000  ObjectTable: ffff950ad9fa2800  HandleCount:
<Data Not Accessible>
    Image: Calculator.exe
    VadRoot ffff828cd2c9b6a0 Vads 168 Clone 0 Private 2938. Modified 3332.
Locked 0.
    DeviceMap ffff950aad2cd2f0
    Token                             ffff950adb313060
    ElapsedTime                       1 Day 08:01:47.018
    UserTime                          00:00:00.015
    KernelTime                        00:00:00.031
    QuotaPoolUsage[PagedPool]         465880
    QuotaPoolUsage[NonPagedPool]      23288
    Working Set Sizes (now,min,max)  (7434, 50, 345) (29736KB, 200KB, 1380KB)
    PeakWorkingSetSize                11097
    VirtualSize                       303 Mb
    PeakVirtualSize                   314 Mb
    PageFaultCount                    21281
    MemoryPriority                    BACKGROUND
    BasePriority                      8
    CommitCharge                      4925
    Job                               ffff828cd4914060
```

（3）使用 dt 命令转储令牌。（如果下方的第 3 和第 4 位非零，记得为其添加掩码。）

```
lkd> dt nt!_token ffff950adb313060
   +0x000 TokenSource      : _TOKEN_SOURCE
   +0x010 TokenId          : _LUID
   +0x018 AuthenticationId : _LUID
   +0x020 ParentTokenId    : _LUID
   ...
   +0x0c8 TokenFlags       : 0x4a00
   +0x0cc TokenInUse       : 0x1 ''
   +0x0d0 IntegrityLevelIndex : 1
   +0x0d4 MandatoryPolicy  : 1
   +0x0d8 LogonSession     : 0xffff950a'b4bb35c0 _SEP_LOGON_SESSION_REFERENCES
   +0x0e0 OriginatingLogonSession : _LUID
   +0x0e8 SidHash          : _SID_AND_ATTRIBUTES_HASH
   +0x1f8 RestrictedSidHash : _SID_AND_ATTRIBUTES_HASH
   +0x308 pSecurityAttributes : 0xffff950a'e4ff57f0 _AUTHZBASEP_SECURITY_
ATTRIBUTES_INFORMATION
   +0x310 Package          : 0xffff950a'e00ed6d0 Void
   +0x318 Capabilities     : 0xffff950a'e8e8fbc0 _SID_AND_ATTRIBUTES
   +0x320 CapabilityCount  : 1
   +0x328 CapabilitiesHash : _SID_AND_ATTRIBUTES_HASH
   +0x438 LowboxNumberEntry : 0xffff950a'b3fd55d0 _SEP_LOWBOX_NUMBER_ENTRY
```

```
    +0x440 LowboxHandlesEntry : 0xffff950a'e6ff91d0 _SEP_LOWBOX_HANDLES_ENTRY
    +0x448 pClaimAttributes : (null)
    ...
```

（4）转储 LowboxHandlesEntry 成员。

```
lkd> dt nt!_sep_lowbox_handles_entry 0xffff950a'e6ff91d0
    +0x000 HashEntry          : _RTL_DYNAMIC_HASH_TABLE_ENTRY
    +0x018 ReferenceCount     : 0n10
    +0x020 PackageSid         : 0xffff950a'e6ff9208 Void
    +0x028 HandleCount        : 6
    +0x030 Handles            : 0xffff950a'e91d8490 -> 0xffffffff'800023cc Void
```

（5）可以看到共有 6 个句柄，转储它们的值。

```
lkd> dq 0xffff950ae91d8490 L6
ffff950a'e91d8490  ffffffff'800023cc ffffffff'80001e80
ffff950a'e91d84a0  ffffffff'80004214 ffffffff'8000425c
ffff950a'e91d84b0  ffffffff'800028c8 ffffffff'80001834
```

（6）我们可以看到，这些句柄均为内核句柄，也就是说，句柄值始于 0xffffffff（64 位）。随后我们可以使用!handle 命令查看每个句柄。例如上述 6 个句柄中的两个，其内容如下。

```
lkd> !handle ffffffff'80001e80

PROCESS ffff828cd71b3600
    SessionId:  1  Cid: 27c4    Peb: 3fdfb2f000 ParentCid: 2324
    DirBase: 80bb85000 ObjectTable: ffff950addabf7c0 HandleCount:
<Data Not Accessible>
    Image: windbg.exe

Kernel handle Error reading handle count.

80001e80: Object: ffff950ada206ea0 GrantedAccess: 0000000f (Protected)
(Inherit) (Audit) Entry: ffff950ab5406a00
Object: ffff950ada206ea0 Type: (ffff828cb66b33b0) Directory
    ObjectHeader: ffff950ada206e70 (new version)
        HandleCount: 1 PointerCount: 32770
        Directory Object: ffff950ad9a62950 Name: RPC Control

        Hash Address          Type                      Name
        ---- -------          ----                      ----
        23   ffff828cb6ce6950 ALPC Port
OLE376512B99BCCA5DE4208534E7732
lkd> !handle ffffffff'800028c8

PROCESS ffff828cd71b3600
    SessionId: 1 Cid: 27c4 Peb: 3fdfb2f000 ParentCid: 2324
    DirBase: 80bb85000 ObjectTable: ffff950addabf7c0 HandleCount: <Data
Not Accessible>
    Image: windbg.exe

Kernel handle Error reading handle count.

800028c8: Object: ffff950ae7a8fa70 GrantedAccess: 000f0001 (Audit) Entry:
ffff950acc426320
```

```
Object: ffff950ae7a8fa70 Type: (ffff828cb66296f0) SymbolicLink
    ObjectHeader: ffff950ae7a8fa40 (new version)
        HandleCount: 1 PointerCount: 32769
        Directory Object: ffff950ad9a62950 Name: Session
        Flags: 00000000 ( Local )
        Target String is '\Sessions\1\AppContainerNamedObjects
\S-1-15-2-466767348-3739614953-2700836392-1801644223-4227750657
-1087833535-2488631167'
```

最后，因为对沙盒命名对象的访问来说，将命名对象限制在特定对象目录命名空间中的能力是一种很有价值的安全工具，所以（在撰写本文时）即将发布的 Windows 10 创意者更新包含了一种名为 BNO 隔离（BNO 代表 BaseNamedObjects）的新增令牌能力。该功能使用了相同的 SEP_CACHE_HANDLES_ENTRY 结构，并为 TOKEN 结构添加了一个新字段——BnoIsolationHandlesEntry，其类型被设置为 SepCachedHandlesEntryBnoIsolation 而非 SepCachedHandlesEntryLowbox。若要使用该功能，需要使用一个特殊的进程属性（见第 3 章），该属性包含了隔离前缀和句柄列表。目前实际使用了相同的 LowBox 机制，但实际上并未使用 AppContainer SID 对象目录，而是使用了属性所指示的前缀中指定的目录。

5. Broker

由于除了能力所明确授予的权限外，AppContainer 进程几乎没有其他任何权限，因此 AppContainer 无法执行某些常用操作，进而需要帮助。（这些操作并没有对应的能力，因为它们工作在非常底层的位置，无法由用户在商店中查看，并且非常难以管理。）例如使用通用的文件打开对话框选择文件，或使用打印对话框打印内容。对于此类以及其他类似操作，Windows 提供了名为 Broker 的帮手进程，该进程由系统 Broker 进程 RuntimeBroker.exe 负责管理。

任何需要此类服务的 AppContainer 进程可以通过安全的 ALPC 通道与 Runtime Broker 通信，随后 Runtime Broker 会开始创建所请求的 Broker 进程，例如%SystemRoot%\PrintDialog\PrintDialog.exe 和%SystemRoot%\System32\PickerHost.exe。

实验：Broker

下列操作可以用于观察 Broker 进程的启动和终止方式。

（1）单击 Start 按钮，输入 Photos，随后选择 Photos 选项启动 Windows 10 自带的照片应用。

（2）打开 Process Explorer 窗口（见图 7-50），将进程列表切换至树形图，并找到 Microsoft.Photos.exe 进程。将两个窗口并列显示。

（3）在照片应用中选择一个图片文件，并在顶部的省略号菜单中单击 Print 按钮，或右击图片并从弹出菜单中选择 Print。随后将打开 Print 对话框，而 Process Explorer 应该会显示出新建的 Broker（PrintDialog.exe）。注意，它们均为同一个 Svchost 进程的子进程。（所有 UWP 进程均需要通过该进程承载的 DCOMLaunch 服务启动。）

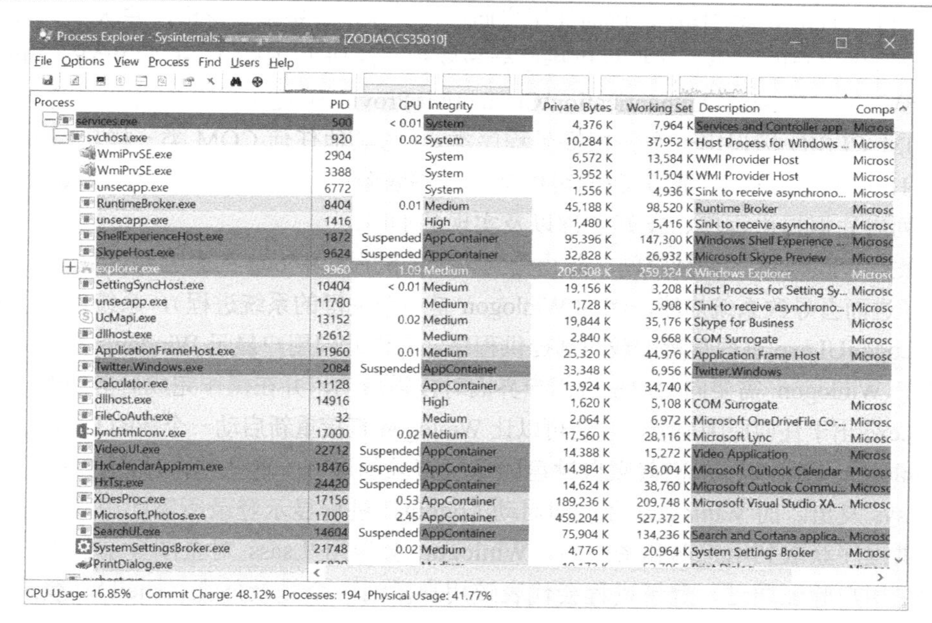

图 7-50 Process Explorer 窗口

（4）关闭 Print 对话框，PrintDialog.exe 进程将会退出。

7.10 登录

交互式登录（而非网络登录）可通过与下列内容交互来进行。

（1）登录进程（Winlogon.exe）。

（2）登录用户界面进程（LogonUI.exe）及其凭据提供程序。

（3）Lsass.exe。

（4）一个或多个身份验证包。

（5）SAM 或 Active Directory。

身份验证包是一种执行身份验证检查的 DLL。如果要交互式登录到域，Windows 所用的身份验证包将会是 Kerberos；如果要交互式登录到本地计算机，或如果域登录至 Windows 2000 之前的域，或域控制器不可访问，此时所用的 Windows 身份验证包为 MSV1_0。

Winlogon 是一个可信进程，负责管理与安全有关的用户交互。它负责协调登录过程，在登录后启动用户的第一个进程，并处理注销操作。同时它还管理了与安全有关的多种其他操作，例如启动 LogonUI 以供用户在登录时输入密码、更改密码，以及锁定和解锁工作站。Winlogon 进程必须确保与安全有关的操作对其他任何活动进程都是不可见的。例如，Winlogon 可以保证不受信任的进程无法在执行这些操作时控制桌面进而访问到密码。

Winlogon 需要依赖系统中安装的凭据提供程序来获取用户的账户名和密码。凭据提供程序是一种位于 DLL 内部的 COM 对象，默认的提供程序为 authui.dll、SmartcardCredentialProvider.dll 和 FaceCredentialProvider.dll，分别用于支持密码、智能卡 PIN 码以及面部识别身份验证。通过允许安装其他凭据提供程序，Windows 即可使用不同的用户标识机制。例如第三方可能提供自己的凭据提供程序，进而让用户通过指纹识别设备验证身份，并从一个加密的数据库中提取出用户的密码。凭据提供程序会被罗列在注册表 HKLM\SOFTWARE\Microsoft\Windows\CurrentVersion\Authentication\Credential Providers 键下，其中每个子键可通过相应的 COM CLSID 标识出一个凭据提供程序类。（与其他任何 COM 类一样，CLSID 本身必须向 HKCR\CLSID 注册。）我们可以使用本书随附资源中提供的 CPlist.exe 工具按照 CLSID 列出凭据提供程序、友好名称以及实现的 DLL。

为保护 Winlogon 的地址空间，防止受到凭据提供程序中 bug 的影响而导致 Winlogon 进程崩溃（进而会导致系统崩溃，因为 Winlogon 是一个关键的系统进程），系统使用了另一个单独的 LogonUI.exe 进程负责加载凭据提供程序，并借此向用户显示 Windows 登录界面。该进程可在 Winlogon 需要向用户呈现用户界面时按需启动，并在操作完成后自动退出。如果 LogonUI.exe 出于任何原因崩溃，它还可以让 Winlogon 直接重新启动一个新的 LogonUI 进程。

Winlogon 是唯一一个拦截来自键盘的登录请求的进程。这些请求或通过 RPC 消息从 Win32k.sys 发出，而 Winlogon 会立即启动 LogonUI 进程显示登录所需的用户界面。在从凭据提供程序获取到用户名和密码后，Winlogon 会调用 Lsass 对企图登录的用户进行验证。如果用户验证通过，登录进程会代表该用户激活一个登录外壳（shell）。登录过程所涉及不同组件之间的交互如图 7-51 所示。

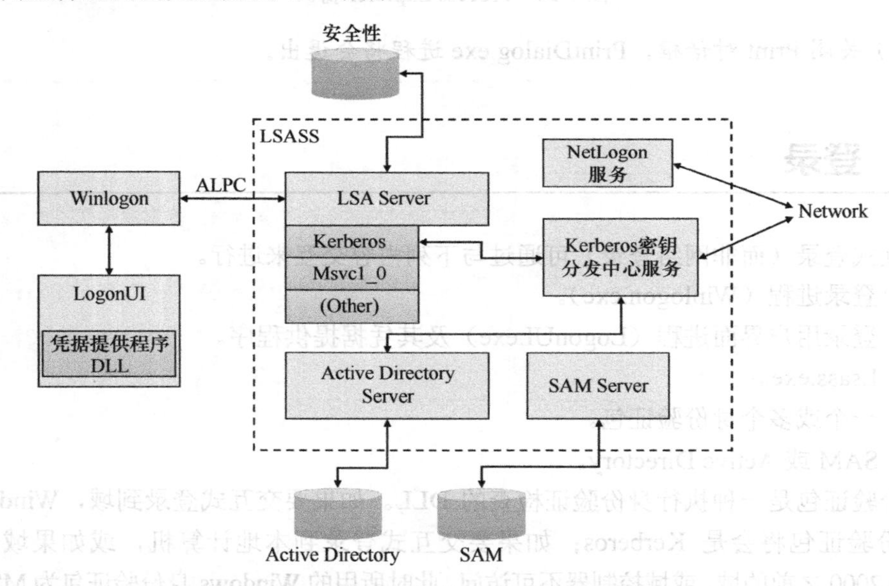

图 7-51　登录所涉及不同组件之间的交互

除了支持备选的凭据提供程序，LogonUI 还可加载为执行辅助身份验证所需的其他网络提供程序 DLL。借此即可通过多个网络提供程序在常规登录过程中一次性收集标识信息和身份验证信息。登录到 Windows 系统的用户可能还会同时向 Linux 服务器进行认证，随后该用户就可以从 Windows 计算机直接访问 UNIX 服务器上的资源，而无须额外进行身份验证。这种能力也算是一种形式的单一登录（single sign-on）。

7.10.1　Winlogon 的初始化

在系统初始化过程中，任何用户应用程序被激活前，Winlogon 会执行下列步骤，以确保一旦系统准备好接受用户交互，自己能够控制整个工作站。

（1）创建并打开一个代表键盘、鼠标和显示器的交互式窗口站（如对象管理器命名空间中的\Sessions\1\Windows\WindowStations\WinSta0）。Winlogon 会为这个窗口站创建一个安全描述符，该安全描述符有且只有一个 ACE，其中仅包含了 System SID。这个唯一安全描述符确保了除非明确获得 Winlogon 允许，任何进程都无法访问该工作站。

（2）创建并打开两个桌面：一个应用程序桌面（\Sessions\1\Windows\WinSta0\Default，也叫作交互式桌面）以及一个 Winlogon 桌面（\Sessions\1\Windows\WinSta0\Winlogon，也叫作安全桌面）。Winlogon 桌面也将建立必要的安全机制，仅 Winlogon 能够访问该桌面。另一个桌面可供 Winlogon 和用户访问。这种安排意味着当任何时候 Winlogon 桌面处于活动状态时，其他进程都无法访问与该桌面有关的任何活动代码或数据。Windows 使用该功能保护与密码有关的安全操作，以及桌面的锁定和解锁操作。

（3）在任何用户登录到计算机之前，仅 Winlogon 桌面可见。当用户登录后，按下 SAS 按键序列（默认为 Ctrl+Alt+Del 组合键）即可从默认桌面切换至 Winlogon 桌面并启动 LogonUI。（因此在按下 Ctrl+Alt+Del 组合键后，交互式桌面上显示的所有窗口看似都消失了，但关闭 Windows 安全性对话框后，这些窗口又会重新出现。）借助这样的设计，SAS 始终可以触发由 Winlogon 控制的安全桌面。

（4）调用 LsaRegisterLogonProcess 与 Lsass 建立一个 ALPC 连接。该连接可用于在登录、注销、密码操作过程中交换信息。

（5）为 Winlogon 注册 RPC 消息服务器，该服务器将监听来自 Win32k 的，有关 SAS、注销以及工作站锁定的通知。这种方法可以防止特洛伊木马程序在用户按下 SAS 按键序列后获得屏幕控制权。

注意 Wininit 进程执行了类似上述第（1）和第（2）步的操作，借此可以会话 0 中运行的遗留交互式服务显示窗口，但 Wininit 并不执行其他操作，因为会话 0 不能用于用户登录。

SAS 是如何实现的

SAS 是安全的，因为其他应用程序都无法拦截 Ctrl+Alt+Del 组合键，或阻止 Winlogon 接受该按键组合。Ctrl+Alt+Del 组合键是为 Win32k.sys 预留的，因此只要 Windows 输入系统［在 Win32k 中以原始输入线程（raw input thread）的形式实现］看到这样的组合，就会向持续监听此类通知的 Winlogon 的消息服务器发送一条 RPC 消息。映射至任何一个快捷键的按键组合，都只会发送给注册了该按键组合的进程，并且只有注册了该快捷键的线程才可以撤销这个注册，因此特洛伊木马应用程序无法撤销 Winlogon 注册的 SAS。

Windows 函数 SetWindowsHookEx 可以让应用程序安装挂接程序（hook procedure），每当按下按键组合后都会调用该挂接程序，甚至会在处理快捷键之前调用，并能让挂接程序打断按键操作。然而 Windows 快捷键处理代码包含了针对 Ctrl+Alt+Del 按键组合的特殊设计，会对该快捷键禁用所有挂钩，因此这样的按键操作无法拦截。此外，如果交互式桌面被锁定，此时将只处理 Winlogon 所拥有的快捷键。

在初始化过程中，一旦 Winlogon 桌面创建完成，就会变为活动的桌面。当 Winlogon 桌面处于活动状态时，它将始终被锁定。只有在切换至应用程序桌面或屏幕保护程序桌面后，Winlogon 才会解锁自己的桌面。（仅 Winlogon 进程可以锁定或解锁桌面。）

7.10.2 用户登录的步骤

登录过程从用户按下 SAS 按键序列（Ctrl+Alt+Del 组合键）时开始。按下 SAS 按键序列后，Winlogon 将启动 LogonUI，由后者调用凭据提供程序以获得用户名和密码。Winlogon 还会为该用户创建一个唯一的本地登录 SID，并分配给这个桌面实例（键盘、屏幕、鼠标）。在调用 LsaLogonUser 的过程中，Winlogon 会将该 SID 传递给 Lsass。如果用户登录成功，该 SID 会包含在登录进程令牌中，这是为了保护对桌面的访问。例如，在另一个系统上使用同一个账户进行的登录，将无法针对第一台计算机的桌面进行写操作，因为第二个登录并不在第一个登录的桌面令牌中。

输入用户名和密码后，Winlogon 调用 Lsass 函数 LsaLookupAuthenticationPackage 获得一个指向身份验证包的句柄。身份验证包均罗列在注册表 HKLM\SYSTEM\CurrentControlSet\Control\Lsa 键下。Winlogon 会通过 LsaLogonUser 将登录信息传递给身份验证包。一旦身份验证包成功认证了用户，Winlogon 将继续执行该用户的登录过程。如果任何身份验证包都无法成功验证，登录过程将终止。

对于基于用户名/密码的交互式登录，Windows 使用了如下两个标准的身份验证包。

（1）**MSV1_0** 未加入域的 Windows 系统默认使用的身份验证包为 MSV1_0（Msv1_0.dll），该身份验证包实现了 LAN Manager 2 协议。Lsass 也会在域成员计算机上使用 MSV1_0 认证 Windows 2000 之前的域，以及无法找到域控制器进而无法进行身份验证的计算机。（从网络断开的计算机也属于后一种情况。）

（2）**Kerberos** Windows 域成员计算机使用 Kerberos 身份验证包 Kerberos.dll。Windows Kerberos 包会与域控制器上运行的 Kerberos 服务配合为 Kerberos 协议提供支持。该协议基于 Internet RFC 1510。

1. MSV1_0

MSV1_0 身份验证包可接受用户名以及密码的散列值，将请求发送至本地 SAM 并获取账户信息，例如密码散列、用户所属的组以及账户的任何限制。MSV1_0 首先会检查账户限制，例如允许使用的时间或允许访问的类型。如果用户因为 SAM 数据库中的这些限制而无法登录，登录操作将会失败，MSV1_0 会向 LSA 返回一个失败状态。

随后 MSV1_0 会将密码散列和用户名与从 SAM 中获取的信息进行对比。对于缓存的域登录，MSV1_0 会使用 Lsass 的相关函数访问缓存的信息，这些函数可用于从 LSA 数据库（注册表的 SECURITY 配置单元）存储并获取“秘密”。如果信息匹配，MSV1_0 会为本次登录会话创建一个 LUID，调用 Lsass 创建登录会话，并将该唯一标识符与本次会话关联，随后传递所需信息最终为用户创建访问令牌。（访问令牌包含了用户的 SID、组 SID 以及分配的特权。）

注意 MSV1_0 并不将用户的完整密码散列缓存在注册表中，因为这样会让能够从物理上访问计算机的人轻松破解用户的域账户，并访问该用户有权访问的所有加密文件和网络资源。实际上，MSV1_0 只缓存了该散列的一半内容。缓存的半个散列足以验证用户的密码是否正确，但不足以访问 EFS 密钥以及证明用户在域中的身份，因为这些操作都需要完整的散列。

如果 MSV1_0 需要使用远程系统认证身份，例如用户登录到 Windows 2000 以前的可信域时，MSV1_0 会使用 Netlogon 服务与远程系统上的 Netlogon 实例通信。远程系统上的 Netlogon 可以与本系统上的 MSV1_0 身份验证包交互，并将身份验证结果传递给执行登录操作的系统。

2. Kerberos

Kerberos 身份验证的基本控制流程与 MSV1_0 类似。不过大部分情况下，域登录是从成员工作站或成员服务器进行的，而非从域控制器进行，因此在身份验证过程中，身份验证包必须能跨越网络进行通信。为此，身份验证包会通过 Kerberos TCP/IP 端口（88 端口）与域控制器上的 Kerberos 服务通信。实现 Kerberos 身份验证协议的 Kerberos 密钥分发中心（kerberos key distribution center）服务（Kdcsvc.dll）则在域控制器上的 Lsass 进程内运行。

在（使用 Active Directory 服务器 Ntdsa.dll）与 Active Directory 的用户账户对象验证过用户名和密码的散列后，Kdcsvc 会将域凭据返回给 Lsass，并由后者跨越网络将身份验证结果以及用户的域登录凭据返回给进行登录的系统（如果登录成功）。

注意 上述有关 Kerberos 身份验证的描述进行了大幅简化，但已经涵盖了所涉及各种组件的作用。虽然 Kerberos 身份验证协议在 Windows 的分布式域安全性中扮演了重要角色，但其细节已经超出了本书的范围。

在登录成功通过认证后，Lsass 会在本地策略数据库中查找允许该用户进行的访问，包括交互式、网络、批处理或服务进程。如果请求的登录类型与允许的访问不匹配，登录操作将被终止。Lsass 将清理自己的数据结构进而删除新创建的登录会话，随后将失败结果返回给 Winlogon，并由 Winlogon 向用户显示相应的信息。如果请求的访问是被允许的，Lsass 会额外添加相应的安全 ID（例如 Everyone、Interactive 等），随后在自己的策略数据库中检查该用户的所有 SID 所应授予的特权，并将这些特权加入用户的访问令牌中。

当 Lsass 汇总了所有必要信息后，它会调用执行体来创建访问令牌。执行体会为交互式或服务登录创建一个主访问令牌，并为网络登录创建模拟令牌。访问令牌成功创建后，Lsass 会为令牌创建副本，并创建一个可以传递给 Winlogon 的句柄，随后关闭自己的句柄。如果有必要，登录操作还可进行审核。随后 Lsass 将成功状态、到访问令牌的句柄、登录会话的 LUID 以及身份验证包所返回的配置文件信息（如果有的话）返回给 Winlogon。

实验：列出活动的登录会话

对于特定登录会话 LUID，只要至少存在一个令牌，Windows 就会将该登录会话视作活动的。我们可以使用 Sysinternals 提供的 LogonSessions 工具，借助 LsaEnumerateLogonSessions 函数（Windows SDK 提供了相关文档）列出所有活动的登录会话。

```
C:\WINDOWS\system32>logonsessions

LogonSessions v1.4 - Lists logon session information
Copyright (C) 2004-2016 Mark Russinovich
Sysinternals - www.sysinternals.com
```

```
[0] Logon session 00000000:000003e7:
    User name:    WORKGROUP\ZODIAC$
    Auth package: NTLM
    Logon type:   (none)
    Session:      0
    Sid:          S-1-5-18
    Logon time:   09-Dec-16 15:22:31
    Logon server:
    DNS Domain:
    UPN:

[1] Logon session 00000000:0000cdce:
    User name:
    Auth package: NTLM
    Logon type:   (none)
    Session:      0
    Sid:          (none)
    Logon time:   09-Dec-16 15:22:31
    Logon server:
    DNS Domain:
    UPN:

[2] Logon session 00000000:000003e4:
    User name:    WORKGROUP\ZODIAC$
    Auth package: Negotiate
    Logon type:   Service
    Session:      0
    Sid:          S-1-5-20
    Logon time:   09-Dec-16 15:22:31
    Logon server:
    DNS Domain:
    UPN:

[3] Logon session 00000000:00016239:
    User name:    Window Manager\DWM-1
    Auth package: Negotiate
    Logon type:   Interactive
    Session:      1
    Sid:          S-1-5-90-0-1
    Logon time:   09-Dec-16 15:22:32
    Logon server:
    DNS Domain:
    UPN:

[4] Logon session 00000000:00016265:
    User name:    Window Manager\DWM-1
    Auth package: Negotiate
    Logon type:   Interactive
    Session:      1
    Sid:          S-1-5-90-0-1
    Logon time:   09-Dec-16 15:22:32
    Logon server:
    DNS Domain:
    UPN:

[5] Logon session 00000000:000003e5:
```

```
    User name:     NT AUTHORITY\LOCAL SERVICE
    Auth package: Negotiate
    Logon type:    Service
    Session:       0
    Sid:           S-1-5-19
    Logon time:    09-Dec-16 15:22:32
    Logon server:
    DNS Domain:
    UPN:

...
[8] Logon session 00000000:0005c203:
    User name:     NT VIRTUAL MACHINE\AC9081B6-1E96-4BC8-8B3B-C609D4F85F7D
    Auth package: Negotiate
    Logon type:    Service
    Session:       0
    Sid:           S-1-5-83-1-2895151542-1271406230-163986315-2103441620
    Logon time:    09-Dec-16 15:22:35
    Logon server:
    DNS Domain:
    UPN:

[9] Logon session 00000000:0005d524:
    User name:     NT VIRTUAL MACHINE\B37F4A3A-21EF-422D-8B37-AB6B0A016ED8
    Auth package: Negotiate
    Logon type:    Service
    Session:       0
    Sid:           S-1-5-83-1-3011463738-1110254063-1806382987-3631087882
    Logon time:    09-Dec-16 15:22:35
    Logon server:
    DNS Domain:
    UPN:
...
[12] Logon session 00000000:0429ab2c:
    User name:     IIS APPPOOL\DefaultAppPool
    Auth package: Negotiate
    Logon type:    Service
    Session:       0
    Sid:           S-1-5-82-3006700770-424185619-1745488364-794895919-4004696415
    Logon time:    09-Dec-16 22:33:03
    Logon server:
    DNS Domain:
    UPN:
```

该工具可列出的与会话有关的信息包括与该会话关联的用户的SID和名称、会话使用的身份验证包以及登录时间。请注意上述输出结果中有关登录会话2和会话9所用的Negotiate身份验证包的信息，该验证包会尝试通过Kerberos或NTLM进行验证，具体选择哪个取决于针对此次身份验证请求最适合的情况。

会话的LUID会显示在每个会话中的Logon Session行内。借助（同样由Sysinternals提供的）Handle.exe工具，我们可以找出代表特定登录会话的令牌。例如，若要查找上述登录会话8的令牌，可以运行下列命令。

```
C:\WINDOWS\system32>handle -a 5c203
```

```
Nthandle v4.1 - Handle viewer
Copyright (C) 1997-2016 Mark Russinovich
Sysinternals - www.sysinternals.com

System              pid: 4      type: Directory     1274: \Sessions\0\
DosDevices\00000000-0005c203
lsass.exe           pid: 496    type: Token           D7C: NT VIRTUAL MACHINE\
AC9081B6-1E96-4BC8-8B3B-C609D4F85F7D:5c203
lsass.exe           pid: 496    type: Token          2350: NT VIRTUAL MACHINE\
AC9081B6-1E96-4BC8-8B3B-C609D4F85F7D:5c203
lsass.exe           pid: 496    type: Token          2390: NT VIRTUAL MACHINE\
AC9081B6-1E96-4BC8-8B3B-C609D4F85F7D:5c203
svchost.exe         pid: 900    type: Token           804: NT VIRTUAL MACHINE\
AC9081B6-1E96-4BC8-8B3B-C609D4F85F7D:5c203
svchost.exe         pid: 1468   type: Token          10EC: NT VIRTUAL MACHINE\
AC9081B6-1E96-4BC8-8B3B-C609D4F85F7D:5c203
vmms.exe            pid: 4380   type: Token           A34: NT VIRTUAL MACHINE\
AC9081B6-1E96-4BC8-8B3B-C609D4F85F7D:5c203
vmcompute.exe       pid: 6592   type: Token           200: NT VIRTUAL MACHINE\
AC9081B6-1E96-4BC8-8B3B-C609D4F85F7D:5c203
vmwp.exe            pid: 7136   type: WindowStation   168: \Windows\WindowStations\
Service-0x0-5c203$
vmwp.exe            pid: 7136   type: WindowStation   170: \Windows\WindowStations\
Service-0x0-5c203$
```

随后 Winlogon 会查找注册表 HKLM\SOFTWARE\Microsoft\Windows NT\CurrentVersion\Winlogon 键下的 Userinit 值，无论该值包含什么字符串，均会创建一个进程运行其中的内容。（例如这个值可能是由逗号分隔的多个 EXE。）其默认值为 Userinit.exe，它负责加载用户配置文件并创建一个进程来运行注册表 HKCU\SOFTWARE\Microsoft\Windows NT\Current Version\Winlogon 键下的 Shell 值列出的任何内容（如果该值存在的话）。不过该值默认并不存在。如果不存在，Userinit.exe 会对 HKLM\SOFTWARE\Microsoft\Windows NT\Current Version\Winlogon\Shell（默认值为 Explorer.exe）执行相同操作。随后 Userinit 会退出（因此在 Process Explorer 中可以看到，Explorer.exe 似乎并没有父进程。）有关用户登录过程中上述步骤的内容见卷 2 第 11 章。

7.10.3　可保证的身份验证

基于密码的身份验证有一个基本问题：密码可能被泄露或盗取，进而被恶意的第三方使用。Windows 提供了一种机制，可以追踪用户通过系统进行身份验证的强度，如果发现用户身份验证的方式不够安全，就可以保护一些对象使其无法被用户访问。（例如智能卡身份验证就被视作一种比密码身份验证安全性更强的方式。）

在加入域的系统中，域管理员可以在用户身份验证所用证书（例如智能卡或硬件安全令牌）中的对象标识符（OID，代表特定对象类型的唯一数字字符串），以及用户通过系统成功验证身份后被放置到用户访问令牌中的 SID 之间指定映射关系。对象 DACL 中的 ACE 可以指定用户令牌中必须包含该 SID，只有这样才能允许用户访问该对象。从技术上来看，这是一种组声明（group claim）。换句话说，用户声明了自己在特定组中的成员关系，进而基于声明的身份验证机制会授予针对特定对象的某些访问权。该功能默认并未启用，必须由域管理员在域中配合基于证书的身份验证机制进行配置。

可保证的身份验证（assured authentication）以 Windows 现有安全功能为基础，为 IT 管理员和任何关注企业 IT 安全性的人提供了更灵活的方法。企业可以自行决定要在用户身份验证所用的证书中嵌入怎样的 OID，并可自行决定特定 OID 与 Active Directory 通用组（SID）的映射关系。用户的组成员关系可被用于确定登录操作中是否使用了证书。不同证书可配置不同的颁发策略，进而提供不同级别的安全性，借此为高度敏感的对象（例如具备特定安全描述符的文件或其他任何对象）提供保护。

身份验证协议（Authentication Protocol，AP）可以在基于证书的身份验证过程中从证书获取 OID。这些 OID 必须映射至 SID，而 SID 会在组成员关系扩展过程中加以处理，并被放入访问令牌。OID 与通用组的映射是在 Active Directory 中指定的。

例如，一家组织可能有多个证书颁发策略：Contractor（合同工）、Full Time Employee（全职员工）以及 Senior Management（高管），这些策略分别映射至 Contractor-Users、FTE-Users 和 SM-Users 通用组。名为 Abby 的用户具有智能卡，其中包含通过 Senior Management 策略颁发的证书。当她使用智能卡登录时，她可获得额外的组成员关系（由访问令牌中的一个 SID 所代表），代表她是 SM-Users 组的成员。对象可能（使用 ACL）设置了权限，如仅 FTE-Users 或 SM-Users 组的成员（由 ACE 中的 SID 进行标识）允许访问。如果 Abby 使用自己的智能卡登录，就可以访问这些对象；但如果只使用用户名和密码登录（而未使用智能卡），她将无法访问这些资源，因为她的访问令牌中并未包含 FTE-Users 或 SM-Users 组。如果名为 Toby 的用户使用智能卡登录，他的智能卡中包含使用 Contractor 策略颁发的证书，那么也无法访问这些对象，因为对象的 ACE 要求具备 FTE-Users 或 SM-Users 组成员关系。

7.10.4 Windows Biometric Framework

Windows Biometric Framework（WBF）是 Windows 提供的一套标准化机制，用于为某些类型的生物特征验证设备（例如指纹识别器）提供支持，借此用户通过刷指纹即可完成身份验证。与其他类似框架一样，WBF 的开发目标是将为此类设备提供支持所涉及的不同功能隔离起来，以便尽可能减少实现此类新设备所需编写的代码量。

WBF 的主要组件如图 7-52 所示。除了下文明确指出的组件，其他组件均由 Windows 提供。

（1）**Windows 生物识别服务**（%SystemRoot%\System32\Wbiosrvc.dll）。提供了进程执行环境，借此执行一个或多个生物识别服务提供程序。

（2）**Windows 生物识别驱动程序接口**（Windows Biometric Driver Interface，WBDI）。提供了一系列接口定义（IRP 主函数代码、DeviceIoControl 代码等），任何生物特征扫描设备如果希望兼容 Windows 生物识别服务，都必须遵守这些定义。WBDI 驱动程序可以使用任何标准的驱动程序框架（UMDF、KMDF 和 WDM）来开发。不过为了减少代码量并提高可靠性，建议使用 UMDF。WBDI 的详细信息请参阅 Windows Driver Kit 文档。

（3）**Windows 生物识别 API**。可供现有 Windows 组件（如 Winlogon 和 LogonUI）访问生物识别服务。第三方应用程序也可访问 Windows 生物识别 API，并获得除登录 Windows 之外的所有功能。WinBioEnumServiceProviders 就是一种这样的 API。生物特征

API 由%SystemRoot%\System32\Winbio.dll 暴露。

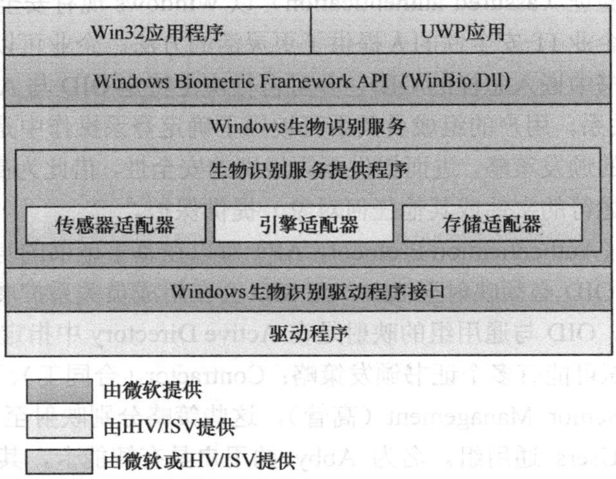

Win32应用程序　UWP应用
Windows Biometric Framework API（WinBio.Dll）
Windows生物识别服务
生物识别服务提供程序
传感器适配器　引擎适配器　存储适配器
Windows生物识别驱动程序接口
驱动程序

由微软提供
由IHV/ISV提供
由微软或IHV/ISV提供

图 7-52　WBF 的主要组件

（4）**指纹生物特征服务提供程序**。将与生物特征类型相关的适配器功能包装在一起，为 Windows 生物特征服务提供了一种与其他类型生物特征相互独立的通用接口。未来可能会有其他类型的生物特征，例如虹膜扫描仪或声纹分析器，可以通过额外的生物特征服务提供程序获得支持。生物特征服务提供程序会按顺序使用下列适配器，它们都是用户模式的 DLL。

- **传感器适配器**。负责暴露扫描仪的数据捕获功能。传感器适配器通常使用 Windows I/O 调用的方式来访问扫描仪硬件。Windows 提供的传感器适配器可搭配非常简单的传感器使用，只要传感器具备 WBDI 驱动程序。对于更复杂的传感器，通常需要由传感器供应商编写传感器适配器。
- **引擎适配器**。负责暴露与扫描仪的原始数据格式有关的处理和对比功能，以及其他一些功能。实际的处理和对比工作可能是由引擎适配器 DLL 自身进行的，或者由该 DLL 与其他模块通信来完成。引擎适配器始终由传感器供应商提供。
- **存储适配器**。负责暴露一系列与安全存储有关的函数。引擎适配器会使用这些函数存储并获取模板，进而与扫描的生物特征数据进行对比。Windows 使用 Windows Cryptography 服务和标准的磁盘文件存储提供存储适配器。传感器供应商也可能提供不同的存储适配器。

（5）**面向实际生物特征扫描仪设备的功能设备驱动程序**。负责将 WBDI 暴露到自己的上层。通常会使用某些底层总线驱动程序（如 USB 总线驱动程序）来访问扫描设备。该驱动程序始终由传感器供应商提供。

要支持通过扫描指纹登录系统，通常会执行如下的操作流程。

（1）初始化后，传感器适配器从服务提供程序收到数据捕获请求。随后传感器适配器将控制代码为 IOCTL_BIOMETRIC_CAPTURE_DATA 的 DeviceIoControl 请求发送给指纹扫描设备的 WBDI 驱动程序。

（2）WBDI 驱动程序将扫描设备切换至捕获模式，并让 IOCTL_BIOMETRIC_CAPTURE_DATA 请求排队，直到开始扫描指纹。

（3）等待用户手指刷过扫描仪。WBDI 驱动程序收到该事件的通知，从传感器获取到原始扫描数据，并使用 IOCTL_BIOMETRIC_CAPTURE_DATA 请求所关联的缓冲区将数据返回给传感器驱动程序。

（4）传感器适配器将数据提供给指纹生物特征服务提供程序，后者将数据提供给引擎适配器。

（5）引擎适配器将原始数据处理成为与模板存储相兼容的格式。

（6）指纹生物特征服务提供程序使用存储适配器，从安全存储获取模板和对应的安全 ID。随后调用引擎适配器将处理好的扫描数据与每个模板进行对比。随后引擎适配器会返回一个状态，代表数据到底是匹配还是不匹配。

（7）如果找到匹配的结果，Windows 生物特征服务会通过凭据提供程序 DLL 通知 Winlogon，告知对方登录成功并传递已分辨用户的安全 ID。该通知将通过 ALPC 消息的方式发送，这种路径可以防止欺诈。

7.10.5 Windows Hello

Windows 10 中包含的 Windows Hello 提供了基于生物特征信息验证用户身份的新方法。借助该技术，用户只需在设备的摄像头前露面或扫描指纹即可轻松不费力地登录。

截至撰写本文时，Windows Hello 支持 3 类生物特征识别方式，分别是指纹、面孔和虹膜。

生物特征的安全性始终是需要优先考虑的。别人被识别为自己的概率是多大？用户本人未能被成功识别出来的概率是多大？这些问题可以归纳为下列两个因素。

（1）**误识率（false accept rate，代表唯一性）**。这是指其他用户和你有着相同生物特征的概率。微软算法将这个概率降低到了 1:100000。

（2）**拒识率（false reject rate，代表可靠性）**。这是指你本人未能被成功识别为你自己的概率（例如在一些异常光照环境下进行面孔或虹膜识别时）。微软的实现可确保这种情况的发生概率低于 1%。如果确实遇到这种情况，用户可以重新尝试，或使用 PIN 码来登录。

使用 PIN 码，看起来似乎不如使用完整并且更成熟的密码机制那么安全（最简单的 PIN 码只包含 4 个数字）。然而 PIN 码实际上比密码更安全，原因有以下两点。

（1）PIN 码仅限设备本地使用，绝不会通过网络传输。这意味着就算有人拿到了你的 PIN 码，也无法以你的身份登录其他任何设备。然而密码需要传输到域控制器上，如果有人拿到了你的密码，就可以从其他计算机登录到域。

（2）PIN 码存储在受信任的平台模块（Trusted Platform Module，TPM）中，这是一种硬件设备，同时也被安全启动（见卷 2 第 11 章）所使用。因此 PIN 码通常很难被访问，并且访问时必须能从物理上接触到设备，这也显著增加了围绕 PIN 码进行安全入侵的可能性。

Windows Hello 以 Windows Biometric Framework（WBF）为基础构建。目前很多笔记本计算机已经可以支持指纹和面部识别，仅 Microsoft Lumia 950 和 950 XL 手机可以支持虹膜识别。（具体情况未来可能有变化，并且可能会有更多设备能够支持。）不过需要注意，面部识别要求同时具备支持红外（IR）照明和常规（RGB）摄像头，Microsoft Surface Pro 4 和 Surface Book 等设备可以支持这一特性。

7.11　用户账户控制和虚拟化

用户账户控制（User Account Control，UAC）意在让用户以标准用户权限，而非管理员权限运行。在不具备管理员权限的情况下，用户就不会无意中（或故意）修改系统设置；恶意软件也就无法像以前那样修改系统安全设置或禁用反病毒软件；在共享的计算机上，一个用户也就无法威胁到另一个用户的敏感信息。因此可以说，使用标准用户权限运行可以缓解恶意软件的影响，并进一步保护共享计算机上的敏感数据。

为了让用户能够更方便地使用标准用户权限运行，UAC 必须首先解决好几个问题。首先，由于 Windows 的使用模式已经假定为具备管理员权限，软件开发者会假设自己的程序将使用管理员权限运行，因此可以访问并修改任何文件、注册表键或操作系统设置。其次，用户有时候需要用管理员权限来执行某些操作，例如安装软件、更改系统时间、打开防火墙端口。

为了解决这些问题，UAC 会让大部分应用程序以标准用户权限运行，哪怕用户已经用具备管理员权限的账户登录。同时 UAC 使得标准用户能够在需要时获得管理员权限，例如某些遗留应用程序可能需要管理员权限，或用户需要修改某些系统设置。如前文所述，当用户以管理员账户登录时，UAC 会创建一个筛选的管理员令牌，以及一个常规的管理员令牌。用户会话下创建的所有进程通常将获得筛选后的管理员令牌，因此应用程序可以用标准用户权限运行。然而管理员用户可以通过 UAC 提升，以完整管理员权限运行特定程序或执行某些操作。

Windows 还允许一些原本仅限管理员执行的任务由标准用户执行，从而增强了标准用户环境的可用性。例如某些组策略设置可以让标准用户安装打印机和其他设备的驱动程序（IT 管理员需要预先批准），并可从管理员批准的网站安装 ActiveX 控件。

最后，当软件开发者在 UAC 环境中测试时，建议尽可能开发无须管理员权限即可运行的应用程序。简单来说，与管理任务无关的程序不应要求使用管理员权限，很多需要管理员特权的程序往往是使用了老版本 API 或技术的遗留应用程序，这类应用程序需要更新。

总的来说，这些变化使得用户已经不需要每时每刻都用管理员权限运行了。

7.11.1　文件系统和注册表虚拟化

虽然一些软件对管理员权限的要求是合理的，但很多程序这样做只是为了不必要地将用户数据存储在系统全局位置。当应用程序执行时，它可能会运行在不同用户账户下，因此理应将与特定用户相关的数据存储在每个用户的%AppData%目录下，并将与每个用户有关的设置存储在该用户的注册表配置文件 HKEY_CURRENT_USER\Software 下。标准用户账户无权写入%ProgramFiles%目录或 HKEY_LOCAL_MACHINE\Software，但因为大部分 Windows 系统只有一个用户使用，并且在 UAC 实现前大部分用户都是管理员，所以那些错误地将用户数据和设置保存在全局位置的应用程序通常都可以正常运行。

为了让这些遗留应用程序能够使用标准用户账户运行，Windows 提供了文件系统和注册表命名空间虚拟化技术。当应用程序试图修改文件系统或注册表的系统全局位置，但因为访问被拒绝而操作失败时，Windows 会将这些操作重定向至每个用户的位置。当应用程序读取系统全局位置时，Windows 首先会检查每个用户的位置是否存在所需数据，如果不存在，才会允许对全局位置进行读取操作。

Windows 将始终启用此类虚拟化功能，除非出现如下情况。

（1）**应用程序是 64 位的**。这种虚拟化是一种单纯为遗留应用程序提供帮助的应用程序兼容技术，因此只为 32 位应用程序启用。64 位应用程序的世界相对较新，开发者应该遵循开发指南为标准用户创建应用程序。

（2）**应用程序已经在使用管理员权限运行**。此时无须进行任何虚拟化。

（3）**操作来自内核模式的调用方**。

（4）**操作是在调用方身份模拟的情况下执行的**。例如任何并非源自遗留进程发起的操作，包括访问网络共享文件，均不会被虚拟化。

（5）**进程的可执行映像设置了与 UAC 兼容的清单**。其中指定了 requestedExecutionLevel 设置，详见下一节。

（6）**管理员对文件或注册表键没有写访问权限**。这种例外是为了强制实现向后兼容性，因为就算在 UAC 诞生前，以管理员权限运行遗留应用程序，程序也可能运行失败。

（7）**服务永远不会被虚拟化**。

在任务管理器的 Details 选项卡下添加 UAC Virtualization 列，随后即可看到虚拟化状态（进程的虚拟化状态会作为标志存储在进程令牌中），如图 7-53 所示。大部分 Windows 组件，包括桌面窗口管理器（Dwm.exe）、客户端服务器运行时子系统（Csrss.exe）以及 Explorer 都被禁用了虚拟化，因为它们有可兼容 UAC 的清单，或已经在使用管理员权限运行，所以无法对其虚拟化。然而 32 位的 Internet Explorer（iexplore.exe）启用了虚拟化，因为其中运行了多种 ActiveX 控件和脚本，必须假设这些内容在开发时并未考虑标准用户权限的情况。不过要注意，如果需要的话，可以使用本地安全策略设置针对整个系统彻底禁用虚拟化。

除了文件系统和注册表虚拟化，一些应用程序可能还需要额外的帮助才能使用标准用户权限正常运行。例如某个应用程序在测试时发现，如果用隶属于 Administrators 组的成员账户运行将能正常使用，但如果账户不属于该组将无法运行。为了让此类应用程序可以正常运行，Windows 定义了一系列应用程序兼容性填充码（shim）。填充码最主要会应用于遗留应用程序，使其能够用标准用户权限运行，这些填充码见表 7-15。

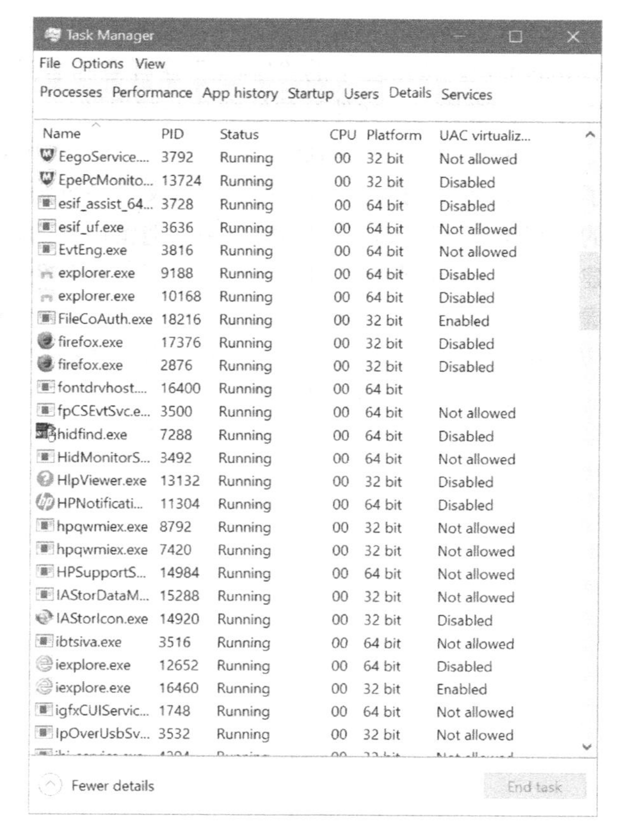

图 7-53 使用任务管理器查看虚拟化状态

表 7-15　UAC 虚拟化填充码

标志	含义
ElevateCreateProcess	更改 CreateProcess 的行为，使其能够调用应用程序信息服务来显示提升提示，进而解决 ERROR_ELEVATION_REQUIRED 错误
ForceAdminAccess	在查询 Administrator 组成员关系时进行模拟
VirtualizeDeleteFile	在删除全局文件和目录时制造成功的假象
LocalMappedObject	强制将全局节对象放入用户的命名空间
VirtualizeHKCRLite	将 COM 对象的全局注册重定向至每个用户的位置
VirtualizeRegisterTypeLib	将整个计算机的 typelib 注册转换为每个用户的注册

1．文件虚拟化

为遗留进程进行虚拟化的文件系统位置包括%ProgramFiles%、%ProgramData%和%SystemRoot%，但某些子目录除外。然而任何使用可执行类型扩展的文件（包括.exe、.bat、.scr、.vbs 等）都会从虚拟化中排除。这意味着如果程序使用标准用户账户更新自己将会失败，而不会为这些可执行文件创建对使用全局更新程序进行更新的管理员不可见的专用版本。

注意　若要在排除列表中添加更多扩展，可以将其输入注册表 HKLM\System\CurrentControlSet\Services\Luafv\Parameters\ExcludedExtensionsAdd 键中然后重新启动系统。如果要添加多个扩展，请使用多字符串类型并加以分隔，扩展名前面不要添加句点。

遗留进程对虚拟化目录的修改会被重定向至用户的虚拟根目录：%LocalAppData%\VirtualStore。该路径中的“Local”字样意味着当账户具备漫游配置文件时，虚拟化的文件并不会随着配置文件的其他部分一起漫游。

UAC 文件虚拟化筛选器驱动程序（%SystemRoot%\System32\Drivers\Luafv.sys）实现了文件系统的虚拟化，由于这是一种文件系统筛选器驱动程序，因此可看到本地文件系统的所有操作，但它实现的功能仅用于遗留进程的相关操作。当遗留进程在系统全局位置创建文件时，筛选器驱动程序更改了目标文件路径，但并不更改使用标准用户权限运行的非虚拟化进程所涉及的路径，如图 7-54 所示。\Windows 目录的默认权限可拒绝支持 UAC 的应用程序的访问，但在遗留进程看来自己的操作成功了，实际上该进程的文件被创建到了一个可由用户完全访问的位置下。

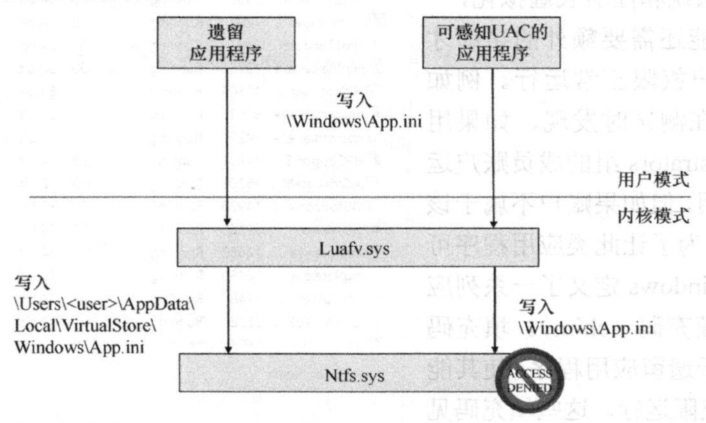

图 7-54　UAC 文件虚拟化筛选器驱动程序的运作

实验：文件虚拟化行为

在这个实验中，我们将通过命令提示符启用和禁用虚拟化，并通过观察不同行为来了解 UAC 文件虚拟化的效果。

（1）打开一个未提权的命令提示符窗口（但必须启用 UAC），随后为其启用虚拟化。若要更改进程的虚拟化状态，可在任务管理器的 Details 选项卡中右击进程，并在随后出现的弹出菜单中选择 UAC Virtualization。

（2）进入 C:\Windows 目录，并使用下列命令写入文件。

```
echo hello-1 > test.txt
```

（3）列出该目录的内容，可以看到此文件已经显示出来了。

```
dir test.txt
```

（4）在任务管理器 Details 选项卡下右击该进程，取消选中 UAC Virtualization，借此禁用虚拟化。随后重复执行第（3）步再次列出文件。此时会发现文件消失了，然而在 VirtualStore 目录下可以看到这个文件。

```
dir %LOCALAPPDATA%\VirtualStore\Windows\test.txt
```

（5）针对该进程再次启用虚拟化。

（6）为了尝试一个更复杂的场景，可以打开一个新的命令提示符窗口，但这次需要提权。随后重复执行上述的第（2）和第（3）步，使用字符串“Hello-2”写入文件。

（7）在两个命令提示符窗口中运行下列命令查看文件的内容。图 7-55 显示了预期的结果。

```
type test.txt
```

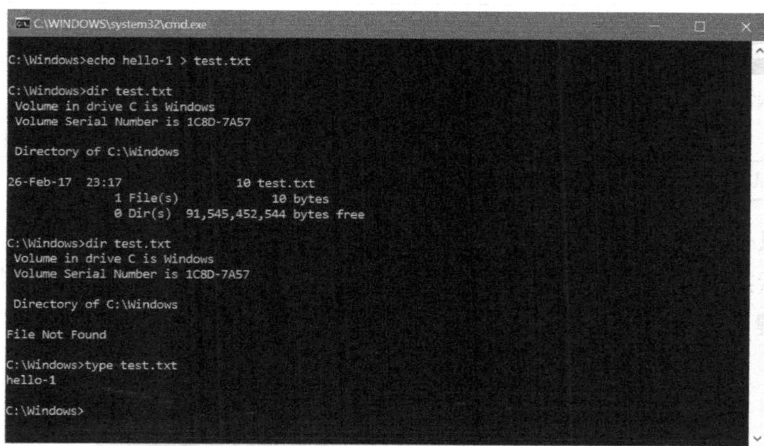

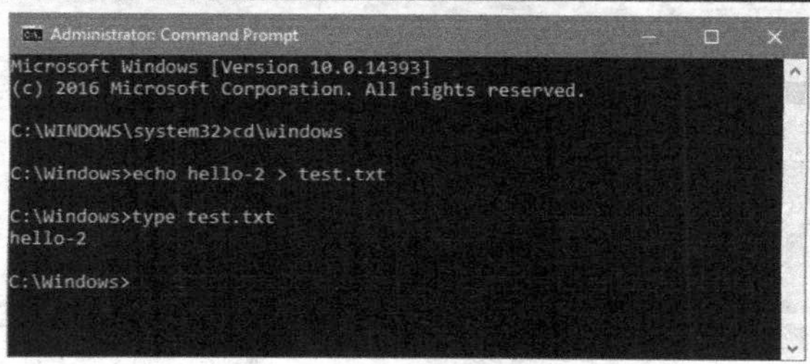

图 7-55 预期的结果

（8）在提权运行的命令提示符窗口中删除 test.txt 文件。

```
del test.txt
```

（9）在两个窗口中重复执行上述第（3）步。这次会发现，提权的命令提示符窗口已经找不到该文件了，但以标准用户身份运行的命令提示符窗口再次显示了该文件的原始内容。这也证明了之前提到的故障转移机制：读取操作会优先在每个用户的虚拟存储位置查找，如果在这里找不到，才会在获得允许的情况下对系统位置进行读取访问。

2. 注册表虚拟化

注册表虚拟化的实现与文件系统虚拟化略有差异。虚拟化的注册表键包含了 HKEY_LOCAL_MACHINE\Software 的大部分分支，但也有一些例外，例如 HKLM\Software\Microsoft\Windows、HKLM\Software\Microsoft\Windows NT 和 HKLM\Software\Classes。

只有通常会被遗留应用程序修改，但不会影响兼容性或互操作性的注册表键才会被虚拟化。Windows 会将遗留应用程序对虚拟化注册表键的修改重定向至用户的注册表虚拟根：HKEY_CURRENT_USER\Software\Classes\VirtualStore。该键位于用户的 Classes 配置单元，即%LocalAppData%\Microsoft\Windows\UsrClass.dat 中，并且与其他虚拟化的文件数据类似，该键不会通过漫游用户配置文件进行漫游。但 Windows 并不像对待文件系统那样维持一个固定的虚拟化位置列表，对于注册表的虚拟化，注册表键的虚拟化状态会被保存为一组标志，见表 7-16。

表 7-16 注册表虚拟化标志

标志	含义
REG_KEY_DONT_VIRTUALIZE	决定了该键是否启用虚拟化。如果该标志已设置，虚拟化将被禁用
REG_KEY_DONT_SILENT_FAIL	如果 REG_KEY_DONT_VIRTUALIZE 标志已设置（虚拟化被禁用），该键决定了当遗留应用程序针对该键执行的操作被拒绝访问时，会为该键授予 MAXIMUM_ALLOWED 权限（该账户被授予的任何访问权限），而并非授予应用程序所请求的权限。如果该标志已设置，其实也暗示了将禁用虚拟化
REG_KEY_RECURSE_FLAG	决定了虚拟化标志是否要传播至这个键的子键

我们可以使用 Windows 提供的 Reg.exe 工具并配合 flags 选项查看或设置注册表键的当前虚拟化状态。在图 7-56 中可以看到，注册表 HKLM\Software 键被完全虚拟化了，但 Windows 子键（以及该子键的所有子键）都只启用了 Silent Failure（静默失败）选项。

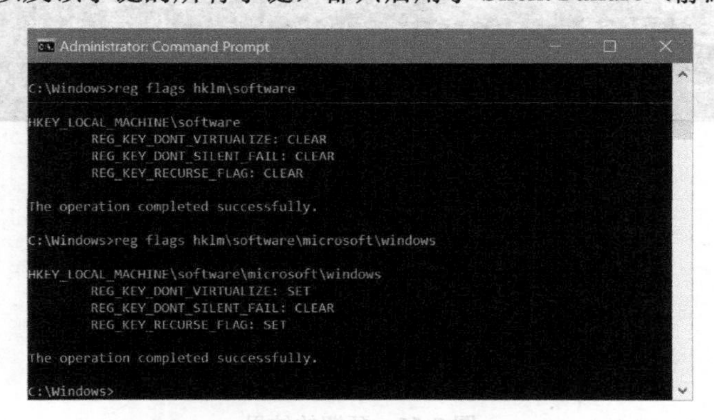

图 7-56 注册表 Software 和 Windows 键的 UAC 注册表虚拟化标志

与使用筛选器驱动程序的文件虚拟化不同，注册表虚拟化是通过配置管理器实现的。（注册表和配置管理器的相关内容见卷 2 第 9 章。）但与文件系统虚拟化类似，遗留进程在为虚拟化的注册表键创建子键时，会被重定向至用户的注册表虚拟根，但兼容 UAC 的进程默认权限会禁止访问该根。这一过程如图 7-57 所示。

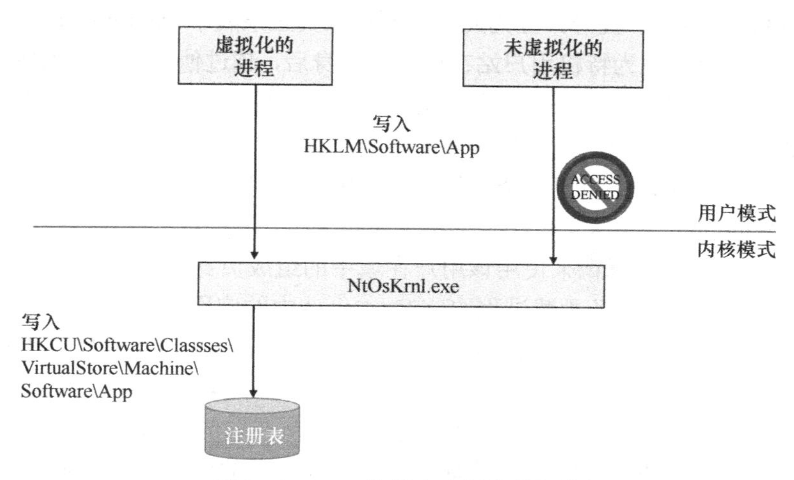

图 7-57 UAC 注册表虚拟化的运作

7.11.2 权限提升

就算用户只运行可兼容标准用户权限的程序，某些操作依然需要管理员权限。例如大部分软件的安装过程需要管理员权限，以便在系统全局位置创建目录和注册表键，或用于安装服务及设备驱动程序。修改系统全局的 Windows 和应用程序设置同样需要管理员权限，这也包括家长控制功能。虽然大部分时候，只要换用专门的管理员账户就可以执行此类操作，但这样做很不方便，可能导致大部分用户依然用管理员账户执行日常操作，而大部分这些日常操作并不需要管理员权限。

有一点需要注意，UAC 权限提升是为了提供便利，并非为了提供一种安全边界。安全边界要求通过安全策略来定义哪些东西可以穿越边界。在 Windows 中，用户账户就是这样的一种安全边界，因为一个用户在获得另一个用户的允许前，无法访问属于该用户的数据。

权限提升不是安全边界，因此无法保证在系统中使用标准用户权限运行的恶意软件就无法通过攻陷提权后的进程来获得管理员权限。例如，权限提升对话框只能显示将要提权的可执行文件，但并不能告知提权之后它会做什么。

1. 以管理员权限运行

Windows 提供了增强的“运行方式”功能，借此标准用户即可方便地用管理员权限启动进程。该功能需要为应用程序提供一种方法，使其能够识别系统所执行的哪些操作可以在必要时代表该应用程序获得管理员权限（下文很快将会详细介绍）。

为了让身为系统管理员的用户也可以使用标准用户权限运行，而无须在每次希望获得管理员权限时都反复输入用户名和密码，Windows 使用了一种名为管理员批准模式（Admin Approval Mode，AAM）的机制。该功能会在用户登录时创建两个标识：一个对应标准用户权限，另一个对应管理员权限。由于 Windows 系统中的每个用户或者本身就是标准用户，或者借助AAM大部分时候作为标准用户运行，开发者必须假定所有Windows用户都是标准用户，这样就可以让更多程序在不使用虚拟化或填充码的情况下工作在标准用户权限下。

为进程授予管理员权限的操作就叫作权限提升（elevation）。如果标准用户（或隶属于管理性质，但并非真正的Administrators组的）账户发起了权限提升，此时将会进行过肩（over-the-shoulder，OTS）提升，因为此时需要输入真正隶属于Administrators组的账户凭据，可以把这个过程想象为特权用户站在标准用户身后，越过他的肩膀输入凭据。AAM用户发起的提升叫作同意（consent）提升，因为用户只需要批准授予自己的管理员权限即可。

独立系统（如家用计算机）和加入域的系统对远程用户的AAM访问会区别对待，因为连接到域的计算机可以在自己的资源权限中使用域管理组。当用户访问独立计算机上的文件共享时，Windows会请求远程用户的标准用户凭据。但是对于加入域的系统，Windows会通过请求用户的管理员标识来使用该用户在域中的组成员身份。执行需要管理员权限的映像，会导致运行在标准服务承载进程（SvcHost.exe）中的应用程序信息服务[（Application Information Service，AIS），它包含于%SystemRoot%\System32\Appinfo.dll中]启动%SystemRoot%\System32\Consent.exe。Consent会截取屏幕内容位图，应用褪色效果，并切换至只能由本地系统账户访问的桌面（安全桌面）。随后它会把之前获取的屏幕内容位图绘制为桌面背景，显示一个提升对话框，其中包含了有关该可执行文件的信息。在单独的桌面上显示该对话框，可以防止用户账户下运行的其他应用程序更改该对话框的外观。

如果映像是包含数字签名（由微软或其他实体签名）的Windows组件，对话框的顶部会显示蓝色长条，如图7-58左侧所示。（从Windows 10开始，已经不再区分微软或其他实体签名的映像）。如果映像不包含签名，则会显示黄色长条，提示信息也会强调显示该映像的来源未知（见图7-58右侧）。权限提升对话框还会显示映像的图标、描述以及带数字签名映像的发布者信息，但未签名映像将只显示文件名和“Publisher: Unknown”字样。这样的差异使得恶意软件更难以模仿合法软件的外观。对话框底部的Show more details链接展开后可以显示启动该可执行文件时传递过来的命令行参数。

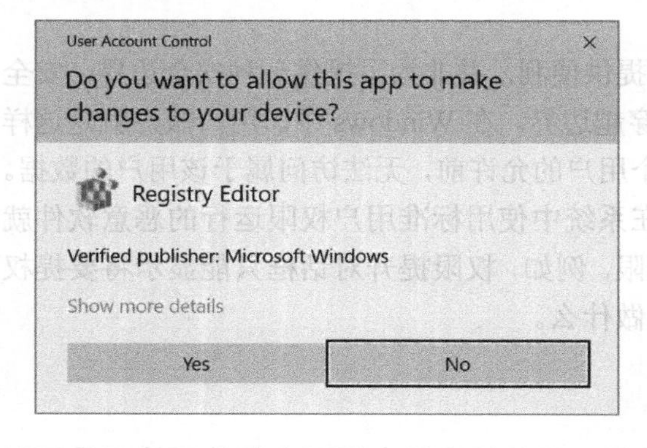

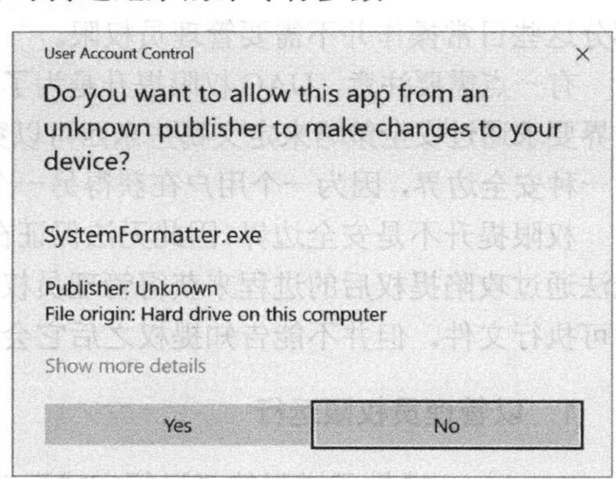

图7-58　根据映像签名的有无，AAC UAC权限提升对话框的外观差异

OTS同意对话框如图7-59所示，内容与前文介绍的类似，但会要求提供管理员凭据，此外还会列出有管理员权限的账户名称。

如果用户拒绝了权限提升，Windows会向发起提升的进程返回一条拒绝访问错误信息。如果用户通过输入管理员凭据或单击Yes按钮同意权限提升，AIS会调用CreateProcessAsUser并使用适当的管理员凭据启动进程。从技术上来看，虽然AIS是被提权进程的父进程，但 AIS 使用了 CreateProcessAsUser API 中所支持的新功能，将进程的父进程 ID 设置为最初启动该进程的那个进程的 ID。因此在诸如 Process Explorer 这种可以显示进程树的工具中，权限提升后的进程并不会显示为 AIS 服务承载进程的子进程。图 7-60 显示了通过标准用户账户以权限提升方式启动一个管理类应用程序所涉及的全部操作。

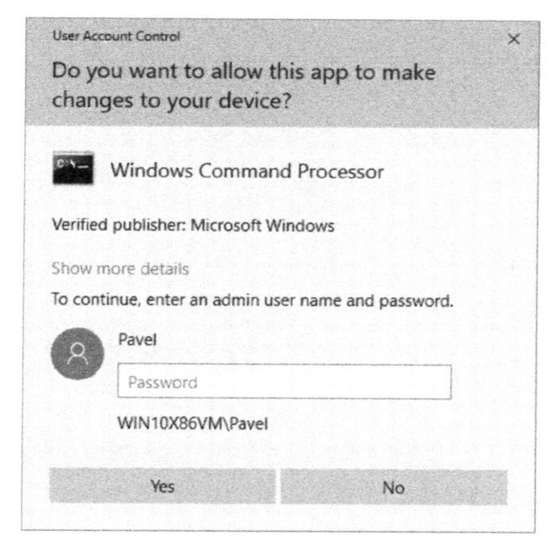

图 7-59 OTS 同意对话框

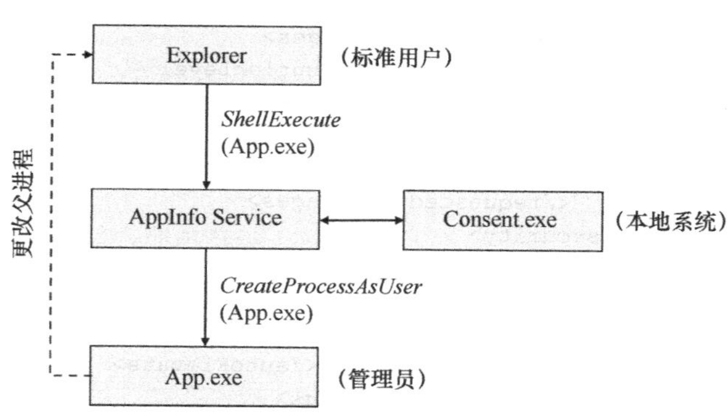

图 7-60 以标准用户身份启动一个管理类应用程序

2. 请求管理员权限

系统和应用程序可通过多种方式表明自己需要管理员权限。资源管理器用户界面提供的一种方法为“以管理员身份运行”上下文菜单和快捷键选项。对于其他选项，如果选择后会触发权限提升，这些选项的描述文字前会被添加蓝色和金色相间的盾牌图标。选择“以管理员身份运行”命令会让资源管理器使用 runas 动词调用 ShellExecute API。

大部分安装程序需要管理员权限，因此负责启动可执行文件的映像加载器包含了安装程序检测代码，借此识别可能的遗留安装程序。该机制所用的某些检测方式很简单，只需要检测内部版本信息，或映像的文件名是否包含 Setup、Install 或 Update 等字样。此外还有更复杂的检测方式，需要扫描可执行文件中的字节序列，借此判断是否包含常见的第三方安装程序封装工具。映像加载器还会调用应用程序兼容性库以确定目标可执行文件是否需要管理员权限。该库会查询应用程序兼容性数据库，查看可执行文件是否具备 RequireAdministrator 或 RunAsInvoker 兼容性标志。

可执行文件请求管理员权限最常见的方法是在自己的应用程序清单文件中提供 requestedExecutionLevel 标志。该元素的 Level 属性可以是表 7-17 中列出的 3 个值之一。

表 7-17 请求权限提升级别

提升级别	含义	用途
As invoker（作为调用程序）	无须管理员权限，永远不询问是否提升	无须管理员权限的典型用户应用程序，如记事本
Highest available（最高可用权限）	请求批准以最高可用权限运行。如果用户登录为标准用户，进程将以调用程序的权限启动，否则会出现 AAM 提权提示，进程将以完整管理员权限运行	可在无完整管理员权限情况下运行，但在用户容易获得完整权限的情况下依然期待以完整管理员权限运行的程序。例如注册表编辑器、微软管理控制台、事件查看器都使用了这个级别
Require administrator（需要管理员权限）	总是请求管理员权限。标准用户将能看到 OTS 权限提升对话框，其他用户则是 MAA	需要管理员权限才能运行的应用程序，例如会影响到整个系统安全性的防火墙设置编辑器

清单文件中的trustInfo元素（可以在下面针对eventvwr.exe转储的内容中看到）表示这个可执行文件在编写时就已支持UAC，并且其中嵌套了requestedExecutionLevel元素。前文提到的支持辅助功能的应用程序正是借此通过uiAccess属性使用UIP绕过功能的。

```
C:\>sigcheck -m c:\Windows\System32\eventvwr.exe
...
<trustInfo xmlns="urn:schemas-microsoft-com:asm.v3">
    <security>
        <requestedPrivileges>
            <requestedExecutionLevel
                level="highestAvailable"
                uiAccess="false"
            />
        </requestedPrivileges>
    </security>
</trustInfo>
<asmv3:application>
     <asmv3:windowsSettings xmlns=
        <autoElevate>true</autoElevate>
    </asmv3:windowsSettings>
</asmv3:application>
...
```

3. 自动提权

在默认配置（修改方式可参阅下一节）下，大部分Windows可执行文件和控制面板工具并不会对管理员用户产生权限提升提示，哪怕它们需要有管理员权限才能运行。这是自动提权机制的结果。自动提权意在避免让管理员用户在大部分时候看到权限提升提示，相关程序可以自动使用用户的完整管理员令牌来运行。

自动提权有几个前提要求。首先，可执行文件必须是Windows的可执行文件。这意味着必须由Windows发行者（而非微软，也许感觉很奇怪，但它们并不相同：Windows签名被认为比微软签名能获得更多特权）签名。此外可执行文件还必须位于下列任何一个被认为足够安全的目录：%SystemRoot%\System32及其大部分子目录、%Systemroot%\Ehome，以及%ProgramFiles%下的少数目录（例如包含Windows Defender和Windows Journal的目录）。

根据可执行文件的类型，还有其他一些要求。如果在清单文件中通过autoElevate元素请求提权，那么Mmc.exe之外的其他EXE文件可以自动提权。前文显示的eventvwr.exe清单转储内容中就体现了这一点。

Mmc.exe被特殊对待是因为，是否可以自动提权它取决于它所加载的用于进行系统管理的管理单元。Mmc.exe通常在调用时包含一个指定了某MSC文件的命令行，该MSC文件决定了要加载的管理单元。如果使用受保护的管理员账户（具备受限的管理员令牌）运行Mmc.exe，可以直接向Windows请求管理员权限。Windows验证了Mmc.exe是Windows可执行文件，随后会检查MSC。MSC必须同样通过是否为Windows可执行文件的验证，此外它还必须位于可自动提权MSC的内部列表中。这个列表包含了Windows几乎自带的所有MSC文件。

最后，COM（进程外服务器）类可以在自己的注册表键中请求管理员权限。为此需要具备一个名为Elevation的子键，以及一个名为Enabled的DWORD值，并将其数值设置为1。COM类及其实例化的可执行文件都必须满足Windows可执行文件的要求，不过这些可执行文件并不需要请求自动提权。

4. 控制 UAC 的行为

UAC 可通过图 7-61 所示的窗口修改。该窗口位于 Change User Account Control Settings 选项下。该选项的默认设置如图 7-61 所示。

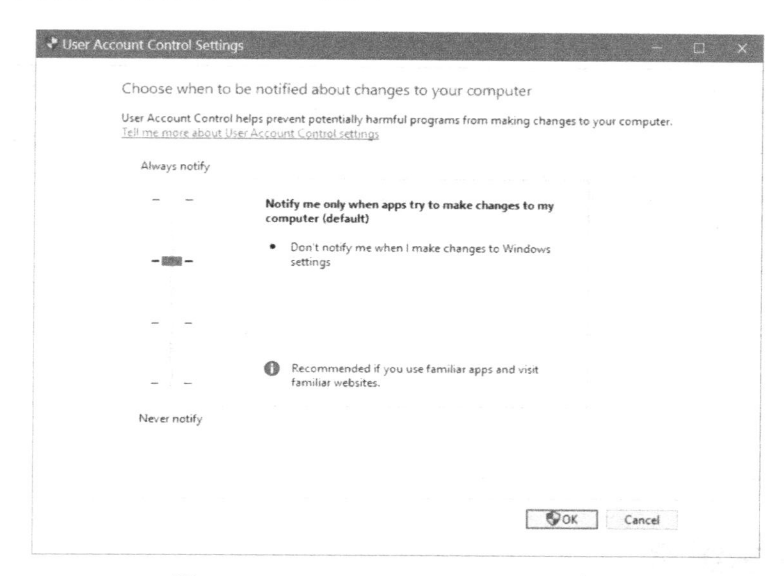

图 7-61 User Account Control Settings 窗口

此处的 4 个选项对应的效果见表 7-18。

表 7-18 UAC 选项

滑块位置	当管理员用户未使用管理员权限运行时，如果要…… ……试图更改 Windows 设置（如使用某些控制面板工具）	 ……试图安装软件或运行程序，其清单要求提升，或使用“以管理员身份运行”选项	备注
最高档（始终通知）	在安全桌面上显示 UAC 提权提示	在安全桌面上显示 UAC 提权提示	Windows Vista 的默认设置
第二档	无须提示或通知自动进行 UAC 提权	在安全桌面上显示 UAC 提权提示	Windows 的默认设置
第三档	无须提示或通知自动进行 UAC 提权	在用户常规桌面上显示 UAC 提权提示	不推荐
最低档（从不通知）	为管理员用户关闭 UAC	为管理员用户关闭 UAC	不推荐

不推荐使用第三个选项，因为此时 UAC 提权提示将显示在用户的常规桌面，而非安全桌面上。此时，运行在同一个会话下的恶意软件有可能更改该对话框的外观。该选项仅适合某些系统，其中的视频子系统需要花较长时间让整个桌面暗淡显示，或者因为其他情况不适合使用常规 UAC 提权方式的环境。

强烈建议不要使用最低档，因为这会为管理员账户将 UAC 彻底关闭。在 Windows 8 之前，用户使用管理员账户运行的全部进程将实际获得用户的完整管理员权限，不再使用筛选后的令牌。从 Windows 8 开始，由于 AppContainer 模型，UAC 已经无法彻底关闭。管理员用户不会被询问是否提权，但除非清单中有明确要求或通过提权后的进程启动，否则进程将不再进行提权。

UAC 设置存储在注册表 HKLM\SOFTWARE\Microsoft\Windows\CurrentVersion\Policies\System 键下的 4 个值中，见表 7-19。ConsentPromptBehaviorAdmin 控制着使用筛选的管理令牌运行的管理员账户的 UAC 提权提示，而 ConsentPromptBehaviorUser 控制着非管理员账户的 UAC 提权提示。

表 7-19 UAC 的注册表值

滑块位置	ConsentPromptBehaviorAdmin	ConsentPromptBehaviorUser	EnableLUA	PromptOnSecureDesktop
最高档（始终通知）	2（显示 AAC UAC 提权提示）	3（显示 OTS UAC 提权提示）	1（启用）	1（启用）
第二档	5（显示 AAC UAC 提权提示，但 Windows 设置的更改操作除外）	3	1	1
第三档	5	3	1	0（禁用，UAC 提示会显示在用户的常规桌面上）
最低档（从不通知）	0	3	0（禁用，登录到管理员账户并不创建受限的管理员访问令牌）	0

7.12 攻击缓解

本章从头至尾介绍了多项可以保护用户、确保可执行代码的代码签名属性正确无误，以及通过沙盒机制对资源的访问进行锁定的技术。然而到最后，所有安全系统都有薄弱点，所有代码不可避免都会有 bug，而攻击者会尽可能利用日益复杂的攻击技巧来利用它们。如果希望通过某种安全模型确保所有代码都不会出现 bug，或假设软件开发者最终会找到并修复全部的 bug，这种想法注定会失败。此外，一些能够为代码的执行提供“保障”的安全功能本身就要以牺牲性能或兼容性作为代价，这在某些场景中是无法接受的。

更容易成功的方法是找出攻击者最常用的技术，并通过内部的“红色小组”（即负责攻击自家软件的内部团队）抢先于攻击者发现可能的攻击技术，并针对此类技术实施缓解措施。[具体缓解措施可能很简单，例如转移某些数据的位置；也可能很复杂，例如使用控制流完整性（Control Flow Integrity，CFI）技术。] 在诸如 Windows 这样复杂的代码库中，漏洞数量可能会上千，但攻击技术往往并不多，而这样做的最终目标在于让尽可能多的 bug 变得难以（甚至无法）被用于攻击，这就不用担心是否能真正找出全部 bug 了。

7.12.1 进程缓解策略

虽然每个应用程序可以自行实现各种缓解措施（例如 Microsoft Edge 就采用了一种名为 MemGC 的缓解措施来避免多种类型的内存出错攻击），但本节主要会介绍由操作系统提供给所有应用程序或操作系统自身的，有助于减少可利用的 bug 类型的缓解措施。表 7-20 介绍了在最新版 Windows 10 创意者更新（截至撰写本文时）中包含的所有缓解措施，它们可以缓解的 bug 类型，以及启用方法。

表 7-20 进程缓解选项

缓解措施名称	用途	启用方法
ASLR 自下而上随机化	使得对 VirtualAlloc 的调用受制于 ASLR 的 8 位熵，包括基于栈的随机化	通过进程创建属性标志 PROCESS_CREATION_MITIGATION_POLICY_BOTTOM_UP_ASLR_ALWAYS_ON 设置
ASLR 强制重新放置映像	强制在哪怕不具备/DYNAMICBASE 链接器标志的二进制文件上使用 ASLR	通过 SetProcessMitigationPolicy 或进程创建标志 PROCESS_CREATION_MITIGATION_POLICY_FORCE_RELOCATE_IMAGES_ALWAYS_ON 设置
高熵 ASLR（HEASLR）	大幅增加了 64 位映像 ASLR 的熵，可将自下而上随机化的变化范围增加至最多 1TB（即自下而上分配可在地址空间从 64KB 到 1TB 之间的任何位置开始，并可提供 24 位的熵）	必须在链接时通过/HIGHENTROPYVA 设置，或通过进程创建属性标志 PROCESS_CREATION_MITIGATION_POLICY_HIGH_ENTROPY_ASLR_ALWAYS_ON 设置
ASLR 不允许被剥夺的映像	如果配合 ASLR 强制重新放置映像一起使用，可以阻止加载任何未重新放置的库（使用/FIXED 标志链接）	通过 SetProcessMitigationPolicy 或进程创建标志 PROCESS_CREATION_MITIGATION_POLICY_FORCE_RELOCATE_IMAGES_ALWAYS_ON_REQ_RELOCS 设置
DEP：永久	可防止进程自行禁用 DEP。该措施仅适用于 x86 系统和 32 位应用程序（或使用 WoW64 运行的应用程序）	通过 SetProcessMitigationPolicy、进程创建属性，或 SetProcessDEPPolicy 设置
DEP：禁用 ATL 形式转换模拟	可防止遗留 ATL 库代码在堆中执行 ATL 形式转换模拟，哪怕存在已知的兼容性问题。该措施仅适用于 32 位应用程序（或使用 WoW64 运行的应用程序）	通过 SetProcessMitigationPolicy、进程创建属性，或 SetProcessDEPPolicy 设置
SHE 覆盖保护（SEHOP）	防止结构异常处理程序被错误地覆盖，哪怕映像并未使用 Safe SHE（/SAFESEH）链接。该措施仅适用于 32 位应用程序（或使用 WoW64 运行的应用程序）	通过 SetProcessDEPPolicy 或进程创建标志 PROCESS_CREATION_MITIGATION_POLICY_SEHOP_ENABLE 设置
对无效句柄抛出异常	有助于发现句柄重用（在句柄关闭后继续使用）攻击，这种攻击中，通过让进程崩溃，而非返回可能被忽略的失败信息，进程即可使用非预期句柄（例如互斥体上的 SetEvent）	通过 SetProcessMitigationPolicy 或进程创建属性标志 PROCESS_CREATION_MITIGATION_POLICY_STRICT_HANDLE_CHECKS_ALWAYS_ON 设置
对无效的句柄关闭抛出异常	有助于发现句柄重用（双重句柄关闭）攻击，在这种攻击中，进程会试图关闭一个已经关闭的句柄，进而暗示另一个句柄有可能被其他场景所使用，进而可以成功攻击，最终限制了其普遍效果	未提供文档，只能通过未公开的 API 设置
不允许 Win32k 系统调用	可禁用对 Win32 内核模式子系统驱动程序的所有访问，它实现了窗口管理器（GUI）、图形设备接口（GDI）以及 DirectX，但不允许对该组件进行系统调用	通过 SetProcessMitigationPolicy 或进程创建属性标志 PROCESS_CREATION_MITIGATION_POLICY_WIN32K_SYSTEM_CALL_DISABLE_ALWAYS_ON 设置
筛选 Win32k 系统调用	可限制对 Win32k 内核模式子系统驱动程序的访问，仅限某些 API 访问，借此依然可允许简单的 GUI 和 Direct X 访问，同时可缓解很多可能的攻击，并且不会完全禁用 GUI/GDI 服务的可用性	可通过内部进程创建属性标志设置，该标志可定义 Win32k 3 个可用值中的一个。然而由于该筛选器设置是硬编码的，因此该缓解措施仅限微软内部使用
禁用扩展点	可禁止进程加载输入法编辑器（Input method Editor，IME）、Windows 挂钩 DLL（SetWindowsHookEx）、应用初始化 DLL（注册表中的 AppInitDlls 值）或 Winsock 分层服务提供程序（Layered Service Provider，LSP）	通过 SetProcessMitigationPolicy 或进程创建属性标志 PROCESS_CREATION_MITIGATION_POLICY_EXTENSION_POINT_DISABLE_ALWAYS_ON 设置

续表

缓解措施名称	用途	启用方法
任意代码防护（CFG）	可防止进程分配可执行代码，或通过更改现有可执行代码的权限使其可写。该措施可配置为运行进程中的特定线程请求该能力，或允许远程进程禁用该缓解措施，但从安全的角度看，不支持这样做	通过 SetProcessMitigationPolicy 或进程创建属性标志 PROCESS_CREATION_MITIGATION_POLICY_PROHIBIT_DYNAMIC_CODE_ALWAYS_ON 和 PROCESS_CREATION_MITIGATION_POLICY_PROHIBIT_DYNAMIC_CODE_ALWAYS_ON_ALLOW_OPT_OUT 设置
控制流防护（CFG）	通过向有效预期函数列表验证任何间接 CALL 或 JMP 指令的目标，有助于防止利用内存出错漏洞劫持控制流。有关控制流完整性（CFI）机制的部分介绍请参阅下一节	映像必须使用/guard:cf 选项编译，并链接有/guard:cf 选项。如果映像不支持，可通过进程创建属性标志 PROCESS_CREATION_MITIGATION_OLICY_CONTROL_FLOW_GUARD_ALWAYS_ON 设置，但该进程加载的其他映像依然会被强制应用 CFG
CFG 导出抑制	通过抑制对映像导出的 API 表的间接调用，可进一步加强 CFG 效果	映像必须使用/guard: exportsuppress 选项编译，此外也可通过 SetProcessMitigationPolicy 或进程创建属性标志 PROCESS_CREATION_MITIGATION_OLICY_CONTROL_FLOW_GUARD_EXPORT_SUPPRESSION 配置
CFG 严格模式	可防止在当前进程中加载任何未链接/guard:cf 选项的映像二进制文件	通过 SetProcessMitigationPolicy 或进程创建属性标志PROCESS_CREATION_MITIGATION_OLICY2_STRICT_CONTROL_FLOW_GUARD_ALWAYS_ON 设置
禁用非系统字体	可防止加载任何未在用户登录时向 Winlogon 注册，但安装在 C:\windows\fonts 目录的字体文件	通过 SetProcessMitigationPolicy 或进程创建属性标志 PROCESS_CREATION_MITIGATION_POLICY_FONT_DISABLE_ALWAYS_ON 设置
仅限微软签名的二进制文件	防止在当前进程中加载未使用微软 CA 颁发的证书签名的任何映像二进制文件	在启动时，通过进程创建属性标志 PROCESS_CREATION_MITIGATION_POLICY_BLOCK_NON_MICROSOFT_BINARIES_ALWAYS_ON 配置
仅限商店签名的二进制文件	防止在当前进程中加载未使用微软应用商店 CA 签名的任何映像二进制文件	在启动时，通过进程属性标志 PROCESS_CREATION_MITIGATION_POLICY_BLOCK_NON_MICROSOFT_BINARIES_ALLOW_STORE 设置
不允许远程映像	防止在当前进程中加载位于非本地（UNC 或 WebDAV）路径的任何映像二进制文件	通过 SetProcessMitigationPolicy 或进程创建属性标志 PROCESS_CREATION_MITIGATION_POLICY_IMAGE_LOAD_NO_REMOTE_ALWAYS_ON 设置
不允许低 IL 映像	防止在当前进程中加载强制标签低于中等（0x2000）的任何映像二进制文件	通过 SetProcessMitigationPolicy 或进程创建标志 PROCESS_CREATION_MITIGATION_POLICY_IMAGE_LOAD_NO_LOW_LABEL_ALWAYS_ON 设置。也可通过名为 IMAGELOAD 的资源声明 ACE 为所加载的进程文件设置
优先选择 System32 映像	可修改加载器的搜索路径，忽略当前搜索路径，始终在%SystemRoot%\System32 目录下（通过相对名称）搜索要加载的特定映像二进制文件	通过 SetProcessMitigationPolicy 或进程创建属性标志 PROCESS_CREATION_MITIGATION_POLICY_IMAGE_LOAD_PREFER_SYSTEM32_ALWAYS_ON 设置
返回流防护（Return Flow Guard，RFG）	有助于防止其他类型的内存出错漏洞在执行 RET 指令前进行验证，进而影响到控制流，导致函数未通过返回导向的编程（Return-oriented-programming，ROP）进行调用，并在尚未开始正确执行前被加以利用，或导致针对无效的栈执行。这是控制流完整性（CFI）机制的一部分	目前的实现依然在改进健壮性和性能，尚未正式提供，此处提及只是为了保证内容的完整性
限制设置线程上下文	可限制对当前线程上下文的修改	由于要等待 RFG，目前暂时被禁用，通过配合使用可以让缓解措施更健壮，该措施可能会包含在后续版本的 Windows 中。此处提及只是为了保证内容的完整性

续表

缓解措施名称	用途	启用方法
加载器连续性	可禁止进程动态地加载与进程完整性级别不同的任何 DLL，这是为了预防上述某个签名策略缓解措施由于兼容性顾虑而未在启动时启用。该措施主要针对 DLL 种植攻击	通过 SetProcessMitigationPolicy 或进程创建属性标志 PROCESS_CREATION_MITIGATION_POLICY2_LOADER_INTEGRITY_CONTINUITY_ALWAYS_ON 设置
出错时让堆终止	可禁用容错堆（FTH），以及堆出错时持续抛出的异常，为此将直接终止进程。该措施可防止当程序忽略堆异常时，或攻击仅在部分时候导致堆错误时，堆错误被用于在攻击者的控制下强制执行异常处理程序（限制其普遍效果或可靠性）	通过 HeapSetInformation 或进程创建属性标志 PROCESS_CREATION_MITIGATION_POLICY_HEAP_TERMINATE_ALWAYS_ON 设置
禁用子进程创建	通过在令牌中施加限制，可禁止创建子进程，当模拟该进程的令牌时，任何其他组件都将无法创建进程（例如 WMI 进程创建，或内核组件创建进程）	通过进程创建属性标志 PROCESS_CREATION_CHILD_PROCESS_RESTRICTED 设置。可使用 PROCESS_CREATION_DESKTOP_APPX_OVERRIDE 标志覆盖，允许打包（UWP）应用程序创建
所有应用程序包策略	正如 7.9 节的介绍，可以让 AppContainer 中运行的应用程序无法访问设置了 ALL APPLICATION PACKAGES SID 的资源。但要求必须具备 ALL RESTRICTED APPLICATION PACKAGES SID。有时这也叫作低特权应用容器（Less Privileged App Container，LPAC）	通过进程创建属性标志 PROC_THREAD_ATTRIBUTE_ALL_APPLICATION_PACKAGES_POLICY 设置

注意，上述部分缓解选项也可以在无须应用程序开发者配合的情况下，针对个别应用程序或个别系统进行配置。为此请打开本地组策略编辑器，随后展开 Computer Configuration，并展开 Administrative Templates，再展开 System，最后双击 Mitigation Options（见图 7-62）。

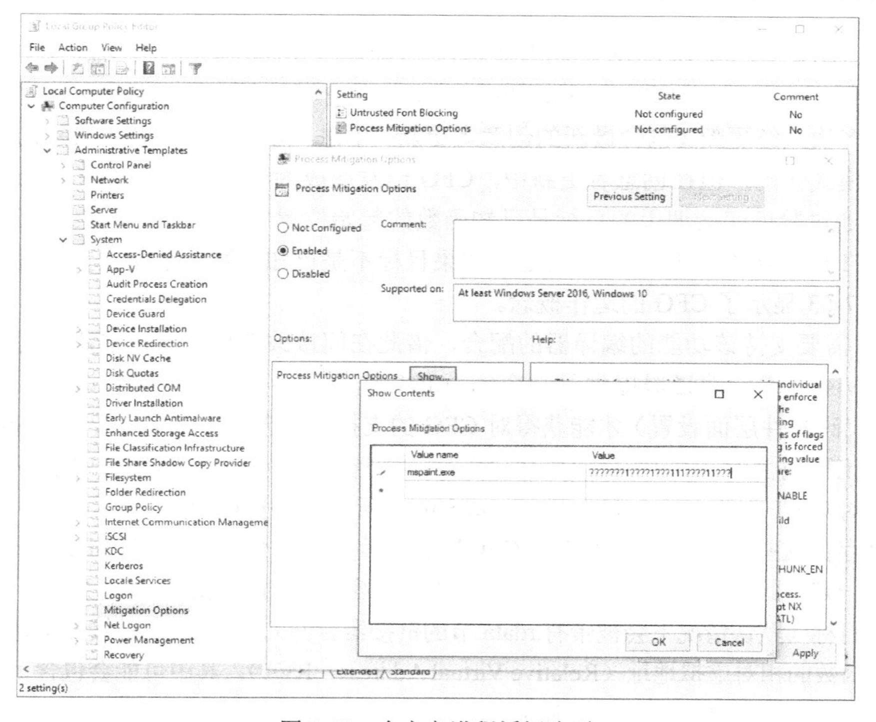

图 7-62　自定义进程缓解选项

在 Process Mitigation Options 窗口中，输入想要启用的缓解选项对应的“位-数字”值，“1”可以启用对应的选项，“0”可以禁用，或设置为“?”使用默认值或使用由进程请求的值（同样见图 7-62）。“位-数字”可从 Winnt.h 头文件的 PROCESS_MITIGATION_POLICY 枚举结果中查找。这样即可将相应的注册值写入所输入的映像名称对应的映像文件执行选项（IFEO）键中。不过目前版本的 Windows 10 创意者更新以及更早的版本会忽略很多新增的缓解措施。为避免这种情况，可手动设置 REG_DWORDMitigationOptions 注册表值。

7.12.2　控制流完整性

数据执行保护（Data Execution Prevention，DEP）和任意代码防护（Arbitrary Code Guard，ACG）已经使得攻击者很难将可执行代码放入堆或栈、分配新的可执行代码，或更改现有可执行代码。因此单纯面向内存或数据的攻击开始变得更受关注。此类攻击可通过修改内存区域堆控制流进行重定向，例如修改栈的返回地址或修改内存中存储的间接函数指针。这种返回导向的编程（return-oriented-programming，ROP）技术和跳转导向的编程（jump-oriented-programming，JOP）技术通常会被用于违反程序的常规代码流，并将其重定向至感兴趣的代码片段（“小工具”）的已知位置。

由于此类片段通常位于不同函数的中间或末尾，当通过这种方式重定向控制流时，也必须重定向至合法函数的中间或末尾。通过使用控制流完整性（CFI）技术，举例来说，我们就可以验证间接 JMP 或 CALL 指令的目标是否为一个真实函数的开头位置，或验证 RET 指令是否指向预期位置，或验证 RET 指令是否是在函数进入起始位置之后发出的，操作系统和编译器可以检测并阻止大部分此类攻击。

1. 控制流防护

控制流防护（Control Flow Guard，CFG）是最早在 Windows 8.1 Update 3 中引入的攻击缓解机制，Windows 10 和 Windows Server 2016 包含了该技术的增强版，同时该功能也在后续的多次系统更新（包含最新的创意者更新）中进一步增强。该技术最初的实现只适用于用户模式代码，但在创意者更新中，CFG 已发展成为一种内核 CFG（Kernel CFG，KCFG）。通过验证间接调用的目标是已知函数的起始位置（下文很快将详细介绍），CFG 解决了 CFI 中间接 CALL/JMP 的问题。如果目标不是已知函数的起始位置，进程将会被终止。图 7-63 显示了 CFG 的运作概念。

CFG 需要支持该功能的编译器的配合，借此在间接改变控制流之前添加对验证代码的调用。Visual C++编译器提供了一个/guard:cf 选项，必须为映像设置该选项（甚至在 C/C++源代码文件层面设置）才能获得对 CFG 的支持（该选项也可用于 Visual Studio GUI 中，位于工程属性的 C/C++/代码生成/控制流防护设置中）。链接器设置中也应该设置该设置，同时对 CFG 的支持也离不开 Visual Studio 所有组件的配合。

一旦存在这些设置，使用“启用 CFG”选项编译的映像（EXE 和 DLL）会在 PE 头部体现这一点。此外，头部的.gfids PE 节下还会包含一个函数列表，其中列出了有效的间接控制流目标（默认情况下会被带有.rdata 节的链接器合并）。该列表由链接器构建，包含映像中所有函数的相对虚拟地址（Relative Virtual Address，RVA）。其中可能会包含可能不会被映像中所含代码间接调用的函数，因为无法获知外部代码是否会因为某些合理方式得知函数的地址进而试图调用。导出的函数可能会遇到这种情况，这类函数可在通过 GetProcAddress 获得指针之后调用。

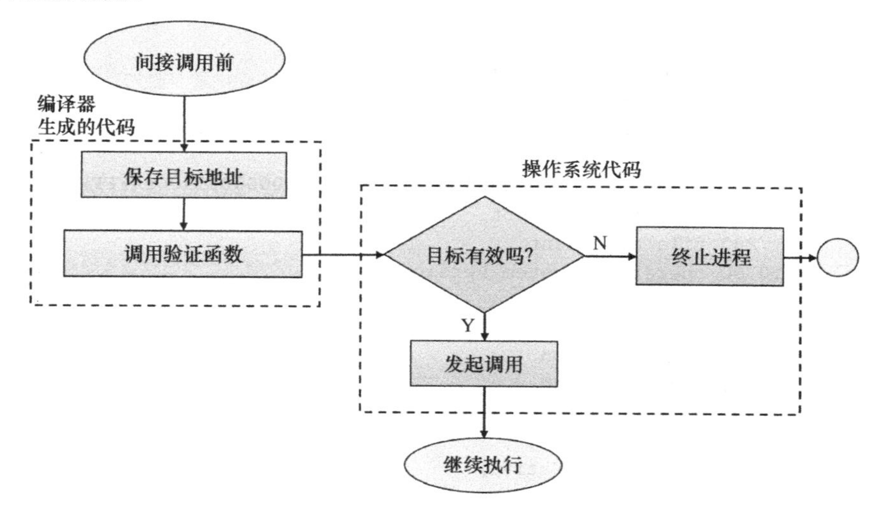

图 7-63 CFG 的运作概念

然而开发者依然可以使用一种名为 CFG 抑制的技术，该技术可通过 DECLSPEC_GUARD_SUPRESS 注释获得支持，可以为有效函数表中的函数添加一个特殊标记，代表开发者从未考虑过该函数会成为任何间接调用或跳转的目标。

有了有效函数目标表后，只需要通过一个简单的验证函数即可将 CALL 或 JMP 指令的目标与表中的函数进行对比。从算法上来看，这会产生一种 $O(n)$算法，需要检查的函数数量是相等的，而最糟糕的情况下也无非会等同于表中的函数数量。很明显，控制流中每次一个非常简单的间接修改都对整个数组进行线性扫描会减慢程序的运行速度，因此需要借助操作系统提供的支持来进行更高效的 CFG 检查。下一节将介绍 Windows 的具体做法。

实验：控制流防护的相关信息

Visual Studio 中的 DumpBin 工具可以显示有关 CFG 的基本信息。下列例子是针对 Smss 转储的头部和加载器配置信息。

```
c:\> dumpbin /headers /loadconfig c:\windows\system32\smss.exe
Microsoft (R) COFF/PE Dumper Version 14.00.24215.1
Copyright (C) Microsoft Corporation. All rights reserved.
Dump of file c:\windows\system32\smss.exe
PE signature found
File Type: EXECUTABLE IMAGE
FILE HEADER VALUES
            8664 machine (x64)
               6 number of sections
        57899A7D time date stamp Sat Jul 16 05:22:53 2016
               0 file pointer to symbol table
               0 number of symbols
              F0 size of optional header
              22 characteristics
                   Executable
                   Application can handle large (>2GB) addresses
```

```
OPTIONAL HEADER VALUES
             20B magic # (PE32+)
           14.00 linker version
           12800 size of code
            EC00 size of initialized data
               0 size of uninitialized data
            1080 entry point (0000000140001080) NtProcessStartupW
            1000 base of code
       140000000 image base (0000000140000000 to 0000000140024FFF)
            1000 section alignment
             200 file alignment
           10.00 operating system version
           10.00 image version
           10.00 subsystem version
               0 Win32 version
           25000 size of image
             400 size of headers
           270FD checksum
               1 subsystem (Native)
            4160 DLL characteristics
                   High Entropy Virtual Addresses
                   Dynamic base
                   NX compatible
                   Control Flow Guard
 ...
 Section contains the following load config:
           000000D0 size
                  0 time date stamp
               0.00 Version
                  0 GlobalFlags Clear
                  0 GlobalFlags Set
                  0 Critical Section Default Timeout
                  0 Decommit Free Block Threshold
                  0 Decommit Total Free Threshold
   0000000000000000 Lock Prefix Table
                  0 Maximum Allocation Size
                  0 Virtual Memory Threshold
                  0 Process Heap Flags
                  0 Process Affinity Mask
                  0 CSD Version
               0800 Dependent Load Flag
   0000000000000000 Edit List
   0000000140020660 Security Cookie
   00000001400151C0 Guard CF address of check-function pointer
   00000001400151C8 Guard CF address of dispatch-function pointer
   00000001400151D0 Guard CF function table
                 2A Guard CF function count
           00010500 Guard Flags
                      CF Instrumented
                      FID table present
                      Long jump target table present
               0000 Code Integrity Flags
               0000 Code Integrity Catalog
           00000000 Code Integrity Catalog Offset
           00000000 Code Integrity Reserved
   0000000000000000 Guard CF address taken IAT entry table
```

```
                 0 Guard CF address taken IAT entry count
  0000000000000000 Guard CF long jump target table
                 0 Guard CF long jump target count
  0000000000000000 Dynamic value relocation table

  Guard CF Function Table

      Address

      0000000140001010 _TlgEnableCallback
      0000000140001070 SmpSessionComplete
      0000000140001080 NtProcessStartupW
      0000000140001B30 SmscpLoadSubSystemsForMuSession
      0000000140001D10 SmscpExecuteInitialCommand
      0000000140002FB0 SmpExecPgm
      0000000140003620 SmpStartCsr
      00000001400039F0 SmpApiCallback
      0000000140004E90 SmpStopCsr
...
```

上述输出结果中，与 CFG 有关的文字均加粗显示，下文很快将会介绍。目前，可以打开 Process Explorer，右击进程列头，选择 Select Columns。随后在 Process Image 选项卡下选中 Control Flow Guard 选项。还可在 Process Memory 选项卡下选中 Virtual Size 选项，随后应该看到图 7-64 所示的界面。

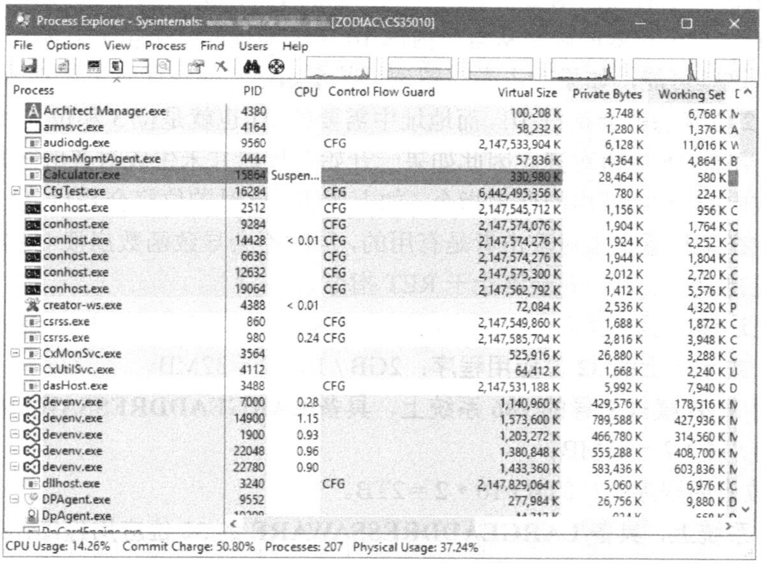

图 7-64 在 Process Memory 选项卡下选中 Virtual Size 选项的界面

可以看到，大部分微软提供的进程（包括 Smss、Csrss、Audiodg、Notepad 等）在构建时已经启用了 CFG。启用 CFG 的进程的 Virtual Size（虚拟大小）非常大。之前曾经提过，虚拟大小代表进程使用的地址空间总量（无论相关内存是已提交还是保留的内存）。作为对比，Private Bytes 列显示的私有已提交内存远远小于虚拟大小（不过虚拟大小也包含了非私有内存）。对于 64 位进程，虚拟大小最少可达 2TB，下文很快会介绍这样做的原因。

2. CFG 位图

如前所述，迫使程序每发出几个指令就针对一个函数调用列表进行迭代，这种做法很不实际。因此系统并未使用线性的 O(*n*)算法，出于性能方面的考虑使用了 O(1)算法，借此保证了无论表中存在多少函数，查找所需的时间都是固定的。而这种固定不变的查找时间也需要尽可能短。因此最适合的选择也就很明显了，即可以对目标函数的地址进行索引的数组，借此可以知道某个地址是有效还是无效（例如简单的 BOOL）。然而由于地址空间最大可达 128TB，这样的数组本身就必须为 128TB*sizeof(BOOL)，这种比地址空间本身还要大的容量是无法接受的。还有更好的做法吗？

首先，考虑这样一种事实：编译器应该借助 16 字节边界生成 x64 函数代码。这就可以将数组需要的容量减小至仅 8 TB * sizeof(BOOL)。但使用整个 BOOL（最糟糕的情况为 4 字节，最佳情况为 1 字节）是一种很浪费的做法。我们只需要有效或无效的一种状态，因此只需要 1 位就够了。这产生了一个简单的计算：8TB/8，只需要 1TB 足以。然而不幸的是，这会遇到一个问题：无法保证编译器以 16 位二进制形式生成所有函数。手动编写的汇编代码以及某些优化措施可能会违反这个规则。因此我们需要想出一种解决方案。一种可行的做法是直接使用另一个位来代表该函数是否从接下来的 15 个字节中的任何位置开始，而不是从 16 字节的边界处开始。因此，我们有了下列可能。

（1）**{0, 0}**。没有任何有效函数从自己内部的 16 字节边界开始。

（2）**{1, 0}**。一个有效的函数恰好从自己内部的 16 字节对齐地址开始。

（3）**{1, 1}**。一个有效的函数从自己内部 16 字节地址的某个位置开始。

幸亏有了这些可能，如果攻击者试图调用某个函数，而该函数被链接器标记为 16 字节对齐，那么 2 位状态就会是{1, 0}，而地址中需要的位（也就是位 3 和位 4）将会是{1, 1}，因为这个地址不能 16 字节对齐。因此如果一开始链接器并未生成对齐的函数，攻击者将只能调用函数中前 16 字节内的任意指令（如上所述，此时的位将会是{1, 1}）。甚至此时，该指令也必须在某种意义上对攻击者是有用的，同时不会导致函数崩溃（通常只能实现某种类型的栈透视或小工具，并会终止于 RET 指令）。

理解了上述情况后，我们就可以应用下列公式计算 CFG 位图（bitmap）的大小。

（1）**X86 或 x64 上的 32 位应用程序**：2GB / 16 * 2 = 32MB。

（2）**使用 3GB 模式引导的 x86 系统上，具备/LARGEADDRESSAWARE 的 32 位应用程序**：3GB / 16 * 2 = 48MB。

（3）**64 位应用程序**：128TB / 16 * 2 = 2TB。

（4）**X64 系统上，具备/LARGEADDRESSAWARE 的 32 位应用程序**：4GB / 16 * 2 = 64MB，外加位图本身的大小，这是为了向受保护的 64 位 Ntdll.dll 和 WoW64 组件提供支持，因此为 2TB + 64MB。

为执行的每个进程分配并填充 2TB 的位，这依然会造成难以承受的性能开销。虽然已经让间接调用本身的执行开销变得固定了，但进程的启动可承受不了那么长的时间，并且 2TB 的已提交内存会导致提交限额立即被耗尽。因此这里还使用了两个能节约内存并改善性能的技巧。

首先，内存管理器只会基于一种假设来保留位图，这种假设是：在 CFG 位图访问过程中，CFG 验证函数会将出现的异常视作一种指示，认为位的状态为{0,0}。因此只要包含 4KB 位状态的区域均为{0, 0}，那么就可以维持保留状态，仅至少一位被设置为{1, X}的页面才需要提交。

随后，按照内存管理中有关 ASLR 的讨论（见第 5 章），系统通常只在引导时执行库文件的随机化/重新放置，并且只进行一次，因而为了改善性能，应该避免反复进行重新放置。因此当支持 ASLR 的库被首次载入特定地址后，它就会始终驻留在这个地址上。同时这也意味着一旦针对该库中的函数计算出了相关位图状态，对所有其他加载了相同库的进程来说，位图都会是相同的。因此内存管理器会将 CFG 位图视作一种由页面文件支撑的可共享内存区域，并且和共享的位相对应的物理页面仅需要在 RAM 中存在一次。

这样即可降低将页面提交至 RAM 的开销，同时意味着只有私有内存相对应的位需要计算。在普通应用程序中，私有内存是不可执行的，除非某些库使用了写入时复制（但这种情况并不会在映像加载时发生），因此只要共享了相同的库，并且其他应用程序已经加载过这些库，那么加载应用程序的开销几乎就可以忽略。下一个实验会演示这一点。

实验：控制流防护位图

打开 VMMap 工具并选择一个 Notepad 进程。我们应该可以看到 Sharable 块占据了很大一部分空间，如图 7-65 所示。

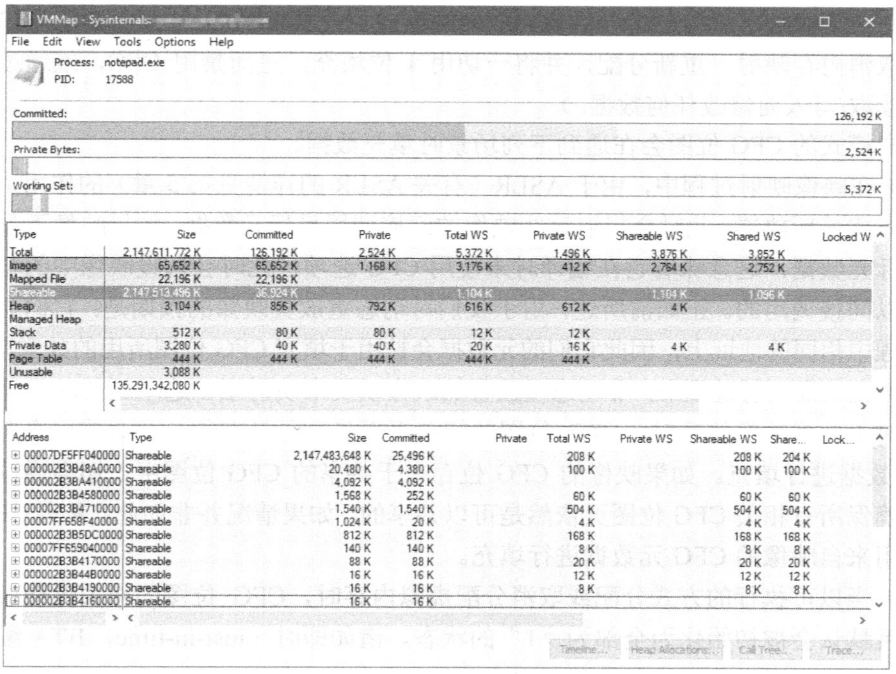

图 7-65　Sharable 块占据了很大一部分空间

我们可以按照大小对底部窗格的内容排序，随后即可快速找到 CFGBitmap 用掉的一个大块。此外，如果将调试器附加到该进程并运行!address 命令，我们可以看到 WinDBG 会将 CFG 位图直接凸显出来。

```
+     7df5'ff530000 7df6'0118a000 0'01c5a000 MEM_MAPPED MEM_RESERVE
Other [CFG Bitmap]
```

```
    7df6'0118a000 7df6'011fb000 0'00071000 MEM_MAPPED MEM_COMMIT PAGE_NOACCESS
Other [CFG Bitmap]
    7df6'011fb000 7ff5'df530000 1ff'de335000 MEM_MAPPED MEM_RESERVE
Other [CFG Bitmap]
    7ff5'df530000 7ff5'df532000 0'00002000 MEM_MAPPED MEM_COMMIT PAGE_READONLY
Other [CFG Bitmap]
```

请留意标记为MEM_RESERVE的块到底有多大，在这些区域中间还有MEM_COMMIT，代表设置了至少一个有效位状态{1, X}。另外，所有（或几乎所有）这些区域会被标记为MEM_MAPPED，因为它们属于共享的位图。

3. CFG位图的构造

在系统初始化时，将调用MiInitializeCfg函数为CFG的支持进行初始化。该函数会根据平台差异，使用前文提到的相应大小创建一个或两个节对象（MmCreateSection）作为保留内存。对于32位平台，一个位图就够了。对于x64平台，则需要两个位图，一个用于64位进程，另一个用于Wow64进程（32位应用程序）。这些节对象的指针会被存储到MiState全局变量的一个子结构中。

当创建了进程后，相应的节会以安全的方式映射至进程的地址空间。此处的“安全”是指这个节无法被进程内部运行的代码取消映射或更改其保护属性。（否则恶意代码就可以直接取消内存映射，重新分配，并将一切用1位填充，进而禁用CFG，或通过让该区域可以读取/写入而修改任何数据。）

用户模式的CFG位图会在遇到下列场景时填充数据。

（1）在映像映射过程中，由于ASLR（有关ASLR的详情见第5章）的作用，映像会以动态方式重新放置，此时会提取这些映像的间接调用目标元数据。如果映像不具备间接调用目标元数据，这意味着它在编译时未使用CFG选项，此时会假设映像中的每个地址都是可以间接调用的。正如前所述，由于我们对动态重放置映像的预期是：它们会加载到每个进程中相同的地址上，因此它们的元数据会被用于填充CFG位图所用的共享节。

（2）在映像映射过程中，非动态重放置的映像以及未映射至首选基址的映像需要特殊处理。对于此类映像的映射，CFG位图的相关页面将会是私有的，并会使用来自映像的CFG元数据进行填充。如果映像的CFG位存在于共享的CFG位图中，还会通过一个特殊检查确保所有相关CFG位图页依然是可以共享的。如果情况并非如此，私有CFG位图页将使用来自映像的CFG元数据进行填充。

（3）当以可执行的方式分配或取消分配虚拟内存时，CFG位图的相关页会成为私有的，并且默认会被初始化为全部为“1”的状态。诸如即时（just-in-time，JIT）编译等场景需要这样做，因为此时代码是即时生成并执行的（例如.NET或Java）。

4. CFG保护加固

虽然CFG采取了较多的措施来防止不同类型的攻击利用间接调用或跳转，但这种机制依然可以通过下列方式绕过。

（1）如果进程可以被欺骗，或现有JIT引擎被滥用于分配可执行内存，所有相应的位都会被设置为{1, 1}，这意味着所有内存都会被视作有效的调用目标。

（2）对于 32 位应用程序，如果预期的调用目标为__stdcall（标准调用惯例），但攻击者能够将间接调用的目标改为__cdecl（C 调用惯例），栈将会出错，因为和标准函数调用不同，C 调用函数并不清理调用方的参数。由于 CFG 无法区分不同的调用惯例，因此将会导致栈出错，进而由攻击者控制的返回地址就有可能绕过 CFG 缓解措施。

（3）类似地，编译器生成的 setjmp/longjmp 目标对于真正的间接调用，具体行为上会有差异，但 CFG 无法区分。

（4）某些间接调用更难进行保护，例如导入地址表（Import Address Table，IAT）或延迟加载地址表（delay-load address table），它们通常位于可执行文件的只读节内。

（5）导出的函数可能并不是我们需要的间接函数调用。

Windows 10 通过进一步完善 CFG 解决了所有这些问题。首先为 VirtualAlloc 函数引入了名为 PAGE_TARGETS_INVALID 的新标志，并为 VirtualProtect 函数引入了 PAGE_TARGETS_NO_UPDATE 标志。通过设置这些标志，分配可执行内存的 JIT 引擎将不会再看到自己分配的所有位都被设置为{1, 1}的状态，而是必须手动调用 SetProcessValidCallTargets 函数（并由后者调用原生的 NtSetInformationVirtualMemory 函数），这样就可以指定 JIT 编译代码的真正函数起始地址。此外，该函数会使用 DECLSPEC_GUARD_SUPPRESS 标记为抑制的调用，这样就可以确保攻击者无法使用间接 CALL 或 JMP 调用到这个函数中，哪怕调用到函数的起始地址（由于这是一种本质上就比较危险的函数，通过受到控制的栈或寄存器调用它可能导致绕过 CFG）。

随后，改进后的 CFG 将我们在本节开头处介绍的流程更改为一种更精练的流程。在这种流程中，加载器并没有实现一种简单的“验证目标，然后返回”的函数，而是实现了一种“验证目标，调用目标，检查栈，然后返回”的函数，该函数会用于 32 位应用程序（或借助 WoW64 运行的应用程序）的子集。这种改进的执行流程如图 7-66 所示。

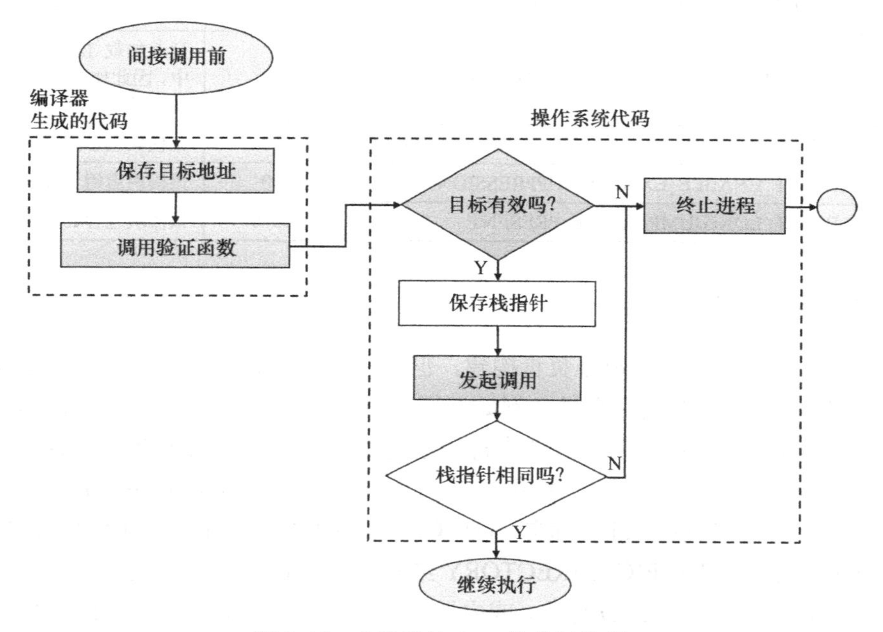

图 7-66 改进后的 CFG 的执行流程

随后，改进的 CFG 还在可执行文件内部增加了额外的表，例如地址提取 IAT（address

taken IAT）以及长跳地址（long jump address）表。当编译器启用了longjmp和IAT CFG保护后，这些表可被用于存储特定类型间接调用的目标地址，而相关函数并未放置在常规的函数表中，因此并未体现在位图中。这意味着如果代码试图间接跳转/调用至此类函数，将会被视作非法转换。而C运行时和链接器会通过手动检查表的方式验证这些目标（例如longjmp函数）。虽然这种方式的效率比位图低，但这些表中的函数数量很少，甚至不包含函数，因此开销也是可接受的。

最后，改进的CFG实现了一种名为导出抑制的功能，但要求编译器必须能支持该功能且被进程缓解策略所启用。（有关进程级别缓解的内容见7.12.1节。）启用该功能后，将实现一个新的位状态（前文曾将{0,1}作为一个未定义的状态），该状态意味着函数有效但被抑制导出了，因此将被加载器区别对待。

如果需要了解特定二进制文件中包含哪些功能，可以在映像加载配置目录（image load configuration directory）中查看控制流防护位，之前提到的DumpBin应用程序可以解码这些信息。作为参考，这些防护位见表7-21。

表7-21　控制流防护位

标志符号	值	描述
IMAGE_GUARD_CF_INSTRUMENTED	0x100	意味着该模块支持CFG
IMAGE_GUARD_CFW_INSTRUMENTED	0x200	该模块可执行CFG并写入完整性检查
IMAGE_GUARD_CF_FUNCTION_TABLE_PRESENT	0x400	该模块包含可感知CFG的函数列表
IMAGE_GUARD_SEURITY_COOKIE_UNUSED	0x800	该模块并未使用编译器/GS标志提供的安全Cookie
IMAGE_GUARD_PROTECT_DELAYLOAD_IAT	0x1000	该模块支持只读延迟加载导入地址表（IAT）
IMAGE_GUARD_DELAYLOAD_IAT_IN_ITS_OWN_SECTION	0x2000	延迟加载IAT位于自己的节中，因此如果需要可以再次获得保护
IMAGE_GUARD_CF_EXPORT_SUPPRESSION_INFO_PRESENT	0x4000	该模块包含抑制导出信息
IMAGE_GUARD_CF_ENABLE_EXPORT_SUPPRESSION	0x8000	该模块启用了导出抑制
IMAGE_GUARD_CF_LONGJUMP_TABLE_PRESENT	0x10000	该模块包含longjmp目标信息

5. 加载器与CFG的交互

虽然CFG位图由内存管理器负责构建，但用户模式加载器（见第3章）也起到了两个作用。首先是在该功能被启用时（例如调用方可能请求不为子进程启用CFG，或进程本身并不支持CFG）动态地启用CFG支持。这是由加载器函数LdrpCfgProcessLoadConfig负责的，每次加载模块时均会调用它来初始化CFG。如果模块PE可选头中的DllCharacteristics标志未设置CFG标志（IMAGE_DLLCHARACTERISTICS_GUARD_CF），那么IMAGE_LOAD_CONFIG_DIRECTORY结构的GuardFlags成员就不会设置IMAGE_GUARD_CF_INSTRUMENTED标志，或内核可能强制为该模块关闭了CFG，此时将不执行任何操作。

其次，如果模块确实使用了CFG，LdrpCfgProcessLoadConfig将从映像获取间接检查函数指针（IMAGE_LOAD_CONFIG_DIRECTORY 结构的 GuardCFCheckFunctionPointer 成员），并将其设置为 Ntdll 中的 LdrpValidateUserCallTarget 或 LdrpValidateUserCallTargetES，具体设置为哪个取决于是否启用了导出抑制。此外，该函数首先会确保间接指针未被通过某种方法修改为指向模块本身的外部。

此外，如果使用改进的 CFG 编译该二进制文件，那么还有第二个间接例程可供使用，它会调用分发 CFG 例程。该例程可用于实现前文介绍的增强的执行流。如果映像包含这样的函数指针（位于上述结构中的 GuardCFDispatchFunctionPointer 成员内），那么会被初始化为 LdrpDispatchUserCallTarget；如果启用了导出抑制，则会被初始化为 LdrpDispatchUserCallTargetES。

注意 在某些情况下，内核本身可以代表用户模式来模拟或执行间接跳转或调用。如果存在这种可能，内核会实现自己的 MmValidateUserCallTarget 例程，由它来执行与 LdrpValidateUserCallTarget 相同的工作。

启用 CFG 的编译器所生成的代码会对位于 Ntdll 中的 LdrpValidateCallTarget(ES)或 LdrpDispatchUserCallTarget(ES)函数发起间接调用。该函数使用目标分支地址，并会检查函数的位状态值。

（1）如果位状态为{0, 0}，分发有可能是无效的。

（2）如果位状态为{1, 0}，且地址已经 16 字节对齐，分发是有效的。否则有可能是无效的。

（3）如果位状态为{1, 1}，且地址并未 16 字节对齐，分发是有效的。否则有可能是无效的。

（4）如果位状态为{0, 1}，分发有可能是无效的。

如果分发有可能是无效的，将执行 RtlpHandleInvalidUserCallTarget 函数来确定必要的操作。首先，它会检查进程是否允许调用抑制，这是一种不常见的应用程序兼容性选项，可在启用应用程序验证程序的情况下设置，或通过注册表设置。如果是这种情况，则会检查该地址是否可抑制，这也是并不需要使用位图的原因（防护函数表项中的一个特殊标志表明了这一点）。对于这种情况，将允许进行调用。如果函数完全无效（意味着不在表中），那么该分发会被忽略，进程将被终止。

其次，还将通过检查来确定是否启用了导出抑制。如果启用，会使用导出抑制地址列表检查目标地址，这也是通过防护函数表项中的另一个标志表明的。对于这种情况，加载器会验证目标地址是否为到另一个 DLL 的导出表的转发器引用，因为对于使用导出抑制的映像，这是唯一允许的间接调用方式。这些工作由一个复杂的检查进行，该检查确保了目标地址位于不同映像中，其映像加载目录启用了导出抑制，并且该地址位于这个映像的导入目录中。如果检查结果匹配，将通过前文提到的 NtSetInformationVirtualMemory 调用内核，并将位状态改为{1, 0}。如果上述任何一项检查失败，或并未启用导出抑制，那么进程将被终止。

对于 32 位应用程序，如果进程启用了 DEP（有关 DEP 的详情请参阅第 5 章），还将进行另一项检查。否则由于不存在任何执行保证，错误的调用将被允许，例如这可能是由于一款老应用程序出于正当原因调用到堆或栈。

最后，为了节约空间，庞大的{0, 0}位状态并未提交，如果对 CFG 位图的检查最终落在了保留页面，这将会导致访问冲突异常。在 x86 系统中，异常处理的开销非常高，因此并没有将这个工作交给验证代码来处理，而是留给常规的填充过程来处理。（有关异常分发的详情请参阅卷 2 第 8 章。）用户模式分发程序处理程序 KiUserExceptionDispatcher 会通过特殊的检查识别出验证函数内的 CFG 位图访问冲突异常，如果异常代码为 STATUS_IN_PAGE_ERROR，将可自动恢复执行。这种做法也简化了 LdrpValidateUserCallTarget(ES)和 LdrpDispatchUserCallTarget(ES)中的代码，因为无须在它们内部包含异常处理代码。在 x64 系统中，异常处理程序只需注册到表中，即可使用与前文描述的逻辑来运行 LdrpICallHandler 处理程序。

6. 内核 CFG

虽然使用 Visual Studio 配合/guard:cf 选项编译的驱动程序最终可获得和用户模式映像相同的二进制属性，但第一版 Windows 10 并未用到这些数据。用户模式 CFG 位图可受到更高级别、更高可信度实体（内核）的保护，但如果创建内核 CFG 位图，这种位图将无法获得真正的“保护”。恶意攻击只需要修改自己所要修改的位所在页面对应的 PTE，将其标记为读取/写入，就可以继续进行间接调用或跳转。因此这种烦琐但可绕过的缓解措施就没什么意义了。

随着越来越多用户开始启用 VBS 功能，VTL 1 所提供的更高的安全边界可以加以充分利用。SLAT 页表项解决了这个问题，它可以针对 PTE 页面保护的变化提供第二层边界。虽然由于 SLAT 项被标记为只读，因此位图可被 VTL 0 读取，但如果内核攻击者试图更改 PTE，将其标记为读取/写入，那么将无法针对 SLAT 项执行这样的操作。因此这会被判断为无效的 KCFG 位图访问，进而获得 HyperGuard 的保护（仅限遥测使用，因为这些位无论如何都无法更改）。

KCFG 的实现与普通的 CFG 几乎完全相同，但也有些差异，例如未启用导出抑制、不支持 longjmp，以及不能以 JIT 为目的动态地请求额外位。这些事情不能由内核驱动程序来执行。实际上，这些位会在每次加载驱动程序映像时，由防护表中的常规函数项根据“地址提取 IAT 表”项（如果设置的话）设置在位图中；对于 HAL 和内核则会在引导过程中由 MiInitializeKernelCfg 设置。如果未启用虚拟机监控程序，并且不支持 SLAT，那么上述这些机制都不会进行初始化，内核 CFG 将继续处于禁用状态。

与用户模式的相同点在于，在增强的 CFG 模式下，加载配置数据目录中的动态指针会被更新，并会指向检查函数的__guard_check_icall，以及分发函数的__guard_dispatch_icall。此外还将通过一个名为 guard_icall_bitmap 的变量保存位图的虚拟地址。

对于内核 CFG 还有最后一个细节需要注意：不幸的是，此时将无法配置动态驱动程序验证程序设置（驱动程序验证程序的内容见第 6 章），因为这需要添加动态内核挂钩并将执行重定向至可能不包含在位图中的函数。此时将返回 STATUS_VRF_CFG_ENABLED(0xC000049F)，并且需要重新引导（重新引导时，即可使用当时存在的验证程序的驱动程序来构建位图）。

7.12.3 安全声明

之前我们曾介绍过控制流防护是如何终止进程的，此外还介绍了某些其他缓解措施或安全功能如何通过抛出异常来终止这些进程。不过更重要的是，我们必须明确这些安全违规活动中到底发生了什么，因为这些情况下都隐藏了有关这些机制的重要细节。

实际上，当发生了与安全有关的违规情况，例如 CFG 检测到错误的间接调用或跳转，进而通过标准的 TerminateProcess 机制终止进程时，这样的措施还不够。此时并没有导致崩溃，也没有将遥测数据发送给微软。而这些都是很重要的管理员工具，可以帮助他们理解可能发生了潜在的攻击或存在应用程序兼容性问题，而微软也需要借此追踪正在进行中的零日（zero-day）攻击。从另一方面来看，虽然抛出异常就可以获得所需的结果，但异常也可以进行回调，借此即可进行如下操作。

（1）如果/SAFESEH 和 SEHOP 缓解选项未启用，则可能会被攻击者挂接，导致安全检查在一开始就为攻击者提供了控制权，或者攻击者可以直接“自行忍受”异常。

（2）可能被软件中合理的部分通过未处理的异常筛选器或矢量化的异常处理程序挂接，这都可能导致无意中忍受了异常。

（3）与上述情况类似，但也可能被将自己的库注入进程的第三方产品拦截。很多安全工具都会遇到类似问题，这也可能导致异常无法被正确提交给 Windows 错误报告（WER）机制。

（4）进程可能会向 WER 注册应用程序恢复回调。随后就可能向用户显示不那么明确的界面，并可能在当前被攻击的状态下重新启动进程，导致通过反复不断的崩溃/启动循环忍受异常。

（5）在基于 C++的产品中，很可能被外部的异常处理程序发现，就好像由程序本身“抛出”了异常那样，这也可能导致忍受异常或以不安全的方式继续执行。

要解决这些问题，需要一种机制抛出无法被 WER 服务之外的其他任何进程组件拦截的异常，并且必须保证自己可以收到异常。这就需要用到安全声明（security assertion）。

1. 编译器和操作系统的支持

当微软库、程序或内核组件遇到不寻常的安全状况时，或当缓解措施被认为会对安全状态产生危胁时，此时会用到 Visual Studio 支持的一种特殊编译器内部对象（intrinsic）：__fastfail。该对象可以接受一个参数作为输入。或者也可以调用 Ntdll.dll 中的运行时库（Rtl）函数 RtlFailFast2，其自身就包含了__fastfail 内部对象。某些情况下，WDK 或 SDK 包含的内联函数也可以调用该内部对象，例如在使用 LIST_ENTRY 函数 InsertTailList 和 RemoveEntryList 时；在其他情况下，则由通用 CRT（Universal CRT，uCRT）本身在自己的函数中使用该内部对象。另外在被应用程序调用时，API 需要执行某些检查，此时也可能用到该内部对象。

无论什么情况，当编译器看到该内部对象时，它就会生成接受该输入函数的汇编代码，并将其移动至 RCX（x64）或 ECX（x86）寄存器，随后使用编号 0x29 发送软件中断。（有关中断的详细信息参见卷 2 第 8 章。）

在 Windows 8 和后续版本中，这个软件中断会和处理程序 KiRaiseSecurityCheckFailure 一起注册至中断分发表（Interrupt Dispatch Table，IDT），我们可以在调试器中使用!idt29 命令自行验证这一点。这会导致（出于兼容性的原因）KiFastFailDispatch 被配合 STATUS_STACK_BUFFER_OVERRUN 状态代码（0xC0000409）进行调用。随后将通过 KiDispatchException 定期进行异常分发，但这些异常会被视作二次异常，这意味着调试器和进程将不再获得通知。

这种情况将被特殊对待，并且会照常向 WER 的错误 ALPC 端口发送错误信息。WER 会将该异常声明为不可持续的，随后这会导致内核使用系统调用 ZwTerminateProcess 终止进程。因此这就保证了一旦使用中断，该进程将不再继续返回到用户模式，WER将会获得通知，并且进程将被终止（另外，错误代码将等同于异常代码）。在生成异常记录后，第一个异常的参数将作为输入参数提供给__fastfail。

内核模式代码也可以抛出异常，但此时将调用KibugCheckDispatch，这会导致一种特殊的内核模式崩溃（bugcheck），其代码为0x139（KERNEL_SECURITY_CHECK_FAILURE），其中第一个参数将作为输入参数提供给__fastfail。

2. Fast fail/安全声明代码

由于__fastfail这个内部对象包含的一个输入参数会包含于异常记录或崩溃界面中，借此失败检查即可识别系统或进程的哪部分无法正确工作或遇到了安全违规问题。表7-22列出了各种失败条件及其含义或影响。

表7-22 __fastfail失败代码

代码	含义
Legacy OS Violation (0x0)	遗留二进制文件中的老版本缓冲区安全检查失败，并已转换为安全声明
V-Table Guard Failure (0x1)	Internet Explorer 10和后续版本中的虚拟表防护缓解选项遇到了错误的虚拟函数表指针
Stack Cookie Check Failure (0x2)	/GS编译器选项生成的栈Cookie（也叫作stack canary）已出错
Corrupt List Entry (0x3)	用于操作LIST_ENTRY结构的一个宏检测到不一致的链接列表，其中的祖父项或子孙项并未指向所操作列表中的父项或子项
Incorrect Stack (0x4)	攻击者控制的栈在运行过程中，调用了通常被用于基于ROP的攻击的用户模式或内核模式API，因此这个栈已经不是预期的栈
Invalid Argument (0x5)	用户模式CRT API（典型情况）或其他敏感函数被使用无效参数调用，意味着栈可能被进行了基于ROP的利用，或者栈已经出错
Stack Cookie Init Failure (0x6)	栈Cookie的初始化失败，意味着映像可能被修补或出错
Fatal App Exit (0x7)	应用程序使用了FatalAppExit用户模式API，可将其转换为安全声明以便充分发挥其优势
Range Check Failure (0x8)	对某些固定的数组缓冲区进行额外的验证检查，已确认数组元素索引是否位于预期界限内
Unsafe Registry Access (0x9)	内核模式驱动程序正试图从可被用户控制的配置单元（如应用程序配置单元或用户配置文件配置单元）访问注册表数据，但并未使用RTL_QUERY_REGISTRY_TYPECHECK标志保护自己
CFG Indirect Call Failure (0xA)	控制流防护检测到间接CALL或JMP指令的目标地址并非CFG位图的有效分发
CFG Write Check Failure (0xB)	具备写保护的控制流防护检测到对受保护数据的无效写操作。该功能（/guard:cfw）仅用于支持微软的内部测试
Invalid Fiber Switch (0xC)	为无效纤程使用了SwitchToFiber API，或从尚未转换为纤程的线程使用了该API
Invalid Set of Context (0xD)	在试图还原时（由于异常或SetThreadContext API）检测到无效的上下文记录结构，其中的栈指针无效。仅在进程激活了CFG后需要进行该检查
Invalid Reference Count (0xE)	对引用进行计数的对象（如内核模式的OBJECT_HEADER或Win32k.sys GDI对象）的引用计数低于0的下限，或超过上限的值重新归零
Invalid Jump Buffer (0x12)	对包含无效栈地址或无效指令指针的跳转缓冲区尝试发起了longjmp操作。仅在进程激活了CFG后需要进行该检查
MRDATA Modified (0x13)	加载器中可变的只读数据堆/节已被修改。仅在进程激活了CFG后需要进行该检查
Certifi cation Failure (0x14)	在解析证书时，一个或多个Cryptographic Services API遇到了问题，或遇到了无效的ASN.1流

续表

代码	含义
Invalid Exception Chain (0x15)	使用/SAFESEH 链接，或具备 SEHOP 缓解措施的映像遇到了无效的异常处理程序分发
Crypto Library (0x16)	CNG.SYS、KSECDD.SYS 或其用户模式的等价 API 遇到了某些关键失败
Invalid Call in DLL Callout (0x17)	在用户模式加载器的通知回调过程中遇到调用危险函数的企图
Invalid Image Base (0x18)	用户模式映像加载器遇到了__ImageBase（IMAGE_DOS_HEADER 结构）的无效值
Delay Load Protection Failure (0x19)	在延迟加载导入的函数时，发现延迟加载 IAT 已出错。仅在进程激活了 CFG 并且启用延迟加载 IAT 保护时需要进行该检查
Unsafe Extension Call (0x1A)	在调用某些内核模式扩展 API 且调用方状态有误时进行该检查
Deprecated Service Called (0x1B)	在调用某些不再受支持且未经文档化的系统调用时进行该检查
Invalid Buffer Access (0x1C)	当常规缓冲区结构因为某些情况出错时，由 Ntdll 中的运行时库函数和内核进行该检查
Invalid Balanced Tree (0x1D)	当 RTL_RB_TREE 或 RTL_AVL_TABLE 结构包含无效节点时，由 Ntdll 中的运行时库函数和内核进行该检查（此时同代或父节点无法与祖父节点匹配，类似于 LIST_ENTRY 检查）
Invalid Next Thread (0x1E)	当 KPRCB 中调度的下一个线程以某种方式失效后，由内核调度器进行检查
CFG Call Suppressed (0x1F)	当出于兼容性原因，CFG 允许抑制调用时，将进行该检查。此时 WER 会将错误标记为已处理，内核不会终止进程，但遥测数据依然会发送给微软
APCs Disabled (0x20)	当返回到用户模式且内核 APC 依然被禁用时，由内核进行该检查
Invalid Idle State (0x21)	当 CPU 试图进入无效的 C 状态时，由内核电源管理器进行该检查
MRDATA Protection Failure (0x22)	当可变的只读堆节在预期代码路径外无法获得保护时，由用户模式加载器进行该检查
Unexpected Heap Exception (0x23)	当堆出错且意味着可能存在攻击企图时，由堆管理器进行该检查
Invalid Lock State (0x24)	当某些锁未处于预期状态，例如获取到的锁已经处于已释放状态时，由内核进行该检查
Invalid Longjmp (0x25)	在调用后，如果进程启用了 CFG 和 Longjmp 保护，但 Longjmp 表因为某些情况出错或丢失，将由 Longjmp 进行检查
Invalid Longjmp Target (0x26)	与上述情况类似，但 Longjmp 表指出这并非有效的 Longjmp 目标函数
Invalid Dispatch Context (0x27)	当异常试图使用错误的 CONTEXT 记录分发时，由内核模式的异常处理程序进行该检查
Invalid Thread (0x28)	当某些调度操作中的 KTHREAD 结构出错时，由内核模式调度器进行该检查
Invalid System Call Number (0x29)	与 Deprecated Service Called 类似，但 WER 会将该异常标记为已处理，导致进程可以继续运行，因此仅用于遥测
Invalid File Operation (0x2A)	被 I/O 管理器和某些文件系统，以及其他遥测类型的错误使用
LPAC Access Denied (0x2B)	当低特权 AppContainer 试图访问不具备 ALL RESTRICTED APPLICATION PACKAGES SID 的对象，并启用了对此类失败的追踪时，该功能将被 SRM 的访问检查函数使用。此外，检查结果将仅出现在遥测数据，而非进程崩溃记录中
RFG Stack Failure (0x2C)	被返回流控制（Return Flow Guard，RFG）使用，不过该功能目前被禁用
Loader Continuity Failure (0x2D)	被前文介绍的同名进程缓解策略使用，代表加载了使用不同签名或不包含签名的非预期映像
CFG Export Suppression Failure (0x2D)	当启用导出抑制时，被 CFG 用于代表被抑制的导出以间接分支为目标
Invalid Control Stack (0x2E)	被 RFG 使用，不过该功能目前被禁用
Set Context Denied (0x2F)	被前文介绍的同名进程缓解策略使用，不过该功能目前被禁用

7.13 应用程序标识

历史上，Windows 的安全决策通常是基于用户标识（以用户 SID 和组成员关系的形式）进行的，但越来越多的安全组件（AppLocker、防火墙、反病毒、反恶意软件、权限管理服务等）需要根据所要运行的代码来做出安全决策。在过去，每个此类安全组件会使用自己专用的方法来标识应用程序，这就导致策略制定过程无法维持一致，并且显得非常复杂。应用程序标识（Application Identification，AppID）意在通过提供一套通用的 API 和数据结构，让安全组件识别应用程序的方式获得一致性。

注意　此处所说的 AppID 并非 DCOM/COM+应用程序使用的 AppID，在这类应用程序中，会使用一个 GUID 代表被多个 CLSID 共享的进程。另外，此处的 AppID 和 UWP 应用程序 ID 也不是一回事。

正如用户可以在登录时识别其身份，应用程序在开始生成主程序的 AppID 时也可以识别其身份。AppID 可以通过应用程序的下列属性生成。

（1）**字段**　文件内嵌代码的签名证书包含的字段可能是不同组合，包括发行商名称、产品名称、文件名称、版本等。APPID://FQBN 是种完全限定的二进制名称，表现为这种形式的字符串：{Publisher\Product\Filename,Version}。其中发行商名称是指用于为代码签名的 x.509 证书所包含的 Subject 字段，其中可包含下列字段。

- O　组织（organization）。
- L　地址（locality）。
- S　州或省（state or province）。
- C　国家或地区（country）。

（2）**文件散列**　文件散列可通过多种方式获得，默认方法为 APPID://SHA256HASH。为向后兼容 SRP 和大部分 x.509 证书，SHA-1（APPID://SHA1HASH）依然可支持。APPID://SHA256HASH 指定了文件的 SHA-256 散列值。

（3）**文件的部分或完整路径**　APPID://Path 指定了带有可选通配符（*）的路径。

注意　AppID 的目的并不是认证应用程序的质量或安全性。AppID 实际上只是一种标识应用程序的方法，管理员可以借此在安全策略决策中引用不同的应用程序。

AppID 存储在进程访问令牌中，任何安全组件均可借此使用一种单一且一致的标识制定授权决策。AppLocker 可使用条件式 ACE（具体介绍见前文）指定特定用户是否被允许运行特定应用程序。

在为带有签名的文件创建 AppID 时，来自文件的证书会被缓存起来，并通过受信任的根证书进行验证。证书路径每天重新验证一次，以确保证书路径依然有效。证书缓存和验证操作会记录在系统事件日志中，位于应用程序和服务日志\Microsoft\Windows\AppID\Operational 下。

7.14 AppLocker

Windows 8.1 和 Windows 10（企业版）及 Windows Server 2012/2012 R2/2016 支持一

项名为 AppLocker 的功能，该功能可帮助管理员锁定系统防止未经授权程序运行。最早在 Windows XP 中引入的软件限制策略（Software Restriction Policy，SRP）是为实现该功能采取的第一步，但 SRP 很难管理，并且无法应用于特定的用户或组。（所有用户都会受到 SRP 规则影响。）AppLocker 取代了 SRP，但目前依然与 SRP 共存，不过 AppLocker 的规则会和 SRP 的规则分开存储。如果针对同一个组策略对象（Group Policy Object，GPO）同时应用了 AppLocker 和 SRP 规则，最终将只应用 AppLocker 规则。

让 AppLocker 比 SRP 更胜一筹的另一个功能是 AppLocker 的审核模式，该模式可供管理员创建 AppLocker 策略并检查其结果（存储在系统事件日志中），以确定策略是否能按照预期执行，但这一过程中并不会真正执行这些限制。AppLocker 审核模式可用于监视系统中的一个或多个用户曾使用过哪些应用程序。

AppLocker 可供管理员对下列类型文件的执行加以限制。

（1）可执行映像（EXE 和 COM）。

（2）动态链接库（DLL 和 OCX）。

（3）用于安装和卸载的微软软件安装器（MSI 和 MSP）。

（4）脚本。

（5）Windows PowerShell（PS1）。

（6）批处理文件（BAT 和 CMD）。

（7）VisualBasic 脚本（VBS）。

（8）JavaScript（JS）。

AppLocker 提供了一套简单的图形界面规则创建机制，有些类似于网络防火墙规则，借此可以指定用户和组，然后使用条件式 ACE 和 AppID 属性决定哪些应用程序或脚本是允许执行的。AppLocker 的规则分为两种类型。

（1）除了指定的文件可以运行，其他一切均禁止运行。

（2）除了指定的文件禁止运行，其他一切均允许运行。拒绝规则会胜过允许规则。

每个规则还可以通过例外列表将某些文件从规则中排除。使用例外，即可创建类似这样的规则：允许 C:\Windows 或 C:\Program Files 目录下的所有文件运行，RegEdit.exe 除外。

AppLocker 规则可以关联给指定的用户或组。借此管理员即可验证并强制限制用户可以运行的应用程序，进而满足合规要求。例如，我们可以创建一条规则，允许 Finance（财务）这个安全组中的用户运行与财务有关的业务应用程序。这样所有不在 Finance 安全组中的用户（包括管理员）都将无法运行财务应用，但对此类应用具备相应业务需求的用户依然可以访问这些应用。另一个比较有用的规则是，可以防止 Receptionists（前台）组的用户安装或运行未经批准的软件。

AppLocker 规则依赖于条件式 ACE 和 AppID 所定义的属性。规则可使用下列条件创建。

（1）**文件内嵌代码签名证书中的字段，可对发行商名称、产品名称、文件名称和版本字段进行不同的组合**。例如可以创建一条规则允许所有版本号大于 9.0 的 Contoso Reader 应用运行；或允许 Graphics 组的任何成员运行 Contoso for GraphicsShop 应用的安装程序或应用程序，只要其版本号为 14.*。举例来说，下列 SDDL 字符串可以禁止任何 RestrictedUser 用户账户（由用户的 SID 识别）执行 Contoso 发布的带数字签名的程序。

```
D:(XD;;FX;;;S-1-5-21-3392373855-1129761602-2459801163-1028;((Exists APPID://FQBN)
&& ((APPID://FQBN) >= ({"O=CONTOSO, INCORPORATED, L=REDMOND,
S=CWASHINGTON, C=US\*\*",0}))))
```

（2）**目录路径，仅允许特定目录下的文件运行**。这也可以用于标识特定文件。例如，下列SDDL字符串可以禁止任何RestrictedUser用户账户（由用户的SID识别）执行C:\Tools下的程序。

```
D:(XD;;FX;;;S-1-5-21-3392373855-1129761602-2459801163-1028;(APPID://PATH
Contains "%OSDRIVE%\TOOLS\*"))
```

（3）**文件散列**。使用散列可以检测文件是否被修改，并能防止它运行。如果文件需要频繁改动，这种做法会存在一个缺点，因为需要频繁更新散列值。文件散列通常用于脚本，因为很少有脚本会包含签名。例如，下列SDDL字符串可以禁止任何RestrictedUser用户账户（由用户的SID识别）执行指定文件散列所对应的文件。

```
D:(XD;;FX;;;S-1-5-21-3392373855-1129761602-2459801163-1028;(APPID://SHA256HASH
Any_of {#7a334d2b99d48448eedd308dfca63b8a3b7b44044496ee2f8e236f5997f1b647,
#2a782f76cb94ece307dc52c338f02edbbfdca83906674e35c682724a8a92a76b}))
```

AppLocker规则可以在本地计算机上使用安全策略MMC管理单元（secpol.msc，见图7-67）创建，或可使用Windows PowerShell脚本创建，甚至可以在域中使用组策略进行推送。AppLocker规则存储在注册表的多个位置。

（1）**HKLM\Software\Policies\Microsoft\Windows\SrpV2**。该键还会镜像至HKLM\SOFTWARE\Wow6432Node\Policies\Microsoft\Windows\SrpV2，规则以XML格式存储。

（2）**HKLM\SYSTEM\CurrentControlSet\Control\Srp\Gp\Exe**。规则以SDDL和二进制ACE的方式存储。

（3）**HKEY_CURRENT_USER\Software\Microsoft\Windows\CurrentVersion\Group Policy Objects\{GUID}Machine\Software\Policies\Microsoft\Windows\SrpV2**。从域推送的AppLocker策略会作为GPO的一部分，以XML格式存储在这里。

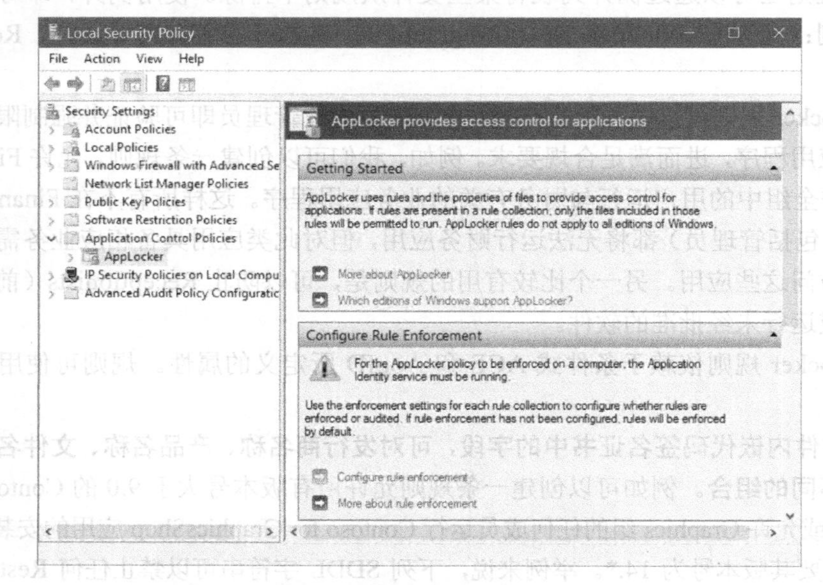

图7-67 本地安全策略中的AppLocker配置界面

曾经运行过的文件的证书会存储在注册表 HKLM\SYSTEM\CurrentControlSet\Control\AppID\CertStore 键下。对于从文件中找到的证书，AppLocker 还会反向构建一个可追溯至受信任根证书的证书链（存储于注册表 HKLM\SYSTEM\CurrentControlSet\Control\AppID\CertChainStore 键下）。

我们还可以使用与 AppLocker 有关的 PowerShell 命令（cmdlet）通过脚本进行部署和测试。在使用 Import-Module AppLocker 将 AppLocker 的 cmdlet 加入 PowerShell 后，我们即可获得多种可用 cmdlet，包括 Get-AppLockerFileInformation、Get-AppLockerPolicy、New-AppLockerPolicy、Set-AppLockerPolicy 和 Test-AppLockerPolicy。

AppID 和 SRP 服务共存于同一个库（AppIdSvc.dll）中，并通过一个 SvcHost 进程运行。该服务请求了注册表变动通知功能，借此监视这些键的改动，这些键可由 GPO 或本地安全策略 MMC 管理单元中的 AppLocker 界面写入。在检测到变化后，AppID 服务会触发一个用户模式任务（AppIdPolicyConverter.exe），该任务将读取（使用 XML 描述的）新规则，并将其转换为二进制格式的 ACE 和 SDDL 字符串，这样才能被用户模式和内核模式的 AppID 以及 AppLocker 组件所理解。该任务会将转换后的规则存储在注册表 HKLM\SYSTEM\CurrentControlSet\Control\Srp\Gp 键下。该键只能由 System 和 Administrators 写入，对通过身份验证的其他用户是只读的。用户模式和内核模式的 AppID 组件会直接从注册表读取转换后的规则。该服务还会监视本地计算机的受信任根证书存储，并会通过一个用户模式的任务（AppIdCertStoreCheck.exe）验证这些证书，验证工作每天至少进行一次，或在证书存储出现变化后也会进行验证。AppID 内核模式驱动程序（%SystemRoot%\System32\drivers\AppId.sys）可以通过 APPID_POLICY_CHANGED 这个 DeviceIoControl 请求接到 AppID 服务发来的有关规则出现变化的通知。

管理员可以使用事件查看器查看系统事件日志，了解哪些应用程序被允许或拒绝运行（前提是 AppLocker 已经被配置并且服务已启动），如图 7-68 所示。

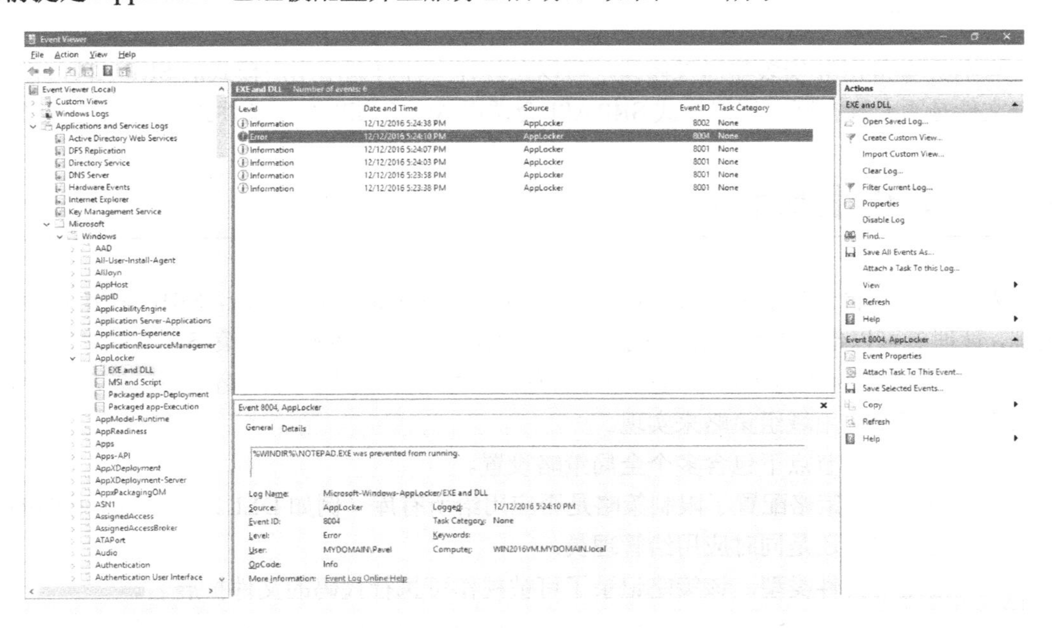

图 7-68　事件查看器中显示的 AppLocker 允许和拒绝访问各种应用程序的事件。Event ID 8004 为拒绝事件，8002 为允许事件

AppID、AppLocker以及SRP在实现方面的界限较为模糊，并且违反了严格的分层规范，因为有不同的逻辑组件共存于同一个可执行文件中，并且命名方式也不是那么一致。

AppID服务使用LocalService账户运行，因此可以访问系统中的受信任根证书存储区域，也可以借助它来进行证书验证。AppID服务则负责验证发行商的证书、将新证书加入缓存，以及检测AppLocker规则的更新并通知AppID驱动程序。

AppID驱动程序承担了AppLocker的大部分功能，并依赖与AppID服务的通信（通过DeviceIoControl请求通信），因此其设备对象会受到ACL的保护，仅允许NT SERVICE\AppIDSvc、LOCAL SERVICE和BUILTIN\Administrators组访问。因而该驱动程序无法被恶意软件仿造。

当AppID驱动程序首先加载后，它会调用PsSetCreateProcessNotifyRoutineEx请求一个进程创建回调。当该通知例程被调用后，它会获得一个PPS_CREATE_NOTIFY_INFO结构（描述了所创建的进程）。随后它会收集能够识别可执行文件映像的AppID属性，并将其写入进程的访问令牌。随后它会调用未文档化的SeSrpAccessCheck例程，由这个例程检查进程令牌和条件式ACE的AppLocker规则，进而确定进程是否允许运行。如果进程不允许运行，该驱动程序会将STATUS_ACCESS_DISABLED_BY_POLICY_OTHER写入PPS_CREATE_NOTIFY_INFO结构的Status字段，这会导致进程创建操作被取消（并设置进程的最终完成状态）。

为了限制DLL，映像加载器会在将DLL载入进程时向AppID驱动程序发送DeviceIoControl请求。随后该驱动程序会针对AppLocker条件式ACE检查该DLL的标识，具体做法与可执行文件的检查类似。

注意　对所要加载的每个DLL进行这样的检查会消耗大量时间，甚至会被最终用户察觉。因此DLL规则通常是禁用的，必须通过本地安全策略管理单元中Applocker属性页面的高级选项卡明确启用。

脚本引擎和MSI安装器通过修改，可以在打开文件时调用用户模式的SRP API，借此检查文件是否允许打开。用户模式SRP API会调用AuthZ API执行条件式ACE访问检查。

7.15　软件限制策略

Windows包含一种名为软件限制策略（Software Restriction Policy，SRP）的用户模式机制，管理员可以借此控制系统中能够运行的映像和脚本。本地安全策略编辑器的软件限制策略节点如图7-69所示，在这里即可管理计算机上的代码执行策略，不过这些单个用户的策略也可以使用域组策略来实现。

软件限制策略节点下包含多个全局策略设置。

（1）**强制**。该策略配置了限制策略是否应用给所有库（例如DLL），以及是只将策略应用给普通用户，还是同时应用给管理员。

（2）**指定的文件类型**。该策略记录了可被视作可执行代码的文件扩展名。

（3）**受信任的发布者**。该策略控制了谁可以选择哪些证书的发布者是可信任的。

在为特定脚本或映像配置策略时，管理员可以通过路径、散列、互联网区域（由Internet

Explorer 定义）或密码学证书作为识别文件的依据，并可指定是否将其关联给“不允许”或“不受限”安全策略。

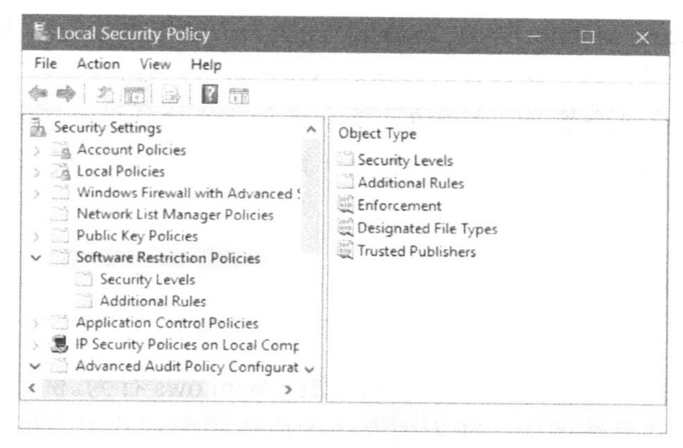

图 7-69 本地安全策略编辑器的软件限制策略节点

SRP 的强制设置会应用给多种组件，在这些组件中，文件可以视作包含了可执行代码。部分组件如下。

（1）Kernel32.dll 中的用户模式 Windows CreateProcess 函数，可强制为可执行映像应用策略。

（2）Ntdll.dll 中的 DLL 加载代码，可强制为 DLL 应用策略。

（3）Windows 命令提示符（Cmd.exe），可强制为批处理文件的执行应用策略。

（4）用于启动脚本的 Windows 脚本宿主组件：Cscript.exe（用于命令行脚本）、Wscript.exe（用于 UI 脚本）以及 Scrobj.dll（用于脚本对象），可强制为脚本的执行应用策略。

（5）PowerShell 宿主（PowerShell.exe），可强制为 PowerShell 脚本的执行应用策略。

上述每个组件都会读取注册表 HKLM\Software\Policies\Microsoft\Windows\Safer\CodeIdentifiers 键下的 TransparentEnabled 值，借此判断限制策略是否启用。值为 1 意味着策略已经生效。随后会判断即将执行的代码是否与 CodeIdentifiers 键的某个子键所指定的规则匹配，以及如果匹配，是否允许执行。如果不匹配，那么将由 CodeIdentifiers 键下 DefaultLevel 值所指定的默认值决定是否允许执行。

软件限制策略是一种强大的工具，可以防止未经授权的代码或脚本运行，但前提是必须能够正确配置。除非默认策略被设置为不允许执行，否则用户只需要对禁止运行的映像进行少量更改即可绕过规则继续执行。例如，用户将进程映像中某个无关紧要的字节进行略微的修改，就可以绕避散列规则的检测；或者将文件复制到其他位置，就可以绕过路径规则的检测。

实验：观察强制实施的软件限制策略

通过执行被禁止运行的映像，同时观察注册表访问活动，我们即可间接观察到 SRP 的强制执行过程。

（1）运行 secpol.msc 打开本地安全策略编辑器，进入软件限制策略节点。

（2）如果尚未定义策略，请从右键菜单中选择 Create New Policies。

（3）为%SystemRoot%\System32\Notepad.exe 创建一个基于路径的不允许限制规则（位于其他规则节点下）。

（4）运行 Process Monitor 并为“Safer”设置一个“包含”的路径筛选器。

（5）打开命令提示符，在命令行中运行 Notepad。

尝试运行 Notepad 会显示一条信息，告诉我们无法执行指定程序，Process Monitor 则会显示命令提示符（Cmd.exe）查询本地计算机限制策略的相关活动。

7.16 内核补丁保护

一些设备驱动程序会以不受支持的方式修改 Windows 行为。例如它们会为系统调用表打补丁，进而拦截系统调用；或为内存中的内核映像打补丁，借此添加使用特定内部函数的能力。这类修改在本质上很危险，可能影响到系统的稳定性和安全性。另外，此类修改还可能带有恶意目的，例如恶意驱动程序借助 Windows 驱动程序的漏洞发起攻击。

由于已经没有任何实体能比内核本身具备更高特权，由内核自己检测并防范这类针对内核的攻击或驱动程序就成了一种棘手的操作。由于检测/保护机制以及希望避免的行为都发生在 Ring 0 下，因此也不可能定义真正意义上的安全边界，因为这些希望避免的行为本身可能恰恰就是为了禁止、解决或欺骗检测/预防机制。不过就算在这种情况下，我们依然可以通过一种机制，以下列这些方式对这种希望避免的行为做出反应。

（1）通过可清晰分辨的内核模式崩溃转储让计算机崩溃，这样用户和管理员都能清楚看到自己内核中正在发生某些有害行为，进而采取措施。另外这也意味着合法软件供应商不会愿意冒着让客户系统崩溃的风险，转而通过其他可受支持的方式扩展内核的功能（例如，为文件系统筛选器使用筛选器管理器，或使用其他基于回调的机制）。

（2）对于会禁用检测机制的有害行为，模糊化的处理（但并不是一种安全边界）会在时间和复杂度方面造成更多成本。这些额外的成本意味着有害行为会比潜在的恶意行为更容易辨识，而所导致的复杂结果也会让潜在攻击者额外付出更多成本。通过轮换使用这种模糊化处理技术，为了不至于让自己的产品看起来像恶意软件，合法供应商可以将自己的更多时间用于处理遗留的扩展机制，并专为实现可获支持的机制。

（3）检测/预防机制监视内核完整性所做的检查是随机且不公开的，并且何时进行这些检查也是不确定的。这使得攻击者无法确保自己的攻击始终可靠，进而迫使攻击者只能分别考虑静态分析机制所涉及的每种可能的不确定变数和状态转换。通过与模糊化处理相配合，几乎没等在有限的时间里完成目标，这套机制就已经更换了其他模糊化处理技术或功能并有了进一步的变化。

（4）由于内核模式崩溃转储会自动提交给微软，因此微软可以获得各种外部代码的遥测数据，进而判断哪些软件供应商的代码不受支持并会导致系统崩溃，或追踪外部的恶意驱动程序的变化进展，甚至追踪零日内核模式攻击，进而修复可能尚未有人上报，但已经被用于攻击的 bug。

7.17 PatchGuard

在 64 位 Windows 发布后，第三方生态体系全面建立起来之前的那段时间里，微软发现了一个机遇：在维持 64 位 Windows 稳定性的前提下，通过一种名为**内核补丁保护**（Kernel Patch Protection，KPP）的技术为系统提供遥测能力和攻击缓解补丁检测能力，这也就是所谓的 PatchGuard。在面向 32 位 ARM 处理器内核的 Windows Mobile 发布后，该功能也被移植到这样的系统上，并且至今依然出现在 64 位 ARM（AArch64）系统中。然而，由于目前还有大量遗留的 32 位驱动程序依然在使用不受支持甚至危险的挂钩技术，这些系统上并未启用这种技术（甚至 Windows 10 上也是如此）。好在 32 位系统几乎到了生命末期，服务器版的 Windows 早已不再支持这种体系结构。

虽然“Guard”和“Protection”这样的字眼都暗示着这套机制是为了保护系统，但同样重要的是，这些机制唯一所能提供的保护就是让计算机崩溃，进而避免恶意代码继续执行。该机制无法避免攻击的产生，也无法进行缓解，更无法消除攻击的后果。我们可以将 KPP 看作一种联网的视频监视系统，只能在保险库（内核）被攻击时发出响亮的警告（崩溃），而不能为保险库再加一道锁。

KPP 会对受保护的系统进行多种检查，但将具体有哪些检查完全写出来是不实际的（因为很难进行静态分析），还可能有利于潜在的攻击者（不用自己花时间研究了）。不过微软也确实公开了其中的某些检查，见表 7-23。KPP 何时在何地以何种方式进行这些检查，以及会影响到哪些函数或数据结构，这些都超出了本书的分析范围。

表 7-23 有关受 KPP 保护的元素的常规描述

组件	合法用途	潜在的恶意用途
内核中的可执行代码，其依赖项及其核心驱动程序，以及这些组件的导入地址表（IAT）	标准 Windows 组件，内核模式使用的关键	为这些组件的代码打补丁可修改其行为并为系统带来恶意后门，将数据或恶意通信对系统隐藏，降低系统可靠性，甚至通过有 bug 的第三方代码带来额外的漏洞
全局描述符表（GDT）	CPU 硬件保护，实现了 Ring 特权级别（Ring 0 和 Ring 3）	修改代码和 Ring 级别之间的预期权限和映射，将允许 Ring 3 代码访问 Ring 0
中断描述符表（IDT）或中断向量表	一种表，CPU 读取后为正确的处理例程提供中断向量	挂接按键、网络数据包、换页机制、系统调用、虚拟机监控程序通信等，可用于实现后门、隐藏恶意数据或通信，甚至通过有 bug 的第三方代码无意中带来漏洞
系统服务描述符表（System Service Descriptor Table，SSDT）	一种表，包含每个系统调用处理程序的指针数组	将所有用户模式通信挂接到内核，可导致同上的后果
关键的 CPU 寄存器，如控制寄存器、基于向量的地址寄存器及特定模块的寄存器	被系统调用和虚拟化使用，实现了 SMEP 等 CPU 安全功能	后果同上，外加会禁用重要的 CU 安全功能或虚拟机监控程序保护机制
内核中的各种函数指针	可用作到各种内部函数的间接调用	可用于挂接某些内部内核操作，导致后门或影响稳定性
内核中的各种全局变量	用户配置内核的不同部分，包括某些安全功能	恶意代码可以禁用此类安全功能，如通过攻击用户模式允许任意的内存覆盖写入
进程和模块列表	用于在诸如任务管理器、Process Explorer 和 Windows 调试器等工具中向用户展示哪些进程是活动的，哪些驱动程序已经加载	恶意代码可以隐藏计算机中某些进程或驱动程序的踪迹，使其对用户和包括安全软件在内的大部分应用程序不可见

续表

组件	合法用途	潜在的恶意用途
内核栈	存储函数参数、调用栈（函数应该返回到的地方）以及变量	运行了非标准的内核栈，通常意味着攻击过程使用了返回导向的编程（ROP）并在利用切换后的栈
窗口管理器、图形系统调用、回调等	提供了GUI、GDI和DirectX服务	可获得类似上述挂接能力，但主要以图形和窗口管理栈为目标。同样会导致如上挂钩类型的后果
对象类型	定义系统通过对象管理器支持的不同类型的对象（如进程和文件）	可用作另一种挂钩技术，但并不以二进制文件数据节中的函数指针或补丁代码为目标。后果同上
本地APIC	用于接收处理器的硬件中断、计时器中断，以及处理器间中断（IPI）	可用于挂接计时器的执行、IPI或中断，或作为一种让代码在计算机中持久隐匿并定期执行的机制
筛选器和第三方通知回调	合法的第三方安全软件（以及Windows Defender）用它接收有关系统操作的通知，某些情况下可用于阻止/防御某些操作。同时也是实现KPP大部分预防效果的一种可支持的方式	恶意代码可用于挂接所有可筛选的操作，以及在计算机中持久隐匿并定期执行
特殊的配置和标志	合法组件的各种数据结构、标志和元素，为其提供安全或缓解保证	可被恶意代码用于绕过某些缓解措施或违背用户模式进程可能具备的某些保证或预期，例如解除受保护进程的保护
KPP引擎本身	与系统在KPP违反期间进行的bug检查工作有关的代码，会执行与KPP相关的回调等任务	通过修改KPP使用的某些系统部件，恶意组件即可尝试着抑制、忽略或削弱KPP

如上所述，当KPP检测到系统中存在恶意代码时，它会用一个可以轻松分辨的代码让系统崩溃。该代码对应bugcheck的代码0x109，代表CRITICAL_STRUCTURE_CORRUPTION，随后即可用Windows调试器分析该崩溃转储文件（详见卷2第15章“崩溃转储分析”）。转储文件包含与内核中被恶意或善意修改部分有关的信息，其他数据只能由微软在线崩溃分析（Online Crash Analysis，OCA）服务或Windows错误报告（WER）团队负责分析，且结果不会提供给最终用户。

对于第三方开发者，如果所用技术会被KPP禁止，可以考虑换用下列可获得支持的技术。

（1）**文件系统（小型）筛选器**。可以借此挂接所有文件操作，包括映像文件和DLL的加载，进而通过拦截即时清理恶意代码，或禁止读取已知的恶意可执行文件或DLL（详情请参阅卷2第13章）。

（2）**注册表筛选器通知**。借此可挂接所有注册表操作（有关这些通知的详细信息，请参阅卷2第9章）。安全软件可能会阻止修改注册表中的关键部分，此外一些软件会通过启发式检测机制识别注册表访问模式或已知的恶意注册表键来检测恶意软件。

（3）**进程通知**。安全软件可以监视系统中所有进程和线程的执行与终止，以及DLL的加载和卸载。借助为反病毒和其他安全软件供应商提供的增强的通知功能，还可以阻止进程的启动（这些通知的详细介绍请参阅第3章）。

（4）**对象管理器筛选**。安全软件可以移除授予进程或线程的某些访问权限，借此保护自己的工具不被执行某些操作（详见卷2第8章）。

（5）**NDIS轻型筛选器**（Lightweight Filters，LWF）和**Windows筛选平台**（Windows

Filtering Platform，WFP）**筛选器**。安全软件可以拦截所有 Socket 操作（接受、监听、连接、关闭等），甚至拦截数据包本身。借助 LWF，安全软件供应商就可以访问从网络接口控制器（Network Interface Controller，NIC）发送到网线上的原始以太网帧数据。

（6）**Windows 事件跟踪**（ETW）。借助 ETW，很多类型的操作如果有安全属性需要引起注意，那么这些操作都将能被用户模式的组件使用，随后即可以近乎实时的速度做出响应。某些情况下，供应商在与微软签署 NDA（不披露协议）并参与各种安全项目后，还可将特殊的安全 ETW 通知用于反恶意软件保护进程，进而访问到更丰富的跟踪数据。（ETW 详见卷 2 第 8 章。）

7.18 HyperGuard

对于启用基于虚拟化的安全性（详见 7.3 节）的系统，具备内核模式特权的攻击者已经未必能处于和检测/预防机制相同的安全边界内。实际上，此类攻击者可能位于 VTL 0，而相关机制可能实现于 VTL 1。在 Windows 10 周年更新（版本 1607）中就已经存在这样的机制，其名称为 HyperGuard。HyperGuard 因为几个有趣的属性而与 PatchGuard 产生了显著的不同。

（1）不需要依赖模糊化操作。实现 HyperGuard 的符号文件和函数名称对任何人都是可见的，代码也未进行模糊化。因而有可能对其进行全面的静态分析，因为 HyperGuard 是一种真正的安全边界。

（2）不需要以不可确定的方式运行，因为上述特性的存在使得这样做并不能带来任何好处。实际上，通过以确定性的方式运行，HyperGuard 可以在检测到恶意行为的那一刻让系统崩溃。这意味着崩溃数据中可能会包含清晰可行的数据，帮助管理员（以及微软的分析团队）通过诸如内核栈之类的数据看到产生恶意行为的代码。

（3）由于上述特性的存在，可以检测出更广泛的攻击，因为在精确的时间窗口内，恶意代码没机会将修改过的值还原为修改前的状态。对于以不确定方式运行的 PatchGuard 来说，这是一种令人遗憾的副作用。

HyperGuard 还通过多种方式扩展了 PatchGuard 的能力，并加强了该功能面对试图禁用自己的攻击者能够继续运行的能力。当 HyperGuard 检测到不一致后，它也会让系统崩溃，但崩溃代码为 0x18C (HYPERGUARD_VIOLATION)。和以前一样，这至少可以帮助我们在通常意义上理解 HyperGuard 到底检测到了哪些问题，这些问题见表 7-24。

表 7-24 受到 HyperGuard 保护的元素的常规描述

组件	合法用途	潜在的恶意用途
内核中的可执行代码，其依赖项及其核心驱动程序，以及这些组件的导入地址表（IAT）	见表 7-23	见表 7-23
全局描述符表（GDT）	见表 7-23	见表 7-23
中断描述符表（IDT）或中断向量表	见表 7-23	见表 7-23
关键的 CPU 寄存器，如控制寄存器、GDTR、IDTR、基于向量的地址寄存器及特定模块的寄存器	见表 7-23	见表 7-23

续表

组件	合法用途	潜在的恶意用途
安全内核中的可执行代码、回调及数据区域，及其依赖项，包括HyperGuard本身	标准Windows组件，VTL 1和安全内核模式使用的关键	为这些组件中的代码打补丁意味着攻击者可以通过硬件或虚拟机监控程序访问VTL 1中的某些漏洞。可用于破坏Device Guard、HyperGuard和Credential Guard
Trustlet使用的结构和功能	在Trustlet之间，或Trustlet和内核之间，或Trustlet和VTL 0之间共享数据	意味着一个或多个Trustlet可能存在某些漏洞，可用于影响诸如Credential Guard或Shielded Fabric/vTPM等功能
虚拟机监控程序的结构和区域	被虚拟机监控程序用于和VTL 1通信	意味着VTL 1组件或虚拟机监控程序本身可能存在漏洞，并可能从VTL 0下的Ring 0中访问
内核CFG位图	如前所述，用于标识可作为间接函数调用或跳转的目标的有效内核函数	意味着攻击者可以通过某些硬件或虚拟机监控程序的漏洞，对VTL 1保护的KCFG位图进行某些修改
页面验证	用于为Device Guard实现某些与HVCI有关的工作	意味着攻击者通过某种方式攻击了SKCI，可能导致Device Guard被攻陷或未经授权的IUM Trustlet
NULL页面	无	意味着攻击者通过某种方式迫使内核或安全内核分配了虚拟页面0，并可用于在VTL 0或VTL 1下利用NULLpage漏洞发起攻击

在启用VBS的系统中，还有一个与安全有关的功能值得一提，该功能实现在虚拟机监控程序本身的内部，即非特权指令执行防护（Non-Privileged Instruction Execution Prevention，NPIEP）。该缓解措施主要以可被用于泄露GDT、IDT和LDT的内核模式地址，即SGDT、SIDT和SLDT地址的特定x64指令为目标。借助NPIEP，这些指令依然可以执行（为了维持兼容性），但会返回每颗处理器唯一的数字，而非这些结构的实际内核地址。该功能可作为本地攻击者针对内核ASLR（KASLR）进行信息泄露攻击的缓解措施。

最后还需注意，PatchGuard或HyperGuard一旦启用就无法禁用。不过由于设备驱动程序开发者可能需要在调试过程中更改运行中的系统，如果将系统引导至调试模式并建立活动的内核调试远程连接，此时PatchGuard将不被启用。类似地，如果虚拟机监控程序引导至调试模式并附加了远程调试器，HyperGuard也将不启用。

7.19 小结

Windows提供了一系列安全功能，可满足政府机构和商业组织的各项关键需求。本章我们简要介绍了构成这些安全功能的基本内部构件。在卷2第8章，我们还将详细介绍Windows系统中涉及的各种相关机制。